JN417596

The Analysis of NMR Spectrum

NMR 스펙트럼의 해석 개정판

– 화합물의 구조 그리기 연습

이석근 지음

한림원 출판사

머 리 말

물질의 구조를 알아낸다는 것은 화학과 관련된 연구를 하는 모든 분야에서 가장 기본이 되고 목적이 되는 작업이며 이것은 물질이 가지고 있는 다양한 성질들을 연구 하는 분광학(spectroscopy)이라는 학문의 근본이 되었다.

현재까지 알려진 수많은 spectroscopy 방법들 중에서 물질의 구조를 밝혀내는데 가장 유용한 방법으로는 X-ray crystallography를 꼽을 수 있다. 그러나 모든 spectroscopy 방법들이 그러하듯 X-ray 방법도 결정을 만들어야 한다는 단점이 있다. 현대 spectroscopy 방법에서 필요한 미량의 시료를 결정으로 만드는 것은 결코 쉬운 일이 아니며 시료의 양이 충분한 경우에도 결정이 아닌 물질들의 구조에는 무용지물일 수 밖에 없는 것이 이 방법이다. 이러한 단점에서 비교적 자유로울 수 있는 것이 NMR spectroscopy 방법이라고 할 수 있으며 이는 최근에 화학물질의 구조뿐만 아니라 정량 분석이나 의약 개발과 설계를 위한 metabonomics 분야로 응용분야를 넓혀가는 등 물질을 다루는 모든 사람들에게 없어서는 안 되는 학문이 되었다.

이와 같은 이유로 최근 많은 학자들은 인류의 과학 발전들 중에서 인간에게 가장 빠르게 응용된 학문은 실험실에서부터 우리의 건강을 다루는 병원에서 까지 이용되는 NMR spectroscopy라고 말하고 있으며 이러한 사실은 지난 십수년 동안 노벨상을 3 번이나 수상한 객관적인 사실이 잘 증명해주고 있다. 여전히 이 학문을 이용한 응용들이 현재도 발전하고 있으며 지난 반세기 동안 이론에서 뿐만 아니라 실험에서도 컴퓨터의 발달과 함께 그 이용방법이 매우 용이하게 되었다. 이로써 대학의 교과 과정에서는 물론이고 최근에는 고등학교 학생들의 화학 올림피아드에도 NMR 문제가 출제되고 있다.

이 책을 접하게 될 대부분의 사람들은 대학에서 일반화학 유기화학 그리고 물리화학 등의 과목들을 이수하면서 spectroscopy의 기본이론 등을 공부해 보았을 것이다. 그러나 이러한 기본 이론들이 실제 data들로부터 물질의 구조를 알아낼 수 있는 것과는 일반적으로 상당히 거리가 있다. 저자 또한 학생들과 교사 그리고 연구원들에게 강의를 하면서 이러한 점을 인지하게 되었으며 이 책은 바로 이러한 단점들을 보완해 보고자하는 노력들 중의 하나라고 할 수 있겠다.

다행히도 NMR 스펙트럼의 data들로부터 물질의 구조를 유도해내는 것은 NMR 기기를 이용하여 스펙트럼을 얻고 그 현상들을 이해하기 위해 필요한 많은 어려운 이론들을 완전히 이해하지 못하더라도 가능한 일이 될 수 있다. 또한 저자의 경험으로는 실제로 많은 학생들에게 어려운 수학적인 이론과 최첨단의 실험 방법들의 설명은 스펙트럼으로부터 구조를 알아내는 지식에 큰 도움이 되지 않았으며 때로는 혼란만 가중시킨다는 것을 알 수 있었다.

결론적으로 NMR 스펙트럼에서 물질의 구조를 얻어내는 방법을 터득하기위한 첫 번째 수순은 무엇보다도 먼저 간단한 구조를 가진 물질들의 스펙트럼들을 이용하여 구조의 요소(functional group)들을 알아내고 이 요소들로부터 물질의 구조를 유도해 낼 수 있는 여러 가지 논리들을 습득하는 것이다. 이러한 점에 착안하여 이 책의 문제들은 전반부에서는 구조의 요소와 구조의 유도 논리를 이끌어내기 위해서 단순히 화학이동 값(chemical shift), 커플링 pattern 그리고 그 상수들만의 사용으로도 가능한 간단한 구조를 가지고 있는 문제들로 구성하였으며 해설에서 자세한 설명을 첨부하였다. 그리고 후반부는 전반부에서 얻어진 논리들만으로는 물질의 구조들을 완전하게 밝힐 수 없는 문제들을 나열하였으므로 이들을 통하여 우리는 왜 2D NMR 방법 등을 포함한 여러 가지 어려운 이론들을 포함하는 방법들을 분자 구조의 규명에 사용하여야만 하는지를 알게 될 것이다. 또한 이 책을 공부하는 사람들이 이들 다양한 실험 방법들의 스펙트럼을 이용하여 단계적으로 구조를 완성해 나가는 과정을 거치면서 여러 가지 NMR 실험 방법들의 사용을 자연스럽게 습득할 수 있도록 의도하였다. 이 목적을 위하여 저자는 각 장의 문제들을 물질의 구조의 난이도 순서로 그리고 유기화합물이 흔히 가질 수 있는 다양한 종류의 구조 물질들을 선택하려고 노력하였다.

일반적으로 NMR spectroscopy에서 protein 등을 포함하는 거대 분자들 보다도 더 다양하고 복잡한 NMR 현상들을 나타내는 것이 small molecule들이다. 그래서 이들을 일반적으로 small molecule로 따로 구분하며 이들 물질들은 분자량을 약 1000 정도 까지 가지는 것으로 알려져 있다. 이 책에서 우리는 mass spectrometer에서 얻어진 분자식으로 약 70-1200 정도의 분자량을 가지고 있으며 small molecule들이 가질 수 있는 다양한 구조의 물질들을 다루게 될 것이다.

먼저 학부학생들이나 기본 지식만을 소유한 사람들을 위하여 물질의 구조분석에서 사용되는 분광학들의 간단한 개요와 연관하여 NMR spectroscopy의 기본 개념들을 소개하였다. 다음 이들을 이용하여 NMR 스펙트럼에서 구조를 얻어내는 과정을 아주 간단한 화합물을 이용하였으며 여기에서 화학이동 값부터 2D NMR 방법들까지 어떻게 분자의 구조 규명에 사용되는지를 단계별로 설명하였다.

다음으로 문제 1-40 번까지는 복잡한 실험들의 도움 없이 양성자(^{1}H) NMR 스펙트럼을 이용하여 화학이동 값과 커플링 pattern을 사용하고 탄소(^{13}C) NMR 스펙트럼으로는 탄소의 수와 화학이동 값을, 그리고 mass spectrometer에서 얻은 분자식을 사용하여 충분히 구조를 유도할 수 있는 물질들이며 대체적으로 양성자 스펙트럼의 복잡성을 기준으로 나열하였다. 이들 화합물의 양성자 스펙트럼은 대부분 정확히 규명할 수 있지만 탄소 스펙트럼에서 나타나는 비슷한 aliphatic 탄소들의 정확한 규명은 탄소의 화학이동 값만으로는 불가능 한 경우가 있을 것이다. 그러나 이러한 명확하지 않은 탄소의 규명이 구조를 유도하는 논리에는 방해가 되지는 않는다는 것을 알 수 있을 것이다.

이후의 41-85 번까지 문제들은 유기화합물이 가질 수 있는 다양한 구조들을 포함한 물질들로 분자식과 양성자(^{1}H)와 DEPT를 포함한 탄소(^{13}C) 스펙트럼들과 함께 2D 스펙트럼들도 제공하였다. 그리고 정확한 구조 규명은 물론이고 구조의 stereochemistry들 까지도 규명할 수 있도록 COSY, Long-range COSY, J-resolved, TOCSY, HSQC, HMBC, NOESY, ROESY, 1D-NOESY, INADEQUATE 스펙트럼들을 제공하였으며 때로는 그들의 규명이 정확한지를 cross-check 할 수 있도록 해설에서 INADEQUATE 실험 스펙트럼들도 보여 주었다. 질소(^{15}N)를 포함하고 있는 물질은 때로는 질소의 HSQC와 HMBC 스펙트럼들도 제공하였다.

특히 마지막 section에 주어진 문제들은 최근 여러 실험실에서 얻어진 물질들로 이들 문제들을 해결하면서 NMR이 얼마나 중요한 역할을 하는지를 체험하게 되는 실제의 예들이라고 할 수 있다.

비록 이 책에서는 언급을 하지 않았지만 최신의 high-field NMR 들의 성능은 자연존재 비(ratio)가 많은 heteronucleus들 뿐만 아니라 자연존재 비(ratio)가 아주 낮은 산소(^{17}O)도 측정이 가능하여 이 책에서 보여준 물질들이 가지고 있는 산소들의 구조에 대한 논리들 중 많은 부분은 실제 증명이 가능하다는 것을 밝혀둔다.

이 책은 NMR을 이용하여 새로운 물질의 구조를 유도하기위한 논리의 습득을 목적으로 하였기 때문에 대부분의 문제들은 해설을 통해 해답을 보여주고 있다. 그러므로 NMR에 대한 기본적인 지식만 있는 학부 3, 4학년 학생들이나 대학원생들 그리고 화학과 관련이 있는 타 분야에서 연구하는 사람들도 기본적인 문제들을 시작으로 하여 스스로 자신의 NMR에 관한 지식을 확대하여 나갈 수 있을 것이다. 교재로 사용할 때에는 비록 문제들의 해답이 해설과 함께 주어졌지만 학생들에게 각 스펙트럼의 해석을 저자가 시작한 출발점이 아닌 곳에서 구조를 밝혀나가도록 할 수 있다. 또한 핵심적인 약간의 설명만이 있는 문제들 그리고 해설없이 답이 주어진 문제들은 주어진 구조와 연관시켜 정확하게 양성자와 탄소를 규명하는 것을 숙제로 제시하면 이 책은 또 다른 학습서가 될 수도 있을 것이다.

이 책에 주어진 NMR 스펙트럼들은 Bruker DRX-300, AVANCE-500, AVANCE-700 기기에서 양성자는 300.13, 500.13, 700.17 MHz에서 그리고 탄소는 75.46, 125.75, 176.05 MHz에서 각각 얻었으며 질소 NMR 스펙트럼들은 50.69와 70.97 MHz에서 얻었다.

끝으로 이 책이 현재는 물론이고 미래에도 화학뿐만 아니라 과학의 여러 분야에서 발전되고 사용될 NMR spectroscopy라는 매혹적인 이 학문을 접하게 될 많은 사람들에게 유용한 기초가 되기를 바란다.

2014년 3월

저자 **이 석 근**

차 례

머 리 말 i

제1장 서 론 1

1. 분광학과 NMR 파라메타 3
2. NMR 스펙트럼의 해석을 위한 기본적인 참고사항들 13
3. Two-Dimensional(2D) NMR 스펙트럼의 해석 20

제2장 연습 문제 I 41

문제 1-40 43

해답과 해설 67

제3장 연습 문제 II 97

문제 41-85 99

해답과 해설 269

제4장 연습 문제 III 317

눈제 1-30 319

해답과 해설 443

제1장 서 론

1. 분광학과 NMR 파라메타
2. NMR 스펙트럼의 해석을 위한 기본적인 참고사항들
3. Two-Dimensional(2D) NMR 스펙트럼의 해석

1 서 론

1 분광학과 NMR 파라메타

유기화합물의 구조를 결정하기 위하여 일반적으로 가장 많이 사용하는 분광학 방법들은 이 책의 주제가 되는 NMR(Nuclear Magnetic Resonance) 방법을 포함하여 UV-VIS(Ultraviolet-Visible), IR(Infrared), MS(Mass Spectrometry), 그리고 X-ray crystallography 등이 있다. 이들 중 MS를 제외하고는 모든 방법들이 화합물들을 파장(wavelength)이 다른 전자기파(electromagnetic wave)에 노출시켜 분자들이 할 수 있는 여러 가지 운동들 중 하나를 관측하는 것이다. 즉 UV 방법은 분자들에서 전자의 전이(electronic transition)라는 운동을 관측하고 IR은 분자의 진동 전이(vibrational transition)라는 운동을 그리고 X-ray 방법은 결정의 격자(crystal lattice)에 의한 회절 패턴(diffraction pattern)을 관찰하게 된다.

그러나 일반적으로 구조분석을 위한 기기들 중 NMR 다음으로 중요하게 다루어지는 MS는 위의 분광 분석 방법들과는 매우 다르다. 즉 먼저 고(high) 에너지를 가지고 있는 electron beam(70 eV)을 사용하여 분자를 충돌시킨 후 이 과정에서 생성되는 이온성(ionic)의 물질을 electric 또는 magnetic field에 주입하여 분자량을 구할 수 있을 뿐만 아니라 이온 성질을 가진 분자의 분해(fragmentation)로부터 얻어지는 부분 분자들로부터 물질의 구조를 얻을 수도 있게 된다.

위의 분광학들의 모든 방법들은 화학이나 물리에서 그들 고유의 영역을 가지고 있는 하나의 큰 학문분야들이며 그들의 이론과 실험방법을 우리는 여기에서 더 이상 다루지 않고 NMR 스펙트럼의 해석에 많이 사용되는 MS 방법에서 얻을 수 있는 분자식만을 사용하게 될 것이다.

이 책의 주제인 NMR도 먼저 위에서 설명한 다른 분광학의 설명처럼 압축하여 설명하자면 다음과 같이 말할 수 있다. 즉 물질을 형성하고 있는 핵들이 아주 작은 에너지에 해당하는 rf(radio frequency)를 흡수하면 핵(nuclear)의 전이(transition)라는 운동을 일으키게 되는데 이것을 관측하는 것이 NMR 분광학이다.

머리말에서 언급하였지만 NMR 스펙트럼으로 부터 물질의 구조를 유도해 내는 것은 NMR 현상의 모든 것을 이해하지 못하더라도 기본적인 원리와 몇 가지의 파라메타(parameter)들의 사용만으로도 가능할 수 있으며 이들 NMR의 완전한 설명들은 많은 전문 서적들을 참고하면 될 것이다. 그러므로 여기에서는 NMR에서 핵들이 에너지(rf)를 흡수하여 일어나는 전이(transition)라는 운동에 필요한 조건들이 무엇인지를 알아본다. 또한 이러한 운동으로 나타나는 결과물들의 수많은 현상들 중에서 물리나 수학적인 해석들 없이도 이용이 가능한 스펙트럼들을 물질의 구조분석에 어떻게 이용할 수 있는지를 두 개의 파라메타인 화학이동(chemical shift)과 커플링 상수(coupling constant)를 통하여 알아보도록 하자.

화학이동(chemical shift)

다른 분광학에서의 에너지 준위처럼 NMR에서도 rf에 해당하는 에너지를 흡수할 수 있는 핵(물질을 구성하고 있는)이 에너지 준위(energy level)를 가지고 있어야 한다. 그러나 불행하게도 이 지구상에 있는 어떤 핵도 지구에 있는 상태(지구도 작은 자장을 가지고 있지만 아직 이 자장을 이용하여 NMR 현상을 측정하지는 못한다)에서는 rf의 에너지를 흡수할 수 있는 준위를 만들지를 않고 있으므로(이것을 degenerate 되어 있다고 함) 다른 분광학에서처럼 물질이 에너지를 흡수하는 현상을 일으킬 수 없다. 그러므로 NMR에서는 다른 분광학에서는 없는 새로운 조건에 물질을 노출시켜야 하며 이 조건이 강한 자장(H_o)이다. 즉 핵이 강한 자장 속에 있을 때 rf의 에너지를 흡수할 수 있는 에너지 준위를 만들게 되고 이들 준위에 해당하는 rf의 에너지를 핵이 흡수하여 전이(transition)라는 운동을 하게 되는 것이다.

각각의 다른 종류의 핵들(예로 ^{1}H와 ^{13}C)은 강한 자장에 놓여 있을 때 그들 고유의 gyromagnetic ratio(γ)라는 파라메타 때문에 각기 크기가 다른 에너지 준위($\triangle E = \gamma H_o$)를 만들게 된다(그림 1-1).

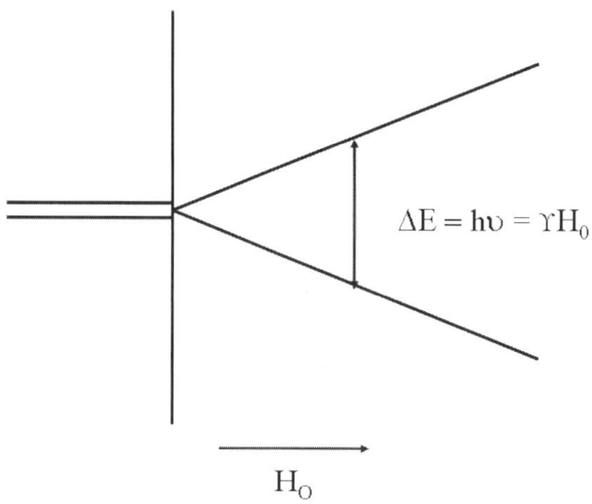

그림 1-1. 자장(H_o)속에서 핵의 에너지 준위

이러한 상태에서 각 핵들의 고유의 에너지에 해당하는 주파수의 rf를 조사하면 핵들은 이들을 흡수하게 되며 이 rf의 주파수에 해당하는 에너지의 흡수를 그려놓은 것이 NMR 스펙트럼이 되는 것이다. 즉 같은 자장 속에서 하나의 물질을 구성하고 있는 양성자(^{1}H)와 탄소(^{13}C)의 핵은 각기 다른 주파수의 에너지를 흡수하게 된다(500 MHz의 주파수를 양성자가 흡수하는 자장(11.74 Tesla)에서는 탄소는 125 MHz의 주파수를 흡수한다). 그러므로 우리가 하나의 물질에서 양성자 스펙트럼과 탄소의 스펙트럼을 얻을 때 동시에 하나의 스펙트럼에 이들을 얻을 수 있는 것이 아니고 각기 다른 실험 즉 주파수가 다른 rf를 이용하게 된다. 이때 각각의 에너지 준위 $\triangle E$는 자기장 H_o의 크기가 커질수록 증가하므로 NMR의 스펙트럼에 여러 가지의 변화를 가져오게 된다. 첫째는 에너지를 흡수하여 높은 에너지 상태로 전이(transition)할 수 있는 낮은 에너지 상태에 있는 핵의 수가 많으면 많을수록 피크의 크기는 커지게 되므로 기기의 감도가 좋아지게 되는데 이때의 낮은 에너지 상태의 핵의 수는 $\triangle E$가 클수록 많아지게 된다(Boltzmann Equation). 두 번째는 $\triangle E$가 커질수록 주파수가 커지게 되고 스펙트럼은 더 넓은 주파수에 자리 잡게 되므로 나타나는 스펙트럼들의 겹침이 완화되게 된다. 이와 같은 이유로 자장의 크기를 증가시키는 연구들은 계속 진행되고 있으며 1961년에

1.4 Tesla의 60 MHz NMR로 출발한 이후 현재 23.4 Tesla 즉 1000 MHz의 양성자 스펙트럼을 얻을 수 있는 기기가 상용화 되었다.

지금까지의 설명만으로 비추어 볼 때 NMR은 단지 종류가 다른 핵들의 구분만이 가능하다는 설명으로 생각할 수 있다. 즉 같은 핵인 모든 양성자는 rf의 같은 주파수에서 에너지를 흡수하여 transition이 일어난다고 생각할 수 있다. 그러므로 분자를 구성하고 있는 여러 가지의 핵들 중에서 모든 양성자는 같은 에너지를 흡수하여 주파수의 변화에 따른 흡수 피크가 같이 나타나므로 이들의 구분이 불가능하다는 결론에 이를 수 있다. 그러나 실제의 스펙트럼은 이와는 다르게 분자를 이루고 있는 각각의 양성자들을 구분할 수 있는 미세한 스펙트럼의 형태를 가지고 나타난다. 즉 물질을 구성하고 있는 같은 종류의 핵인 양성자들이 500MHz라는 주파수를 흡수할 수 있는 자장(11.74 T)에 놓여 있다고 하더라도 그들 각각의 주위의 환경이 조금씩 다르다면 (화합물의 결합은 전자로 이루어져 있으므로 이들 전자들이 만들어 내는 작은 자장 때문에 각 양성자들은 그들의 위치와 결합의 종류에 따라서 외부자장(H_o)의 크기를 실제로 조금씩 다르게 받는다) 각각의 핵들이 느끼는 자장의 크기는 매우 작지만 약간씩 다를 수 있으며 이 현상으로 인해 각각의 양성자들이 만들어 내는 에너지의 준위 크기가 다르게 될 것이다. 따라서 이 조금씩 다른 에너지 때문에 각각의 양성자들은 아주 작은 다른 주파수(Hz 단위까지)에서 에너지의 흡수가 일어나 각기 다른 피크를 보여주게 된다. 즉 어떤 양성자는 500×10^6 Hz에 해당하는 에너지를 그리고 어떤 양성자는 500.000001×10^6 Hz에 해당하는 에너지를 흡수하는 반면 어떤 양성자는 500.000002×10^6 Hz에 해당하는 에너지를 흡수하여 transition (이것을 resonance라고 함)이 일어날 수 있다는 것이다. 바로 이 현상이 NMR 스펙트럼이 화합물의 구조분석을 가능하게 하는 것이다. 이들 resonance 피크의 위치를 **화학이동(chemical shift)**이라고 하고 **δ**라고 표시하며 ppm(part per million)이라고 하는 단위로 표시한다. NMR 스펙트럼은 여러 종류의 자장의 크기에서 측정할 수 있으므로, 예를 들어 양성자의 경우에 100 또는 500 또는 1000 MHz에서도 측정할 수 있으므로 이들 ppm의 값은 어떤 크기의 자장에서 측정하더라도 같은 값을 가지도록 아래 식 1-1로 정의 되었다.

δ = (화학이동, Hz − TMS 화학이동, Hz) / (기기의 주파수, MHz) = ppm (식 1-1)

위 식에서 TMS(TetraMethylSilane)는 내부 기준물질로 양성자와 탄소를 포함하여 실리콘 화학이동에도 사용되며 항시 0 Hz로 기준을 정한다. 이 기준 값에 대하여 대부분의 화학이동 값은 양(+)의 값을 가지고 이를 상대적으로 deshield 되었다고 하고 아주 드문 경우 음(−)의 값을 가지는 경우를 shield 되었다고 표현한다(shield와 deshield라는 두 용어는 때로는 상대적인 용어로 두 화학이동 값의 작거나 큰 값을 비교 설명하는 것으로도 사용된다. 예로 4 ppm은 5 ppm 보다 shield 되었지만 3 ppm 보다는 deshield 되었다).

위의 식 1-1을 이용하여 아래에 두 종류의 자장에서 측정한 스펙트럼으로부터 화학이동 값을 살펴보고 그들이 가지고 있는 의미를 비교해 보도록 하자. 어떤 양성자의 피크가 100 MHz 기기에서 TMS로부터 100 Hz 떨어진 곳에서 관측되었다고 하면 식 1-1은 $\delta = (100 - 0)$ Hz / 100×10^6 Hz = 1.0 ppm의 값을 가지게 된다. 이 양성자를 500 MHz 기기에서 측정한다면 화학이동 값은 같아야 하므로 이곳에서는 TMS부터 500 Hz 떨어진 곳에서 나타나게 될 것이다. 즉 100 MHz 기기에서 1 ppm은 100 Hz이지만 500 MHz 기기에서 1 ppm은 500 Hz가 된다는 것을 알 수 있다. 그러므로 자장이 클수록 그곳에서 얻는 스펙트럼이 피크들을 분리시키는 분해능(resolution)이 증가하게 되는 것은 명확한 이치이다.

¹H Chemical Shifts in Organic Compounds

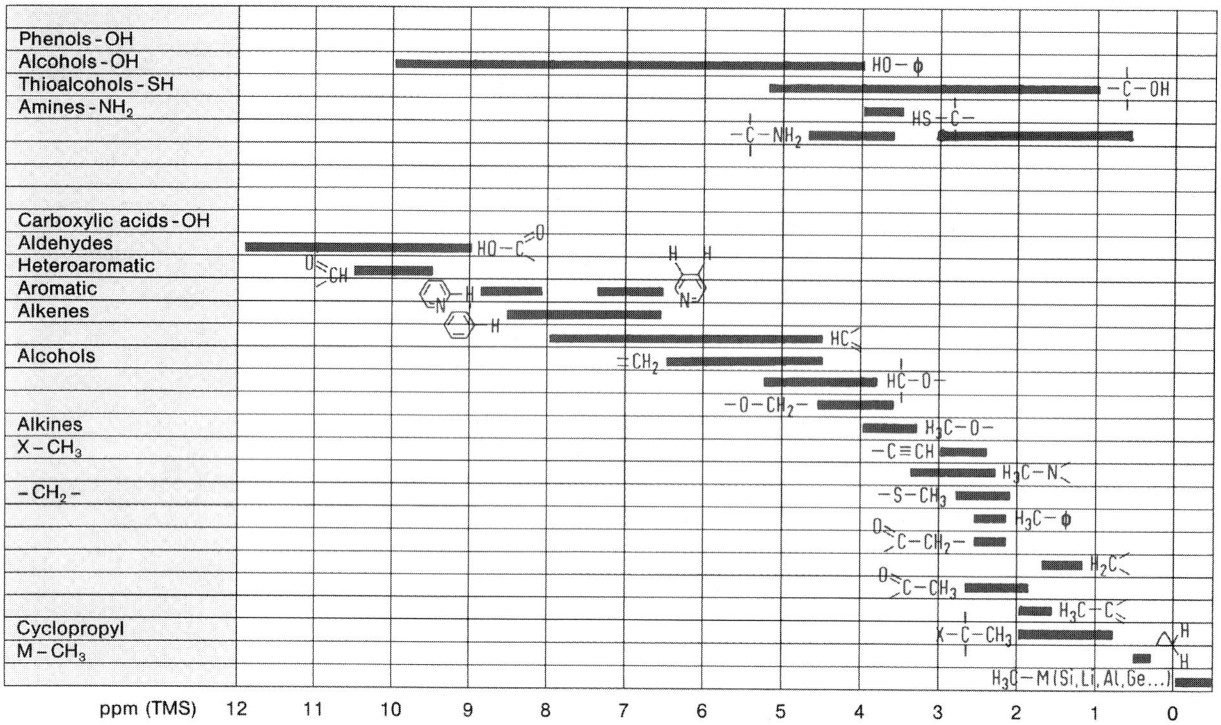

표 1-1. 유기화합물 구조의 요소들의 양성자(^{1}H) chemical shifts

¹³C Chemical Shifts in Organic Compounds*

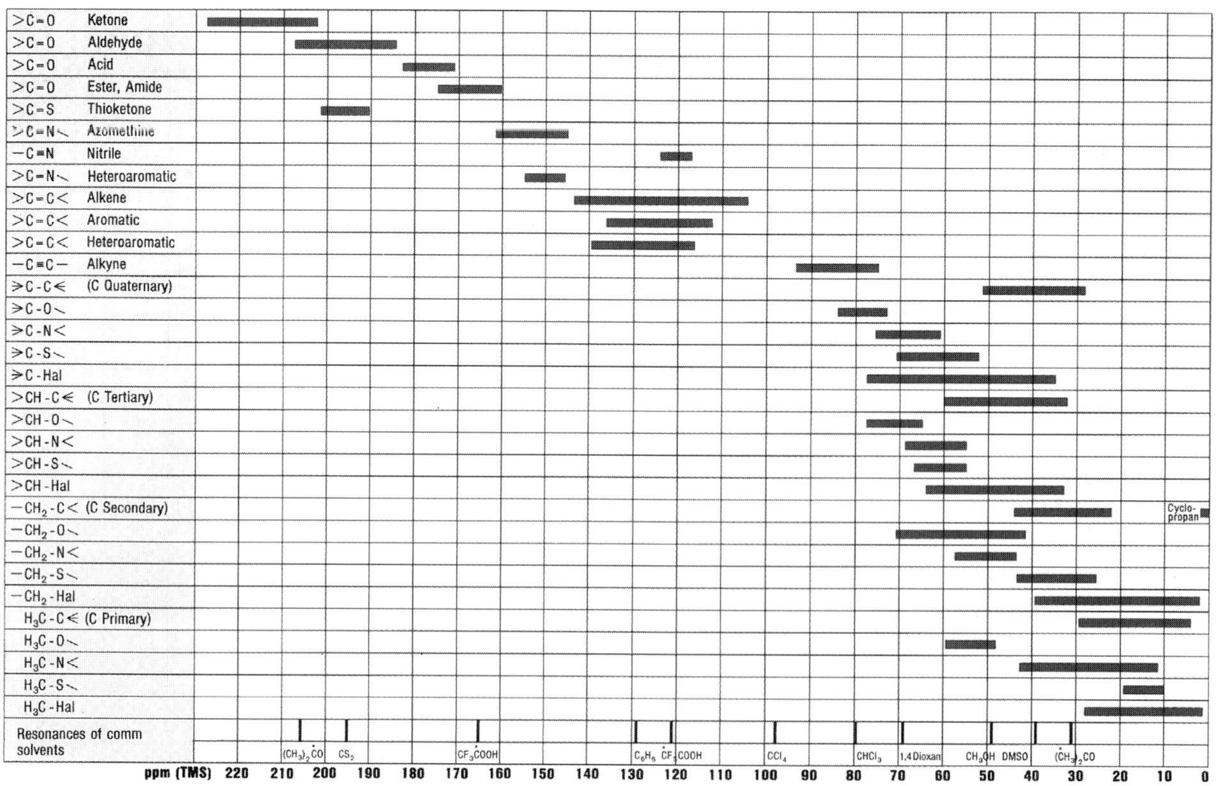

* Relative to internal tetramethylsilane.

표 1-2. 유기화합물 구조의 요소들의 탄소(^{13}C) chemical shifts

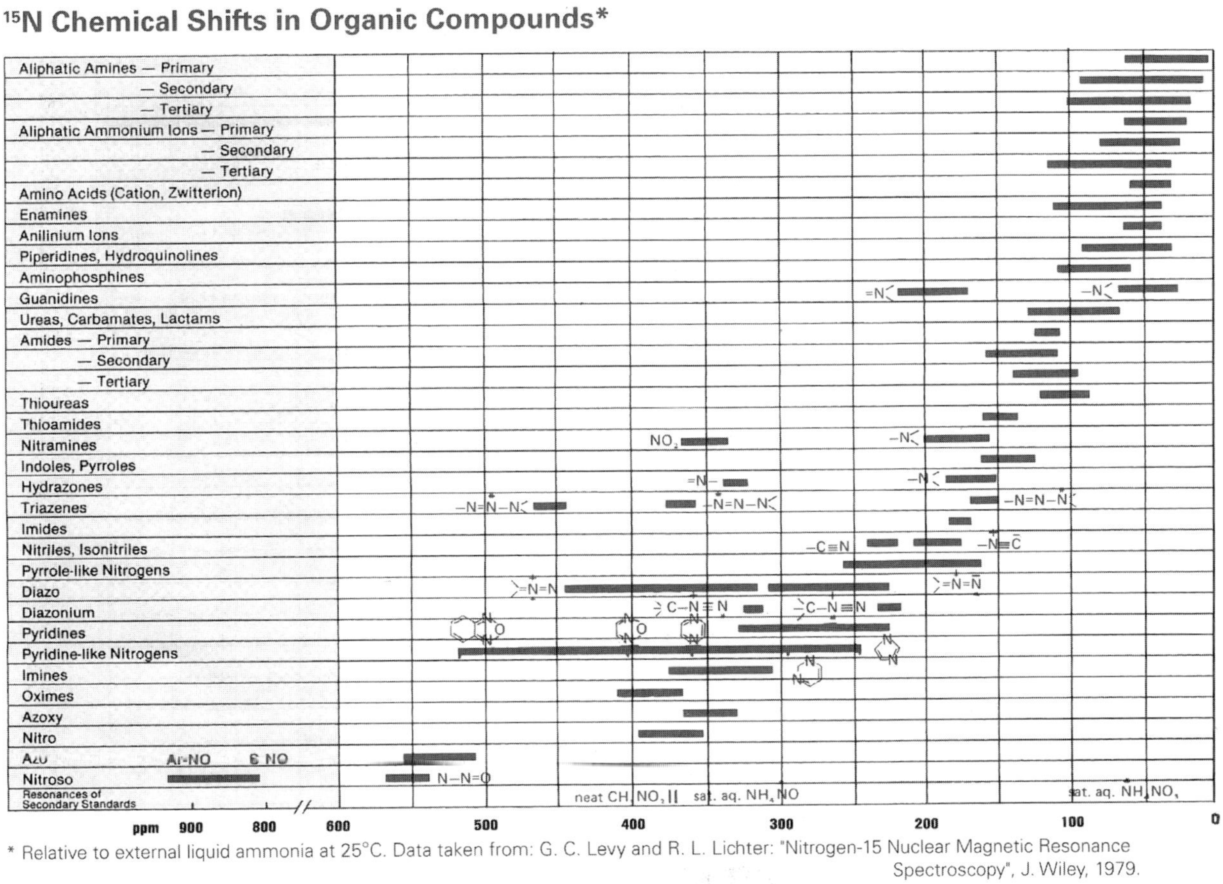

표 1-3. 유기화합물 구조의 요소들의 질소(^{15}N) chemical shifts

대부분의 유기화합물에서 양성자(^{1}H)의 화학이동 값은 0–10 ppm의 영역에 걸쳐서 나타나고 탄소(^{13}C)의 화학이동 값은 양성자 보다 매우 넓은 0–220 ppm의 영역에 분포되어서 나타난다. 이들의 일반적인 화학이동 값들을 표 1-1(^{1}H)과 표 1-2(^{13}C)에 보여주고 있다. 또한 유기화합물에서 많이 포함되어 있고 양성자와 탄소를 제외하고 가장 자주 사용되는 질소(^{15}N)의 화학이동 값은 표 1-3에서 볼 수 있다.

이들 화학이동 값들은 실제로 수많은 화합물들의 스펙트럼에서 얻어진 실제의 값들을 정리하여 나열한 것으로 구조상으로 특별한 경우를 제외하고는 모든 유사한 물질들의 화학이동 값의 예측에 적용할 수 있다. 그리고 실험적으로 얻어진 축적된 화학이동 값들에서 얻어진 지식으로부터 이들 값이 나타나는 경향을 설명하는 여러 가지 이론들이 만들어지게 되었고 그들 중 가장 정성적으로 사용될 수 있는 이론은 화학의 결합이 전자들로 이루어져 있기 때문에 핵 주위에 이들 전자들의 분포에 영향을 미칠 수 있는 전기음성도(electronegativity)의 이론이다. 즉 화학이동 값들이 기준물질인 TMS의 화학이동 값 0 ppm에서 down-field로 이동하는 경향은 치환체의 전기음성도의 크기와 비례한다는 것이다. 이 정성적인 설명은 정성이라는 단어의 의미 그대로 매우 어설픈 것 같지만 몇 가지의 예외적인 상황을 제외하고는 구조분석의 첫 단계에서 일반적으로 가장 많은 무게를 두는 부분이며 많은 경우 그 결과 또한 예측과 대부분 잘 일치한다.

전기음성도의 설명이 적합하지 않은 몇 가지 예외 중에서 가장 많이 사용되는 설명은 자기적 비등방성(magnetic anisotropy)이나 고리 전류(ring current)라는 현상을 인용하게 되는데 이들은 전기음성도로 예측되는 화학이동 값보다 더 down-field나 더 up-field에서 나타나는 화학이동 값을 설명하게 된다. 이들 현상은 화학 결합을 이루고 있는 전자들(특히 이중 결합들을 이루고 있는 π 전자)이 외부의 자장에 노출될 때 그들 자신들이 고유한 자장을 만들게 되고 이 만들어진 작은 자장은 외부의 자장에 대하여 반대의 방향성을 가지게 되는데서 나타난다. 이 상황에서 관찰되는 핵이 구조상으로 이 작은 자장의 어느 위치에 놓여 있느냐에 따라서 핵이 느끼는 자장의 세기는 외부의 자장에 전자들이 만들어 놓은 작은 자장을 합한 크기가 되거나 외부의 자장에서 이들 작은 자장을 감한 것이 될 수 있다. 이 설명의 가장 좋은 예는 벤젠 ring에 있는 양성자들이 7 ppm의 화학이동 값을 가지고 있다는 것이다. 즉 이중결합의 탄소에 있는 양성자들이 일반적으로 4-5 ppm 정도의 화학이동 값을 가지고 있는 반면 벤젠 ring의 양성자들이 더 down-field에서 나타나는 것은 벤젠 ring에 있는 전자들이 만들고 있는 작은 자장의 방향이 벤젠 ring의 평면 방향으로 향하는 외부 자장에 반대의 방향으로 만들어지고(그림 1-2) 종국적으로 이 방향은 벤젠 ring의 평면의 위치에 놓여있는 양성자에게는 외부자장에 이 작은 자장을 합한 크기의 자장을 느끼게 만들어 실제 예상되는 화학이동 값에서 크게 벗어나는 down-field에서 나타나게 되는 것이다(이때를 deshield 되었다고 말한다). 반대로 벤젠 ring을 가지고 있는 어떤 화합물의 구조에서 양성자가 벤젠 ring의 평면의 위나 아래에 놓여 있게 되면 이 양성자는 외부의 자장에서 전자들이 만들어 놓은 자장을 감한 만큼의 자장을 받게 되어 예상되는 화학이동 값보다 up-field에서 나타나게 된다(이때를 shield 되었다고 말한다).

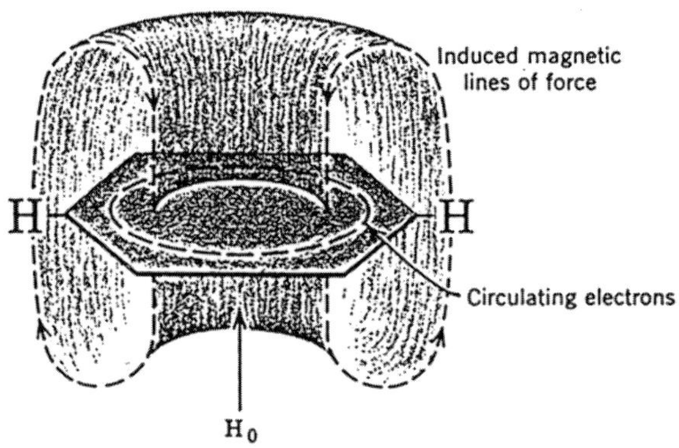

그림 1-2. 벤젠 ring의 전자들이 외부 자장에 대하여 만들어내고 있는 자장

결국 이들 핵들이 보여주고 있는 화학이동 값들은 핵의 주위의 환경에 따라서 달라지기 때문에 NMR에서 양성자(^{1}H)와 탄소(^{13}C)들을 포함한 NMR의 현상을 보여주는 모든 다른 핵들은 다른 분광학에서 말하는 chromophore가 되는 것이다. 즉 IR에서 1700 cm^{-1}에서 나타나는 피크로 화합물에 carbonyl(C=O) 그룹이 존재한다는 사실을 이끌어 내는 것과 같이 200 ppm의 영역에서 나타나는 탄소(^{13}C)의 화학이동 값들이 이러한 구조의 요소(functional group)들을 밝혀낼 수 있을 뿐만 아니라 더욱 자세하게 이들이 ketone인지 ester인지 등의 구분을 이루어 낼 수 있다. 이러한 정성의 기능 이외에 NMR은 다른 분광학에서는 찾아 볼 수 없는 또 다른 장점을 보유하고 있는데 이것은 양성자들이 어떠한 화합물에 있더라도 그들의 피크의 면적이 그 피크를 일으키는 양성자의 수와 비례한다는 것이다. 즉 양성자 NMR 피크의 면적은 반드시 표준물질(standard reference material, SRM)이 필요한 다른 모든 정량분석 방법들과는 다르게 SRM의 이용 없이 정량분석에 이용될 수 있다는 것이다.

핵(스핀)의 커플링(spin-spin coupling)

구조 분석에 매우 유용한 다른 하나의 NMR 현상은 핵 스핀(nuclear spin)의 커플링이라는 것이다(핵이 자석의 성질을 가지고 있으므로 핵 스핀 이라고도 부르며 커플링을 말 할 때는 줄여서 스핀-스핀 커플링이라고 부름). 대부분의 유기화합물은 NMR 현상을 나타내는 하나 이상의 핵을 포함하게 되는데 이들은 같은 핵인 하나 이상의 양성자(^{1}H)일수도 있고 탄소(^{13}C) 또는 다른 핵일 수도 있다. 이들 핵 중 하나가 다른 핵의 존재를 화학 결합(chemical bond)의 형태로 인식을 한다면 그 영향으로 이들 핵은 각각 여러 개의 피크로 나타나게 된다. 이들을 스칼라 커플링(scalar coupling)이라고 한다.

이들 스핀의 커플링으로 나타나는 다중도(multiplets)의 피크들이 때로는 스펙트럼의 해석을 어렵게 만들기도 하지만 이들의 정확한 해석은 스펙트럼의 해석에 아주 중요한 정보를 제공하게 된다. 이들 다중도 피크들의 사이의 크기는 Hz로 측정되어 커플링 상수(coupling constant)라고 부르며 J라는 기호로 표시한다. 이 상수의 크기는 두 스핀이 결합하여 있는 화학결합의 수(single, double, and triple) 또는 공간적인 위치의 형태에 따라서 다르지만 스펙트럼을 얻는 자장의 크기에 따라서는 변하지 않는다. 그러므로 자장이 큰 기기에서 얻은 스펙트럼의 해석은 자장의 세기가 적은 기기에서 얻은 스펙트럼보다 쉬워진다.

여러 다른 종류들의 핵 스핀 사이에서 일어나는 커플링 상수들이 많이 알려져 있으며 이들 중 분자구조의 해석에 가장 많이 사용되는 것이 양성자들의 스핀 사이와 양성자와 탄소의 스핀 사이에서 일어나는 커플링 상수들이다. 이들 양성자들 사이에서 일어나는 커플링 상수들의 대표적인 값을 그들의 분자구조와 함께 표 1-4에서 볼 수 있다. 이들 상수 값들은 커플링 하는 스핀들 사이의 결합(bond)의 수가 증가할수록 작아지며 π 결합의 연장 선 상에 있거나(conjugated) 또는 견고(rigid)한 구조의 σ 결합의 일부분에 포함된(bicyclic 등) 양성자들을 제외하고는 일반적으로 3-bond 이상의 거리로 떨어져 있는 스핀들 사이에서는 관찰되지 않는다.

또한 이들 양성자들 사이의 커플링 상수들은 고유의 이름들을 가지고 많이 사용되는데 하나의 탄소에 연결되어 있는 양성자들(CH_2)은 2-bond를 가지고 있으며 geminal 커플링이라고 부르고 3-bond(CH-CH)의 관계를 가진 양성자들은 vicinal 커플링이라고 부른다. 특히 vicinal 커플링의 경우 탄소들이 자유롭게 회전(rotating)하는 경우 두 양성자 사이의 커플링 상수는 약 7 Hz의 값을 가지지만 탄소들이 cyclic 화합물과 같은 견고(rigid)한 구조의 일부일 때 두 양성자들 사이의 커플링 상수 값은 그들이 이루고 있는 dihedral angle(그림 1-3)에 따라서 0-10 Hz의 범위의 값을 가진다.

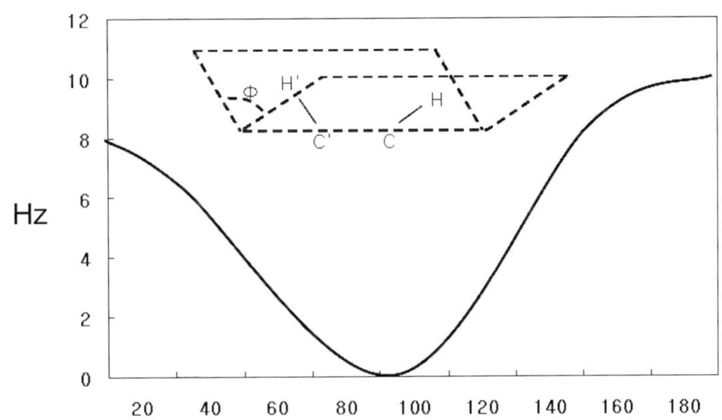

그림 1-3. vicinal 커플링 상수와 dihedral angle의 관계(Karplus curve)

즉 이들 두 양성자들 사이의 각도가 90°를 이루고 있을 때는 커플링은 거의 일어나지 않지만 이 각도를 벗어나기 시작하면 커플링 상수들이 커지기 시작하여 0°나 180°로 놓여 있을 때는 8-10 Hz의 커플링 상수 값을 가진다. 이 관계를 나타내는 식이 카플러스 식(Karplus equation)이며 그림 1-3의 커브로 그릴 수 있다. 카플러스 식은 두 양성자들 사이의 정확한 dihedral angle을 측정하는데 사용되지만 분자 구조의 분석에서는 카플러스 커브가 더 정성적으로 자주 사용되고 있다.

표 1-4에서 보는 것과 같이 양성자들 사이의 커플링 상수는 큰 값이 십 수 Hz의 작은 값을 가지고 있지만 양성자와 탄소 사이의 커플링 값은 수백 Hz까지의 큰 값을 가지고 나타난다(이것이 탄소 스펙트럼들을 매우 복잡하게 나타나게 하므로 양성자를 decoupling하여 단일 피크로 얻는 하나의 이유이다). 이들 사이의 상수 값도 스핀 사이의 결합(bond)의 수가 3 이상의 거리에서는 거의 관찰이 되지 않는다. 양성자와 탄소의 1-bond인 C-H의 사이의 커플링 상수는 탄소에 있는 다른 치환체에 따라서도 달라지지만 화학 결합의 혼성(hybridization)도에 따라서 매우 큰 차이가 나타난다. 즉 sp^3로 표시하는 포화 탄소의 C-H는 120 Hz 정도의 값을 가지고 있으며 sp^2의 결합을 가지고 있는 =C-H의 경우는 160 Hz 정도 그리고 sp 혼성의 대표적인 삼중 결합 탄소에 있는 ≡C-H의 경우 250 Hz 정도의 큰 값을 가지고 있다. 상대적으로 작은 값을 가지고 있지만 구조 분석에서 매우 중요하게 그리고 자주 사용되는 양성자와 탄소의 2-나 3-bond의 커플링 상수 값의 경우는 1-15 Hz 정도의 값을 가지고 있으며 일반적으로 3-bond의 커플링 상수 값이 2-bond의 것보다 크다고 알려져 있다.

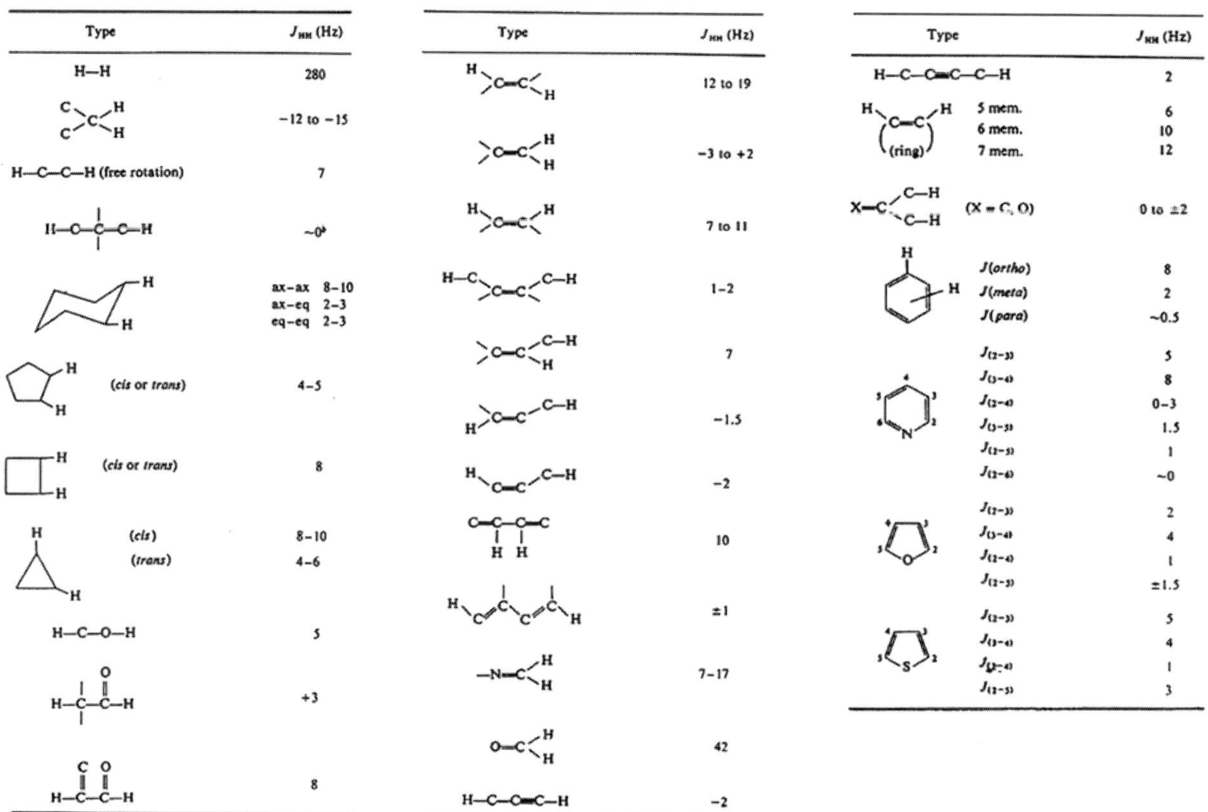

표 1-4. 양성자들(^1H & ^1H)의 coupling constants

특히 양성자들 사이에서 일어나는 커플링은 그들의 상수 뿐만 아니라 그들의 다중도 피크들의 모습도 분자구조의 해석에 아주 유용하게 사용된다. 아주 복잡한 스핀-스핀 커플링들(이들을 일반적으로 완전히 1st order 스펙트럼이 아니라고 함)을 제외하고 양성자들 사이에서 일어나는 커플링에서는 n+1이라는 법칙을 이용하여 피크들의 다중도(multiplicity)를 예측하게 되며 이들을 이용하여 그 핵의 주위의 분자 구조를 예측하게 된다(그림 1-4).

N + 1 Rule

1	0 adjacent nuclei
1 1	1 adjacent nucleus
1 2 1	2 adjacent nuclei
1 3 3 1	3 adjacent nuclei
1 4 6 4 1	4 adjacent nuclei

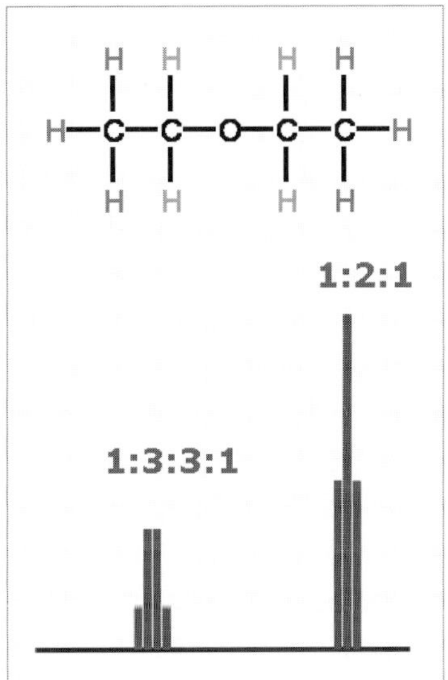

그림 1-4. N+1 법칙과 diethyl ether의 다중도의 예측

즉 하나의 핵이 그 주위에서 n 개의 동등한 핵에 의해서 커플링이 일어날 때 n+1 개의 피크로 나타나며 이들을 이중선(doublet:d), 삼중선(triplet:t), 사중선(quartet:q)등으로 부르며 그때의 피크들의 상대적인 크기(intensity)는 파스칼의 삼각형 법칙(binomial coefficient of order n)에 따른다는 것이다. 그러므로 그림 1-4에서와 같이 diethyl ether의 CH_3의 양성자는 옆의 CH_2의 2 개의 양성자 때문에 1:2:1의 intensity의 비(ratio)를 가지고 삼중선(triplet)으로 나타날 것이며 CH_2의 양성자는 옆의 CH_3의 3 개의 양성자 때문에 1:3:3:1의 intensity 비율의 사중선(quartet)으로 나타날 것으로 예측할 수 있다.

이 N+1의 단순한 법칙은 유기화합물의 구조분석에서 일부 요소들을 찾아내는 중요한 단서로 사용되고 있으며 intensity들이 이들 법칙을 조금 벗어나는 완전한 1 차 스펙트럼이 아니더라도 많은 경우에 이들을 사용할 수 있으며 또한 N 개의 양성자들이 각각 다른 커플링 상수를 가지고 있을 경우에는 단계적으로 적용을 할 수 있다. 즉 2 개의 양성자들이 양성자 A에 다른 크기의 커플링을 한다면 양성자 A는 하나의 양성자와 이중선으로 분리되고 이 이중선 각각은 또 다른 양성자와 커플링 하여 다시 이중선으로 분리되어 총 사중선의 피크들을 보여주게 되며 이때 이들을 dd(doublet-doublet)라고 표시한다. 표 1-5가 이러한 여러 가지 종류의 커플링 모습과 그들의 명명법(notation)들을 보여주고 있다.

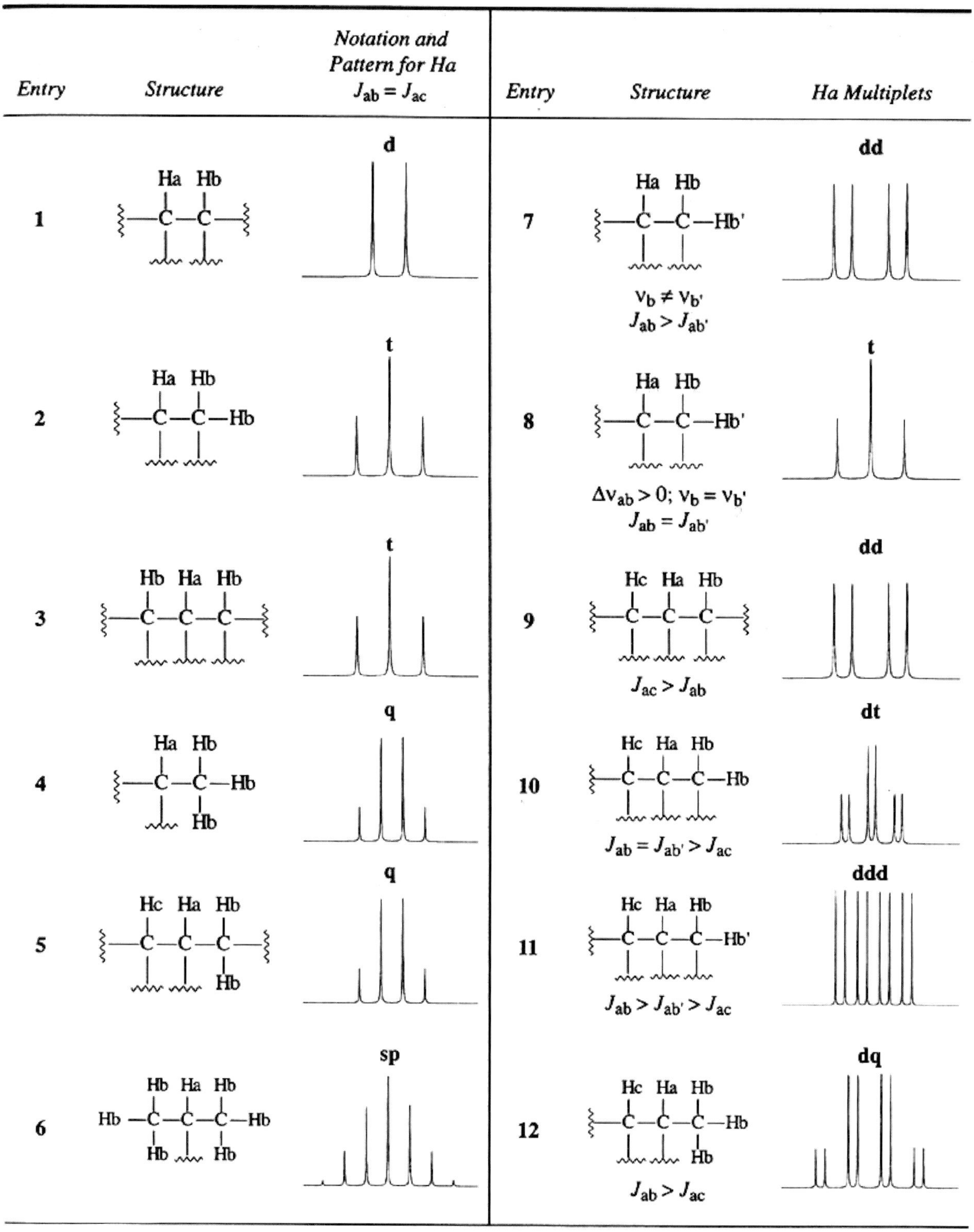

표 1-5. 양성자들 사이의 커플링 모습과 그들의 명명법

2 NMR 스펙트럼의 해석을 위한 기본적인 참고사항들

오래전 유기화합물의 분자식은 원소분석기(elemental analyzer: EA)를 이용하여 각 원소의 비(ratio)를 구하고 질량분석기(mass spectrometer)로부터 분자량을 알아내는 것으로 얻을 수 있었다. 원소분석기의 실험을 위해서는 아주 순수한 시료가 필수적이며 이 조건을 충족하기 위해서는 여러 번의 정제(purification) 과정이 필요하였고 따라서 많은 양의 시료가 필요하였다. 그러나 지금은 많은 양의 시료가 필요한 원소분석 실험의 과정 없이 직접 mass spectrometer로부터 소수점 이하 3 자리까지의 분자량인 high resolution mass를 구할 수 있어서 적은 양의 시료로도 쉽게(?) 분자식을 얻을 수 있다. 때로는 분자식의 도움 없이 다른 spectroscopy들을 이용하여 간단한 물질의 구조를 얻어낼 수도 있지만 mass spectrometer로 얻어지는 분자식은 NMR 스펙트럼과 함께 분자의 구조를 밝히기 위하여 가장 먼저 상호보완적으로 사용 된다 (여기에서 상호보완적이라는 것은 때로는 mass spectrometer에서 얻어진 분자량(±0.003)이 가질 수 있는 원소들의 조합은 한 가지 이상이 될 수 있기 때문에 그들의 구분은 NMR 스펙트럼에서 쉽게 얻을 수 있는 양성자와 탄소의 수로 분별할 수 있다는 것이다). 또한 정확한 분자식의 정보는 많은 시간을 요하는 NMR의 여러 가지 특수한 실험들과 구조의 증명을 위한 또 다른 spectroscopy 실험들을 생략할 수도 있게 하여 준다.

일반적으로 분자식과 함께 NMR 스펙트럼으로부터 새로운 물질의 구조를 알아내기 위한 과정은 아래의 순서들을 따른다.

1. 먼저 mass spectrometer로부터 얻어진 분자식으로부터 물질의 불포화 수(number of unsaturation)를 결정한다.

유기화합물질에서 불포화 수라는 개념은 탄소가 4 개의 결합을 가진다는 것에서 출발한다. 즉 단순하게 포화(saturated)된 탄화수소 화합물(alkane)이 가지고 있는 양성자의 수는 자신의 탄소의 수(n)의 2 배에 2 개의 양성자를 더 가지고(2n+2) 있게 되며 그리고 만약 이 수에 모자라는 양성자를 가지고 있다면 그 화합물은 단순한 alkane이 아니고 이중 결합이나 삼중결합 또는 원형(ring)의 구조를 가지고 있게 된다. 그러므로 불포화 수는 탄소를 포함하는 화학의 공유 결합(covalent bond)에 참여하는 원소만을 고려하게 된다. 예로 어떤 화합물이 S=O의 결합을 가지고 있다면 이 결합은 탄소를 포함하고 있지 않으며 불포화 수의 계산에서 탄소와 수소의 수에 영향을 미치지 않으므로 불포화 수로 간주될 수 없지만 어떤 화합물이 N=C나 N=O 등의 결합을 가지고 있다면 이들은 탄소를 포함하고 있고 질소는 양성자의 수의 계산에 영향을 미치므로 불포화 수로 간주 된다. 또한 산성이나 염기성의 화합물이 염(salt)을 만들고 있다면 이들 결합은 이온결합(ionic bond)이므로 이들의 산(acid)이나 염(base)에 해당하는 원소들은 불포화 수의 계산에서 제외하여야 한다. 불포화 수는 C, H, N, O, S, halogens 을 포함하고 있는 모든 유기물질에서 적용이 되며 아래와 같은 3 가지 단계의 과정으로 구할 수 있다.

a. 분자식에서 모든 halogen은 양성자로 취급한다.
b. 산소(O)와 유황(S)은 제거한다.
c. 질소(N)도 제거하고 질소의 수만큼 양성자도 제거한다.

위의 3단계는 분자식을 탄소의 수(n)와 양성자의 수(m)인 C_nH_m으로만 남겨 놓게 되며 불포화의 수(#)는 아래의 식으로 구할 수 있게 된다.

$$\# = n - (m/2) + 1$$

불포화 수는 그 화합물이 포함하는 π 결합이나 ring의 수가된다. 그러므로 예를 든다면 $C_5H_{10}NO_2Cl$의 분자식을 가지고 있는 물질은 위의 3 단계의 과정에서 염소 하나는 양성자의 수를 11 개로 만들지만 한 개의 질소가 다시 양성자 하나를 제거하게 되므로 결국 위의 분자식은 C_5H_{10}으로 간소화 할 수 있으며 불포화 수는 1($\# = 5 - (10 / 2) + 1 = 1$)이 된다. 결국 이 화합물은 하나의 π 결합이나 또는 하나의 ring을 가지고 있다는 것을 알 수 있다.

많은 경우에서 화합물이 π 결합과 ring을 같이 가지고 있는 것을 볼 수 있으며 이런 경우는 즉 ring 안에 π 결합이 있다면 각각의 합이 불포화 수가 된다. 예로 C_6H_6의 분자식을 가지고 있는 벤젠의 경우는 불포화 수($6-6/2+1=4$) 4를 가지고 있으며 이것은 3 개의 π 결합과 하나의 ring으로 되어 있으므로 4의 불포화 수를 가지게 된다.

2. 양성자(^{1}H) 스펙트럼으로부터 피크들의 적분 값을 이용하여 환경이 다른 양성자들의 상대적인 수를 알아내고 탄소(^{13}C) 스펙트럼으로부터 환경이 다른 탄소의 수를 구한다.

양성자들의 적분 값의 상대적인 비교는 먼저 스펙트럼에서 완전히 분리되어 나타나는 피크를 기준으로 하여야 한다. 그들은 단일(singlet), 이중(doublet), 삼중(triplet), 사중(quartet), 또는 다중(multiplet) 선의 피크일 수 있으며 이들이 분자의 대칭(symmetry) 때문에 각각 2 개나 4 개 또는 그 이상의 양성자에 해당되는지는 분자식에 주어진 양성자 수와 비교하여 분자의 대칭의 여부로 확인한다. 예로 ethyl ether($CH_3-CH_2-O-CH_2-CH_3$) 분자는 완전히 분리되어 나타나는 삼중선과 사중선의 피크만 보여주고 이들의 적분 값비가 3:2로 나타난다. 이 경우에 분자식에 양성자 수가 10이므로 이 분자는 대칭을 가지고 있으며 각각의 피크들이 6 개와 4 개의 양성자를 가지고 있다는 것을 확인할 수 있다.

탄소의 경우는 탄소 하나에만 양성자가 다른 원소로 치환된 벤젠 ring을 포함하고 있는 구조를 예로 보도록 하자. 이 구조에서는 양성자 스펙트럼에서 양성자의 수는 5 개를 가지는 비(ratio)를 보여 주겠지만 벤젠에 있는 탄소들의 피크는 분자의 대칭(symmetry) 때문에 6 개가 아니고 4 개만이 나타나게 된다(이때 각 탄소 피크의 크기는 양성자의 NOE라는 현상 때문에 1:2:2:1로 나타나지 않게 되고 이 현상 때문에 탄소 스펙트럼에서는 피크의 적분 값을 정량분석으로 사용할 수 없게 된다).

그림 2-1과 2-2는 분자식이 C_8H_{10}($\# = 8 - (10 / 2) + 1 = 4$)을 가지고 있는 물질(ethylbenzene)의 양성자(^{1}H)와 탄소(^{13}C)의 스펙트럼들(DEPT90, DEPT135 스펙트럼)이다.

DEPT(Distortionless Enhanced by Polarization Transfer) 실험은 양성자를 이용하여 탄소의 피크를 증가시킬 뿐만아니라 각각의 탄소가 몇개씩의 양성자를 가지고 있는지 알 수 있는 실험이다.

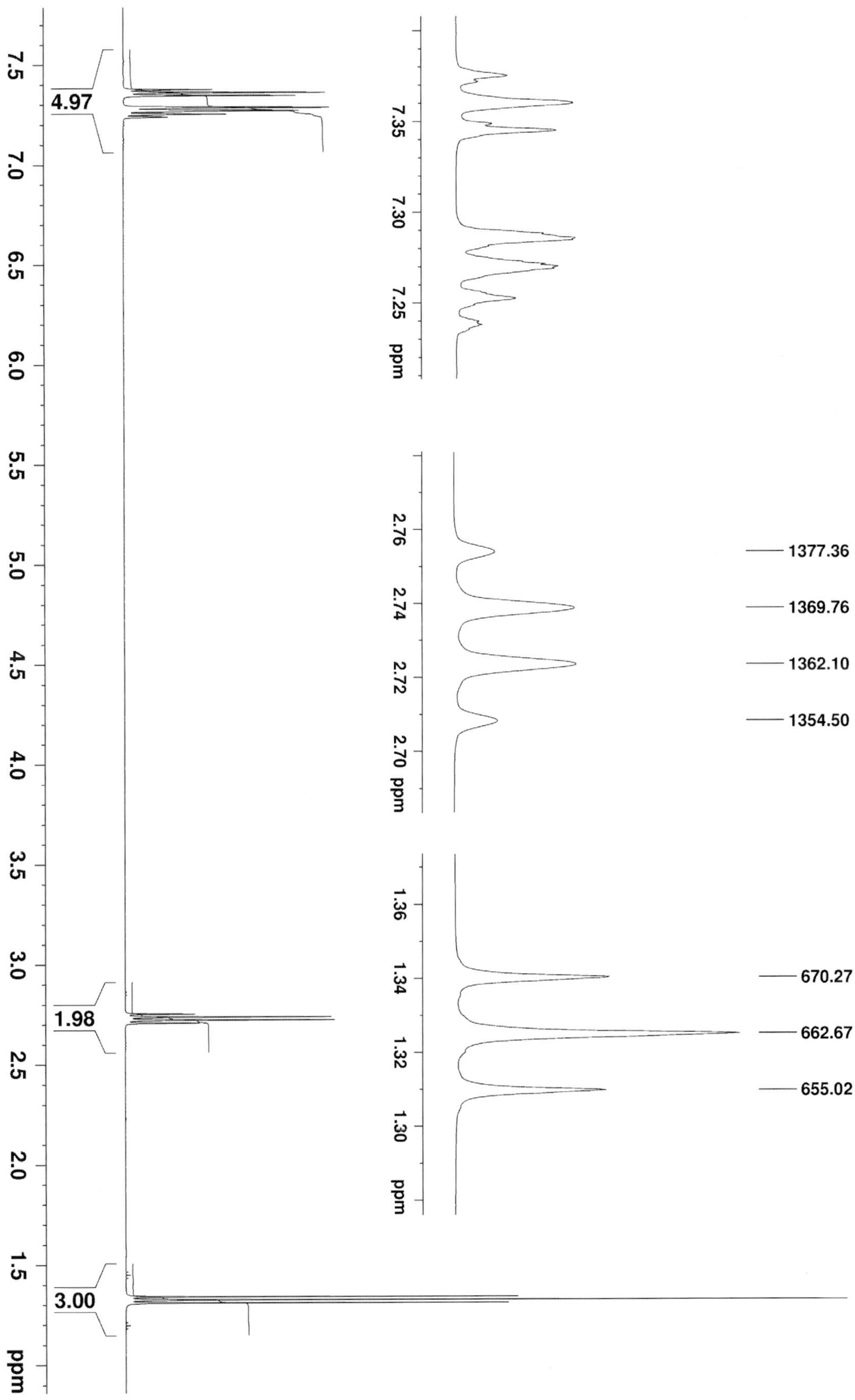

그림 2-1. 분자식 C_8H_{10}(ethylbenzene)의 500.13 MHz 양성자(^{1}H) 스펙트럼

먼저 4라는 불포화 수로부터 이 물질은 π 결합이나 ring을 가지고 있다는 것을 알 수 있으며 양성자 스펙트럼에서 환경이 다른 양성자들은 대략 3 개의 그룹으로 볼 수 있다. 먼저 삼중선(1.32 ppm)과 사중선(2.73 ppm)은 명확하게 환경이 다른 양성자들이고 다중선(7.38－7.23 ppm)으로 나타난 피크들은 그들의 화학이동 값으로 환경이 비슷하지만 여러 피크들의 겹침 때문에 명확하게 구분할 수 없다. 그렇지만 각 피크들에 그려진 적분 값을 비교하면 이 3 개의 그룹은 최소한으로 가질 수 있는 양성자의 수의 비율이 3:2:5의 비율이라는 것을 알 수 있다. 주어진 분자식에 10 개의 양성자가 있으니 이 비율이 곧 각각의 피크들이 가지고 있는 양성자들의 수가 된다.

일반적인 탄소(^{13}C) 스펙트럼은 모두 양성자를 decoupling하여 얻는 것이므로 분자의 구조에서 대칭인 탄소들이 없다면 스펙트럼에서 나타난 피크의 수가 탄소의 수가 된다. 그림 2-2(a)의 탄소(^{13}C) 스펙트럼은 77 ppm에서 삼중선으로 나타난 용매의 피크($CDCl_3$)를 제외하고 6 개의 피크를 보여주고 있고 이것은 주어진 분자식(C_8H_{10})의 탄소 수보다 2 개가 적으므로 이 분자에는 두 짝의 대칭의 탄소들이 있다는 것을 알 수 있다.

3. 위의 2 단계와 함께 양성자(^1H) 스펙트럼에서는 화학이동 값(chemical shift)과 커플링 pattern 그리고 탄소(^{13}C) 스펙트럼에서는 화학이동 값과 DEPT 스펙트럼을 이용하여 명확히 가능한 구조의 요소(functional group)들을 모두 나열한다.

이들 구조의 요소(functional group)들을 나열하기 위하여 우리는 여러 가지 물질들의 스펙트럼으로부터 얻어진 구조의 요소들이 나타내고 있는 대표적인 양성자의 화학이동 값과 탄소의 화학이동 값 그리고 질소의 화학이동 값들이 정리되어 있는 앞의 표 1-1, 2, 3을 정성적인 용도로 사용할 수 있다. 화학이동 값을 사용할 때 journal이나 data들이 정리된 참고 서적에 있는 값들을 자신의 미지 물질의 data와 비교하여 물질의 구조를 결정할 때는 그 값들을 절대적인 것으로 사용할 수 있는지를 매우 신중히 고려하여야만 한다. 왜냐하면 화학이동 값은 같은 물질인 경우에도 농도와 온도 그리고 특히 용매가 다를 때는 커다란 값의 차이가 나타나게 되므로 절대적인 값으로 사용될 수 없기 때문이다.

그림 2-1의 양성자 스펙트럼에서 먼저 화학이동 값으로 예측해 볼 때 표 1-1에 나타난 화학이동 값과 비교하여 가장 명확한 것은 7 ppm 영역에서 나타난 다중선의 피크들이 틀림없이 벤젠 ring과 같은 aromatic의 양성자들이라는 것이며 그리고 나머지 약 1-3 ppm 정도의 화학이동 값의 영역에서 나타난 삼중선과 사중 선들은 aliphatic의 양성자들이라는 것이다. 다음으로 커플링 pattern으로는 각각의 피크들의 영역을 확대한 그림으로 볼 때도 aromatic 영역의 피크들은 그들의 복잡성 때문에 구조적 특성을 알아내기 어렵지만 삼중선과 사중선은 각각 약 7.6 Hz (확대된 삼중선과 사중선들의 각각의 피크에 주어진 Hz 값의 차이로) 정도의 커플링 상수를 가지고 CH_3는 CH_2의 두 개의 양성자 때문에 삼중선으로 CH_2는 CH_3의 세 개의 양성자 때문에 사중 선으로 나타났다는 것을 알 수 있으므로 이들은 결국 CH_3-CH_2-의 구조를 가진다는 것을 알 수 있게 된다.

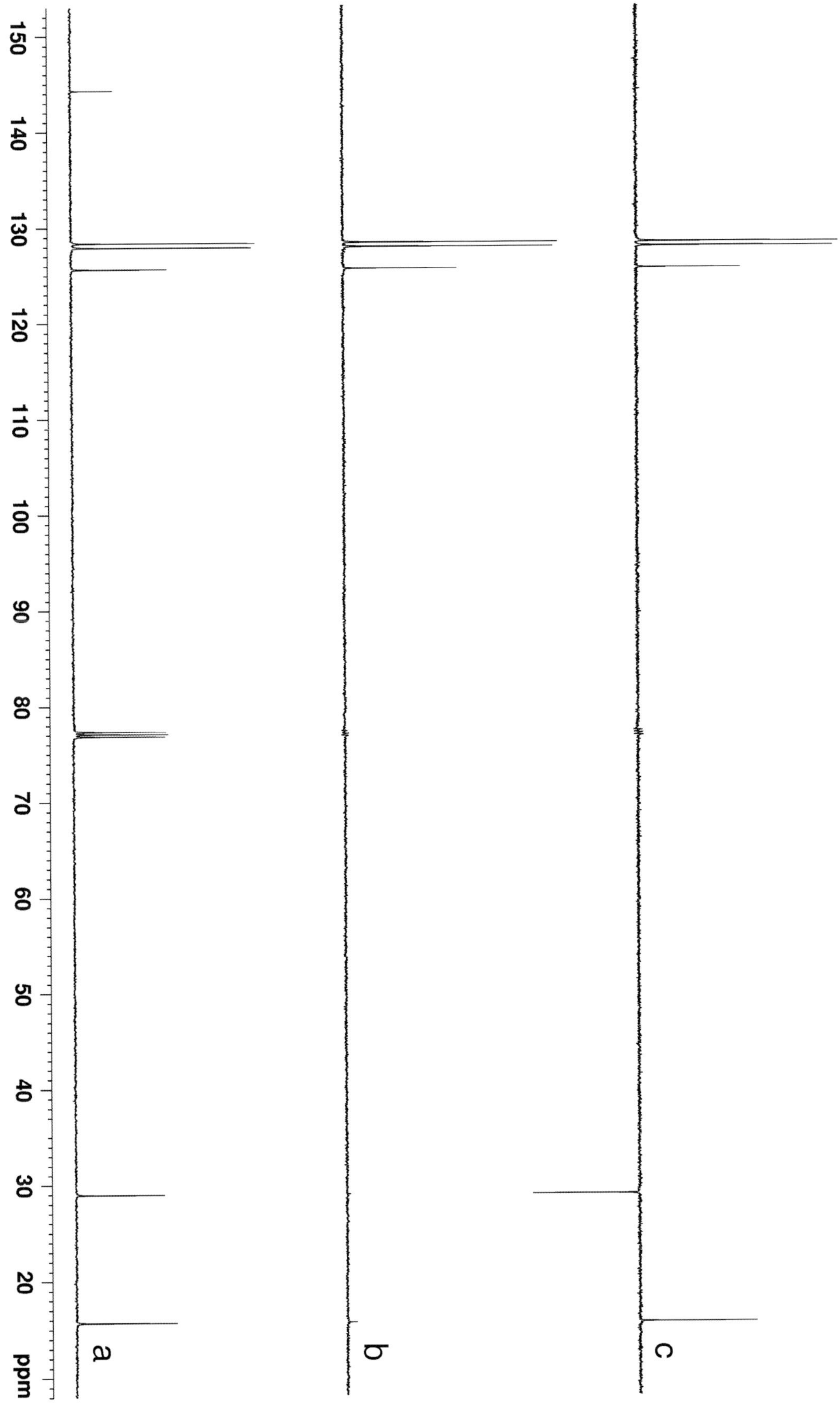

그림 2-2. 분자식 C_8H_{10}(ethylbenzene)의 125.75 MHz 탄소(^{13}C)와 DEPT 스펙트럼들

그림 2-2에서 탄소 스펙트럼과 함께 주어진 DEPT 실험의 스펙트럼들은 각 탄소들이 가지고 있는 양성자의 수를 알아낼 수 있는 실험이므로 앞에서 언급한 분자의 대칭의 문제와 결합하여 분자가 가지고 있는 각각의 탄소들의 상태(CH_3, CH_2, CH, C)와 명확한 양성자의 수를 확인할 수 있다 (양성자 스펙트럼이 매우 복잡하고 때로는 불순물들의 피크가 겹쳐서 나오면서 적분 값들의 정확한 규명이 불가능한 경우에는 특히 이 실험이 유용하다).

먼저 스펙트럼 a에서 77 ppm에서 나타난 삼중선의 피크들은 용매로 사용된 $CDCl_3$의 탄소가 중수소(deuterium: Ｉ=1)와의 커플링 때문에 나타난 피크들이다. 그리고 20-30 ppm의 영역에서 나타난 두개의 피크들은 aliphatic 탄소들이고 이미 양성자 스펙트럼에서 확인된 5 개의 양성자를 가지고 있는 벤젠 ring에 해당되는 탄소의 피크들은 화학이동 값이 예상대로 120-140 ppm의 영역에서 4 개의 피크로 나타난 것을 확인할 수 있다. 즉 치환된 탄소의 위치에서 *ortho* 위치의 두개의 탄소와 *meta* 위치의 두 개의 탄소들은 대칭이므로 각각 하나씩의 피크로 나타나게 된다. 그리고 약 144 ppm 영역의 피크는 다른 피크들보다 유난히 작은 것을 볼 수 있다. 이것은 양성자를 가지고 있는 탄소들은 NOE라는 현상 때문에 피크들이 커진 반면에 양성자를 가지고 있지 않은 위치의 탄소(다른 원소로 치환된)는 NOE 현상이 없기 때문에 상대적으로 피크의 크기가 작게 나타난 것이다. 즉 이 작은 피크가 ipso 위치에 있는 탄소라는 것을 예상할 수 있다. 나머지 3 개의 피크들 중 약 128 ppm 영역에서 나타난 두개의 커다란 피크들은 각각을 정확하게 규명할 수는 없지만 대략적인 피크의 크기 (intensity)로만 보아도 대칭 때문에 두개의 탄소들이 하나로 나타나는 *ortho*와 *meta*의 탄소들이며 상대적으로 작은 126 ppm 영역의 피크가 *para* 위치의 하나의 탄소 피크라는 것을 예상할 수 있다.

이 예측은 DEPT 실험으로 얻어진 스펙트럼 b(DEPT90)와 c(DEPT135)에서 각각 확인할 수 있다. 즉 CH 탄소만 보여주는 실험 스펙트럼 b에서는 CH에 해당되는 3 개 (실제는 5 개)의 탄소들(125-130 ppm)만 나타나 있고 CH와 CH_3는 양(positive) 그리고 CH_2는 음(negative)으로 나타나는 실험 스펙트럼 c에서는 CH 피크들을 포함하여 음(negative)으로 나타난 CH_2 (29 ppm) 피크와 양(positive)으로 나타난 CH_3 (16 ppm)가 나타나 있다. 마지막으로 탄소 스펙트럼 a에서 나타나 있지만 DEPT 스펙트럼에서는 나타나지 않는 144 ppm의 피크는 양성자를 가지고 있지 않은 ipso 위치의 탄소라는 것을 증명할 수 있다.

이들 모두를 종합한 결론은 결국 두 짝의 대칭의 탄소들을 포함하면서 8 개의 탄소와 10 개의 양성자를 가질 수 있는 이 물질의 구조 요소들은 아래와 같이 나열할 수 있다.

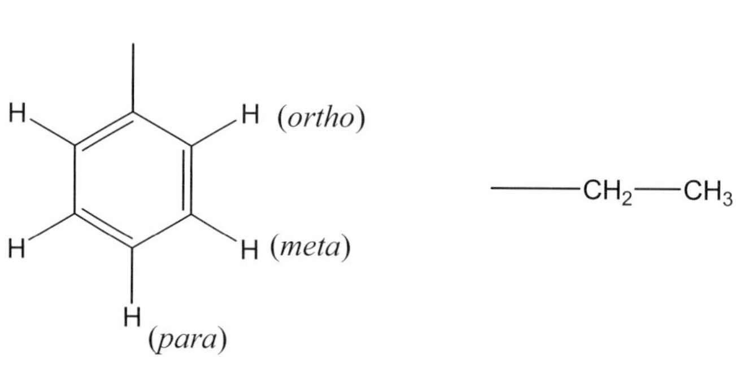

비록 지금 우리는 초보자의 단계에서 논리적으로 분자 구조의 요소들을 유도해 내기 위해서 모든 수순들을 밟아나가고 있지만 이러한 과정을 습득하고 나면 비교적 간단한 분자의 구조를 가지고 있는 물질들의 경우에는 위의 구체적인 수순 없이 화학이동 값들과 양성자의 커플링 pattern들의 사용만으로도 쉽게 이들의

구조 요소들을 예측할 수 있게 된다. 즉 위의 양성자 스펙트럼에서는 화학이동 값과 커플링 pattern들로 ethyl(CH_3-CH_2-) 그룹이 있다는 것을 알게 될 것이며 양성자의 7 ppm 영역의 다중도 피크들과 함께 탄소의 120 ppm 영역에서 피크들과 그 intensity들로 벤젠 ring의 존재를 쉽게 예측할 수 있게 될 것이다.

결국 미지 물질들의 구조의 요소들은 하나의 결합을 가져야하는 CH_3-, CH_3-CH_2- 또는 두 개의 결합을 해야 하는 $-CH_2-$, $=C$나 $-C(=O)-$ 또는 세 개의 결합을 가져야하는 $-CH$, N 또는 네 개의 결합을 가져야 하는 C 등으로 나눌 수 있으며 이들 모두를 합하여 주어진 분자식과 비교하면 2 번 과정에서 알아낸 일부분의 대칭(symmetry)을 포함한 분자구조 전체의 대칭 문제는 명확하게 해결된다.

4. 마지막 단계는 위에서 나열한 모든 구조의 요소들을 얻어진 모든 NMR 스펙트럼들 특히 2D NMR 스펙트럼의 특징들을 설명할 수 있도록 조합한다.

각 구조의 요소들이 여러 개가 있는 경우에는 그들을 조합할 때 여러 가지 다른 구조의 분자로 조합할 수 있는 가능성이 있을 것이다. 그러나 분자량이 작고 간단한 구조의 물질인 경우에는 단순한 1D 스펙트럼과 유기화학의 기본지식만으로도 대부분 바른 구조를 구별하는 것이 가능할 것이다. 즉 위의 과정에서 알아낸 두 개의 구조 요소들 즉 ethyl 그룹과 벤젠 ring과 같은 간단한 경우에는 각각의 요소들이 하나씩의 결합만을 남겨두고 있으므로 그들이 결합하는 것 이외에는 다른 구조의 가능성이 없게 된다. 그리고 유도된 구조(ethylbenzene)는 양성자 스펙트럼에서 양성자의 수와 일치하고 화학이동 값들이 이미 알고 있는 화학이동 값(표 1-1)들과 정성적으로 일치하고 있으므로 스펙트럼을 잘 설명하고 있다. 또한 탄소 스펙트럼에서도 유도된 구조에서 나타날 수 있는 화학이동 값들이 표 1-2의 탄소의 화학이동 값들과 정성적으로 일치하는 것은 구조의 조합이 올바르게 이루어 졌다는 것을 설명하는 것이다.

비록 여기에서 벤젠 ring에 있는 양성자와 탄소들의 정확한 규명없이 (실제로 위의 양성자와 DEPT 실험을 포함한 탄소의 스펙트럼들만으로는 이들의 규명이 불가능하다) 정성적인 해석만으로 구조를 유도하였지만 기본적인 유기화학의 지식만 있는 사람이라면 아무도 이의를 제기할 수 없다는 것을 알 수 있다. 이와 같은 정성적인 스펙트럼의 해석으로 구조를 유도한다는 것은 간단한 구조이므로 가능한 것이고 분자량이 크고 복잡한 구조의 물질에서는 많은 다른 조합의 가능성이 존재할 것이며 각 피크들의 완전한 규명이 없이는 많은 경우 구조의 유도가 불가능하게 된다. 이들의 완전한 규명을 위해서는 지금까지의 화학이동 값과 양성자의 커플링 pattern과 상수(표 1-4)에 관한 지식 이외에도 여러 가지 2D 스펙트럼들을 사용하여야만 가능하게 될 것이다. 특히 양성자를 가지고 있지 않은 carbonyl group 이나 quaternary 탄소를 포함한 물질들의 경우 2D 스펙트럼인 HSQC 스펙트럼과 함께 양성자와 탄소사이의 2-bonds나 3-bonds의 커플링을 이용한 HMBC 스펙트럼을 이용하여야만 여러 가지 가능한 구조들의 조합 중 명확한 구조의 구분이 가능하게 될 것이다. 즉 역으로 최종적으로 얻어진 구조가 HMBC 스펙트럼을 포함한 다른 2D NMR 스펙트럼들의 모든 결과들 (이들 모두가 구조를 유도하기 위해서 사용되지 않을 수도 있다)을 설명하지 못한다면 그것은 올바른 구조가 아니라는 것을 증명하는 것이다. 그러므로 이러한 논리로부터 우리는 스펙트럼들로부터 얻어지는 최소한의 결과들을 이용하여 우선 가능한 구조들을 예측한 후 역으로 이들을 2D 스펙트럼에 적용시켜 가는 것도 구조 해석의 또 다른 하나의 방법이라는 것을 알게 될 것이다. 이것이 우리가 다음 절에서 여러 가지 2D 실험 스펙트럼들을 공부하게 될 이유이다.

3 Two-Dimensional(2D) NMR 스펙트럼의 해석

앞에서 볼 수 있었던 것과 같이 1D(one-dimensional) 양성자와 탄소의 스펙트럼들만으로는 때로는 단순한 분자로부터 얻어진 스펙트럼들도 완전한 규명이 불가능하다. 즉 위의 예에서 ethylbenzene의 벤젠 ring에 있는 양성자와 탄소의 완전한 규명이 불가능 하였다. 그렇지만 이들로부터 구조를 알아내는 일이 가능하였다. 이와 같이 간단한 구조를 가지고 있는 물질들의 구조는 스펙트럼에서 피크들의 완전한 규명이 이루어지지 않더라도 가능할 수 있다. 그러나 복잡한 분자의 경우에는 이러한 피크들의 불완전한 규명으로는 완전한 구조를 유도해낸다는 것은 불가능하며 이들의 완성을 위하여 2D 실험의 스펙트럼들을 사용하게 된다. 우리는 아래에서 이들 2D의 이론이 아닌 이미 얻어진 스펙트럼들을 사용하여 어떻게 구조에 응용이 되어 최종의 구조를 유도해 낼 수 있는지를 공부하도록 한다.

현재까지 사용되고 있는 2D 실험들이 비록 수백 개에 이르지만 이들을 크게 분류한다면 각각이 여러 종류의 대표적인 실험들을 포함하고 있는 아래의 3 분야로 구분할 수 있다.

1. **화학이동 상호관계 실험(chemical shift correlation spectroscopy)**
   a. 동핵종의 화학이동 상호관계 실험(homonuclear correlation)
      *COSY(COrrelation SpectroscopY)
      *TOCSY(TOtal Correlation SpectorscopY)
      *NOESY(Nuclear Overhauser Effect SpectroscopY)
   b. 타핵종의 화학이동 상호관계 실험(heteronuclear correlation)
      *HMQC(Heteronuclear Multiple Quantum Correlation)
      *HSQC(Heteronuclear Single Quantum Correlation)
      *HMBC(Heteronuclear Multiple Bond Correlation)

2. **J-분별 실험(J-resolved spectorscopy)**
   a. 동핵종의 J-분별(homonuclear J-resolved) 실험
   b. 타핵종의 J-분별(heteronuclear J-resolved) 실험

3. **multiple quantum spectroscopy**
   a. INADEQUATE(Incredible Natural Abundance DoublE QUAntum Transfer Experiment) 실험

위에 나열한 실험들이 우리가 이 책에서 볼 수 있는 스펙트럼들과 관련이 있는 실험들이며 이들의 설명을 위하여 앞의 1D의 스펙트럼에서 사용된 ethylbenzene을 이용하였다.

먼저 우리는 이론적으로 양자역학(quantum mechanics)의 서술 없이는 설명이 가장 어려운 실험 중에 하나이면서도 2D 실험에서 가장 많이 그리고 보편적으로 사용하는 COSY(그림 3-1) 스펙트럼을 보도록 하자. 사각형 좌측의 하단 꼭지점과 우측의 상단 꼭지점을 연결하면 생겨날 수 있는 diagonal 선 위에 나타나 있는 diagonal peak(contour)들을 x와 y 축의 화학이동 값에 투영하면 1D 스펙트럼의 화학이동 값과 같

은 위치에 나타나 있으므로 이들 피크들이 2D 스펙트럼을 얻으려는 목적이 아니지만 diagonal 선을 벗어나서 나타나면서 두 diagonal peak들의 정사각형의 꼭지점을 차지하고 있는 cross peak라고 부르는 것들을 얻으려는 것이 COSY 실험의 목적이다. 즉 ethylbenzene의 CH_3-와 CH_2-가 연결이 되어 있다는 것은 1D 스펙트럼에서 두 종류의 양성자들이 같은 커플링 상수를 가지고 있다는 것으로 증명되었지만 COSY 스펙트럼에서는 이들 두 개의 요소들이 연결되어 있어 양성자들이 커플링 하고 있다는 증거가 바로 이 cross peak를 가지고 있다는 것으로 나타나게 된다.

비록 간단한 분자에서는 구조의 해석을 이끌어 내기 위해서 1D와 2D의 스펙트럼이 아무런 차이점을 주고 있지 않은 것 같지만 아주 많은 피크들이 나타나는 복잡한 1D 스펙트럼에서 서로 같은 커플링 상수를 찾아서 그들 요소들을 연결해 나가는 것을 상상한다면 COSY 스펙트럼의 이용이 얼마나 편리하고 유용한 방법인지를 알 수 있다. 앞의 1D 스펙트럼에서 벤젠 ring에 있는 양성자들은 복잡한 피크들의 겹침 때문에 더 이상의

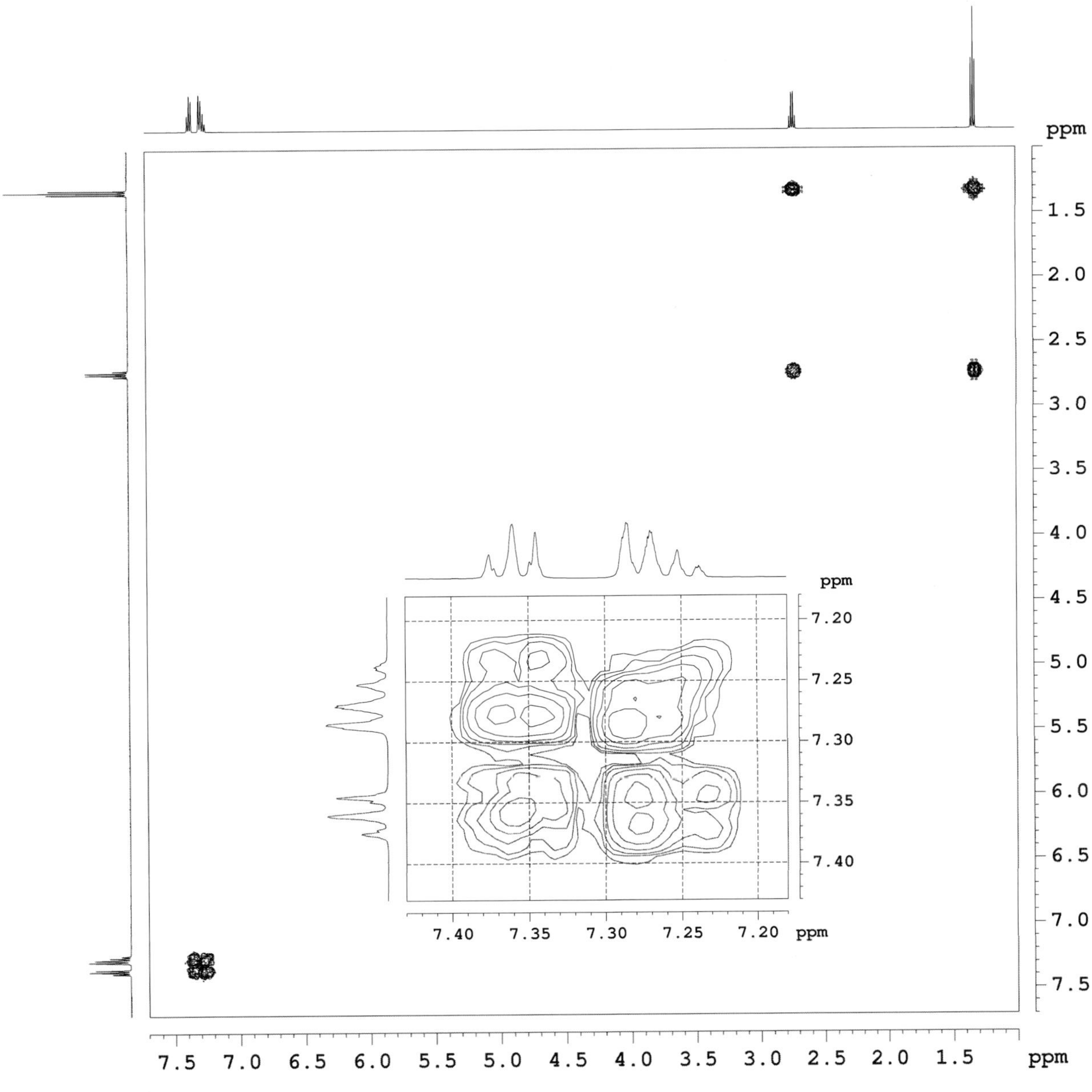

그림 3-1. Ethylbenzene의 COSY 스펙트럼

규명이 이루어 질수 없었지만 COSY 스펙트럼에는 확대하여 놓은 그림을 보면 확실하게 제일 down-field (7.36 ppm)에서 나오는 피크의 그룹은 분명하게 up-field(7.28, 7.23 ppm)에서 나타나는 두 그룹의 피크들과 cross peak를 보여주고 있으므로 서로 커플링을 하고 있다는 것은 알아 낼 수 있다. 물론 이 방법도 더 이상의 자세한 규명을 할 수 없음을 알 수 있다. 이들을 명확하게 규명할 수 있는 아래의 다른 2D 실험들을 설명하기 전에 먼저 우리는 COSY 실험과 연관된 즉 양성자들 사이에 일어나는 커플링을 이용하는 다른 종류의 실험들을 살펴보기로 하자.

COSY 실험을 약간 변형한 long-range COSY 실험은 실험제목이 의미하는 것과 같이 양성자 사이에서 일어나는 작은 커플링을 이용하는 실험이다. 양성자들 사이에서 일어나는 커플링은 그림 3-1의 양성자 스펙트럼에서 CH_3와 CH_2 사이에서 일어나는 vicinal(3-bond) 커플링 같이 커다란 상수를 가지며 각 요소들에 있는 양성자들의 커플링을 명확하게 볼 수 있도록 splitting 시키기도 하지만 일반적인 양성자 스펙트럼에서

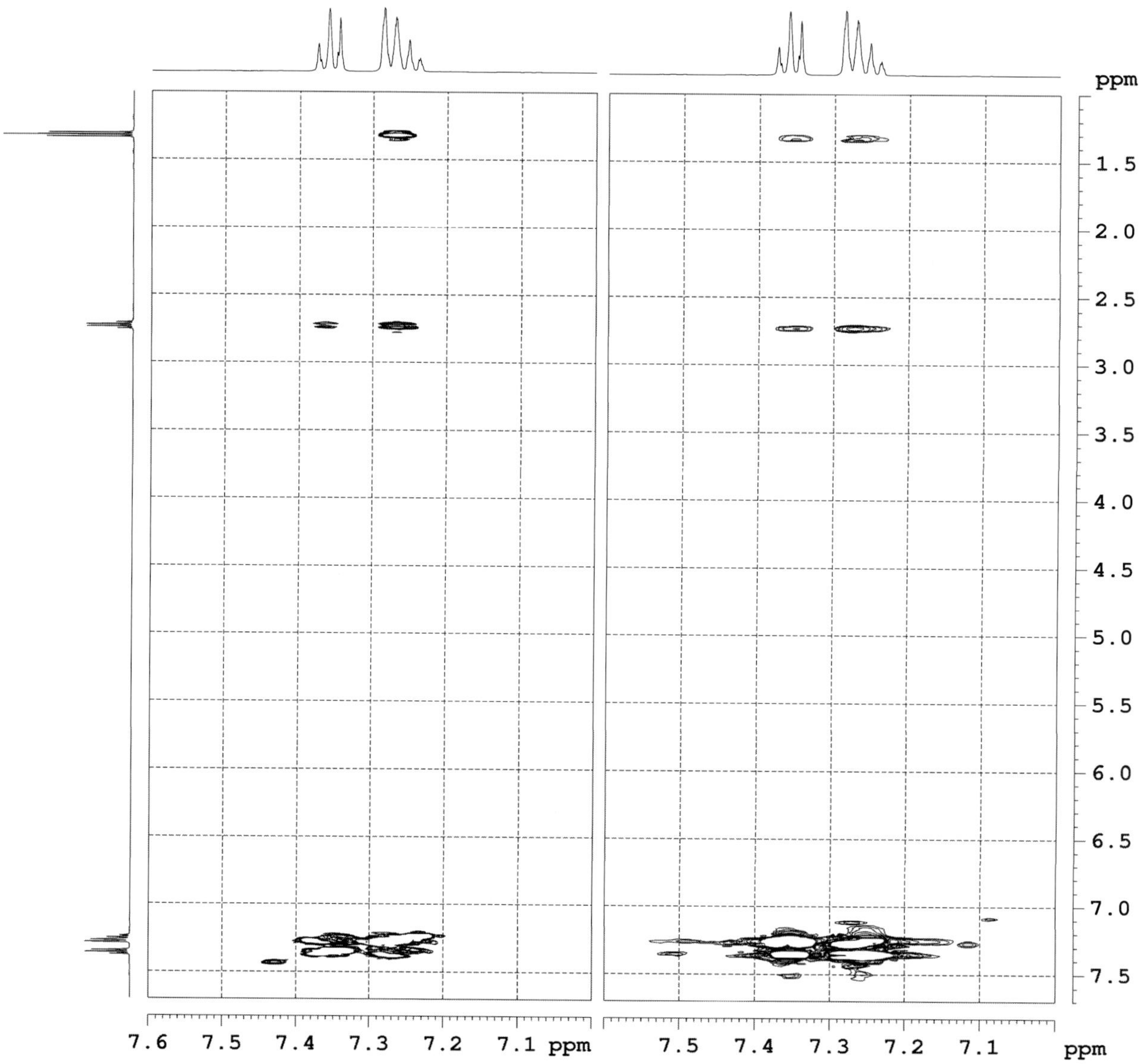

그림 3-2. Ethylbenzene의 long-rang COSY(좌측)와 TOCSY(우측)의 부분 스펙트럼

는 명확하게 나타날 수 없는 1 Hz 보다도 적은 상수들을 가지는 것들(4-, 또는 5-bond 등)도 있다. 그림 2-1의 CH_3와 CH_2의 피크들을 같은 크기의 넓이로 확대하여 그려놓은 피크들을 보면 CH_2의 사중선 피크들의 넓이가 CH_3의 삼중선들의 것 보다 많이 넓은 것을 볼 수 있다. 이것은 CH_2의 양성자가 4-bond 떨어져 있는 벤젠 ring에 있는 *ortho* 위치의 양성자들과 작은 커플링을 하고 있기 때문이다. 이러한 작은 커플링을 보여주는 양성자들 사이의 관계를 long-range COSY 스펙트럼에서는 확인할 수 있다.

TOCSY 실험은 양성자 커플링들이 나타나는 것을 mixing 펄스의 시간으로 조절할 수 있는 방법으로 COSY나 long-range COSY에서 보여주는 양성자들 사이에서 일어나는 직접적(direct)인 커플링과는 다르게 양성자들 사이에서 직접적인 커플링이 없는 것들도 이들 사이에서 각각과 커플링하고 있는 중개자 역할의 양성자가 있다면 이들 전체의 커플링들이 일어날 수 있게 하는 실험이다. 즉 양성자 A와 C는 커플링을 하고 있지 않지만 B라는 양성자가 이들 두 양성자와 커플링을 하고 있다면 A-B, B-C, A-C의 모든 커플링들을 cross peak로 나타나게하여 A-B-C가 연결이 되어 있다는 것을 증명하는 방법이다.

그림 3-2는 long-range COSY와 TOCSY의 실험 스펙트럼의 일부분을 확대한 것이다. 두 스펙트럼 모두 x 축에는 벤젠 ring에 있는 양성자들만 나타나게 하였다. 여기에서 나타난 결과는 그림 3-1의 COSY 스펙트럼에서는 나타나지 않았던 CH_2와 벤젠 ring에 있는 양성자들 사이에 cross peak가 나타나 있는 것을 볼 수 있다. 좌측의 long-range COSY 스펙트럼에서 확실한 결론은 벤젠 ring의 양성자들 중 *meta* 위치의 양성자들이 down-field(7.36 ppm)에서 나오고 있다는 것이다. 즉 up-field(7.28 ppm)에서 나타나는 *ortho* 양성자들은 CH_3와 CH_2 모두와 4-, 5-bond 떨어져 있으면서 cross peak를 보여주고 있지만 down-field의 피크들인 *meta* 양성자들은 5-bond 떨어져 있는 CH_2와는 cross peak를 보여주고 있지만 6-bond 떨어져 있는 CH_3와는 cross peak를 보여주고 있지 않기 때문이다.

오른쪽의 TOCSY 스펙트럼은 mixing 펄스(spin-lock)를 사용하여 이들의 시간을 조정하면서 커플링을 하고 있는 양성자들을 차례로 관찰할 수 있는 실험으로 여기에서는 long-range COSY 스펙트럼에서 볼 수 없었던 6-bond 떨어져 있는 CH_3와 벤젠의 *meta* 양성자들과의 cross peak를 보여주고 있다.

이제까지는 화학 결합으로 연결되어 있는 양성자와 양성자 사이에서 일어나는 스칼라 커플링(scalar coupling)을 이용하여 그들의 연결 관계를 확인하였지만 아래에서는 용어는 같은 커플링이지만 공간을 통해서 일어나는 커플링 (이들을 dipolar coupling이라고 함)을 이용하는 실험인 NOESY 스펙트럼에 관해서 알아보도록 한다.

양성자들은 화학 결합으로는 수십 개 또는 수백 개의 거리로 떨어져 있다고 하더라도 공간적으로 서로 가까이 (<4.5Å) 위치하게 되면 양성자들 사이에 일어나는 dipolar coupling 때문에 서로의 이완시간(relaxation time: T_1)에 영향을 미치게 된다. 바로 이 현상을 이용하여 우리는 분자에서 양성자들이 이루고 있는 평형 상태를 교란(perturbation)을 시킨 후 이들의 이완을 관찰하게 되면 서로 가까이 위치하고 있는 양성자들 사이에서는 NOE(Nuclear Overhauser Effect)라는 현상이 일어난다는 것을 알 수 있으며 이들을 이용하여 양성자들의 공간적 위치를 확인할 수 있다.

그림 3-3이 ethylbenzene의 2D NOESY 스펙트럼이다. COSY 스펙트럼과 닮은 이 스펙트럼은 cross peak가 NOE 피크들이다. 이 스펙트럼에서 cross peak들이 NOE 피크라는 것은 피크들의 phase로 확인을 할 수 있다. 즉 diagonal 피크는 negative로 나타나 있고 cross peak들은 positive로 나타나는 것으로 NOE 피크라는 것을 확인할 수 있다 (여러 가지 변수들이 있지만 NOE의 피크는 일반적으로 small molecule에서는 diagonal peak와 반대의 phase를 가지고 나타나며 large molecule에서는 같은 phase를 가지고

나타난다).

Ethylbenzene에서 CH_3와 CH_2의 양성자들은 인접하여 있으므로 NOESY 스펙트럼에서 예상대로 NOE 피크를 보여주고 있다. 다음으로 우리는 CH_2의 양성자들이 benzene ring의 *ortho* 양성자들과 NOE를 보여줄 것으로 예상할 수 있다. 이미 앞의 long-range COSY 스펙트럼에서 *ortho* 양성자들은 benzene ring의 양성자들 중에서 up-field(7.28 ppm)에서 나타나는 것으로 규명하였으므로 NOESY 스펙트럼에서도 CH_2 양성자들은 7.28 ppm에서 나타나는 양성자들과 NOE 피크를 보여줄 것으로 예상할 수 있다. 그림 3-3 NOESY 스펙트럼은 이들 사이에 NOE가 있음을 잘 보여주고 있으므로 앞에서의 *ortho* 양성자에 대한 규명이 올바르다는 것을 확인할 수 있다.

2D NOESY 실험은 분자내의 모든 양성자들을 동시에 교란을 시킨 후 이들 전체의 NOE를 관찰하는 방법이지만 많은 경우 우리는 분자내의 모든 양성자들의 NOE가 분자구조의 유도를 위해서 필요하지 않은 경우

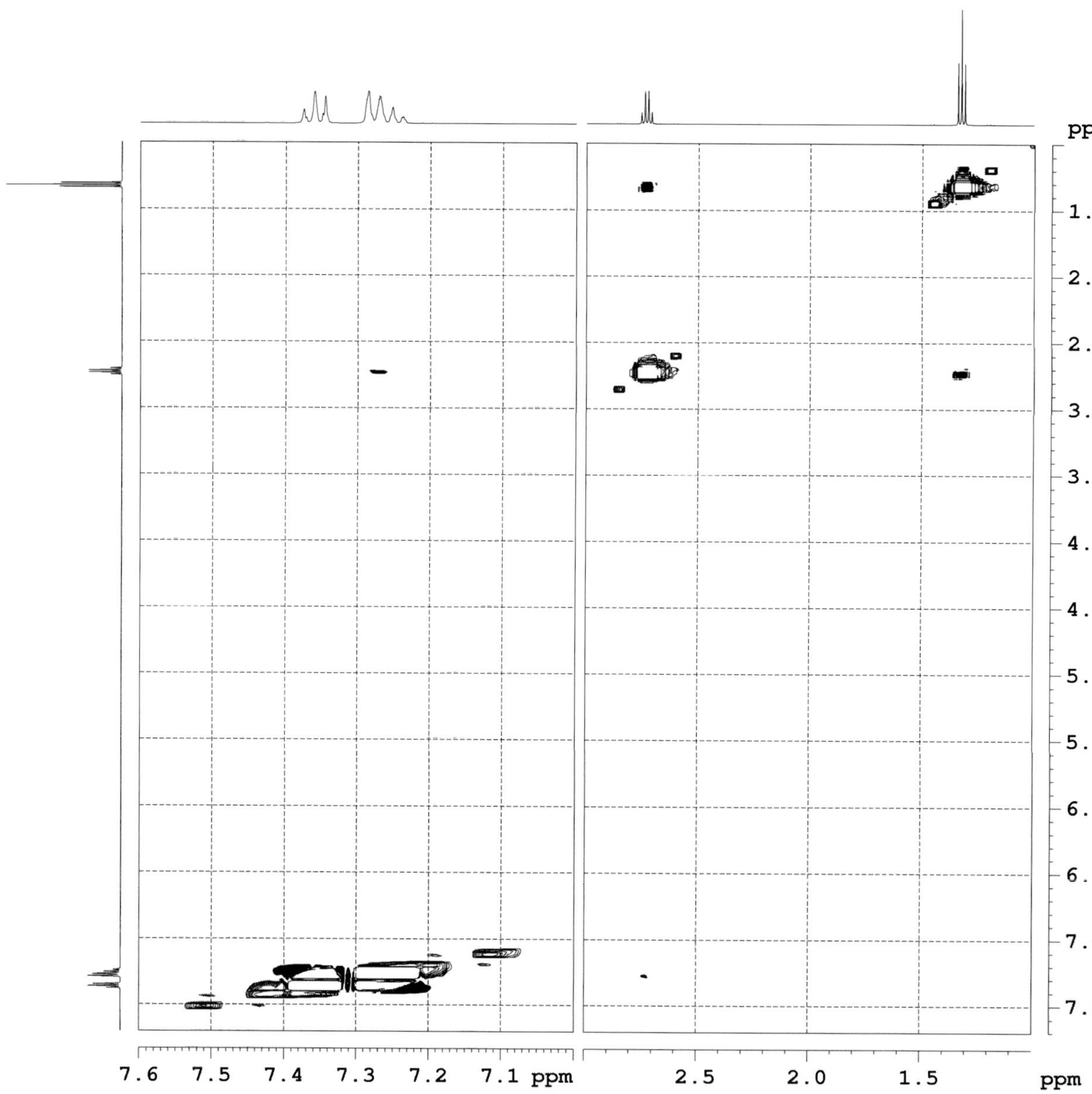

그림 3-3. Ethylbenzene의 2D NOESY 스펙트럼. Diagonal peak는 negative이고 cross peak는 positive이다.

가 있다. 실제로 많은 실험시간이 필요한 이 실험보다 때로는 어떤 특정한 양성자들만의 NOE가 필요할 때는 시간을 많이 단축할 수 있고 간단한 1D-NOESY (때로는 NOE difference) 스펙트럼을 이용하게 된다.

그림 3-4는 바로 이런 목적을 위하여 CH_2의 양성자만을 교란시킨 후 NOE를 관찰한 스펙트럼이다. 참고로 같이 보여준 단순 양성자 스펙트럼과 비교하여 보면 benzene ring의 어떤 양성자가 *ortho* 양성자인지를 알 수 있으며 이 결과는 앞에서 얻어진 결과와 일치함을 알 수 있다.

위의 결과들의 예에서 알 수 있듯이 스펙트럼에서 구조를 유도해내는 과정에서 요소들을 구하고 그들 조합의 완성이 올바르게 이루어졌다면 하나의 실험에서 얻은 결과가 다른 실험에서의 결과와 일치하여야만 한다는 것이다.

우리는 이제까지 설명한 1D 양성자와 탄소의 스펙트럼 그리고 양성자의 커플링들을 이용한 여러 가지 2D 스펙트럼들이 ethylbenzene을 구성하고 있는 요소들과 이들의 정확한 조합을 위해서 충분하고도 남는 data들이였지만 아직도 benzene ring에서의 양성자들과 탄소 스펙트럼에서 benzene ring의 *ortho*와 *meta* 위치의 탄소들의 명확한 규명을 할 수 없다는 것을 알 수 있다. 이제 이러한 문제들을 해결할 수 있는 또 다른 2D 실험 스펙트럼들을 공부하기로 한다.

먼저 양성자와 탄소 사이에서 일어나는 커플링을 이용하는 C-H correlation 실험을 보도록 하자. 양성자와 양성자 사이에서 일어나는 커플링과 같이 양성자와 탄소 사이에도 커플링이 일어난다. 이들의 1-bond(${}^1J$) 커플링 상수는 sp^3, sp^2, sp 성격의 탄소와 양성자들에 따라서 약 120, 160, 250 Hz 정도의 값으로 나타난다. 이들 양성자와 탄소들 사이의 long-range 커플링인 2-bond(${}^2J$)와 3-bond(${}^3J$)들은 약 1-15 Hz 정도의 넓은 범위의 값을 가지고 있다. 일반적으로 ${}^3J$ 값이 ${}^2J$ 보다 크고 이들 보다 더 멀리 떨어져 있는 4-bond 이상의 값은 매우 작지만 이들의 증거를 때로는 2D 스펙트럼에서 관찰할 수 있다. 그림 3-5가 이들 탄소와 양성자들 사이의 커플링을 보기 위하여 양성자를 decoupling 하지 않은 탄소 스펙트럼이다.

그림 2-2에서 우리는 양성자와 탄소들의 커플링을 제거하여 모든 탄소들이 단일 피크로 나타난 것을 보았고 이들은 또 DEPT 실험을 이용하여 양성자들을 몇 개씩 가지고 있는지를 확인하였다. 먼저 가장 up-field에서 나타난 CH_3로 규명한 피크는 그림 3-5에서 예상대로 3 개의 양성자와 1-bond의 커플링을 하여 약 125 Hz의 사중선으로 나타났으며 이들의 각각은 다시 바로 옆의 CH_2의 양성자들과 2-bond의 커플링을 하여 약 5 Hz 정도의 삼중선으로 나타난 것을 볼 수 있다(이 스펙트럼은 125.75 MHz로 얻은 것이므로 화학이동 값이 1 ppm의 차이라는 것은 약 125 Hz라는 것을 알 수 있으므로 각 피크들의 Hz 값이 주어지지 않았음에도 불구하고 대략적인 화학이동 값의 차이로 커플링 상수 값을 알 수 있다). 같은 메카니즘으로 CH_2의 탄소는 두 개의 양성자와는 1-bond의 커플링으로 삼중선 그리고 그들 각각은 바로 옆의 CH_3의 3 개의 양성자들과 2-bond의 커플링으로 사중선으로 나타날 것으로 예상할 수 있지만 실제로 확대하여 놓은 스펙트럼은 각각이 6 개의 피크들로 나타난 것을 볼 수 있나. 이것은 바로 벤젠 ring에 있는 *ortho*의 두 개의 양성자들이 2-bond의 커플링 상수 값과 비슷한 3-bond의 커플링을 하였기 때문이다.

벤젠 ring에 있는 탄소 피크들 중에서 양성자를 하나씩 가지고 있는 탄소들은 먼저 그들 양성자들과 1-bond의 약 160 Hz 정도의 커플링으로 분리된 후 다른 탄소에 있는 양성자들과 3-bond (약 7 Hz) 또는 2-bond (약 1 Hz)의 커플링으로 분리되어 나타날 것이므로 확대한 스펙트럼에서 쉽게 그들을 확인할 수 있다. 즉 약 124.8과 126.1 ppm에서 각각 삼중선으로 나타난 탄소는 *para* 위치의 탄소로 자신이 가지고 있는 양성자와 약 160 Hz로 분리된 후 *ortho* 위치에 있는 두 개의 양성자와 약 7 Hz의 3-bond 커플링을 하여 삼중선을 보여주고 있다 (이 탄소 스펙트럼에서 2-bond 커플링인 약 1 Hz의 커플링은 더 확대

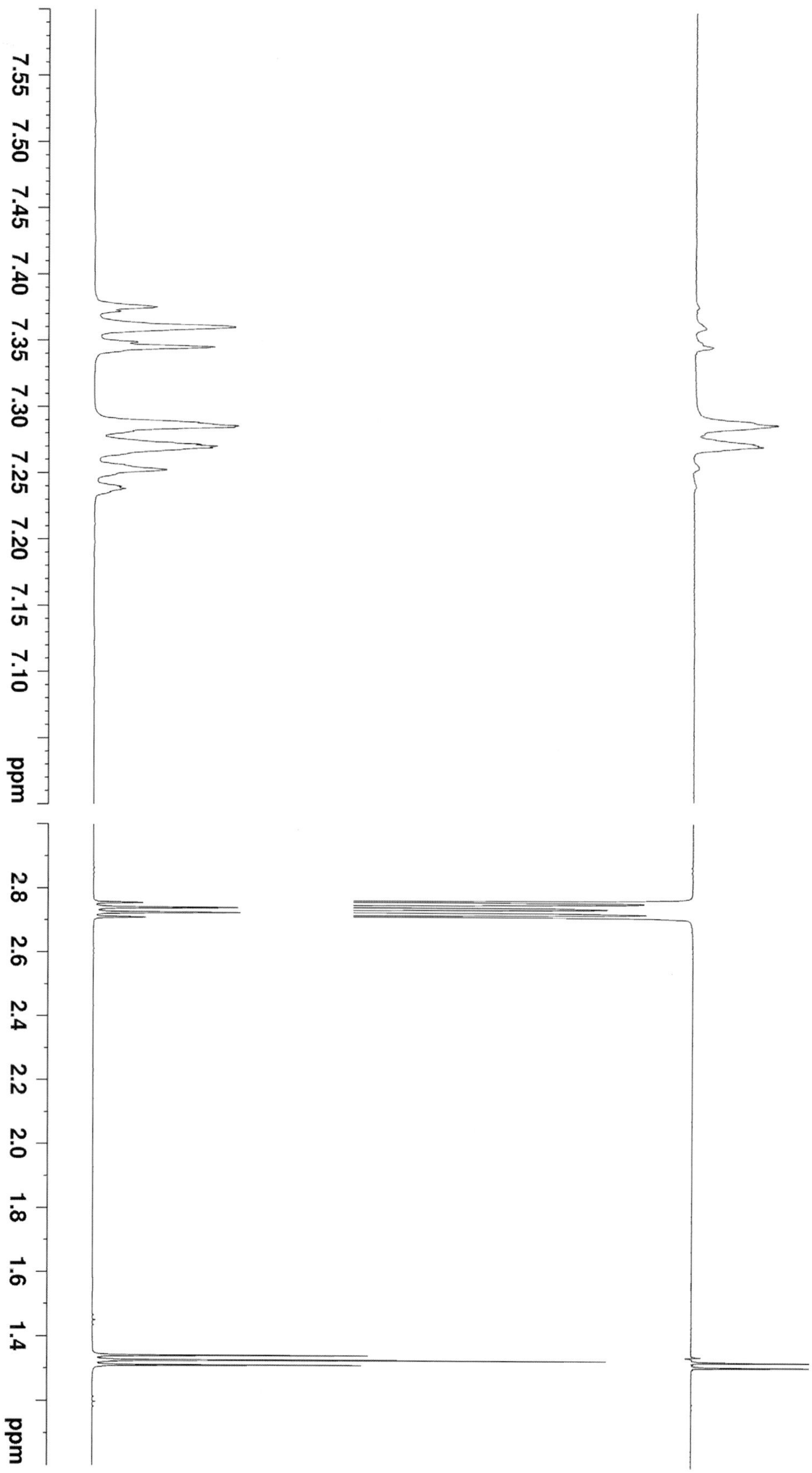

그림 3-4. Ethylbenzene의 1D 스펙트럼과 1D-NOESY 스펙트럼

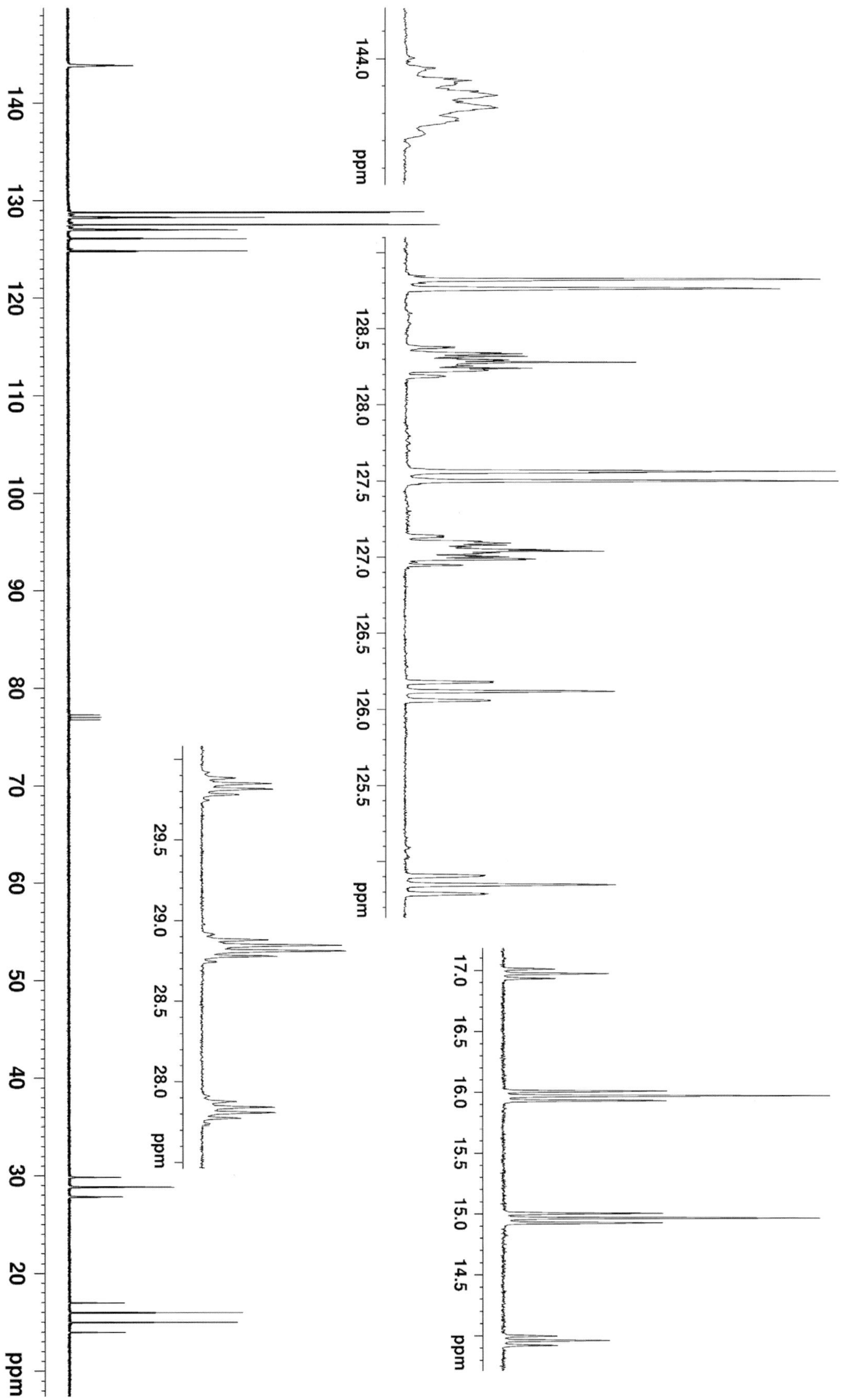

그림 3-5. 양성자를 decoupling하지 않은 ethylbenzene의 탄소 스펙트럼(125.75 MHz)

하면 볼 수 있음). 앞에서 구분할 수 없었던 *ortho*와 *meta* 위치의 탄소들은 이제 이중선으로 나타난 짝과 다중선으로 나타난 짝들 중에 속하는데 *ortho* 양성자들은 이미 앞에서 CH_2의 탄소와 3-bond 커플링 하는 것을 보았으므로 반대로 CH_2의 양성자들이 *ortho* 위치의 탄소와 3-bond 커플링 할 것이라는 것을 예상할 수 있다. 그러므로 다중선으로 나타나는 짝이 *ortho* 위치의 탄소이고 *meta* 위치의 탄소는 대칭의 탄소에 있는 양성자와 약 7 Hz의 3-bond 커플링 하여 이중선으로 더 분리되어 나타나고 있다. 그리고 양성자를 가지고 있지 않은 ipso 탄소는 2-와 3-bond의 작은 커플링들만 가지고 있으므로 약 143.8 ppm에서 작은 커플링들을 가지고 나타나는 다중도의 피크로 규명할 수 있다.

지금까지는 탄소들의 피크를 규명하기위하여 1D 스펙트럼에서 DEPT 실험과 양성자와 탄소 사이에서 일어나는 커플링의 크기들을 이용하였고 서로 상호적으로 잘 일치하고 있다. 그러나 위의 ethylbenzene과 같은 작은 분자에서처럼 이러한 실험 방법으로 탄소들이 20 개나 30 개 또는 그 이상이 되는 복잡한 분자들에서 모든 탄소의 피크들을 규명할 수 있을까? 먼저 탄소와 양성자의 커다란 1-bond 커플링 상수만 생각해 보아도 커플링 때문에 탄소수가 증가할수록 스펙트럼이 얼마나 복잡하게 겹쳐 나타나게 될 것인지 상상할 수 있다. 바로 이러한 문제를 보다 쉽게 해결할 수 있는 방법이 탄소와 양성자사이의 커플링을 이용하여 얻을 수 있는 2D C-H correlation 스펙트럼 이다. 이 실험이 처음 개발되었을 때는 탄소를 측정(acquisition)하여 (탄소의 스펙트럼이 F2 축에 놓이게 됨) 양성자들과의 관계를 찾아내었고 HETCOR라는 이름으로 사용하였지만 지금은 감도(sensitivity)가 탄소 보다 월등한 양성자를 측정하여(양성자의 스펙트럼이 F2 축에 놓이게 됨) 탄소와의 관계를 볼 수 있게 됨으로서 실험 시간을 매우 단축할 수 있게 되었다. 이들 실험은 HMQC나 HSQC 등이 있다. 그림 3-6이 ethylbenzene의 탄소와 양성자의 관계를 보여주는 HSQC 스펙트럼이다 (HMQC 스펙트럼도 똑같은 결과를 보여주지만 HSQC 스펙트럼과 비교할 때 contour 피크의 넓이가 더 크기 때문에 분해능(resolution)이 많이 떨어진다).

그림 3-6에서 나타난 각각의 contour 피크들을 기점으로 하여 화학이동 값들이 있는 x 축과 y 축에 평행한 선들을 그려보면 이들 contour 피크들은 양성자와 탄소들의 피크들과 만나게 되는데 이들이 탄소와 양성자가 1-bond로 연결되어 있다는 사실을 증명하는 것이다. 그러므로 1D 탄소의 스펙트럼에서 나타난 피크가 HSQC 스펙트럼에서 양성자의 피크들과 아무런 contour 피크를 가지고 있지 않다면 그 탄소는 양성자를 가지고 있지 않은 피크가 되는 것이다. 바로 143.8 ppm의 영역에서 나오는 피크가 여기에 해당 한다. 이들 모든 사실은 탄소와 양성자의 스펙트럼을 규명하는데 서로 보완적으로 사용이 될 수 있다. 즉 ethylbenzene의 HSQC 스펙트럼에서 ethyl 그룹의 양성자와 탄소들은 서로 너무나 명확하게 그들의 관계를 보여주고 있다. 그리고 확대하여 놓은 부분을 보면 먼저 1D 양성자의 피크들 중 7.3-7.25 ppm 사이에서 겹쳐서 나오는 피크들은 명확한 규명이 불가능 하지만 HSQC 스펙트럼에서는 양성자들은 두 종류의 탄소에 연결되어 있는 양성자들이 겹쳐서 나오는 것이라는 것을 명확하게 알 수 있고 탄소의 스펙트럼에서 benzene ring의 *ortho*와 *meta* 위치의 탄소의 명확한 규명은 앞에서 양성자의 NOE 결과가 7.28 ppm의 영역의 피크가 *ortho* 양성자라는 것을 일러주었으므로 *ortho* 위치의 탄소가 *meta* 위치의 탄소보다 up-field에서 나타난다는 것을 명확하게 보여 주고 있다. 이 결과는 또한 양성자를 decoupling하지 않고 얻은 위의 1D 탄소 스펙트럼에서 커플링상수의 값을 이용하여 얻은 결론과 잘 일치하고 있다.

예로 사용된 ethylbenzene의 구조에는 양성자를 가지고 있지 않은 quaternary 탄소가 하나만 존재하기 때문에 DEPT 실험과 HSQC 실험 스펙트럼에서 쉽게 규명이 이루어 졌지만 어떤 분자에 여러 개의 quaternary 탄소가 있다면 그들의 규명은 어떻게 이루어지는지를 HMBC 실험 스펙트럼으로 알아보도록 한다.

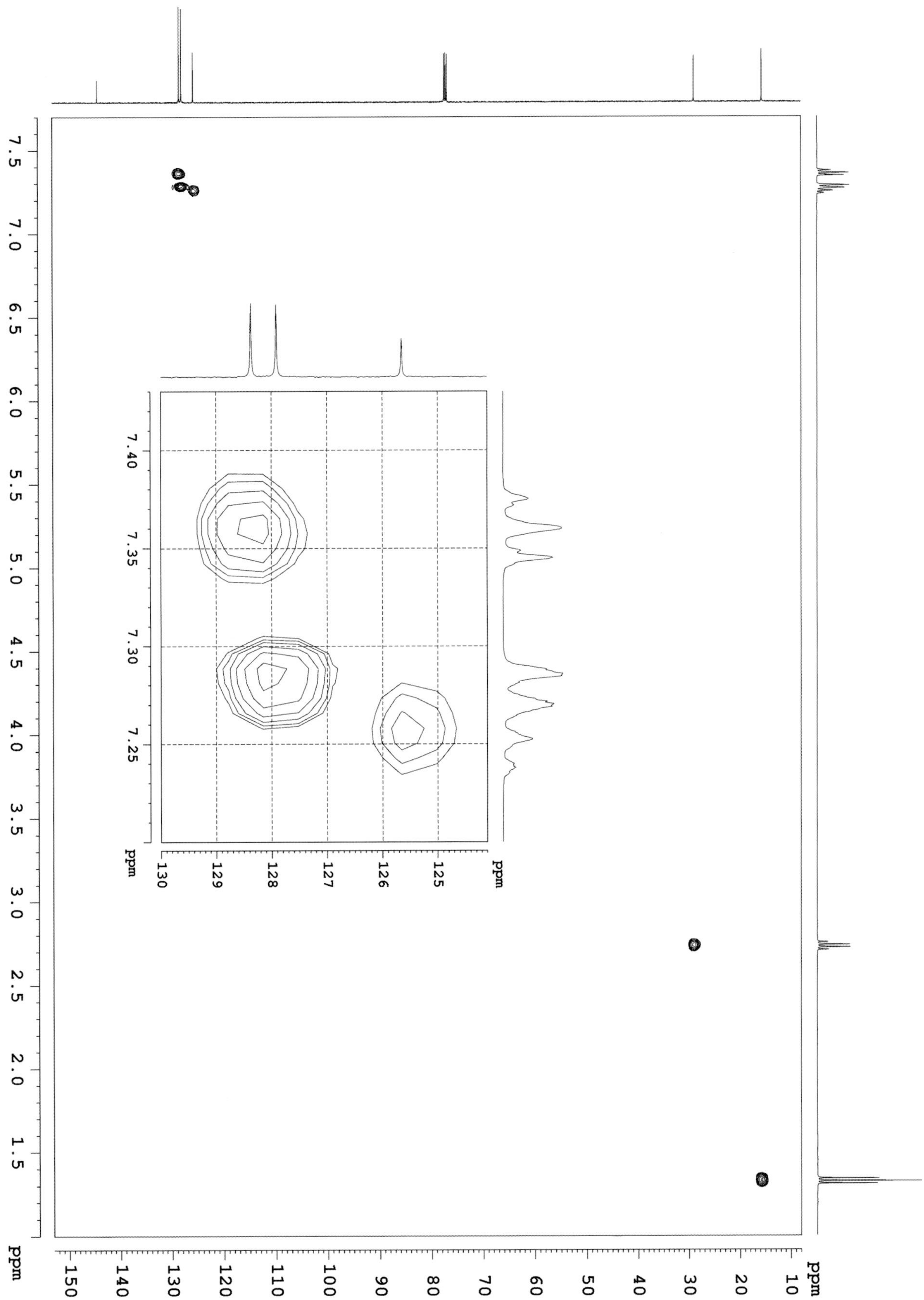

그림 3-6. Ethylbenzene의 HSQC 스펙트럼

그림 3-7은 ethylbenzene의 HMBC 스펙트럼이다. 앞에서 탄소와 양성자 사이에서는 1-bond와 함께 2-, 3-bond들도 커플링이 있다고 하였다. 앞의 HSQC 스펙트럼은 1-bond의 커플링을 이용한 실험이지만 HMBC는 2- 또는 3-bond의 커플링을 이용한 실험이다. 그러므로 HMBC 스펙트럼에는 1-bond에서 나왔던 correlation 피크들은 사라지게 되고 탄소와 양성자들이 2-, 또는 3-bond 떨어져 있는 관계를 보여주는 correlation 피크들이 나타나게 된다. 실제로는 실험방법이 1-bond의 correlation 피크들을 제거하게 되어 있지만 스펙트럼에는 이들이 모두 제거되지 못하고 나타나게 되어 때로는 얻으려고 하는 long-range 커플링 피크들과 겹쳐서 나올 때도 있으므로 주의가 필요하다. 그림 3-7에 벤젠 ring의 양성자와 탄소들의 correlation 부분을 확대한 스펙트럼에서 불순물 피크같이 나타난 피크들이 1-bond 커플링들이 제거되지 않고 나타난 것들이다. 이것들이 HSQC에서와 같이 양성자의 화학이동 위치에서 나타나지 않은 이유는 HMBC 실험에서는 양성자의 FID를 acquisition하는 동안 탄소의 decoupling을 작동시키지 않기 때문에 양성자가 탄소와의 1-bond 커플링 상수만큼의 크기를 가지고 이중선으로 나타나게 되기 때문이다.

이 스펙트럼에서 가장 명확한 correlation 피크들을 먼저 해석하자. 앞의 HSQC 스펙트럼에서 CH_3와 CH_2들의 각각의 양성자와 탄소의 correlation 피크들은 여기에서는 사라지고 CH_3의 양성자는 CH_2의 탄소와 그리고 CH_2의 양성자는 CH_3의 탄소와 correlation 피크들을 보여주고 있다. 이들 correlation 피크들은 ethyl 그룹이라는 구조의 요소를 이미 알고 있기 때문에 2-bond 커플링으로 일어난 것이 분명하다. 일반적으로 비록 3-bond의 커플링이 2-bond의 것보다 크다고는 하지만 3-bond의 커플링이 dihedral angle에 따라서 크기가 달라지기 때문에 2-bond의 것보다 작을 수도 있으므로 모르는 구조라면 이들이 2-bond의 구조에서 나타난 것인지 3-bond의 구조에서 나타난 것인지를 이들 correlation 피크 단독으로만은 판단 할 수 없다는 것을 항시 염두에 두어야 한다.

다음으로 새로운 현상은 HSQC 스펙트럼에서 양성자를 가지고 있지 않아서 correlation 피크를 가질 수 없었던 143.8 ppm에서 나타나는 탄소 피크가 CH_3와 CH_2 그리고 벤젠 ring의 양성자들과 correlation 피크를 가지고 있다는 것이다. 이와 같은 현상으로 양성자를 가지고 있지 않은 탄소도 구조 요소들의 조합에 참여시킬 수 있게 되는 것이다. 즉 벤젠 ring의 ipso 탄소는 ethyl 그룹의 양성자들과 2-와 3-bond correlation 피크들을 주는 구조를 가지고 있어야 한다는 증명이 되는 것이다.

HMBC 스펙트럼의 실험을 할 때 가장 중요한 파라미터는 실험자가 보려고 하는 양성자와 탄소 사이에서 일어나는 커플링 상수 값이다. 즉 이 커플링 상수 값에 관계되는 파라메타에 따라서 correlation 피크가 나타날 수도 있고 나타나지 않을 수도 있다. 그러나 앞에서 이미 언급한데로 양성자와 탄소의 2-, 3-bond의 커플링 상수 값은 약 1-15 Hz를 가질 수 있으므로 특수한 경우가 아니라면 일반적으로 8-10 Hz에 해당하는 파라메타로 실험을 하게 되고 이 결과로 커플링 상수 값이 많이 벗어나 있는 탄소와 양성자의 correlation 피크는 나타나지 않게 된다.

벤젠 ring에 있는 양성자들은 탄소와 3-bond는 7-8 Hz의 커플링 상수를 2-bond는 1-2 Hz의 커플링 상수를 가지는 것으로 알려져 있으므로 벤젠 ring의 양성자와 143.8 ppm의 탄소와 연결되는 correlation 피크는 3-bond 커플링을 하는 *meta* 위치의 양성자들과 ipso 탄소와의 관계로 나타난 것이 분명하다. 이 결과는 앞에서 다른 실험들로 7.36 ppm 영역에서 나타나는 양성자들이 *meta* 위치에 있는 것이라는 것과 잘 일치하고 있다. 그러므로 7.27 ppm의 영역에서 나타나는 피크들은 *ortho* 위치의 양성자들이며 ethyl 그룹의 CH_2의 탄소와 3-bond의 관계에 있고 역으로 CH_2의 양성자들은 벤젠 ring의 *ortho* 위치의 탄소와 3-bond의 관계에 있으므로 correlation 피크들을 보여줄 것이라는 예상이 잘 일치하고 있다. 또한 그림

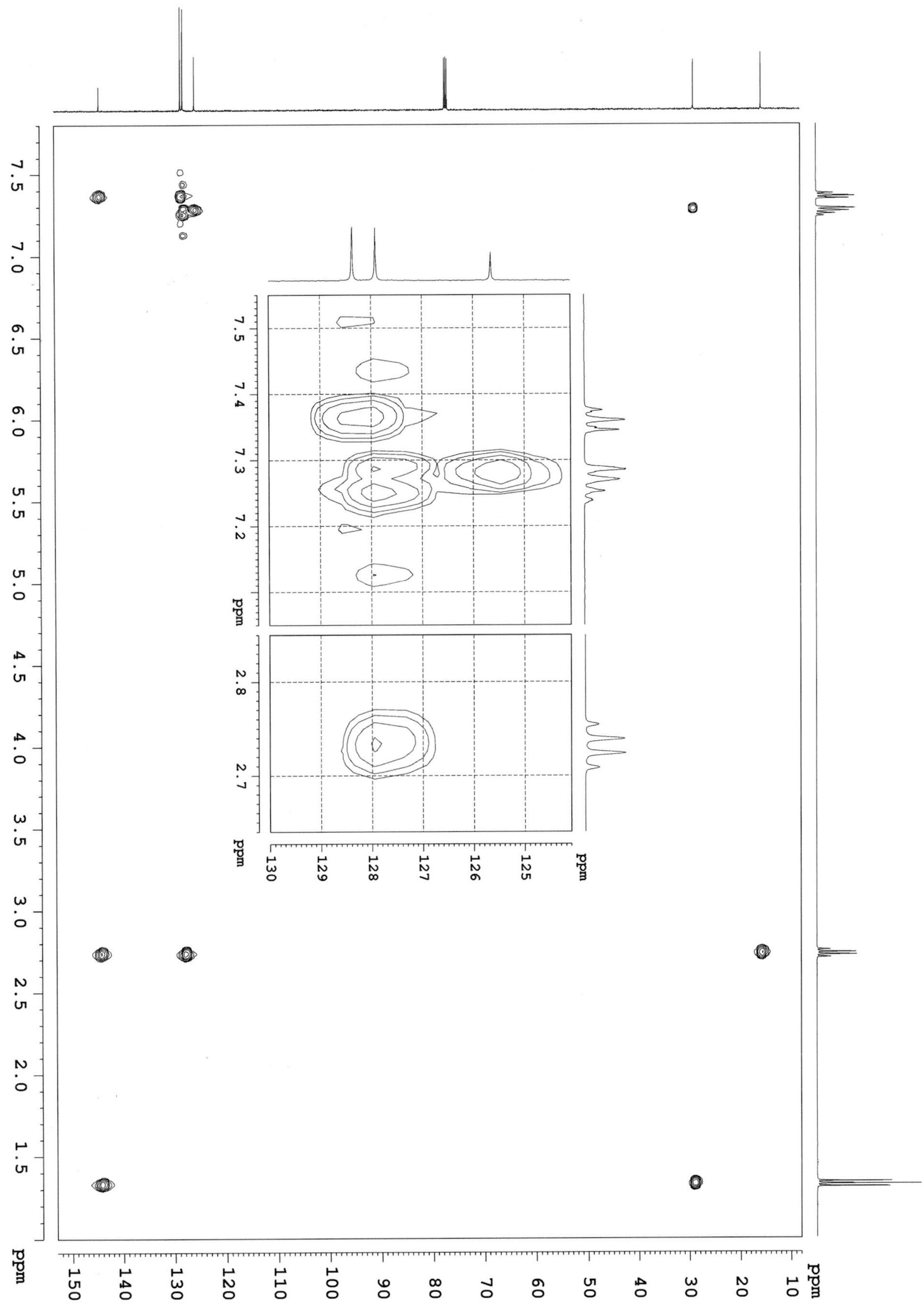

그림 3-7. Ethylbenzene의 HMBC 스펙트럼

3-7에 포함하고 있는 CH_2의 양성자와 벤젠 ring의 양성자들이 벤젠 ring의 탄소들과 커플링 하는 부분을 확대하여 그려놓은 곳에서는 contour 피크들이 비록 겹쳐서 나오는 현상을 보여주고 있지만 *ortho*와 *meta* 위치의 탄소들이 대칭을 이루고 있는 상대방 탄소에 있는 양성자들과 3-bond 커플링 하고 있으며 *ortho* 양성자가 *para* 위치의 탄소와 그리고 *para* 위치의 양성자는 *ortho* 위치의 탄소와 3-bond 커플링 하고 있다는 것을 명확하게 알 수 있는 correlation 피크들을 보여주고 있다.

이와 같은 작은 분자의 스펙트럼에서도 상당한 겹침의 현상이 일어나는 것과 연관하여 우리는 곧 이보다 조금만 더 복잡한 분자에서는 겹침의 현상이 스펙트럼의 해석을 불가능하게 할 수 있으므로 이와 같은 실험은 쓸모가 없는 실험이 아닌가 하는 염려가 있을 수도 있다. 그러나 이들 2D 스펙트럼들도 1D에서와 같이 분해능의 문제는 실험의 목적에 따라서 달라지게 할 수 있으며 이들의 변형은 small molecule로 분류되는 분자량 약 1000 정도 되는 물질들은 물론이고 protein 등의 고분자 물질들의 구조 규명에도 아주 유용하게 사용할 수 있다.

지금까지 ethylbenzene의 구조를 유도하기 위하여 사용된 1D를 포함한 2D 실험의 모든 방법들이 이 구조를 부정할 수 없는 증거들을 제시하였다. 그러나 이들 모든 실험들로 아직도 benzene ring에 있는 양성자들의 정확한 화학이동 값과 그들의 정확한 커플링 pattern과 상수 값을 알아낼 수 없다. 이러한 정보를 찾아낼 수 있는 실험이 J-spectroscopy 실험이다. 그림 3-8이 ethylbenzene의 동핵종의 J-분별(homonuclear J-resolved) 실험의 스펙트럼을 각 피크 부분별로 확대하여 놓은 것이다. 이 스펙트럼의 x 축은 각 피크들의 화학이동 값의 축으로 나타나 있고 y 축은 양성자들 사이에서 일어나는 커플링의 크기를 보여 주고 있다.

이 스펙트럼을 x 축에서 보면 결국 다중선으로 나타나던 각각의 양성자들이 단일 선으로 보이게 된다. 즉 이 스펙트럼은 양성자를 decoupling 한 것 같은 모습을 보여주고 있기 때문에 때로는 양성자를 decoupling 한 양성자 실험 스펙트럼이라고도 한다. 스펙트럼의 y 축에서 보면 1D 스펙트럼에서 7.6 Hz로 삼중선을 보여주는 CH_3 그룹은 약 7 Hz 보다 크게 삼중선으로 나타난 것을 쉽게 확인할 수 있으며 사중선으로 broad 하게 나타났던 CH_2 그룹은 CH_3 그룹에서와 비슷한 커플링의 크기를 가지고 사중선으로 나타나면서 각각의 피크들이 또 다른 커플링을 가지고 나타난 것을 볼 수 있다. 더 확실하게 이 실험의 장점을 보여주는 곳은 x 축에서 벤젠 ring의 양성자들이 나타나는 영역을 보면 알 수 있다. 1D 스펙트럼에서 겹침 때문에 명확한 구분이 불가능했던 이 영역에는 4 개의 피크들이 나타나고 있으므로 4 종류의 다른 양성자들이 존재한다는 것을 명확하게 보여주고 있다.

제일 먼저 커플링이 없이 7.24 ppm에서 나타난 피크는 deuterium 용매인 $CDCl_3$ 속에 미량 남아 있는 $CHCl_3$의 피크이고 매우 복잡한 커플링 pattern을 가지고 있는 다른 3 개의 피크가 벤젠 ring에 있는 양성자들의 피크들이다. 벤젠 ring에 있는 5 개의 양성자들은 *para* 위치에 있는 양성자를 제외하고 보더라도 *ortho*와 *meta*의 위치의 양성자들은 AA' BB'라고 불리는 매우 복잡한 스펙트럼을 보여줄 것이라 예상할 수 있으며 이들 피크에 *para* 위치의 양성자가 다시 커플링을 하고 있으므로 이들 모든 피크들의 단순해석은 불가능하다는 것을 알 수 있다. 비록 이 양성자들이 매우 복잡한 커플링 pattern을 가지고 있지만 이들 중 가장 큰 약 8 Hz 정도의 커플링의 모습은 3 개의 피크가 모두 가지고 있으며 이들 중 7.28 ppm에서 나타난 피크는 이 커플링의 크기를 가지고 이중선의 모습으로 나타났으므로 *ortho* 위치의 양성자들이라고 예상할 수 있다.

동핵종들 사이에서 일어나는 커플링을 볼 수 있는 위의 실험과는 다르게 타핵종 사이에서 일어나는 커플링들도 2D의 y 축 상에 나타나게 할 수 있는 것이 heteronuclear J-resolved 실험 방법이다. 그림 3-9

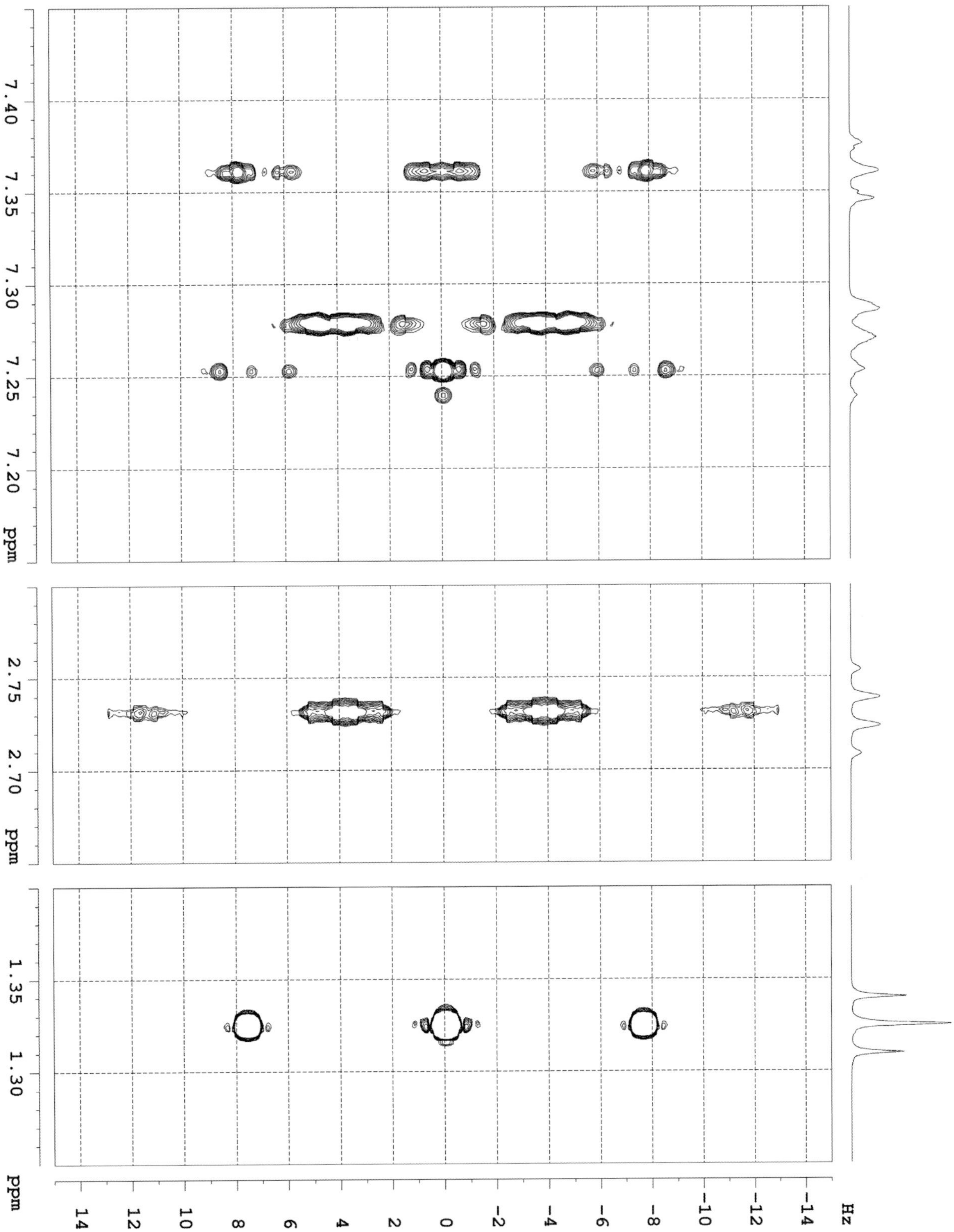

그림 3-8. Ethylbenzene의 동핵종의 J-분별(homonuclear J-resolved) 실험 스펙트럼

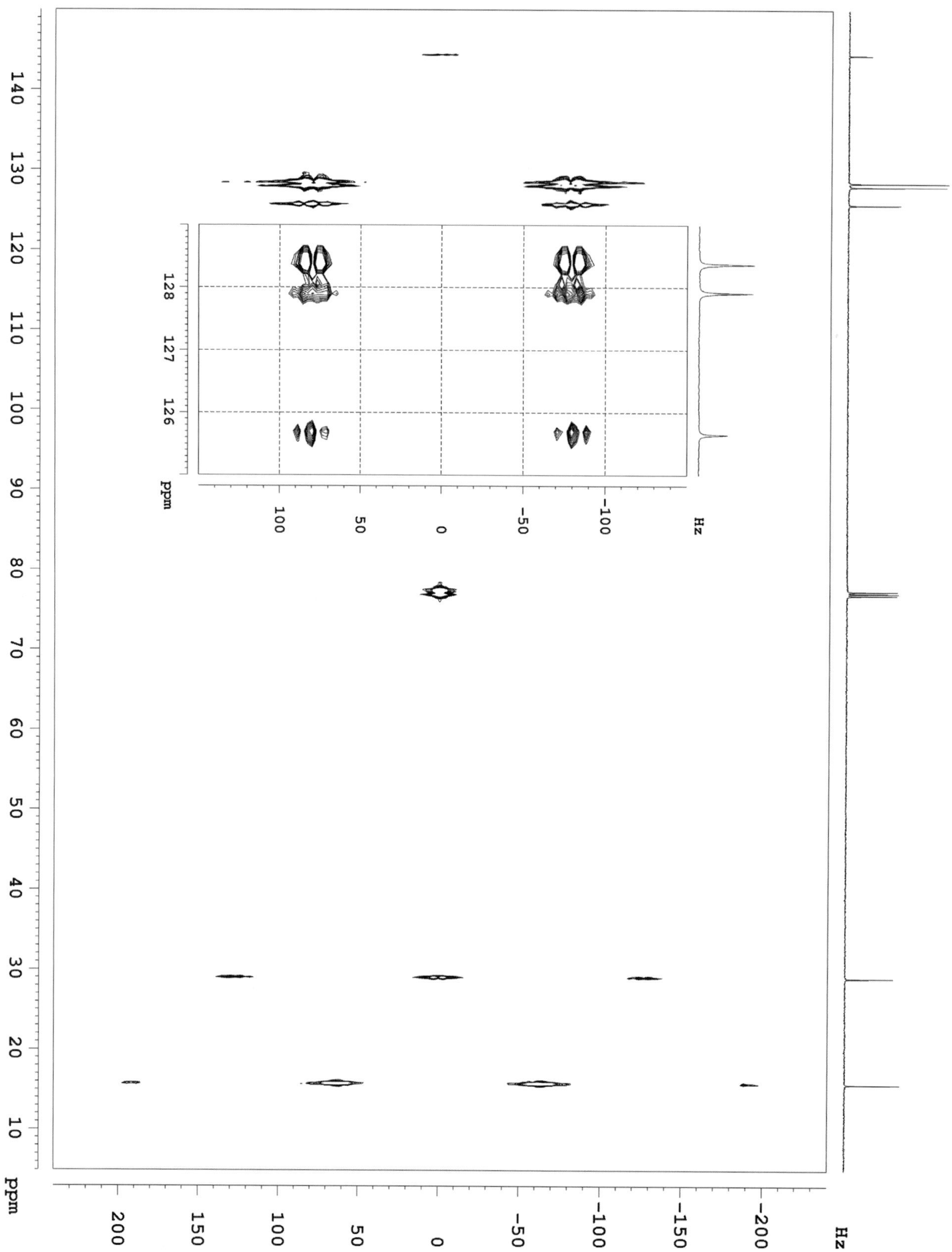

그림 3-9. Ethylbenzene의 heteronuclear J-resolved 스펙트럼

가 ethylbenzene에서 탄소와 양성자 사이에서 일어나는 커플링을 y 축에 보여주고 있다. 우리는 이미 앞에서 양성자를 decoupling하지 않은 탄소 스펙트럼(그림 3-5)에서 보았듯이 탄소와 양성자의 1-bond(^1J) 커플링 상수는 그들의 hybridization에 따라서 약 120-250 Hz 정도의 값을 가진다는 것을 알고 있으므로 CH_3와 CH_2의 탄소들은 약 120 Hz 정도의 커플링 상수를 가지고 사중선과 삼중선으로 각각 나타날 것으로 예상할 수 있으며 그림 3-9는 이들을 잘 보여주고 있다. 벤젠 ring의 탄소들 중에 ipso 탄소는 양성자를 가지고 있지 않으므로 예상대로 1-bond(^1J)의 큰 커플링은 보여주고 있지 않고 다른 탄소들은 약 160 Hz 정도로 splitting되어 나타나 있는 것을 볼 수 있다. 결국 이 실험 방법은 앞의 DEPT 실험을 대치할 수 있다는 것도 알 수 있다. 그리고 120-160 Hz 정도의 커플링으로 splitting된 각각의 contour 피크들은 작은 커플링들을 가지고 다시 splitting된 것을 볼 수 있는데 이들이 양성자와 탄소들 사이의 long-range 커플링인 2-bond(^2J)와 3-bond(^3J)들의 상수인 약 1-15 Hz 정도의 값을 가지고 다시 splitting한 것이다. 이들을 명확하게 보여주기 위하여 벤젠 ring의 CH 탄소들의 영역의 스펙트럼을 확대하여 놓았으며 그림에서 볼 수 있듯이 이들의 splitting은 그림 3-5의 양성자를 decoupling하지 않은 스펙트럼의 모습과 같다는 것을 알 수 있다.

분자 구조 규명을 위하여 이제까지 앞에서 사용된 NMR spectroscopy 방법들로부터 얻어진 명확한 결론은 비교적 구조가 간단한 화합물의 구조를 여러 가지 실험 스펙트럼으로부터 유도해 낼 때 복잡한 스펙트럼의 모든 피크들의 완전한 규명이 없이도 구조의 규명이 가능할 수도 있다는 것이다. 그리고 최종적으로 규명된 구조가 옳은 것이라면 모든 피크들을 설명할 수 있는 2D를 포함하는 여러 실험 스펙트럼들의 결과를 얻어진 구조에 적용하였을 때 모든 현상이 설명될 수 있어야 한다는 것이다. 그러므로 이러한 결론으로부터 유도될 수 있는 구조 규명을 위한 하나의 전략은 먼저 우리는 최소한의 실험 스펙트럼들로부터 가능하면 구조들을 예상해 보는 것이다. 다음 이들의 구조에서 기대되는 NMR의 현상들을 보여줄 수 있는 실험들을 선택하고 예상되는 파라메타들을 적용하는 것이다.

결국 얻어진 스펙트럼들의 결과가 이론적인 배경을 바탕으로 기대하였던 결과와 일치한다면 예상한 구조는 옳은 구조라는 것을 증명하게 되는 것이다. 이와 같은 방법은 비록 간접적이지만 구조를 규명할 때 필요 이상의 실험들을 피할 수 있는 하나의 방법일 수 있다.

이제까지 이용된 2D를 포함한 실험 방법들 중 탄소(^{13}C)를 직접 acquisition하여 스펙트럼을 얻은 것은 탄소 1D와 DEPT 그리고 heteronuclear J-resolved 스펙트럼들 뿐이다. 이들을 제외하고는 모든 실험이 최신의 고 자장(high field) NMR을 이용할 때 감도(sensitivity)에 관해서는 문제가 될 수 없는 양성자(^1H)를 이용하여(이들을 일반적으로 inverse 실험이라고 부름) 스펙트럼을 얻었기 때문에 시료의 양은 실험의 한계가 될 수 없다. 실제 실험에서 최신 고 자장 NMR을 이용하는 경우에는 위의 모든 실험들은 수 mmole의 시료 양으로도 가능한 실험들이다. 이러한 기기의 발달에도 자연존재 비(natural abundance)가 1.1 % 만이 존재하는 탄소(^{13}C)를 직접 acquisition 하는 실험들은 많은 시료의 양과 오랜 시간의 기기사용이 필요하게 된다. 이러한 실험의 대표적인 것이 탄소와 탄소의 bond를 직접 찾아서 탄소의 골격을 알아낼 수 있는 INADEQUATE라고 하는 실험 방법이다. 영어의 약자로 구성된 이 실험의 이름은 영어의 뜻 그대로 처음 이 실험이 발표되었을 때는(1980년) 거의 불가능한 실험 방법이었다. 그러나 500 MHz(탄소는 125 MHz) 이상의 기기들이 일반적인 기기들로 보급된 지금은 시료의 양만 충족이 된다면 이 실험은 비록 장시간의 NMR 시간을 요하는 실험이지만 다른 많은 실험들이 필요하지 않게 되므로 구조 규명에 가장 좋은 방법이다.

이 실험의 원리도 양성자들이 서로 커플링 하는 것과 같이 탄소들도 서로 커플링 한다는 것을 이용하는 것이다. 탄소에 1-bond로 연결되어 있는 상대방의 탄소와의 커플링 상수의 크기는 상대방 탄소와의 hybridization에 따라서 다르기는 하지만 일반적으로 single bond는 약 35 Hz, double bond는 약 60 Hz 그리고 triple bond는 약 150 Hz를 가지고 있는 것으로 알려져 있다. 그러므로 이 실험 스펙트럼에는 서로 연결이 되어 있는 탄소들끼리는 같은 크기의 커플링을 가지고 이중선으로 나타나게 된다. 이들의 이론을 2D 실험에 적용하게 되면 커플링의 크기를 측정하는 일 없이 스펙트럼의 diagonal 선에서 x 축에 평행하게 같은 거리만큼 떨어져서 이중선으로 나타나게 되므로 연결되어 있는 상대방 탄소를 쉽게 찾아낼 수 있으며 이 작업의 반복은 결국 탄소의 골격을 아주 쉽게 완성시킬 수 있다.

자연존재의 비(ratio)가 1.1% 가 되고 기기의 엄청난 발전에도 불구하고 이 실험이 아직도 많은 양의 시료와 오랜 시간의 기기 사용이 필요한 이유는 탄소와 탄소의 커플링을 사용하기 때문이다. 즉 두 개의 탄소를 가진 물질에서 이들이 서로 커플링을 하자면 두 탄소가 모두 ^{13}C을 가지고 있어야 한다. 그러나 1.1%의 자연존재 비(ratio)라는 것은 하나의 탄소가 ^{13}C을 가지고 있는 것이며 연결되어 있는 두 탄소가 모두 ^{13}C을 가지고 있는 것은 0.01%(1.1%×1.1%)만 존재하게 되므로 실제로 우리가 얻는 ^{13}C의 1D 스펙트럼은 각각의 탄소가 단일 피크로 보이고 두 탄소가 모두 ^{13}C를 가지고 있는 경우의 피크들은 서로 커플링을 하여 각각의 탄소의 피크 양쪽에 그들의 커플링 상수 크기를 가지고 이중선으로 ^{13}C의 단일 피크보다 약 200 배 적게 나타나게 된다. 그러므로 일반적인 탄소의 실제 1D 스펙트럼에서 우리가 볼 수 있는 것은 각각의 탄소의 피크이며 그들이 서로 커플링하고 있는 피크들은 noise 속에 묻혀 있어서 볼 수가 없다. 바로 이 볼 수 없는 noise 속에 있는 피크를 보기 위하여 실험의 방법은 1.1%의 각각의 거대한 ^{13}C 피크를 제거하여야 하는 여러 방법들을 사용하게 되고 실제로는 이들을 완전히 제거하지 못하는 등 실험은 여러 가지 한계를 가지게 된다.

그림 3-10이 500 MHz(탄소 125 MHz)의 기기로 얻은 ethylbenzene의 inadequate 실험 스펙트럼이다. 이 스펙트럼은 실험 시간을 단축하기 위하여 ethylbenzene의 농도를 약 80%로 하였고 실험 시간은 약 3 시간 정도 걸렸다(스펙트럼을 확대하여 그려놓았기 때문에 스펙트럼의 diagonal 선이 양쪽 모서리를 비켜가고 있다).

그림 3-10에서 먼저 가장 up-field에서 나타나는 CH_3의 탄소를 보면 이중선으로 나타난 하나의 contour 피크를 볼 수 있고 이 피크에서 시작하여 x 축에 평행하게 따라가면 바로 옆에서 나오는 CH_2의 탄소에서 나타나는 이중선의 contour 피크와 만나게 되는데 이것이 이들 두 탄소가 연결되어 있다는 것을 증명하는 것이다. 이 CH_2의 탄소의 피크는 또 다른 하나의 이중선 contour 피크를 가지고 있는데 이곳에서 x 축에 평행하게 따라가다 보면 143.8 ppm에서 나타나는 벤젠 ring의 ipso 탄소로부터 나타나는 이중선 contour 피크와 만나고 있다는 것을 알 수 있다.

결국 CH_2의 탄소의 나머지 두 결합은 한쪽에는 CH_3와 그리고 다른 쪽은 벤젠의 ipso 탄소에 연결되어 있다는 것을 증명하는 것이다. 그리고 이 ipso 탄소가 가지고 있는 또 다른 이중선 contour 피크는 127.6 ppm의 탄소에서 나오는 이중선의 contour 피크와 연결되어 있는 것을 알 수 있다(그림 3-10에 확대하여 그려놓은 부분). 이것이 이미 알고 있는 벤젠 ring의 *ortho* 탄소가 되는 것이다. 이 *ortho* 탄소가 가지고 있는 다른 contour 피크들을 보면 먼저 정확히 1D 탄소의 화학이동과 같은 위치에 나온 피크가 있는데 이것은 앞에서 이미 설명한 1.1%에 해당하는 탄소((^{13}C)의 단독 피크가 완전하게 없어지지 않고 남아 있으므로 생겨나는 t_1 noise라고 부르는 artifact들이다.

다시 그림 3-10에서 확대한 스펙트럼을 보면 이러한 스펙트럼에 익숙하지 않은 사람들에게는 스펙트럼이 좀 복잡하다고 생각할 수 있지만 이 스펙트럼에서 127.6 ppm의 *ortho* 탄소의 피크가 128.1 ppm의 *meta*

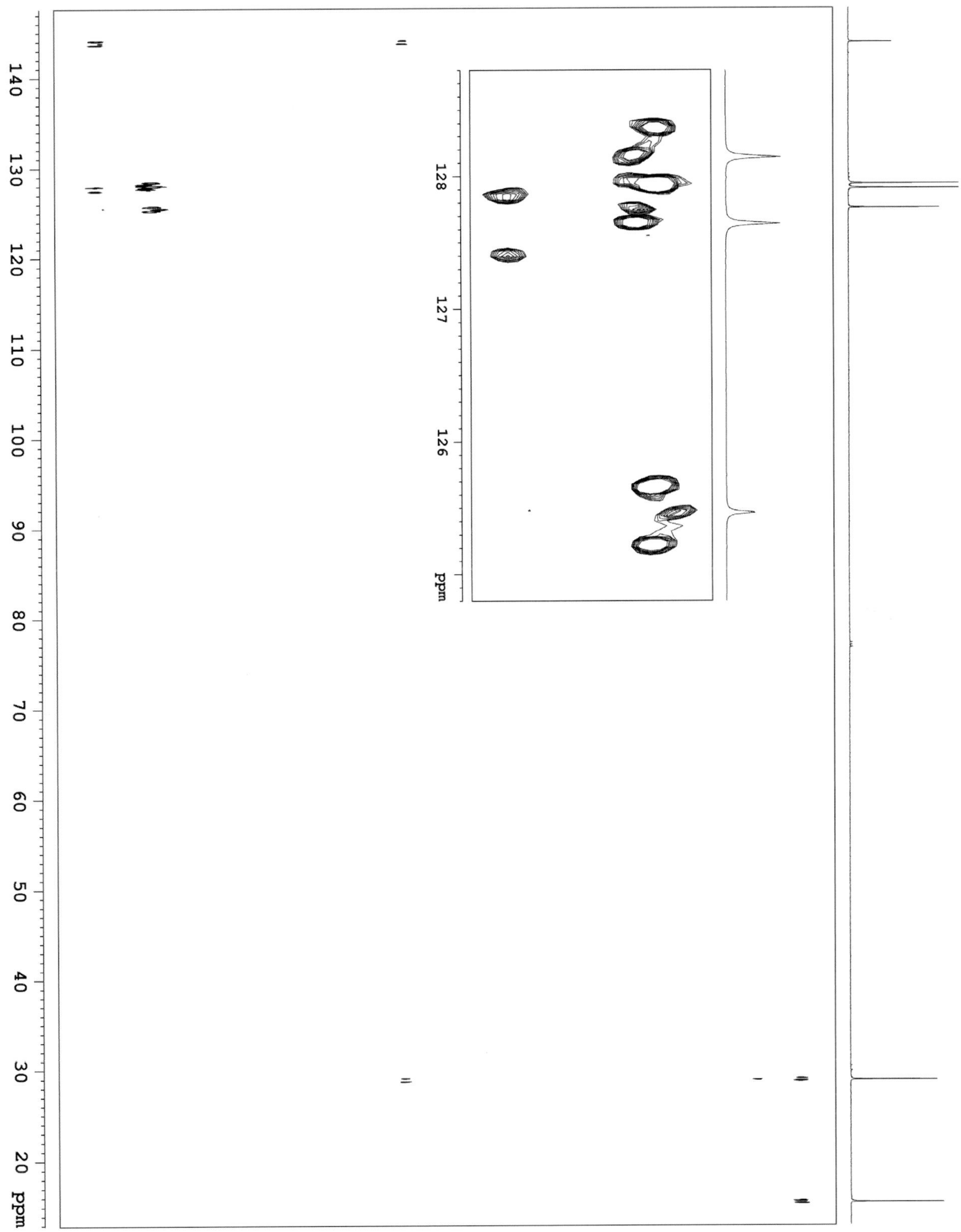

그림 3-10. Ethylbenzene의 INADEQUATE 스펙트럼

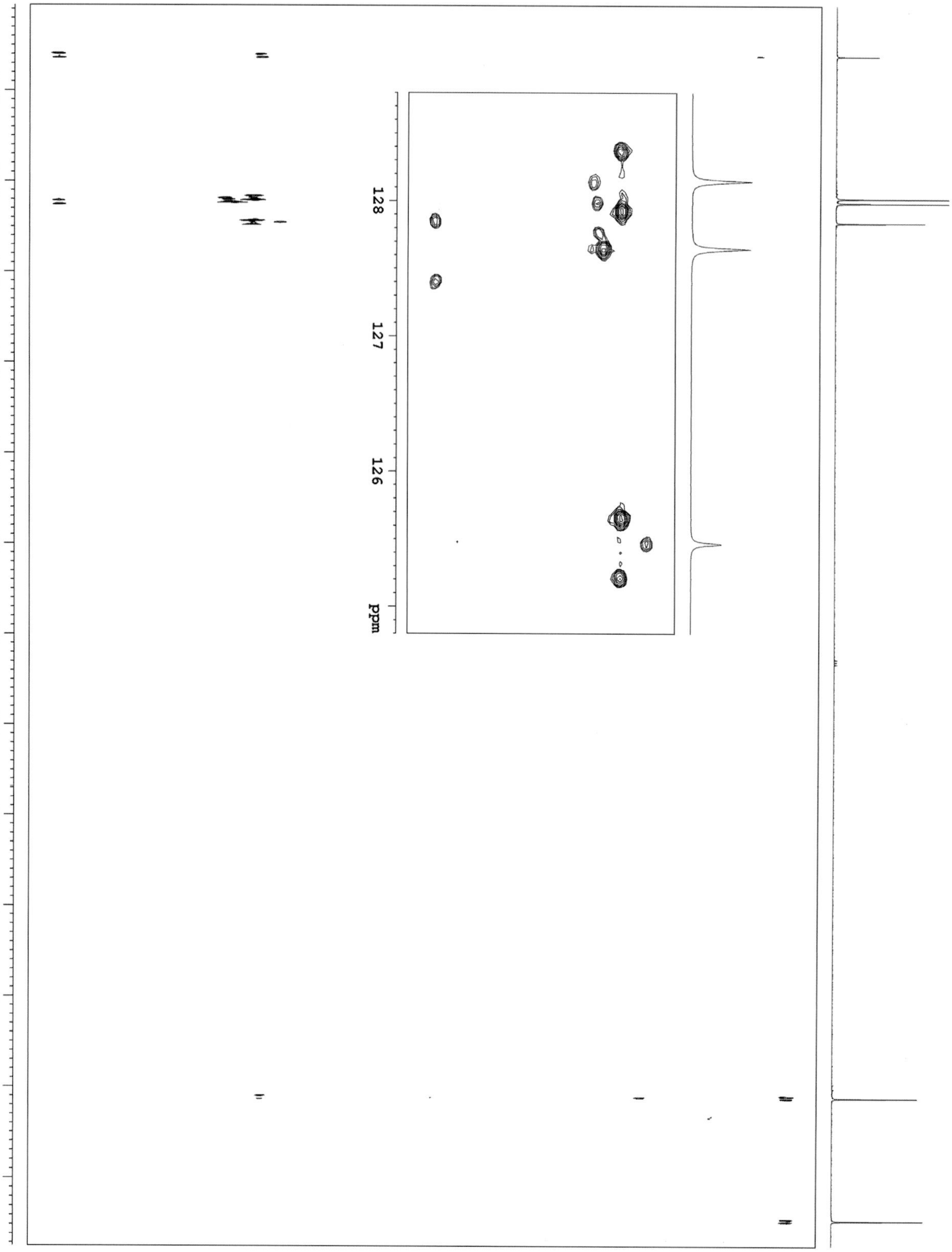

그림 3-11. 두 번 folding(F2=2F1)을 시켜 얻은 ethylbenze의 INADEQUATE 스펙트럼

탄소와 커플링하고 이 *meta* 탄소는 약 125.5 ppm에서 나오는 *para* 탄소와 커플링하고 있다는 것을 알 수 있다. 이 사실을 더 자세하게 설명하기 위하여 그림 3-11의 스펙트럼을 사용하도록 하자. 이 스펙트럼은 y 축(NMR 용어는 F1 축이라고 함)의 분해능(resolution)을 높이기 위하여 folding(quadrature detection 에서는 aliasing이라고 함)이라는 기법을 사용하여 얻은 스펙트럼이다.

이 folding 방법은 F1 축의 스펙트럼 넓이(width)를 줄여서 측정하여 F1 축의 스펙트럼 넓이 밖에서 나타나는 피크들을 folding 시키게 되며 이것은 결국 같은 실험시간으로(같은 F1 축의 실험 수로) F1 축의 resolution을 증가 시킬 수 있게 된다. 그림 3-11에서 확대하여 그려놓은 스펙트럼을 그림 3-10의 같은 부분과 비교하면 그 차이가 확실하게 나타남을 알 수 있다. 먼저 128.1 ppm의 *meta* 탄소가 125.5 ppm의 *para* 탄소와 커플링 하는 것은 명확하게 분리가 되어 있고 이 두 피크에서 나타나는 t_1 noise 피크들도 완전하게 분리되어 있다. 이들 피크들 이외에 두 개의 contour 피크가 더 나타나 있는 것을 볼 수 있는데 이들이 두 탄소 *ortho* (127.6 ppm)와 *meta* (128.1 ppm)가 커플링 하여 나타나 있는 것이다. 이들이 다른 이중선 contour 피크들과는 다르게 두 피크들 중 바깥쪽의 짝들을 보여주고 있지 않은 것은 양성자 스펙트럼에서 흔히 볼 수 있는 1 차(first-order) 스펙트럼의 조건을 벗어나기 때문이다. 즉 양성자 스펙트럼에서 두 양성자가 커플링 할 때 그들 각각의 이중선의 모습은 두 양성자의 화학이동 값의 차이와 커플링 상수 값의 비(ratio)에 따라서 달라지며 일반적으로 두 값의 비(△υ/J)가 10 이상이 될 때에는 이중선의 피크들이 거의 같은 피크의 크기를 가지고 나타나며 그들의 비가 1에 가까워지면 각각의 이중선의 바깥쪽의 피크는 거의 사라지게 된다. 즉 같은 이론을 위의 탄소 스펙트럼에 적용하여 보도록 하자. 이들 두 *ortho*와 *meta* 탄소의 화학이동 값의 차이는 약 0.5 ppm이고 이것은 Hz로 계산하면 62.5(125×0.5)가 되며 두 탄소의 커플링 상수 값은 스펙트럼에 나타난 ipso와 *ortho* 탄소사이의 값으로 예상 할 수 있는 것 같이 약 0.5 ppm 보다 조금 적은 60 Hz 정도의 값을 가지고 있으므로 두 값의 비((△υ/J))가 약 1에 가까운 것을 알 수 있다. 이 현상이 바로 위의 INADEQUATE 스펙트럼에서 벤젠의 *ortho*와 *meta* 탄소 사이의 커플링에서 나타나야 할 각각의 이중선 contour 피크의 바깥쪽 짝의 피크를 사라지게 만든 것이다.

결국 시료의 양과 실험시간의 문제 그리고 조금은 이론적인 지식이 필요하였지만 위의 INADEQUATE 실험은 탄소들의 커플링 짝들을 찾아내는 것으로 분자 구조의 규명에 있어서 다른 어떠한 실험보다도 유용하다는 것을 알 수 있다. 현재까지 이미 상용화된 가장 큰 NMR은 1000 MHz(탄소는 250 MHz)이므로 이들의 발전은 이 실험을 앞으로 더욱 용이하게 만들 것이다.

제2장 연습 문제 I

- 문제 1~40
- 해답과 해설

2 연습 문제 I

아래 주어진 40 개의 문제들에는 분자식과 함께 300 MHz NMR을 사용하여 얻은 양성자와 탄소의 1D 스펙트럼들과 때로는 DEPT 스펙트럼들도 주어졌다(문제 21과 31은 500 MHz NMR을 사용하였고 39와 40은 양성자의 커플링 상수를 이용하여 stereochemistry를 규명할 수도 있지만 이들 상수의 사용의 의미를 비교 검토할 수 있도록 700 MHz NMR을 이용한 DEPT, HSQC 그리고 NOE 스펙트럼들이 포함되어 있다). 비록 이들 스펙트럼들에서 소수점 이하의 정확(?)한 화학이동 값과 커플링 상수를 읽을 수는 없지만 구조의 요소들을 알아내는 작업과 이들 요소들을 연결하는 논리를 위해서 이들은 아무런 방해가 되지 않는다. 실제로 용매가 화학이동 값을 변화시키는 것과 같이 그 용매에 녹아 있는 화합물의 농도는 그 물질의 물리적 상수인 이완시간(T_1 and T_2)을 변화시켜 NMR 피크의 넓이를 변화시킬 뿐만 아니라 화학이동 값도 변화 시키므로 소수점 이하의 정확한 화학이동 값은 구조 유도에 큰 의미를 가질 수 없다. 그러므로 화학이동 값은 예를 들어 4.52 ppm 이라고 하는 대신 약 4.5 ppm의 영역이라 하는 것을 사용할 수 있다(단 정확한 농도를 알고 스펙트럼을 같은 용매를 사용하여 얻었다면 기기의 조건과 함께 소수점 이하의 정확한 값을 얻어서 reference와 비교하여 사용할 수 있다). 커플링 상수의 경우는 정확한 값이 stereochemistry를 규명하는데 매우 유용하게 사용되지만 이들 문제들의 경우는 대부분 splitting pattern 만을 이용하면 된다. 아래 문제들을 다루면서 학생들은 구조요소들을 찾아내고 이들을 연결하면서 자연스럽게 구조를 유도하는 논리를 습득하게 될 것이다.

1 $C_4H_8O_2$

^{13}C

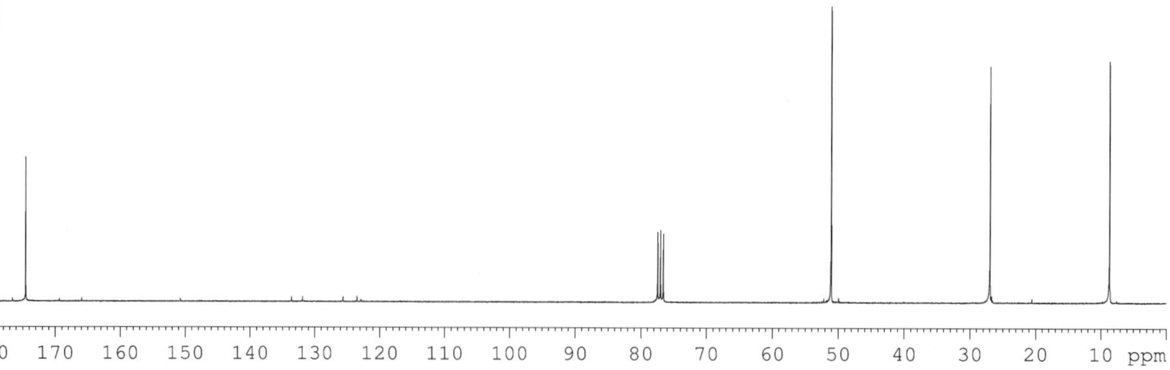

^{1}H

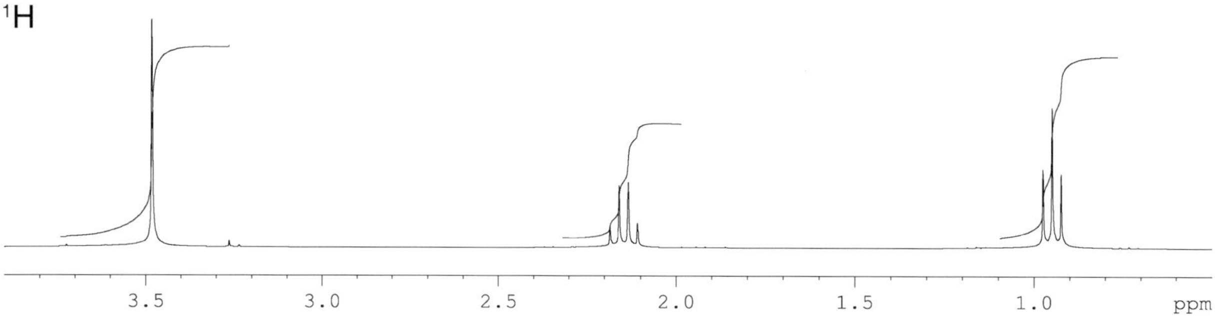

2 $C_4H_8O_2$

^{13}C

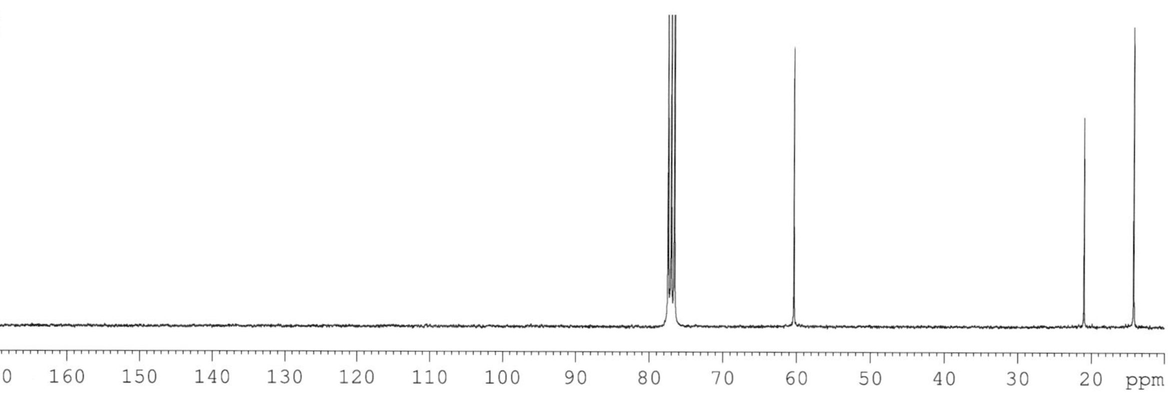

^{1}H

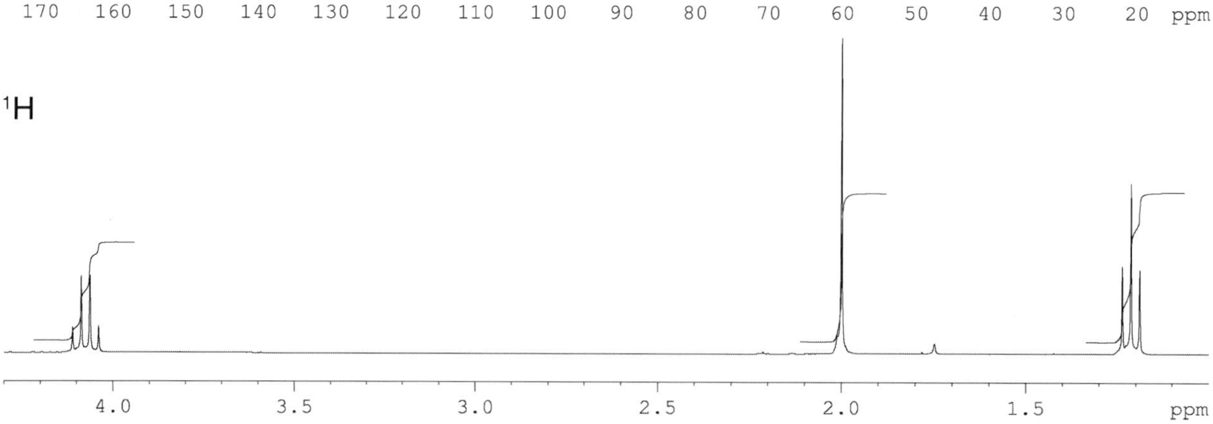

3 C_4H_9OBr

^{13}C

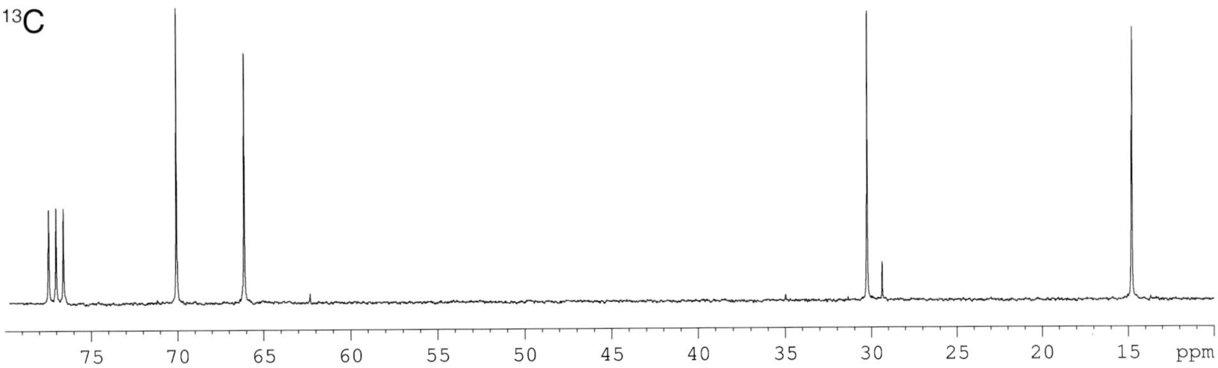

^{1}H

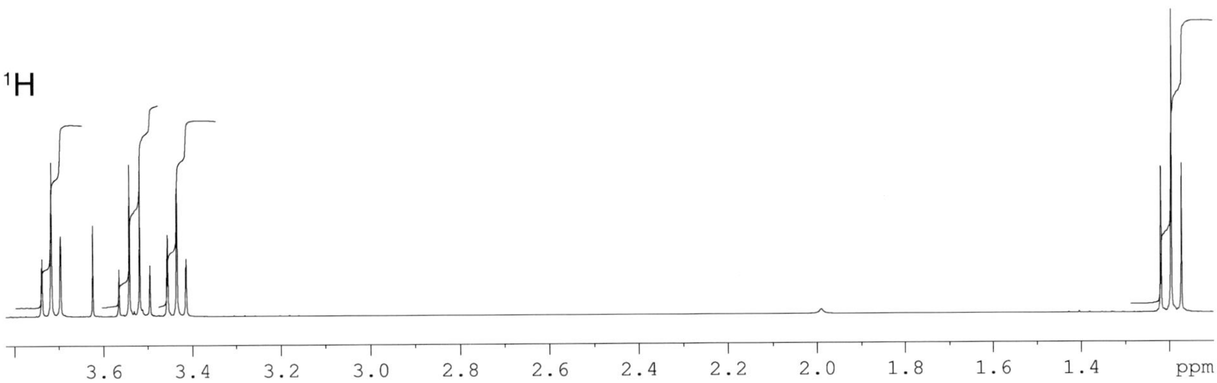

4 $C_4H_{10}O$

^{13}C

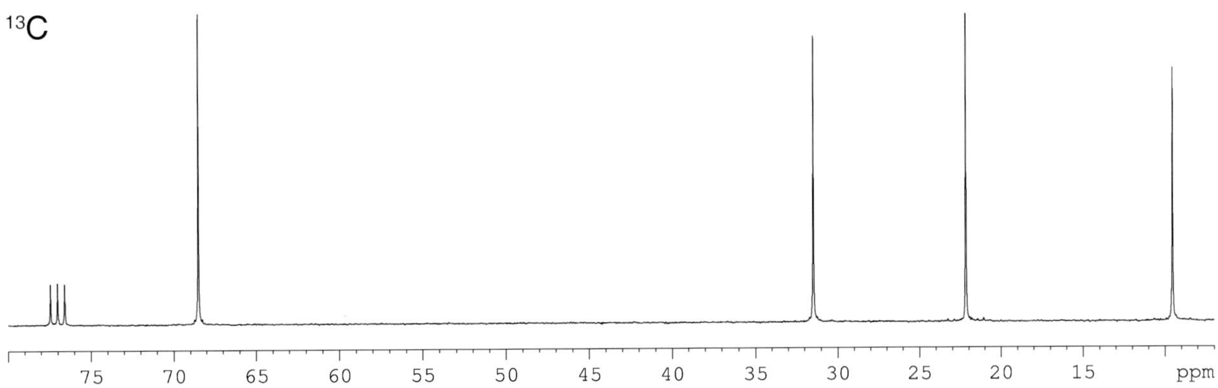

^{1}H

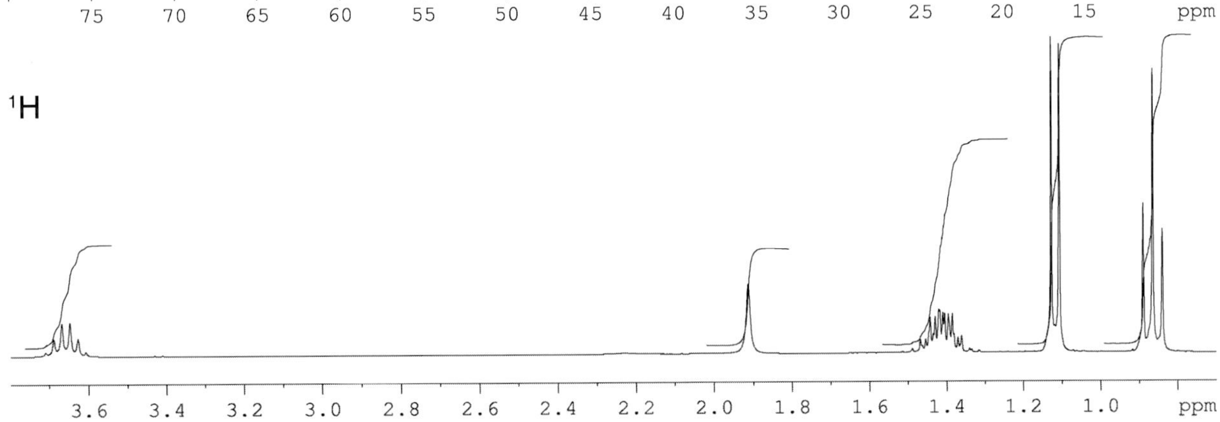

5 $C_3H_7NO_2$

^{13}C

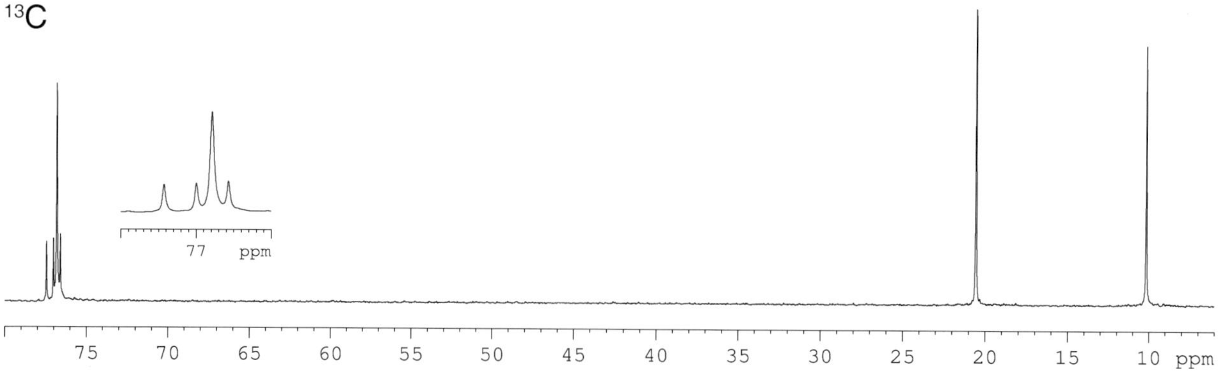

^{1}H

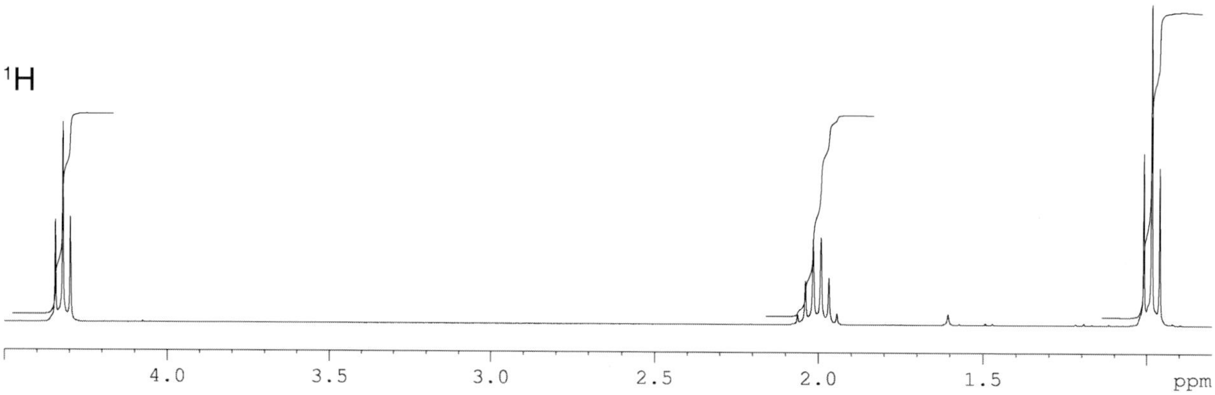

6 $C_5H_{10}O$

^{13}C

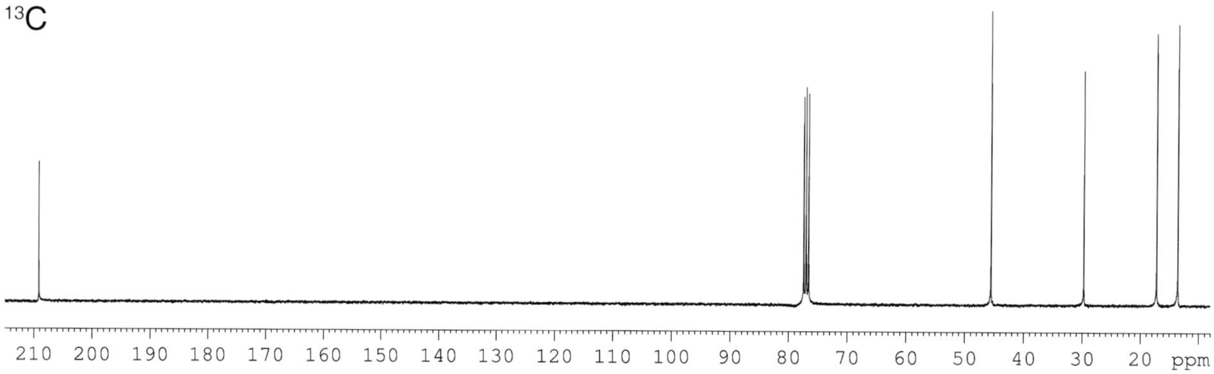

^{1}H

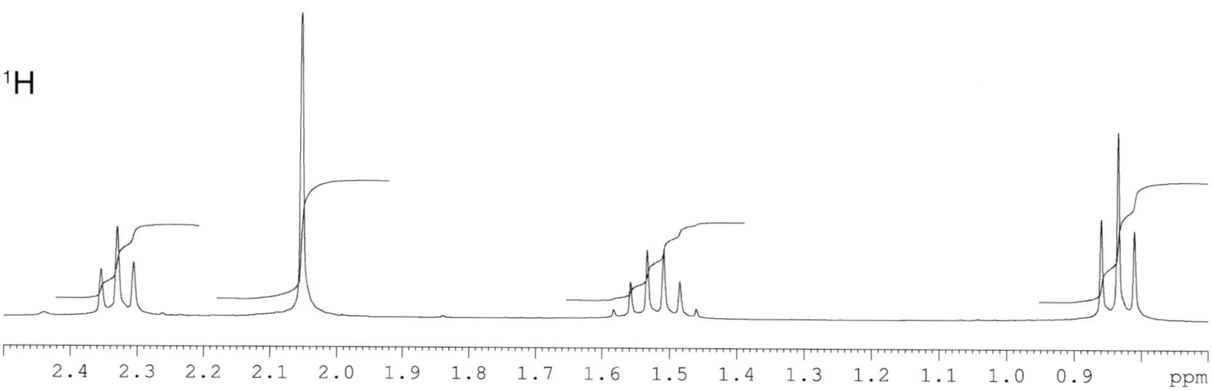

7 $C_5H_{11}Cl$

^{13}C

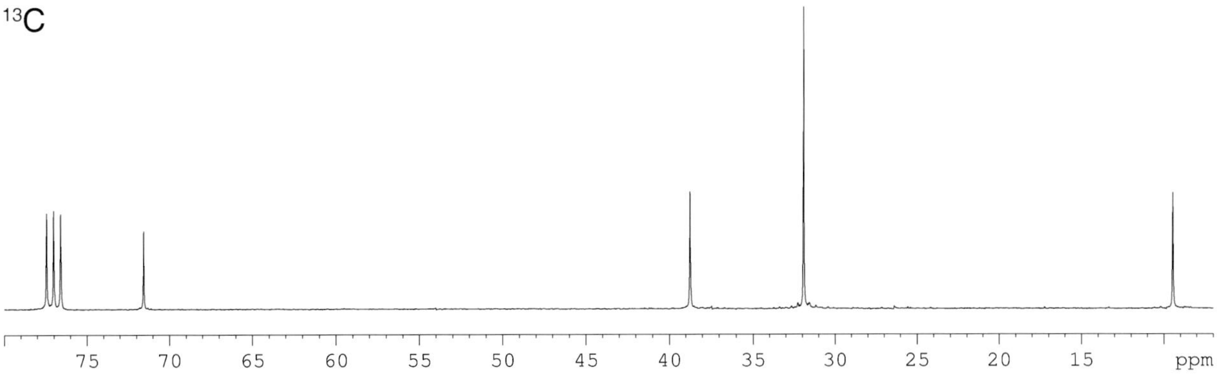

^{1}H

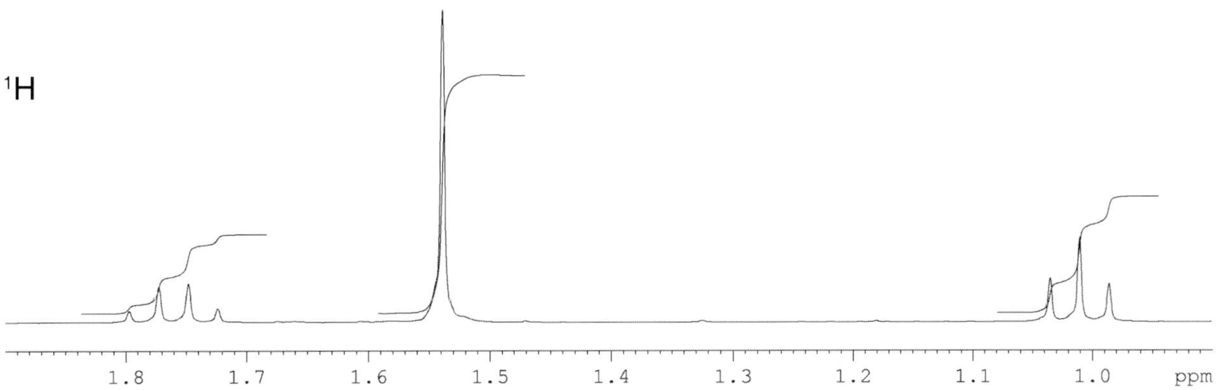

8 $C_6H_{12}O_3$

^{13}C

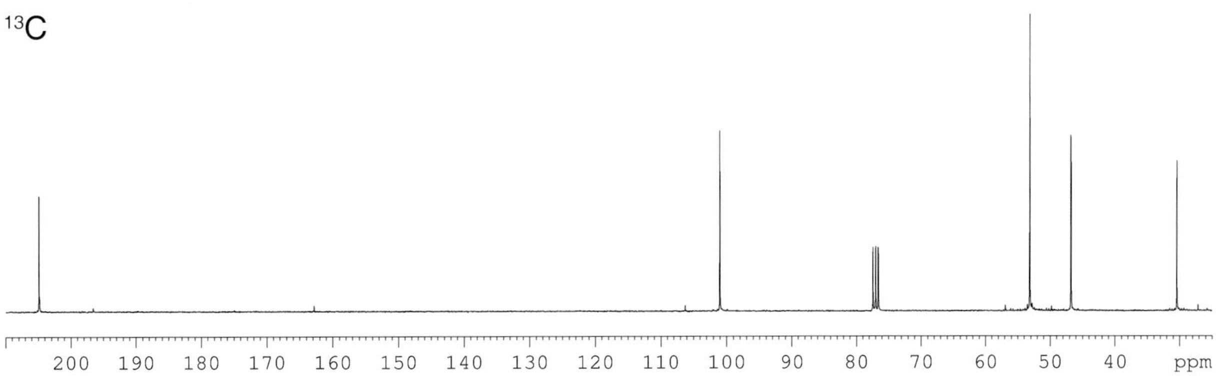

^{1}H

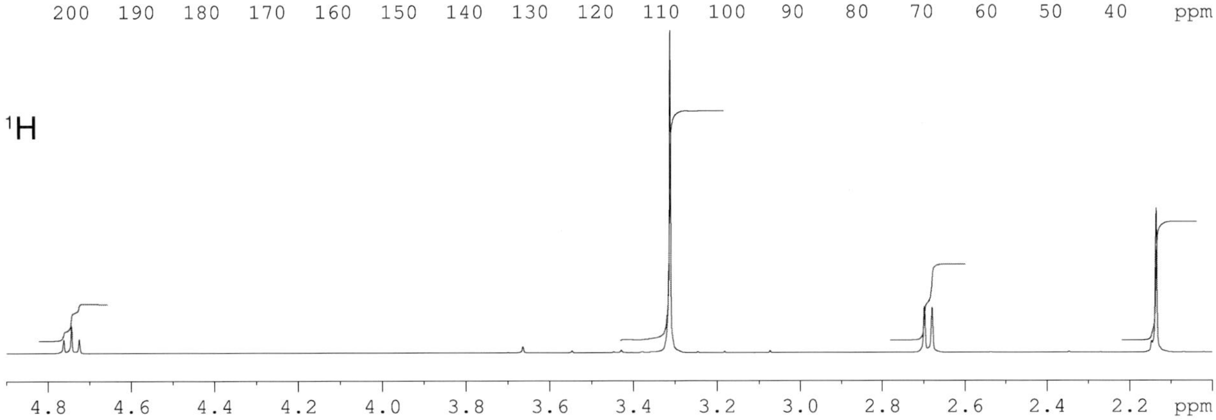

9 $C_6H_{12}O_2$

^{13}C

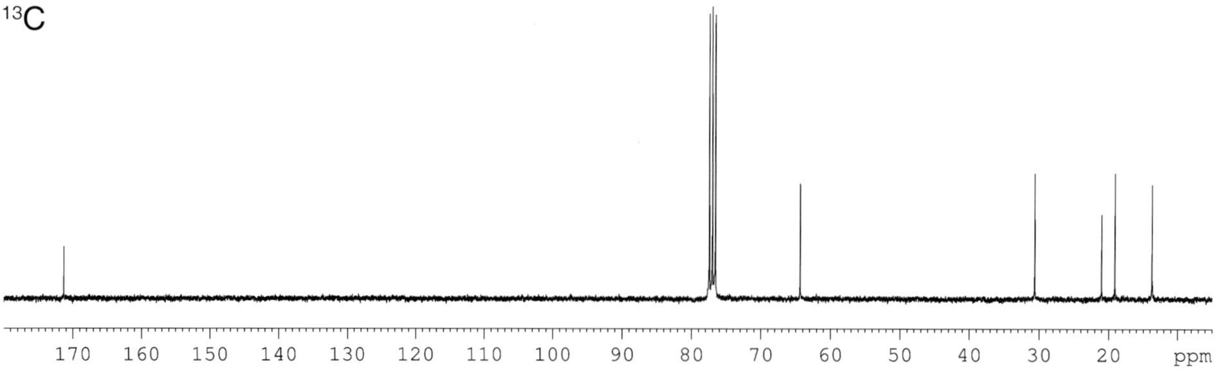

^{1}H

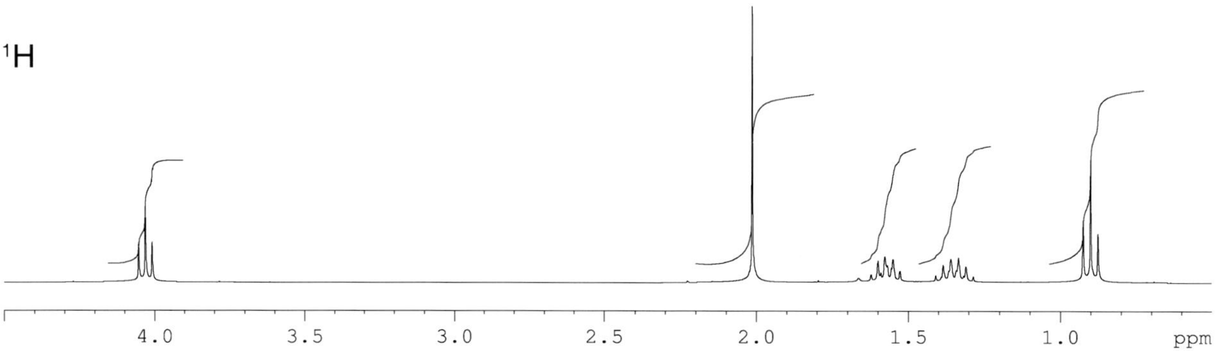

10 $C_6H_{13}OCl$

^{13}C

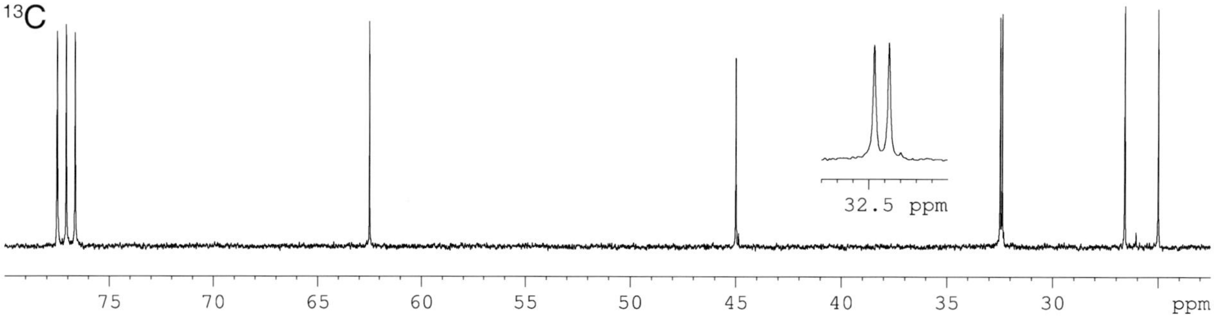

^{1}H

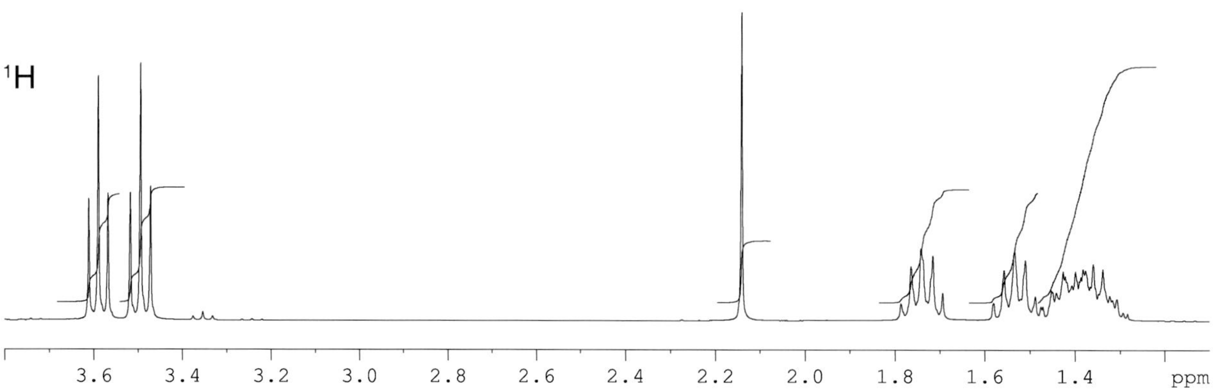

11 $C_6H_{13}OBr$

^{13}C

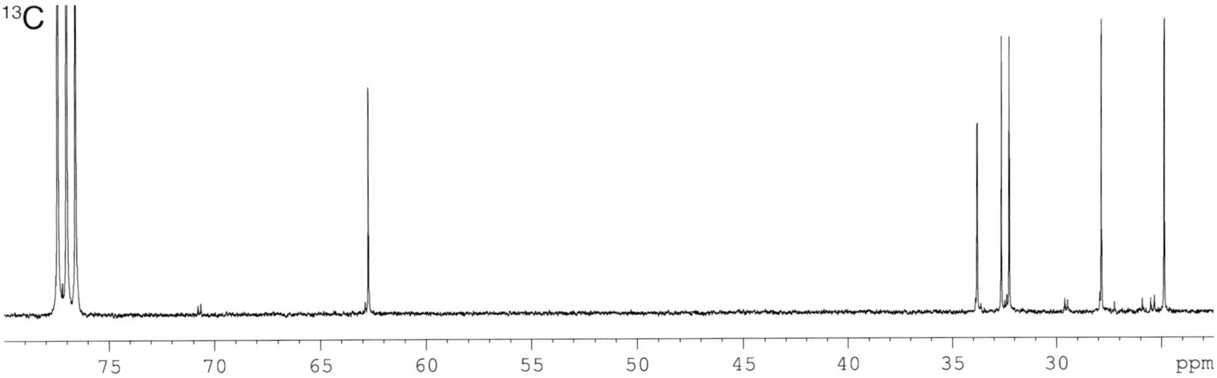

^{1}H

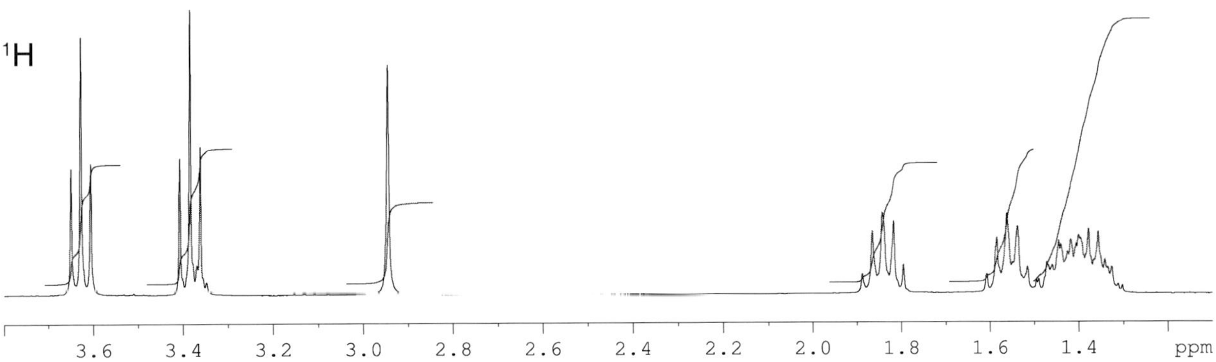

12 $C_3H_7O_2Br$

^{13}C

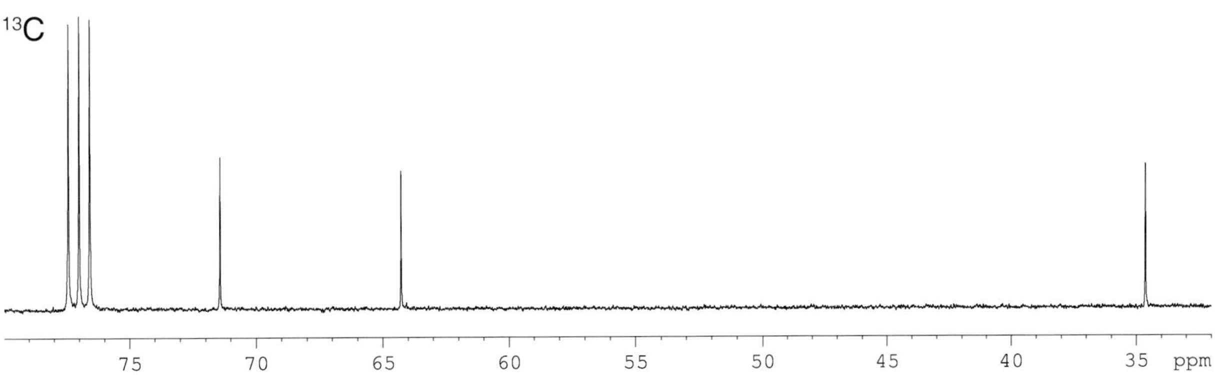

^{1}H

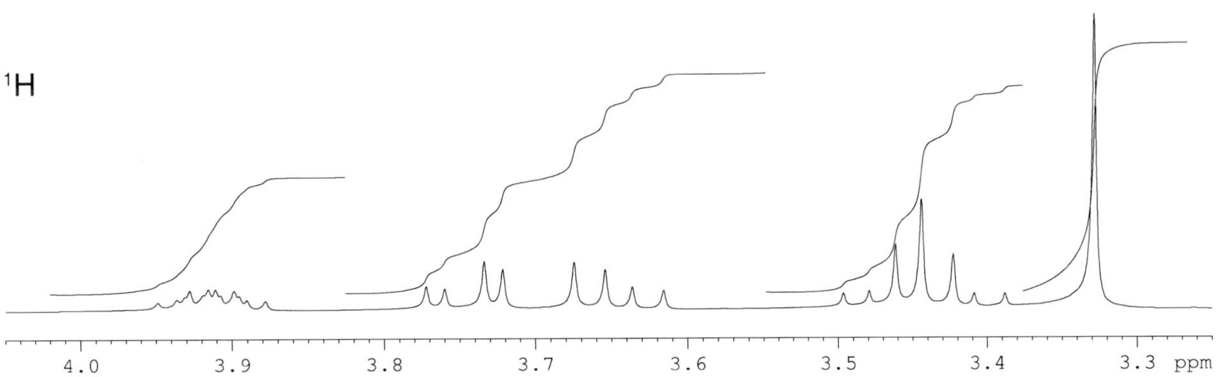

13 $C_5H_{12}O$

^{13}C

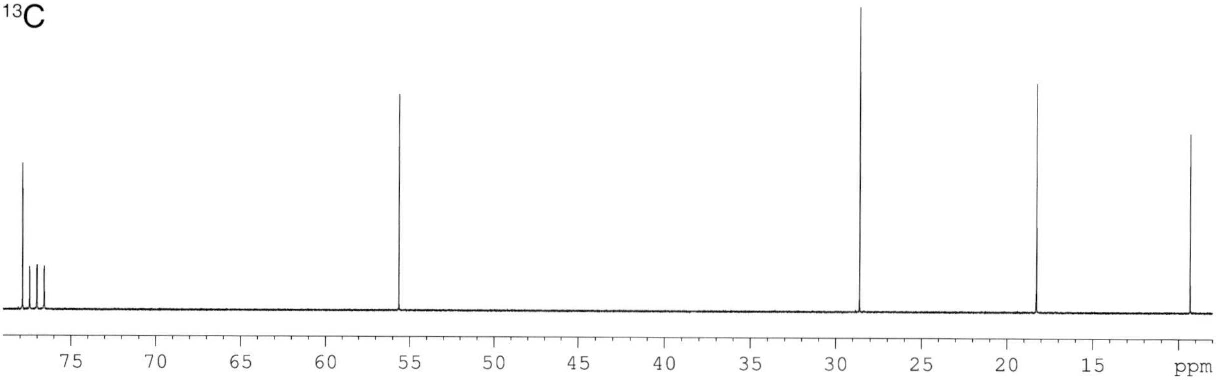

^{1}H

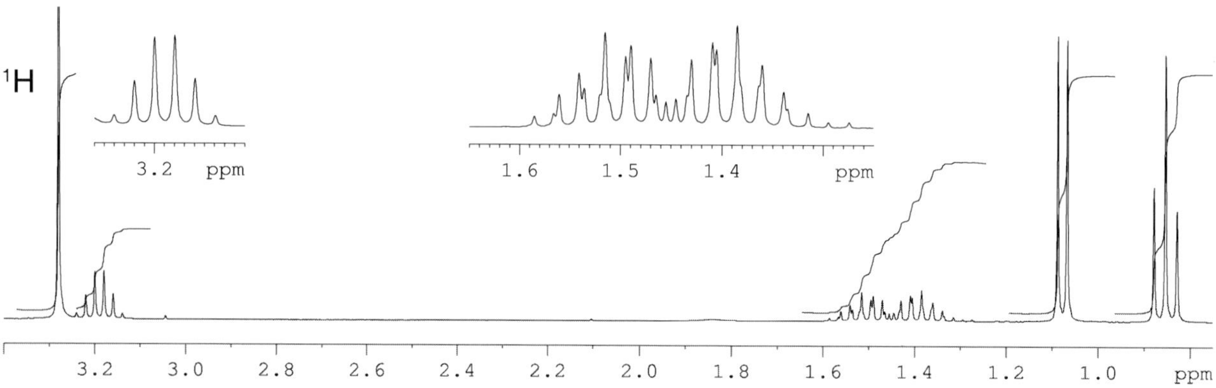

14 $C_6H_{12}O_2$

^{13}C

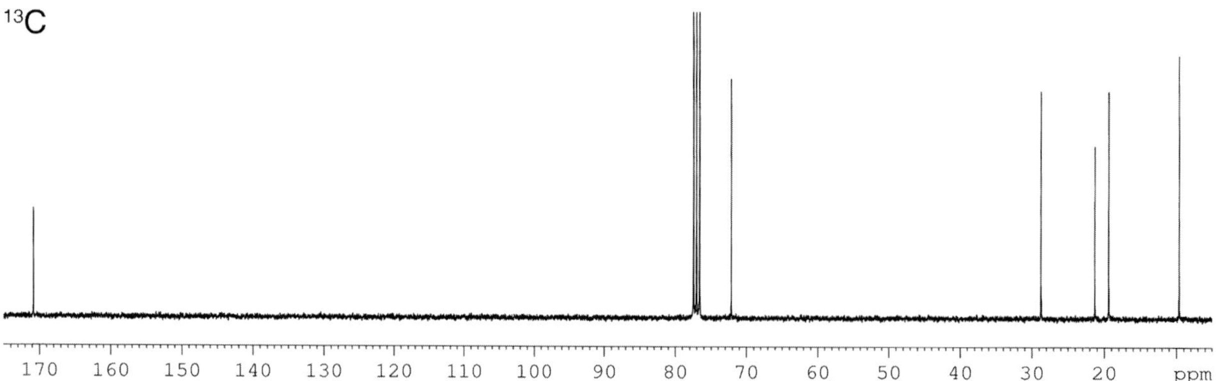

^{1}H

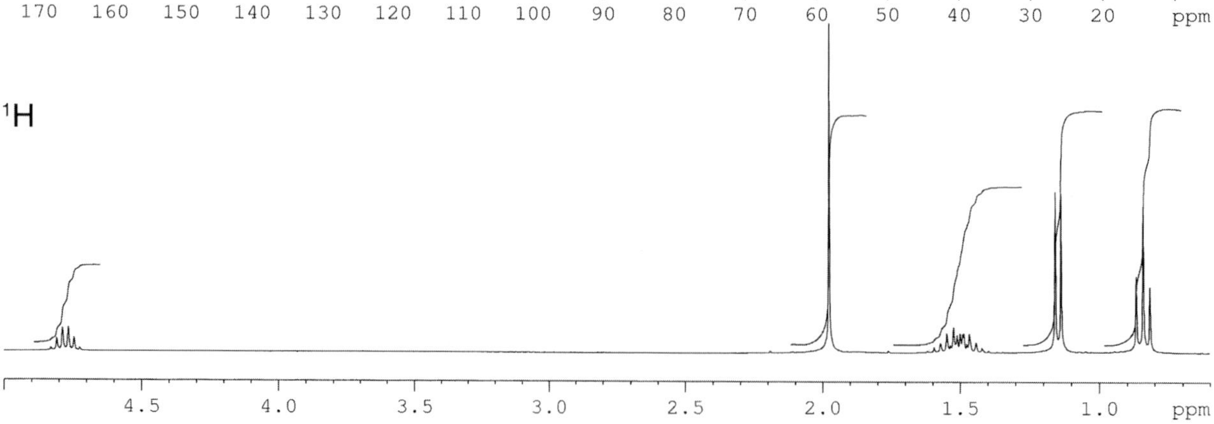

15 $C_6H_{14}O$

^{13}C

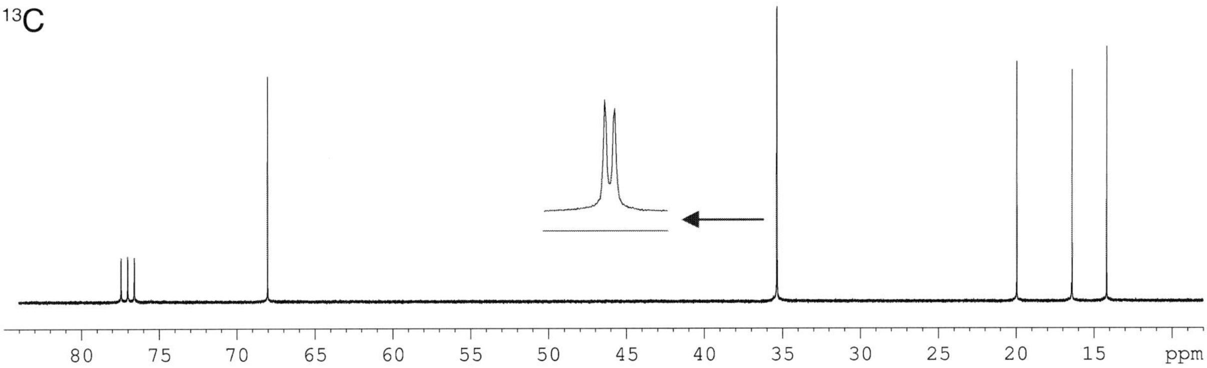

^{1}H

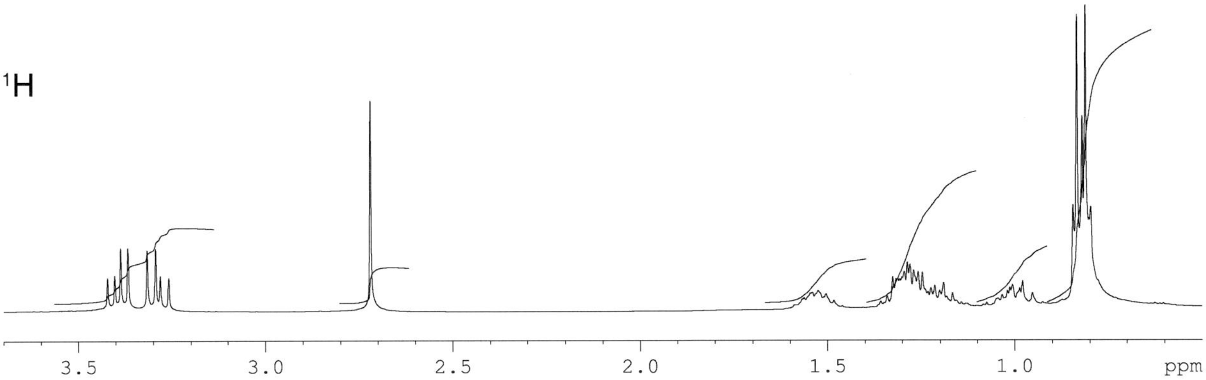

16 $C_7H_{16}O_2$

^{13}C

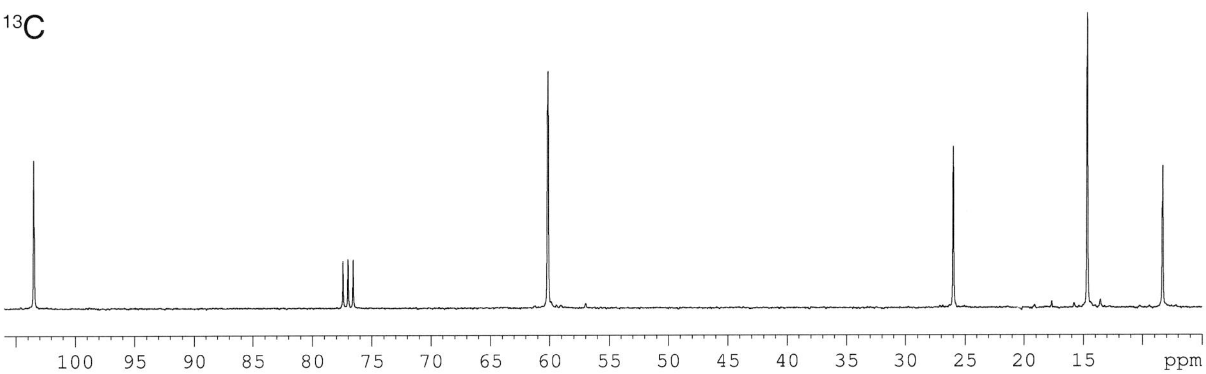

^{1}H

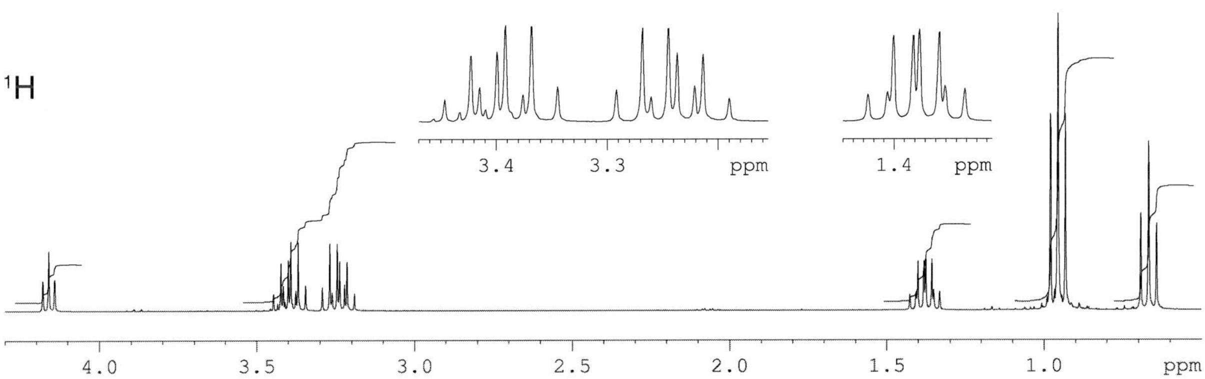

17 $C_8H_{14}O_3$

^{13}C

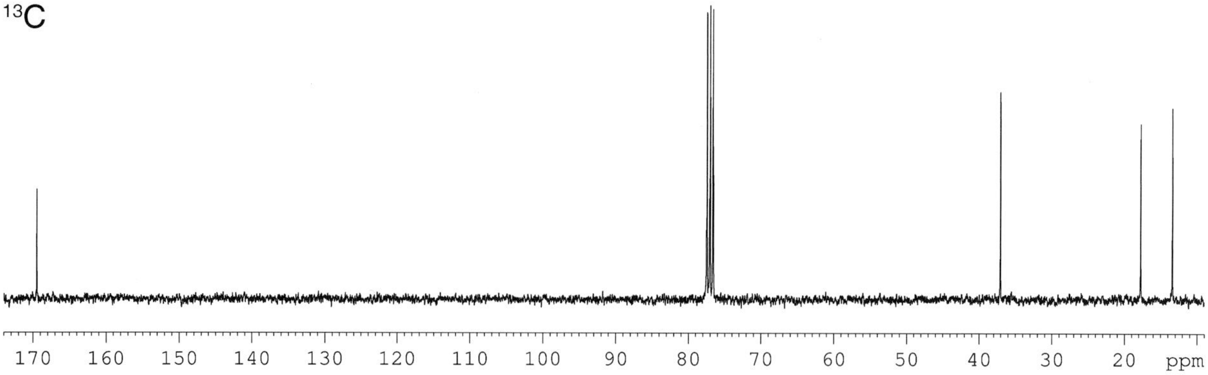

^{1}H

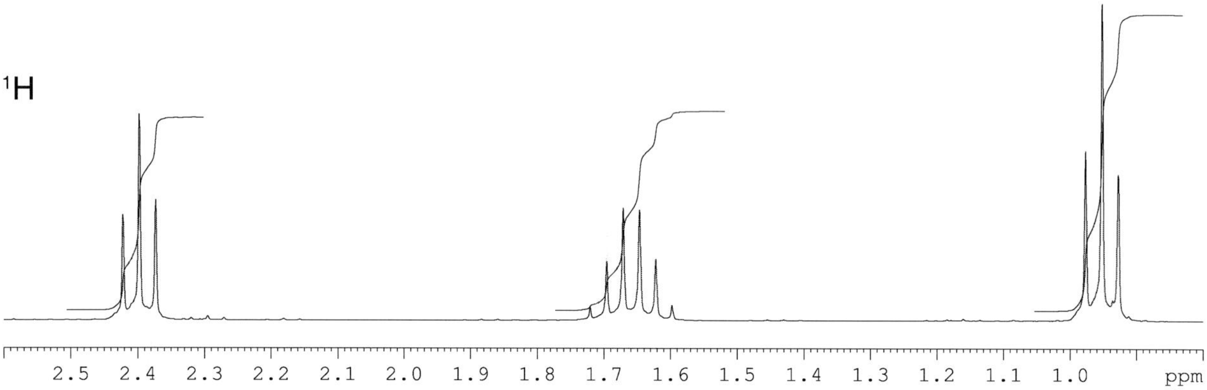

18 $C_8H_{14}O_4$

^{13}C

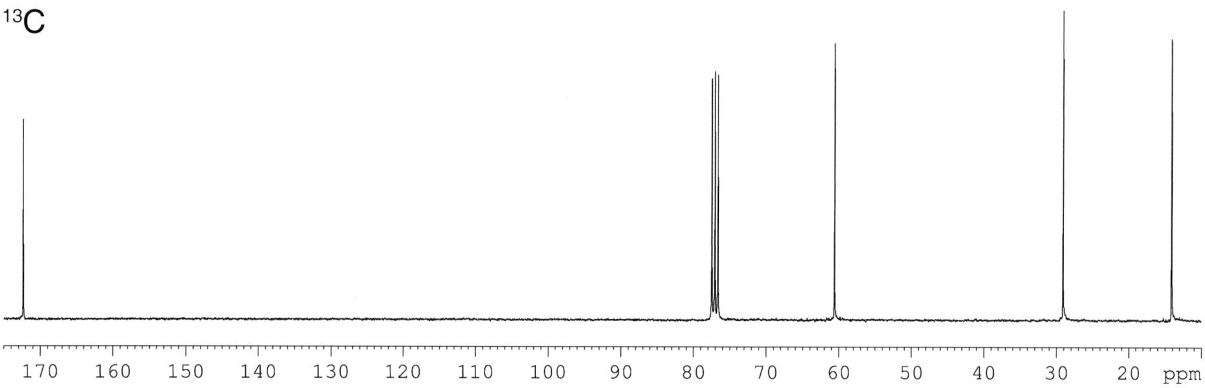

^{1}H

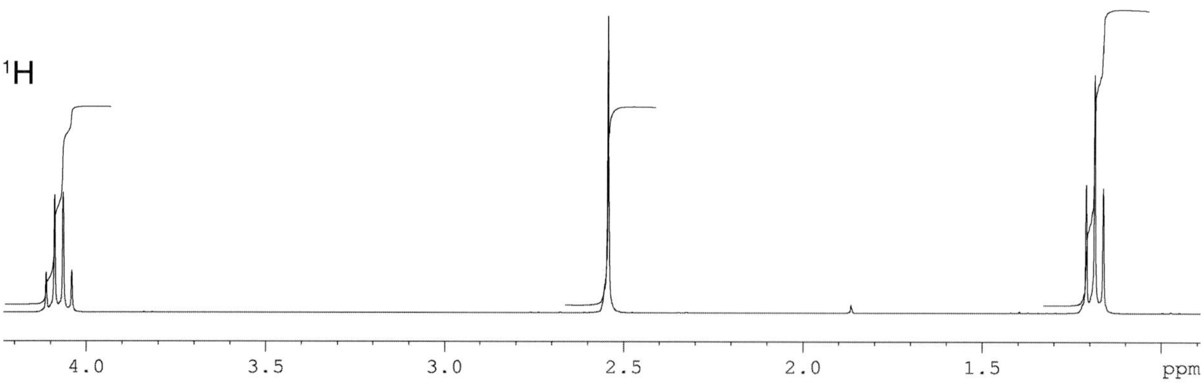

19 $C_4H_{10}O_2$

^{13}C

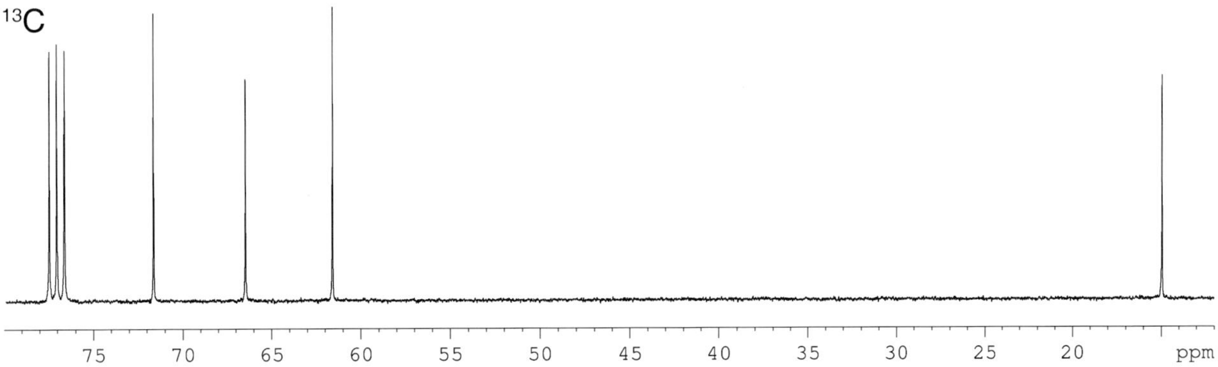

^{1}H

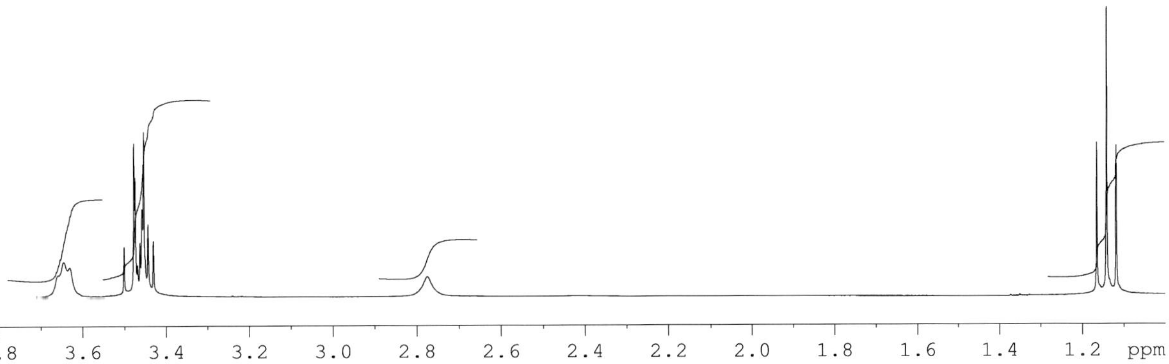

20 $C_8H_{18}O_4$

^{13}C

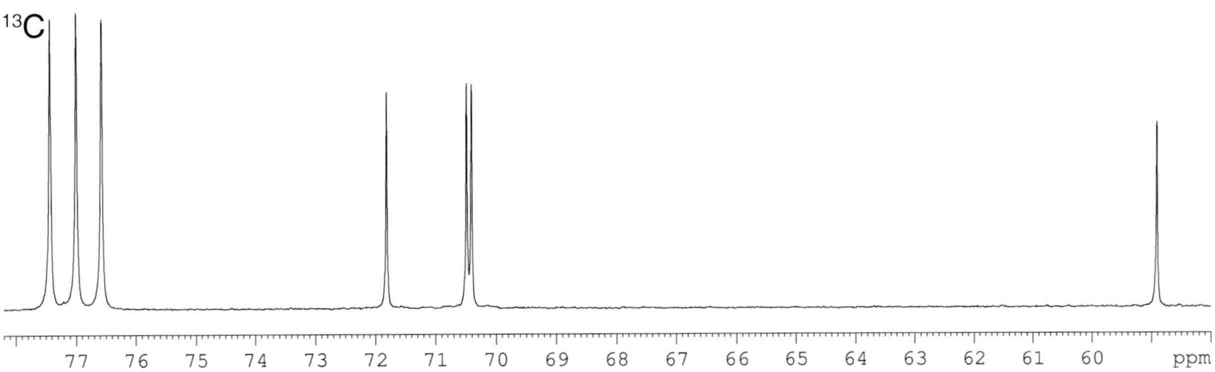

^{1}H

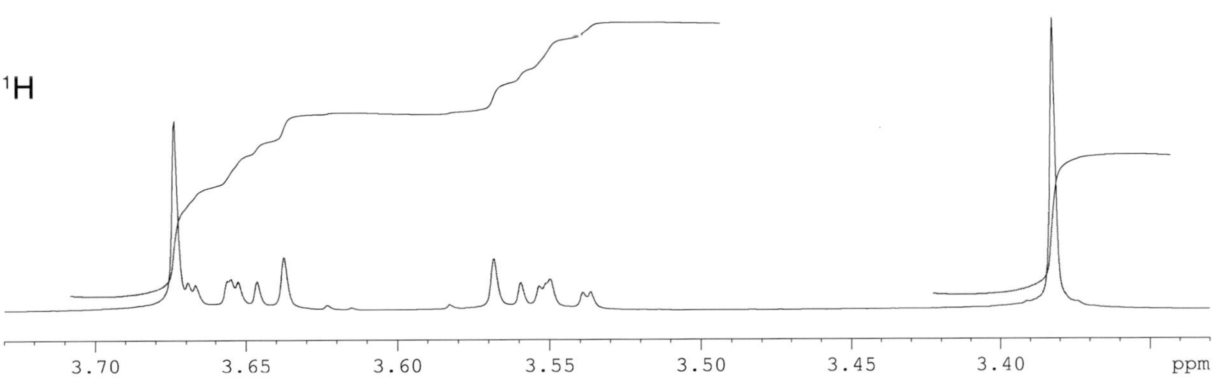

21 $C_{10}H_{22}O$, 500 MHz

^{13}C

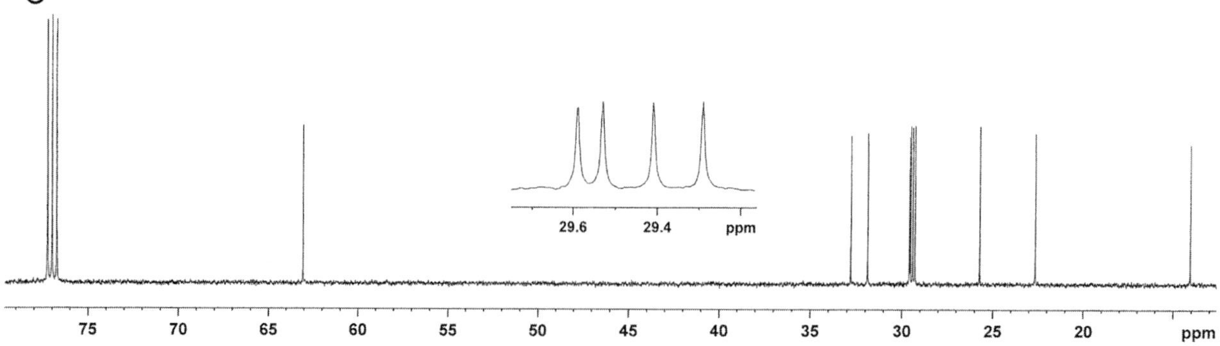

^{1}H

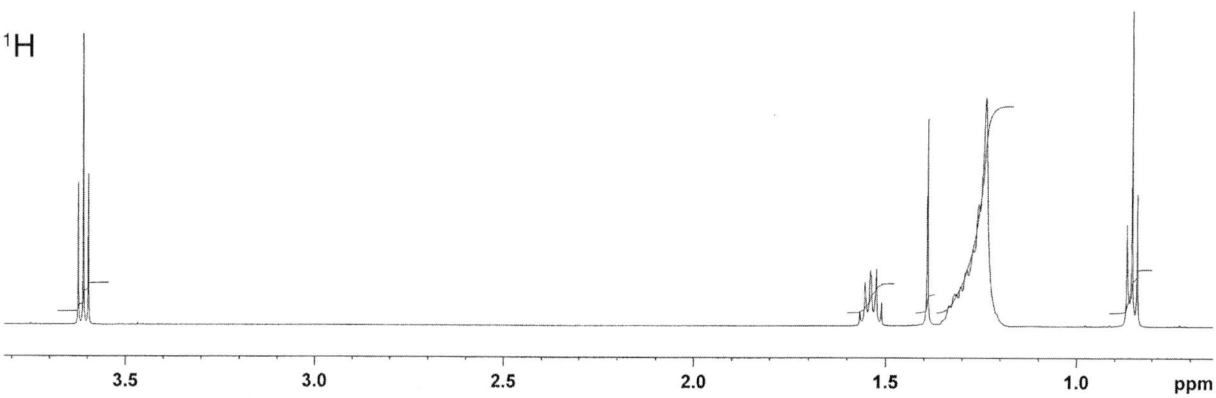

22 $C_8H_{10}O$

^{13}C

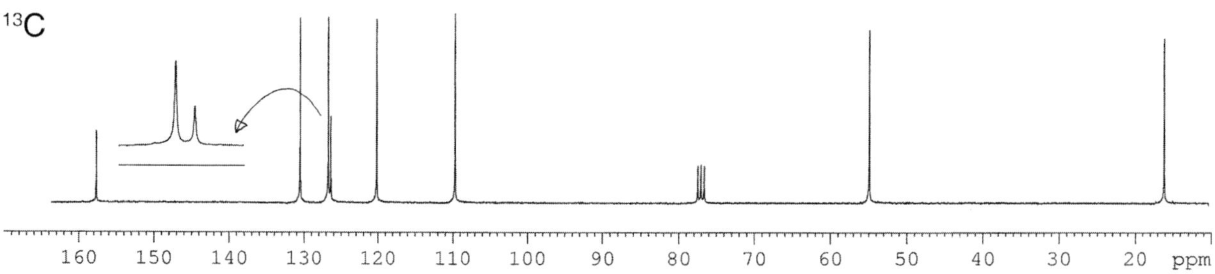

^{1}H

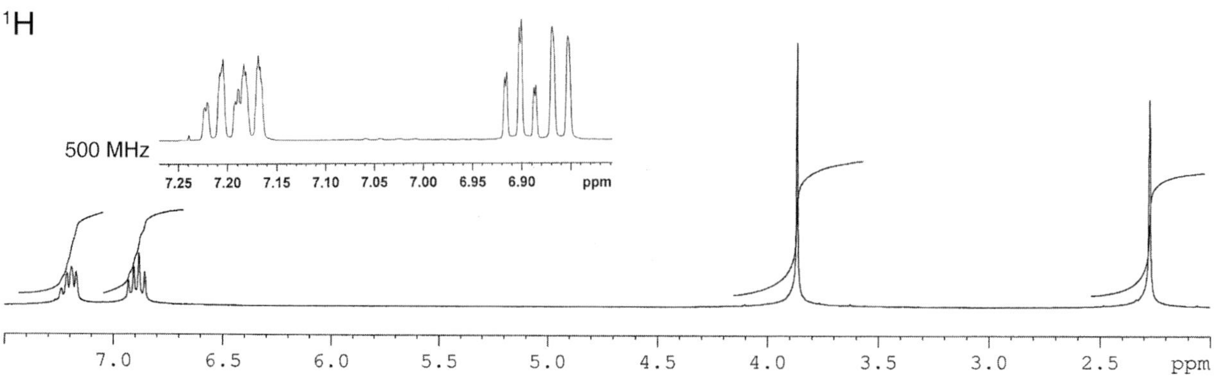

23 $C_8H_{10}O$

^{13}C

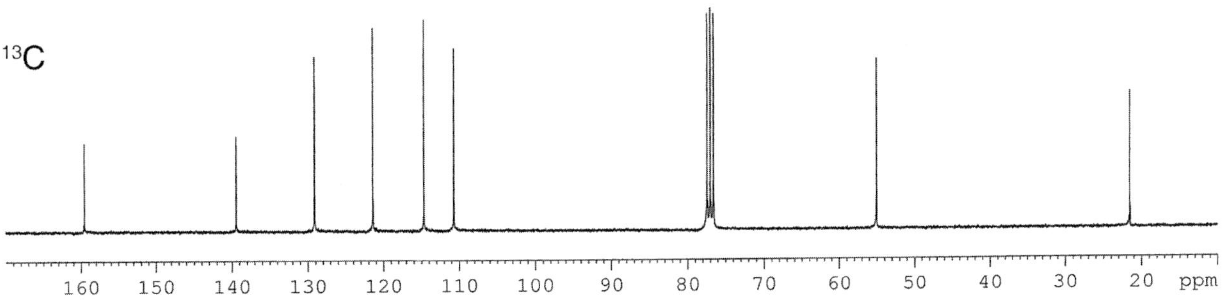

^{1}H

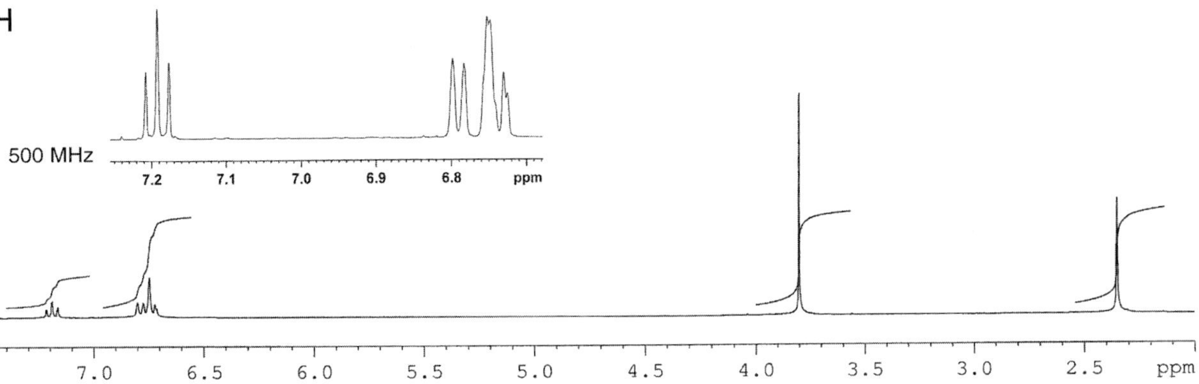

24 $C_8H_{10}O$

^{13}C

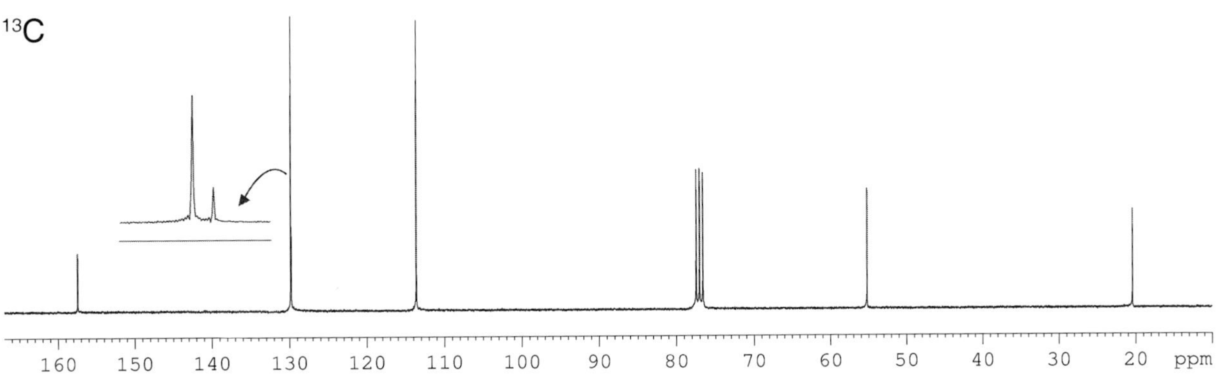

^{1}H

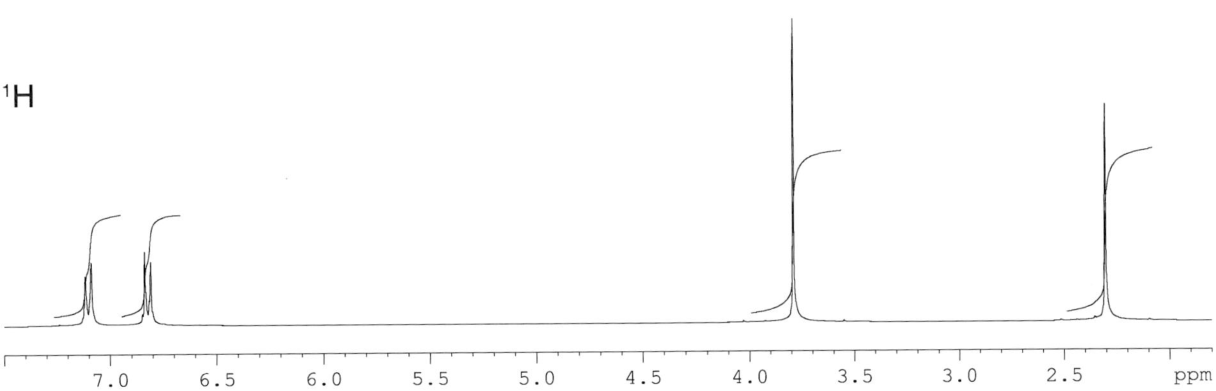

25 $C_8H_{11}N$

^{13}C

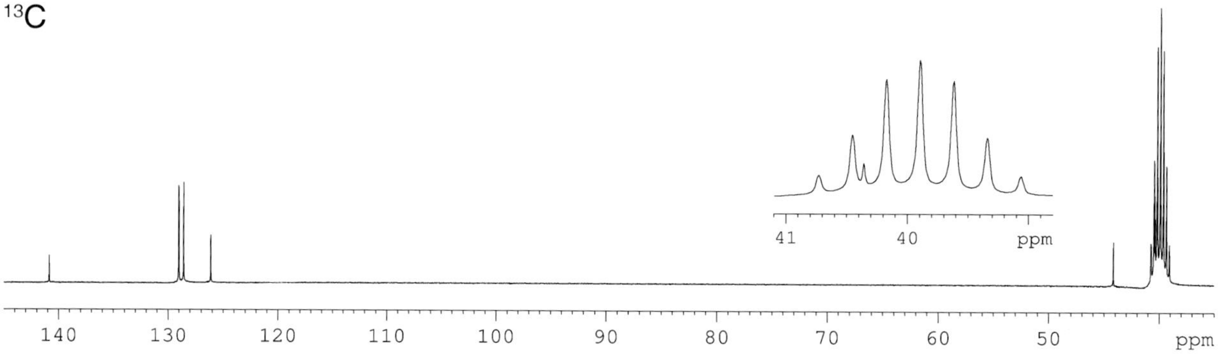

^{1}H

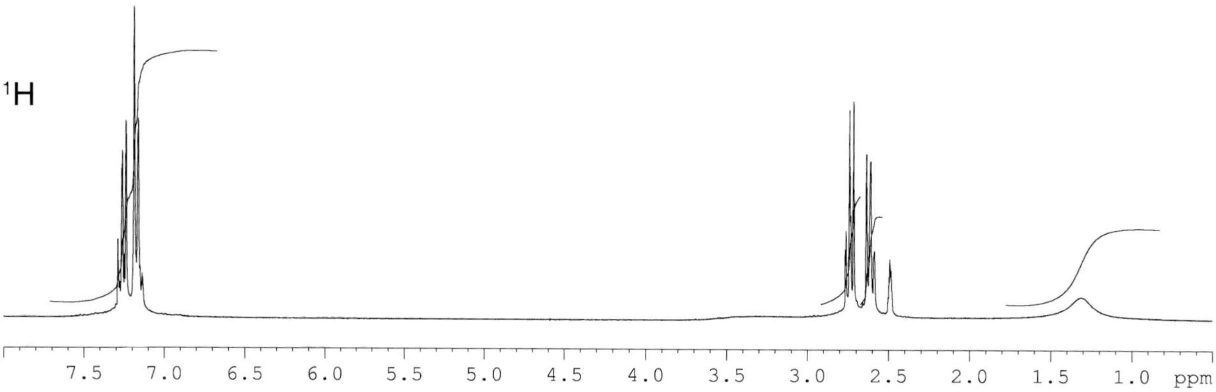

26 $C_8H_{10}O$

^{13}C

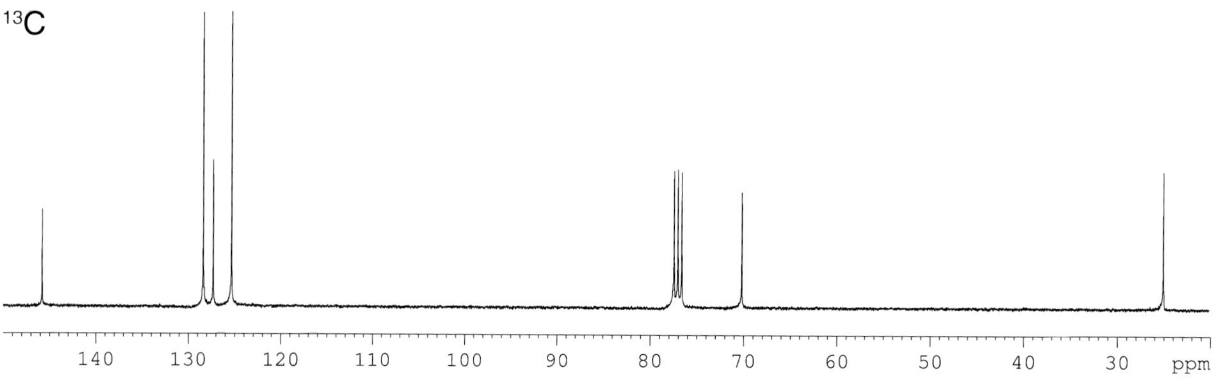

^{1}H

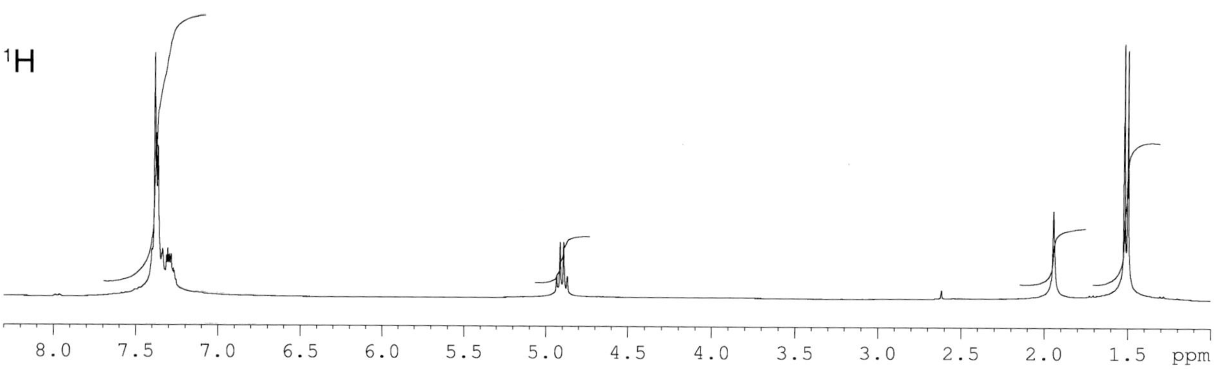

27 $C_9H_{10}O$

^{13}C

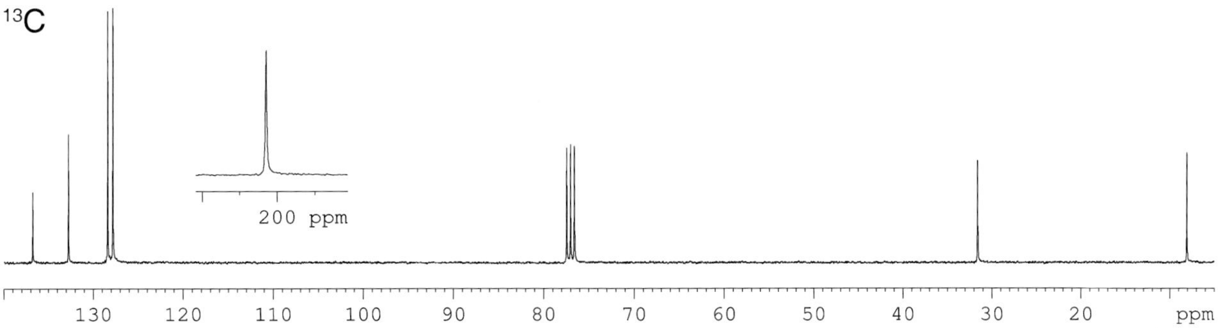

^1H

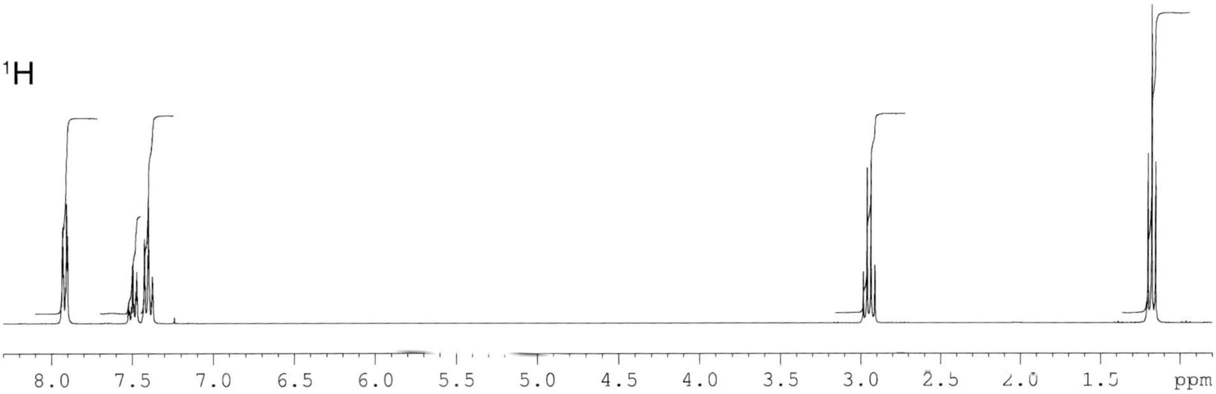

28 $C_9H_8O_2$

^{13}C

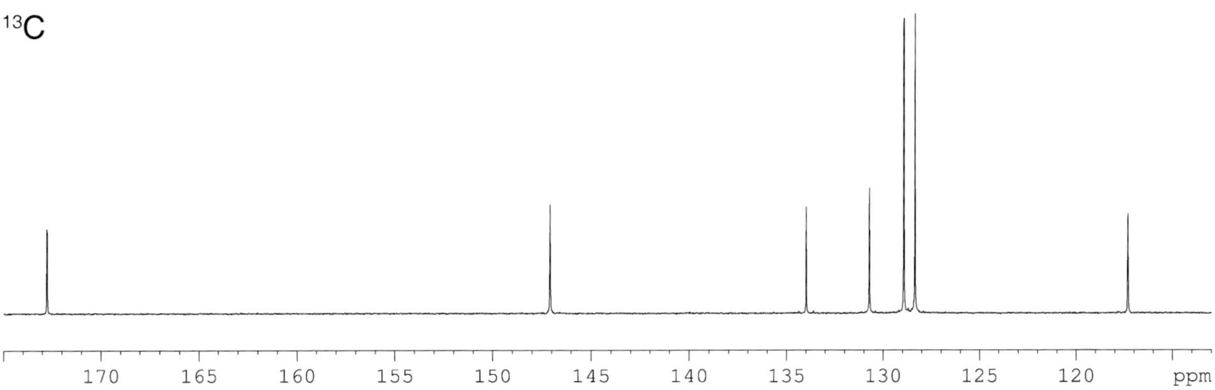

^1H

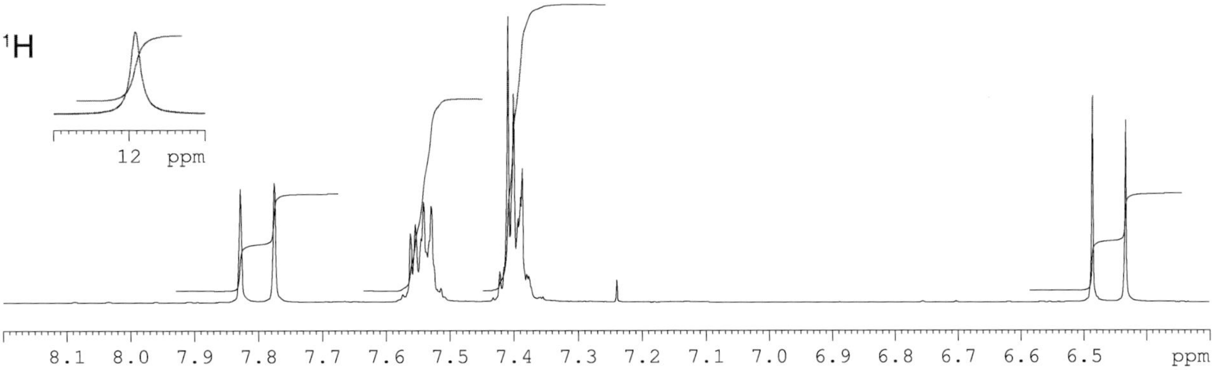

29 $C_9H_8O_4$

^{13}C

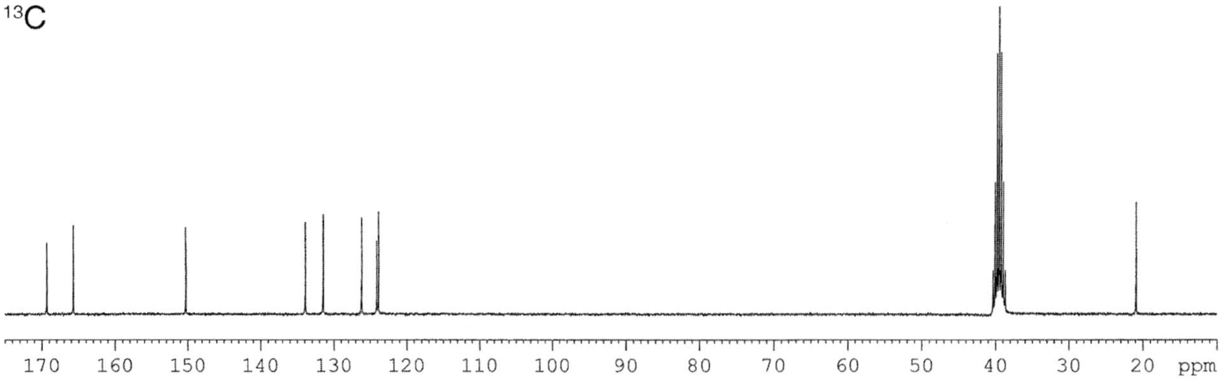

^{1}H

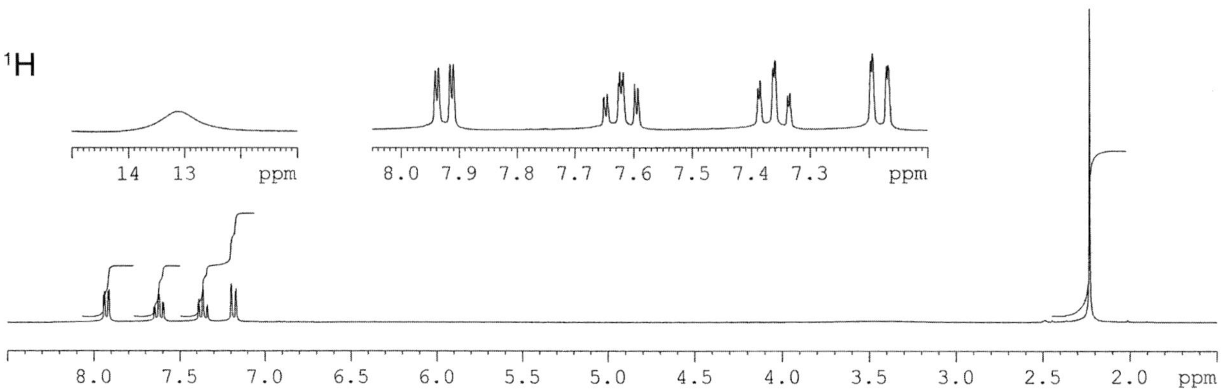

30 $C_{10}H_{12}O_3$

^{13}C

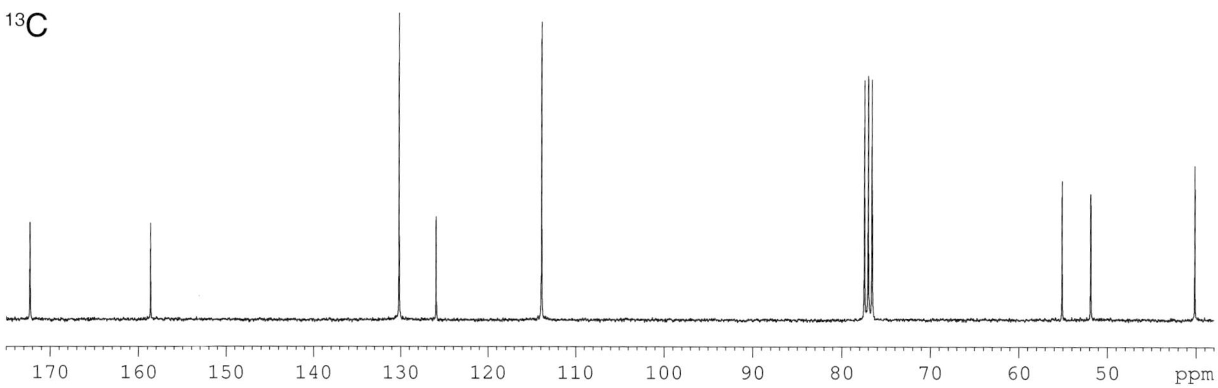

^{1}H

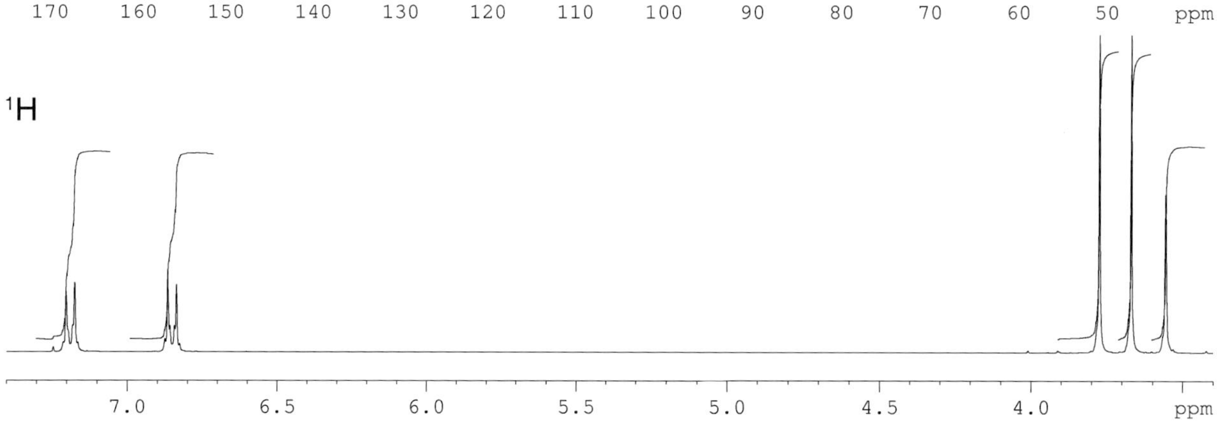

31 $C_9H_{12}O_2$, 500 MHz

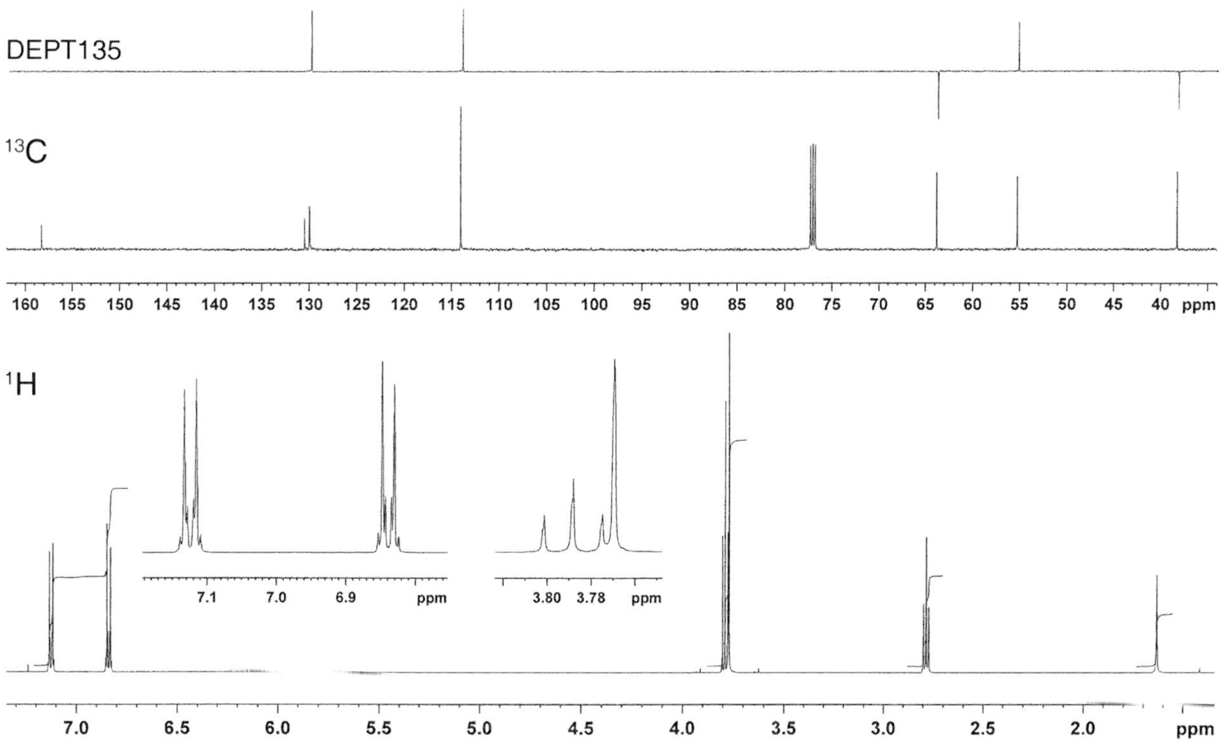

32 $C_{11}H_{14}O_3$

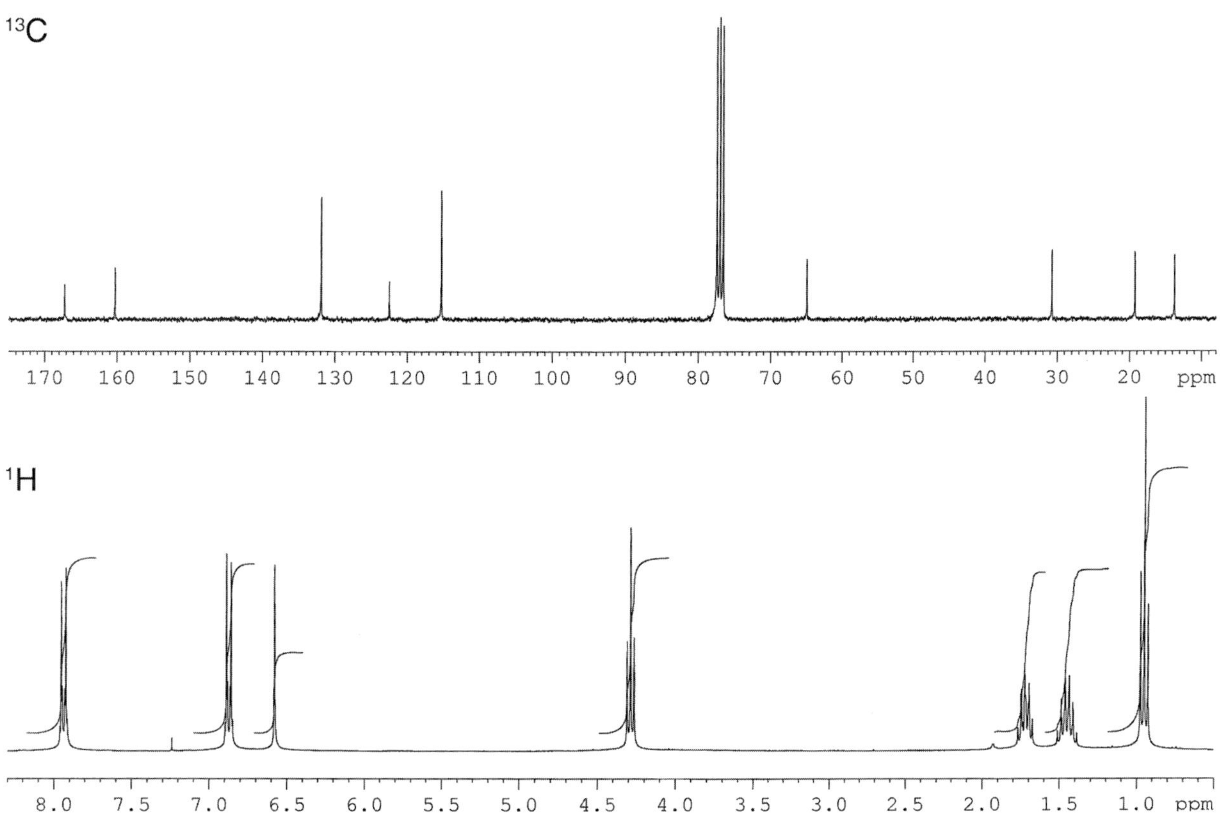

33 $C_{14}H_{14}$

^{13}C

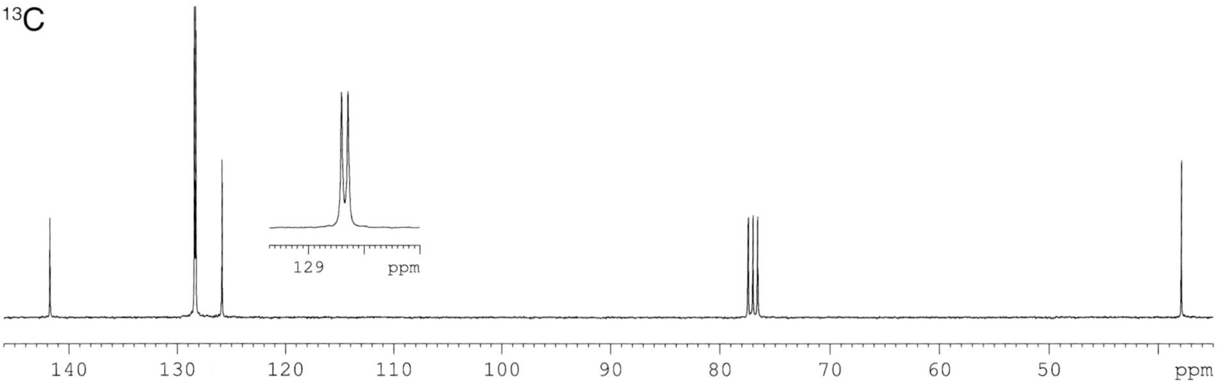

^{1}H

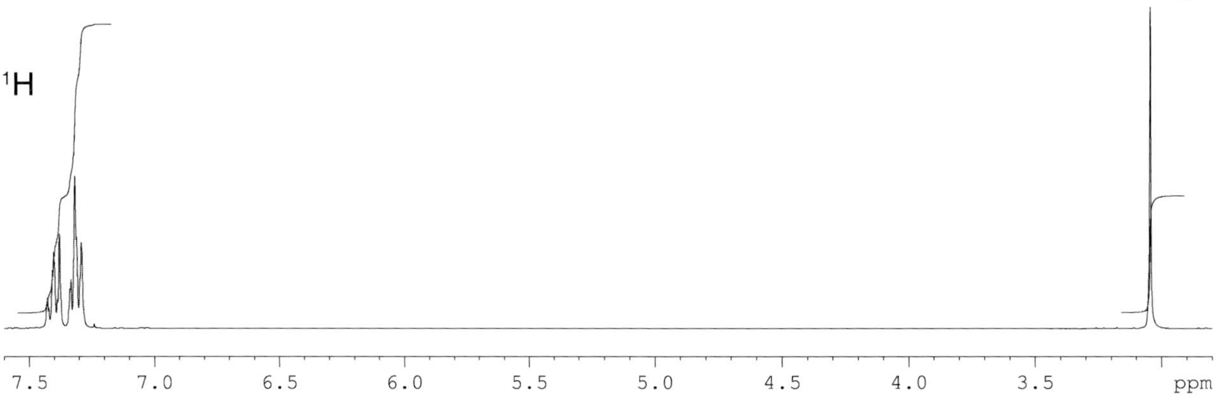

34 $C_{12}H_{14}O_4$

^{13}C

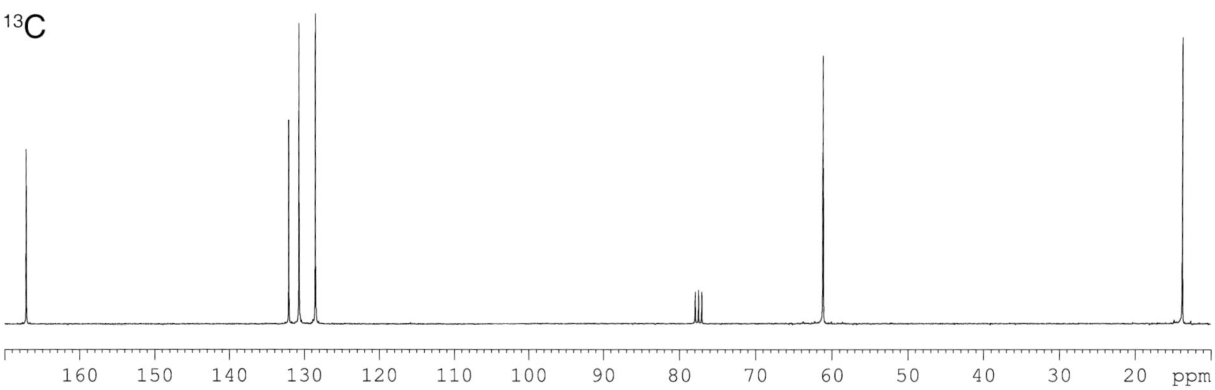

^{1}H

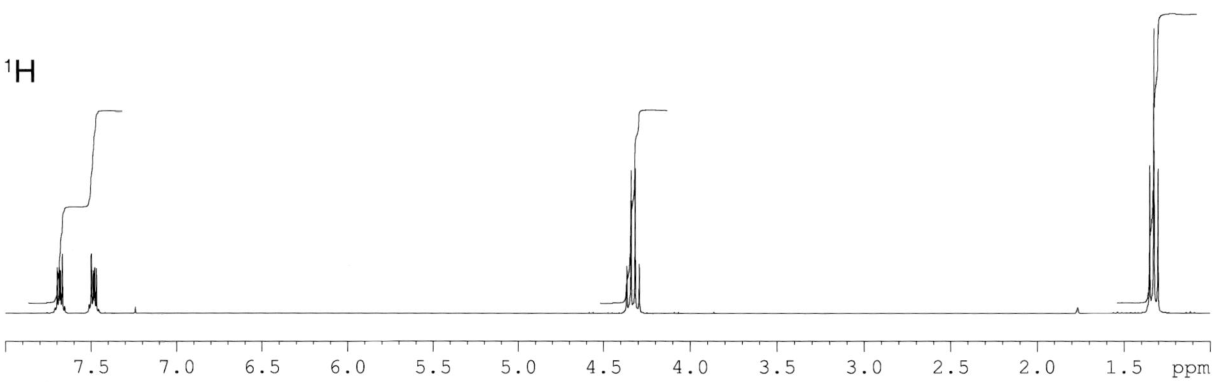

35 $C_5H_{11}NO_2 \cdot HCl$

^{13}C

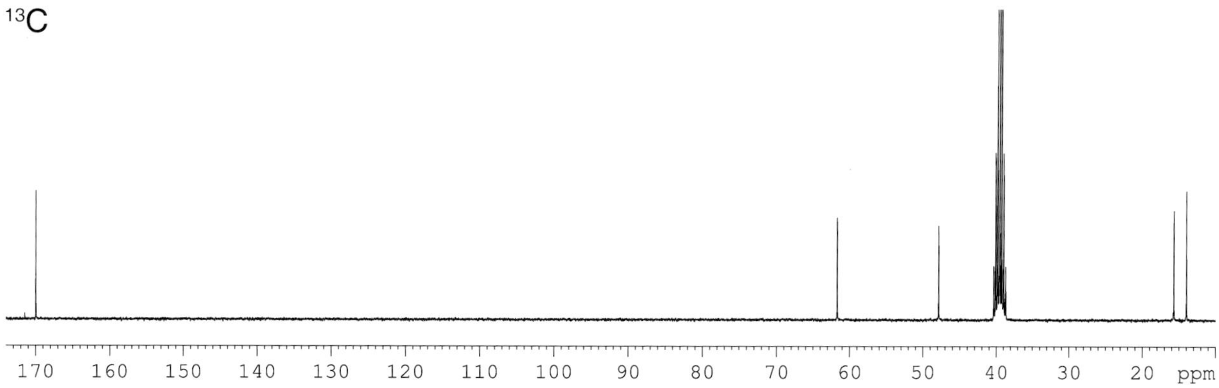

^{1}H

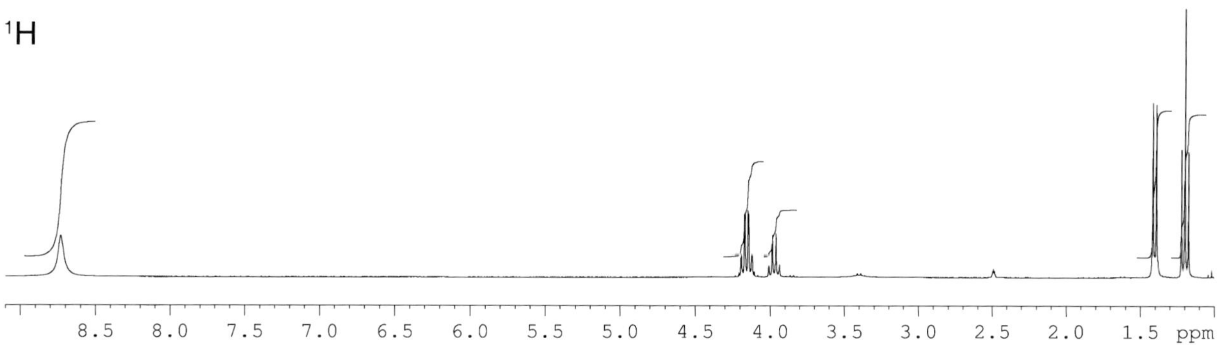

36 $C_6H_{10}O$

^{13}C

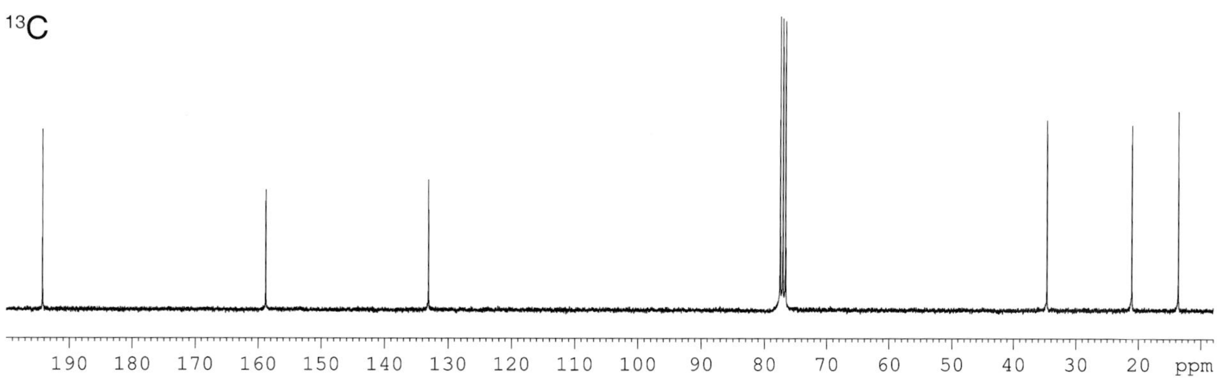

^{1}H

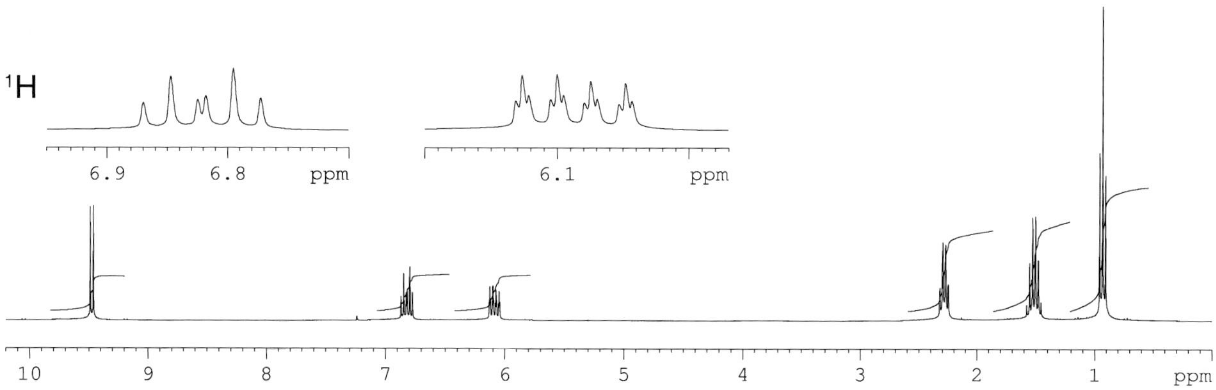

37 $C_8H_{14}O_2$

^{13}C

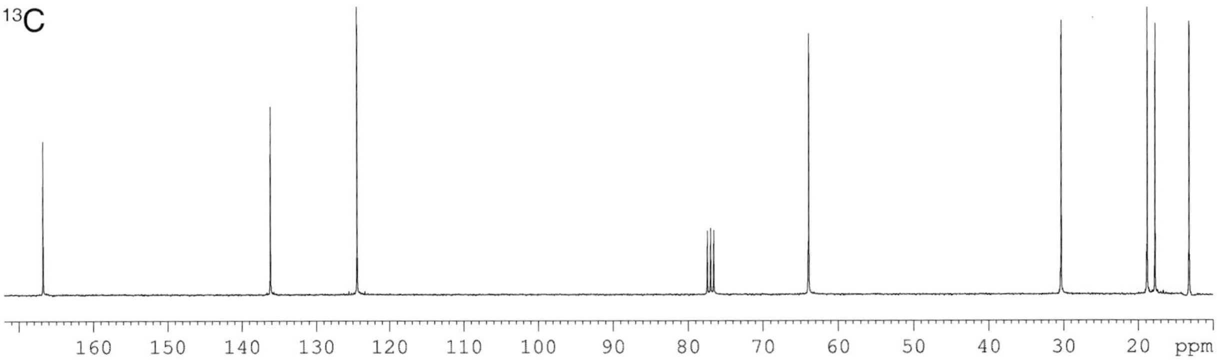

^{1}H

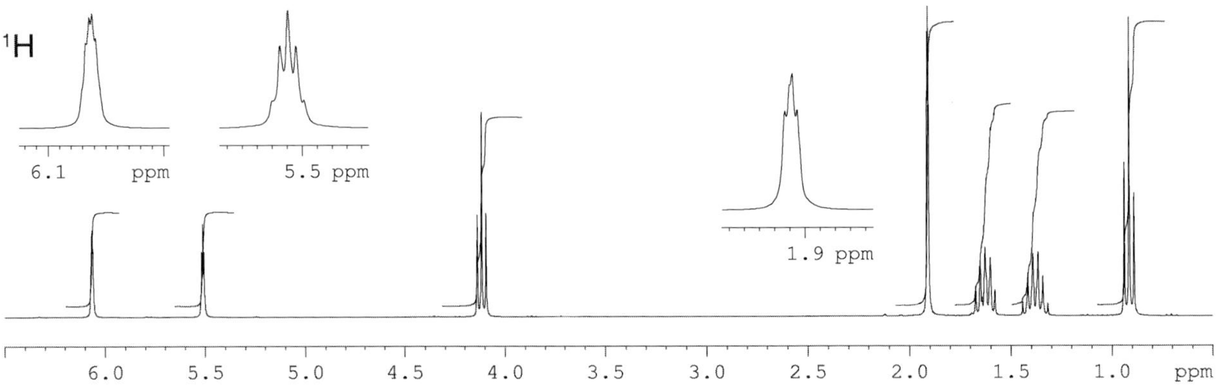

38 $C_8H_{12}O$

^{13}C

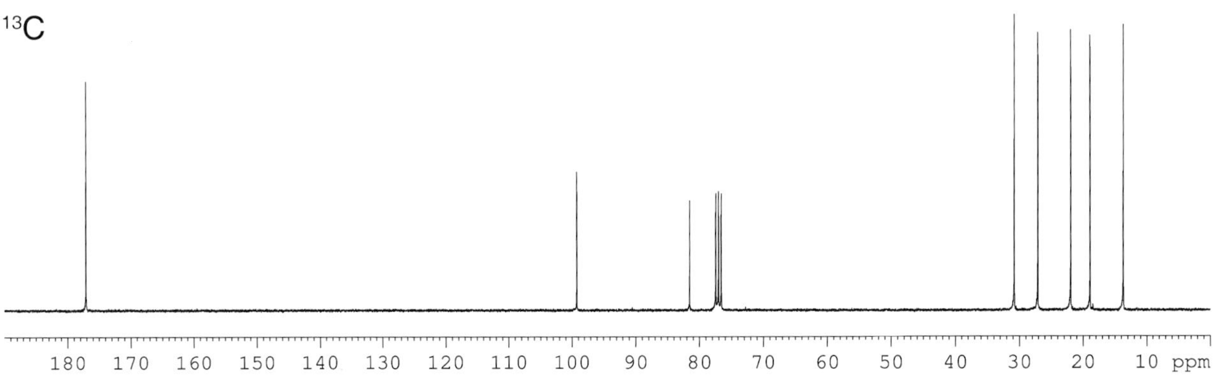

^{1}H

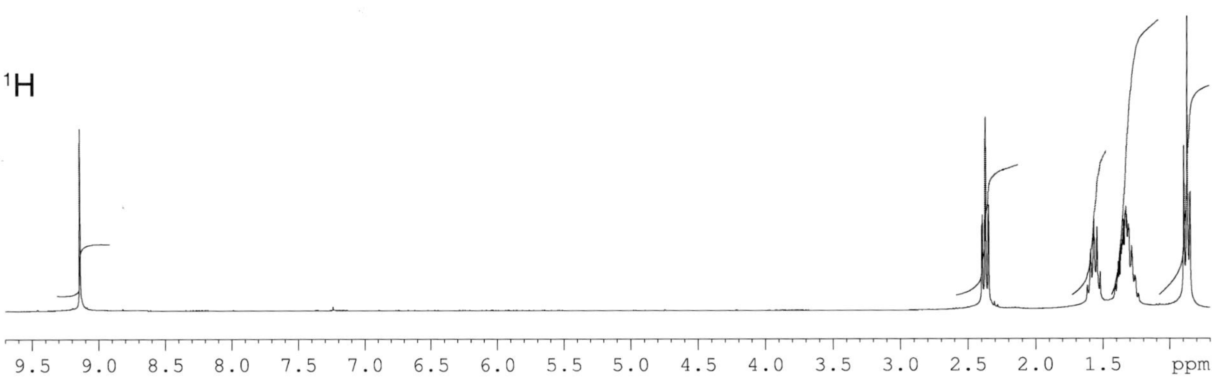

39 C_7H_{14}

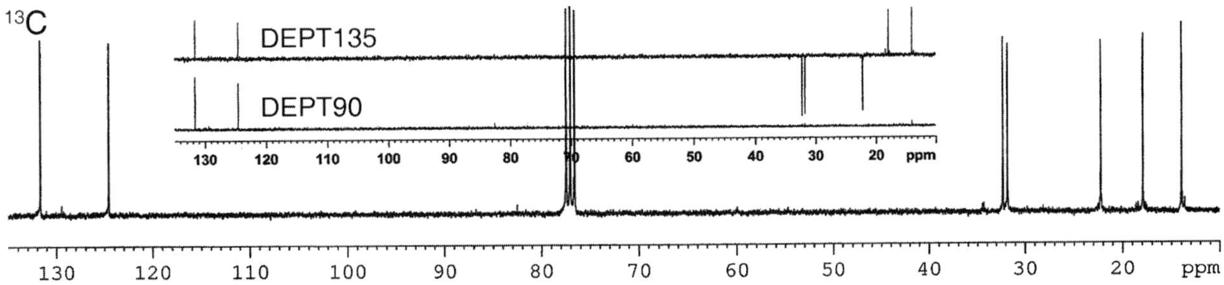

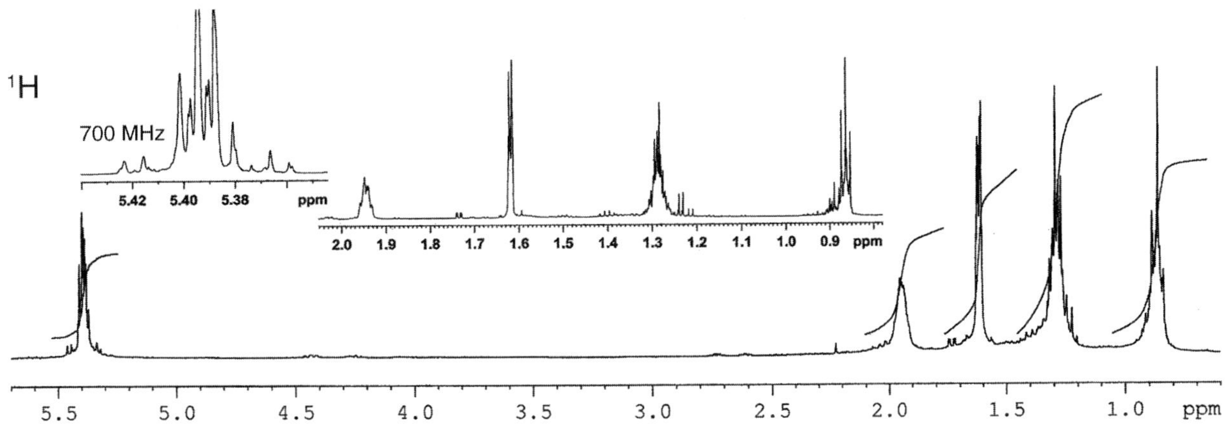

Note

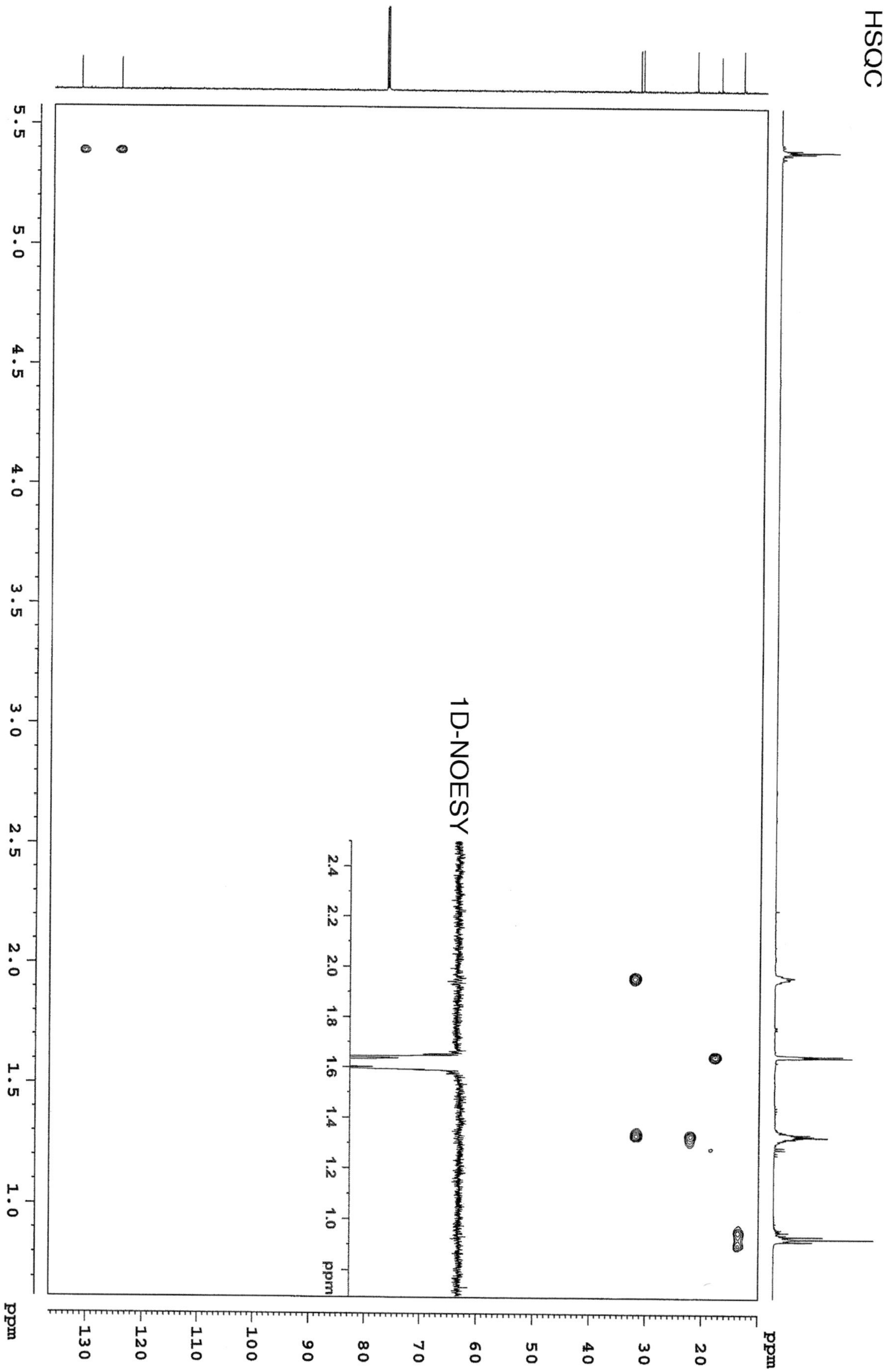
HSQC
1D-NOESY
ppm
ppm

40 C_7H_{14}

^{13}C

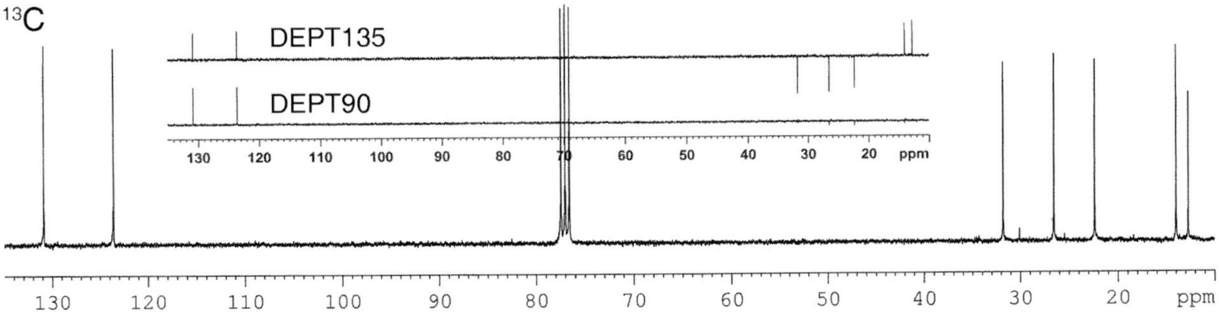

^{1}H

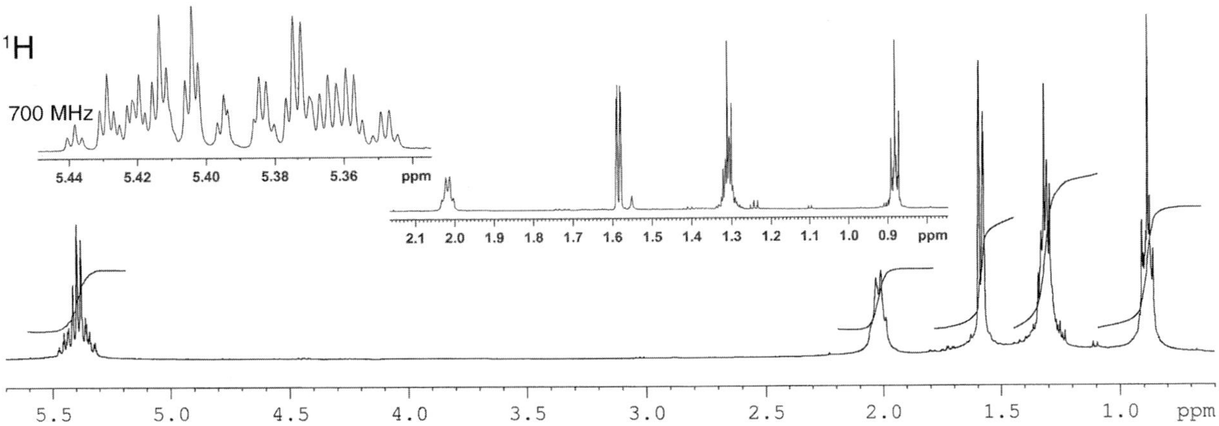

Note

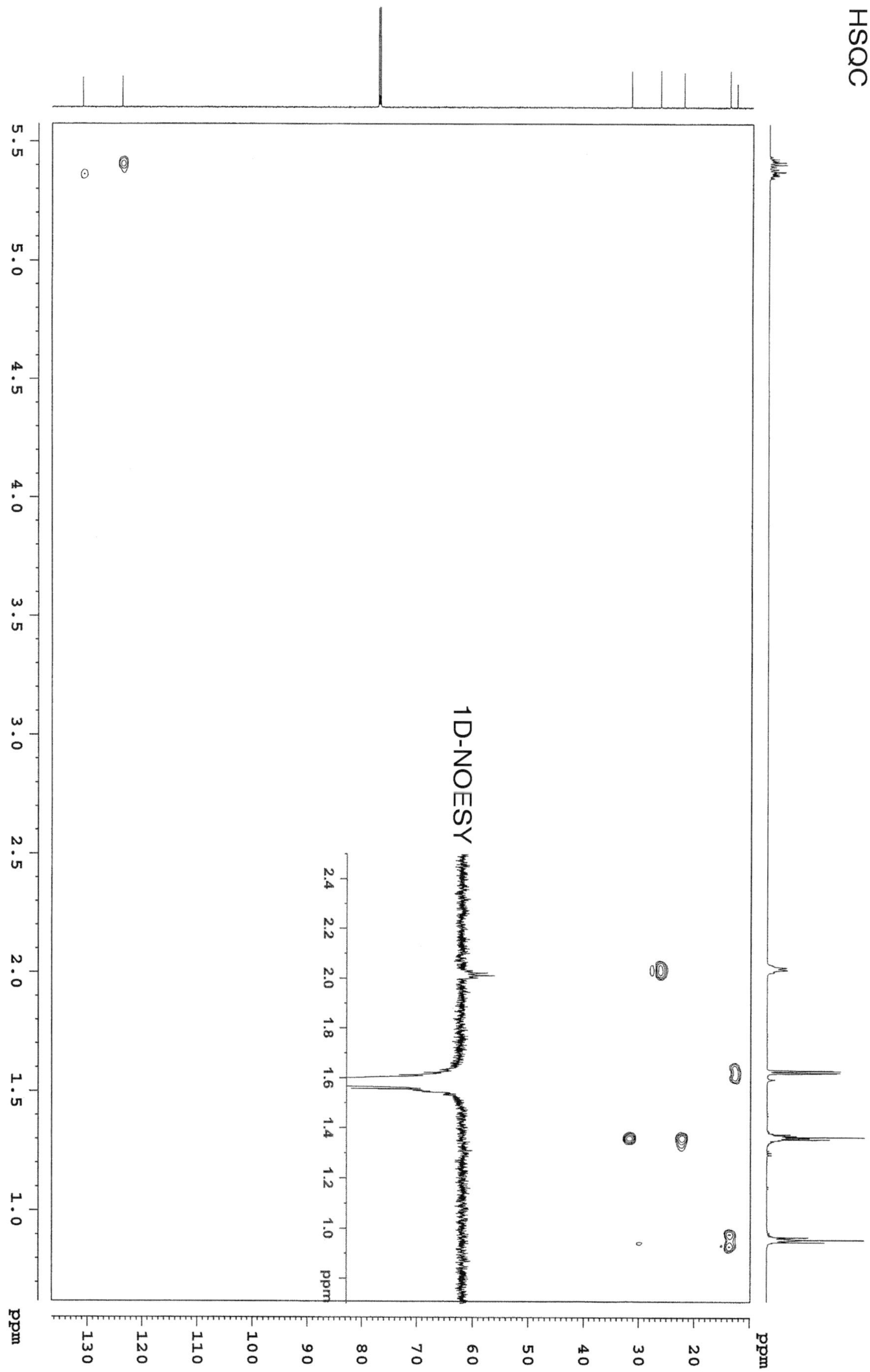
HSQC
1D-NOESY
ppm

2 해답과 해설

1 무엇보다 먼저 양성자 스펙트럼에서 스핀들 사이의 커플링으로 나타난 0.95 ppm에서의 삼중선과 2.14 ppm에서의 사중선 모습으로 이 화합물에는 ethyl 그룹(CH_3–CH_2–)의 요소가 있다는 것을 예상할 수 있고 분자식에서 불포화 수가 1(#=4–(8/2)+1=1)이라는 것과 탄소 스펙트럼에서 4 개의 피크 중 180–170 ppm 사이에 나타난 피크로부터 carbonyl(C=O)의 요소가 있다는 것을 알 수 있다. 더 자세하게 예상하자면 carbonyl의 화학이동 값들은 210–160 ppm에 걸쳐서 나타나며 ketone은 200 ppm 부근에서 나타나야 하므로 이 화합물은 ketone은 아니고 ester나 carboxylic acid 또는 amide의 구조요소를 가지고 있다는 것이다. 분자식에 질소가 없기 때문에 amide는 가능하지 않고 밝혀진 두 개의 요소는 탄소 3 개와 양성자 5 개 그리고 산소 1 개를 포함하고 있으므로 더 찾아내야하는 요소는 1 개의 탄소와 3 개의 양성자 그리고 1 개의 산소이다. 양성자 스펙트럼에서 3.5 ppm에서 나타난 단일 피크의 적분 값을 ethyl 그룹의 적분 값들과 비교해보면 이 피크는 3 개의 양성자라는 것을 알 수 있고 단일 피크라는 것에서 methyl (CH_3–) 그룹의 요소라고 예상할 수 있다. 이제 8 개의 양성자가 모두 사용 되었으므로 위에서 예상한 ester와 acid의 구조 중에서 acid는 양성자 하나가 더 있어야하므로 제외하고 나머지 사용하지 않은 산소를 사용하려면 ester의 구조가 적합하다는 것을 알 수 있다. 이들 3 개의 구조 요소들로 유도할 수 있는 구조는 아래의 두 종류의 ester 일 수 있다.

이들 두 ester는 양성자의 화학이동 값으로 구별 할 수 있다. 즉 methyl 그룹의 양성자가 ethyl 그룹의 methylene의 양성자 보다 down-field에서 나타나고 있으므로 methyl 그룹이 산소에 연결된 구조인 propionic acid의 methyl ester가 양성자 스펙트럼을 만족시키는 것이다.

2 이 화합물의 경우는 앞의 문제 1과 같은 구조식을 가지고 있으므로 불포화 수는 1이고 양성자 스펙트럼에서 splitting pattern은 같고 각각의 화학이동 값에 약간의 차이가 있다. 먼저 삼중선과 사중선의 모습으로부터 ethyl 그룹의 methylene의 양성자(사중선)와 methyl 그룹의 양성자(삼중선)라는 것을 알 수 있고 2 ppm 영역에서 나타난 단일 피크는 ethyl 그룹의 적분 값들과 비교할 때 3 개의 양성자인 methyl 그룹이라고 할 수 있다. 또한 탄소 스펙트럼에서는 분자식에 있는 4 개의 탄소 피크들이 모두 나타나 있으며 ester의 영역인 170 ppm의 위치에 carbonyl 피크가 있다. 그러나 문제 1에서와는 다르게 ethyl

그룹의 methylene의 양성자와 단일 피크의 methyl의 양성자들의 화학이동 값이 바뀌어 있다는 것을 알 수 있다. 그러므로 위의 문제 1의 경우와는 다르게 이번에는 ethyl 그룹의 methylene이 산소에 연결되어 있는 ester인 ethyl acetate라는 것을 예상할 수 있다.

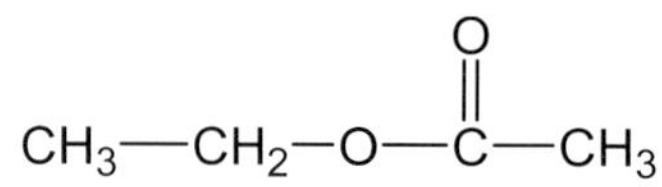

문제 1과 2의 두 스펙트럼으로 부터 알 수 있는 사실은 methyl과 methylene에 ester 그룹의 산소가 연결될 때 이들이 나타나는 화학이동 값의 위치가 독특하다는 것이다. 즉 methylene의 양성자들이 4 ppm 보다 더 down-field에서 나타나고 탄소는 약 60 ppm 영역에서 나타난다는 것이며 methyl 그룹의 양성자와 탄소의 경우는 이들보다 up-field인 3.5 ppm과 50 ppm의 영역에서 각각 나타난다는 것이다. 이들 사실로부터 우리는 양성자와 탄소 스펙트럼에서 이들 영역의 화학이동 값들을 가지고 있는 피크들이 존재할 때는 먼저 ester의 존재를 예측해 볼 수 있다.

3 분자식이 할로겐 원소인 브롬(Br)을 하나 가지고 있으므로 수소의 수에 1을 더하여 불포화 수는 0(# = 4 − (10/2) + 1 = 0)이 된다. 탄소 스펙트럼은 분자식이 가지고 있는 4 개의 탄소를 모두 보여주고 양성자 스펙트럼에서는 이미 앞의 문제들에서 본 것과 같이 삼중선(1.3 ppm)과 사중선(3.53 ppm)을 가지고 있는 ethyl 그룹이 존재함을 알 수 있다. 사중선이 약 3.5 ppm 까지의 화학이동 값을 가지기 위해서는 산소에 연결되어 있다고 볼 수 있다. 나머지 두 개의 삼중선은 $-CH_2-CH_2-$의 요소라고 예상할 수 있으며 브롬을 하나의 메칠렌(methylene)에 연결하면 다른 메칠렌은 당연히 ethyl 그룹을 가지고 있는 산소에 연결할 수 밖에 없다. 그러면 비로소 이들은 구조식의 모든 원소들이 사용되고 불포화 수도 만족시키게 된다.

$CH_3—CH_2—O—CH_2—CH_2—Br$

여기에서 $-CH_2-CH_2-$ 양성자들의 화학이동 값의 정확한 규명 없이도 즉 두 개의 삼중선의 명확한 규명 없이 구조를 밝히는 것이 문제가 되지 않았다. 그러나 이들을 전기음성도(electronegativity; O > Cl > Br)와 연관하여 규명 한다면 양성자 스펙트럼에서 3.7 ppm에서 나타난 삼중선이 산소에 연결되어 있는 메칠렌이고 3.43 ppm의 삼중선이 브롬을 가지고 있는 메칠렌(methylene)이라고 할 수 있다. 탄소 스펙트럼에서는 66과 70 ppm의 탄소가 산소와 연결된 두 개의 메칠렌이고 브롬과 연결된 탄소는 30 ppm에서 나오는 탄소라 할 수 있다. 특히 양성자의 화학이동 값의 경우에는 때로는 전기음성도를 이용한 이들의 규명이 틀릴 수 있으며 더 정확한 방법은 다른 실험(2D)을 하여야만 한다.

4 불포화 수가 0(#=4-(10/2)+1=0)이며 이미 앞의 문제들의 양성자 스펙트럼에서 본 것과 같은 메칠(methyl) 그룹의 삼중선이 0.85 ppm 부근에서 나타난 것으로 메칠 그룹이 메칠렌(methylene)의 양성자와 연결되어 있다고 예상할 수 있으나 사중선의 메칠렌의 피크를 찾을 수 없다. 그렇다고 메칠 그룹이 메칠렌과 연결이 안 되어 있다고 생각할 수는 없고 메칠렌이 또 다른 양성자들과 커플링하는 것을 고려하여야한다. 그러므로 이 화합물에는 ethyl 그룹의 요소는 존재하는 것이며 1.1 ppm 부근에서 나타난 이중선의 피크의 적분 값은 3 개의 양성자를 나타내주고 있으므로 또 다른 메칠의 요소가 -CH-와 즉 CH_3-CH-로 연결되어 있다는 것을 알 수 있다. 분자식에 있는 4 개의 탄소는 사용되었고 산소 하나와 양성자 하나만 남았다. 양성자 하나에 해당하는 3.7 ppm 부근의 피크는 산소와 연결되어 있는 탄소에 있는 양성자라고 할 수 있으므로 CH_3-CH-O라는 구조 요소를 생각할 수 있고 이 요소에는 두 개의 bond가 더 필요하며 앞에서 남은 ethyl 그룹과 양성자 하나를 이곳들에 각각 연결하는 작업만이 남아 있다. 두 개의 가능성 중에서 양성자 스펙트럼에서 3 ppm 보다 down-field에서 나타나는 양성자가 3.7 ppm에 나타난 CH의 양성자 이외에는 더 이상 없으므로 ethyl 그룹은 CH와 연결되었고 나머지 양성자 하나는 산소에 연결되어 alcohol을 만들면 아래의 구조식을 만들 수 있으며 양성자 스펙트럼에서 -CH-의 양성자는 N+1의 법칙을 고려하면 3.7 ppm 영역에서 6 개(육중선)의 모습의 피크로 나타난 것을 설명할 수 있다(정확하게 설명하자면 이 피크는 육중선이 아니며 자세한 설명은 문제 12 해설에서 공부하기로 한다).

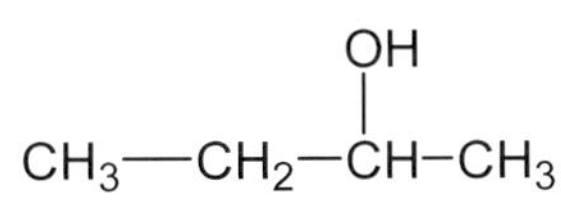

다음으로 $-CH_2-$는 chiral center(-CH)의 바로 옆에 있기에 각 양성자들의 화학이동 값이 다르게 나타나고(이 종류의 양성자들이 보여주는 스펙트럼을 AB pattern이라고 하며 스펙트럼을 해석할 때 자주 사용하는 전형적인 모습을 잘 보여주고 있는 문제 12의 해설을 참조) 자기들끼리 커플링하는 geminal 커플링을 한 후 각각은 다시 주위에 있는 4 개의 양성자들에 의한 vicinal 커플링을 하여 매우 복잡한 다중도의 pattern을 보여 줄 것이라 예상할 수 있다. 실제로 이들 두 양성자의 피크들은 화학이동 값의 차이가 작아서 1.4 ppm 영역에서 매우 복잡한 커플링의 pattern으로 나타나 있지만 적분 값은 2 개의 양성자를 설명하고 있다. 그리고 OH의 양성자는 1.9 ppm 영역에서 broad하게 나타난 하나의 적분 값을 보여준 피크로 설명할 수 있다. 탄소 스펙트럼에서는 68 ppm 영역에서 나타난 피크가 CH의 탄소이며 이미 알고 있는 CH_2-O의 탄소 보다 더 down-field에서 나타난다는 것을 알 수 있다.

5 불포화 수는 1(#=3-(6/2)+1=1)이며 양성자 스펙트럼에서 적분 값들은 분자식에 주어진 7 개의 양성자들이 3:2:2의 형태로 나타난 것을 알 수 있으며 1 ppm 영역에서 나타난 삼중선은 CH_3- 이므로 다른 두 그룹은 CH_2의 형태를 갖는다는 것을 알 수 있다. 즉 2 ppm 영역에서 육중선의 피크 형태로 나타난 피크로는 5 개의 양성자들이 주위에서 vicinal 커플링을 하고 있는 것을 알 수 있고 4.3 ppm에서 나타난 삼중선은 CH_2를 주위에 가지고 있으므로 CH_3-CH_2-CH_2-의 구조 요소가 있다는 것을 알 수 있다. 양성자 스펙트럼에서 4 ppm 영역의 주변에서 나타나는 양성자는 산소를 가지는 탄소에 있는 양성자이므로 위의 n-propyl 그룹에 산소를 연결하는 즉 ester 형태의 구조 요소를 생각할 수도 있다. 그러나 사용할 수

있는 더 이상의 탄소가 없고 탄소 스펙트럼에도 ester 영역(약 170 ppm)의 피크가 없으므로 이들은 불가능하며 양성자의 화학이동 값 table에서 이 영역의 화학이동 값을 가질 수 있는 또 다른 요소를 찾아보면 nitro 그룹이 있다는 것을 알 수 있다. 분자식에서 사용되지 않은 원소도 nitro 그룹에 해당하는 하나의 질소와 두 개의 산소가 남아 있으므로 이들은 nitro 그룹이 연결되어 있는 아래의 구조로 예측할 수 있다. 탄소의 스펙트럼에서도 60-70 ppm 영역에서 나타나는 ester 그룹을 만드는 산소와 연결되어있는 CH_2의 탄소보다도 더 down-field인 약 77 ppm에서 나타나는 피크가 이 구조를 뒷받침 하고 있다.

$$CH_3—CH_2—CH_2—NO_2$$

6 불포화 수가 1(#=5-(10/2)+1=1)이며 양성자의 화학이동 값이 0.83, 1.52 그리고 2.33 ppm에서 커플링 되어 나타난 모습은 문제 5의 양성자들과 화학이동 값만 다르고 pattern은 같은 3:2:2의 적분 값을 가진 삼중선, 육중선 그리고 삼중선의 모습으로 미루어 보아 n-propyl 그룹의 요소가 있다는 것이 분명하다. 나머지 2.05 ppm 영역에서 나타난 단일 피크는 propyl 그룹의 적분 값들과 비교할 때 3의 적분 값을 가지고 있는 것으로 CH_3가 분명하다. 이들 propyl과 methyl에 해당하는 4 개의 탄소들은 탄소 스펙트럼에서 aliphatic 영역인 10-50 ppm 영역에 모두 나타나 있고 하나 남은 탄소는 탄소 스펙트럼에서 200 ppm이 넘어 나오는 피크로 단순 ketone의 요소가 있다는 것을 알 수 있다(200 ppm 부근에서 나타나는 다른 종류로는 aldehyde의 carbonyl이 있을 수 있지만 aldehyde에 있는 하나의 양성자는 9-10 ppm 영역에서 나타나는 독특한 피크로 쉽게 구분이 가능하다). 그러므로 두 bond가 필요한 carbonyl에 n-propyl과 CH_3를 연결하는 아래의 구조가 답이다.

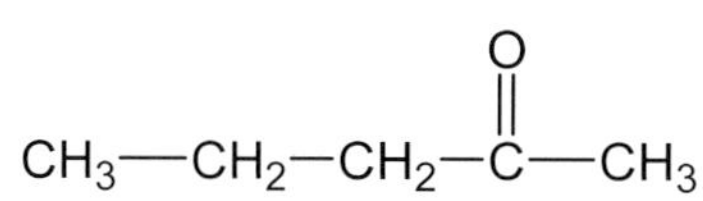

7 분자식에 있는 염소 하나를 양성자로 계산하면 불포화가 없으며(#=5-(12/2)+1=0) 양성자 스펙트럼에서 삼중선(1.01 ppm)과 사중선(1.76 ppm)의 커플링 pattern과 적분 값으로부터 ethyl 그룹의 존재를 확인할 수 있다. 1.54 ppm에 나타난 단일 피크의 적분 값은 ethyl 그룹 양성자들의 적분 값과 비교할 때 6 개를 가지는 것으로 나타나므로 분자식이 가지고 있는 11 개의 양성자 수는 일치하고 있지만 탄소 스펙트럼에서는 분자식에 주어진 탄소 수 보다 하나 적은 4 개의 탄소가 나타난다. 그러므로 이 물질은 화학적으로는 대칭성을 가지는 즉, NMR 용어로는 화학적(chemically)으로 그리고 자기적(magnetically)으로 동등한(equivalent) 핵들을 가지고 있는 것이 분명하다. 탄소 스펙트럼에서 상대적으로 유난히 큰 32 ppm의 피크를 두 개의 탄소로 간주하고 이들이 메칠 그룹이라면 양성자 스펙트럼에서 6 개의 양성자가 단일 피크로 나타나는 것을 잘 설명할 수 있다. 나머지 3 개의 피크 중에 2 개는 ethyl 그룹의 탄소이며 그리고 나머지 하나의 탄소는 사용할 양성자가 더 이상 없으므로 quaternary 탄소가 된다. 이 탄소에 두 개의 methyl과 ethyl 그룹을 연결하고 분자식에 남아 있는 염소(Cl)를 아래와 같은 구조로 연결하면 71.6 ppm

에서 나오는 염소를 가지고 있는 quaternary 탄소의 조건을 완성하고 두 메칠 그룹의 동등성도 설명할 수 있게 된다.

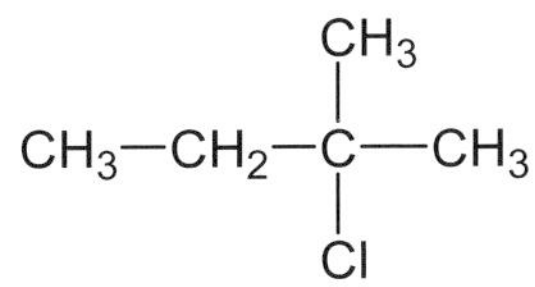

8 한 개의 불포화 수(#=6-(12/2)+1=1)를 가지고 있는 이 물질은 탄소 스펙트럼에서 205 ppm 영역에서 나타난 피크로 ketone이라는 요소를 가지고 있다는 것을 명확하게 알 수 있고 양성자 스펙트럼에 나타난 4.75 ppm의 삼중선(1H)과 2.69 ppm의 이중선(2H)으로 CH-CH_2의 요소가 있다는 것을 알 수 있다. 2.13 ppm의 단일선(3H)은 화학이동 값으로 예측해볼 때 carbonyl과 연결되어 있는 메칠 그룹이고 3.31 ppm의 단일선(6H)은 앞의 문제 7에서와 같이 탄소 스펙트럼에서 탄소가 하나 적게 나타난 것으로 보아 2 개의 메칠 그룹이라고 예상할 수 있다. 탄소 스펙트럼에서 다른 피크의 크기보다 2 배에 가까운 53 ppm의 피크와 양성자 스펙트럼에서 3.31 ppm의 화학이동 값은 이들 메칠이 산소를 가지고 있다고 (CH_3-O) 예상할 수 있다. 이들 두 methoxy 그룹이 같은 화학이동 값을 가지고 동등하게 나타나려면 이미 밝혀진 2가지 구조 요소 중에 CH-CH_2의 CH에 연결시키고 CH_2는 나머지 요소인 메칠이 연결되어 있는 carbonyl(acetyl 그룹)에 연결시키면 분자식의 모든 원소를 사용하게 되고 산소가 두 개 연결되어 있는 이 구조는 CH 양성자의 4.75 ppm과 탄소의 101 ppm의 화학이동 값으로 잘 설명 된다.

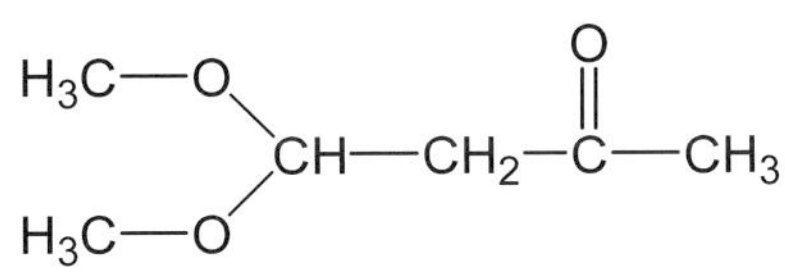

9 불포화 수는 1(#=6-(12/2)+1=1)이며 양성자 스펙트럼에서 0.9 ppm에서 나오는 삼중선의 메칠 그룹의 적분 값을 기준으로 12 개의 양성자가 모두 나타나 있다. 탄소 스펙트럼의 171 ppm 영역의 carbonyl 피크는 불포화 수 하나를 가지고 있는 분자식을 만족시키며 양성자 스펙트럼에서는 acid의 양성자에 해당하는 10 ppm 이하의 영역에서 피크가 없으므로 acid가 아닌 ester라는 것을 알 수 있다. 양성자 스펙트럼에서 4 ppm 영역에 나타난 CH_2 양성자의 삼중선과 탄소 스펙트럼에서 나타난 64 ppm의 피크는 CH_2의 한쪽에는 ester의 산소가 연결되어 있고 다른 쪽에는 다른 CH_2가 연결되어 있다는 것을 보여주고 있다. 0.9 ppm의 삼중선 메칠은 CH_2와 연결되어 있다는 것을 암시하고 있으므로 n-propyl 그룹의 요소를 생각할 수 있지만 양성자 스펙트럼에서 화학이동 값과 커플링 pattern이 비슷한 CH_2에 해당하는 그룹이 하나 더 있으므로 n-butyl 그룹을 예상할 수 있다. 양성자 스펙트럼에서 나머지 3 개의 양성자에 해당하는 2 ppm 영역의 단일 피크는 carbonyl에 연결되어 있는 메칠 피크와 일치하므로 n-butyl acetate가 이 스펙트럼의 구조이다.

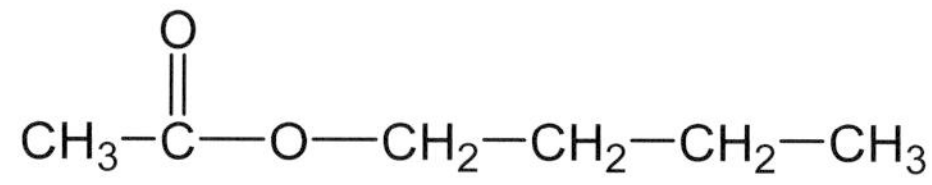

10 염소 하나를 양성자로 대치하면 불포화 수는 0(#=6−(14/2)+1=0)이며 2.15 ppm에서 나타나는 단일 피크의 적분 값을 기준으로 모든 양성자의 적분 값은 분자식에 주어진 13 개의 양성자 수와 일치하는 것을 알 수 있다. 그러므로 3.5와 3.6 ppm에서 나타나는 삼중선들의 피크는 두 그룹의 X−CH_2−이며 각각이 다시 CH_2와 연결되어 X−CH_2−CH_2의 요소를 가지고 있다(이들 삼중선들이 X−CH_2−CH_2−Y 요소의 양성자들에 해당하는 것이라면 가질 수 있는 구조의 일부가 Cl−CH_2−CH_2−O가 될 것이며 나머지 요소들이 산소에 연결되어야 하고 양성자나 탄소 스펙트럼에서는 이들을 설명할 수 없게 된다). 화학이동 값과 분자식에 주어진 산소와 염소(Cl)의 전기음성도(electronegativity)를 고려할 때 탄소 스펙트럼에서 62.5와 45 ppm의 피크들이 각각 산소와 염소에 연결되어 있는 CH_2들이라고 예상할 수 있으며 양성자 스펙트럼에서 3.6 ppm의 삼중선은 O−CH_2의 양성자이며 3.5 ppm의 삼중선이 Cl−CH_2의 양성자라 할 수 있다. 이들 각각과 연결되어 있는 CH_2들이 1.75와 1.53에 나타난 오중선 모습들의 피크들이라면 또 다시 이 CH_2들은 각각 CH_2와 연결되어 두 그룹의 X−CH_2−CH_2−CH_2를 구성하고 있어야한다는 것을 예상할 수 있다. 분자식의 13 개 양성자들 중 하나의 양성자가 구조에 사용되지 않고 있다. 이 양성성자를 산소에 연결하여 alcohol을 만들고 앞에서 예상한 두 개의 구조 요소를 연결하면 각 구조 요소의 제일 마지막 CH_2의 양성자들은 산소나 염소에서 멀리 떨어져 있어서 전기음성도에 큰 영향을 받지 않고 비슷한 화학이동 값을 가지고 나타날 것으로 예상할 수 있다. 즉 이들 4 개의 양성자들이 1.4 ppm에서 복잡한 피크들로 나타난 것으로 설명할 수 있으며 alcohol의 양성자는 2.13 ppm에서 나타난 단일 피크로 설명할 수 있다.

$$Cl—CH_2—(CH_2)_4—CH_2—OH$$

11 브롬(Br)을 양성자로 대치하면 불포화 수는 0(#=6−(14/2)+1=0)이며 스펙트럼은 앞의 문제 10의 스펙트럼과 화학이동 값들만 조금 다를 뿐 양성자 스펙트럼은 거의 유사하다고 할 수 있다. 분자식에는 염소가 없어지고 브롬이 대치된 것으로 이들의 전기음성도는 브롬이 염소보다 작으므로 화학이동 값들이 더 up-field에서 나올 것으로 예상되며 실제로 Br−CH_2의 양성자는 3.5에서 3.4 ppm으로 탄소는 45에서 34 ppm으로 이동하여 나타난 것이 예상과 잘 일치하고 있음을 알 수 있다. 이미 alcohol의 양성자는 농도에 따라 화학이동 값이 변한다는 것이 알려져 있으므로 2.95 ppm으로 shift한 피크는 alcohol의 양성자 피크라고 할 수 있다.

$$Br—CH_2—(CH_2)_4—CH_2—OH$$

12 이 물질의 구조는 NMR 스펙트럼의 해석에 경험이 있는 사람이라면 양성자 스펙트럼의 3.7 ppm의 양쪽에 나타난 두 개의 dd(doublet-doublet) 피크의 찌그러진 intensity들을 보면서 구조를 예측하게 될 것이다. 그러나 우리는 지금 구조를 밝힐 수 있는 논리들의 습득 과정을 공부하고 있으므로 이 dd 피크에서 시작하는 설명은 뒤로 미루기로 한다.

불포화 수도 0(#=3-(8/2)+1=0)이고 탄소가 3 개에 불과한 이 물질은 산소의 연결을 통해서 ether를 만들거나 아니면 3 개의 탄소를 연결하는 두 가지 선택이 모두이다. 양성자 스펙트럼은 커플링 pattern이 상당히 복잡하게 나타나고 있지만 3.91 ppm의 다중선 피크의 적분 값을 기준으로 할 때 분자식에 있는 7 개의 양성자를 모두 만족시키고 있으므로 3.91 ppm에 해당하는 양성자 하나는 이들의 화학이동 값으로 미루어 보아 산소를 가지고 있다고 할 수 있으며 주위에 여러 개의 양성자가 존재하는 것이 분명하다. 먼저 양성자 하나를 가진 탄소를 산소와 연결시키면 CH-O라는 구조요소를 가지게 되고 이 요소의 산소에 탄소를 연결하여 ether를 만든다면(CH-O-C) 나머지 하나의 탄소가 탄소와 연결되어(C-CH-O-C) 3 개의 양성자를 가지고 있다고 하더라도 3.91 ppm에 나타난 양성자의 커플링 pattern을 설명할 수 없다. 그러므로 3 개의 탄소는 나란히 연결되는(C-CH-C) 구조를 가질 수 밖에 없다. 탄소 스펙트럼에서 71.5와 64.2 ppm의 두 개의 피크는 두 개의 탄소가 산소와 각각 연결되었다는 것을 보여주고 있고 이들 화학이동 값으로부터 나머지 하나의 탄소가 브롬(Br)과 연결되어 있다는 것을 예상할 수 있다. 이제 남은 것은 이 탄소의 골격에 나머지 양성자들을 연결하여 아래의 구조를 완성하면 된다. 비록 양성자 스펙트럼에서 복잡하게 커플링이 되어 나타난 각 피크들을 설명할 수는 없지만 이들 탄소들에 있는 양성자들의 1:2:2의 적분 값이 일치하고 두 개의 OH의 양성자는 3.33 ppm에서 broad한 피크로 설명할 수 있다.

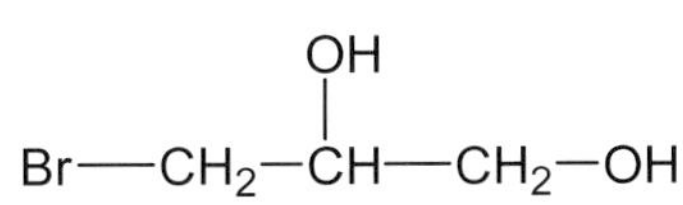

이제 이 구조로부터 양성자 스펙트럼을 설명하여 앞에서 언급한 3.7 ppm 양쪽에 나타난 dd 피크들의 특성이 구조 분석에 어떻게 이용되는지를 자세하게 알아보도록 하자. 먼저 정성적인 양성자의 화학이동 값의 table과 비교하여 alcohol기에 연결되어 있는 CH의 양성자가 3.91 ppm에서 나타나는 것이 너무 downfield에서 나타났다고 생각할 수 있지만 CH_2들이 사이에 있더라도 또 다른 OH와 Br이 있다는 것을 고려할 때 정성적으로 예측될 수 있는 값이며 이들의 전기음성도가 화학이동 값에 미치는 영향을 잘 보여주는 예라고 할 수 있다. 그러나 이 양성자가 보여주는 커플링 pattern은 주위에 4 개의 양성자 때문에 오중선의 모습을 보여줄 것이라는 예상을 벗어나고 있다. 이 이유는 위의 구조를 아래의 Newman projection으로 그려 놓은 그림이 설명할 수 있다.

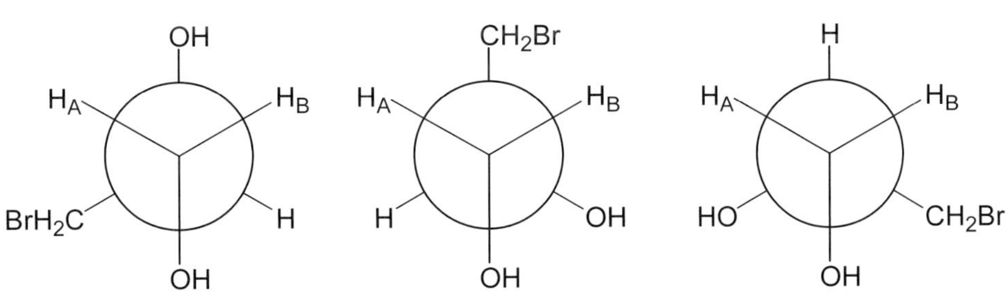

위의 그림은 alcohol기를 가지고 있는 두 탄소들을 직선상에 놓아서 그린 것으로 CH_2-OH에서 메칠렌의 두 개의 양성자를 H_A와 H_B로 표시하여 놓았다. 위의 그림에서 H_A와 H_B가 위치할 수 있는 곳을 비록 3 가지만의 가능한 staggered form만으로 보여주고 있지만 이들과 조금씩 다른 수많은 form들이 존재할 수 있을 것이다. 그러나 이들 3 가지의 form이 제일 안정할 것이며 이들 중에서도 상대적으로 더 안정한 form이 있겠지만 그들의 energy 차이는 매우 적고 탄소 사이의 bond는 단일 결합이므로 계속적으로 rotation이 일어나면서 평형(equilibrium)을 이루고 있을 것이다. 이들 평형 상태에서 각각의 개체 수(population)와는 상관없이 두 양성자 H_A와 H_B는 어떠한 상태에 있더라도 그들의 주위의 환경이 같지 않다는 것을 알 수 있다. 즉 이들 두 양성자 H_A와 H_B는 화학이동 값이 다르게 나타날 것이다. 그러므로 두 양성자는 geminal 커플링을 하여 각각 이중선이 되고 바로 옆에 있는 CH의 하나의 양성자에 의해서 각각은 다시 vicinal 커플링을 하게 되어 dd의 상태로 나타나게 되는 것이다. 이 스펙트럼에서 두 dd 피크들은 3.75와 3.64 ppm에서 같은 geminal 커플링 상수 12 Hz와 다른 vicinal 커플링 상수 3.5와 6 Hz의 값을 가지고 나타나 있다. 이들 화학이동 값과 커플링 상수 값은 위에서 살펴본 각각의 staggered form들이 가지는 값들과 population ratio의 평균값으로 나타난 것이다. 그러므로 위의 3 개의 Newman projection의 그림에서 가운데의 form이 가장 낮은 energy 상태를 가지고 있다면 이 형태의 form이 가장 많이 존재하게 될 것이며(유기화학에서 정성적으로 steric effect라는 개념을 도입하여서) H_B는 vicinal 커플링하는 CH의 양성자와 *trans* 위치로 자리 잡고 있으므로 카플러스(Karplus)의 관계식에 따르면 30°의 dihedral angle로 위치한 H_A 보다 더 큰 커플링 상수를 가질 것이다. 그러므로 3.64 ppm에서 나타난 dd 피크가 H_B의 피크라고 할 수 있다. 이와 같은 설명들이 비록 정성적이기는 하지만 NMR 스펙트럼을 해석하는데 자주 사용되고 있으며 이들 AB pattern 모습을 구조해석의 출발점으로 사용할 수 있다. 또한 이들 모습들은 A와 B의 화학이동 값의 차이와 밀접한 관련이 있으며 따라서 사용된 기기의 자장의 크기에 따라서 매우 달라진다. 바로 3.45 ppm 영역에서 나타난 피크들이 CH_2-Br의 두 양성자들이며 AB pattern의 피크들이지만 앞에서 본 양성자들과 다른 모습인 이유는 위의 설명과 똑같은 이유로 두 양싱자의 화학이동 값의 차이가 작아서 두 dd 피크들 중 하나씩의 피크들이 서로 겹쳐서 나온 것이다. 이제까지의 설명으로 3.91 ppm에서 나온 다중도 피크인 CH 피크가 왜 오중선의 피크로 커플링 되어 나오지 않았는지가 명확해진다. 즉 CH의 피크는 화학이동 값이 다른 주위의 4 개의 양성자에 의해서 $2^4=16$ 개의 피크들로 복잡하게 나타나야 하는 것이다. 실제의 스펙트럼에서는 이들 커플링 된 피크들이 모두가 분리되어 나타나지는 않았고 일부가 겹쳐서 나온 것이라는 것을 피크들의 intensity 차이로 알 수 있다.

13 분자식으로부터 이 물질은 불포화 수가 0(# = 5 − (12/2) + 1 = 0)이라는 것을 알 수 있지만 양성자 스펙트럼에서도 제일 down-field에서 나타난 피크가 3.3 ppm 영역인 것은 이 물질에는 sp^2의 결합을 이루고 있는 즉 double bond에 있는 양성자들이 없다는 것을 알 수 있다. 이 물질이 불포화를 가지고 있지 않다는 것은 탄소 스펙트럼에서도 가장 down-field의 피크가 78 ppm에서 나왔다는 사실이다. 양성자 스펙트럼에서는 먼저 0.85 ppm에서 나온 삼중선의 피크가 CH_3-CH_2-의 요소가 있다는 것을 보여주고 있고 이들의 적분 값을 1.08 ppm의 이중선의 적분 값과 비교하면 CH_3-CH의 메칠이라는 것을 예상할 수 있다. 그리고 3.28 ppm의 단일 피크의 적분 값은 CH_3-O라는 요소가 있음을 확인시켜주고 있다. 분자식에 산소가 하나만 있기에 CH_3-CH의 그룹이 메칠을 가지고 있는 산소에 연결되어 CH_3-CH-O-CH_3를 형성하

게 되면 3.2 ppm에서 나타나는 CH의 양성자의 화학이동 값을 설명할 수 있게 되고 탄소 스펙트럼에서도 78과 55.8 ppm에서 나온 두 피크들이 산소를 가지고 있는 CH와 CH_3의 탄소라고 설명할 수 있다. 위의 구조에서 CH에 하나 남은 bond는 ethyl 그룹과 연결하면 CH는 chiral center가 되고 ethyl 그룹에서 CH_2의 두 양성자는 12 번 문제 해설에서 자세하게 다룬 AB pattern의 커플링 모습을 보이게 될 것이며 1.4–1.5 ppm 영역에서 복잡한 커플링 모습과 2 개의 적분 값을 보여주고 있는 피크들로 설명할 수 있다.

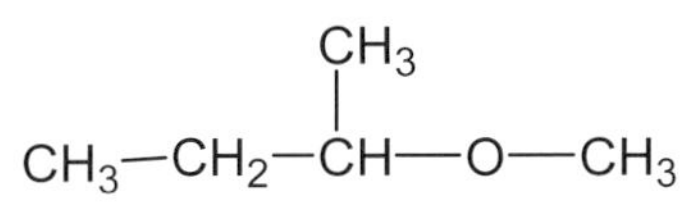

14 불포화 수가 1(#=6–(12/2)+1=0)인 것은 탄소 스펙트럼에서 171 ppm에 carbonyl 피크가 있는 것으로 확인할 수 있고 이 피크는 양성자 스펙트럼에서 약 11–12 ppm에서 broad하게 나타나야할 carboxylic acid의 피크를 보여주지 않은 것으로 ester의 피크가 분명하다. 양성자 스펙트럼에서 가장 적은 적분 값을 하나의 양성자로 할 때 0.84와 1.15 ppm에서 삼중선과 이중선으로 나타난 CH_3–CH_2–와 CH_3–CH–의 각각의 메칠 이외에 1.98 ppm에서 나타난 단일 CH_3–를 포함하여 3 개의 메칠 그룹이 있다는 것으로 양성자 12 개는 모두 규명이 되었다. 양성자 스펙트럼에서 4.78 ppm에 나타난 하나의 양성자 피크 외 탄소 스펙트럼에서 72 ppm에 나타난 피크는 앞에서 예상된 CH_3–CH–의 요소에서 CH이 양성자와 탄소가 산소에 연결되어 있다는 것을 보여주고 이 산소는 ester의 산소이므로 CH3–CH–O–C=O라는 구조 요소를 만들 수 있다. 이 구조의 요소에 남아 있는 두 개의 결합에 ethyl과 methyl 그룹이 연결될 수 있으며 1.5 ppm에서 복잡한 커플링 pattern을 보여주고 있는 ethyl 그룹의 두 개의 양성자는 chiral center와 연결되어 있는 것이 분명하고 단일 피크의 메칠은 ester의 탄소에 연결되면 *sec*–butyl acetate의 구조를 만들 수 있다.

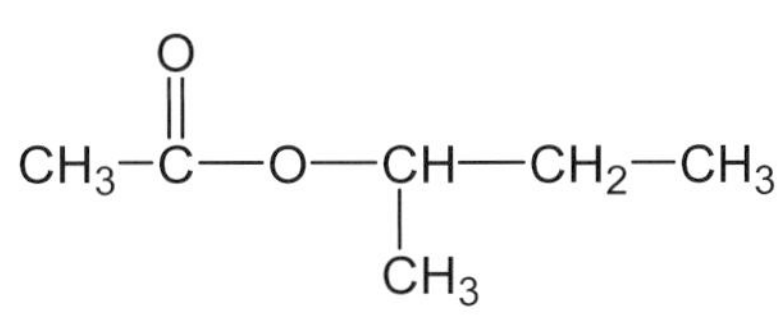

15 불포화 수는 0(#=6–(14/2)+1=0)이며 양성자 스펙트럼에서는 피크들이 겹쳐서 나타나는 것 때문에 1.5–0.8 ppm의 영역에서 나온 피크들의 적분 값의 base line은 정확하게 그릴 수 없으며 이에 따른 오차는 적분 값의 수치를 어렵게 만들고 있다. 그러나 3.43–3.26 ppm 영역에서 나타난 명확한 AB pattern(문제 12에서 자세하게 설명하였음)에 해당하는 두 개의 양성자의 dd 피크들의 적분 값을 기준으로 할 때 1.5와 1.0 ppm에서 나타난 각각의 다중도 피크들이 1 개씩의 양성자이며 분자식에 양성자 수를 고려할 때 1.3–1.4와 0.8 ppm 영역에서 나타난 피크들은 각각 3 개와 6 개의 양성자에 해당한다고 할 수 있다. 두 개의 양성자에 해당하는 3.43–3.26 ppm에 있는 두 개의 dd 피크들과 탄소 스펙트럼에서 68 ppm에서 나타난 피크는 chiral center를 가지고 있는 CH–CH_2–O의 구조요소를 제시하고 있으며 탄소 스

펙트럼에서 60-70 ppm 영역에서 다른 피크가 없다는 것은 산소에 또 다른 탄소가 연결되어 있지 않다는 것을 예상할 수 있다. 그러므로 산소는 하나의 양성자와 결합하여 alcohol을 만들 수 있고 이 피크는 2.72 ppm에서 나타나 있다. 나머지 4 개의 탄소에 있는 양성자들이 3.43-3.26 ppm에서 AB pattern의 피크들을 만들어 놓은 것을 설명하기 위해서는 CH의 위치를 chiral center로 만들어야만 하고 가능한 조합은 하나의 탄소와 3 개의 탄소 골격을 연결시켜야만 한다. 그러므로 0.8 ppm에서 나타난 두 개의 CH_3- 피크를 고려할 때 이 CH는 하나의 CH_3-과 *n*-propyl 그룹을 가지고 있는 것이 분명하다.

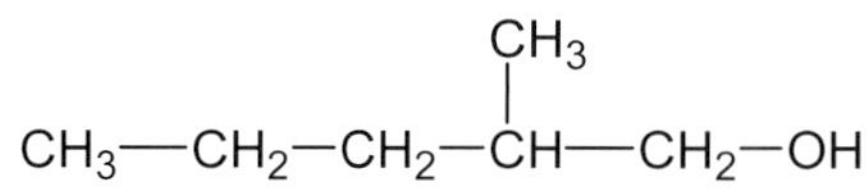

16 불포화 수는 0(#=7-(16/2)+1=0)이며 양성자 스펙트럼에서나 탄소 스펙트럼에서 동시에 이 물질의 일부분은 대칭(symmetry)의 구조가 있다는 것을 보여주고 있다. 즉 양성자 스펙트럼에서는 0.95 ppm에서 나타난 CH_3-의 적분 값이 0.68 ppm에서 나타난 CH_3-의 적분 값의 2 배가 되는 것을 볼 수 있고 분자식에 7 개의 탄소가 있으나 탄소 스펙트럼에서는 5 개의 탄소만을 볼 수 있는 것이 그 증거다. 즉 탄소 스펙트럼으로부터 탄소 2 개씩이 하나로 나타나는 두 개의 대칭점이 있는 것을 고려할 수 있다. 이들을 양성자 스펙트럼에 나타난 피크들의 적분 값과 연관시켜 보면 먼저 0.68 ppm의 CH_3- 피크는 두 개의 양성자를 가지는 1.38, 3.24, 3.4 ppm에서 나타나는 피크들 중에 어느 하나의 것과 CH_3-CH_2-의 요소를 가지고 있고 CH_2-의 복잡한 커플링 pattern과 4.16 ppm에서 삼중선으로 나타나는 하나의 양성자로부터 이 ethyl 요소는 다시 CH_3-CH_2-CH-의 요소로 유도할 수 있다. 다음으로 0.95 ppm에 있는 두 개의 CH_3-는 두 개의 CH_2와 연결되어 CH_3-CH_2- 두 개를 만들고 있으므로 양성자의 스펙트럼에서 나타난 모든 피크는 그들의 소속이 해결되었다. 이제 분자식에 남은 원소는 산소 두 개이며 이들을 위의 3 개의 요소와 연결시켜야한다. 이들 요소에서 CH의 양성자가 4 ppm 이상에서 나타난다는 것은 산소 하나와 ether 결합을 하고 있다고 볼 수 없고 ester를 생각할 수 있으나 탄소 스펙트럼에는 ester의 carbonyl 피크가 없으므로 산소 두 개를 이 탄소에 연결시켜 acetal의 구조를 만들어 각각의 산소에 두 개의 ethyl 그룹을 연결시키면 두 ethyl 그룹은 대칭성을 가지고 14.8과 60 ppm에서 다른 피크들 보다 크게 나타난 두 개의 탄소를 포함하여 총 5 개의 탄소 피크수를 설명할 수 있게 된다. 특히 이 구조에서 CH 탄소가 두 개의 산소와 연결되어 있는 구조는 다른 구조에서는 찾아보기 어려운 것으로 탄소 스펙트럼에서 103.5 ppm에서 나온 탄소의 독특한 피크로 설명할 수 있다.

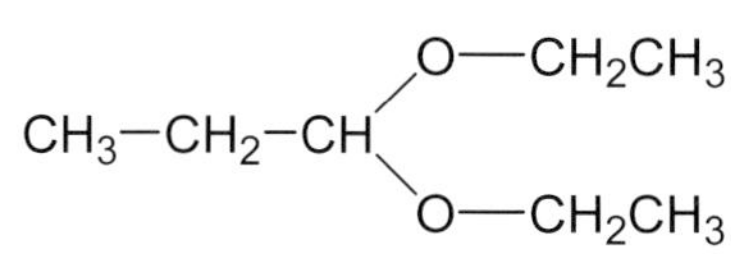

위의 설명들은 화학이동 값과 커플링 pattern을 사용하여 기초적인 구조 유도의 논리를 이용하였고 이들은 3 개의 CH_2의 그룹들에 관한 커플링 pattern들을 포함한 자세한 해석을 언급하지 않았다. 우리의 의문은 먼저 이 3 개의 CH_2 피크들의 정확한 소속일 것이며 다음은 왜 이들이 일반적인 커플링 pattern의 예상

과 다르냐는 것이다. 먼저 소속에 관한 것은 3 개의 CH_2의 화학이동 값을 비교해볼 때 두 개의 ethyl 그룹에 있는 CH_2들이 3.24와 3.4 ppm 영역에 있는 피크들이고 1.38 ppm에 있는 피크가 CH와 연결되어 있는 CH_2가 분명하다고 할 수 있다. 이 구조에서 일반적인 예측으로는 두 개의 ethyl 그룹에 있는 2 개의 CH_2는 4 개의 양성자 적분 값을 가지고 사중선의 피크로 나타날 것으로 예상할 수 있다. 그러나 이들을 확대하여 그려놓은 스펙트럼을 보면 작은 불순물의 피크들이 조금 겹쳐 있지만 분명하게 4 개의 사중선의 피크가 나온 것을 볼 수 있다. 우리는 앞에서 AB pattern의 CH_2 양성자 피크들은 그들이 chiral center에 바로 연결되어 있을 때 나타나는 것을 보았지만 때로는 CH_2가 바로 옆에 있지 않을 때도 AB pattern을 보여줄 수 있으며 이러한 경우를 prochiral이라고 한다. 이 acetal 구조의 ethyl 그룹의 CH_2에서 볼 때 산소에 연결되어 있는 CH의 탄소는 chiral center가 되며 CH_2에서 각각의 양성자들은 다른 화학이동 값들을 가지게 된다. 그러므로 이들 두 AB 양성자들은 서로 geminal 커플링을 한 후 각각 CH_3–의 3 개의 양성자와 커플링 하여 각각 사중선으로 나타나게 되어 총 4 개의 사중선으로 나타난 것이다. 즉 3.24와 3.4 ppm에서 나타난 피크들은 각각 ethyl 그룹의 CH_2에 있는 양성자들이 아니고 동등한 두 개의 CH_2에서 각각 하나씩의 양성자들이 나타난 것이다. 그리고 1.38 ppm에 나타난 CH_2의 양성자들은 CH_3와 CH와의 커플링 상수가 다르기 때문에 두 개의 사중선으로 나타난 것이다.

17 양성자의 적분 값 2:2:3과 커플링 pattern인 삼중선(2.4 ppm), 육중선(1.65ppm) 그리고 삼중선(0.95 ppm)만으로도 여기에 *n*–propyl의 요소가 있다는 것을 알 수 있고 2(# = 8–(14/2) + 1 = 2)의 불포화 수를 가지고 있는 분자식에 8 개의 탄소가 있음에도 탄소 스펙트럼에 4 개의 피크만이 있다는 것은 정확하게 대칭성의 구조를 가지고 있는 물질이라는 것을 알 수 있다. 탄소 스펙트럼에서 carbonyl 그룹이 나타나 있는 것과 위의 *n*–propyl 그룹에 있는 7 개의 양성자의 두 배수는 구조식에 있는 양성자의 수를 충족하므로 하나의 산소만이 남게 되고 자연히 이 산소를 중심으로 두 대칭의 요소를 가지는 anhydride의 구조를 만드는 선택이 유일한 방법이 된다.

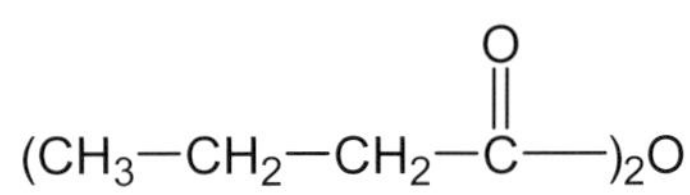

18 불포화 수는 2(# = 8–(14/2) + 1 = 2)고 제일 먼저 양성자 스펙트럼에서 사중선(4.08 ppm)과 삼중선(1.19 ppm)으로부터 ethyl 그룹의 요소를 쉽게 알 수 있고 이 그룹은 CH_2의 양성자 화학이동 값과 탄소 스펙트럼의 172 ppm의 피크로 예측할 때 ester 그룹으로 연결되어(CH_3–CH_2–O–C(O)–) 있는 것이 분명하다. 탄소 스펙트럼에 남아 있는 하나의 탄소 피크는 다른 선택의 여지없이 위 구조의 carbonyl에 연결될 수 밖에 없고 양성자 스펙트럼에서 2.55 ppm에 나타난 단일 피크의 상대적인 적분 값으로 CH_2라는 것이 명백하다. 분자식은 정확히 이 요소의 두 배에 해당하는 탄소와 양성자 그리고 산소를 가지고 있으므로 이 요소가 대칭을 이루는 구조인 diethyl succinate의 스펙트럼이다.

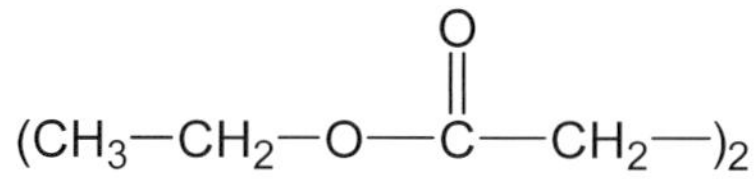

19 불포화 수가 0(# = 4-(10/2) + 1 = 0)이며 탄소의 스펙트럼에서 4 개의 피크 중에 3 개의 피크가 60-70 ppm 영역에서 나타난 것은 이들이 산소에 연결되어 있다는 것을 보여주는 단서이며 분자식에 두 개의 산소만이 있다는 것은 하나의 산소에는 두 개의 탄소가 연결될 수 밖에 없는 구조를 가지고 있다는 것을 암시하고 있다. 양성자 스펙트럼에서는 3.47 ppm의 영역에서 나온 피크들이 4 개의 양성자의 적분 값을 가지고 겹쳐서 나오기는 하지만 사중선이 존재하는 것을 볼 수 있으며 이 사중선은 1.15 ppm에서 나오는 삼중선과 연결되어 있는 ethyl 그룹이라는 것을 알 수 있다. 이 ethyl 그룹은 화학이동 값으로 볼 때 산소와 연결이 되어(CH_3-CH_2-O) 있으며 이 산소에 탄소 하나를 연결하고 나면 나머지 탄소하나는 다른 선택의 여지가 없이 연속으로 연결되어 있을 수 밖에 없다. 마지막 탄소에 남은 산소를 연결하고 양성자 스펙트럼에서 2 개씩에 해당하는 양성자 피크들(3.65와 3.47(다른 피크와 겹쳐 있음) ppm)과 하나의 양성자(2.78 ppm)에 해당하는 피크가 있으므로 하나의 양성자는 산소에 연결하여 alcohol을 만들면 ethoxy ethanol의 구조를 얻을 수 있고 탄소 스펙트럼에서 60-70 ppm에서 나온 3 개의 피크를 설명할 수 있게 된다.

$$CH_3-CH_2-O-CH_2-CH_2-OH$$

양성자 스펙트럼에서는 커플링의 모습들이 명확하지 않기 때문에 두 CH_2 그룹을 확실하게 규명할 수는 없다. 그러나 alcohol의 양성자가 broad하기는 하지만 커플링의 모습을 볼 수 있는 것에서 $^2CH_2-^1CH_2-OH$ 요소에서 $^1CH_2$ 양성자는 $^2CH_2$의 두 개의 양성자와 커플링한 후 alcohol의 양성자와 다시 커플링 하여 3.65 ppm에서 broad하게 나타나 있고 $^2CH_2$의 양성자는 3.47 ppm에서 다른 피크와 겹쳐서 나왔다고 설명할 수 있다. 그러나 이 설명에서 피크들의 위치 해석은 맞지만 이들의 커플링 pattern에 관한 해석은 완전히 틀린 설명이다. 양성자의 $R_1-^2CH_2-^1CH_2-R_2$의 스핀 시스템에서 탄소 1의 양성자와 탄소 2의 양성자들의 화학이동 값의 차이($\Delta\delta$)와 그들 사이에서 일어나는 커플링 상수 값(J)의 비(ratio)가 100 보다 크면($\Delta\delta/J = 100$) 각 양성자들은 1 차(first-order) 스펙트럼이라고 하며 정확히 1:2:1의 intensity를 가지고 있는 삼중선으로 나타난다. 이때 이들 스핀 시스템을 A_2X_2라고 표시한다. 이들 양성자들의 화학이동 값의 차이가 작아지면서 $\Delta\delta/J$의 값이 작아지기 시작하면 두 삼중선의 intensity들의 모습도 달라지기 시작하며 이때 나타나는 피크들의 intensity 모습은 많이 변하더라도 각각이 삼중선의 모습을 보유하는 정도의 스핀 시스템은 A_2X_2라고 표시하지만 $\Delta\delta/J$의 값이 더욱 작아(<10)지면서 삼중선의 모습들을 완전히 벗어나 더 많은 피크들이 나타나게 되면 이때의 스핀 시스템들은 A_2B_2로 표시한다. 이때 $\Delta\delta/J$의 값은 자장의 크기에 따라서 달라지는 값이므로 60 MHz에서 얻은 A_2B_2의 스펙트럼은 600 MHz에서 얻게 되면 A_2X_2와 비슷한 스펙트럼으로 얻어질 수도 있다. 이들과는 다르게 각 탄소 1과 2에 있는 두 개의 양성자들은 화학적으로는 동등(chemically equivalent)하지만 자기적으로는 동등하지 않은(magnetically nonequivalent) 또 다른 스핀 시스템을 AA'BB'라고 하며 A_2B_2 스핀 시스템과는 완전히 다른 복잡한 커플링 모습을 보여주게 된다. 그러나 여기에서는 그들의 커플링 pattern을 완전하게 볼 수 없기 때문에 정확한 설명은 구조의 일부에 같은 스핀 시스템을 보여주고 있는 문제 20에서 공부하기로 한다.

20 불포화 수는 0(#=8-(18/2)+1=0)이며 양성자 스펙트럼에서 피크들이 다른 스펙트럼에서의 피크들 보다 유난히 broad하게 보이는 것은 모든 피크들이 약 0.3 ppm 넓이의 영역에서 나타난 것들을 확장하여 그려 놓았기 때문이다. 즉 다른 물질들이 보여주는 NMR 피크들과 차이가 없는 것이지만 3.55와 3.65 ppm의 영역에서 대칭의 모습을 가지고 다중선으로 나타난 피크들은 우리가 지금까지 공부한 지식으로는 설명할 수 없는 복잡한 pattern이라는 것은 분명하다. 불포화 수가 0인 주어진 분자식에는 탄소가 8 개로 되어 있지만 탄소 스펙트럼에서 4 개의 피크만이 나타난 것은 대칭의 구조를 가지고 있다는 것이다. 이 대칭성을 고려하여 한쪽 요소의 양성자 스펙트럼에서 나타난 피크들의 적분 값은 3.38 ppm에서부터 차례로 3:2:2:2 개의 양성자 피크들로 규명할 수 있으며 탄소 스펙트럼에서 60-70 ppm 영역의 화학이동 값들은 이들 4 개의 탄소들이 2 개의 산소에 모두 연결되어 있는 ether의 결합 구조를 가지고 있다고 할 수 있다. 먼저 3.38 ppm에서 나타난 3 개의 양성자가 CH_3-O라면 이 산소는 다시 탄소와 연결되어 CH_3-O-C의 구조 요소를 가지게 될 것이고 이 탄소는 화학이동 값으로 보아 또 다른 탄소와 연결되어 CH_3-O-C-C의 요소를 가진다. 이 요소의 마지막 탄소 역시 화학이동 값이 60-70 ppm 영역에 있으려면 산소와 연결되는 CH_3-O-C-C-O의 요소를 만든 후 마지막 남은 탄소 하나는 다시 이 산소에 연결되는 구조에 양성자들을 연결하면 절반의 분자식의 모든 양성자 수들과 일치하게 된다.

$$(CH_3—O—CH_2—CH_2—O—CH_2—)_2$$

이 구조에서 다른 반쪽의 구조와 연결되어 CH_2-CH_2를 만들고 있는 4 개의 양성자들은 두 탄소에 치환되어 있는 그룹이 똑같기 때문에 대칭을 만들고 있으며 화학적으로(chemically)나 자기적으로(magnetically) 완전히 동등(equivalent)하다. 그러므로 이들은 3.67 ppm 영역에서 일부의 다른 피크와 겹쳐서 단일 피크로 나오고 있고 3.55와 3.65 ppm의 다중도 피크들이 나머지 CH_3-O-CH_2-CH_2 요소에 있는 두 개의 CH_2의 양성자들 피크들이다. 이 두 메칠렌의 양성자들은 화학적으로 다른 양성자들이기 때문에 화학이동 값이 다르게 나타나고 있다. 그러나 이들 메칠렌 양성자들은 옆의 vicinal 위치의 두 개씩의 양성자들과 서로 커플링하여 각각이 삼중선으로 나타날 것이라는 예상을 크게 벗어나고 있다. 이것은 이들 두 메칠렌의 각각의 탄소에 있는 두 양성자들이 AA'BB'라고 하는 즉 화학적으로는 동등하지만 자기적으로는 동등하지 않다는 현상 때문이며 아래의 Newman projection으로 설명할 수 있다.

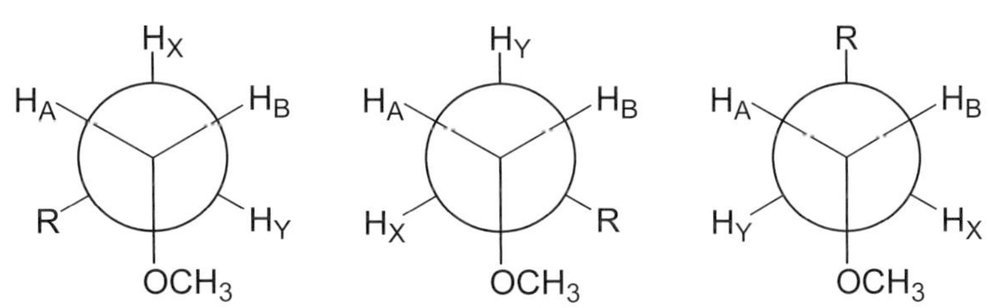

위의 그림은 CH_3-O에 나란히 연결되어 있는 두 개의 탄소를 직선상에 놓아두고 나머지 부분은 R로 표시한 그림이다. 첫 번째와 두 번째 그림(conformation)은 enantiomer라고 하는 거울 이성체이며 이때 각각의 탄소에 있는 두 양성자는 enantiotopic이라고 한다. 이 두 양성자들은 화학적으로 동등하다. 즉 H_A와 H_B의 화학이동 값이 같고 H_X와 H_Y의 화학이동 값이 같다는 것이다. 세 번째 conformer는 평면 대칭

(plane symmetry)을 가지고 있는 것이므로 앞의 경우와 같이 화학이동 값들이 같다. 이제 양성자 H_A가 vicinal 위치의 H_X와 H_Y 양성자들과 커플링 하는 것을 보도록 하자. 먼저 첫 번째 그림에서 H_A의 양성자는 H_Y와 *trans* 위치로 vicinal 커플링을 하고 있으며 이때 methoxy와 R 그룹은 서로 가까이에 있다. 세 번째 그림에서 H_A가 H_X가 *trans* 위치로 커플링을 하고 있지만 이때의 methoxy와 R 그룹은 앞의 경우와는 다르게 멀리 떨어져 있다. 즉 두 커플링 상수 J_{AX}와 J_{AY}의 크기는 다르다. 그러므로 이때의 메칠렌에 있는 각각의 양성자들은 자기적으로 동등하지 않다고 하며 AA'BB'이라고 표시하며 A_2B_2의 스핀 시스템에서 나타날 수 있는 각각 삼중선(물론 이 스핀 시스템에서도 각 양성자의 화학이동 값의 차이와 그들 사이의 커플링 상수의 비(ratio)에 따라서 더 복잡한 커플링 모습으로 나타남)의 커플링 pattern을 크게 벗어나게 되며 A 위치와 B 위치의 양성자들의 화학이동 값 차이에 따라서 다양한 모습들을 보여 준다. 위의 구조에서 AA'BB' 시스템의 설명은 세 가지의 conformer의 수(population)가 동일하다는 가정에서 설명한 것이다. 그러므로 이들 pattern이 때로는 평균 J 값들의 차이가 매우 적을 경우에는 A_2B_2의 스펙트럼의 모습을 나타낼 수도 있다. 이들 스핀 시스템의 매우 복잡한 커플링 모습은 때로는 A_2B_2 pattern의 스펙트럼으로 잘못 해석하는 경우도 볼 수 있지만 A_2B_2 pattern에서 기대되는 자장의 크기에 따른 스펙트럼의 복잡성의 완화는 기대할 수 없다. 위의 구조와 다른 스핀 시스템으로 AA'BB'의 커플링 pattern의 다양한 형태의 커플링의 모습은 같은 치환체가 1,2- 위치에 또는 다른 치환체가 1,4- 위치에 있는 benzene의 4 개의 양성자들 스펙트럼에서 자주 볼 수 있다.

21 이 문제는 화합물이 긴 alkyl chain을 가지고 있을 때 나타나는 스펙트럼의 전형적인 모습을 보여주기 위한 것이라고 할 수 있다. 불포화 수는 0(#=10−(22/2)+1=0)이며 분자식에 있는 10 개의 탄소가 탄소 스펙트럼에 모두 나타나 있는 것은 분자의 대칭이 존재하지 않는 것이며 따라서 양성자 스펙트럼에서 0.85 ppm의 삼중선을 하나의 CH_3-로 생각할 수 있다. 탄소 스펙트럼에서 63 ppm의 탄소 피크와 양성자 스펙트럼에서 양성자 두 개의 적분 값을 가지고 나타난 3.6 ppm의 삼중선은 CH_2-CH_2-O의 구조 요소가 있다는 것을 말해주고 있다. 이 양성자 스펙트럼에서 가장 먼저 볼 수 있는 특이한 모습은 1.2-1.3 ppm의 영역에서 여러 개의 양성자들이 broad한 피크를 보여주고 있는데 이것은 긴 alkyl chain에 있는 CH_2의 피크들이 여러 개가 겹쳐서 나오는 전형적인 모습이다. 또한 가장 up-field에서 나타나는 CH_3-의 양성자들이 나타내는 삼중선의 intensity 모습은 앞의 문제들에서 보았던 ethyl 그룹의 메칠 양성자들이 보여주고 있는 모습과는 다르게 삼중선에서 down-field 쪽의 피크의 intensity가 up-field 쪽의 피크의 intensity보다 작게 나타났다는 것이다. 즉 roof effect(커플링 하고 있는 양성자들의 다중도 모습은 지붕 모양의 기울기를 가진다는 것)의 반대로 나타나 있다는 것이다. 이 현상은 이 메칠 그룹이 long chain의 끝에 있다는 것을 암시하는 것이다. 이들은 결국 이 메칠 그룹에 나머지 탄소의 수만큼 CH_2를 가지고 있는 구조로 유도할 수 있으며 양성자 스펙트럼에서 1.6 ppm에 나타난 하나의 양성자에 해당하는 단일 피크를 산소에 연결하여 alcohol의 구조를 만들 수 있다.

$$CH_3—(CH_2)_8—CH_2—OH$$

22 무엇보다 먼저 양성자 스펙트럼에서 7 ppm의 영역에 피크가 있다는 것으로 벤젠의 양성자들을 예측할 수 있으며 또한 불포화 수 4(#=8-(10/2)+1=4)를 가지고 있다는 것이 이들을 뒷받침하고 있다. 양성자 스펙트럼에서 적분 값을 비교하면 4 개의 양성자가 벤젠 ring에 있으며 메칠을 포함한 2 개의 그룹이 벤젠 ring에 치환되어 있는 것을 예상할 수 있다. 구조식에 산소가 하나 있고 메칠 그룹의 화학이동 값이 3.86 ppm에 있다는 것은 methoxy 그룹을 예상할 수 있다. 이들 두 그룹이 치환되어 있는 위치는 탄소 스펙트럼에서 8 개의 탄소 피크들이 모두 나타난 것으로 1,4-(*para*)의 위치가 아닌 것은 분명하다(*para*로 치환되어 있다면 구조가 대칭을 가지게 되고 벤젠 ring이 가진 탄소의 피크는 4 개가 나타난다). 그러나 두 개 씩의 양성자들이 겹쳐서 나오고 있는 300 MHz에서의 벤젠 ring의 양성자들의 커플링 모습으로는 이들을 *ortho*나 *meta*로 치환된 어떤 벤젠 ring의 양성자들인지 구분이 불가능하다(그러나 두 isomer의 스펙트럼을 비교하면 구분이 가능하다는 것을 문제 23에서 알 수 있을 것이다). 그러나 500 MHz에서 얻은 벤젠 ring의 양성자들의 커플링 모습에서는 작은 상수들은 무시하더라도 7-8 Hz 정도의 커플링 상수를 가지고 나타난 이중선과 삼중선을 6.85-6.9 ppm 영역에서는 뚜렷하게 볼 수 있고 7.2 ppm의 영역에서는 겹쳐서 나오고 있지만 구별이 가능하다. 이들의 커플링 모습은 벤젠 ring이 *ortho*로 치환되어 있을 때 각각의 치환체 옆에 있는 두 개의 양성자들은 각각의 *ortho* 위치의 양성자들과 7-8 Hz로 커플링을 한 것이고 *meta* 위치의 양성자들은 각각 ortho 위치에 두 개씩의 양성자와 커플링하여 삼중선으로 나타나게 된 것이다. 각각의 피크에 있는 작은 커플링들은 *meta* 위치의 양성자와 커플링하여 나타난 것들이다.

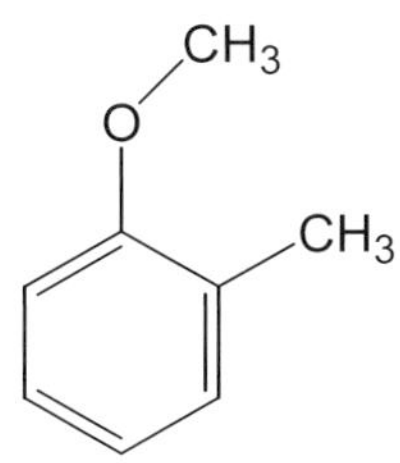

23 분자식이 같고 양성자 스펙트럼이 벤젠 ring이 가진 양성자들의 커플링 pattern만 다르므로 문제 22에서 해석한 물질의 isomer라는 것을 쉽게 알 수 있으며 탄소 스펙트럼에서 8 개의 탄소가 모두 나온 것으로 보아 *para*의 isomer가 아닌 것이 분명하므로 *meta*로 치환된 isomer다. 앞에서 22의 문제를 설명할 때 300 MHz의 스펙트럼에서 커플링 pattern으로 두 isomer의 구분이 불가능하지만 두 isomer의 스펙트럼을 비교하면 구분이 가능하다고 설명한 것은 이 스펙트럼에서 7.2 ppm에 나타나는 삼중선의 피크 때문이다. 이것은 *meta*로 치환된 두 치환체의 *meta*에 있는 양성자 하나가 *ortho* 위치에 두 개의 양성자가 있게 되므로 삼중선으로 나타난 것이다. 또한 두 치환체 사이에 있는 하나의 양성자는 ortho 위치에 양성자가 없으므로 단일선 모양으로 나타날 수 있기 때문에 두 isomer의 스펙트럼을 비교하여 이들 두 피크들의 모습으로 구분이 가능하다는 것이며 실제로 두 스펙트럼을 비교해보면 이러한 논리가 타당하게 나타났음을 알 수 있다. 이 논리는 500 MHz에서 얻은 스펙트럼에서도 7.2 ppm에 나타난 삼중선(정확히 말하면 dd 피크라고 해야 함) 피크가 *meta* 커플링을 보여주고 있지 않다는 것으로 타당하다.

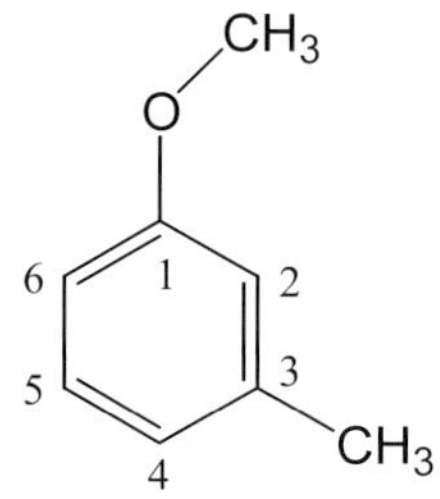

지금까지 주어진 1D 스펙트럼으로 벤젠 ring의 모든 탄소와 양성자들의 정확한 규명은 불가능 하지만 이들의 구조유도가 가능하였던 것은 이 구조에 하나의 벤젠 ring만 있기 때문이었다. 앞으로 많은 경우 우리는 더 복잡한 구조를 대하게 될 것이며 이때는 모든 탄소와 양성자들의 피크의 정확한 규명 없이는 구조의 유도가 불가능하게 될 것이다. 이들의 정확한 규명은 HSQC와 HMBC등을 포함한 2D 스펙트럼으로 가능하게 되며 여기에서 이들 스펙트럼을 이용하여 이 구조에서 모든 탄소와 양성자들이 어떻게 규명되는지를 보도록 하자. 아래 주어진 스펙트럼은 HMBC 스펙트럼과 벤젠 ring에 있는 양성자와 탄소들의 관계를 보여주고 있는 HSQC(그림속의 작은 그림)스펙트럼의 일부분이다. 먼저 HSQC 스펙트럼에서 벤젠 ring의 6 개 탄소들 중에서 양성자를 가지고 있는 4 개의 탄소들과 각각에 연결되어 있는 4 개의 양성자들의 관계를 잘 알 수 있다. 먼저 탄소의 1D 스펙트럼에서는 탄소들의 피크를 그 어느 것도 명확하게 규명할 수 없지만 양성자 스펙트럼에서는 이미 7.2 ppm의 피크가 양성자 5라는 것을 알기 때문에 HSQC 스펙트럼에서 129 ppm의 탄소는 탄소 5라는 것을 알 수 있다. 다음으로 비록 양성자 스펙트럼이 겹쳐서 나오고 있지만 4와 6의 양성자들은 1-2 Hz의 작은 *meta* 커플링을 가지고 7-8 Hz의 이중선 모양으로 나타날 것이고 양성자 2는 1-2 Hz의 작은 *meta* 커플링을 가진 단일선으로 나타날 것이라는 예상은 탄소의 115 ppm 피크가 탄소 2라는 것을 예상할 수 있다. 탄소 110과 122 ppm의 피크는 4와 6에 해당하지만 구분은 불가능하다. 다음 탄소 1과 3은 양성자를 가지고 있지 않으므로 140과 160 ppm의 피크라는 것은 알 수 있지만 역시 구분이 불가능 하다(이 경우에는 다만 두 개의 탄소를 다루기 때문에 전기음성도를 이용하여 methoxy에 연결되어 있는 탄소 1이 탄소 3 보다는 더 down-field에 나올 것이라고 정성적인 예상을 할 수 있다). HSQC 스펙트럼에서 얻은 정성적인 정보를 HMBC 스펙트럼으로 보면 115 ppm의 탄소가 2의 탄소라는 것은 3의 탄소에 있는 메칠의 양성자와 3-bond correlation 피크를 보여주고 있으므로 확실하게 규명할 수 있다. 그리고 구분이 불가능 했던 110과 122 ppm의 피크도 122 ppm의 피크가 메칠의 양성자와 3-bond correlation을 보여주는 것으로 4의 탄소라는 것을 규명할 수 있으므로 110 ppm의 피크가 6의 탄소라는 것도 명확해졌다. 탄소 1과 3은 3.7 ppm에서 나오는 methoxy의 양성자가 160 ppm의 탄소 피크와 3-bond correlation 피크를 보여주고 있는 것으로 앞에서 전기음성도로 예측한 정성적인 해석이 이 시스템에서는 적용될 수 있음을 보여주고 있다. 특히 이 결과로 확인된 160 ppm의 벤젠 ring에서 산소의 치환체를 가지고 있는 탄소의 화학이동 값은 ester나 amide의 carbonyl(N-C(=O)이 나타나는 영역에 까지 down-field로 이동할 수 있다는 것을 기억해두면 앞으로 유사 구조를 해석하는데 도움이 될 것이다. 양성자 2가 탄소 1과 3에 2-bond correlation을 보여주고 있는 것과 탄소 3에 있는 메칠의 양성자가 탄소 3에 2-bond correlation을 보여주고 있는 것은 HMBC 스펙트럼에서 특별한 경우를 제외하고는 흔히 볼 수 있는 현상이다. 그리고 나머지 HMBC 피크들도 이 구조에 모두 적용시킬 수 있음을 알 수 있다.

이와 같은 설명들을 역으로 이용하면 미지 물질의 구조를 밝혀나가는 하나의 과정이 될 것이다. 그러나 이 방법이 때로는 쉽게 예측될 수 있는 단순한 구조의 물질들이 가질 수 있는 여러 구조들 중 하나의 구조를 확인하는 방법이 될 수 있다. 즉 가능한 최소한의 data들로 예상되는 구조를 얻은 후 correlation 피크들을 적용하여 예상되는 구조를 설명하지 못하면 얻어진 구조는 옳은 구조가 될 수 없으며 새로운 가능성의 구조를 찾아내고 같은 과정을 되풀이해 나가는 것이 많은 data들을 동시에 해석해나가면서 구조를 유도해 내는 방법보다 더 쉬울 수도 있기 때문이다.

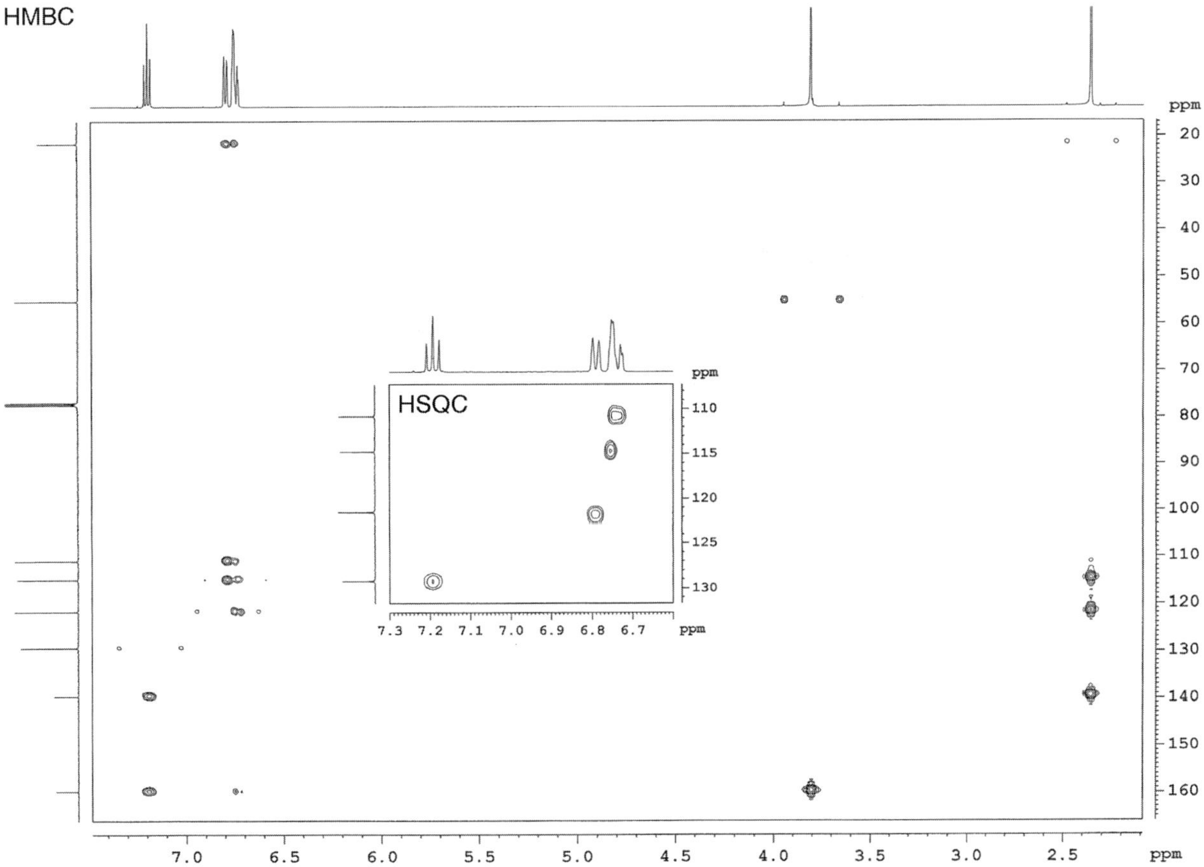

24 분자식이 문제 22와 23과 같고 양성자 스펙트럼이 벤젠 ring이 가진 양성자들의 커플링 pattern만 다른 것에서 이들의 이성체라는 것을 알 수 있으며 위의 두 이성체 이외에 있을 수 있는 것은 para 위치로 치환되어 있는 것 밖에 없다는 것을 쉽게 알 수 있다. 그러나 위의 문제들과 관계없이 이 스펙트럼 하나만이 주어졌을 때 이 물질의 구조를 유도해낼 수 있는 특이점들을 찾아보도록 하자. 가장 먼저 양성자 스펙트럼에서 벤젠의 양성자들이 존재한다는 것과 탄소 스펙트럼에서 벤젠 ring의 탄소들이 나올 위치에서 탄소의 피크들이 4 개만이 나타났다는 것은 두 개의 치환체가 벤젠 ring의 탄소들이 대칭을 가질 수 있도록 치환되어 있다는 것을 예상할 수 있다.

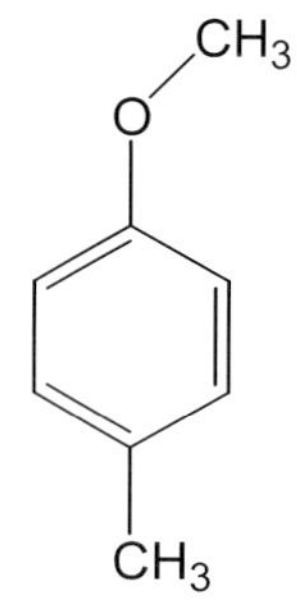

앞의 문제 20에서 AA'BB'의 스펙트럼들의 커플링 pattern을 설명하면서 이 종류의 모습은 벤젠 ring에 1,2-로 같은 치환체가 있거나 1,4-로 다른 치환체가 있을 때 볼 수 있다는 것을 기억한다면 바로 이 구조가 그들의 커플링 모습을 보여줘야 한다는 것을 알 수 있다. 양성자 스펙트럼을 보면 벤젠 ring에 있는 4 개의 양성자들이 피크들의 바닥 부위에 작은 불순물들 같은 피크들과 함께 두 개의 이중선의 모습과 비슷한 모습을 보여주고 있다. 이들 작은 피크들이 불순물이 아니고 AA'BB'의 커플링 pattern으로 나타나는 피크들이다(자장이 큰 기기에서 얻은 resolution이 좋은 스펙트럼에서는 이 모습을 더욱 확실하게 볼 수 있다). 이와 같은 두 개의 이중선 비슷한 스펙트럼의 모습은 벤젠 ring의 두 치환체가 전기음성도가 크게 차이가 나거나 또는 다른 영향으로 A와 B의 위치의 양성자들의 화학이동 값이 차이가 많이 날 때 나타나는 모습이라는 것을 기억해두면 구조 해석에 많은 도움이 될 것이다.

25 DMSO 용매 피크는 양성자 스펙트럼에서 2.49 ppm에 나타난다. 탄소 스펙트럼에서 용매의 피크는 39 ppm 영역에서 7 중선(확대하여 놓은 스펙트럼)으로 나타나 있고 탄소 피크 하나가 용매의 피크와 겹쳐서 나오는 것을 볼 수 있다. 분자식에 질소가 하나 있으므로 양성자 하나를 적게 계산하면 불포화 수는 4(# = 8-(10/2) + 1 = 4)이다. 이 4라는 불포화 수와 양성자 스펙트럼에서 7 ppm 영역에 나오는 피크들이 주는 정보는 분명한 벤젠 ring 존재의 가능성이다. 또한 탄소 스펙트럼에서 벤젠 ring의 탄소들이 126-141 ppm 영역에서 나타나는 것과 동시에 4 개의 탄소 피크를 보여주는 것으로 이 ring에 대칭이 존재한다는 정보도 제공하고 있다. 양성자의 적분 값들을 분자식의 양성자 수와 맞추려면 벤젠 ring의 양성자들의 적분 값은 5가 되어야 한다는 것을 알 수 있으므로 벤젠 ring은 하나의 치환체가 존재한다는 것을 알 수 있으며 벤젠 ring의 4 개의 탄소 피크도 설명할 수 있다. 탄소 스펙트럼에서 2 개의 aliphatic 탄소와 4 개의 양성자는 2.7 ppm 영역에서 나타난 두 개의 삼중선 비슷한 피크들로(이 스핀 시스템은 AA'BB'으로 resolution이 좋고 고 자장에서 얻은 스펙트럼의 경우 더 복잡한 모습을 보여 준다) CH_2-CH_2를 예상할 수 있으며 이 요소의 한쪽에 벤젠 ring을 연결하면 분자식에서 나머지 원소는 N과 양성자 2 개만 남게 된다. 양성자 스펙트럼에서 1.3 ppm 영역에 적분 값 2를 가지고 나타나는 broad한 피크는 OH나 NH의 양성자 피크들일 수 있지만 분자식에 산소가 없으므로 질소에 있는 양성자라 할 수 있으며 적분 값으로 분자식의 양성자를 맞추기 위해서는 이 피크는 NH_2라고 예상할 수 있다.

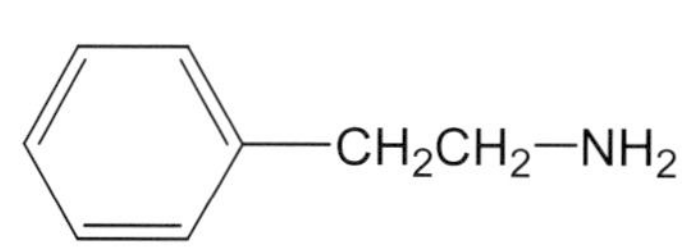

26 앞에서 이미 여러 번 언급한 것 같이 양성자 스펙트럼에서 7 ppm의 영역의 피크와 탄소 스펙트럼에서 sp^2 탄소들의 피크 영역인 120–150 ppm의 영역에서 나타난 4 개의 탄소의 피크가 벤젠 ring의 요소가 있음을 알려주고 있으므로 불포화 수가 4(#=8−(10/2)+1=4) 이상일 것이라는 것은 예상할 수 있다. 양성자 스펙트럼에서는 1.5 ppm에서 3 개의 양성자 적분 값을 가지고 나타나는 이중선과 4.9 ppm에서 하나의 양성자 적분 값을 가지고 사중선으로 나타나는 피크들은 CH_3–CH라는 구조 요소이며 벤젠 ring을 포함한 이들 두 요소를 더하면 분자식에 있는 탄소 8 개를 모두 사용하였다. 탄소 스펙트럼에서 70 ppm 영역에서의 피크는 CH_3–CH–O라는 구조 요소를 예상할 수 있고 그리고 하나 남아 있는 원소 H는 alcohol을 만들고 벤젠 ring을 CH에 연결하면 1.95 ppm의 단일 피크는 OH의 피크로 그리고 산소에 연결되어 있는 CH의 양성자가 예상보다 더 down-field로 이동하여 4.9 ppm에서 나온 것을 설명할 수 있다.

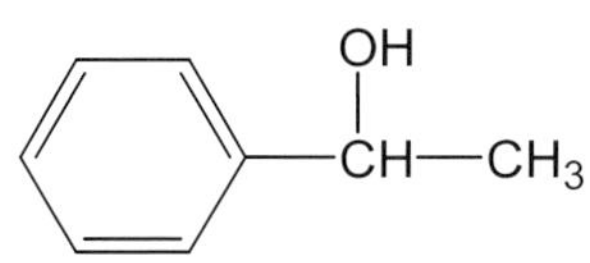

27 불포화 수 5(#=9−(10/2)+1=5)를 가지고 있으며 양성자 스펙트럼에서 7ppm 영역의 피크와 탄소 스펙트럼에서 aromatic ring의 탄소들이 나타나는 126–137 ppm 영역의 4 개의 피크들 그리고 양성자 스펙트럼에서 적분 값은 분자식의 양성자 수와 비교하면 5 개의 aromatic 양성자와 5 개의 aliphatic 양성자가 있다는 것을 알 수 있다. 즉 벤젠 ring이 하나의 치환체로 된 구조 요소이며 aliphatic 요소는 삼중선과 사중선의 커플링 pattern을 보여주고 있는 전형적인 ethyl 그룹의 모습이다. 나머지 하나의 탄소는 탄소 스펙트럼에서 200 ppm의 영역에서 나타난 ketone이다. 두 개의 bond가 필요한 ketone의 요소에 이미 찾아낸 aromatic과 aliphatic 요소가 연결된 구조다.

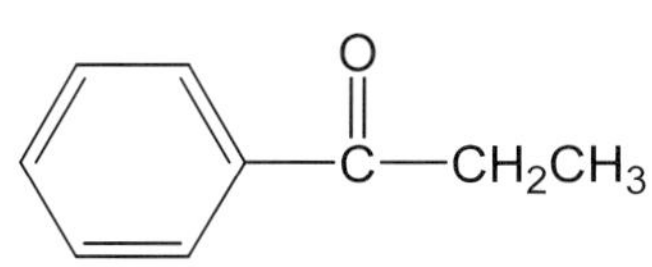

28 양성자 스펙트럼에서 12 ppm의 영역에 나타난 broad한 피크는 carboxylic acid에 있는 OH의 양성자가 보여주는 전형적인 피크이며 이것 이외에 양성자와 탄소들은 그들의 스펙트럼들에서 모두 sp^2의 bond를 이루고 있는 화학이동 값들을 보여주고 있다. 불포화 수가 6(#=9−(8/2)+1=6)이라는 것도 많은 unsaturation이 있다는 것으로 이를 뒷받침 하고 있다. 탄소 스펙트럼에서도 173 ppm 영역에서 나타난 피크가 C(=O)OH의 존재라는 것을 확인할 수 있으며 120–150 ppm 부근의 영역에서 나타난 6 개의 탄소 피크들 중에 어떤 피크들인지는 모르지만 분명한 것은 이들이 벤젠 ring의 탄소 영역이라는 것과 5 개의 양성자 적분 값으로 7.4–7.5 ppm의 영역에 있는 양성자의 피크들은 벤젠 ring이 하나의 치환체를 가지고 있다는 것을 말해준다. 분자식에는 아직 사용하여야 할 탄소 2 개와 양성자 2 개가 남아 있으며 이들의 요소는 양성자 스펙트럼에서 명확하게 찾을 수 있다. 벤젠 ring이 하나의 치환체를 가지고 있으므로 4 개의

탄소로 나타날 것이고 나머지 두 개의 탄소가 모두 sp^2의 탄소이며 양성자도 7.8과 6.46 ppm의 값은 sp^2에 있는 양성자들이다. 양성자 하나씩의 적분 값을 가지고 나타난 두 개의 이중선은 이들의 커플링 상수가 약 15 Hz 정도의 같은 값을 가지고 있다는 것을 알 수 있으므로 서로 커플링하고 있는 CH=CH의 구조요소이며 *trans*의 구조를 말해주는 것이다.

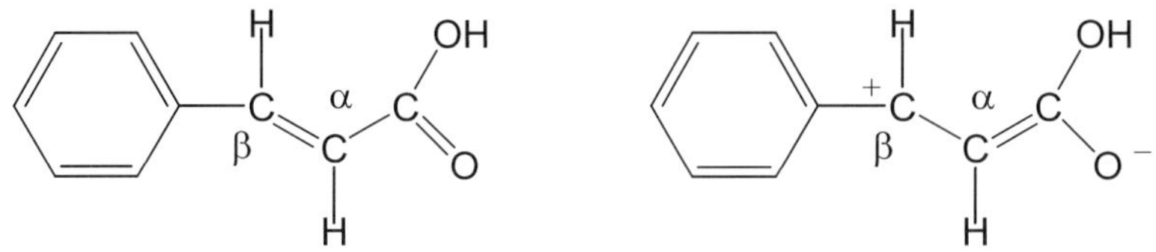

이때 이중 결합에 있는 두 탄소와 양성자들의 화학이동 값들은 많은 경우 carbonyl 그룹에서 β 위치에 있는 것들이 α 위치에 있는 것보다 더 down-field에서 나타나게 되는 것으로 알려져 있다. 이들은 여러 가지 2D 등의 실험으로 정확하게 규명할 수 있지만 정성적으로 유기화학에서 많이 사용하는 carbonyl 그룹과 연관되는 resonance 구조를 그리면 β 위치의 탄소가 +charge를 가질 수 있으므로 특히 이 +charge를 안정시킬 수 있는 그룹이 β 위치에 치환되어 있으면 이곳에 있는 핵들이 α 위치의 핵들 보다 deshielding 된다는 것으로 설명한다. 이 경우에 두 양성자의 정확한 규명을 NMR 스펙트럼의 관점에서 설명하자면 두 양성자들의 피크들이 갖는 넓이(line width)를 관찰하면 쉽게 구분할 수 있다. 즉 7.8 ppm의 이중선 피크는 6.46 ppm의 이중선 피크보다 넓이가 더 넓으며 따라서 intensity가 작다. 이것은 β 위치에 있는 양성자가 벤젠 ring의 *ortho* 위치에 있는 두 개의 양성자와 작은 커플링 (allylic coupling과 비슷하다고 할 수 있음)을 하여 피크가 더 넓어진 것이라고 할 수 있다.

29 양성자 스펙트럼의 13 ppm 영역에서 broad하게 나타난 피크는 carboxylic acid의 양성자 피크이고 7.5 ppm 영역에서 잘 분리된 다중선으로 나타난 4 개의 적분 값을 가지고 있는 양성자 피크들은 벤젠 ring에 있는 양성자들이며 결국 두 개의 치환체를 가지고 있는 벤젠 ring이 구조 요소라는 것을 알 수 있다. 먼저 분자식의 탄소 9 개가 탄소 스펙트럼에서 모두 나온 것은 벤젠 ring의 구조에 있는 치환체는 다른 종류이며 벤젠 ring에 있는 양성자들의 커플링 모습을 확대하여 놓은 것을 보면 두 개의 양성자들(7.36과 7.62 ppm)이 약 8 Hz 정도의 커플링을 가지고 삼중선 비슷한 모습을 가지고 있는 것은 두 치환체가 *ortho* 위치로 있어야만 가능하다는 것을 알 수 있다. 양성자들의 적분 값으로 2.23 ppm의 단일 피크는 메칠 피크이며 분자식에 남아 있는 나머지 요소는 탄소 하나와 산소 두 개다. 불포화 수가 6(#=9-(8/2)+1=6)이므로 나머지 탄소 하나와 산소 두 개로 불포화 수 1을 더 만들기 위해서는 ester 요소가 유일한 방법이며 이것을 뒷받침하는 것으로 탄소 스펙트럼에서도 carboxylic acid가 있는 170 ppm 부근의 영역에서 탄소 피크가 하나가 더 있다. 마지막으로 메칠 그룹을 포함한 ester 그룹에서 메칠이 산소에 연결된 것이 아니고 탄소에 연결된 것이라는 것은 메칠 피크가 2.23 ppm에서 나타났기 때문이다. 이것은 우리가 해열제로 사용하는 aspirin의 스펙트럼이다.

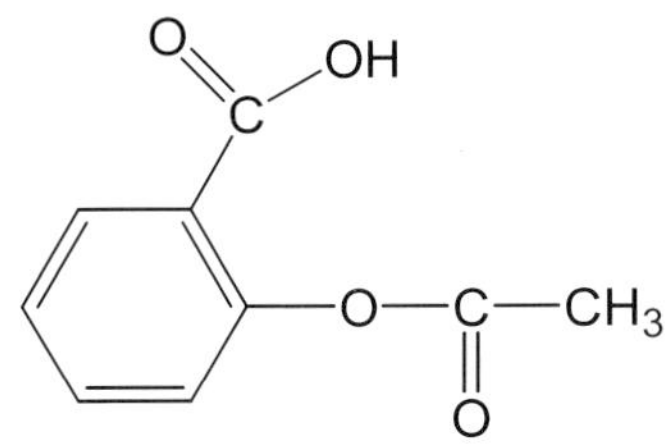

30 불포화 수가 5(#=10−(12/2)+1=5)고 양성자 스펙트럼에서 7 ppm 영역의 피크들은 벤젠 ring의 존재를 그리고 각 피크들이 갖는 2 개씩의 양성자의 적분 값은 벤젠 ring에 두 개의 치환체가 존재한다는 것이다. 또한 이들 피크들의 모습은 앞의 다른 스펙트럼에서 경험하였던 것과 같이 다른 종류의 치환체가 *para*로 치환되어 있는 AA'BB'의 커플링 pattern을 보여주고 있다. 3.7 ppm 부근 영역에서 3 개씩의 양성자를 가진 두 개의 단일 피크는 탄소 스펙트럼에서 50−60 ppm 부근의 두 개의 탄소피크와 연관하여 CH_3−O라 할 수 있다. 이들 두 methoxy 그룹 중 하나가 치환되어 있는 벤젠 ring의 160 ppm 영역에서 나타나는 피크를 설명하고 있다면 172 ppm의 탄소 피크는 5 개의 불포화 수에서 벤젠 ring을 설명하고 남은 하나의 불포화 수를 설명하는 ester 그룹을 만들 수 있다. 그리고 분자식에 남은 탄소 하나와 양성자 두 개는 3.55 ppm에서 나오는 CH_2일 것이다. 단일 피크로 나오는 이 메칠렌을 연결하는 방법은 CH_3−O−CH_2− 이거나 CH_3O−C(=O)−CH_2−로 만드는 두 가지 방법이 있으며 양성자의 화학이동 값이 3.55 ppm이므로 전자의 구조로 산소에 연결되었다고 생각할 수도 있다. 그러나 앞에서 언급한 대로 CH_2의 양성자가 carbonyl의 영향과 함께 다시 벤젠 ring의 영향을 받는다는 것을 고려하면 carbonyl에 연결되어 벤젠 ring에 연결되어 있는 것도 타당하다고 할 수 있으며 탄소의 화학이동 값이 40 ppm 영역에서 나타나는 것 역시 후자의 연결 구조를 증명하고 있다. 또한 탄소 스펙트럼에서 약 160 ppm 까지의 down-field에서 나타나는 벤젠 ring의 하나의 탄소 피크는 산소가 벤젠 ring에 직접 치환되어 있는 구조를 지지하고 있다.

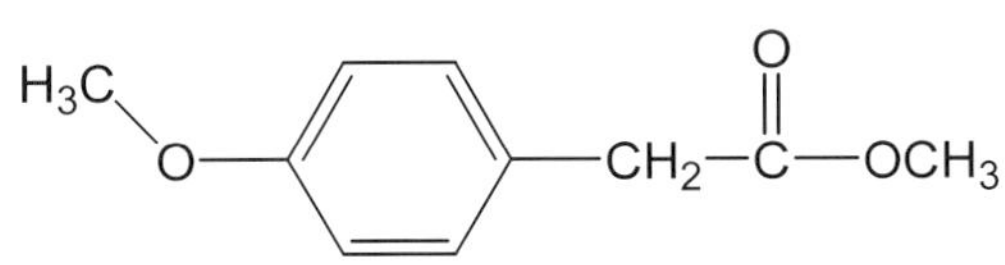

31 이 화합물은 불포화 수가 4(#=9−(12/2)+1=4)며 양성자 스펙트럼에서 7 ppm 영역의 피크가 있으므로 벤젠 ring의 존재를 예측할 수 있다. 문제 30의 양성자 스펙트럼에서 벤젠 ring 양성자들의 커플링 모습과 비교하여 500 MHz에서 얻은 이 양성자 스펙트럼은 300 MHz에서 얻은 스펙트럼이 자세하게 보여주지 못한 AA'BB' 스핀 시스템의 커플링 pattern의 모습들을 아주 명확하게 보여주고 있다. 앞으로 벤젠 ring의 양성자 화학이동 값 영역에서 이와 같은 커플링 pattern을 대할 때는 두 개의 다른 치환체가 벤젠 ring에 *para*로 치환되어 생각하면 된다는 좋은 예가 된다. 탄소 스펙트럼에서는 벤젠 ring의 두 개의 대칭 탄소로 4 개의 탄소 피크가 sp^2 피크들이 나타나는 120−160 ppm의 영역에서 나와 있고 이들 피크들 중 하나는 160 ppm 가까이 까지 down-field로 이동한 것 즉 벤젠의 탄소 하나가 산소와 연결되어 있을 수 있다는 것을 주목해야 한다. Aliphatic 영역에 해당하는 50−60 ppm 부근의 두 개의 피크는 산소

를 가지고 있는 두 개의 탄소가 있다는 것을 보여주고 있다. 이들 탄소와 연관해 보면 양성자 스펙트럼에서 3.77 ppm의 단일 피크는 적분 값을 고려하면 CH_3–O의 양성자고 3.79 ppm의 삼중선은 CH_2–CH_2–O에서 산소에 연결되어 있는 CH_2 양성자다. 그리고 하나 남아 있는 양성자가 갈 수 있는 곳은 산소에 연결되어 alcohol을 만드는 것이고 1.6 ppm에 나타나 있다. 탄소 스펙트럼과 같이 보여준 DEPT135 스펙트럼은 두 개의 CH_2 그룹이 있다는 것을 음(–)으로 나타난 두 개의 피크가 설명하고 있고 양(+)으로 나타나는 피크는 CH나 CH_3일 수 있지만 55 ppm의 피크가 앞에서 양성자 스펙트럼으로 이미 예측된 CH_3–O라는 것을 증명할 수 있는 것은 64 ppm의 CH_2–O 피크보다 up-field에서 나왔기 때문에 CH–O가 될 수 없다.

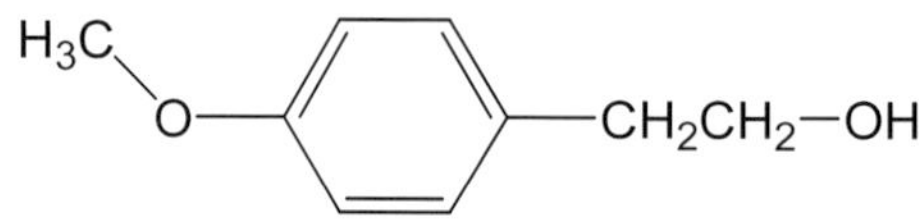

32 양성자 스펙트럼에서 두 개의 양성자 적분 값을 가지고 있는 4.3 ppm의 삼중선 피크와 탄소 스펙트럼에서 65 ppm과 160–170 ppm 영역에 피크가 있다는 사실들을 종합하면 제일 먼저 CH_2–CH_2–O–C(=O)의 구조 요소를 이끌어 낼 수 있다. 불포화 수가 5(#=11–(14/2)+1=5)라는 것과 벤젠 ring의 양성자와 탄소 피크들의 존재는 벤젠 ring의 요소를 확인 시켜주고 있으며 sp^2 탄소 피크들 중 이미 알아낸 요소 ester의 carbonyl 피크를 제외하고 남은 4 개의 탄소 피크는 두 개의 치환체를 가진 벤젠 ring을 그리고 이들 탄소 피크 중 하나가 160 ppm에서 나타난 것은 산소가 직접 연결된 치환체라는 것을 알려주고 있다. 이 예상은 양성자 스펙트럼에서도 7–8 ppm에 나타난 두 개의 이중선 비슷한 AA'BB'의 양성자 스핀 시스템의 커플링 모습이 확인을 해 주고 있다. 이들 요소를 고려하면 나머지 원소들은 탄소 2 개와 양성자 6 개가 남으며 이들 중 양성자 스펙트럼에서 0.95 ppm의 삼중선의 메칠 그룹과 1.4–1.8 ppm 영역에 있는 CH_2–CH_2 그룹들이 커플링 되어 나타난 모습은 n-butyl 그룹을 예상할 수 있다. 나머지 하나의 양성자는 산소에 연결되어 phenol의 구조를 만들 수 밖에 없으며 이 피크는 6.6 ppm에서 나타난 하나의 양성자 피크가 증명하고 있다.

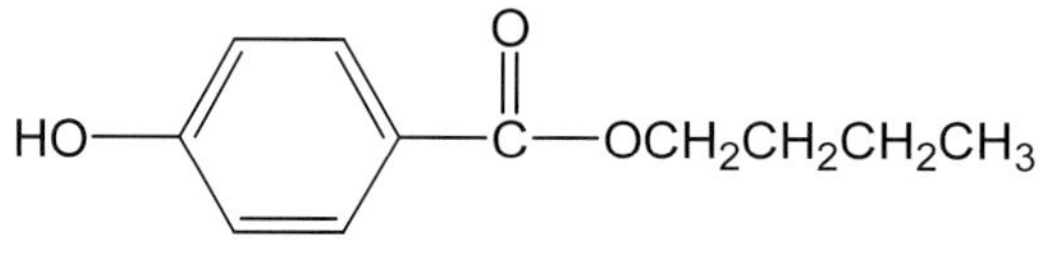

33 주어진 분자식은 $C_{14}H_{14}$인데 탄소 스펙트럼에는 5 개의 피크만 있다는 것은 여러 탄소가 대칭을 이룬다는 것이며 양성자의 적분 값이 벤젠 ring에 해당하는 aromatic 양성자와 alkyl에 해당하는 aliphatic 양성자가 5:2의 비율로 나타나 있다는 것도 대칭을 설명하고 있다. 양성자의 수는 적분 값의 비율에 2 배에 해당하므로 aromatic 양성자는 10이고 aliphatic 양성자는 4가 된다는 것을 알 수 있다. 탄소 스펙트럼에서 벤젠 ring에 해당하는 탄소 피크들이 4 개가 나온 것은 대칭이 있다는 것이지만 10 개의 aromatic 양성자 피크를 가지고 있으려면 하나의 치환체를 가지고 있는 2 개의 벤젠 ring이 대칭으로 있

어야한다. 마지막으로 규명해야할 하나의 치환체가 CH_2라면 benzyl의 구조요소가 되며 이것이 대칭을 이루게 되면 탄소와 양성자의 수를 맞출 수 있게 되며 불포화 수 8(#=14-(14/2)+1=8)도 충족시키게 된다.

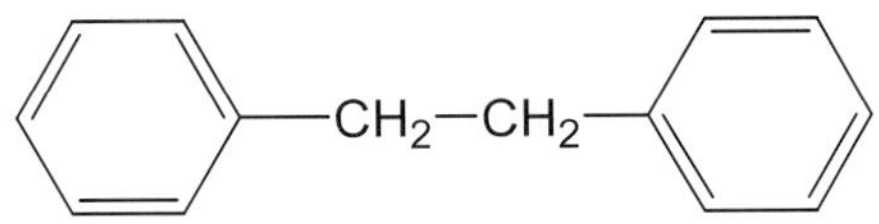

34 양성자 스펙트럼과 탄소 스펙트럼 모두에서 이 물질은 대칭을 가지고 있다는 것을 보여주고 있다. 즉 탄소의 수는 분자식의 수 12에 반에 해당되는 6 개의 피크만이 나타났고 양성자들의 벤젠 ring에 해당되는 피크의 적분 값을 2 개로 볼 수 없으므로(이 적분 값이 2 일 경우 양성자 수는 7 개가 되어 분자식에 주어진 14 개의 양성자의 수를 맞출 수 없을 뿐만 아니라 커플링 모습이 각각 이중선으로 나타나야 하므로) 4 개의 양성자 값으로 계산할 때 CH_2(4.32 ppm)와 CH_3(1.34 ppm)에 해당되는 피크들은 각각 4 개와 6 개의 양성자 적분 값을 보여 주고 있다. 즉 이 ethyl 그룹에 해당되는 구조 요소가 대칭을 이루고 있음을 알 수 있다. 양성자 스펙트럼의 4.32 ppm에서 나타난 CH_2의 양성자 피크와 분자식에 4 개의 산소 그리고 탄소 스펙트럼에서 167 ppm 영역의 피크는 이들이 ester의 구조 요소를 이루고 있다는 것을 예상할 수 있다. 벤젠 ring의 탄소 피크들이 6 개 보다 적게 나오면서 이들이 벤젠 ring에 대칭을 이루도록 치환시키는 방법은 *ortho*와 *meta* 그리고 *para*의 위치로 배치시키는 3 가지 방법이 있다. 그러나 2 개의 같은 치환체로 벤젠 ring의 탄소의 피크가 3 개가 나타나게 하는 방법은 *ortho*로 치환시키는 방법밖에 없다. 또한 이들이 *ortho* 구조를 가지고 있다는 것은 양성자 스펙트럼에서 벤젠 ring에 있는 4 개의 양성자의 커플링 모습이며 이 시료의 스펙트럼 모습은 *ortho*로 치환되어 있는 양성자들의 커플링 모습이다. 즉 이들 양성자들이 *ortho*로 치환되어 있을 때는 앞의 여러 문제에서 본 AA'BB'의 스핀 시스템의 커플링 모습이 될 것이라는 것을 기대할 수 있다. 만일 para로 치환되어 있다면 4 개의 양성자는 화학적으로 그리고 자기적으로 동등한 homotopic의 양성자들이 되며 단일 피크로 나타나야 한다.

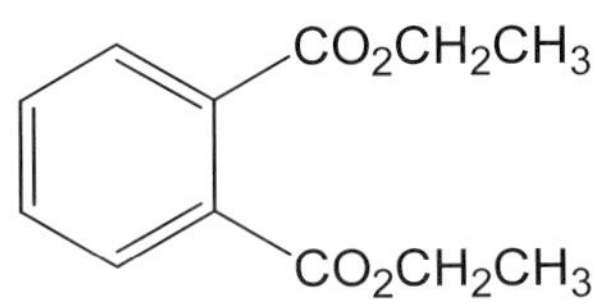

35 분자식에서 이 물질은 HCl의 염(salt)으로 표시되어 있으므로 HCl을 무시하고 하나의 N을 고려하면 불포화 수는 1(#=5-(10/2)+1=1)이다. 양성자 스펙트럼에서는 1.2 ppm에 나타난 3 개의 양성자인 삼중선과 4.17 ppm에 나타난 2 개의 양성자인 사중선과 화학이동 값의 위치 그리고 탄소 스펙트럼에서 170 ppm의 피크(분자식에 N이 있고 170 ppm의 화학이동 값으로 amide의 존재도 고려할 수 있지만 N-C(=O)를 만든 후에는 명확하게 얻을 수 있는 다른 요소들을 연결했을 때 분자식의 원소들을 모두 사용하는 구조를 완성할 수 없음)는 CH_3-CH_2-O-C(=O)의 요소를 생각할 수 있다. 또한 1.4 ppm에 나타난 3 개의 양성자인 이중선과 3.98 ppm에 나타난 1 개 양성자의 사중선은 CH_3-CH의 요소를 보여주고 있다. 분

자식의 두 개의 산소는 이미 사용되었으므로 CH_3-CH의 요소에서 CH의 양성자가 3.98 ppm 까지 down-field로 갈 수 있으려면 남아 있는 원소 중 N이 연결 되는 것이 최선이다. 이 CH의 마지막 결합이 다시 ester를 가지고 있는 carbonyl에 연결 될 수 밖에 없으며 나머지 2 개의 양성자는 질소에 연결하여 amine을 만들면 구조를 완성할 수 있다. 질소에 연결되어 있는 CH의 양성자의 화학이동 값이 예상보다 down-field에서 나타나는 것은 carbonyl에 연결된 탄소에 있는 양성자들이 2 ppm의 영역에 까지 이동하므로 이들 두 영향을 고려할 때 3.98 ppm이라는 화학이동 값은 설명이 가능해진다.

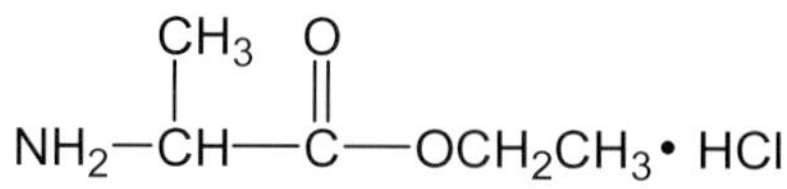

즉 alanine ethyl ester에 HCl salt인 이 구조는 N에 산(acid)의 양성자가 첨가되어 NH_3^+를 만들고 있을 것이며 이들 3 개의 양성자는 8.73 ppm에서 broad한 피크로 나타나 있다. 탄소 스펙트럼에서는 ester에 있는 CH_2 피크는 62 ppm에서 나오고 N에 연결 되어 있는 CH는 48 ppm에 나온 것으로 해석할 수 있다.

36 양성자 스펙트럼에서 9-13 ppm의 영역에서 나오는 피크들은 매우 한정되어 있으며 이들은 이미 문제 28과 29에서 본 broad한 carboxylic acid의 양성자이거나 물질의 농도의 변화에 따라서 화학이동 값의 변화가 아주 심한 phenol 요소에 있는 hydroxyl 양성자의 단일 피크 그리고 마지막으로 aldehyde의 양성자일 수 있다. 특히 이 스펙트럼의 경우에는 9.4 ppm에 나타난 피크가 이중선이라는 것이 vicinal 위치에 양성자 하나를 가지고 있는 aldehyde의 양성자라는 것을 분명하게 표시하고 있다. 이와 더불어 탄소 스펙트럼에서는 ketone과 비슷한 화학이동 값을 가지지만 양성자가 직접 연결되어서 나타나는 NOE(Nuclear Overhauser Effect) 효과 때문에 다른 ketone 피크들과는 다르게 큰 intensity를 가지며 194 ppm에 나타난 피크는 aldehyde의 carbonyl을 확인 시켜주고 있다. 나머지 두 개의 sp^2 탄소 피크들(133과 159 ppm)은 불포화 수가 2(#=6-(10/2)+1=2)라는 사실과 함께 이중결합의 탄소들(C=C)이 분명하다. 그러므로 6-7 ppm 영역에서 나타난 다중도의 두 개의 양성자들은 위의 이중 결합의 탄소들에 있는 양성자들이며 alkyl 그룹의 양성자들을 보여주고 있는 0.95 ppm의 삼중선, 1.5 ppm의 육중선, 그리고 2.3 ppm의 사중선은 그들의 적분 값과 함께 CH_3-CH_2-CH_2-의 구조 요소를 만들 수 있다. 이상의 3 가지 구조 요소로 아래의 구조를 만들 수 있다.

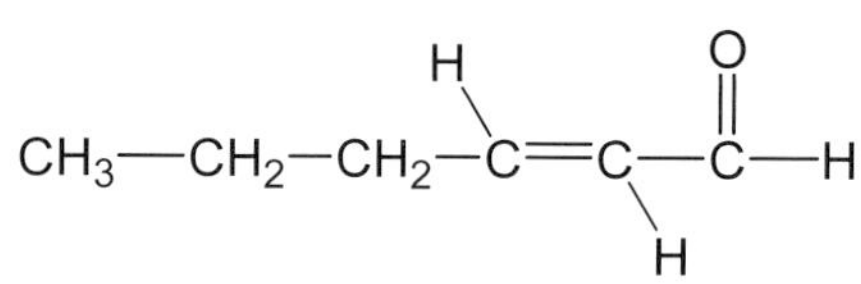

위의 *trans* 구조의 증거는 6.8 ppm 영역에서 나타난 피크를 확대하여 놓은 것을 보면 알 수 있다. 이 피크는 두 개의 삼중선 모습을 하고 있으며 이곳에서 얻을 수 있는 두 개의 커플링 상수 값이 약 15 Hz와 6 Hz 보다는 큰 것들을 확실하게 알 수 있으므로 carbonyl에서 β의 위치에 있는 양성자가 이중결합의 α에 있는 양성자와 *trans*로 커플링하여(*cis* 커플링 상수는 8-10Hz 정도) 이중선을 만든 후 이들 각각이 vicinal

위치에 있는 CH_2의 두 개의 양성자와 커플링 하여 각각 삼중선을 만든 것이다. 이들의 커플링 pattern을 α의 양성자에 적용하여 보면 먼저 *trans* 커플링을 하여 이중선을 만든 후 각각은 vicinal 위치의 aldehyde 양성자 하나와 커플링 하여 각각 이중선을 만들 것이다. 이 각각의 이중선들은 allylic 위치에 있는 CH_2의 두 개의 양성자와 커플링 하여 다시 각각 삼중선의 모습을 보여줄 것이라 예상할 수 있으며 이들의 예상 모습은 6.1 ppm의 영역의 피크들을 확대하여 놓은 그림에서 잘 나타나 있다.

37 양성자 스펙트럼에서 커플링 모습과 적분 값을 비교해 볼 때 0.9, 1.38, 1.63 그리고 4.12 ppm의 피크들은 $CH_3-CH_2-CH_2-CH_2$ 구조 요소를 가지고 있으며 이들 요소는 양성자 4.12 ppm과 탄소 스펙트럼에서 64와 167 ppm 영역의 피크들을 고려하면 ester 그룹의 산소에 연결되어 있다고 할 수 있다 ($RCH_2-O-C(=O)$). 분자식에서 얻을 수 있는 불포화 수 2(# = 8−(14/2) + 1 = 2)에서 ester의 carbonyl을 고려하고 남는 하나는 124.5와 136 ppm에 나온 sp^2의 탄소 피크들(C = C)을 설명할 수 있고 5.5−6.1 ppm 부근에서 작은 커플링 상수들의 다중도로 나타난 두 개의 양성자 피크들은 이들 두 sp^2 탄소에 있을 것이다. 이들 두 개의 탄소가 각각 하나씩의 양성자를 가지고 있지 않다는 것은 양성자들이 이들 두 탄소에 각각 있을 경우 *cis* 나 *trans*의 구조를 가지게 될 것이고 그렇다면 이들 5.5−6.1 ppm 위치에서 나타난 양성자들의 피크에서 적어도 8−15 Hz 정도의 커플링 상수를 줄 수 있는 커플링 모습이 있어야 한다. 그러나 이들 두 양성자 피크들은 약 1−2 Hz 정도의 커플링 상수를 가지고 있으므로 하나의 탄소에 geminal로 위치하고 있다는 것을 알 수 있다. 양성자 스펙트럼에서 1.9 ppm에 3 개의 양성자 적분 값으로 나온 CH_3의 피크는 확대되어 있는 것을 보면 작은 커플링(1−2 Hz)을 가지고 있는 것을 알 수 있고 이것이 5.5−6.1 ppm에서 나온 피크들과 커플링 하는 것이다. 즉 vinyl($CH_2=C$) 그룹에 methyl과 alkyl chain을 가지고 있는 ester 그룹을 연결하면 구조가 완성된다.

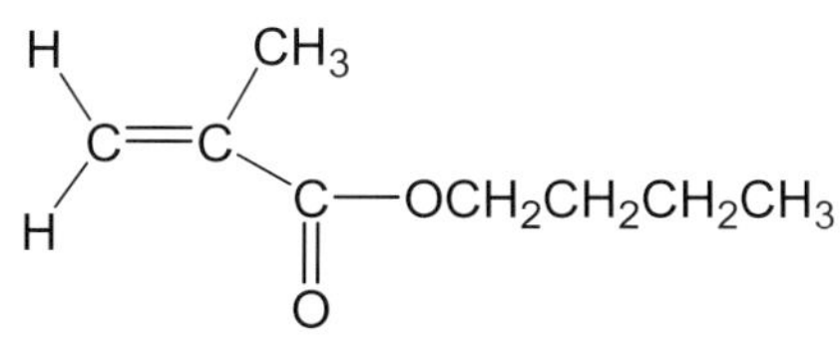

구조에서 볼 수 있듯이 vinyl에 있는 두 개의 양성자들(메칠에 대해서 *cis*와 *trans*)과 메칠의 양성자들은 allylic 커플링(J = 1−2 Hz)을 하는 위치에 있다. 이들 작은 *trans* 위치의 allylic 커플링과 *cis* 위치의 allylic 커플링 상수는 나머지 치환체에 따라서 달라지므로 그들 중 어느 것이 더 크다고 말할 수 없으며 따라서 커플링 상수를 이용하여 vinyl에 있는 두 양성자의 구분을 할 수 없고 NOE(Nuclear Overhauser Effect) 실험을 통하여 정확히 밝힐 수 있다.

38 양성자와 탄소의 스펙트럼에서 독특한 피크들을 먼저 찾아본다면 양성자에서는 하나의 양성자에 해당하는 9.15 ppm의 피크이고 탄소에서는 100 ppm 가까이에 있는 피크다. 불포화 수가 3(# = 8−(12/2) + 1 = 3)이고 양성자 스펙트럼에서 벤젠 ring의 피크들이 없으므로 9.15 ppm의 피크가 될 수 있는

phenol의 양성자일 가능성이 없게 되었으며 남은 가능성은 aldehyde의 양성자다. 탄소 스펙트럼에서 177 ppm에서 나타난 피크는 일반적인 화학이동 값들을 보여주는 table에서 나타나는 값보다는 좀 up-field에서 나타나 있지만 intensity가 매우 크다는 것은 aldehyde의 carbonyl이라고 예상할 수 있다. 다음으로 탄소의 피크들이 매우 드물게 나타나는 100 ppm의 영역에서 나타난 피크는 문제 8이나 16에서 보았던 acetal이나 또는 ketal과 같은 즉 산소가 두 개 연결된 구조의 탄소들에서 나타난다고 알고 있지만 분자식에 하나 있던 산소는 이미 aldehyde에 사용되었으므로 여기에서는 전혀 있을 수 없는 구조다. 탄소의 종류들 중 70-100 ppm의 영역에서 나타날 수 있는 다른 구조는 alkyne 즉 삼중 결합을 가지고 있는 탄소들이며 100 ppm의 탄소와 연결되어 있는 다른 삼중 결합의 탄소 피크가 82 ppm에 있다. 양성자를 가지고 있지 않은 이 탄소 하나를 aldehyde 요소와 결합하면 aldehyde의 양성자가 단일 피크로 나오는 것을 설명할 수 있다. 삼중 결합을 가지고 있는 다른 탄소 하나는 10-30 ppm의 영역에서 나타난 aliphatic 탄소 5 개의 피크들과 이들 탄소들 중 하나가 가지고 있는 0.85 ppm의 삼중선 메칠과 2.38 ppm의 삼중선 메칠렌을 포함한 총 11 개의 양성자의 적분 값을 만족시키는 n-pentyl 그룹으로 연결 될 수 있다.

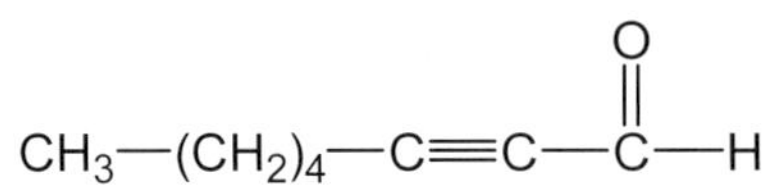

39 양성자 스펙트럼들에서 볼 수 있는 것과 같이 비록 불순물들의 피크들이 포함되어 양성자의 적분 값의 측정에 방해가 되지만 이들의 피크가 작기 때문에 구조 해석에 문제가 되지 않는다. 먼저 300과 700 MHz에서 얻은 양성자 스펙트럼에서 5.4 ppm의 영역에서 나타난 피크들을 비교하면 커플링의 모습만으로는 700 MHz에서 얻은 스펙트럼도 도움이 되지 않는다는 것을 볼 수 있다. 탄소 스펙트럼으로 이 화합물이 대칭이 없는 7 개의 탄소로 이루어 져 있다는 것은 간단한(?) 구조의 화합물이라는 것을 예상할 수 있지만 스펙트럼에서 볼 수 있는 것 같이 700 MHz의 양성자 스펙트럼이 줄 수 있는 정보가 300 MHz의 스펙트럼과 비교하여 별로 다를 바가 없다는 것을 보여주며 이러한 이유들 때문에 여러 가지 NMR의 특수한 실험들이 필요하게 되는 것이다. 분자식의 불포화 수가 1(# = 7 − (14/2) + 1 = 1)이며 양성자의 5.4 ppm의 피크 그리고 탄소의 124.5와 132 ppm의 피크들은 하나의 탄소의 이중결합과 이중결합의 탄소에 있는 양성자의 존재를 보여주고 있다. 양성자의 적분 값의 모호함은 탄소 스펙트럼과 함께 주어진 DEPT 스펙트럼들로 해결할 수 있다. 먼저 DEPT90 스펙트럼을 보면 124.5와 132 ppm의 피크들은 CH = CH의 탄소라는 것을 보여주고 있고 DEPT135 스펙트럼에서는 3 개의 CH_2와 2 개의 CH_3가 있다는 것을 보여주고 있으므로 양성자 스펙트럼에 적분 값으로는 확실하지 않았던 양성자의 수가 14라는 것이 이들 실험으로 확실해졌다. 그러므로 5.4 ppm에서 나타난 양성자는 대략적인 적분 값으로 sp^2의 양성자 2 개라고 할 수 있으며 두 개의 양성자가 서로 그리고 주위의 다른 양성자들과 커플링 하여 나타난 피크들이 서로 겹쳐서 복잡하게 나타난 것이라고 예상할 수 있다. 이제 이 CH = CH의 구조 요소의 양쪽에 3 개의 CH_2와 2 개의 CH_3를 연결하여야 하는데 이들의 조합은 2 가지 즉 CH_3-CH_2-와 CH_3-CH_2-CH_2- 이거나 CH_3-와 CH_3-CH_2-CH_2- CH_2-일 수 있다. 이들 두 가능성 중에 ethyl과 propyl이 연결이 되어 있다면 양성자 스펙트럼에서 삼중선을 보여주는 2 개의 메칠 그룹을 보여줄 것이다. 300 MHz 스펙트럼에서는 스펙트럼의 구분이 좀 어렵다고 할 수 있지만 700 MHz 스펙트럼에서는 확실하게 삼중선의 메칠 모습이 하나 밖에 없으므로 methyl과 butyl

이 이중 결합을 하고 있는 탄소 각각에 연결되어 2-heptene을 만들고 있는 것이라 할 수 있다. 이 구조에서 이중 결합 때문에 생겨난 *cis*와 *trans*의 구조는 이들 두 양성자 사이에서 일어나는 커플링 상수를 알아내면 알 수 있는데 이들은 700 MHz 스펙트럼에서도 불가능하다는 것을 알 수 있다. 그러므로 NOE 실험을 하여야하고 HSQC 스펙트럼과 함께 주어진 1D-NOESY 스펙트럼을 보도록 하자. 먼저 HSQC 스펙트럼에서는 DEPT 실험으로 알려진 탄소 피크들을 이용하여 양성자 스펙트럼의 피크들 중 5.4 ppm의 양성자들은 CH의 탄소 두 개와 correlation 피크들을 보여주고 있는 것을 확인할 수 있으며 CH_3와 CH_2를 완전하게 알 수 있도록 보여주고 있다(메칠, 0.87 ppm의 correlation 피크가 두 개의 contour 피크모양을 보여주고 있는 것은 탄소와 양성자 사이의 커플링을 완전히 decoupling하지 못해서 나타난 현상이다. 이와 같은 현상은 고 자장에서 탄소를 decoupling 할 때 garp라는 decoupling 영역이 넓지 않은 방법을 사용하였기 때문에 나타난 것이고 최신의 방법인 adiabatic decoupling 방법을 사용하면 완전한 decoupling을 시킬 수 있다). 즉 1.62 ppm의 피크가 이중 결합의 탄소에 연결되어 있는 메칠이고 1.95 ppm의 피크가 butyl 그룹에서 이중결합의 탄소에 연결되어 있는 CH_2의 양성자들이다. 이들 두 그룹이 이중결합의 구조를 밝혀줄 수 있는 NOE 실험을 하는 대상이 된다(아래의 구조에서 알 수 있듯이 메칠 그룹에 *cis* 위치에 놓인 sp^2의 양성자가 실험의 대상이 될 수 없는 것은 vicinal에 있는 sp^2의 양성자도 NOE를 보여줄 수 있는데 이들 두 양성자가 5.4 ppm에서 겹쳐서 나오므로 구분이 불가능하기 때문이다). 1D NOE 실험 스펙트럼은 메칠 그룹의 양성자들을 조사(irradiation)하여 얻은 스펙트럼이다. 음(−)으로 보여주고 있는 메칠 피크만이 있고 다른 어떤 피크도 볼 수 없는 것이 실험 결과이다. 즉 CH_2의 그룹이 메칠 그룹에 *cis*의 구조를 이루고 있다면 이들 사이에는 NOE 피크를 볼 수 있어야 한다. 즉 이 실험 결과는 이들 두 그룹이 *trans*로 위치하고 있다는 증거가 되는 것이다.

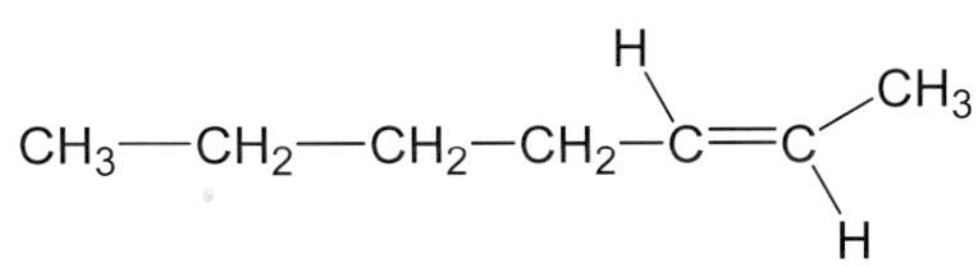

지금 이 실험 결과를 설명하면서 단순하게 NOE 피크가 없기 때문에 이들의 구조를 *trans*로 결론을 지었다. 그러나 NOE를 해석할 때는 여러 가지 주의할 점들이 있다는 것을 알아 두도록 하자. 무엇보다 가장 중요하게 알아 두어야 할 것은(실험을 완전한 파라메타로 수행하였다는 조건하에서) NOE가 있으면 그 구조는 *cis*의 구조를 가지고 있다고 할 수 있지만 NOE가 없다고 그 구조가 *trans*라고 말 할 수는 없다는 것이다. 이 이유는 NOE의 현상을 모두 이해하여야 하는 긴 작업이며 이 책의 목적을 벗어나므로 더 이상의 설명은 하지 않을 것이다. 다만 가장 완전한 방법은 이성체(isomer)인 *cis*의 구조 화합물을 NOE 실험으로 확인하고 이성체인 대상의 화합물이 NOE를 보여주지 않을 때 *trans*라는 결론을 내리는 것이 NOE 실험을 바로 해석하는 방법이다. 이와 같은 목적으로 다음 문제 40을 구성하였다.

40 앞의 문제 39 때문에 이미 구조는 알게 되었지만 앞의 이성체 보다는 불순물이 적어 양성자 스펙트럼을 잘 이용할 수 있으므로 이제까지 밟아온 수순으로 구조를 밝혀 보도록 하자. 분자식에 주어진 탄소의 수 7 개가 탄소 스펙트럼에서 모두 나왔으므로 대칭은 존재하지 않으며 양성자 스펙트럼에서는 조금

의 오차는 있지만 각 피크들의 적분 값으로 상식적인 선에서 분자식에 있는 양성자의 수를 맞출 수가 있다. 탄소 스펙트럼과 같이 주어진 DEPT 스펙트럼들은 2 개의 CH와 3 개의 CH_2 그리고 2 개의 CH_3가 있다는 것을 알려주고 있으며 이들을 양성자 스펙트럼에 연관시키면 0.88과 1.59 ppm의 양성자 피크들이 CH_3라는 것을 알 수 있다. 탄소 스펙트럼에서 123.6과 131 ppm의 두 sp^2의 CH들의 피크와 양성자의 5.4 ppm의 영역에 있는 두 개의 양성자는 CH=CH의 구조요소를 유도하기에 충분한 증거가 되며 이 요소의 양측에 나머지 2 개의 CH_3와 3 개의 CH_2의 요소들을 연결하면 구조작업을 완성할 수 있게 된다.

양성자 스펙트럼에서 0.88의 삼중선 피크는 분명히 CH_3-CH_2를 이루고 있지만 1.59 ppm의 CH_3는 작은 커플링 상수를 가지고 나타나는 이중선(700 MHz 스펙트럼)이 분명하므로 CH_2와 연결이 되어 있지 않은 것이 확실하다. 그러므로 나머지 2 개의 CH_2는 위의 ethyl 그룹과 연결되어 n-butyl 그룹을 만들 수밖에 없다. 즉 CH=CH의 양쪽에 methyl과 n-butyl 그룹이 연결되어 있는 2-heptene을 만들 수 있다.

마지막으로 규명하여야할 이중 결합의 stereochemistry는 위의 문제 39의 스펙트럼에서와는 다르게 이들 탄소에 있는 5.4 ppm의 영역에서 나타나는 두 양성자 피크들의 커플링 상수로도 규명이 가능하다. 확대하여 그려놓은 700 MHz의 5.44-5.35 ppm 영역의 다중도 피크들의 모습을 살펴보면 분명한 것은 좌측과 우측이 roof effect를 가지고 있으므로 두 피크가 커플링하고 있다는 것이 나타나 있으며 작은 커플링 상수(1-2 Hz)들을 가지고 좌측에는 삼중선들 그리고 우측에는 사중선들의 모습을 한 피크들이 여러 개가 겹쳐 있다는 것을 알 수 있다. 이미 얻어진 2-heptene의 구조를 보면 탄소 2에 있는 양성자는 세 가지의 커플링을 가질 수 있다. 먼저 vicinal 위치의 메칠과 커플링하고 다음으로 탄소 3에 있는 양성자와는 *cis* 또는 *trans*라는 큰 커플링 상수를 가질 뿐만 아니라 탄소 3에 연결되어 있는 CH_2의 양성자와 다시 allylic 커플링으로 1-2 Hz의 삼중선으로 나타날 것이라는 예상을 할 수 있다. 반면 탄소 3에 있는 양성자는 탄소 2에 있는 양성자가 가지고 있는 크기의 커플링 상수와 vicinal 위치의 CH_2와 그리고 다시 탄소 2에 연결되어 있는 메칠의 3 개의 양성자와 allylic 커플링으로 사중선을 보여 줄 것이다. 이들 두 양성자들이 가지고 있을 다소 복잡한 예상의 스펙트럼에서 단순하게 가장 작은 allylic 커플링으로 삼중선과 사중선의 예상 피크들을 스펙트럼에서 그대로 볼 수 있으므로 좌측의 삼중선들의 다중선 피크들은 탄소 2에 있는 양성자고 우측의 사중선들의 다중선 피크들은 탄소 3에 있는 양성자라는 것을 쉽게 알 수 있다. 이들 allyic 커플링을 가지고 나타난 2와 3의 양성자들 각각에 이제 vicinal 커플링(6-7 Hz)을 적용한 후 다시 *trans* 나 *cis* 에 해당하는 8-16 Hz의 값을 적용해 보면 2의 양성자는 메칠 그룹의 3 개의 양성자에 의해 사중선으로 splitting한 후 8-16 Hz에 해당되는 커플링으로 다시 분리되어 사중선의 짝이 나타나게 될 것이다. 그리고 3의 양성자는 CH_2의 두 개의 양성자에 의해 삼중선으로 나타난 후 다시 8-16 Hz에 해당되는 값을 가지고 삼중선의 짝으로 나타나게 될 것이다. 나타난 스펙트럼들의 모습은 완전히 분리되지 않고 intensity들이 찌그러진 모습들이지만 2의 양성자는 사중선의 짝이고 3의 양성자는 삼중선의 짝이라는 것을 알 수 있다. 이들의 각각에서 약 10 Hz라는 공통된 커플링 상수 값을 얻을 수 있으므로 이들 두 양성자는 *cis* 커플링을 하는 위치로 자리 잡고 있다는 것을 알 수 있다.

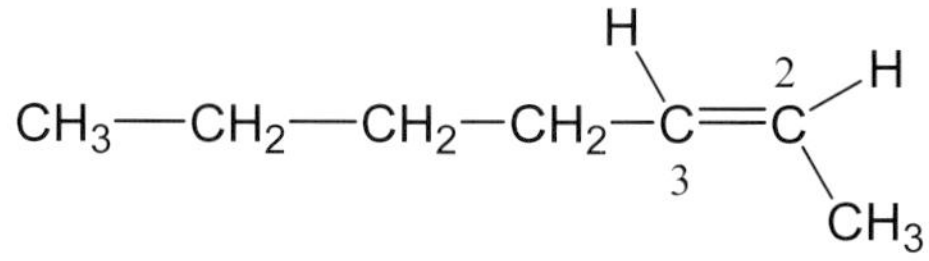

이제 앞의 문제 39에서와 마찬가지로 NOE와 2D NMR 실험으로 얼마나 쉽게 이 구조를 얻을 수 있는지를 알아보자. 먼저 HSQC 스펙트럼을 DEPT 실험에서 얻은 탄소 피크들의 정보와 연관을 시켜보면 CH_3와 CH_2의 구분이 밝혀지면서 앞에서 불순물들의 피크 때문에 오차를 보여주었던 양성자들의 적분 값은 명백해졌다. 즉 1.59 ppm의 양성자는 메칠 피크이고 1.3 ppm의 다중도 피크들은 2 개의 CH_2의 양성자들이 겹쳐서 나왔다는 것을 알 수 있다. 화학이동 값으로 예측할 때 3 개의 CH_2 그룹의 양성자들 중에 2.02 ppm의 양성자가 이중 결합을 하고 있는 탄소 3에 연결되어 있는 CH_2의 양성자로 볼 수 있으며 1.59 ppm의 메칠 그룹과 함께 NOE 실험에 사용될 수 있다. HSQC 스펙트럼과 함께 그려놓은 NOE 실험 스펙트럼은 1.59 ppm의 메칠 그룹의 양성자를 조사(irradiation)하여 얻은 스펙트럼으로 음(−)으로 나타난 메칠 그룹의 거대한 피크와 함께 탄소 3에 연결되어 있는 2.02 ppm의 CH_2의 양성자가 NOE를 잘 보여주고 있다. 즉 이들 두 그룹이 *cis*로 위치하여 있다는 증거로 탄소 2와 3에 있는 양성자들이 *cis*로 위치하게 되어 커플링 상수 값을 10 Hz를 준다는 위의 결론과 잘 일치하고 있다.

제3장 연습 문제 II

- 문제 41-85
- 해답과 해설

3 연습 문제 II

3장에서는 2장과 달리 500(41-73, 75(일부분), 78, 79, 80(일부분))과 700 MHz의 기기를 사용하였으며 많은 문제들이 여러 가지 2D 스펙트럼들을 포함하고 있다(복잡한 스펙트럼의 경우 그들의 일부분을 확대한 스펙트럼(E)을 포함시켰다). 여러 가지 변수들 때문에 NOESY 실험에서는 NOE 피크들이 나타나지 않을 때가 있으며 이 경우에는 ROESY(Rotating frame NOESY) 스펙트럼을 얻었다. 이들 NOESY나 ROESY 스펙트럼들에서 점선(dot)의 contour 피크들은 음(negative)의 피크를 나타내는 것이고 연속선(line)이나 공간이 검은 색으로 채워진 contour 피크들은 양(positive)의 피크들을 나타내는 것이다. 이 장은 2 장의 문제들의 연속이라고 할 수 있지만 뒤로 갈수록 상당히 복잡한 구조의 물질들로 이루어져 있다. 그러므로 2 장의 기초적인 문제들이 너무 쉽다고 느끼는 사람들은 이곳의 문제에서 시작할 수 있도록 2 장의 문제와 구분해 두었다.

여기에서 접할 수 있는 다양한 구조의 스펙트럼 해석은 NMR 공부를 하는 사람들에게는 또 다른 차원의 NMR 공부에 기초가 될 것이며 미지 물질의 구조를 연구하는 사람들에게는 참고서로 사용될 수 있을 것이다. 특히 85번의 cyclosporin A의 스펙트럼들은 NMR을 직접 측정하는 operator(담당자)들이 기기측정시 정확한 parameter들을 사용하고 있는지 자신이 얻은 스펙트럼들과 비교하여 알아 볼 수 있는 용도로 사용될 수 있다.

모든 문제의 해설을 하지는 않았지만 해설이 없는 문제들도 답은 주어졌다. 그리고 해설이 없이 답이 주어진 문제들과 또한 핵심적인 약간의 설명만이 있는 문제들은 이 과목을 가르치는 교수님들이 주어진 구조와 연관하여 양성자와 탄소의 피크들을 완전하게 해석하는 용도의 시험문제 등으로 사용할 수 있을 것이다.

41 C_8H_9OF, 500 MHz

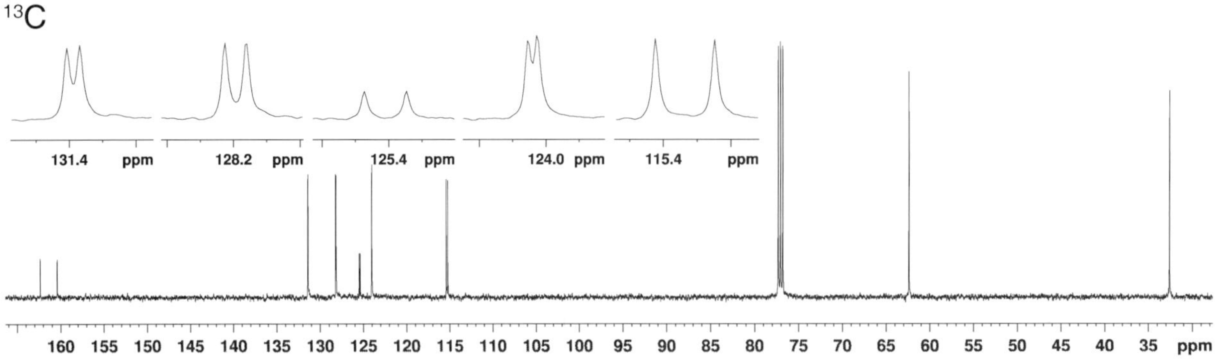

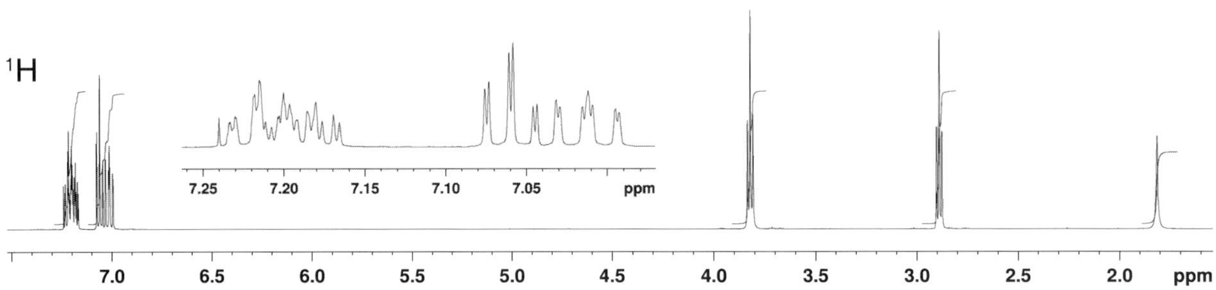

Note

J-resolved

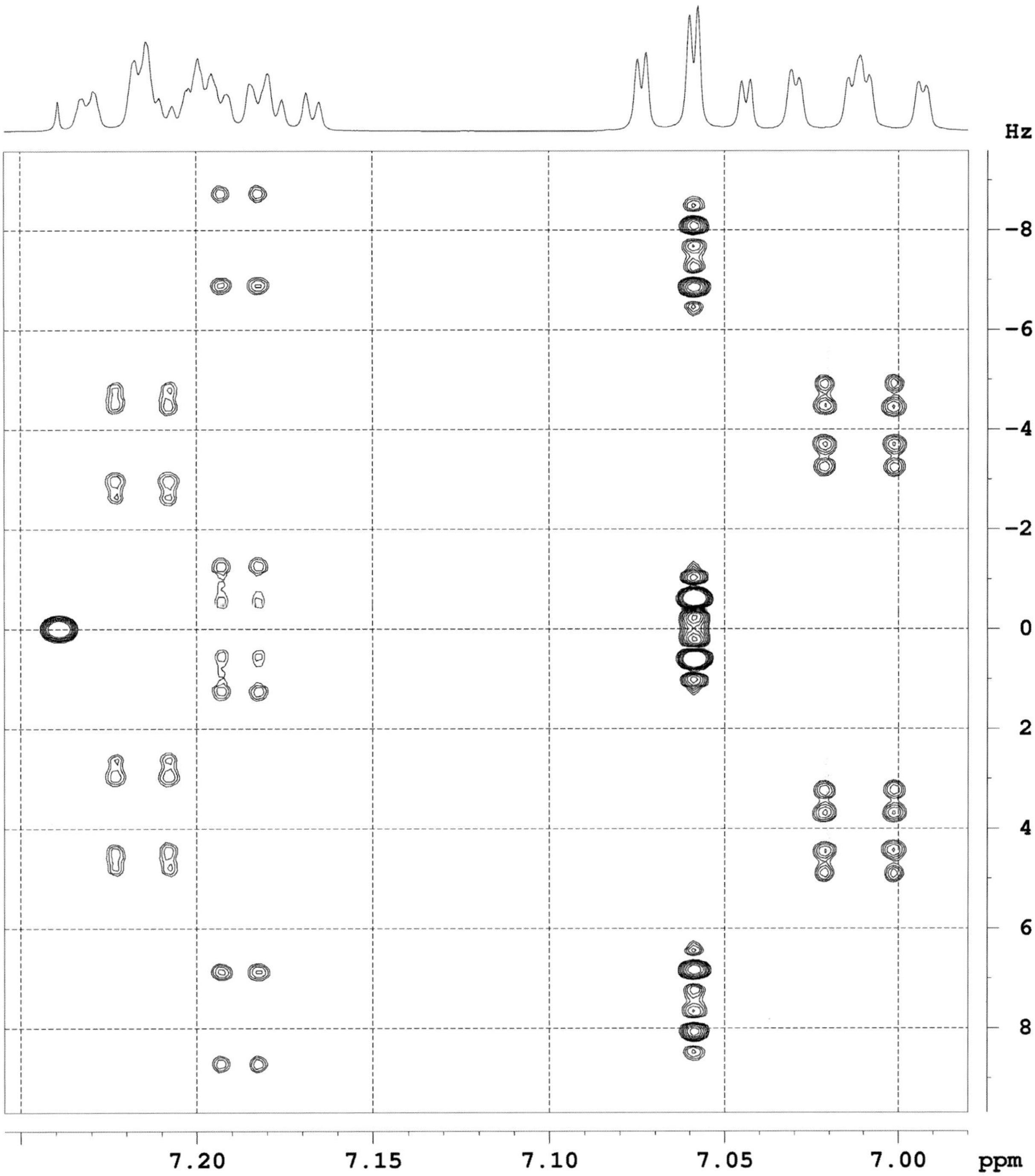

42 C_8H_9OF

^{13}C

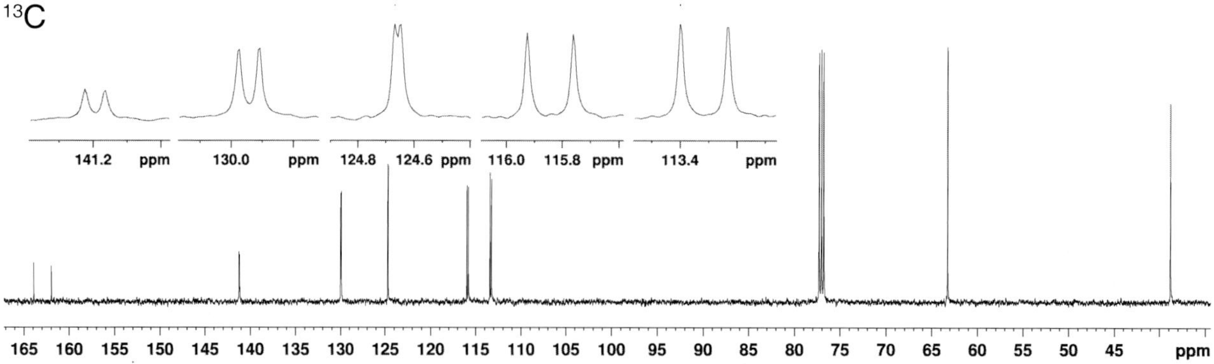

^{1}H

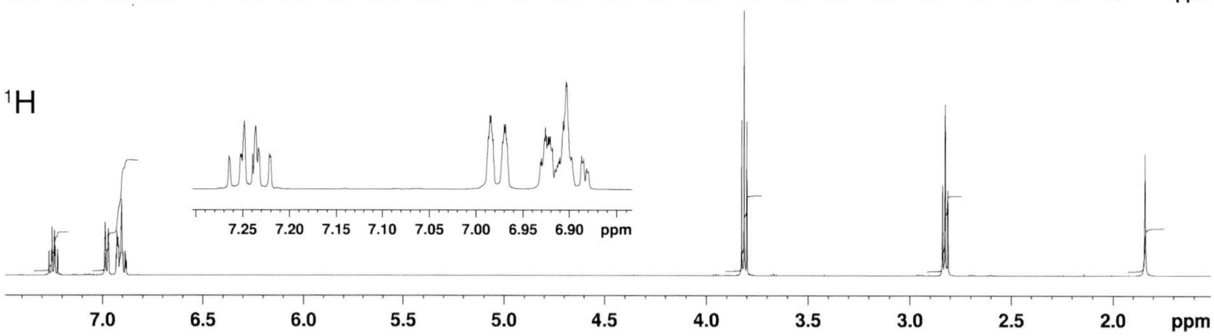

3

연습문제 II

Note

J-resolved

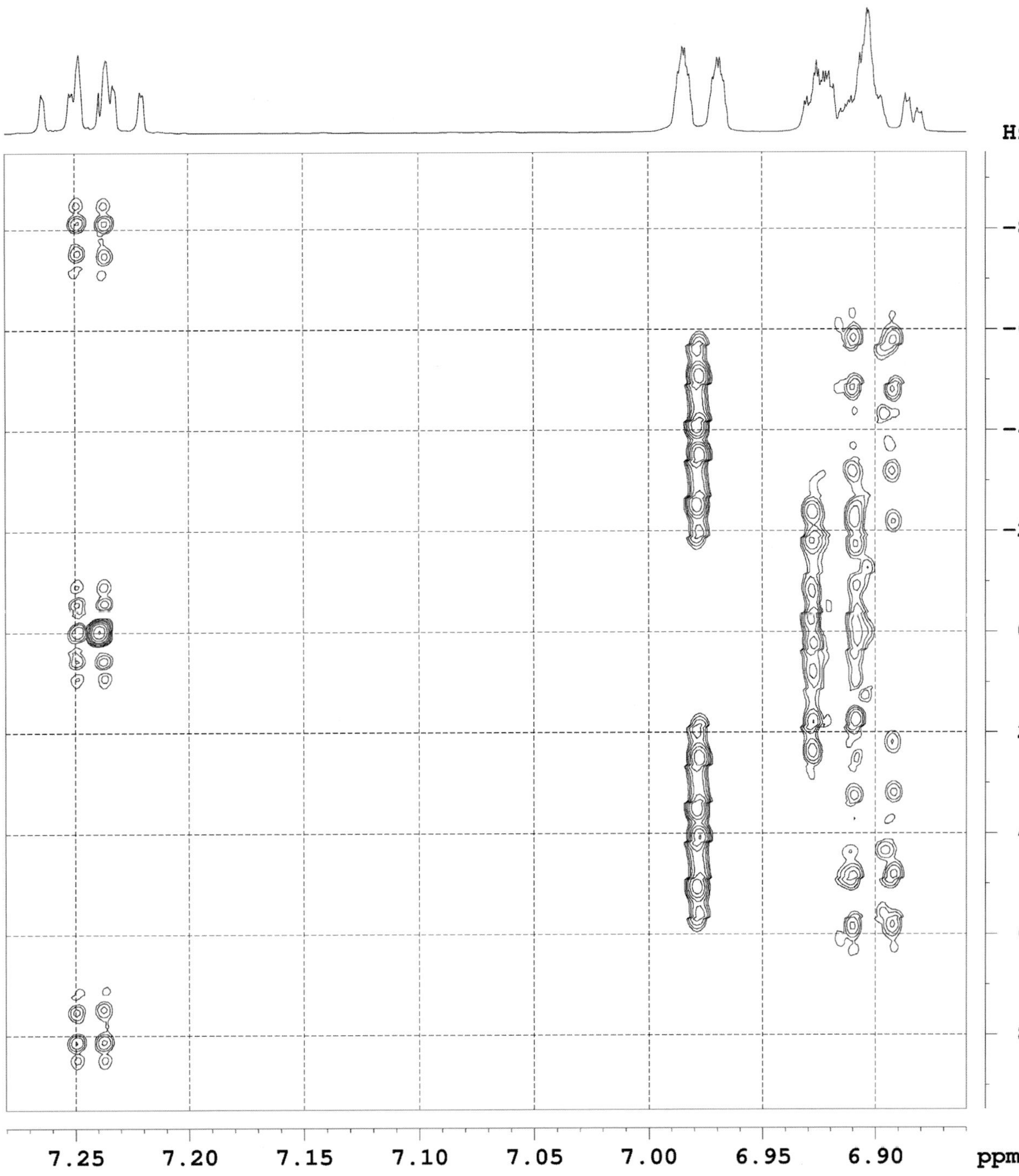

43 C_8H_9OF

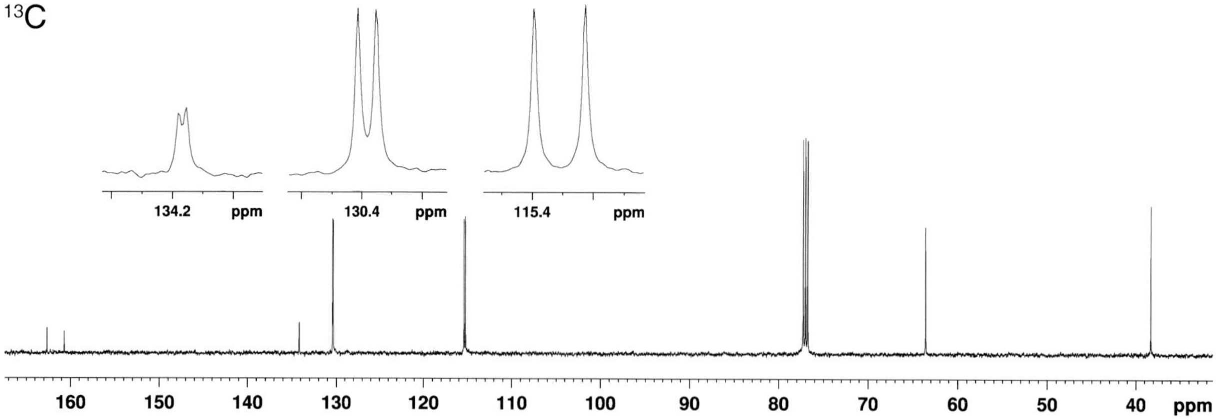

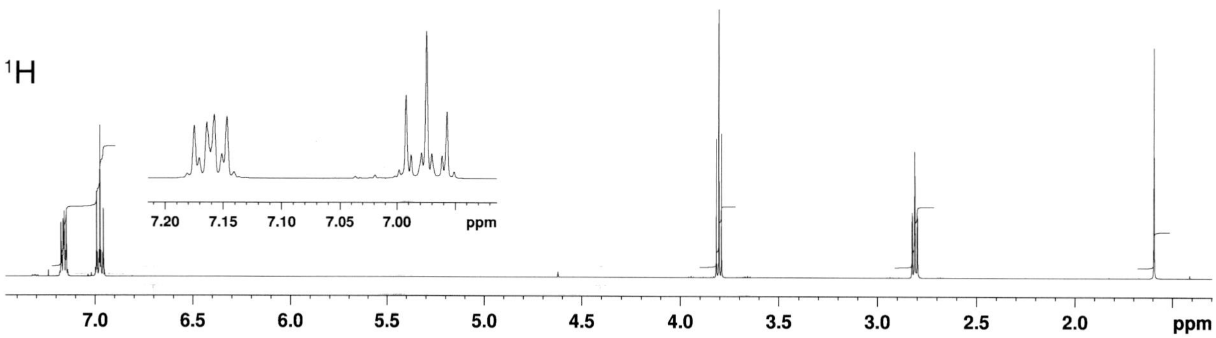

Note

J-resolved

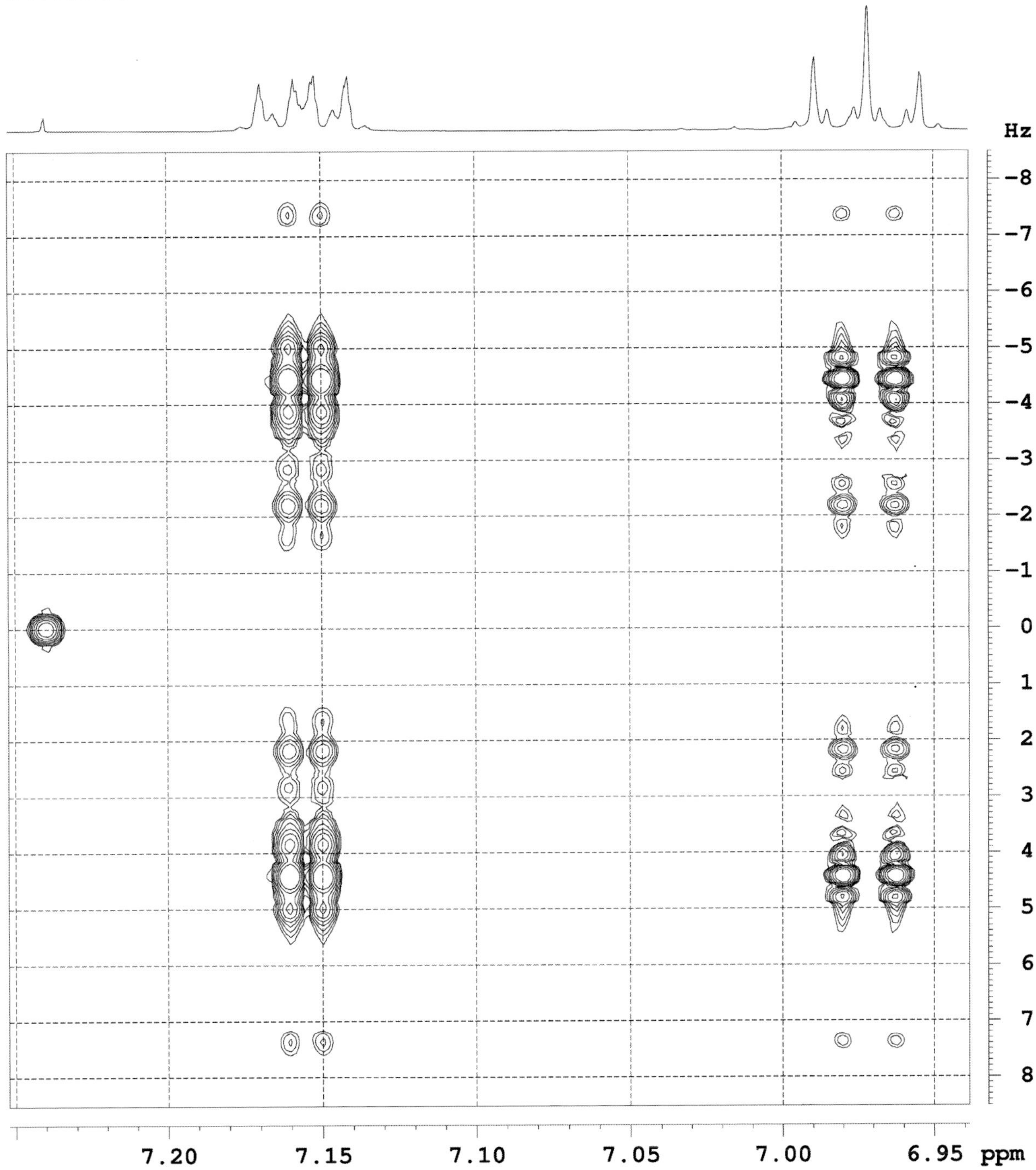

44 $C_7H_{12}O$

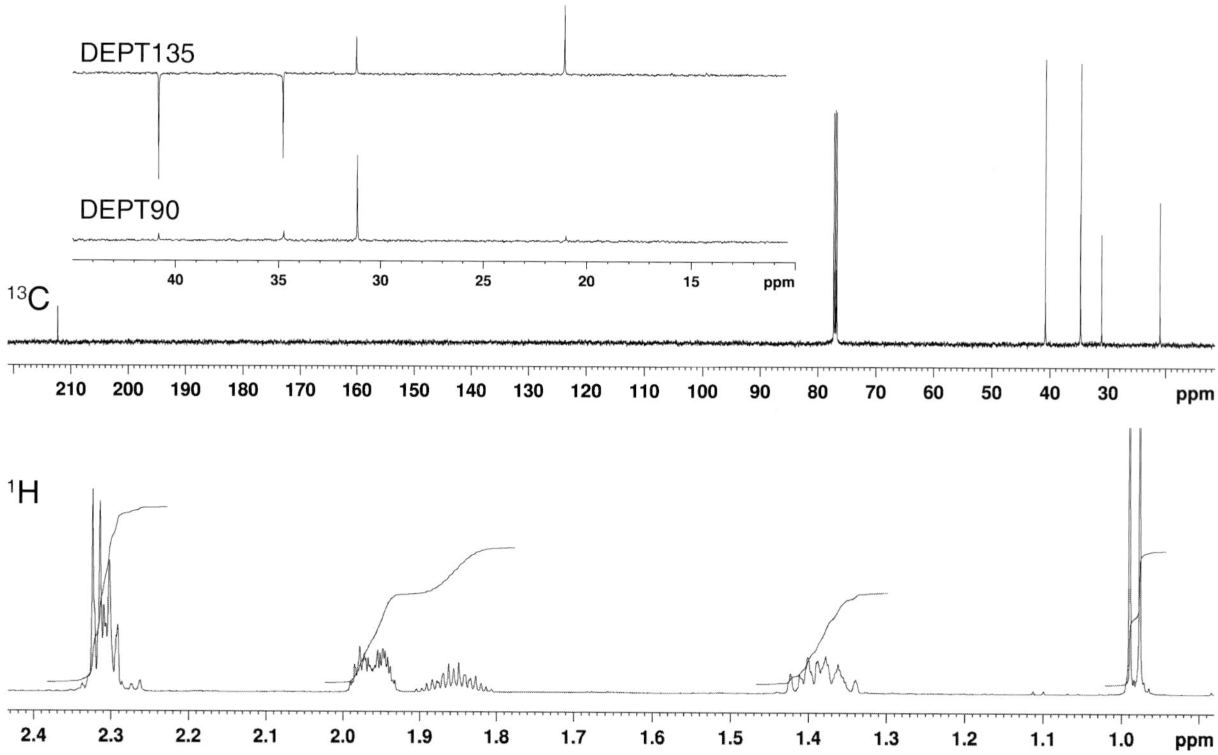

3

연습문제 II

Note

COSY

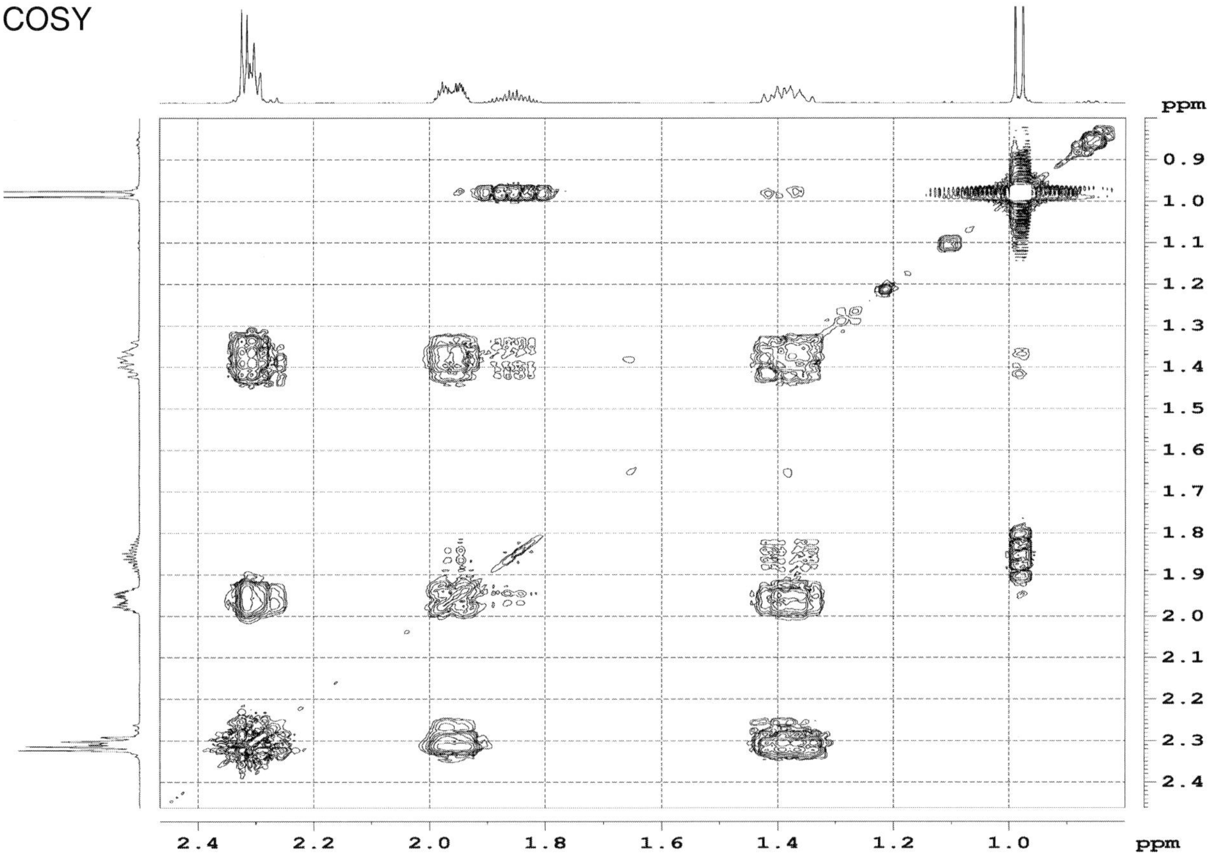

HSQC

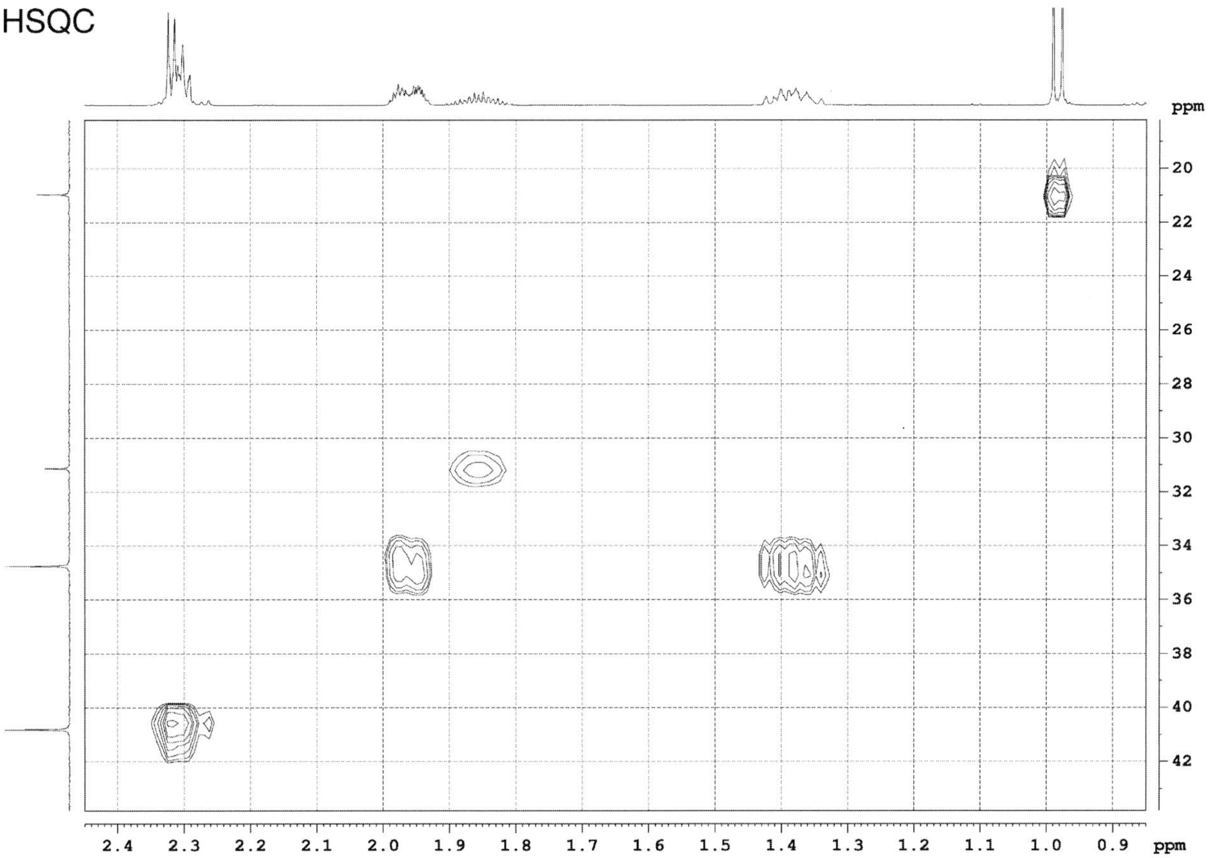

45 $C_7H_{12}O$

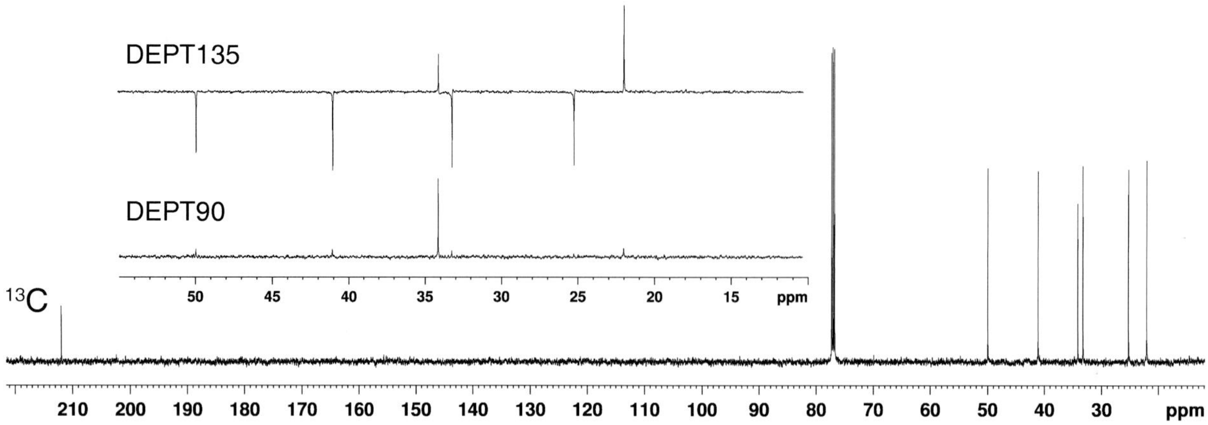

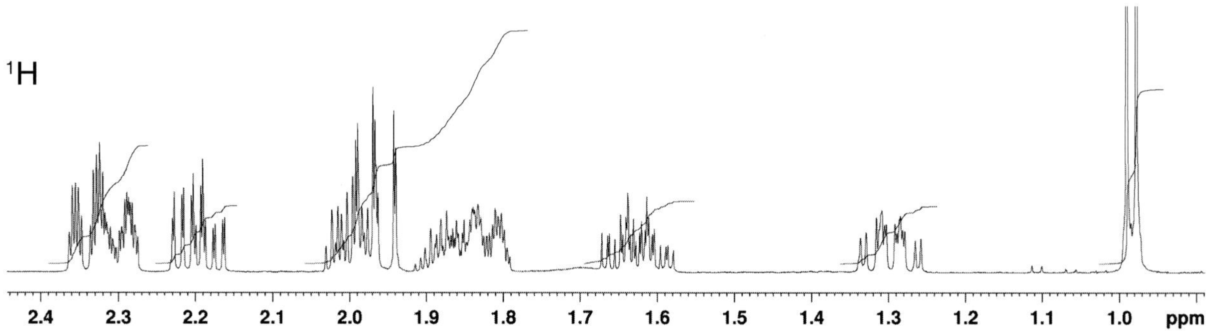

Note

COSY

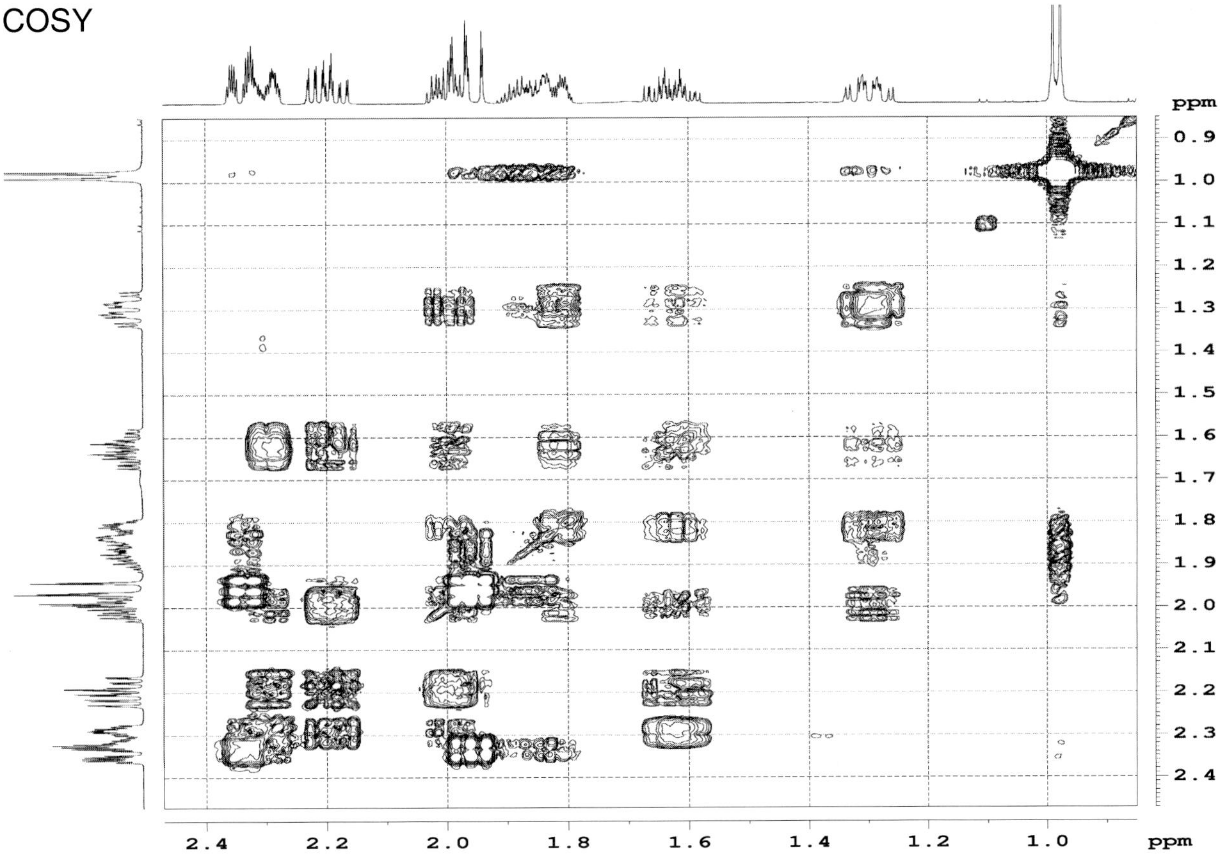

HSQC

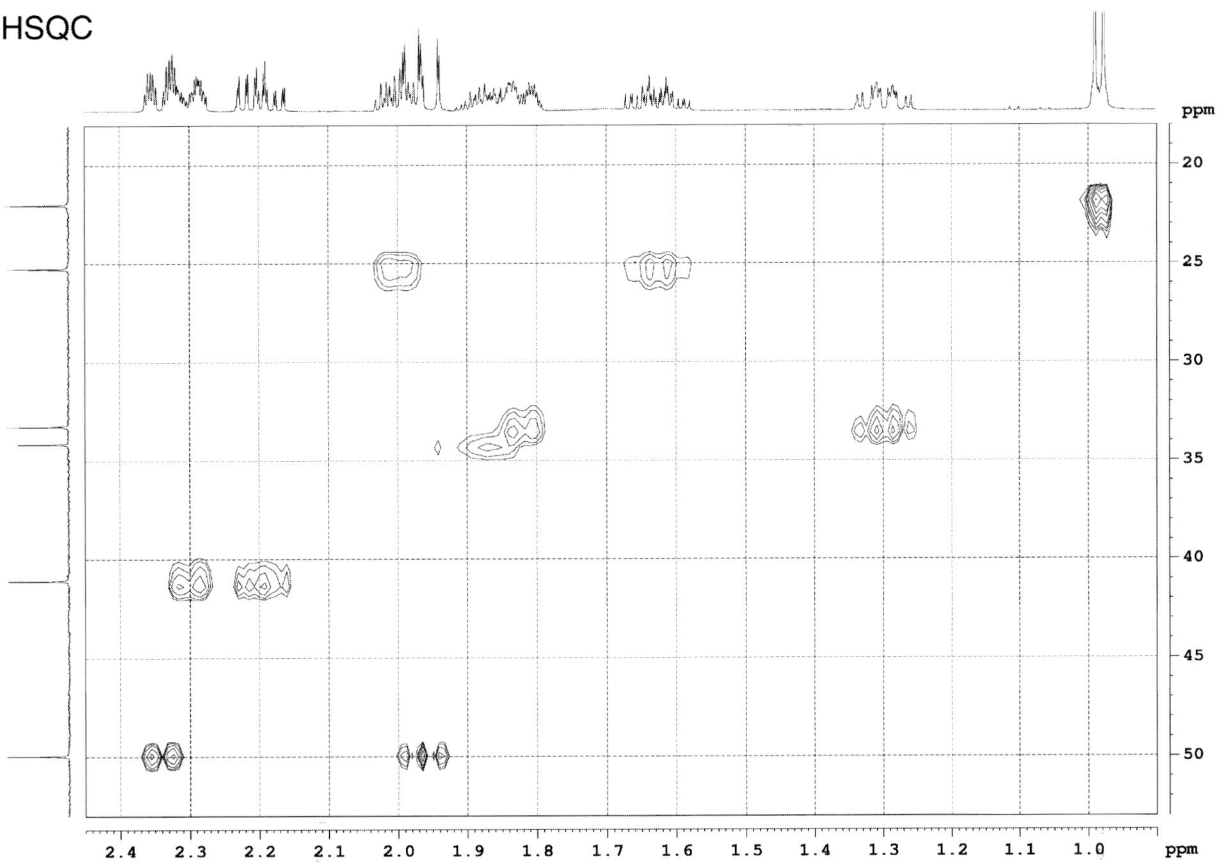

3 연습문제 II

46 $C_7H_{12}O$

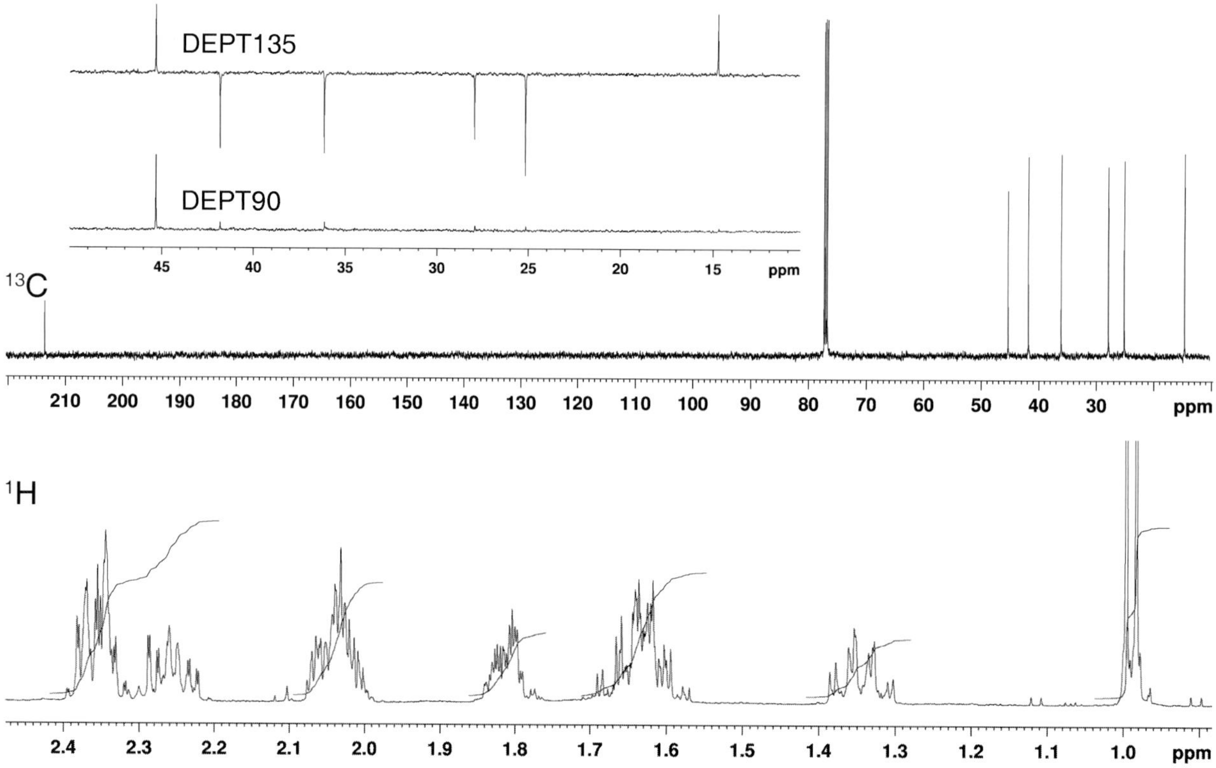

Note

HSQC

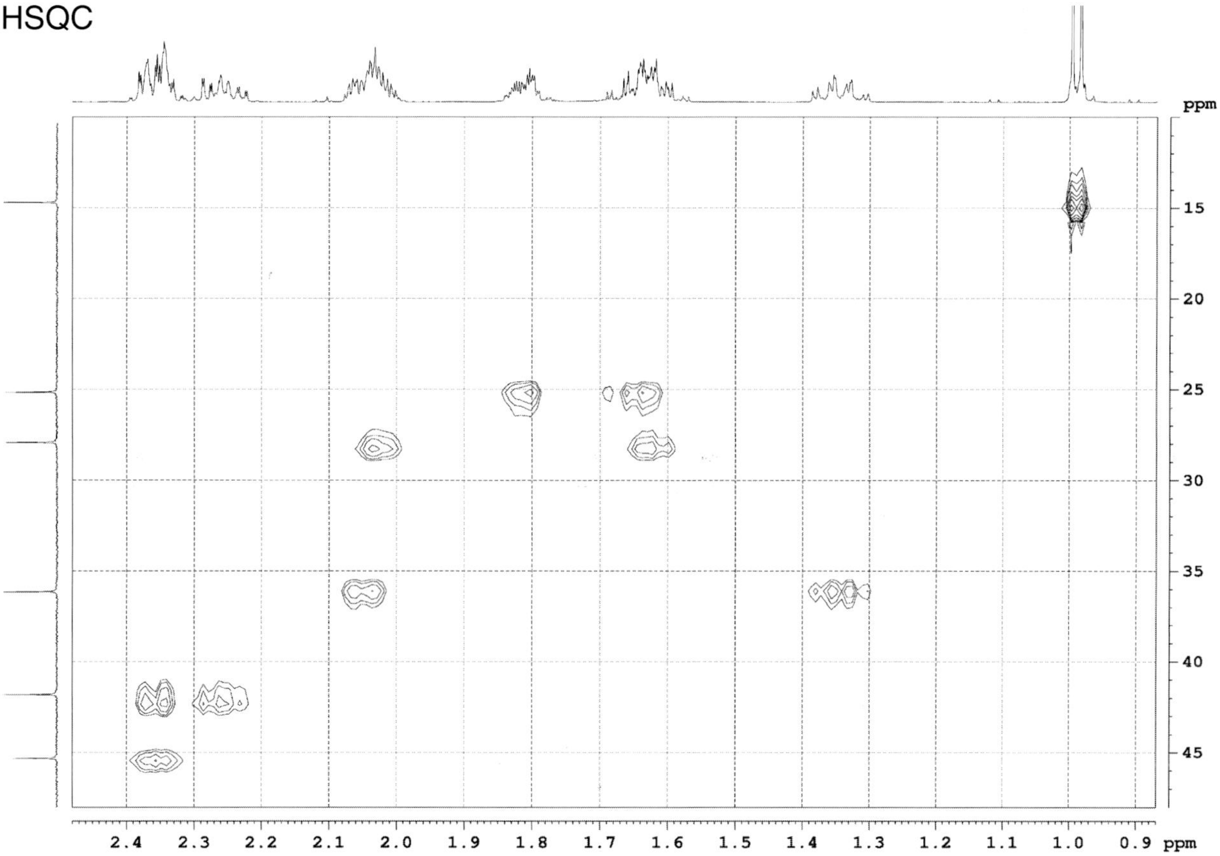
ppm
15
20
25
30
35
40
45
2.4 2.3 2.2 2.1 2.0 1.9 1.8 1.7 1.6 1.5 1.4 1.3 1.2 1.1 1.0 0.9 ppm

HMBC

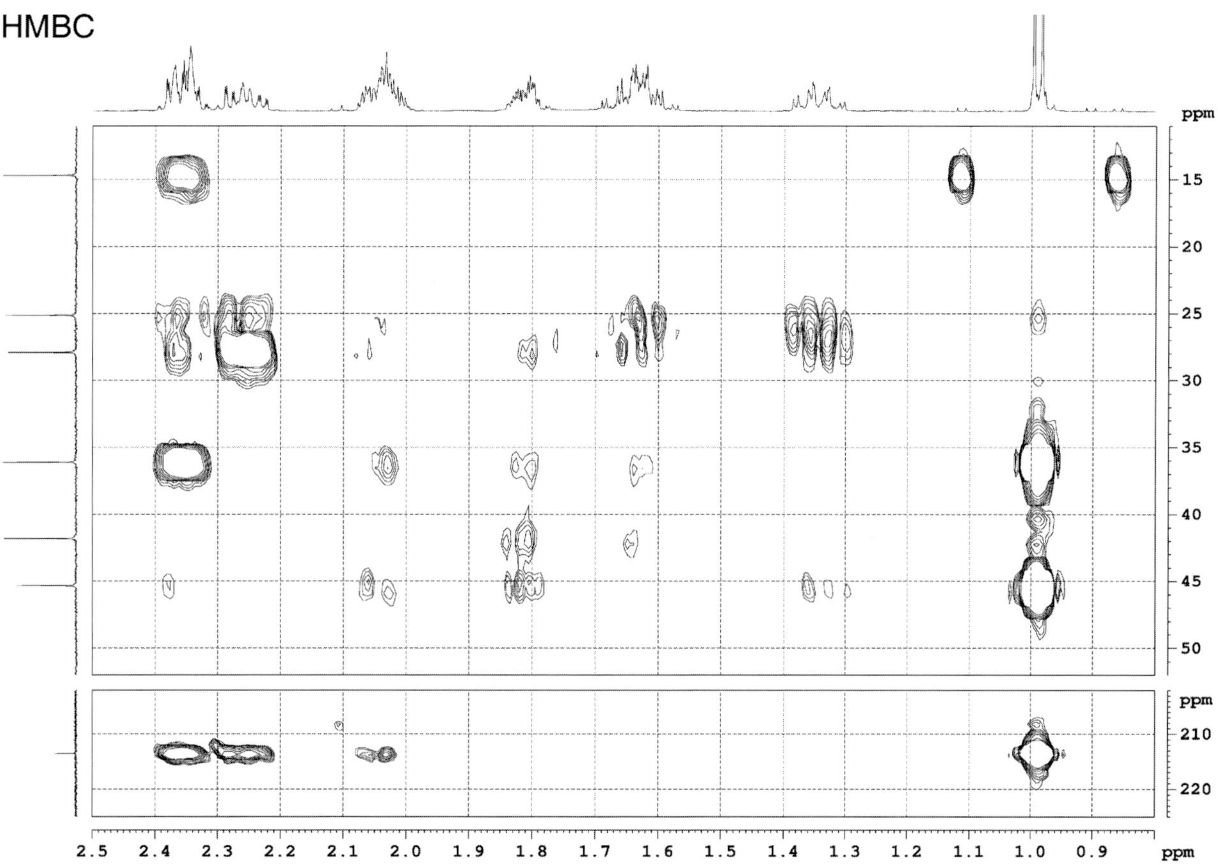
ppm
15
20
25
30
35
40
45
50
ppm
210
220
2.5 2.4 2.3 2.2 2.1 2.0 1.9 1.8 1.7 1.6 1.5 1.4 1.3 1.2 1.1 1.0 0.9 ppm

47 $C_8H_{16}O$

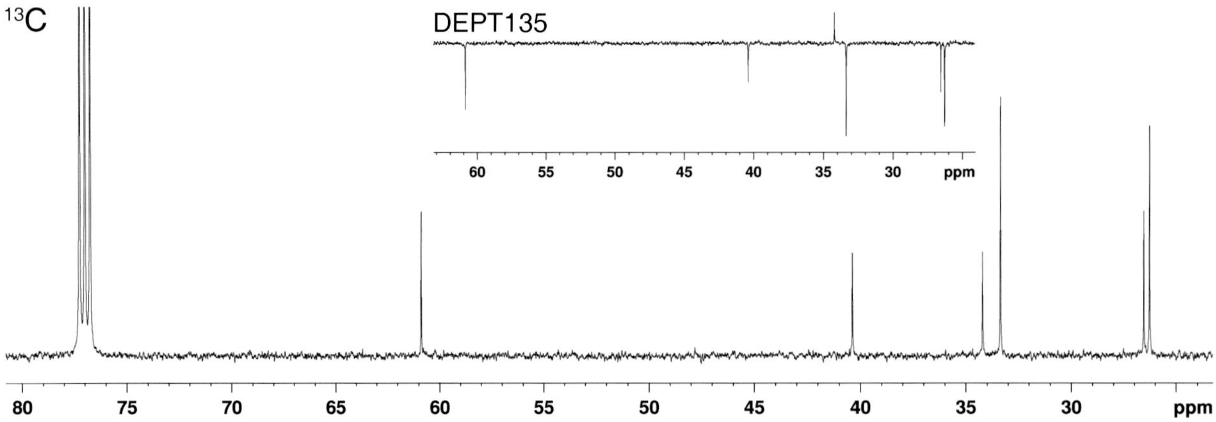

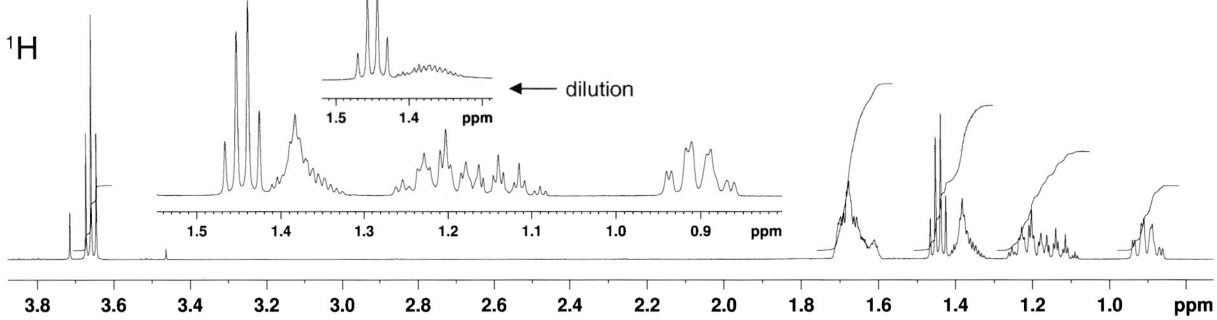

Note

HSQC

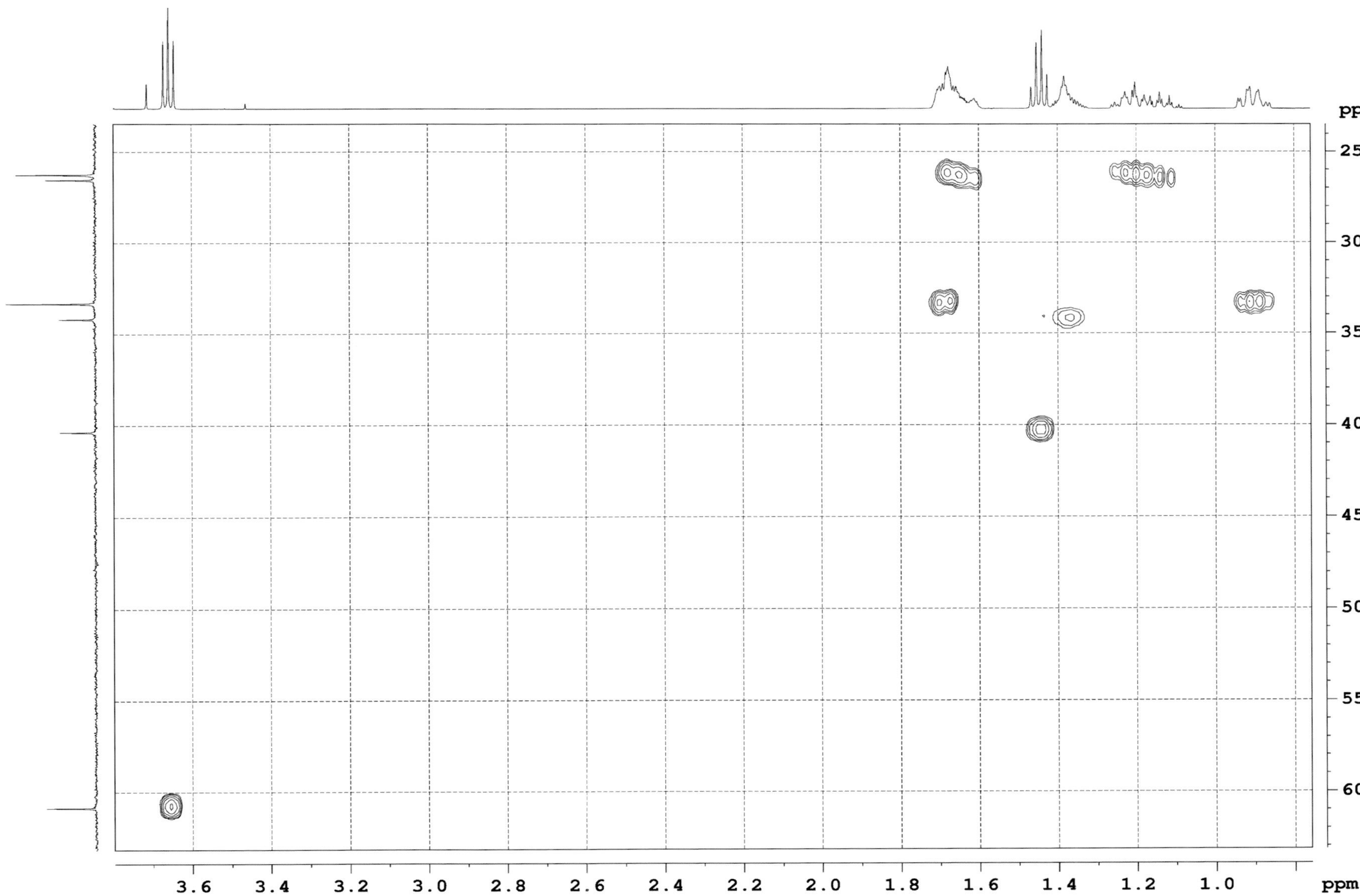
ppm
25
30
35
40
45
50
55
60
3.6
3.4
3.2
3.0
2.8
2.6
2.4
2.2
2.0
1.8
1.6
1.4
1.2
1.0
ppm

48 $C_8H_{16}O_2$

^1H

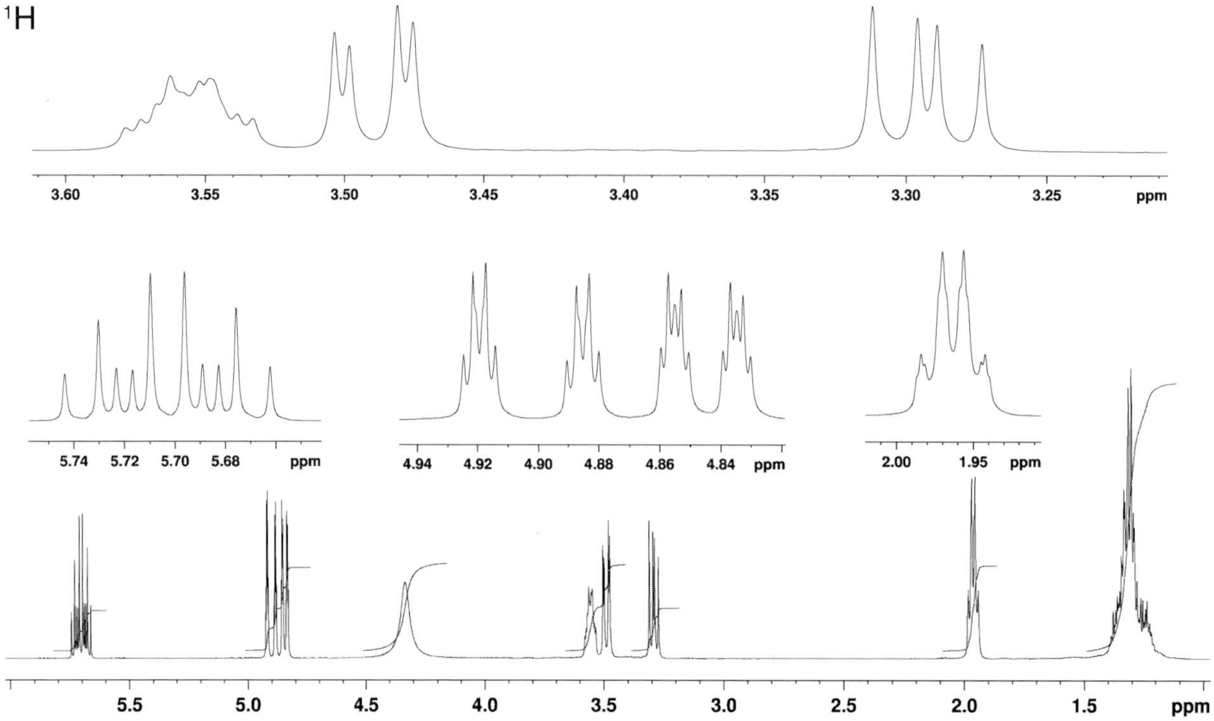

✍ Note

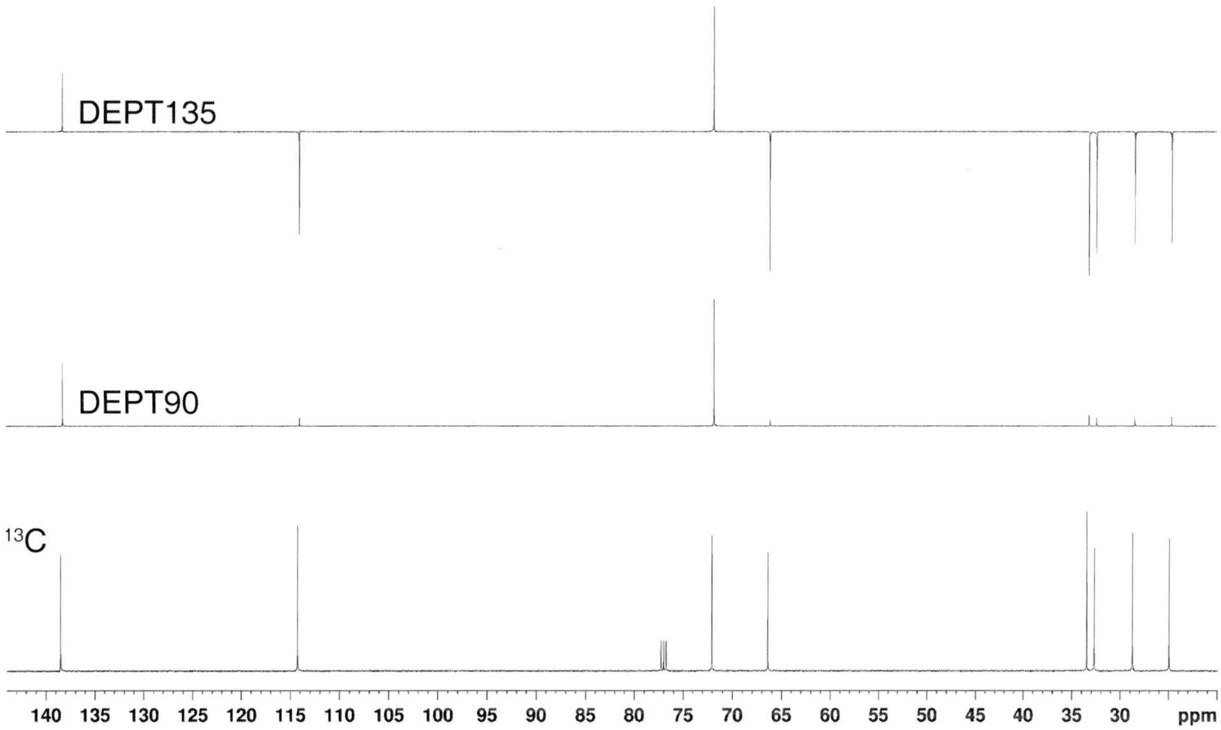
DEPT135
DEPT90
13C
140 135 130 125 120 115 110 105 100 95 90 85 80 75 70 65 60 55 50 45 40 35 30 ppm

COSY

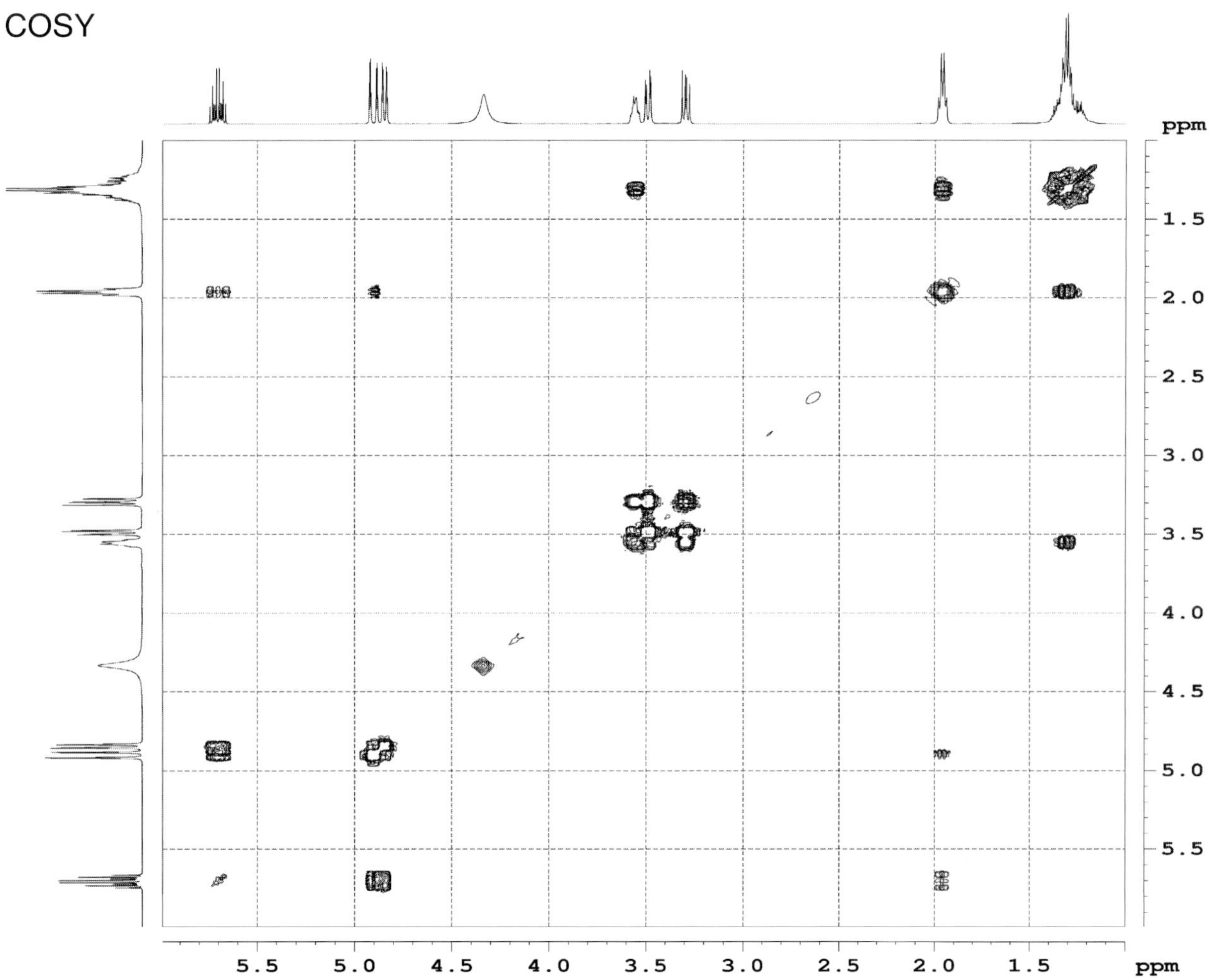
ppm
1.5
2.0
2.5
3.0
3.5
4.0
4.5
5.0
5.5
5.5 5.0 4.5 4.0 3.5 3.0 2.5 2.0 1.5 ppm

HSQC

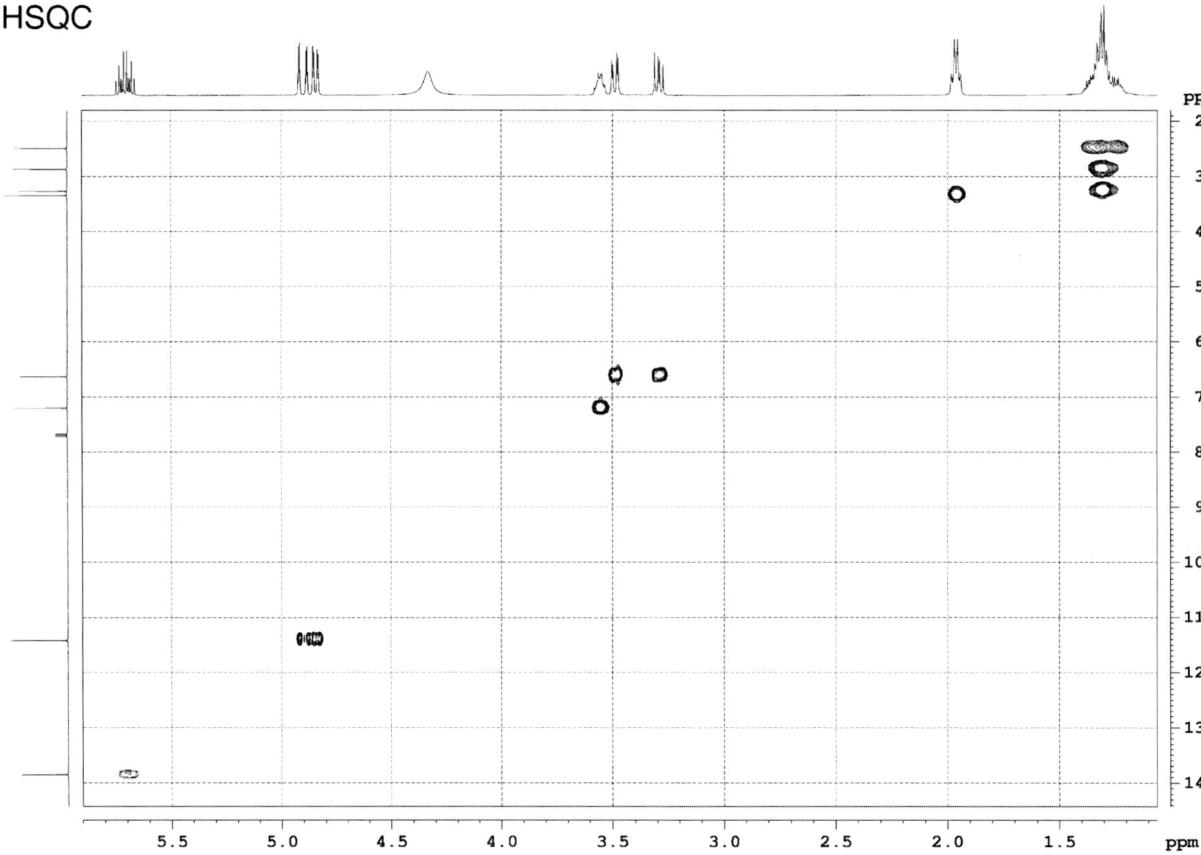

HMBC

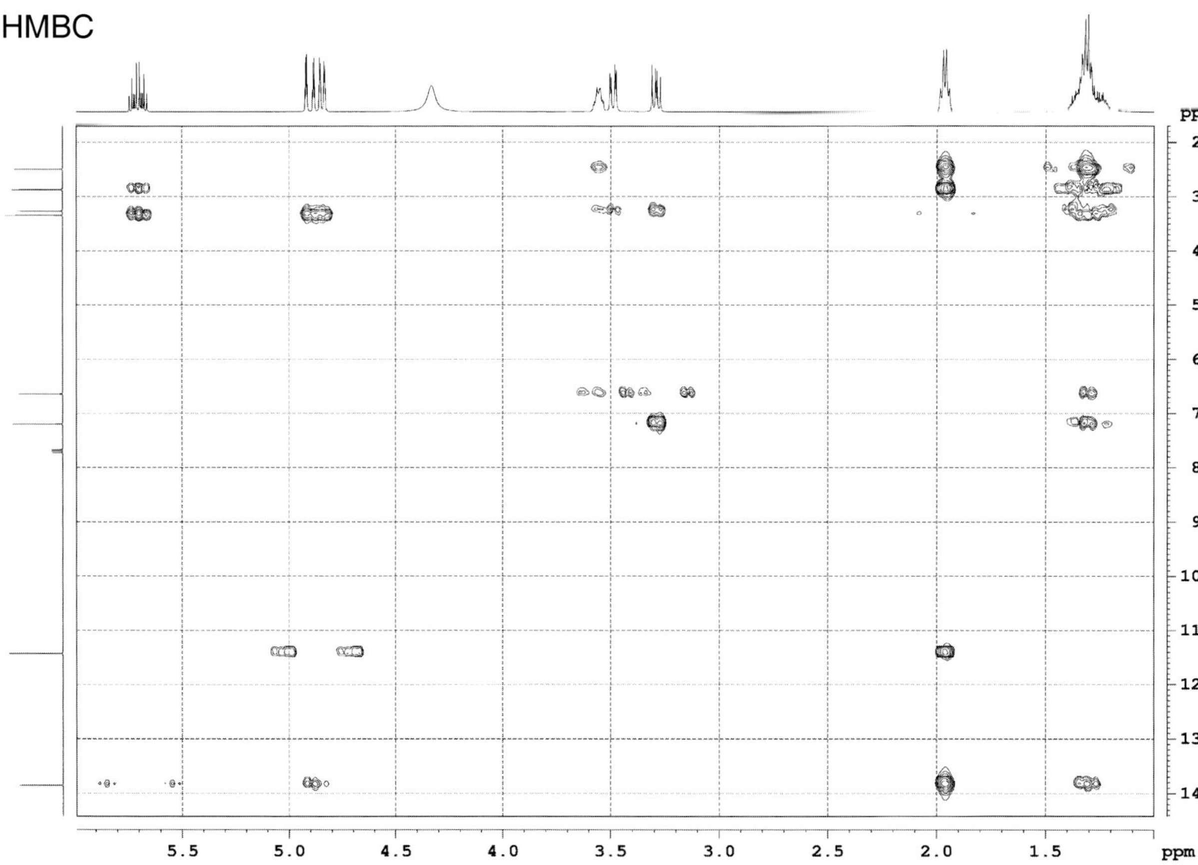

3 연습문제 II

49 $C_7H_{10}O$

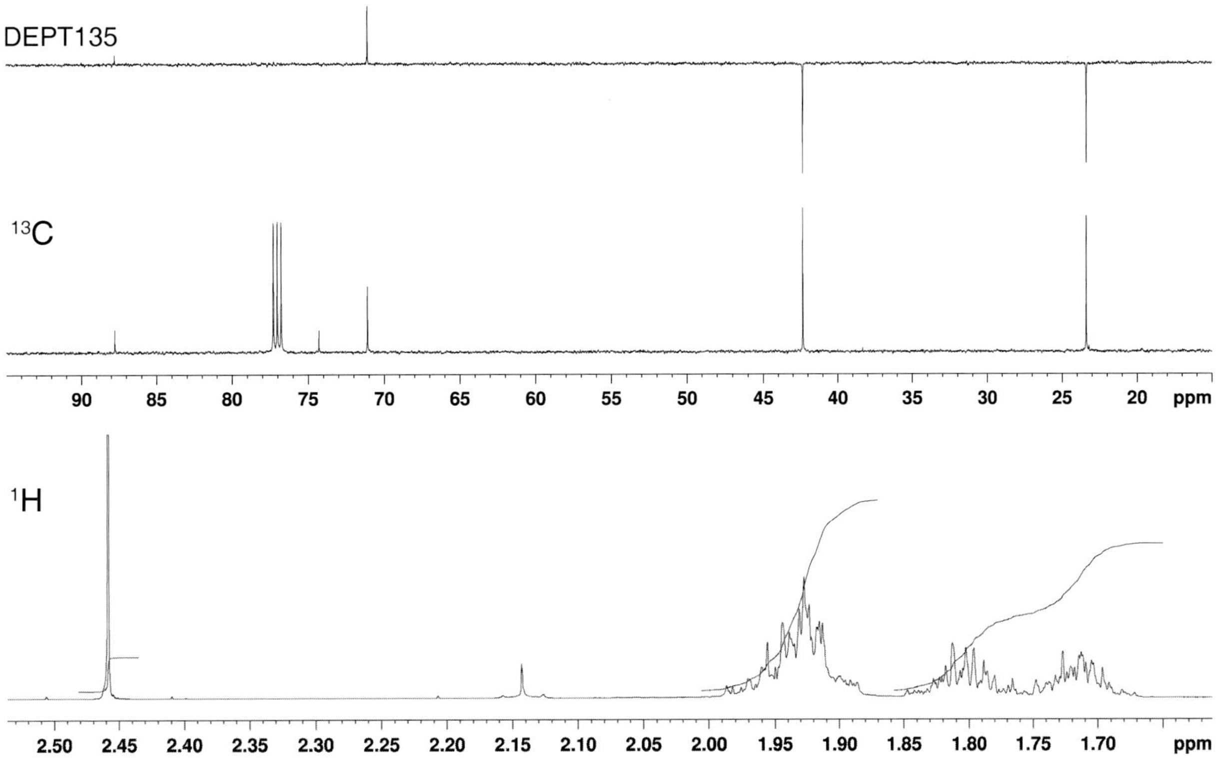

Note

HSQC

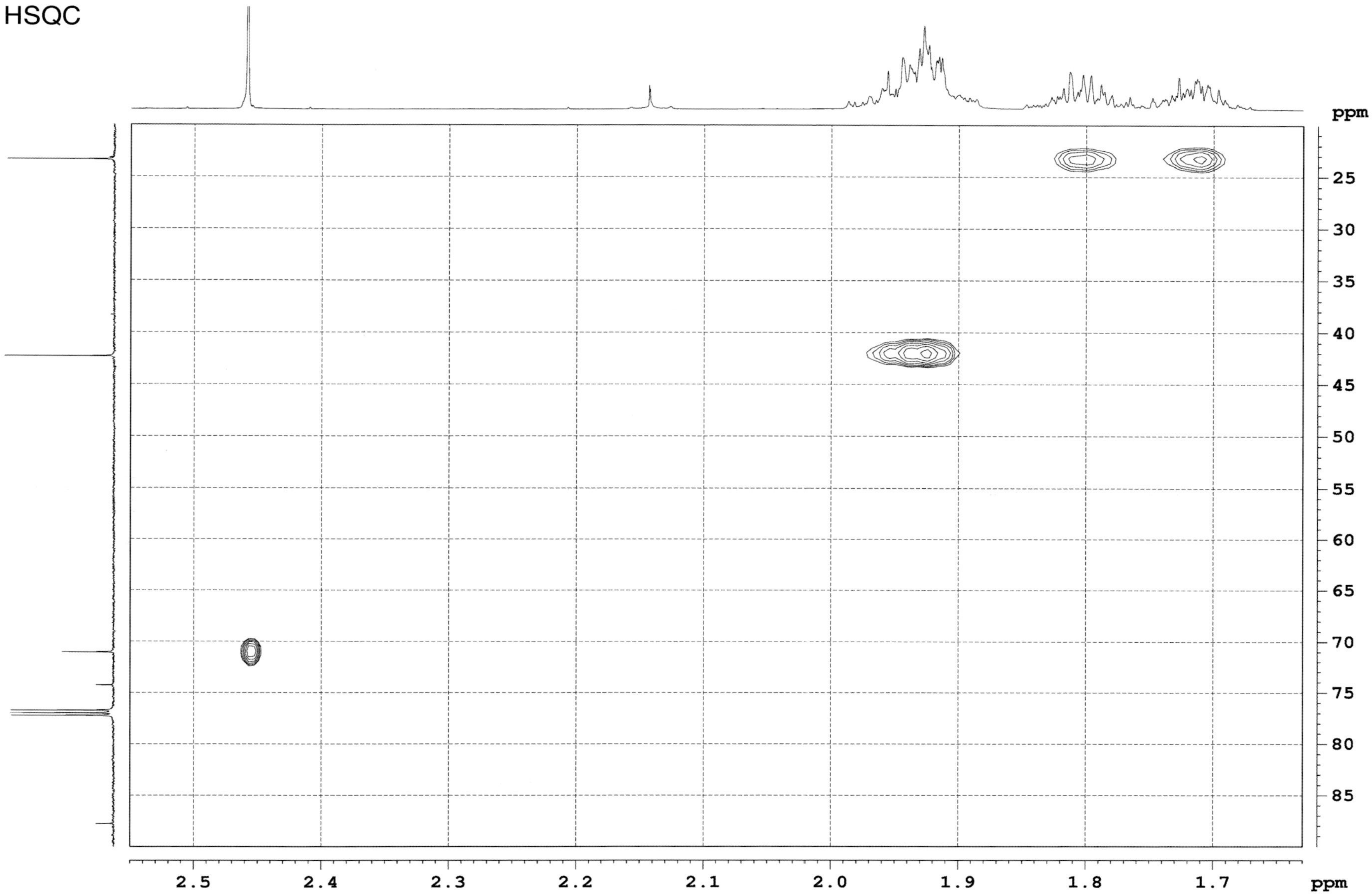
ppm
25
30
35
40
45
50
55
60
65
70
75
80
85
2.5
2.4
2.3
2.2
2.1
2.0
1.9
1.8
1.7
ppm

50 $C_8H_{12}O$

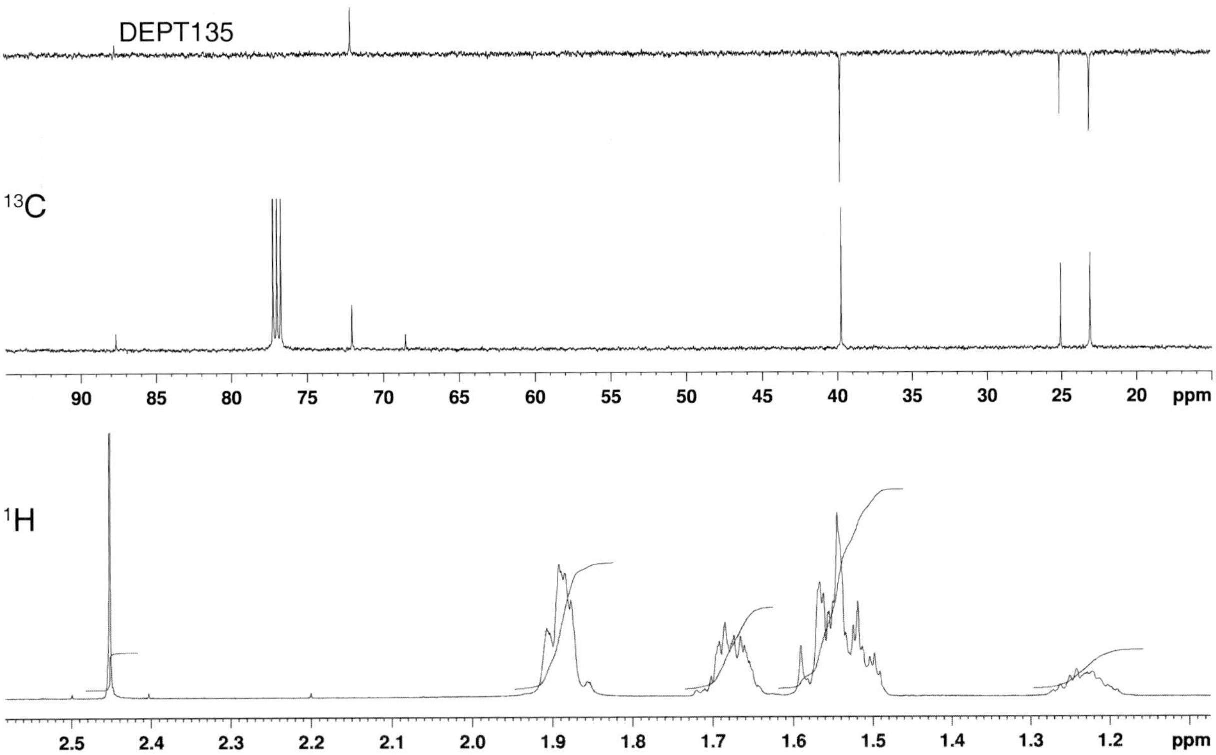

Note

HSQC

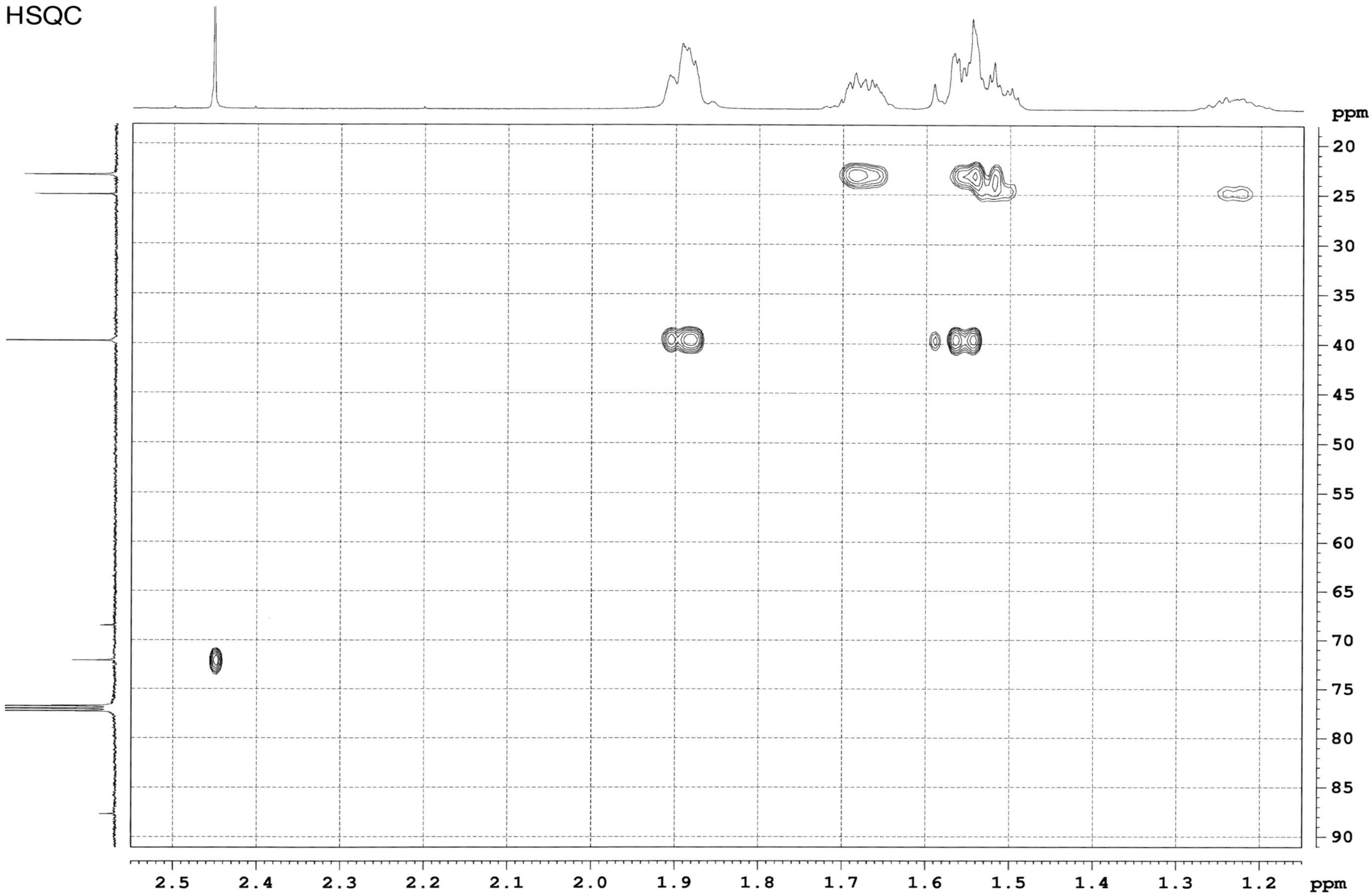
ppm
20
25
30
35
40
45
50
55
60
65
70
75
80
85
90
2.5
2.4
2.3
2.2
2.1
2.0
1.9
1.8
1.7
1.6
1.5
1.4
1.3
1.2
ppm

51 $C_5H_9O_2Br$

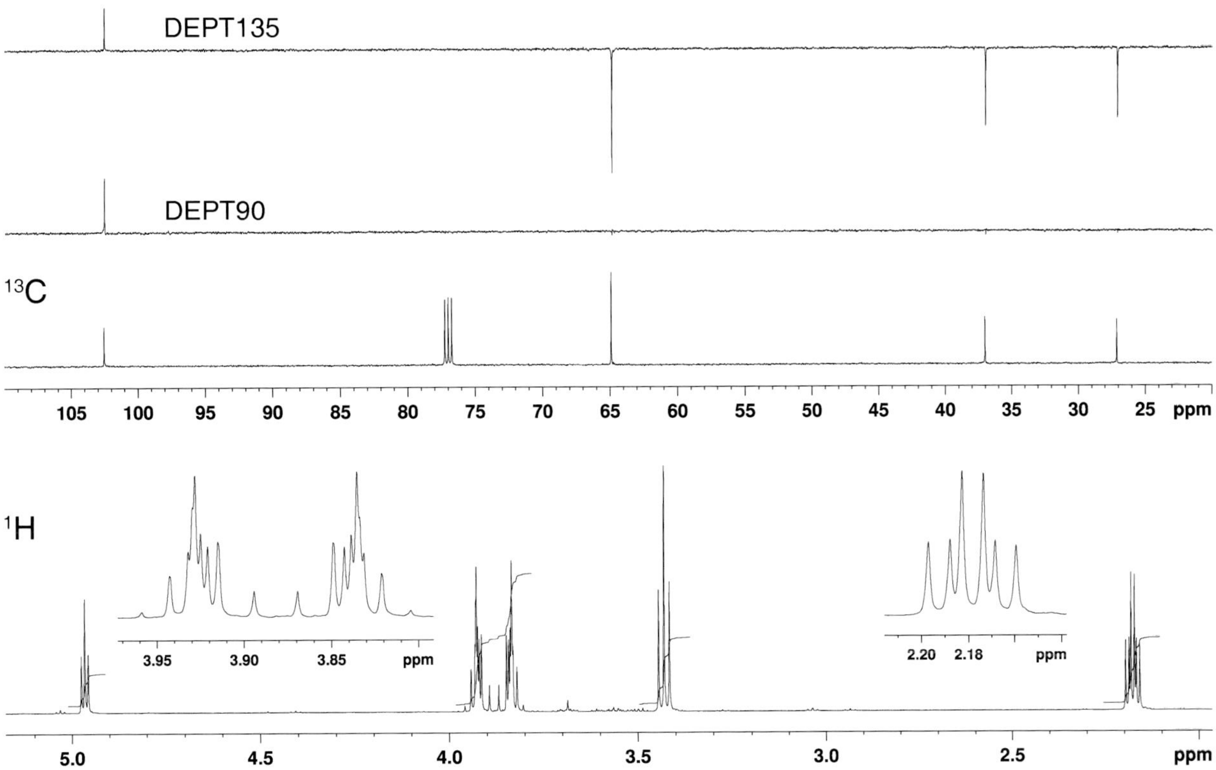

Note

COSY

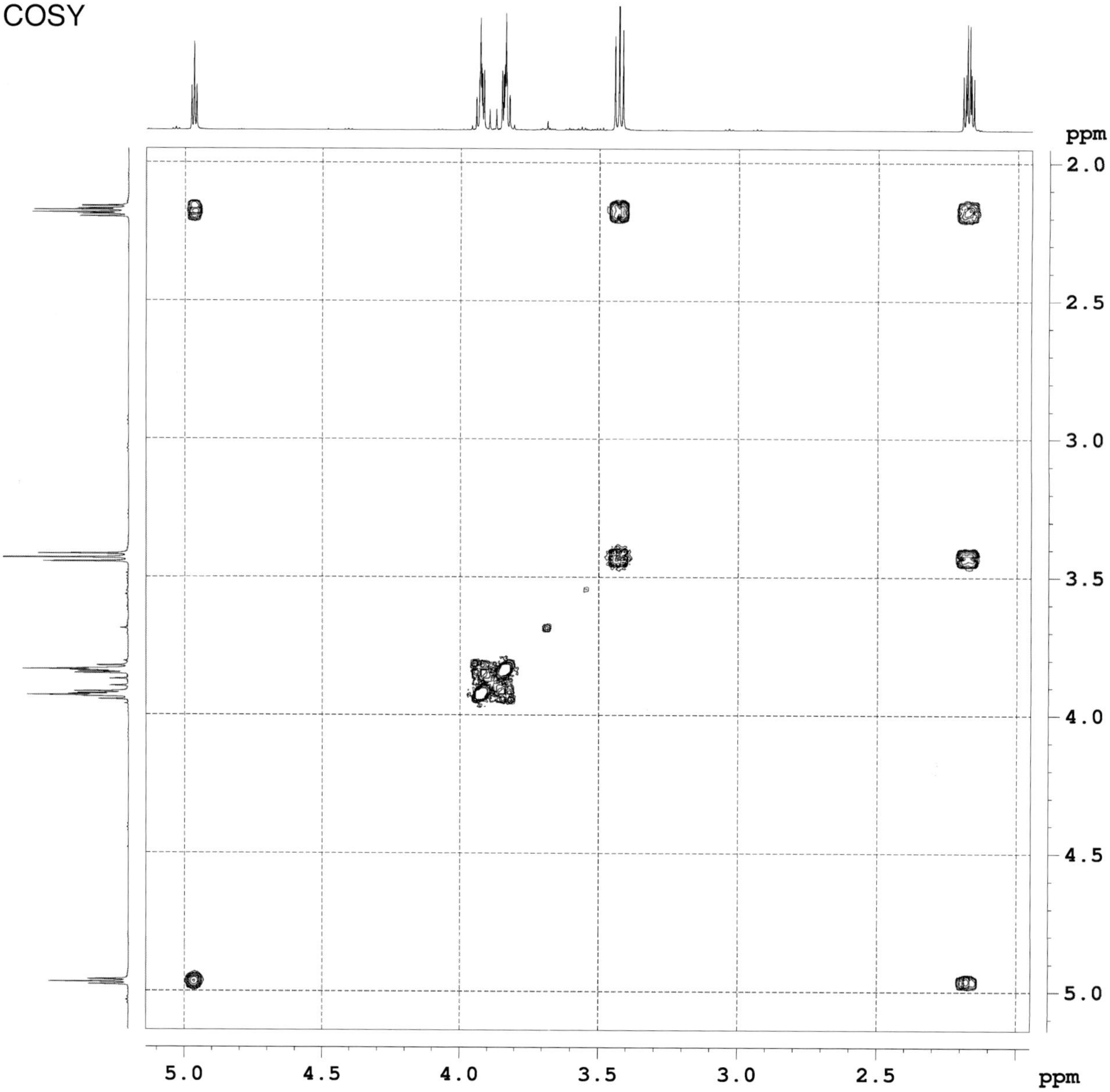

3
연습문제 II

HSQC

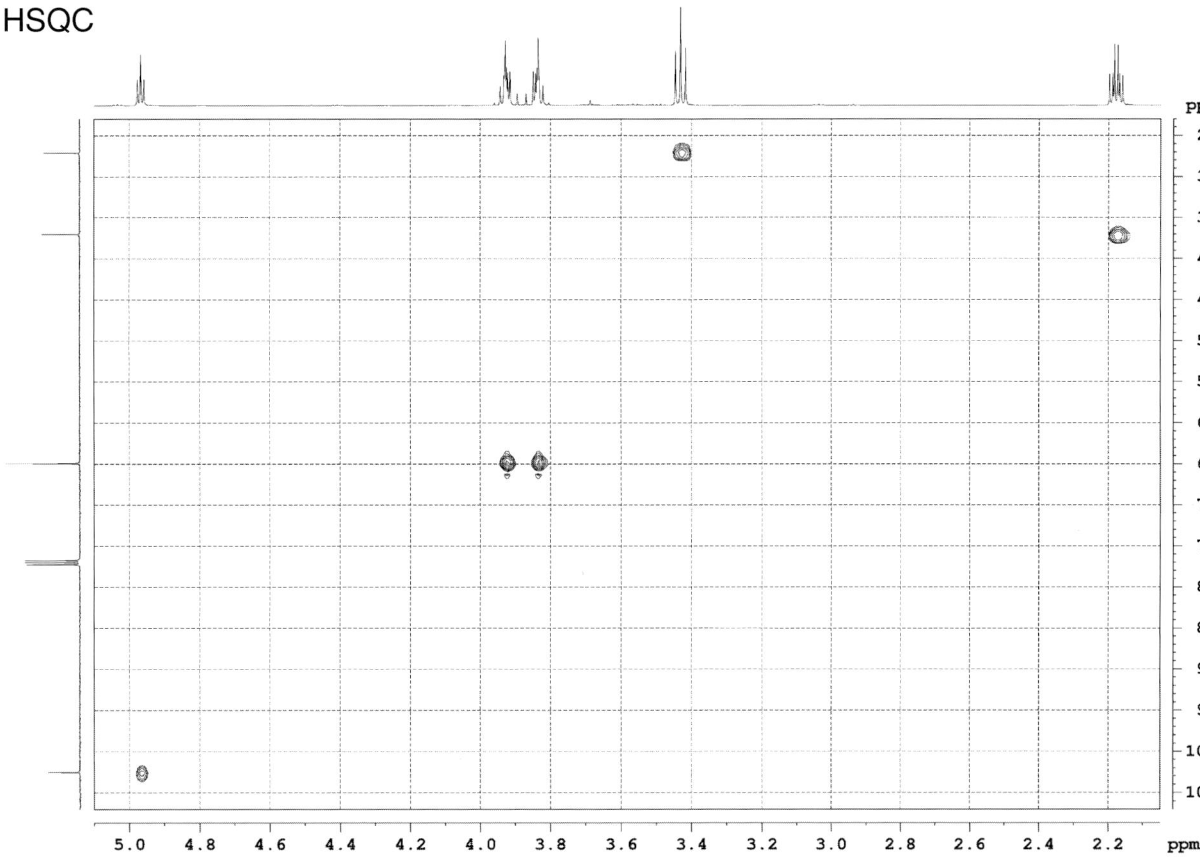

HMBC

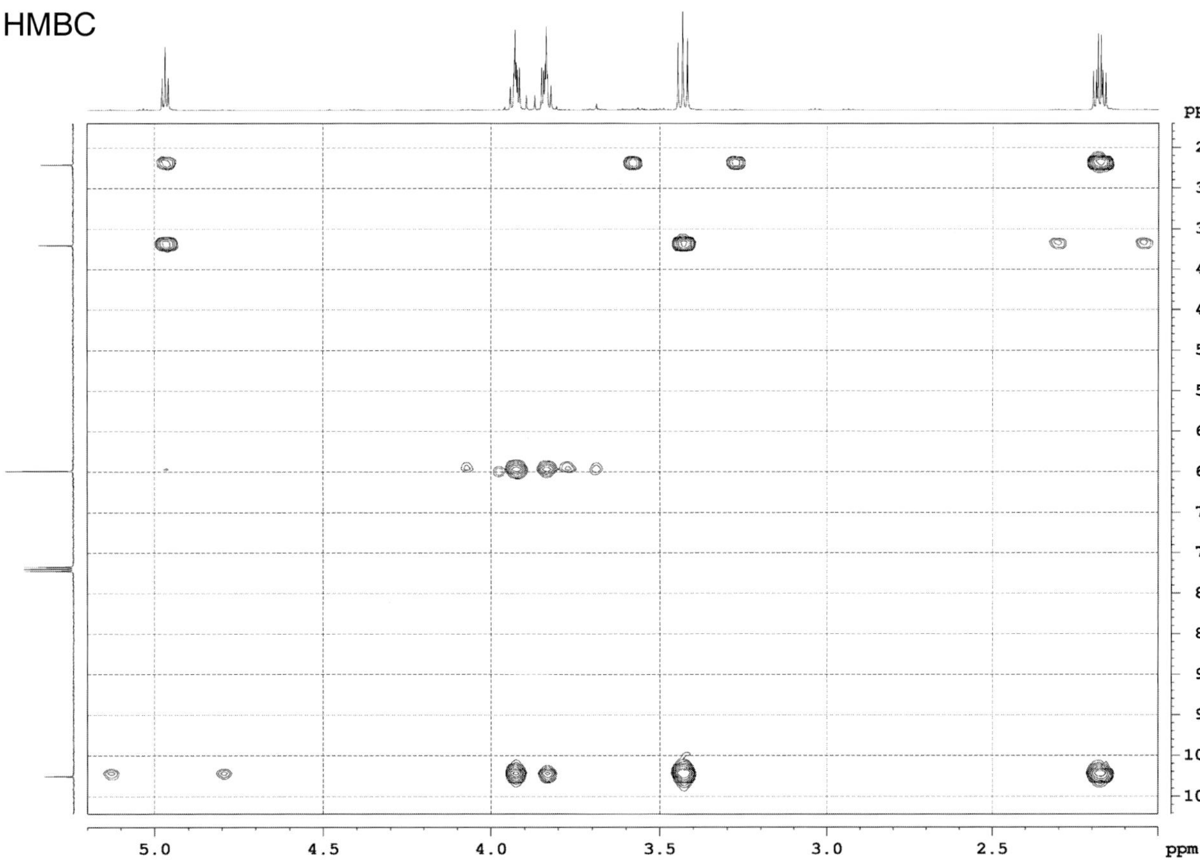

52 $C_9H_{15}O_4N$

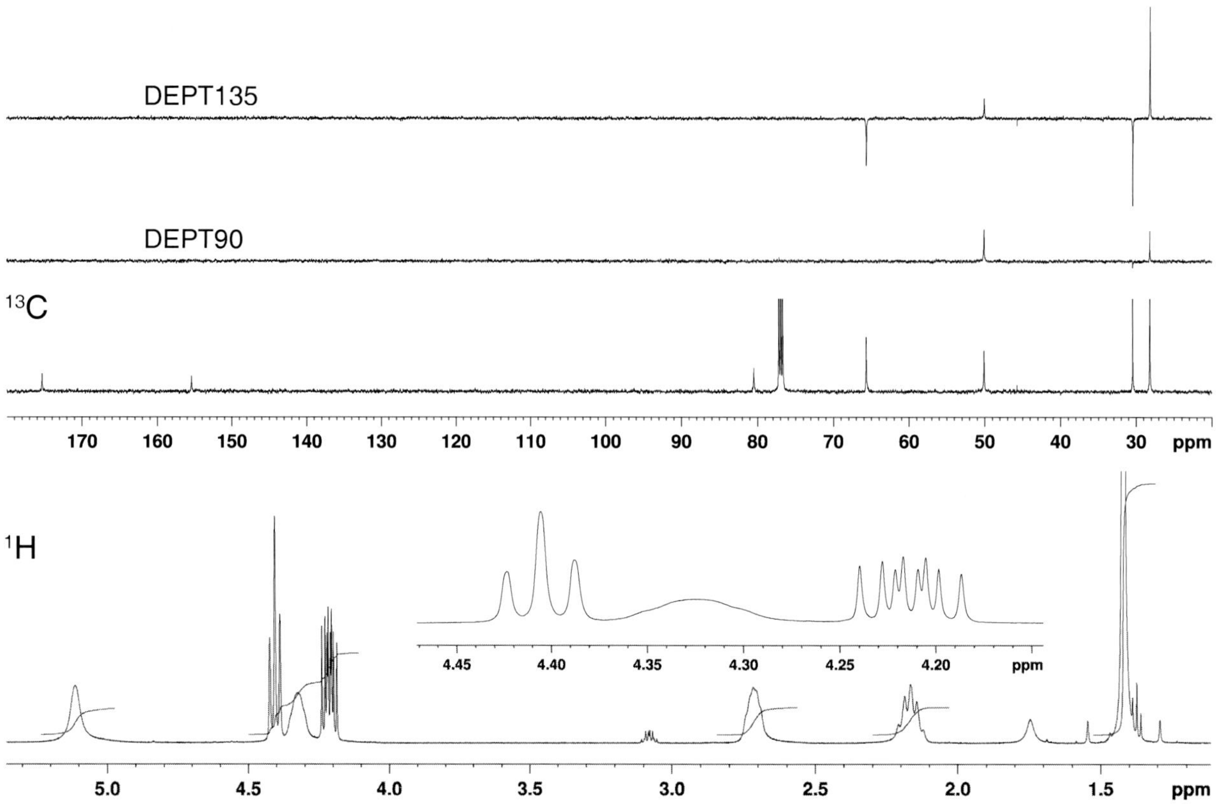

Note

COSY

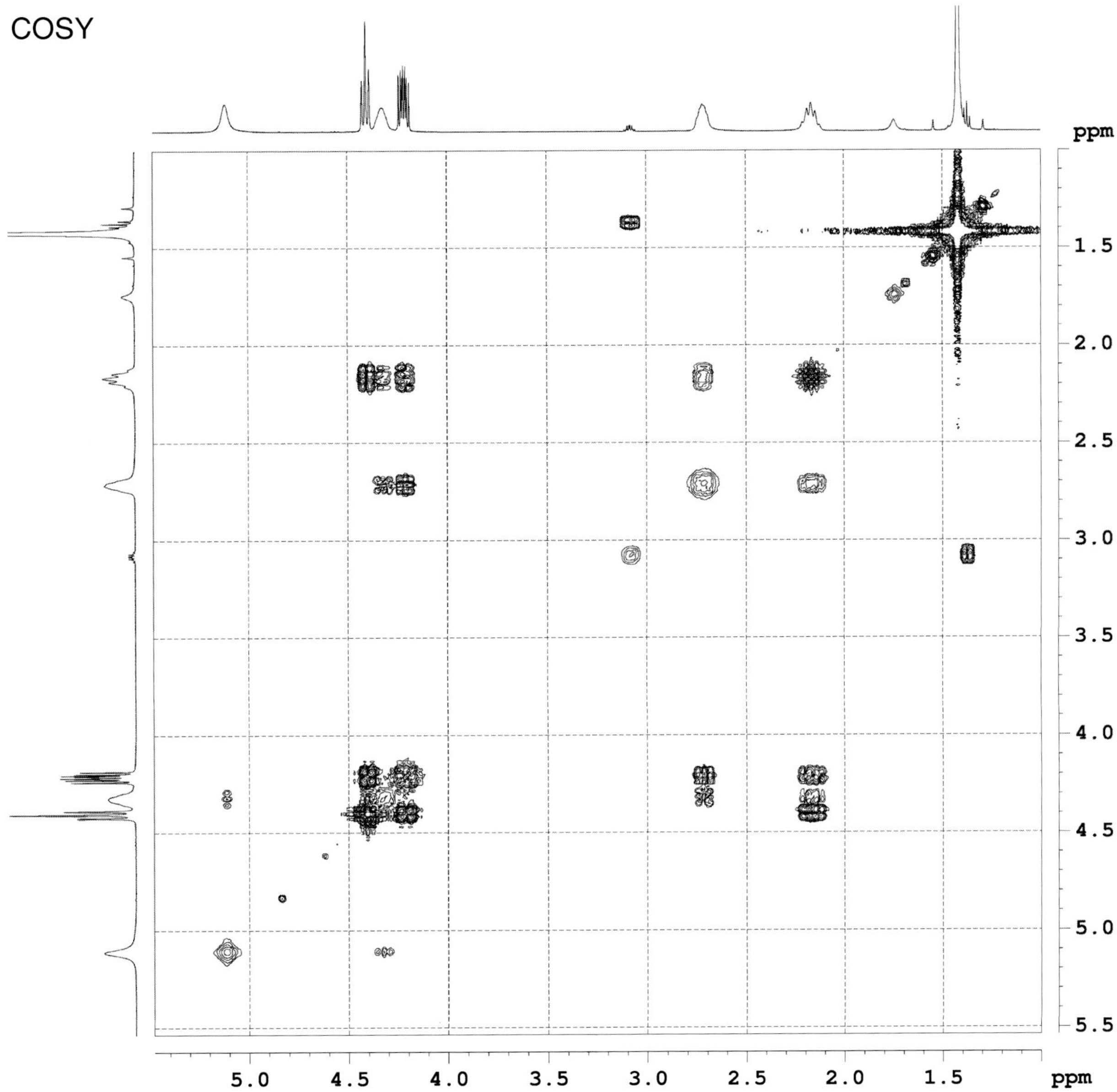

HSQC

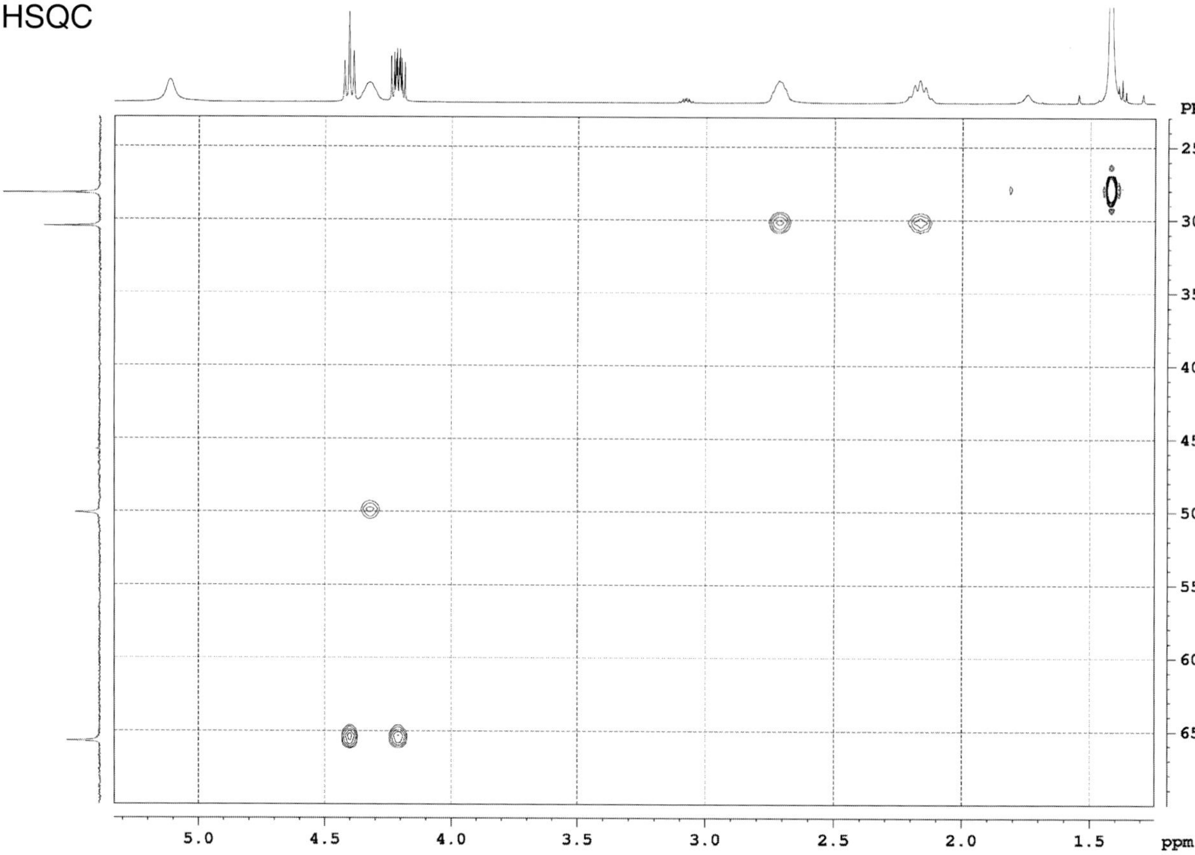
ppm
25
30
35
40
45
50
55
60
65
5.0
4.5
4.0
3.5
3.0
2.5
2.0
1.5
ppm

HMBC

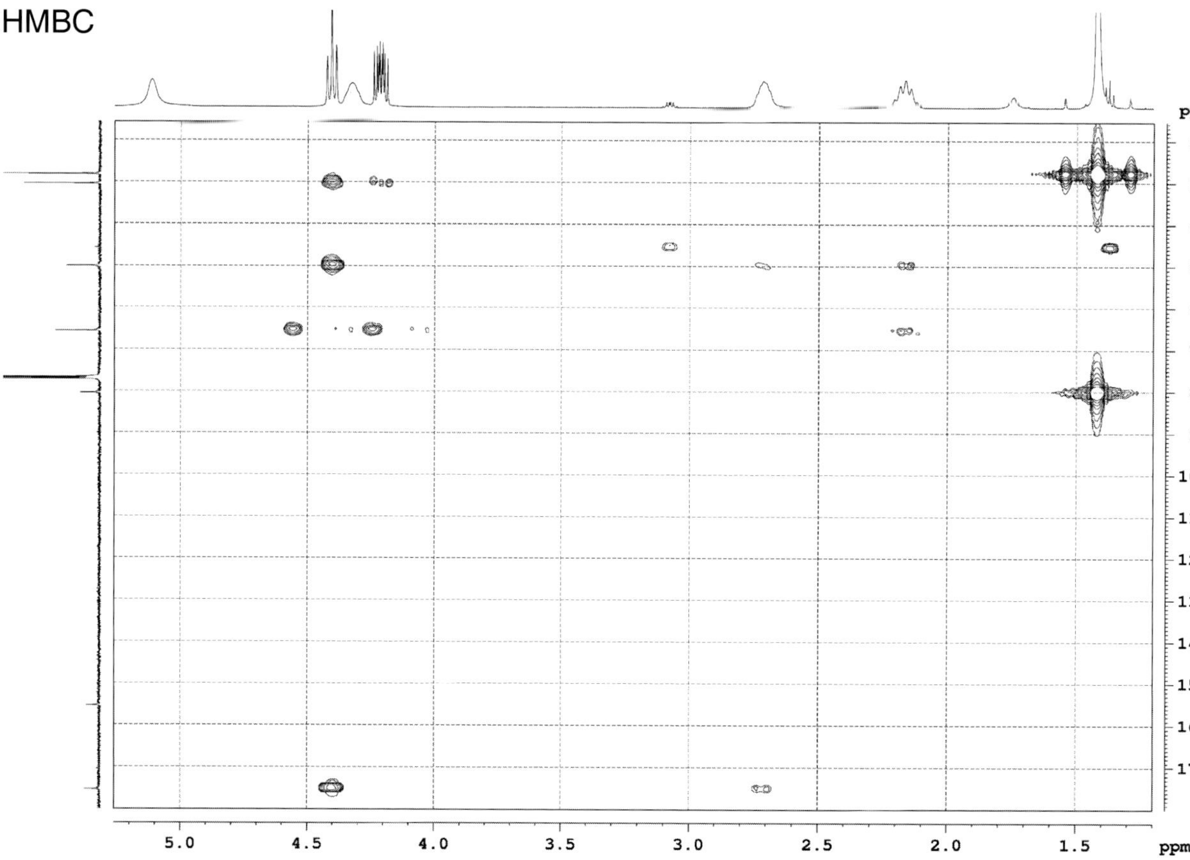
ppm
20
30
40
50
60
70
80
90
100
110
120
130
140
150
160
170
5.0
4.5
4.0
3.5
3.0
2.5
2.0
1.5
ppm

53 $C_8H_6O_2$

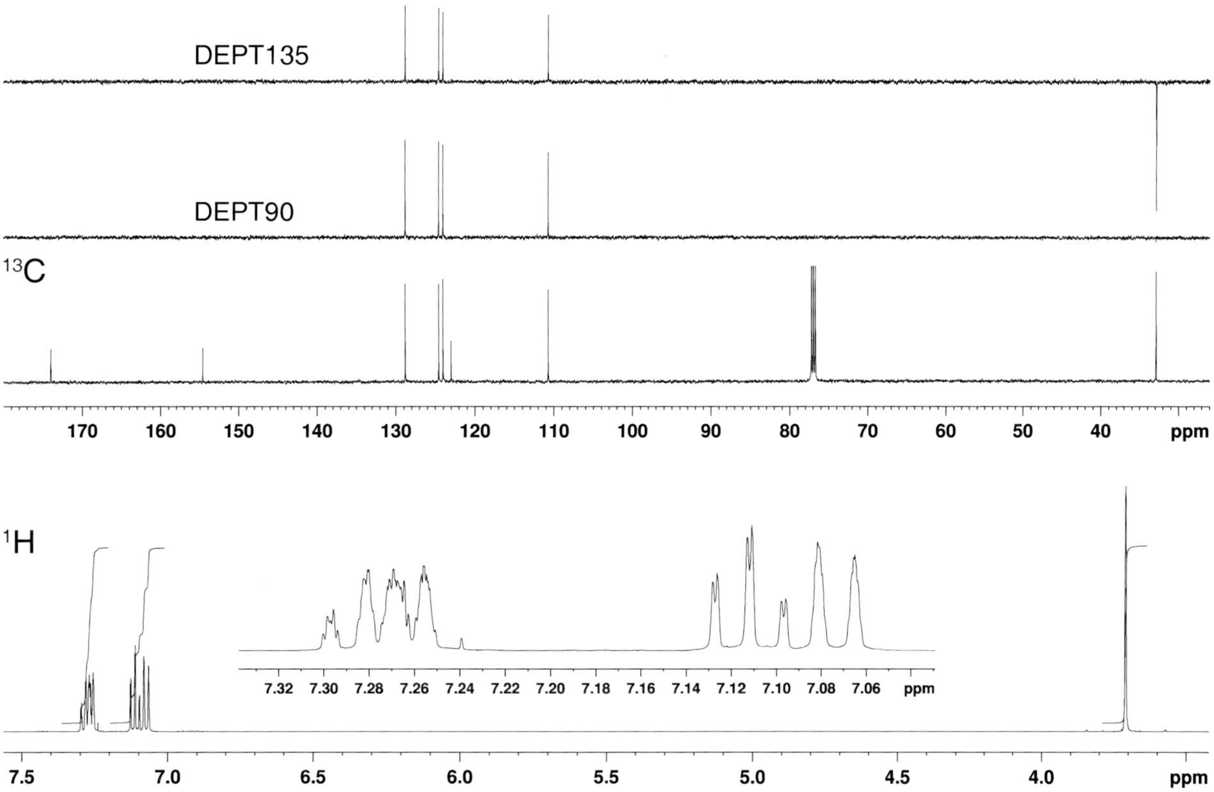

✍ Note

HSQC

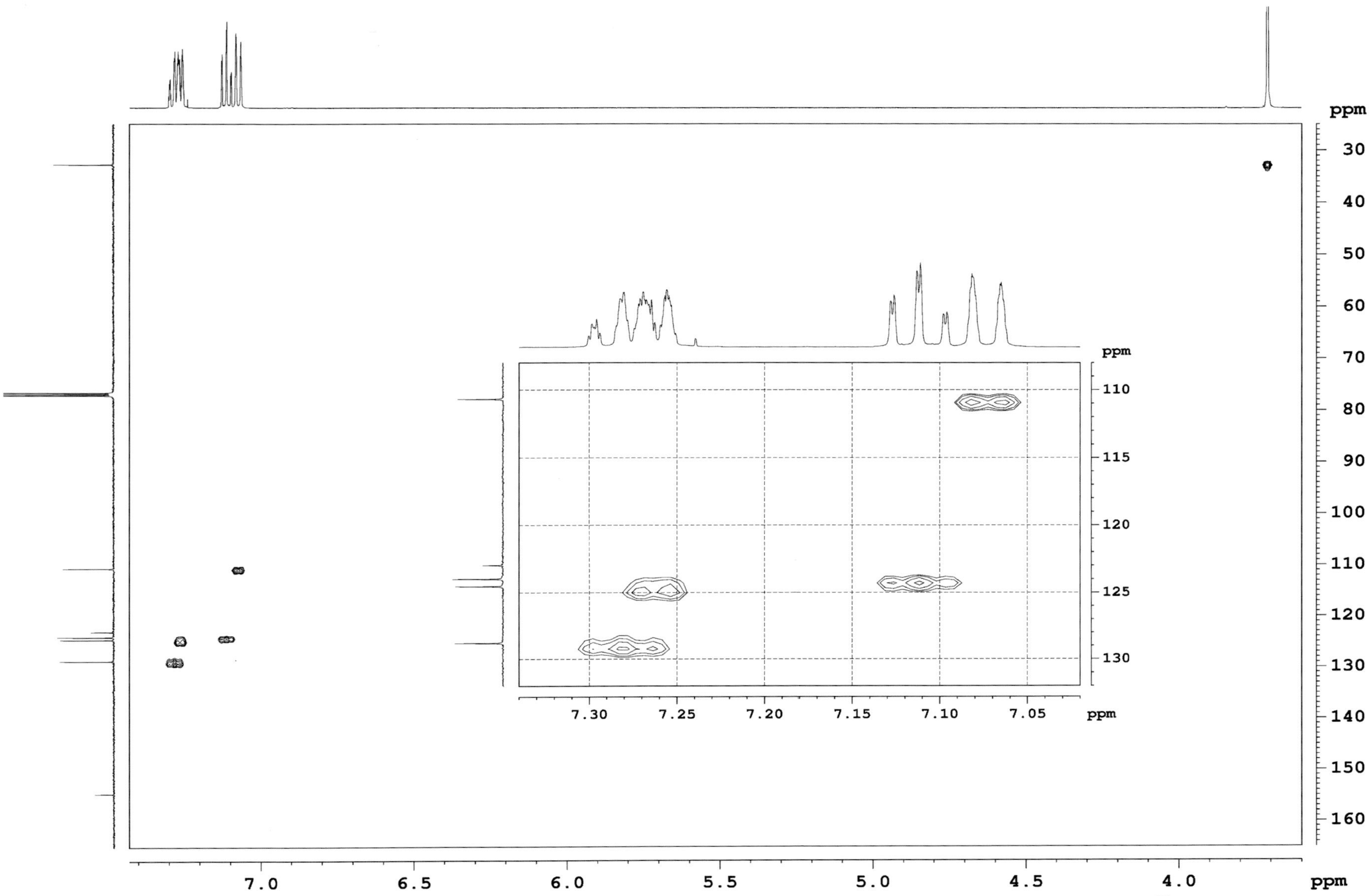
ppm
30
40
50
60
70
80
90
100
110
120
130
140
150
160
7.0
6.5
6.0
5.5
5.0
4.5
4.0
ppm
110
115
120
125
130
7.30
7.25
7.20
7.15
7.10
7.05

54 $C_9H_6O_2$

^1H

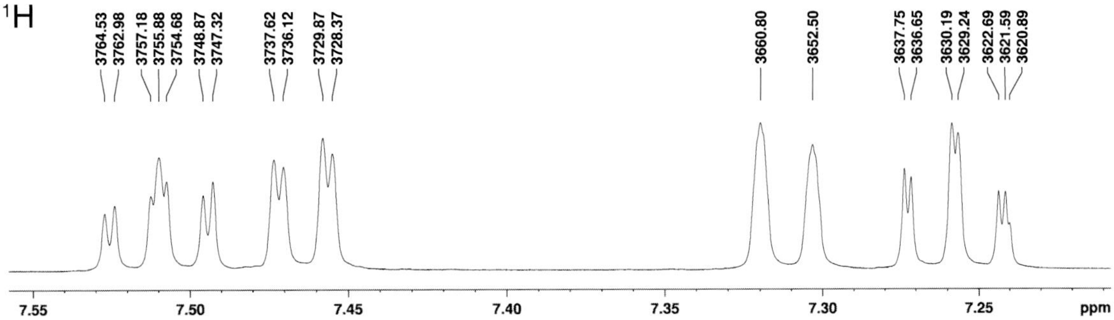

1D-NOESY

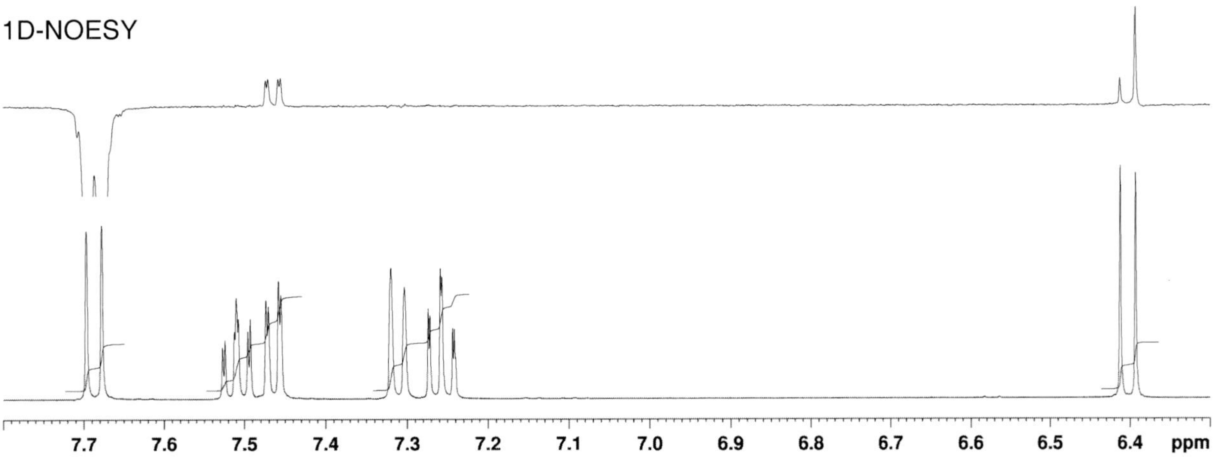

Note

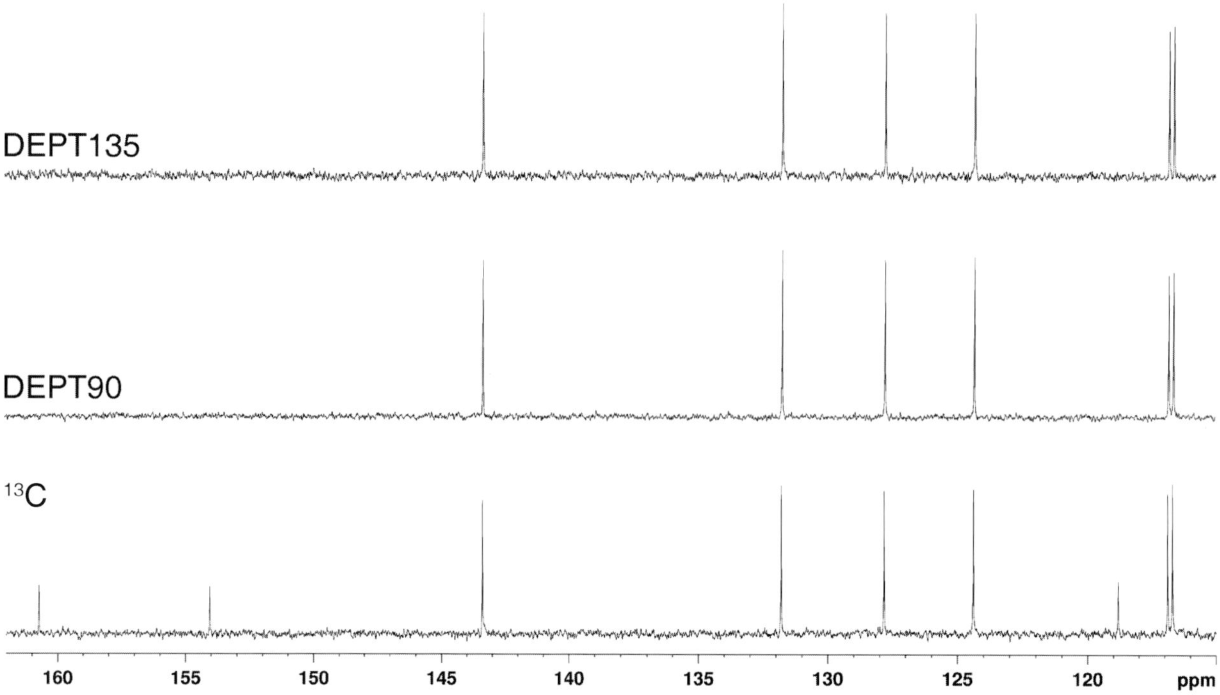
DEPT135
DEPT90
13C
160
155
150
145
140
135
130
125
120
ppm

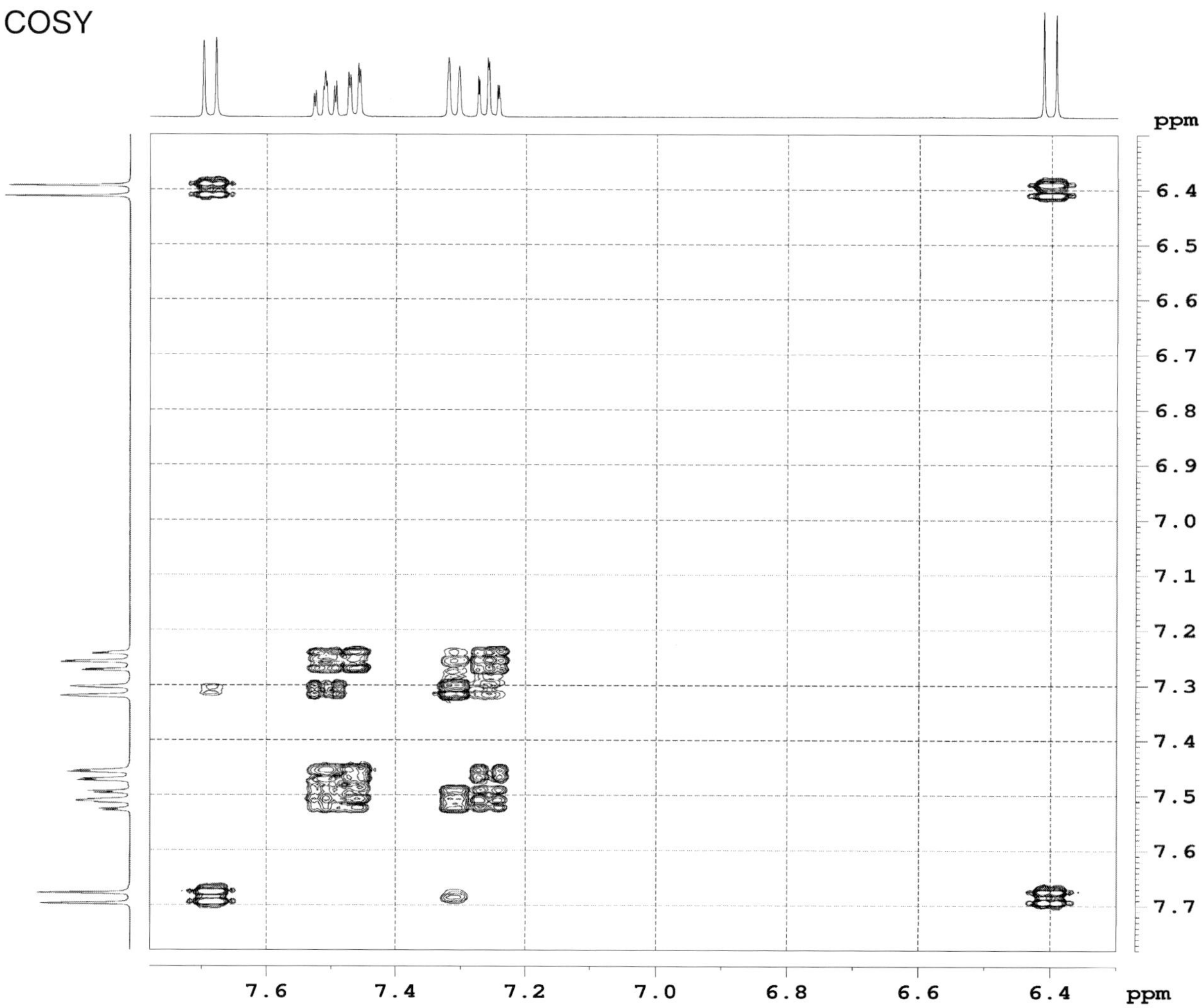
COSY
ppm
6.4
6.5
6.6
6.7
6.8
6.9
7.0
7.1
7.2
7.3
7.4
7.5
7.6
7.7
7.6
7.4
7.2
7.0
6.8
6.6
6.4
ppm

HSQC

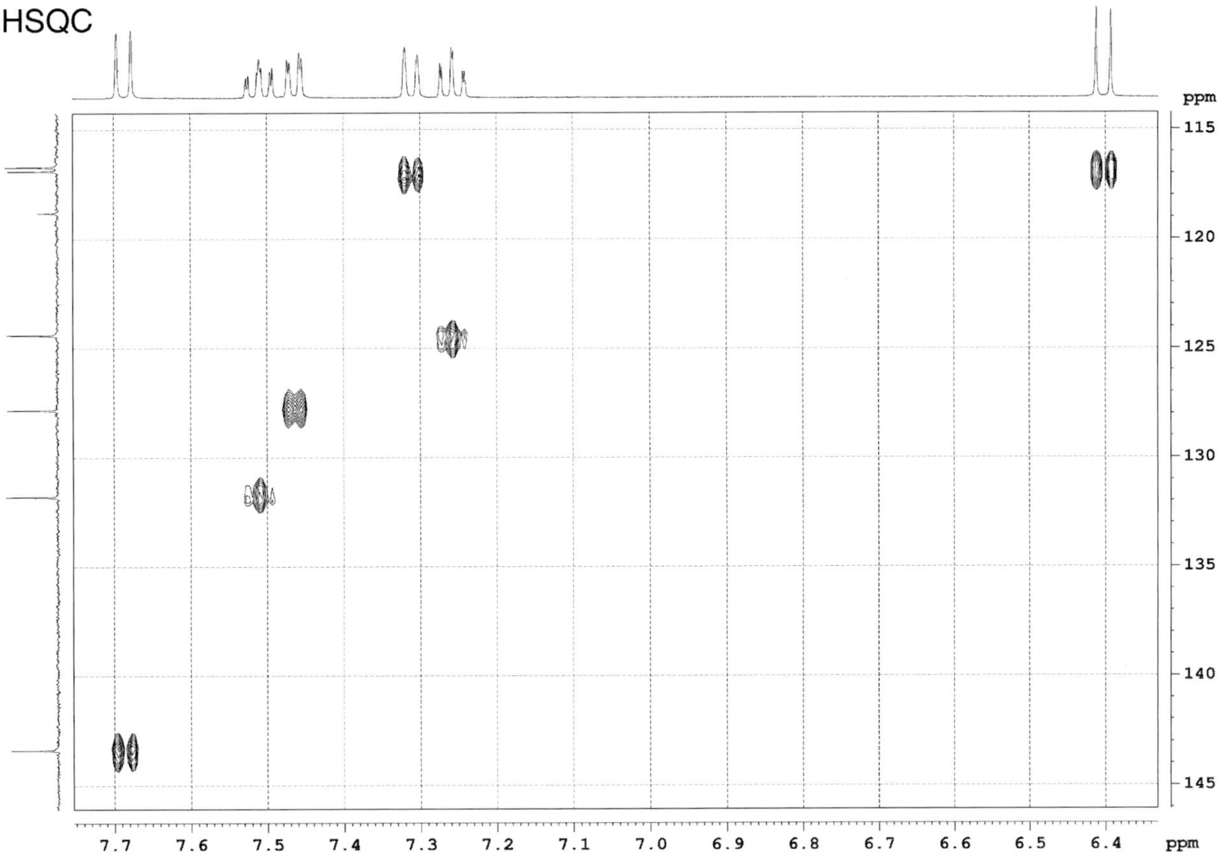

HMBC

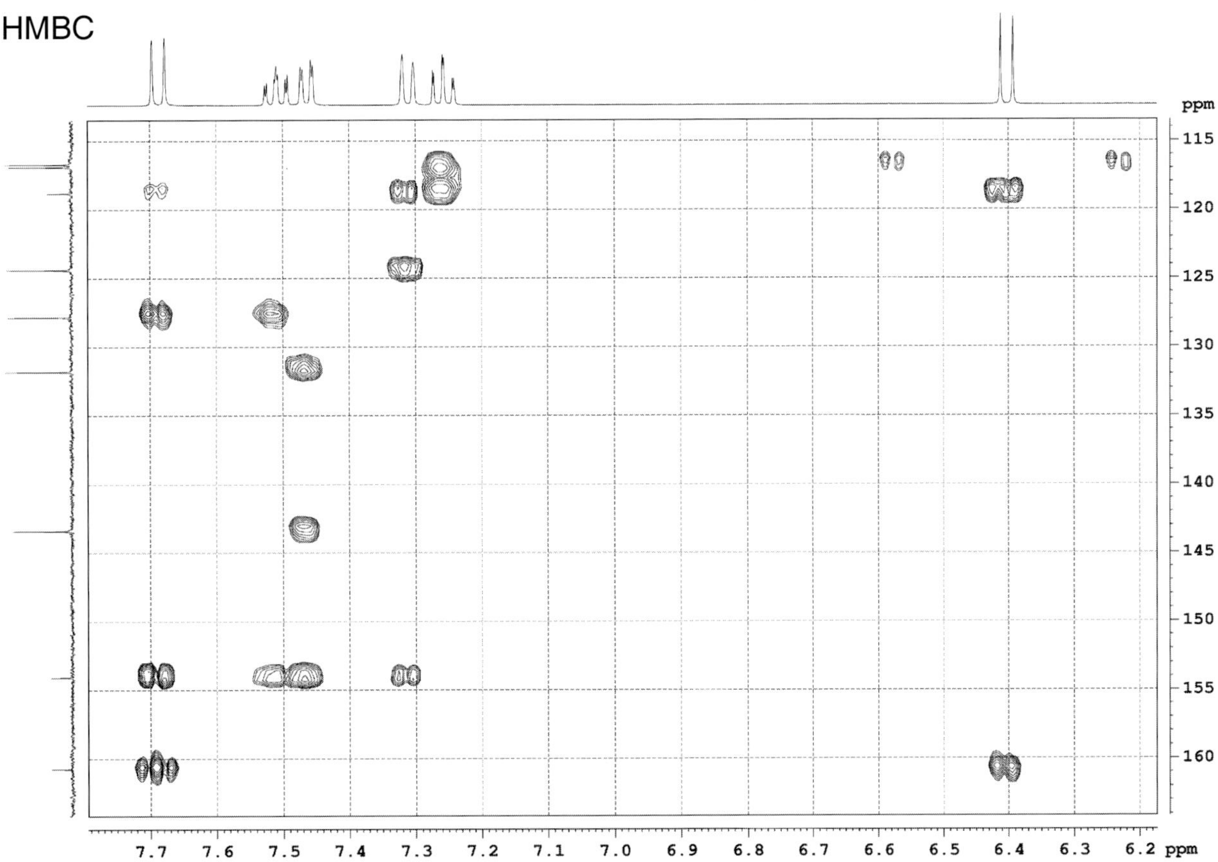

55 $C_{10}H_{10}O_2$

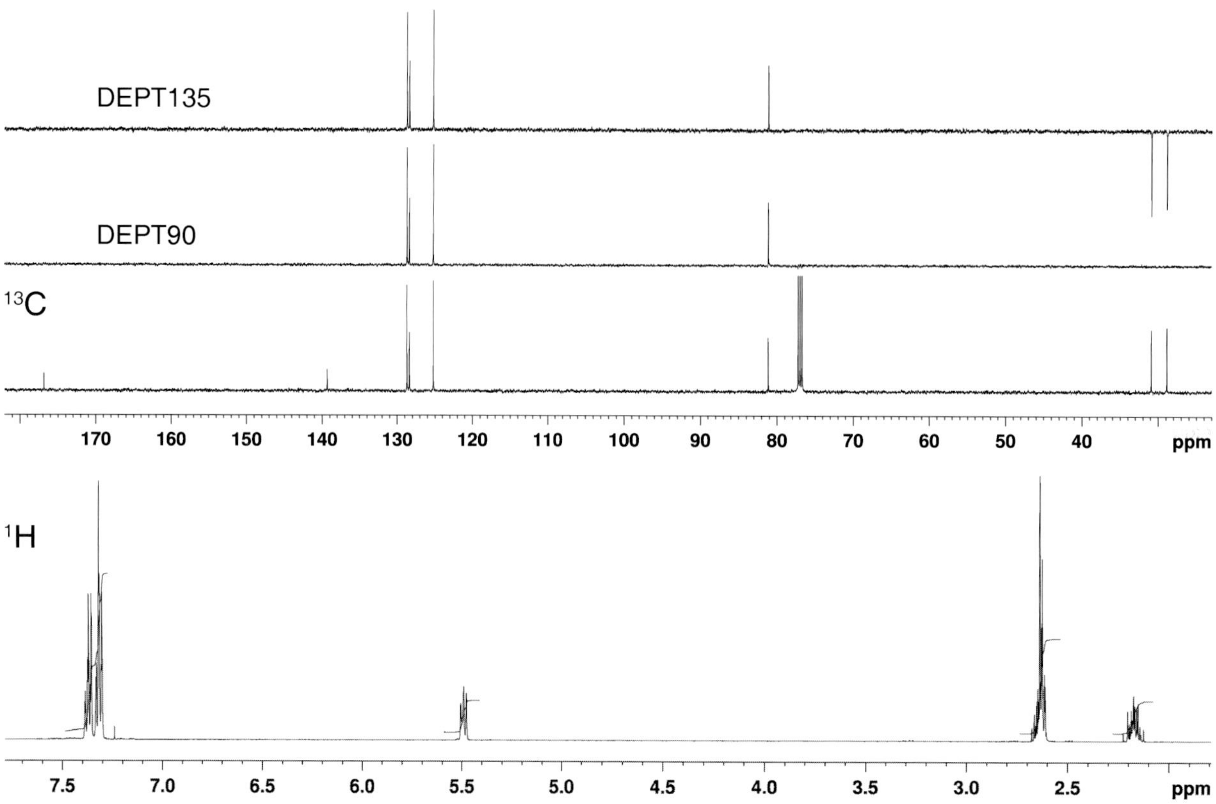

Note

HSQC

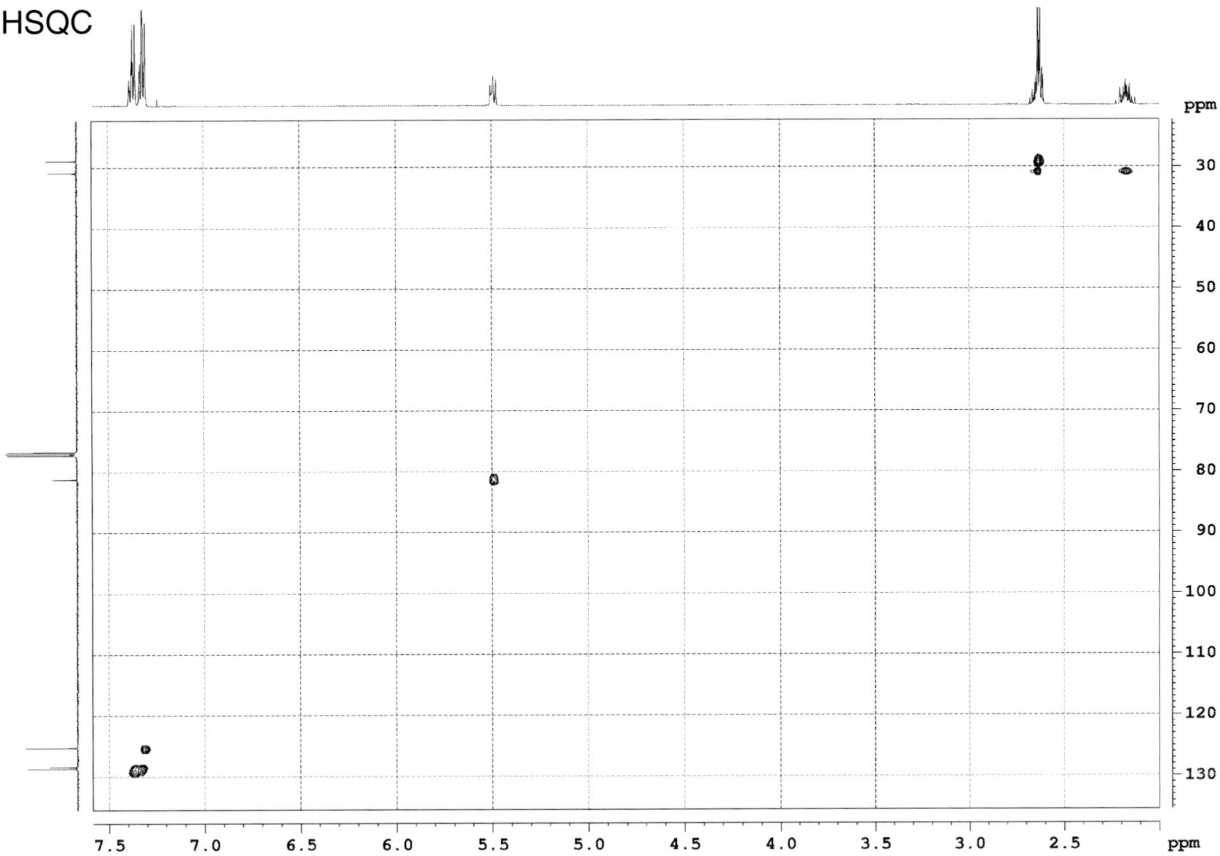

ppm
30
40
50
60
70
80
90
100
110
120
130
7.5 7.0 6.5 6.0 5.5 5.0 4.5 4.0 3.5 3.0 2.5 ppm

HMBC

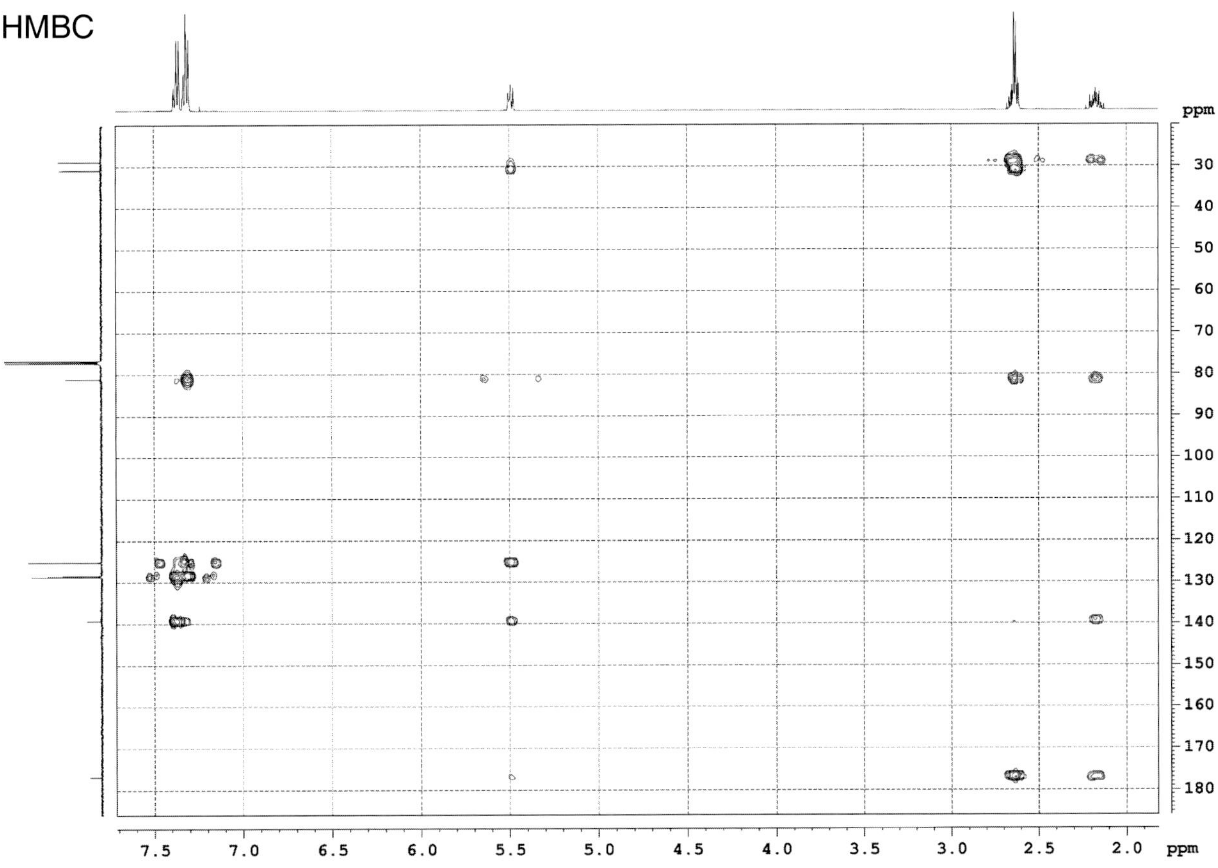

ppm
30
40
50
60
70
80
90
100
110
120
130
140
150
160
170
180
7.5 7.0 6.5 6.0 5.5 5.0 4.5 4.0 3.5 3.0 2.5 2.0 ppm

56 $C_{10}H_{12}O_2$

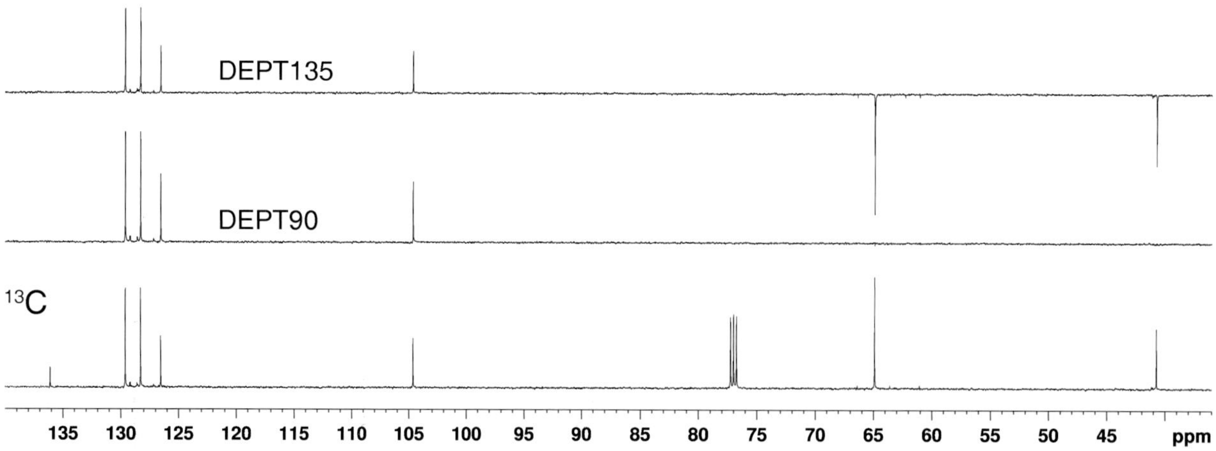

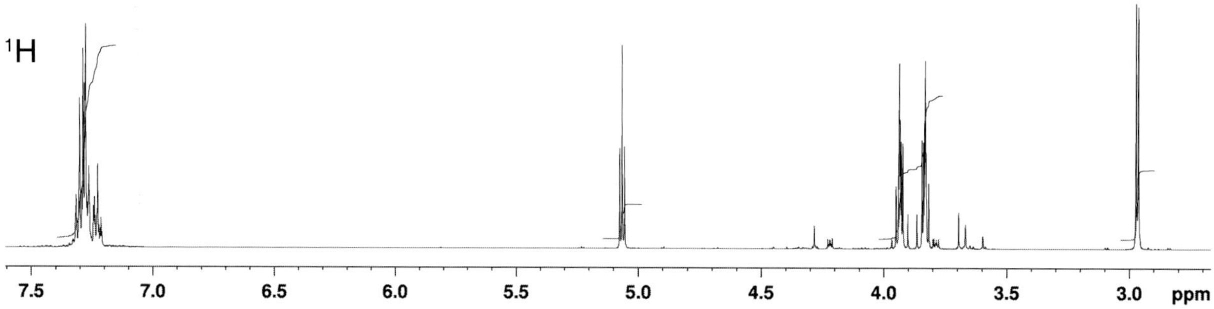

Note

COSY

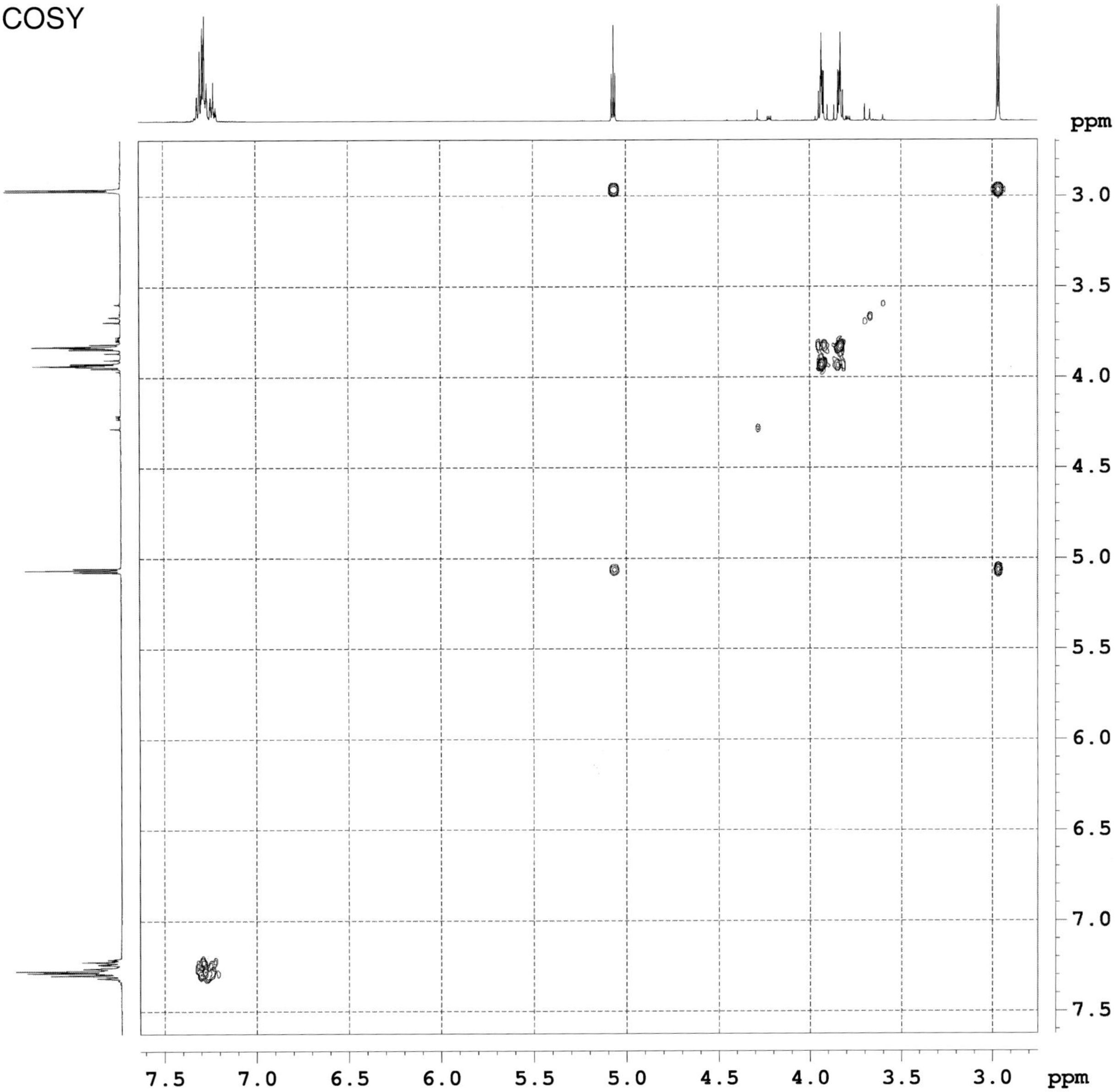

HSQC

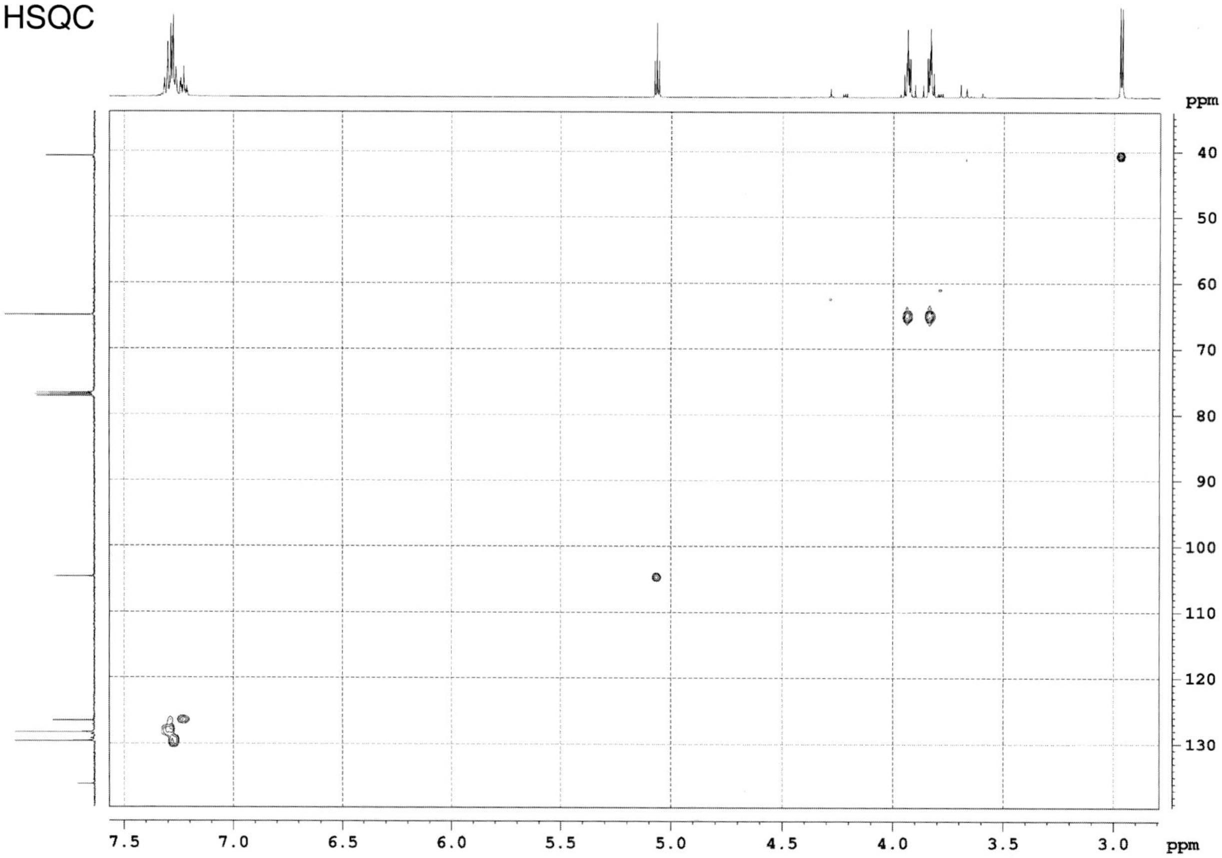
ppm
40
50
60
70
80
90
100
110
120
130
7.5
7.0
6.5
6.0
5.5
5.0
4.5
4.0
3.5
3.0
ppm

HMBC

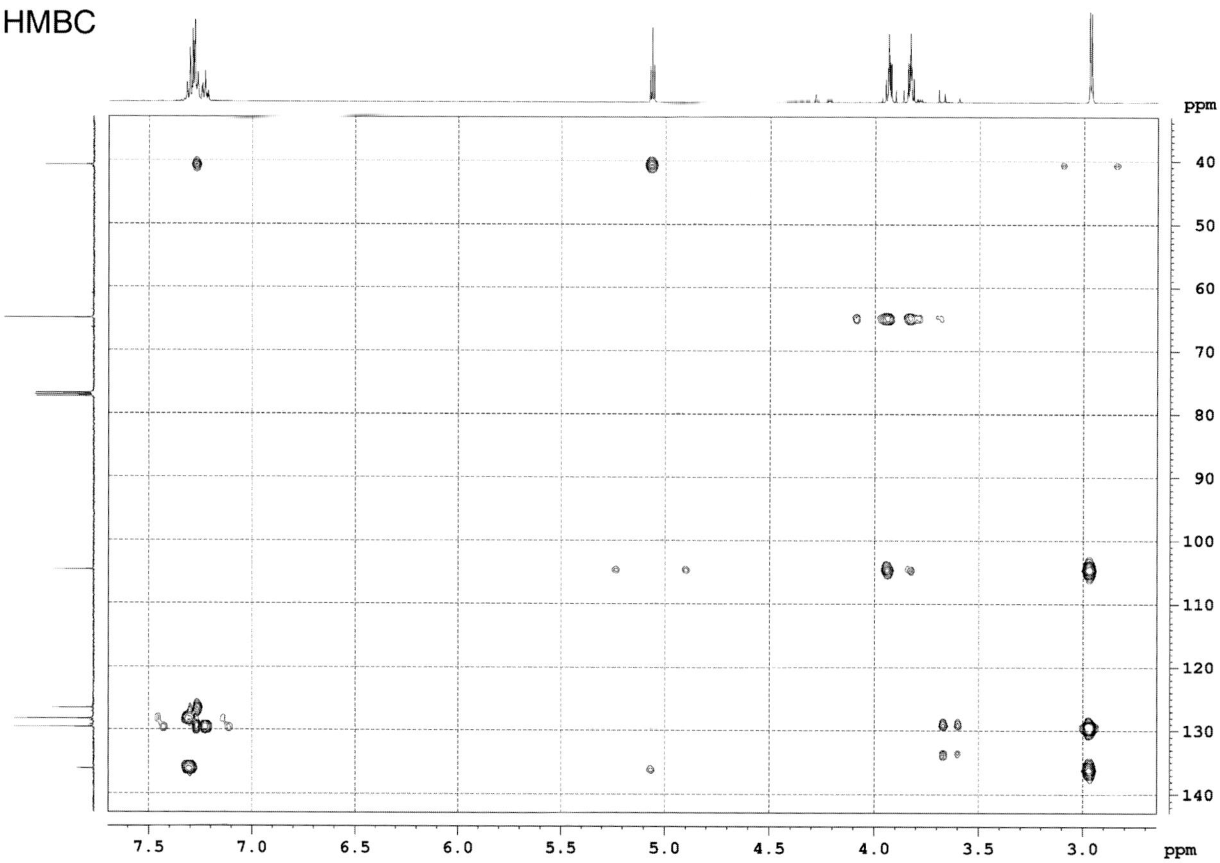
ppm
40
50
60
70
80
90
100
110
120
130
140
7.5
7.0
6.5
6.0
5.5
5.0
4.5
4.0
3.5
3.0
ppm

57 $C_{15}H_{12}O$

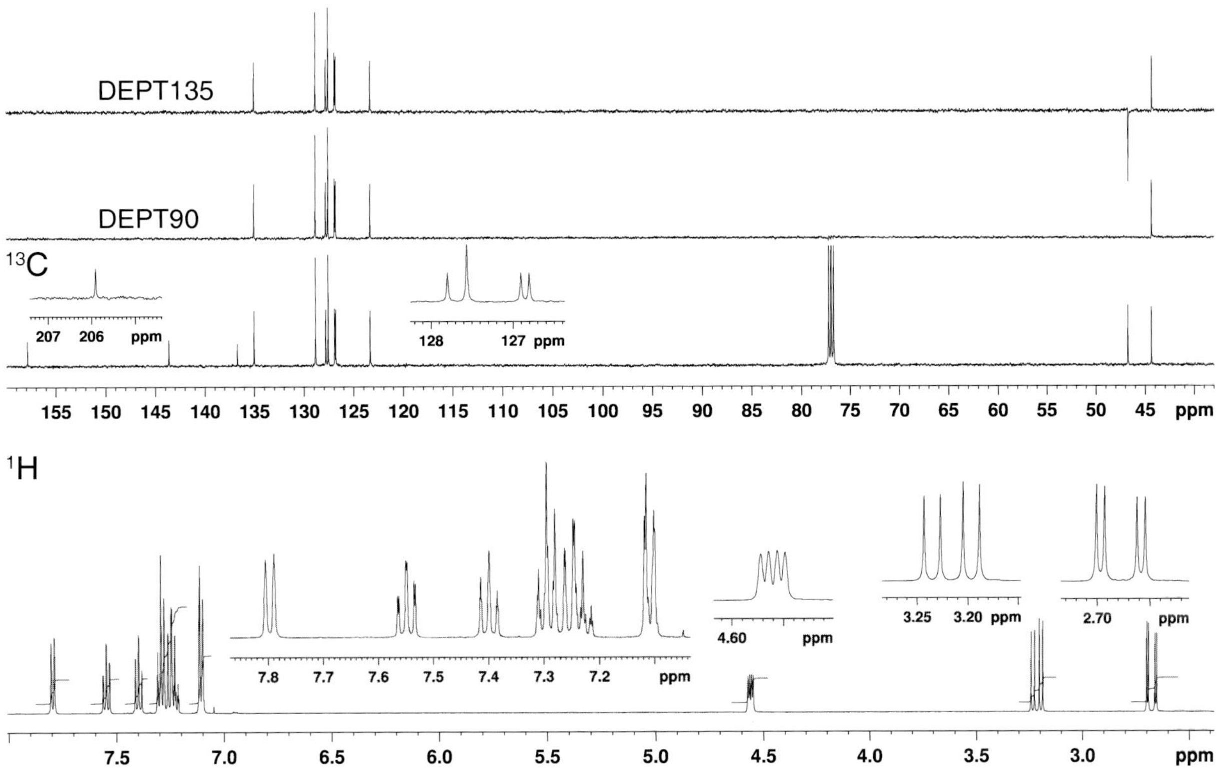

Note

COSY

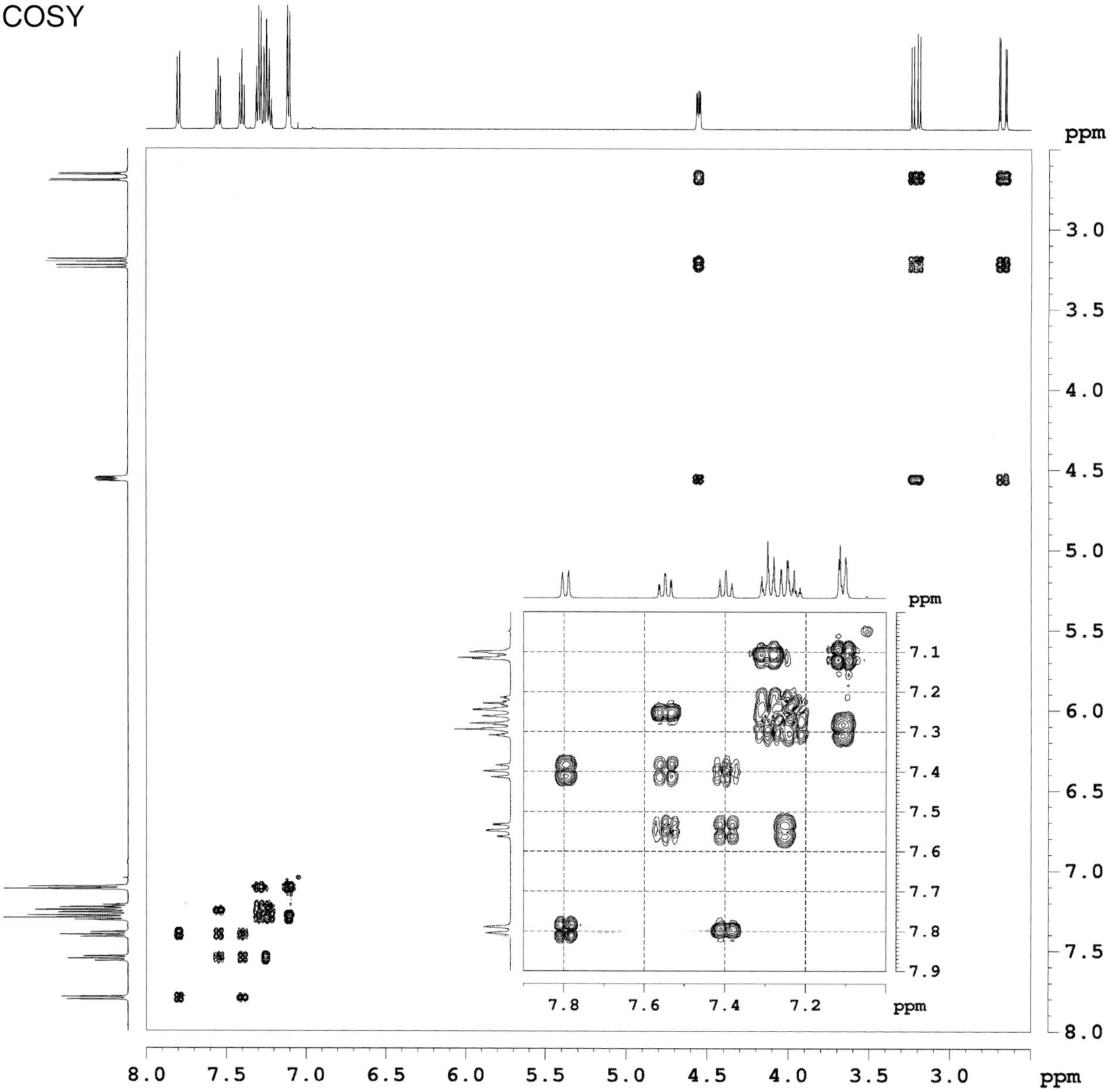
ppm
3.0
3.5
4.0
4.5
5.0
5.5
6.0
6.5
7.0
7.5
8.0
8.0 7.5 7.0 6.5 6.0 5.5 5.0 4.5 4.0 3.5 3.0 ppm
7.1
7.2
7.3
7.4
7.5
7.6
7.7
7.8
7.9
7.8 7.6 7.4 7.2 ppm

HSQC

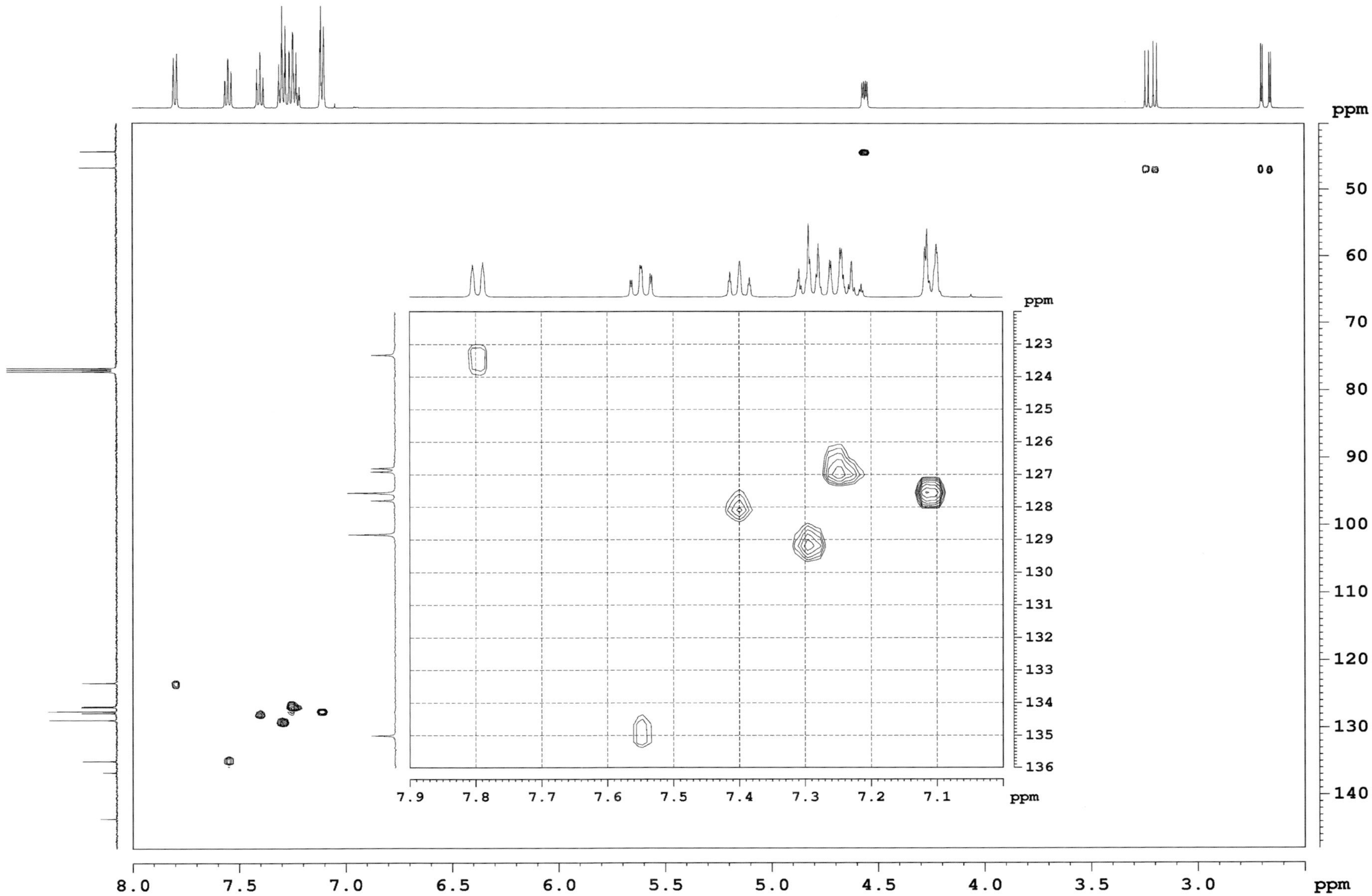

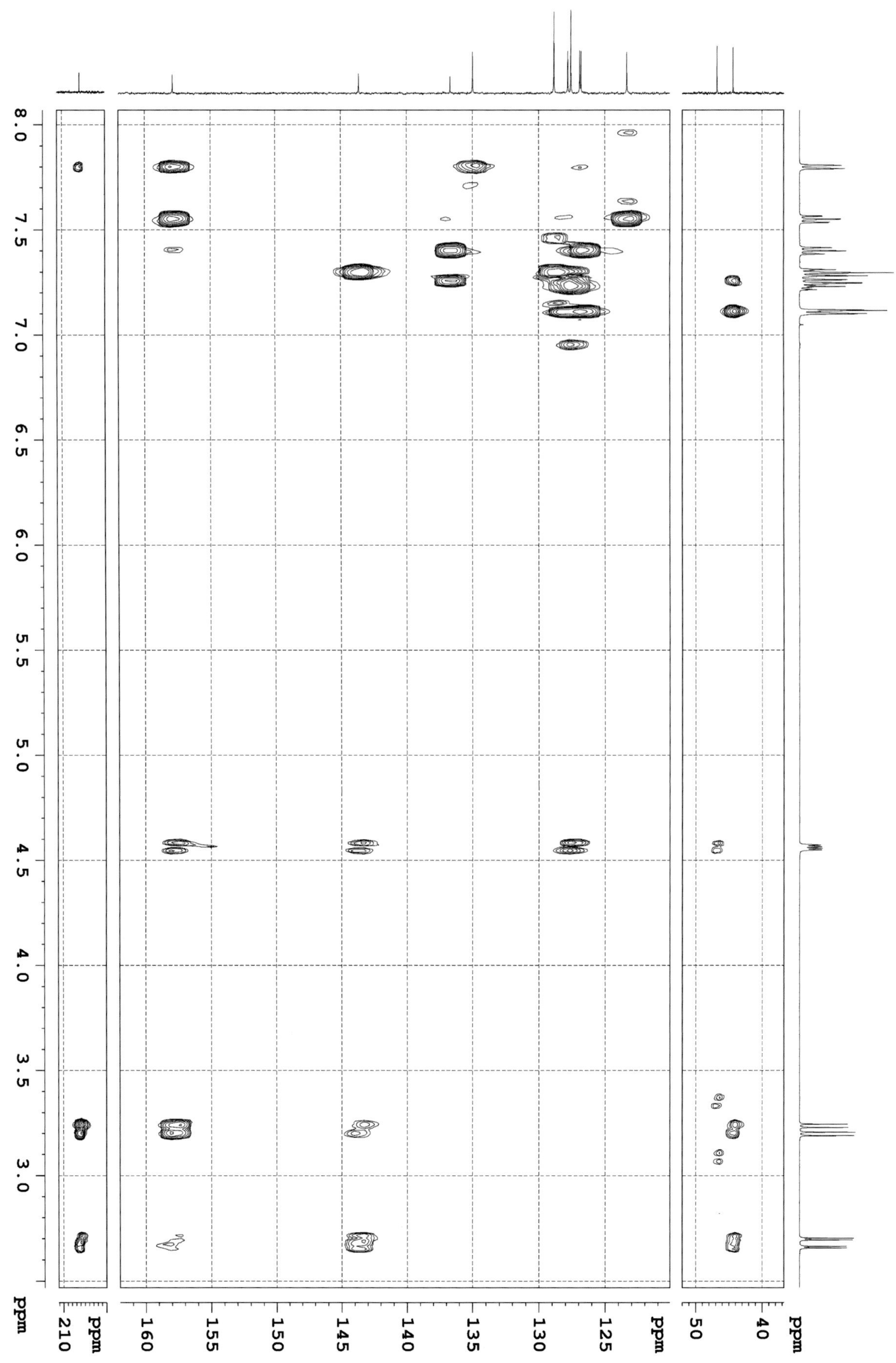
HMBC
ppm
8.0
7.5
7.0
6.5
6.0
5.5
5.0
4.5
4.0
3.5
3.0
210
160
155
150
145
140
135
130
125
50
40

58 $C_{15}H_{12}O_2$

^{13}C

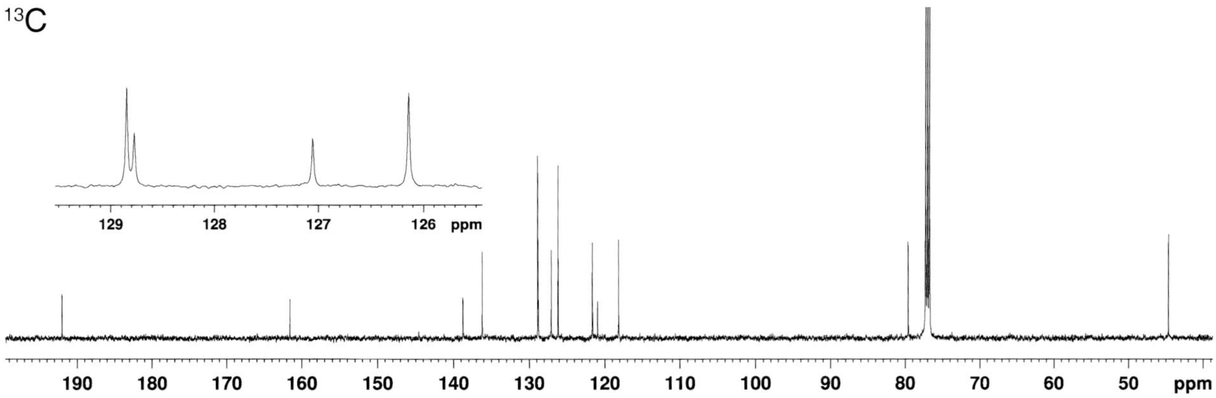

^{1}H

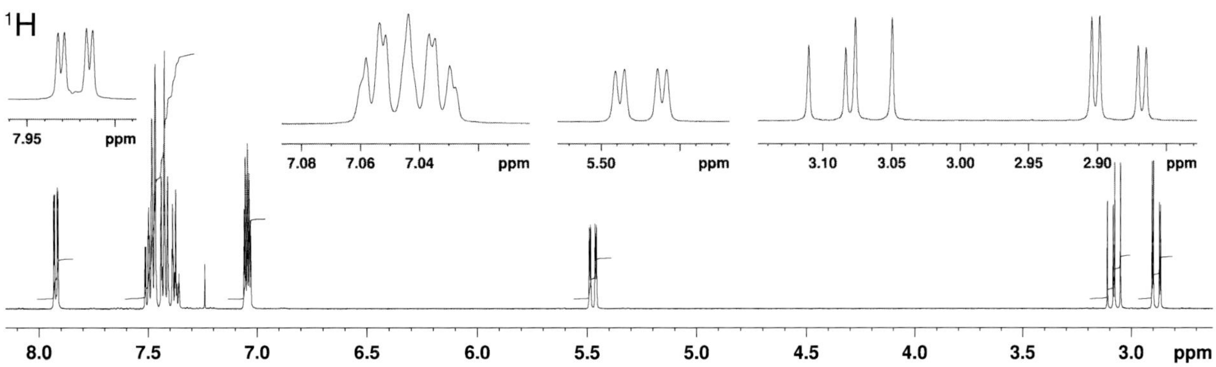

Note

COSY

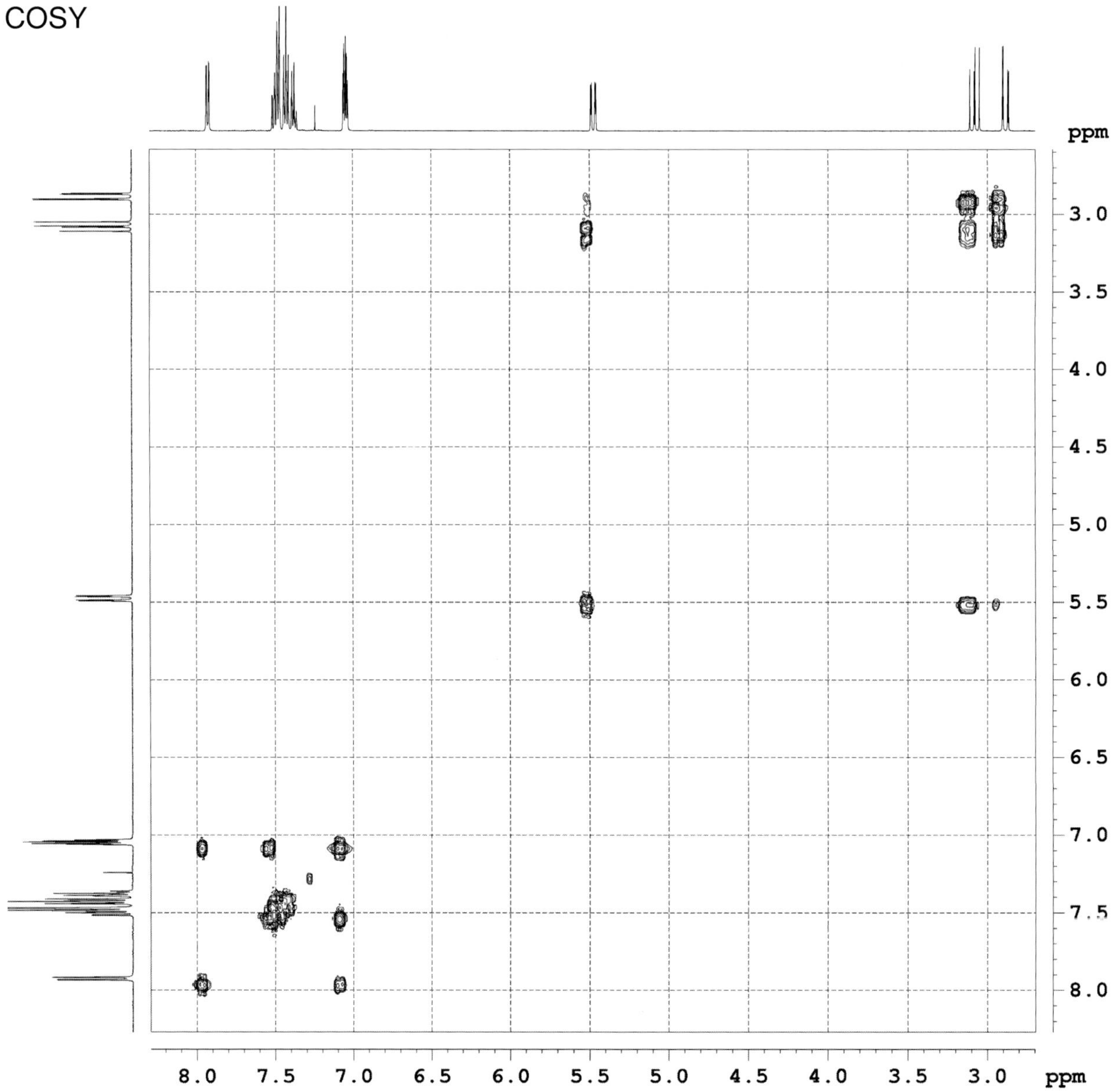
ppm
3.0
3.5
4.0
4.5
5.0
5.5
6.0
6.5
7.0
7.5
8.0
8.0 7.5 7.0 6.5 6.0 5.5 5.0 4.5 4.0 3.5 3.0 ppm

HSQC

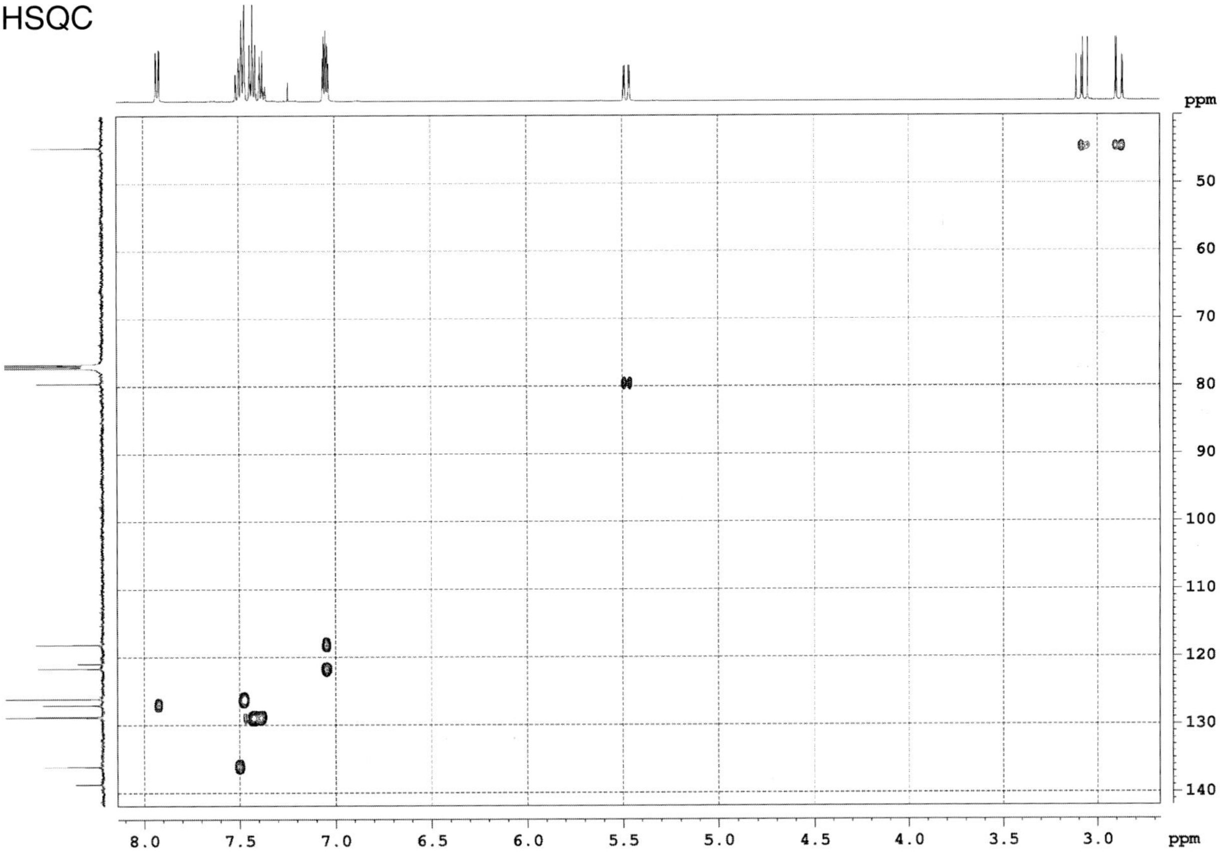

HMBC

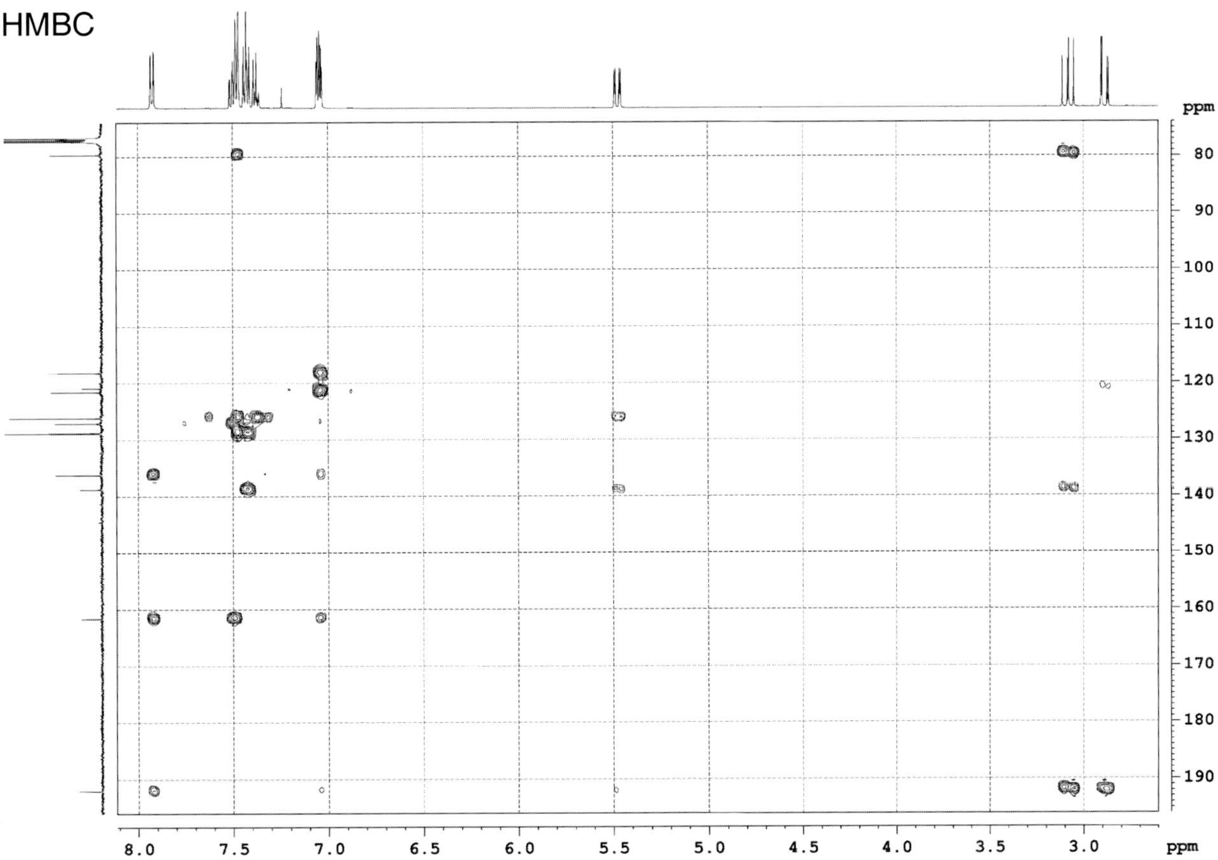

59 $C_6H_{10}O$

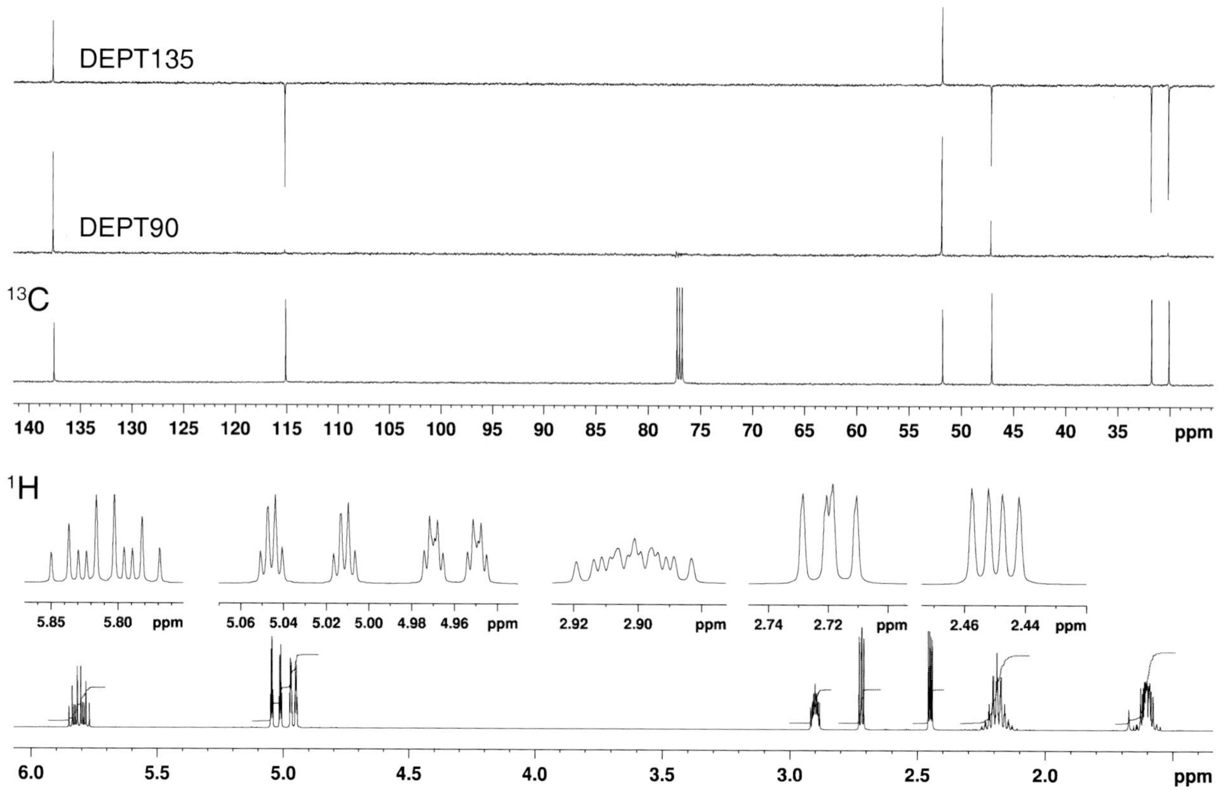

Note

COSY

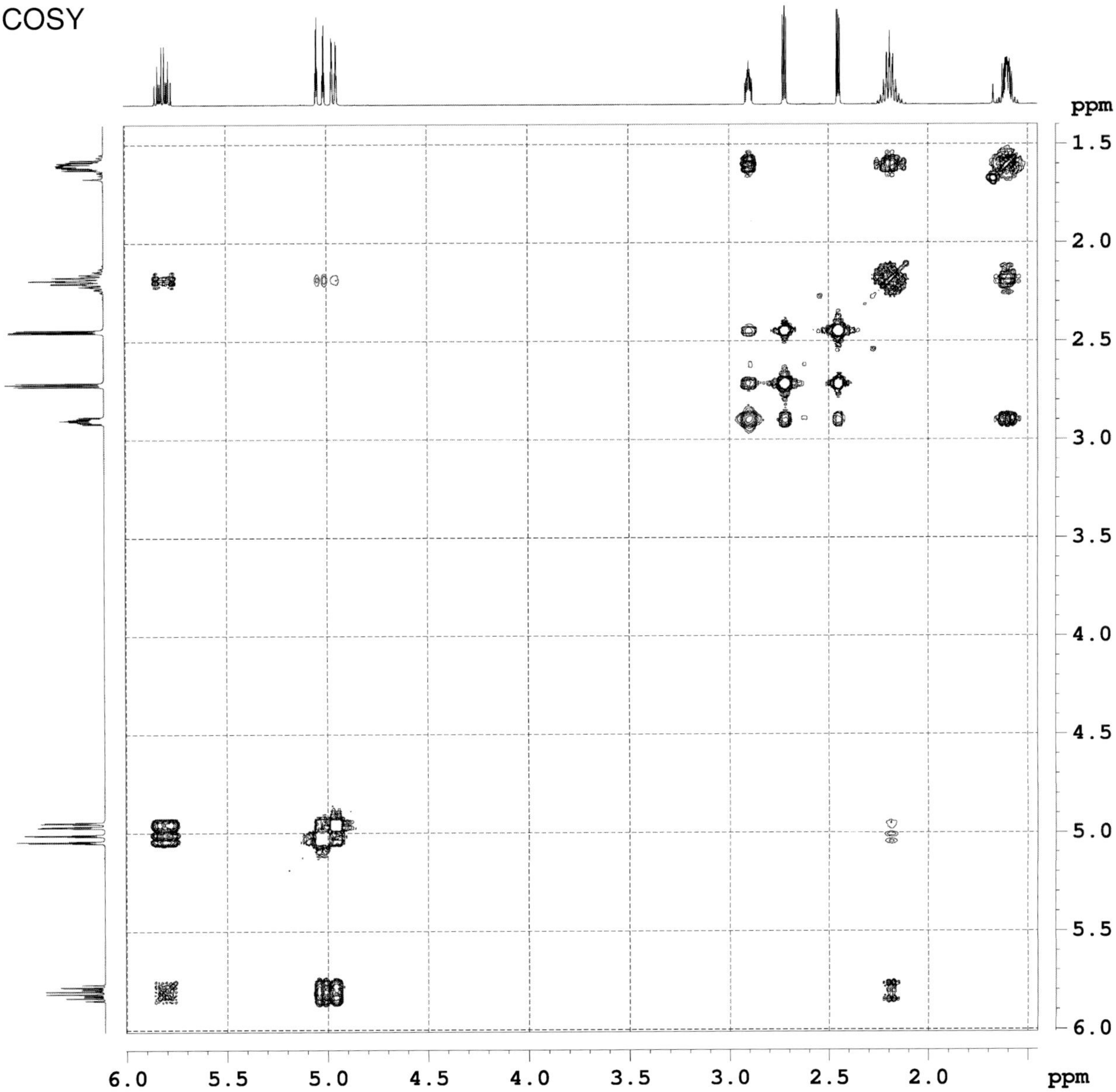

HSQC

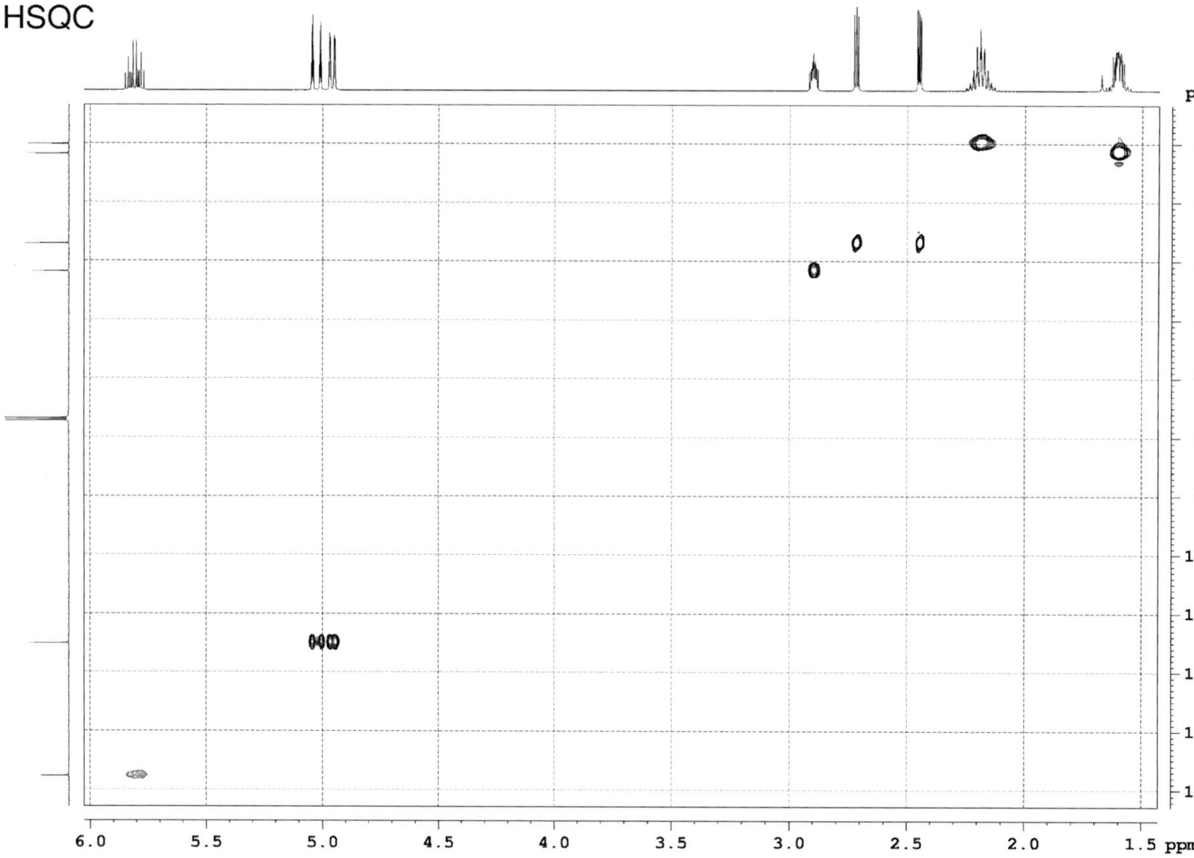
ppm
30
40
50
60
70
80
90
100
110
120
130
140
6.0
5.5
5.0
4.5
4.0
3.5
3.0
2.5
2.0
1.5 ppm

HMBC

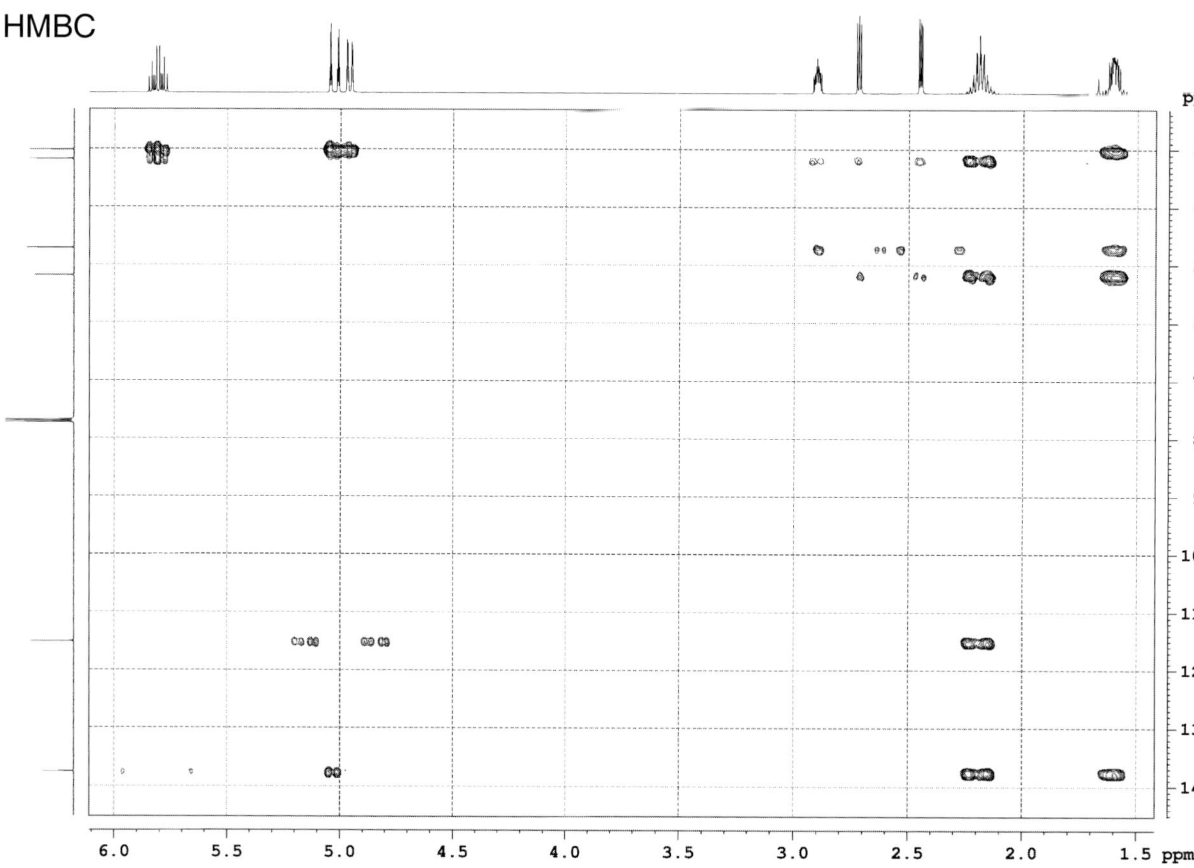
ppm
30
40
50
60
70
80
90
100
110
120
130
140
6.0
5.5
5.0
4.5
4.0
3.5
3.0
2.5
2.0
1.5 ppm

60 $C_{12}H_{11}O_5N$

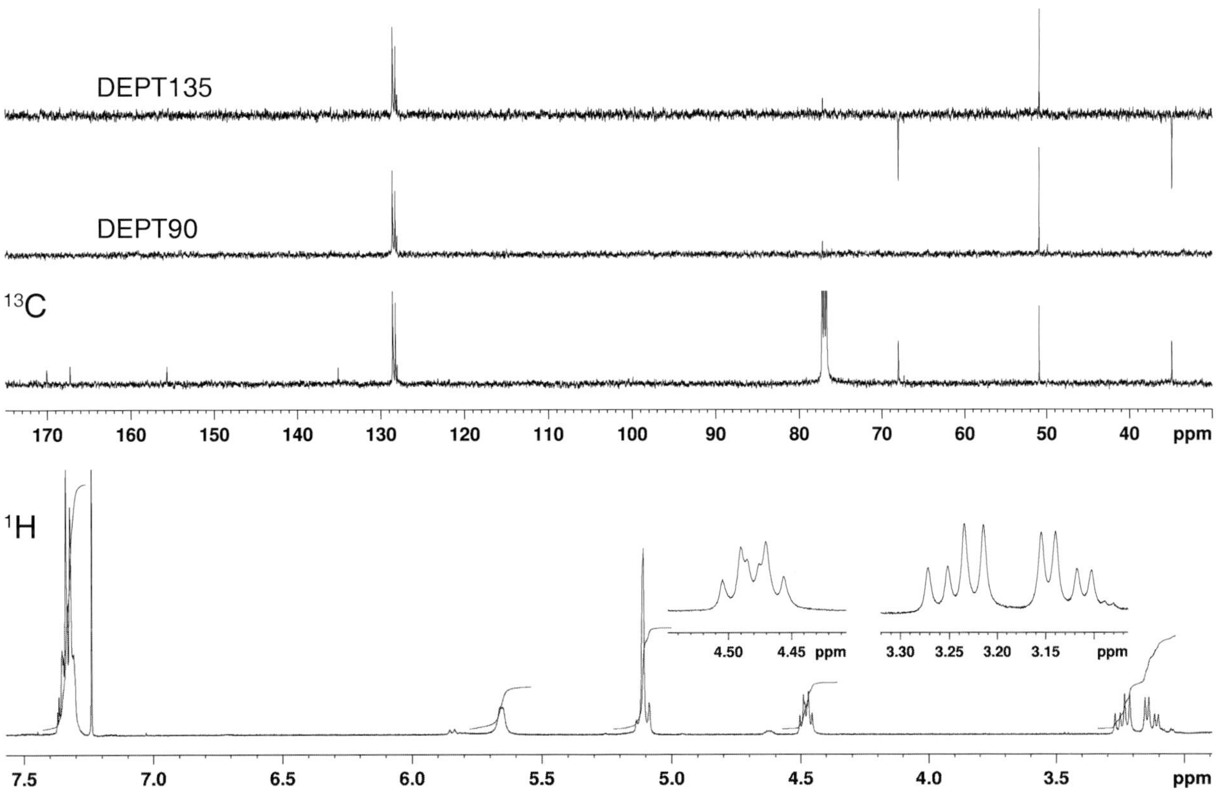

Note

COSY

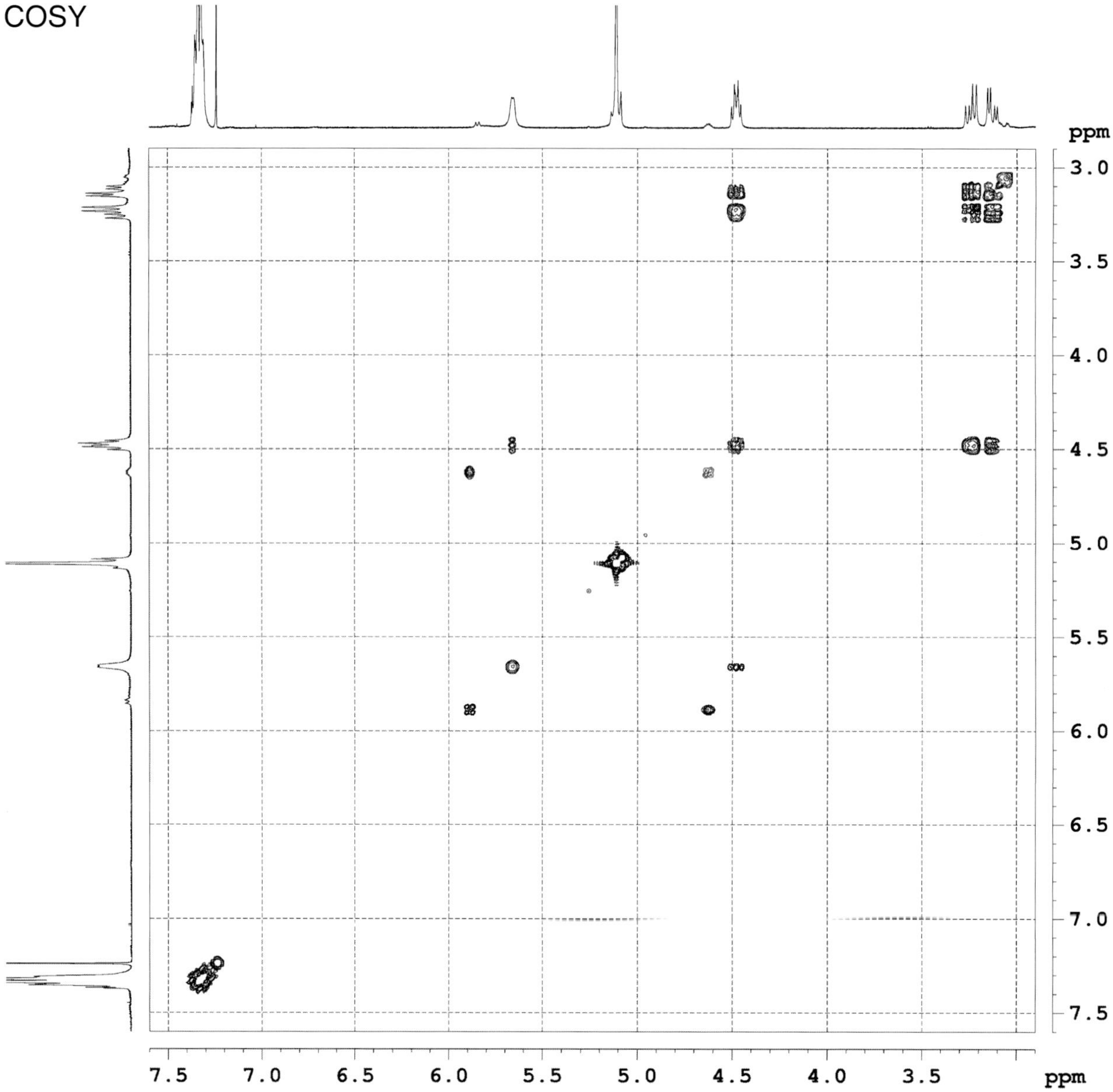

HSQC

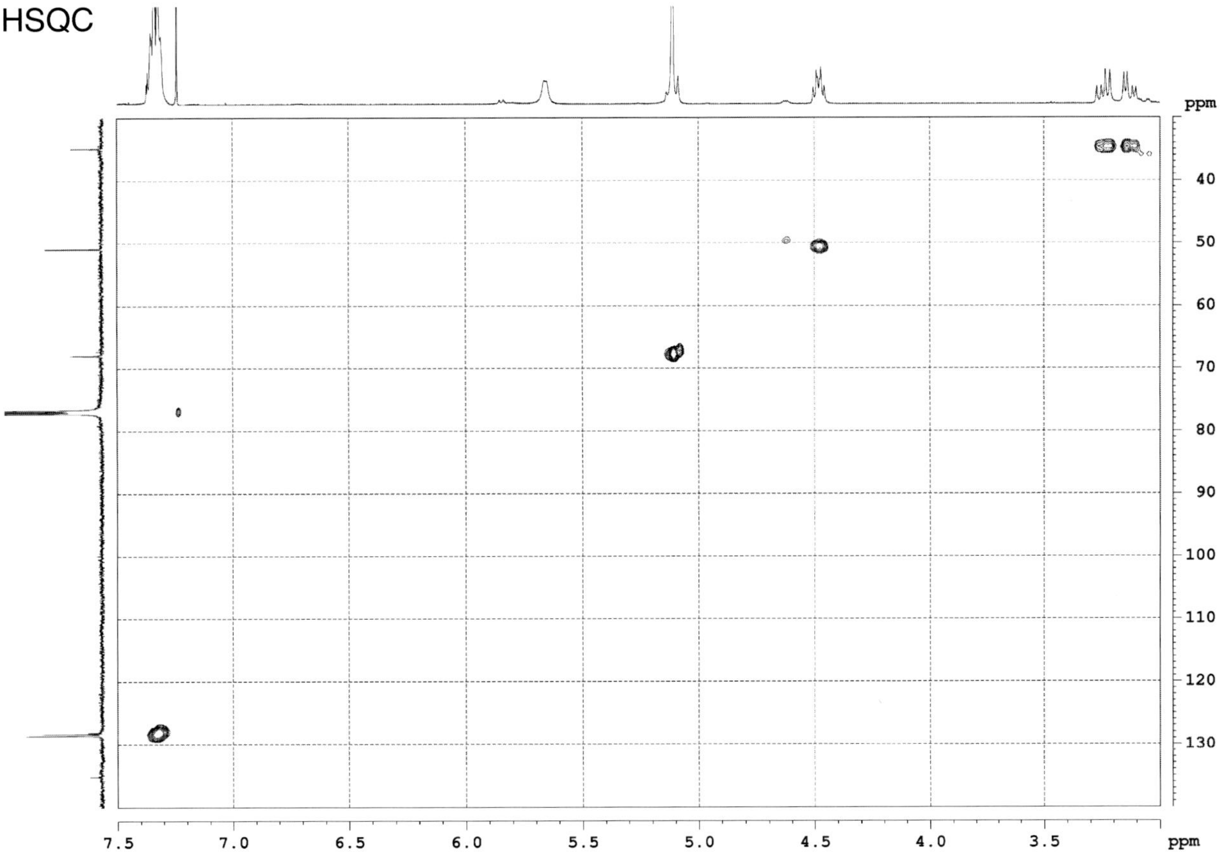
ppm
40
50
60
70
80
90
100
110
120
130
7.5
7.0
6.5
6.0
5.5
5.0
4.5
4.0
3.5
ppm

HMBC

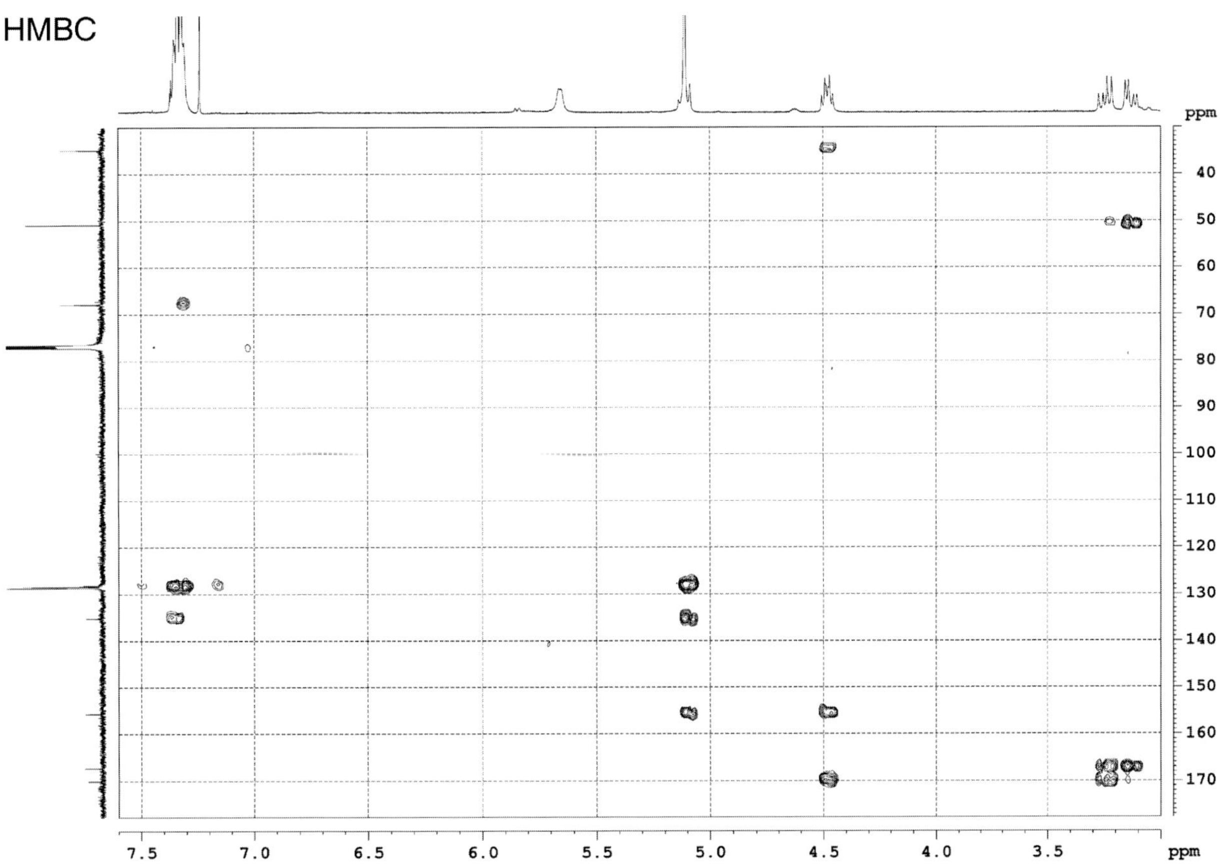
ppm
40
50
60
70
80
90
100
110
120
130
140
150
160
170
7.5
7.0
6.5
6.0
5.5
5.0
4.5
4.0
3.5
ppm

61 $C_7H_6O_2$, 500 MHz(61-73)

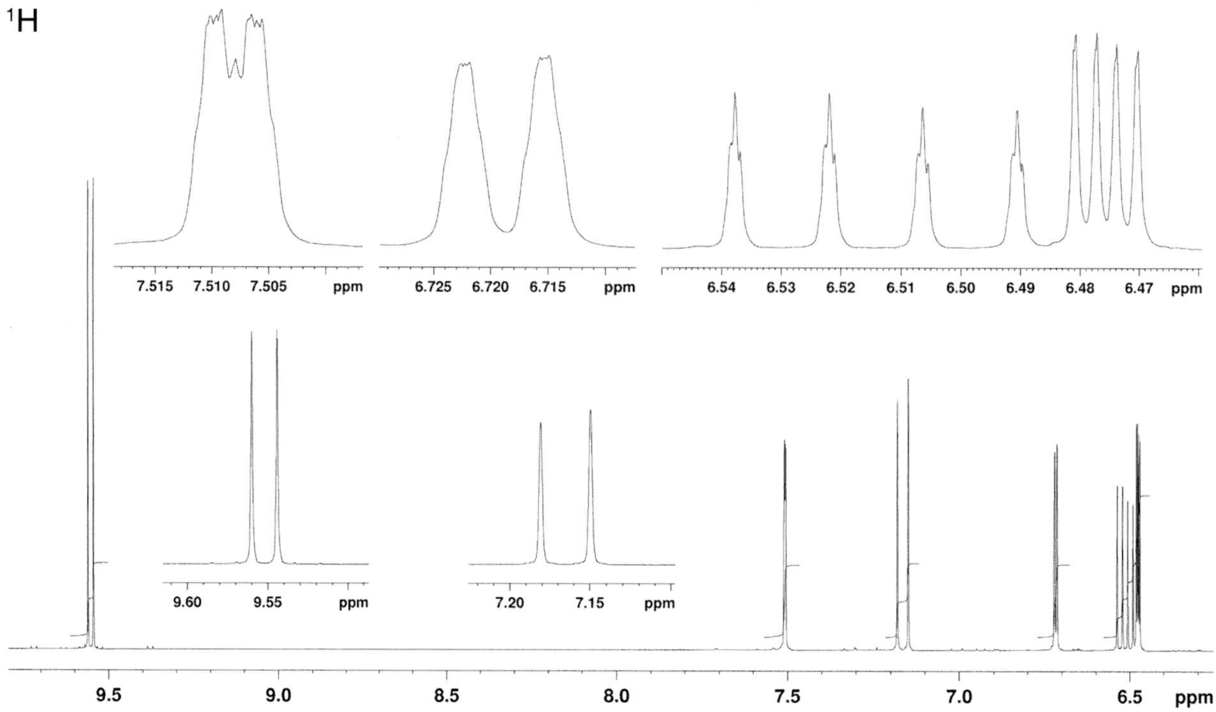

3

연습문제 II

Note

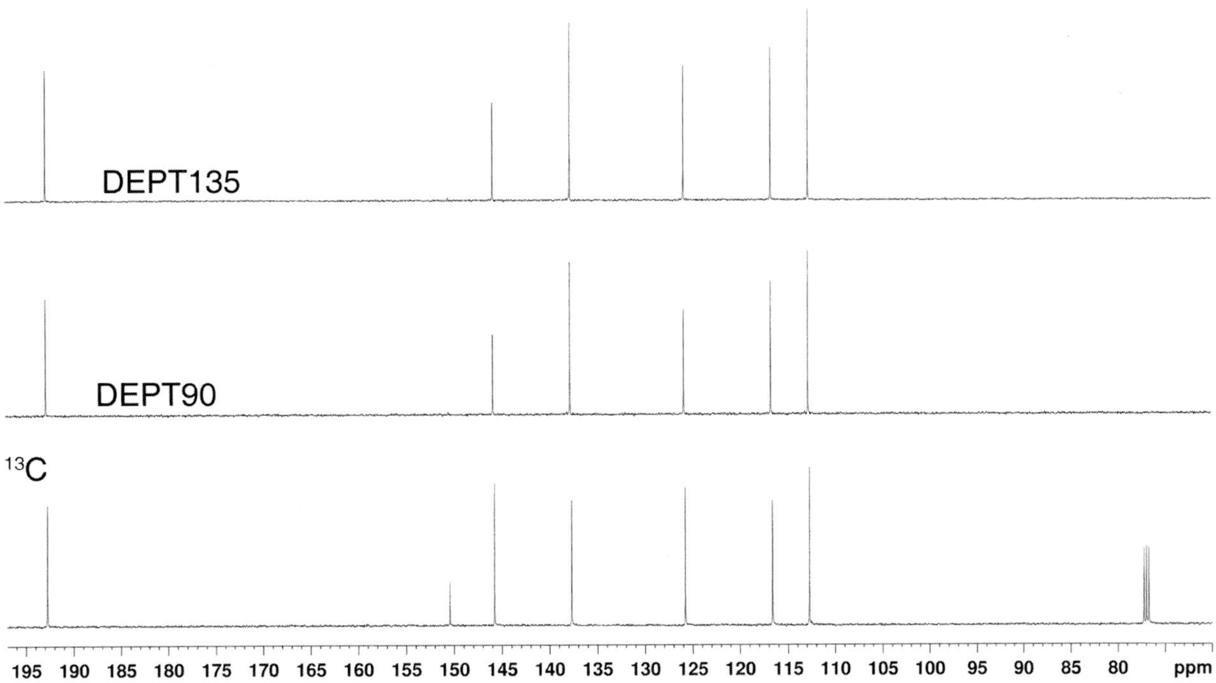
DEPT135
DEPT90
13C
195 190 185 180 175 170 165 160 155 150 145 140 135 130 125 120 115 110 105 100 95 90 85 80 ppm

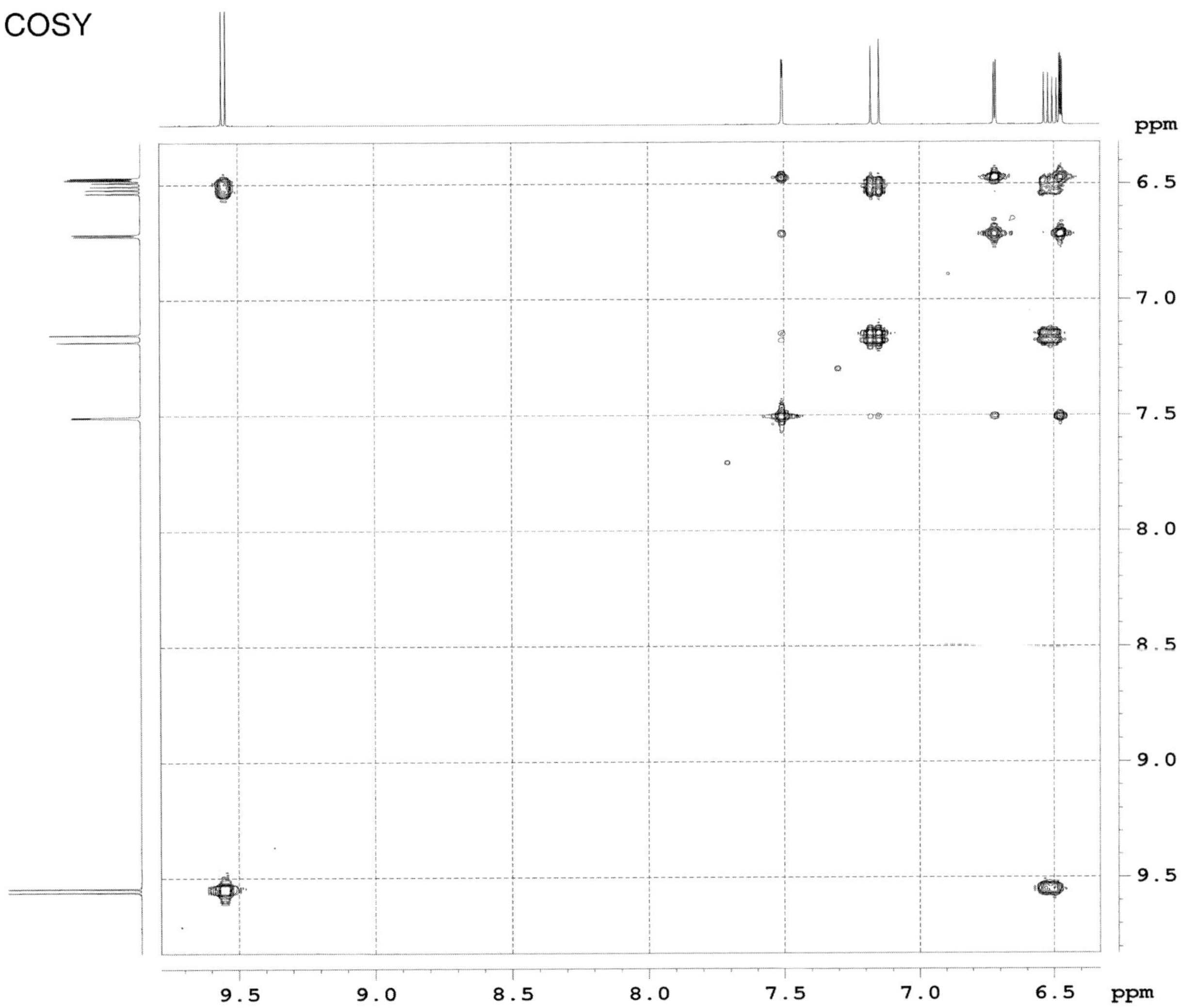
COSY
9.5 9.0 8.5 8.0 7.5 7.0 6.5 ppm
ppm 6.5 7.0 7.5 8.0 8.5 9.0 9.5

Long-range COSY

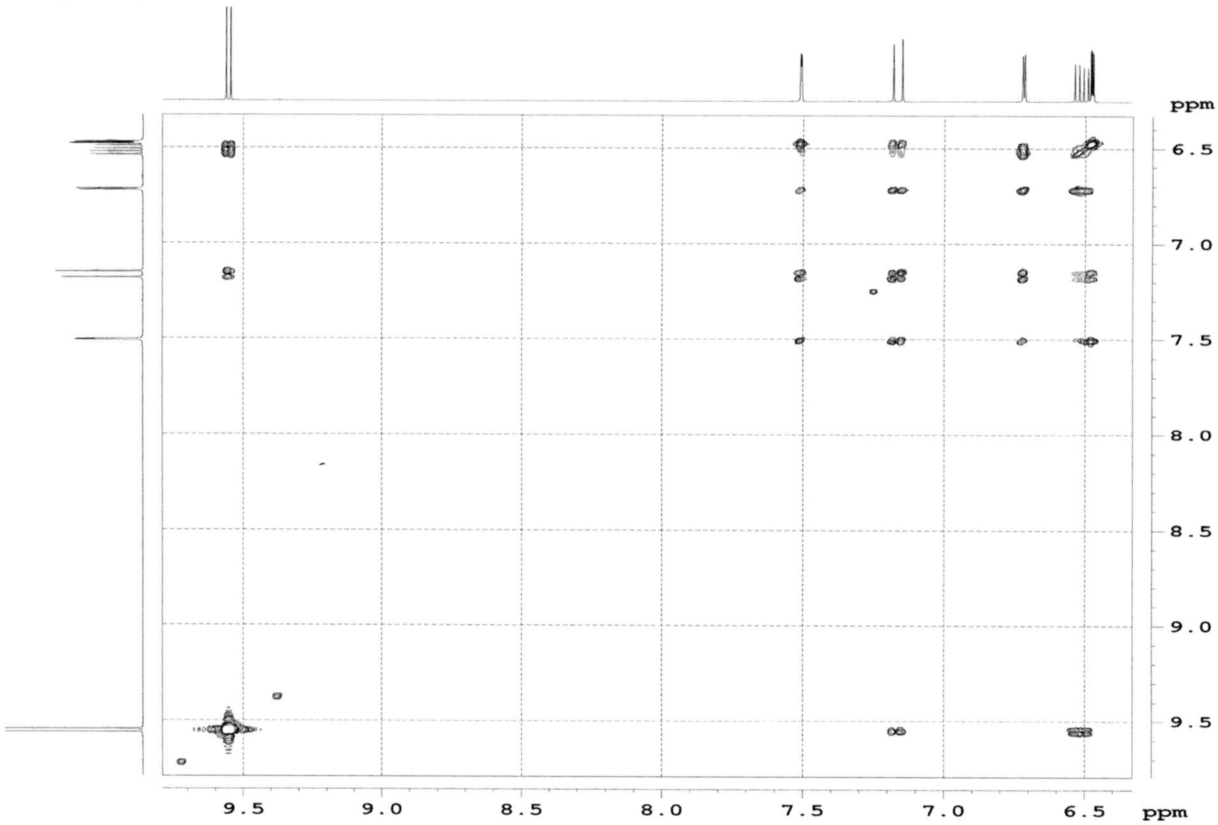

HSQC

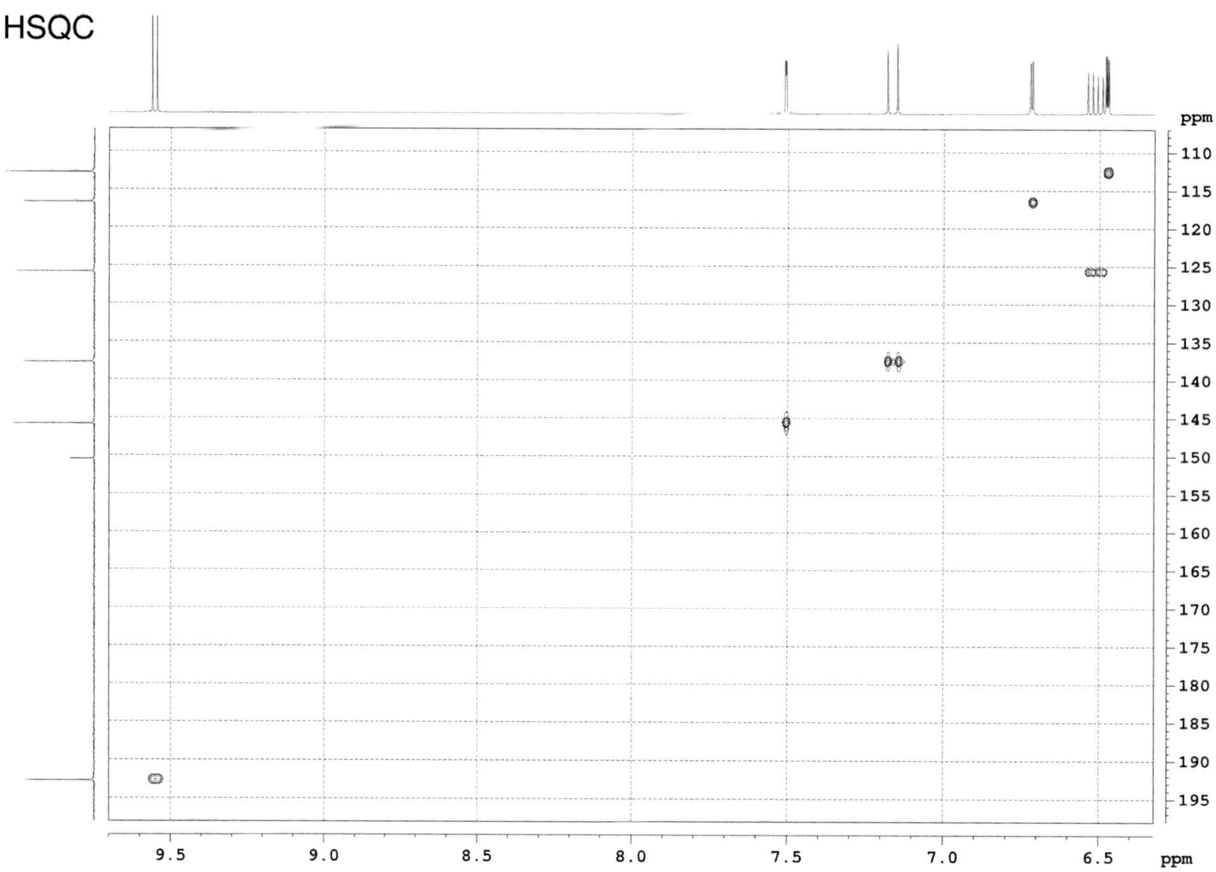

HMBC

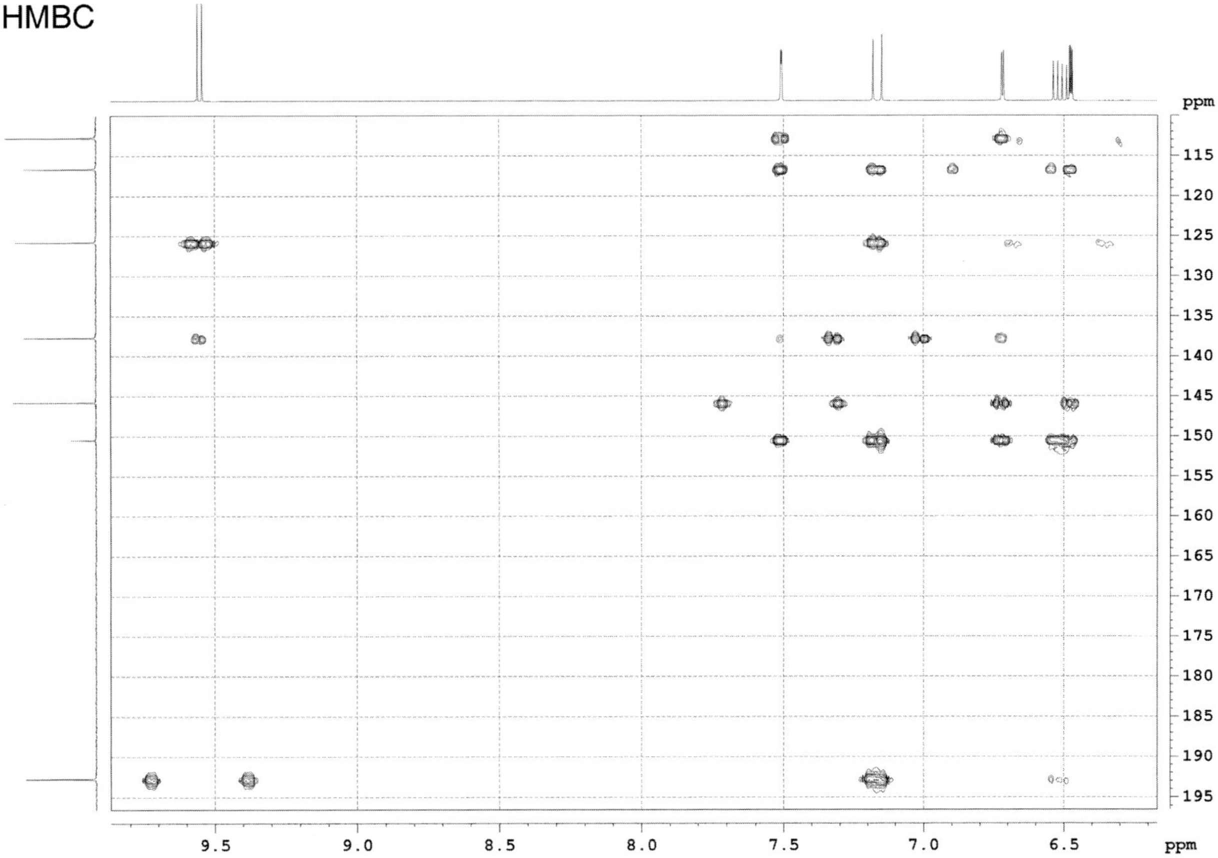

1D-NOESY

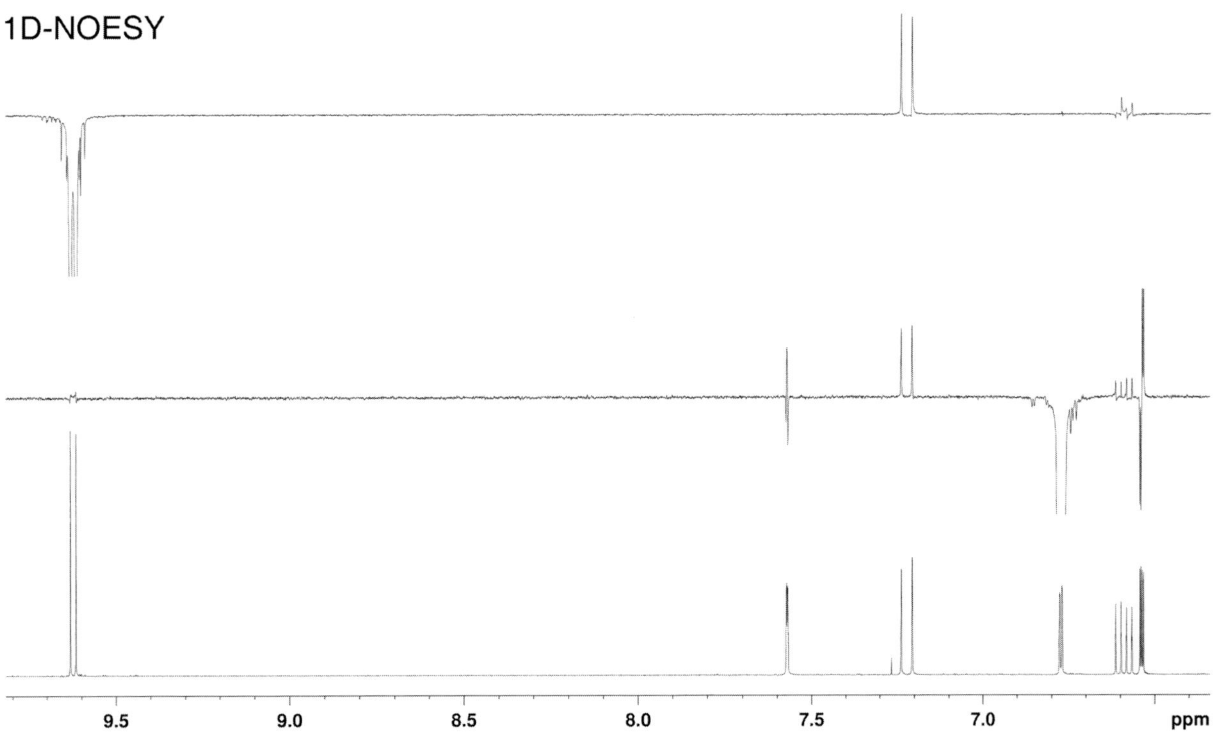

62 $C_7H_6O_2S$

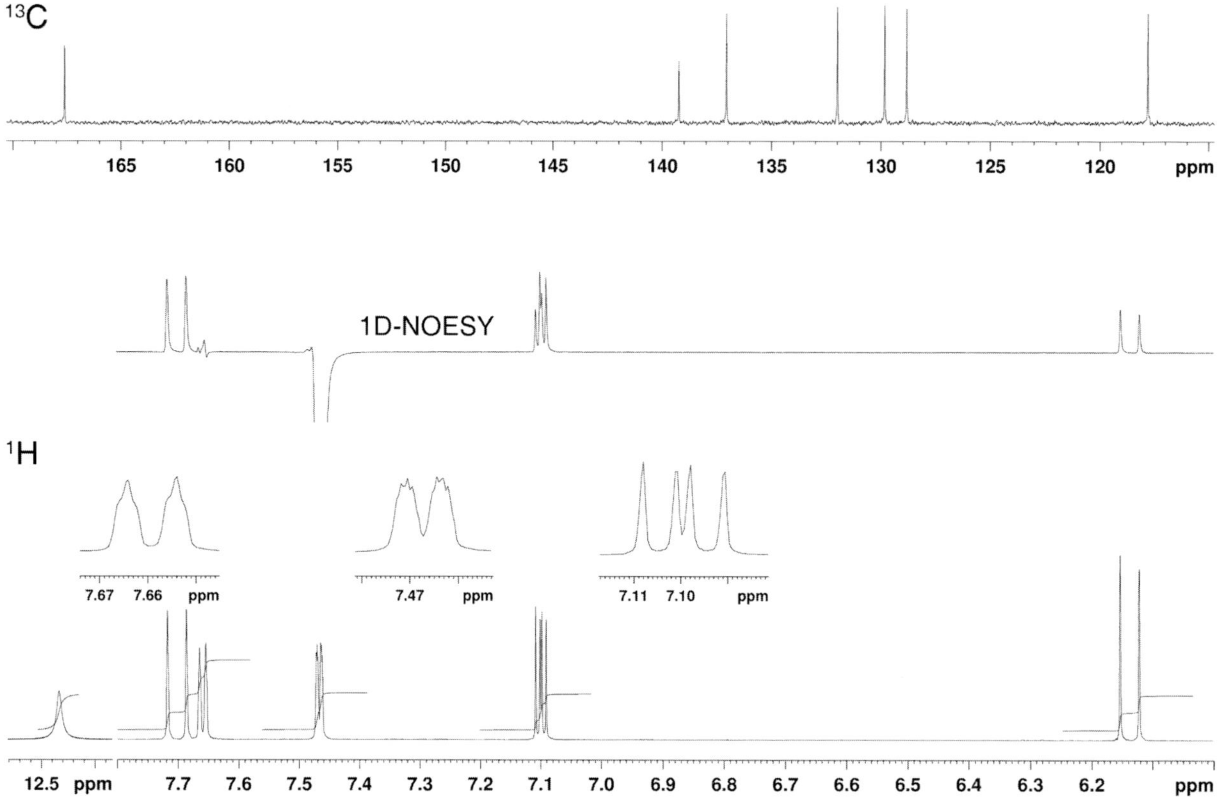

Note

HSQC

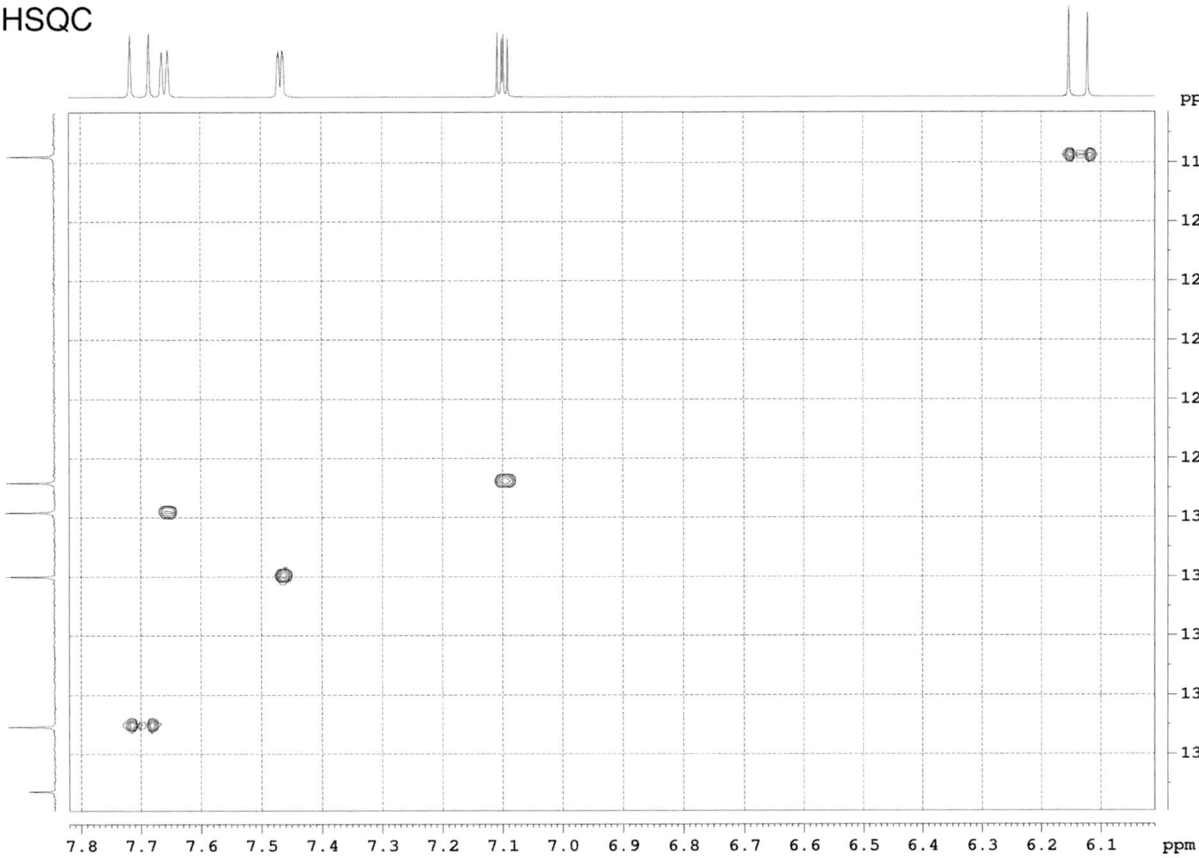
ppm
118
120
122
124
126
128
130
132
134
136
138
7.8 7.7 7.6 7.5 7.4 7.3 7.2 7.1 7.0 6.9 6.8 6.7 6.6 6.5 6.4 6.3 6.2 6.1
ppm

HMBC

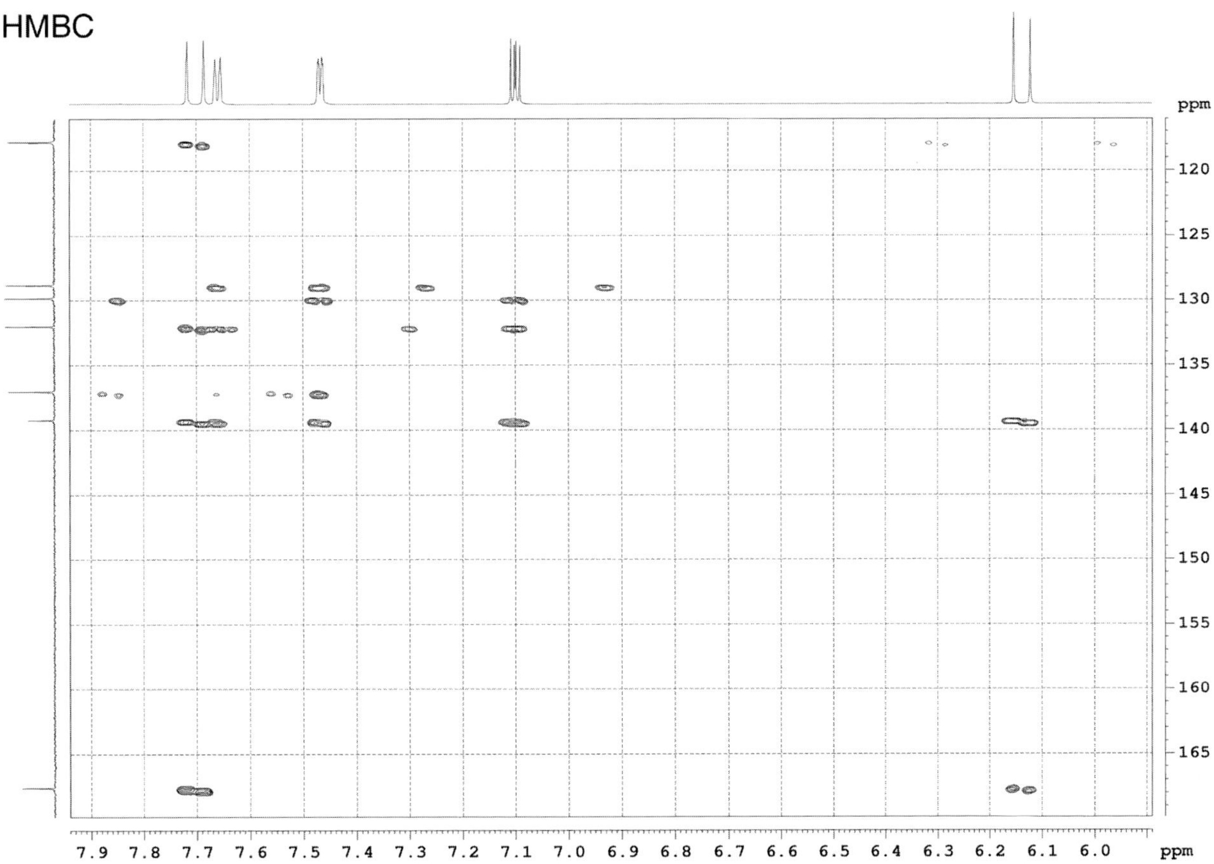
ppm
120
125
130
135
140
145
150
155
160
165
7.9 7.8 7.7 7.6 7.5 7.4 7.3 7.2 7.1 7.0 6.9 6.8 6.7 6.6 6.5 6.4 6.3 6.2 6.1 6.0
ppm

63 $C_9H_{10}O$

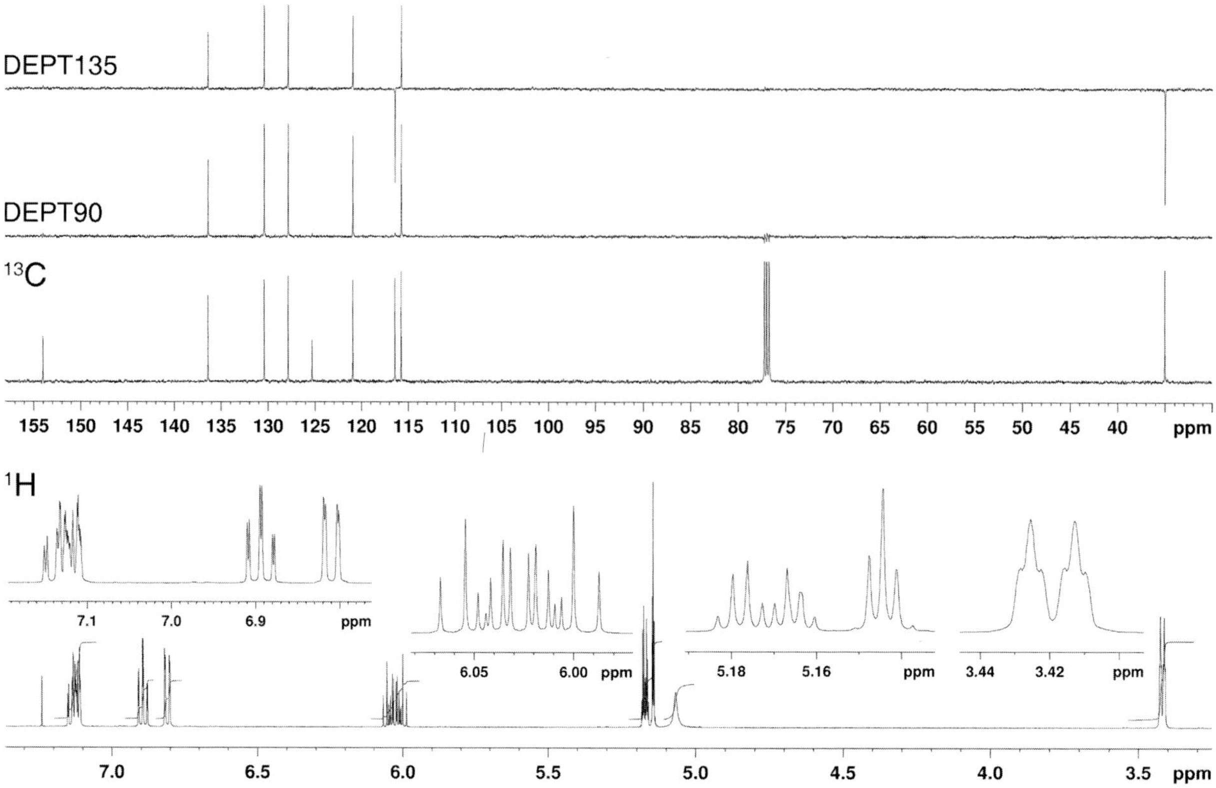

Note

COSY

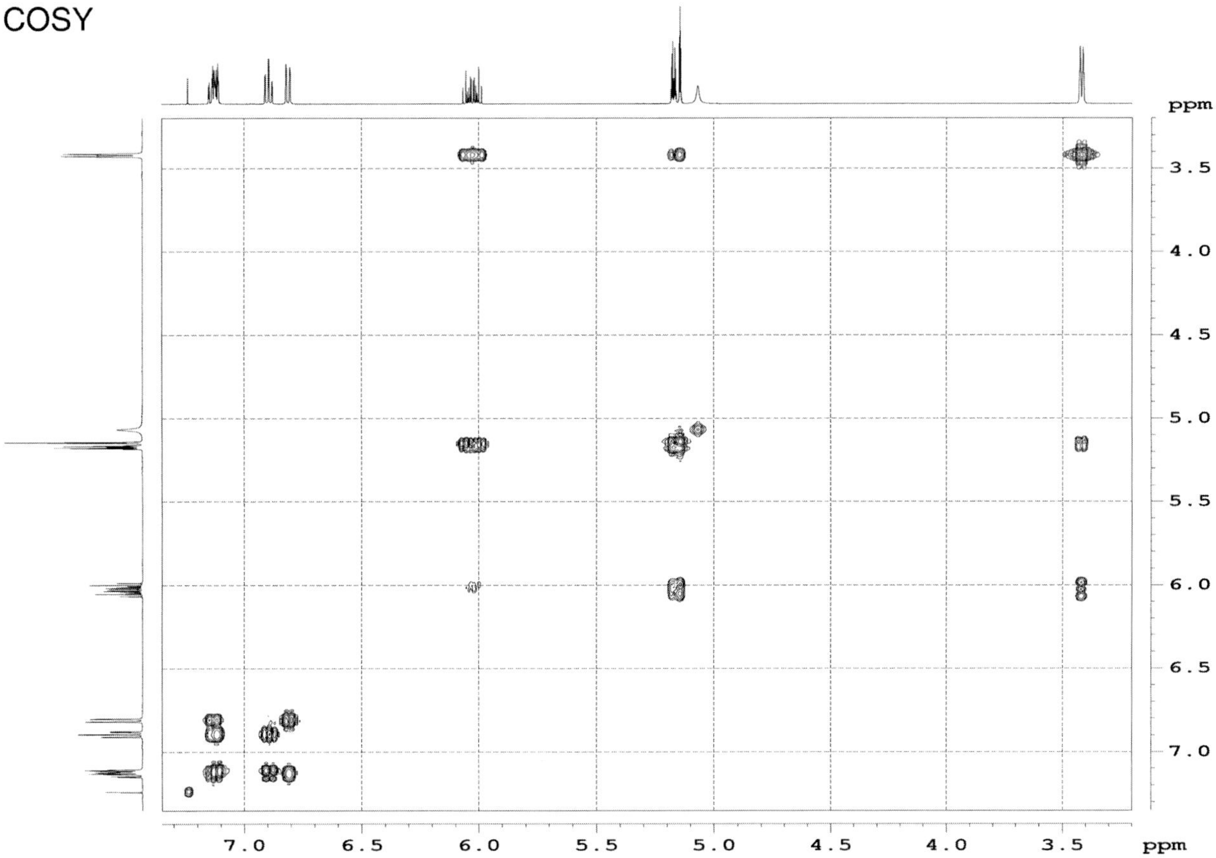

Long-range COSY

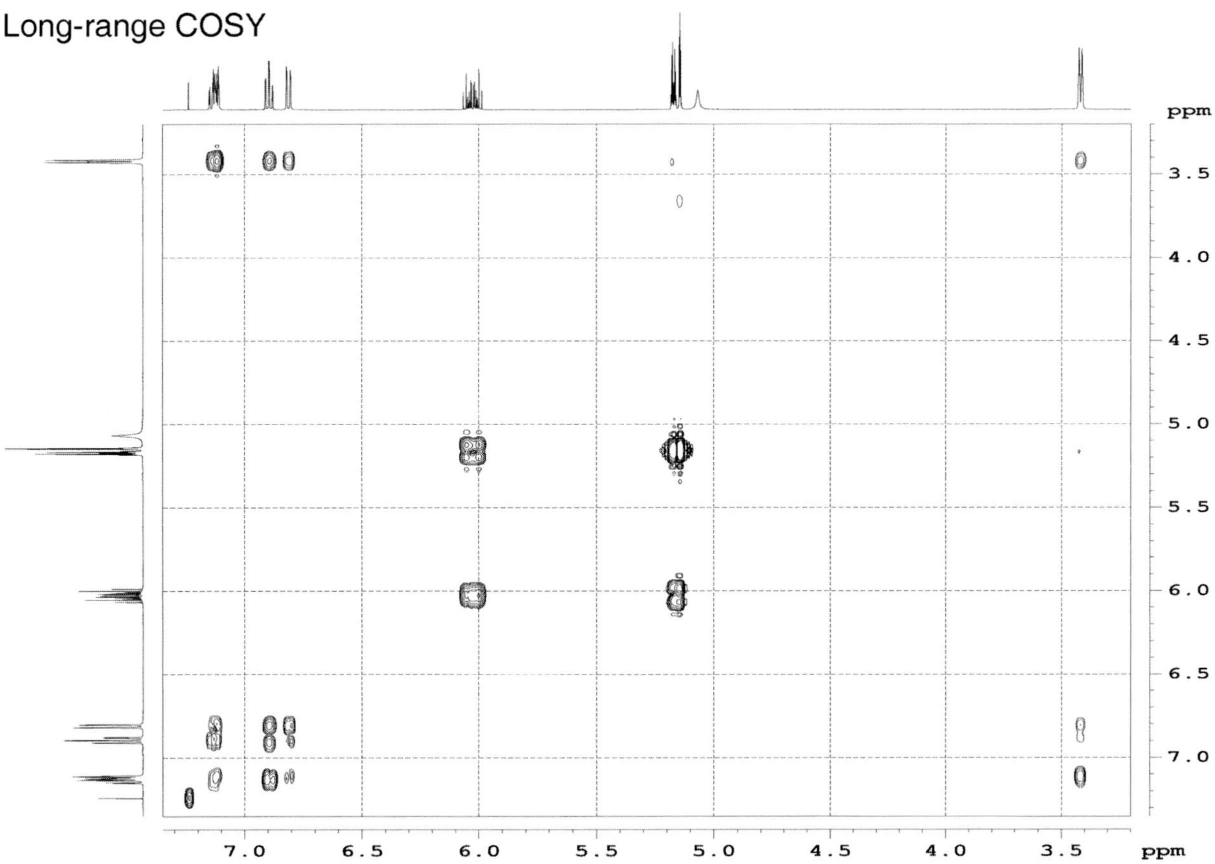

J-resolved

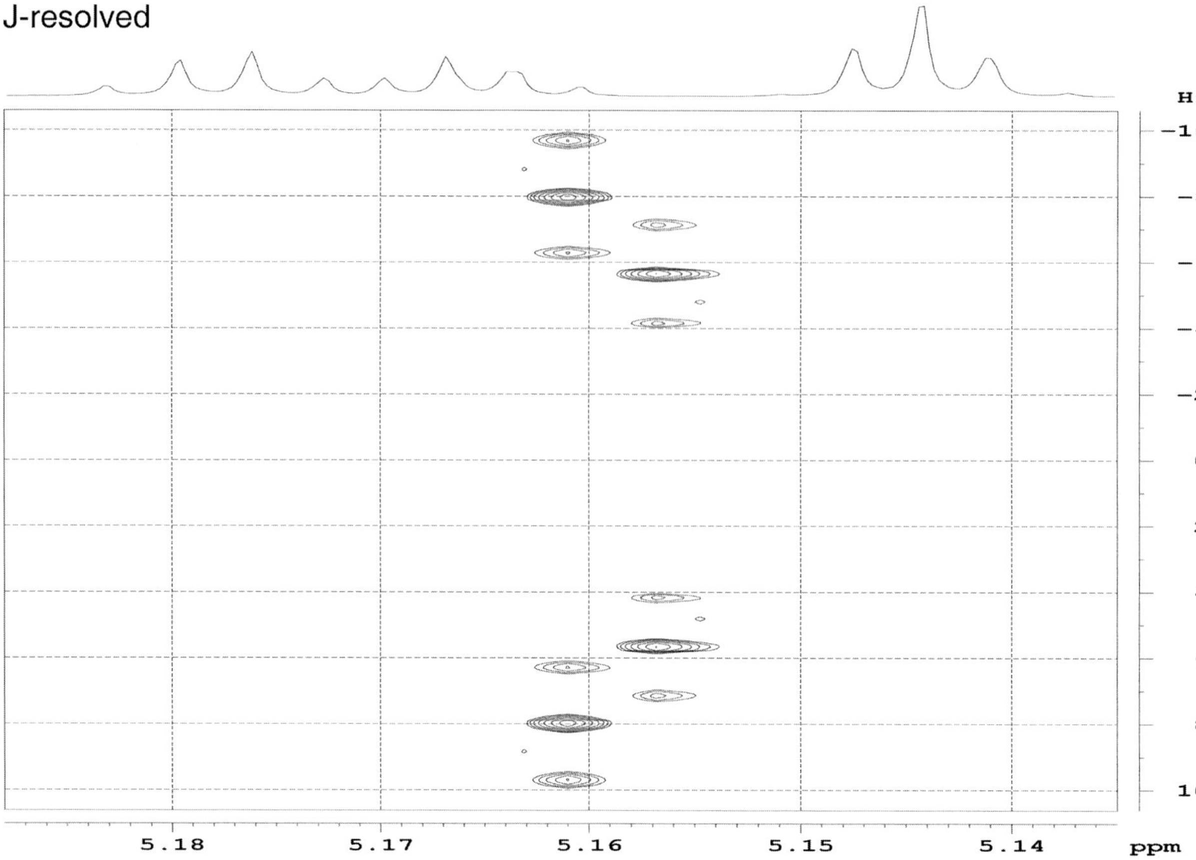

HSQC

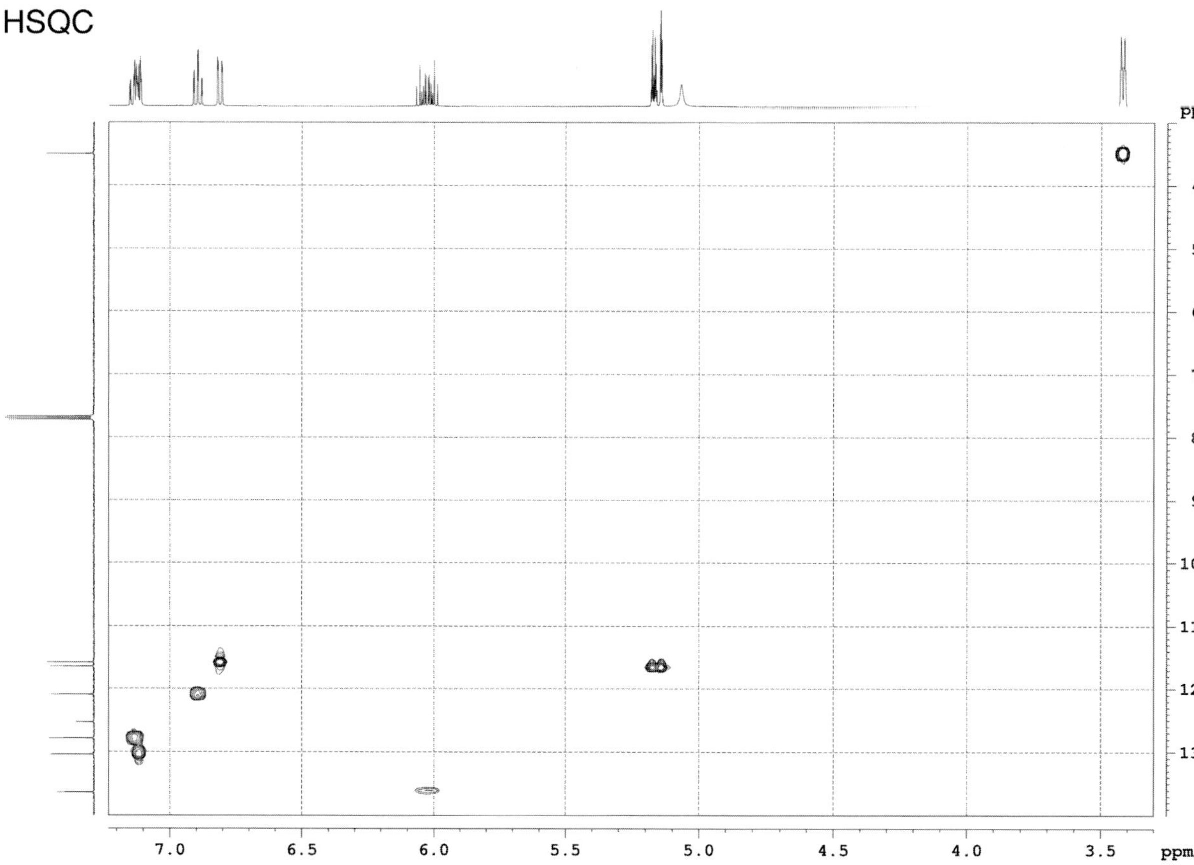

HMBC

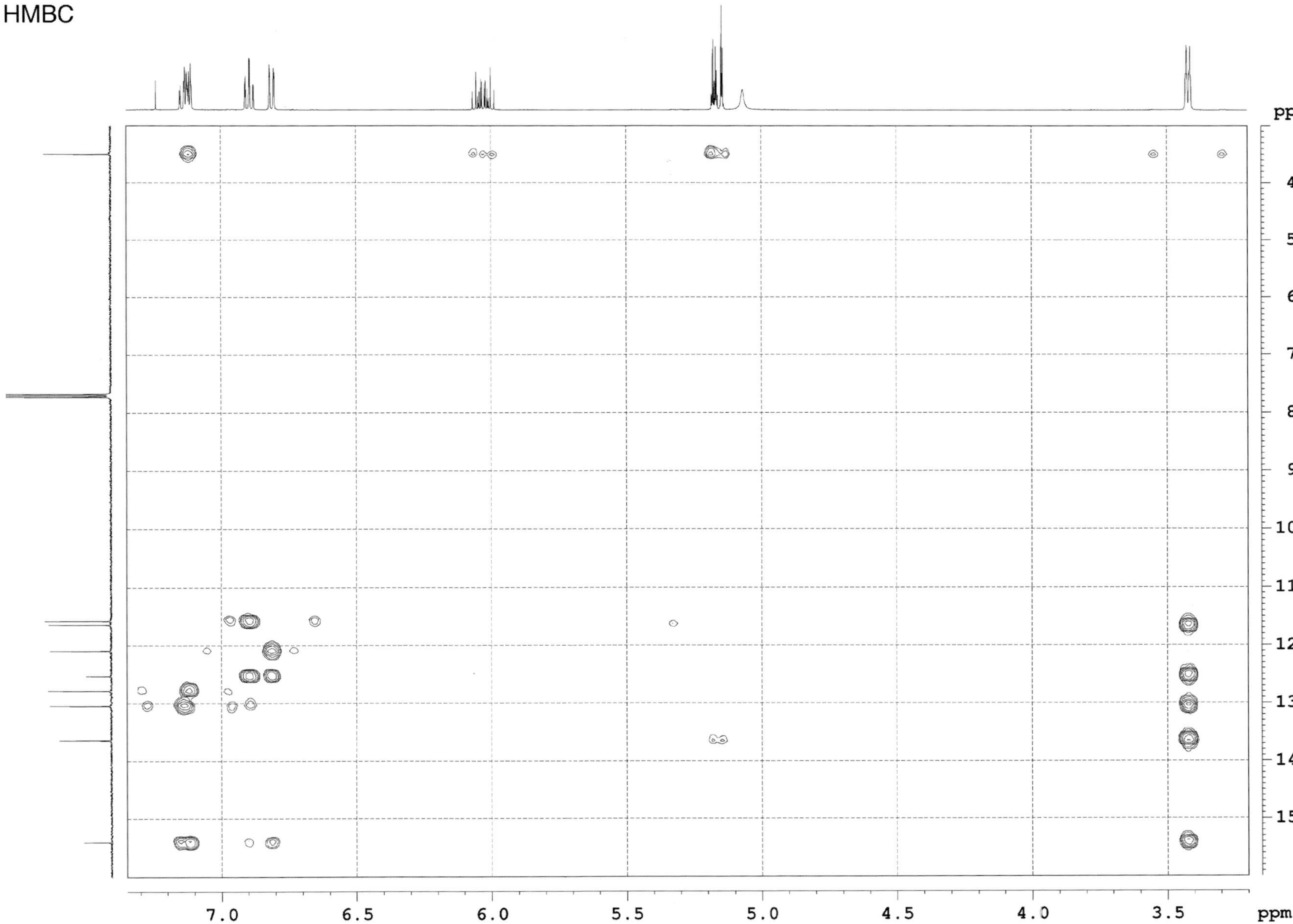
ppm
40
50
60
70
80
90
100
110
120
130
140
150
7.0
6.5
6.0
5.5
5.0
4.5
4.0
3.5
ppm

64 $C_{10}H_{12}O_2$

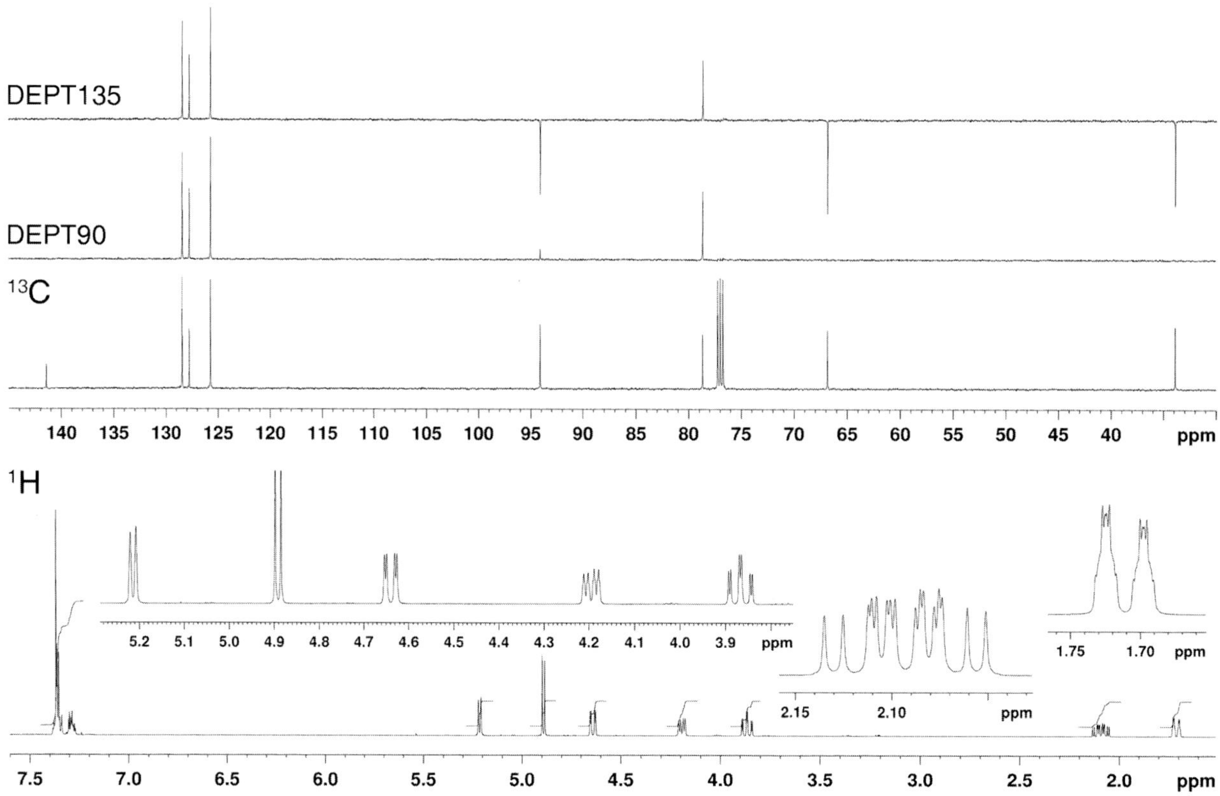

3 연습문제 II

Note

COSY

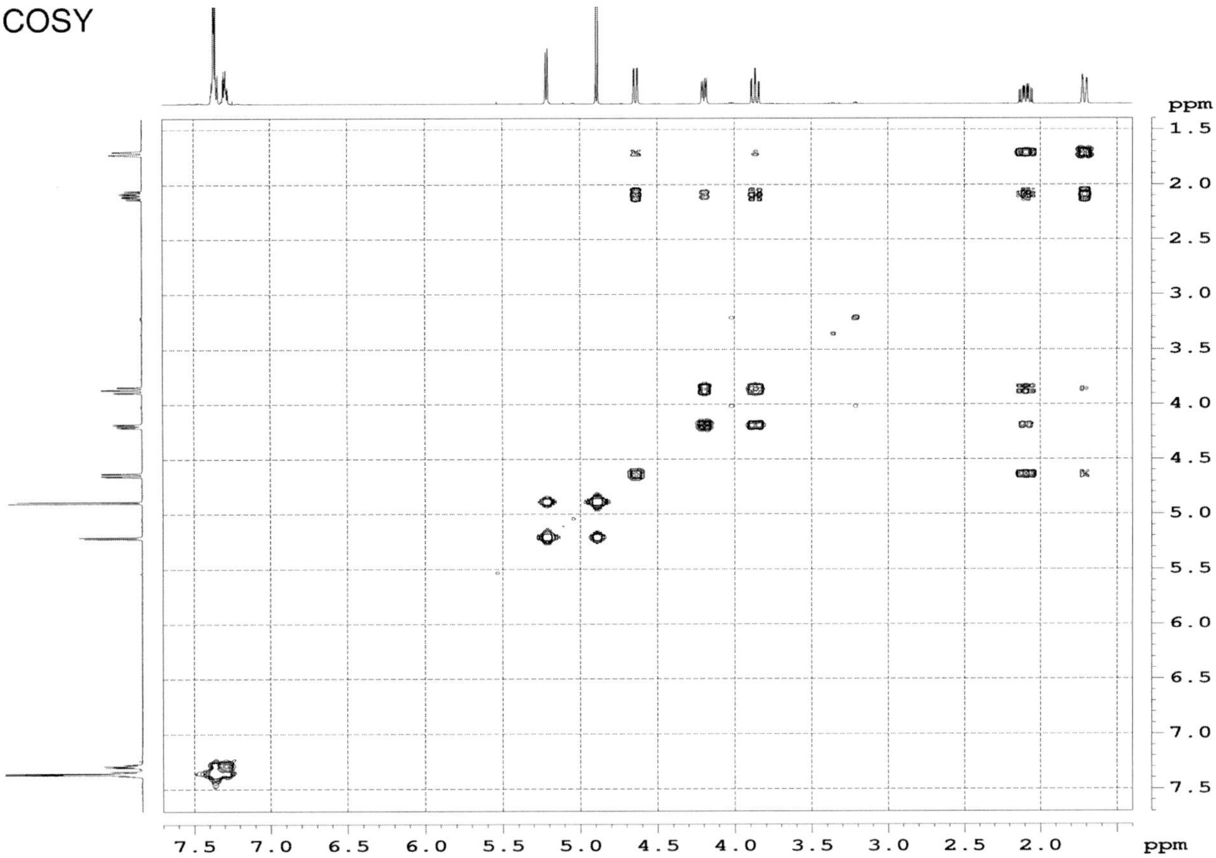

HSQC

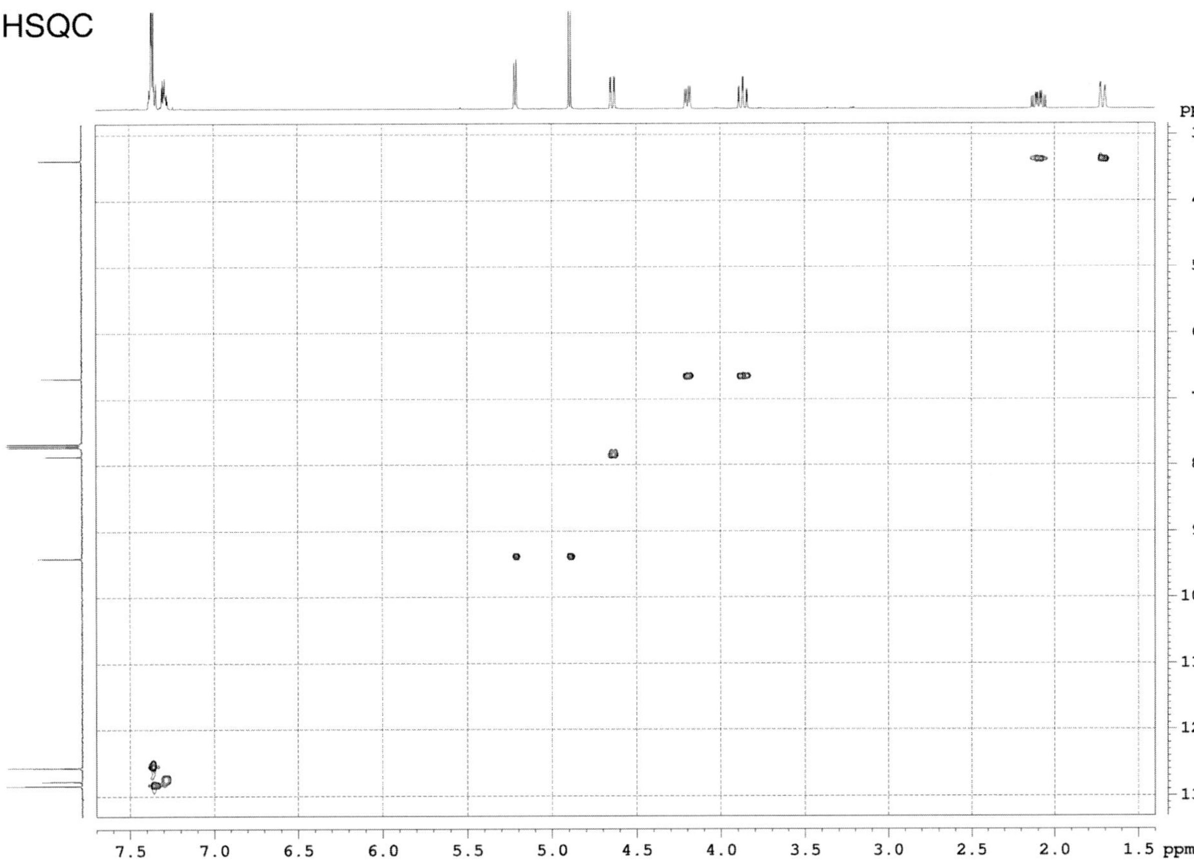

HMBC

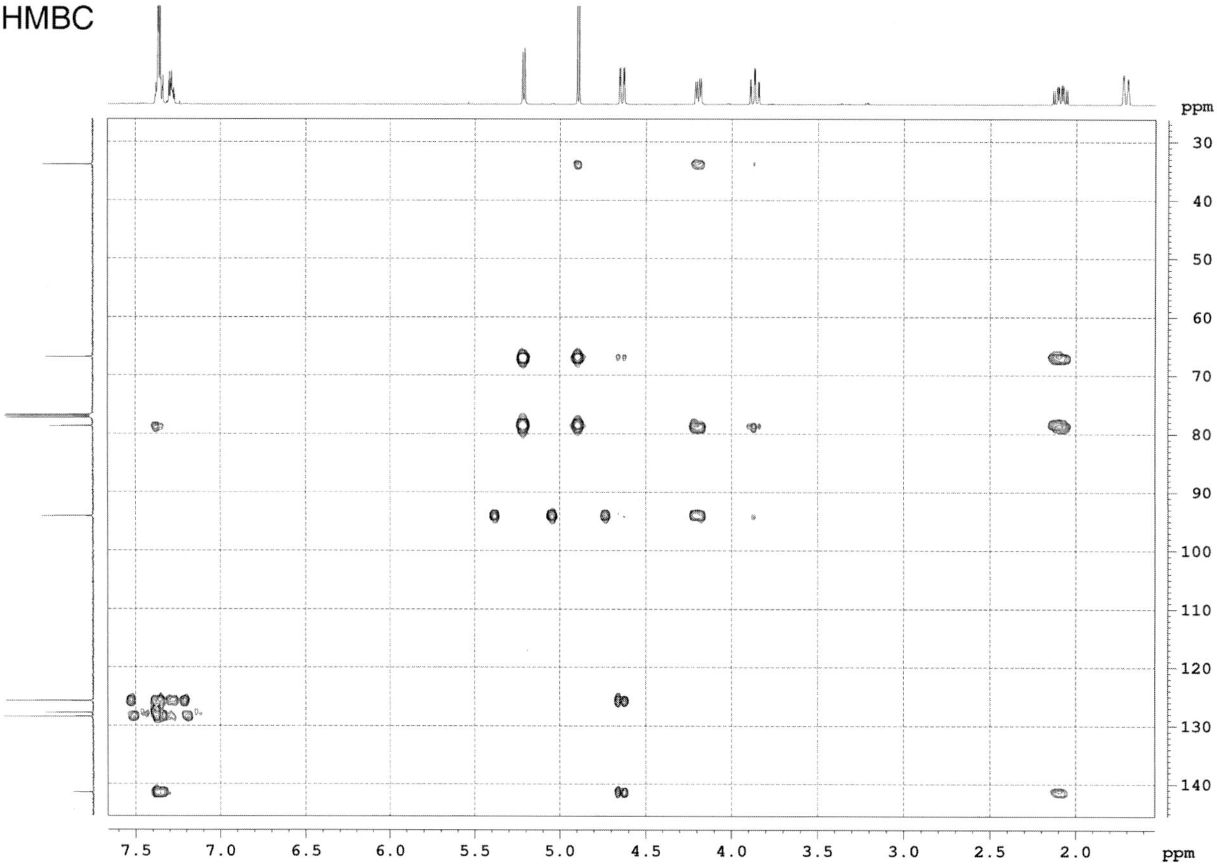

1D-NOESY

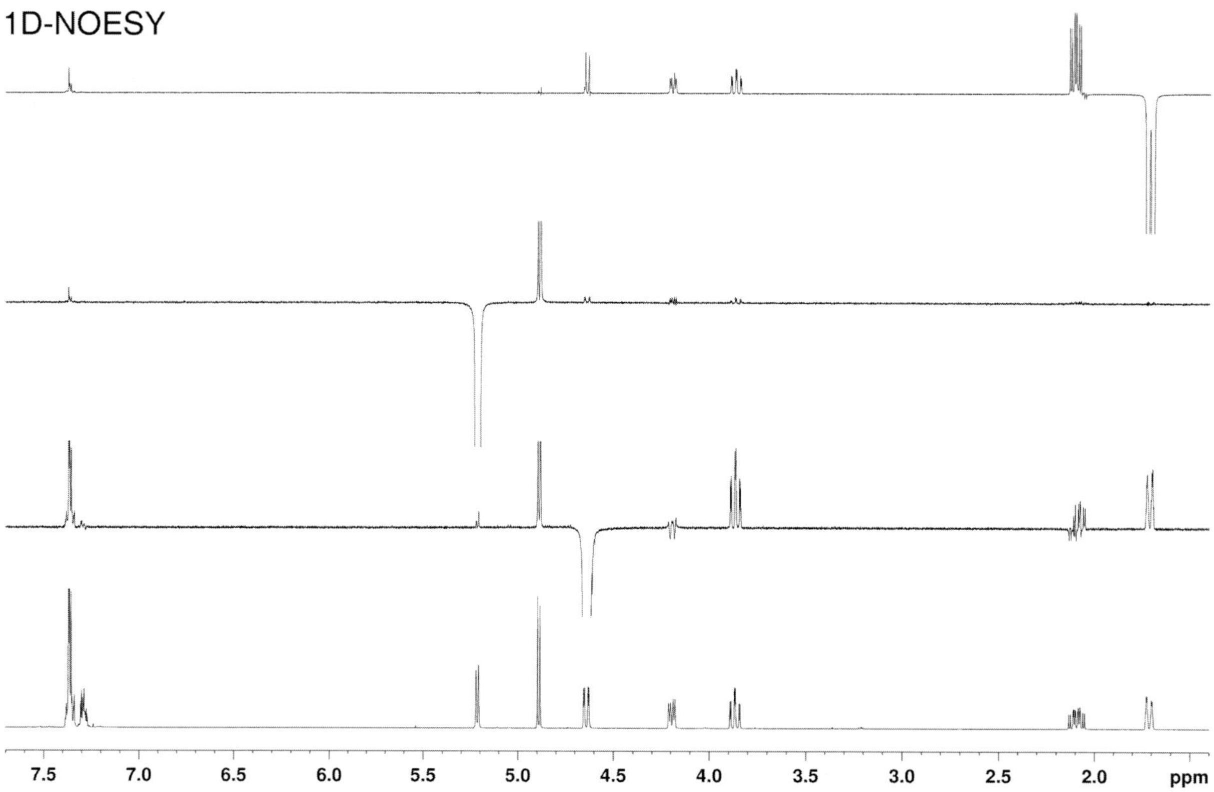

65 $C_{13}H_{20}O$

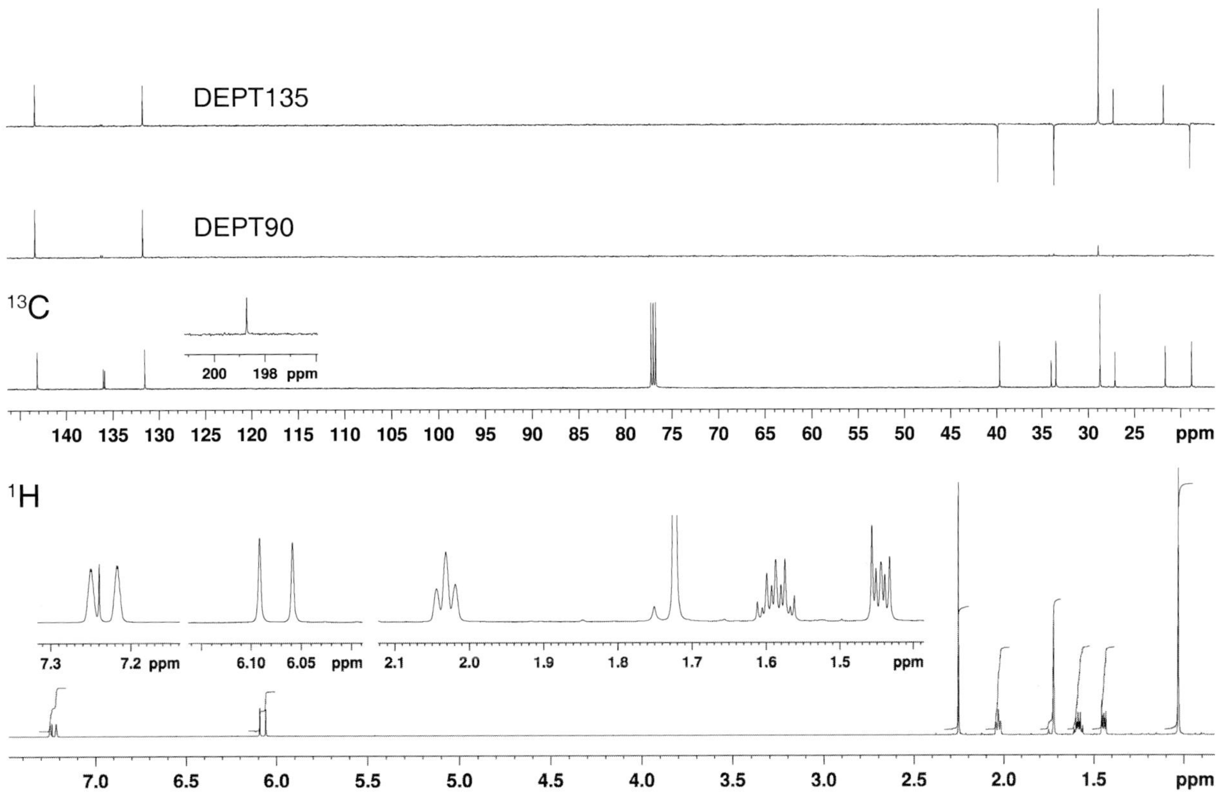

Note

COSY

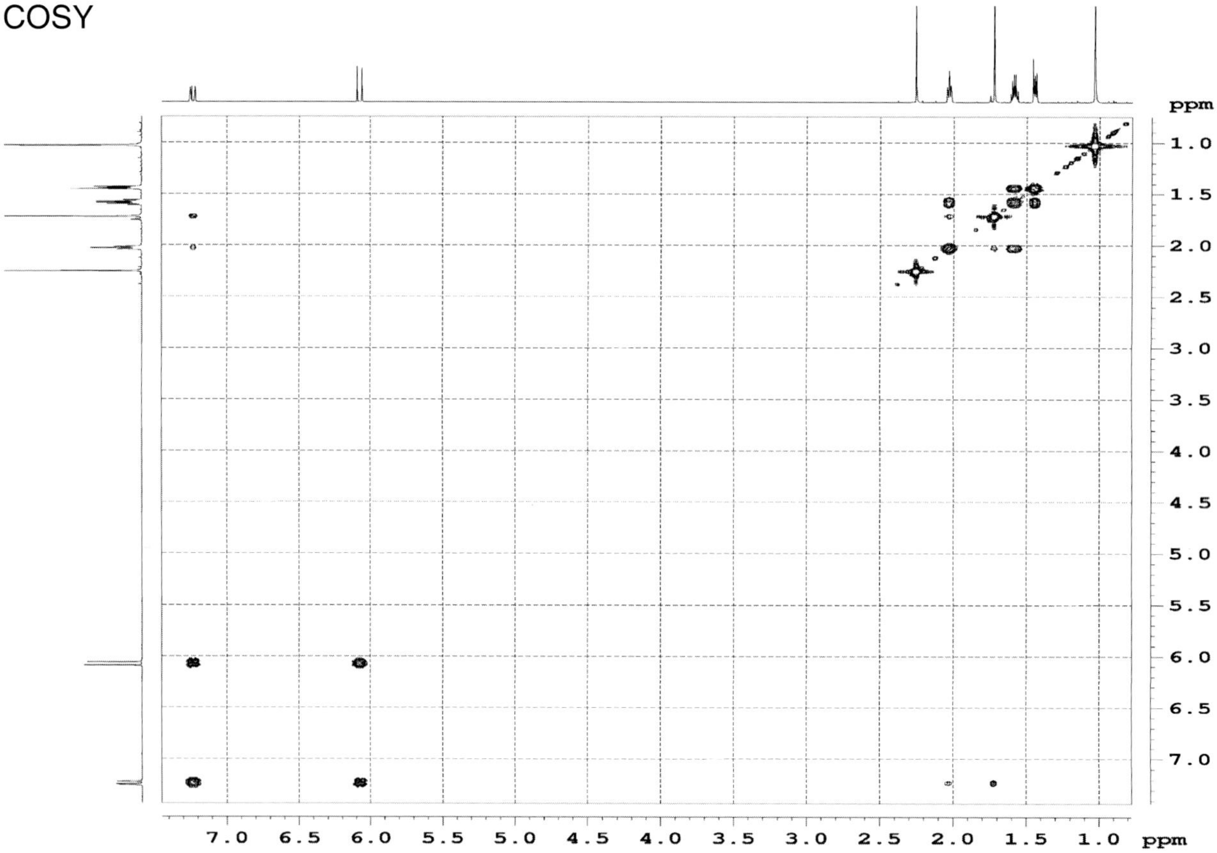

HSQC

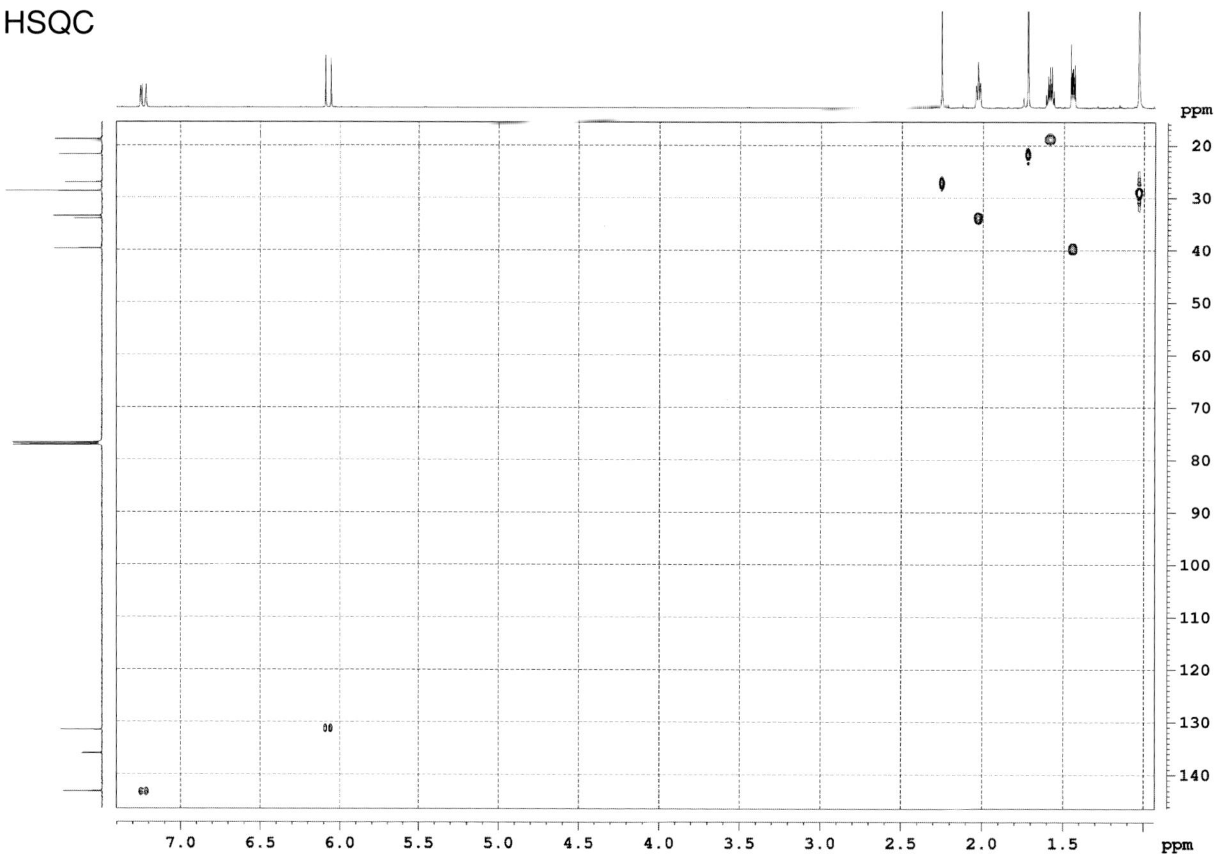

HMBC

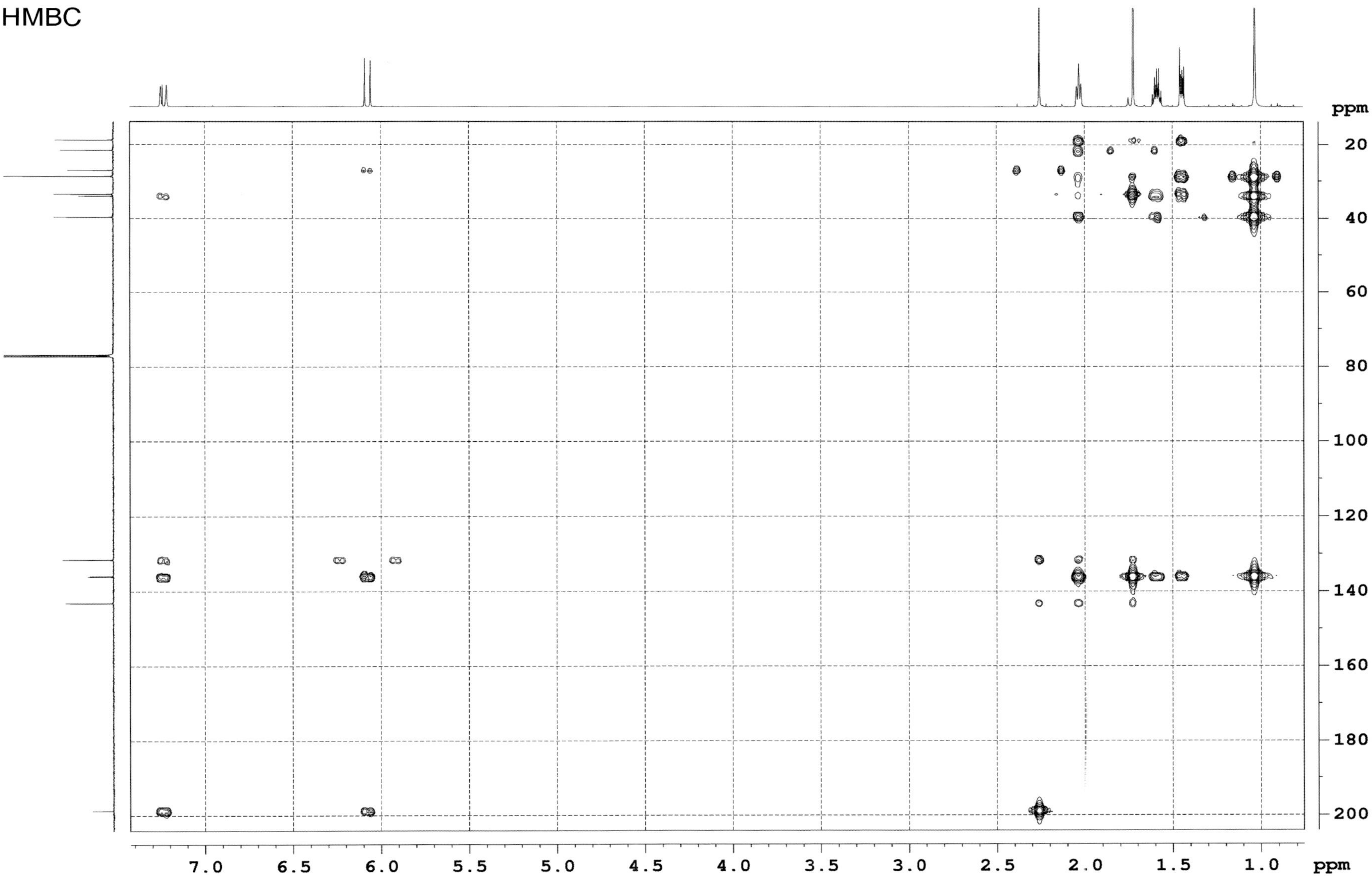
ppm
20
40
60
80
100
120
140
160
180
200
7.0
6.5
6.0
5.5
5.0
4.5
4.0
3.5
3.0
2.5
2.0
1.5
1.0
ppm

66 $C_{11}H_{16}O$

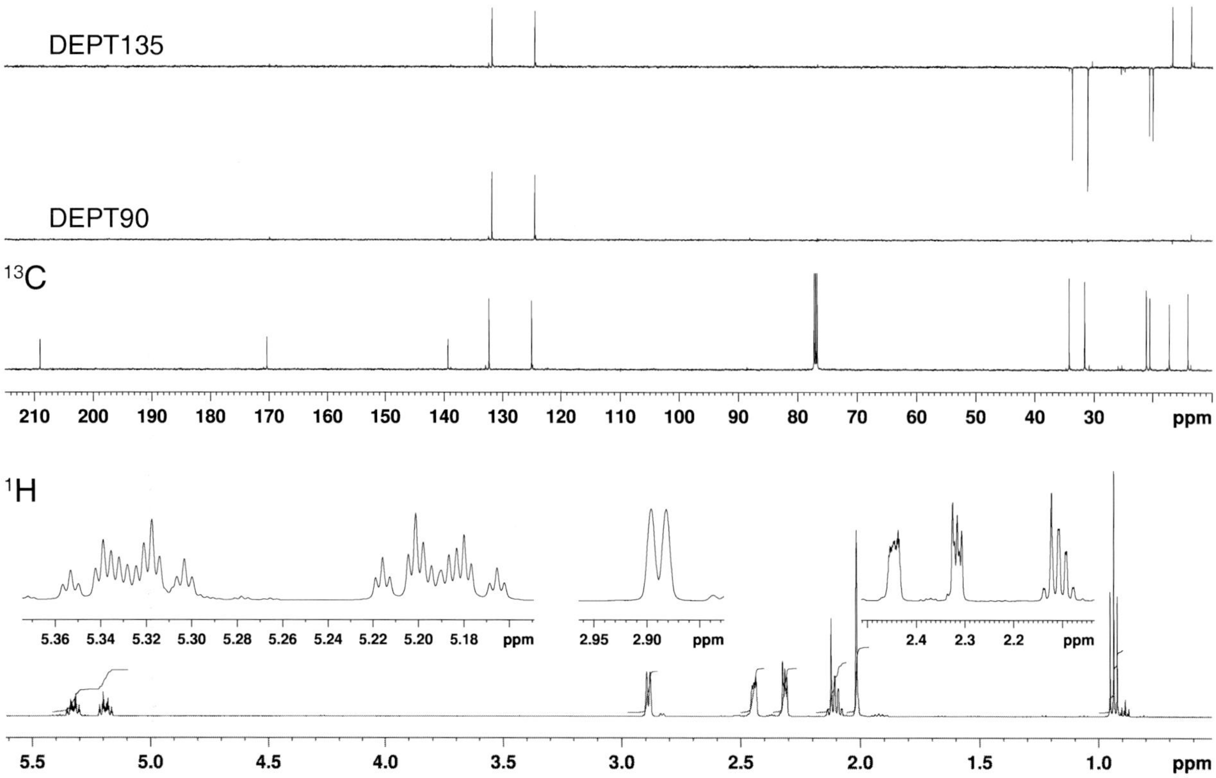

3

연습문제 II

Note

COSY

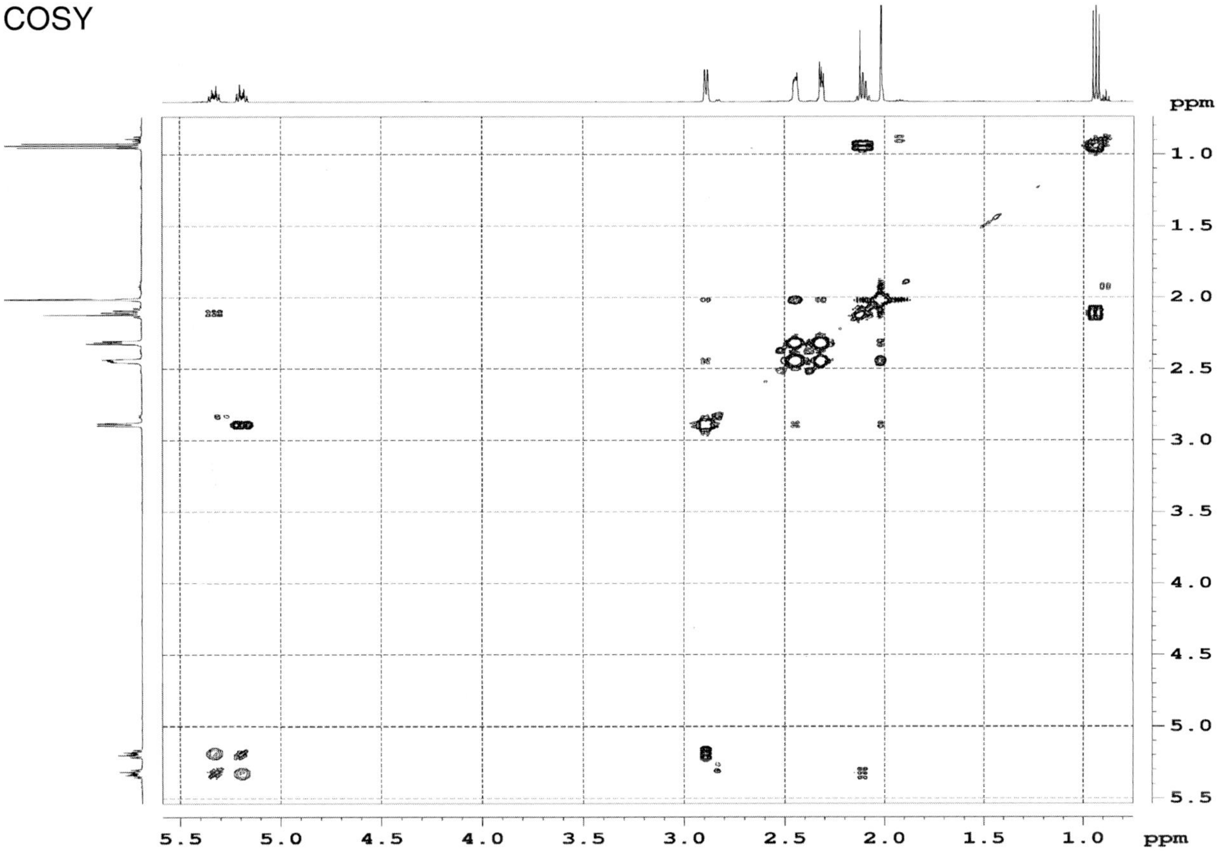

HSQC

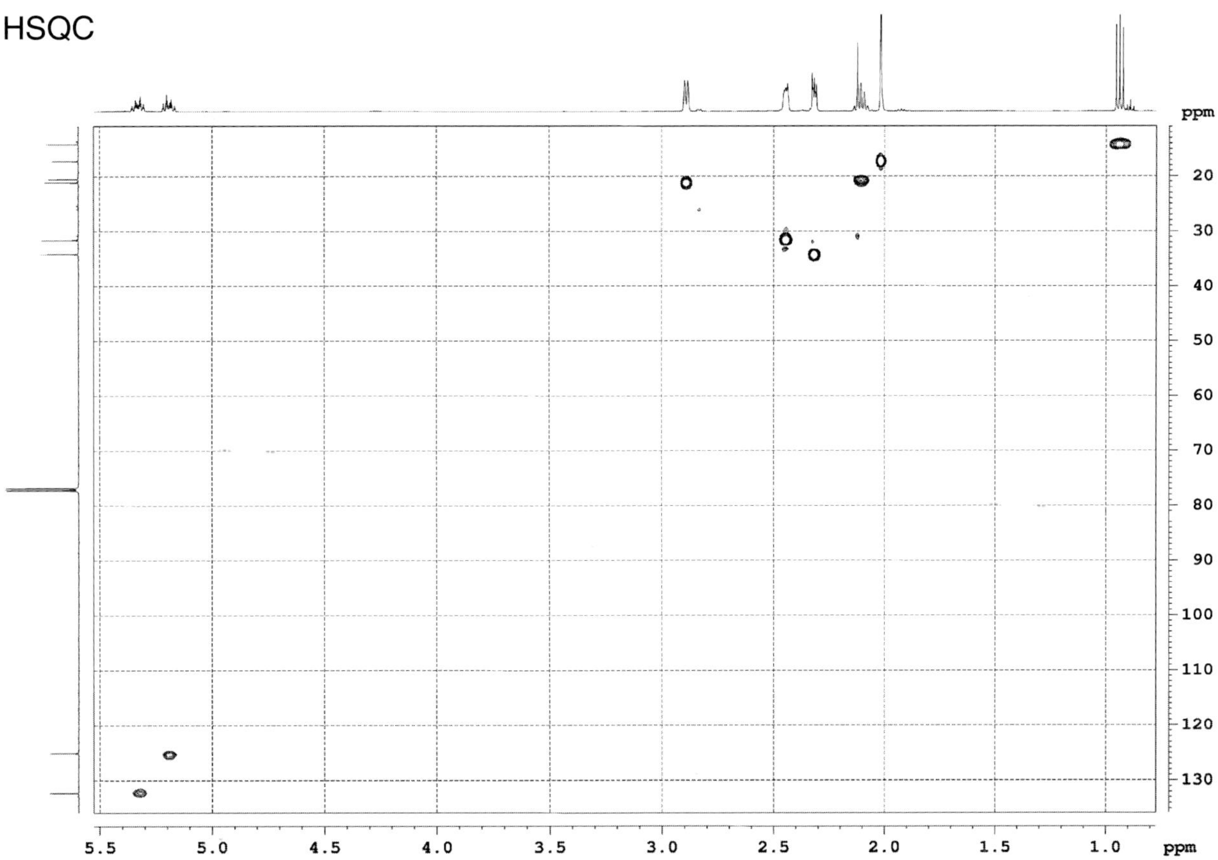

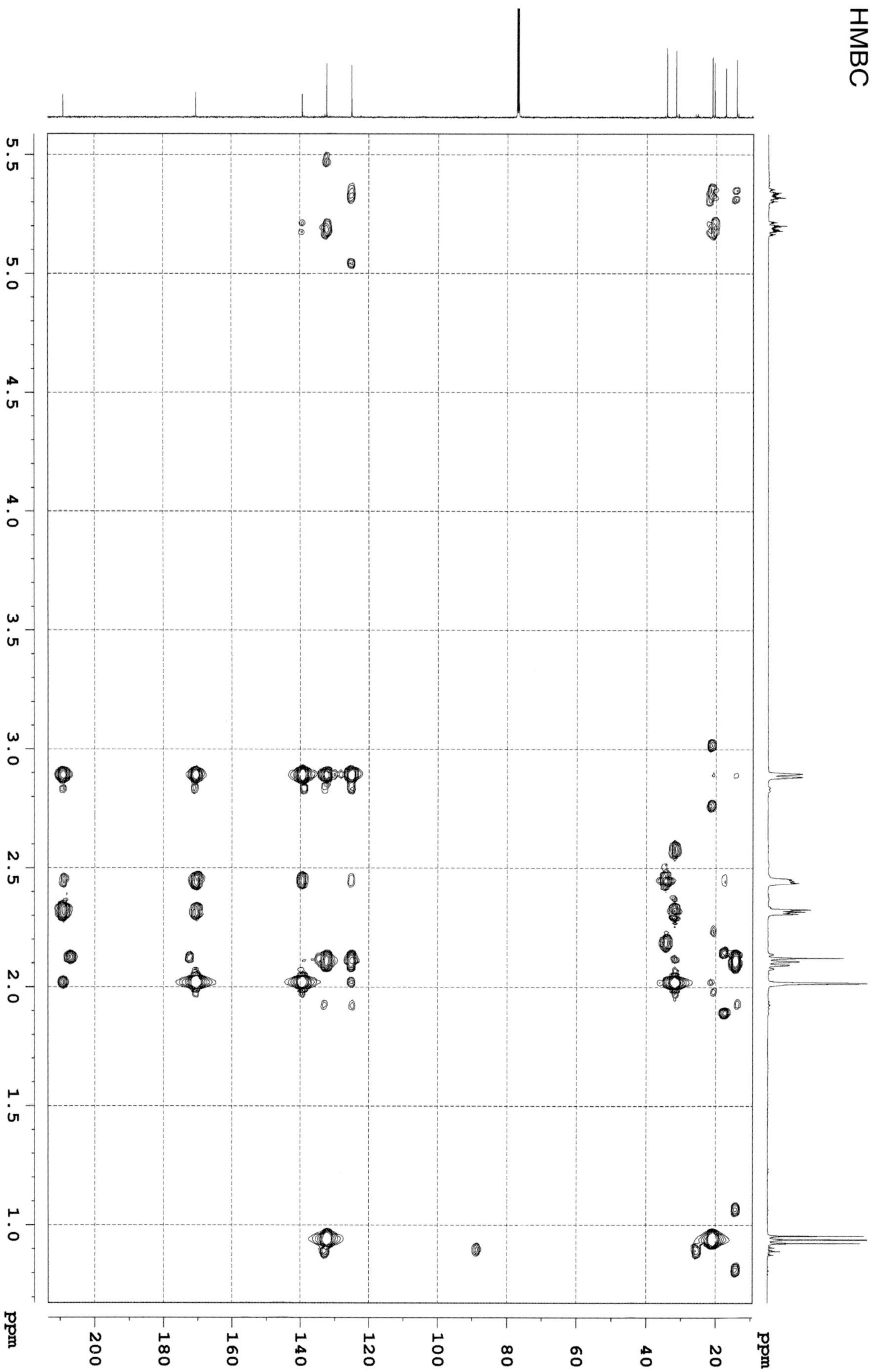
HMBC
ppm
ppm

67 $C_{10}H_{14}O_5$

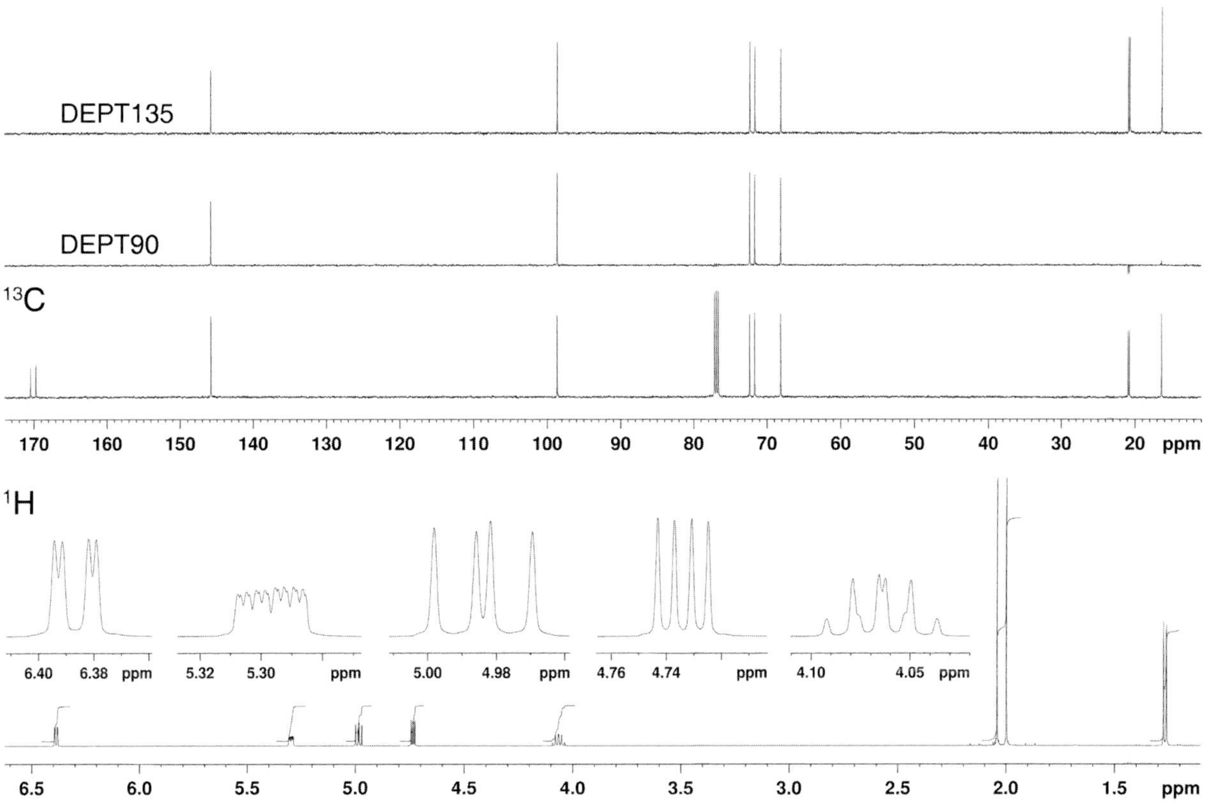

Note

COSY

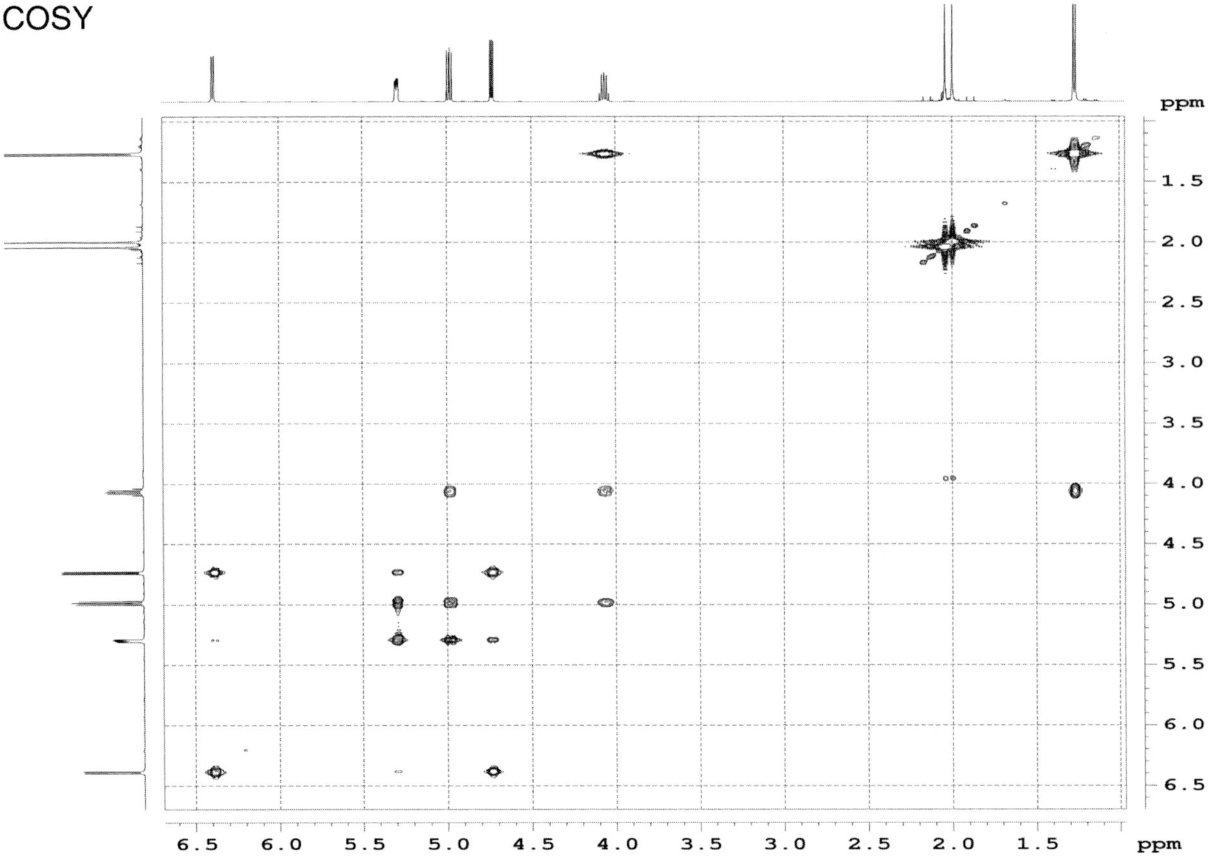
ppm
1.5
2.0
2.5
3.0
3.5
4.0
4.5
5.0
5.5
6.0
6.5
6.5 6.0 5.5 5.0 4.5 4.0 3.5 3.0 2.5 2.0 1.5 ppm

HSQC

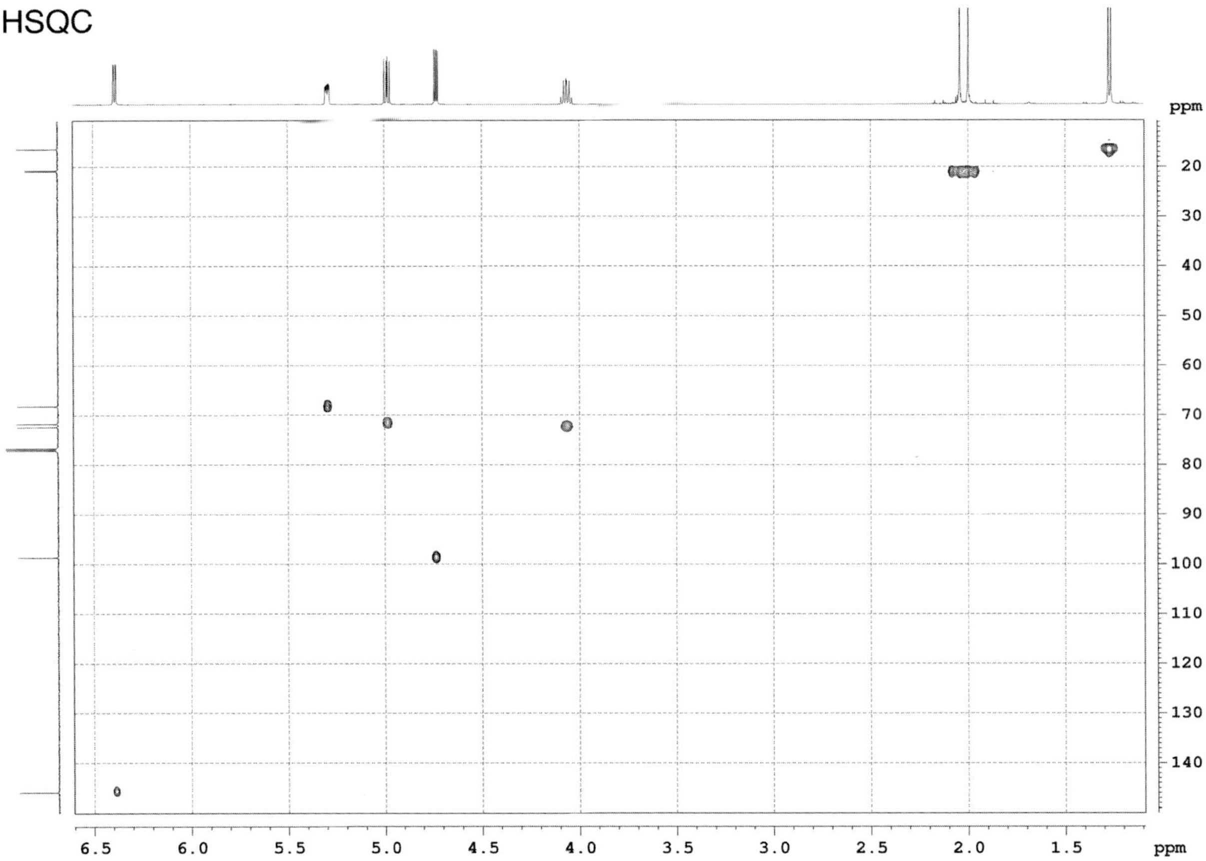
ppm
20
30
40
50
60
70
80
90
100
110
120
130
140
6.5 6.0 5.5 5.0 4.5 4.0 3.5 3.0 2.5 2.0 1.5 ppm

HMBC

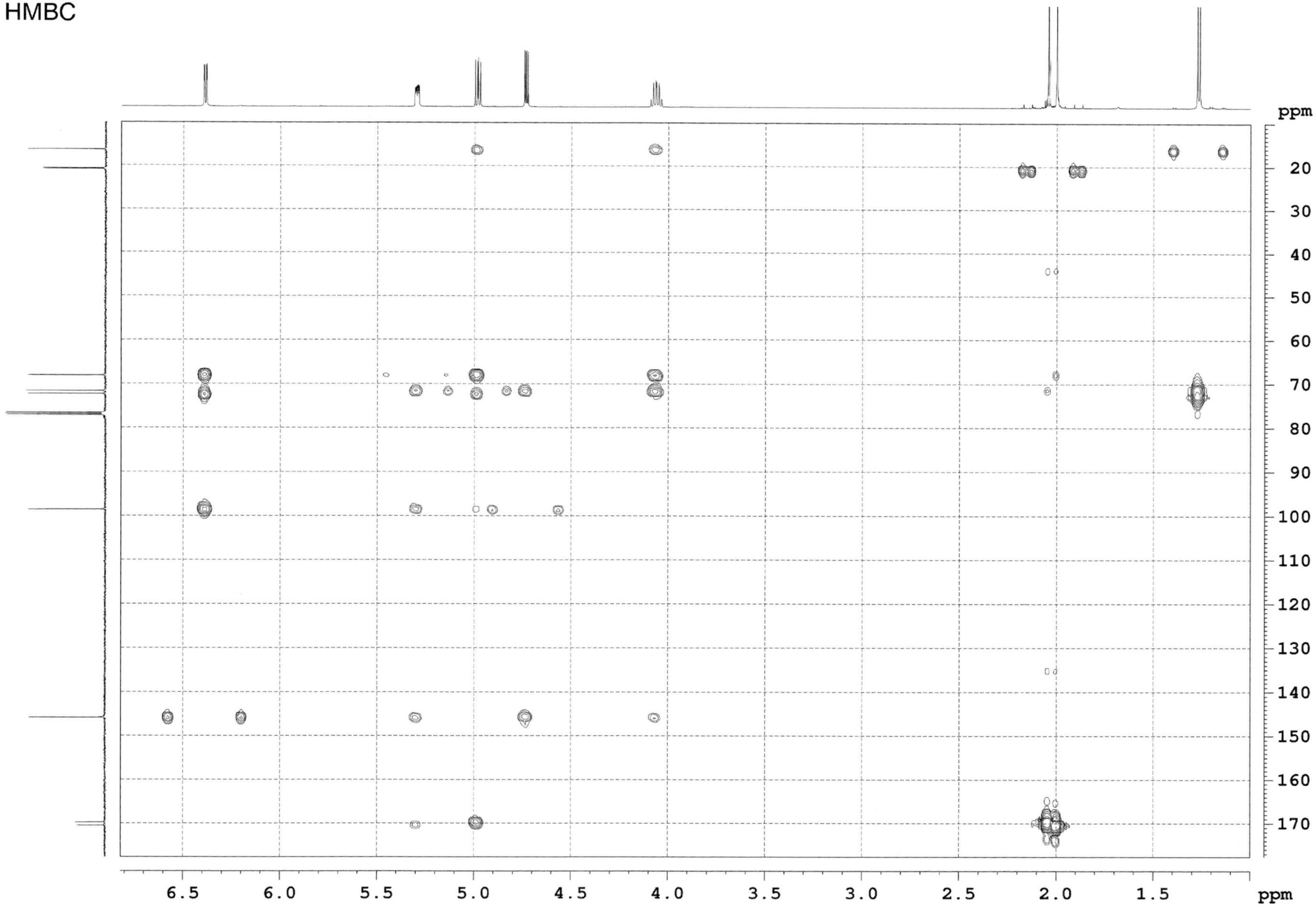
ppm
20
30
40
50
60
70
80
90
100
110
120
130
140
150
160
170
6.5
6.0
5.5
5.0
4.5
4.0
3.5
3.0
2.5
2.0
1.5
ppm

INADEQUATE

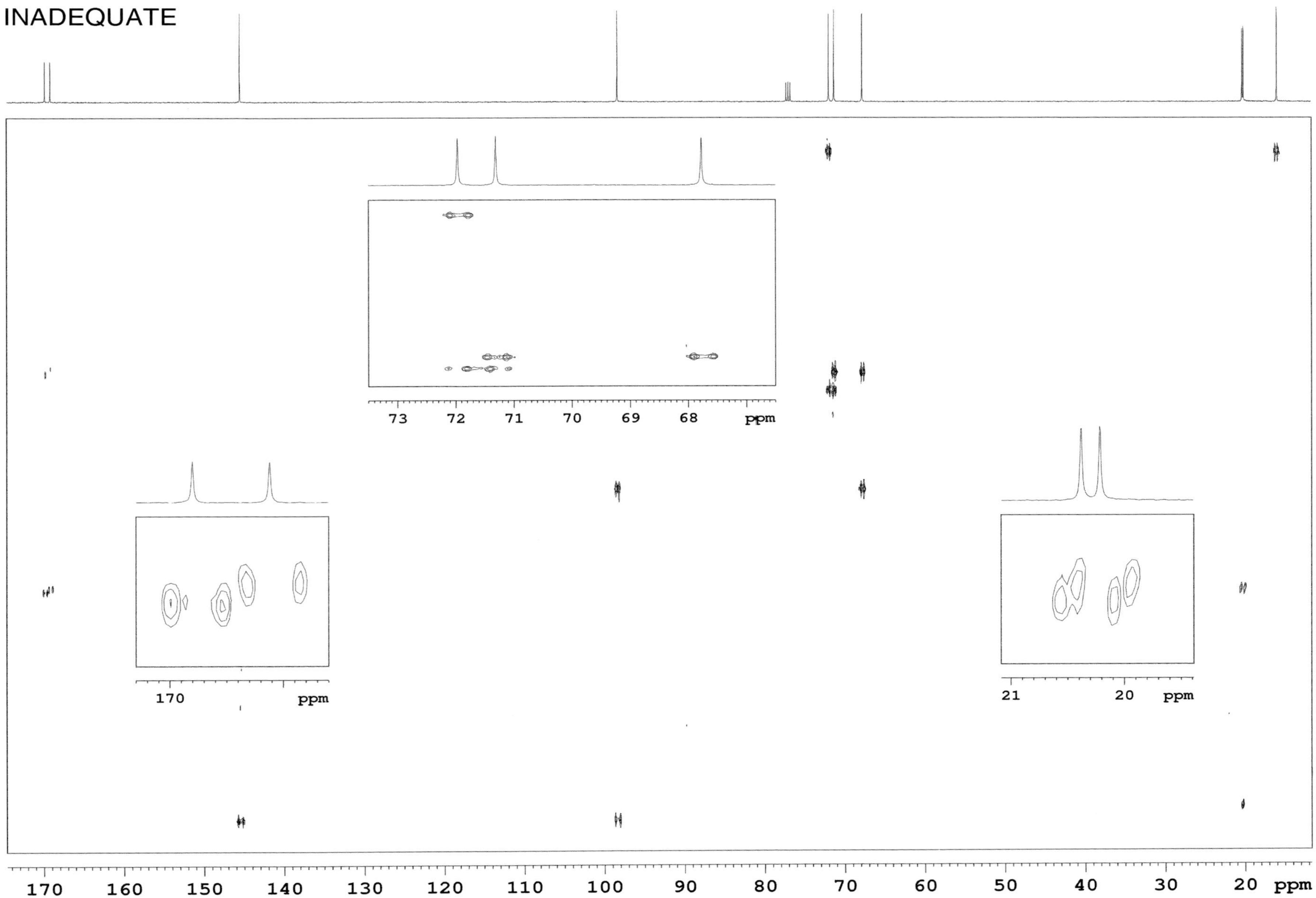
73
72
71
70
69
68
ppm
170
ppm
21
20
ppm
170
160
150
140
130
120
110
100
90
80
70
60
50
40
30
20
ppm

68 $C_{12}H_{20}O_5$

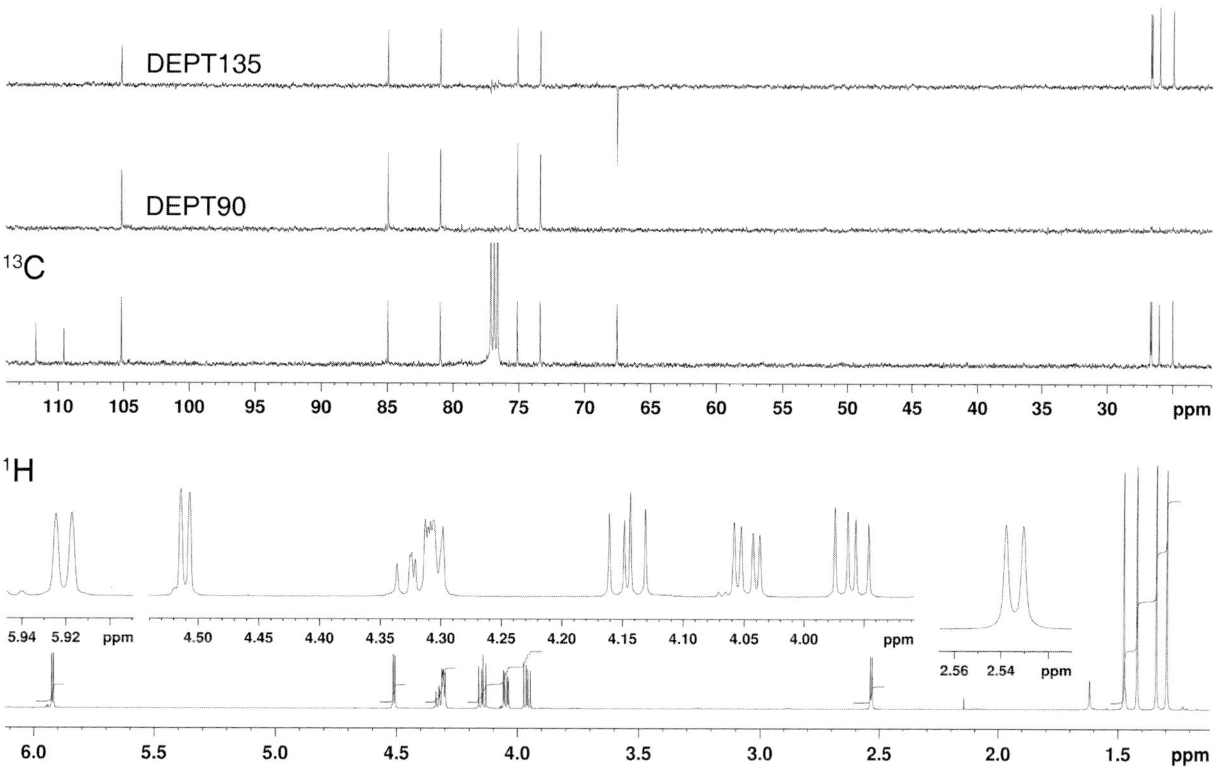

Note

COSY

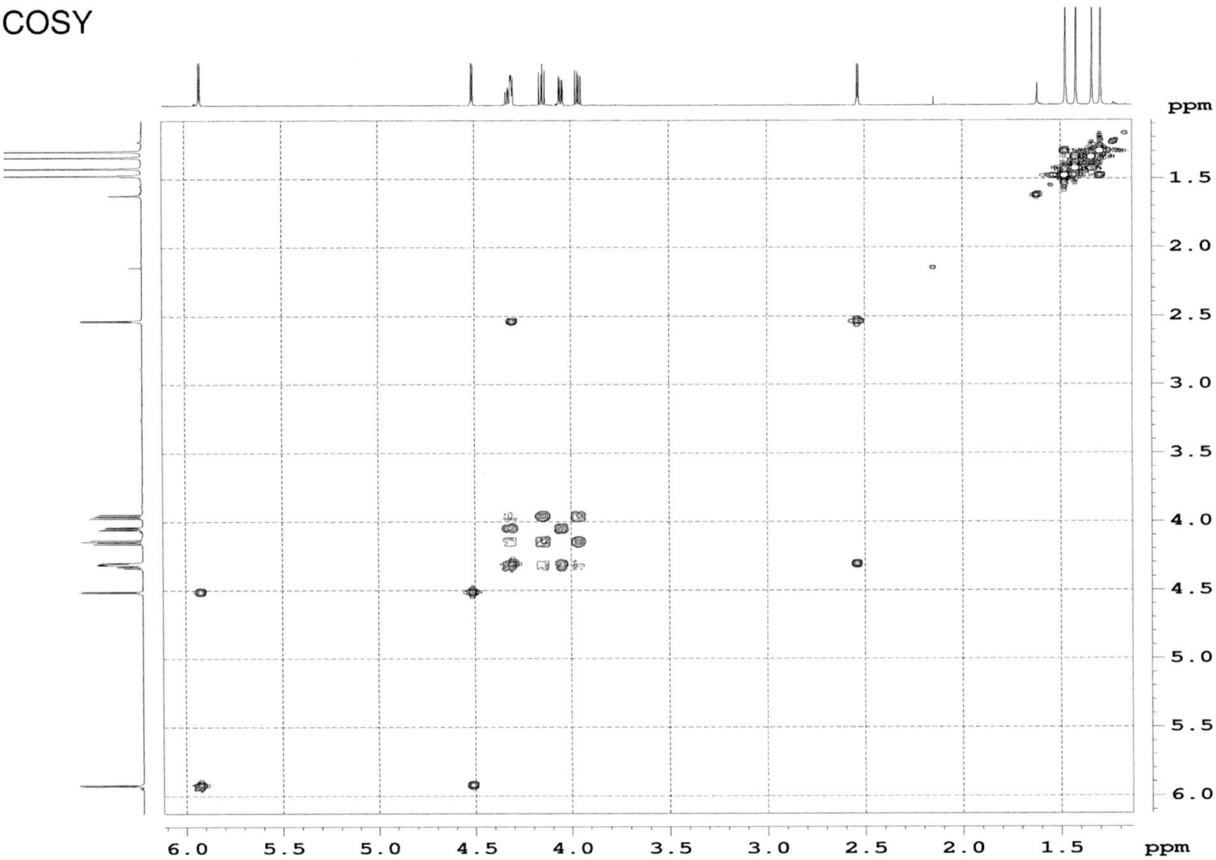

HSQC

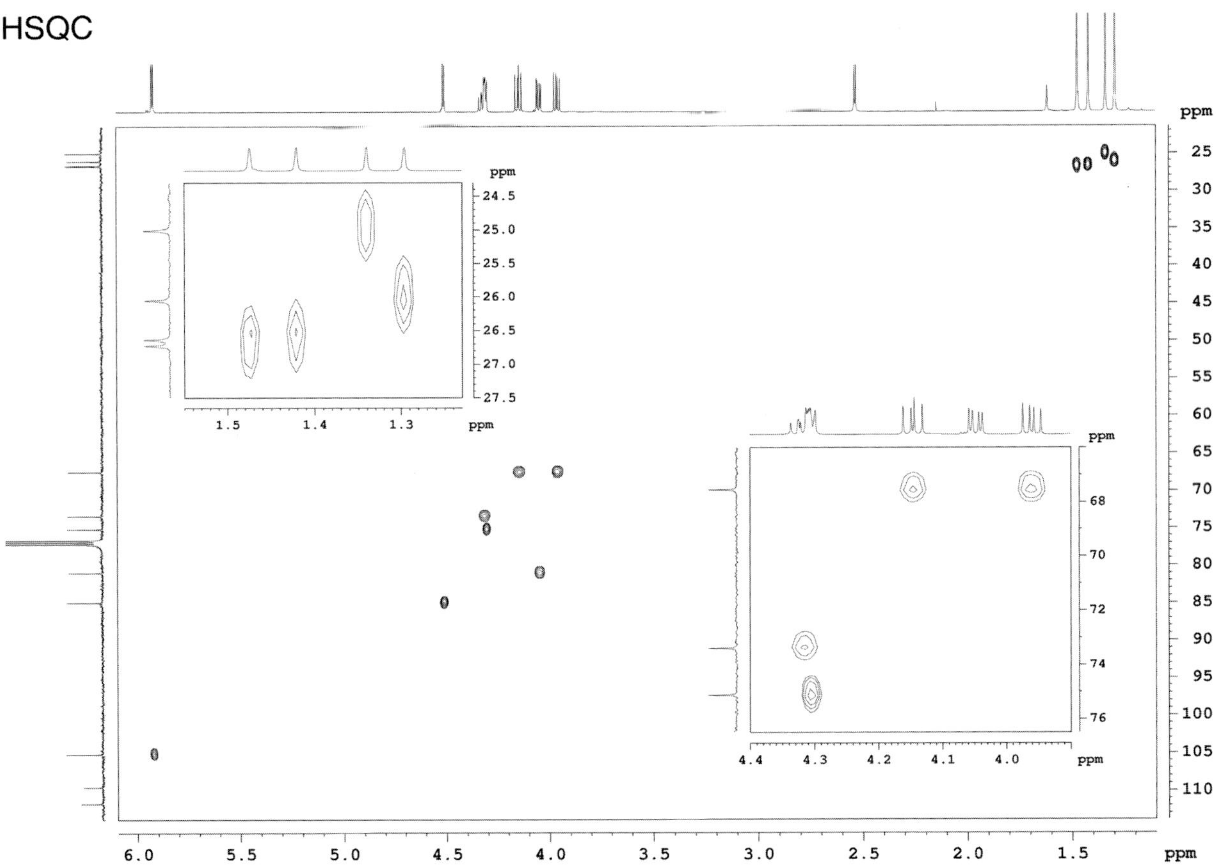

HMBC

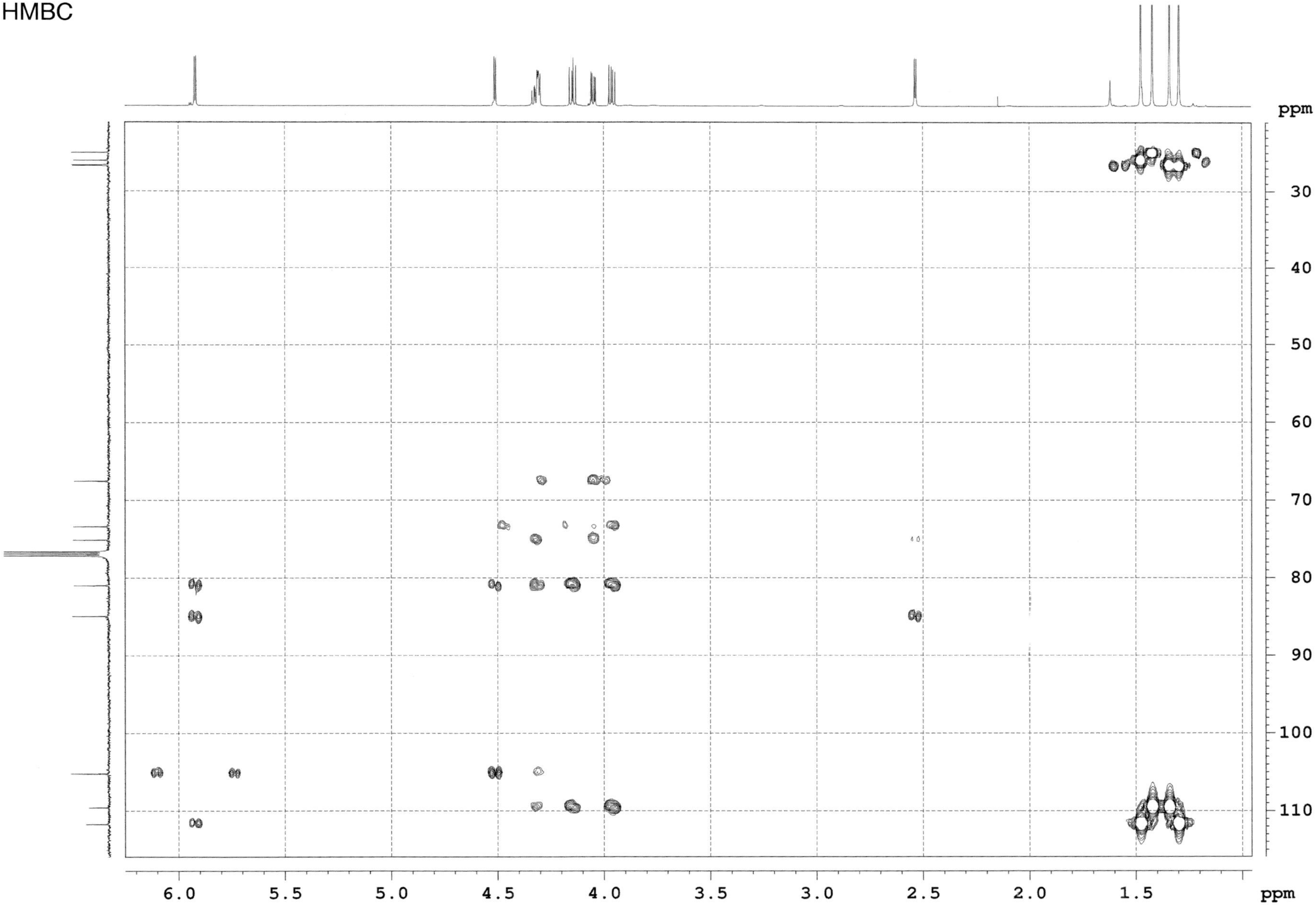

69 $C_{12}H_{15}ON$

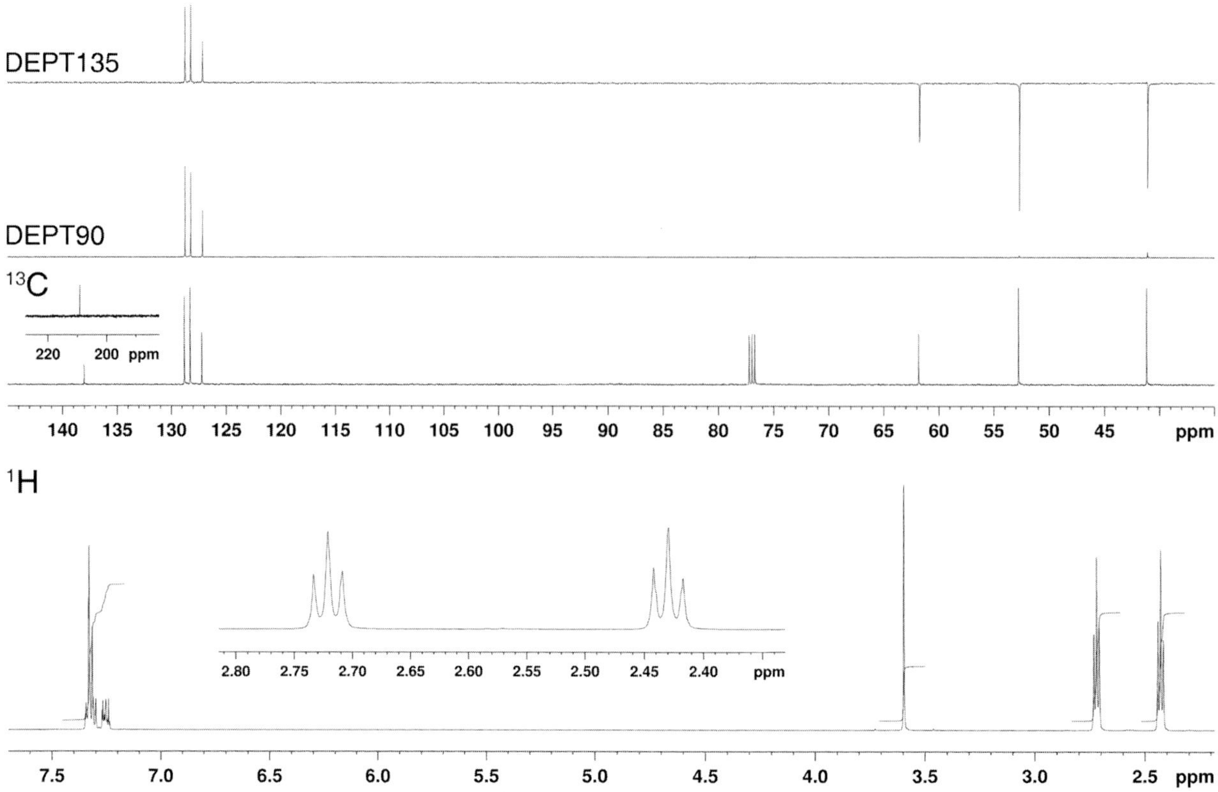

Note

HSQC

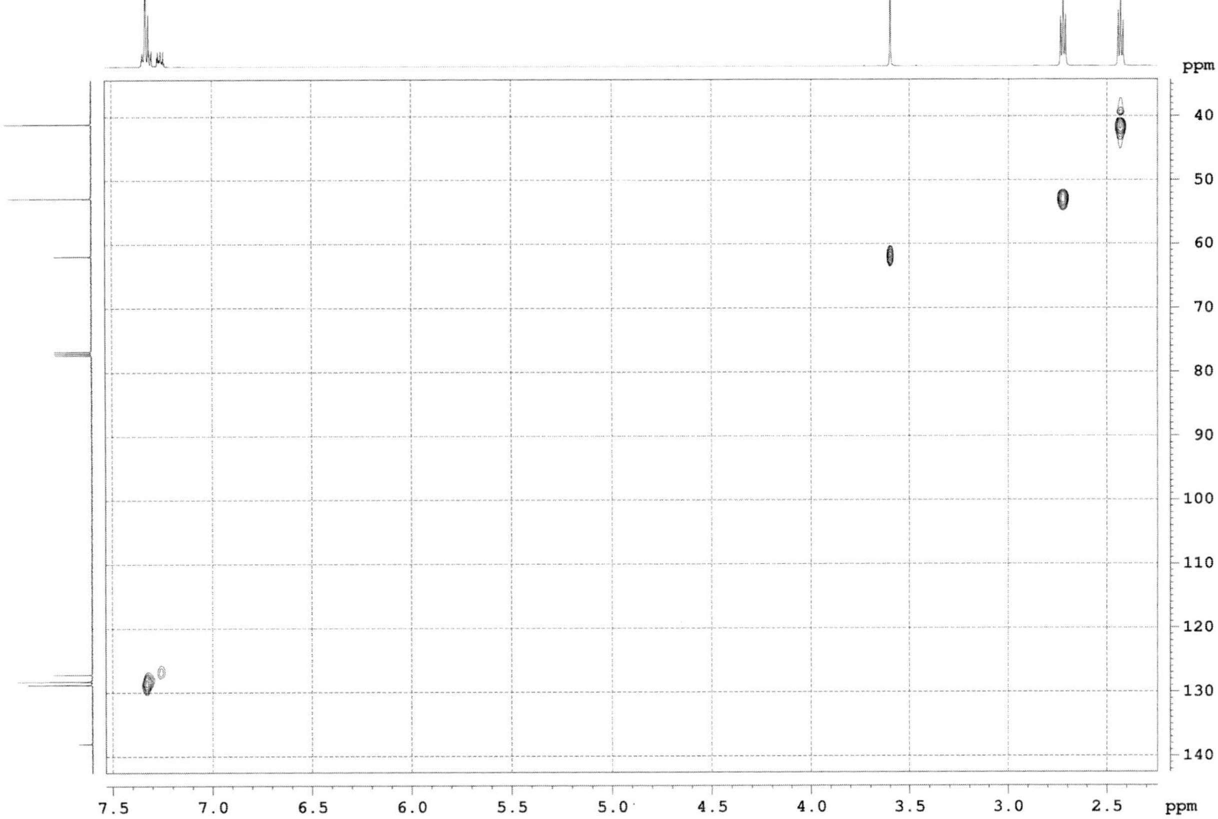
ppm
40
50
60
70
80
90
100
110
120
130
140
7.5
7.0
6.5
6.0
5.5
5.0
4.5
4.0
3.5
3.0
2.5
ppm

HMBC

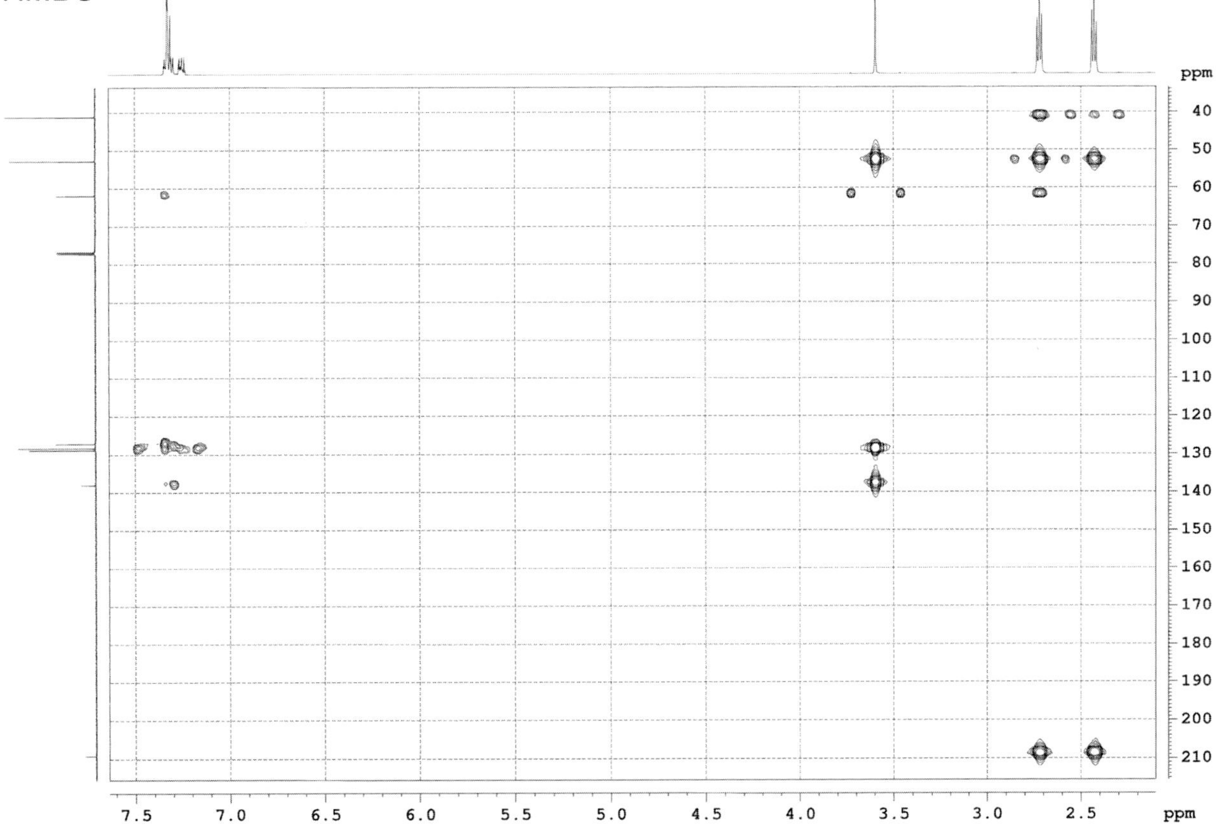
ppm
40
50
60
70
80
90
100
110
120
130
140
150
160
170
180
190
200
210
7.5
7.0
6.5
6.0
5.5
5.0
4.5
4.0
3.5
3.0
2.5
ppm

70 C_5H_5ON (in $CDCl_3$, INADEQUATE 스펙트럼은 진한 농도에서 얻었음)

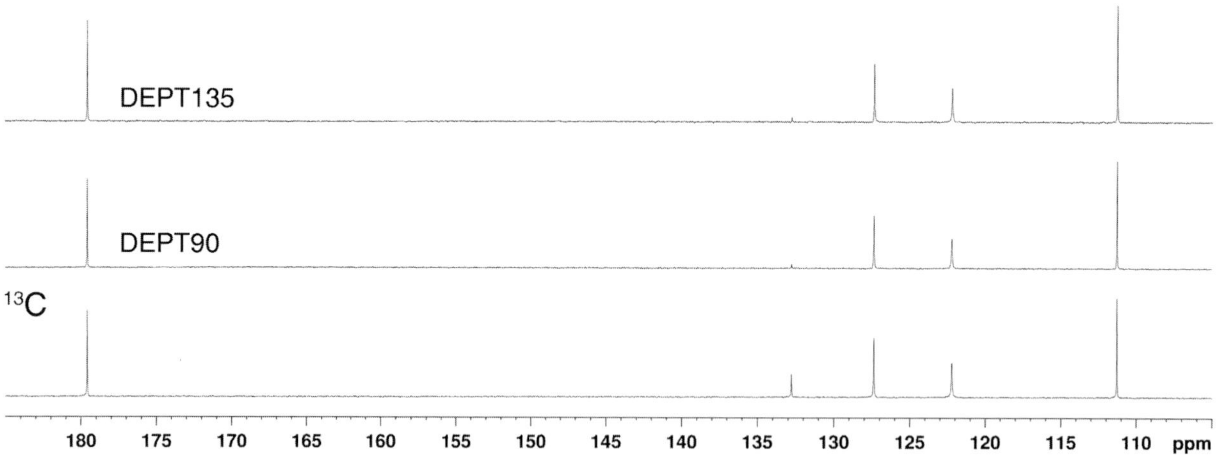

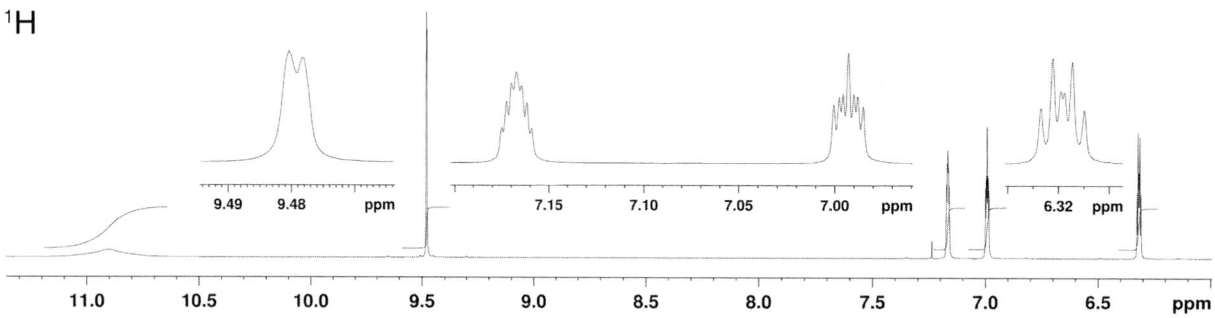

Note

COSY

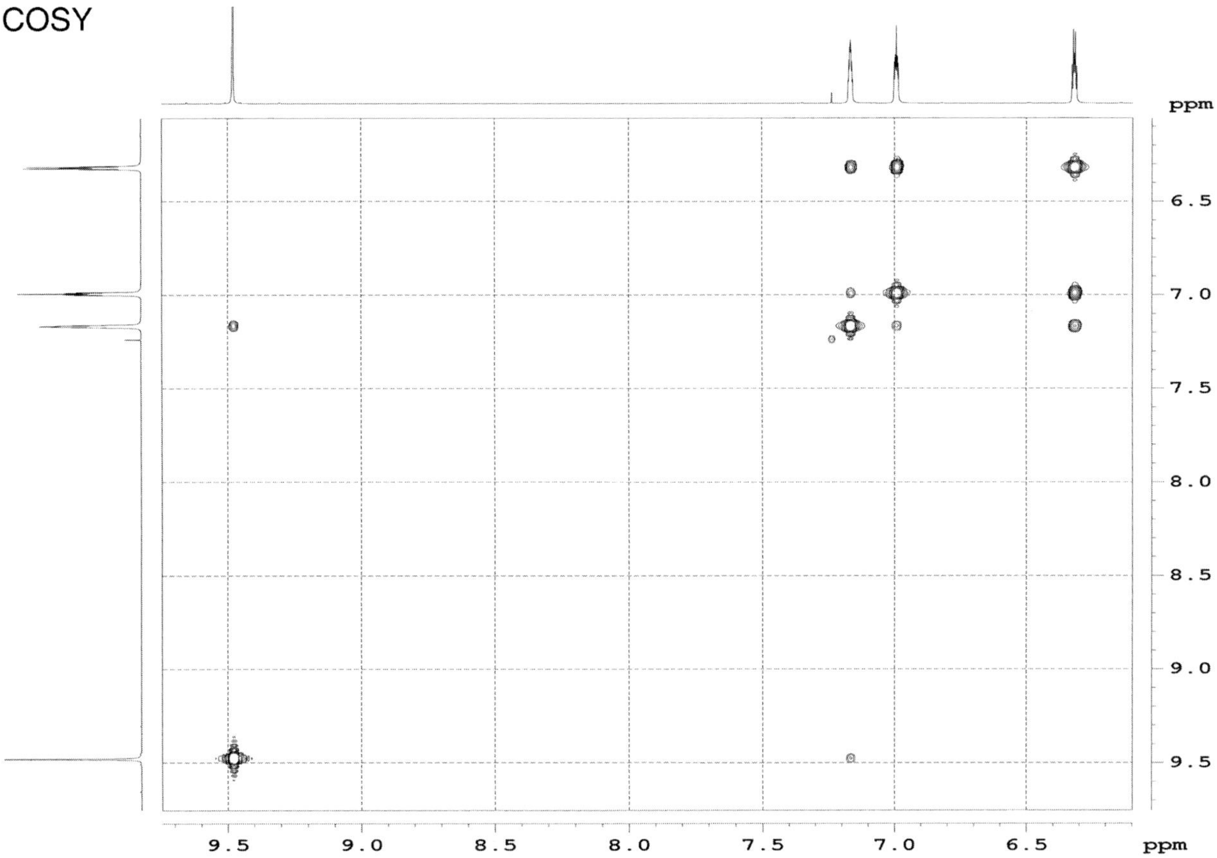
ppm
6.5
7.0
7.5
8.0
8.5
9.0
9.5
9.5 9.0 8.5 8.0 7.5 7.0 6.5 ppm

HSQC

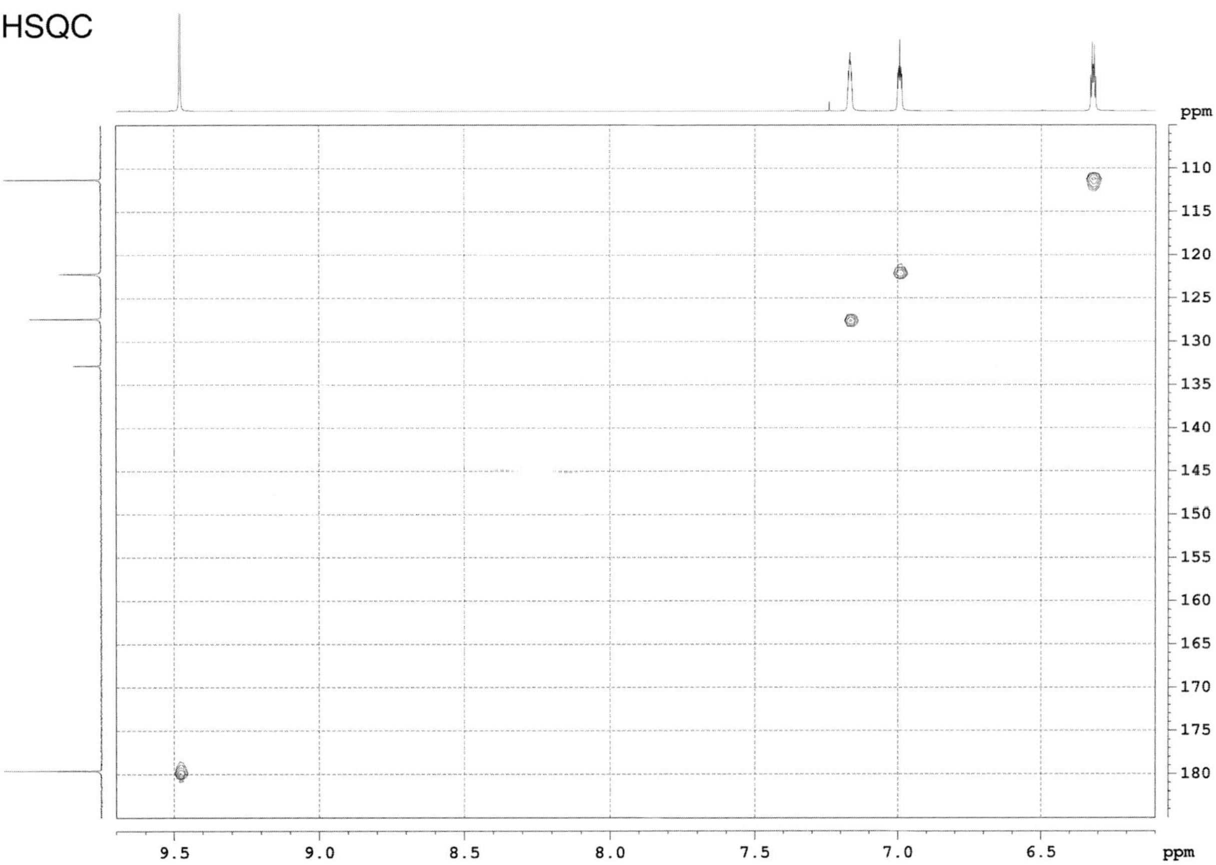
ppm
110
115
120
125
130
135
140
145
150
155
160
165
170
175
180
9.5 9.0 8.5 8.0 7.5 7.0 6.5 ppm

HMBC

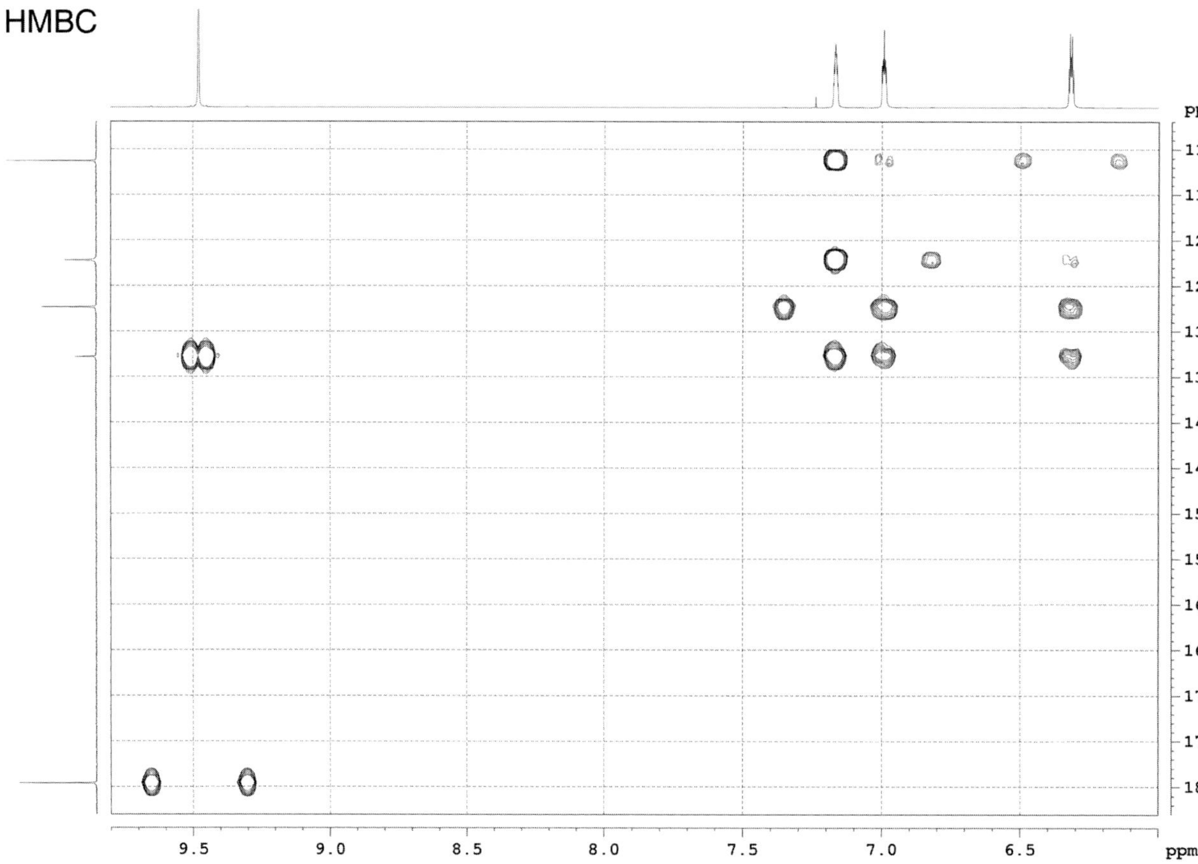

INADEQUATE

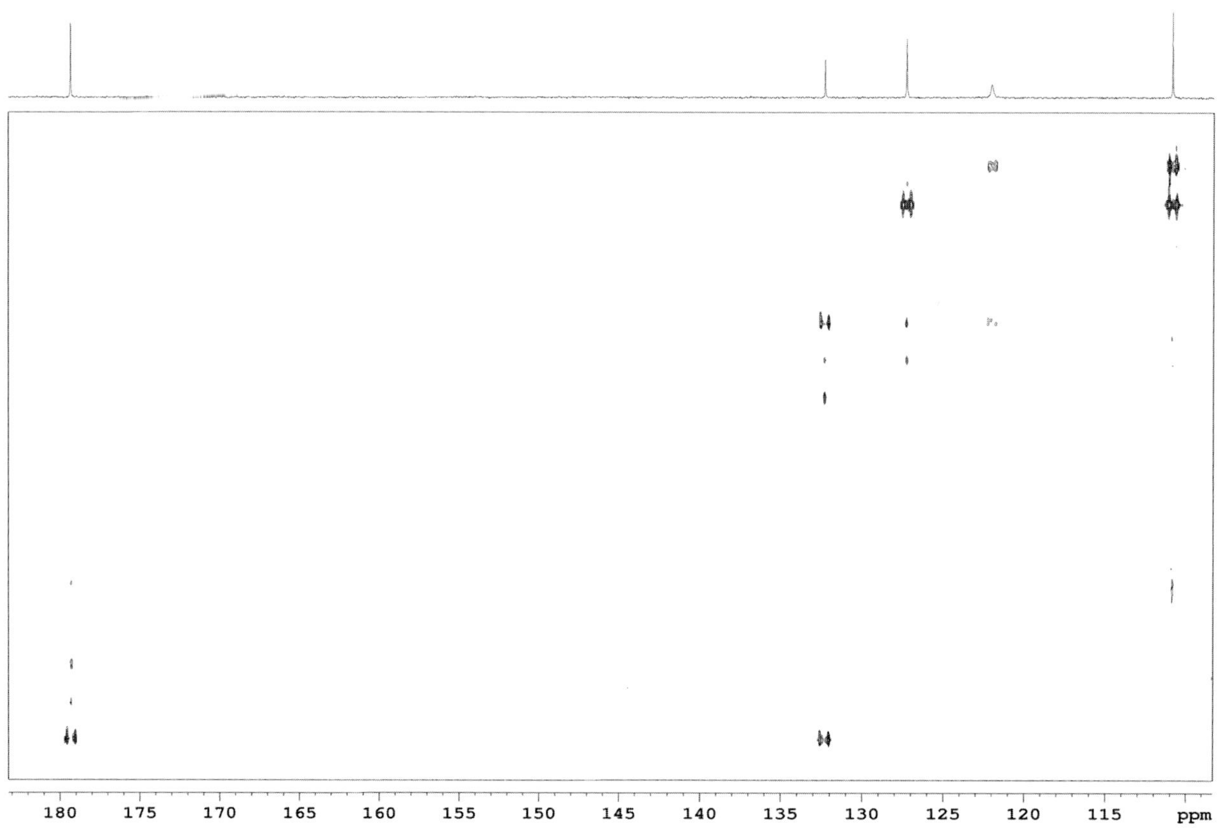

71 $C_{10}H_9O_3N$

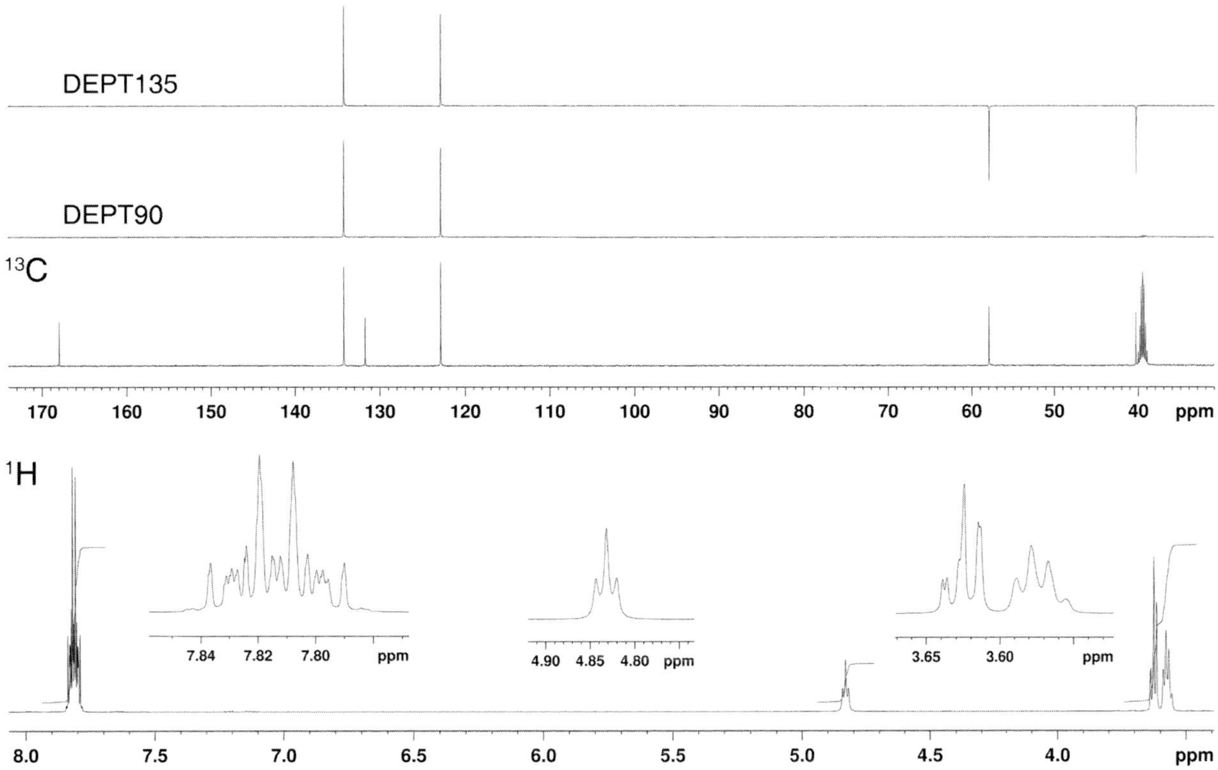

Note

COSY

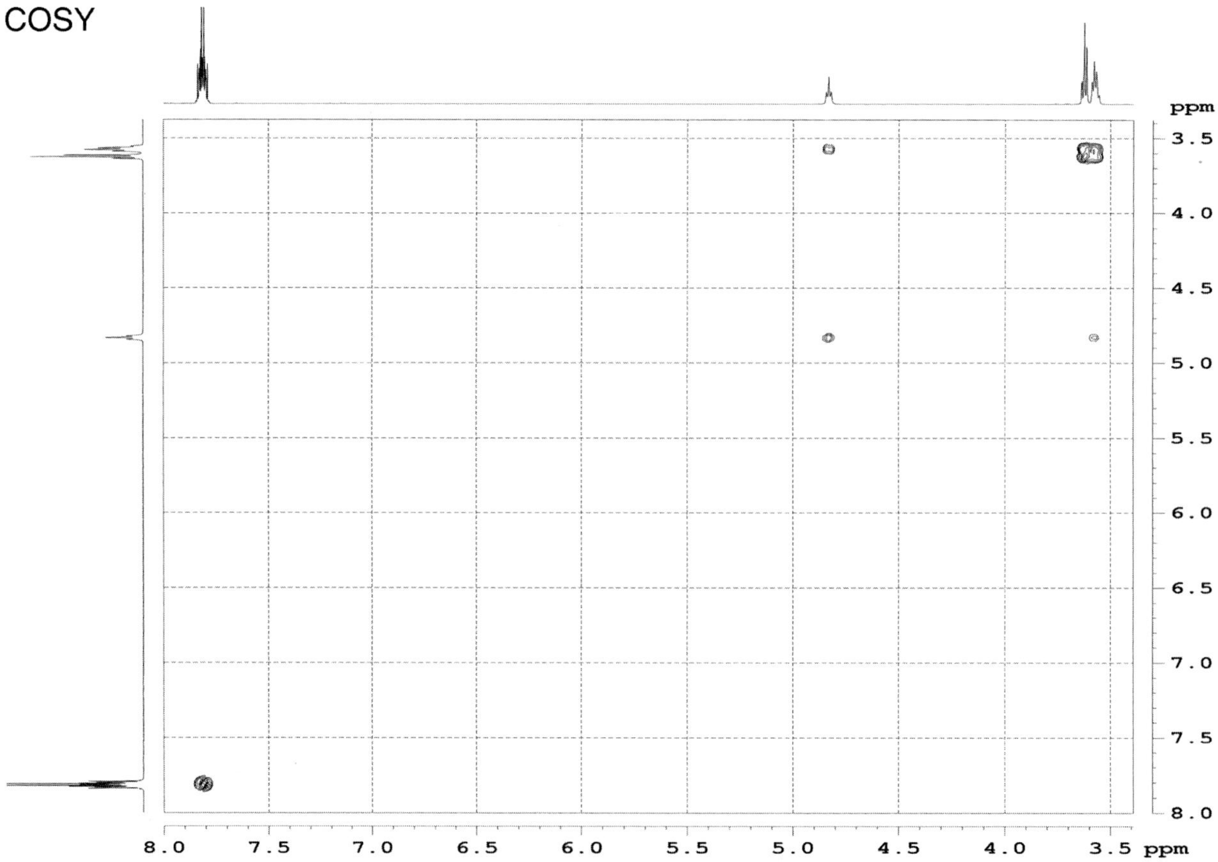

HSQC

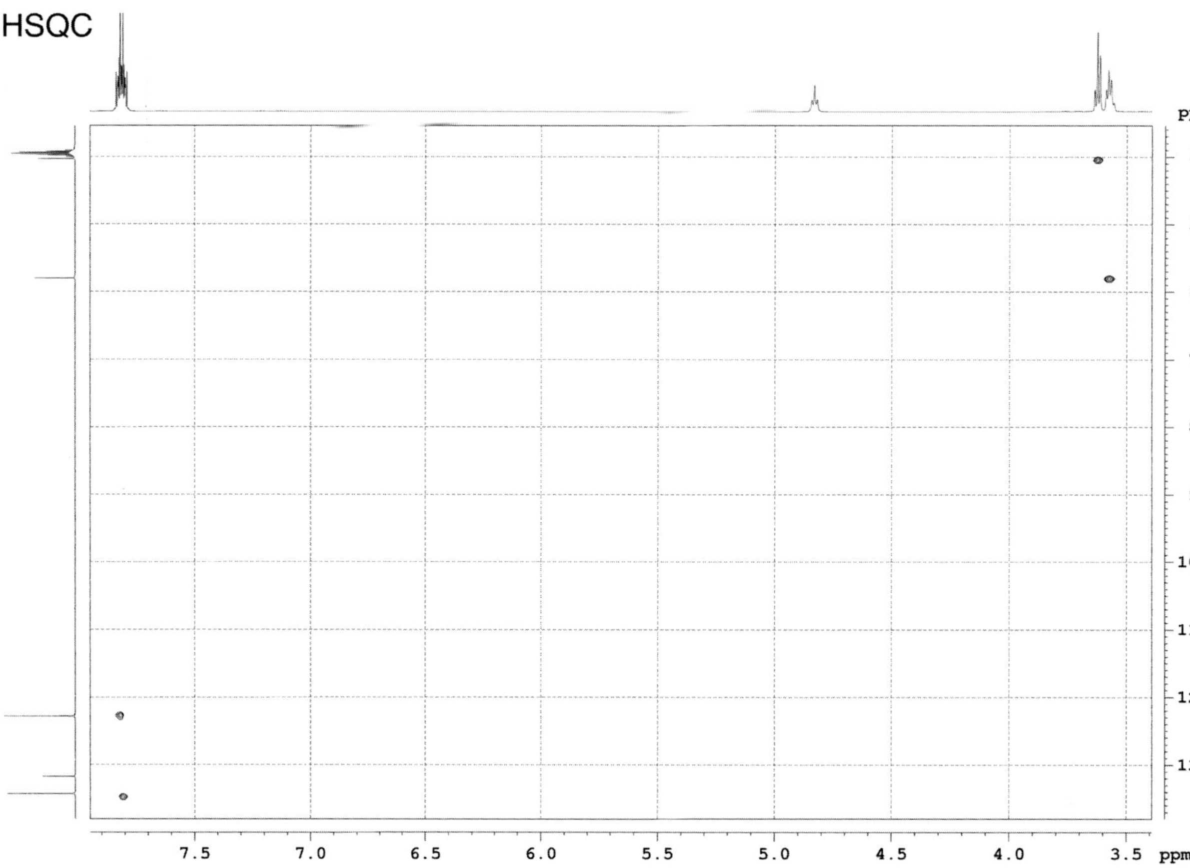

HMBC

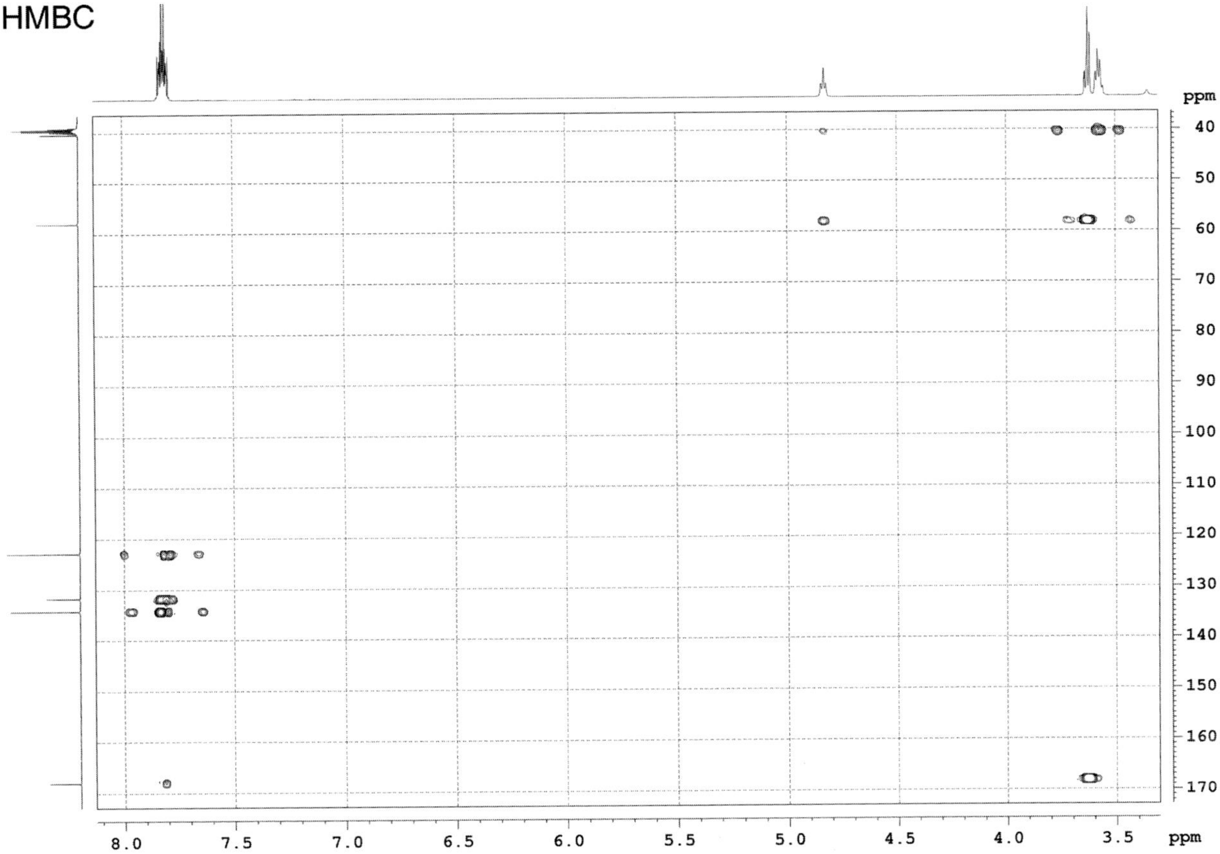
ppm
40
50
60
70
80
90
100
110
120
130
140
150
160
170
8.0
7.5
7.0
6.5
6.0
5.5
5.0
4.5
4.0
3.5
ppm

Note

72 $C_9H_{13}ON$

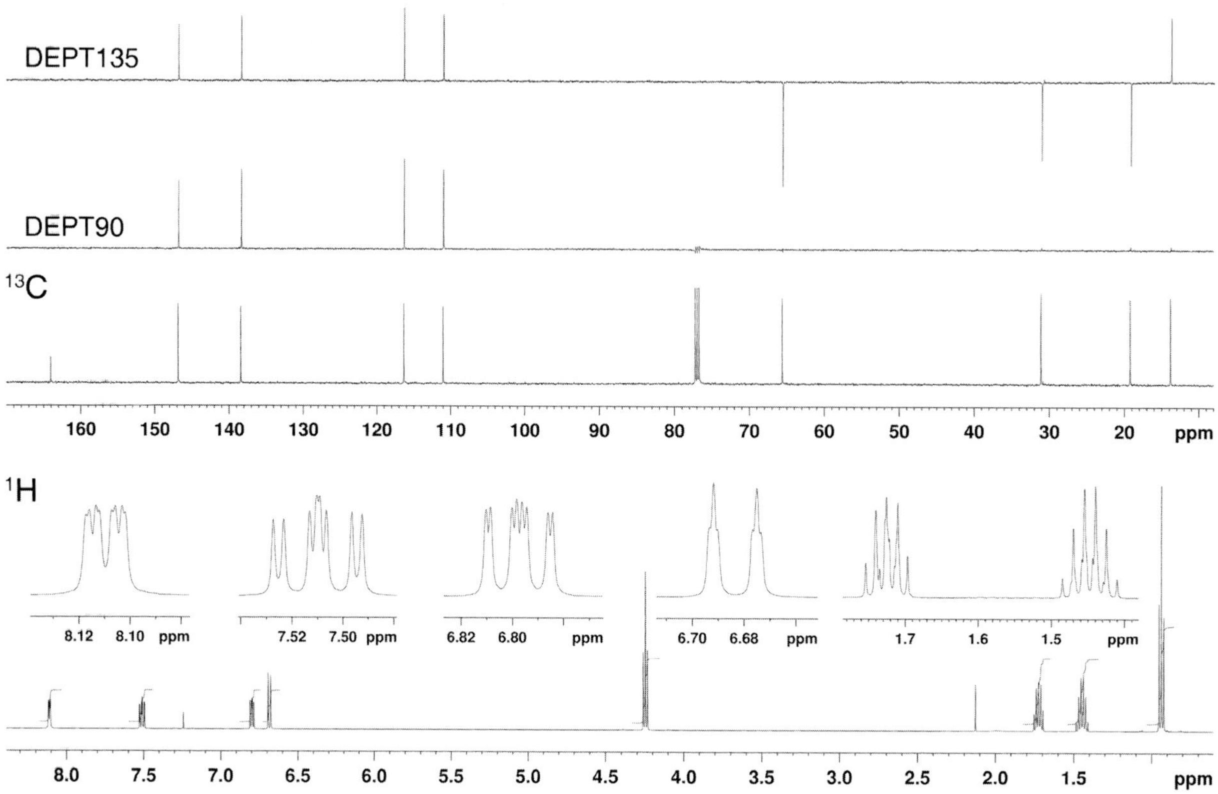

Note

COSY

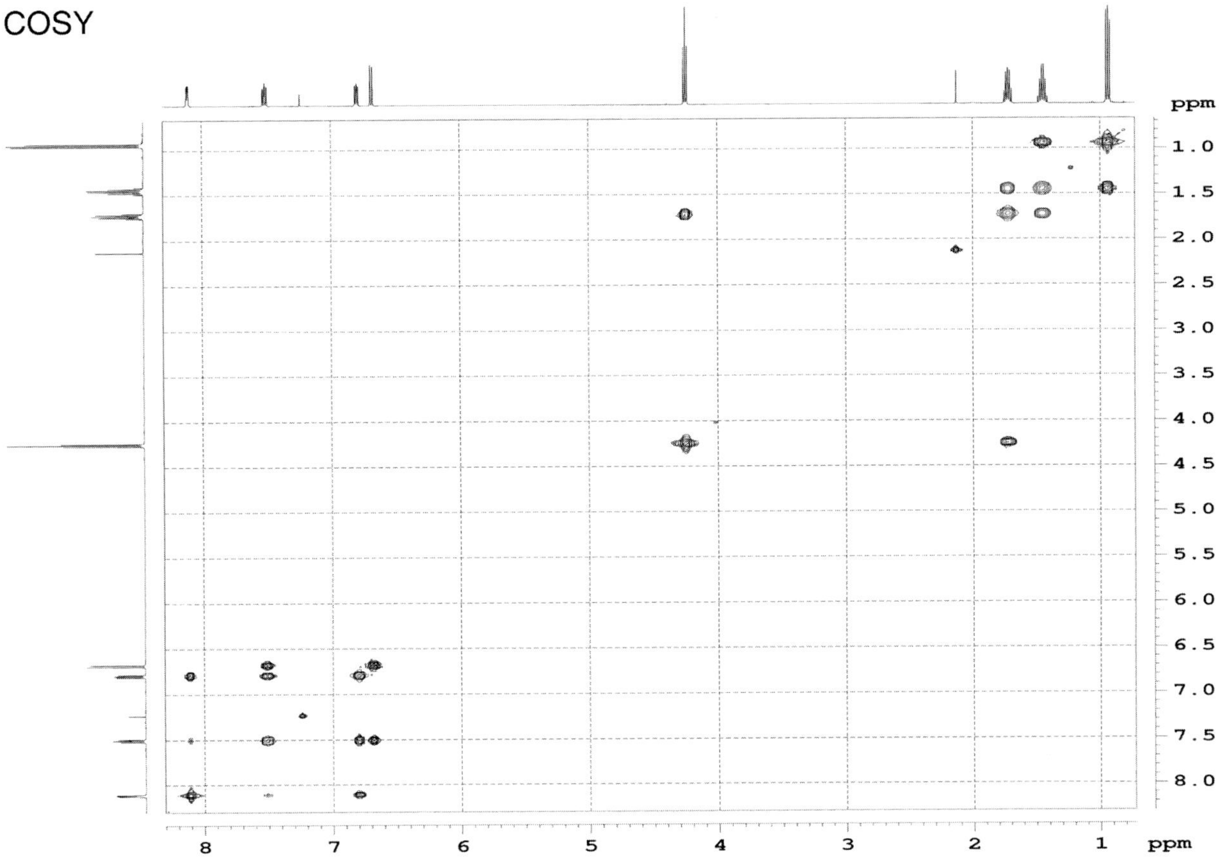

HSQC

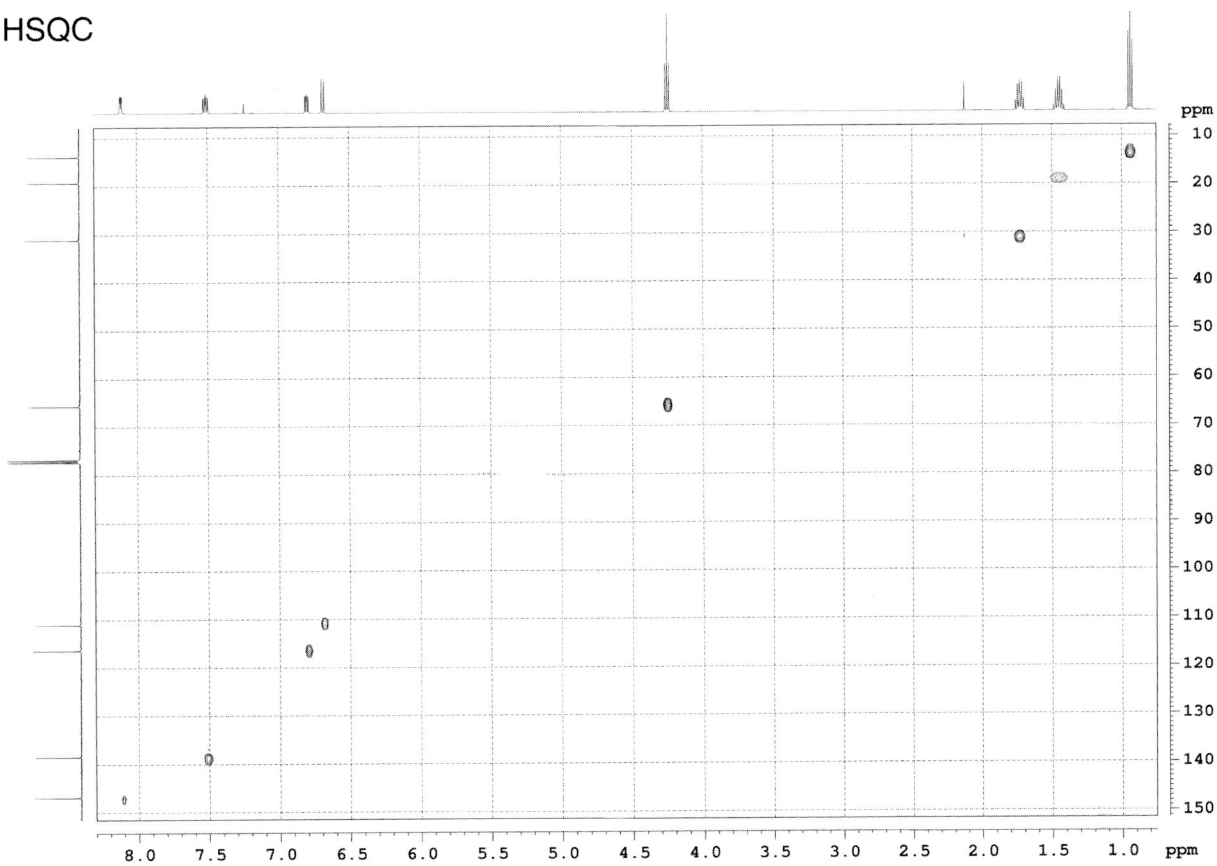

HMBC

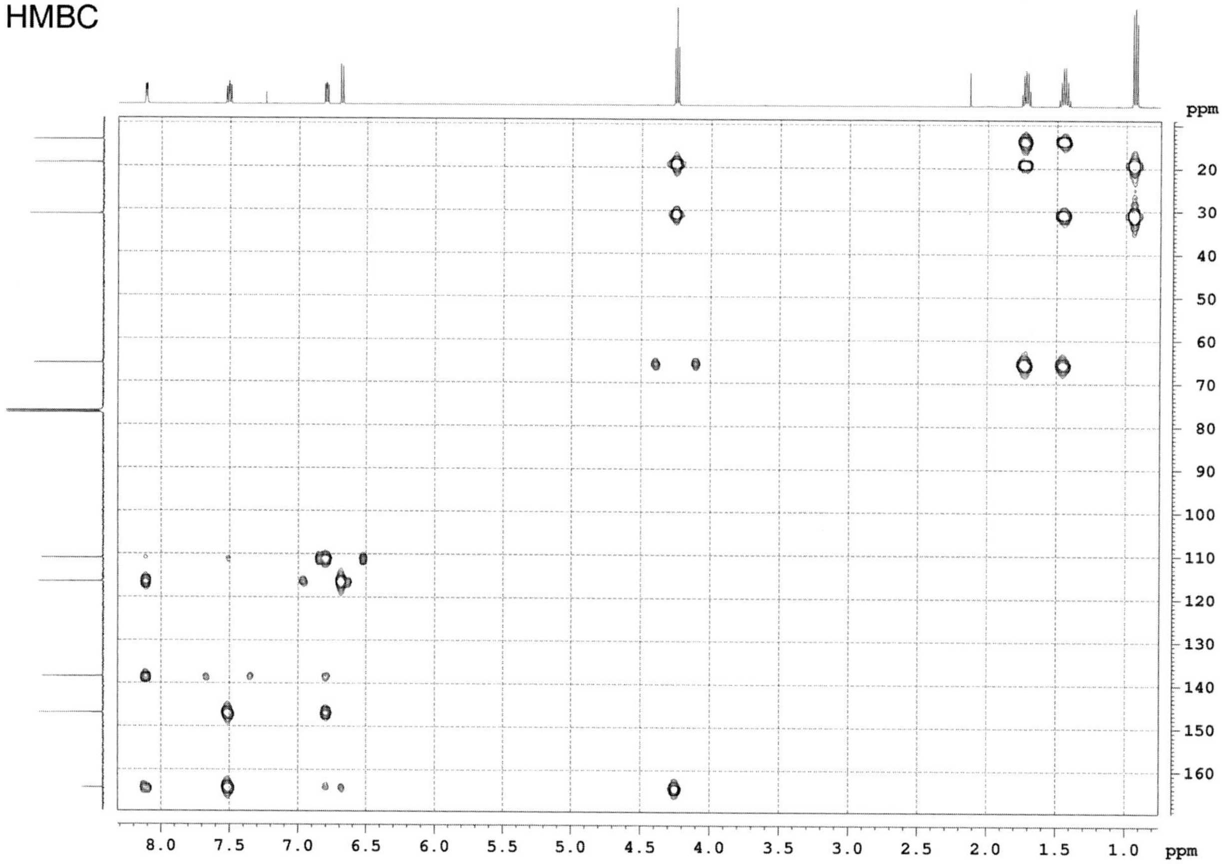
ppm
20
30
40
50
60
70
80
90
100
110
120
130
140
150
160
8.0
7.5
7.0
6.5
6.0
5.5
5.0
4.5
4.0
3.5
3.0
2.5
2.0
1.5
1.0
ppm

Note

73 $C_6H_8N_2$

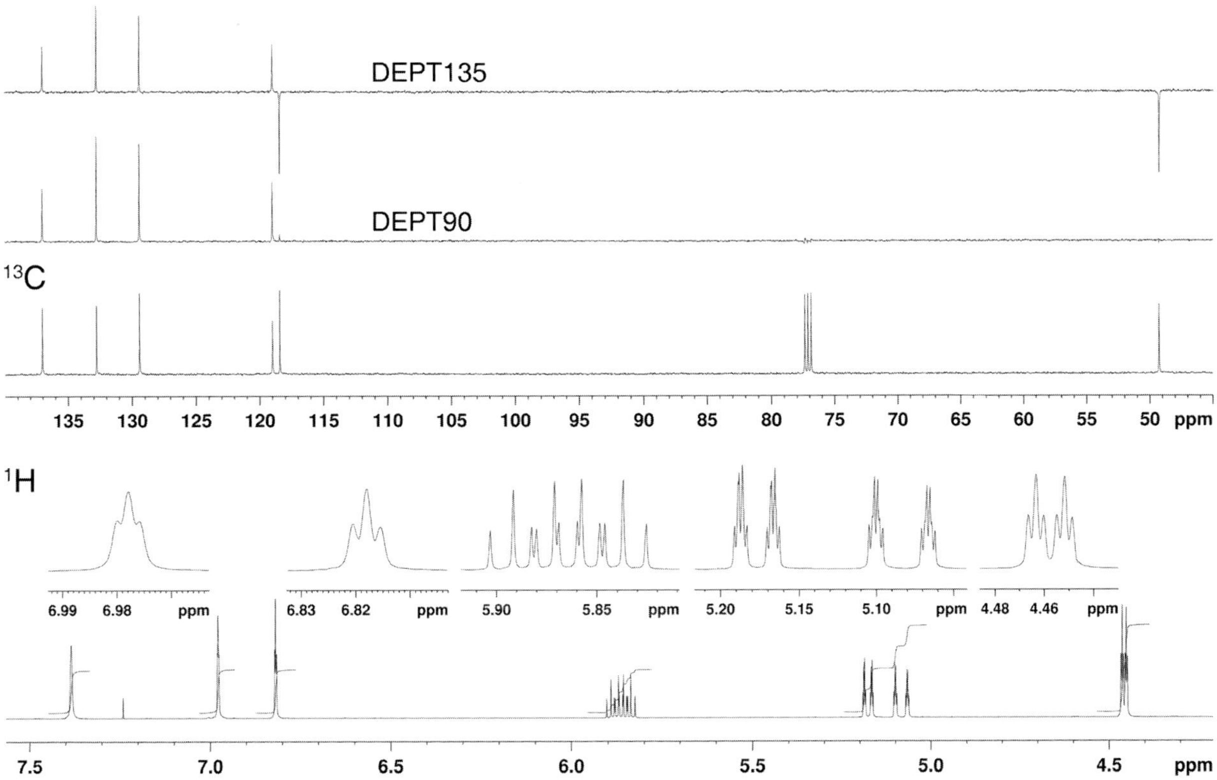

Note

COSY

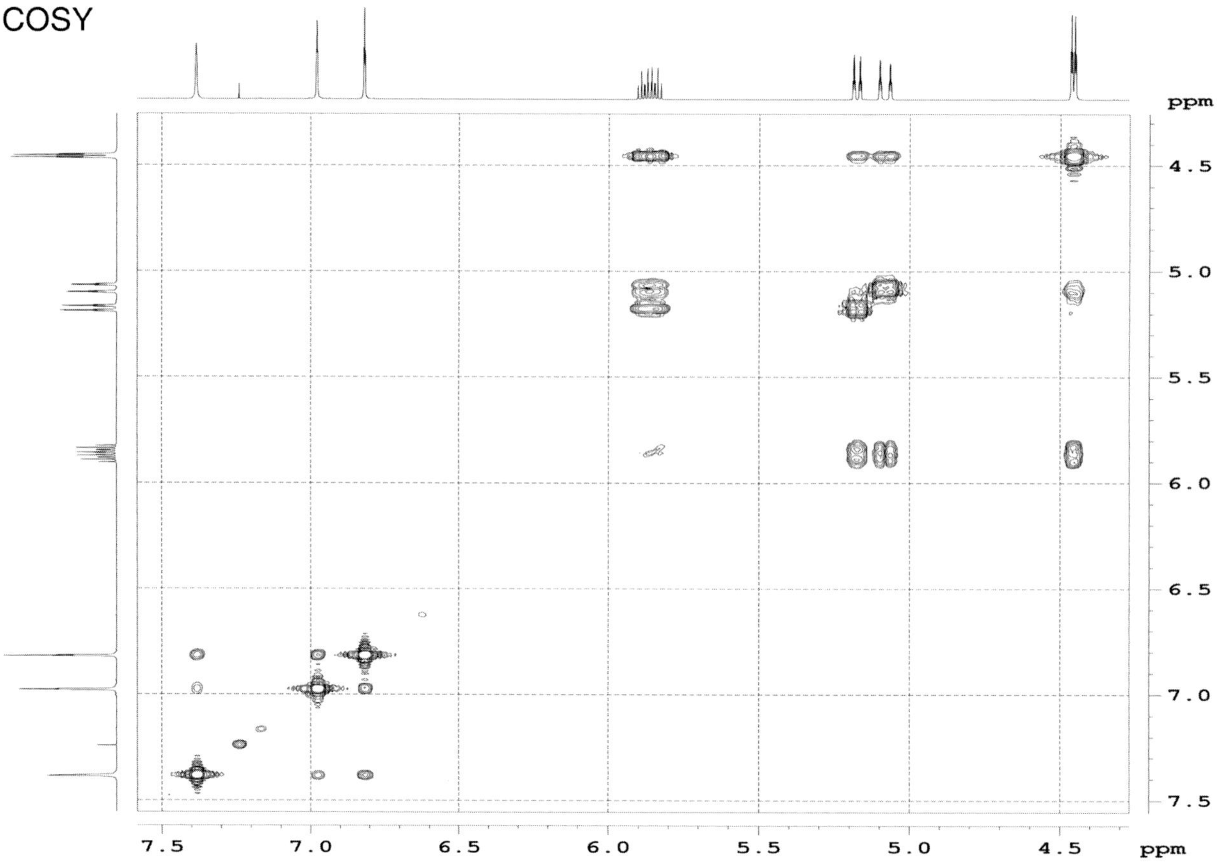

HSQC

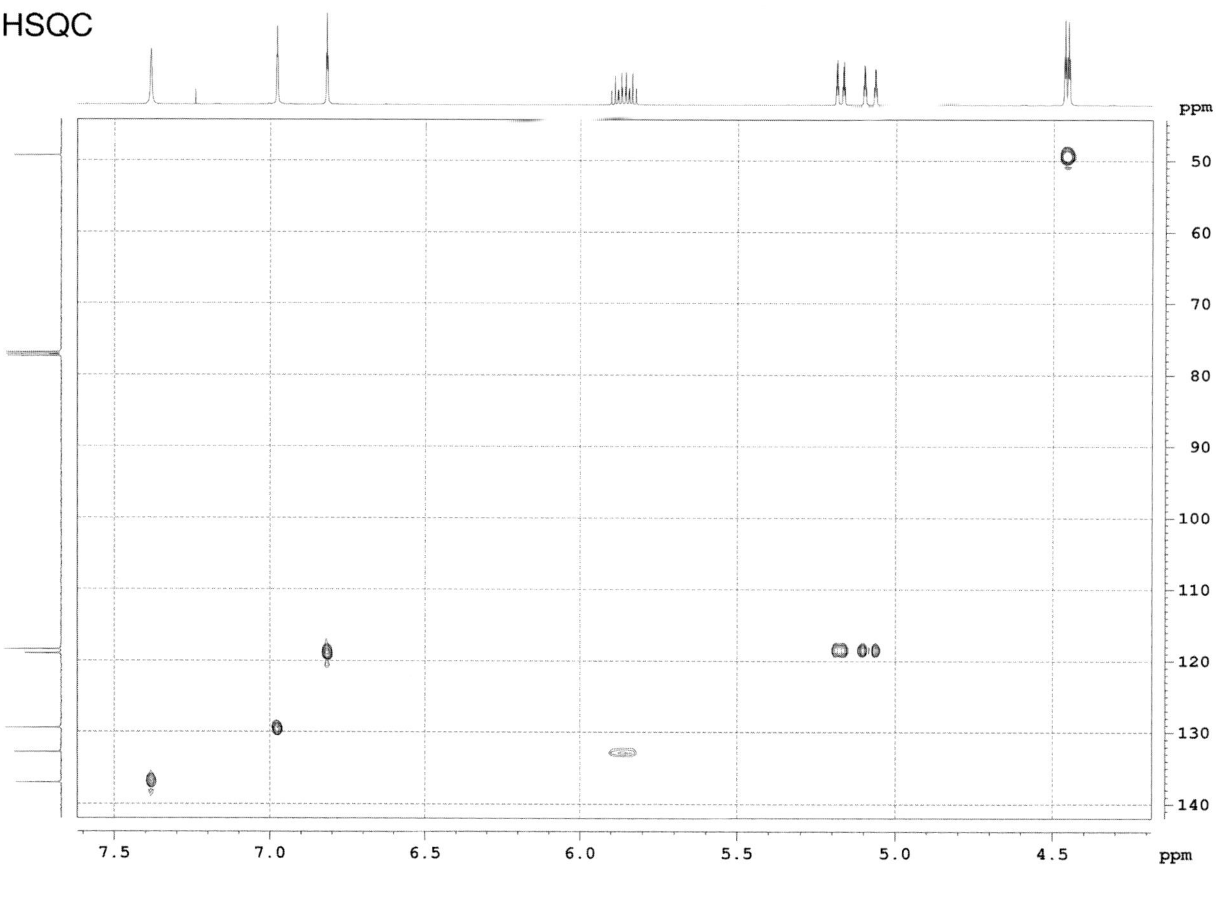

3

연습문제 II

HMBC

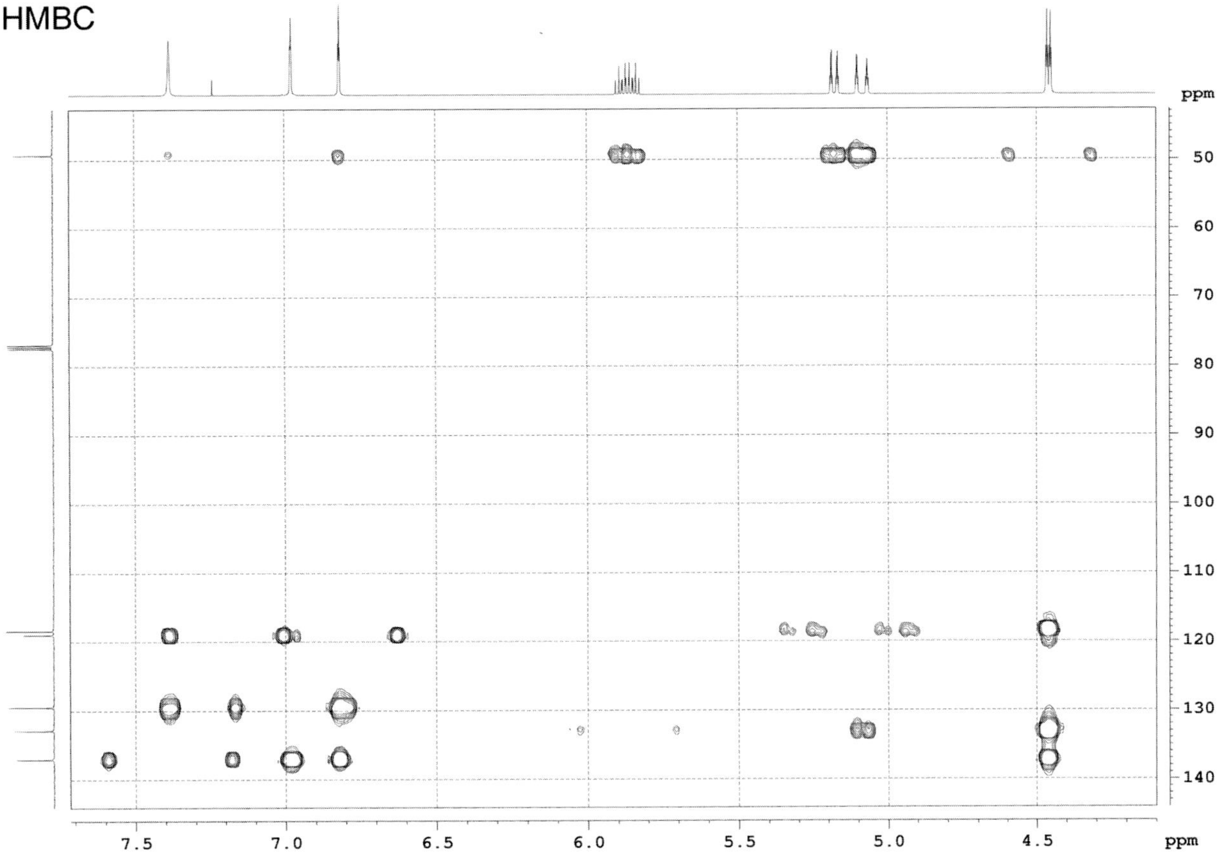

1D-NOESY

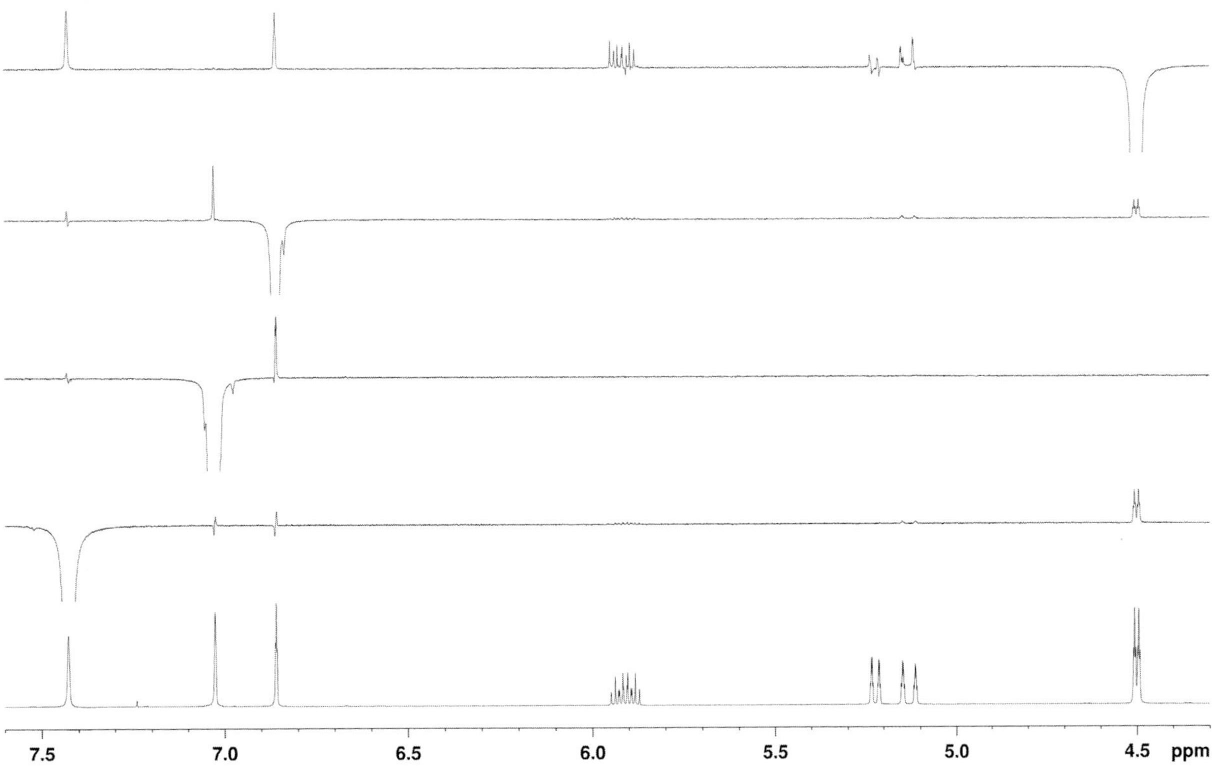

74 $C_8H_{10}N_4O_2$, 700 MHz

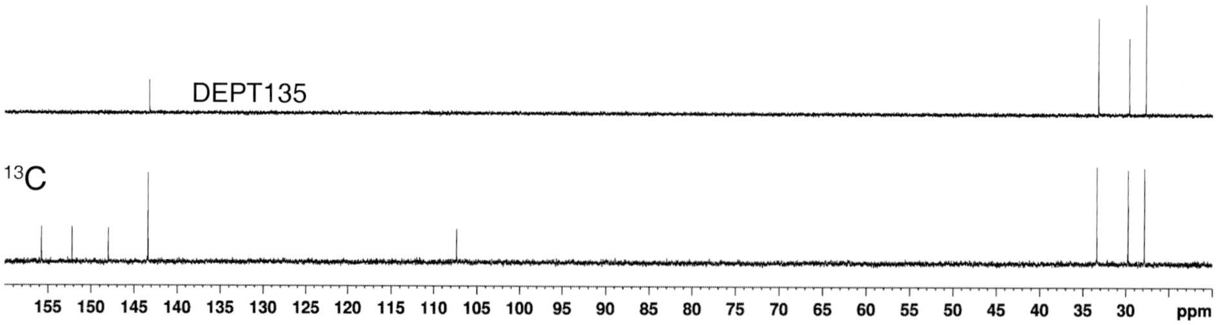

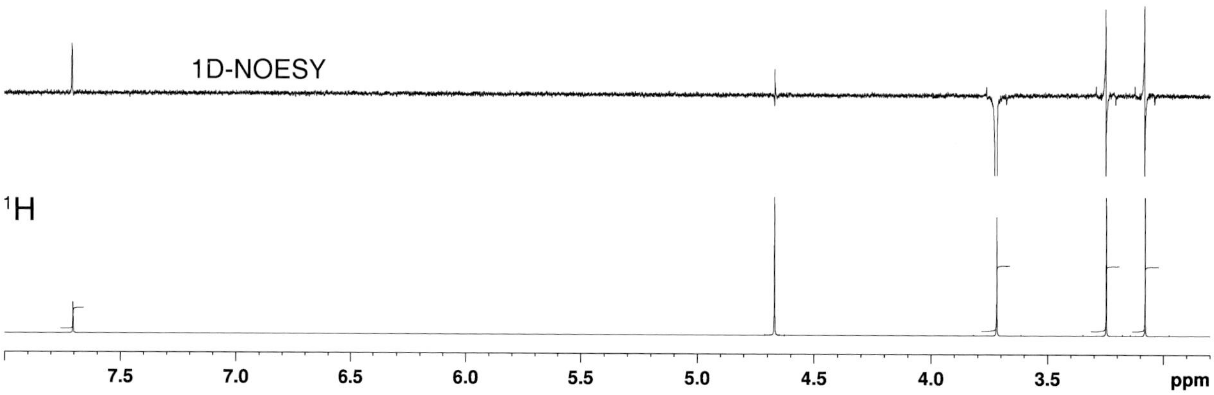

3

연습문제 II

Note

HSQC

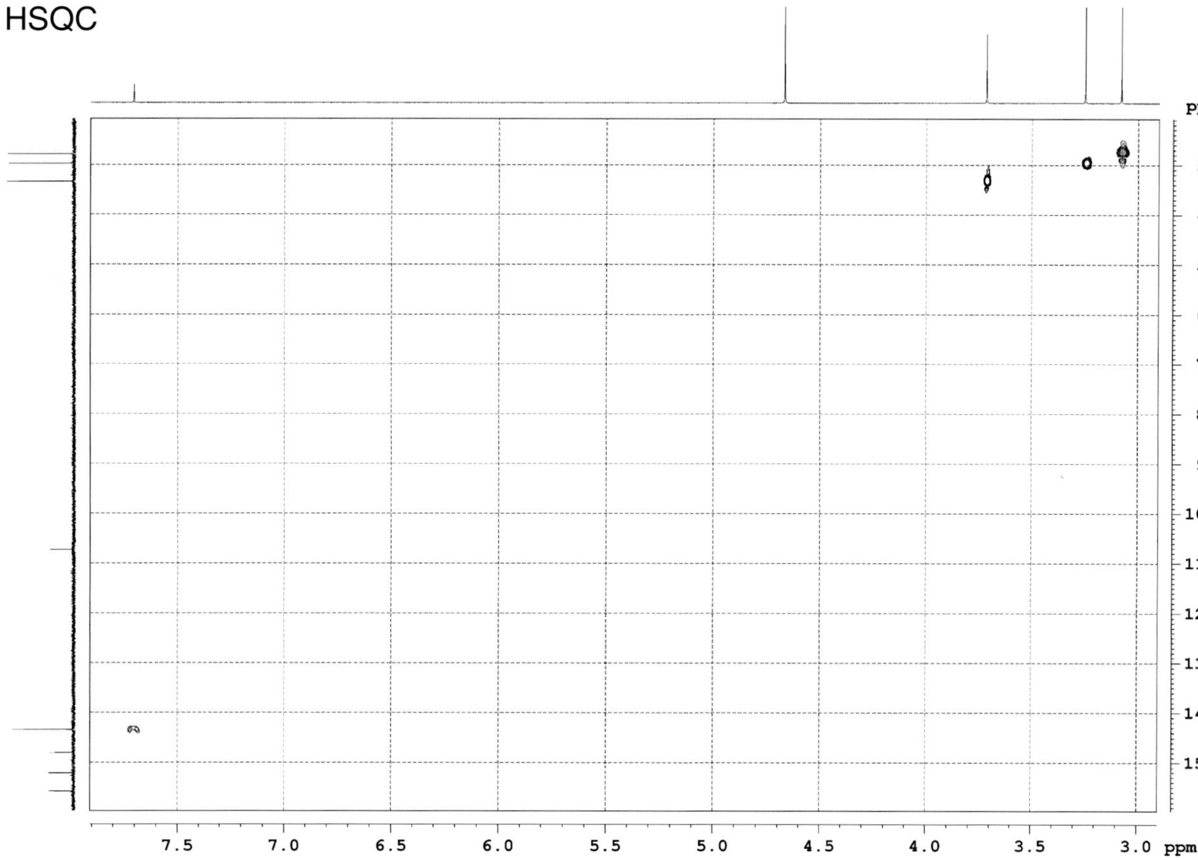

ppm
30
40
50
60
70
80
90
100
110
120
130
140
150
7.5 7.0 6.5 6.0 5.5 5.0 4.5 4.0 3.5 3.0 ppm

HMBC

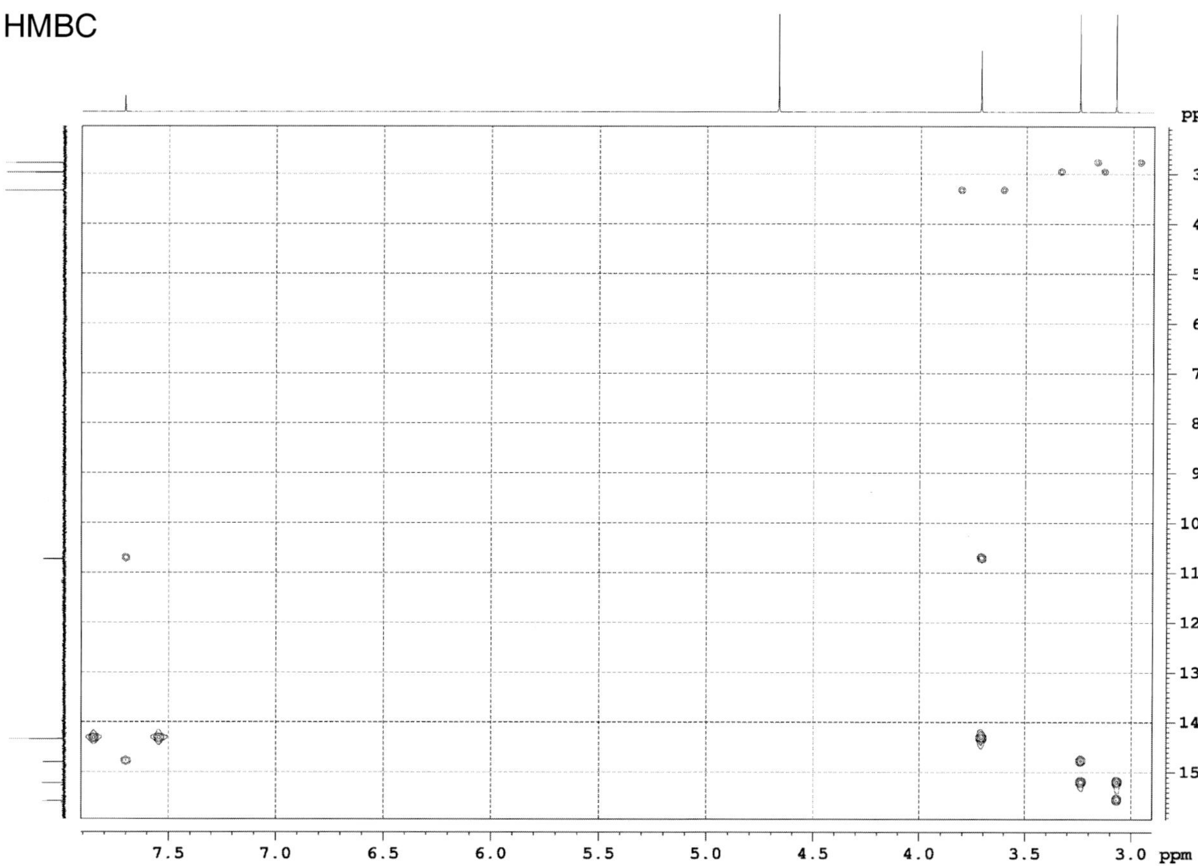

ppm
30
40
50
60
70
80
90
100
110
120
130
140
150
7.5 7.0 6.5 6.0 5.5 5.0 4.5 4.0 3.5 3.0 ppm

HMBC-^{1}H-^{15}N

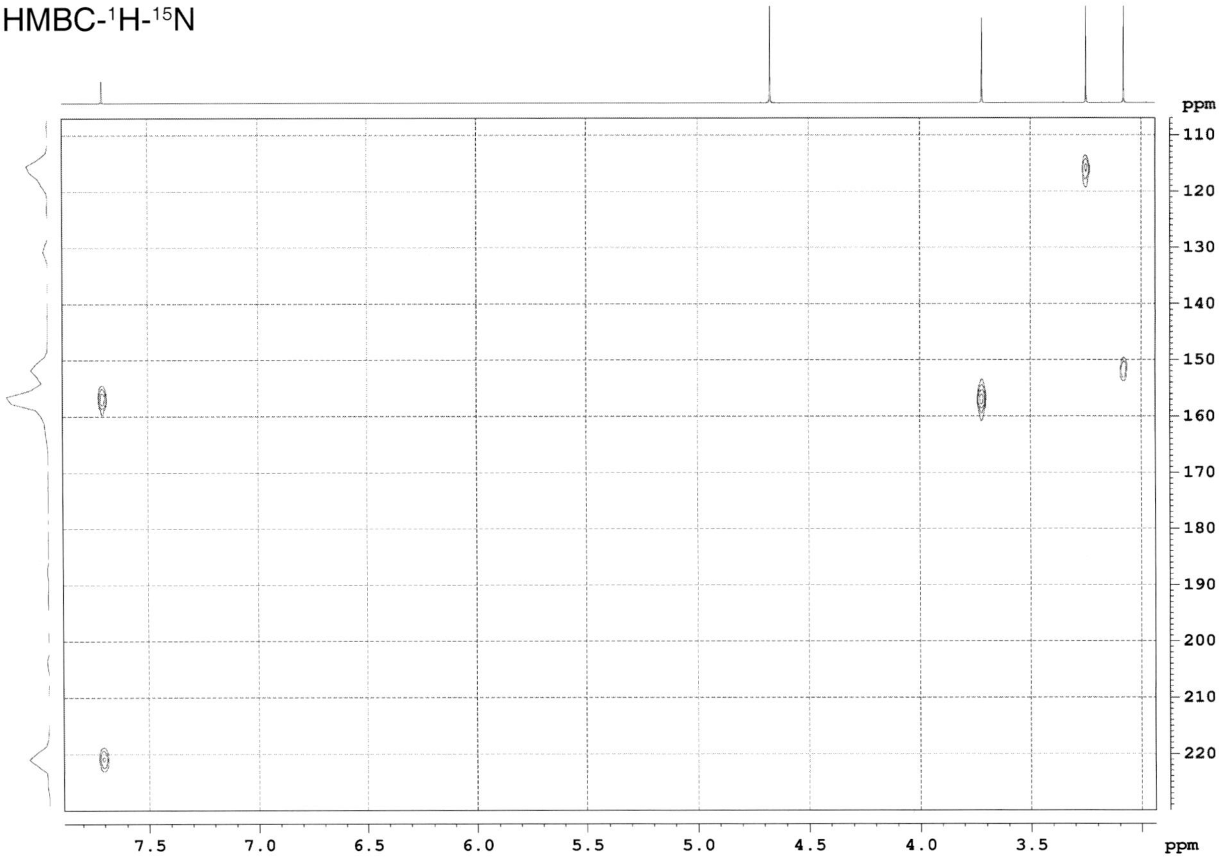

Note

75 $C_{10}H_{14}N_2$, 500 MHz

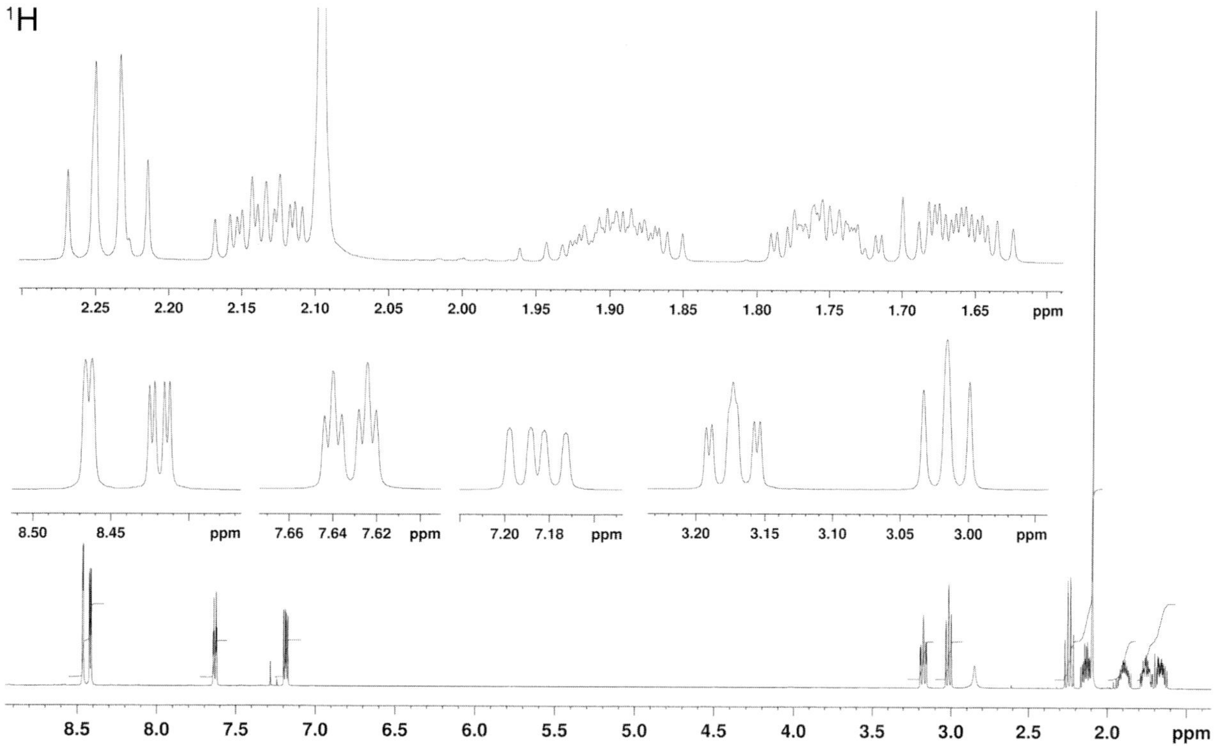

Note

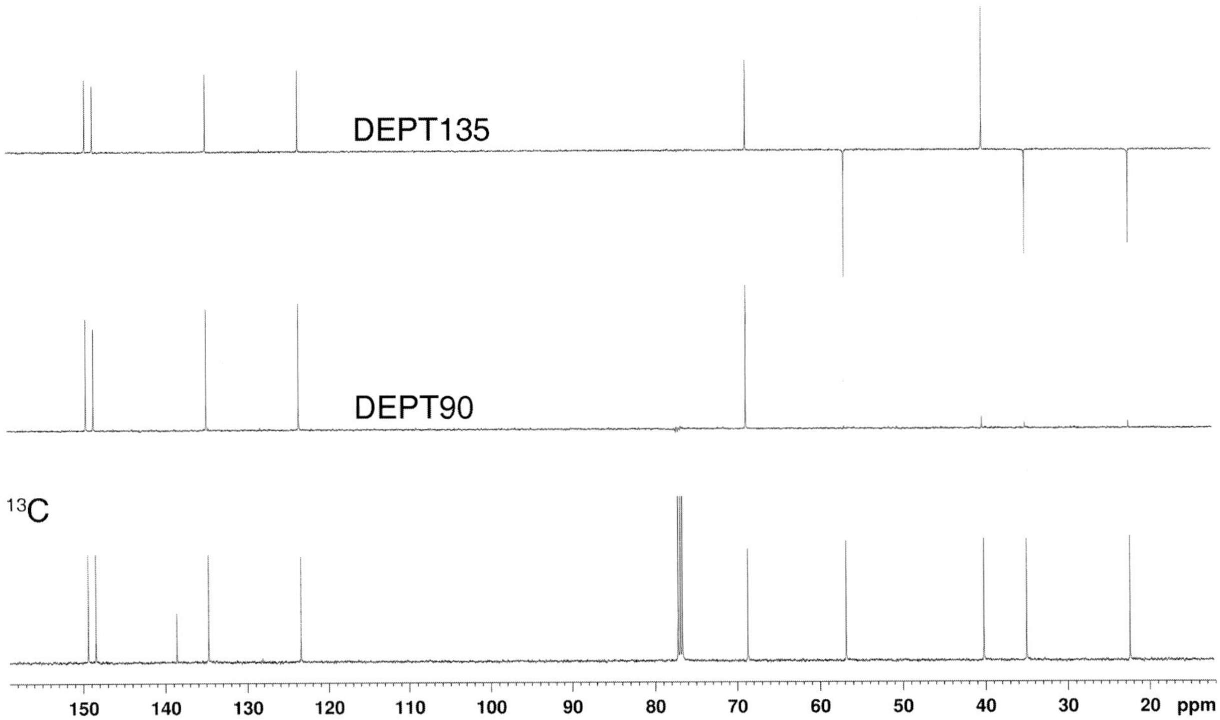
DEPT135
DEPT90
13C
ppm

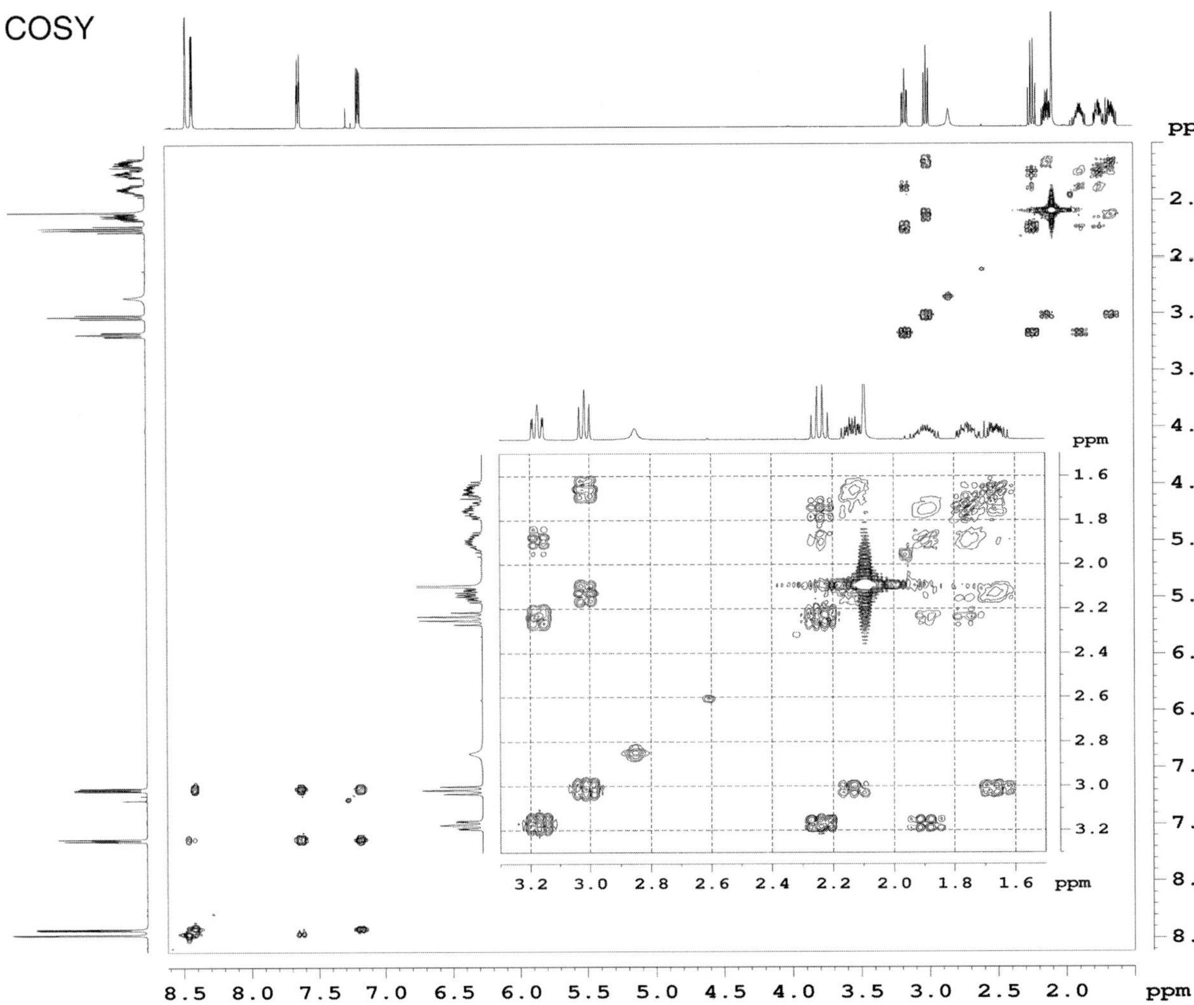
COSY
ppm

HSQC

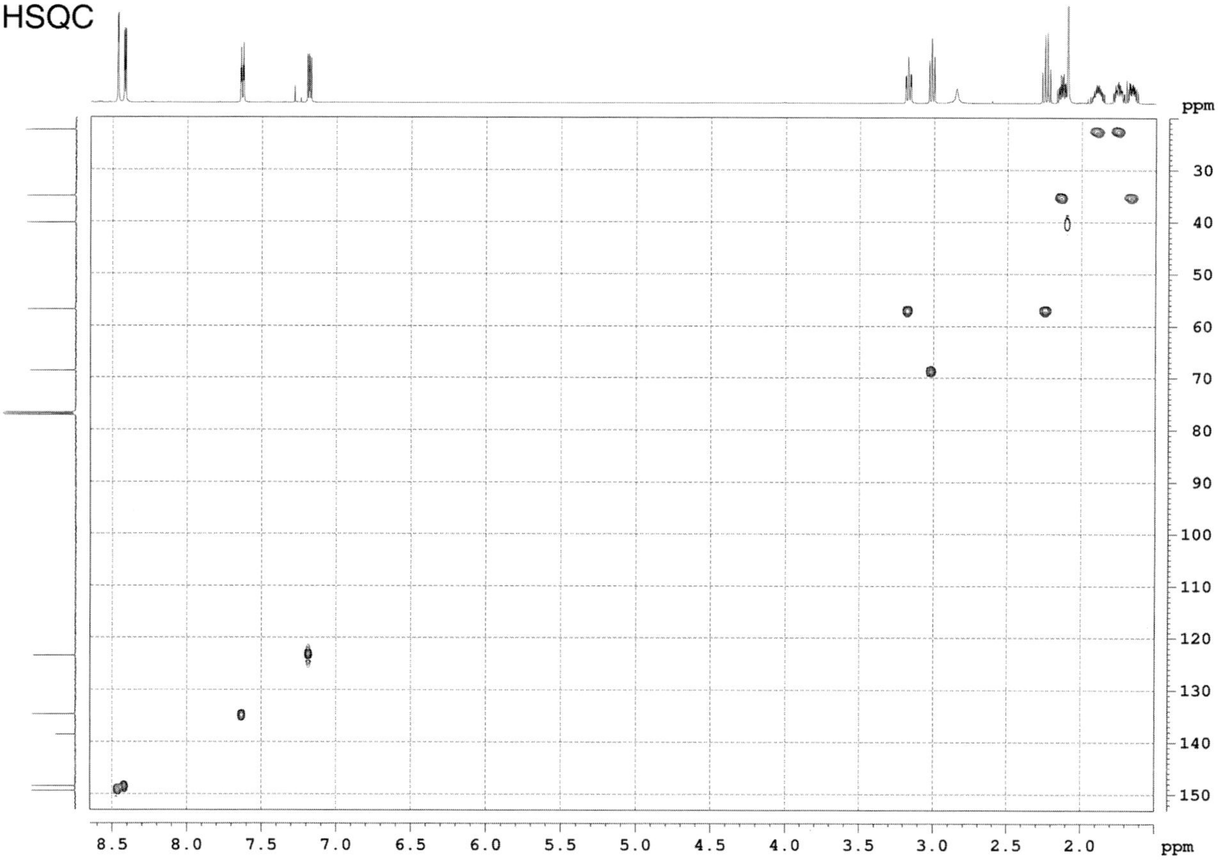

HMBC

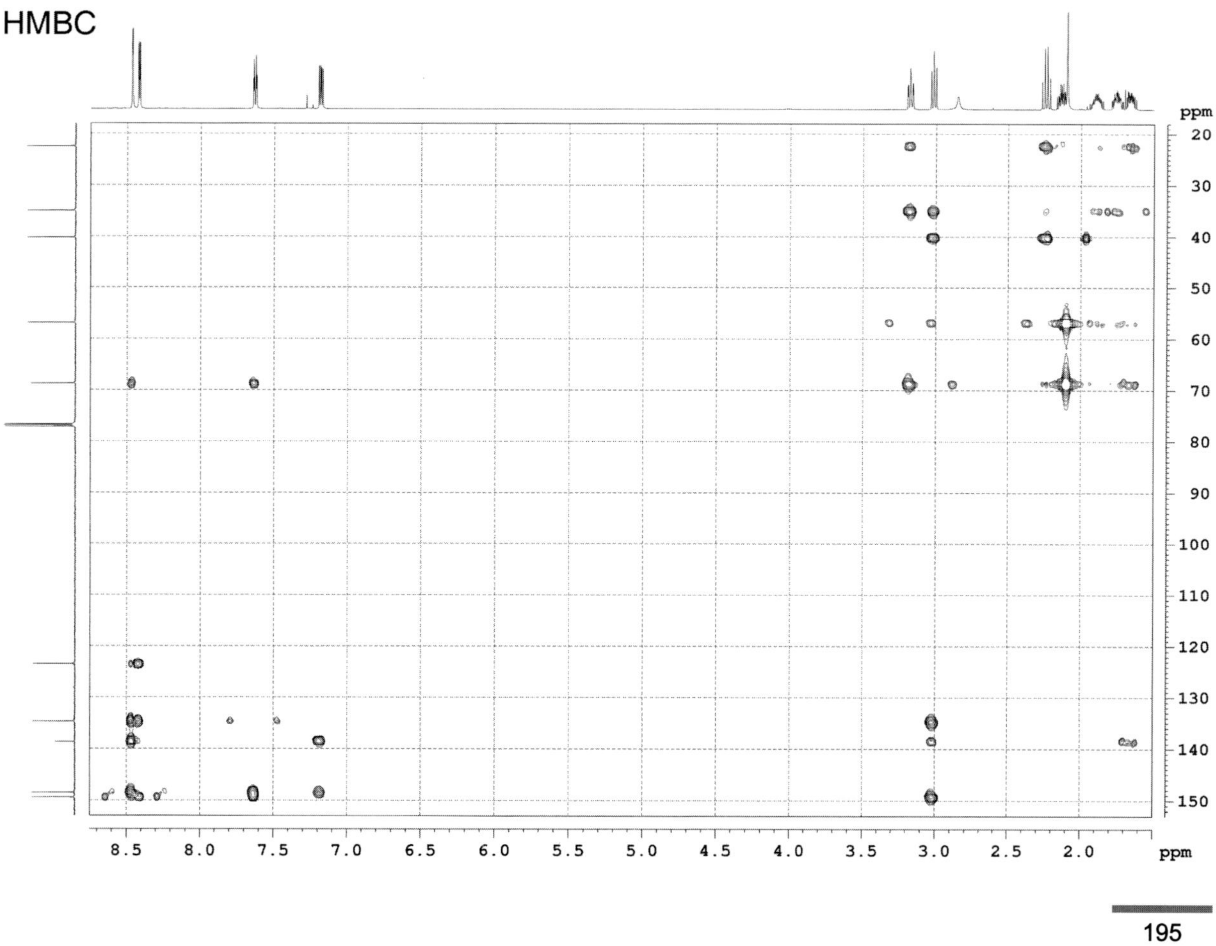

HMBC-^{1}H-^{15}N, 700 MHz

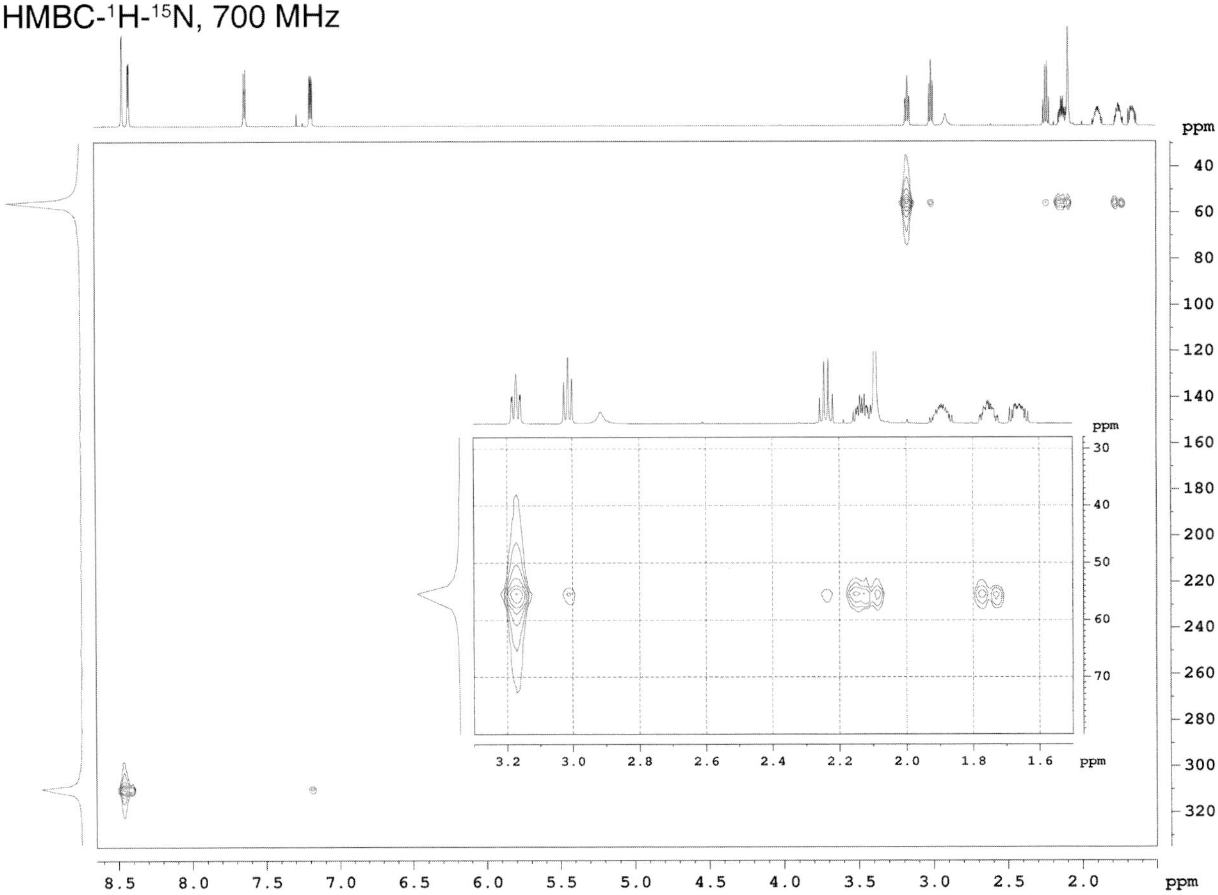

✍ Note

76 $C_{24}H_{38}O_4$, 700 MHz

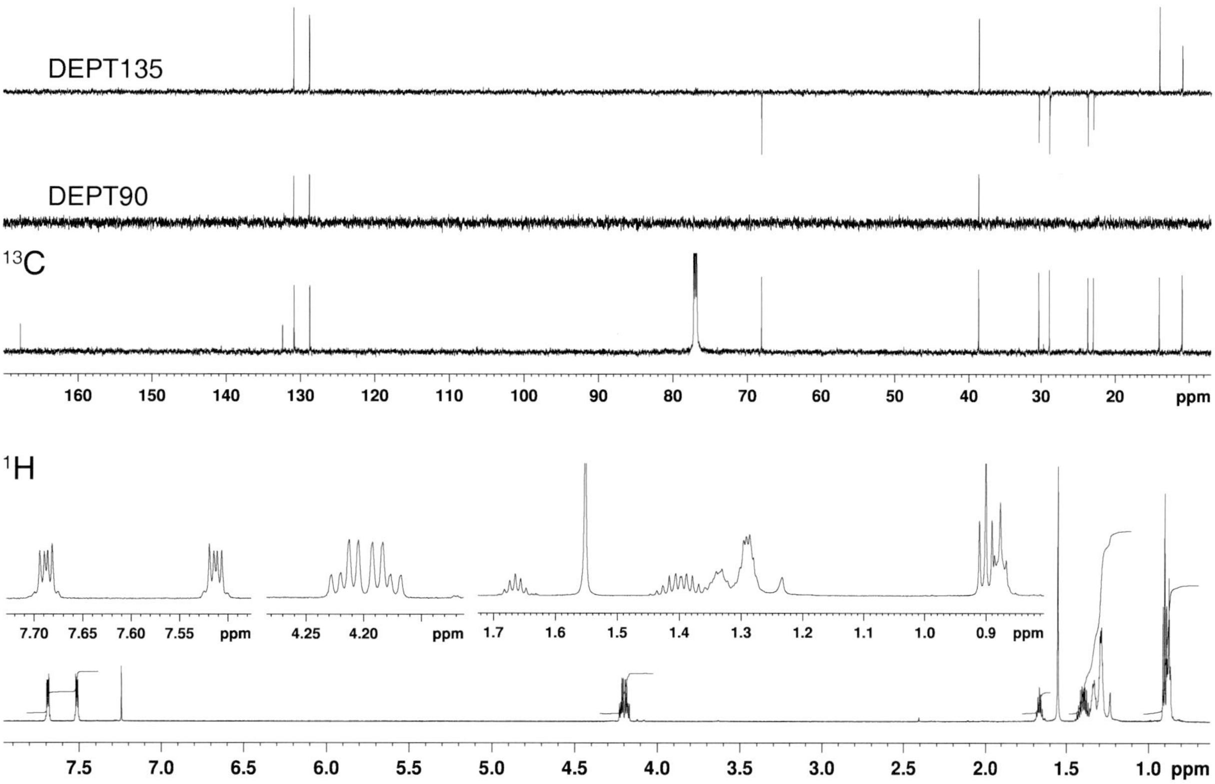

✍ Note

COSY

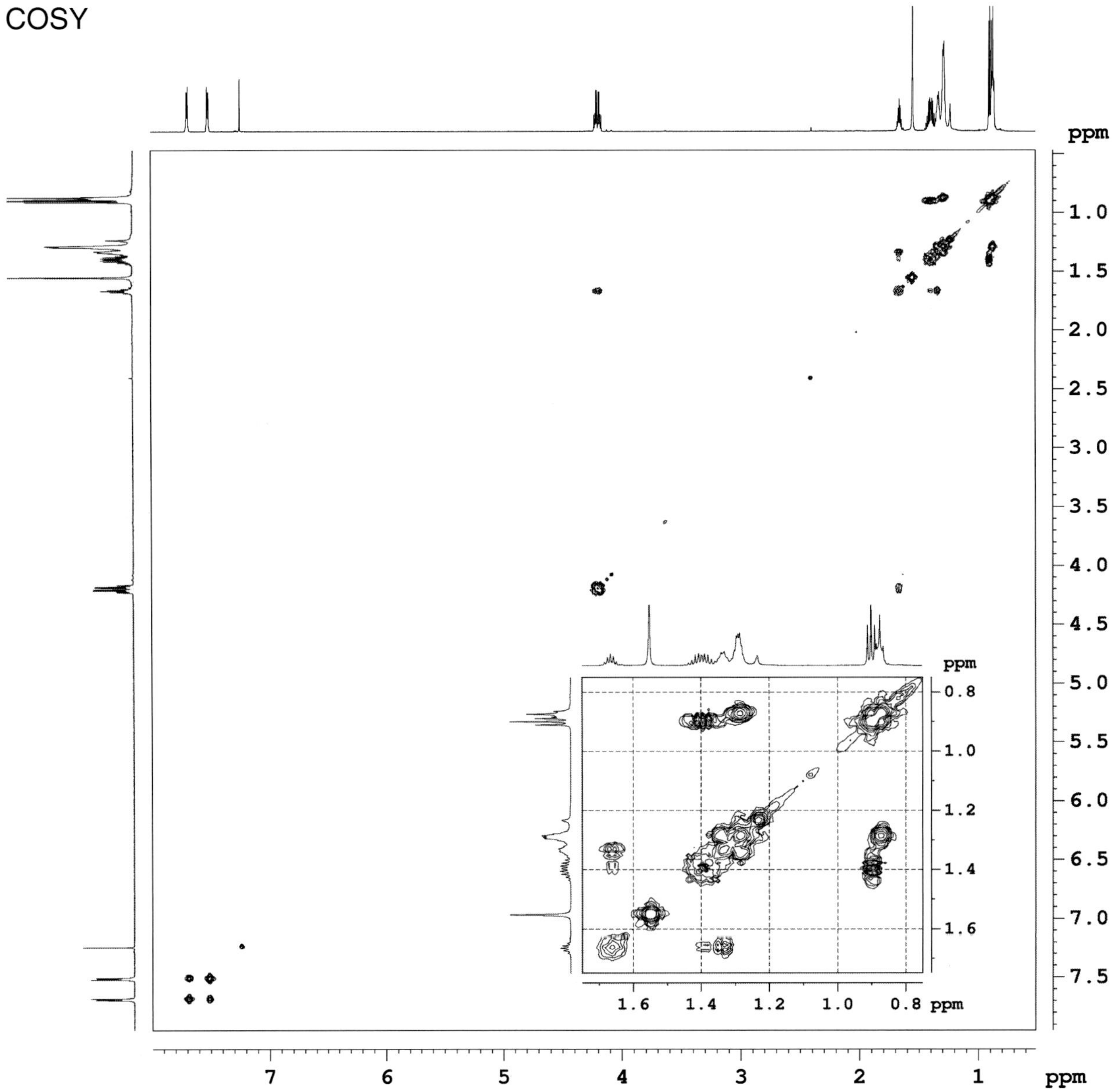

ppm
1.0
1.5
2.0
2.5
3.0
3.5
4.0
4.5
5.0
5.5
6.0
6.5
7.0
7.5
7
6
5
4
3
2
1
ppm
1.6
1.4
1.2
1.0
0.8

HSQC

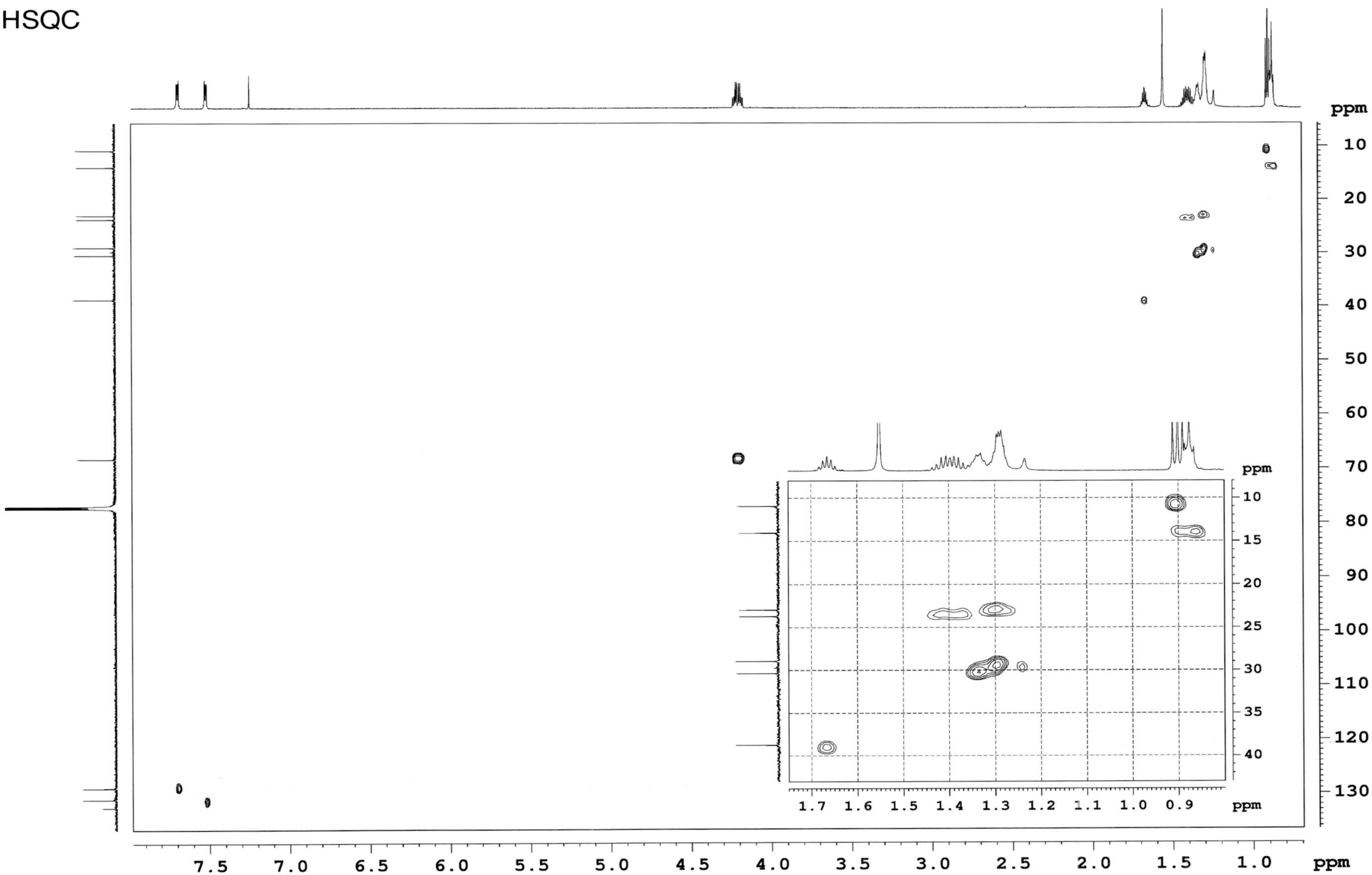
ppm
10
20
30
40
50
60
70
80
90
100
110
120
130
7.5 7.0 6.5 6.0 5.5 5.0 4.5 4.0 3.5 3.0 2.5 2.0 1.5 1.0 ppm
1.7 1.6 1.5 1.4 1.3 1.2 1.1 1.0 0.9 ppm
10 15 20 25 30 35 40

HMBC

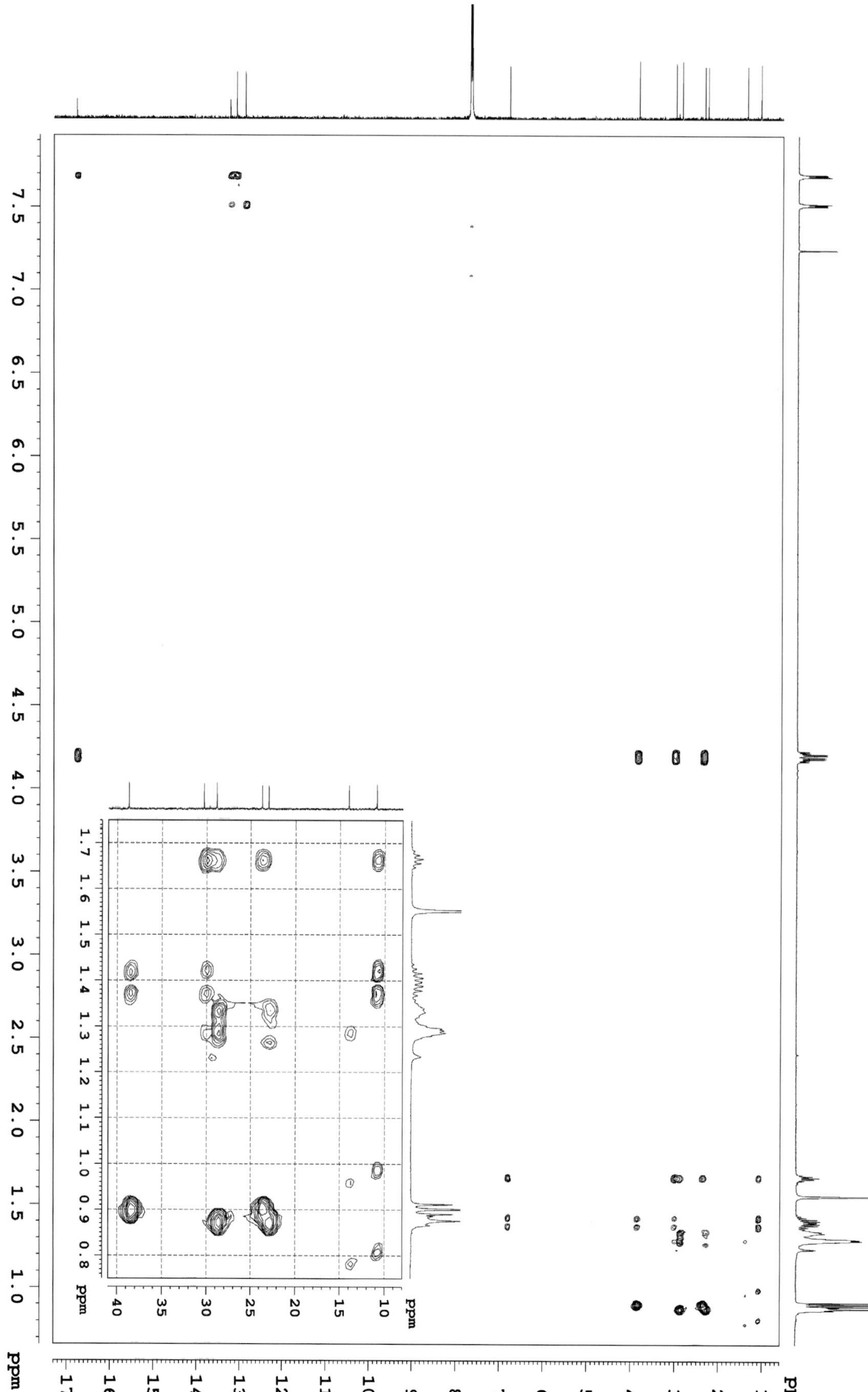
ppm
7.5
7.0
6.5
6.0
5.5
5.0
4.5
4.0
3.5
3.0
2.5
2.0
1.5
1.0
ppm
170
160
150
140
130
120
110
100
90
80
70
60
50
40
30
20
10
1.7
1.6
1.5
1.4
1.3
1.2
1.1
1.0
0.9
0.8
40
35
30
25
20
15
10

77 $C_{14}H_{17}O_4N$, 700 MHz

^1H

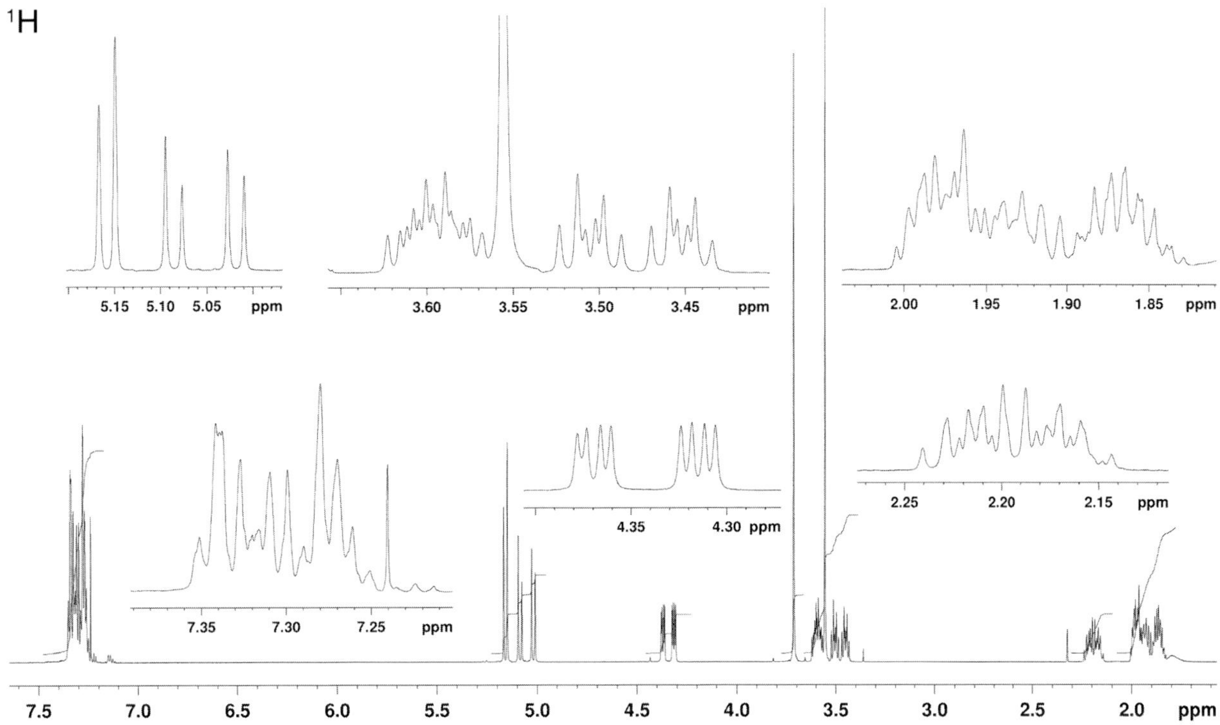

Note

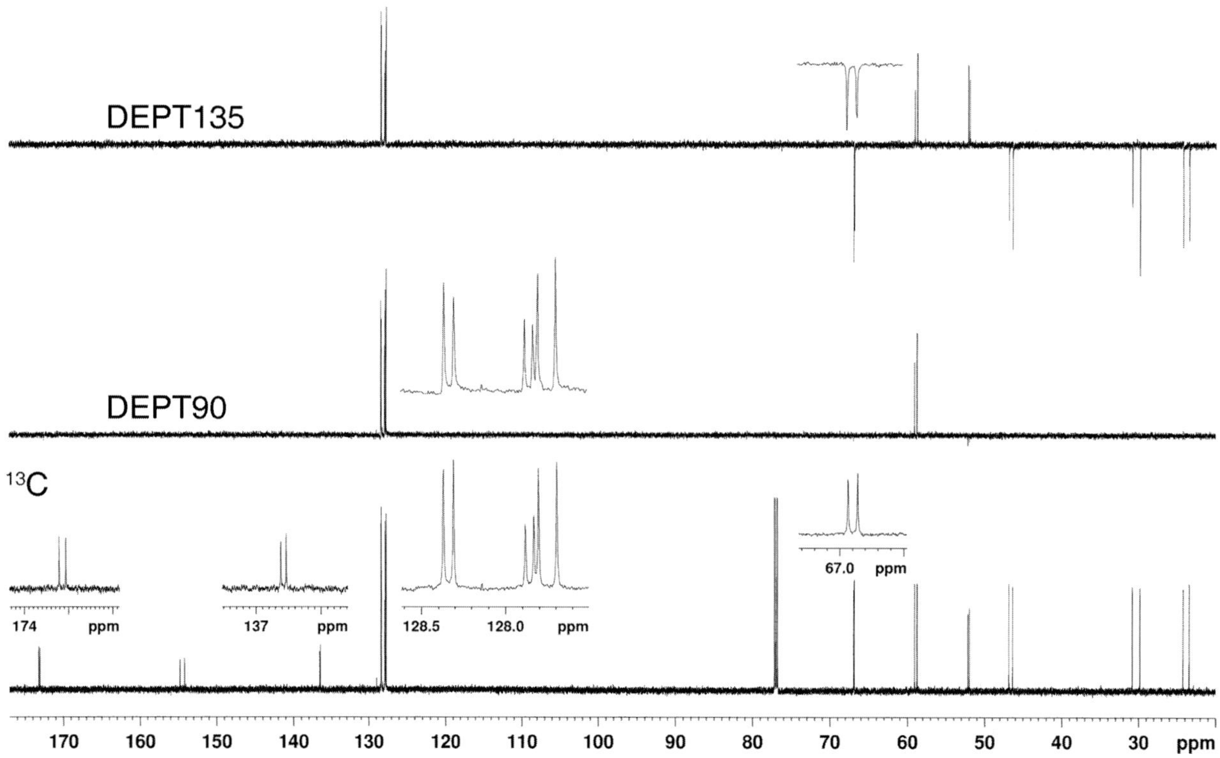
DEPT135
DEPT90
13C
174 ppm
137 ppm
128.5 128.0 ppm
67.0 ppm
170 160 150 140 130 120 110 100 90 80 70 60 50 40 30 ppm

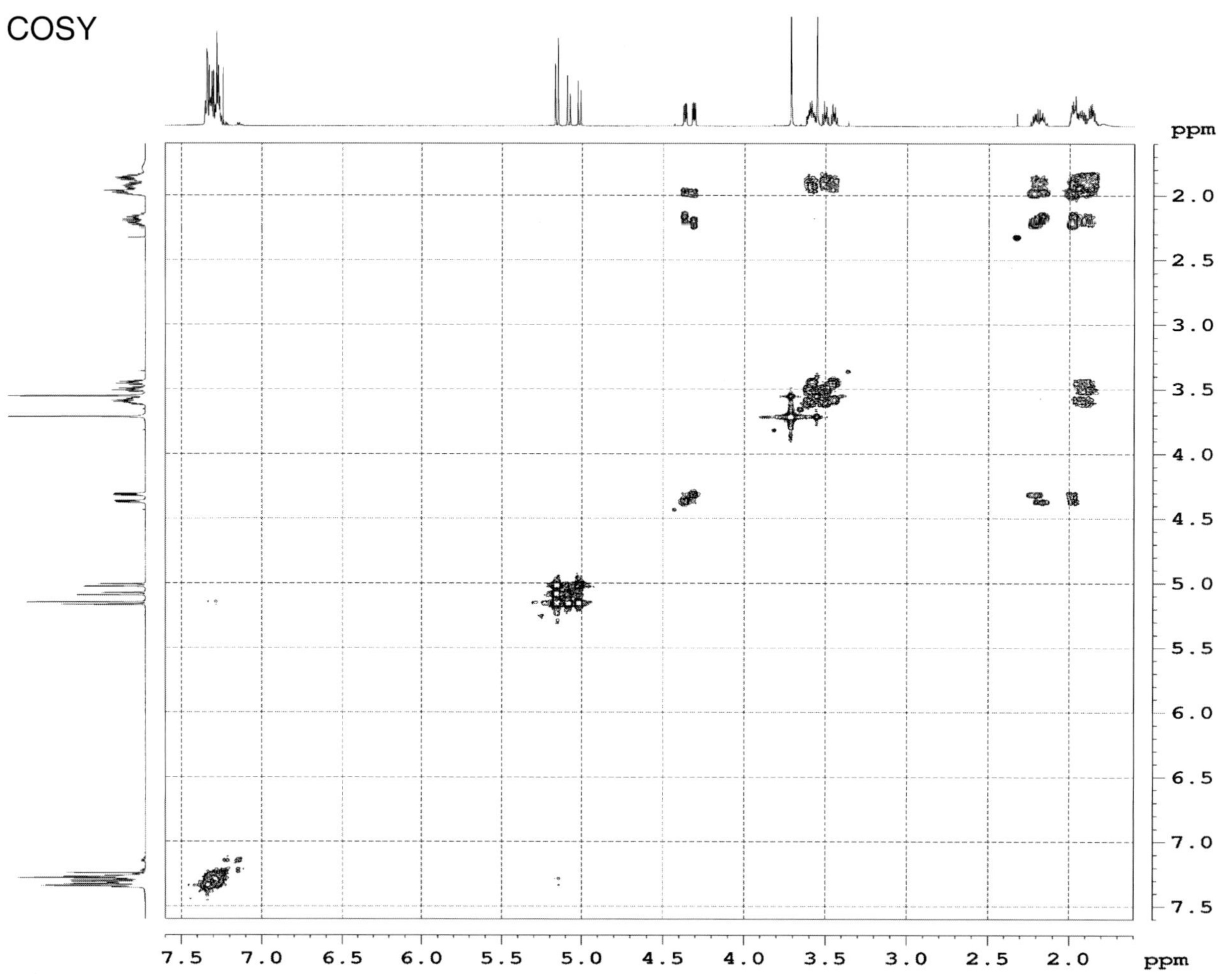
COSY
ppm
2.0 2.5 3.0 3.5 4.0 4.5 5.0 5.5 6.0 6.5 7.0 7.5
7.5 7.0 6.5 6.0 5.5 5.0 4.5 4.0 3.5 3.0 2.5 2.0 ppm

HSQC

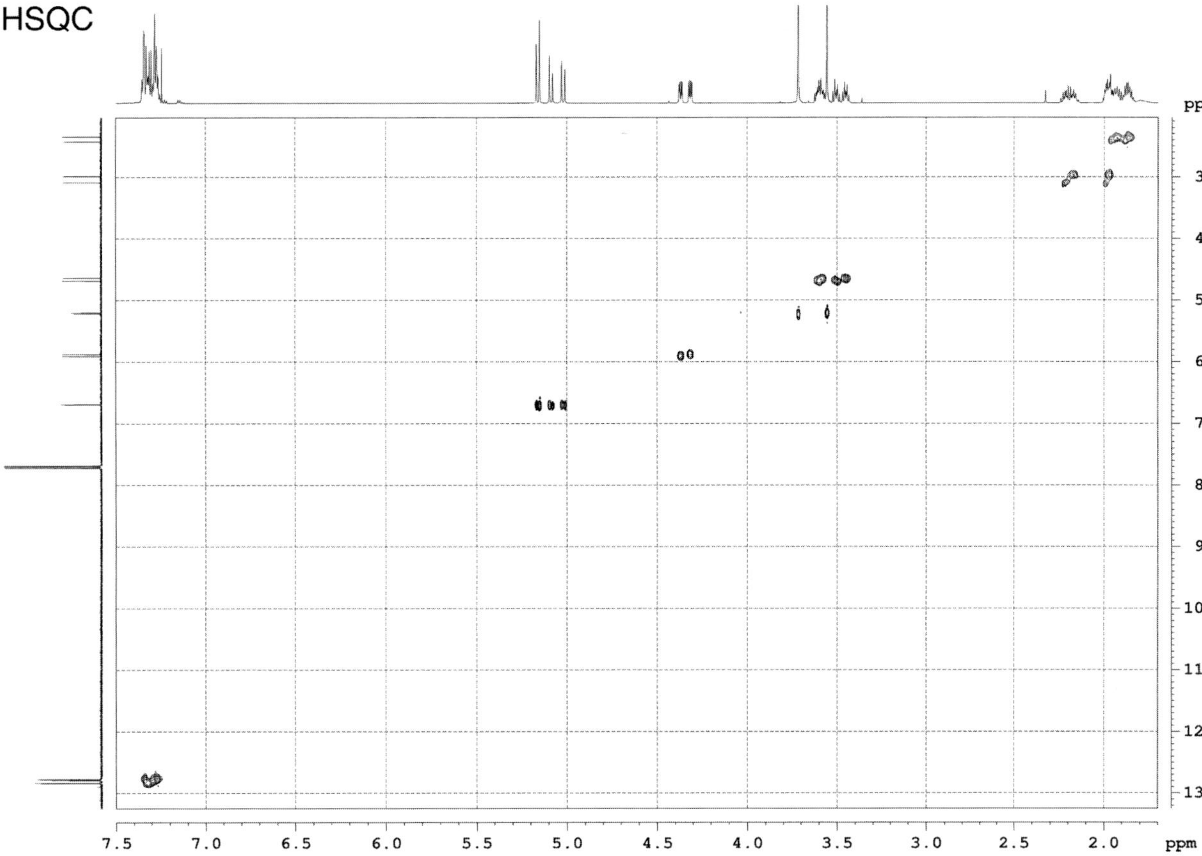

HMBC

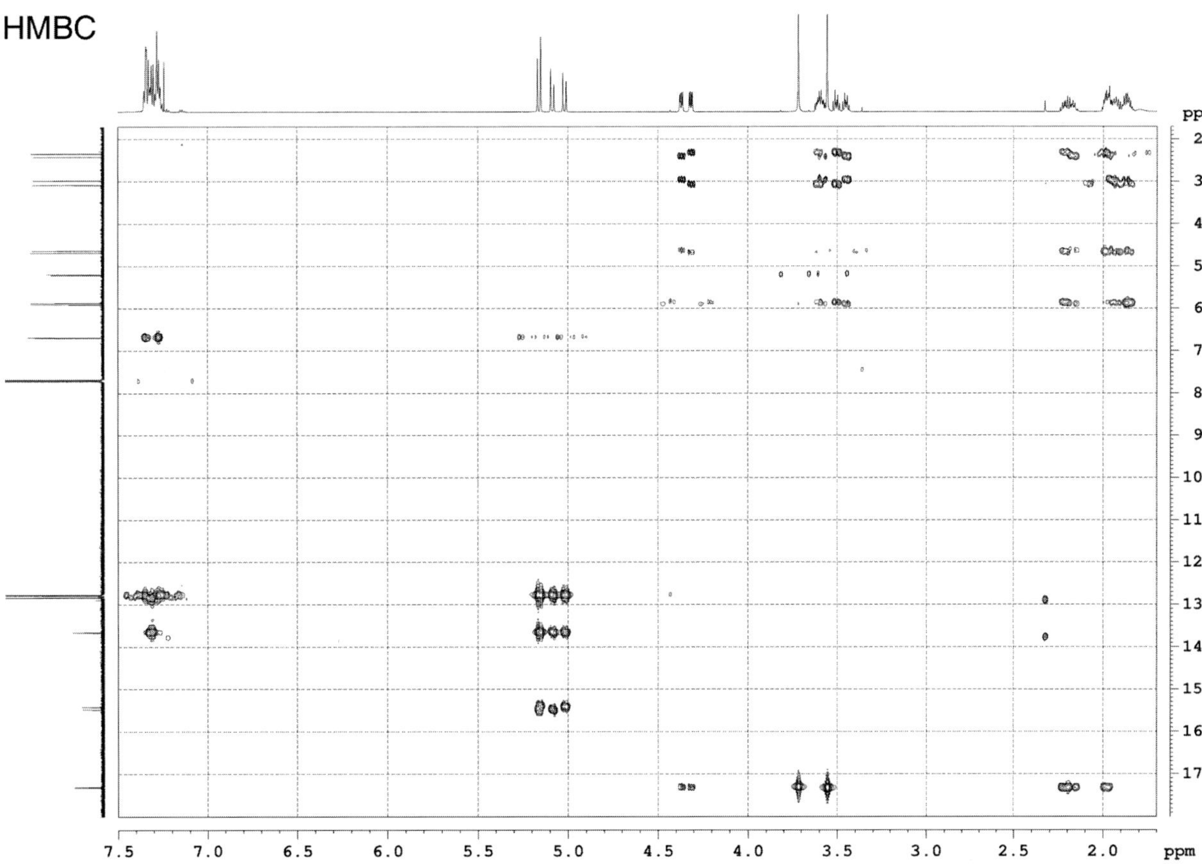

HMBC-^{1}H-^{15}N

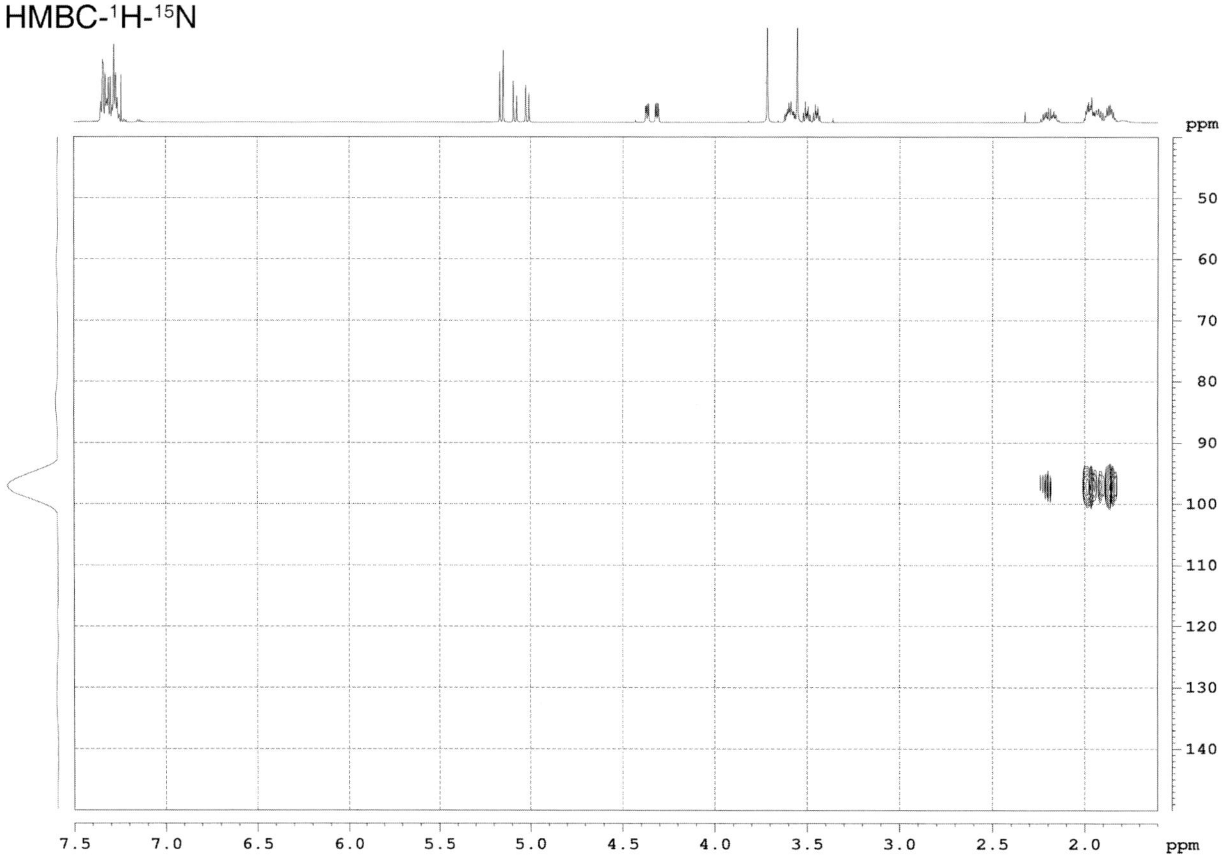

NOESY

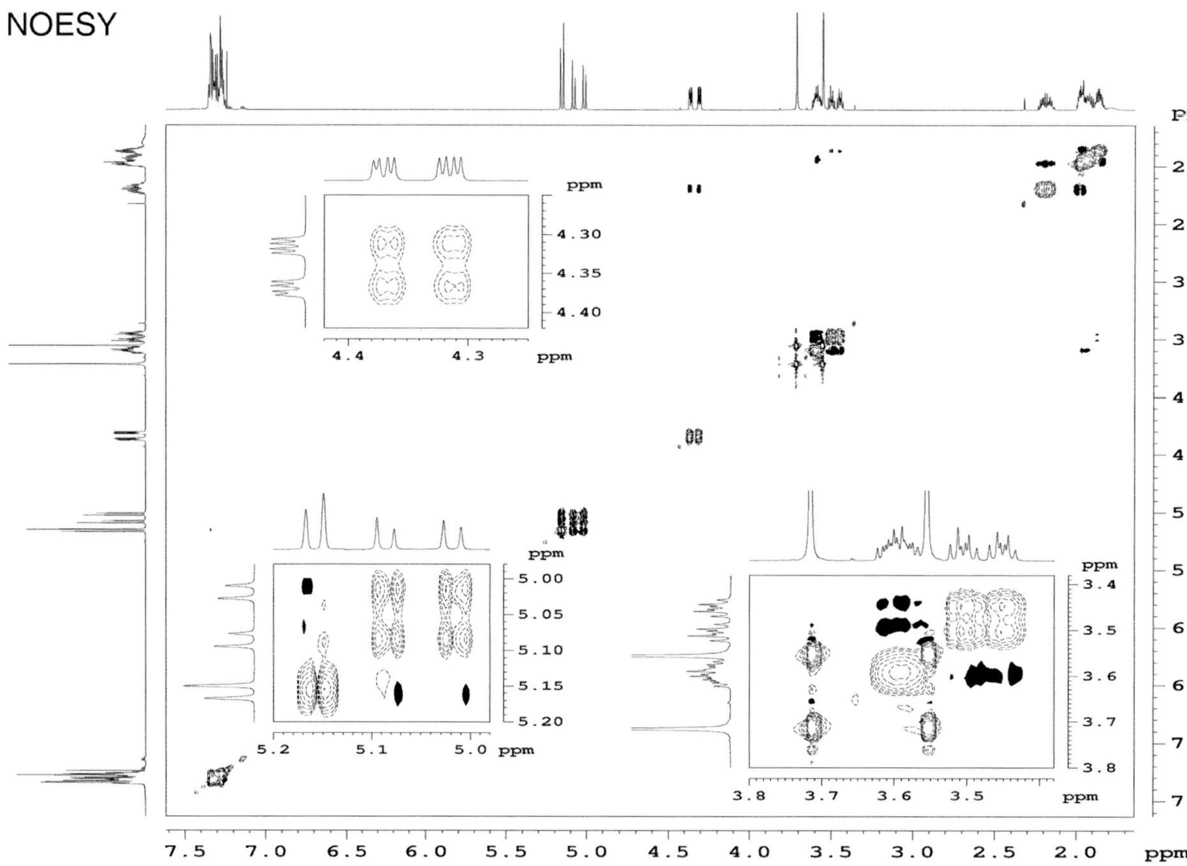

78 $C_{22}H_{38}O_7$, 500 MHz

1D-NOESY

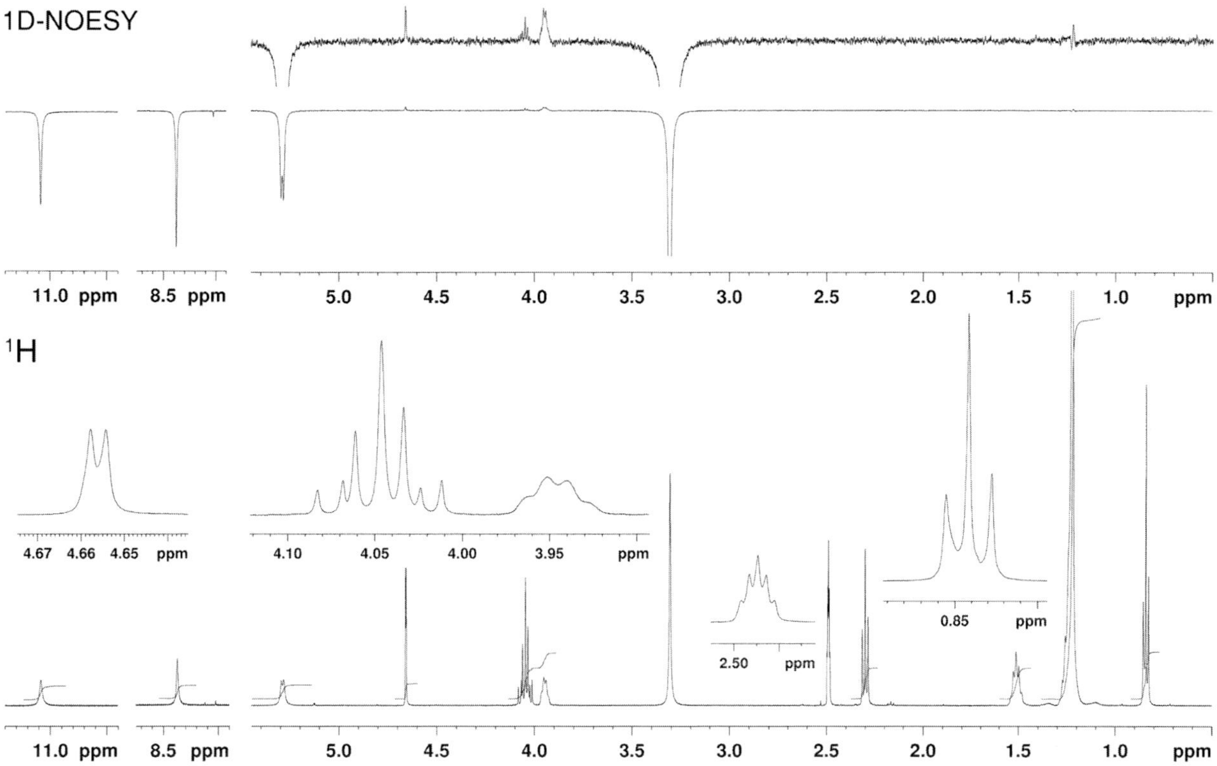

Note

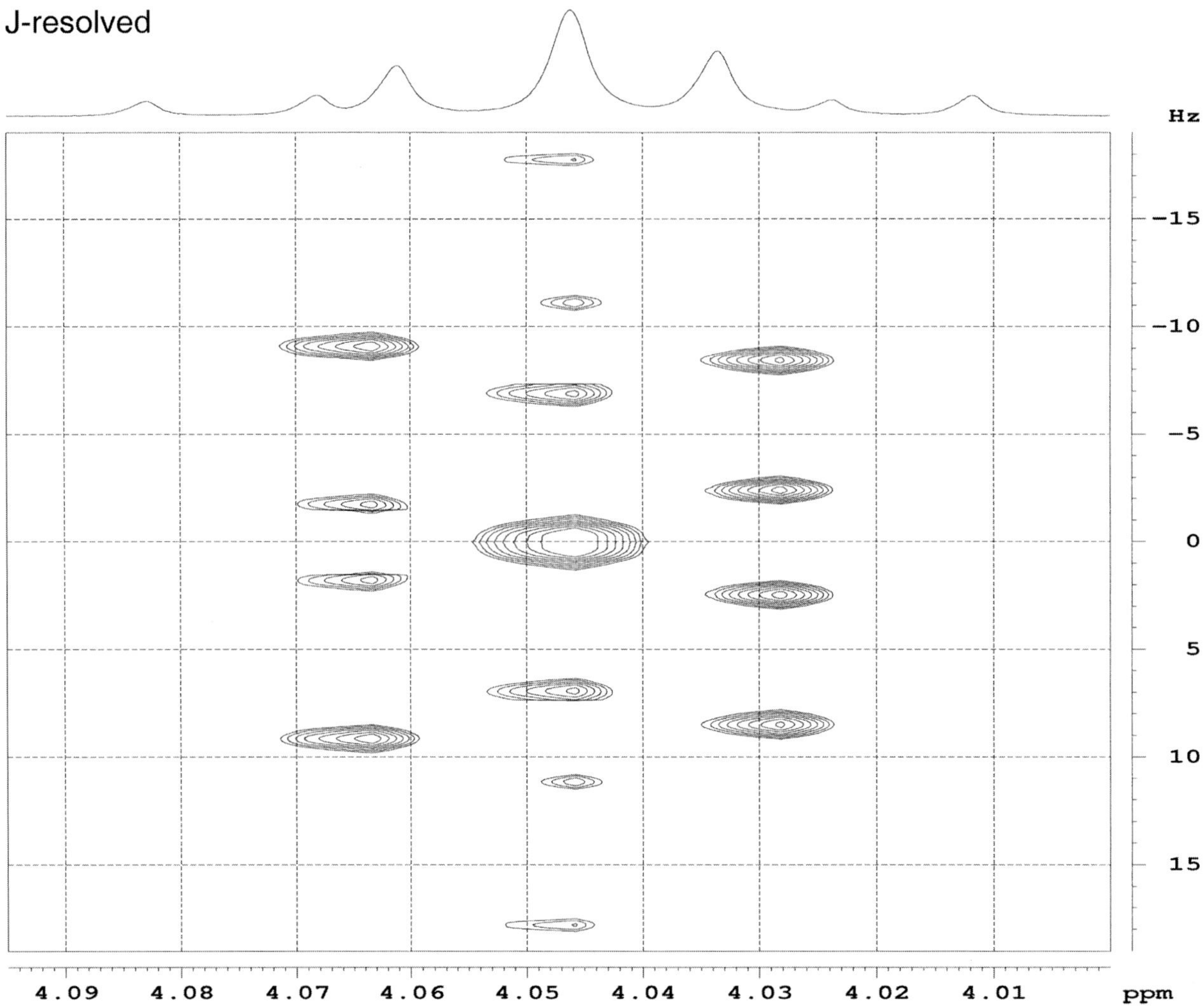
J-resolved
Hz
-15
-10
-5
0
5
10
15
4.09 4.08 4.07 4.06 4.05 4.04 4.03 4.02 4.01 ppm

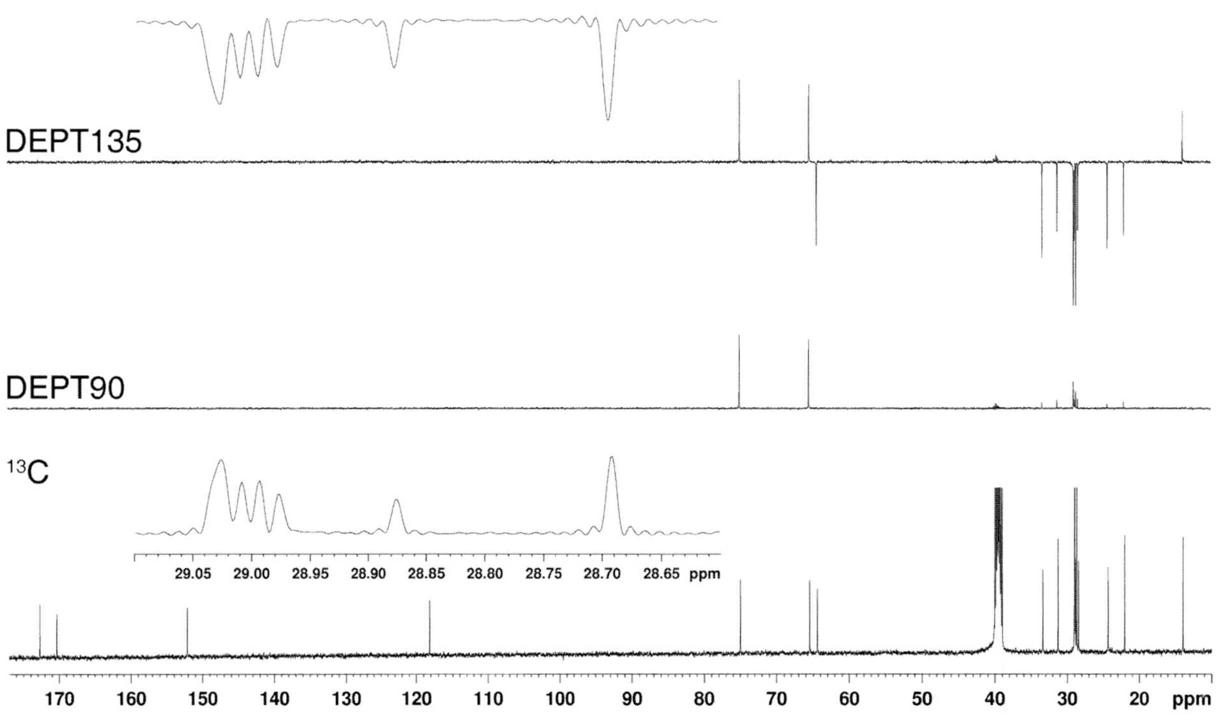
DEPT135
DEPT90
13C
29.05 29.00 28.95 28.90 28.85 28.80 28.75 28.70 28.65 ppm
170 160 150 140 130 120 110 100 90 80 70 60 50 40 30 20 ppm

COSY

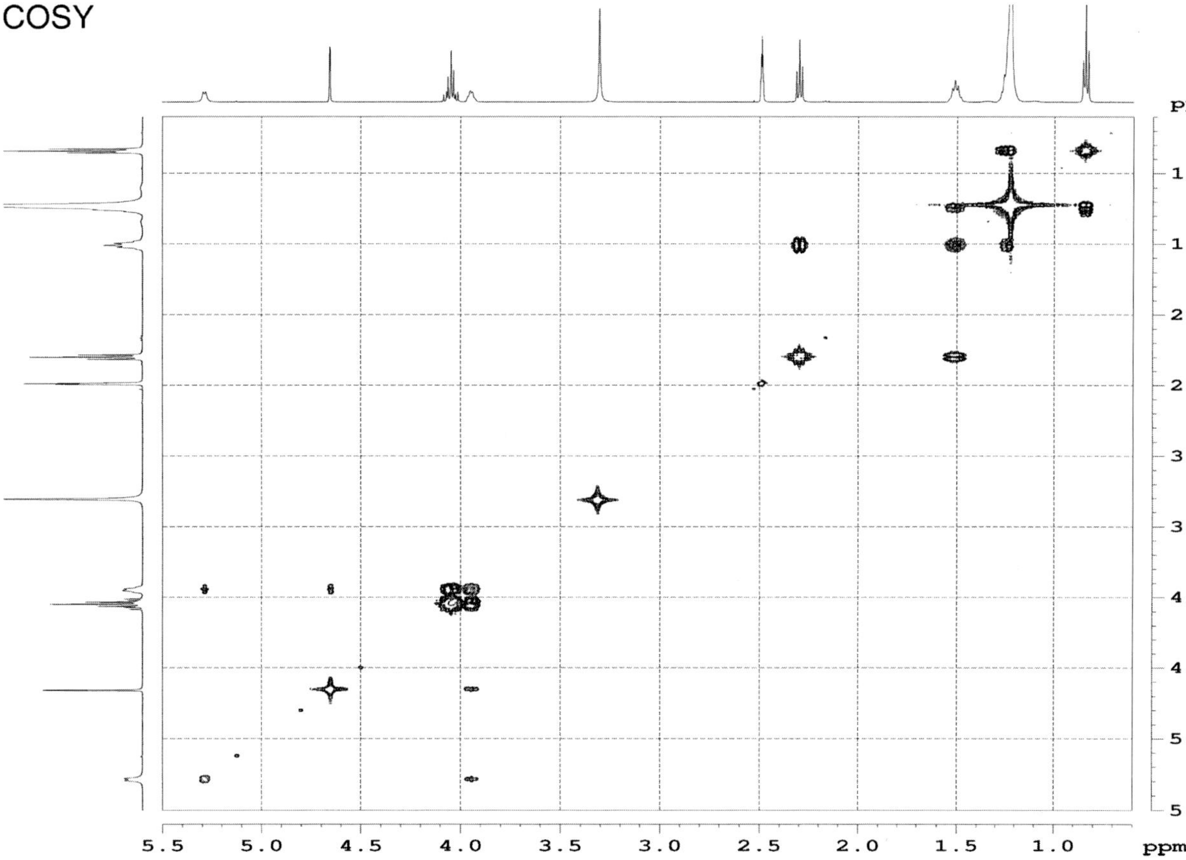

HSQC

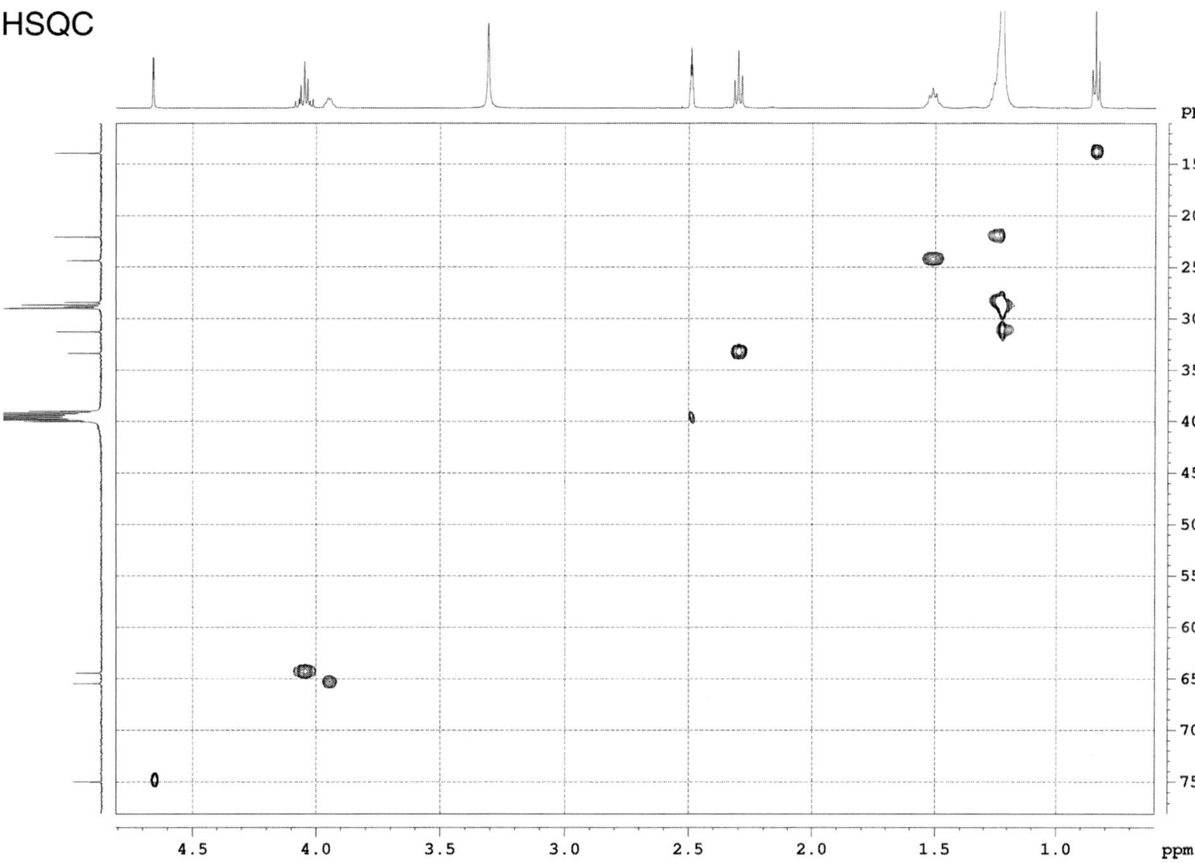

HMBC

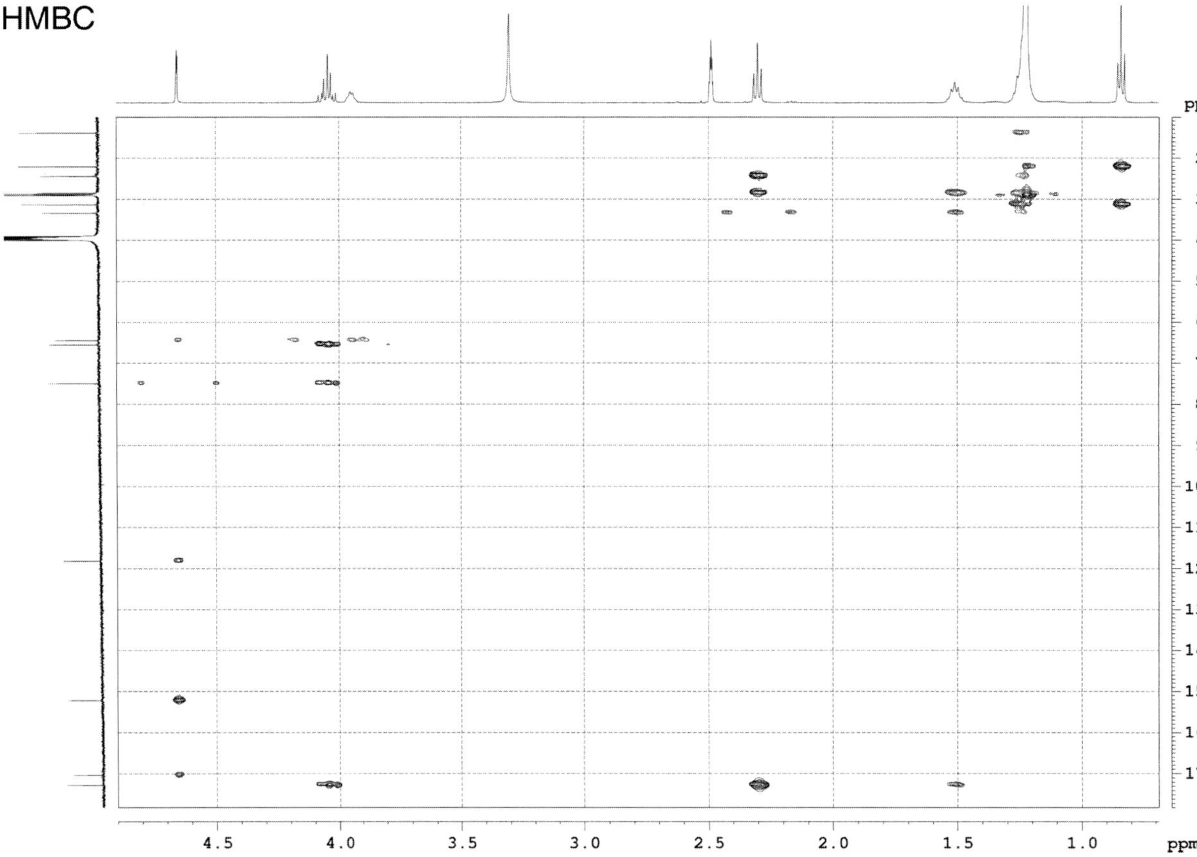

3

연습문제 II

Note

79 $C_{15}H_{18}O_3$, 500 MHz

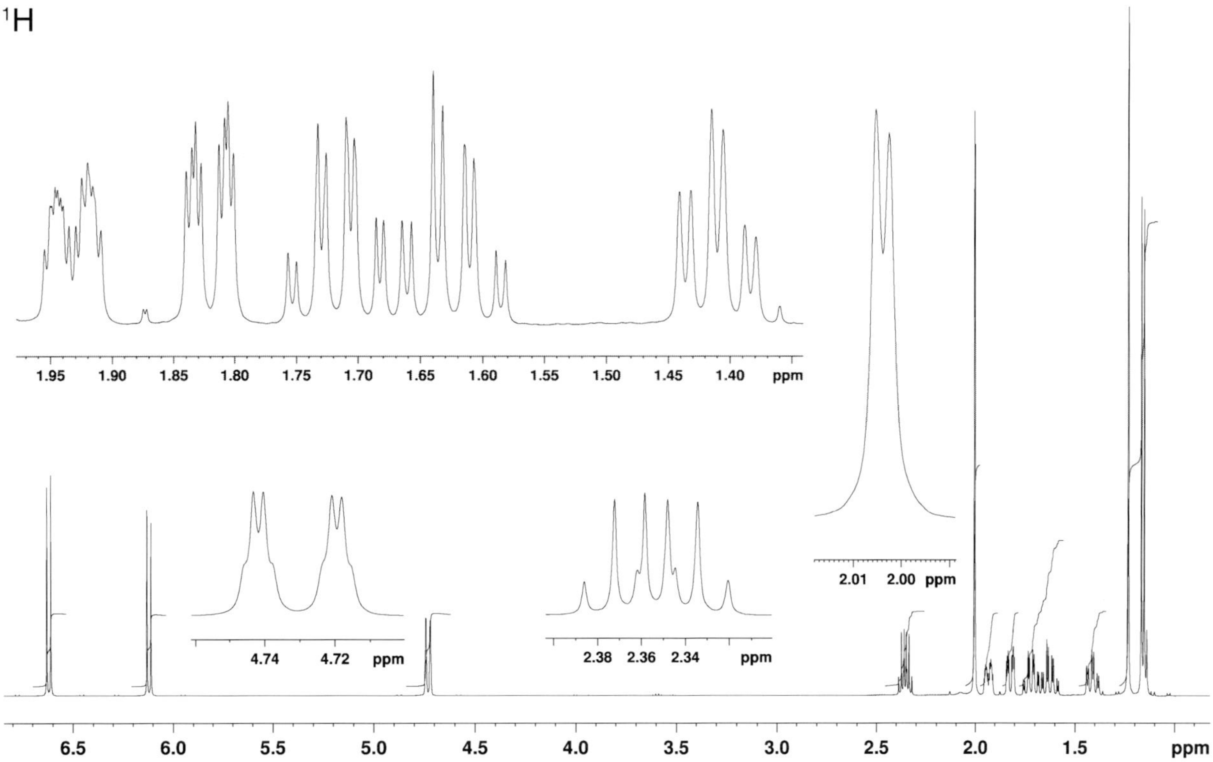

3
연습문제 II

Note

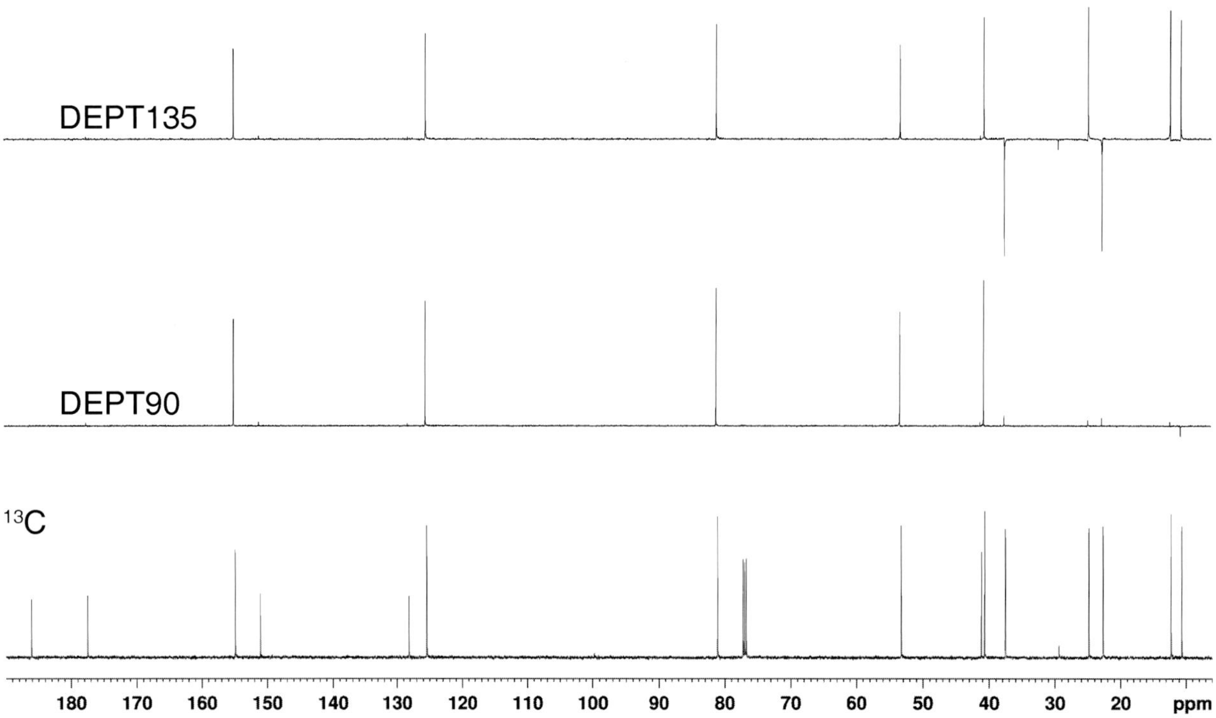
DEPT135
DEPT90
13C
180 170 160 150 140 130 120 110 100 90 80 70 60 50 40 30 20 ppm

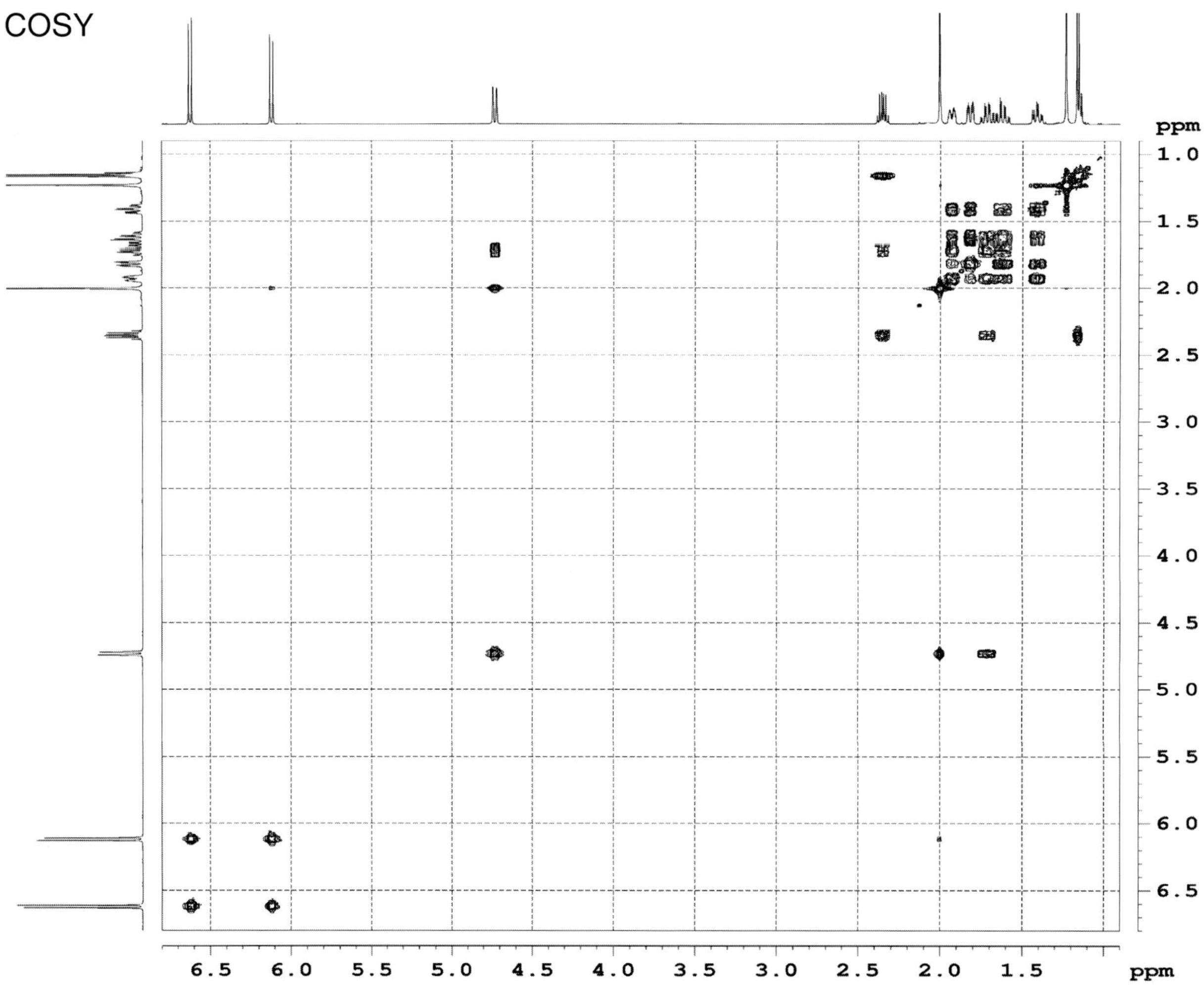
COSY
ppm
1.0 1.5 2.0 2.5 3.0 3.5 4.0 4.5 5.0 5.5 6.0 6.5
6.5 6.0 5.5 5.0 4.5 4.0 3.5 3.0 2.5 2.0 1.5 ppm

HSQC

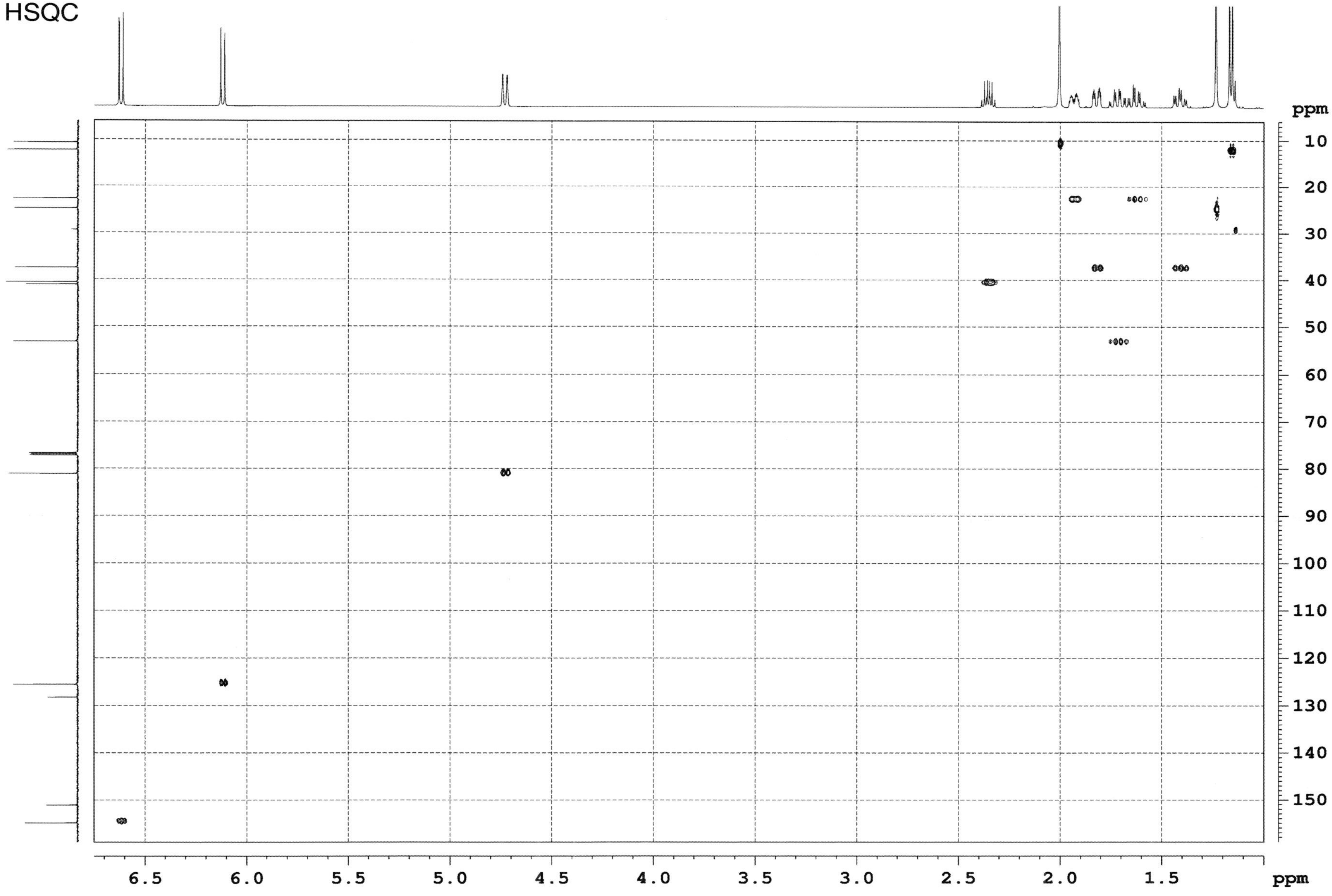
ppm
10
20
30
40
50
60
70
80
90
100
110
120
130
140
150
6.5
6.0
5.5
5.0
4.5
4.0
3.5
3.0
2.5
2.0
1.5
ppm

HMBC

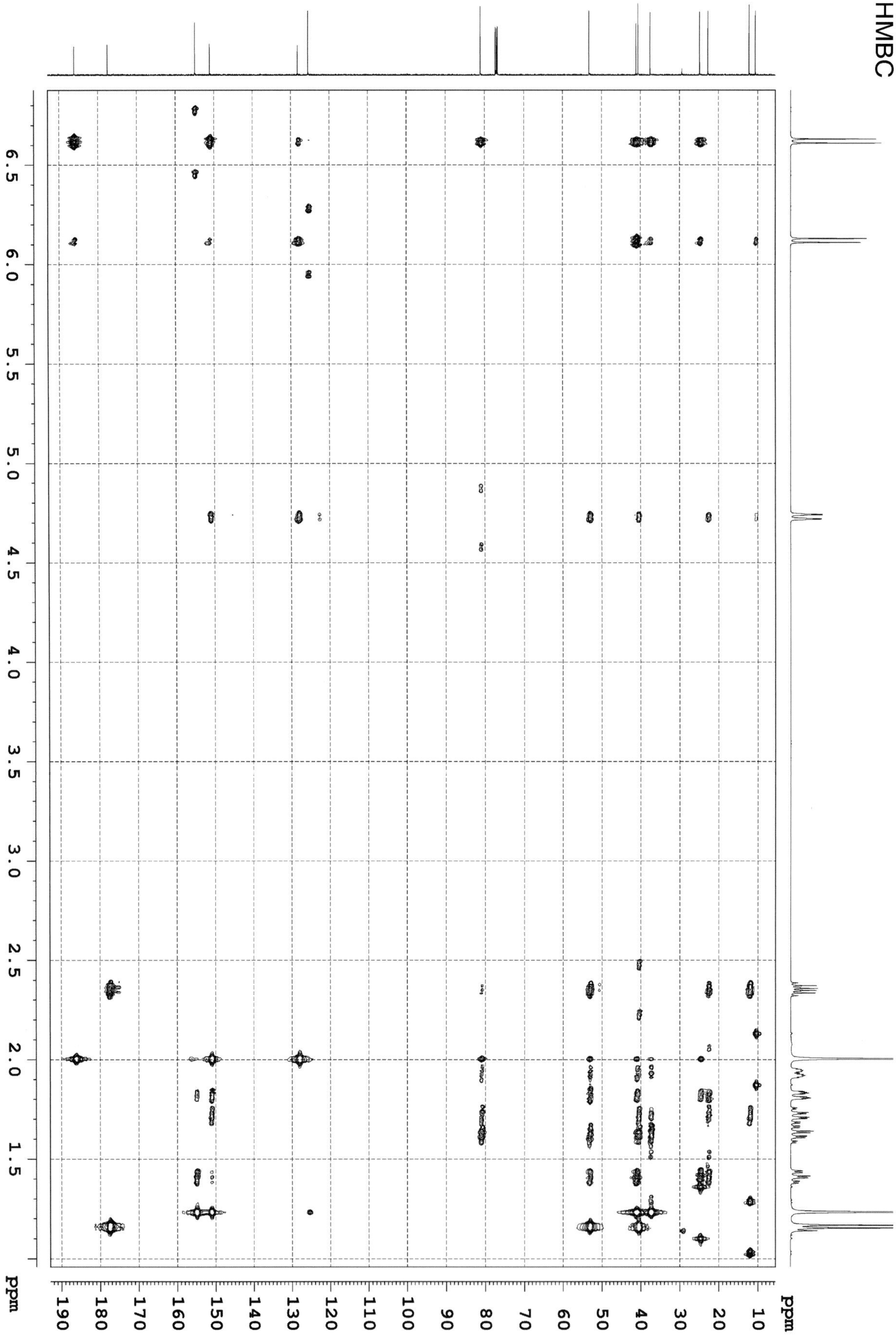
ppm
190
180
170
160
150
140
130
120
110
100
90
80
70
60
50
40
30
20
10
ppm
6.5
6.0
5.5
5.0
4.5
4.0
3.5
3.0
2.5
2.0
1.5

1D-NOESY

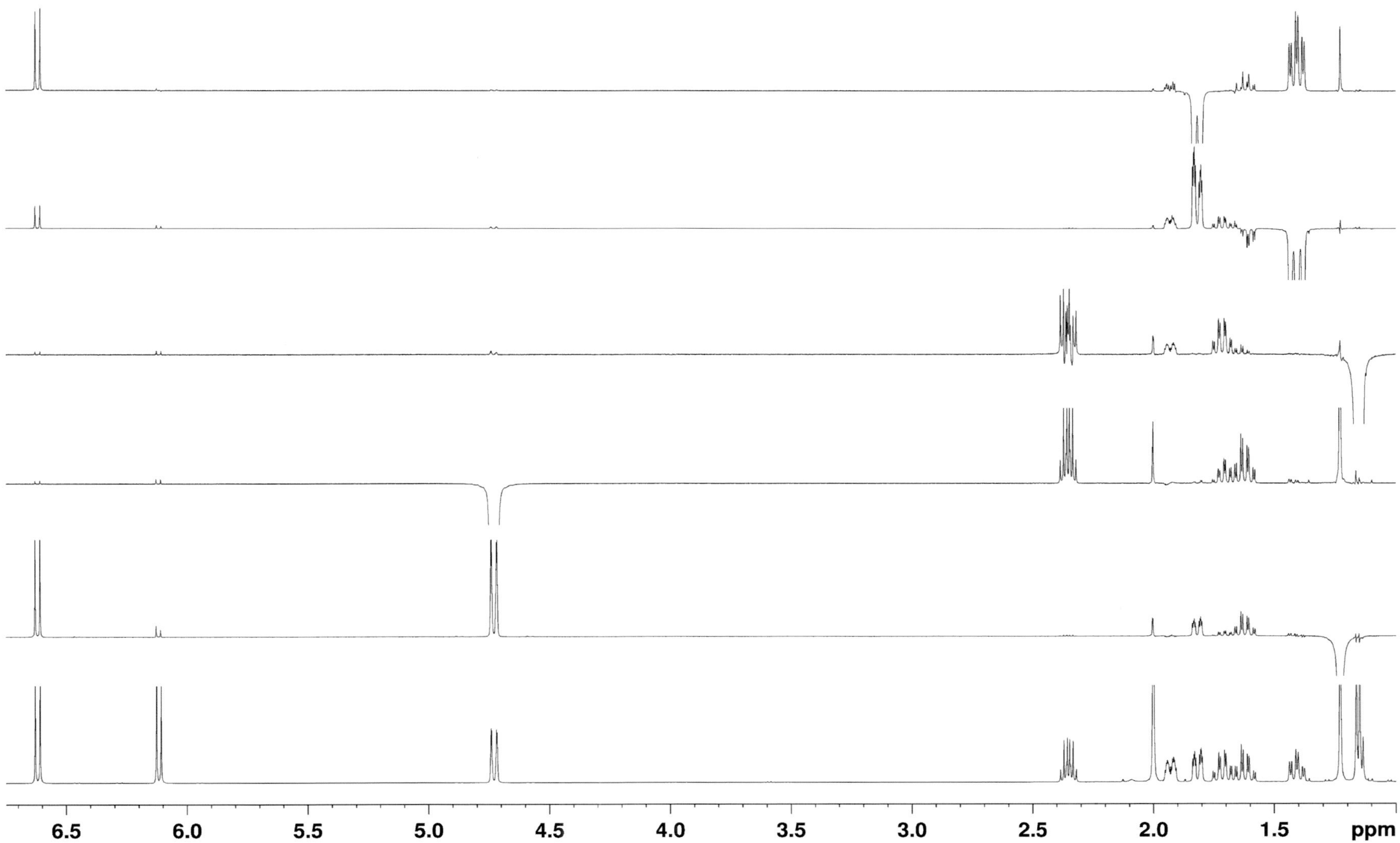

80 $C_{19}H_{24}O_2$, 500, 700 MHz

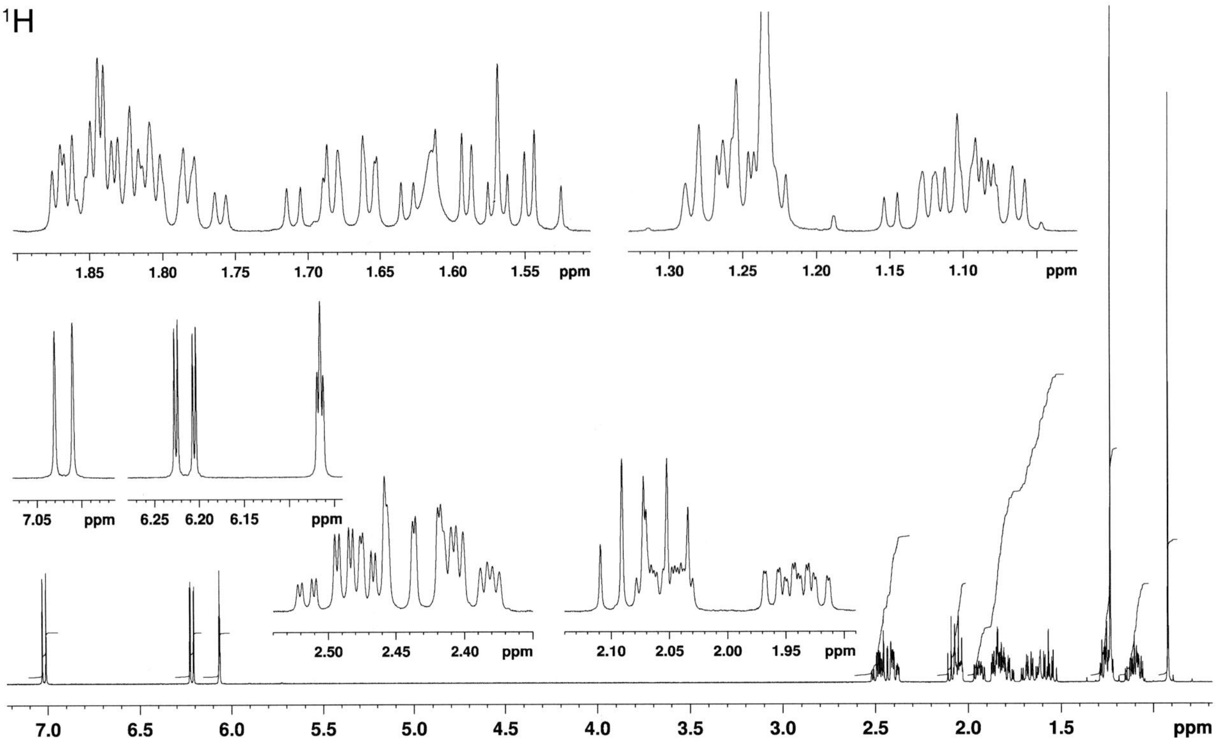

Note

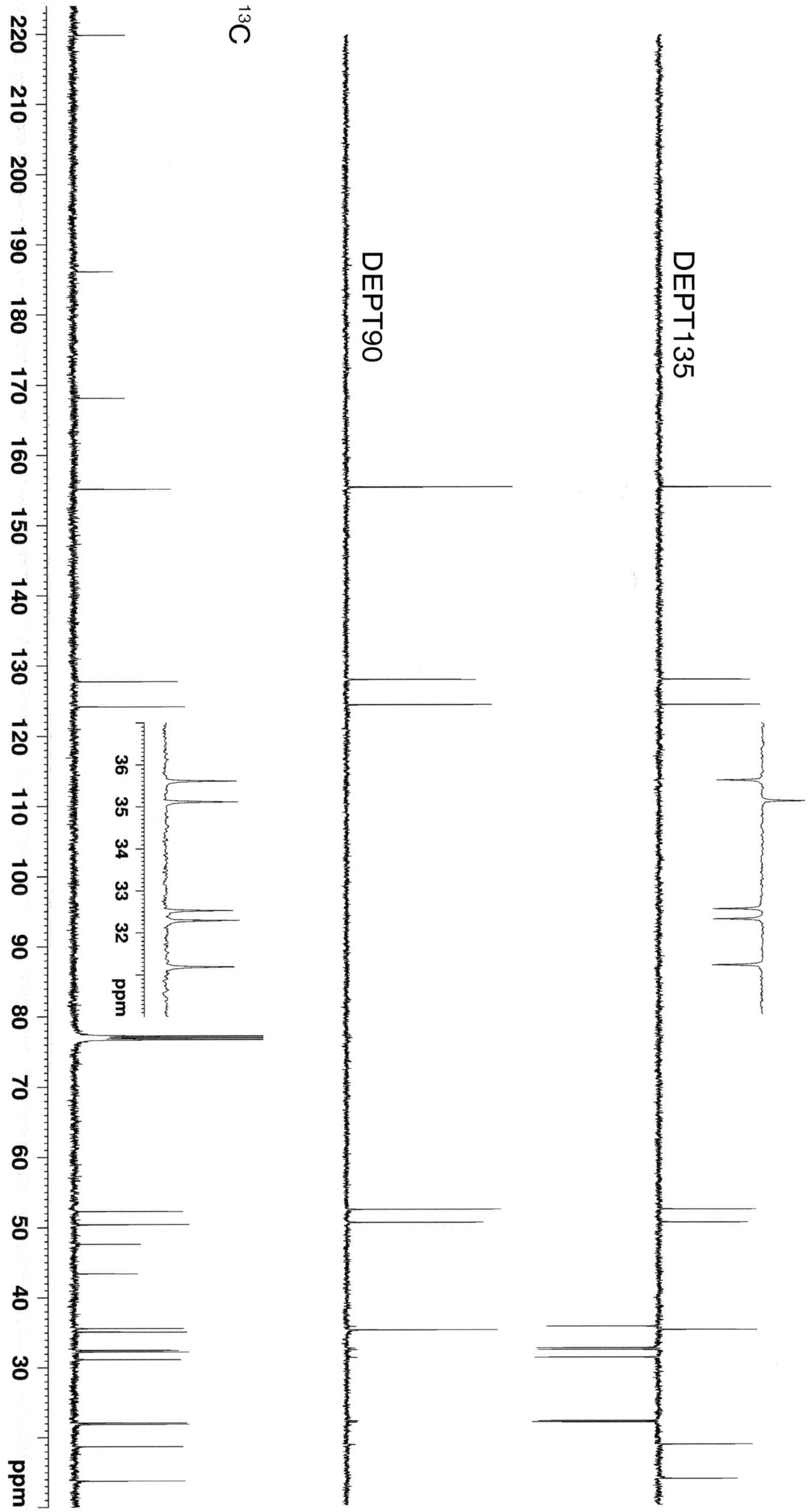
DEPT135
DEPT90
13C
220 210 200 190 180 170 160 150 140 130 120 110 100 90 80 70 60 50 40 30 ppm
36 35 34 33 32 ppm

COSY

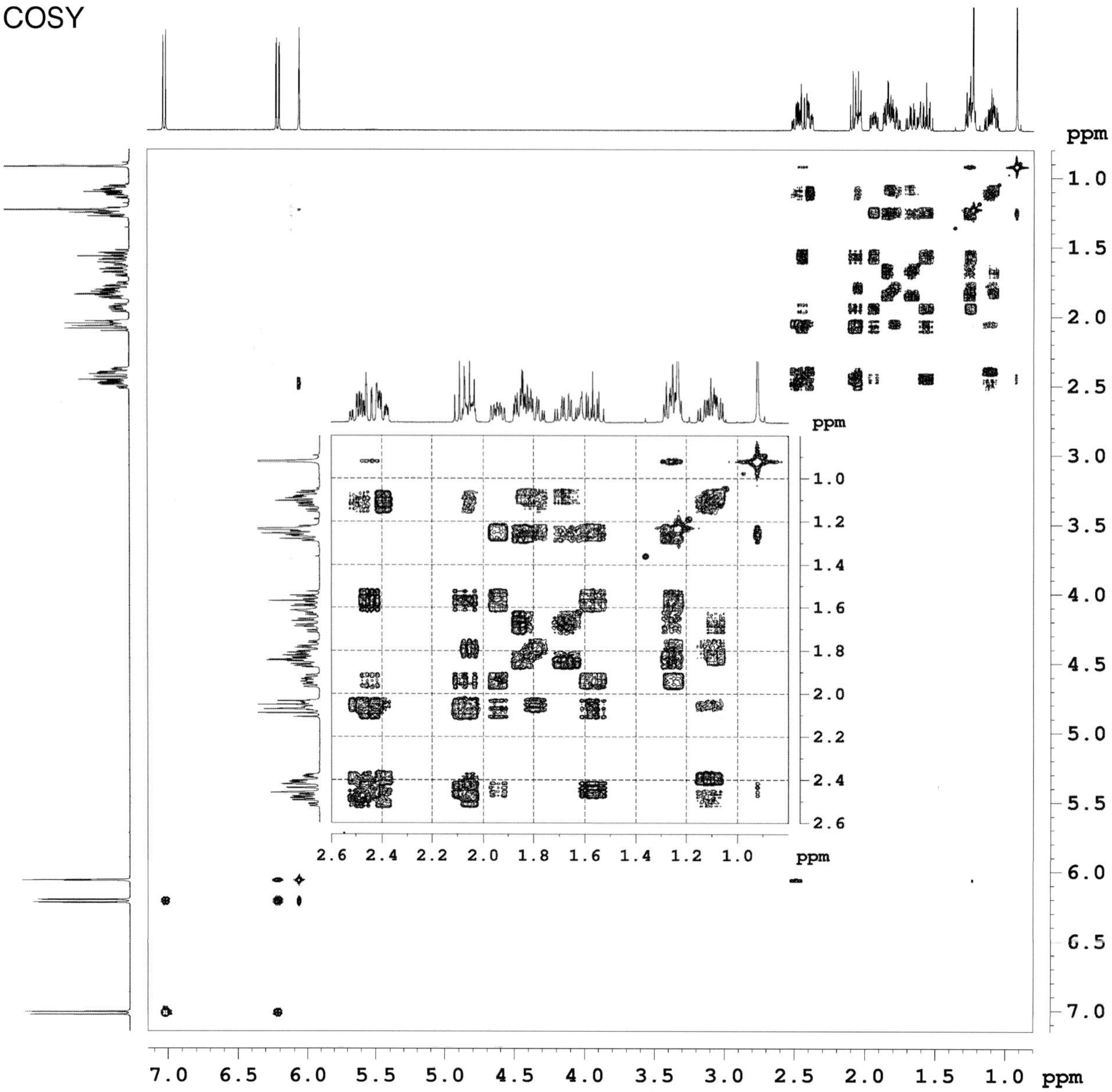

3 연습문제 II

TOCSY, 700 MHz

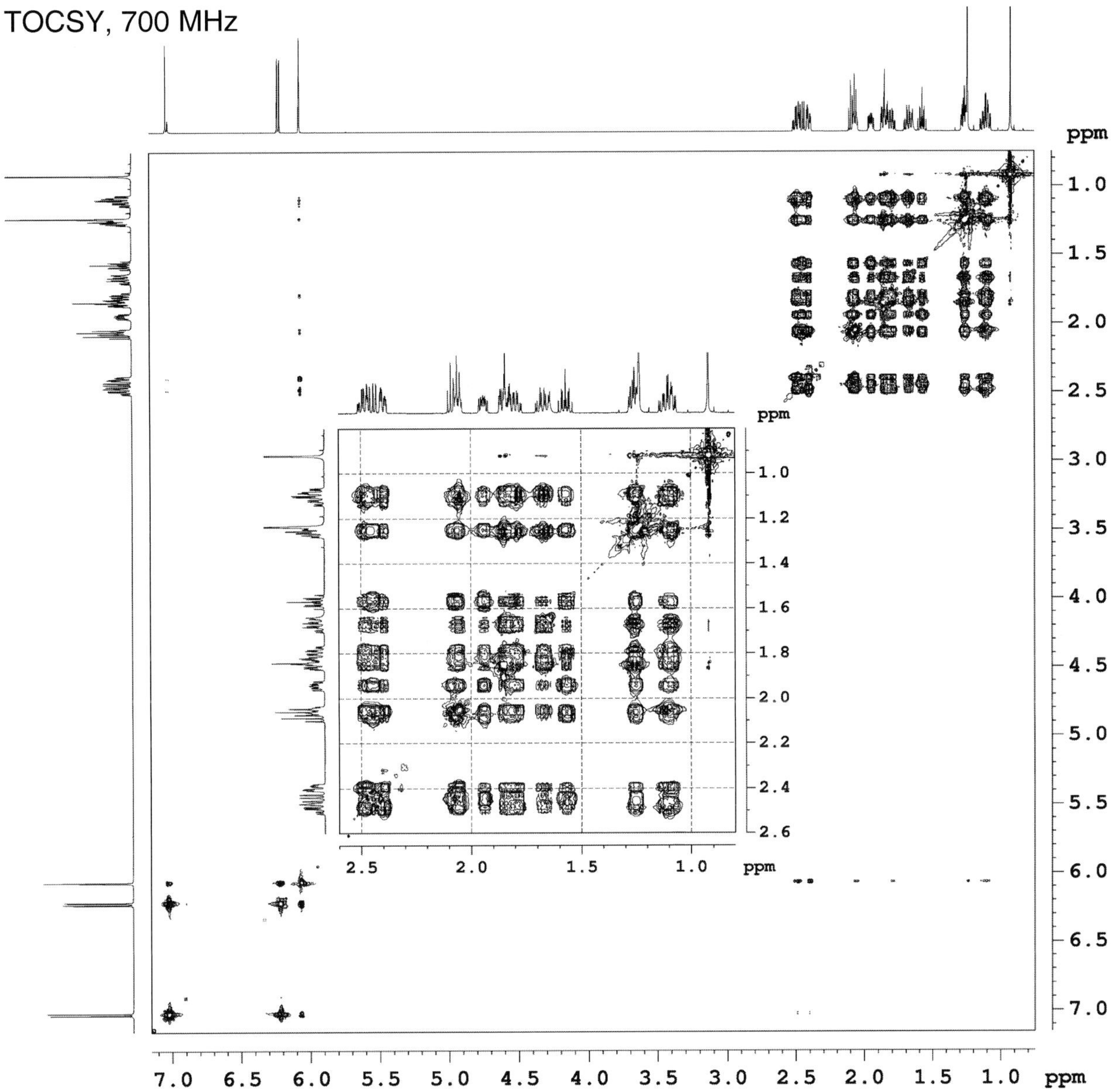

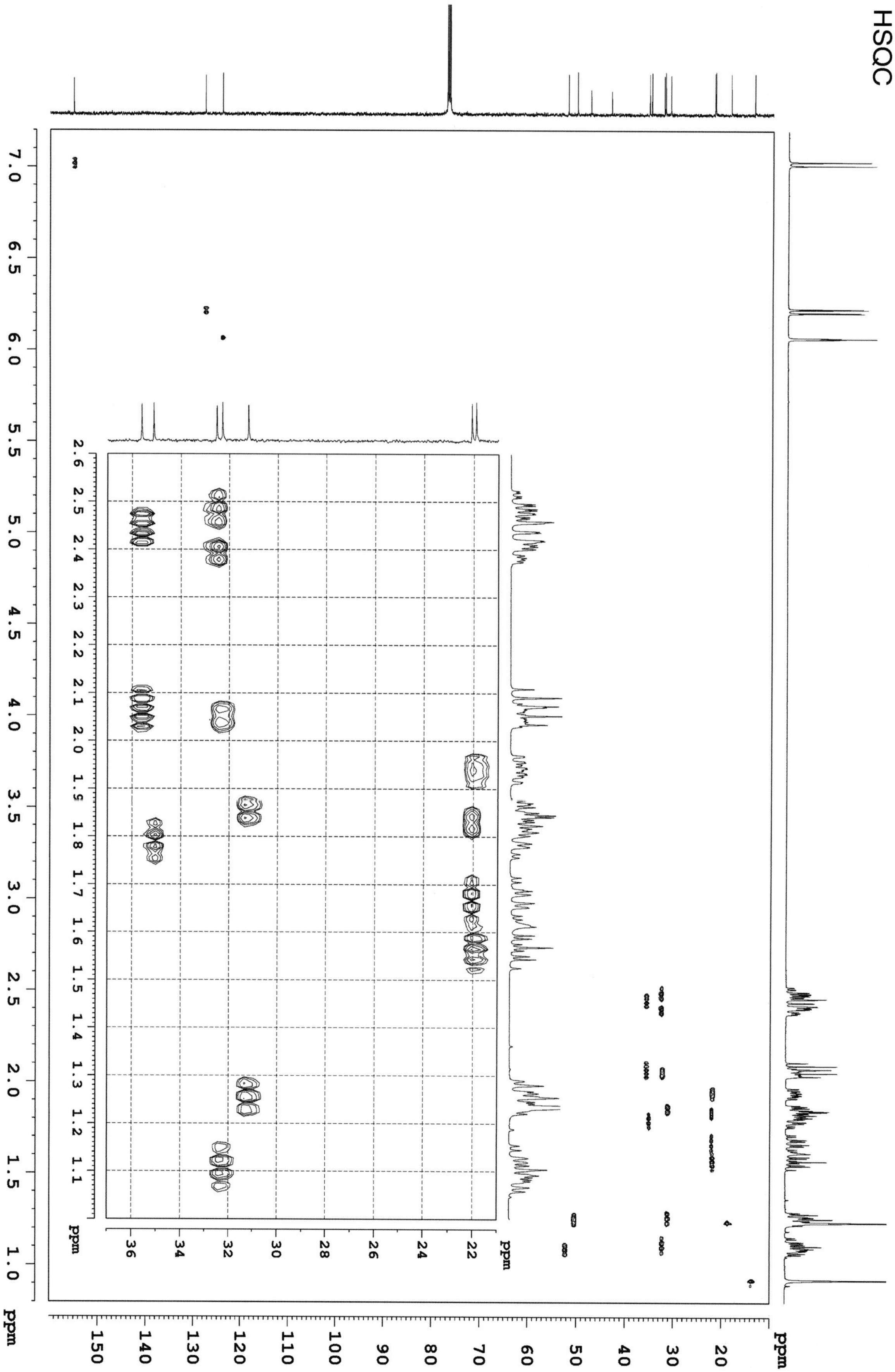
HSQC
ppm
ppm

HMBC

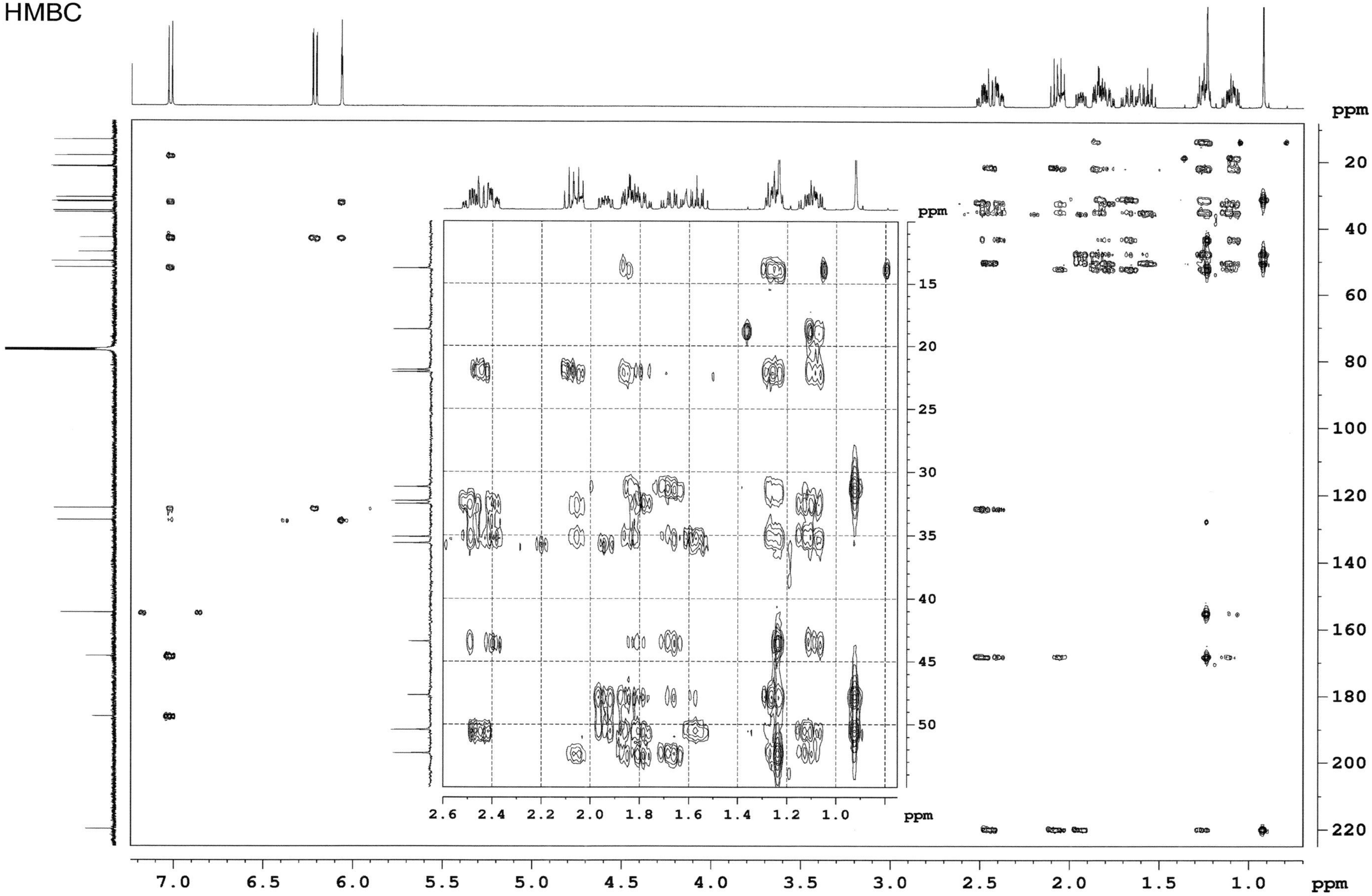

NOESY, 700 MHz

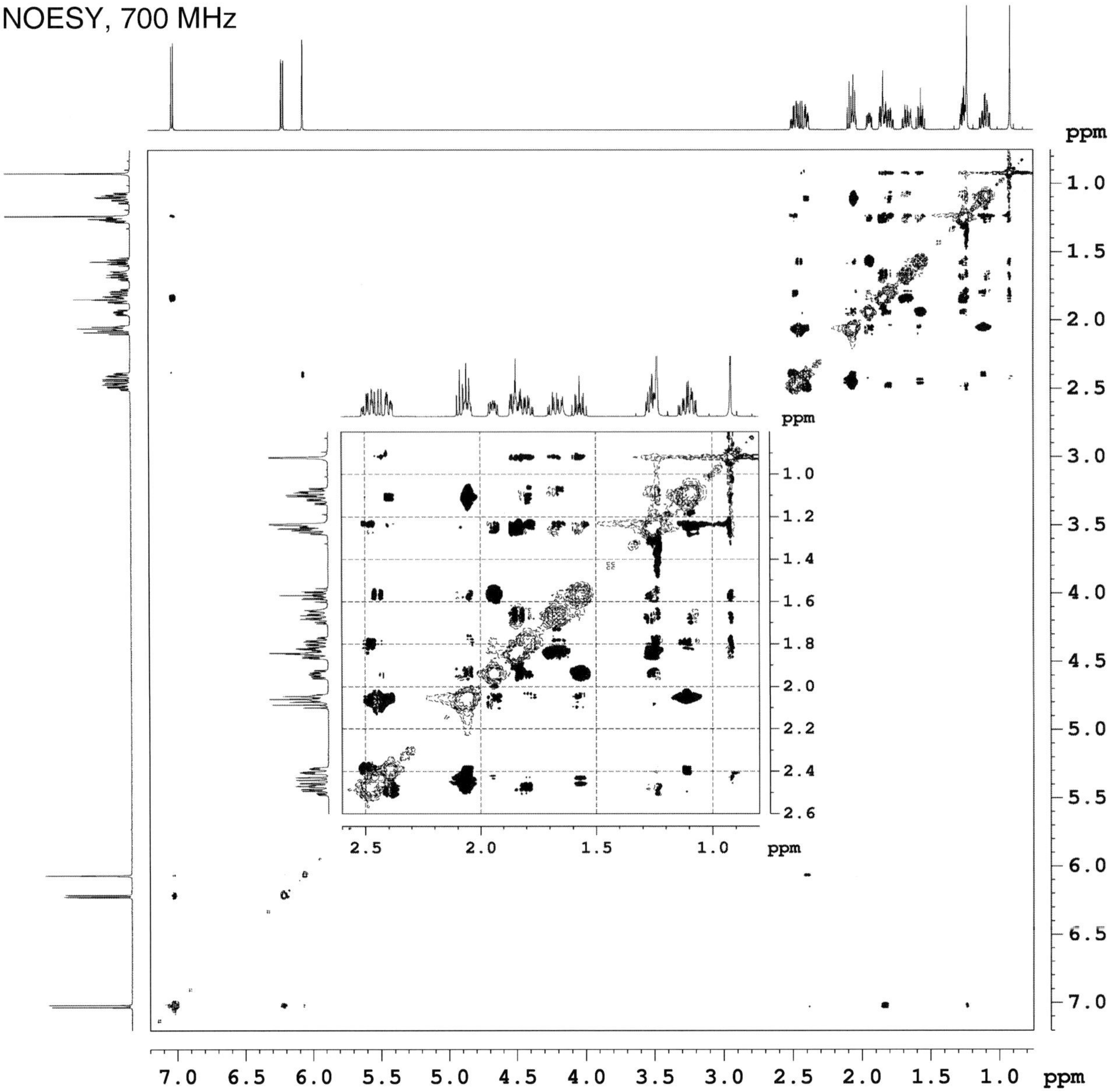

1D-NOESY, 700 MHz

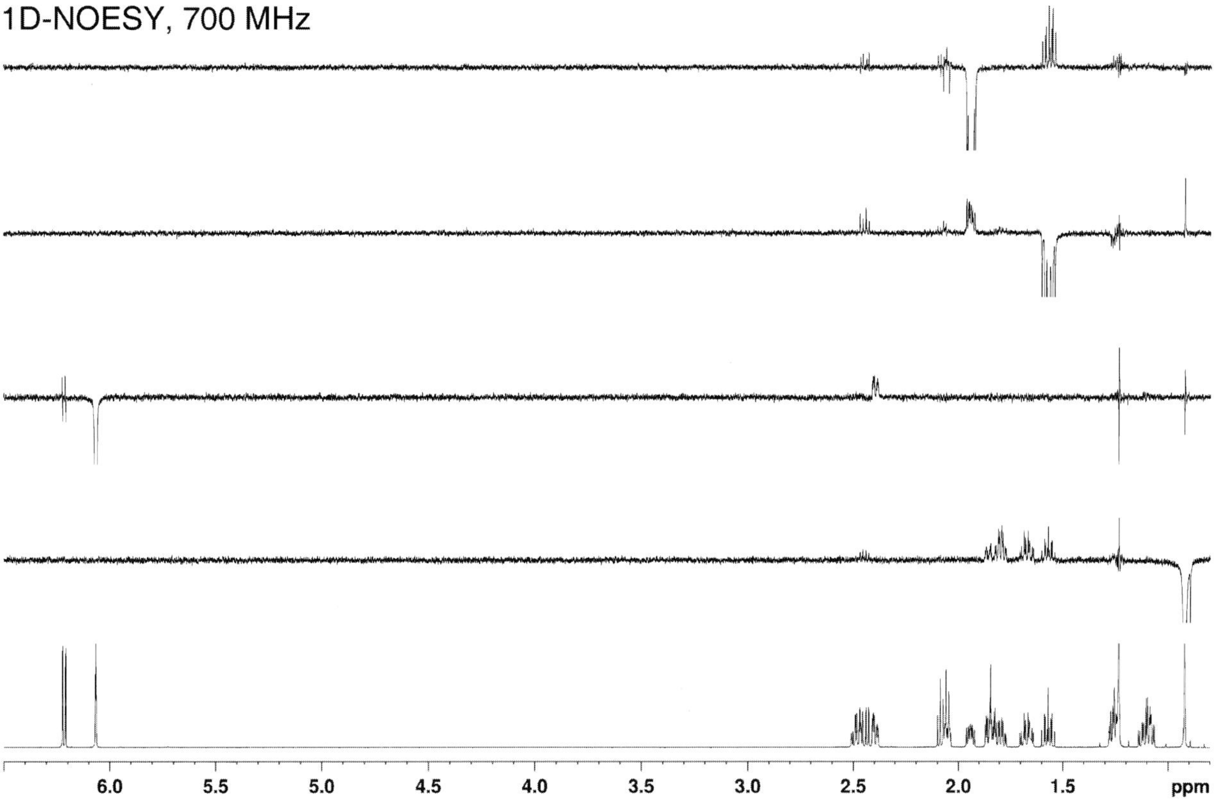

INADEQUATE, 700 MHz

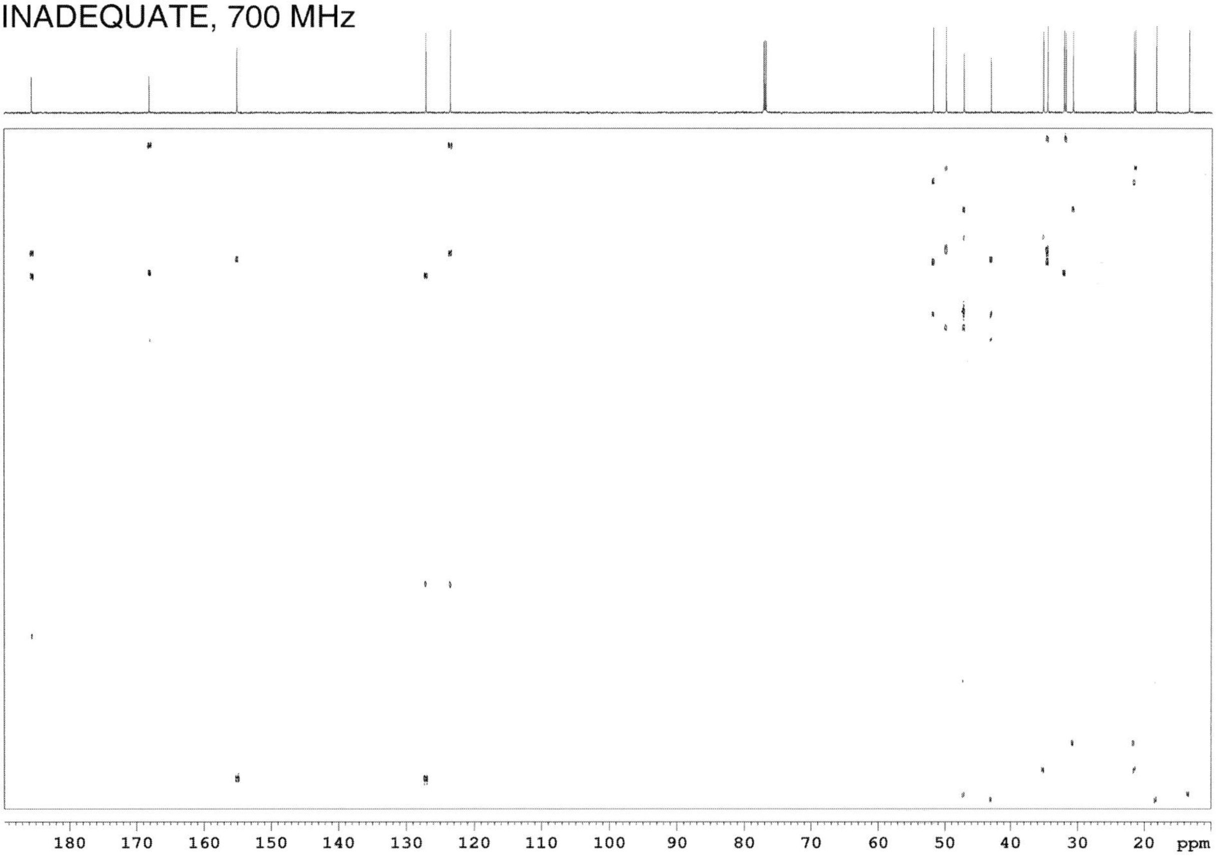

INADEQUATE-E

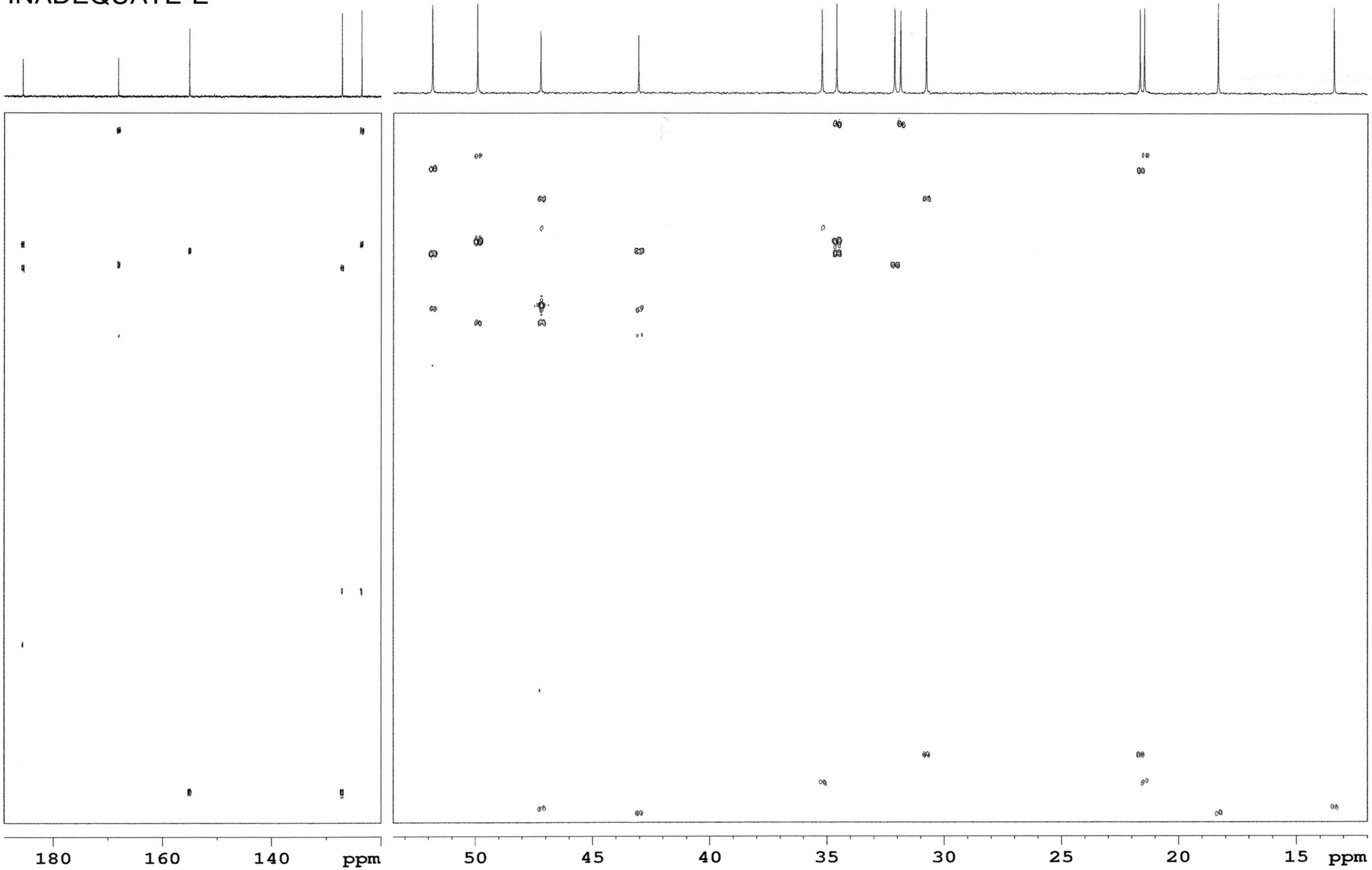

INADEQUATE-E

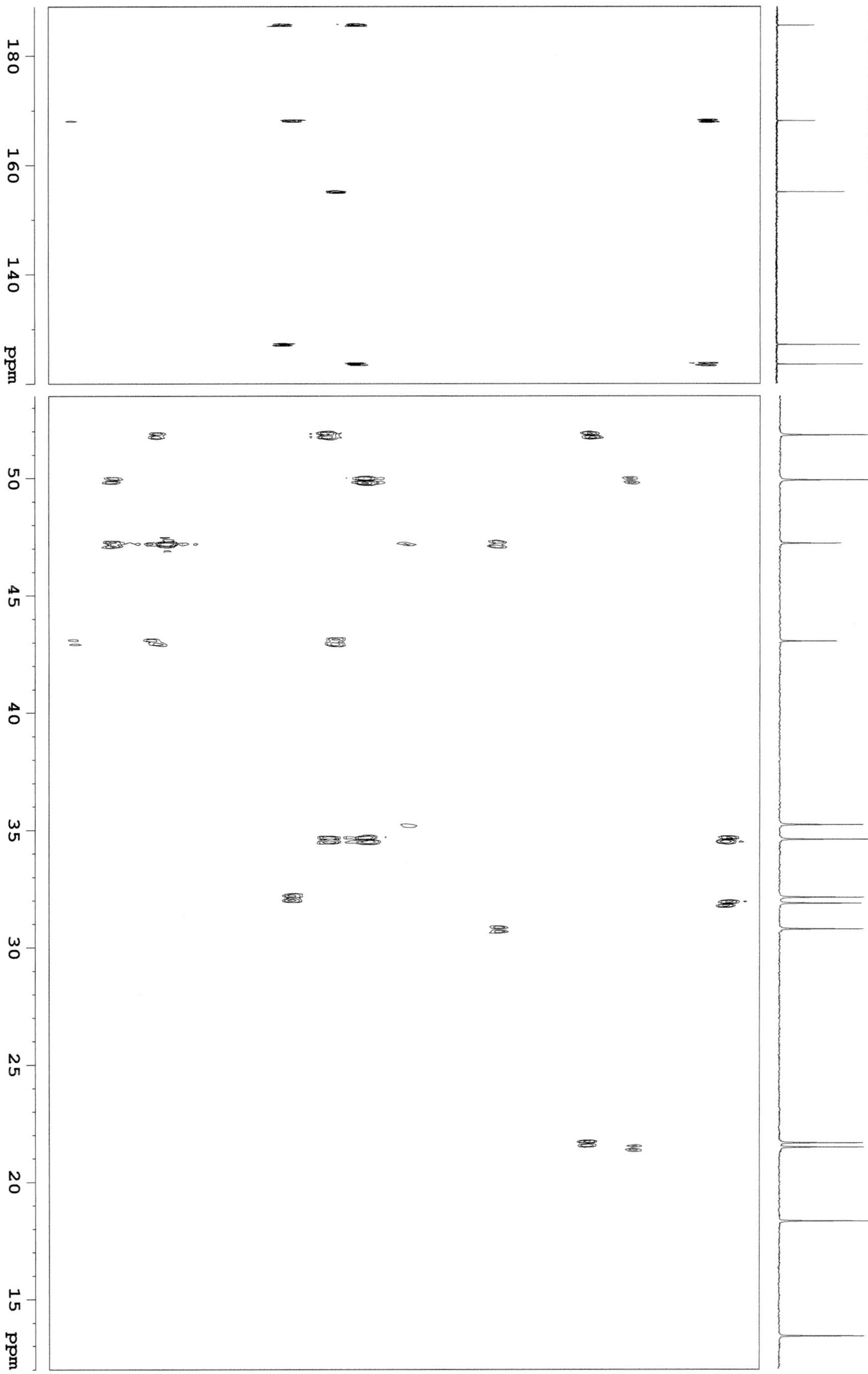

81 $C_{22}H_{30}O_4N_6S$, 700 MHz

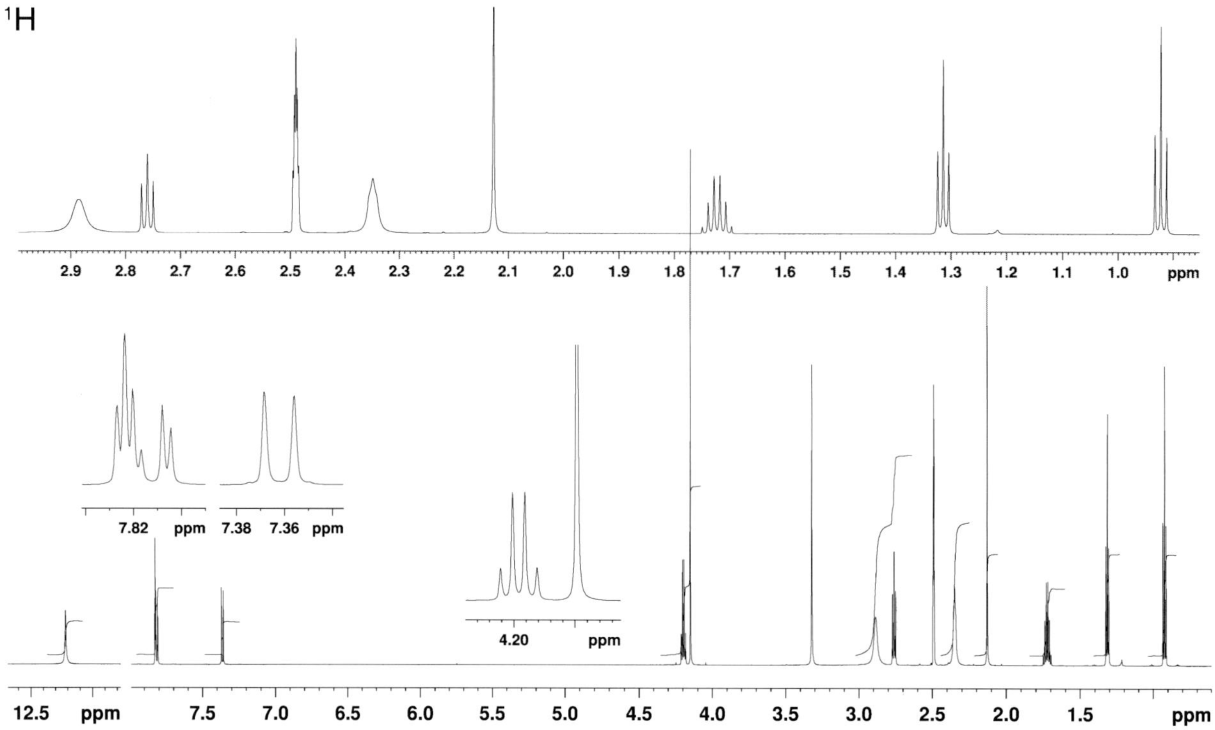

Note

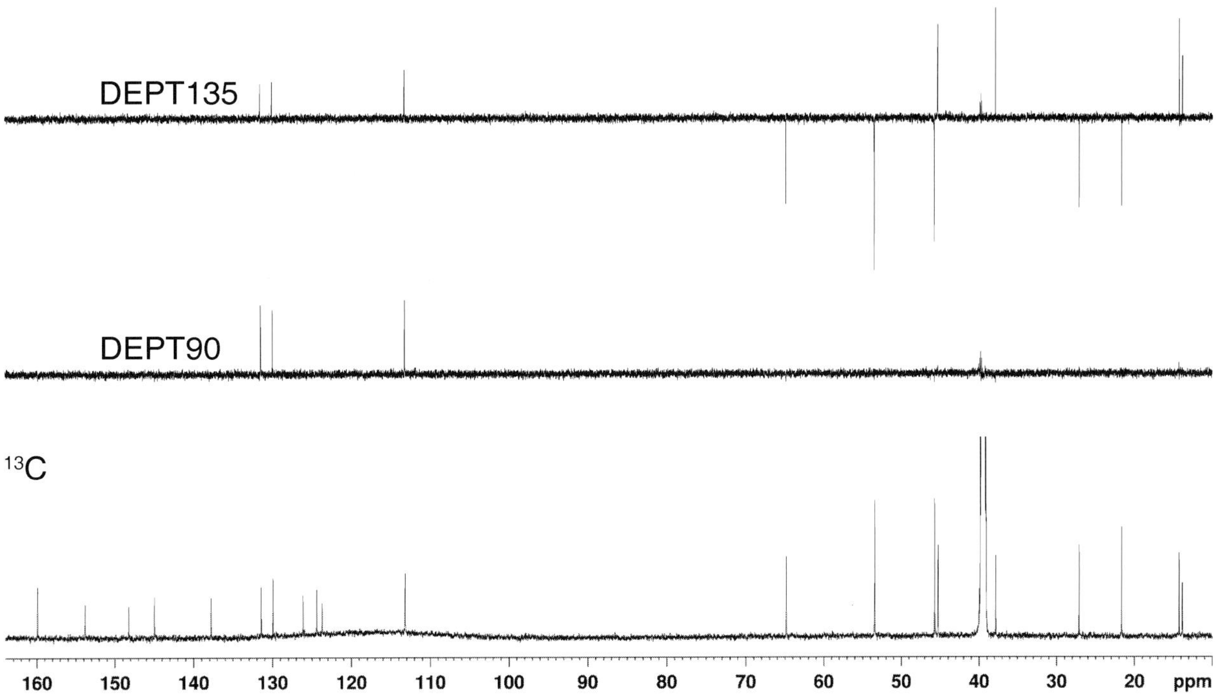
DEPT135
DEPT90
13C
160 150 140 130 120 110 100 90 80 70 60 50 40 30 20 ppm

COSY

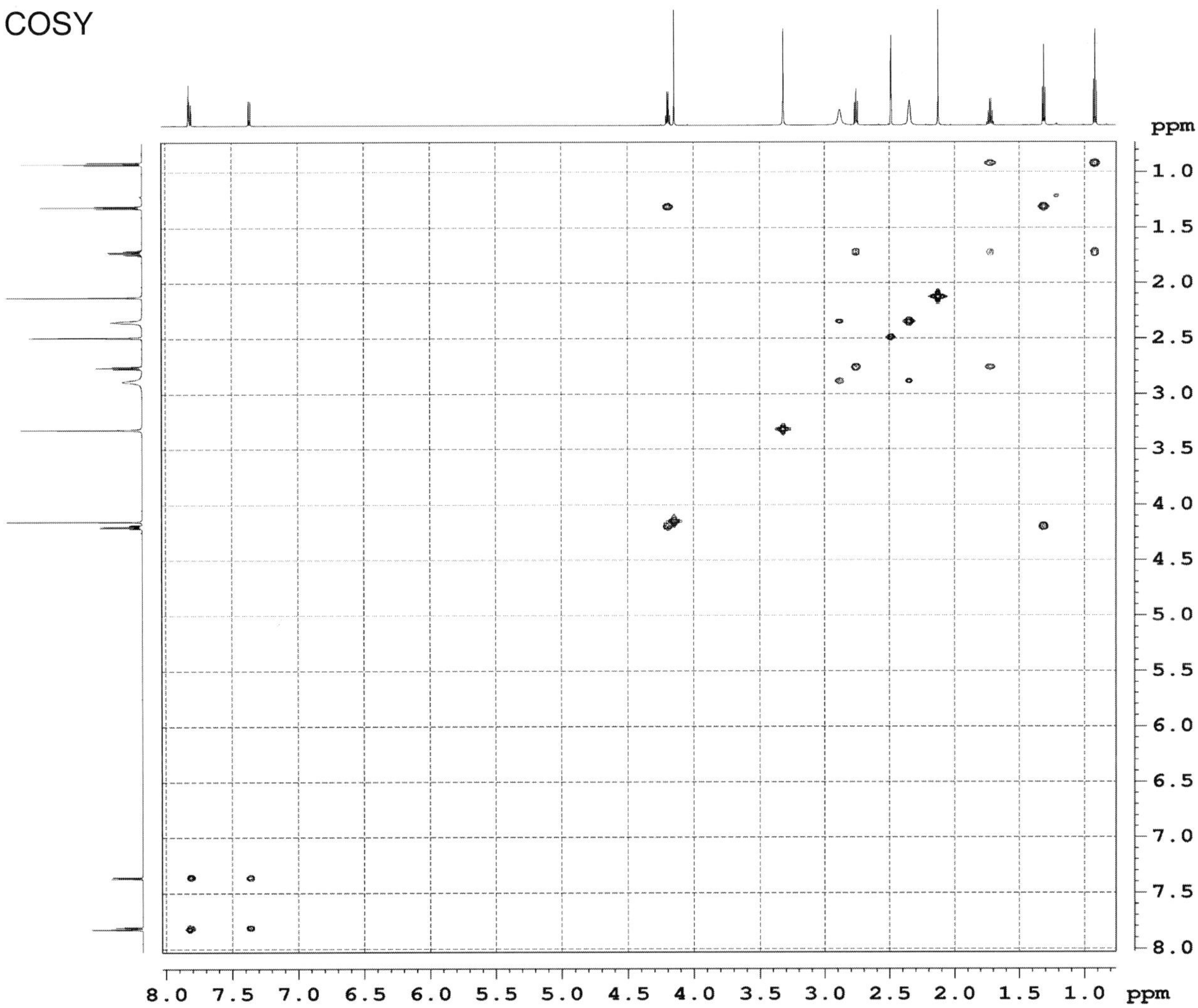
ppm
1.0 1.5 2.0 2.5 3.0 3.5 4.0 4.5 5.0 5.5 6.0 6.5 7.0 7.5 8.0
8.0 7.5 7.0 6.5 6.0 5.5 5.0 4.5 4.0 3.5 3.0 2.5 2.0 1.5 1.0 ppm

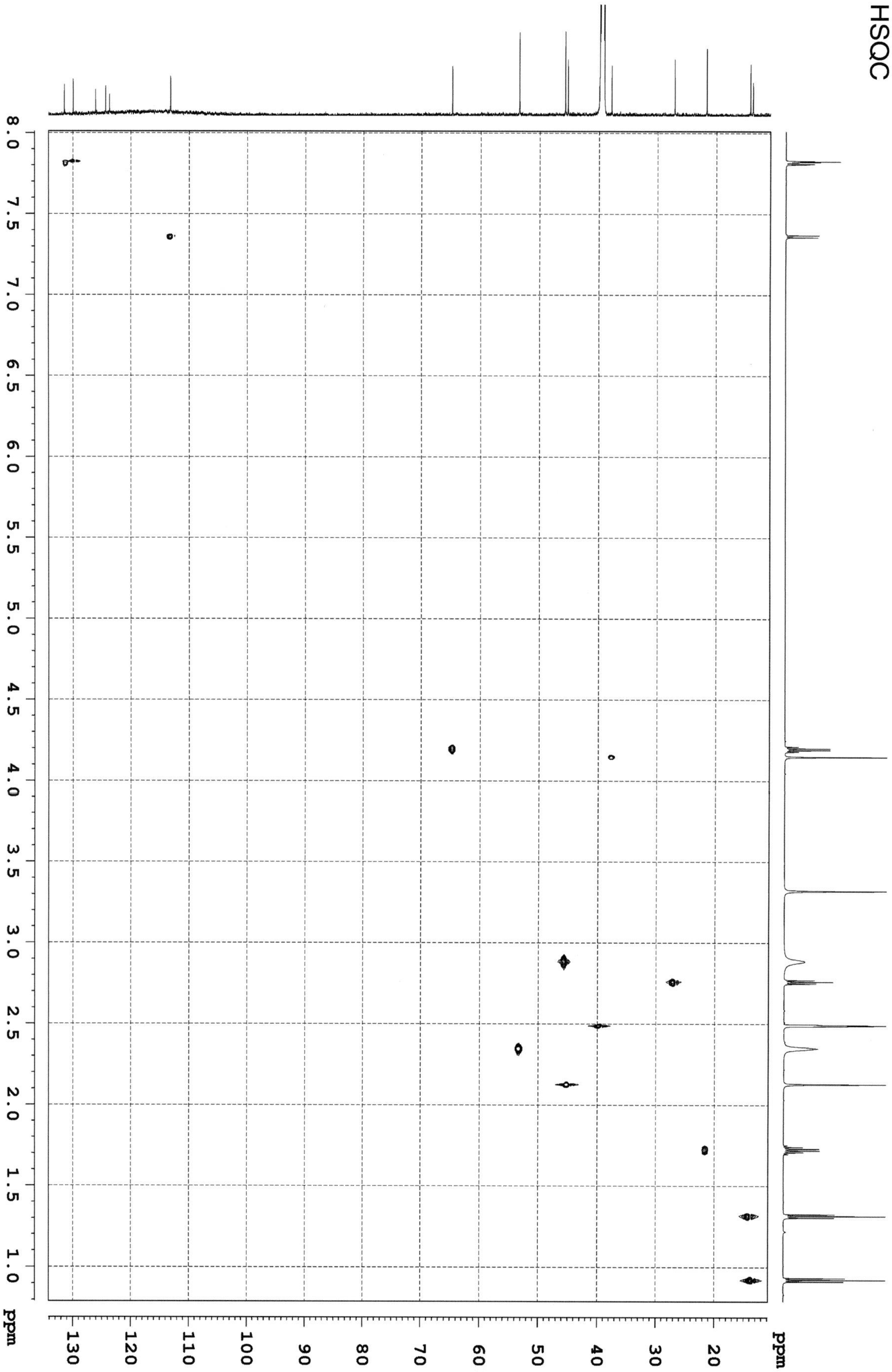
HSQC
8.0
7.5
7.0
6.5
6.0
5.5
5.0
4.5
4.0
3.5
3.0
2.5
2.0
1.5
1.0
ppm
130
120
110
100
90
80
70
60
50
40
30
20
ppm

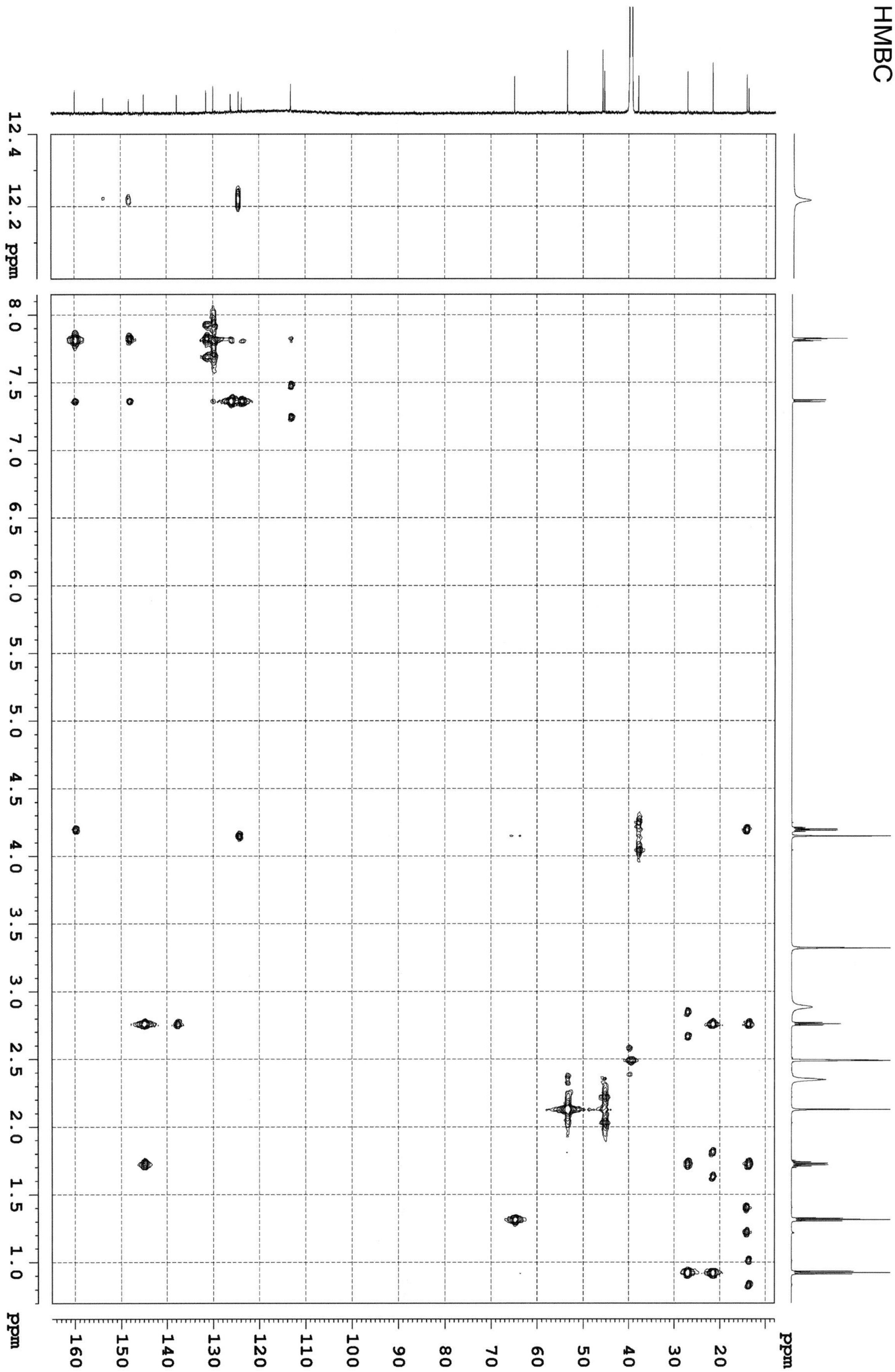
HMBC
ppm
160
150
140
130
120
110
100
90
80
70
60
50
40
30
20
ppm
12.4
12.2 ppm
8.0
7.5
7.0
6.5
6.0
5.5
5.0
4.5
4.0
3.5
3.0
2.5
2.0
1.5
1.0
ppm

HMBC-^{1}H-^{15}N (132 ppm의 하나의 N이 나타나지 않았음)

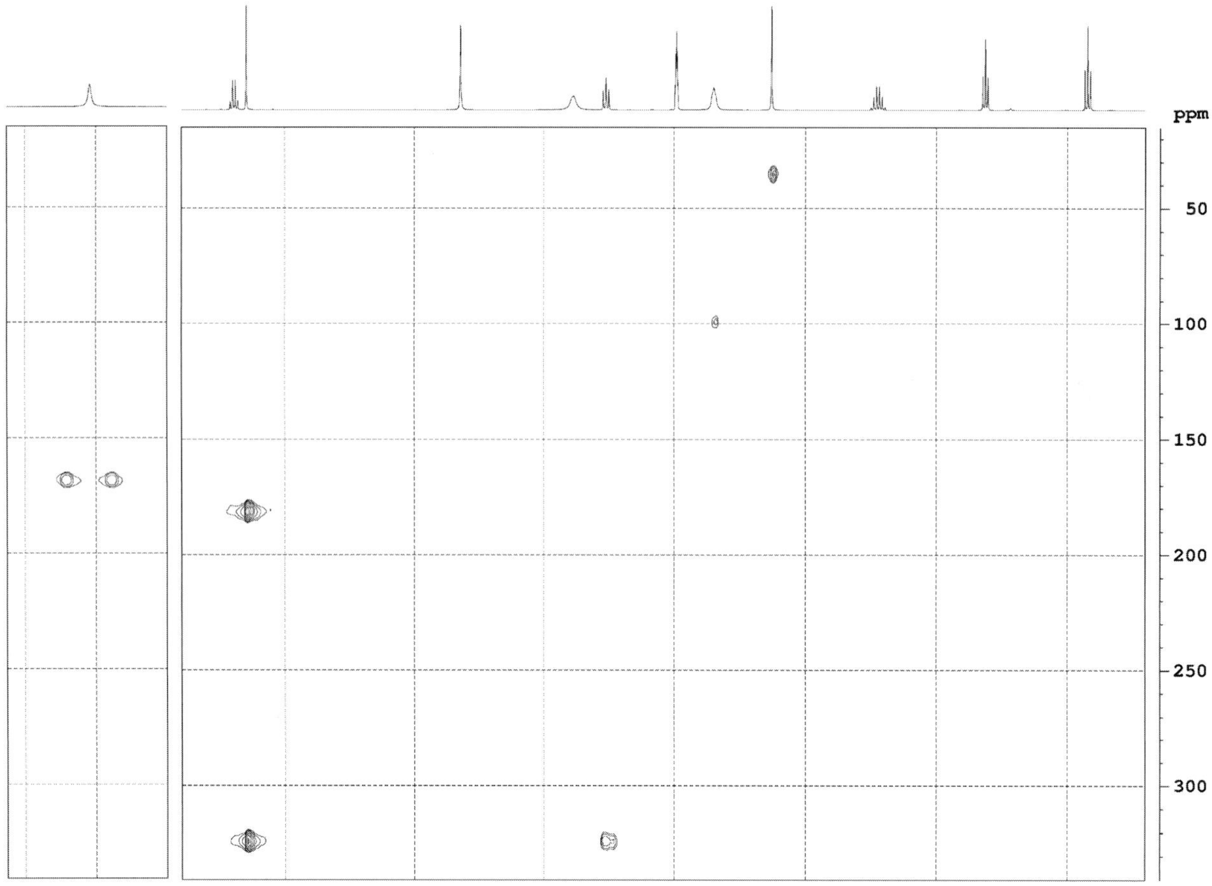

1D-NOESY

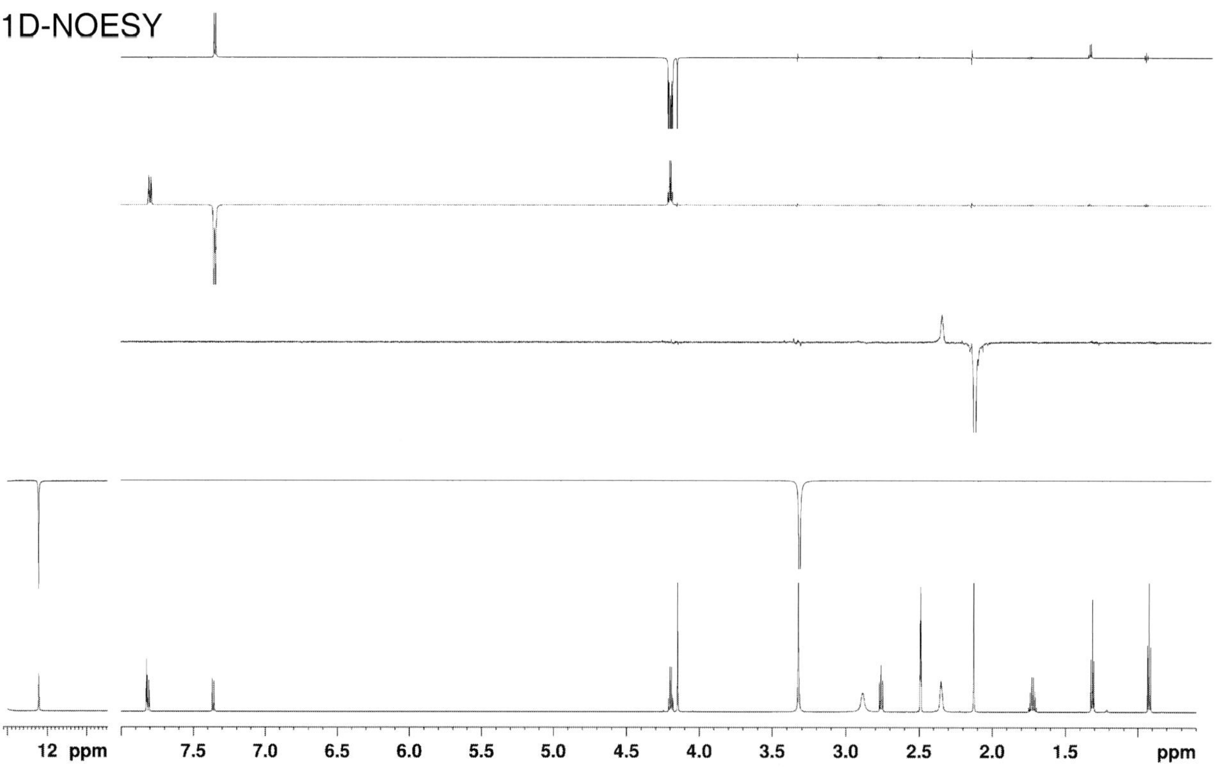

82 $C_{19}H_{22}O_6$ (in acetone-D_6, exchangeable proton들은 나타나지 않았음. 그러나 DMSO 용매에서는 3개의 exchangeable proton들이 나타남. INADEQUATE 스펙트럼은 DMSO 용매에서 얻었음).

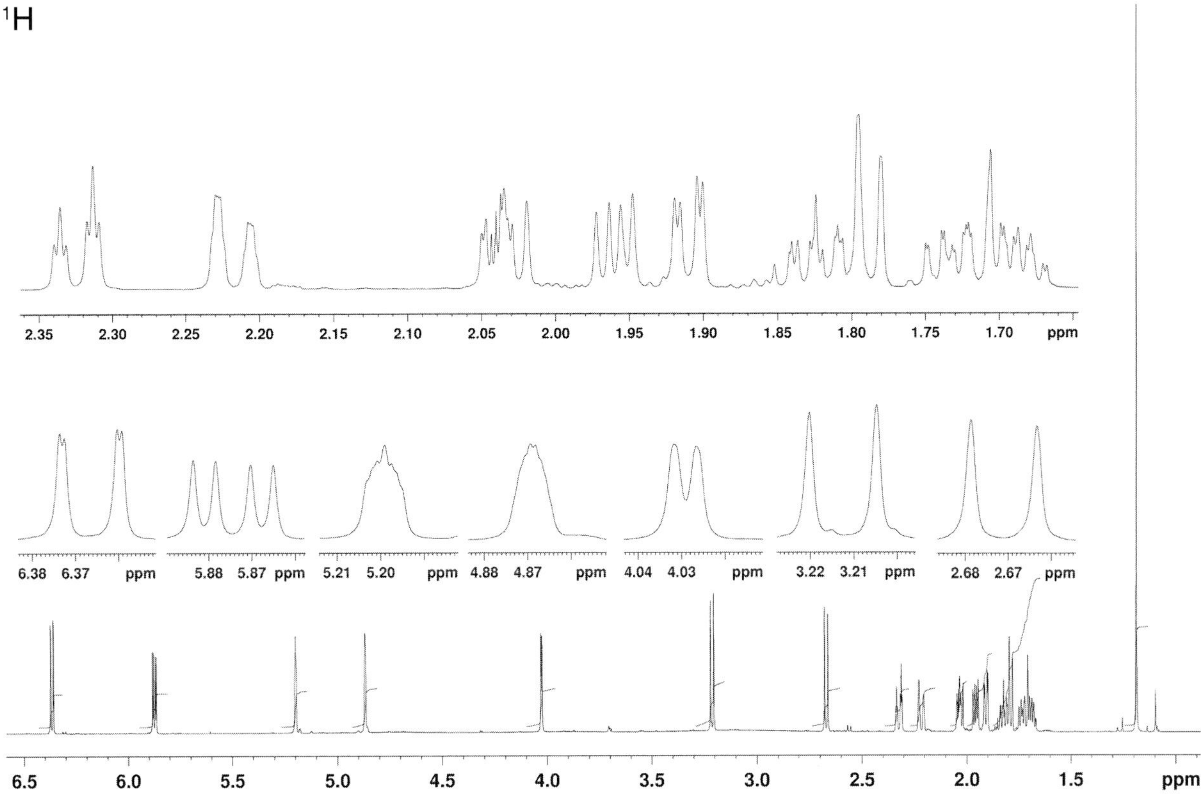

✍ Note

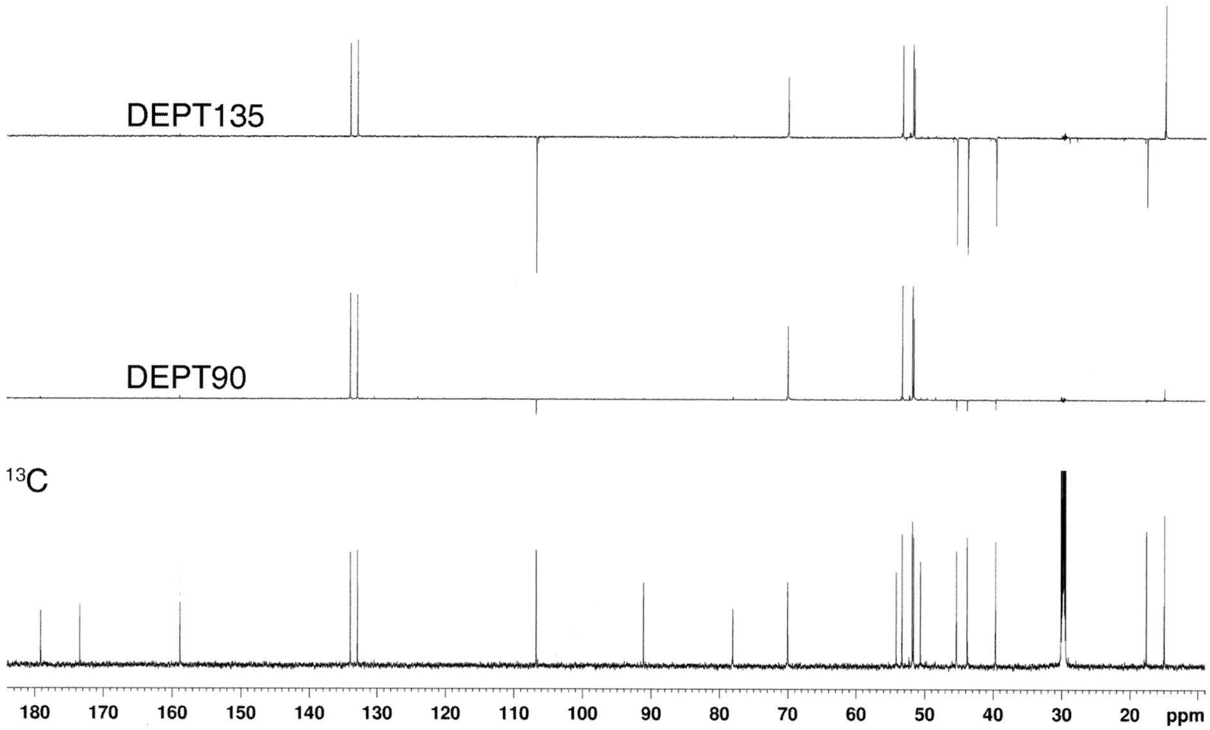
DEPT135
DEPT90
13C
180
170
160
150
140
130
120
110
100
90
80
70
60
50
40
30
20
ppm

COSY

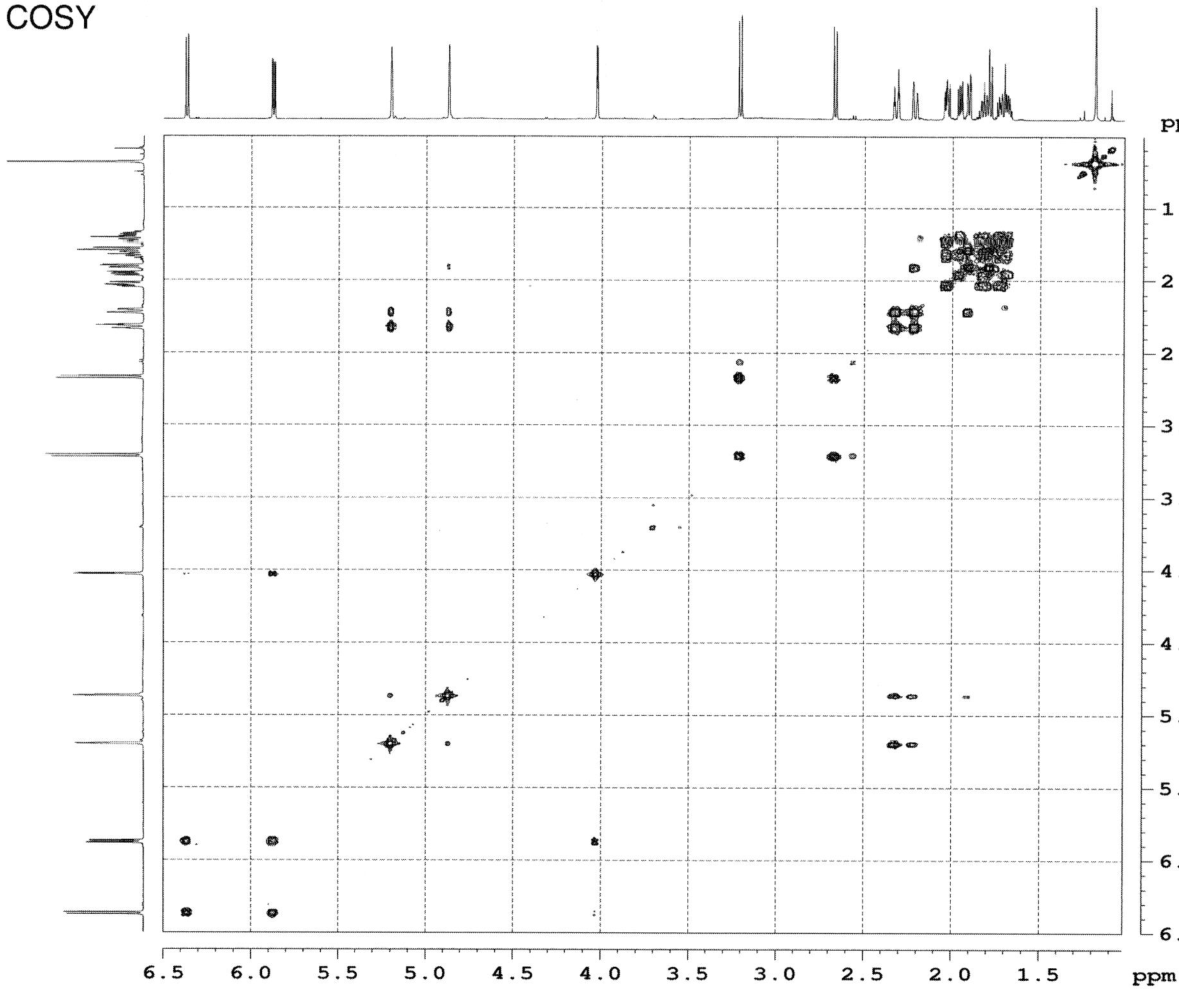
ppm
1.5
2.0
2.5
3.0
3.5
4.0
4.5
5.0
5.5
6.0
6.5
6.5 6.0 5.5 5.0 4.5 4.0 3.5 3.0 2.5 2.0 1.5
ppm

COSY-E

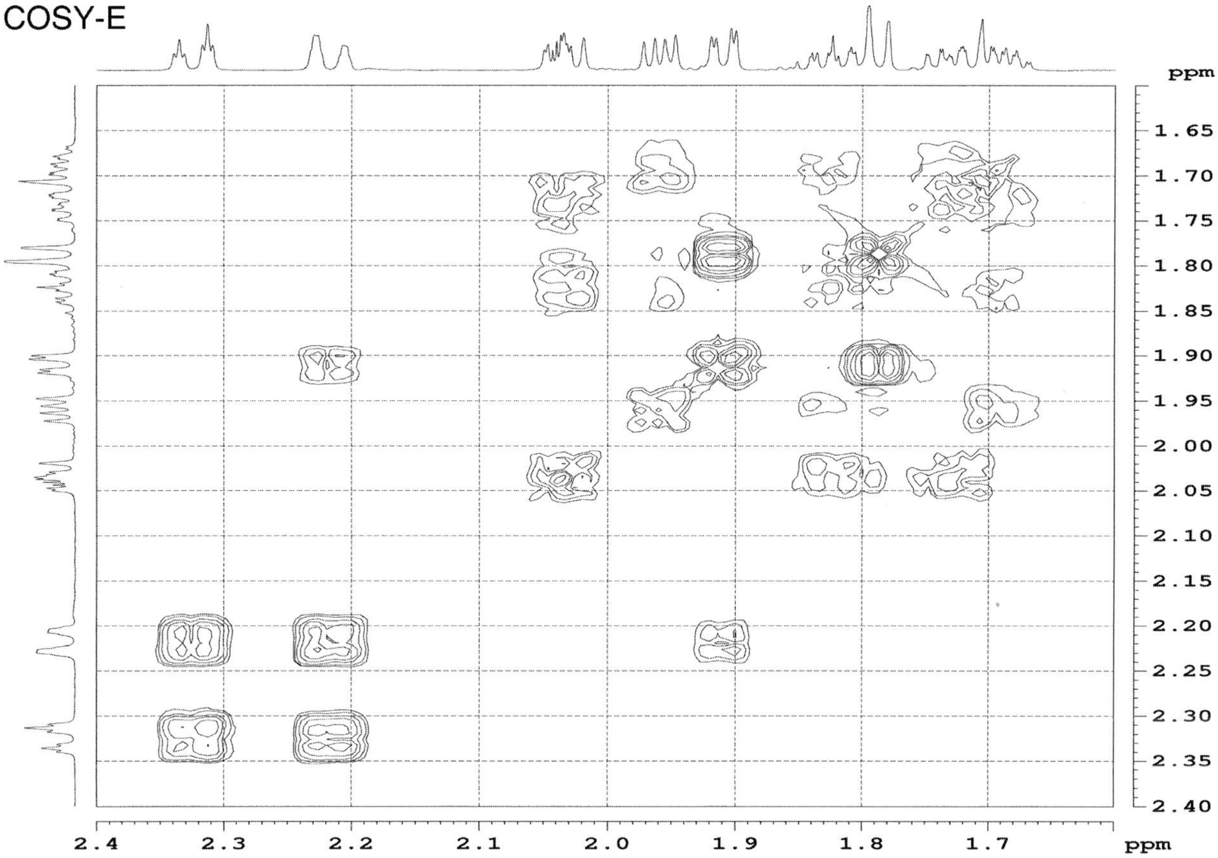

HSQC

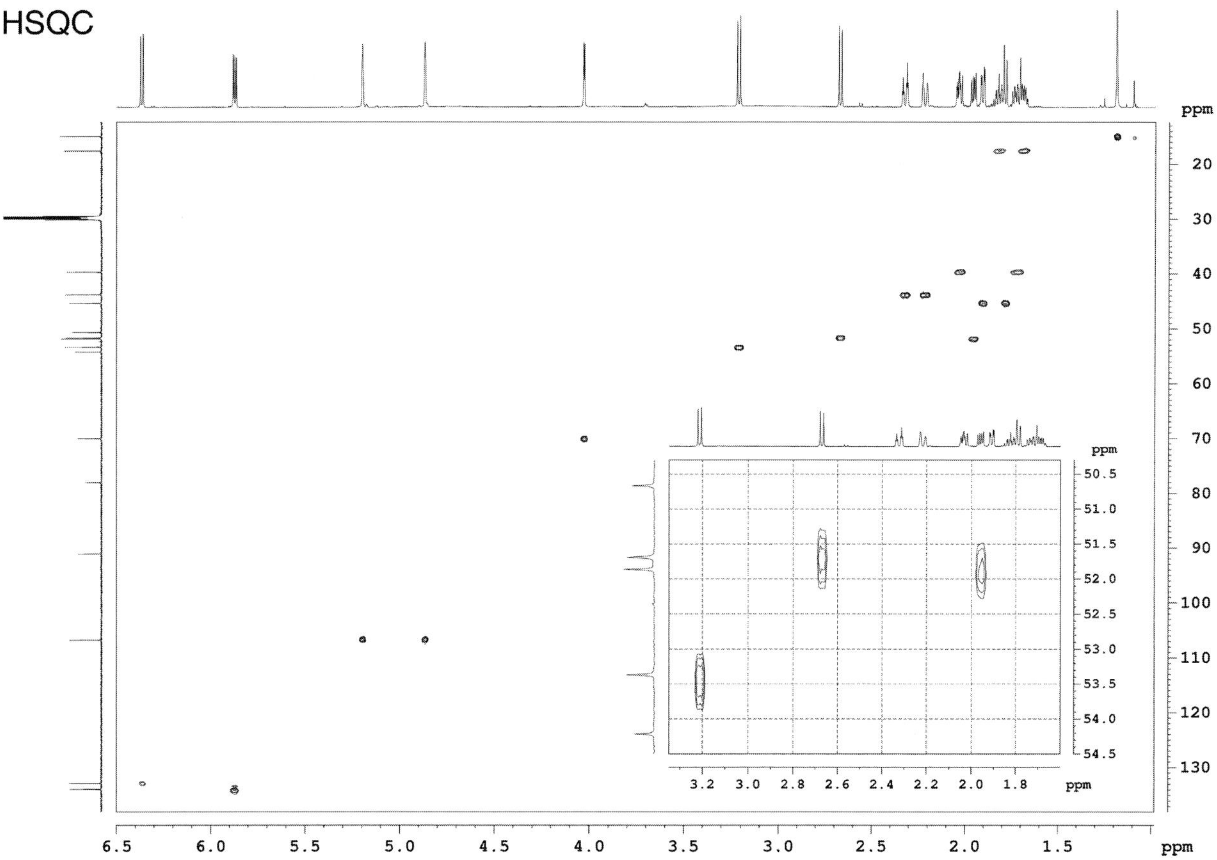

HSQC-E

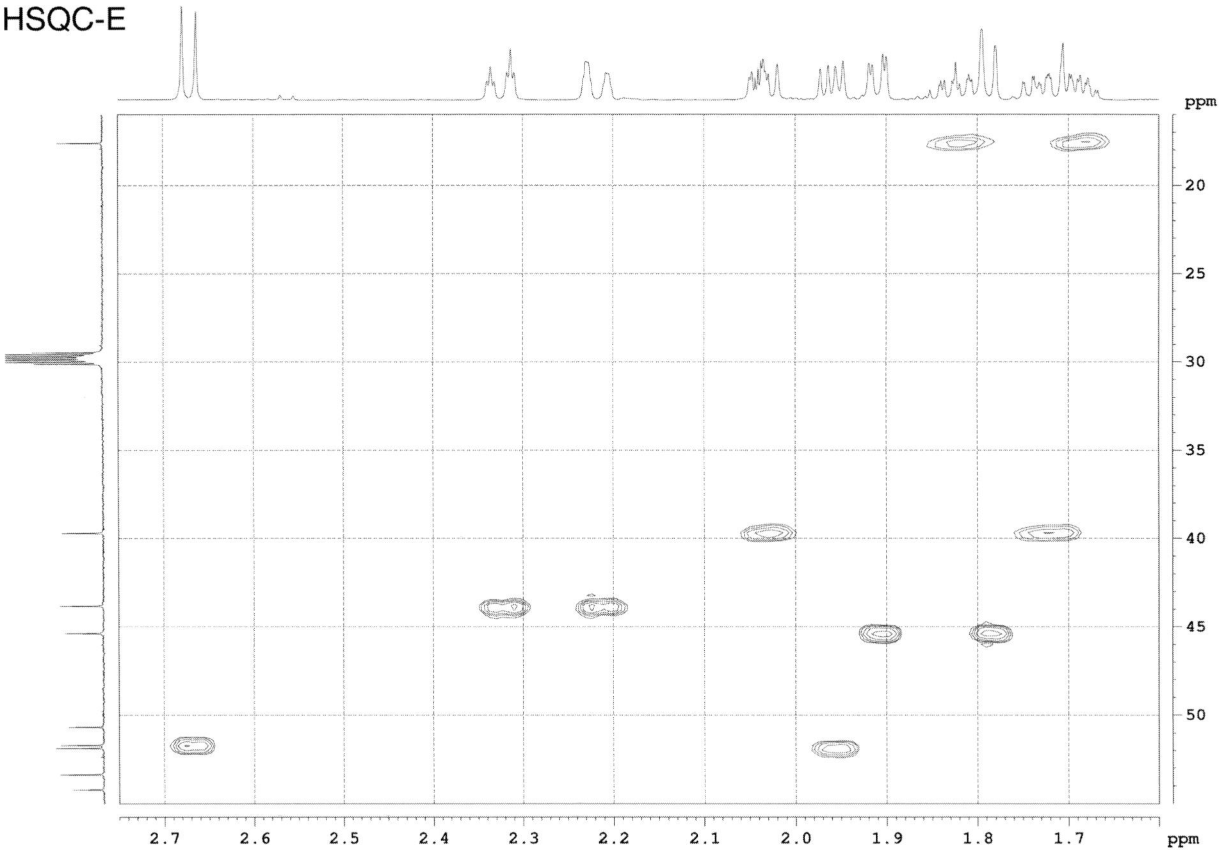

HMBC

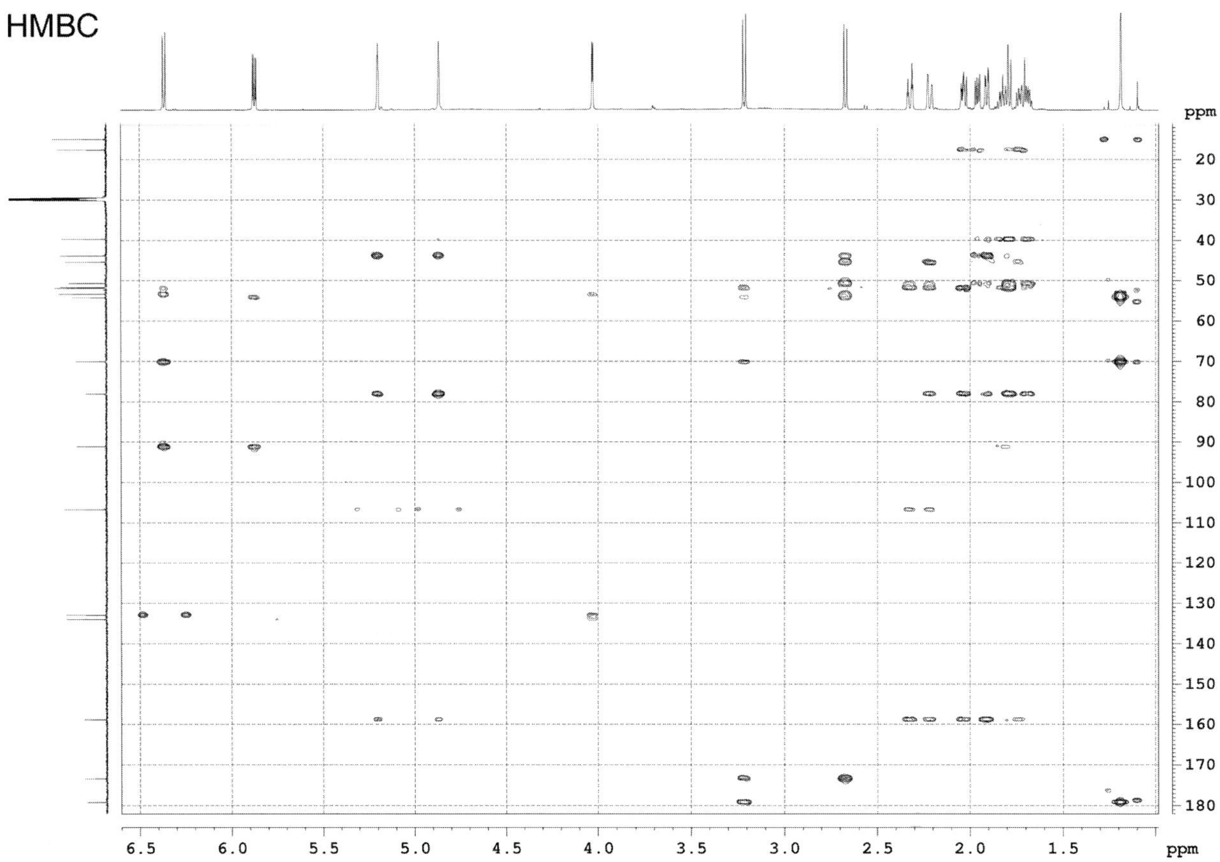

HMBC-E

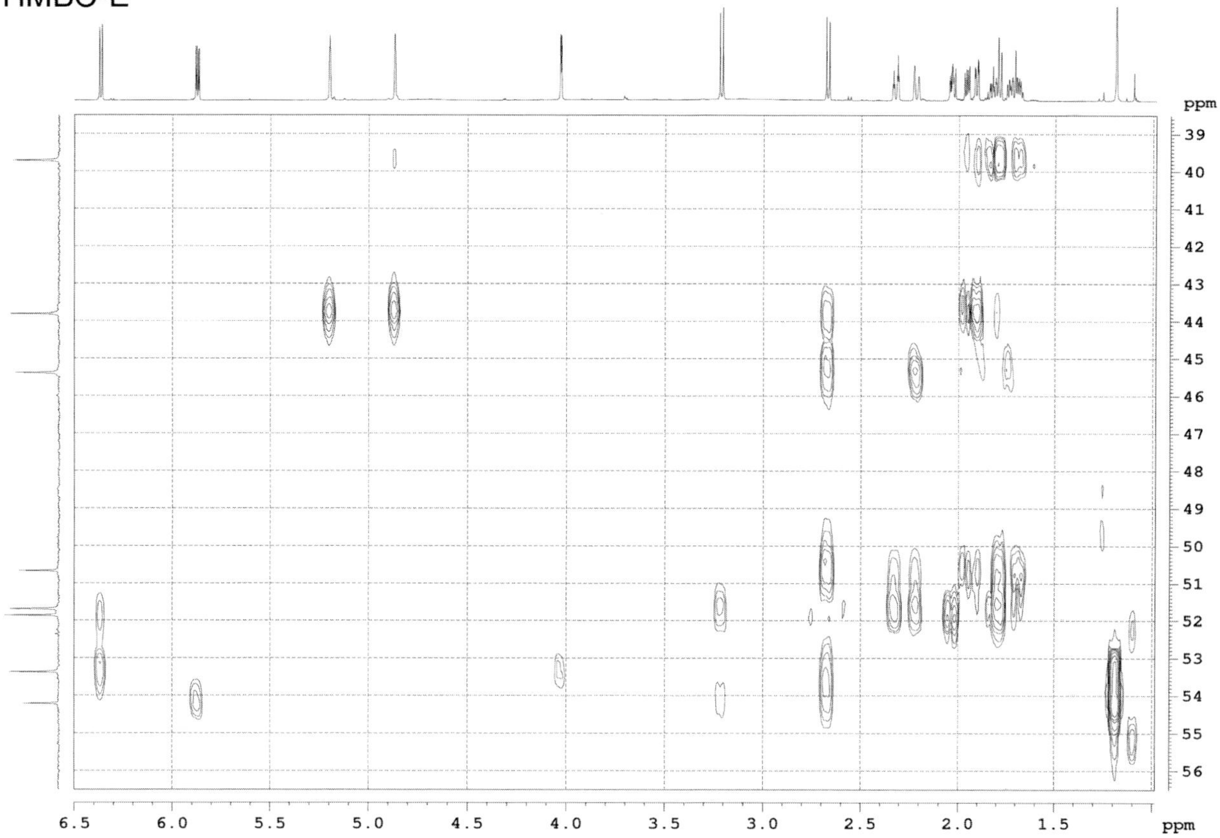
ppm
39
40
41
42
43
44
45
46
47
48
49
50
51
52
53
54
55
56
6.5
6.0
5.5
5.0
4.5
4.0
3.5
3.0
2.5
2.0
1.5
ppm

NOESY

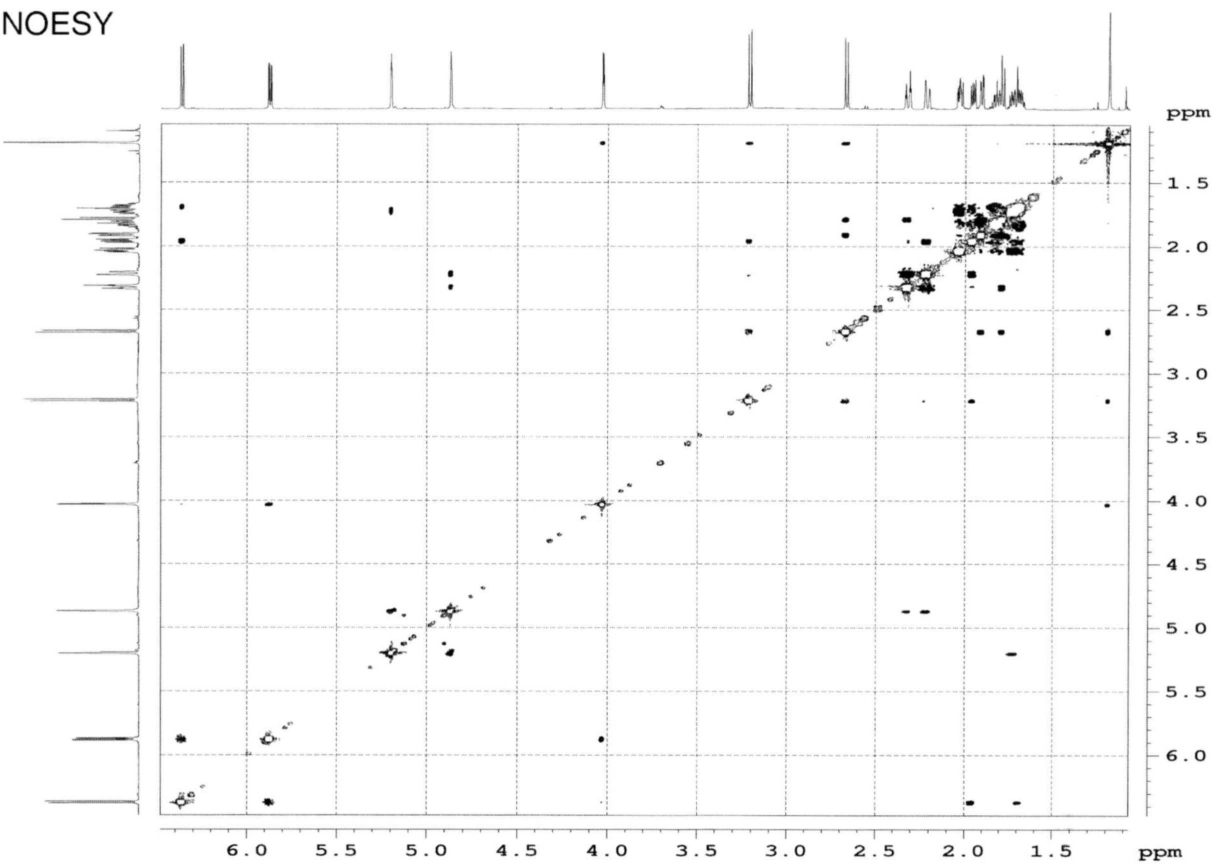
ppm
1.5
2.0
2.5
3.0
3.5
4.0
4.5
5.0
5.5
6.0
6.0
5.5
5.0
4.5
4.0
3.5
3.0
2.5
2.0
1.5
ppm

NOESY-E

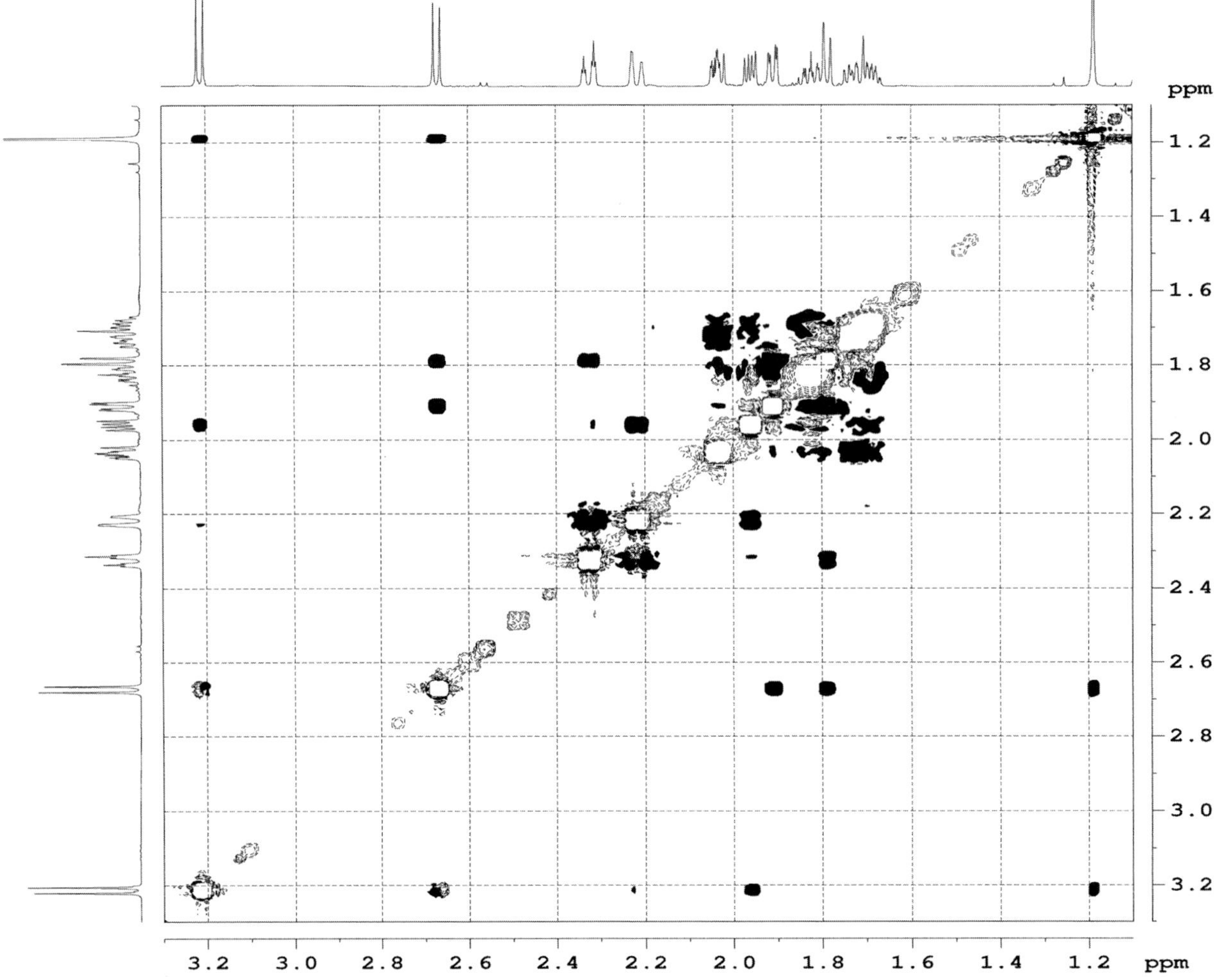

1D-NOESY

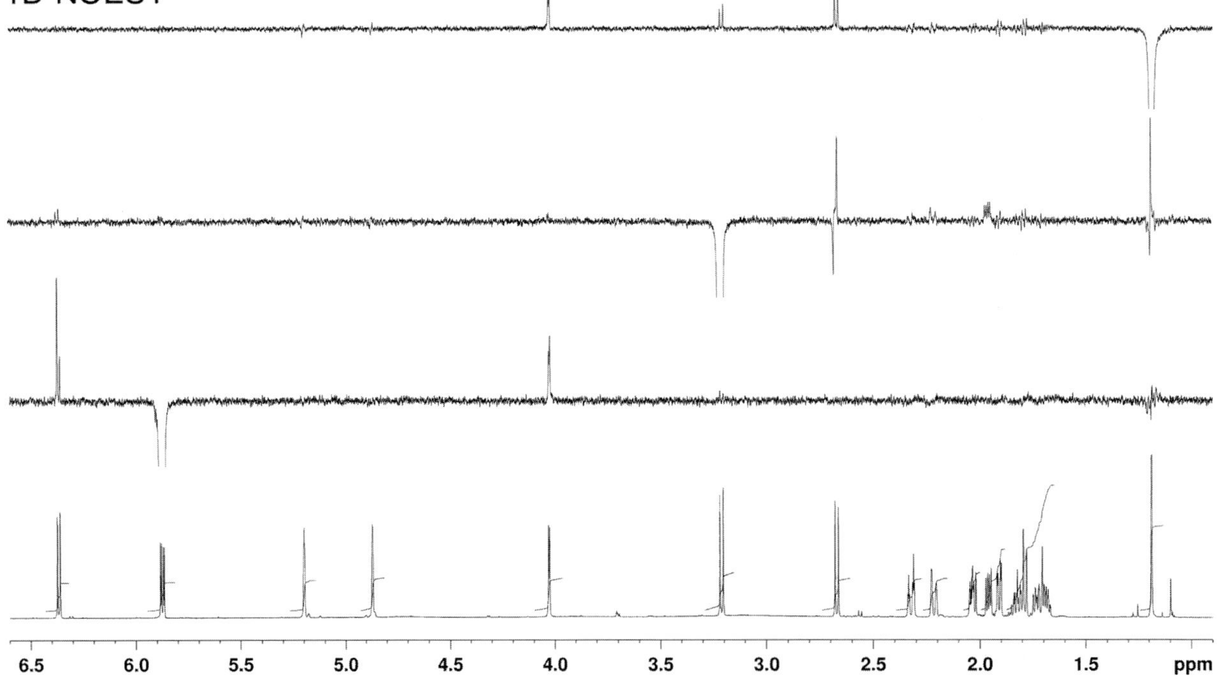

INADEQUATE

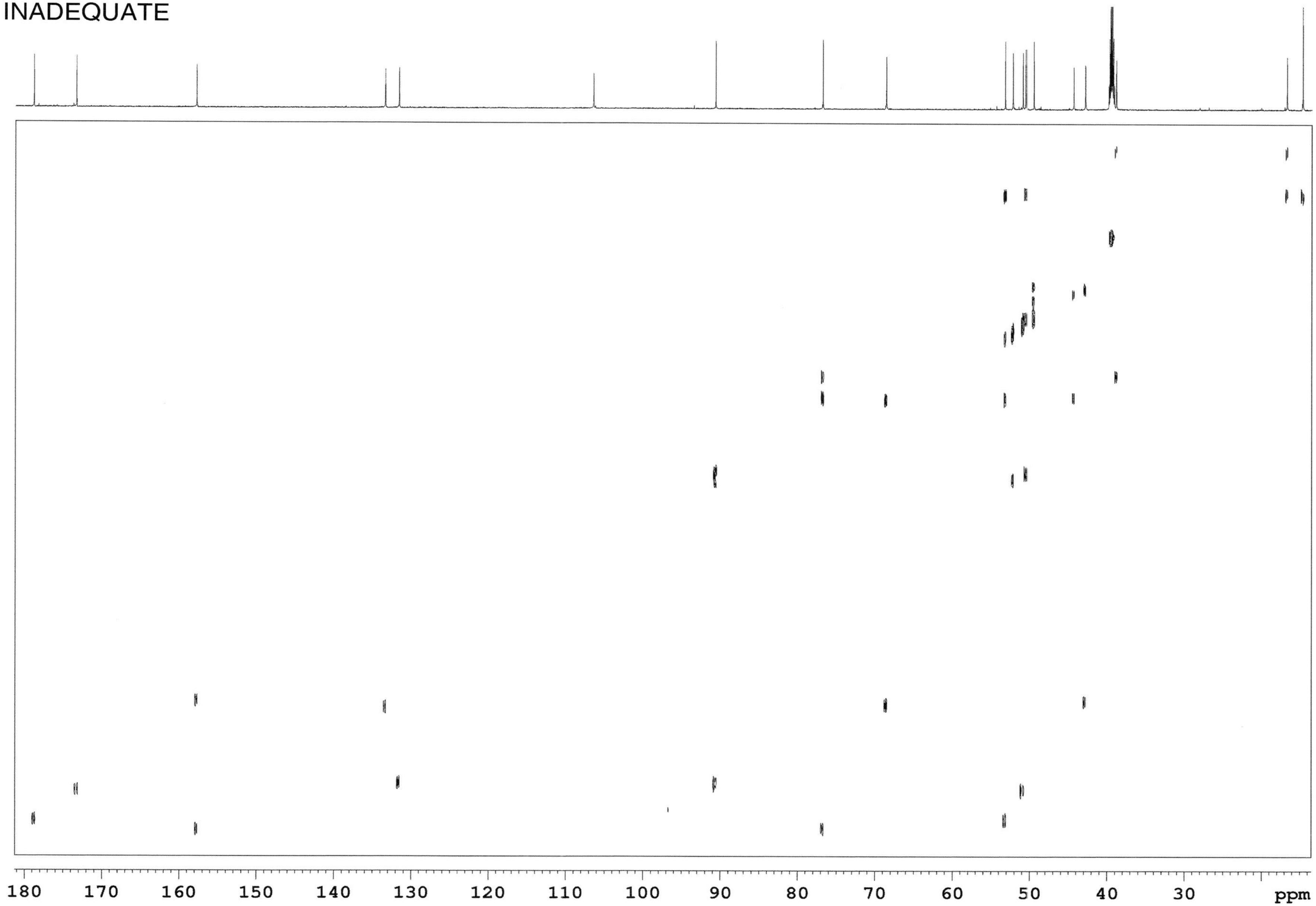

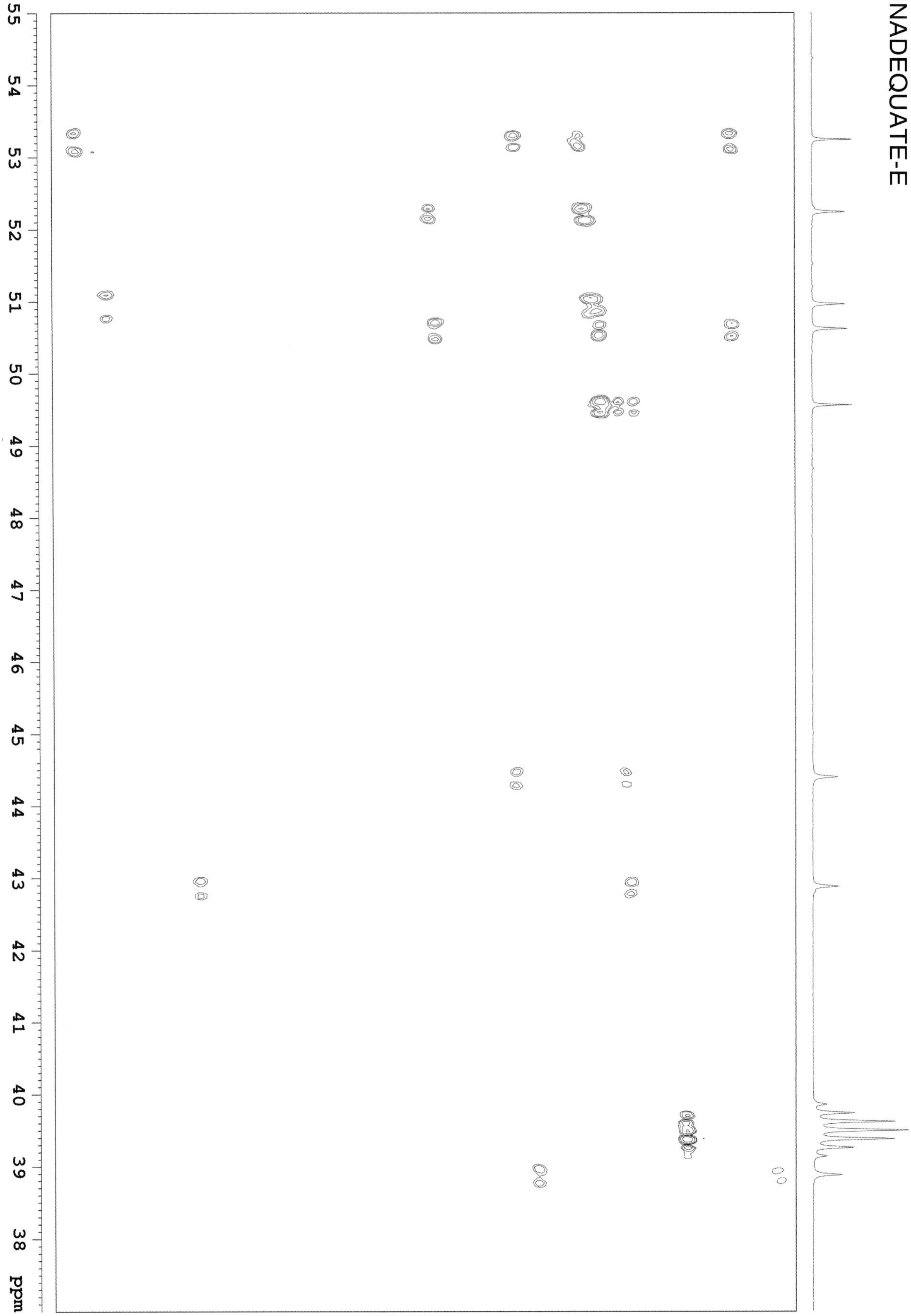

INADEQUATE-E
55
54
53
52
51
50
49
48
47
46
45
44
43
42
41
40
39
38
ppm

83 $C_{41}H_{76}O_{15}N_2$

^1H

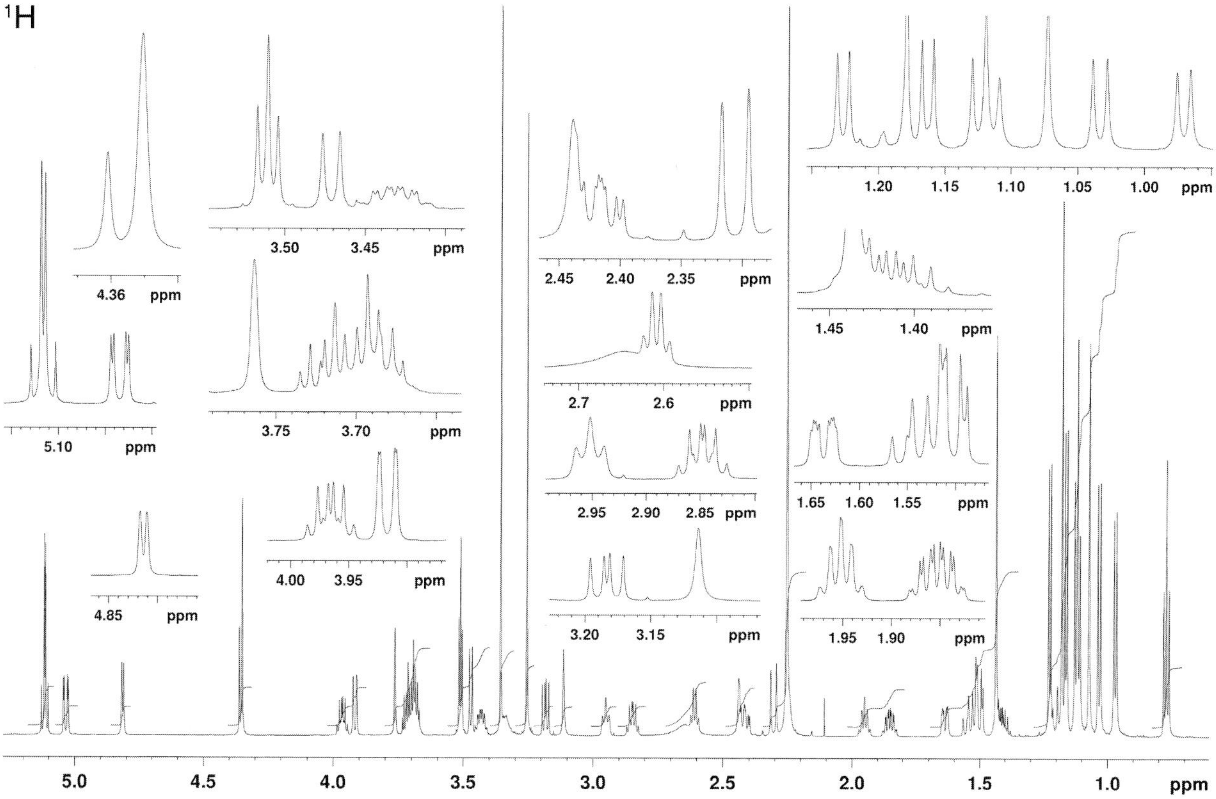

✍ Note

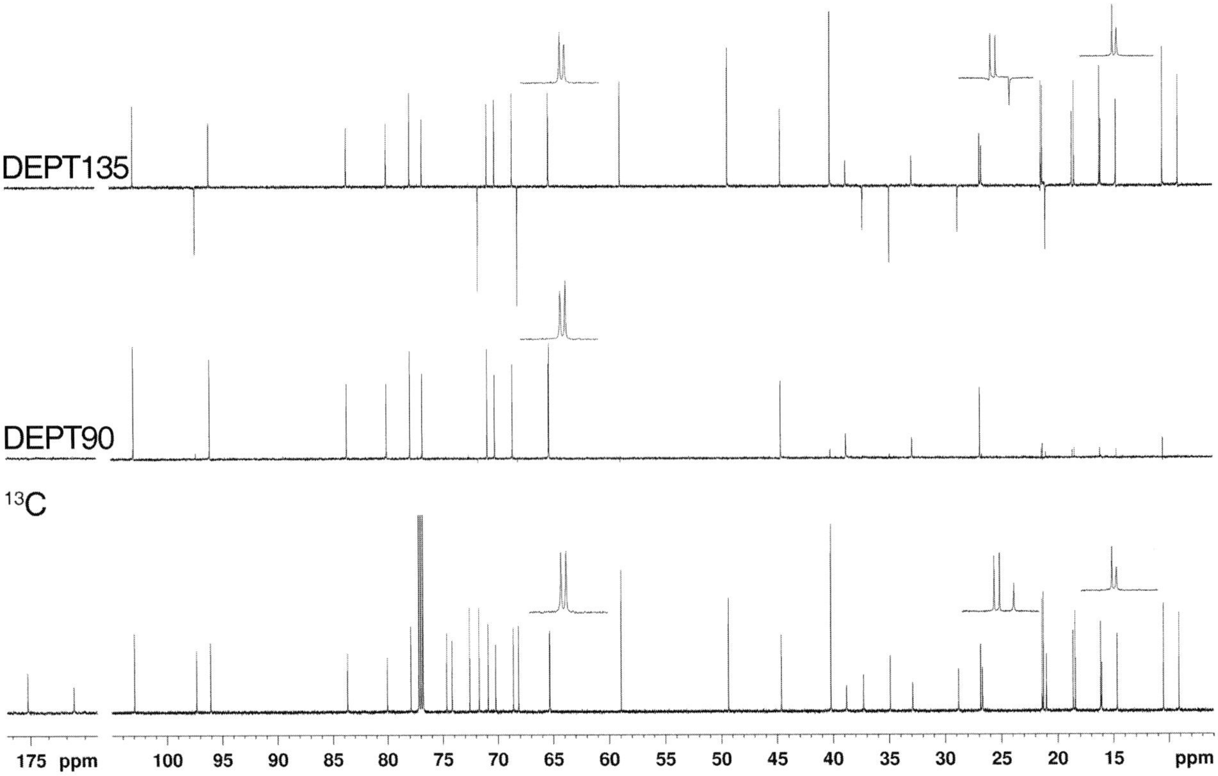
DEPT135
DEPT90
13C
175 ppm
100 95 90 85 80 75 70 65 60 55 50 45 40 35 30 25 20 15 ppm

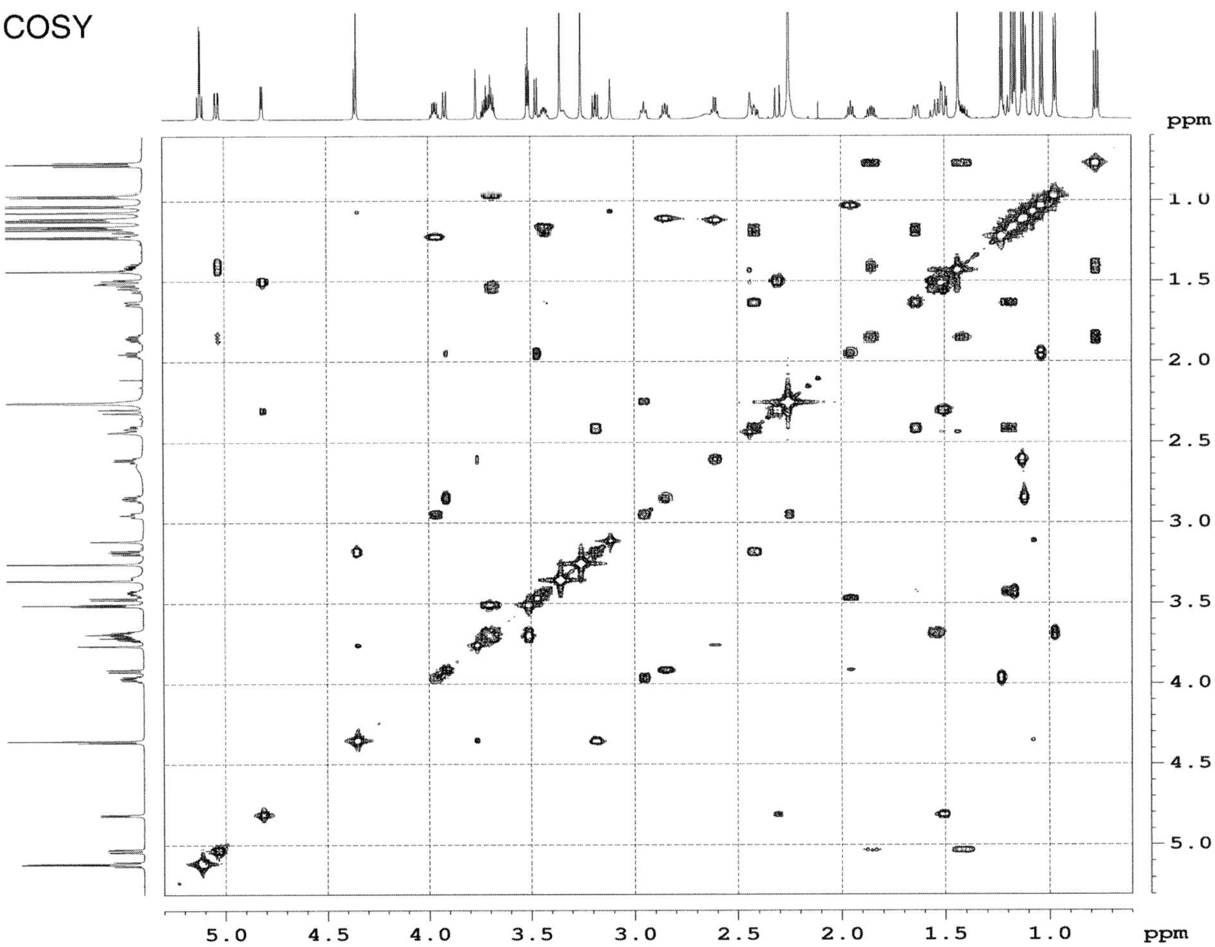
COSY
ppm
1.0
1.5
2.0
2.5
3.0
3.5
4.0
4.5
5.0
5.0 4.5 4.0 3.5 3.0 2.5 2.0 1.5 1.0 ppm

TOCSY

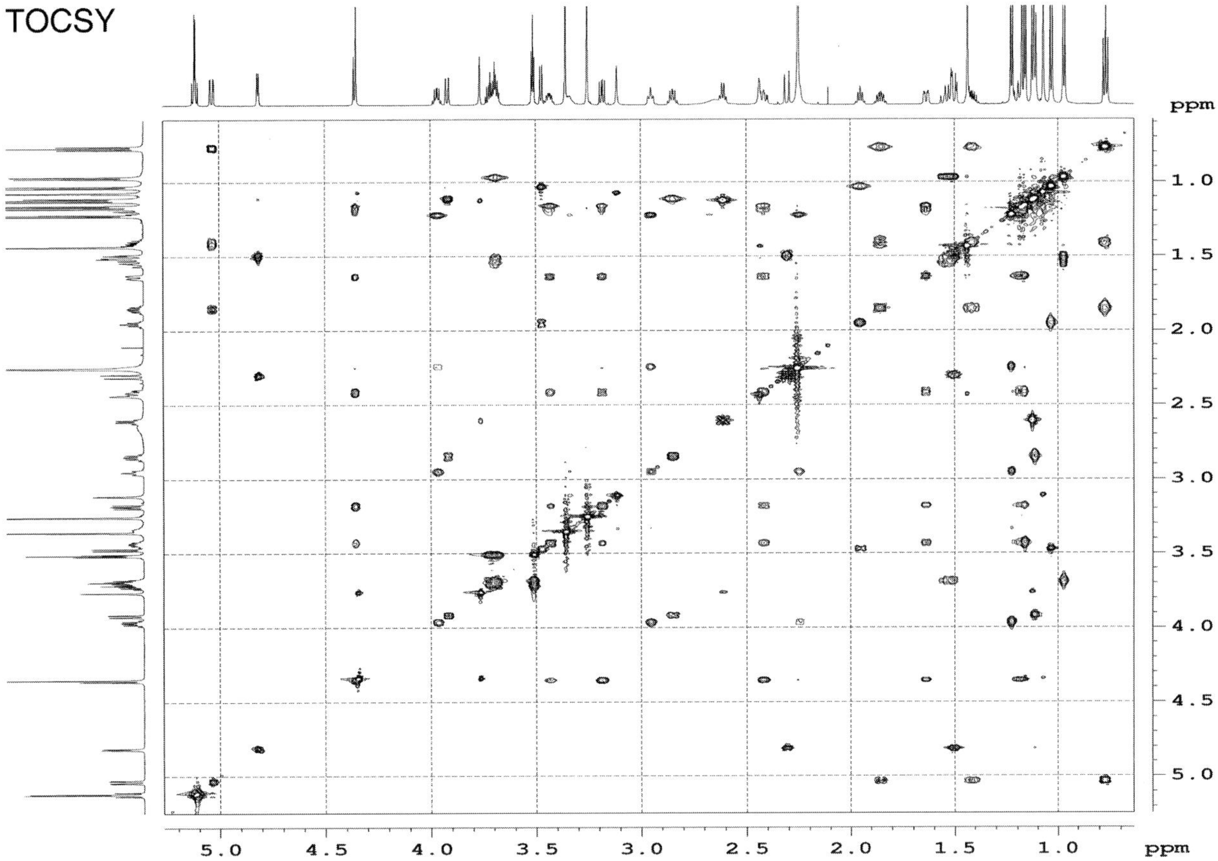

HSQC

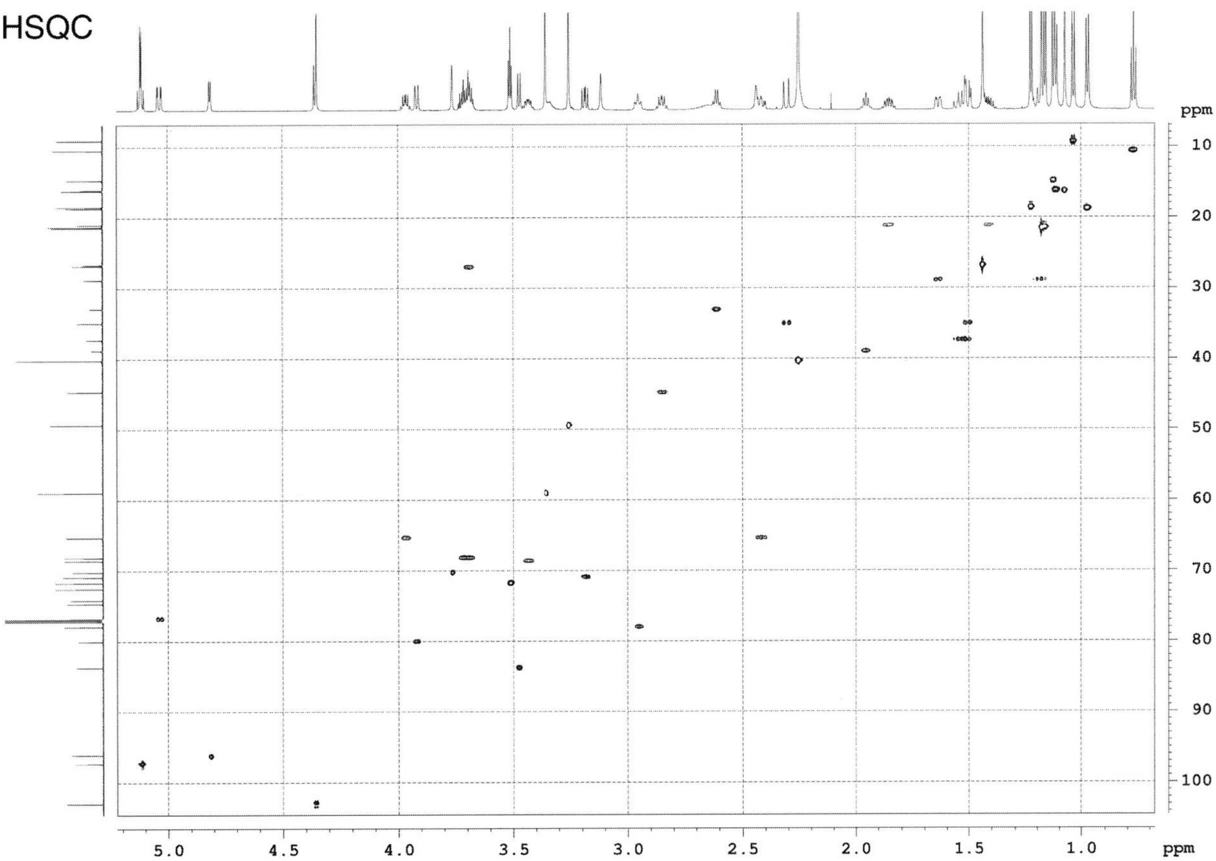

HSQC-E

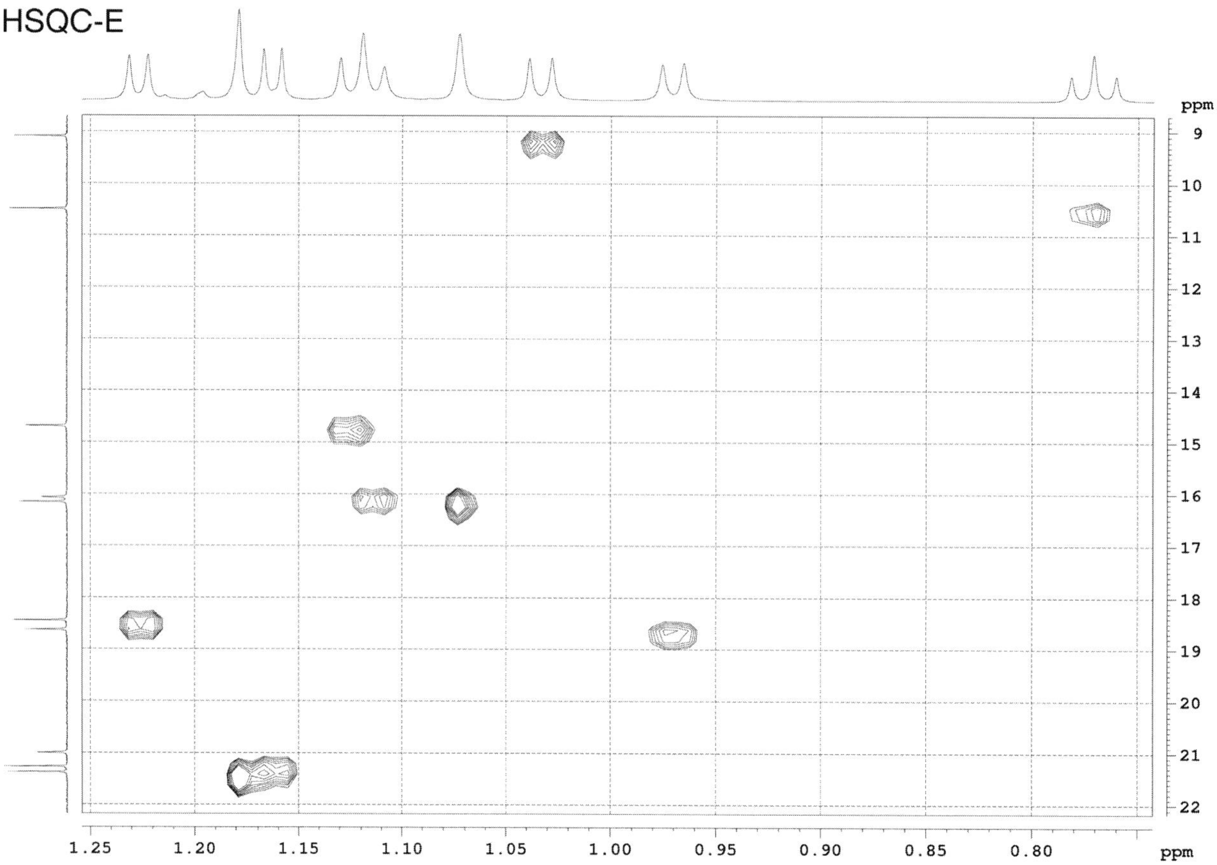

HMBC

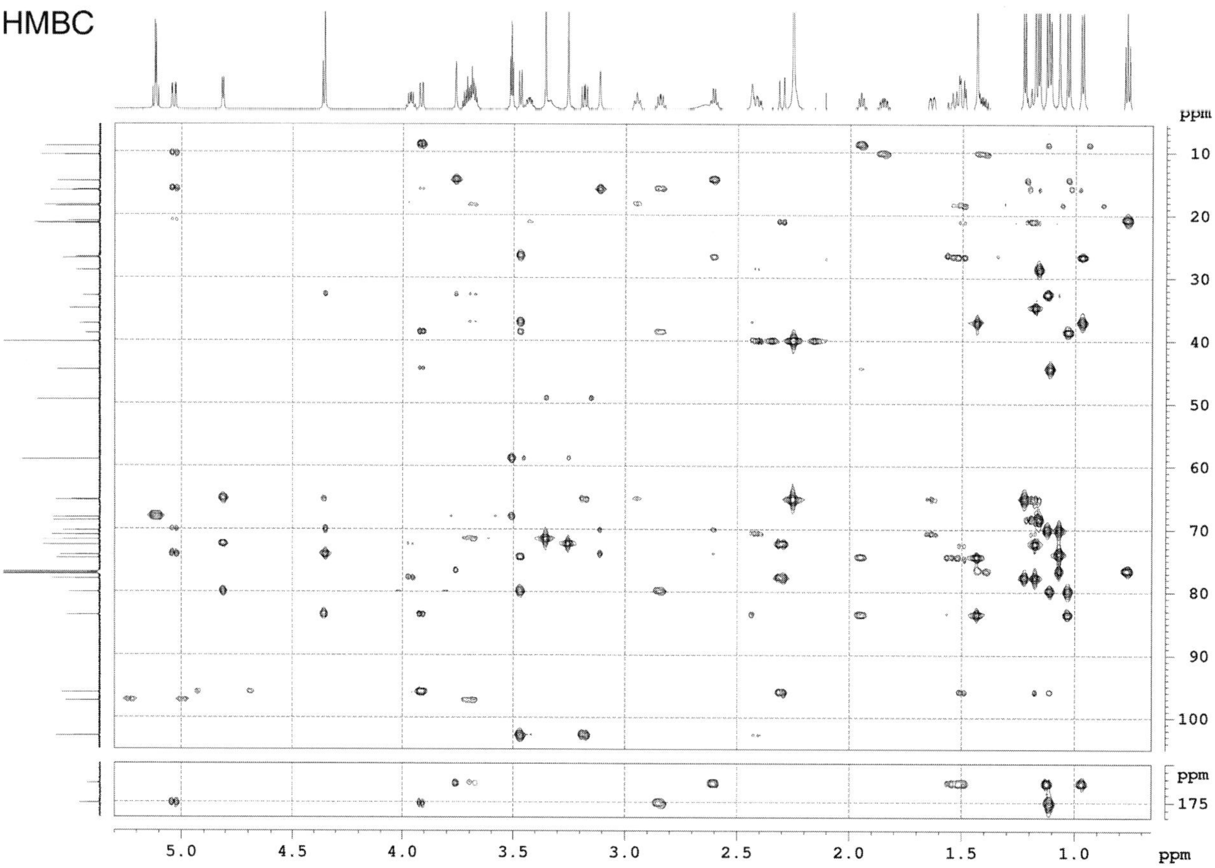

3

연습문제 II

HMBC-E

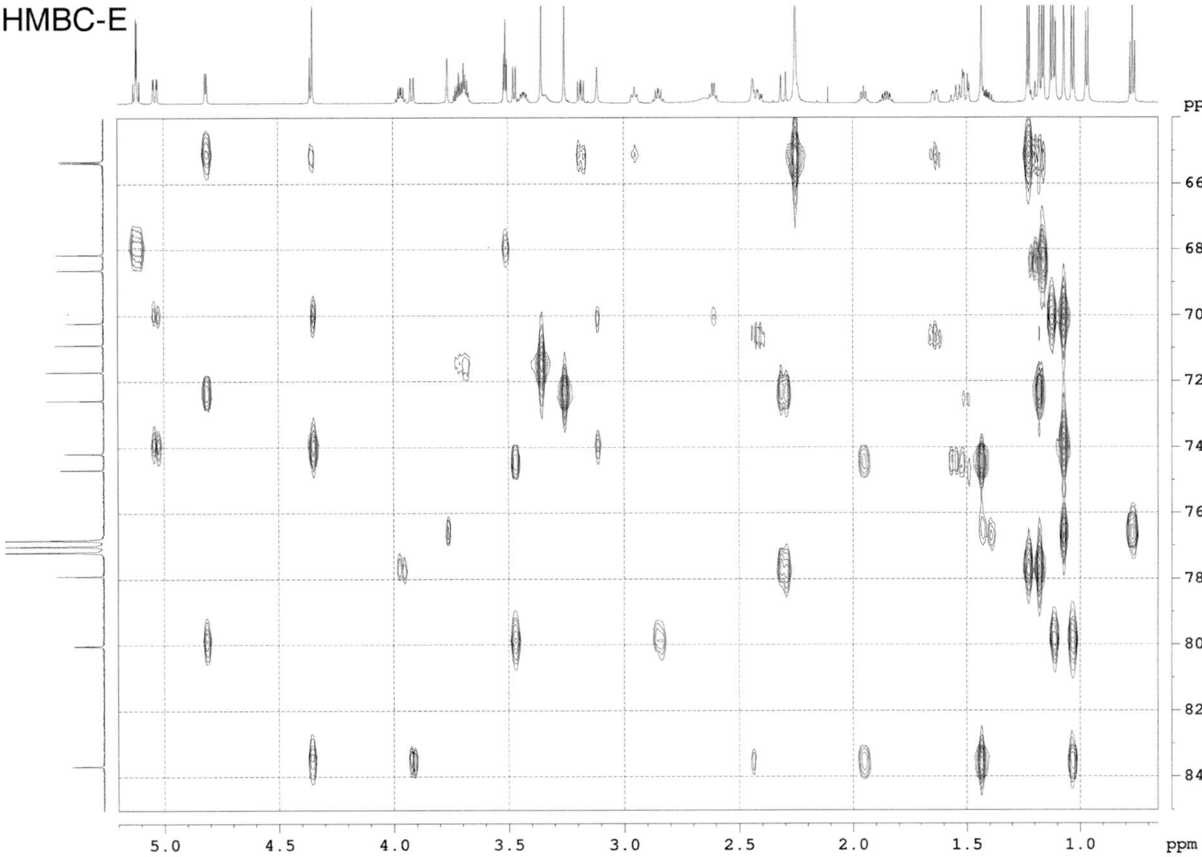
ppm
66
68
70
72
74
76
78
80
82
84
5.0 4.5 4.0 3.5 3.0 2.5 2.0 1.5 1.0 ppm

HMBC-E

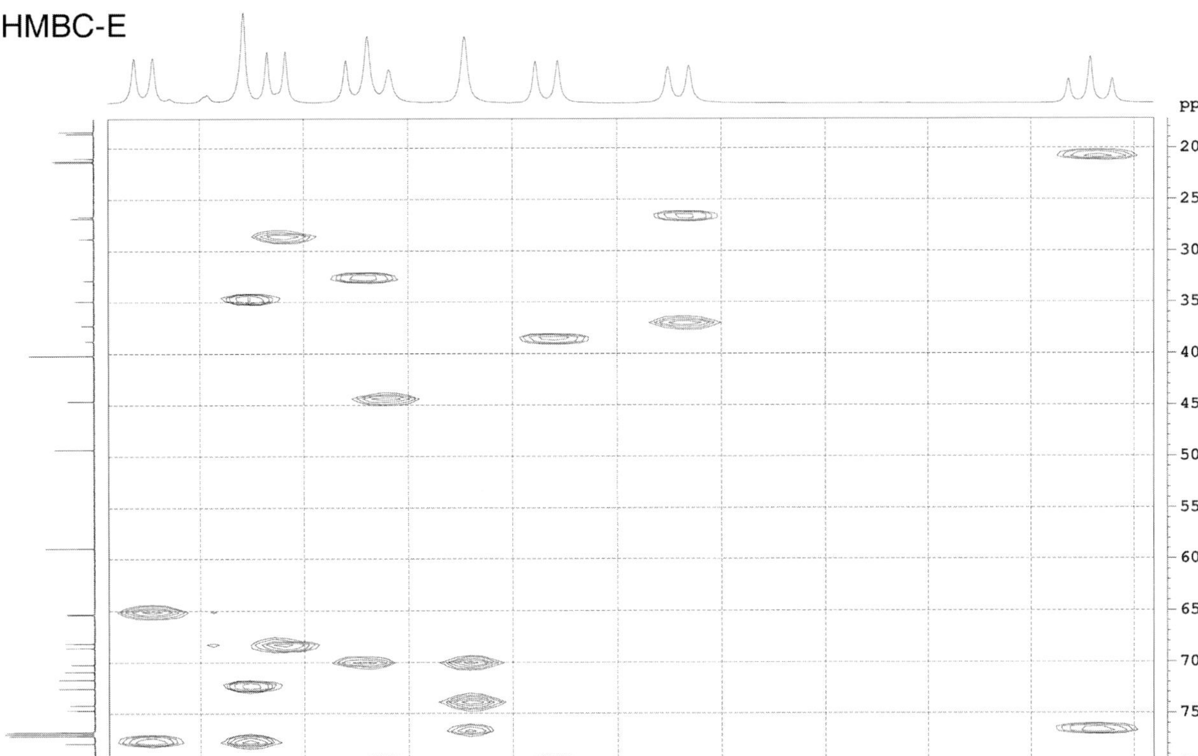
ppm
20
25
30
35
40
45
50
55
60
65
70
75
80
1.20 1.15 1.10 1.05 1.00 0.95 0.90 0.85 0.80 ppm

HMBC-E : Different concentration sample to see the exchangeable protons

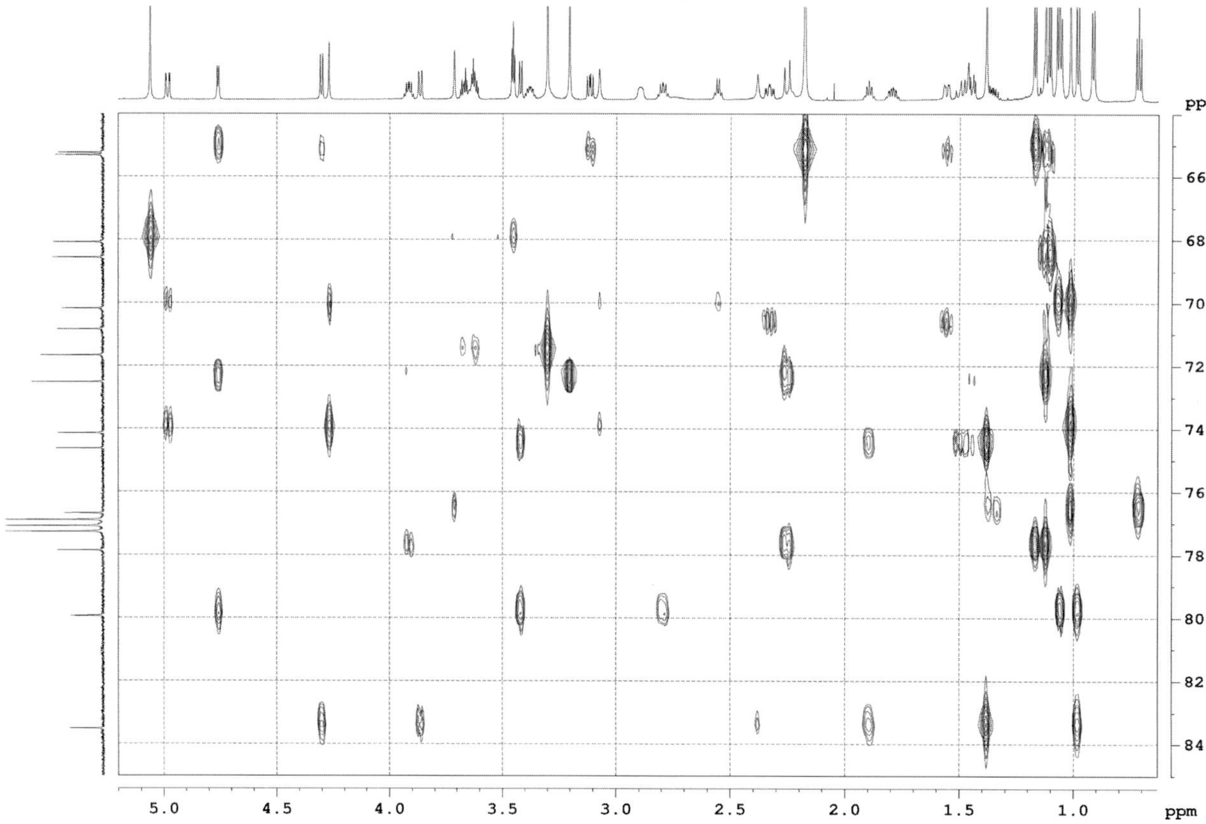

HMBC-^{1}H-^{15}N

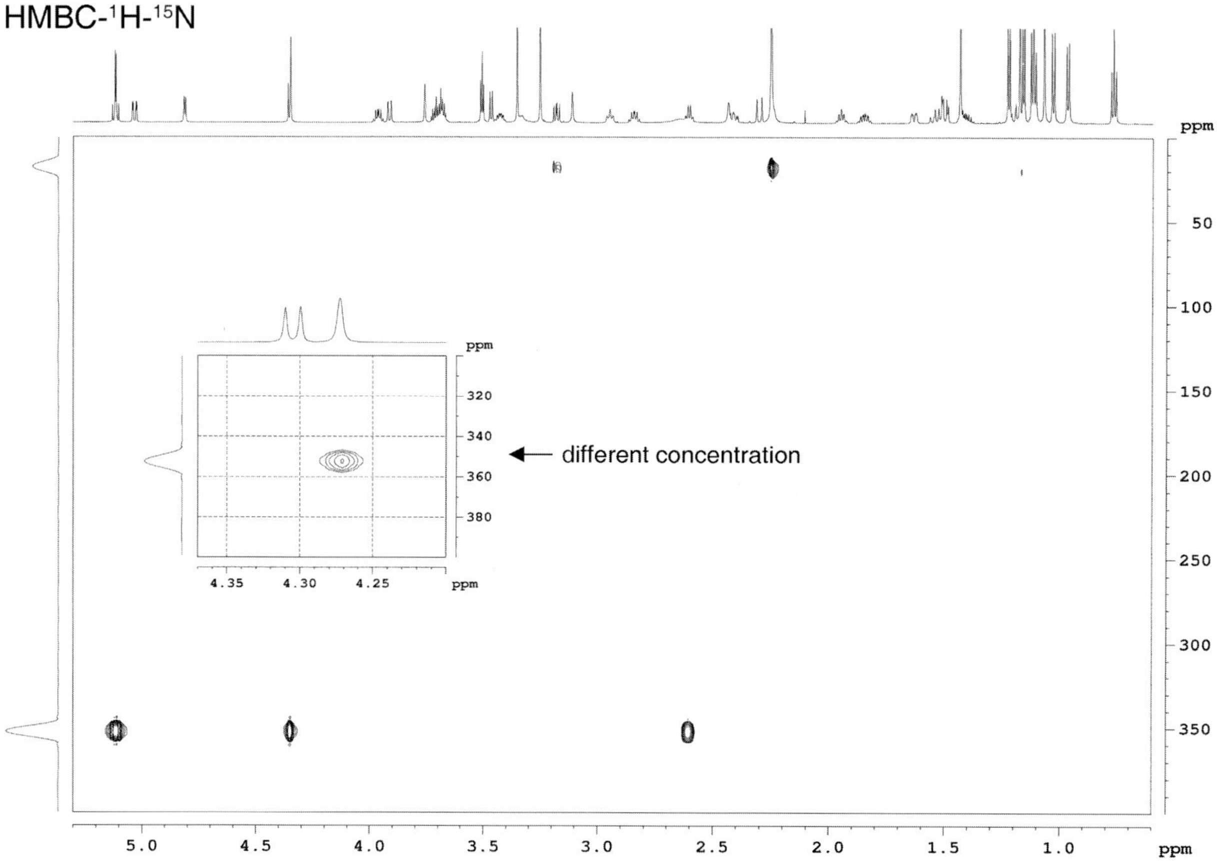

ROESY

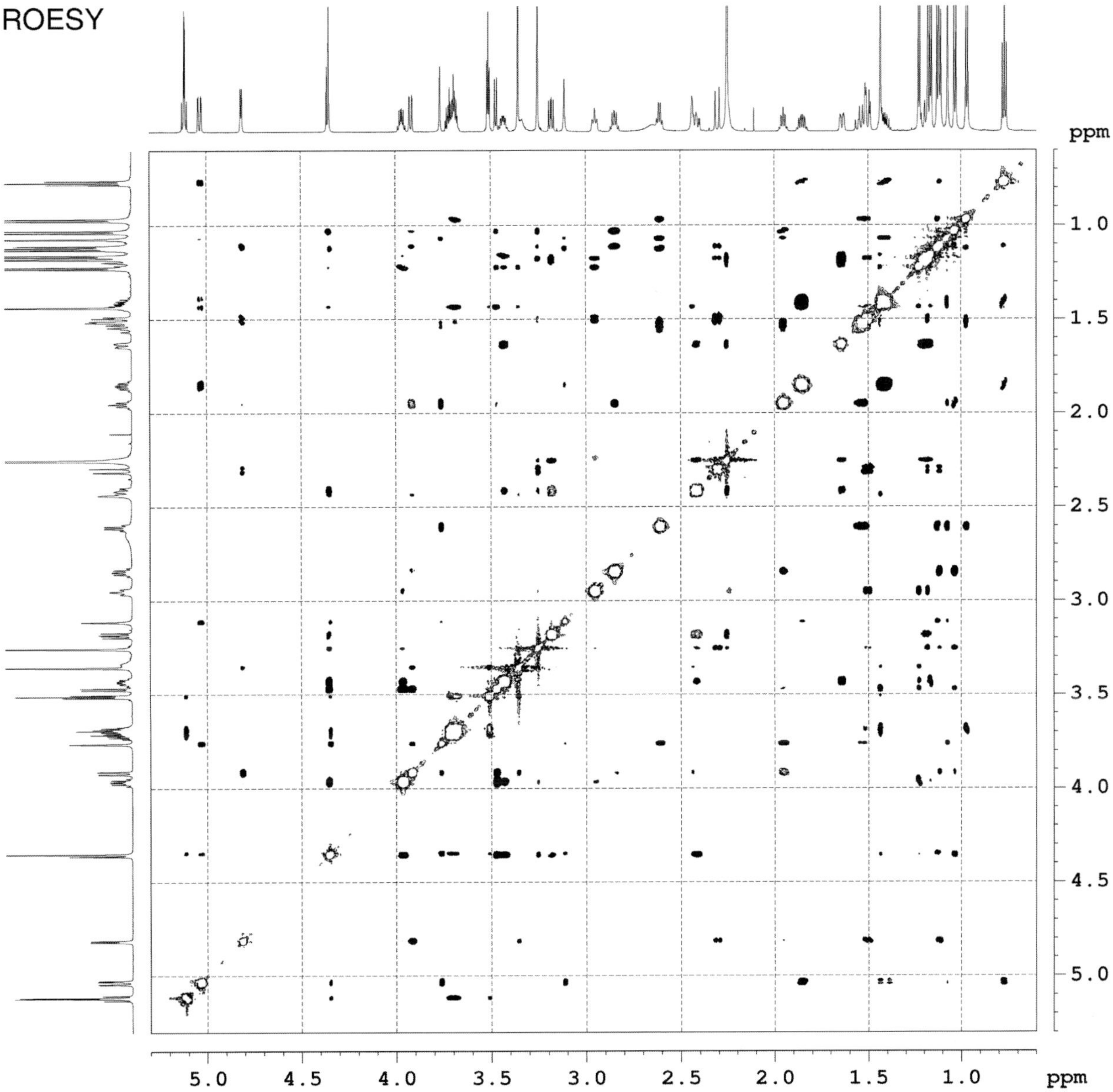

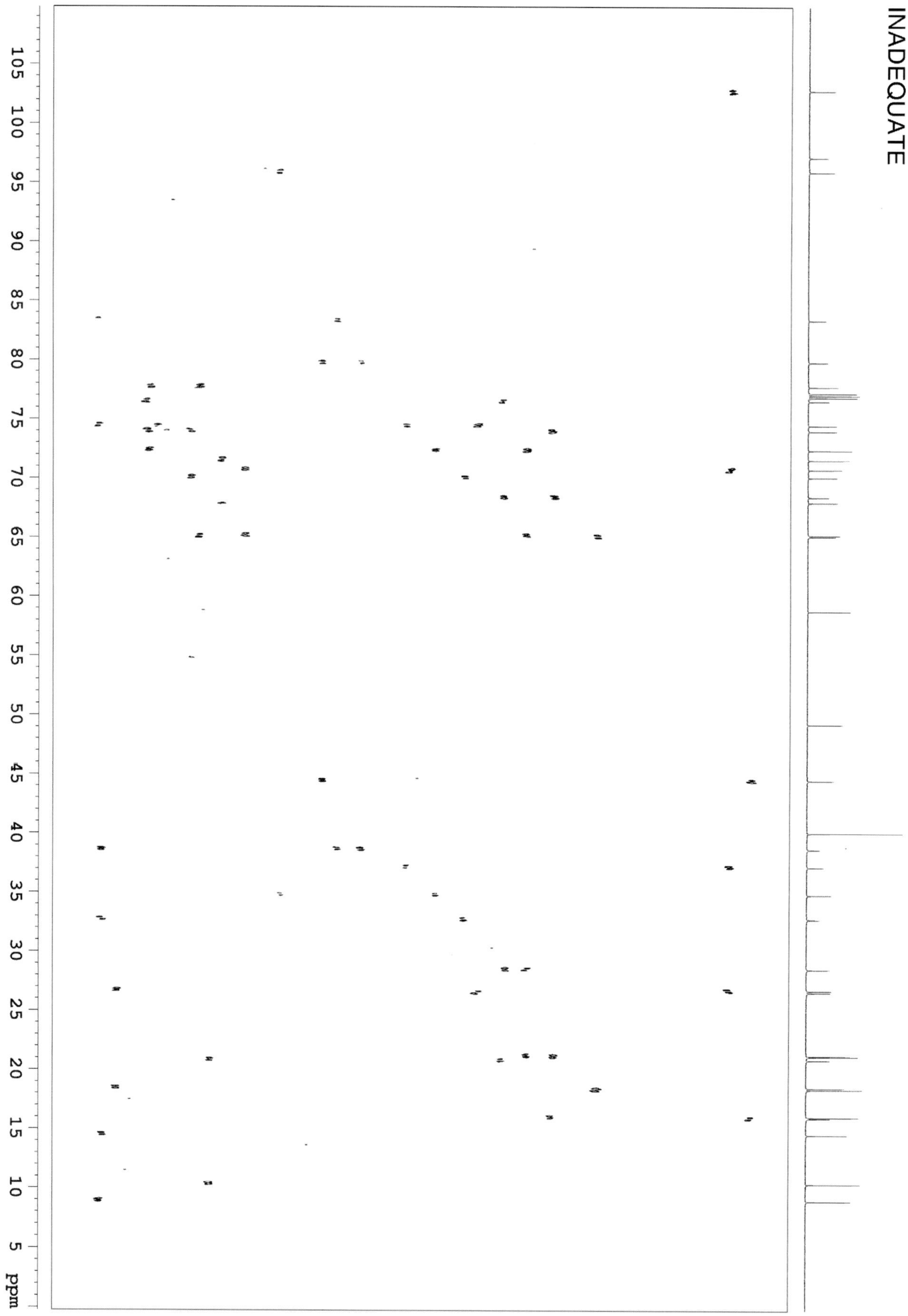
INADEQUATE
105
100
95
90
85
80
75
70
65
60
55
50
45
40
35
30
25
20
15
10
5
ppm

INADEQUATE-E

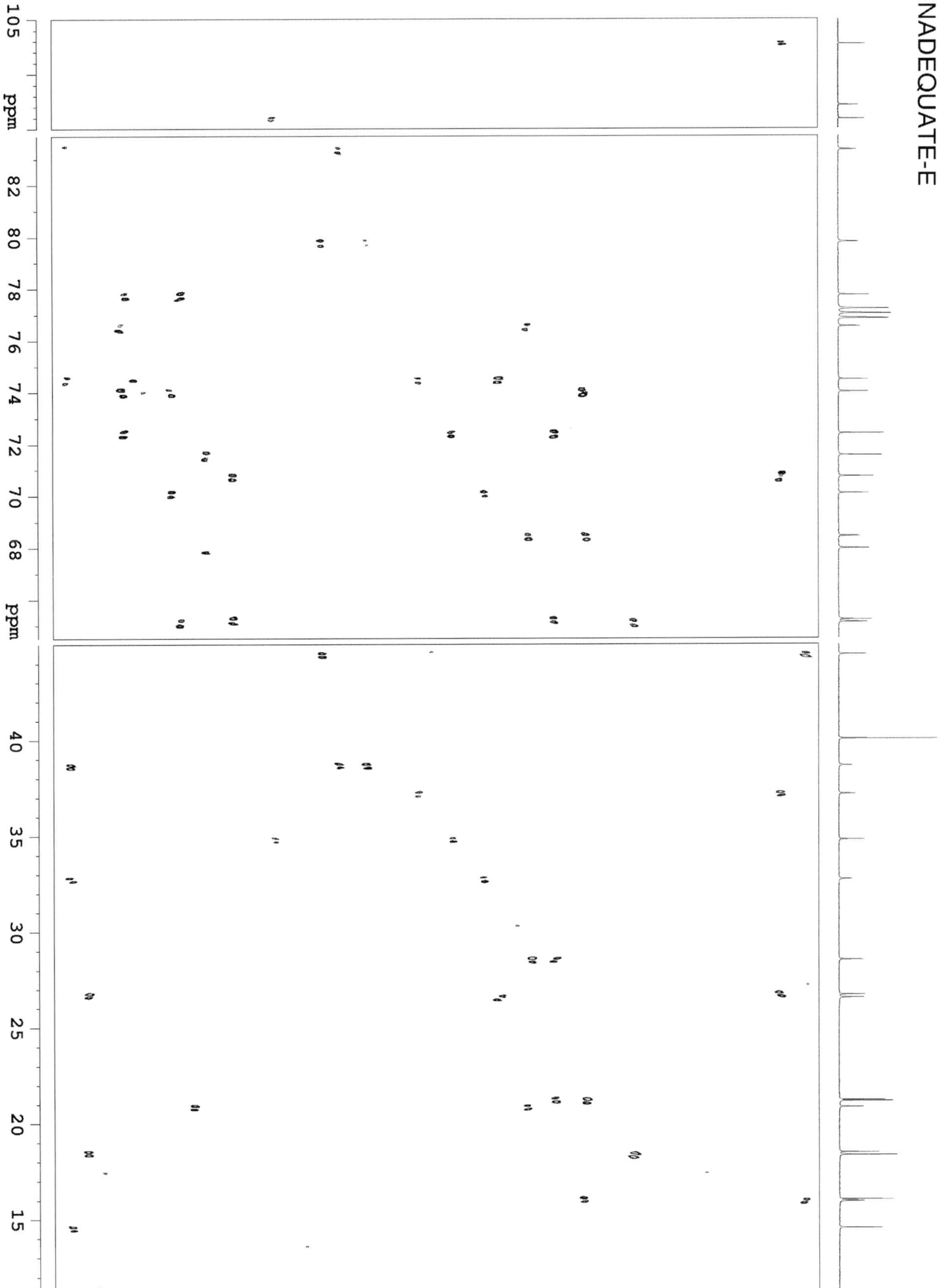

84 $C_{43}H_{53}O_{14}N$

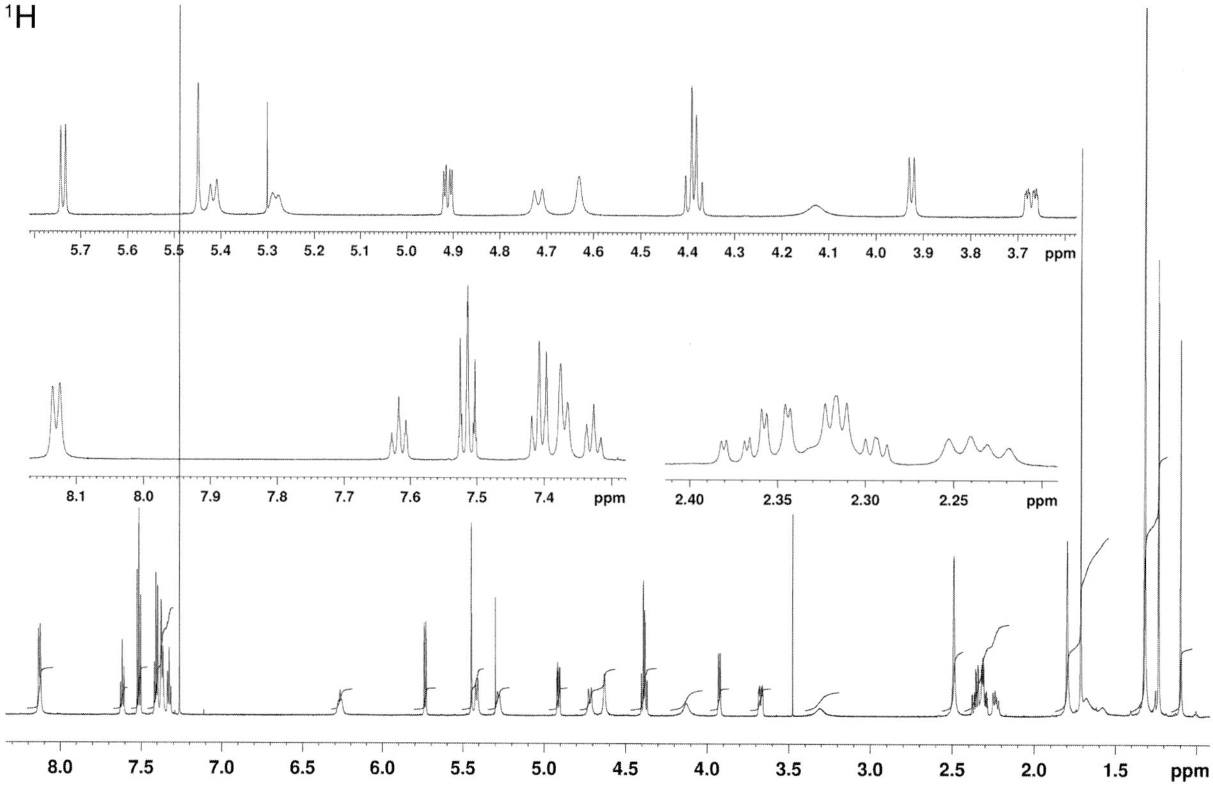

3 연습문제 II

Note

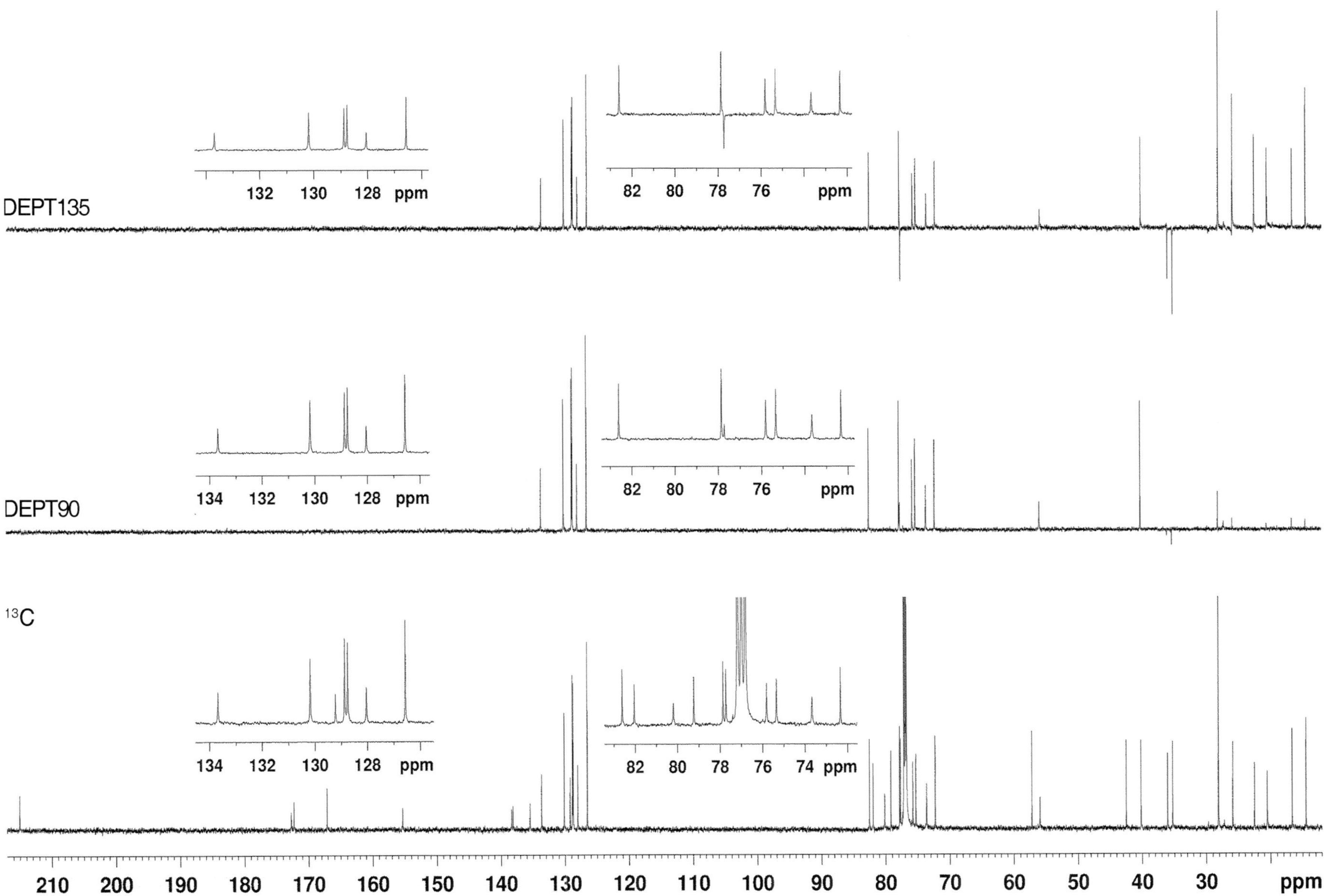
DEPT135
132 130 128 ppm
82 80 78 76 ppm
DEPT90
134 132 130 128 ppm
82 80 78 76 ppm
13C
134 132 130 128 ppm
82 80 78 76 74 ppm
210 200 190 180 170 160 150 140 130 120 110 100 90 80 70 60 50 40 30 ppm

COSY

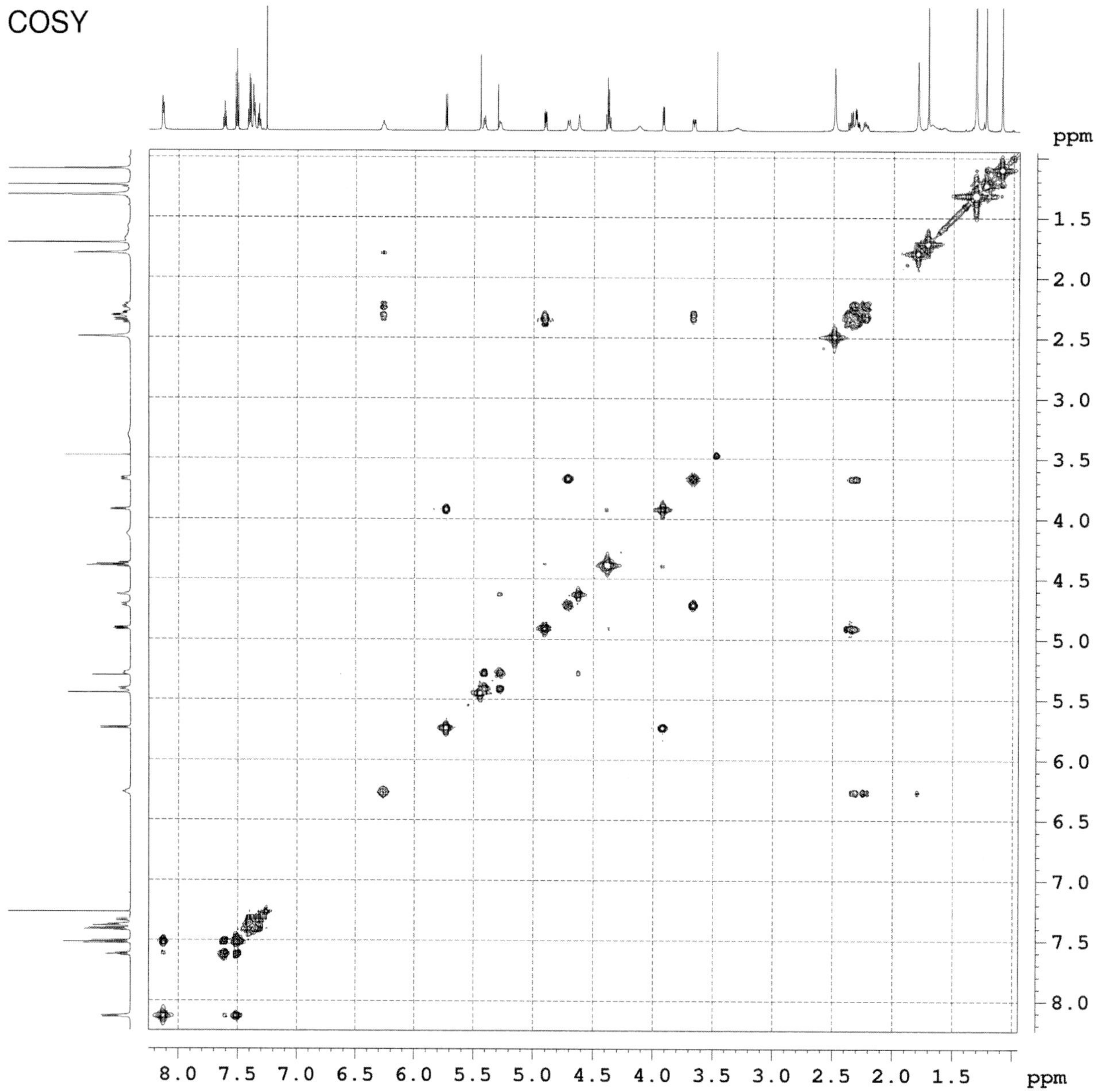

3
연습문제 II

HSQC

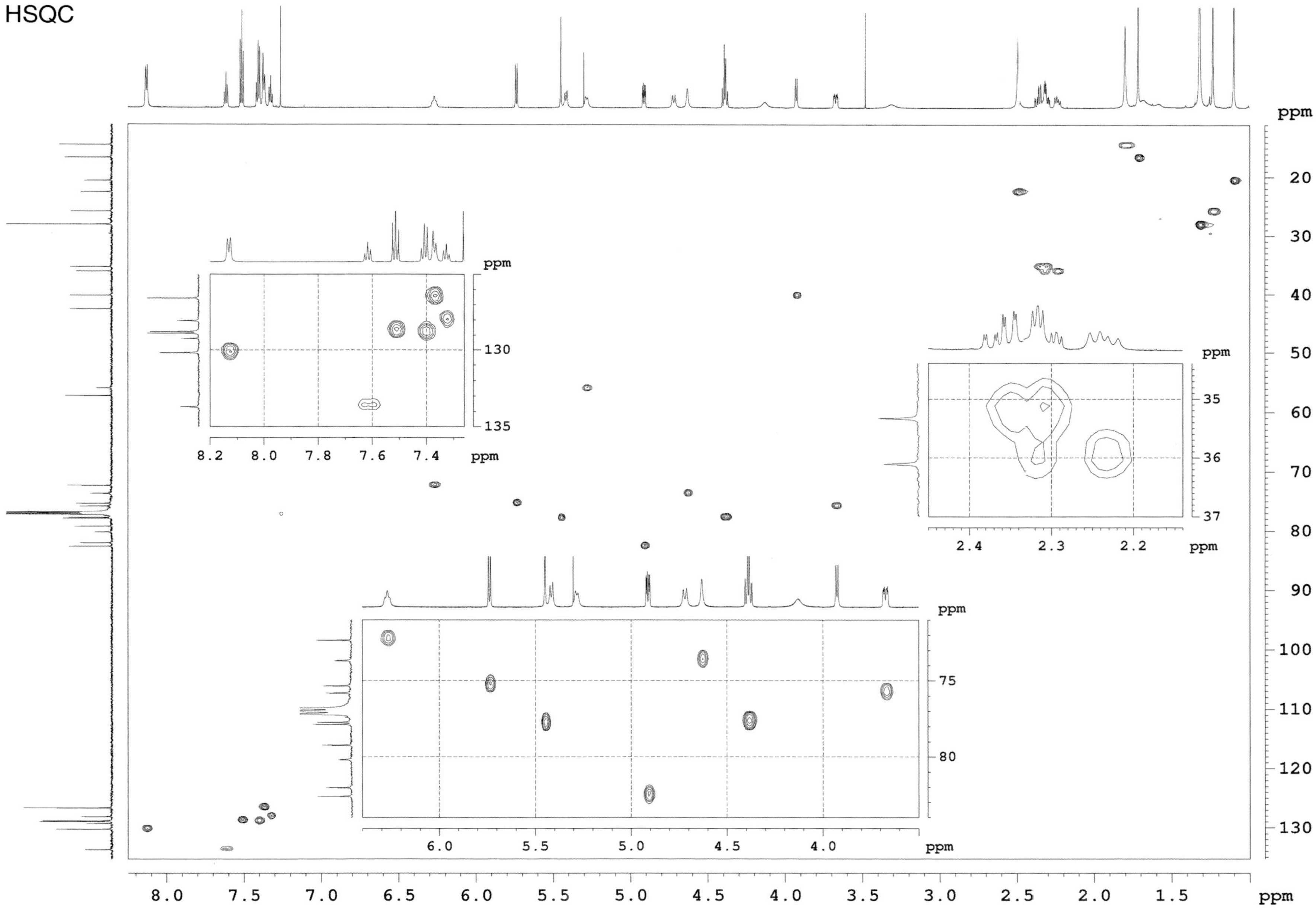
ppm
8.0
7.5
7.0
6.5
6.0
5.5
5.0
4.5
4.0
3.5
3.0
2.5
2.0
1.5
20
30
40
50
60
70
80
90
100
110
120
130

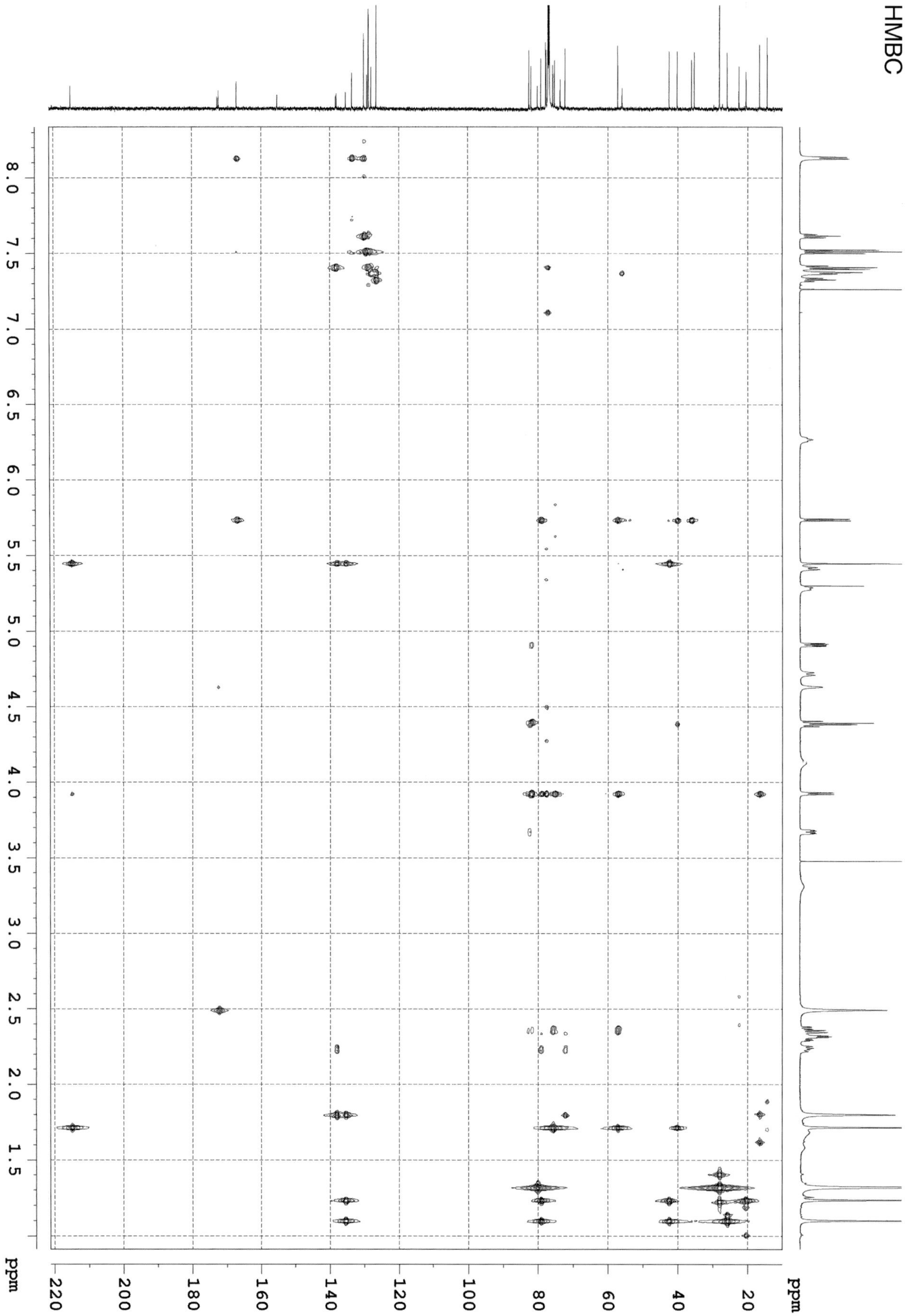
HMBC
ppm
ppm

HMBC-E

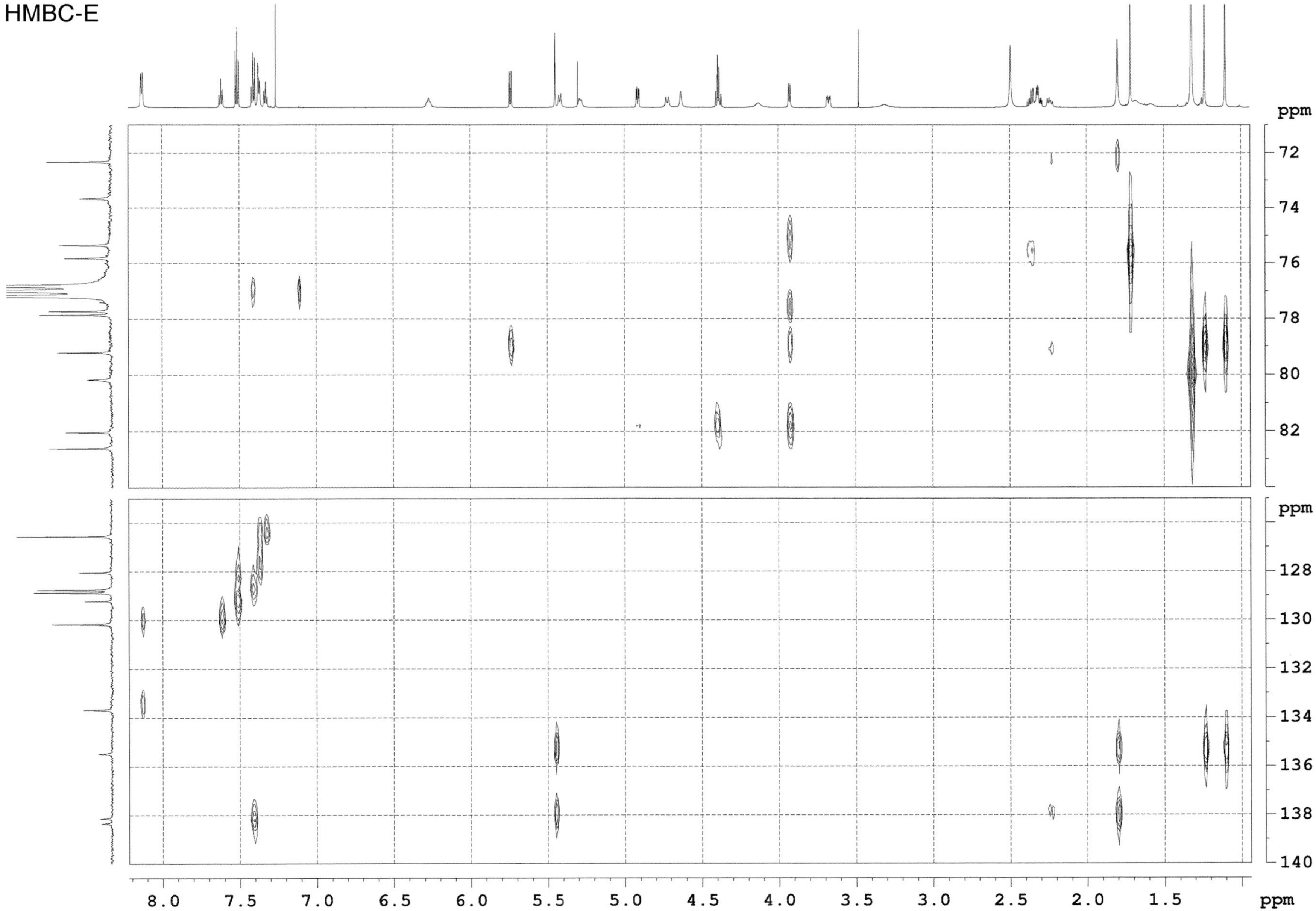
ppm
72
74
76
78
80
82
ppm
128
130
132
134
136
138
140
8.0
7.5
7.0
6.5
6.0
5.5
5.0
4.5
4.0
3.5
3.0
2.5
2.0
1.5
ppm

ROESY

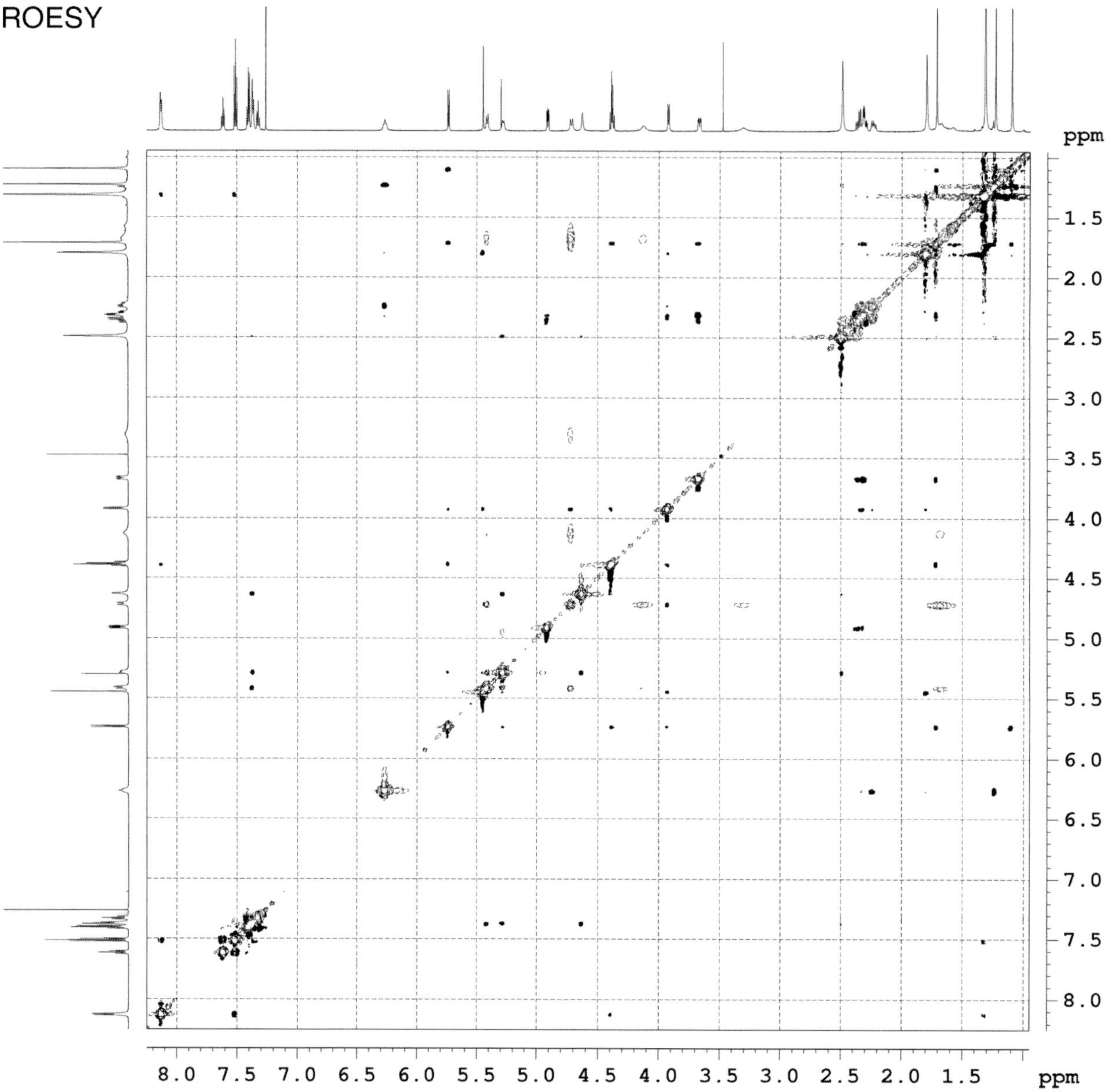
ppm
1.5
2.0
2.5
3.0
3.5
4.0
4.5
5.0
5.5
6.0
6.5
7.0
7.5
8.0
8.0 7.5 7.0 6.5 6.0 5.5 5.0 4.5 4.0 3.5 3.0 2.5 2.0 1.5 ppm

85 $C_{62}H_{111}O_{12}N_{11}$

[1]H

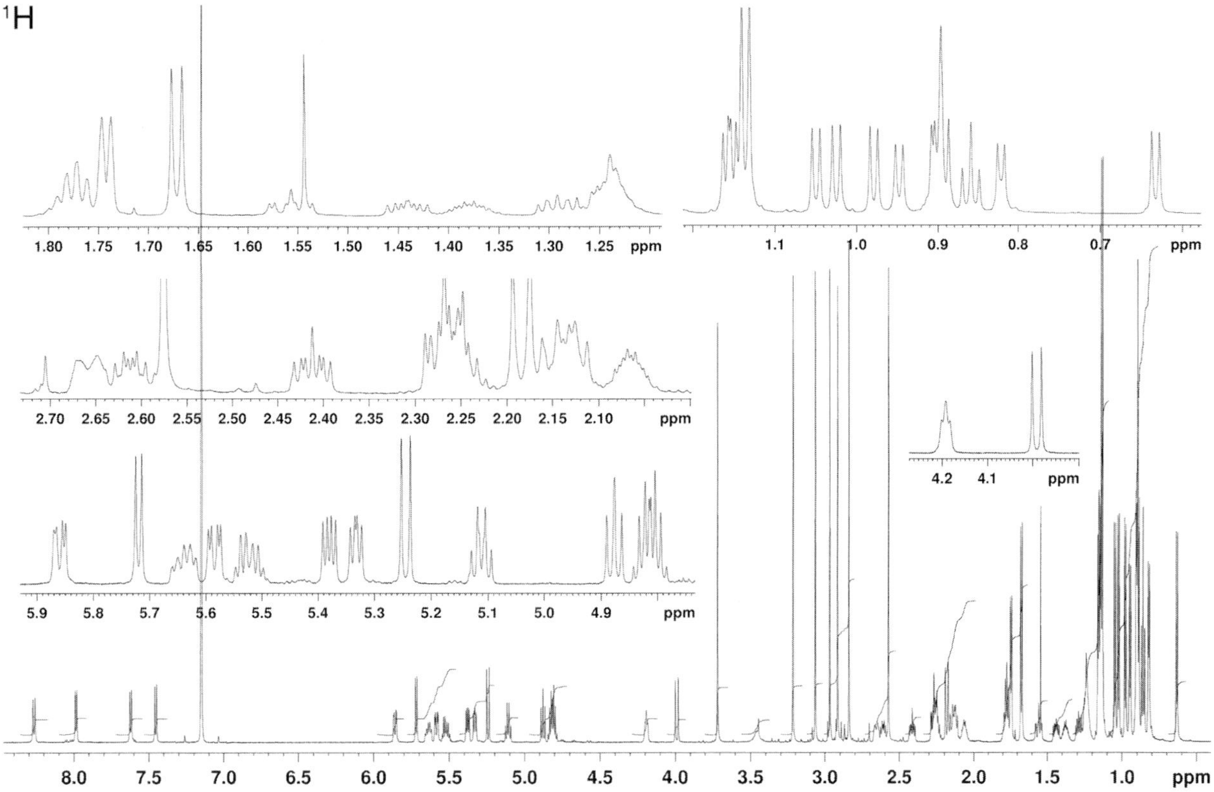

Note

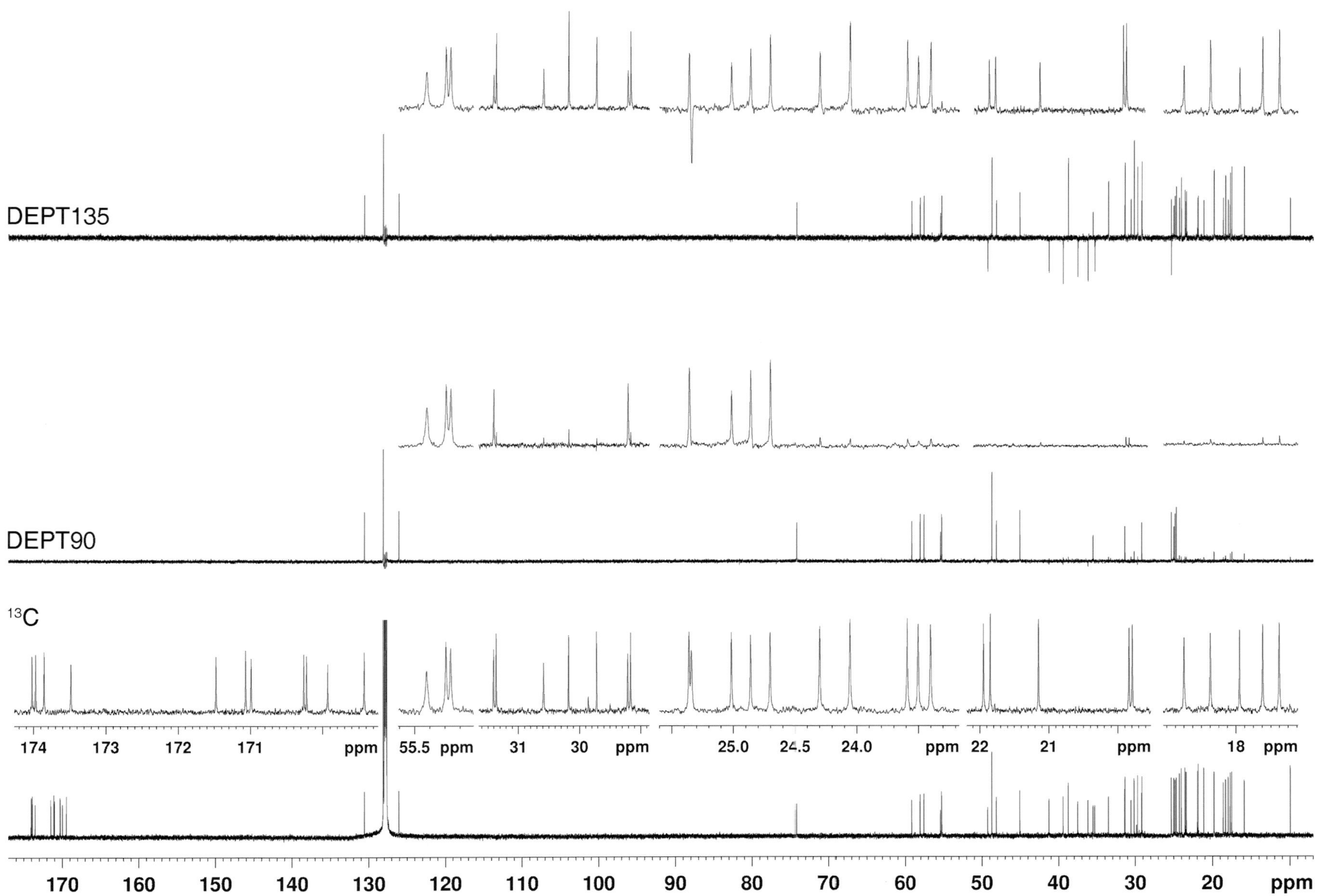
DEPT135
DEPT90
13C
174
173
172
171
ppm
55.5 ppm
31
30
ppm
25.0
24.5
24.0
ppm
22
21
ppm
18
ppm
170
160
150
140
130
120
110
100
90
80
70
60
50
40
30
20
ppm

HSQC

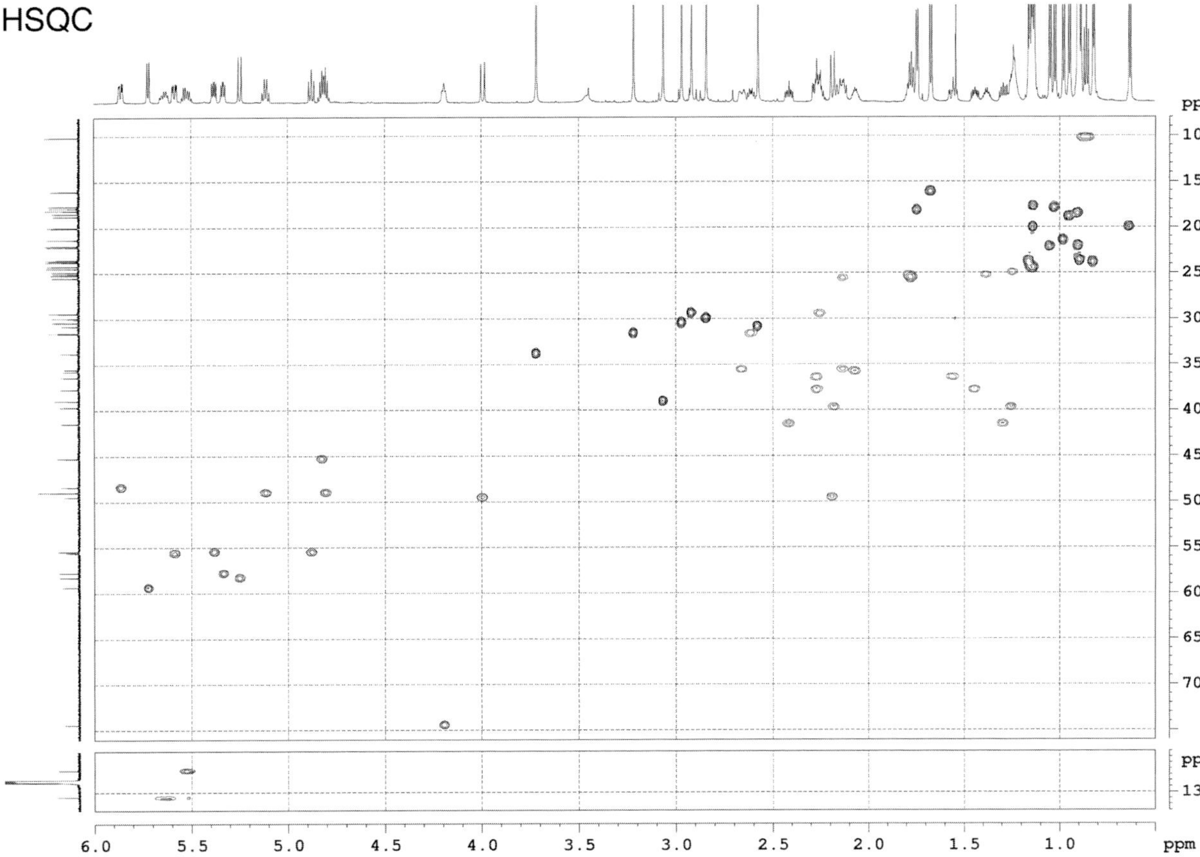

HSQC-Edited

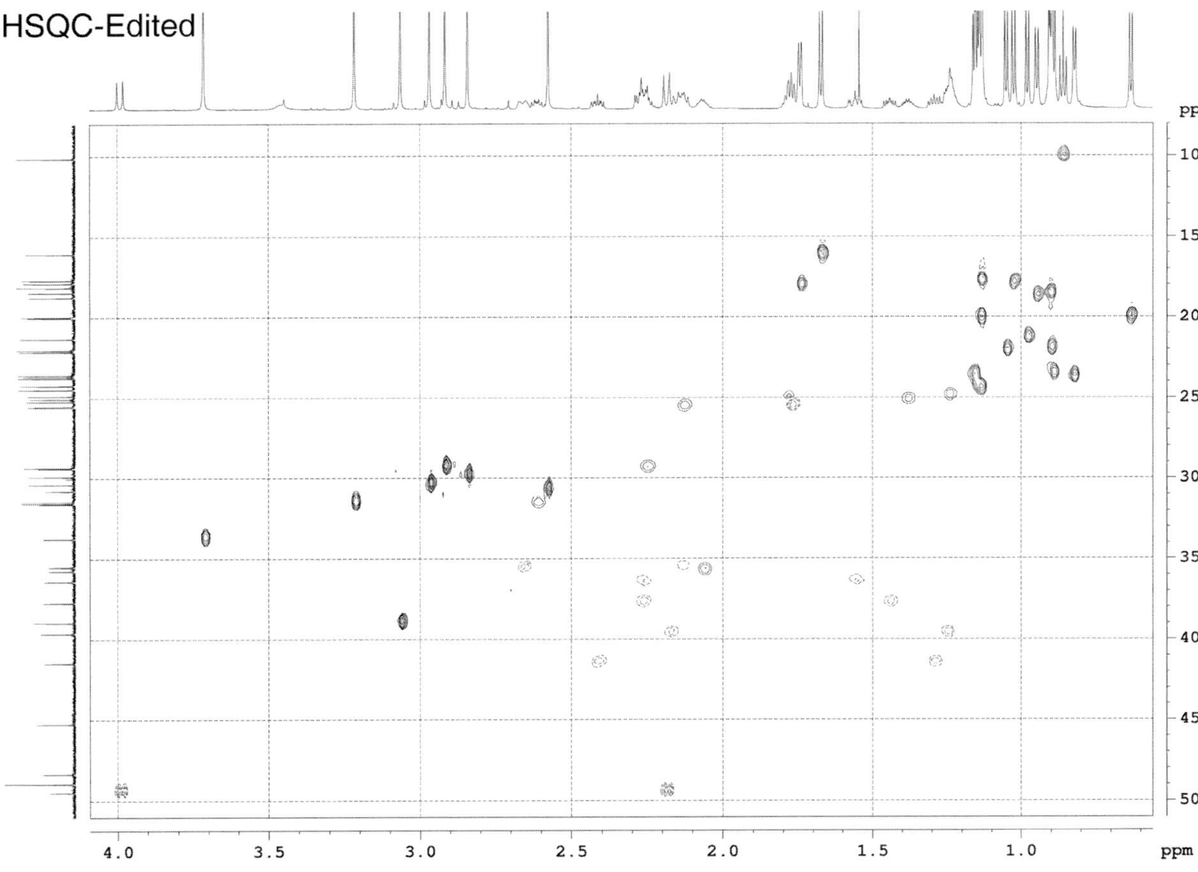

HSQC-Edited-E

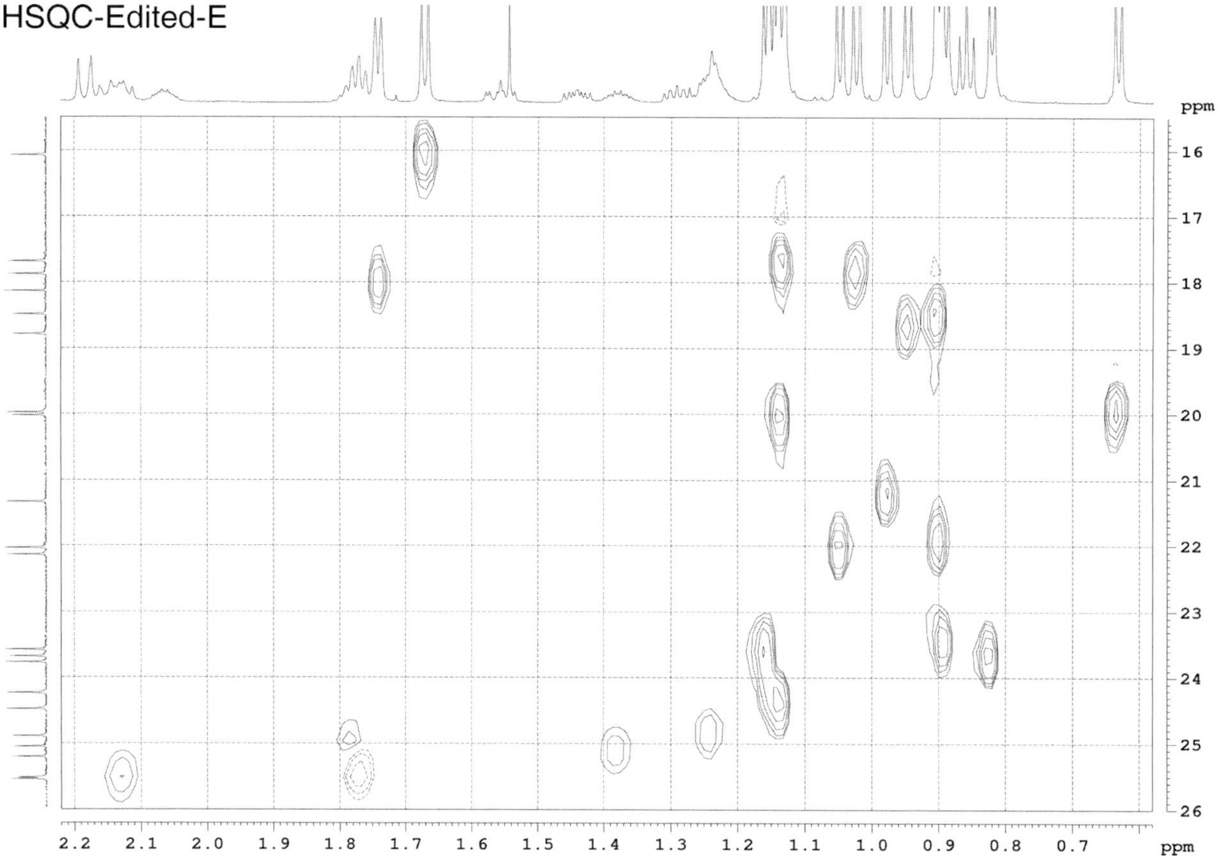

COSY

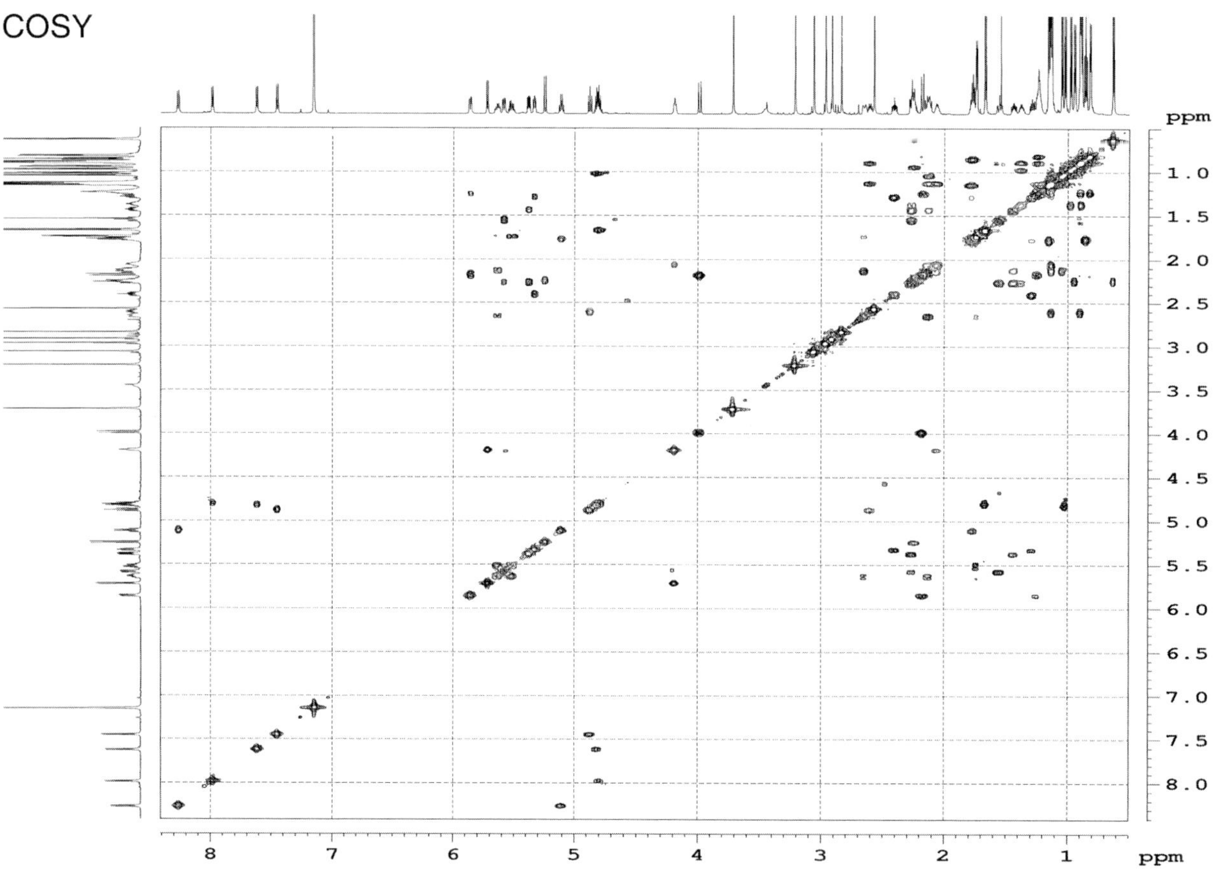

COSY-E

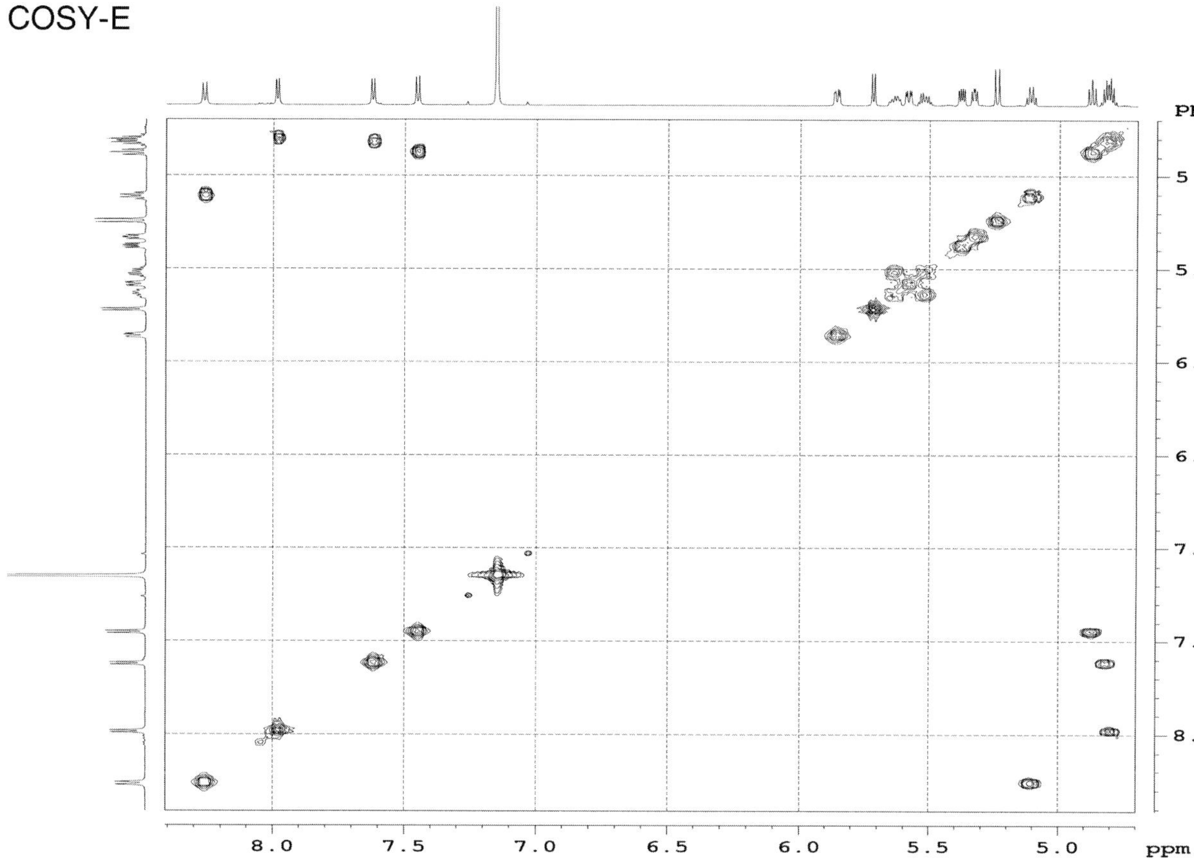

COSY-E

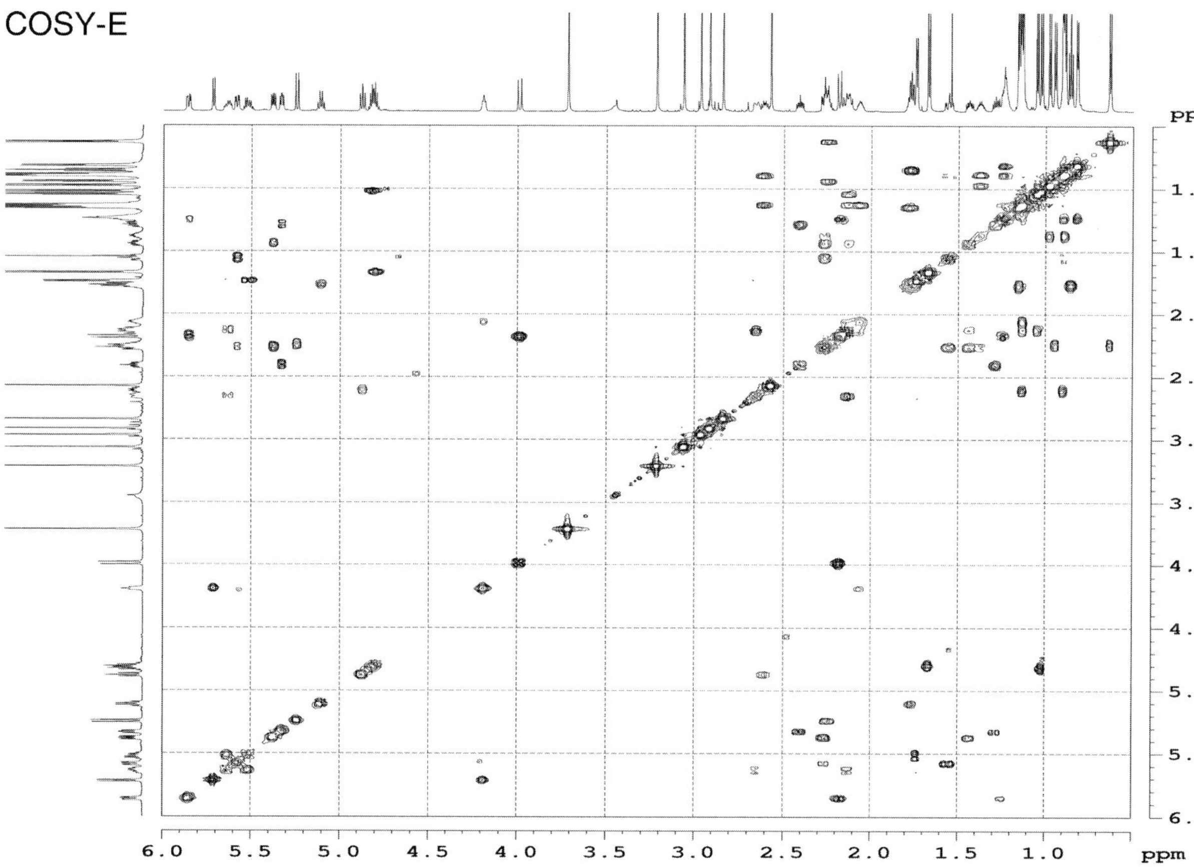

COSY-E

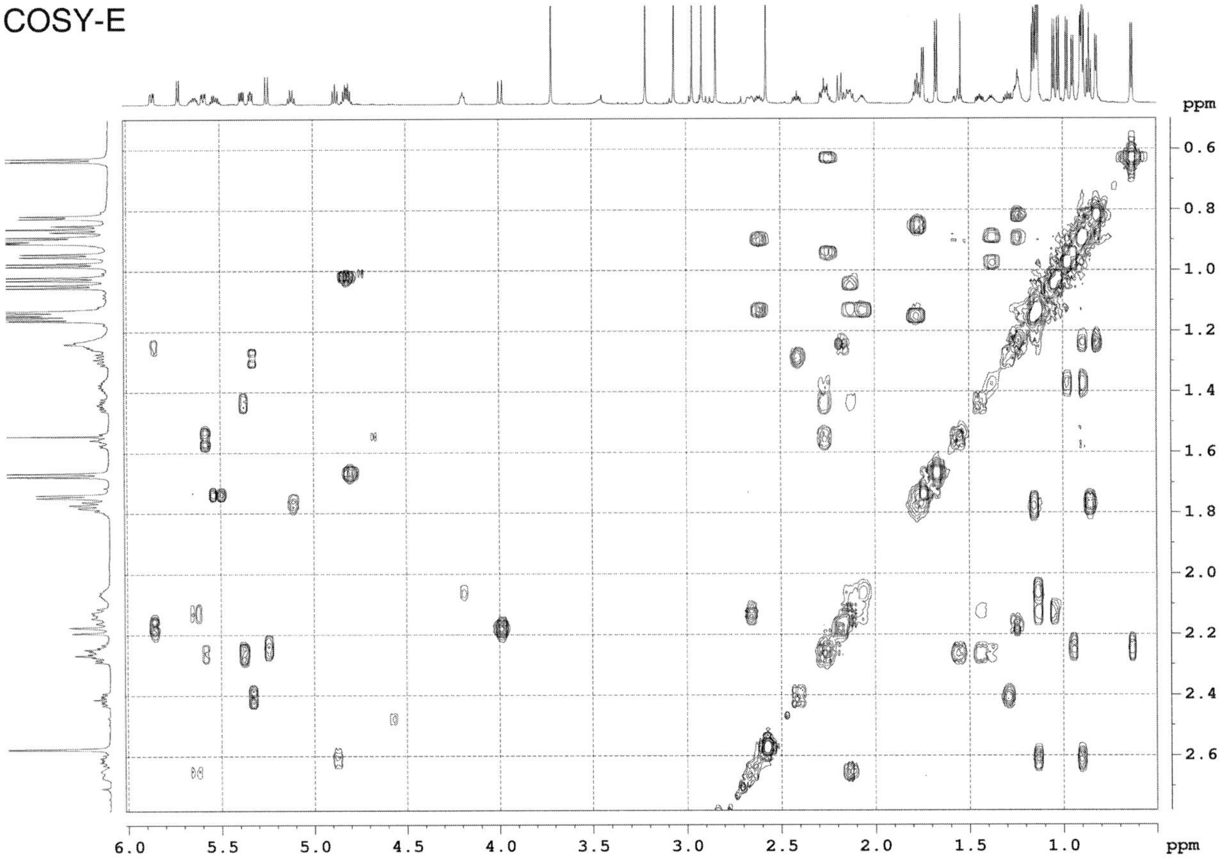

HSQC-¹H-¹⁵N

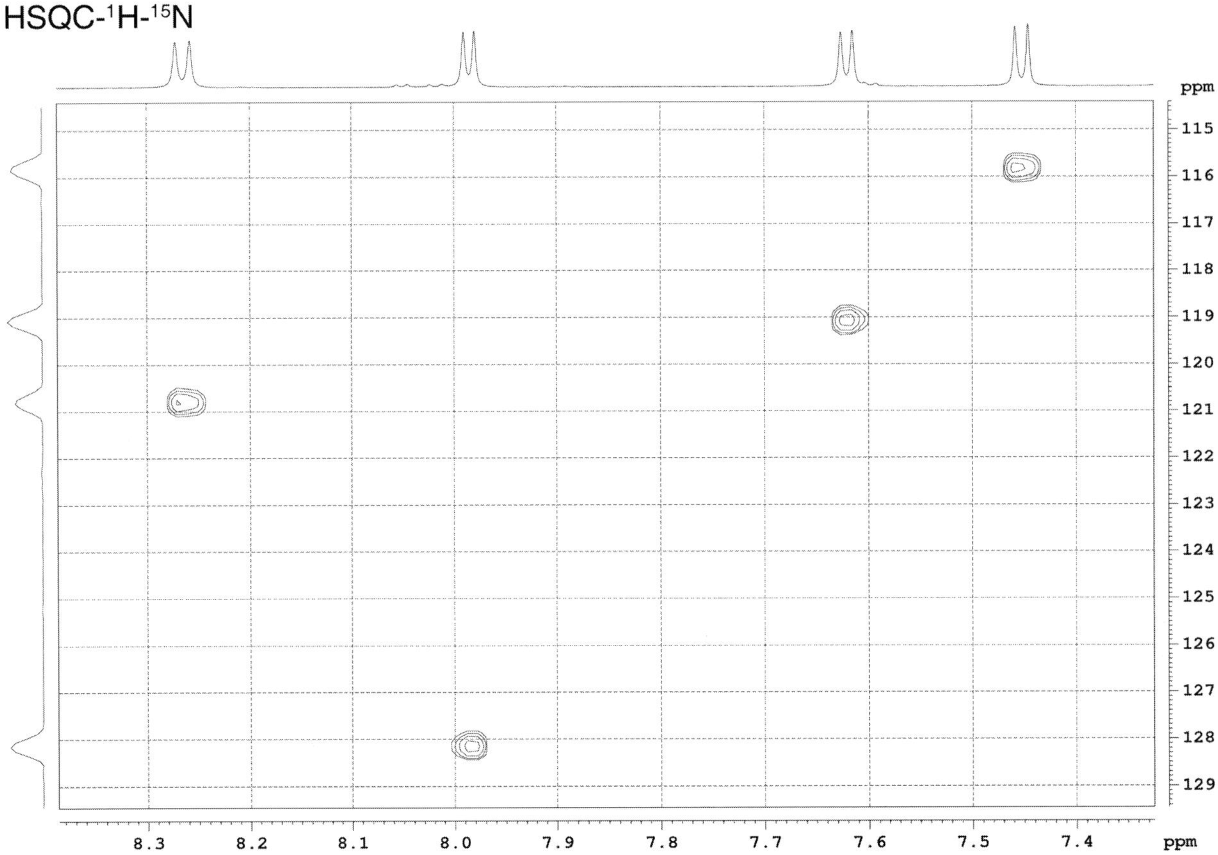

3

연습문제 II

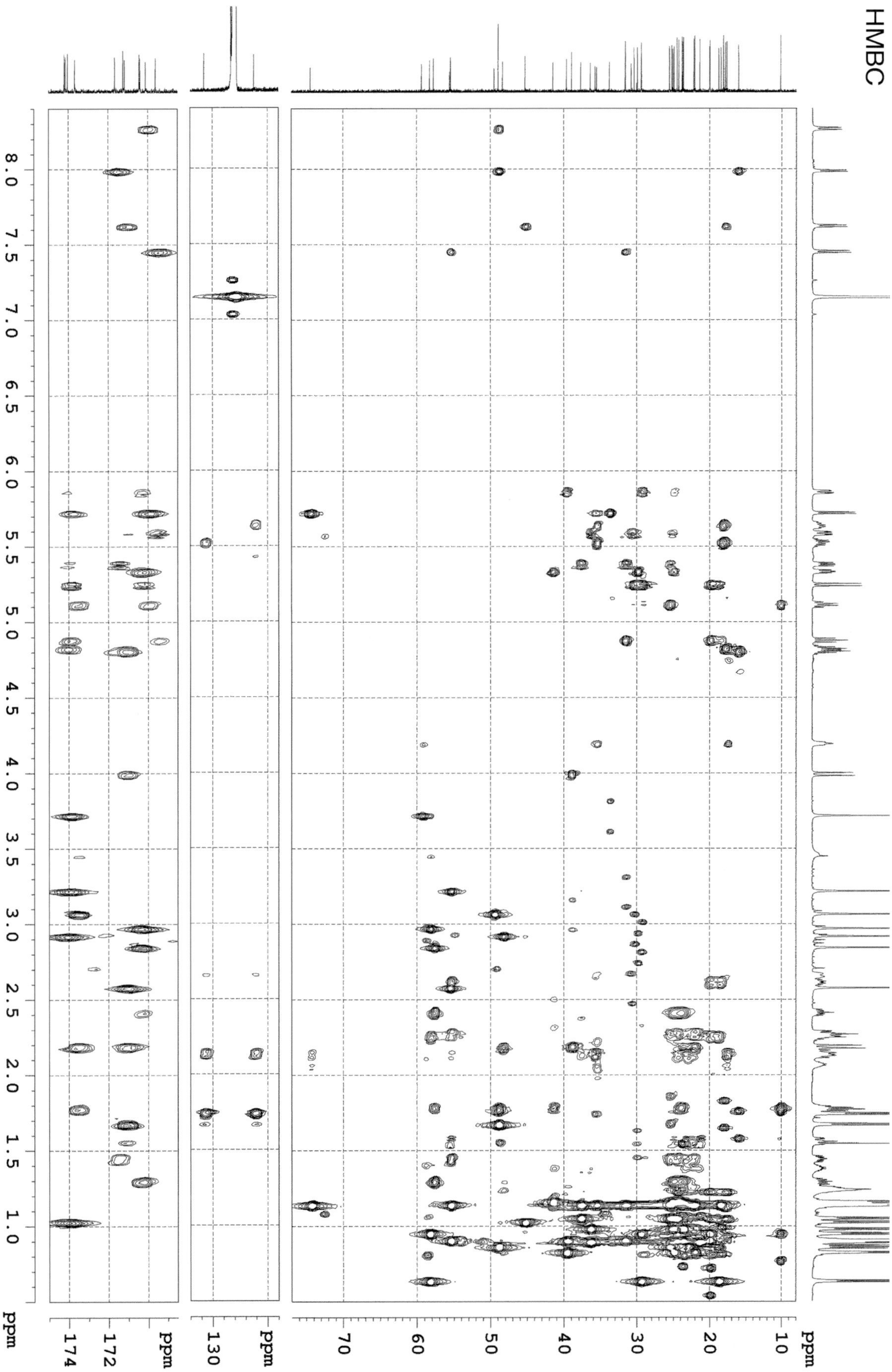

HMBC

HMBC-E

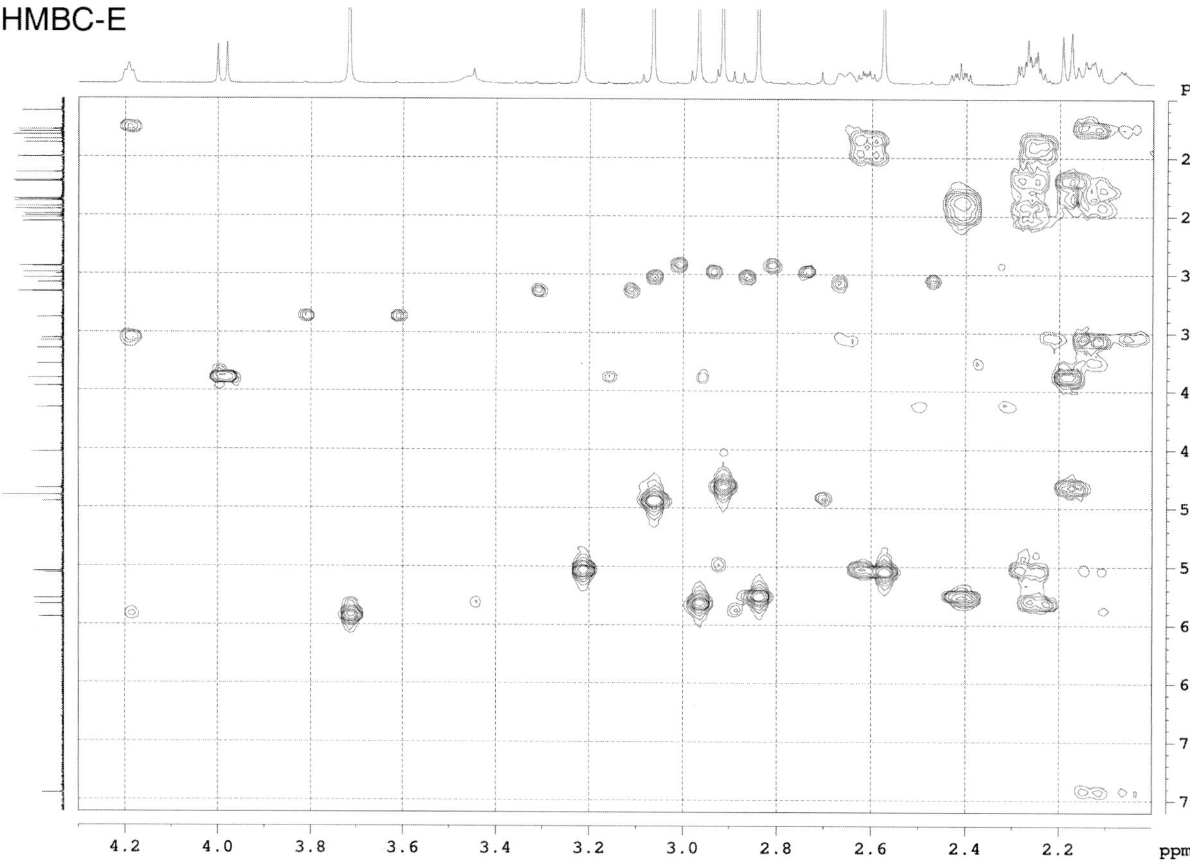

HMBC-E

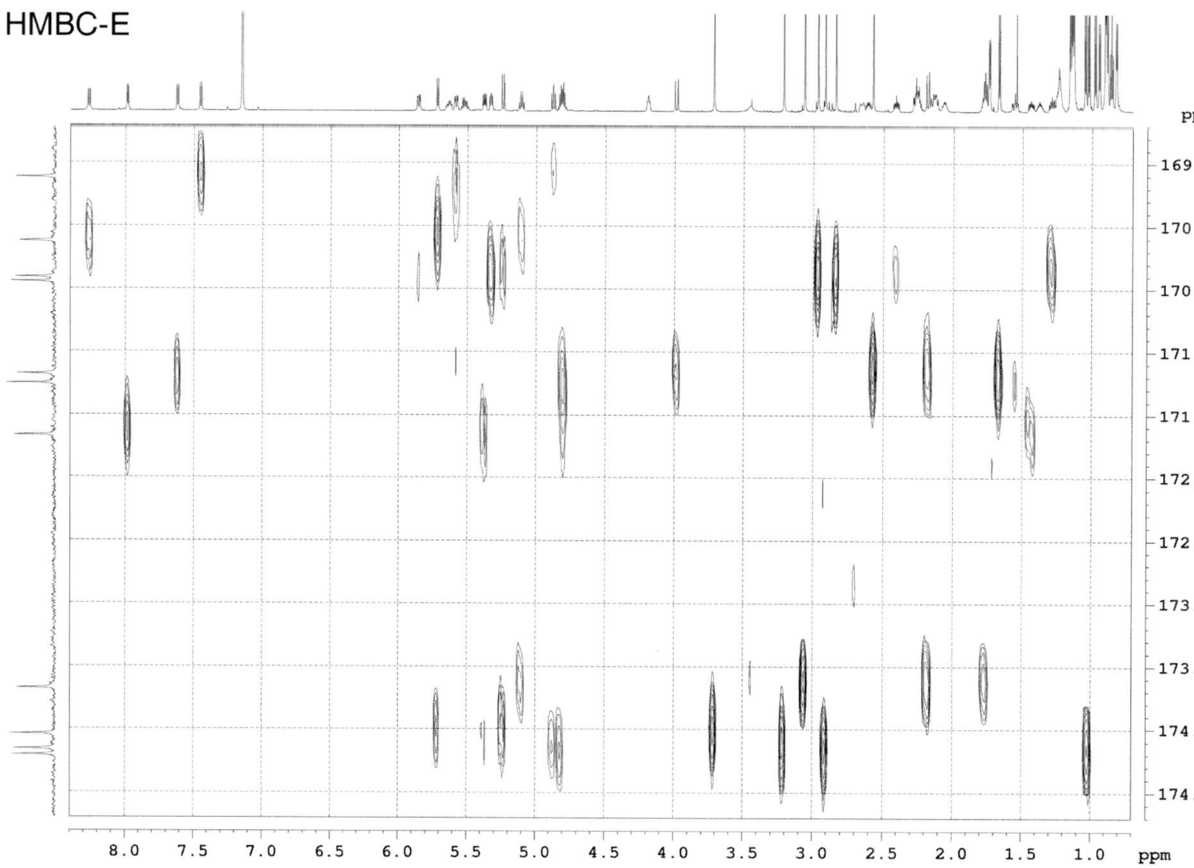

HMBC-E

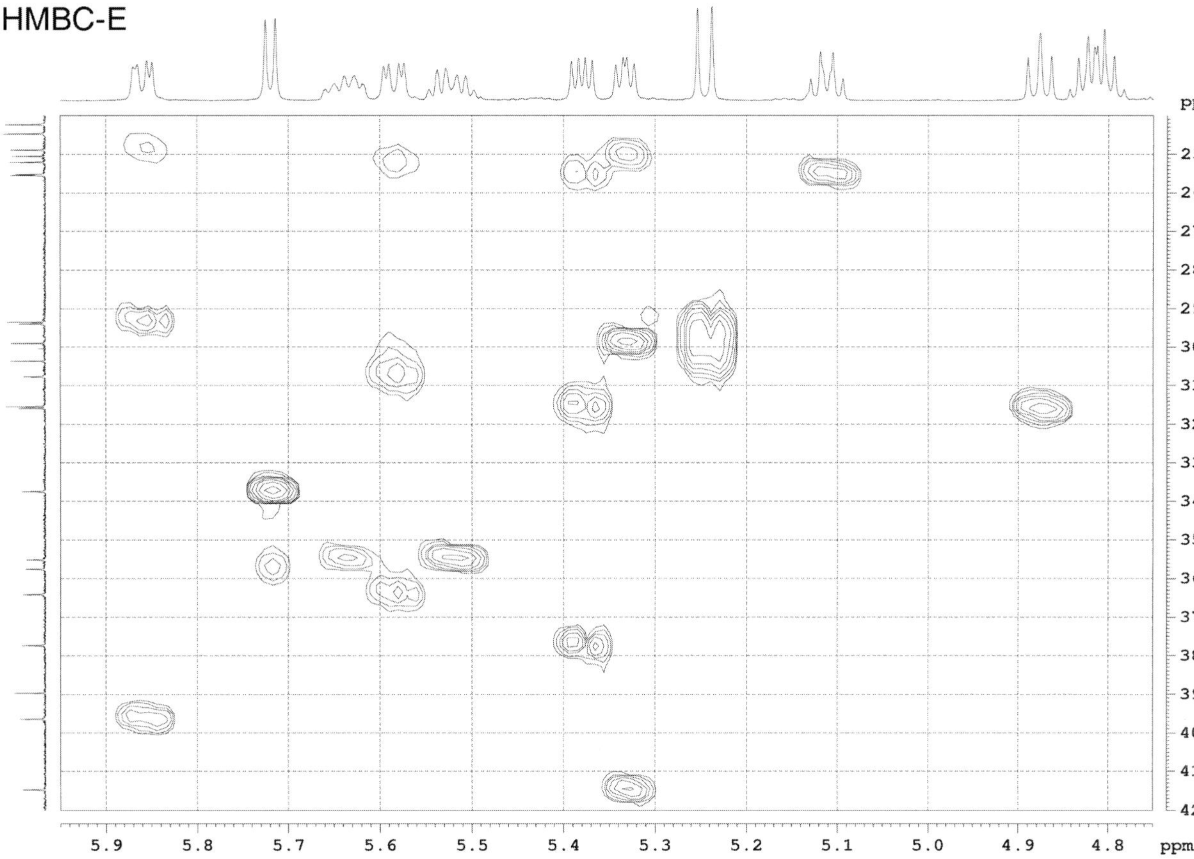

HMBC-E

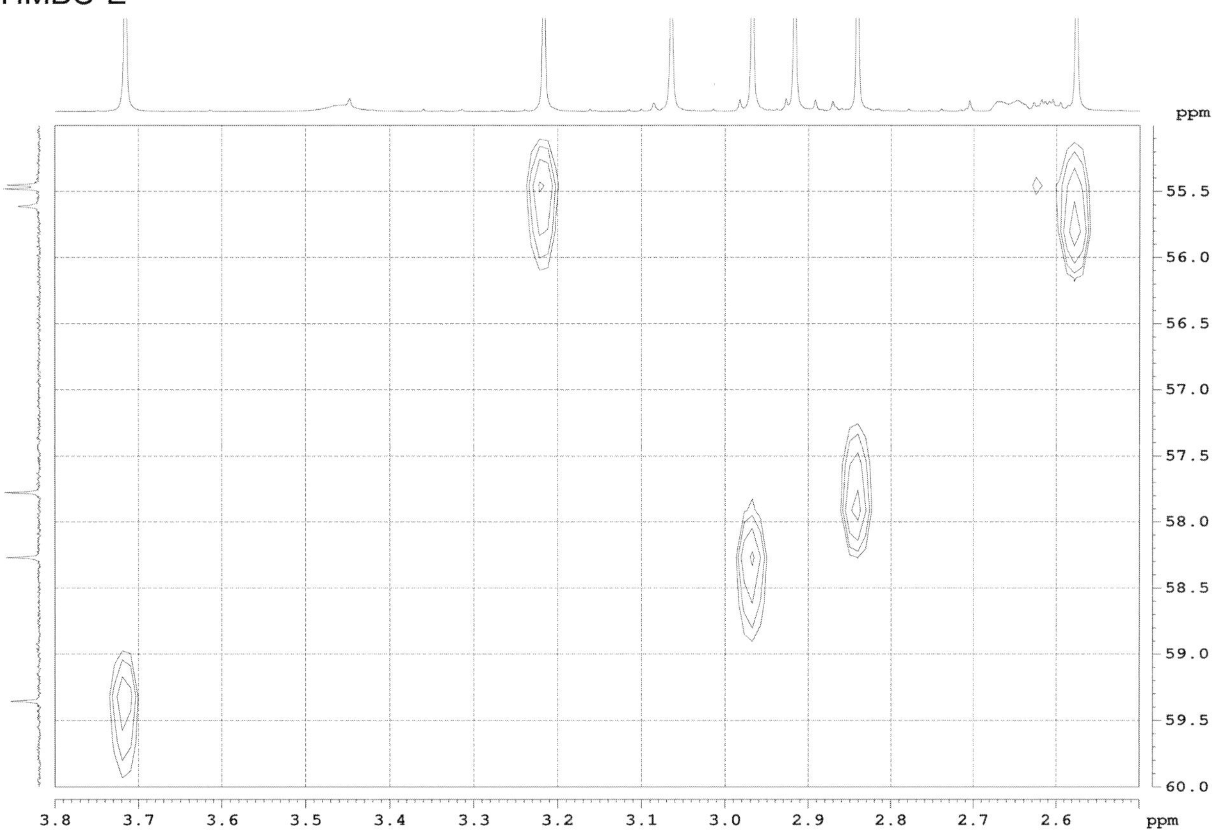

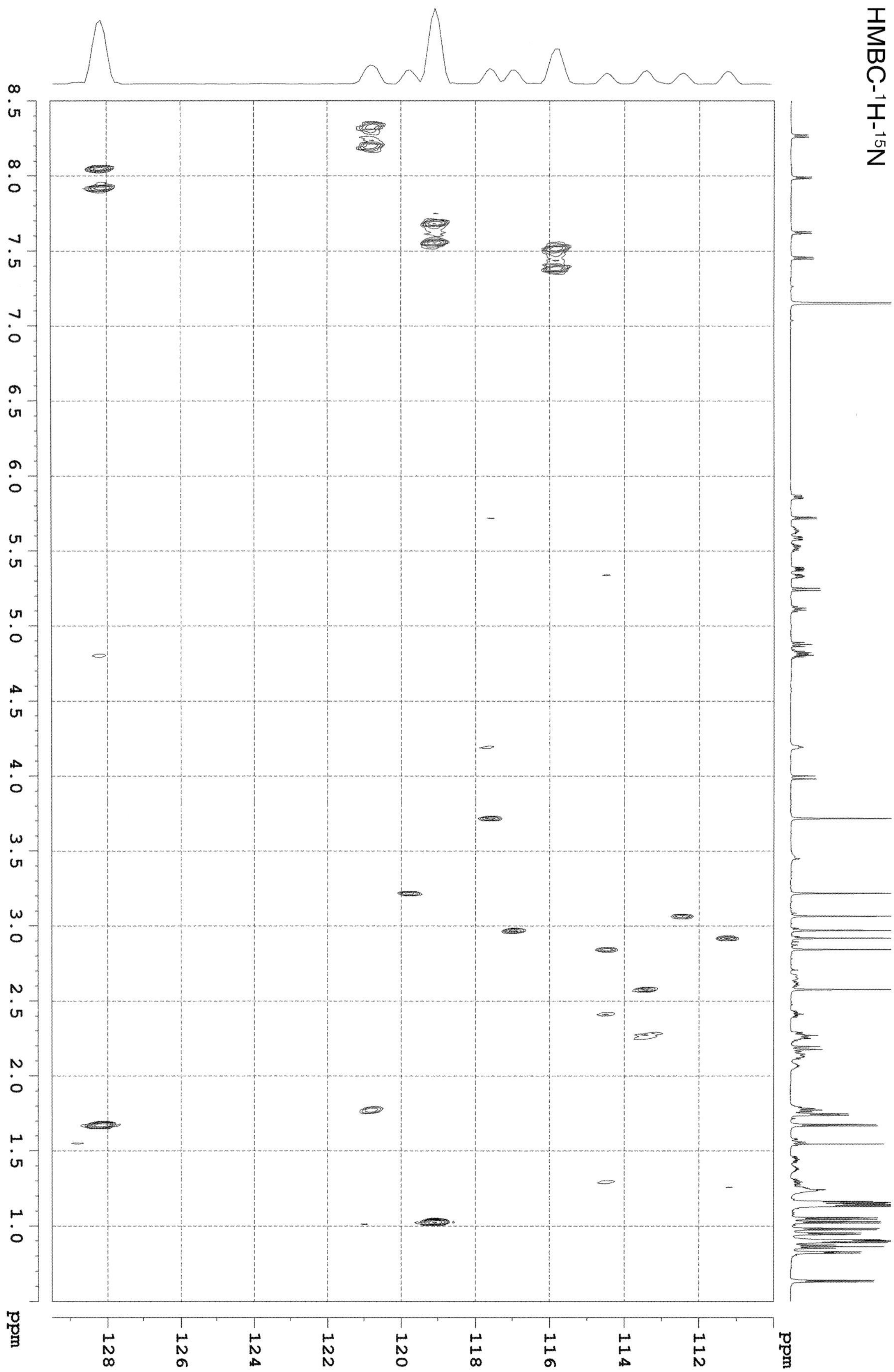
HMBC-1H-15N
ppm
ppm

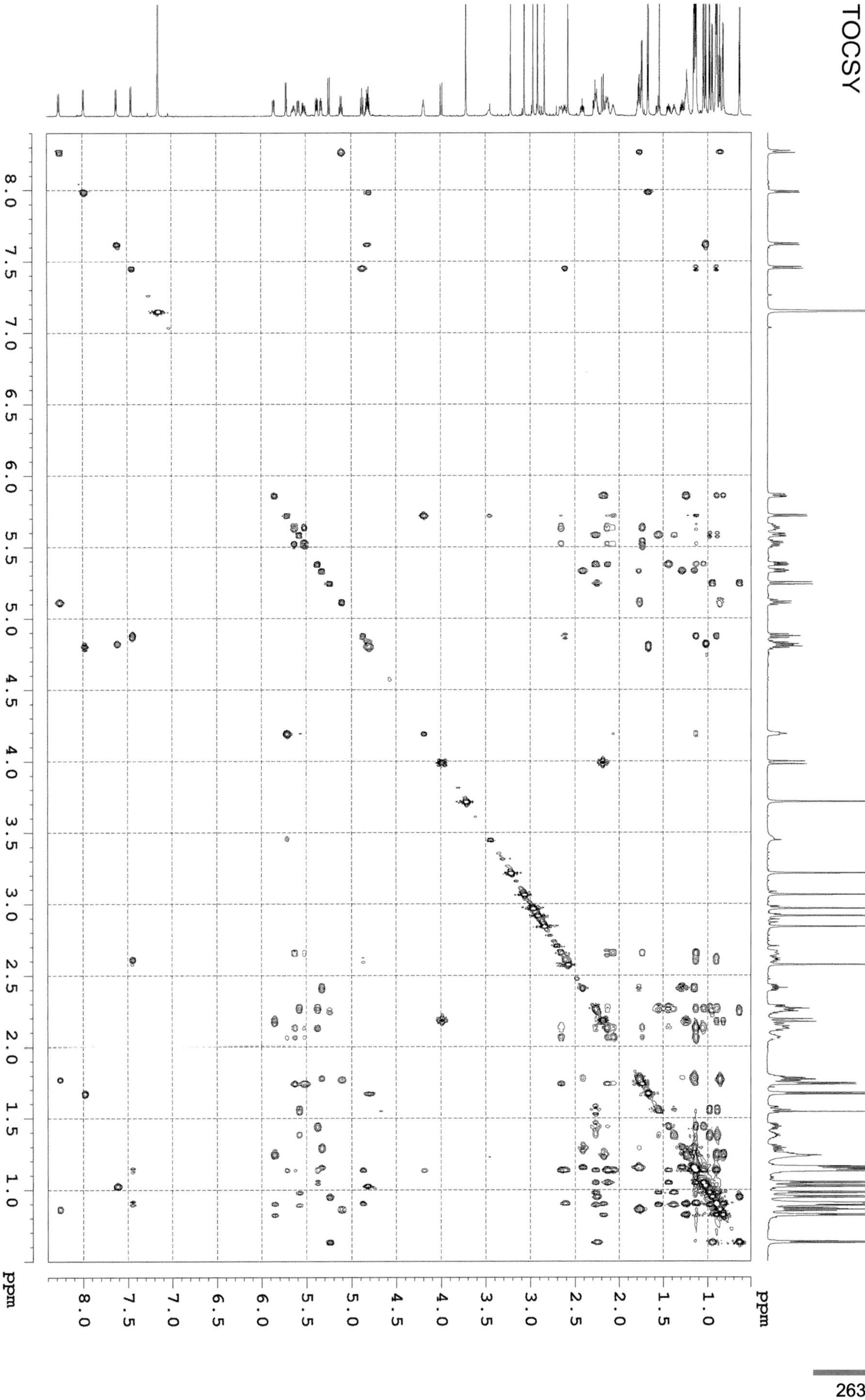
TOCSY
ppm
ppm

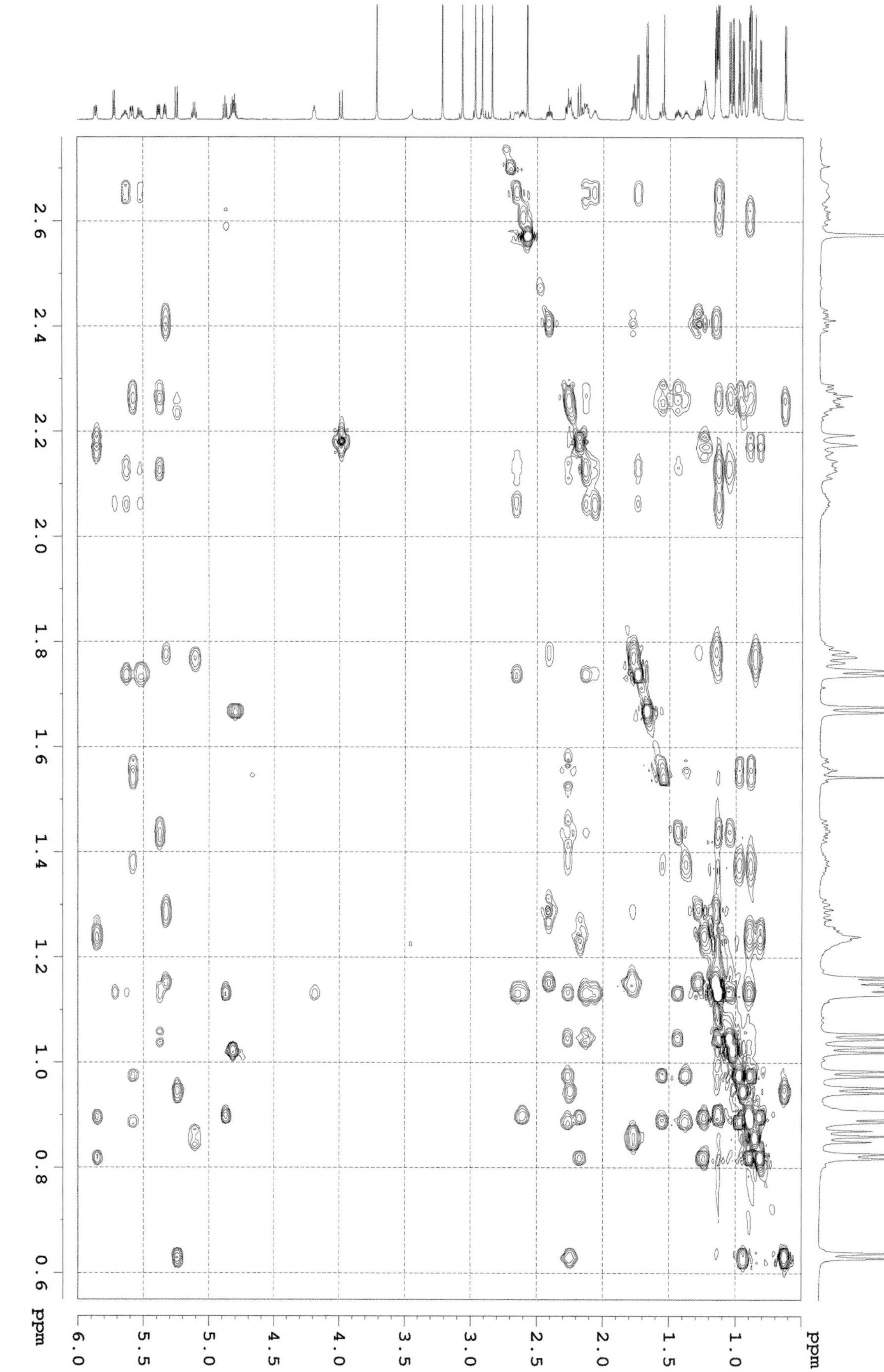

TOCSY-E

1D-TOCSY

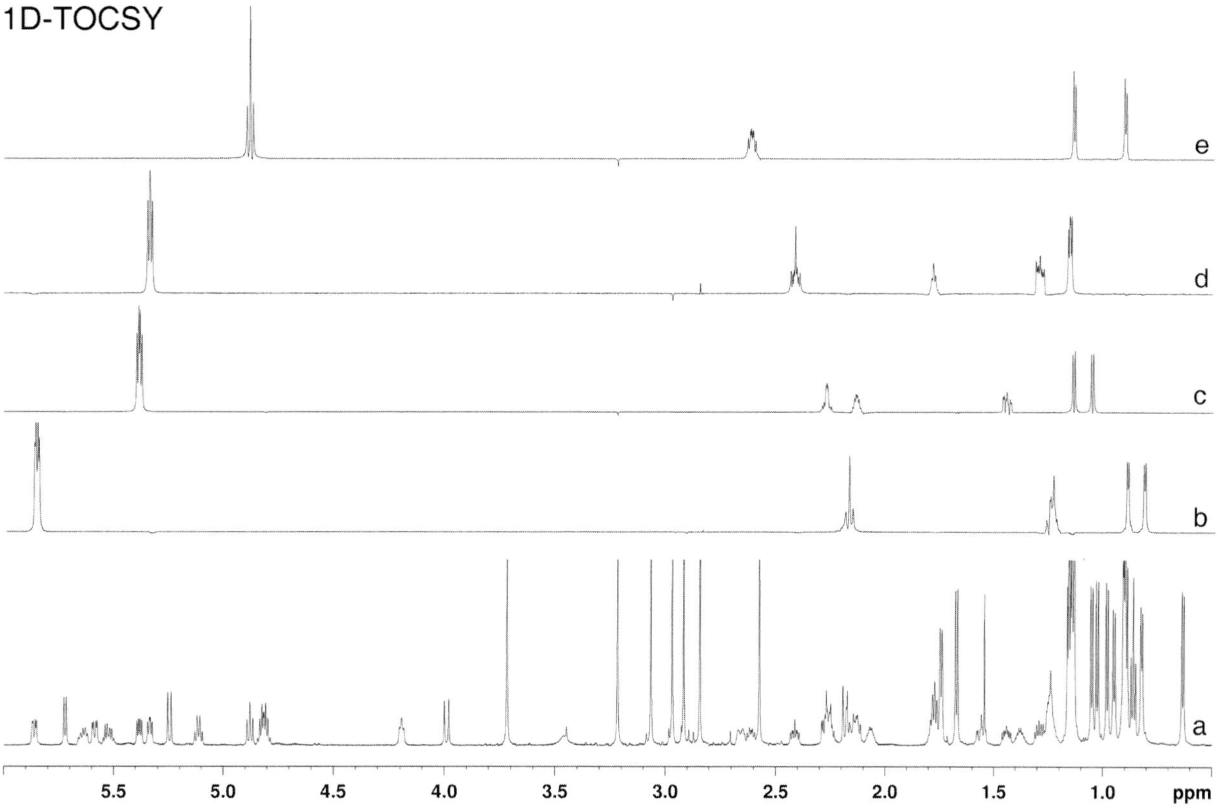

Long-range COSY-E

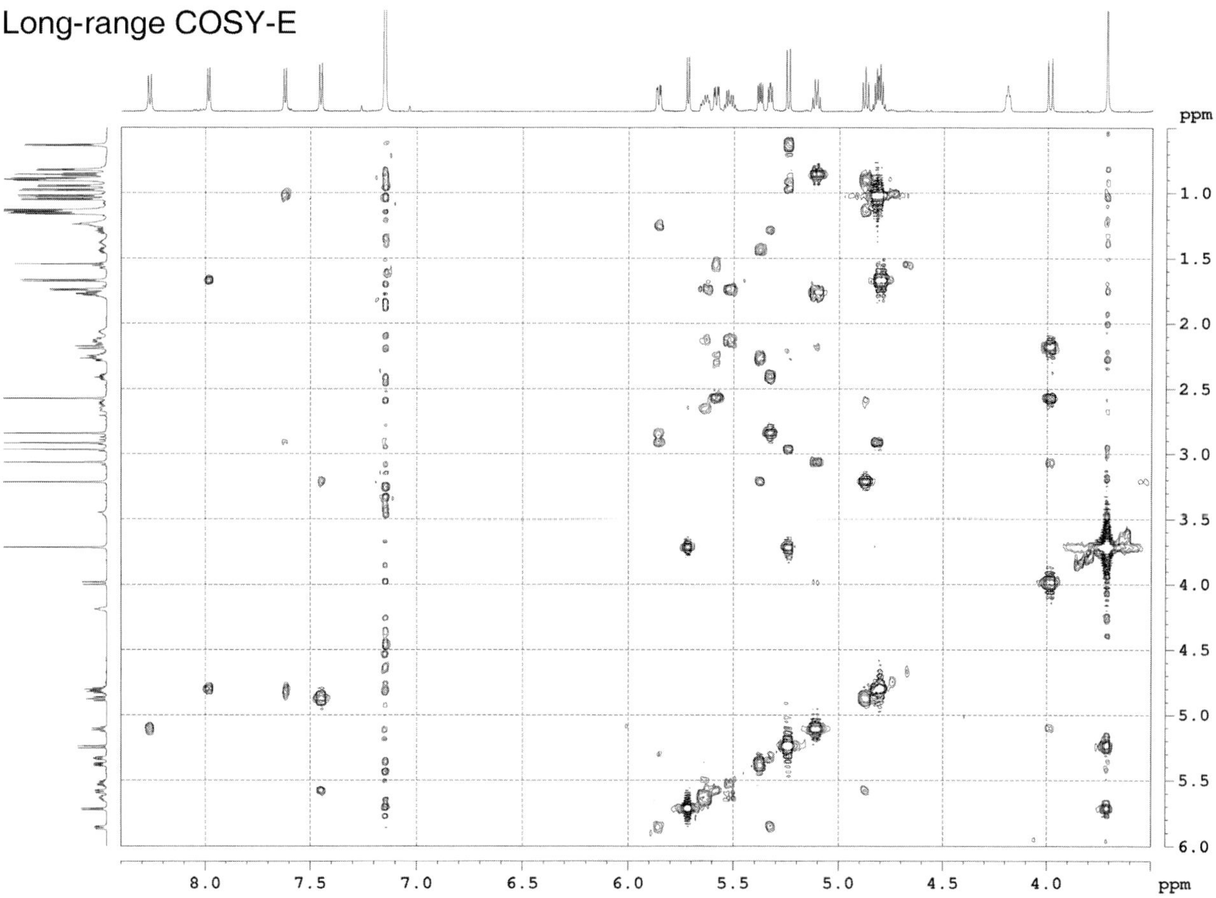

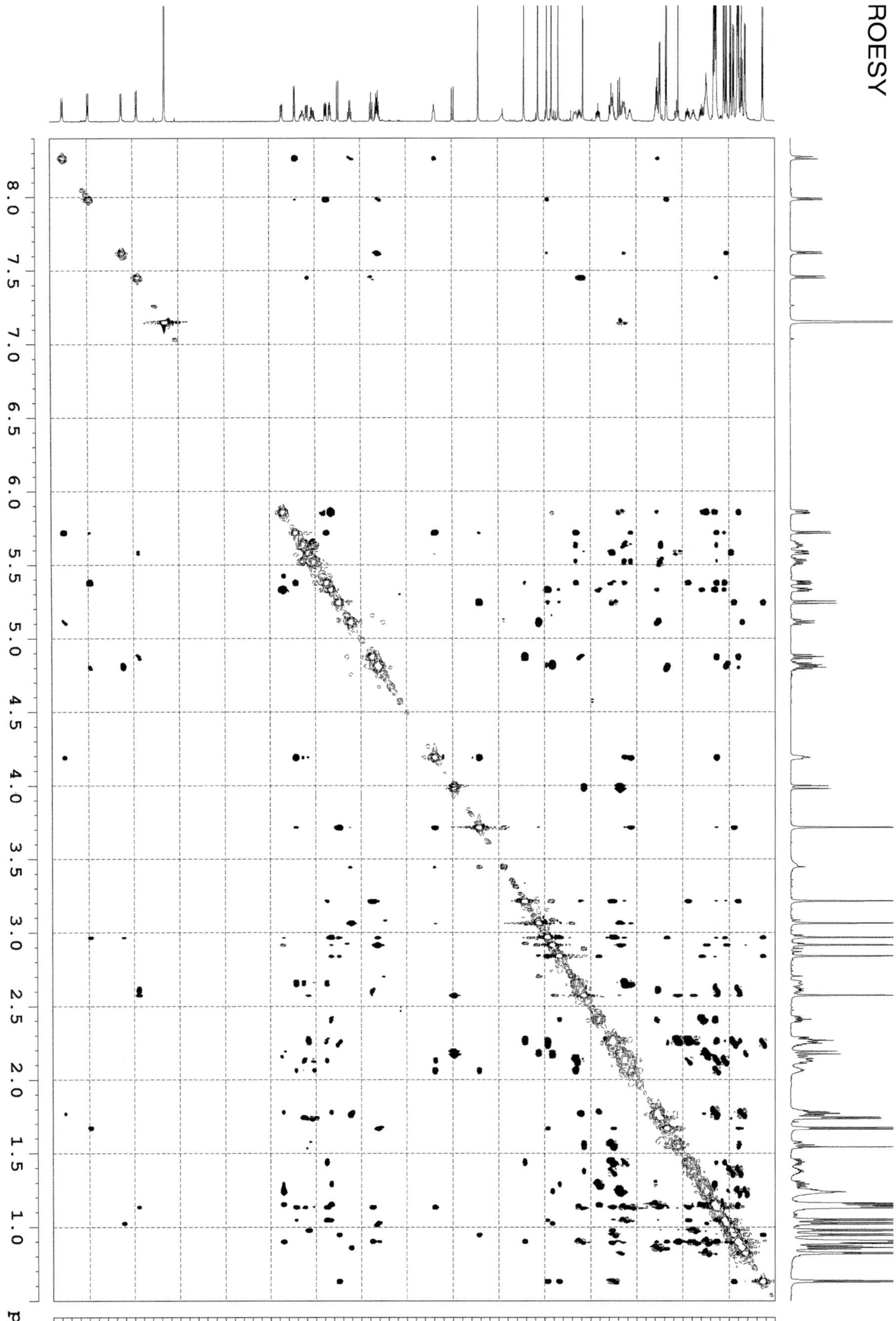
ROESY
ppm
ppm

ROESY-E

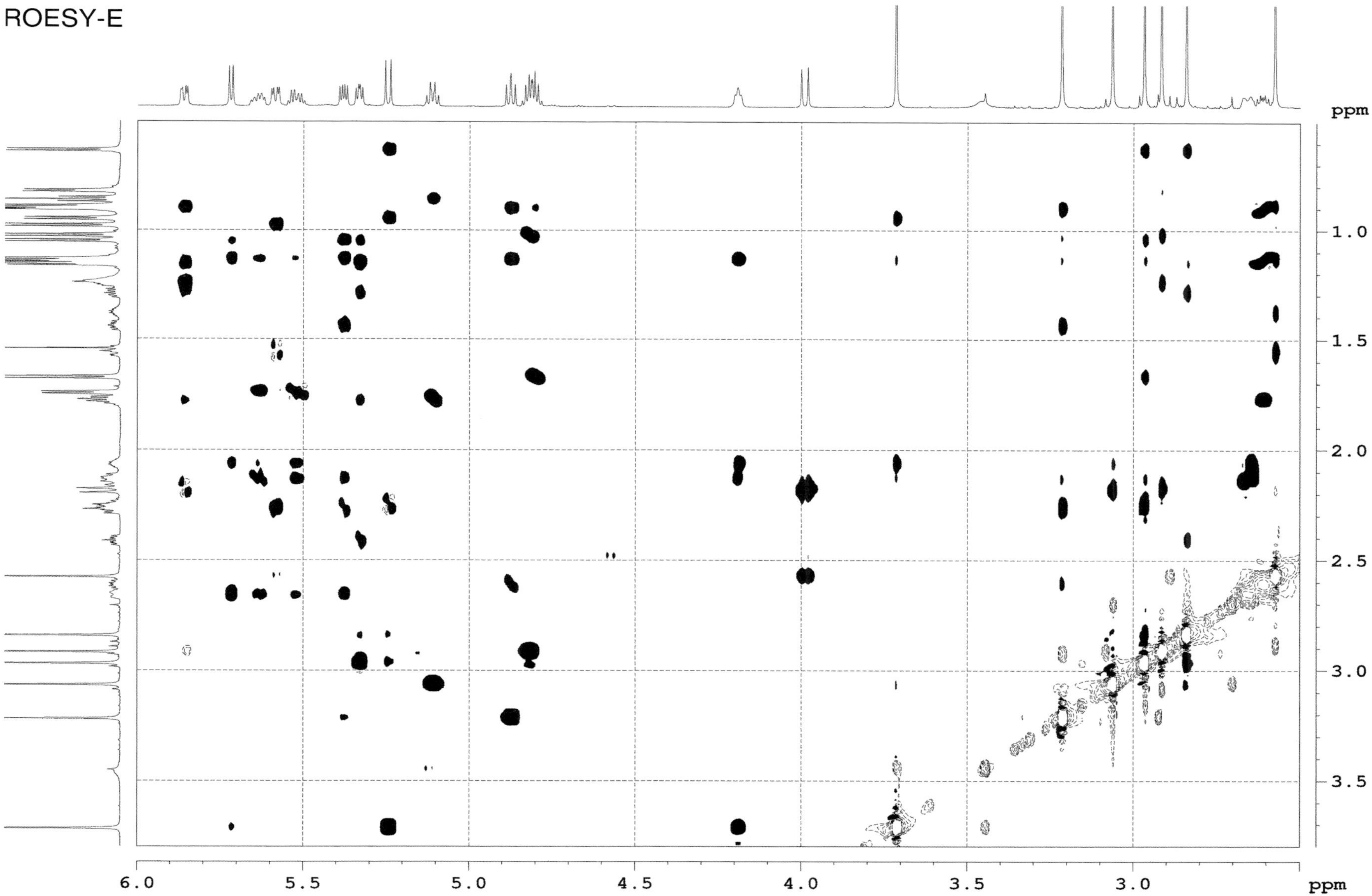

3 해답과 해설

41 이 문제에는 불소(F)가 포함되어 있으며 불소는 앞의 문제에서 본 염소(Cl)나 브롬(Br)의 성질과는 다르게 양성자나 탄소의 스펙트럼들을 복잡하게 만드는 핵이다. 즉 스핀 양자수(I)를 1/2을 가지고 있어서 양성자나 탄소와 커플링이 일어나며 특히 양성자와는 2-5 bond의 커플링 상수가 약 1-40 Hz 그리고 탄소와는 1-4 bond의 커플링 상수가 약 2-300 Hz까지 광범위한 값을 보여 준다.

양성자 스펙트럼에서 7 ppm의 영역에 있는 피크들은 벤젠 ring의 구조 요소를 제시하고 있으며 분자식의 불포화 수가 4(#＝8-(10/2)+1＝4)라는 것도 벤젠 ring의 존재를 지원하고 있다. 탄소 스펙트럼에서는 sp^2 탄소들이 나타나는 130-110 ppm의 영역을 확대한 것에서 볼 수 있듯이 분자식의 탄소 수보다 더 많은 피크들이 나타나고 있다. 이제까지 보아온 탄소의 스펙트럼들에서 분자식의 탄소 수 보다 적은 피크들이 나타날 때는 대칭(symmetry)이라는 것으로 해석이 되었지만 지금과 같이 더 많은 피크의 수를 설명하려면 hetero 핵과의 커플링으로 설명할 수 있다. 즉 각각의 탄소들이 불소와 커플링 하여 이중선으로 나타나게 된 것이다. 확대되어 있는 탄소 스펙트럼에서 이중선으로 나타난 피크들의 커플링 상수는 약 3-20 Hz 정도의 값을 가지고 있으며 이들을 하나의 탄소로 계산을 하여도 160-162 ppm 영역의 두 피크를 포함하여 1 개의 탄소피크가 더 있음을 알 수 있다. 양성자 스펙트럼과 탄소의 화학이동 값이 이미 벤젠 ring의 존재를 제시하였고 벤젠 ring의 탄소들이 커플링을 하고 있다면 불소는 벤젠 ring의 어느 탄소에 연결되어 있다는 것이 분명하다. 탄소와 불소의 1-bond 커플링 상수는 200-300 Hz 정도의 값을 주는 것으로 알려져 있으므로 160-162 ppm의 두 피크를 불소를 가지고 있는 탄소가 이중선으로 나타난 것으로 간주하면 탄소의 수를 맞출 수 있다. 실제로 이들 두 피크는 약 2 ppm 정도의 차이를 가지고 있으므로 Hz 단위로는 250 Hz 정도의 값을 보여주고 있고 탄소와의 1-bond 커플링 상수값을 충족시키고 있다.

양성자 스펙트럼에서 적분 값들과 커플링 pattern을 보면 벤젠 ring에는 4 개의 양성자가 있고 3.8과 2.9 ppm 영역의 삼중선 피크들은 CH_2-CH_2-O의 구조 요소가 있다는 것을 알 수 있다. 사용되지 않은 마지막 하나의 양성자는 산소와 연결되어 alcohol을 만들 것이고 이 피크는 1.8 ppm에 나와 있다. 결국 불소와 ethyl alcohol 요소가 벤젠 ring에 치환되어 있다는 것이고 벤젠 ring의 탄소 6 개가 모두 나왔다는 것은 이들 두 치환체가 *para*의 위치로 연결되지 않고 *ortho*나 *meta*인 것은 분명하다. 문제 22, 23, 24에서 살펴본 이들 isomer의 규명은 벤젠 ring에 있는 양성자 4 개의 커플링 pattern만으로도 대략 구분할 수 있었다. 그러나 이 경우 벤젠 ring에 있는 불소와 양성자 사이의 *ortho*와 *meta* 커플링 상수 값은 10-7 Hz 정도로 양성자와 양성자 사이의 *ortho* 커플링 값과 매우 유사하다는 것이 알려져 있으므로 4 개의 양성자의 피크들이 많이 겹쳐서 나오는 상태라면 커플링 pattern만으로는 이들의 구분이 불가능 할 수도 있을 것이다. 이들을 구분할 수 있는 방법이 J-resolved 스펙트럼이다.

벤젠 ring 양성자들의 부분만을 보여주고 있는 J-resolved 스펙트럼 x 축은 양성자들의 화학이동 값을 보여주고 있고 y 축은 양성자와 양성자들 사이에서 일어나는 커플링 상수의 단위가 주어졌다. 즉 이 스펙트럼은 1D 스펙트럼에 있는 양성자들 사이에서 일어나고 있는 커플링의 모습을 y 축으로 나열하여 놓았고 x 축에는 양성자와 불소 사이에서 일어나는 커플링들의 모습만 남겨 놓은 것이다. 이 스펙트럼을 y 축에서 보면 약 8 Hz의 커플링 상수를 가지고 삼중선(이들은 다시 *meta*의 양성자들과 커플링으로 작은 커플링들을 가지고 있다)으로 나타난 피크 두 개가 약 7.06과 7.19 ppm에서 나타나 있다. 이와 같이 벤젠 ring에서 양성자들 사이의 커플링으로 삼중선의 피크 pattern을 보여주기 위해서는 4 개의 양성자들 중 2 개의 양성자는 *ortho* 커플링을 할 수 있는 2 개의 다른 양성자를 각각 가질 수 있도록 나란히 있어야 한다. 즉 이 구조는 두 개의 치환체가 *ortho*로 위치하고 있다는 것이다.

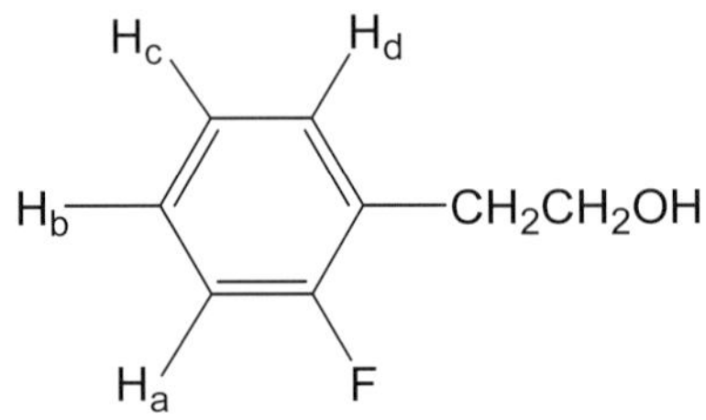

이제 J-resolved 스펙트럼을 x 축에서 보면 앞에서 보았던 양성자들 사이에서의 커플링으로 y 축에 삼중선을 보여주었던 7.06ppm의 피크는 분리가 되어 있지 않지만 7.19 ppm의 영역에서는 약 0.01 ppm 즉 5 Hz 정도의 양성자와 불소와의 커플링이 나타나 있다. 즉 7.06 ppm의 피크는 불소의 위치에서 *para* 위치에 있는 H_c 양성자이고 7.19 ppm의 피크가 *meta* 위치에 있는 H_b 양성자다.

양성자 H_a와 H_d는 y 축에서 보면 각각이 *ortho* 위치의 양성자와 커플링 하여 8 Hz 정도의 값을 가지고 있는 이중선으로 분리된 후 각각 meta와 para의 양성자들과 작은 커플링 상수를 가지고 나타나야 하고 이들이 약 7.01과 7.22 ppm에서 작은 커플링 상수를 가지고 약 8 Hz의 이중선들로 나타난 것을 볼 수 있다. 이들 두 양성자 피크들은 불소와 *ortho*와 *meta* 위치에 있으므로 스펙트럼의 x 축에 이중선으로 나타나야 하고 7.01 ppm에서는 약 0.02 ppm 즉 10 Hz 정도의 커플링 상수가 나타나 있고 7.22 ppm에서는 약 0.015 ppm 즉 7.5 Hz 정도의 커플링 상수 값을 가지고 이중선으로 나타나 있다. 불소와 양성자의 커플링 상수는 *ortho*가 *meta* 커플링 상수보다 크므로 7.01 ppm에서 나타난 피크가 H_a 피크다.

42

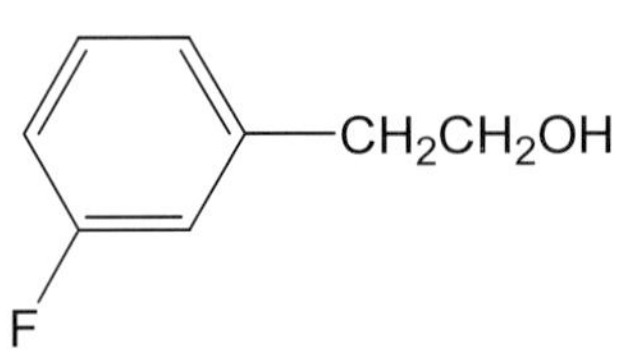

43

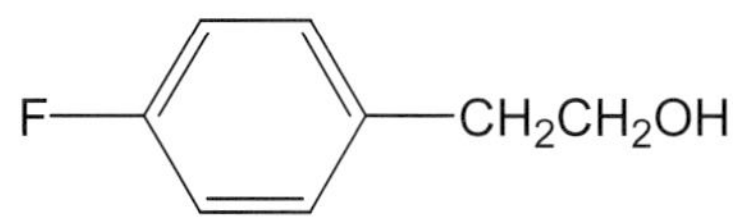

44

양성자 스펙트럼에서 가장 down-field의 화학이동 값이 2.3 ppm 영역이라는 것은 모든 양성자들이 alkane의 양성자들 즉 이중 결합들로 이루어진 탄소에는 연결이 된 것이 없다는 것이다. 그리고 이 사실은 탄소 스펙트럼에서도 212 ppm의 ketone 피크 하나만이 있고 sp^2의 탄소들이 나타나는 120-160 ppm 영역에는 아무 피크도 없다는 사실과 일치한다. 분자식에서 얻어진 불포화 수가 2(#=7-(12/2)+1=2)라는 것은 탄소 스펙트럼에서 carbonyl의 피크가 있는 것을 포함하여 불포화 수 1을 더 충족시켜야 하므로 이 물질은 원형(cyclic)을 이루고 있어야한다. 또한 분자식의 탄소가 7 개이지만 탄소 스펙트럼에서는 5 개의 피크만 있으므로 이 구조에는 대칭이 있다. 이 증거는 탄소 스펙트럼에서 35와 41 ppm에서 나온 두 개의 CH_2 피크(DEPT90과 DEPT135 스펙트럼에서 이들 이외에 CH(31 ppm)와 CH_3(21 ppm)를 확인할 수 있다)가 다른 피크들 보다 유난히 큰 것으로도 예상할 수 있다. 탄소 스펙트럼에서 확인된 CH_3와 CH는 양성자 스펙트럼에서 0.98 ppm의 이중선으로 CH_3-CH의 요소라는 것을 알 수 있으며 CH의 양성자는 적분 값으로 1.85 ppm의 다중도로 나타난 피크로 예상할 수 있지만 스펙트럼의 겹침 등으로 다른 증거들이 필요하다. 즉 HSQC 스펙트럼에서는 DEPT 스펙트럼에서 얻어진 31 ppm의 CH 탄소 피크가 1.85 ppm의 양성자 피크와 correlation 피크를 가지고 있는 것으로 확인할 수 있다. 또한 35 ppm의 CH_2 탄소가 2 개라는 것은 양성자 스펙트럼에서 1.4와 1.95 ppm에서 나오는 4 개의 양성자와 correlation을 보여주고 있는 것으로도 증명이 된다. COSY 스펙트럼에서는 CH_3 피크와 CH 피크 사이의 cross peak로 확실하게 규명할 수 있으며 다시 CH 피크는 두 개씩의 양성자를 가지고 있는 1.4와 1.95 ppm에서 나타난 양성자들과 커플링 하고 있는 것을 볼 수 있고 이들 두 종류의 양성자들은 적분 값이 4인 2.3 ppm 영역에 나타난 양성자들과 커플링 하고 있는 것을 볼 수 있다. 즉 CH_3-CH-(CH_2-CH_2)$_2$-로 연결이 되어 있다는 것을 의미하고 있다. 이 alkyl의 마지막 두 개의 CH_2에 Ketone의 요소를 연결하면 구조를 완성 할 수 있다. 이와 같은 구조에서 CH_2에 있는 각각의 양성자들은 화학적, 자기적으로 동등하지 않으므로 자기들 사이에 geminal 커플링 그리고 vicinal 위치에 있는 양성자들과도 각각 다른 크기의 커플링 상수 값으로 커플링하게 되어 아주 복잡한 pattern의 모습을 보여주고 있다.

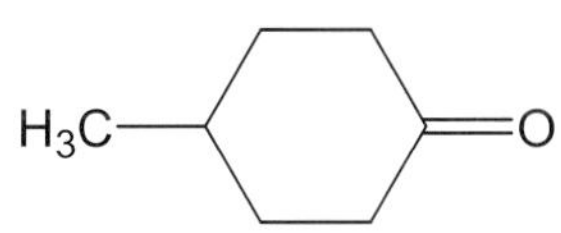

45

분자식이 문제 44와 같고 양성자와 탄소의 스펙트럼에서 화학이동 값들이 범위가 비슷하지만 더 많은 피크들만 나왔다는 것은 앞의 문제 44가 대칭의 구조라는 것을 생각하면 이것은 앞의 물질의 이성체(isomer)라는 것을 예상해 볼 수 있다. 실제로 앞의 구조의 이성체인 *ortho*와 *meta*의 구조를 생각하면 분자에 대칭이 없으므로 탄소는 7 개가 모두 나와야 하고 양성자 스펙트럼에서는 4 개의 CH_2에 있는 각각의 양성자들이 모두 화학적, 자기적으로 다르므로 앞의 이성체의 스펙트럼 보다 많이 복잡해질 것이라는 것을 예상할 수 있기 때문이다. 실제로 양성자 스펙트럼에는 이중선의 CH_3가 0.8 ppm에 있고 탄소 스펙트럼에서는 212 ppm의 ketone 요소의 피크가 있으며 예상되던 CH_2 두 개가 더 있다는 것을 주어진 DEPT 스펙트럼으로 확인 할 수 있다.

하나의 isomer의 양성자 스펙트럼만으로는 구분이 불가능하지만 만약 스펙트럼에서 양성자들 피크들이 잘 분리되어 있고 CH_3-CH의 요소에서 *ortho*와 *meta* 두 isomer의 CH 양성자의 화학이동 값을 비교한다면 *ortho* isomer의 양성자가 carbonyl 옆에 있기 때문에 *meta*의 것보다 더 down-field에 나타날 것이므로 구분이 가능할 것이다. 그러나 양성자 1D 스펙트럼에서 볼 수 있듯이 스펙트럼의 복잡성으로 *ortho*(문제 46)와 *meta*의 CH의 양성자의 화학이동 값 비교가 불가능하다는 것을 알 수 있다. 반면 탄소 스펙트럼에서는 DEPT 스펙트럼들로 CH의 탄소를 쉽게 구분할 수 있다. 두 isomer의 탄소 스펙트럼을 비교한다면 *ortho*의 경우에는 CH의 탄소가 carbonyl 옆에 있기 때문에 *meta*의 CH 탄소 보다는 down-field에 나올 것을 예상할 수 있으므로 탄소의 스펙트럼들 비교로 두 isomer의 구분이 가능할 것이다(실제로 아래 문제 46의 *ortho* isomer의 CH 탄소는 45 ppm에서 나왔지만 이 경우에는 34 ppm에서 나타났으므로 *meta* isomer라고 할 수 있다).

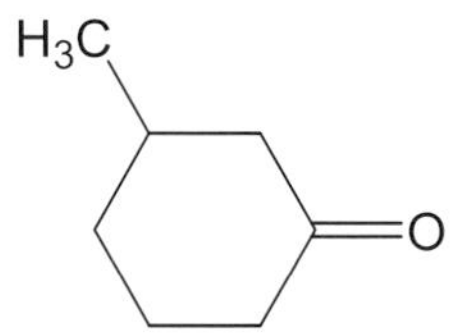

이들 두 isomer의 스펙트럼들의 비교 없이 *meta* isomer의 구조를 주어진 2D 스펙트럼으로 규명하여 보도록 하자. 먼저 HSQC 스펙트럼에서 DEPT에서 얻어진 CH의 탄소를 이용하면 CH의 양성자가 1.85 ppm의 영역에서 다른 양성자 피크와 겹쳐 나오는 것을 알 수 있고 나머지 4 개의 각각의 CH_2의 양성자들을 구분할 수 있게 된다. COSY 스펙트럼에서 1.85 ppm에 나타나는 CH의 양성자가 커플링 하여 보여주는 cross peak들은 CH_3를 포함하여 1.96과 2.34 ppm에서 나오는 CH_2(탄소는 50 ppm)의 양성자들을 확실하게 보여주고 있고 또한 다른 CH_2에 하나인 1.3 ppm의 양성자와는 작지만 커플링을 보여주고 있다. 즉 이 2 개의 다른 CH_2에 있는 양성자들과 커플링을 보여주는 것은 *ortho*의 치환체 형태로는 불가능하고 *meta*의 위치에 있어야만 가능하게 되므로 *ortho*의 isomer와 구분이 가능하다. 여기에서 우리는 1.3 ppm의 양성자와 geminal 위치에 있는 1.81 ppm의 양성자는 똑같이 1.85 ppm의 CH의 양성자와 vicinal 위치에 있는데도 불구하고 왜 커플링이 나타나지 않았는가(?) 하는 질문을 할 수 있다. 이것은 cyclic의 구조에서 CH_2의 양성자들은 그들의 위치(axial이나 equatorial)에 따라서 상대방 vicinal 위치에 있는 양성자와 dihedral angle이 달라지며 따라서 카플러스 관계식(Karplus equation)에 따라 커플링 상수가 달라진다. 그러므로 CH_2의 양성자들 중 하나는 커플링을 할 수 있는 각도로 놓여 있을 수 있고 다른 하나는 커플링이 매우 작은 90°에 가까운 dihedral angle을 가지고 있을 수도 있다.

지금까지 이 *meta* isomer의 구조를 밝히기 위해서 *ortho* isomer의 스펙트럼을 이용하는 것을 설명하였고 2D 스펙트럼의 COSY 스펙트럼에서 cross peak들을 이용하면서도 *ortho* isomer의 구조를 예로 들면서 *meta* isomer의 구조의 당위성을 설명하였다. 즉 이러한 비교의 방법들이 간접적이고 너무 정성적이라고 생각할 수도 있겠지만 실제로 대부분의 경우에 여러 가지 다른 실험들의 결과로 이들 논리들이 잘 적용된다는 것이 증명되었고 구조 분석에서 많이 사용되고 있다. 그렇다면 우리도 여기에서 간접적이고 정성적인 방법으로 유도한 *meta* isomer의 구조가 옳은지를 직접적이고 더 확실한 방법인 다른 NMR 실험방법으로 증명하여 보기로 하자.

아래의 2D 스펙트럼은 실험 시간의 절약과 위의 구조 증명의 목적에 방해가 되지 않는 carbonyl의 피크를 희생시키고 얻은 inadequate 스펙트럼이다.

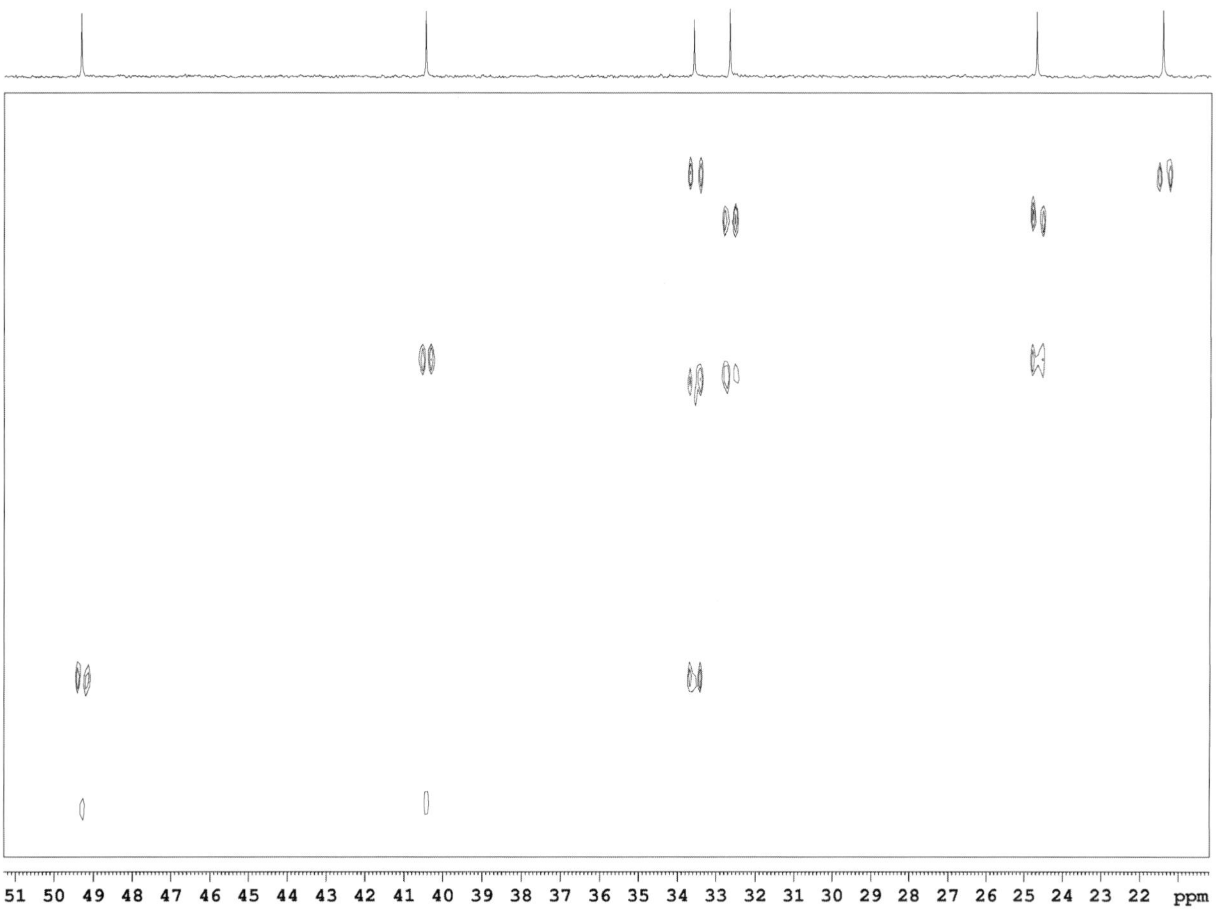

먼저 스펙트럼에서 피크들의 화학이동 값이 앞의 1D 스펙트럼의 피크들의 값과는 약간씩 달라진 것을 볼 수 있다. 이것은 실험 시간을 단축하기 위해서 시료의 농도를 증가 시켰기 때문에 생겨난 현상이다(피크들의 화학이동 값들이 매우 비슷할 때는 농도의 변화가 피크들의 순서를 변화시킬 수 있다는 것을 유의하여야한다. 이곳에서는 물론 DEPT 실험으로 피크들의 순서가 변하지 않았다는 것을 확인하였다). 이 스펙트럼의 해석은 어느 피크에서 시작해도 문제가 되지 않지만 제일 up-field인 22 ppm의 영역의 피크인 CH_3의 탄소를 시작점으로 해석하도록 하자. 이 CH_3의 탄소가 보여주고 있는 이중선의 contour 피크에서 x 축을 따라서 평행하게 이동하면 33.8 ppm에서 이중선의 contour 피크를 만나게 되는데 이것이 CH의 탄소이다. 즉 이들 이중선의 contour 피크들이 CH_3–CH로 탄소들이 연결되어 서로 커플링 하여 이중선의 피크들을 만들었다는 증거이다. 다음 33.8 ppm의 이중선의 contour 피크에서 y 축에 평행하게 따라 내려가면 이중선의

contour 피크가 두 개가 나타나는 것을 볼 수 있고 그들 각각에서 다시 x 축의 우와 좌로 평행하게 따라가면 각각의 피크는 32.8과 49.5 ppm의 다른 2 개의 탄소가 만들어 낸 이중선의 contour 피크를 만나게 된다. 이것이 CH_3-$CH(CH_2)_2$ 즉 CH의 탄소가 두 개의 CH_2와 연결되어 있다는 증거를 보여주고 있다. 두 개의 CH_2 탄소 중에서 49.5 ppm의 탄소 피크는 더 이상의 이중선의 contour 피크가 없지만 32.8 ppm의 탄소 피크는 25 ppm의 탄소가 보여주고 있는 이중선 contour 피크와 연결되는 또 다른 이중선의 contour 피크를 보여주는 것으로 이들이 연결 되어 있다는 것을 보여준다. 다시 25 ppm의 피크는 40.7 ppm이 보여주고 있는 이중선 contour 피크와 연결될 수 있는 위치에서 또 다른 이중선을 보여주고 있으므로 이들 두 탄소도 연결되어있다. 즉 CH_3-CH에서 CH의 탄소는 두 결합의 한쪽에는 CH_2 다른 한 쪽에는 CH_2-CH_2-CH_2의 요소와 bond를 이루고 있다. 주어진 1D의 탄소 스펙트럼에서 지금까지 구조에 연결되지 않은 피크는 212 ppm의 ketone에 나타난 요소 뿐이며 이것이 연결될 수 있는 곳은 하나씩의 bond를 필요로 하는 두 개의 CH_2에 연결되는 것 뿐이다.

탄소의 골격을 완전하게 규명할 수 있는 inadequate 실험은 비록 많은 시료가 필요하고 탄소들 사이에 다른 핵이 연결되어 있을 때는 연결을 이어갈 수 없지만 부분들의 완전한 탄소 골격 규명만으로도 완전한 구조 해석에 다른 어떤 방법보다도 도움이 되므로 가능한 경우에는 이 실험으로 완전한 구조를 밝히는 것도 하나의 방법이다.

46 문제 45의 해설에서 이미 *ortho* isomer라는 것을 언급하였지만 이 스펙트럼들을 통해서 앞에서 언급한 정성적인 설명들의 적용이 어떻게 가능한지를 살펴보도록 하자.

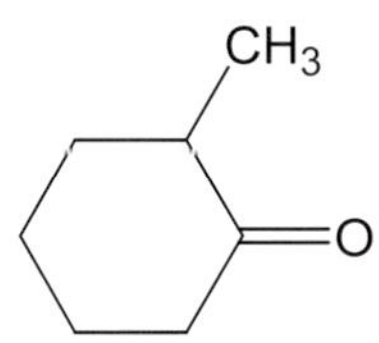

먼저 1D 양성자 스펙트럼에서 피크들이 잘 분리되어 나온다고 하더라도 하나의 isomer의 스펙트럼으로는 완전한 구분이 불가능하다. 하지만 두 isomer의 스펙트럼을 비교하면 *ortho* isomer의 경우 CH_3-CH의 요소에서 CH의 양성자의 화학이동 값이 *meta* isomer의 것보다 down-field에서 나올 것이라는 예상으로 두 isomer를 구분할 수 있다. 두 isomer 모두 양성자 스펙트럼에서는 정확하게 CH의 양성자의 화학이동 값을 알 수 없지만 HSQC 스펙트럼에서는 DEPT 실험으로 알아낸 CH의 탄소의 도움으로 위의 문제 45의 *meta* isomer에서는 1.85 ppm 그리고 이곳 *ortho* isomer에서는 45.5 ppm의 CH 탄소와 correlation 피크를 주고 있는 양성자가 2.35 ppm에서 다른 양성자 피크와 겹쳐서 나타난다는 것을 확실하게 알 수 있다. 즉 양성자의 화학이동 값이 예상과 같이 두 isomer를 구분할 수 있게 한다. 이 상황에서 볼 수 있듯이 두 isomer를 모두 가지고 구조를 분석하려고 하였다면 위 문제 45에서는 COSY 실험이 필요하지 않았을 것이다. 그리고 이 경우 문제 45에서 보여준 것과 같은 COSY 실험 스펙트럼은 보여주지 않고 대신 HMBC 스펙트럼을 보여준 것도 같은 이유에서다. 즉 이 구조에서 CH_3가 *ortho* 위치에 있다면 양성자와 3-bond로 떨어져 있는 carbonyl의 탄소와 long-range 커플링을 보여줄 수 있는 HMBC 실험이 더 명확한 증거를 보여줄 수 있기 때문이다. 예상대로 HMBC 스펙트럼은 0.99 ppm에 나타난 이중선의 메칠 양성자들이 213 ppm의 carbonyl에 나타난 탄소와 3-bond correlation 피크를 잘 보여주고 있으므로 *ortho* isomer라는 것을 확인할 수 있다.

47 분자식에서 불포화 수가 1(# = 8-(16/2) + 1 = 1)이라는 것에도 불구하고 무엇보다 먼저 탄소 스펙트럼에서 sp^2 탄소들이 나타날 수 있는 영역인 100 ppm 이하의 큰 화학이동 값을 찾아 볼 수 없다는 것은 이 물질의 구조는 원형(cyclic)을 이루고 있다고 가정할 수 있다. 또한 탄소 스펙트럼에서 분자식에 있는 탄소의 수에 2 개가 모자라는 6 개의 탄소의 피크가 나타난 것 그리고 탄소 피크들 중에서 유난히 큰 2 개의 피크들로 보아 이 구조는 대칭성이 있다는 것도 쉽게 짐작할 수 있다. 양성자 스펙트럼에서는 2 개의 양성자가 3.66 ppm에서 삼중선으로 나타난 것은 탄소의 61 ppm에 나타난 피크와 함께 CH_2-CH_2-O의 구조 요소를 예측할 수 있다. 양성자 스펙트럼에서 시료의 농도를 변화시켜서 얻은 스펙트럼의 1.3-1.5 ppm의 영역을 확대하여 놓은 스펙트럼에서 원래의 스펙트럼에서 나타나던 일부의 피크가 사라진 것을 볼 수 있으며 이 사실은 이 화합물에는 alcohol의 양성자(OH)가 있다는 것을 말해주고 있다. 탄소 스펙트럼에서 유난히 큰 2 개의 피크들은 주어진 DEPT135 실험 스펙트럼에서 CH_2라는 것을 알 수 있으며 양성자 스펙트럼에서 얻어진 alcohol의 요소에 있는 2 개의 CH_2를 고려하면 사용되지 않은 탄소는 CH와 CH_2이다. 대칭을 이루고 있는 4 개의 CH_2를 남아 있는 CH와 CH_2를 이용하여 만들 수 있는 것은 6-membered ring인 cyclohexyl 요소이며 이미 얻어진 alcohol의 요소와 cyclohexyl ethanol을 만들 수 있다.

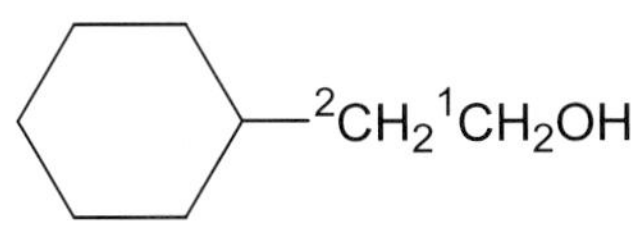

위의 구조를 양성자 스펙트럼에 적용하여 보면 2 개의 양성자로 1.45 ppm에 나타나 있는 사중선은 탄소 2에 있는 양성자들이라는 것을 알 수 있다. 그리고 나머지 ring에 있는 CH_2의 양성자들은 각각 axial과 equatorial의 위치에 놓일 수 있는 양성자들로 1D 스펙트럼에서는 겹쳐서 나타나기 때문에 각각의 정확한 규명은 불가능하다. 2D의 HSQC 스펙트럼에서는 이들 양성자들을 DEPT 스펙트럼에서의 정보와 연관시켜보면 34 ppm의 CH 탄소가 1.38 ppm에서 OH의 양성자와 겹쳐서 나타난 피크와 correlation 피크를 보여주는 것으로 CH의 양성자라는 것은 확인할 수 있으며(COSY 실험을 하면 이 양성자를 이용하여 다른 양성자 피크들을 명확하게 규명할 수 있다) 또한 1D 스펙트럼에서 양성자의 적분 값이 애매하였던 부분들은 각각의 위치에 몇 개의 양성자들이 겹쳐 있는지를 명확하게 알 수 있다. 즉 1.6-1.7 ppm 영역의 피크는 33 ppm에서 나타나는 동등한 2 개의 CH_2 탄소에 있는 각각 하나씩의 양성자 2 개와 26 ppm 영역에서 나타나는 동등한 2 개의 CH_2 탄소와 26.5 ppm의 CH_2 탄소에 있는 양성자들의 각각 하나씩인 3 개의 양성자들이 겹쳐서 총 5 개의 양성자들의 피크들이 있다는 것을 알 수 있다.

48 양성자 스펙트럼에서 4.3 ppm 영역에 있는 broad한 피크는 교환(exchangeable)이 일어나고 있는 양성자로 amine 또는 alcohol의 존재를 예상할 수 있다. 불포화 수가 1(# = 8−(16/2) + 1 = 1)인 분자식에는 질소가 없으므로 alcohol이라고 할 수 있다. 양성자 스펙트럼에서 4.9 ppm과 5.7 ppm 영역에서 나타난 피크들은 탄소 스펙트럼에서 114와 138.5 ppm에 나타난 2 개의 sp^2 탄소 피크와 연관하여 이중 결합의 탄소에 있는 양성자들이라는 것을 알 수 있으며 탄소 스펙트럼과 같이 주어진 DEPT 실험 스펙트럼으로부터 이들이 vinyl(CH_2=CH−) 그룹이라는 것을 알 수 있다. 즉 4.94−4.82 ppm 부분을 확대하여 놓은 스펙트럼에서는 1−2 Hz 정도의 작은 커플링을 가지고 다중도로 나타난 4 개의 피크들은 그들의 splitting 모습으로도 4.92와 4.885 ppm에서 나온 피크가 하나의 양성자이며 4.855와 4.835 ppm의 피크가 다른 하나의 양성자라는 것을 알 수 있다. 이들의 커플링 상수 값은 각각 약 15와 10 Hz의 값을 가지고 있는 것으로도 이들 양성자들이 vinyl 그룹의 이중 결합의 CH_2 탄소에 있는 두 양성자이며 CH의 양성자와 *trans*와 *cis*로 커플링하고 있다는 것을 알 수 있다. 이들 vinyl 그룹의 양성자들을 COSY 스펙트럼에서 보면 1.96 ppm의 양성자와 커플링하고 있는 것을 볼 수 있고 이 양성자는 HSQC 스펙트럼에서 CH_2라는 것을 알 수 있다. 다시 이 CH_2는 6 개의 양성자들(이들은 HSQC에서 3 개의 CH_2임을 알 수 있다)이 나타나 있는 1.4−1.2 ppm의 다중도 피크에 커플링을 하고 있고 이들 피크들은 diagonal 피크의 주변의 모습으로 서로 커플링하고 있다는 것을 알 수 있다. 이들 3 개의 CH_2 중 하나는 다시 3.55 ppm에서 나타나는 CH의 양성자(HSQC로부터)와 커플링하고 있다는 것을 알 수 있다. 여기까지의 결론은 CH_2=CH−CH_2−$(CH_2)_3$−CH의 구조 요소라는 것을 알 수 있고 3.55 ppm의 양성자는 다시 3.49와 3.29 ppm에서 서로 커플링(geminal)하면서 나타나는 양성자들(HSQC 스펙트럼에서 CH_2 양성자라는 것을 알 수 있음)과 커플링하고 있는 것을 볼 수 있으므로 R−CH−CH_2라는 구조로 연결이 가능하다. 이들 마지막 두 탄소의 화학이동 값이 70 ppm의 영역이라는 것과 이들 탄소에 있는 양성자들의 화학이동 값이 3.5 ppm의 영역이라는 것에서 산소를 가지고 있다고 예상 할 수 있다. 더욱이 이들의 구조 요소에 사용하고 남은 원소는 산소 2 개와 수소 2 개이며 처음 양성자 스펙트럼에서 예상하였던 4.3 ppm의 alcohol의 피크는 HSQC 스펙트럼에서도 탄소를 가지고 있지 않은 것으로 확인할 수 있고 이들의 적분 값이 2 개의 양성자라는 것은 두 개의 alcohol 기를 예상할 수 있게 한다.

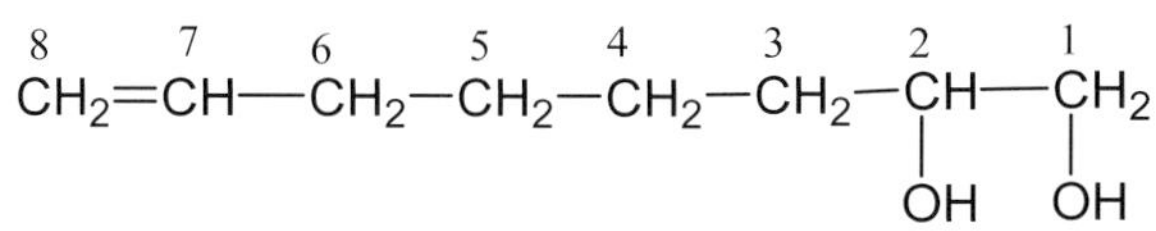

HMBC 스펙트럼은 특히 양성자를 가지고 있지 않은 quaternary 탄소를 규명할 수 있으므로 미지 물질의 구조해석에 아주 중요한 실험이지만 때로는 이 실험에서 나타나는 결과들을 해석하기 전에 다른 스펙트럼들의 결과들로 얻어질 수 있는 몇 가지 가능한 구조들을 구별하는 용도로도 유용하게 사용될 수 있다. 즉 얻어진 가능한 구조들 중 HMBC 스펙트럼의 결과와 일치하지 않는 것을 제거해 내는 방법이다. 이 용도로 앞에서 얻어진 구조를 HMBC 스펙트럼에 적용하여 보도록 하자. 제일 먼저 vinyl 그룹에 연결되어 있는 1.96 ppm의 6 번의 양성자는 7과 8의 탄소와 2−와 3−bond로 연결되어 있으므로 correlation peak들을 보여주고 있고 3, 4, 5의 양성자들이 겹쳐서 나타나고 있는 1.4−1.2 ppm의 피크들 중 5의 양성자는 3−bond로 연결되어 있는 7 번 탄소와는 correlation peak를 보여주고 있지만 4−bond로 연결되어 있는 8 번 탄소와는 correlation peak를 보여주고 있지 않다. 또한 이들의 논리는 양성자들의 겹침으로 불가능하였던 3,

4, 5의 탄소들의 구분도 가능하게 하여 준다. 즉 7 번의 양성자와 correlation peak를 보여주는 29 ppm의 피크가 5 번 탄소이며 2와 6의 양성자가 모두 correlation peak를 보여주는 25 ppm의 피크가 4 번 탄소다. 3-bond 커플링 상수보다 적은 2-bond의 correlation의 경우는 1의 양성자 하나가 2의 탄소와 커다란 correlation peak를 보여주고 있지만 2의 양성자는 1의 탄소와 작은 correlation peak를 보여주고 있다. 이와 같은 현상은 그들 사이의 커플링의 차이 때문에 나타나는 현상이며 8의 양성자가 7의 탄소와는 correlation peak를 보여주고 있지만 7의 양성자가 8의 탄소와는 correlation peak를 전혀 보여주지 않는 것과 같은 현상도 나타난다는 것을 알 수 있다.

49 이 물질은 불포화 수가 3(# = 7−(10/2) + 1 = 3)이지만 양성자 스펙트럼에서도 탄소 스펙트럼에서도 sp^2의 hybridization에서 나타나는 특성 피크들 즉 양성자는 약 4-7 ppm에서 그리고 탄소는 100-160 ppm에서 나타날 피크들이 없는 것으로 원형(cyclic)의 구조 요소를 가지고 있을 것으로 예상할 수 있다. 그리고 탄소 스펙트럼에서는 피크의 수가 5 개로 분자식의 탄소 수 보다 2 개가 적게 나타났으므로 대칭의 구조를 가지고 있다. 양성자의 스펙트럼에서는 2.46 ppm의 단일 피크를 제외하고는 2-1.7 ppm의 영역에서 나타난 피크들이 순수 화합물인지 불순물들의 혼합물인지를 분간할 수 없을 정도로 복잡한 스펙트럼의 모습을 보여주고 있으므로 이들이 alkyl의 양성자들이라는 정보 이외에는 아무런 정보를 얻을 수 없다. 이들 양성자들의 정보를 탄소를 통해서 얻을 수 있는 DEPT와 HSQC 스펙트럼을 보면 이들 alkyl 양성자들은 대칭을 이루고 있는 4 개의 CH_2 양성자들이라는 것을 알 수 있다. 즉 1.8과 1.72 ppm의 다중도 양성자 피크들은 23.5 ppm에서 같이 나타나는 2 개의 CH_2 탄소에 있는 양성자들이고 1.97-1.9 ppm의 영역에 있는 다중도 피크들은 42.2 ppm에서 나타나는 2 개의 CH_2 탄소에 있는 양성자들이다. HSQC 스펙트럼에서 하나 더 얻을 수 있는 정보는 2.46 ppm에서 나타나는 양성자는 71 ppm에서 나타나는 CH 탄소에 있는 양성자 피크다. 지금까지 얻은 정보는 $C_7H_{10}O$의 분자식에서 cyclic을 이루고 있는 형태와 대칭을 이루고 있는 4 개의 CH_2와 71 ppm에서 나타나는 CH의 탄소이다. 먼저 4 개의 CH_2가 대칭을 이루어 2 개의 탄소 피크를 보여주기 위해서는 5-membered ring이거나 6-membered ring을 이루고 있어야 하는데 6- membered ring을 만들고 나면 탄소 하나가 남게 되고 이 탄소를 6-membered ring에 연결하고 나면 나머지 양성자 1 개와 산소 1 개로 어떠한 구조도 완성할 수 없다는 것을 알 수 있으므로 5-membered ring을 가질 수 밖에 없게 된다. 분자식에 산소도 있고 확인된 CH 탄소가 71 ppm의 화학이동 값을 가지고 있는 것으로 CH-O의 요소를 생각할 수도 있지만 이 경우에 CH 양성자의 화학이동 값이 일반적으로 알려진 3.5 ppm의 영역에서 너무 벗어나 있는 2.46 ppm의 값을 가지고 있는 것은 또 다른 구조를 생각하게 한다. 또한 5-membered ring을 만들고 나면 2 개의 탄소가 남게 되는데 이들 두 개의 탄소로 2 개의 불포화 수를 더 만드는 방법은 이들 탄소를 삼중결합으로 만드는 방법밖에는 다른 선택이 없다. 탄소 스펙트럼의 화학이동 값 table에 보면 탄소의 삼중결합인 alkyne에서 탄소들은 60-90 ppm의 영역에서 나타나는 것을 알 수 있고 이 탄소 스펙트럼에서 이들 영역에 3 개의 피크가 있다는 것이 탄소의 삼중결합의 요소와 일치하고 있다. 또한 양성자 스펙트럼의 table을 보면 삼중결합의 탄소에 있는 양성자는 2.3-3 ppm의 영역에서 나오는 것을 볼 수 있으므로 앞에서 탄소의 화학이동 값으로 CH-O로 예상할 수 있었던 양성자는 C≡CH의 양성자라 할 수 있다. 이 요소를 ring에 연결하면 남아있는 원소의 요소는 OH이고 이것을 ring의 탄소에 연결하여 cyclopentanol의 유도체를 완성할 수 있다.

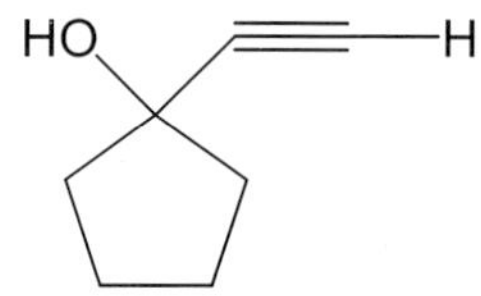

양성자 스펙트럼에서 1.9-2 ppm 영역의 적분 값이 예상보다 크게 나타난 것은 alcohol의 양성자가 이 위치에 겹쳐 있다고 생각할 수 있으며 탄소 스펙트럼에서 87.8과 74.2 ppm의 두 피크 중 74.2 ppm의 피크가 alcohol 요소와 연결되어 있는 quaternary 탄소라고 할 수 있다. 이와 같은 예상은 물론 다른 2D 실험을 통해서 확인할 수도 있고 유사한 화합물들의 화학이동 값들을 이용 할 수도 있다. 하나의 예로 H-C≡C-C_4H_9에서 탄소 1의 화학이동 값은 66 ppm이며 n-butyl이 치환되어 있는 탄소 2는 83 ppm에서 나타난다.

50 분자식에 산소가 하나만 있는 경우임에도 불구하고 탄소 스펙트럼에서 60-90 ppm의 영역에 3 개의 피크가 있다는 것은 문제 49에서 이미 경험한대로 삼중결합을 한 탄소들의 존재를 예상할 수 있으며 이들과 연관하여 양성자 스펙트럼에서 2.45 ppm에 양성자 하나의 적분 값을 가지고 나타나는 단일 피크는 C≡CH의 양성자라 할 수 있다. 탄소 스펙트럼에서는 탄소의 피크가 분자식에 있는 것보다 2 개가 적게 나타난 것은 대칭의 탄소들이 존재하는 것이고 DEPT 실험에서 이들 탄소들은 CH_2의 탄소들이라는 것을 알 수 있다. 이들 aliphatic CH_2 탄소 4 개가 대칭을 만들어 2 개의 탄소 피크를 보여주려면 5- 또는 6-membered ring을 만들어야하고 이들 탄소에 있는 양성자들은 axial이나 equatorial의 위치에 놓일 수 있으므로 각각 다른 화학이동 값을 가지고 나타날 것이다. HSQC 스펙트럼에서 이들 예상과 일치하는 결과 즉 CH_2의 양성자들이 각각 다른 화학이동 값을 가지고 나타나는 것을 볼 수 있다. 지금까지 찾아낸 삼중결합 하나와 원형(cyclic)의 구조 요소들이 불포화 수가 3(# = 8-(12/2)+1 = 3)이라는 것을 만족시키고 있다.

이 물질의 구조가 5-membered ring의 요소를 가지고 있다면 앞의 문제 49의 양성자 스펙트럼의 모습과 비교하여 다른 요소 때문에 겹침의 현상을 보여주더라도 대칭을 이루고 있는 4 개의 CH_2의 양성자들의 스펙트럼 모습의 비슷한 부분을 볼 수 있을 것이라는 예상을 할 수 있다. 그러나 완전하게 다르게 나타난 양성자 스펙트럼의 모습은 5-membered ring의 예상 요소를 제거할 수 있으며 문제 49의 분자식 보다 CH_2의 요소가 더 많다는 것과 이들의 두 양성자 또한 HSQC 스펙트럼으로부터 화학이동 값이 다르게 나타난다는 것을 만족시키는 6-membered ring의 구조를 예상할 수 있다.

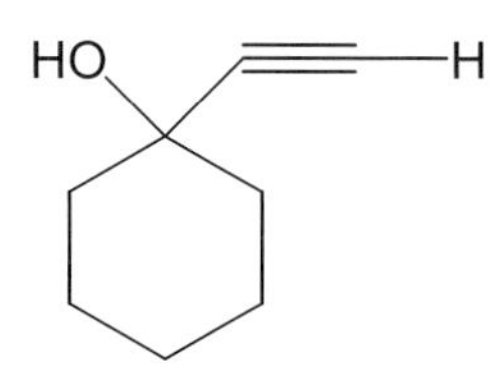

이 구조에서 alcohol의 양성자는 1.9 ppm에서 나타난 다중도 피크의 적분 값이 2 개 보다 크게 나타난 것으로 이곳에 겹쳐 나타났다고 볼 수 있다.

이 구조를 앞의 문제 49의 양성자 스펙트럼을 참고로 하여 결론을 냈지만 만약 참고 스펙트럼이 없다면 또 다른 구조를 예상 할 수도 있다. 즉 5-membered ring에 CH_2-C≡CH의 요소가 연결되는 구조도 가능할 것이다. 그러나 이 요소의 CH_2의 양성자들은 C≡CH의 양성자와 서로 약 2 Hz의 커플링을 하는 것으로 알려져 있으므로 이중선으로 나타날 것이며 C≡CH의 양성자는 삼중선으로 나타날 것이다. 이들 사이의 커플링이 2 Hz 정도로 작기 때문에 피크들이 분리되지 않고 나타났다고도 할 수 있다. 하지만 2.45 ppm에서 나타난 C≡CH의 양성자 하나의 피크가 보여주는 intensity를 고려하면 CH_2의 양성자들이 보여줄 intensity는 다른 피크들과 겹쳐있다고 하더라도 분명하게 구분할 수 있게 크게 나타날 것이라는 예상으로 5-membered ring의 구조 가능성을 제외시킬 수 있다.

51 양성자 스펙트럼에서 4.97, 3.42 그리고 2.18 ppm에 나타난 피크들로부터 얻어진 적분 값과 COSY 스펙트럼에서 명확하게 볼 수 있는 이들의 커플링의 cross peak들로부터 먼저 CH-CH_2-CH_2의 구조 요소를 찾을 수 있다. 탄소 스펙트럼에서는 분자식의 탄소 수보다 1 개가 적은 피크가 나타나는 것으로 2 개의 탄소는 대칭을 가지고 있는 것을 알 수 있다. 위의 CH-CH_2-CH_2의 구조 요소에서 2 개의 CH_2는 이미 대칭의 탄소들이 될 수 없고 분자식에서 불포화 수 1(#=5-(10/2)+1=1)을 얻을 수 있으므로 대칭을 이루고 있는 2 개의 CH_2 탄소는 원형(cyclic)의 구조 요소의 일부라는 것을 알 수 있다. HSQC 스펙트럼에서 CH-CH_2-CH_2의 구조 요소의 2 개의 CH_2 탄소들은 화학이동 값이 27과 37 ppm에서 나타나고 있으므로 산소에 연결되어 있지 않고 원형(cyclic)을 이루고 있는 대칭의 CH_2 탄소들의 피크가 65 ppm에 나타난 것임을 알 수 있다. 이로서 이들 각각이 산소에 연결되어 있는 O-CH_2-CH_2-O의 구조 요소를 가지고 있음을 알 수 있다. 사용되지 않은 브롬(Br)을 포함하여 3 개의 구조 요소를 결합하여 2 개의 CH_2가 대칭을 이루게 하는 방법은 아래의 구조 밖에 없다는 것을 알 수 있다.

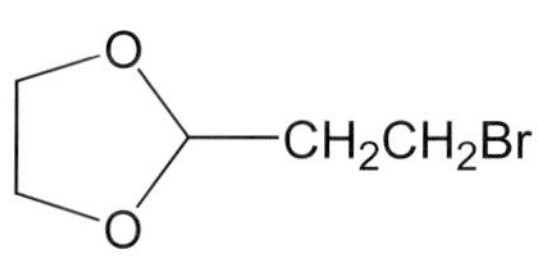

이 구조에서는 산소 2 개와 연결되어 있는 CH의 탄소는 약 100 ppm의 영역에서 그리고 양성자는 약 5 ppm에서 나타나고 있는 것을 잘 설명하고 있으며 특히 대칭을 이루고 있는 2 개의 CH_2 탄소에 있는 4 개의 양성자들이 AA'BB'의 커플링 모습을 보여주는 4-3.8 ppm에서 나타나는 피크들의 모습과 잘 일치한다는 것을 알 수 있다.

양성자와 탄소의 long-range 커플링으로 이 구조의 또 다른 증거를 보여줄 수 있는 HMBC 스펙트럼을 보면 CH-CH_2-CH_2의 요소에서 CH_2의 양성자들이 2-와 3-bond의 관계에 있는 102.5 ppm의 CH 탄소와 모두 correlation prak를 보여주고 있고 ring에 있는 대칭의 CH_2의 양성자들도 CH 탄소와 3-bond의 관계로 있다는 correlation peak들을 명확하게 보여주고 있다.

52

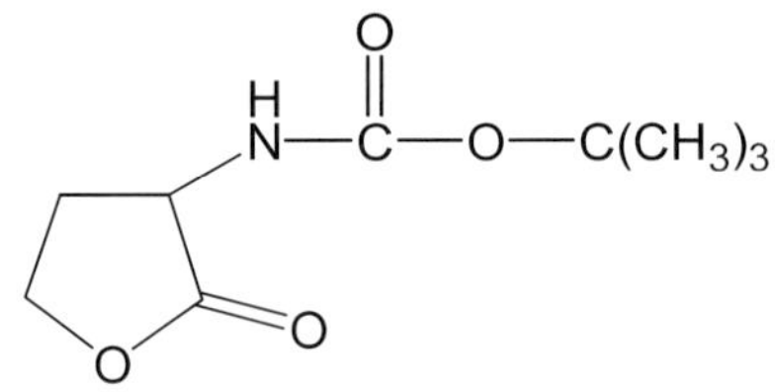

53 양성자 스펙트럼에서 7 ppm 영역의 피크들과 탄소 스펙트럼에서 130-120 ppm의 영역에 피크들로 벤젠 ring의 존재가 확실하고 분자식의 탄소 8 개가 탄소 스펙트럼에 모두 있다는 것은 벤젠 ring에는 대칭의 탄소가 없다는 것이다. 그리고 174 ppm의 carbonyl 피크는 ester의 그룹이 있다는 것을 말해주며 분자식이 불포화 수 6(#=8-(6/2)+1=6)을 주고 있으므로 벤젠 ring에 있는 불포화 수 4 개와 ester의 carbonyl의 불포화 수 1 개를 고려하면 나머지 불포화 수 1을 더 충족시키기 위해서 남아 있는 CH_2와 ester 그룹으로 ring을 하나 더 만들어야만 한다.

벤젠 ring에 연결될 요소는 남아 있는 CH_2로 CH_2-O-(CO)와 O-(CO)-CH_2의 두 가능한 요소를 만들 수 있고 양성자 스펙트럼의 3.7 ppm이라는 화학이동 값으로는 전자의 요소라고 생각할 수도 있지만 탄소의 스펙트럼에서 60-70 ppm의 값이 아닌 33 ppm의 화학이동 값을 가지고 있는 것은 후자 즉 O-(CO)-CH_2의 요소와 일치한다. 일반적으로 carbonyl 옆에 있는 양성자는 2 ppm 영역에서 나타나지만 이들 CH_2는 다시 벤젠 ring에 연결되어 있게 되므로 후자의 요소에서 CH_2의 양성자가 3.7 ppm이라는 화학이동 값을 가질 수 있는 것을 설명할 수 있다.

이 구조 요소가 벤젠 ring이 탄소에 연결되는 방법은 1,2(*ortho*)-, 1,3(*meta*)-, 또는 1,4(*para*)-의 위치에 치환될 수 있지만 벤젠 ring에 있는 탄소 피크들의 수와 양성자들의 커플링 모습을 보면 1,4-로 치환되지 않은 것은 확실하게 구분할 수 있다. 즉 1,4-로 치환이 되었다면 탄소들은 대칭을 가질 수 있고 양성자 스펙트럼에서 7.1-7.13 ppm의 영역에 나타나있는 1 Hz 정도의 *meta* 커플링을 가지면서 약 8 Hz의 *ortho* 커플링을 하고 있는 삼중선이 나타날 수 없기 때문이다. 나머지 1,2-나 1,3-의 탄소에 치환되었을 때 벤젠 ring의 탄소들은 두 경우 모두 대칭을 가질 수 없는 조건을 만족시키지만 양성자들 4 개가 가질 수 있는 커플링의 모습들은 두 경우에 다를 것이다. 1,2-로 치환이 이루어질 때 4 개의 양성자는 서로 모두 *ortho*의 위치로 자리 잡을 수 있지만 1,3-로 치환되는 경우 3 개의 양성자는 서로 *ortho*의 위치에 있지만 나머지 하나의 양성자는 *meta*의 위치로 자리 잡게 된다. 그러므로 1,2-의 치환으로 나타나는 4 개의 양성자들은 2 개의 양성자가 *ortho* 커플링을 가지고 있는 삼중선을 보여주게 될 것이며 2 개의 양성자는 *ortho* 커플링을 가지고 있는 이중선으로 나타나게 될 것이다. 양성자 스펙트럼에서 7.13-7.06 ppm에서 나타난 피크들을 보면 *ortho* 커플링을 가지고 있는 이중선 피크와 삼중선 피크들을 볼 수 있지만 7.3-7.25 ppm에서 나타난 피크들은 분명한 커플링들을 구분할 수가 없다.

HSQC 스펙트럼은 양성자들의 피크들을 그들이 속해있는 각각의 탄소의 화학이동 값의 위치로 분산시킬 수 있으므로 양성자들이 서로 겹쳐서 나타나더라도 각각의 탄소들의 화학이동 값이 다르다면 겹쳐서 나타나는 양성자들의 피크들을 완전히 분리해서 볼 수 있다. 이러한 목적으로 얻어진 HSQC 스펙트럼에서 벤젠

ring의 영역을 확대한 그림을 보면 7.13-7.06 ppm에서 이중선과 삼중선의 피크들을 구별할 수 있었던 양성자 스펙트럼의 결과가 HSQC 스펙트럼에서도 잘 나타나 있음을 알 수 있다. 그리고 분명한 커플링 pattern을 구분할 수 없었던 7.3-7.25 ppm의 피크들도 각각의 탄소의 화학이동 값 위치로 이중선과 삼중선으로 잘 분리되어 있는 것을 볼 수 있다. 즉 벤젠 ring의 양성자들은 4 개가 연속하여 *ortho* 위치로 놓여 있다는 것이며 따라서 벤젠 ring에 치환된 구조 요소는 1,2-의 위치에 있다는 것이다.

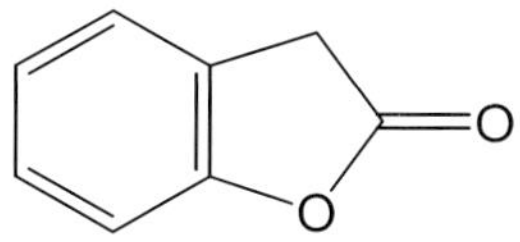

이 경우에 4 개의 양성자와 탄소들을 명확하게 규명하지 않고도(위의 data들 만으로는 불가능하다) 구조를 얻을 수 있었다는 것을 알 수 있다. 그러나 구조가 간단하지 않은 많은 경우 양성자와 탄소의 완전한 규명이 필요하게 된다. 아래 문제 54에서 양성자와 탄소의 완전한 규명을 연습해보도록 한다.

54 이 물질의 양성자 스펙트럼이나 탄소 스펙트럼에서 피크들의 화학이동 값들로부터 제일 먼저 알 수 있는 것은 sp^3의 hybridization의 양성자나 탄소가 없다는 것이다. 분자식에서도 불포화 수가 7(# =9-(6/2)+1=7)이므로 이 물질의 많은 결합이 sp^2의 결합임을 알 수 있다. 또한 앞의 문제 53의 경험만으로도 이 화합물은 벤젠 ring을 구조의 일부로 가지고 있다는 것을 알 수 있으며 커플링 되어 나타난 벤젠 ring에 있는 양성자들이 1-2 Hz의 *meta* 커플링 상수 값을 가지고 삼중선 2 개와 이중선 2 개가 약 8 Hz 정도의 *ortho* 커플링 상수를 가지고 나타난 것은(양성자 스펙트럼에서 확대하여 놓은 그림 참조) 4 개의 양성자들이 나란히 서로 *ortho*의 위치로 놓여 있다는 것이다. 그러므로 벤젠 ring은 1,2-의 위치로 치환체가 있는 것이며 이 정보로 DEPT 실험의 스펙트럼에서 보면 6 개의 CH 중에서 4 개를 벤젠 ring의 탄소라고 한다면 두 개의 CH가 남게 되며 이들이 sp^2의 탄소이므로 이들은 CH=CH의 구조 요소라는 것을 알 수 있다. 나머지 3 개의 quaternary 탄소에서 2 개는 벤젠 ring의 탄소들이며 이들 중 161 ppm 정도에서 나타나는 피크는 분자식에 있는 산소 2 개와 연관하여 ester의 요소를 생각할 수 있다. 지금까지 밝혀진 요소들이 분자식의 모든 원소들을 사용하였고 불포화 수는 1을 더 소화해야 하므로 벤젠 ring에 치환될 CH=CH와 ester 요소를 사용하여 ring을 만들어야만 한다. 먼저 이들 두 요소가 만들 수 있는 가능한 구조 요소는 CH=CH-O-(CO)와 CH=CH-(CO)-O가 될 수 있으며 이들을 벤젠 ring에 연결하여 2 개의 가능한 구조를 만들 수 있다.

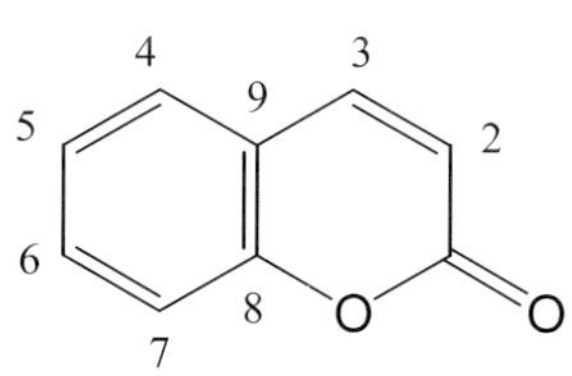

I

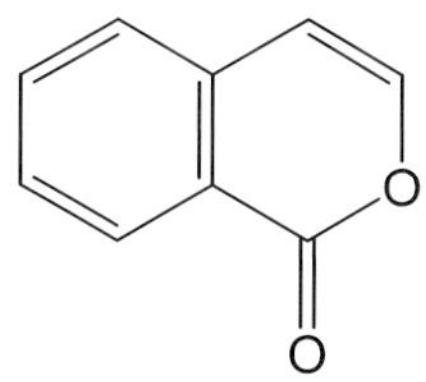

II

양성자 스펙트럼에서 7.69와 6.4 ppm에서 각각 이중선으로 나타난 피크들의 커플링의 크기로 2와 3의 양성자들이라는 것이 분명 하지만 Ⅰ의 구조에서는 αβ-unsaturated ketone의 형태이므로 resonance 구조를 생각한다면 β의 위치 즉 3의 양성자가 down-field에서 나타날 수 있다고 생각할 수 있고 Ⅱ의 구조에서는 2의 양성자가 더 down-field에서 나타날 수 있다고 생각할 수 있다.

양성자 스펙트럼과 함께 보여주고 있는 1D-NOE 실험 스펙트럼은 7.69 ppm의 양성자를 조사(irradiation)한 결과가 벤젠 ring의 4나 7의 양성자에 해당하는 7.46 ppm의 dd 피크의 양성자에 NOE를 보여주고 있다. 결국 두 구조 모두에서 양성자 2가 벤젠 ring의 양성자와는 NOE를 보여줄 수 없기 때문에 7.69 ppm의 피크는 양성자 3이며 7.46 ppm의 dd 피크는 양성자 4가 분명하다. 그러므로 6.4 ppm의 이중선 피크는 양성자 2이며 NOE를 보여주고 있다(NOE의 이중선 피크의 intensity가 한쪽이 적게 나타난 것은 polarization transfer라는 현상 때문인데 NOE 실험에서 사용되는 90° 펄스가 정확하지 않으면 나타나게 되고 특히 90° 펄스의 미세한 오차에도 조사(irradiation)하는 양성자와 스칼라 커플링을 하고 있는 상대의 양성자에서는 자주 나타난다).

COSY 스펙트럼에서 지금까지 예상한 결과들을 적용해보면 2와 3의 양성자들은 커플링을 잘 보여주고 있고 4, 5, 6, 7의 양성자들도 *para* 위치에 있는 4와 7의 양성자들(meta 커플링을 가지고 ortho 커플링의 이중선으로 나타나 있음)만이 서로 커플링 피크를 보여주지 않고 있으며 나머지는 모두 커플링을 보여주는 것으로 예상 구조 Ⅰ과 Ⅱ를 모두 뒷받침해 주고 있다. NOE의 결과를 고려하지 않으면 지금의 단계에서 단언을 할 수는 없지만 앞에서의 예상과 같이 2와 3의 양성자의 화학이동 값이 Ⅰ에서는 3이 Ⅱ에서는 2가 더 down-field에서 나온다면 7.69 ppm의 양성자가 4나 7에 해당되는 7.31 ppm의 양성자와 커플링을 보여주고 있으므로 Ⅰ의 구조가 COSY 스펙트럼과 일치하고 있다. 또한 이 결과는 커플링 상수 값과 관련하여 7.31 ppm의 broad한 이중선은 양성자 4가 아니고 7이라는 것을 예상할 수 있으며(Ⅰ과 같은 구조에서 3과 4는 커플링이 없지만 3과 7의 양성자는 1 Hz 정도의 커플링 값을 가지고 있음) 앞의 NOE 실험의 결과와 일치하고 있다. 이 결과로 COSY 스펙트럼에서 양성자 7은 7.51 ppm의 양성자 6과 강한 contour 피크를 7.26 ppm의 양성자 5와는 다소 적은 contour 피크를 보여주므로 4 개의 양성자들을 명확하게 규명할 수 있고 HSQC 스펙트럼에서는 예상대로 탄소 3(143.2 ppm)이 2(116.6 ppm)보다 더 down-field에서 나오는 것을 확인할 수 있고 4, 5, 6, 7의 탄소들도 모두 규명할 수 있다.

특히 주어진 HMBC 스펙트럼에서는 2와 3의 양성자의 명확한 규명이 없이도 구조 Ⅰ과 Ⅱ의 구분이 가능하다는 것을 알 수 있다. 즉 구조 Ⅰ에서는 양성자 2와 3이 carbonyl 탄소(약 161 ppm)와 2-, 3-bond의 관계에 있으므로 두 양성자가 모두 correlation peak를 보여줄 수 있는 가능성이 있지만 구조 Ⅱ에서는 양성자 3과 carbonyl 탄소는 4-bond의 관계에 있으므로 이들 사이에는 correlation peak를 볼 수 없을 것이다. 나타난 결과는 양성자 2와 3이 모두 carbonyl 탄소와 correlation peak를 보여주고 있으므로 Ⅰ의 구조와 일치한다는 것을 알 수 있다.

앞의 여러 가지 실험의 결과로 얻어진 Ⅰ의 구조가 정확하다면 HMBC 스펙트럼은 앞의 다른 규명들도 설명할 수 있어야하는데 하나의 예로 양성자 4(7.46 ppm)와 7(7.31 ppm)의 규명을 확인하여 보도록 하자. 양성자 4는 탄소 6(131.8 ppm), 8(154 ppm), 3(143.2 ppm)과 3-bond의 관계를 가지고 있으며 예상대로 모든 correlation peak들이 나타나 있는 것을 볼 수 있고 양성자 7은 탄소 5(124.2ppm)와 9(118.8 ppm)와는 3-bond correlation peak를 보여주고 있지만 탄소 3(143.2 ppm)과는 4-bond의 관계이므로 correlation peak를 예상대로 보여주지 않았다. 또한 다른 correlation peak들도 모두 이와 같은 설명이 되므로 구조 Ⅰ의 구조가 옳다는 것을 증명하게 된다.

지금까지 이용된 이러한 구조 규명의 방법들이 일반적으로 미지 물질의 구조를 밝히는데 많이 사용되는 것들이며 이론적으로도 잘 정립이 되어 있어 의심의 여지없이 받아들여져 사용되고 있다. 이러한 방법들이 얼마나 정확한지를 그리고 상호적으로 사용될 수 있는지를 여기에서 NMR에서 가장 직접적인 방법으로 알려져 있는 INADEQUATE 실험 방법으로 이들을 증명해 보도록 하자. 아래의 2D-INADEQUATE 스펙트럼은 실험 시간의 단축을 위해서 시료를 saturation 시켜서 얻은 것이므로 탄소의 화학이동 값들이 조금씩 변한 것을 볼 수 있다. 일반적으로 carbonyl 탄소는 긴 relaxation time(T_1) 뿐만 아니라 피크의 크기도 작다는 등의 여러 가지 단점 때문에 이러한 실험에서는 제외시키는 것이 상식이다. 하지만 이 경우에는 모든 탄소들이 비교적 적은 화학이동 값의 범위를 가지고 있으며 또한 모두 sp^2의 탄소로 T_1이 비교적 긴 것들이므로 carbonyl 탄소를 제외하더라도 실험 시간을 단축할 수 있는 등의 큰 효과를 얻을 수 없기 때문에 포함시키게 되었다.

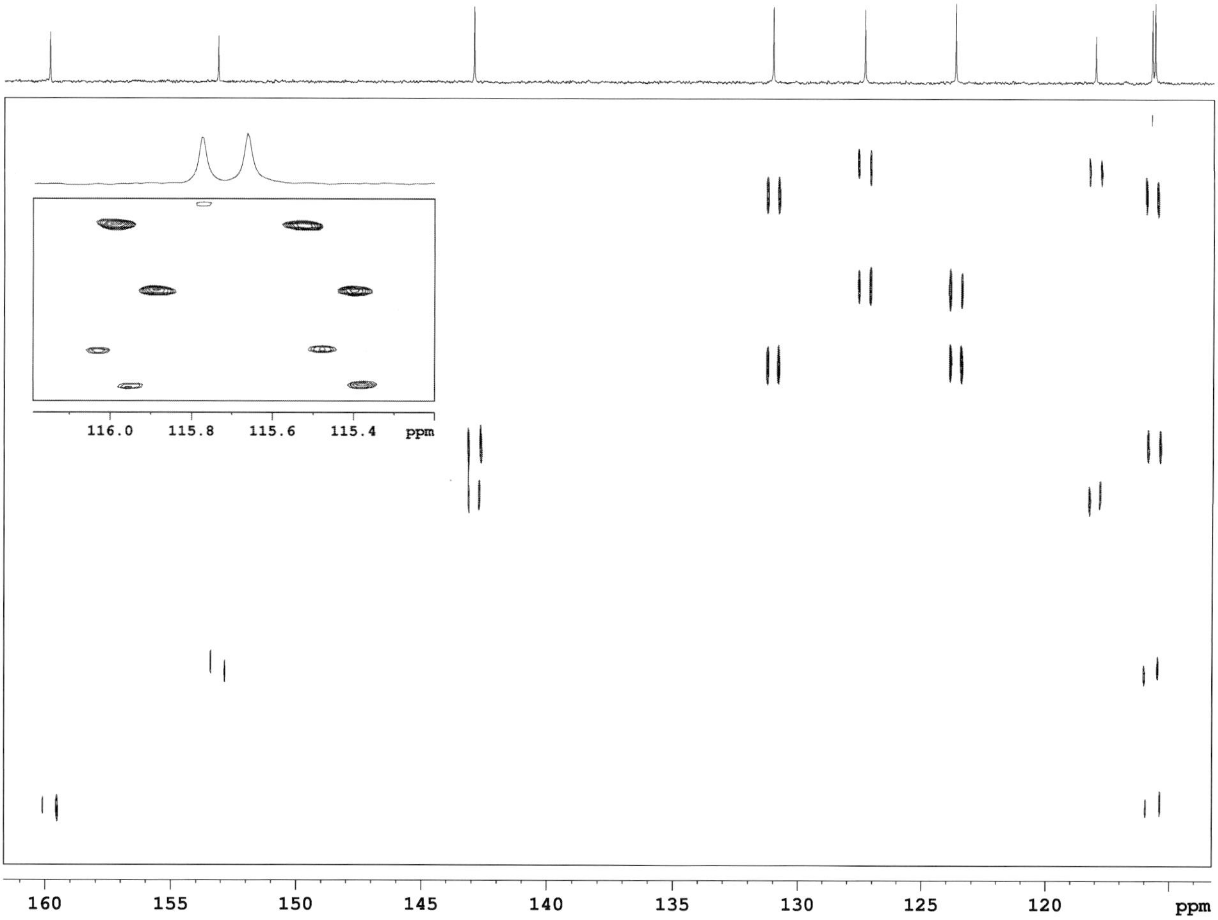

이 스펙트럼의 해석을 가장 down-field인 160 ppm 영역에서 나타난 carbonyl 탄소의 이중선 contour 피크에서 시작하여 x 축을 평행하게 따라 가다보면 가장 up-field에서 나타나는 115.7 ppm의 탄소 피크가 보여주는 이중선 contour 피크(확대하여 놓은 스펙트럼 참조)와 만나게 되는데 이것이 탄소 2의 피크다. 이 피크가 보여주고 있는 다른 이중선 contour 피크는 x 축과 평행한 선상에서 143 ppm에서 나타나는 이중선 contour 피크와 만나게 되는데 이것이 탄소 3의 피크다. 이와 같은 방법으로 위의 스펙트럼의 피크들을

3 해답과 해설

연결해 보면 앞에서 얻어진 구조에서 탄소 8과 9의 연결을 제외하고는(8과 9의 두 탄소는 quaternary 탄소로 양성자가 주는 NOE 효과도 없고 T_1이 길어서 intensity가 상대적으로 작기 때문) 모든 탄소들의 연결을 만들 수 있다는 것을 알 수 있다. 탄소 8과 9의 연결은 HMBC 스펙트럼에서 양성자 4(7.46 ppm)가 8의 탄소(154 ppm)와 correlation peak를 보여주는 것으로 완성시킬 수 있다. 결국 앞에서 사용된 모든 방법들이 정확한 구조 유도의 과정에 적용되는 옳은 방법이라고 할 수 있으며 또한 이와 같이 INADEQUATE 실험으로 탄소들의 연결을 부분적으로라도 얻을 수만 있다면 구조분석의 작업은 매우 쉽다는 것을 알 수 있다.

55 양성자 스펙트럼에서 7.3 ppm의 영역에서 나타난 피크들과 탄소 스펙트럼에서 140-120 ppm 영역에서 나타난 피크들은 벤젠 ring이 구조의 일부로 있다는 것이 분명하고 불포화 수가 6(#=10-(10/2)+1=6)이라는 것도 이들을 뒷받침 하고 있다. 양성자 스펙트럼에서 2.2나 5.5 ppm에서 나타난 피크들의 적은 적분 값을 하나의 양성자로 취급할 때 2.6 ppm의 다중도 피크들은 3 개, 7.3 ppm의 벤젠 ring의 다중도 피크들은 약 5 개의 양성자 값을 보여주고 있으며 이들의 합은 분자식에 10 개의 양성자 수와 일치한다. 그러므로 탄소의 스펙트럼에서 벤젠 ring의 탄소 6 개가 4 개로 나타난 결과와 일치하고 있다는 것을 알 수 있다. 나머지 4 개의 탄소들 중 177 ppm의 피크는 분자식에 산소가 있다는 사실로 ester의 피크로 예상할 수 있고 81 ppm의 CH 탄소는 산소에 연결되어 있다고 예상할 수 있다. 벤젠 ring과 ester의 불포화 수의 합이 5 이므로 불포화 수를 만족시키기 위해서는 ring을 하나 더 만들어야 하고 HSQC 스펙트럼에서 알 수 있는 CH 그룹의 양성자(5.5 ppm)와 탄소(81 ppm)의 화학이동 값들로 예상해 볼 때 ester의 산소에 연결된 영향으로만 취급하기에는 너무 down-field에서 나타났다는 것을 알 수 있다. 이미 알고 있는 하나의 bond가 필요한 벤젠 ring을 이곳에 연결하고 보면 CH는 chiral center가 되고 나머지 2 개의 CH_2 그룹 중에서 이곳에 연결되어 있는 CH_2 양성자들은 AB pattern의 스펙트럼 모습으로 나타날 것이라는 것을 예상할 수 있을 것이다. HSQC 스펙트럼에서 31 ppm의 탄소에 있는 양성자들이 바로 이 모습을 보여주고 있고 나머지 하나의 CH_2의 그룹은 ring을 만드는 일부가 되어 lactone의 구조를 만들 수 있다. HMBC 스펙트럼에서는 AB pattern을 보여주는 2.2 ppm의 양성자 하나가 벤젠 ring의 ipso 탄소와 ester의 carbonyl 탄소와 3-bond correlation peak들을 잘 보여주고 있는 것으로 이 구조를 뒷받침해 주고 있다.

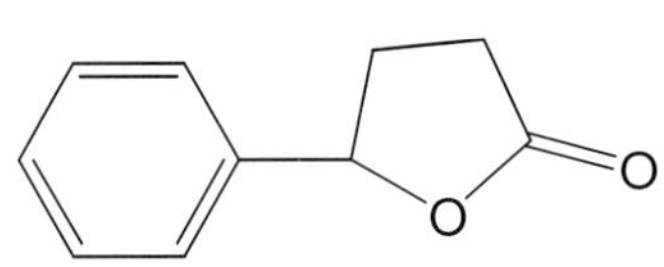

56

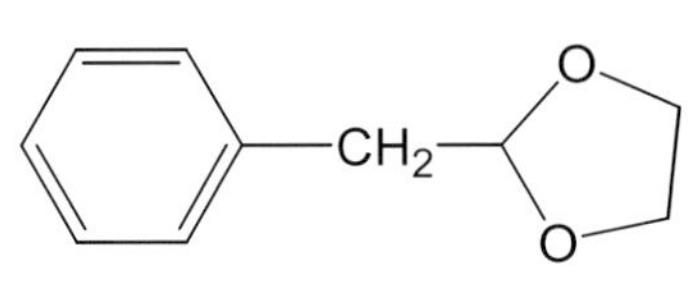

57 양성자 스펙트럼과 DEPT 실험을 포함한 탄소 스펙트럼에서 aliphatic의 요소들은 CH와 CH_2의 2 개가 전부이며 sp^2의 탄소들은 206 ppm의 ketone을 제외하고 나머지 요소들은 모두 aromatic에 해당하는 양성자와 탄소들이라고 볼 수 있다. 분자식에서 불포화 수도 10(#=15-(12/2)+1=10)이므로 2 개의 벤젠 ring을 고려할 수 있는 충분한 수이며 aliphatic 2 개의 탄소와 ketone 1 개의 탄소를 제외하고 나머지 12 개의 탄소들이 탄소 스펙트럼에 10 개가 나타나 있으며 양성자 스펙트럼에서 9 개의 aromatic 양성자가 있다. 그러므로 하나의 탄소만 치환되어 2 개의 대칭을 가지고 있는 5 개의 양성자를 가진 벤젠 ring 하나와 2 개의 탄소가 치환되어 4 개의 양성자를 가지고 있는 다른 벤젠 ring이 있다는 것을 예상할 수 있다. 양성자 스펙트럼에서 2.7과 3.2 ppm의 영역에서 하나씩의 양성자로 dd(doublet-doublet) pattern으로 나타난 피크들은 확대된 스펙트럼에서 약 20 Hz정도의 커플링 상수를 볼 수 있다는 것으로 geminal 커플링 즉 AB pattern으로 chiral center에 연결되어 있는 CH_2-CH 요소의 두 양성자라는 것을 알 수 있다. 이 사실은 HSQC 스펙트럼에서 이들 두 양성자가 47 ppm에 있는 하나의 탄소에 있는 것으로 더 쉽게 확인할 수 있으며 COSY 스펙트럼에서는 이들 요소의 3 개의 양성자가 커플링하고 있는 것을 볼 수 있다. 분자식에서 보여준 불포화 수 10을 맞추기 위해서는 CH_2-CH와 carbonyl을 사용하여 ring을 하나 더 만들어야하고 이들 두 요소는 CH_2-CH-C(O)와 C(O)-CH_2-CH의 두 가지 형태의 모습으로 두 개의 치환체가 필요한 벤젠 ring에 치환될 수 있다. 이들이 벤젠 ring에 치환되는 형태는 벤젠 ring의 탄소들이 대칭성을 가지고 있지 않기 위해서 1,2-나 1,3- 형태로 치환되어야 하며 이들의 구분은 문제 53과 54에서 이미 보았듯이 벤젠 ring의 양성자 피크들이 커플링 되어 나타난 pattern으로 가능하다. 즉 화학이동 값 7.8-7.4 ppm에서 1,2- 형태로 치환되었을 때 이중선, 삼중선, 삼중선, 이중선의 모습에서 마지막 이중선의 모습은 다른 피크들과 겹쳐서 나온다는 것을 COSY 스펙트럼에서 쉽게 볼 수 있다. 이렇게 1,2- 위치에 치환되어 만들어진 indanone 모체의 구조에서 한 개의 bond가 더 필요한 CH의 탄소가 남아 있고 이곳에 아직 결합에 참여하지 않고 남아 있는 벤젠 ring을 연결하면 두 개의 가능한 구조를 완성할 수 있다.

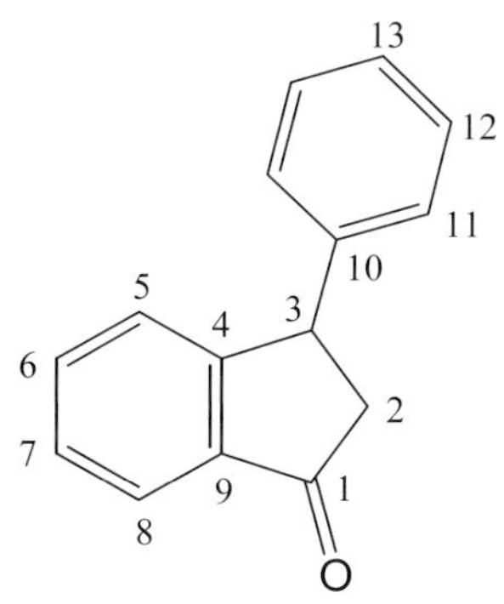

I

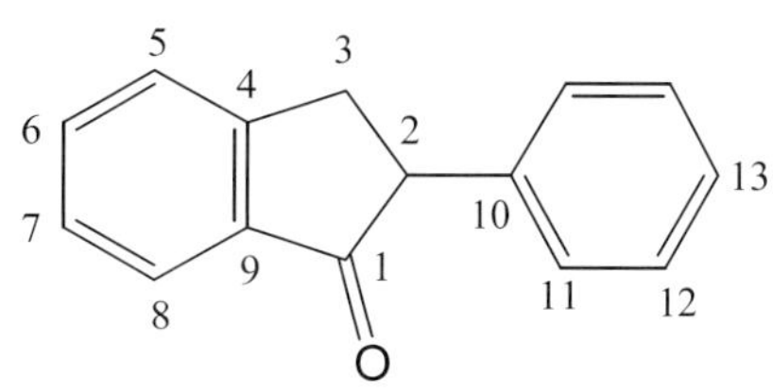

II

이제 이 두 구조의 구별은 치환체 위치의 CH 양성자의 화학이동 값으로 할 수 있지만 I의 구조에서 양성자 3과 II의 구조에서 양성자 2 중에서 어느 것이 4.5 ppm의 영역에 나타날 수 있는지는 알 수 없다. 결국 벤젠 ring이 2와 3의 탄소 중 어느 곳에 치환되어 있는지를 찾아내는 방법은 indanone의 모체에 치환되어 있는 벤젠 ring의 위치에서 따라서 변할 수 있는 벤젠 ring들에 있는 양성자들의 거리를 이용하는 NOE 실험 방법을 생각할 수도 있고 HMBC 실험을 이용하여 2와 3의 양성자나 탄소의 위치를 확인하는 두 가지 방법을 생각할 수 있겠다. 어느 방법을 사용한다고 하더라도 무엇보다도 먼저 양성자와 탄소의 피크들의 정확한 규명이 필요하다. 양성자와 탄소의 2와 3의 피크들은 벤젠 ring의 치환 위치와는 관계없이 명확하지만 5, 6, 7, 8의 양성자와 탄소들의 피크는 5와 8의 규명에 따라 6과 7의 규명도 달라진다. 따라서 5와 8의 양성자 피크를 먼저 규명하기 위하여 HMBC 스펙트럼을 이용하도록 하자.

HMBC 스펙트럼에서 2-, 3-bond의 correlation peak들은 양성자와 탄소 사이의 커플링 상수에 의한 정확한 실험의 조건에서 나타나게 되는데 이미 알고 있듯이 이들 사이의 커플링 상수는 1-15 Hz 범위의 값을 가지고 있다. 그러므로 일반적으로 이 실험은 중간 범위의 8-10 Hz의 값에 해당하는 실험 조건으로 스펙트럼을 얻게 되고 따라서 이 조건에서 멀어지는 양성자와 탄소들의 관계 피크는 나타나지 않게 된다. 특히 양성자와 탄소의 2-나 3-bond의 커플링 상수는 일반적으로 3-bond의 것이 크다고 알려져 있지만 3-bond의 경우 즉 H-C(1)-C(2)-C(3)와 같은 시스템에서 양성자가 C(3)의 탄소와 가질 수 있는 커플링 상수 값은 H-C(1)-C(2)가 만들고 있는 평면과 C(1)-C(2)-C(3)가 만들고 있는 평면사이의 dihedral angle에 따라서 0-15 Hz 로 알려져 있다. 이와 같은 점을 고려하여 HMBC 스펙트럼을 해석하는데 가장 주의 할 점은 NOE 실험 결과를 설명할 때와 같이 예상의 피크가 나타나지 않았다고 예상의 구조를 부정할 수 없다는 것이고 나타난 피크들을 근거로 사용하여 구조 관계를 증명하는 것만이 옳은 방법이라는 것이다.

HMBC 스펙트럼에서 206 ppm의 carbonyl 피크가 7.8 ppm의 broad한 이중선 양성자 피크(이후의 양성자의 피크모양 설명에 *meta* 커플링의 작은 splitting은 생략하여 언급하였음)와 correlation을 보여주고 있으므로 양성자 8이라는 것을 확인할 수 있으며 COSY 스펙트럼을 이용하여 7.4 ppm의 삼중선 피크가 양성자 7, 7.55 ppm의 삼중선 피크가 양성자 6 그리고 양성자 5는 7.25 ppm에서 다른 피크들과 겹쳐서 나왔다는 것을 알 수 있다. 이에 따라 나머지 다른 aromatic 양성자들의 규명은 7.11 ppm의 이중선 피크를 양성자 11로 그리고 7.29 ppm의 삼중선 모양의 피크를 양성자 12로 그리고 7.23ppm의 삼중선 피크가 양성자 13의 피크로 일부가 양성자 5의 피크와 겹쳐 나오는 것으로 명확하게 규명할 수 있다. 이들 정보를 HSQC 스펙트럼에 적용해보면 대칭으로 2 개의 탄소 피크로 큰 intensity를 가지는 탄소 11과 12의 피크가 양성자 규명과 잘 일치한다는 것을 알 수 있다. 양성자를 가지고 있지 않은 탄소들 중에서 양성자 8과 6이 보누 correlation을 보여주는 158 ppm의 피크가 탄소 4고 양성자 7과 5(13과 겹쳐서 나오지만 탄소 9와는 관계가 없으므로)가 모두 correlation을 보여주는 136.5 ppm의 피크는 탄소 9다. 그러므로 마지막 남은 143.6 ppm의 피크는 탄소 10으로 자동적으로 규명할 수 있지만 양성자 12가 correlation 피크를 보여준다는 것으로도 확인할 수 있다.

구조 Ⅰ을 먼저 HMBC 스펙트럼에 적용해보면 2(2.68, 3.22 ppm)와 3(4.56 ppm)의 양성자들이 carbonyl 탄소 1과 correlation을 보여줄 수 있지만 결과는 3-bond 관계에 놓여 있는 양성자 3은 보여주지 않고 2-bond 관계에 놓여 있는 양성자 2의 피크들만 correlation을 보여주고 있다. 또한 이 2의 양성자들은 탄소 4와 10과 3-bond의 관계에 놓여 있고 correlation을 잘 보여주고 있고 양성자 3도 이들 탄소 4와 10과 2-bond의 correlation을 보여주고 있다. 이 구조 Ⅰ의 경우 비록 예상되는 3의 양성자가 탄소 1과 9와 가질 수 있는 correlation이 나타나 있지 않지만 구조 Ⅰ이 틀리다고는 말할 수 없으며 구조 Ⅱ가 가질 수 없는 다른 증거를 찾아야만 한다.

구조 Ⅱ를 HMBC 스펙트럼에 적용 시켜보면 앞의 구조 Ⅰ을 적용시켰을 때 양성자 2와 3이 서로 바뀌게 되어 양성자 2는 4.56 ppm의 피크 그리고 3의 두 양성자는 2.68과 3.22 ppm에 있는 피크가 된다. 즉 양성자 3은 carbonyl 탄소 1과 3-bond의 correlation을 보여주고 있고 양성자 2는 carbonyl 탄소 1과 2-bond의 correlation을 보여주지 않는다. 다른 탄소 4와 10과의 관계들도 2-, 3-bond의 역할만 바뀌게 되었고 결과는 같다. 결국 이들을 이용하여 구조를 구분할 수 없는 것이다.

이들 두 구조 Ⅰ과 Ⅱ에서 같은 것으로 사용되는 양성자 5를 보면 구조 Ⅰ과 Ⅱ에서 모두 탄소 3과 3-bond의 관계에 놓여 있지만 구조 Ⅰ에서 탄소 3은 CH이지만 구조 Ⅱ에서 탄소 3은 CH_2의 탄소라는 것을 알 수 있다. 이 관계를 확인하면 양성자 5가 비록 양성자 13과 겹쳐서 나타나지만 양성자 13은 탄소 3과는 너무 멀리 떨어져 있기 때문에 결과는 양성자 5와 탄소 3의 correlation이라는 것을 알 수 있다. HMBC 스펙트럼의 결과는 양성자 5가 CH 탄소인 44.5 ppm의 피크와 correlation을 보여주고 있으므로 벤젠 ring이 탄소 3에 치환되어 있는 구조 Ⅰ이 맞는 답이다.

58

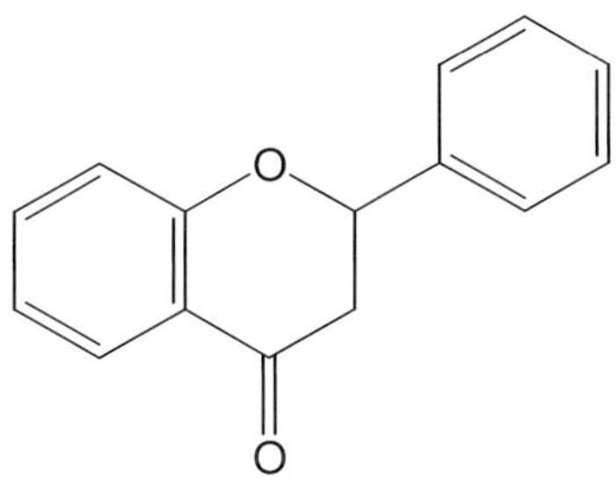

59 양성자 스펙트럼에서 5.5 ppm 영역에서 작은 커플링들을 가지고 나타난 두 개의 양성자 각각에 해당하는 이중선 피크와 5.81 ppm 영역에서 다중선으로 나타난 하나의 양성자 피크는 앞의 문제 48에서도 이미 경험한대로 vinyl(CH_2=CH−) 그룹에 있는 3 개의 양성자들의 커플링 모습들이라는 것을 알 수 있다. 특히 =CH_2의 2 개의 양성자들을 확대하여 놓은 곳에서 약 17과 10 Hz의 커플링 상수들을 얻을 수 있다는 것이 vinyl 그룹의 trans와 cis의 양성자들이 보여주는 관계라는 것과 이 그룹의 탄소들은 DEPT 실험과 함께 보여준 탄소 스펙트럼에서 137.5와 115 ppm에서 나타나 있으며 이 예상은 HSQC 스펙트럼에서 각각의 양성자와 탄소가 correlation peak들을 보여주고 있는 것으로 확인할 수 있다. 이 vinyl 그룹의 양성자들을 기준으로 COSY 스펙트럼에서 2.2 ppm에서 다중선으로 나타나 있는 2 개의 양성자(DEPT와 HSQC에서 CH_2로 확인됨)와 vicinal과 allylic 관계의 커플링들을 보여주고 있고 다시 이 CH_2는 1.6 ppm에 있는 다중도의 또 다른 CH_2와 커플링 하고 있다는 것으로 CH_2=CH-CH_2-CH_2-라는 구조 요소를 가지고 있음을 알 수 있다. 이 1.6 ppm에서 나타나는 CH_2의 양성자는 다시 2.9 ppm에서 나타나는 CH의 양성자와 커플링하고 있는 것을 볼 수 있고 이 CH는 화학이동 값이 2.45와 2.72 ppm에서 각각 dd의 모습으로 하나의 탄소에 있으면서(HSQC 스펙트럼에서 확인)다르게 나타나는 두 개의 양성자와 커플링하고 있는 것으로 R-CH_2- CH-CH_2라는 요소를 완성할 수 있다. 이 구조 요소는 분자식의 모든 탄소와 양성자를 가지고 있으며 산소 하나만을 남겨 놓게 되며 산소가 이 요소에 연결될 수 있는 방법은 분자식이 보여주는 불포화 수 2를 고려하지 않고도 epoxide를 만드는 것이 유일한 방법이다.

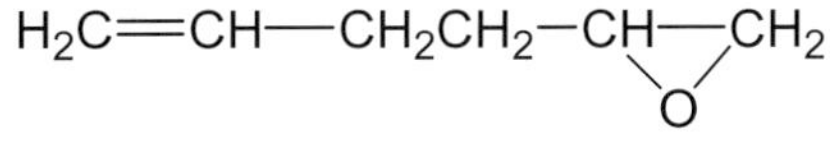

이 구조와 연관하여 규명된 양성자와 탄소들은 HMBC 스펙트럼에서 2-, 3-bond의 탄소와 양성자의 관계의 correlation peak들을 잘 보여주고 있지만 탄소의 DEPT90 실험 스펙트럼에서 나타나지 말아야할 epoxide의 CH_2에 해당하는 탄소가 비정상적으로 크게 나타나 있는 것을 볼 수 있다. 이것은 CH_2에서 C-H의 커플링 상수가 일반적으로 DEPT 실험에서 적용하는 탄소와 양성자의 1-bond 커플링 상수인 140 Hz의 파라메타 조건에서 많이 벗어나 있기 때문이다. 실제로 epoxide의 CH_2의 C-H의 커플링 상수는 180 Hz 정도의 값을 가지는 것으로 알려져 있다.

60

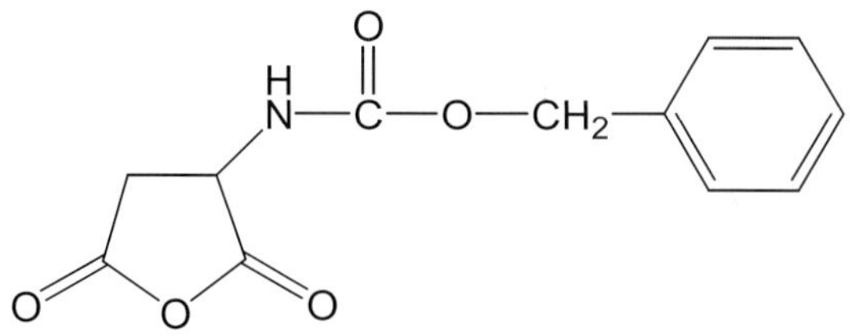

61

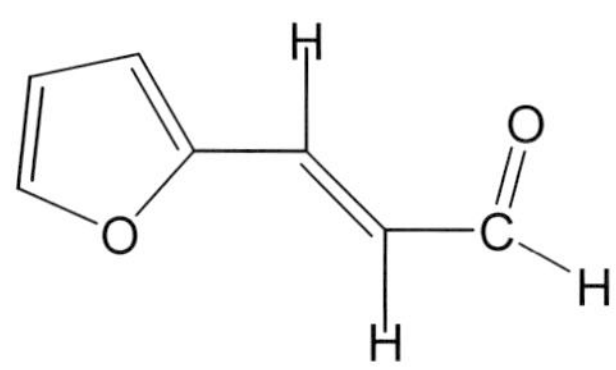

62

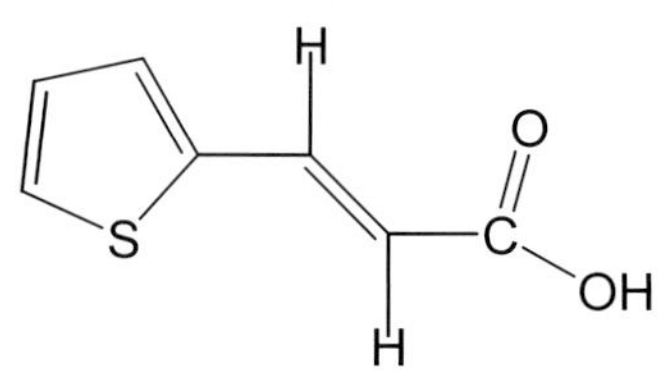

63

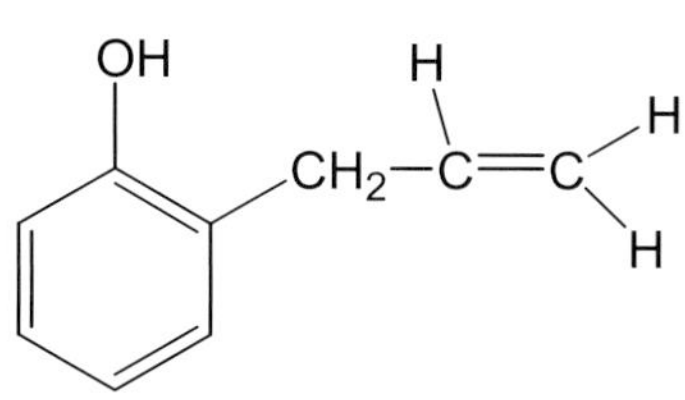

64

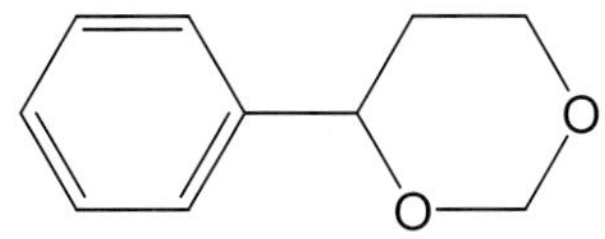

65

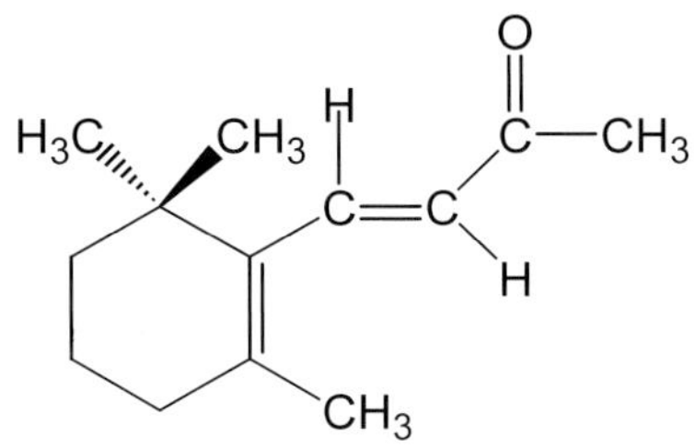

66

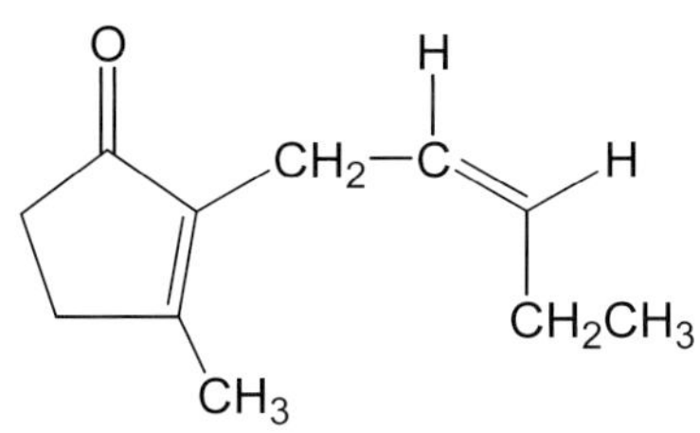

67

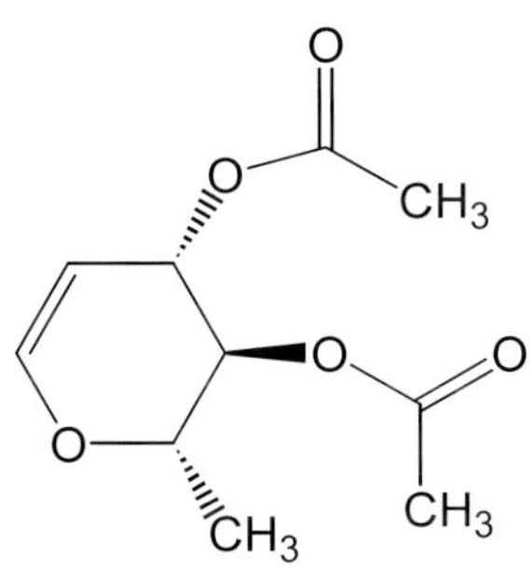

68

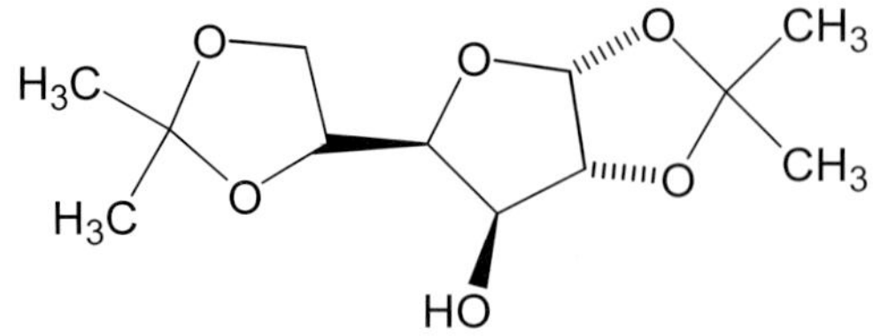

이 화합물 구조의 중요한 첫 단서는 앞의 문제에서도 나타났었지만 탄소 스펙트럼에서 ~100-110 ppm에 나타난 피크들이라고 할 수 있다. 즉 탄소 스펙트럼에서 이 영역의 피크라는 것은 일부의 sp^2 탄소나 산소를 두 개 가지고 있는 탄소가 유일하다. 그러나 이 물질의 양성자 스펙트럼에서는 sp^2의 양성자가 나타나지 않았으므로 산소를 두 개씩 가지고 있는 탄소가 3 개 있다는 것이다. 이들 중에 하나는 양성자를 가지고 있고 이것이 ~6.92 ppm에서 나타난다는 것을 HSQC 스펙트럼이 보여주고 있다. 이와 더불어 이들이 가질 수 있는 cyclic ketal이나 acetal의 구조의 양성자 스펙트럼 해석에서 조심하여야하는 것은 Karplus equation과 vicinal 커플링 상수와의 관계이다. 이 경우에도 vicinal 커플링이 나타나지 않은 COSY 스펙트럼을 볼 수 있고 이들 구조의 관계는 HMBC 스펙트럼으로 완성할 수 있음을 알 수 있다.

69

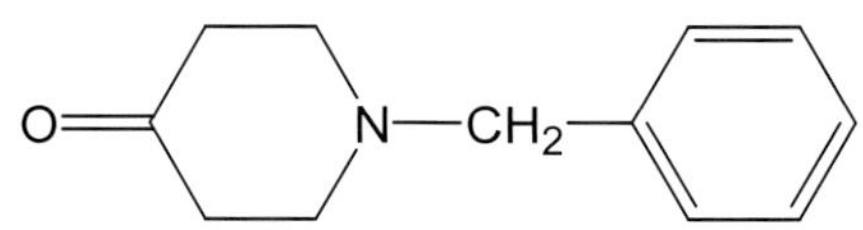

70

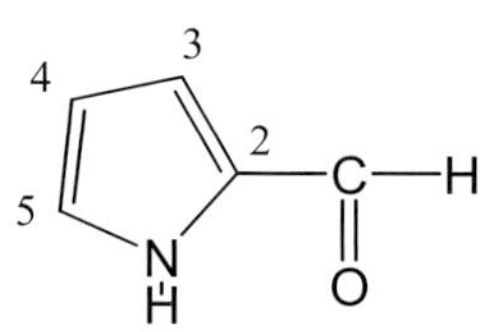

양성자나 탄소 스펙트럼 모두가 sp^2 양성자와 탄소를 보여 주고 있으며 양성자들 사이에 복잡한 작은 커플링들은 일반적으로 aromatic의 heterocyclic인 물질을 생각할 수 있다. 즉 이 pyrrole과 같은 five-membered heterocyclic 화합물들에서는 양성자 서로가 모두 커플링(~1-5 Hz)을 하면서 그들 사이의 상수의 차이가 크지 않으므로 양성자 스펙트럼의 해석을 어렵게 만든다. 다행히도 이 경우에는 ~9.5 ppm에서 나타나는 aldehyde의 양성자로 COSY 스펙트럼에서 ~7.18 ppm에서 나오는 피크를 3의 양성자로 생각하고 이 양성자가 다른 두 양성자와 커플링 하는 것으로 위의 구조를 그릴 수 있을 것이다. 그러나 INADEQUATE 스펙트럼을 보면 이 해석은 틀린 것이다. ~7 ppm에서 나오는 피크가 3의 양성자가 되고 ~7.18 ppm의 피크는 5의 양성자가 되는 것이다. 이와 같이 heterocyclic 화합물들에서는 양성자와 탄소의 규명에 오류를 범할 수 있으므로 주의하여야 할 것이다.

71

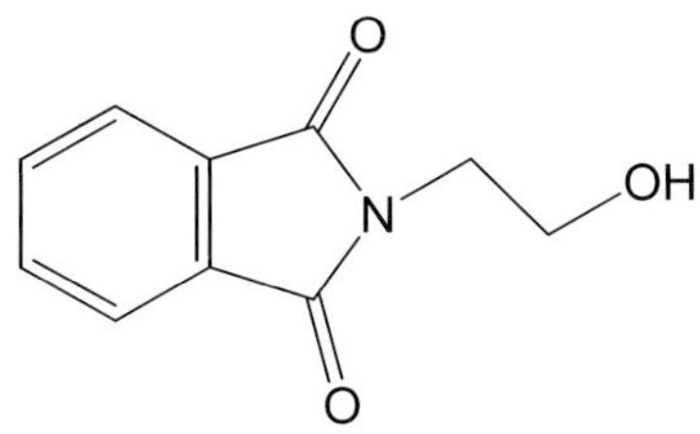

72

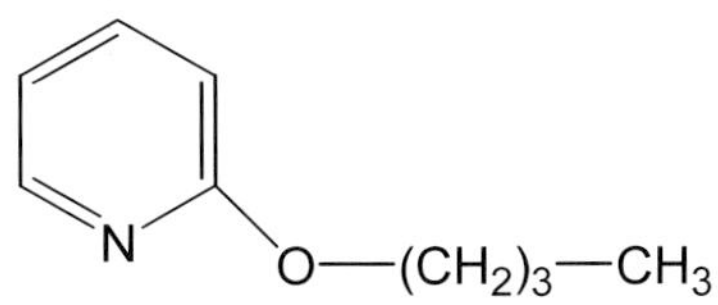

73

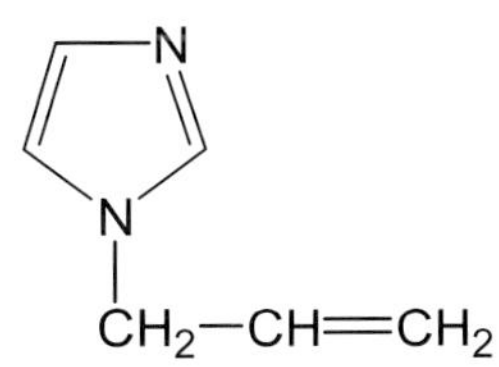

74 일반적으로 양성자 스펙트럼에서 여러가지의 커플링 상수를 가지고 피크들이 복잡하게 나타나면 해석이 어렵다고 생각할 수 있지만 커플링들이 없이 나타나는 바로 이 물질의 스펙트럼이 단순하기 때문에 얼마나 구조를 밝히기가 어려운지를 보여주는 대표적인 예라고 할 수 있다. 또한 이곳에서 지금까지 보지 못한 양성자를 이용하여 질소의 화학이동을 알 수 있는 HMBC 스펙트럼도 보여주고 있으며 구조 분석에서 이들 질소의 화학이동 값이 왜 필요한지를 보여줄 것이다.

먼저 탄소 스펙트럼에서 용매의 피크가 없고 양성자 스펙트럼에서 4.7 ppm의 피크(HOD)를 보면 용매가 D_2O라는 것을 알 수 있다. 분자식이 포함하고 있는 산소와 불포화 수가 6(#=8−(6/2)+1=6)이라는 것으로부터 carbonyl 또는 이중결합 그리고 ring들이 있다는 것을 생각할 수 있다. 양성자 스펙트럼에서는 분자식의 10 개의 양성자를 고려하면 3.1−3.7 ppm의 영역에서 3의 적분 값을 가지고 각각 나타난 3 개의 단일(singlet) 피크들은 메칠 그룹의 양성자들이고 7.7 ppm의 하나의 양성자는 sp^2의 탄소에 있는 양성자라는 것을 알 수 있다. DEPT 135 스펙트럼과 함께 보여준 탄소 스펙트럼에서도 이들 메칠과 sp^2 탄소를 확인할 수 있으며 분자식의 8 개의 탄소가 모두 있으므로 대칭은 없다는 것을 말해주고 있다.

메칠의 양성자들 화학이동 값만으로는 메칠 그룹이 산소에 연결되어 있는 구조 요소를 생각할 수도 있지만 이들의 탄소 화학이동 값을 고려하면 이들은 산소보다는 질소에 연결되어 있다는 것을 알 수 있다. 즉 3 개의 $N-CH_3$의 구조 요소를 예측할 수 있다. 비록 HSQC 스펙트럼이 주어졌지만 위에서 얻어진 정보를 확인하는 것 이상의 정보를 얻을 수 없다는 것을 알 수 있고 HMBC 스펙트럼에서는 모든 양성자들이 탄소들과 2-, 또는 3-bond의 관계를 보여주는 correlation 피크들을 보여주고 있으며 겹침이 심하지 않은 단순한 화합물에서 HSQC 스펙트럼을 대치할 수 있는 1-bond의 correlation의 이중선(doublet) 피크들이 모두 나타나 있는 것을 볼 수 있다.

지금까지 양성자 스펙트럼과 함께 주어진 1D-NOESY 스펙트럼을 포함하여 일반적으로 간단한 물질의 구조를 밝히기 위한 스펙트럼들이 모두 주어졌다(단 이 경우에 양성자들의 커플링이 없기 때문에 COSY 스펙트럼은 제외되었다). 이들을 이용하여 구조를 그려 보도록 하자.

먼저 앞에서 이미 얻은 3 개의 N-CH_3의 메칠 그룹들 중 3.72 ppm의 양성자들이 HMBC 스펙트럼에서 143.5 ppm의 =CH의 탄소와 correlation 피크를 보여주고 있으므로 아래와 같은 구조 요소(Ⅰ)를 예측할 수 있으며 이것은 1D-NOESY 스펙트럼에서 3.72 ppm의 양성자를 조사(irradiation)한 결과에서도 =CH의 양성자가 NOE를 보여주는 것으로 확인할 수 있다.

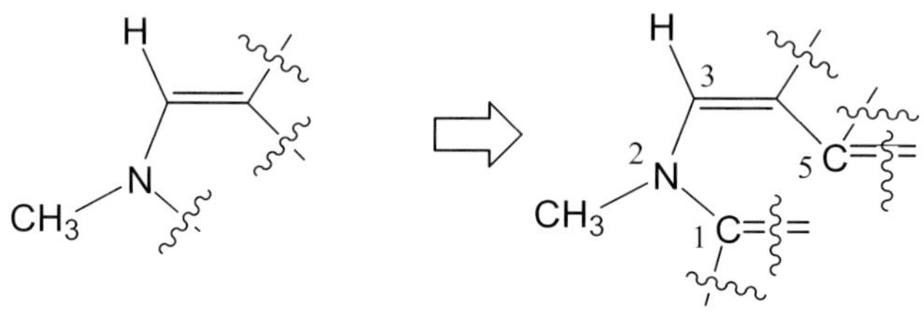

Ⅰ Ⅱ

이들 두 양성자들과 correlation하는 탄소들을 HMBC 스펙트럼에서 찾아보면 두 양성자가 모두 correlation을 보여주고 있다. 즉, 질소에 연결되어 있는 탄소는 107.3 ppm에서 나타는 sp^2의 quaternary 탄소 1이며(107 ppm의 고유 영역 때문에 산소가 2 개 연결되어 있는 O-C-O의 탄소의 가능성을 생각할 수 있지만 O-C-O의 요소의 탄소에 결합할 aliphatic 탄소가 없으므로 이 영역에서 나타나는 C−C로 예상할 수밖에 없음) =CH의 양성자 3과 correlation을 보여주는 다른 하나의 148 ppm 탄소 5도 sp^2 quaternary 탄소라는 것을 알 수 있으므로 처음의 요소를 Ⅱ의 구조로 더 확장할 수 있다.

107.7 ppm의 탄소 1은 더 이상 correlation 피크를 가지고 있지 않고 148 ppm의 탄소 5는 다른 N-CH_3의 양성자(3.25 ppm)와 correlation 피크를 가지고 있으므로 질소가 연결될 수 있는 곳은 이 탄소의 2가지 즉 single bond나 double bond의 한곳에 연결될 수 있다. 그러나 양성자 3.25 ppm의 피크는 또 다른 152.2 ppm의 탄소 7과도 correlation 피크를 보여주고 있으므로 탄소와 더 이상의 correlation 피크를 줄 수 없는 위치인 이중결합에 연결될 수 없고 단일 결합에 연결되어 구조 Ⅲ으로 확장 시킬 수 있다.

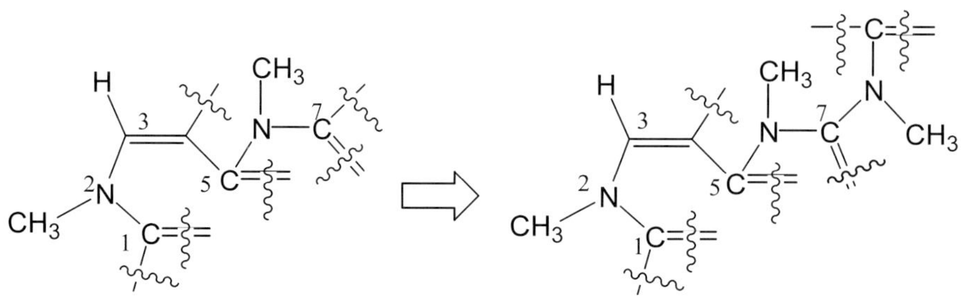

Ⅲ Ⅳ

다시 152.2 ppm의 탄소 7은 마지막 남은 N-CH_3(3.08 ppm)의 양성자들과 correlation 피크를 보여주고 있고 이 양성자들은 하나 남은 155.8 ppm의 탄소와 correlation을 보여주고 있으므로 구조 IV를 만들 수 있게 된다. 구조 IV에서 탄소의 수는 분자식의 탄소보다 1 개가 많고 질소의 수는 1 개가 적은 것을 알 수 있다. 이것은 처음 구조 요소 Ⅰ에서 HC＝에 연결된 원소는 규명을 하지 않았으므로 HC＝N-으로 대치하면 탄소와 질소의 수를 맞출 수 있는 구조 V를 만들 수 있다.

이제 사용되지 않고 남아 있는 원소는 산소 2 개 뿐이다. 미완성의 구조 V에 이들 산소를 사용할 수 있는 위치는 1, 5, 7, 9 위치의 모든 탄소들에서 가능하다.

먼저 산소들이 이중결합으로 carbonyl을 만드는 경우를 고려해 보도록 하자. 산소가 어느 위치에서 carbonyl을 만들어도 이것은 amide의 구조를 가지게 된다는 것을 알 수 있으며 일반적으로 amide 구조의 carbonyl 탄소의 화학이동은 160-170 ppm 영역에서 나타나므로 이 구조의 확인은 탄소의 화학이동 값이 중요한 단서가 된다. 이 물질의 탄소 스펙트럼은 제일 down-field에서 나오는 피크들이 155.8과 152.2 ppm에서 나타나고 있으므로 일반적인 화학이동 값 table을 이용할 경우에 amide의 구조 존재를 부정할 수 있다. 그러나 urea나 uracil 물질의 유도체에 있는 amide의 carbonyl들은 이 영역에서 나타나는 경우도 있으므로 amide의 결합의 가능성을 완전하게 확인 하려면 또 다른 data들을 참고하여야만 할 것이다.

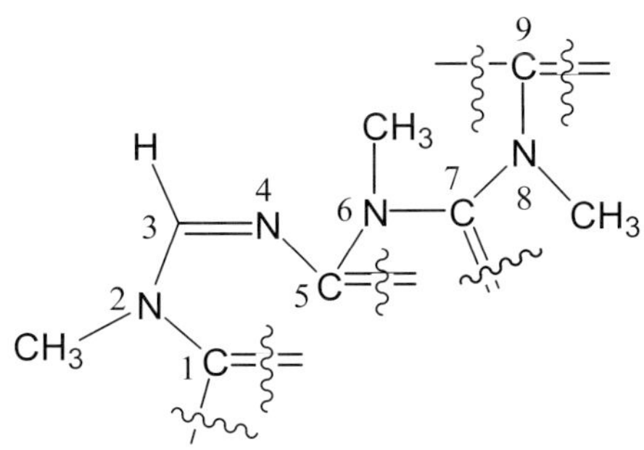

V

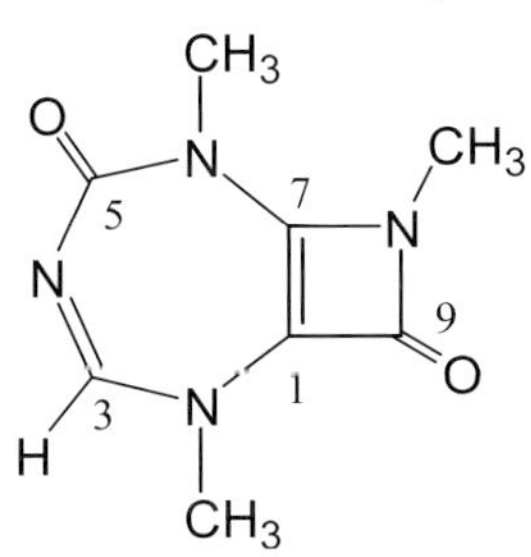

VI

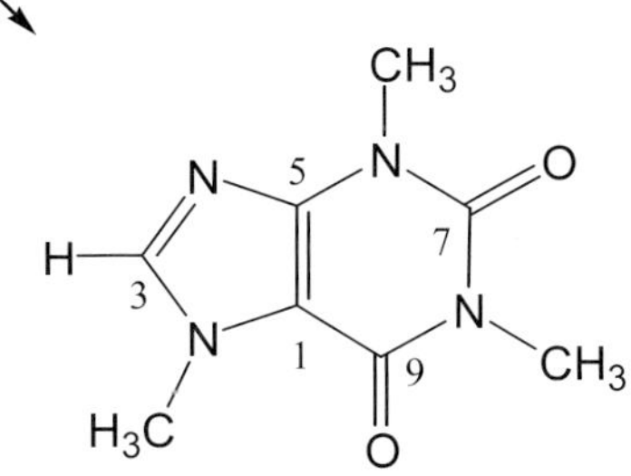

Ⅶ

특히 protein을 이루고 있는 amino acid의 규명에서 많이 사용되고 있는 ^{15}N의 화학이동 값은 이와 같은 amide 결합에 있는 질소들의 ^{15}N의 화학이동들을 100-150 ppm 영역에서 나타나는 것을 볼 수 있으므로 이들의 존재 유무에 사용할 수 있다.

주어진 양성자와 질소의 HMBC 스펙트럼에서 amide 구조에서 볼 수 있는 ^{15}N의 화학이동 값들이 100-

150 ppm 영역에서 나타나 있으므로 이 시료는 amide 결합을 가지고 있다고 할 수 있다. 이와 같은 증거로 이제 산소가 위치할 수 있는 4 개의 탄소 중에서 두 개의 amide의 carbonyl을 만들어 보도록 하자.

제일 먼저 1 번의 탄소에서 carbonyl을 만들 수 없다는 것은 명백하다. 왜냐하면 HMBC 스펙트럼에서 1 번 탄소는 이미 107.3 ppm의 탄소라는 것을 알았으므로 이 107.3 ppm의 화학이동 값은 carbonyl의 탄소가 될 수는 없기 때문이다. 그러므로 2 개의 산소가 있을 수 있는 2 개의 탄소들의 가능성은 5와 7 그리고 5와 9 또는 7과 9가 되는 세 가지가 남아 있다.

이 세 가지 가능성에서 먼저 탄소 5와 7의 위치에 산소를 결합시켜 carbonyl을 만들면 탄소 1과 9는 삼중결합을 이루면서 결합을 완성하게 될 것이다. 그러나 탄소 스펙트럼에서는 삼중결합의 화학이동 값 70-100 ppm 영역에서 이들 피크를 볼 수 없으므로 이들의 위치도 제외될 수 있다.

마지막 두 가지 가능성 중에서 탄소 5와 9가 carbonyl이 되면 화합물 VI이 만들어지고 탄소 7과 9가 carbonyl이 되면 화합물 Ⅶ이 만들어지게 될 것이다.

지금까지 결론으로 이 두 화합물의 구조는 주어진 스펙트럼들을 모두 만족시키고 있다. 비록 amide의 carbonyl 화학이동 값이 160 ppm 보다 up-field에서 나타나는 것으로 uracil의 유도체 구조를 포함하고 있는 구조 Ⅶ이 답이라고 할 수도 있지만 VI과 같은 물질(authentic sample)의 carbonyl의 정확한 화학이동 값과 비교하지 않고는 이들의 화학이동 값으로만 구조 VI을 제외시킬 수는 없다. 또한 질소들의 화학이동 값들을 보면 116과 152 ppm의 피크는 6과 8의 amide 질소들이고 221 ppm은 이중결합을 하고 있는 4 번의 질소다. 157 ppm에서 나타나는 2 번 질소는 pyrrole이나 indole 구조의 질소에서 나타날 수 있는 위치이므로 Ⅶ의 구조에 있는 2 번 질소를 더 만족 시킨다고 할 수 있지만 VI의 구조에서 2 번의 질소도 enamine의 일부 구조로 두 개의 이중결합에 연결되어 있으므로 이 경우에도 같은 물질(authentic sample)의 정확한 질소의 화학이동 값과 비교하지 않고는 질소의 화학이동 값이 구조 VI을 제외시킬 수는 없다.

그러나 이 경우에는 다행히 Ⅶ이 caffeine의 구조이기 때문에 스펙트럼들의 비교로 Ⅶ이 이 물질의 구조라는 것을 확인할 수 있다. 그러나 만약 두 구조가 모두 알려지지 않은 물질이라면 지금까지 주어진 결과들과는 또 다른 새로운 실험의 결과 없이는 이들의 구분이 불가능하다. 이 경우에 새로운 실험은 구조 VI에서 6과 8의 $N-CH_3$의 양성자들을 이용한 NOE 실험이 가능하다는 것을 생각할 수 있을 것이지만 실제 구조가 Ⅶ이므로 실험에서 이들의 NOE는 얻을 수가 없다. 이미 알고 있듯이 NOE 실험 결과를 설명할 때는 NOE가 나타나지 않았다고 부정을 할 수 있는 것이 아니므로 이 실험의 결과도 구조 VI을 제외시킬 수는 없다. 또 다른 실험은 INADEQUATE 실험으로 1과 5의 탄소가 직접 연결되어 있다는 것을 증명하면 자연히 구조 Ⅶ이 답이 될 것이다. 그러나 INADEQUATE 실험은 많은 양의 시료가 필요하게 되므로 천연물 등의 새로운 물질의 경우에 대부분 이 실험은 불가능한 경우가 있으며 이러한 불충분한 data들은 틀린 구조를 유도하게 되고 때때로 구조의 수정(correction)을 문헌에서 볼 수 있게 되는 것이다.

앞에서 먼저 산소들이 carbonyl의 구조를 만든다는 가정으로 출발하여 다행히 구조를 완성할 수 있었지만 만약 이것이 불가능하였다면 우리는 또 다른 구조를 생각할 수 있었을 것이다. 즉 산소들이 1이나 또는 9 번의 하나의 탄소에 또는 각각에 단일 결합과 이중결합(carbonyl)으로(1 번에는 carbonyl이 만들어질 수 없지만) 연결이 이루어진다면(ester) 전체 분자의 결합(bonding)을 완성할 수 없으므로 불가능하다는 것을 알 수 있다. 또는 동시에 단일 결합으로 연결이 된다면 peroxide(-C-O-O-C-)라는 결합과 함께 나머지 이중 결합들의 결합으로 3-, 4-membered ring등을 이루는 아주 불안정한 화합물들의 구조를 만들 수 있다. 그러나 이와 같이 불안정한 화합물이라면 몇 시간 또는 몇 일이 지난 후에 분해가 일어나기 때문에 이들 구조의 가능성을 확인할 수 있을 것이며 이들 구조의 규명은 또 다른 새로운 실험들을 요구하게 될 것이다.

75

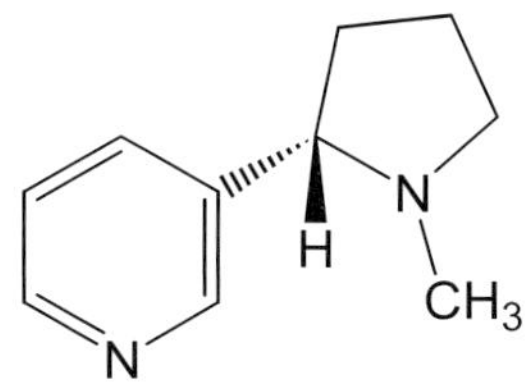

76 이 물질의 불포화 수는 6(# = 24 − (38/2) + 1 = 6)이다. 먼저 양성자와 탄소 스펙트럼으로 부터 가능한 구조 요소(functional group)들을 찾아보도록 하자. 다중도를 가지고 나타나는 양성자 피크들(7.69와 7.51 ppm)은 aromatic에 있는 양성자들임을 보여주고 있으며 DEPT 실험의 스펙트럼과 같이 보여주고 있는 탄소 스펙트럼에서 이 aromatic 영역의 탄소 피크들은 CH의 탄소 2 개와 C의 quaternary 탄소 1 개로 총 3 개(128.8, 130.9 그리고 132.4 ppm)를 보여주고 있다. 그러므로 벤젠 ring을 가지고 있다면 분명히 같은 치환체들이 대칭(symmetrical)으로 치환되어서 탄소 두 개씩이 하나의 피크로 나타나고 있다는 것을 예측할 수 있다. 즉 벤젠 ring에 있는 양성자 피크들의 커플링 된 모습으로는 양성자가 두 개 이상인 것은 분명하므로 벤젠 ring에 있는 6 개의 탄소들이 3 개로 나타나는 symmetry를 가지려면 두 개의 같은 치환체가 *ortho* 위치로 있어야 한다(*para*의 위치로 있을 경우는 탄소는 2 개의 피크로 나타나야 한다). 이 두 치환체가 다르다면 *ortho* 경우에 6 개의 피크가 나와야 하고 *para* 위치로 놓여 있을 때 탄소들은 4 개의 피크로 나타나게 된다. 또한 이 시료의 분자식에서 탄소가 24 개인데 탄소 스펙트럼에서 탄소의 피크가 12 개만 있는 것으로 이 시료는 모든 각각의 탄소가 symmetry를 가지고 있다는 것을 알 수 있다.

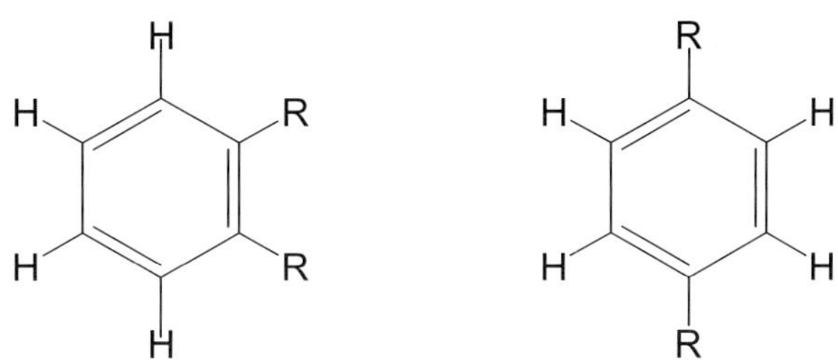

이제 같은 치환체가 벤젠 ring에 *ortho*로 놓여 있다는 탄소의 정보는 양성자들 피크를 보면 이들이 *ortho*의 위치로 있는지 *para* 위치로 놓여 있는지를 다시 확인할 수 있다. 먼저 치환체가 *para*의 위치로 있을 경우를 고려해 보면 4 개의 양성자들은 그들 각각의 주위의 환경이 정확히 같다는 것을 볼 수 있다. 이러한 상태를 화학적으로 그리고 자기적으로 동일(chemically and magnetically equivalent)하다고 말하며 이들 4 개의 양성자들은 같은 화학이동 값을 가지게 되고 커플링을 하지 않으므로 단일 피크(singlet)로 나타나게 된다. 그러나 치환체가 *ortho* 위치로 놓이게 되어 양성자들 4 개가 서로 *ortho* 위치로 나란히 놓여 있게 될 경우에는 각각의 치환체에서 *ortho* 위치에 있는 두 개의 양성자와 *meta*의 위치에 있는 두 개의 양성자들은 각각 화학적으로는 동일하지만 자기적으로는 동일하지 않은(magnetically nonequivalent) 상태가 된다. 이러한 스핀들을 일반적으로 AA'BB'라고 부르며 이 양성자 스펙트럼에서 7.69와 7.51 ppm에서 나타난 것과 같이 단순한 해석이 불가능한 복잡한 커플링 모습의 스펙트럼을 보여 주게 된다.

이제 이들 동일한 치환체의 구조를 밝히기 위해서 aromatic의 4 개의 양성자를 기준으로 양성자 스펙트럼에서 보여준 피크의 적분(integration) 값을 보면 4.22와 4.18 ppm에서 dd(doublet-doublet)로 각각 나타나고 있는 AB pattern의 양성자들(J=11.1, 6.2, 5.9 Hz)도 4 개의 양성자라는 것을 알 수 있고 화학이동 값으로 ester의 산소(탄소 스펙트럼에서 167.8 ppm의 ester carbonyl이 존재함을 알 수 있다)에 연결되어 있다고 예측할 수 있다. 커플링 pattern으로는 바로 옆에 chiral center인 CH를 가지고 있는 두 개의 CH_2의 양성자들임을 알 수 있으며 이것은 DEPT 스펙트럼을 포함한 탄소 스펙트럼에서 68.1 ppm에서 나오는 탄소 피크에 있는 양성자들로 간주 할 수 있다.

다음으로 0.88과 0.9 ppm에서 나타난 methyl 양성자들의 적분 값은 12 개 즉 4 개의 메칠 그룹(탄소 스펙트럼에서는 4 개의 메칠이 14.0과 10.9 ppm에서 2 개의 피크로 나타남)이 있음을 보여주고 있다. 1.55 ppm의 피크는 solvent($CDCl_3$)에 있는 불순물(H_2O)에서 나오는 피크로 이를 제외한 1.66-1.2 ppm의 영역에서의 피크들의 적분 값은 약 20 개의 양성자를 예상하게 되어 이 시료에는 총 40 개의 양성자를 예상할 수 있는데 이 값은 실제 분자식에 있는 양성자 보다 2 개의 양성자가 더 많은 것이다. 이러한 현상들은 양성자 스펙트럼들이 복잡할수록 부정확 할 수밖에 없는 적분의 baseline 때문에 또는 알 수 없는 불순물들의 피크 때문에 나타나는 현상이며 이것이 양성자 스펙트럼에서의 적분 값을 이용할 때 나타나는 한계이다. 이러한 문제는 탄소 스펙트럼으로 해결할 수 있다. 이 경우에는 규명이 되지 않고 남아 있는 탄소의 피크들 중 DEPT 스펙트럼에서 하나의 CH와 4 개의 CH_2를 규명할 수 있으며 이들 탄소들이 HSQC 스펙트럼에서 양성자의 1.66-1.2 ppm 영역에 있는 양성자들을 포함하고 있다. 그러므로 이들의 2 배수인 18 개의 양성자들이 있는 것을 확인 할 수 있으며 앞에서 나타난 양성자의 적분 값의 오류는 예상대로 적분의 baseline의 부정확성이나 또는 불순물이 여기에 포함되어서 나타난 현상임을 알 수 있다.

이제 이들의 연결을 위하여 COSY 스펙트럼과 HSQC 스펙트럼을 보면 4.2 ppm 영역에서 나타난 AB pattern의 양성자들 피크들이 앞에서의 예상대로 1.66 ppm에서 나타나는 CH 양성자와(탄소는 38.7 ppm) 커플링을 보여주고 있다. 이 CH 양성자는 다시 1.4와 1.34 ppm에서 다중도(multiplet)로 나오는(HSQC 스펙트럼으로부터 탄소는 각각 23.7과 30.3 ppm의 피크들) 두 CH_2 양성자들과 커플링 하는 것을 보여주고 있으며 1.4 ppm의 CH_2는 0.9 ppm의 메칠 그룹의 피크와 커플링을 보여주고 있는 것을 이 영역을 확대하여 놓은 COSY 스펙트럼에서 확실하게 볼 수 있다. 그리고 또 1.34 ppm의 CH_2는 두 개의 CH_2(탄소는 28.9와 23.0 ppm)가 나오는 1.29 ppm에서의 피크들과 커플링을 보여주고 있으며 이 1.29 ppm의 피크들은 0.88 ppm의 메칠 피크와 커플링을 보여주고 있다. 이와 같은 양성자들의 커플링 정보는 결국 아래와 같은 구조를 그릴 수 있게 하여 준다.

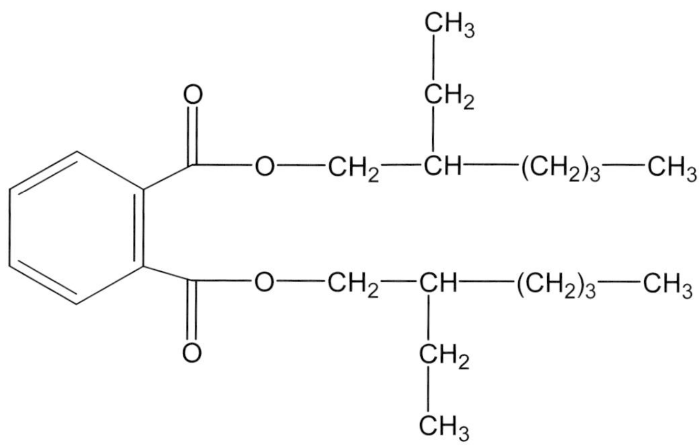

이들 예상구조를 HMBC 스펙트럼으로 확인하여 보도록 하자. HMBC 스펙트럼에서 ester의 산소에 연결된 CH_2로 규명한 4.2 ppm 영역에서 나타나는 양성자들은 4 개의 탄소들과 커플링을 하고 있는 correlation peak들을 보여주고 있는데 CH_2의 두 탄소와는 3-bond 커플링을 그리고 CH 탄소와는 2-bond 커플링을 보여 주는 것이고 그리고 특히 167.8 ppm에 나타난 ester의 carbonyl 피크와의 3-bond 커플링의 correlation peak는 예상된 구조를 잘 설명하고 있다. 마지막으로 이들 ester 그룹이 벤젠 ring에 연결되어 있다는 증거는 7.69 ppm에서 나오는 벤젠의 *ortho* 위치의 양성자가 167.8 ppm의 ester의 carbonyl 피크와 3-bond 커플링의 correlation peak를 보여주는 것으로 확인을 할 수 있다.

77

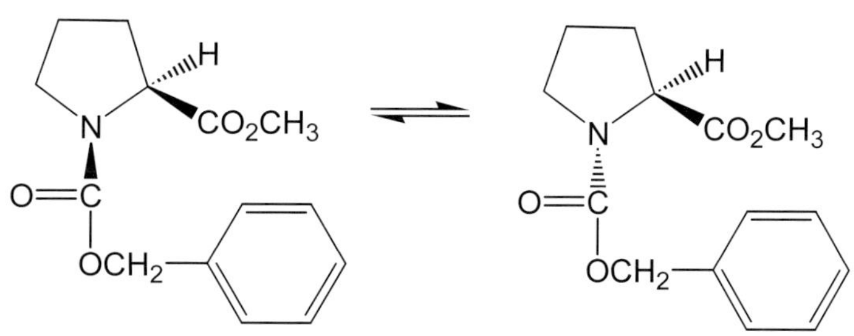

78

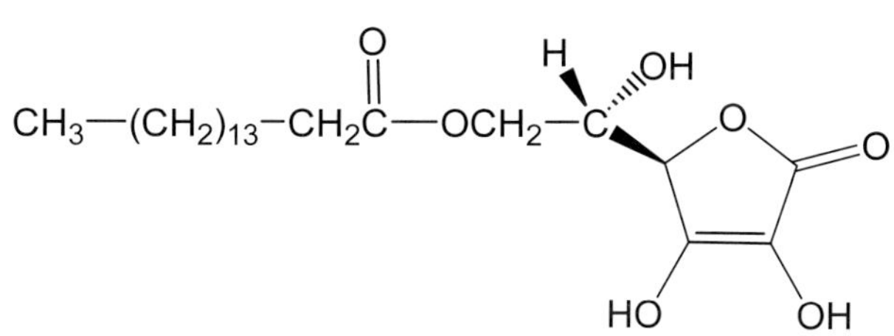

79

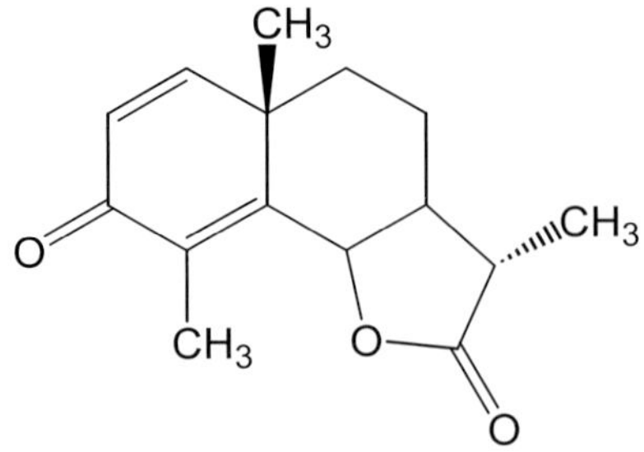

80

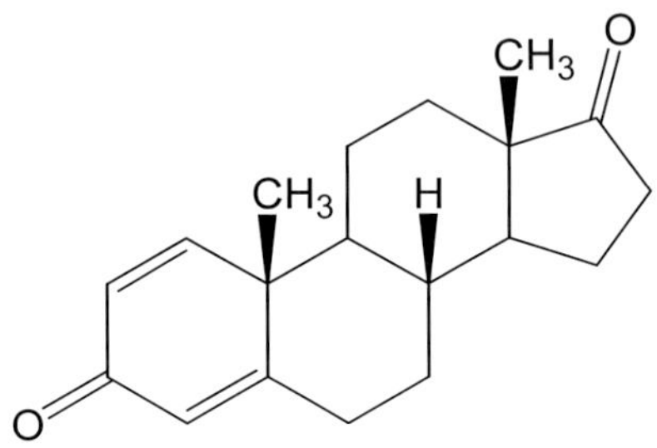

81

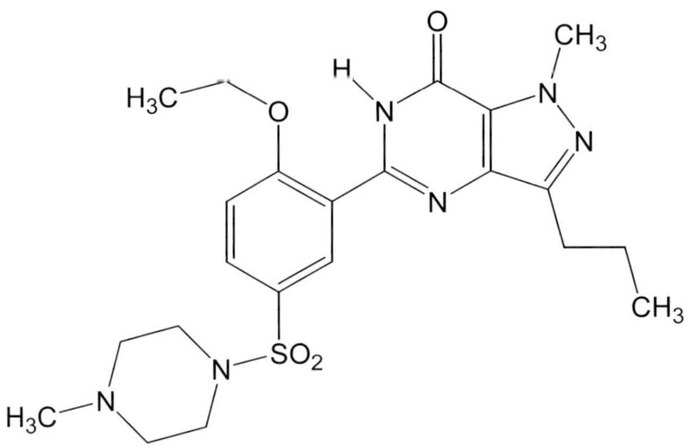

82

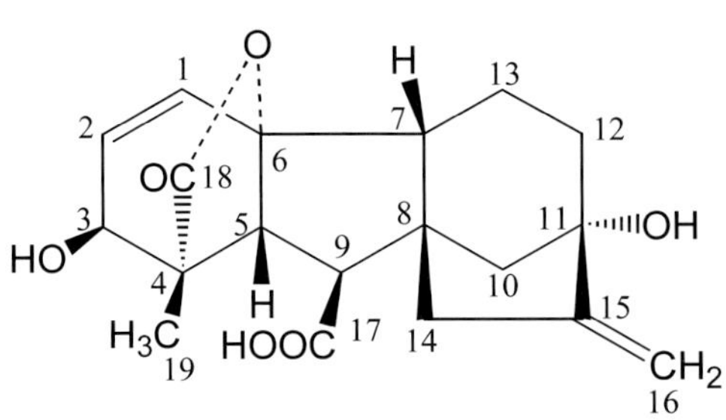

Carbon 7과 9의 chemical shift는 acetone 용매에서는 7이 9보다 down-field에서 나오지만 DMSO 용매에서는 9가 7보다 down-field (확대하여 보여준 INADEQUATE 스펙트럼에서 확실하게 알 수 있음)에서 나타난다.

NOESY-E 스펙트럼에서 확실하게 볼 수 있듯이 음(negative)의 diagonal 피크들은 점선으로 contour가 그려져 있고 NOE를 보여주는 cross 피크들의 모습은 양(positive)으로 피크의 모습을 그린 것이다. 3.2 ppm과 2.68 ppm의 피크들 사이에 나타난 cross 피크들은 음과 양의 모습을 같이 가지고 있다. 이것은 dispersive 피크라는 것을 말하며 1D-NOESY 스펙트럼에서도 확실하게 볼 수 있다. 즉 이들 양성자들은 NOE를 가지고 있지 않다는 것을 말하며 이와 같은 현상은 많은 경우 ring의 구조에서 strong coupling을 보여주는 axial proton들 사이나 double bond의 trans proton들 사이에서 흔히 볼 수 있는 현상이다.

비록 여러 개의 fused-ring 때문에 매우 어려운 문제이지만 INADEQUATE 스펙트럼으로는 쉽게 해결할 수 있으므로 이 스펙트럼의 사용은 제일 마지막으로 구조를 확인하는 용도로 사용하기를 제안한다.

83

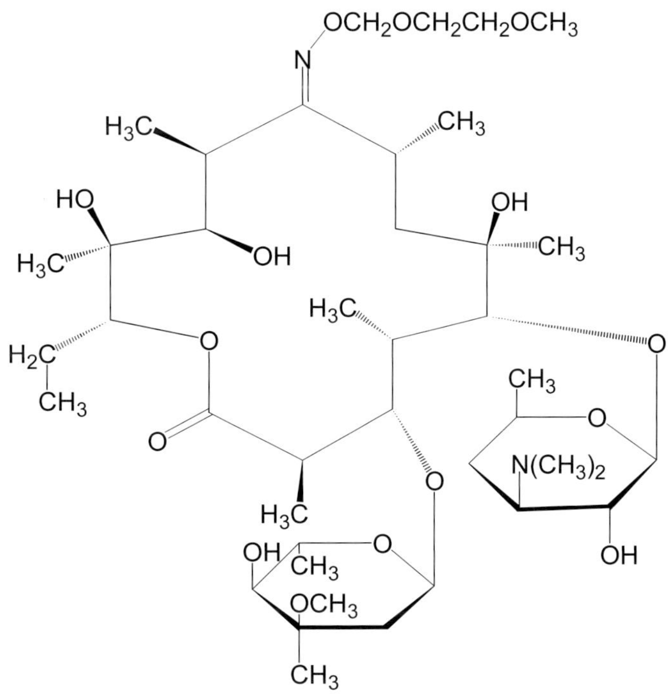

Roxithromycin이라고 하는 이 화합물은 5 개의 OH 그룹이 있지만 종류에 따라서 broad하게 또는 sharp하게 나타나므로 더욱 해석을 어렵게 만들고 있다. 탄소 스펙트럼에는 40 개의 탄소만을 보여주고 있지만 HSQC 스펙트럼에서 탄소 40 ppm의 피크가 양성자 2.25 ppm의 단일 피크와 연결되어 있고 이 양성자의 적분 값이 약 7을 가지는 것으로 두개의 메칠 그룹과 하나의 OH의 양성자가 겹쳐 나오는 것으로 볼 수 있으므로 40 ppm의 탄소는 두개의 메칠 피크이다. 여기에 OH 피크가 겹쳐 있는 것은 TOCSY 스펙트럼으로도 확인할 수 있다. 비록 메칠 그룹들이 나타나 있는 영역(~1.2 ppm)에 양성자 하나가 포함되어 있는 것은 양성자 스펙트럼에서는 알 수는 없지만 HSQC 스펙트럼에서는 쉽게 알 수 있고 이들 모두를 고려하면 C:41

H:76의 개수를 확인할 수 있고 3.35 ppm의 메칠 피크의 옆에 겹쳐 나오는 피크는 불순물의 피크임을 알 수 있다. 특히 농도의 변화를 주고 얻은 HMBC-E 스펙트럼에서 ~4.35 ppm에서는 하나의 OH 양성자가 이중선으로 나타난 하나의 CH 양성자와 분리되어 있는 것으로 다른 스펙트럼들의 해석을 더 용이하게 하고 있다(비록 양성자 스펙트럼이 복잡하지만 DEPT와 INADEQUATE 스펙트럼을 이용하여 탄소들의 연결 후 HMBC 스펙트럼을 이용하면 비교적 쉽게 구조를 그릴 수 있음).

비록 이 화합물은 위의 구조로 알려져 있지만 $CDCl_3$ 용매에서는 이 물질의 일부분이 가지는 독특한 conformation을 HMBC-^1H-^{15}N 스펙트럼으로부터 알 수 있다. 이 스펙트럼에서 ~18 ppm의 질소는 $N(CH_3)_2$로 ~2.25 ppm의 methyl의 양성자와 ^2J 커플링으로 그리고 바로 옆의 ~3.18 ppm의 CH(OH)의 양성자와 ^3J 커플링으로 correlation 피크를 보여주고 있다. 그리고 다른 하나의 ~352 ppm의 피크는 C=N-O-의 질소 피크로 양성자 ~5.12와 ~4.35 그리고 ~2.61ppm의 양성자들과 long-range 커플링을 보여주고 있다. 이 스펙트럼이 포함하고 있는 농도를 다르게 하여 얻은 스펙트럼으로부터 ~4.35 ppm에 나타났던 피크는 ~4.27 ppm에서 나타나는 OH 피크와 질소가 커플링하고 있다는 것을 알 수 있다. 위의 구조로부터 다른 두개의 correlation은 ^3J의 커플링으로 설명이 되지만 OH의 양성자와의 correlation 피크는 설명을 할 수가 없다. 그러므로 COSY 등의 스펙트럼에서 확인된 OH의 정보로 우리는 아래와 같은 양성자와 질소의 hydrogen-bonding 된 conformation을 생각할 수 있다.

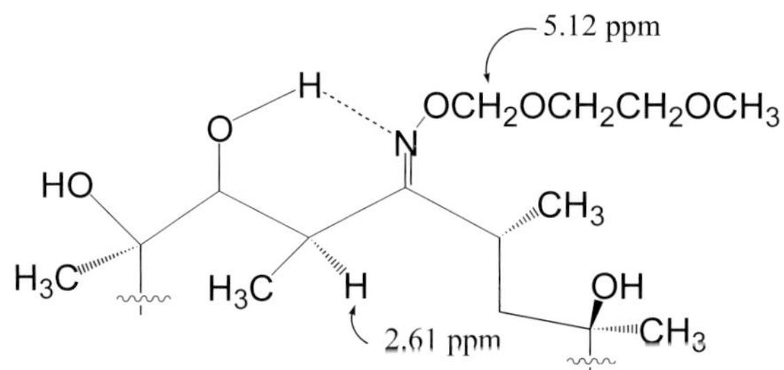

84

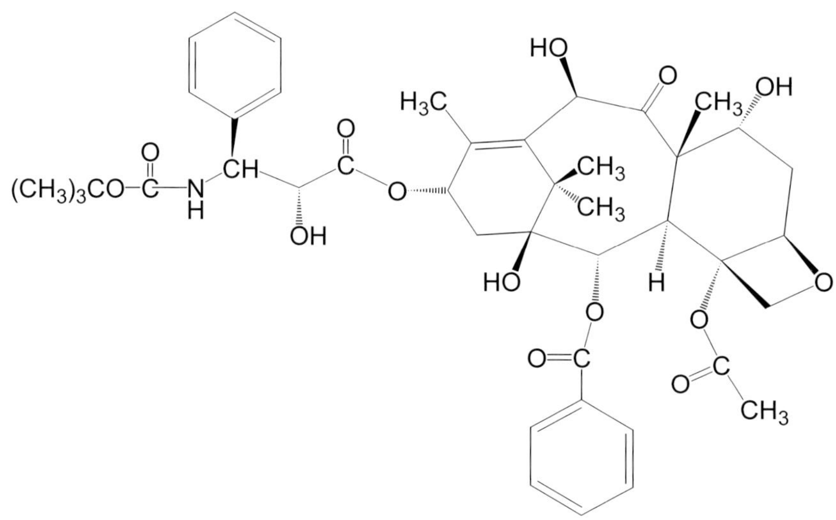

85 이 문제는 어렵다기 보다는 복잡한 문제이므로 구조를 먼저 제시하고 1D와 2D NMR 방법을 포함한 우리가 배운 모든 지식과 방법을 동원하여 어떠한 과정을 거쳐서 구조를 밝혀내는지를 보도록 하자. 이 cyclosporin A라는 물질은 11 개의 아미노산으로 이루어진 cyclic peptide의 구조를 가지고 있다. 실제로 구조를 밝히기 위해서 여기에서 동원되는 방법들의 과정은 거대 고분자의 물질인 protein등의 물질이 아니라면 이 정도의 분자량을 가지고 있는 아무리 복잡한 구조의 새로운 화합물이라고 하더라도 일반적으로 사용되는 과정들이다.

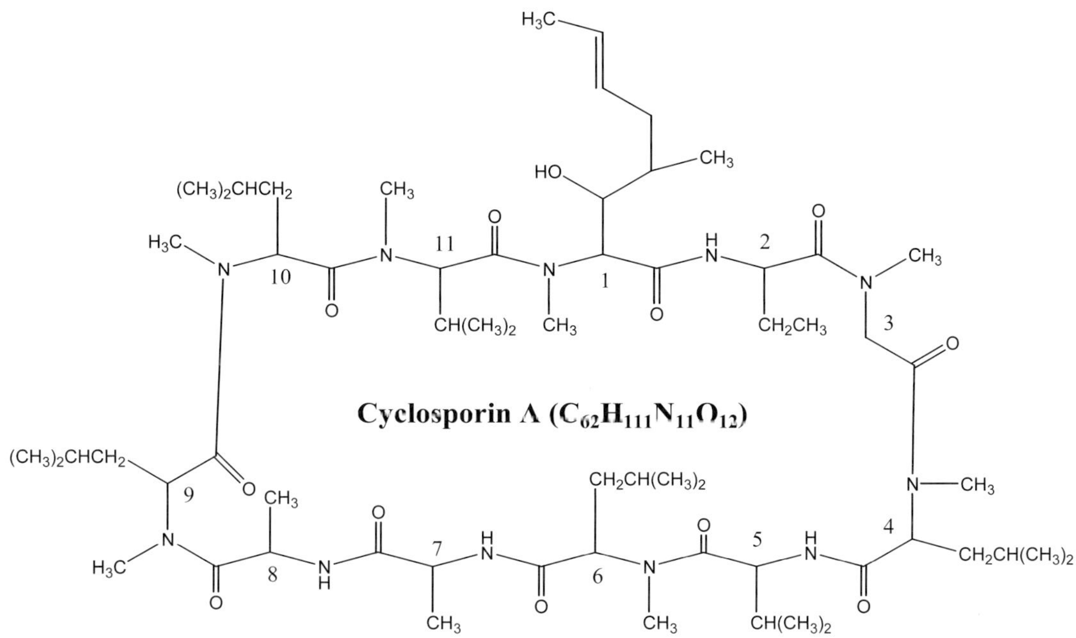

Cyclosporin A ($C_{62}H_{111}N_{11}O_{12}$)

우리는 새로운 화합물을 얻게 되면 대부분 양성자(proton)와 탄소(carbon) NMR 스펙트럼을 먼저 얻게 된다. 특히 시료의 양이 적을 때는 무엇보다도 먼저 NMR 실험을 하여야만 한다. 왜냐하면 분자량을 얻기 위한 Mass spectrometer의 실험에서는 시료를 회수 할 수 없기 때문이다. 양성자 스펙트럼과 DEPT 실험을 포함한 탄소의 1D 스펙트럼에서 여러분이 얻을 수 있는 정보를 먼저 최대한으로 얻어 보도록 하자. 먼저 양성자 스펙트럼에서는 약 0.6-8.3 ppm까지 일반적으로 양성자들이 나타날 수 있는 전 영역에 걸쳐서 피크들이 나타나 있다. 탄소 스펙트럼에서도 약 10-175 ppm까지 일반적으로 ketone이나 aldehyde가 나타나는 200 ppm 부근을 제외하고는 탄소가 나타날 수 있는 거의 전 영역에서 피크들이 나타나고 있다. 먼저 탄소 스펙트럼에서 170-175 ppm에서 나타나는 피크들로 볼 때 우리는 이 시료가 amide나 carboxylic acid 또는 ester의 carbonyl을 가졌다는 것을 그것도 11 개의 carbonyl을 가졌다는 것을 쉽게 확인할 수 있다. 다음으로 128 ppm에서 나타난 벤젠-D6 용매의 거대한 피크의(DEPT 스펙트럼에서도 deuterium 용매에 미량 남아 있는 C-H의 탄소 피크가 크게 나타나고 있다) 양편에 나타난 130.8 ppm과 126.2 ppm의 두 피크는 sp^2의 탄소 즉 이중결합을 가진 탄소가 있다는 것을 보여주고 있다. 이것은 부정할 수 없는 명백한 사실이므로 우리는 지금 이 시료의 구조를 전혀 모르더라도 구조해석의 시작을 이곳에서부터 출발을 할 수 있다(물론 NMR에 어느 정도의 경험이 있고 peptide chemistry에 익숙한 사람들은 양성자 스펙트럼에서 7-8 ppm에서 나타나는 이중선의 피크들과 5-6 ppm 사이에서 나타나는 다중선의 피크들이 주는 정보만으로도 이 시료가 amino acid들로 이루어진 peptide라고 예측할 수 있을 것이며 이들을 이용하여 구조를 밝혀 나갈 수도 있을 것이다). 이 이중 결합을 가진 두 개의 탄소는 다른 4 개의 탄소들과 또는 양성자가 아닌 다른 원소들과 결합하여 양성자를 가지고 있지 않은 quaternary 탄소들일 수도 있지만 DEPT 스펙트럼은 이들 두 탄소가 각각 하나씩의 양성자를 가지고 있다는 것을 보여주었다. 이러한 사실은 양성자와 탄소의 결합관계를 보여주는 C-H correlation (HSQC) 스펙트럼에서도 이들 탄소들이 가지고 있는 양성자들을 확인 시켜주고 있다. 이들 양성자들은 각각 5.63과 5.52 ppm 부근에서 다중도(multiplet)로 나타난 피크들임을 쉽게 볼 수 있으므로 아래와 같은 일부 구조요소가 있음을 알 수 있다.

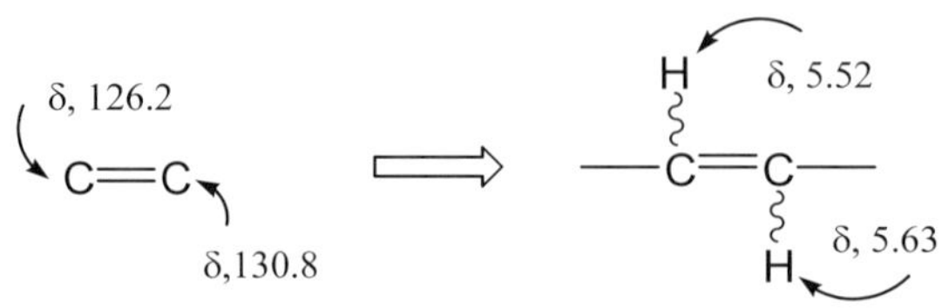

때로는 이들 양성자의 다중도 피크들의 모습으로 각각의 양성자를 구분할 수도 있지만 이 경우는 그들의 복잡성 때문에 구분이 가능하지 않음을 쉽게 알 수 있다. 이제는 이들과 다른 양성자들의 커플링을 통해서 두 양성자를 구분할 수 있는지를 알아보도록 하자. 양성자들 사이의 결합 위치의 관계를 잘 보여주는 그래서 가장 자주 그리고 많이 사용하는 COSY 실험을 사용하여 두 양성자들을 규명해 보도록 하자. COSY 스펙트럼(확대되어 있는 스펙트럼들을 참조)에서는 이들 두 양성자가 자기들끼리 커플링 하는 것을 보여주면서 각각은 다른 위치에 있는 양성자들과도 커플링 하는 것을 보여주고 있다. 5.52 ppm에서 나타난 양성자는 1.74 ppm에서 다른 피크들에 비해서 넓은 line-width를 가진 이중선(doublet)으로 나타난 하나의 피크와 그리고 5.63 ppm에서 나타난 양성자는 2.13과 2.66 ppm에서 나타난 두 개의 다중선 피크들과 커플링을 보여주고 있다. 먼저 간단한 이중선으로 나타난 1.74 ppm의 피크를 규명하여 보도록 하자. 다시 HSQC 실험 스펙트럼으로 돌아가면 1.74 ppm의 피크는 HSQC 스펙트럼에서 18.1 ppm에서 나타난 탄소 피크에 연결되어 있는 양성자라는 것을 알 수 있다. 그리고 이 탄소 피크는 DEPT 실험에서 CH_3로 나타났으니 이제 이중 결합으로 연결되어 있는 두 개의 탄소에 각각 연결되어 있는 두 개의 양성자중 up-field 인 5.52 ppm에서 나타난 양성자가 메칠기 옆에 있는 것이 분명하다.

이제 이 두 개의 양성자가 이중 결합에서 *cis*인지 *trans*인지를 알아야 한다. 5.52 ppm에서 나타나는 양성자는 먼저 methyl의 3 개의 양성자와 사중선(quartet)으로 splitting 한 다음 이들은 다시 하나의 양성자와 이중선(doublet)의 모습을 보이리라는 것을 예상할 수 있다(반대로 *cis*나 *trans* 커플링상수가 vicinal 커플링상수보다 크므로 먼저 이중선으로 splitting한 후 methyl의 3 개의 양성자에 의해서 vicinal 커플링 상수를 가진 사중선으로 분해되는 것이라고 말하는 것이 더 일반적임). 비록 예상된 8 개의 피크 모습으로 나타나지는 않았지만 6 개의 모습으로 나타난 피크의 커플링상수는 약 7 Hz를 가지고 있다는 것을 알 수 있으며(700 MHz 스펙트럼에서 0.01 ppm의 넓이로 splitting 되어 있으므로) 각각의 사중선의 피크 하나씩이 상대방 피크와 겹쳐있는 것을 알 수 있다. 즉 각 사중선의 중심의 거리가 이중 결합에 있는 양성자들 사이에서 일어난 커플링상수가 되는 것이다. 이 두 사중선의 중심의 거리가 약 0.02 ppm 보다 더 크므로 이들은 최소한 커플링상수가 14 Hz 보다는 크다는 것을 알 수 있으므로 이들 두 양성자는 (Ⅰ)과 같이 trans로 이루어져 있는 것이다(이와 같은 이중 결합에서 stereochemistry를 규명하는 것은 NOE(Nuclear Overhauser Effect)를 이용할 수도 있으며 아래에서 보여줄 이 실험의 결과도 *trans*의 구조를 확인시켜 주었다).

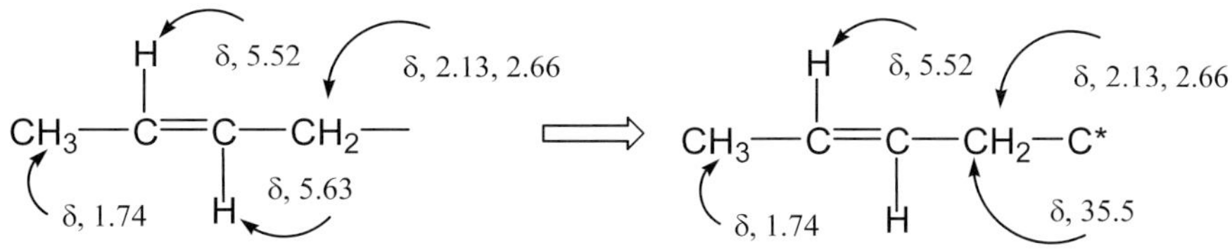

Ⅰ Ⅱ

이중선으로 1.74 ppm에서 나타난 메칠 피크를 broad하게 만든(allylic 커플링) 양성자(5.63 ppm)와 커플링 하면서 2.13과 2.66 ppm에서 나타난 양성자들은 HSQC 스펙트럼에서 35.5 ppm에서 나타나는 탄소에 결합되어 있는 메칠렌의 양성자들인데도 각각의 양성자가 화학이동이 매우 다르게 나타난다. 이로부터 바로 옆에 있는 탄소가 chirality를 가지고 있다고 예측할 수 있으므로 탄소 하나를 더 증가시킨 구조요소(Ⅱ)로 확대시킬 수 있다(물론 DEPT 실험에서 얻은 결과로 HSQC 스펙트럼을 해석하면서 양성자들을 구분해 낼 수도 있지만 여러 개의 CH와 CH_2의 양성자들이 겹쳐서 나타나는 시료에서는 CH_2의 양성자들은 음으로 그리고 CH와 CH_3의 양성자들은 양으로 나타나는 HSQC-edited 실험으로 CH와 CH_2의 양성자들의 구분을 더욱 확실하게 할 수 있다. 이 경우에 CH_2들의 영역을 확대하여 놓은 HSQC-edited 스펙트럼에서 음의 contour로 나타난 CH_2들의 피크들이 이 결과를 잘 보여주고 있다). 이들 두 양성자가 자기들끼리 geminal 커플링의 모습을 보여주는 강한 커플링을 하는 것은 COSY 스펙트럼에서도 잘 볼 수 있으며 이들 중 2.66 ppm의 양성자는 다른 커플링을 더 이상 보여주지 않고 있지만 다른 하나인 2.13 ppm에서 나타나는 양성자가 2.06 ppm에서 다중선으로 나타나는 양성자와 커플링 하는 모습을 보여주고 있다. 그러나 2.13 ppm에서는 여러 개의 다른 양성자들도 겹쳐서 있으므로 (HSQC 스펙트럼을 보면 서로 다른 3 개의 탄소에 있는 양성자가 겹쳐져 있는 것을 알 수 있다) 2.06 ppm에서 나타나는 양성자가 이들 메칠렌의 하나인 2.13 ppm의 양성자와 vicinal 커플링 한다고 단정을 할 수는 없다. 여기서부터 더 이상 연관 관계를 진척 시킬 수 없으므로 이제 우리는 또 다른 접근 방법을 모색 하여야만 한다. 가장 안전한 방법으로는 앞에서 처음 사용한 것과 같이 기준이 될 화학이동이 다른 것들과 완전히 구분되어서 다른 가능성이 없이 추측이 가능한 것을 찾아야 한다.

양성자 스펙트럼에서 7.4-8.3 ppm 영역에서 나타나 있는 4 개의 이중선은 이미 탄소 스펙트럼에서 amide 결합을 예상하였으므로 NH의 양성자들일 가능성이 있으며 이들은 N-H HSQC 스펙트럼에서 쉽게 확인할 수 있다. 지금 이 시료의 구조를 알고 있는 상태에서 이들 NH 양성자들과 커플링하는 α 양성자들은 COSY 스펙트럼과 1D 스펙트럼에서 나타나는 피크들의 splitting 모양으로도 쉽게 예측이 가능하다. 예를 들어 8.26 ppm에서 나타나는 NH와 5.11 ppm에서 나타나는 이중의 삼중선(double triplet) 피크는 2 번의 amino acid의 NH와 α 양성자이며(α 양성자는 NH 양성자에 의해서 이중선으로 분리된 후 다시 에칠기의 2 개의 메칠렌 양성자에 의해서 삼중선으로 분리된 것임) 7.45 ppm에서 나타나는 NH와 4.88 ppm에서 나타난 삼중선 모습의 이중의 이중선(double doublet)은 5 번의 amino acid의 양성자들임을 쉽게 알 수 있다(다른 두 amino acids(7과 8)의 양성자들은 splitting 모습과 COSY 스펙트럼만으로는 구분이 불가능하다). 비록 이 시료의 구조를 모르고 있다고 하더라도 이들 2 번과 5 번의 amino acids들은 COSY 스펙트럼에서 나타난 것과 같이(어떻게 연결이 되어 있는지는 모르지만) 2 번은 ethyl기를 5 번은 *iso*-propyl 그룹을 가지고 있다는 것을 쉽게 알 수 있다. 그리고 실제로 2 번 그룹의 NH 양성자를 시작점으로 하여 구조를 추적하여 나갈 수도 있다. 그렇지만 이 NH는 현재 밝히려고 하는 1 번 그룹에 속하여 있지 않으므로 지금 사용하지 않을 뿐이다.

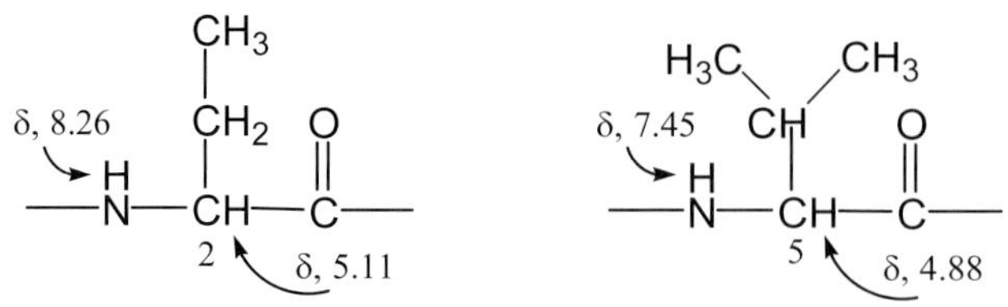

처음 시작한 구조요소 Ⅱ의 완성을 위한 또 다른 가능성은 1D 탄소 스펙트럼에서 볼 수 있다. 일반적으로 60-70 ppm 부근에서 나타나는 탄소는 산소에 연결되어 있다고 보아도 된다. 74.4 ppm에서 나타나는 이 탄소(DEPT에서 CH이므로)와 연결되어있는 양성자를 보기 위하여 HSQC 스펙트럼을 보면 4.19 ppm에서 broad한 삼중선으로 보이는 이중의 이중선(dd, J = 6.2, 6.4 Hz)을 볼 수 있다. 탄소 스펙트럼의 화학이동으로부터 산소와 연결되어 있으리라는 예측은 양성자의 화학이동 값(CH_2의 양성자라면 3.5 ppm 영역에서 나타날 수 있지만 CH 양성자이므로 일반적으로 4 ppm 보다도 down-field에서 나타남)과도 일치 하고 있다. 그렇다면 우리는 여기에서부터 다시 스핀들의 연결 관계를 밝혀나갈 수 있다. 여기에서 다시 COSY 스펙트럼으로 돌아가면 이 CH는 두 개의 다른 CH인 5.72 ppm(탄소는 59.4 ppm)의 이중선(1번 amino acid의 α 양성자로 명명)과 2.06 ppm(탄소는 35.8 ppm)의 다중선 피크와 커플링하고 있는 것을 알 수 있다. 이들 중 2.06 ppm 피크에 나타난 CH의 양성자가 앞에서 본바와 같이 이중결합 탄소에 있는 양성자와 커플링하고 있는 메칠렌 양성자들 중에 하나인 2.13 ppm의 양성자와 커플링 하는 것은 스펙트럼의 중복 때문에 확인을 할 수 없었다. 즉 이들 2.06 ppm의 피크와 2.13 ppm의 피크의 커플링 확인은 amino acid 1의 side chain의 축이 4.19 ppm에서 나타나는 양성자까지로 연결되어 있는 증거가 되지만 앞에서 언급한 데로 2.13 ppm에서 여러 개의 양성자들이 겹쳐서 나오므로 이들 사이의 커플링 확인은 불가능하다.

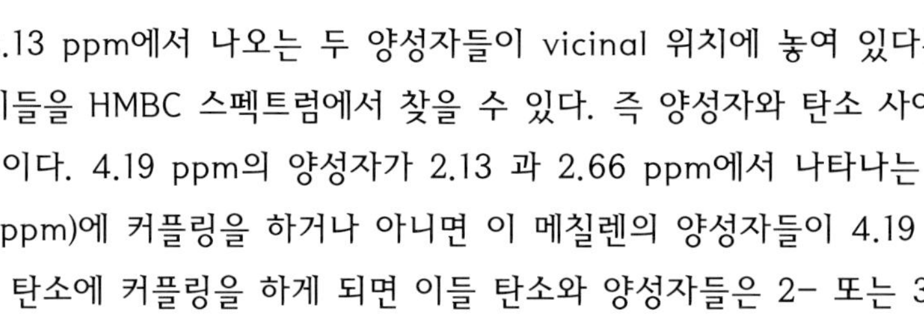

그러므로 2.06과 2.13 ppm에서 나오는 두 양성자들이 vicinal 위치에 놓여 있다는 증거는 간접적인 방법을 사용하게 되며 이들을 HMBC 스펙트럼에서 찾을 수 있다. 즉 양성자와 탄소 사이에 있는 long-range 커플링을 이용하는 것이다. 4.19 ppm의 양성자가 2.13 과 2.66 ppm에서 나타나는 메칠렌 양성자들을 가지고 있는 탄소(35.5 ppm)에 커플링을 하거나 아니면 이 메칠렌의 양성자들이 4.19 ppm의 양성자를 가지고 있는 74.4 ppm의 탄소에 커플링을 하게 되면 이들 탄소와 양성자들은 2- 또는 3-bond로 서로 연결되어 있다는 증거가 된다. 이 경우에는 COSY에서 4.19 ppm의 양성자가 메칠렌 2.13과 2.66 ppm의 양성자들과 커플링을 하지 않고 2.06 ppm의 양성자와 커플링 하고 있으니 바로 이 양성자를 가진 탄소(35.8 ppm)를 사이에 둔 3-bond 커플링으로 구조를 완성할 수 있게 된다(이 구조는 결국 35.8 ppm의 탄소가 5.72 ppm의 α 양성자 이중선 피크와 3-bond 커플링 관계를 보여주게 되며 아래에서 이 커플링을 볼 수

있다). 이 부분의 확인을 위하여 확대되어 있는 HMBC 스펙트럼을 보면 먼저 메칠렌 양성자들 중 2.13 ppm의 양성자가 74.4 ppm의 탄소와 커플링을 보여주고 있지만 앞에서 밝힌바와 같이 2.13 ppm에서는 다른 양성자들이 같이 나타나기 때문에 명확한 증거가 될 수가 없다. 그러나 4.19 ppm의 양성자가 35.5와 35.8 ppm의 탄소들과 커플링 하는 것은 명확하게 볼 수 있다. 비록 이것은 resolution 때문에 35.8 ppm의 탄소와 2-bond 커플링만을 하고 있다고 생각할 수 있으나 일반적으로 HMBC(J=10 Hz) 스펙트럼에서 2-bond 보다는 3-bond 커플링의 피크가 크게 나타난다(아래 4.19 ppm의 양성자와 59.4 ppm 탄소의 2-bond 커플링 피크 참조). 여기에서 이들 커플링 이외에도 4.19 ppm의 양성자는 amino acid 1 번의 α 탄소인 59.4 ppm의 피크와도 2-bond 커플링을 보여주고 있으며 또한 17.7 ppm의 메칠 탄소와도 3-bond 커플링을 잘 보여주고 있다. 이 methyl의 양성자와 탄소는 각각 COSY 스펙트럼과 HSQC 스펙트럼에서 여러 피크들의 중복으로 구분이 명확하지 않았지만 여기에서 결국 이것은 2.06 ppm의 양성자와 커플링 하며 이 양성자를 가진 탄소(35.8 ppm)에 연결되어 있다는 것이 명확해졌다. 이로부터 HMBC 스펙트럼의 결과를 표시할 수 있는 아래 구조요소(Ⅲ), 즉 amino acid 1의 α 탄소에 연결되어 있는 alkyl 그룹의 구조를 밝혔다.

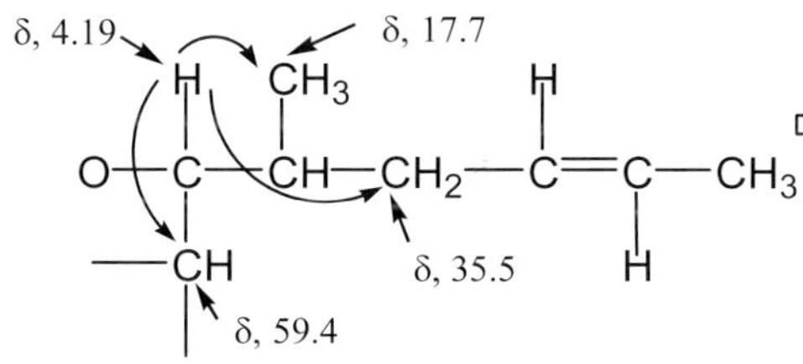

Ⅲ

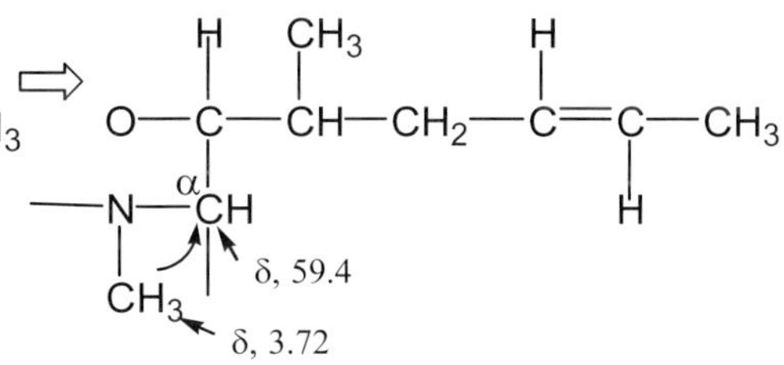

Ⅳ

이 확대되어 있는 HMBC 스펙트럼에서 볼 수 있는 또 다른 힌트는 59.4 ppm의 α 탄소가 3.72 ppm에서 나타나는 methyl의 양성자 피크와 매우 강한 커플링이 있다는 것이다. 일반적으로 양성자의 화학이동 값이 3 ppm 영역 주위에서 나타난 메칠 피크들은 질소나 산소에 연결되어 있는 것으로 예측할 수 있다. 이들이 메칠 피크라는 것은 DEPT 실험과 HSQC 스펙트럼으로 쉽게 알 수 있으며 또한 질소(N)에 연결된 것이라고 예측할 수 있는 것은 탄소의 화학이동 값이 60-70 ppm이 아니고 30-40 ppm의 영역에서 나타난다는 것이며 이 예측이 정확한 것은 N-H HMBC 스펙트럼에서 볼 수 있다. 이미 N-H HSQC 스펙트럼에서 확인된 4 개의 NH 이외에 7 개의 질소가 7 개의 메칠기를 가지고 있다는 것은 양성자와 long-range 커플링을 하는 것으로 명확하게 볼 수 있다(NH의 피크들이 이중선으로 보이는 것은 HMBC 스펙트럼을 얻을 경우에는 HSQC와는 다르게 FID를 취득하는 동안 질소를 decoupling 하지 않기 때문이며 여기에서 부여주는 이 결과는 결국 HSQC 스펙트럼의 결과도 포함하고 있는 것이 되고 있다. 실제로 small molecule의 경우 즉 질소의 수가 많지 않을 때는 이와 같이 HMBC 스펙트럼이 HSQC 스펙트럼의 역할을 할 수 있게 얻을 수도 있다). 이 결과로 우리는 또 다시 이 시료의 구조를 모르고 있다는 상태로 돌아가도 α 탄소에 메칠을 가진 질소가 연결되어 있다는 것을 알 수 있으며 Ⅲ의 구조를 Ⅳ로 확대할 수 있게 되는 것이다.

이제 α 탄소에 마지막 하나 남은 결합은 전 영역의 HMBC 스펙트럼으로 다시 돌아가면 찾을 수 있다. 여기에서 아주 명확하게 5.72 ppm에서 이중선으로 나타나는 α 양성자가 총 5 개의 탄소와 커플링을 보여주고 있는데 HMBC 스펙트럼은 2-나 3-bond의 커플링을 보여주고 있다. 그러므로 이미 규명된 3 개의 탄소들 중 74.4 ppm은 2-bond로 그리고 35.8 ppm과 질소에 있는 메칠의 33.7 ppm은 3-bond의 연결로 되어 있다는 것을 잘 설명하여 주고 있다. 나머지 두 개의 커플링은 carbonyl 그룹이 나타나는 영역을 확대해 놓은 HMBC 스펙트럼에서 볼 수 있듯이 170.1과 174.0 ppm에서 강한 커플링을 보이고 있다. 이 중 하나가 마지막으로 α 탄소와 연결되어 있는 것이 되는 것이다. 먼저 174.0 ppm에서 나타나는 carbonyl이 5.72 ppm의 α 양성자와 커플링을 보이고 있으며 3.72 ppm의 질소에 있는 methyl 양성자와도 3-bond 커플링을 보이는 것은 5.72 ppm의 α 양성자와 3-bond로 연결되어 있는 것을 명확하게 증명하고 있다(이 사실은 이제 이 시료의 구조는 amino acid가 peptide를 이루고 있다는 것을 증명하고 있다). 이제 마지막 하나 170.1 ppm의 carbonyl도 α 탄소에 연결되어 있는 것이 분명하다. 그러나 HMBC 스펙트럼에서는 2- 또는 3-bond의 커플링을 같이 보여주기 때문에 이 carbonyl이 직접 연결되어 α 양성자와 2-bond를 만들고 있는지 아니면 다른 3-bond를 이루고 있는지는 규명을 할 수가 없다. 만일 이 carbonyl이 직접 α 탄소에 연결되어 있다면 4.19 ppm의 양성자가 이 carbonyl과 3-bond 커플링을 보여주고 있어야 하는데 우리의 HMBC 스펙트럼에서는 이것이 나타나지 않았기 때문이다. 그러나 이미 이 시료가 peptide 종류로 증명이 되었기 때문에 또 다른 peptide 결합을 하는 것으로 즉 170.1 ppm의 carbonyl이 α 양성자와 2-bond 커플링을 하는 것을 보여주기 때문에 탄소에 직접 연결되어 있는 것으로 잠정적으로 결론을 내려 보자. 왜냐하면 양성자와 탄소 사이에 3-bond 커플링 상수는 양성자간 vicinal 커플링상수와 비슷하게 그들의 dihedral angle에 따라서 대략 1-12 Hz 정도로 광범위한 값을 가지는 것으로 알려져 있으므로 J=10 Hz로 얻은 이 HMBC 스펙트럼에서 4.19 ppm의 양성자와 carbonyl의 커플링이 나타나지 않을 수도 있기 때문이다. 그러나 우리는 이러한 결론을 내리기 전에 여러 가지 가능성들을 고려해 보아야 한다. 이 경우에 한 가지 예를 들어보자면 carbonyl의 화학이동 값이 에스터(ester)의 영역에 있기에 α 탄소와 carbonyl 사이에 산소가 연결되어 에스터 결합을 가지고 있다고 예상할 수도 있다. 왜냐하면 이때도 α 양성자가 carbonyl 탄소와 3-bond 커플링을 보여줄 수 있는 구조가 되기 때문이다. 그러나 이미 질소를 포함하고 있는 α 탄소가 산소를 가지고 있다면 화학이동 값은 59.4 ppm 보다 매우 더 down-field에서 나타나야 하므로 이 가능성은 제거할 수 있게 되며 구조요소 V로 확장을 할 수 있다(물론 이 시료에 에스터 그룹이 없다는 것은 나중에 mass 스펙트럼에서 분자량이 알려지거나 또는 다른 종류의 NMR 실험 등으로 결국 밝혀 질 수 있지만 이런 종류의 의심을 계속해 나가면서 구조를 확인해 나가는 것이 오류를 범하지 않는 길이라 할 수 있다).

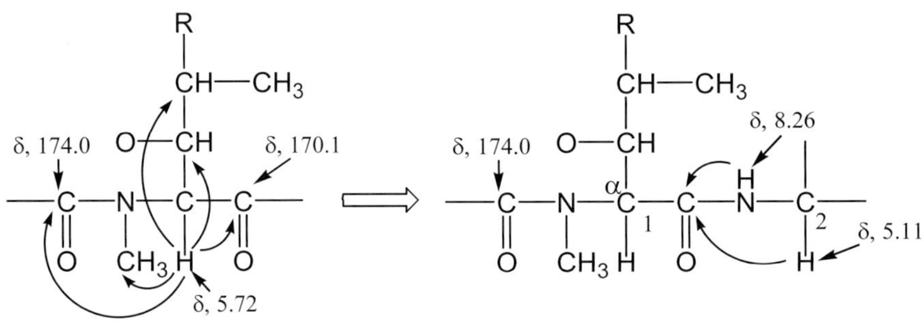

V　　　　VI

이제 1 번 amino acid의 구조는 다른 그룹의 carbonyl 하나와 함께 peptide 결합을 한다는 것과 함께 완전히 밝혀졌으니(산소의 연결 하나를 제외하고) 이 carbonyl과 연결되어있는 것들을 찾아가면서 계속 구조를 밝혀 나갈 수도 있다. 그러나 먼저 앞에서 두 개의 NH(8.26과 7.45 ppm)에 대하여 언급하였으니 이 문제를 먼저 해결해 보도록 하자. 먼저 COSY 스펙트럼에서 8.26 ppm의 양성자는 5.11 ppm(HSQC 스펙트럼으로부터 탄소는 49.0 ppm)의 양성자와 커플링 하는 것을 쉽게 확인할 수 있으며 확대되어 있는 HMBC 스펙트럼에서는 이들 두 양성자가 모두 먼저 규명된 1 번 amino acid의 carbonyl(170.1 ppm)과 커플링 하는 것을 볼 수 있다. 이들 중 특히 5.11 ppm의 양성자가 1 번 amino acid의 carbonyl(170.1 ppm)과 커플링을 한다는 것으로 이들이 amide 결합으로 이루어져 있다는 확실한 증거를 보여주고 있으므로 구조요소 V를 VI으로 확대 시킬 수 있다.

여기에서 우리는 다시 1 번 amino acid의 carbonyl의 구조에 대한 의문을 가질 수 있다. 왜냐하면 1 번과 2 번 amino acid의 amide 결합은 결국 2 번 amino acid의 NH(8.26 ppm)의 양성자와 1 번의 α 탄소(59.4 ppm)가 HMBC 스펙트럼에서 long-range 커플링을 관찰할 수 있는 3-bond의 구조를 가지게 되는데 HMBC 스펙트럼에서 이 커플링을 볼 수 없기 때문이다. 그러나 amide 결합에서 NH의 양성자와 탄소의 3-bond 커플링은 *trans* 위치의 양성자는 약 8 Hz이지만 *cis*의 위치에 있는 양성자는 0 Hz라는 것이 잘 알려져 있으므로 HMBC 스펙트럼에서 이들 커플링이 나타나지 않은 것은 이들 구조를 부정하는 증거는 될 수 없다. 다시 이 5.11 ppm의 양성자(2 번 amino acid의 α 양성자로 명명)는 이미 앞에서 규명한 에칠 그룹의 메칠렌 양성자(1.77 ppm)와 함께 173.7 ppm의 carbonyl과 커플링을 하고 있으므로 제 2의 amino acid가 규명이 되었다.

이미 앞의 1 번 amino acid에서와 같이 2 번 amino acid의 carbonyl인 173.7 ppm이 3.06 ppm의 N-CH_3와 커플링 하는 것은 또 다른 amide 결합을 쉽게 예측할 수 있게 하며 2.18 ppm의 양성자도 이 carbonyl과 커플링을 보여주고 있다. 그러나 2.18 ppm의 양성자와 COSY 스펙트럼에서 geminal 양성자의 커플링(J=13.8 Hz)을 보여주고 있는 3.99 ppm의 양성자가 이 carbonyl과 커플링을 보여주고 있지 않으며 더욱 2.18 ppm의 주위는 여러 양성자들이 같이 나타나고 있기에 이들 두 양성자들을 제 3의 amino acid의 α 양성자들로 단정하기에는 증거가 충분하지 않다. 그러나 다시 확대된 HMBC 스펙트럼으로 돌아가면 2.18과 3.99 ppm의 양성자들을 가지고 있는 탄소인 49.5 ppm(HSQC)의 피크와 3.06 ppm의 N-CH_3의 양성자가 커플링을 보여주고 있으므로 이들 양성자들이 제 3의 amino acid의 α 양성자들인 것이 확실하며 구조요소 Ⅶ을 확정할 수 있다.

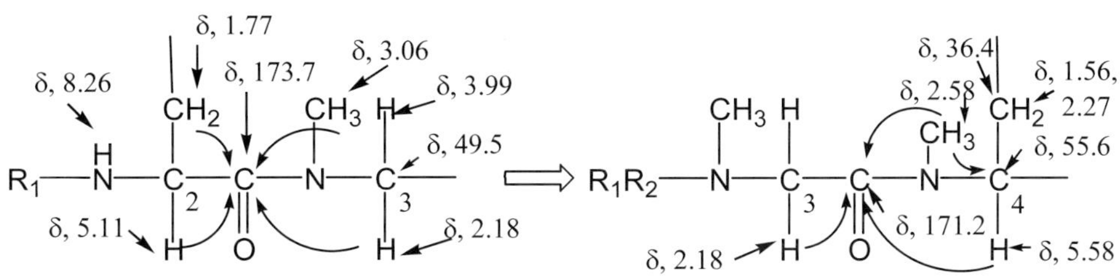

Ⅶ　　　　Ⅷ

이들 3의 두 양성자들은 HMBC 스펙트럼(carbonyl 영역)에서 볼 수 있듯이 또 다른 carbonyl인 171.2 ppm의 피크와 커플링하며 이 carbonyl은 2.58 ppm에서 나타나는 N-CH_3의 양성자와 강하게 그리고 5.58 ppm의 양성자와 미약하나마 다시 커플링을 하므로 3의 amino acid의 또 다른 peptide 결합을 보여주고 있다. 이 5.58 ppm의 양성자(탄소는 55.6 ppm)가 제 4 그룹의 α 양성자임을 확인을 시켜주는 확실한 증거는 확대되어 있는 HMBC 스펙트럼에서 55.6 ppm의 피크와 2.58 ppm의 N-CH_3 양성자와의 커플링을 볼 수 있다는 것이다. 이 α 양성자는 COSY 스펙트럼에서 다시 1.56 ppm과 여러 양성자가 겹쳐 나오

3 해답과 해설

는 2.27 ppm에서의 양성자들과 커플링을 하고 있으며 36.4 ppm의 탄소(HSQC)에 있는 양성자들임을 알 수 있으므로 Ⅶ은 Ⅷ의 구조요소로 확대할 수 있다. 이 36.4 ppm의 피크는 메칠렌 탄소이므로 다른 그룹이 연결되어 있겠지만 이 탄소의 양성자들과의 커플링은 COSY 스펙트럼에서는 매우 복잡하여 더 이상 확실하게 규명을 할 수가 없으므로 이제까지 얻어진 스펙트럼들과는 다른 새로운 방법을 사용하여야한다. 이들의 규명은 잠시 뒤로 미루고 4 그룹의 α 양성자인 5.58 ppm의 피크와의 커플링을 이용하여 α 위치의 결합을 완성하도록 하자.

다시 HMBC 스펙트럼의 carbonyl 탄소의 영역의 스펙트럼으로 돌아가면 이 5.58 ppm의 α 양성자는 169.6 ppm의 carbonyl과 커플링을 보여주고 있다. 여기에서도 1 번 amino acid에서와 같이 3-bond 커플링을 보여줄 수 있는 1.56과 2.27 ppm에서의 메칠렌의 피크들과 carbonyl 피크가 커플링을 보여주지 않고 또 다른 그룹을 확인할 수 있는 커플링을 두 곳에서 보여주고 있다. 하나는 7.45 ppm에서 나타나는 NH(앞에서 일부구조 밝혔음)와 4.88 ppm(HSQC 실험으로 탄소는 55.48 ppm 이것은 55.45 ppm의 탄소와 구분이 불가능하지만 구조해석에는 지장을 주지 않는다)에서 나타나는 α 양성자가 169.6 ppm carbonyl과 커플링을 보여주고 있으므로 우리는 5 번째 그룹의 구조를 또 다시 amide 결합으로 연결할 수 있게 된다. 이 5 번째 그룹은 이미 앞에서 α 탄소에 *iso*-propyl이 있다는 것을 밝혔고 4.88 ppm의 α 양성자가 174.16 ppm의 carbonyl(174.21 ppm과 구분이 불가능하지만 아래에서 long-range COSY 실험으로 밝혀지는 N-CH_3들의 구별로 확인이 된다)과 커플링을 보여주고 있으며 이 carbonyl은 3.21 ppm에서 나타나는 N-CH_3의 양성자와 커플링을 보여주고 있다. 이 3.21 ppm의 양성자가 확대되어 있는 HMBC 스펙트럼에서 커플링을 보여주는 또 다른 탄소(55.45 ppm)를 찾을 수 있으며 이 탄소는 HSQC 실험에서 5.38 ppm에서 나타나는 6 번째 그룹의 α 양성자임을 확인 시켜주고 있으며 dd로 나타나 있으므로 구조요소 IX를 만들 수 있다(이 α 양성자는 1.44 ppm과 그리고 여러 개의 다른 양성자들과 겹쳐 나오는 2.27 ppm에 각각 하나씩의 양성자가 나타나는 것을 COSY와 HSQC 스펙트럼의 탄소(37.7 ppm)로 확인할 수 있으며 이들 메칠렌 양성자들과 커플링 하는 또 다른 양성자는 2.13 ppm에서 다른 양성자들과 겹쳐서 나오므로 4 번 amino acid에서와 같이 완전한 규명은 뒤로 미루기로 하자).

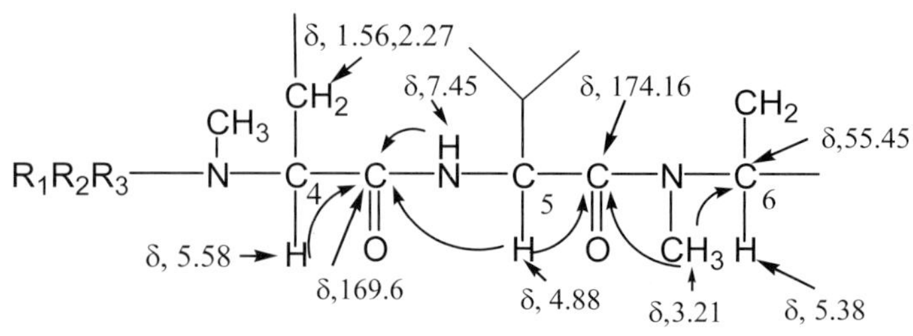

IX

확대된 carbonyl 영역의 HMBC 스펙트럼에서 이 5.38 ppm의 α 양성자는 171.7 ppm과 174 ppm 주위(3 개의 carbonyl 피크가 있음)에서 각각 하나씩의 커플링을 보여주고 있다. 이 중에 171.7 ppm의 피크는 7.98 ppm에서 나타나는 새로운 NH 피크와도 커플링을 보여주고 있기에 174 ppm 부근의 커플링은 5 번 amino acid의 carbonyl(174.16 ppm)과 3-bond 커플링임을 확인할 수 있다. 다시 6 번 amino acid의 carbonyl과의 커플링을 이용하여 앞의 예에서와 같이 다음 그룹의 양성자를 확인하는 작업은 피크들의 겹침으로 인하여 확실하게 밝힐 수 없으므로 COSY 스펙트럼으로 다시 돌아가서 NH 피크를 이용하도록 하자.

이중선으로 7.98 ppm에 나타난 NH는 이중선이므로 vicinal 위치에 하나의 양성자가 있음이 명확하고 이 양성자는 4.8 ppm의 영역에서 다중도로 나타나고 있음을 COSY 스펙트럼이 잘 보여주고 있다. 이 다중도 피크에서는 약간 down-field에서 나타나는 또 다른 NH와 커플링 하는 양성자가 겹쳐 나타나는 것을 구분할 수 있다. 이 4.8 ppm의 영역의 up-field에서 나타나는 양성자를 이용하여 HSQC 스펙트럼에서 7.98 ppm의 NH 양성자가 속해있는 7 번째의 그룹의 α 탄소는 49.0 ppm 즉 2 번째 amino acid의 α 탄소와 동일한 위치에서 나타나고 있음을 알 수 있다. 그리고 이 α 탄소에 있는 양성자(4.8 ppm 영역의 up-field)가 1.67 ppm에서 이중선으로 나타나는 메칠과의 커플링을 보여주는 COSY 스펙트럼으로 메칠의 존재를 확인할 수 있다. 이 α 양성자는 다시 carbonyl 영역의 HMBC 스펙트럼에서 171.3 ppm(171.2 ppm의 carbonyl이 이미 3 번 amino acid의 carbonyl이라고 규명되었지만 0.1 ppm의 차이의 이들 두 carbonyl의 규명이 서로 바뀌더라도 구조 해석에 문제가 되지는 않는다)의 carbonyl과 커플링을 보여주고 있고 이 carbonyl이 1.67 ppm의 메칠과의 커플링으로 7 번째의 amino acid 구조를 쉽게 확인할 수 있을 뿐만 아니라 이 carbonyl(171.3 ppm)이 7.62 ppm에서 나타나는 NH와의 커플링으로 8 번째 그룹의 구조 해석의 단서를 제공하므로 구조요소 X을 확정할 수 있다.

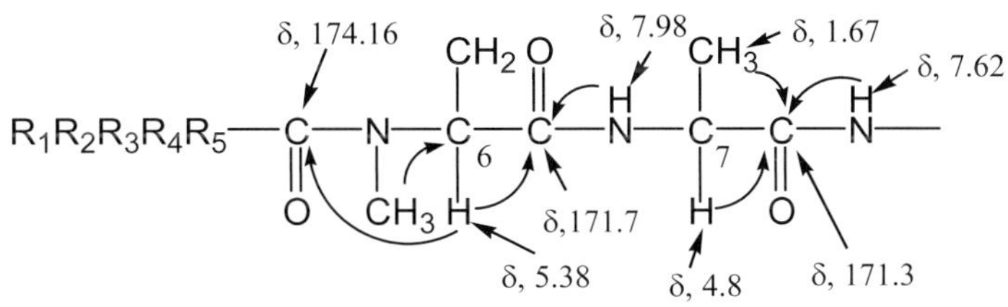

X

이제 다시 COSY 스펙트럼으로 돌아가면 7.62 ppm의 NH 양성자는 4.8 ppm(HSQC로 부터 탄소는 45.3 ppm) 영역에 있는 다중도 피크들의 down-field에서 나타나는 피크와 vicinal 커플링을 하며 4.8 ppm의 양성자는 1.02 ppm에서 이중선으로 나타나는 메칠 피크와 커플링 하는 것을 볼 수 있다. 복잡하기는 하지만 이 4.8 ppm의 양성자가 carbonyl 영역의 HMBC 스펙트럼에서 174.2 ppm의 carbonyl과 커플링 하는 것은 주위의 다른 carbonyl 피크들이 이미 모두 확인되었기 때문에 명확하며 또한 1.02 ppm의 methyl의 양성자가 이 carbonyl과 커플링을 보여주는 것으로 8 번의 amino acid의 구조를 완성할 수 있다. 이 8 번 amino acid carbonyl은 2.92 ppm에서 나타나는 N-CH_3의 양성자와도 커플링을 보여주고 있으니 9 번째 그룹의 구조 확인을 할 수 있는 기회를 제공하고 있다. 이제 이 methyl의 양성자들이 다른 양성자와는 커플링을 하지 않고 있으니(실제로는 아주 작은 커플링을 하고 있으며 아래에서 또 다른 실험 방법으로 이 양성자들의 커플링을 찾을 수 있다는 것을 미리 밝혀둔다) 커플링을 보여주는 탄소를 찾는 것으로 또 작업을 시작하도록 하자. 이들 N-메칠 그룹들의 영역이 확대되어 있는 HMBC 스펙트럼에서 이 2.92 ppm의 N-CH_3의 양성자들이 48.4 ppm의 CH 탄소와 커플링 하므로 이들이 9 번째 그룹의 α 탄소와 양성자임을 알 수 있다. 이 CH 그룹의 양성자는 HSQC 실험으로부터 5.86 ppm에서 나타나는 이중의 이중선(dd)의 피크라는 것을 알 수 있고 커플링 pattern으로 vicinal 위치에 화학이동이 다른 두 개의 양성자가 있음을 암시하고 있다. 즉 이들 두 개의 양성자들은 COSY 스펙트럼에서 다른 양성자들과 함께 2.17과 1.24 ppm 부근에서 (HSQC로부터 하나의 탄소 39.6 ppm에 있으므로) 나타나는 메칠렌 양성자라는 것을 알 수 있지만 더 이상의 확인은 뒤로 미루어 두기로 하자. 이 9 번 그룹의 α 양성자의 5.86 ppm의 피크를 이용하기 위하여 다시 carbonyl 영역의 HMBC 스펙트럼으로 돌아가면 아직 규명이 되지 않은 매우 근접하여 나타나는 두 개의 carbonyl(170.41과 170.44 ppm) 위치에서 커플링을 보이고 있지만 구별이 불가능해 보인다. 또한 앞에서 보았던 것과 같이 다음 그룹을 확인할 수 있는 2 개의 N-CH_3의 2.97 ppm과 2.84 ppm의 피크들도 이들 두 carbonyl과 커플링을 보이고 있지만 역시 구별이 불가능하다. 그러나 한 가지 확실한 사실은 이들 두 carbonyl들이 각각 N-CH_3와 amide 결합을 하고 있으므로 구조 요소 XI을 만들 수 있는 것이다.

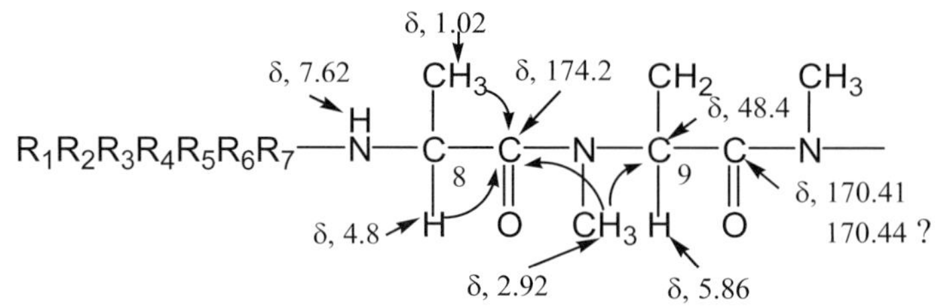

XI

그렇지만 이 상태에서는 더 이상의 구조 규명은 불가능 하므로 다른 대안을 생각해 보기로 하자. 먼저 지금 사용하고 있는 방법만이 이 구조의 문제를 해결하는 유일한 것은 아니라는 것을 밝혀둔다.

앞에서 우리는 1 번의 amino acid를 규명할 때 이곳에 있는 N-CH_3의 양성자와 커플링 하는 174.0 ppm의 carbonyl을 알고 있으니 이것을 이용하여 보도록 하자(이미 이 시료는 11 개의 carbonyl을 가지고 있는 것을 알고 있으니 11 번째 그룹에 있는 것으로 가정하자). 다시 carbonyl 영역을 확대하여 놓은 HMBC 스펙트럼에서 이 174.0 ppm의 carbonyl과 커플링 하는 5.25 ppm에서 나타나는 α 양성자의 이중선을 쉽게 찾을 수 있다(이중선이므로 vicinal 위치에 하나의 양성자가 있으며 COSY 스펙트럼에서 이 양성자 또한 2.25 ppm에서 다른 양성자들과 겹쳐 나오므로 자세한 규명은 뒤로 미루기로 한다). 이 양성자는 앞에서 매우 근접하여 구별이 불가능한 carbonyl의 두 피크(170.41과 170.44 ppm)와도 커플링을 보여주고 있으므로 이들 둘 중에 하나의 carbonyl은 이곳과 2- 또는 3-bond로 연결되어 있음을 쉽게 알 수 있다. HSQC 스펙트럼에서 이 5.25 ppm의 양성자가 58.3 ppm의 탄소에 있음을 알 수 있으며 N-CH_3의 영역의 HMBC 스펙트럼에서 이 α 탄소에 커플링 하는 N-CH_3 양성자는 2.97 ppm에 있음을 확실하게 구분할 수 있다. 단정하기는 어렵지만 carbonyl 영역의 HMBC 스펙트럼에 돌아와서 11 번 amino acid에 있는 2.97 ppm의 N-CH_3가 170.41 ppm의 carbonyl과 커플링을 보여준다고 판단하면(실제로 매우 가까운 이 두 개의 carbonyl의 화학 이동 규명이 서로 바뀌더라도 구조 규명에는 문제가 되지 않으며 정확한 규명은 2D 실험에서 F1축의 실험 수, 즉 digital resolution을 증가 시키면 가능하다) 이 탄소가 10 번째 그룹의 carbonyl이 되는 것이다. 그리고 이 carbonyl과 커플링 하는 마지막 α 양성자를 5.33 ppm에서 찾을 수 있으며 이 양성자의 탄소는 57.8 ppm에서 나타나는 것을 HSQC 스펙트럼에서 볼 수 있다. 7 개 중에서 마지막 하나의 2.84 ppm에서 나타나는 N-CH_3 양성자가 앞에서 규명을 미루어온 9 번 amino acid의 carbonyl(170.44 ppm의 피크 하나만 남았음으로)에 3-bond 커플링하고 있는 amide 결합을 이루며 10 번 그룹에 있는 것이 된다. 그러면 이 해석은 마지막으로 10 번째 amino acid의 α 탄소(57.8 ppm)가 2.84 ppm에 나타나는 N-CH_3 양성자와 커플링 하는 것을 볼 수 있으면 증명이 되는 것이다. 이들 영역을 확대한 HMBC 스펙트럼이 이들 커플링을 명확하게 보여주고 있으며 비록 아직 모든 alkyl chain들을 규명하지는 않았지만 우리는 이 시료가 11 개의 amino acid로 이루어진 cyclic peptide 구조 XII라는 것을 완전히 밝혔다.

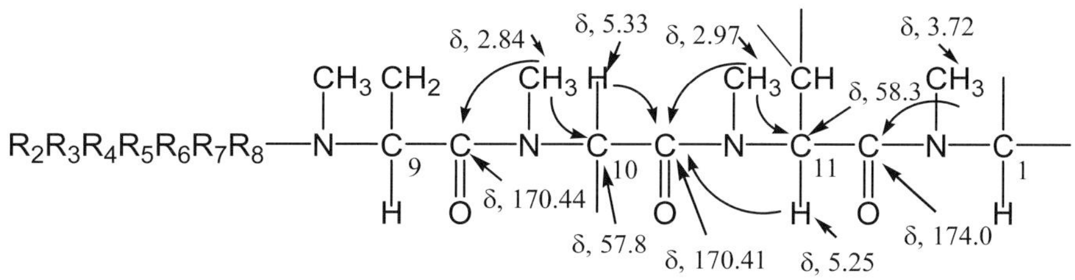

XII

이제 남은 alkyl chain들을 완전히 규명하는 작업으로 되돌아 가도록하자. 이제까지 4, 6, 9, 10, 11의 α 탄소에 연결되어 있는 alkyl chain들을 COSY 스펙트럼에서 매우 복잡하게 겹쳐들 나타나기 때문에 완전하게 규명하지 않았다. 그러나 제일 마지막에 규명된 10 번의 경우에 α 양성자와 커플링 하는 두 개의 CH_2 양성자가 COSY 스펙트럼(확대된 것)에서 보듯이 다른 양성자들과 겹치지 않는 2.41과 1.29 ppm(탄소는 HSQC 로부터 41.5 ppm)에서 나타나고 있다. 이들 두 양성자들 중에서 1.29 ppm의 양성자와는 1.77 ppm(앞에서 규명한 2 번 amino acid에서 ethyl 그룹의 메칠렌 양성자가 나타나는 위치임)에서 CH의 양성자와 커플링 하는 것을 high contour로 증가 시켰을 때는 볼 수 있다(이 스펙트럼은 보여주지 않았음). 1.77 ppm에 CH의 양성자가 겹쳐 있다는 것은 HSQC-edited 스펙트럼에서 볼 수 있고 겹쳐 나오는 메칠렌 양성자가 COSY 스펙트럼에서 메칠 피크들이 나타나는 영역에서 하나 이상의 메칠 그룹과 correlation을 보여주는 것으로 이 CH의 양성자가 다시 두 개의 메칠 그룹과 커플링 하는 것을(이 부분을 확대하여 보여주고 있는 HSQC 스펙트럼에서 이 부분의 양성자들이 모두 메칠의 탄소임을 알 수 있기 때문에) 쉽게 알 수 있다(또한 이들의 관계는 아래 TOCSY 스펙트럼에서 확인된다). 비록 이 영역에서 여러 메칠 그룹들의 피크들이 겹쳐 나오기 때문에 그들의 정확한 화학이동 값은 알 수 없지만 우리는 10 번 amino acid의 구조는 완전히 밝힌 것이다.

이제 나머지 alkyl chain들의 구조를 밝히기 위해서 우리는 TOCSY 실험을 이용하여 보도록 하자. 우리는 이미 이 실험이 spin-locking 시간, 즉 mixing time이라는 시간을 조정함에 따라서 양성자들 사이에서 일어나는 커플링의 전파(transfer)를 조절할 수 있는 실험이라는 것을 알고 있다(일반적으로 대략 1/10J의 시간이 하나의 전파를 이루는 것으로 간주함). 그러므로 만약 구조를 밝히려 하는 시료에 긴 alkyl chain과 같은 것이 있다면 mixing time을 단계적으로 조정하여 실험하게 되면 하나의 양성자를 기준으로 하여 다른 양성자들의 순서를 알아낼 수 있는 매우 유용한 실험이다.

TOCSY 스펙트럼은 60 ms의 mixing time(3-4 개의 transfer가 일어난다고 가정되는 시간)을 이용하여 얻은 것이다. 이 스펙트럼에서 제일 먼저 8.26 ppm에서 나타나는 2 번 amino acid의 NH의 양성자 피크와 커플링들이 일어난 것들을 살펴보도록 하자. COSY 스펙트럼에서는 5.11ppm의 α 양성자와만 커플링을 보이는 반면 TOCSY 스펙트럼에서는 에칠 그룹의 메칠렌과 methyl의 양성자 모두와 커플링 하는 것을 쉽게 찾아볼 수 있다. 그러면 이와 같은 방법으로 우리가 아직 밝히지 못한 alkyl chain들을 확인하여 나가도록하자.

TOCSY 스펙트럼이 F2 축에 alkyl의 양성자들을 잘 보이도록 확대하여 놓은 것에서 먼저 미완성으로 남아있는 4 번 amino acid의 alkyl chain을 완성하기 위하여 F1축에 있는 5.58 ppm의 α 양성자 피크와 커플링을 하는 것들을 찾아보자. 앞에서 메칠렌의 양성자들로 확인한 2.27과 1.56 ppm에서 나타나는 피크들을 볼 수 있으며 이들 이외에 1.38 ppm에서 다중도의 피크 그리고 0.99 ppm의 이중선 피크와 0.89

ppm(2 개의 다른 methyl 양성자들과 겹쳐 나오는 것을 알 수 있다)에서 나타나는 피크들과도 커플링 하는 것을 알 수 있다. 여러 개의 methyl의 양성자가 겹쳐 나오는 이곳 0.89 ppm에서 3 개의 메칠 그룹이 있다는 것과 1.38 ppm의 양성자를 가지고 있는 탄소가 CH라는 것도 HSQC 스펙트럼으로 쉽게 알 수 있다. 그러므로 메칠렌의 양성자를 가지고 있는 탄소는 *iso*-propyl을 가지고 있다고 확인할 수 있다. 다음으로 5.38 ppm에서 나타난 6 번의 α 양성자와 커플링을 보여주는 것들은 앞에서 확인한 1.44와 2.27 ppm에서 나타나는 메칠렌 양성자들과 다른 양성자들과 같이 2.13 ppm에서 나타나는 피크 그리고 1.05 ppm의 이중선의 methyl 양성자와 1.14 ppm에서 다른 여러 개의 methyl 양성자들의 피크와 겹쳐 나오는 메칠의 피크이다. 여기에서 2.13 ppm에서 나타나는 여러 개의 양성자 피크들은 HSQC(edited)스펙트럼에서 나타나는 두 개의 다른 메칠렌 양성자에 속하는 각각 하나씩의 양성자와 6 번 amino acid의 alkyl chain에 있는 CH 하나의 양성자가 겹쳐있음을 쉽게 알 수 있다. 비록 지금 이 스펙트럼에서는 1.14 ppm에서 나오는 메칠 피크를 완전하게 규명을 하지는 못하지만 HSQC 스펙트럼에서 이 영역의 피크들이 모두 메칠 피크들이라는 것을 보여주므로 6 번 amino acid 역시 4 번과 같이 메칠렌 탄소에 *iso*-propyl 그룹을 가지고 있는 것으로 확인할 수 있다. 9 번 amino acid를 완성하기 위하여 5.86 ppm의 α 양성자와 커플링 하는 것을 찾아보면 다시 앞에서 확인한 2.17 ppm과 1.24 ppm(이곳에서는 다른 피크와의 커플링 모습이 겹쳐있음을 볼 수 있다) 영역에서 나타나는 메칠렌의 양성자들을 볼 수 있으며 메칠 영역에서 0.82 ppm의 이중선과 0.9 ppm에서 다른 메칠이 나타나는 것을 알 수 있다. 이들 두 개의 메칠 그룹과 이 메칠 피크의 이중선의 증거는 메칠렌 그룹과의 사이에 또 다른 그룹을 연상할 수 있게 하며 이들의 증거는 HSQC(edited) 스펙트럼에서 1.24 ppm의 영역에 있는 두 양성자 중 하나가 또 다른 탄소(DEPT 실험으로 CH)에 있으며 이 양성자가 methyl의 양성자와 커플링 하는 것으로 확인할 수 있다. 즉 메칠렌 그룹에 연결되어 있는 *iso*-propyl 그룹의 CH의 양성자가 메칠렌의 두 양성자 중 1.24 ppm의 양성자와 겹쳐 있는 것을 알 수 있다.

이미 앞에서 10 번 amino acid의 alkyl chain은 비교적 쉽게 확인될 수 있었지만 모호하였던 1.77 ppm의 CH 그룹도 5.33 ppm의 α 양성자가 TOCSY 실험에서 커플링을 잘 보여주고 있고 1.15 ppm 영역에서 두 개의 methyl 양성자들이 겹쳐서 나오는 것을 확인할 수 있다. 마지막 11 번의 alkyl chain은 이중선의 5.25 ppm의 α 양성자가 2.25 ppm의 영역에서 나오는 양성자들 중 CH의 양성자와 커플링 한다는 것이며 0.95와 0.63 ppm에서 이중선으로 각각 나타나는 메칠 그룹들과 커플링 하는 것으로 11 번 amino acid는 α 탄소에 *iso*-propyl 그룹이 직접 연결되어 있는 것을 알 수 있다(TOCSY 스펙트럼을 사용하지 않고 다른 방법으로 이미 규명이 된 것들도 이 스펙트럼에서 다시 확인하여 보면 앞에서의 규명이 정확하다는 것을 알 수 있다. 이러한 결론으로부터 얻을 수 있는 매우 중요한 사실은 NMR 실험에서는 서로 다른 방법들이 상호 보완적으로 사용될 수 있다는 것이다).

지금까지 우리는 이들 alkyl chain을 규명하면서 정확한 화학이동 값의 사용 없이도 구조를 밝혀 낼 수 있었다. 예를 들자면 앞에서 10 번 amino acid의 alkyl chain을 규명할 때 COSY 스펙트럼에서 메칠렌 피크들이 비교적 겹쳐 나오지 않기 때문에 *iso*-propyl 그룹의 규명이 비교적 쉬웠지만 다른 피크들과 겹쳐 나오는 두 개의 메칠은 대략적인 위치만을 규명하였다. 또한 TOCSY 스펙트럼에서도 이들 두 메칠은 2D 스펙트럼의 피크만으로는 그들의 위치만 알 수 있을 뿐 다른 정보가 없이는 그들의 화학이동 값 등은 물론이며 두 개의 메칠 피크라는 규명도 어려워 보인다. 비록 이 시료의 경우에는 문제가 되지 않았지만 많은 경우 우리는 정확한 화학이동 값과 커플링 상수들을 알아야 하는 경우가 있다. 이러한 문제를 해결할 수 있는 여러 방법들 중 하나가 selective excitation 실험이다. 바로 앞에서 TOCSY 실험에 관한 설명이 있었으므로

selective TOCSY 실험을 사용하여 이들이 주는 결과로 정확한 화학이동 값과 커플링 상수의 문제를 어떻게 해결할 수 있는지를 보도록 하자.

정상적인 1D 양성자 스펙트럼(a)과 함께 보여주고 있는 1D-TOCSY 실험은 9, 6, 10 그리고 5 번 amino acid들의 α 양성자들을 selective excitation 시킨 스펙트럼이라는 것을 정상의 1D 스펙트럼(a)을 참고하면 쉽게 알 수 있다. 먼저 9 번 amino acid의 α 양성자를 이용한 스펙트럼 b를 보면 두 개의 메칠 중 0.9 ppm 영역에서 다른 그룹과 겹쳐 나오던 하나의 메칠을 완전히 분리해 보여 주고 있으며 c, d, 그리고 e의 스펙트럼에서도 1.14 ppm 영역에서 겹쳐서 나오는 각각의 메칠들을 분리해 낼 수 있는 것을 볼 수 있다. 특히 앞에서 언급한 10 번 amino acid에 있는 1.77 ppm에서 다른 양성자와 겹쳐있던 CH 양성자와 두 개의 메칠이 1.14 ppm 영역에서 거의 같은 화학이동 값을 가지고 나타난다는 것을 명확하게 알 수 있다. 이들 메칠 그룹들 이외에도 각 alkyl chain의 양성자들이 복잡하게 겹쳐서 나타나는 곳에서 각 α 양성자들과 TOCSY 커플링하는 양성자들만 분리 되어 나타나는 것을 볼 수 있다(5 번 α 양성자를 이용한 스펙트럼 e에서는 7.45 ppm에서 나타난 NH 피크를 그리지 않았다). 바로 이런 스펙트럼에서 우리는 각각의 양성자들의 정확한 화학이동 값과 커플링 상수들을 얻을 수 있으며 이들을 분자의 구조와 conformation을 규명하는데 사용하게 된다. 이제 우리는 이 시료의 결합들 중 마지막으로 하나 남은 문제를 해결하여야 한다. 그것은 1 번 amino acid의 alkyl chain에 있는 산소와 연결되어 있는 부분이다. 물론 mass 스펙트럼으로 질량이 알려진다면 아주 쉽게 양성자 하나가 연결된 것으로 이 시료의 구조를 완결할 수 있다. 비록 질량을 알지 못하더라도 때로는 NMR에서 이러한 부분도 찾아낼 수 있다. 양성자 스펙트럼에서 산소가 있는 탄소에 연결된 4.19 ppm의 dd 피크가 다른 피크들과 비교해 볼 때 유난히 broad한 것을 볼 수 있다. 일반적으로 어떤 양성자의 NMR 피크가 broad하다는 것은 이 양성자가 매우 빠르게 이완(relaxation)을 하거나 또는 주위의 환경이 NMR time scale과 비슷한 속도로 변하고 있다고 할 수 있으며 또는 교환(exchange)이 일어나고 있는 양성자(NH나 OH와 같은 양성자가 용매에서)와 작은 커플링을 한다는 것일 수도 있다. 이러한 경우에 우리는 일반적으로 COSY 스펙트럼에서 cross 피크를 얻을 수 없게 된다. 그러나 spin-locking 실험인 TOCSY 실험에서는 때때로 이러한 커플링들을 관찰할 수 있다. 이미 사용된 TOCSY 스펙트럼을 high contour로 보면 4.19 ppm의 양성자가 3.46 ppm에서 broad하게 나타나는 피크(조그만 다른 impurity와 겹쳐 있음)와 커플링을 보여주고 있으며 이들 두 피크 모두가 1 번의 α 양성자와 커플링을 하고 있다는 것을 알 수 있다(이 스펙트럼은 보여주지 않았음). 이 broad 한 피크가 산소에 연결되어 있는 양성자임을 알 수 있다. 비록 제일 마지막 결론은 복잡한 여러 가지 변수를 가지고 있지만 이미 앞에서 언급한 대로 질량을 얻는 것으로 이 시료의 구조해석은 더욱 확실하고 쉽게 해결이 될 수 있다.

앞에서 우리는 지금까지 사용한 NMR 방법들을 이용하여 스펙트럼을 해석하면서 구조를 밝히는 접근방법이 여러 가지로 이루어 질 수 있다는 것을 알 수 있었고 또한 TOCSY 스펙트럼을 이용하고 나서 얻은 중요한 사실은 NMR 실험들은 상호 보완적으로 이용할 수 있다는 것이다. 그렇다면 또 다른 여러 가지 NMR 방법들이 이제까지 밝힌 이 시료의 구조를 상호 보완적으로 증명할 수 있는지를 살펴보도록 하자. 먼저 COSY 실험의 변형으로 사용되는 long-range COSY 실험을 사용하여 보도록 하자. 이 실험은 양성자들 사이에서 작은 커플링을 하고 있지만 일반적인 COSY 실험에서는 나타나지 않는 작은 커플링들을 관찰함으로서 구조해석에 이용하는 것이다. 보여주고 있는 일부분의 long-range COSY 스펙트럼에서 먼저 NH 양성자들을 보면 이들 각각은 COSY 실험에서와 같이 그들이 속하여 있는 amino acid의 α 양성자들과 커플링을 보여주고 있는 것 외에도 8.26 ppm에서 나타나는 2번 amino acid의 NH를 제외하고는 각각의 NH들은 또 다른 양성자들과 커플링하고 있는 것을 볼 수 있다. 여기에서 5 번 amino acid의 NH를 한 가지 예로 보도록 하자. 이 7.45 ppm에서 나오는 5 번의 NH는 자신이 속하여 있는 α 양성자(4.88 ppm) 이외에 4 번 amino acid의 α 양성자(5.58 ppm)와 그리고 6번 amino acid의 NCH_3의 양성자(3.21 ppm)와도 커플링 하는 것을 볼 수 있다. 이들은 각각 4-bond와 5-bond의 커플링을 보여주고 있는 것이다. 이들 중 NCH_3의 양성자(3.21 ppm)와 커플링 하는 다른 양성자들을 찾아보면 6 번 amino acid의 α 양성자(5.38 ppm, 4-bond)와 5 번 amino acid의 α 양성자(4.88 ppm, 5-bond)임을 알 수 있다. 이 사실들은 4, 5, 그리고 6 번의 amino acid들이 이미 앞에서 다른 실험들로 밝혀진 아래 그림 XIII과 같이 서로 연결되어있는 것을 확인 시켜주는 것이다.

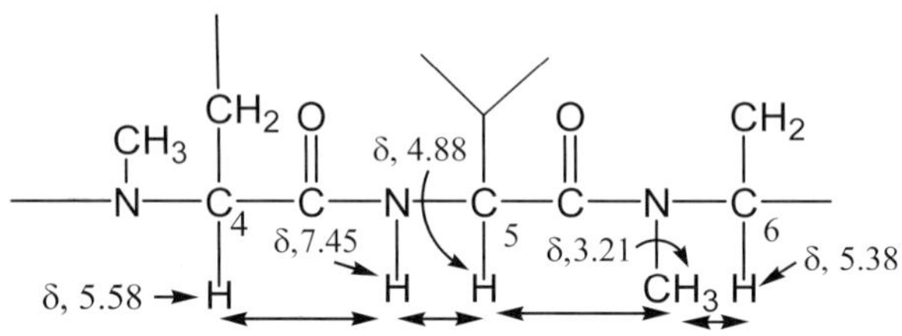

XIII

나머지 6 개의 NCH_3들의 피크들을 살펴보면 11 번의 NCH_3의 피크(자신의 α 양성자와만 커플링)를 제외하고는 모두들 자신들의 α 양성자와 4-bond로 그리고 이웃하고 있는 amino acid의 α 양성자들과는 5-bond 커플링 하는 것을 보여 주고 있다. 이들 정보만으로도 우리는 amino acid 8, 9, 10, 그리고 2, 3, 4가 연결되어 있고 그리고 1과 11 번의 amino acid도 연결되어 있음을 쉽게 알 수 있다. 이와 같이 NMR 실험의 여러 가지 방법들은 서로 상호 보완적으로 구조 해석에 이용이 가능하며 어느 방법을 사용하던지 공통적으로 확인될 수 있는 영역에서 같은 결론을 얻을 수 없으면 시료의 구조분석은 살못되었다고 할 수 있다.

마지막으로 앞에서 일반적으로 우리가 사용하는 NMR의 방법들과는 다른 종류의 파라미터를 사용하는 즉 scalar 커플링을 사용하지 않고 dipolar 커플링을 사용하여 bond의 구조가 아니고 공간의 구조(stereochemistry)를 밝히기 위하여 사용되는 NOESY와 ROESY 스펙트럼이 이제까지 규명하여 놓은 이 시료의 구조에 어떤 부분을 확인할 수 있으며 어떤 보완적인 결과를 줄 수 있는지를 살펴보도록 하자.

시료의 분자량과 용매 그리고 기기의 주파수(frequency)등 여러 가지 변수들에 영향을 받는 NOE 실험은 NOESY를 사용할 때 그 결과를 얻지 못하는 경우가 종종 발생할 수 있다. 분자량이 500-1000 정도의 시료를 500-700 MHz의 NMR을 이용하여 실험할 때 이러한 현상이 자주 일어날 수 있는데 이것은 즉 $\omega\tau = 1$이 되는 조건(NOE가 0 인 지점)에 매우 근접해 있다는 것이다. 우리의 시료가 지금 이 조건의 영역에 있으며 실제로 NOESY 실험에서는 NOE가 대부분 나타나지 않으므로 여기에서는 ROESY 실험의 스펙트럼을 보여주고 있다. 먼저 8.26 ppm의 2 번 amino acid의 NH 피크를 보도록 하자. 이 양성자와 NOE를 볼 수 있을 것으로 예상되는 양성자들은 먼저 α 양성자(5.11 ppm)와 에칠 그룹의 메칠렌 양성자(1.77 ppm)들로 예측할 수 있으며 이들은 예상대로 NOE를 보여주고 있다. 이들 이외에도 1 번 amino acid의 α 양성자(5.72 ppm) 피크와(COSY 실험과 long-range COSY 실험에서도 이들의 관계를 볼 수 없었다) side chain의 산소를 가진 탄소에 있는 양성자(4.19 ppm)와도 두 개의 다른 NOE를 보여주고 있다. 이들 두 증거는 1 번과 2 번의 amino acid가 연결되어 있다는 앞의 규명을 잘 뒷받침하여 주는 것이다. 다른 3 개의 NH 양성자들도 자신들의 α 양성자들은 물론이고 이웃하는 amino acid의 α 양성자들과도 NOE를 잘 보여주고 있으며 이들이 앞에서 규명된 amino acid의 연결들을 잘 증명하고 있다. 이 스펙트럼에서 우리는 예상 가능한 NOE 이외에 의외의 피크들을 볼 수 있는데 이들은 7과 8 번 amino acid의 NH 양성자들(7.98, 7.62 ppm)과 11 번 amino acid의 NCH_3의 양성자(2.97 ppm) 피크들 사이에서 보여주는 NOE 피크들이다. 바로 이러한 이유가 NOE 실험이 protein을 포함한 거대 생체고분자(biopolymer)의 구조분석에 많이 사용되고 있는 이유이다. 이 시료의 구조에서 7과 8의 NH는 11 번 amino acid의 NCH_3의 양성자와 많이 떨어져 연결되어 있는 것이지만 공간적으로 이들은 서로 4.5 Å의 거리의 범위 내에 있다는 것이다. 여기에서 이들을 해석할 때 주의 할 점은 이들이 항시 이 거리를 유지하면서 있을 수도 있지만 여러 가지 conformation들 중에 이와 같은 상태에 있을 때가 있다는 것을 증명할 뿐이라는 것이다. 이들에 대한 문제의 답을 얻기 위해서는 분자내의 여러 가지 NOE들의 시간에 따른 크기 변화를 얻은 후 컴퓨터의 program을 이용하여야 하며 이러한 연구들은 현재 protein의 3차원 구조해석에 많이 이용되고 있다. 이들 이외에 우리가 지금 이 스펙트럼으로 더 알 수 있는 것은 어떤 것이 있는가를 찾아보기로 하자. 앞에서 이 시료의 구조 규명을 시작할 때 1 번 amino acid의 alky chain의 이중결합에서부터 시작하였으며 이때 이중결합의 구조는 여기에 있는 양성자들이 커플링하여 나타난 피크의 모습과 커플링 상수를 근거로 *trans*라고 규명하였다(I). 이 구조는 1.74 ppm의 메칠의 이중선 피크가 5.63 ppm의 양성자 다중선 피크와 NOE를 잘 보여주고 있으나 2.13과 2.66 ppm에서 나타나는 메칠렌 양성자와는 NOE를 보여주지 않으며 이들 메칠렌 양성자는 5.52 ppm의 양성자와 NOE를 보여주는 것으로 명확하게 확인이 된다(일부분이 확대되어 있는 스펙트럼). 또한 앞에서 long-range COSY를 이용하여 NCH3의 양성자들과 이웃 amino acid의 α 양성자들 사이에서 일어나는 scalar 커플링을 관찰한 것과 같이 이곳에서는 이들 사이에서 일어나는 dipolar 커플링을 이용한 결과로 2.84 ppm의 10 번의 NCH_3 양성자와 9 번의 α 양성자(5.86 ppm)를 제외하고 6 개의 NCH_3 양성자들이 예상대로 이웃한 amino acid의 a 양성자와 NOE를 보여주는 것으로 앞의 구조 규명을 명확하게 뒷받침하고 있다. 이들 뒷받침의 증거들과 함께 NOE 현상은 때로는 다른 방법으로는 불가능한 것들을 규명할 수도 있다. 예를 들자면 11 번 amino acid에서 *iso*-propyl 그룹의 두 메칠 피크는 그들 주위의 환경 차이로 0.63과 0.95 ppm에서 각각 이중선으로 나타나지만 규명이 불가능하다. 그러나 부분 확대된 NOESY 스펙트럼에서는 0.63 ppm의 피크는 11 번과 10 번 amino acid의 NCH_3와(2.97, 2.84 ppm) 그리고 0.95 ppm의 피크는 1 번 amino acid의 NCH_3(3.72 ppm)와 NOE를 보여주고 있으니 이들의 규명을 구조요소 XIV와 같이 매우 확실하게 할 수 있다.

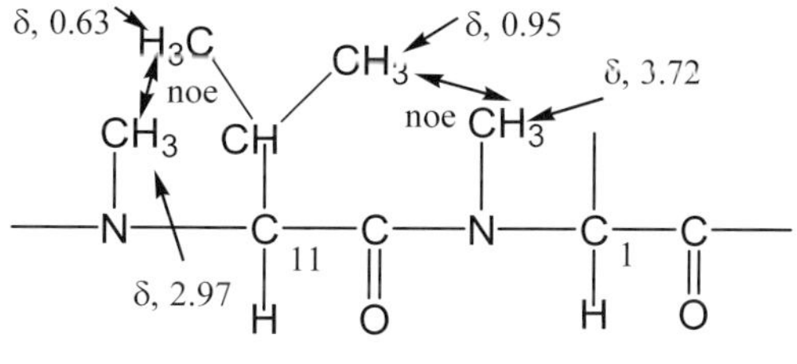

XIV

마지막으로 이곳에서는 다루지 않을 문제이지만 이 시료의 구조에서 우리에게 남겨진 문제는 chiral center에서의 configuration(R and S)의 규명이다. 한 시료에서 여러 개의 chiral center 중 어느 한곳도 R과

S가 밝혀져 있지 않은 상태에서는 각 위치의 정확한 streochemistry를 NMR 실험으로는 알 수가 없다(하나의 chiral center가 있는 시료에서 R과 S isomer인 enantiomer의 NMR 스펙트럼은 같다). 그러나 한 곳의 stereochemistry가 알려져 있으면(여러 가지 화학적 또는 물리적 방법) 이곳을 기준으로 양성자들 사이의 커플링 상수 또는 탄소와 양성자 사이의 3-bond 커플링 상수등을 이용하여 다음 위치의 stereochemistry를 얻을 수 있다.

제4장 연습 문제 III

- 문제 1-30
- 해답과 해설

4 연습 문제 Ⅲ

4장에서 다룰 문제들은 시약으로 구입할 수 있는 일반적인 물질들의 스펙트럼들이 아니다. 이들 화합물은 여러 연구실에서 합성한 것, 또는 효소를 이용한 발효물질 또는 식물 등에서 천연물로 얻어진 것 등이다. 이들의 정확한 구조가 연구자들의 연구에서 가장 중요한 부분을 차지하였던 실제의 예들이다. 이러한 경우 대부분 연구자들은 그 분야에서 많은 경험이 있으므로 어떠한 부류의 물질이라는 것을 예상하기도 하지만 때로는 예상을 완전히 벗어나는 구조일 경우도 종종 볼 수 있었다. 그러므로 본인이 실제로 NMR을 다루면서 물질의 구조를 밝혀내려고 한다면 (화합물의 구조를 알고 스펙트럼을 해석하는 것이 더 쉬울 수 있으므로) 먼저 자기가 예상할 수 있는 가능한 모든 구조를 스펙트럼들에 적용하여 본 후에 새로운 구조를 찾아가는 것이 순서일 것이다. 그러나 NMR 기기를 관리하면서 구조해석의 임무를 담당하는 사람들이라면 먼저 의뢰자들과 가능한 한 시료에 대한 많은 정보를 전달 받고 그들과 가능한 구조에 대한 의논을 하는 것이 무엇보다도 중요하다. 때로는 비록 아주 조그마한 그리고 쓸모없어 보이는 정보라도 이들 정보를 가지고 실험을 하게 되면 예상외로 쉽게 문제들을 해결 할 수도 있기 때문이다.

1 $C_{19}H_{28}O_5$, (700 MHz, HMBC 스펙트럼의 결과는 1.93 ppm에서 나온 양성자의 피크가 172.4 ppm에서 나오는 탄소 피크와 correlation 피크를 보여주고 있음).

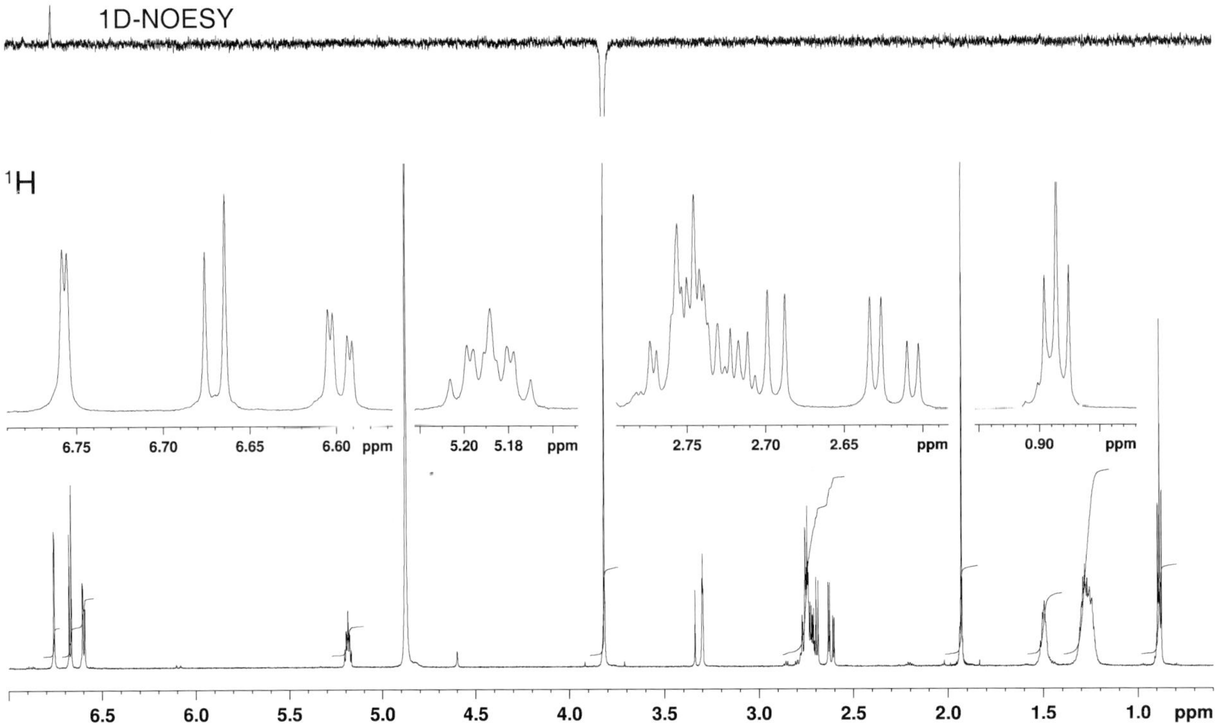

Note

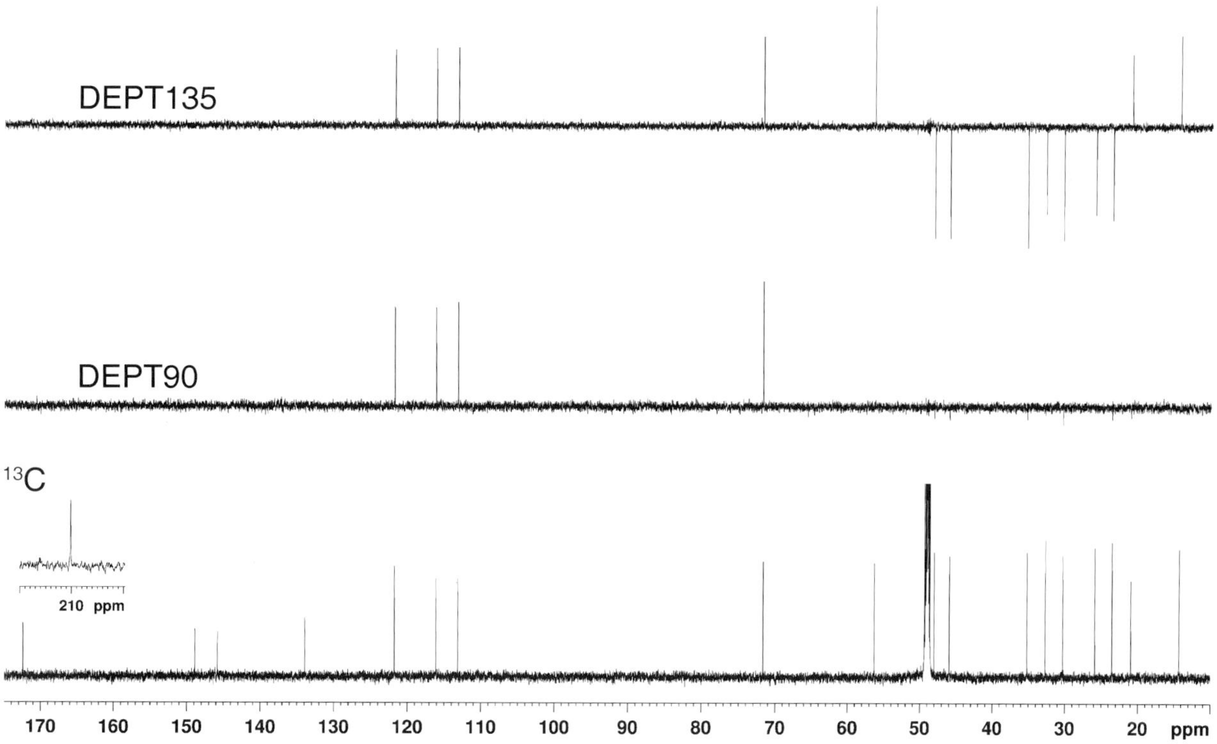
DEPT135
DEPT90
13C
210 ppm
170 160 150 140 130 120 110 100 90 80 70 60 50 40 30 20 ppm

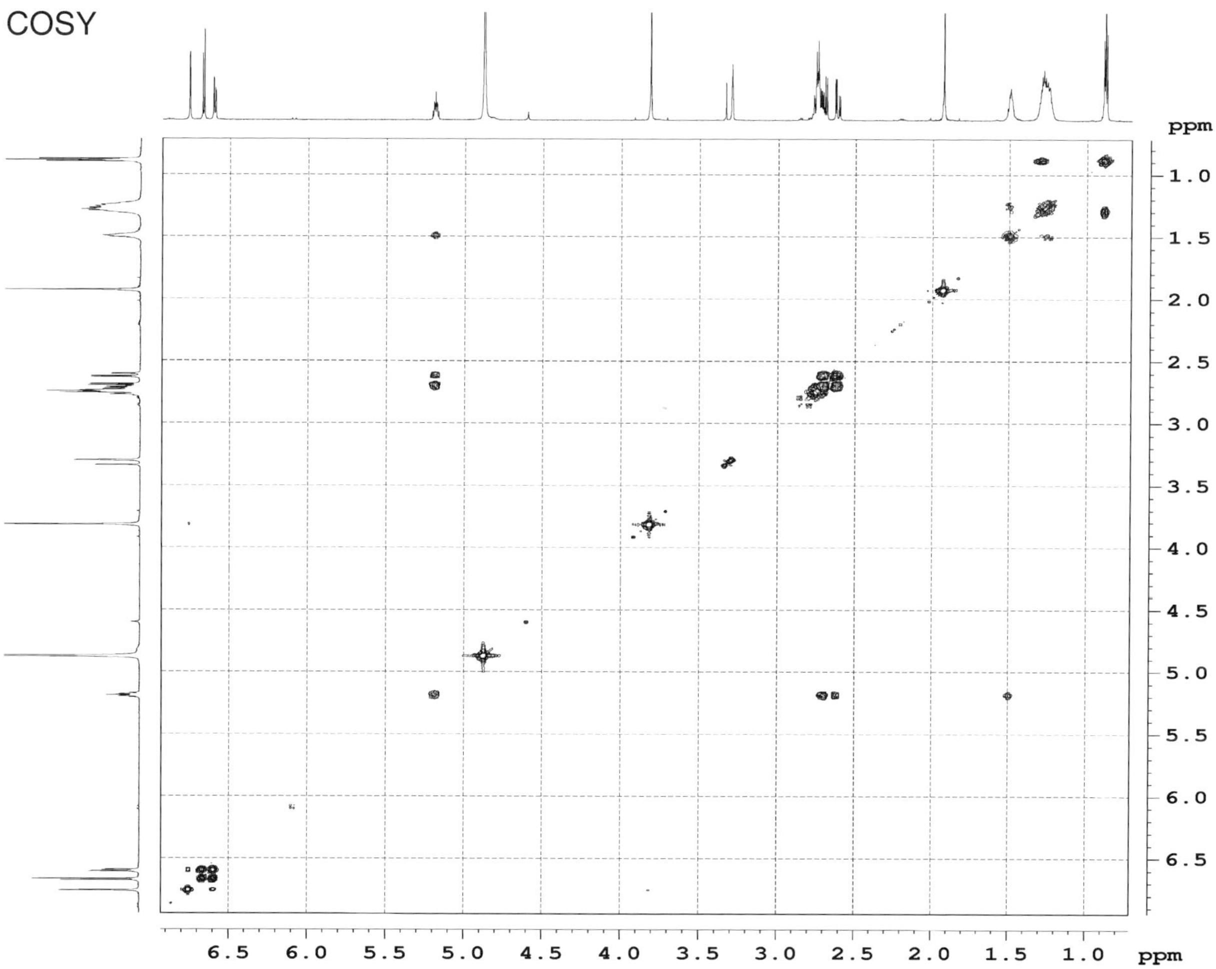
COSY
ppm
6.5 6.0 5.5 5.0 4.5 4.0 3.5 3.0 2.5 2.0 1.5 1.0 ppm

4
연습문제 III

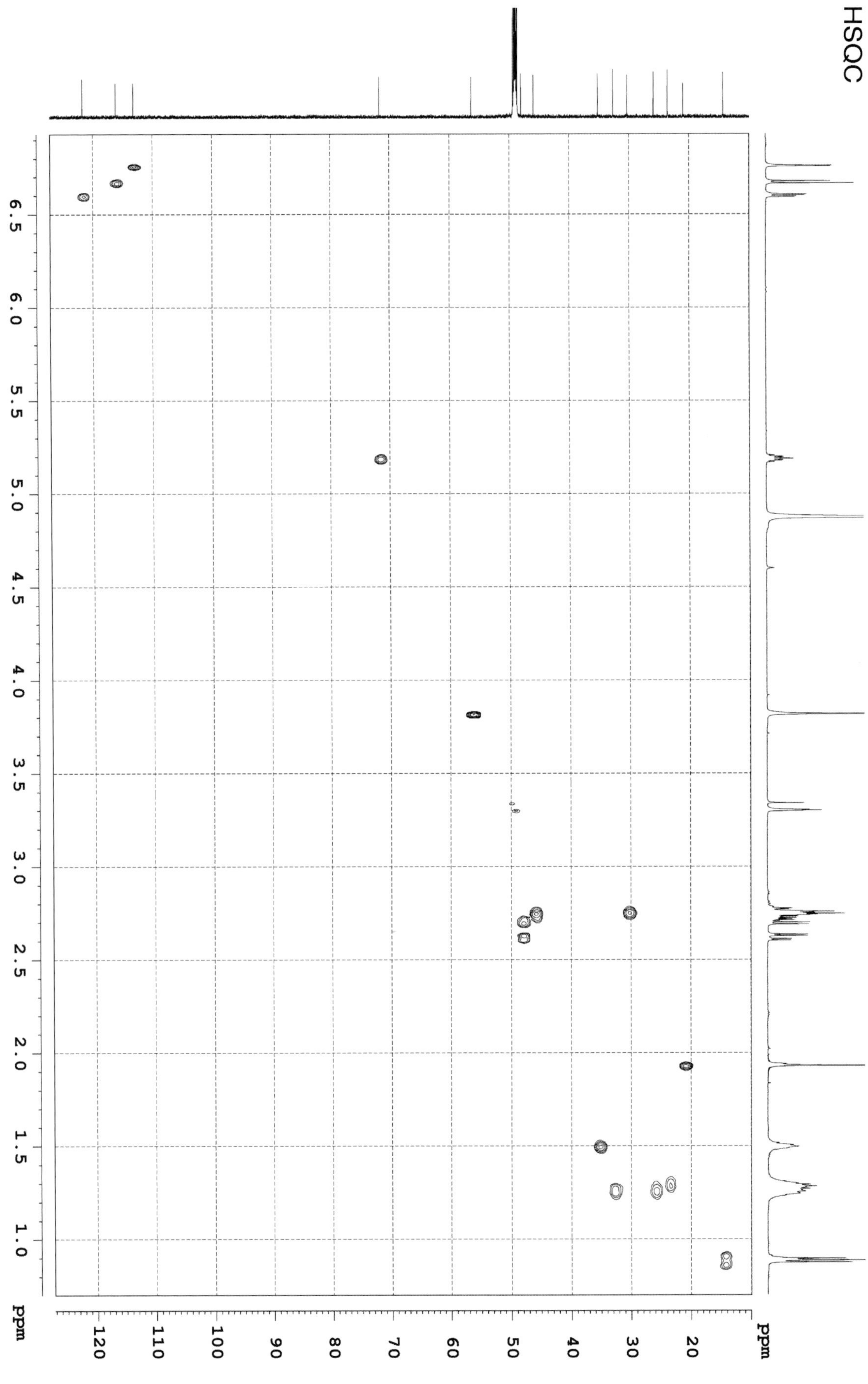
HSQC
ppm
ppm

2 $C_{21}H_{32}O_6$, 700 MHz

^1H

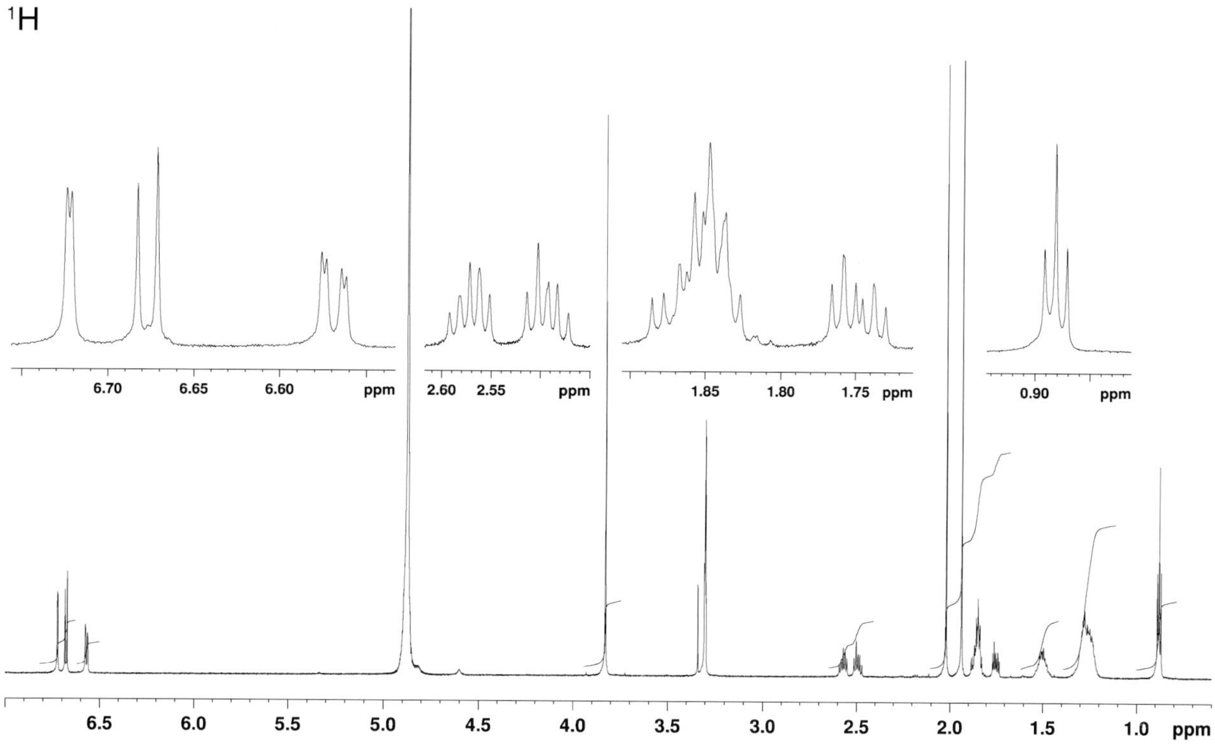

Note

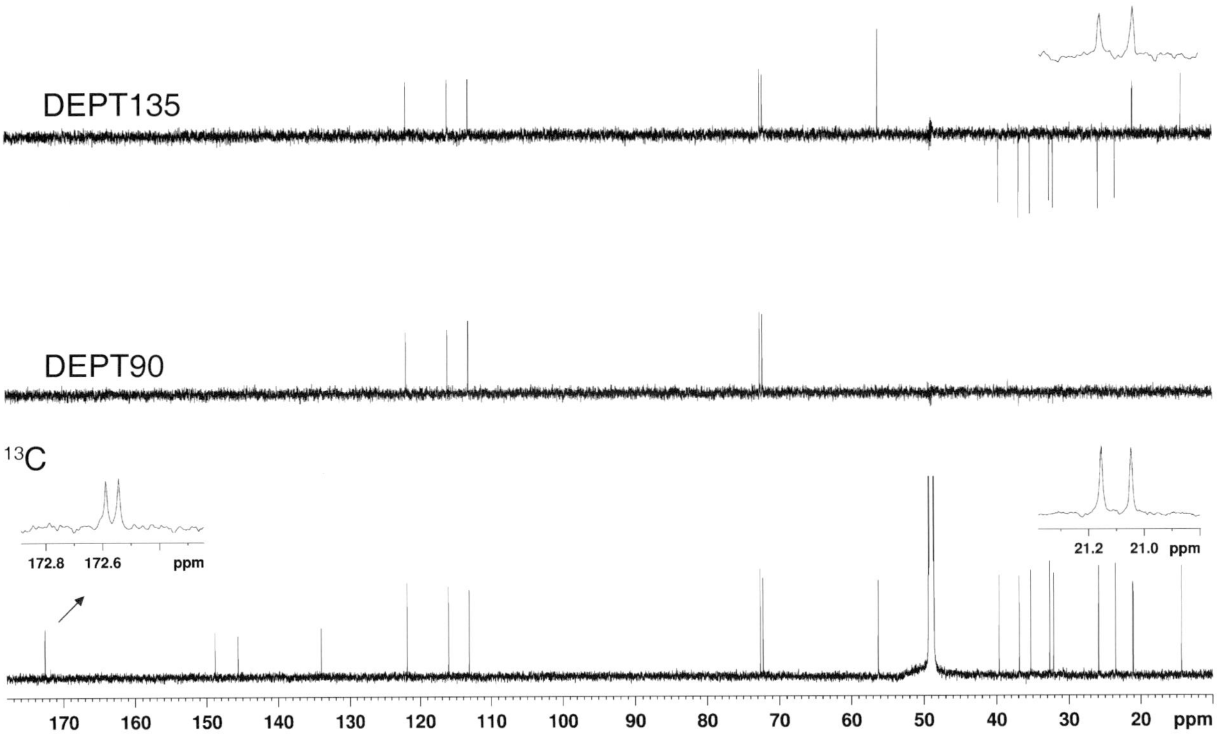
DEPT135
DEPT90
13C
172.8 172.6 ppm
21.2 21.0 ppm
170 160 150 140 130 120 110 100 90 80 70 60 50 40 30 20 ppm

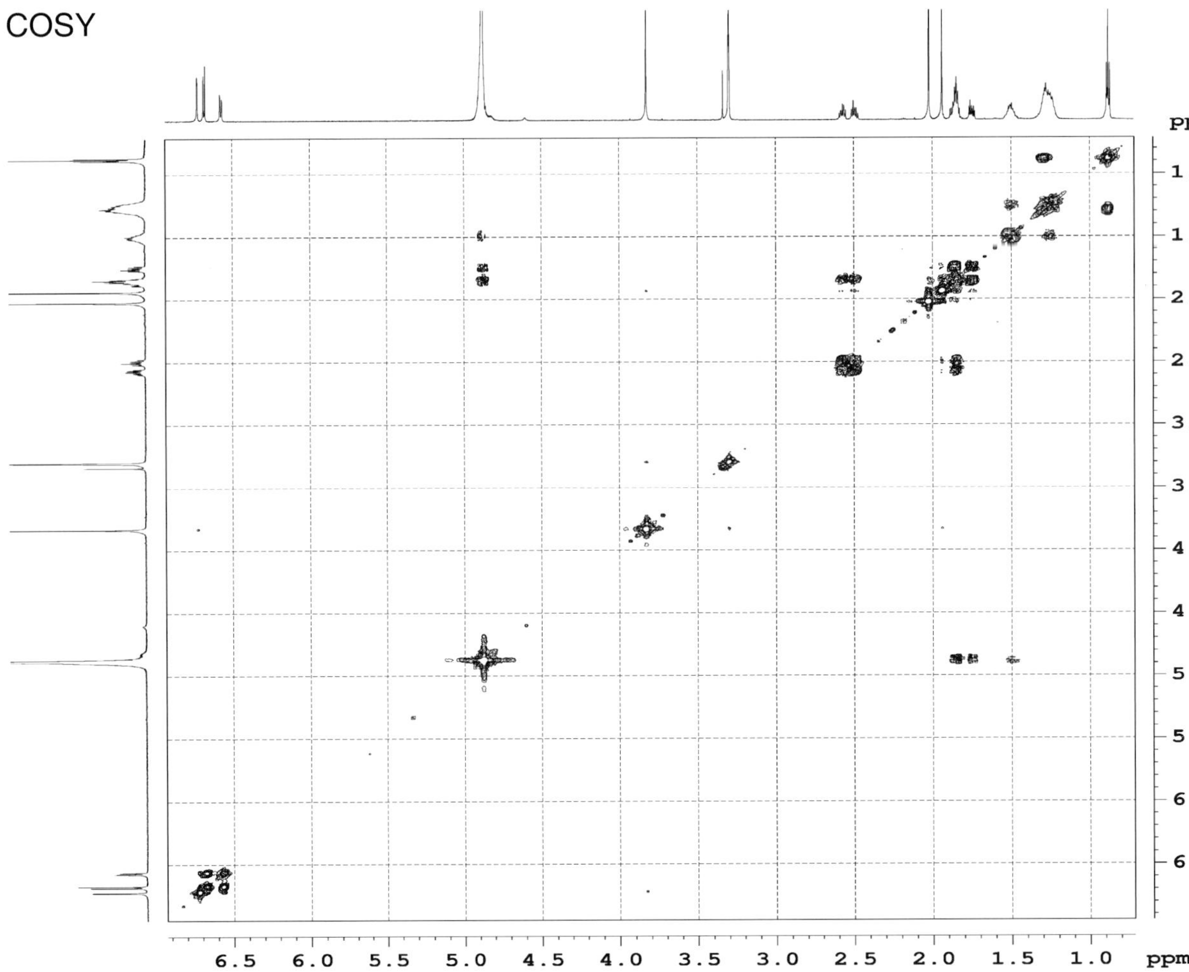
COSY
ppm
1.0 1.5 2.0 2.5 3.0 3.5 4.0 4.5 5.0 5.5 6.0 6.5
6.5 6.0 5.5 5.0 4.5 4.0 3.5 3.0 2.5 2.0 1.5 1.0 ppm

HSQC

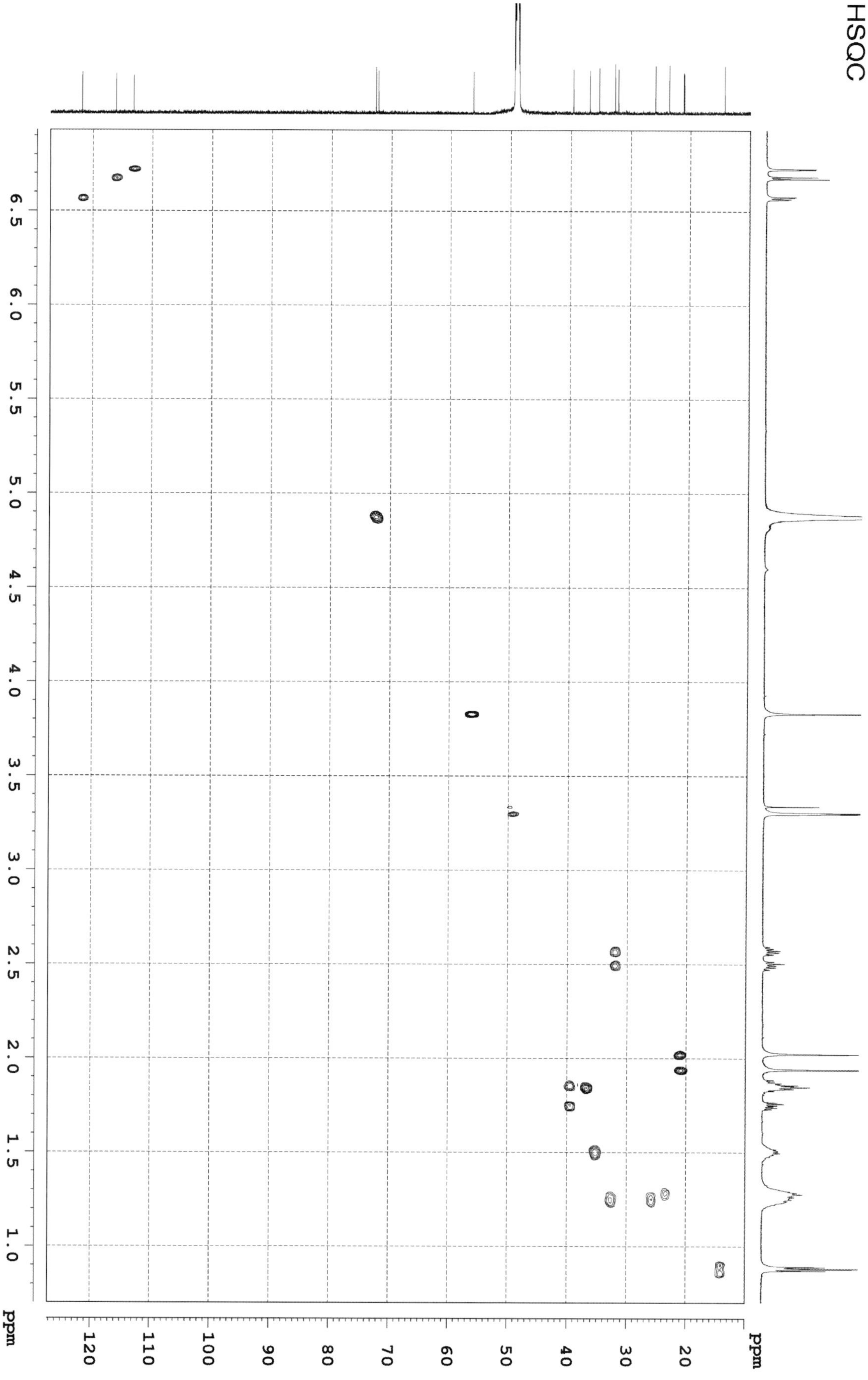

ppm
6.5
6.0
5.5
5.0
4.5
4.0
3.5
3.0
2.5
2.0
1.5
1.0
ppm
120
110
100
90
80
70
60
50
40
30
20

3 $C_{23}H_{38}O_4$, 700 MHz

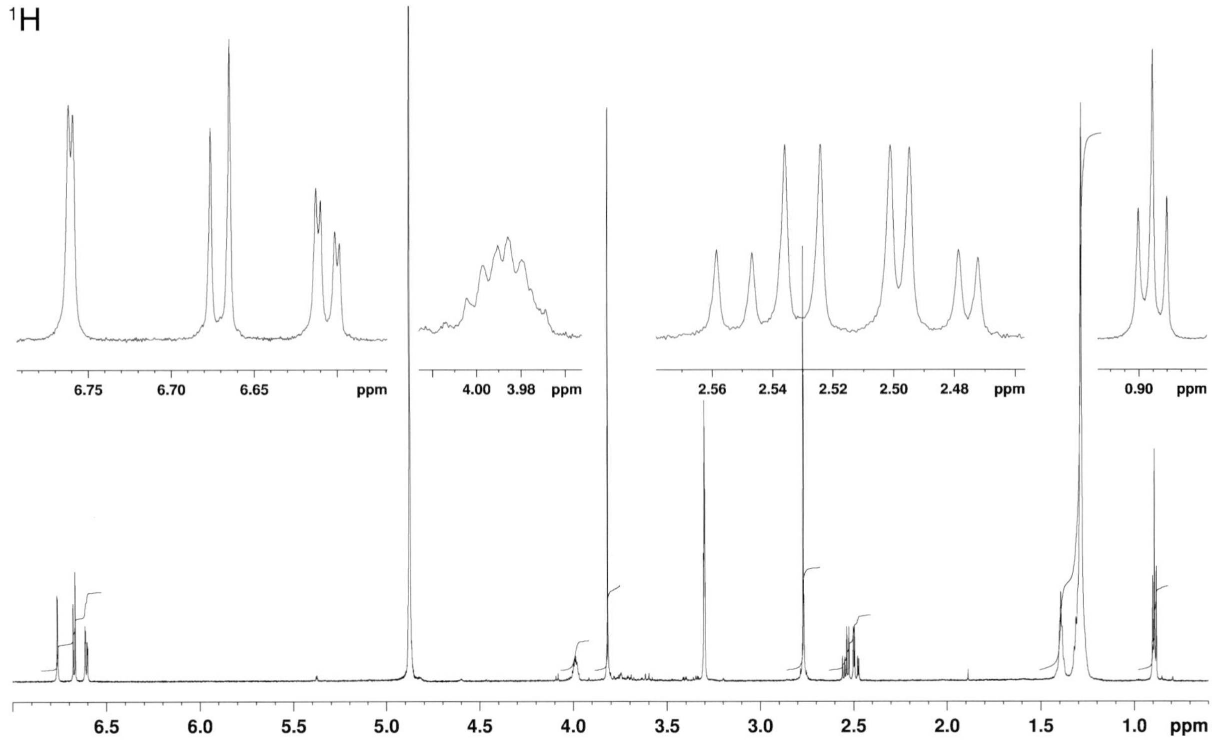

Note

DEPT135

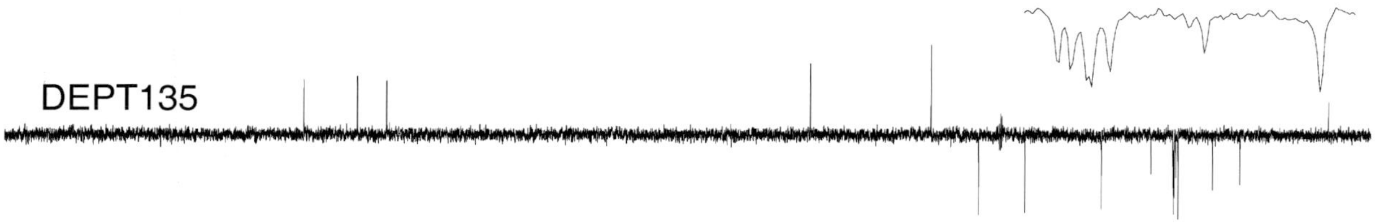

DEPT90

^{13}C

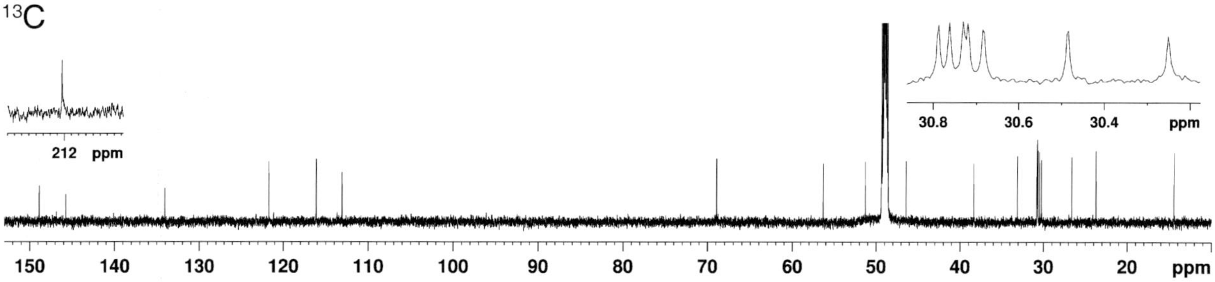

COSY

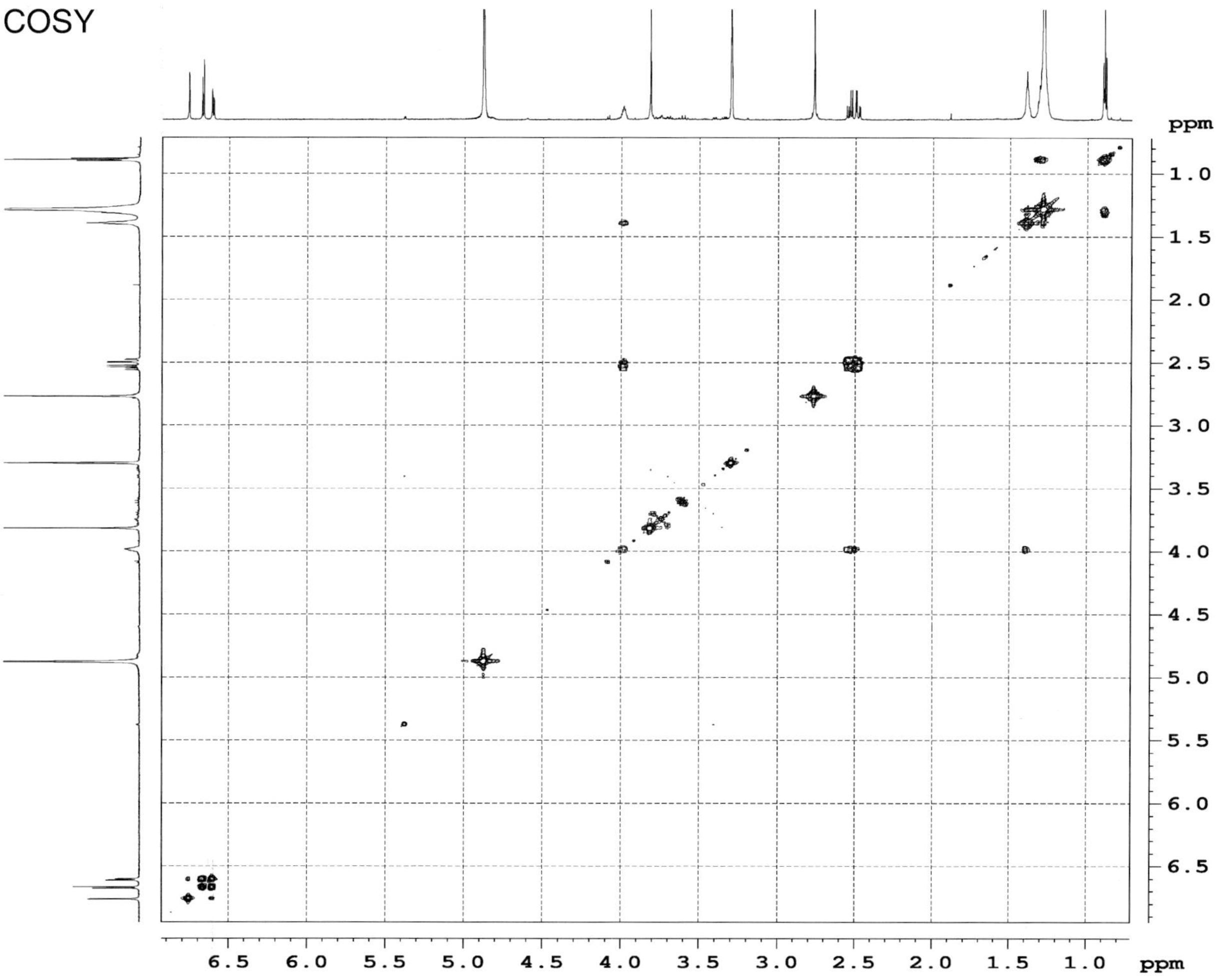

HSQC

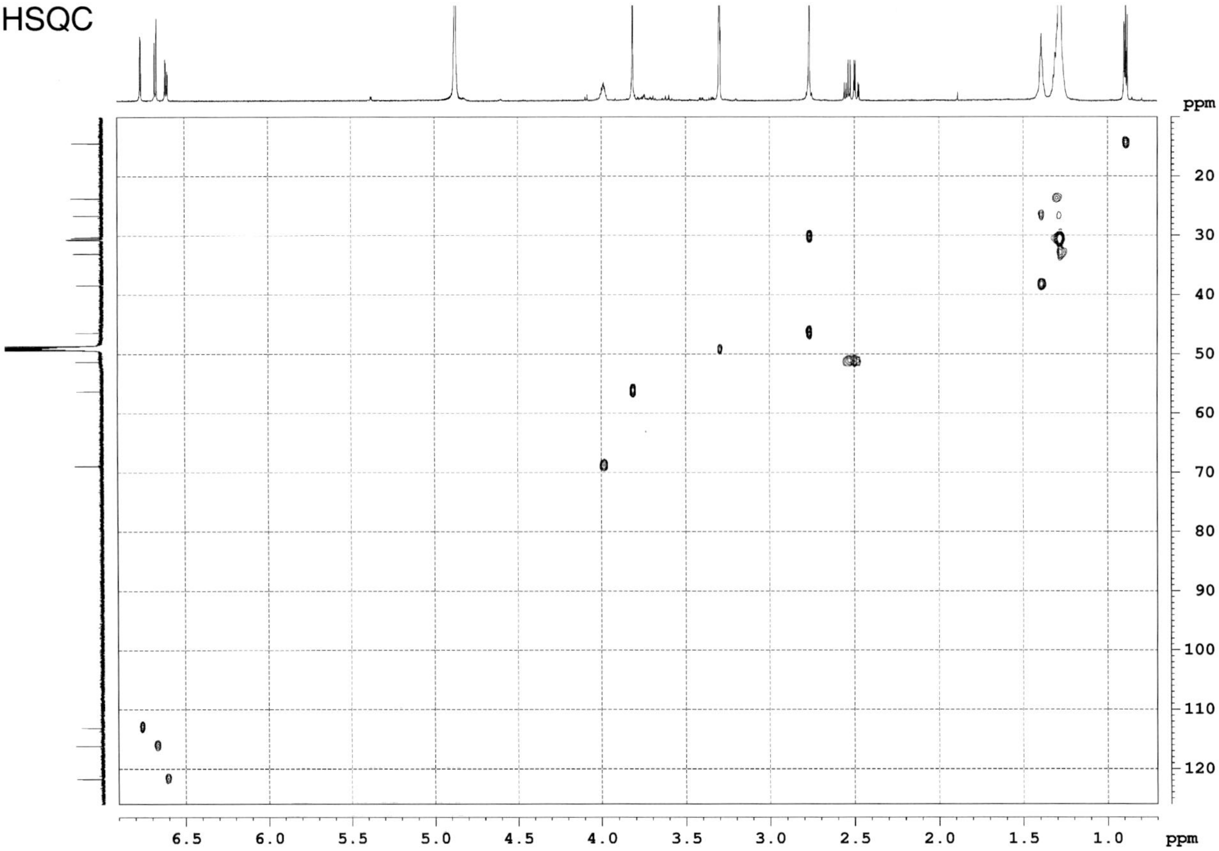
ppm
6.5 6.0 5.5 5.0 4.5 4.0 3.5 3.0 2.5 2.0 1.5 1.0
20 30 40 50 60 70 80 90 100 110 120

HMBC

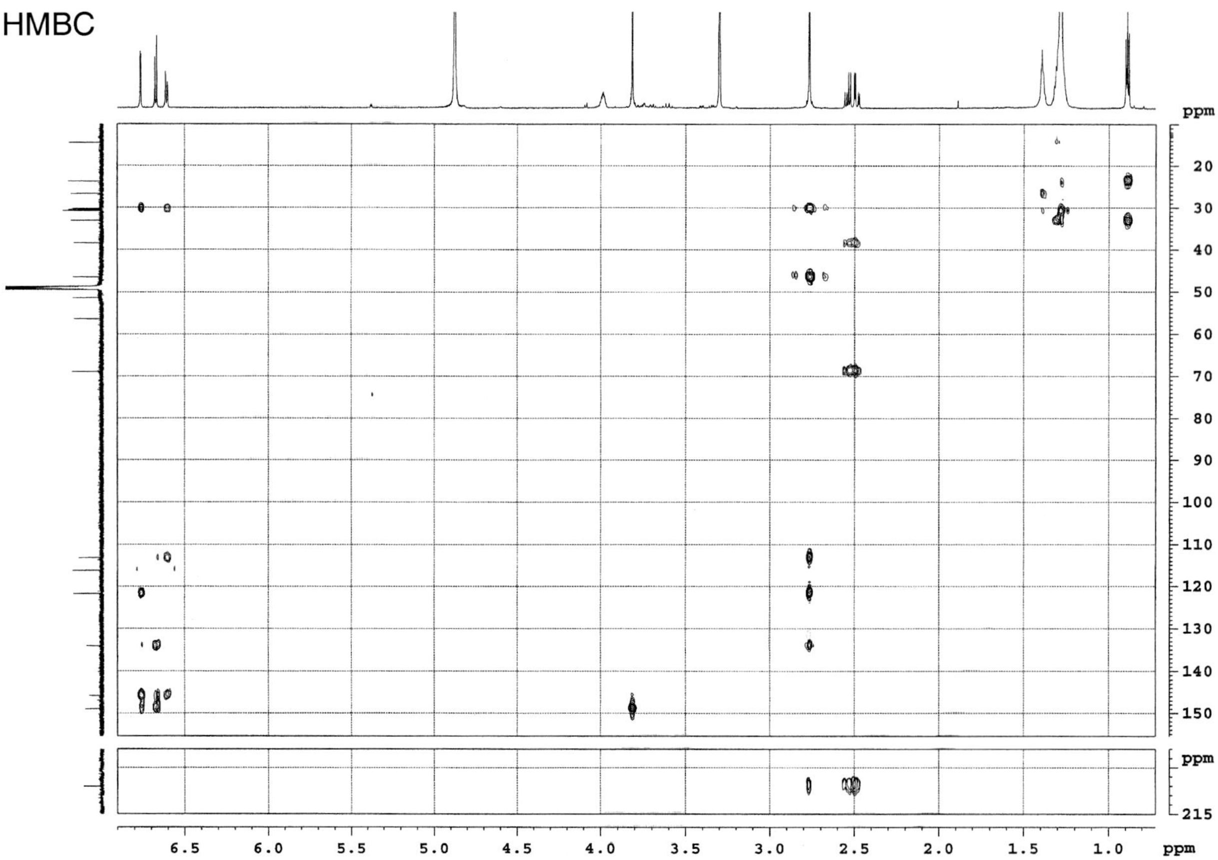
ppm
6.5 6.0 5.5 5.0 4.5 4.0 3.5 3.0 2.5 2.0 1.5 1.0
20 30 40 50 60 70 80 90 100 110 120 130 140 150
215

4 $C_{18}H_{24}O_2$, 700 MHz(4-8) (용매는 Methanol-D_4 그리고 불순물을 조금 포함하고 있다).

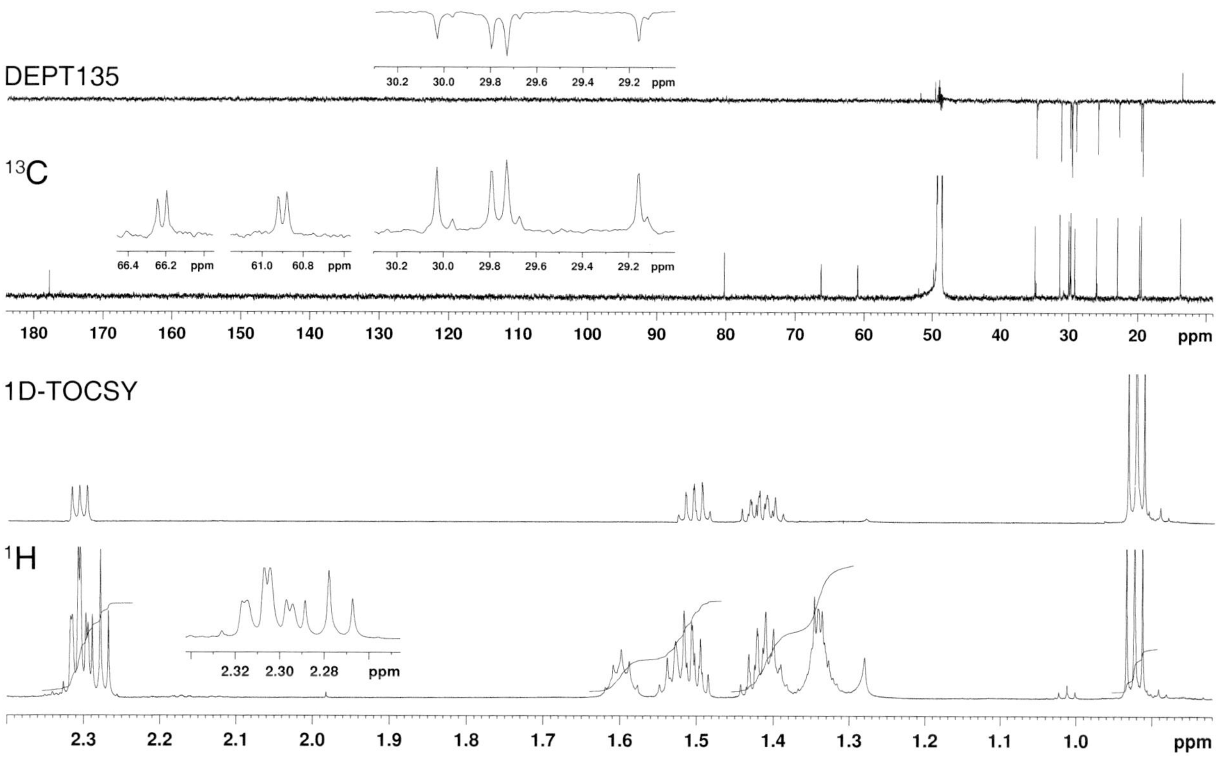

Note

COSY

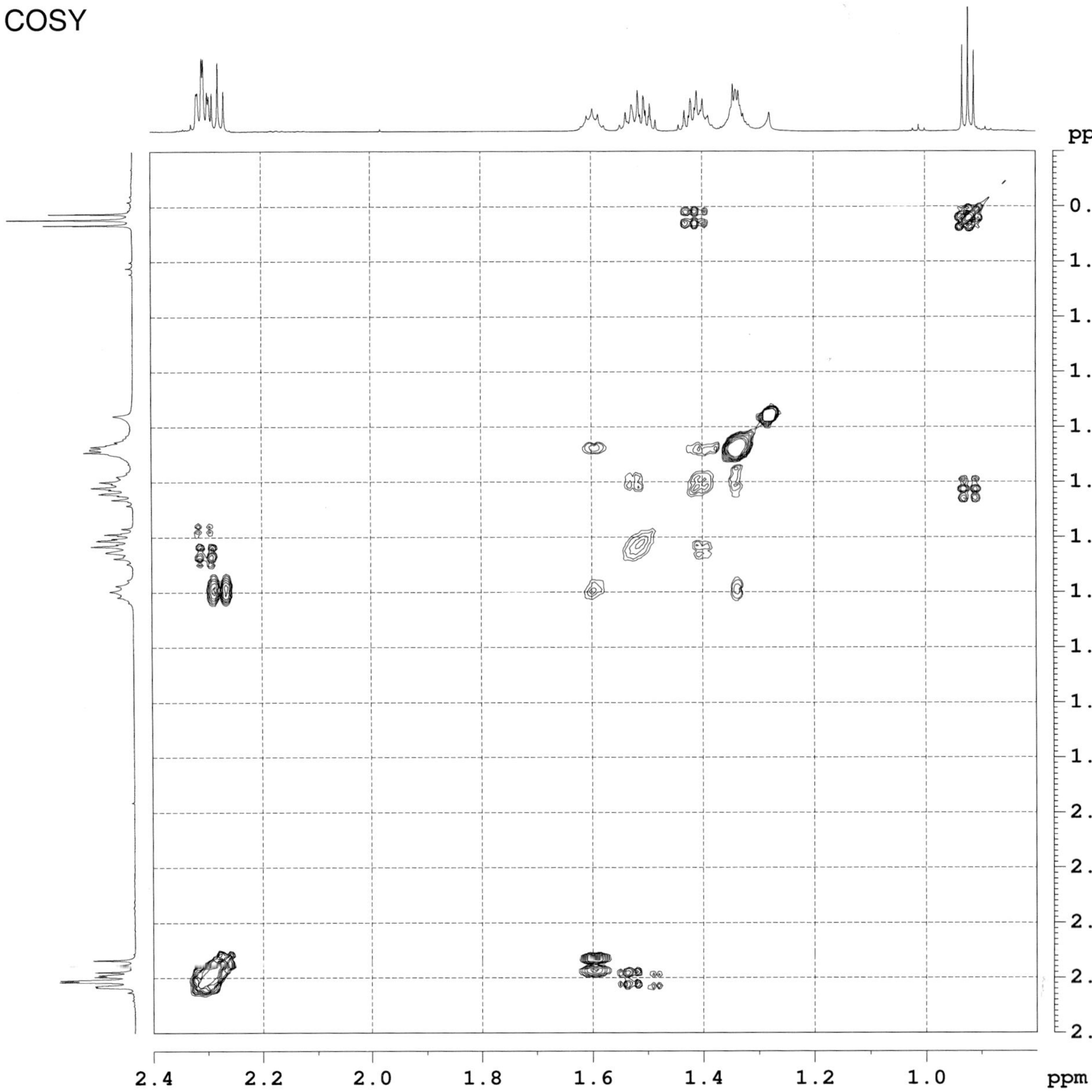
ppm
0.9
1.0
1.1
1.2
1.3
1.4
1.5
1.6
1.7
1.8
1.9
2.0
2.1
2.2
2.3
2.4
2.4 2.2 2.0 1.8 1.6 1.4 1.2 1.0 ppm

HSQC

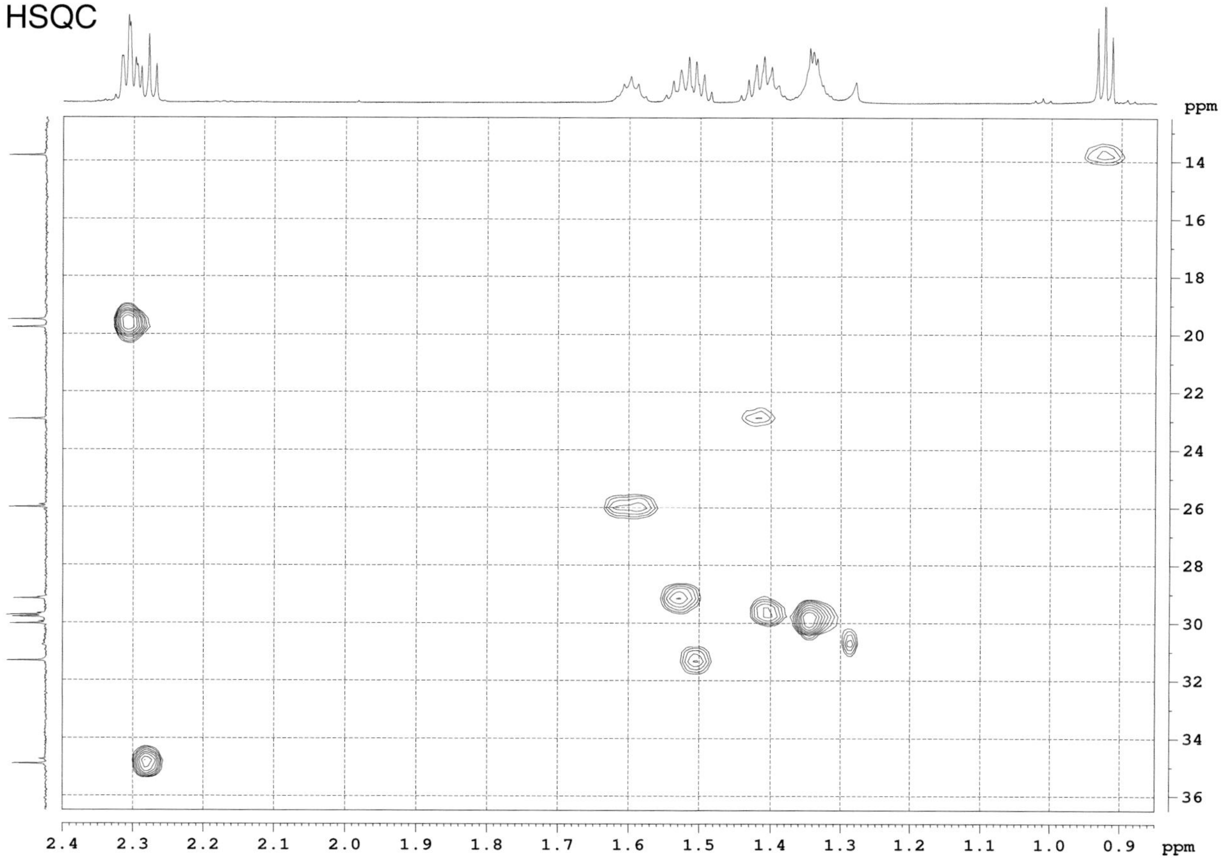

HMBC

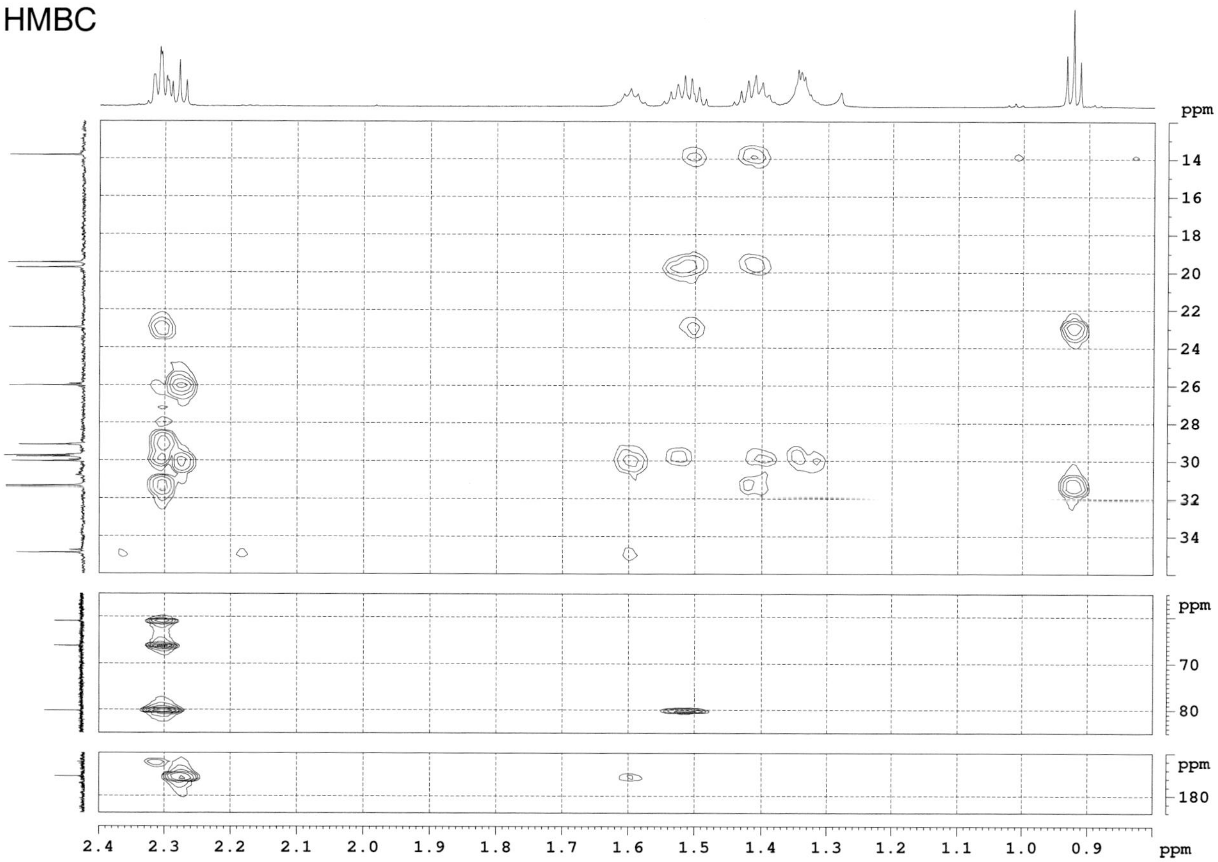

5 $C_{18}H_{26}O_2$ (용매는 Methanol-D_4 그리고 불순물을 조금 포함하고 있다).

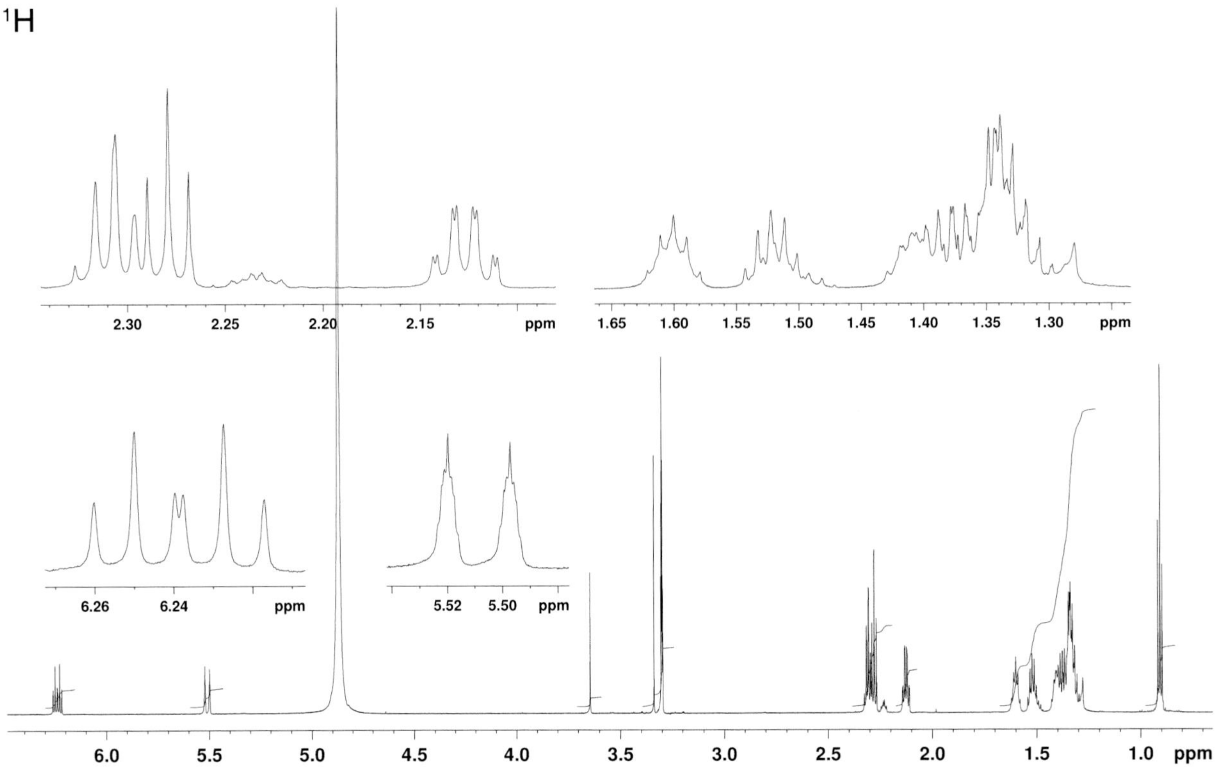

Note

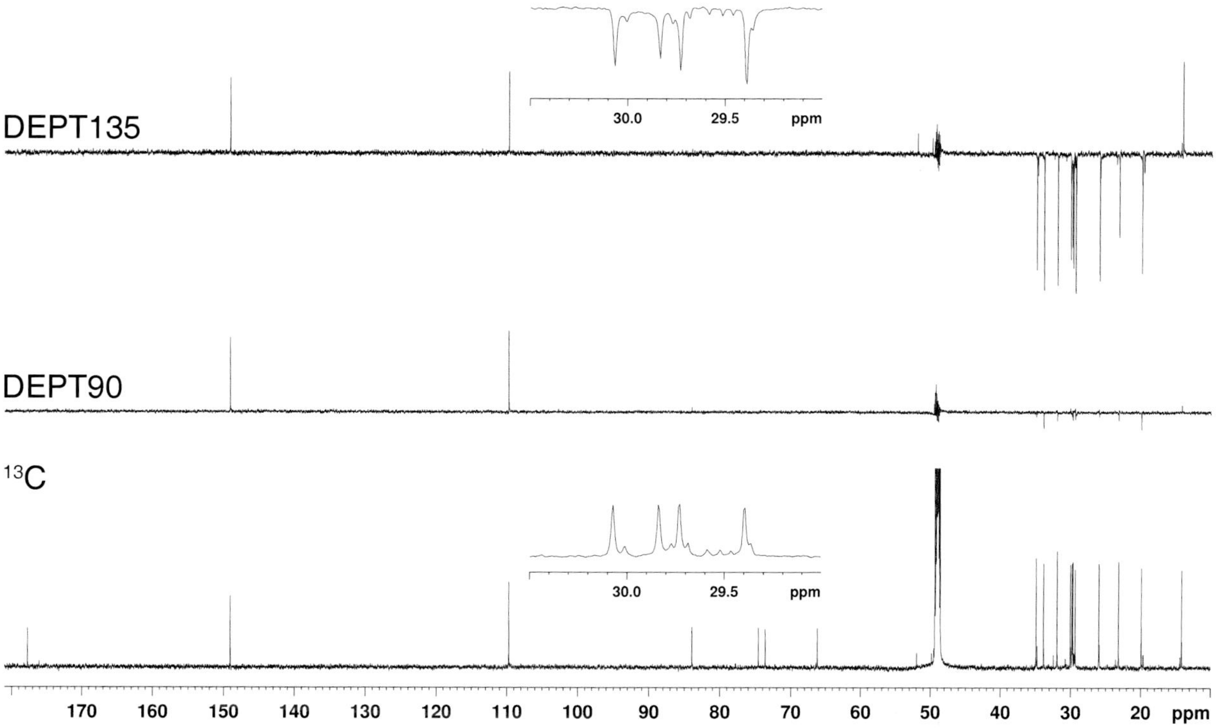
DEPT135
30.0
29.5
ppm
DEPT90
13C
30.0
29.5
ppm
170
160
150
140
130
120
110
100
90
80
70
60
50
40
30
20
ppm

COSY

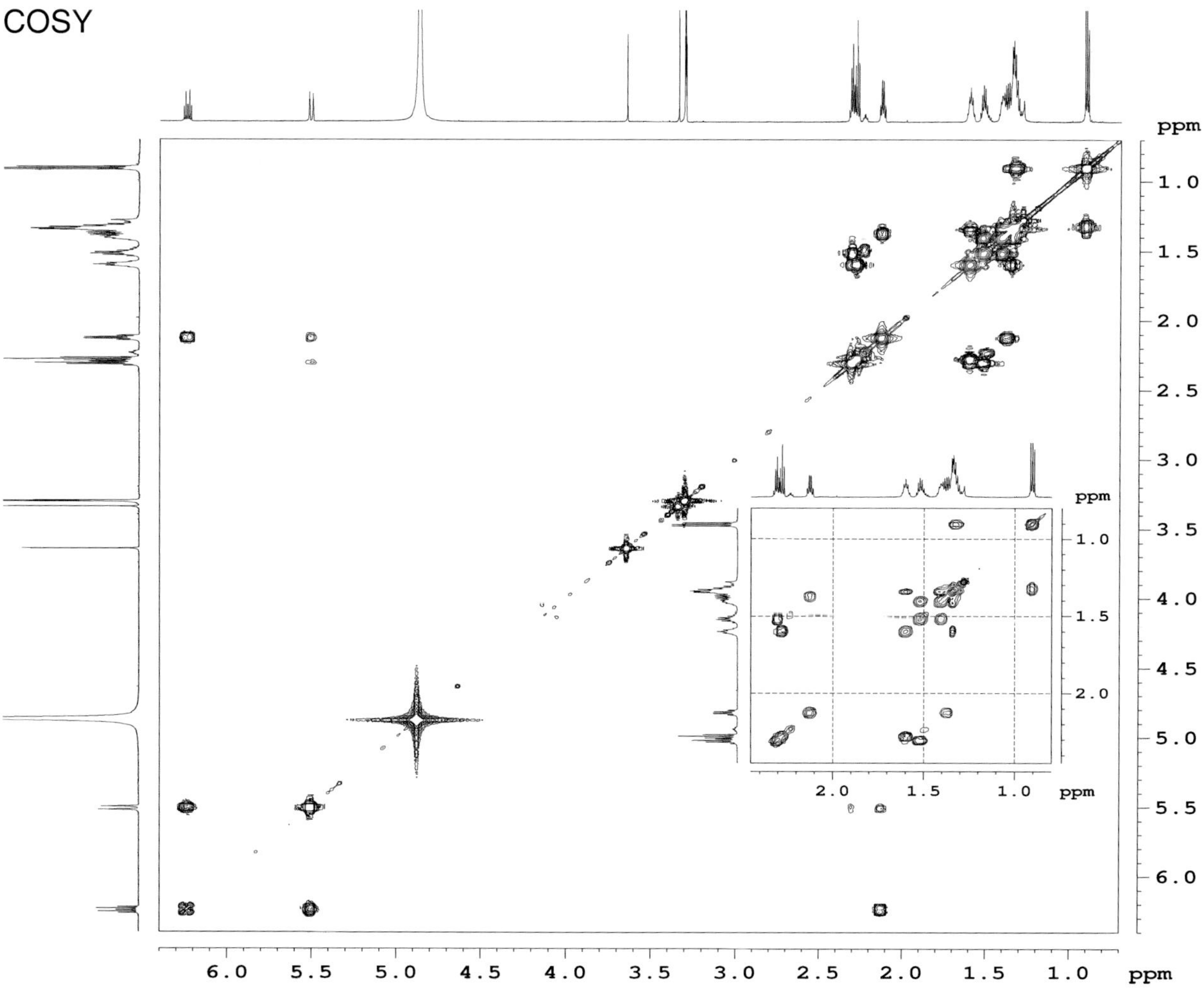
ppm
1.0
1.5
2.0
2.5
3.0
3.5
4.0
4.5
5.0
5.5
6.0
6.0
5.5
5.0
4.5
4.0
3.5
3.0
2.5
2.0
1.5
1.0
ppm

HSQC

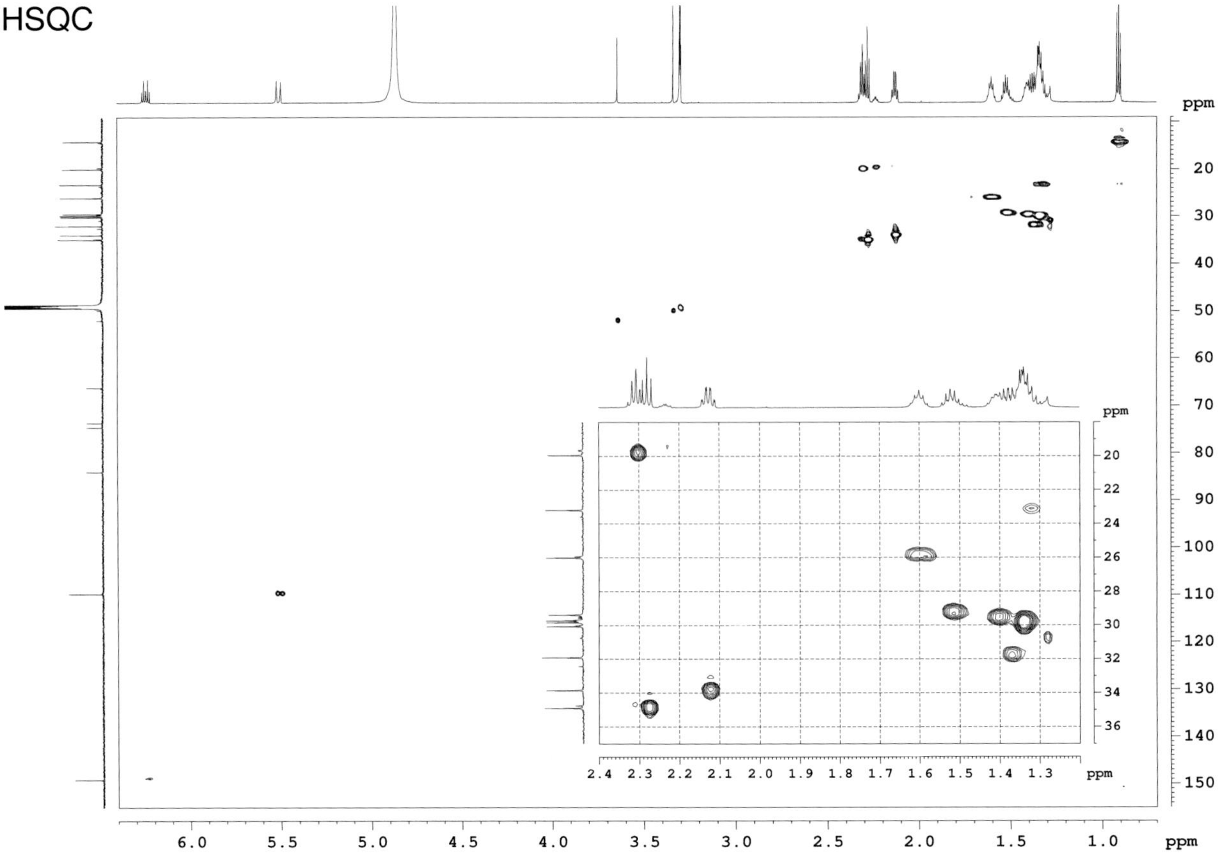
ppm
20
30
40
50
60
70
80
90
100
110
120
130
140
150
6.0 5.5 5.0 4.5 4.0 3.5 3.0 2.5 2.0 1.5 1.0 ppm
ppm
20 22 24 26 28 30 32 34 36
2.4 2.3 2.2 2.1 2.0 1.9 1.8 1.7 1.6 1.5 1.4 1.3 ppm

HMBC

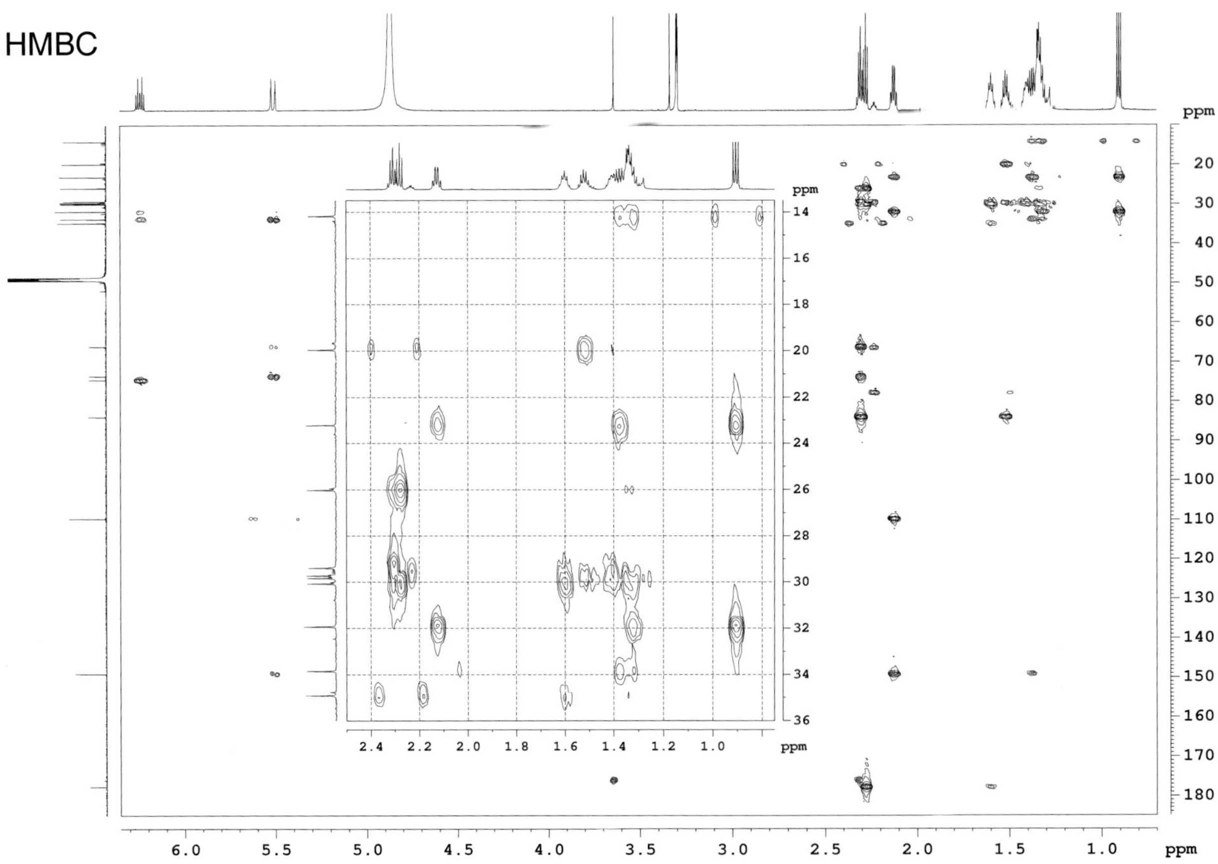
ppm
20
30
40
50
60
70
80
90
100
110
120
130
140
150
160
170
180
6.0 5.5 5.0 4.5 4.0 3.5 3.0 2.5 2.0 1.5 1.0 ppm
ppm
14 16 18 20 22 24 26 28 30 32 34 36
2.4 2.2 2.0 1.8 1.6 1.4 1.2 1.0 ppm

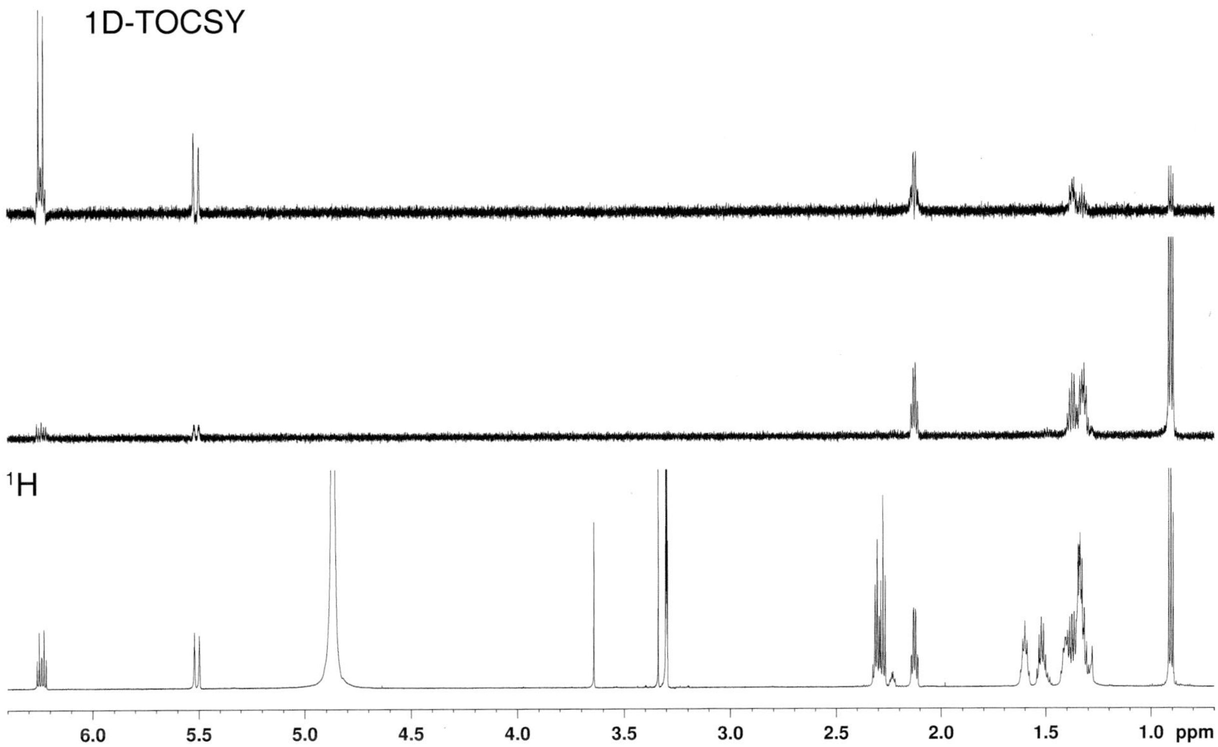

Note

6 $C_{11}H_{10}O_4N_2$

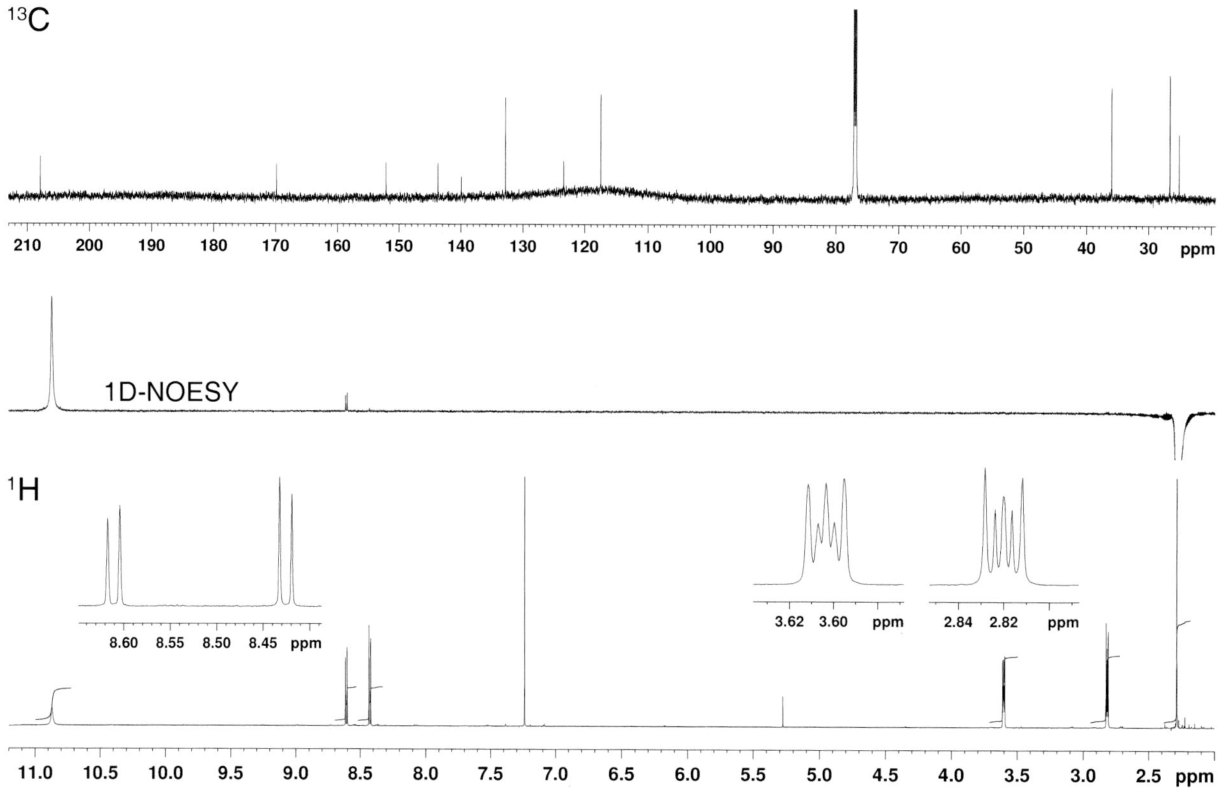

Note

HSQC

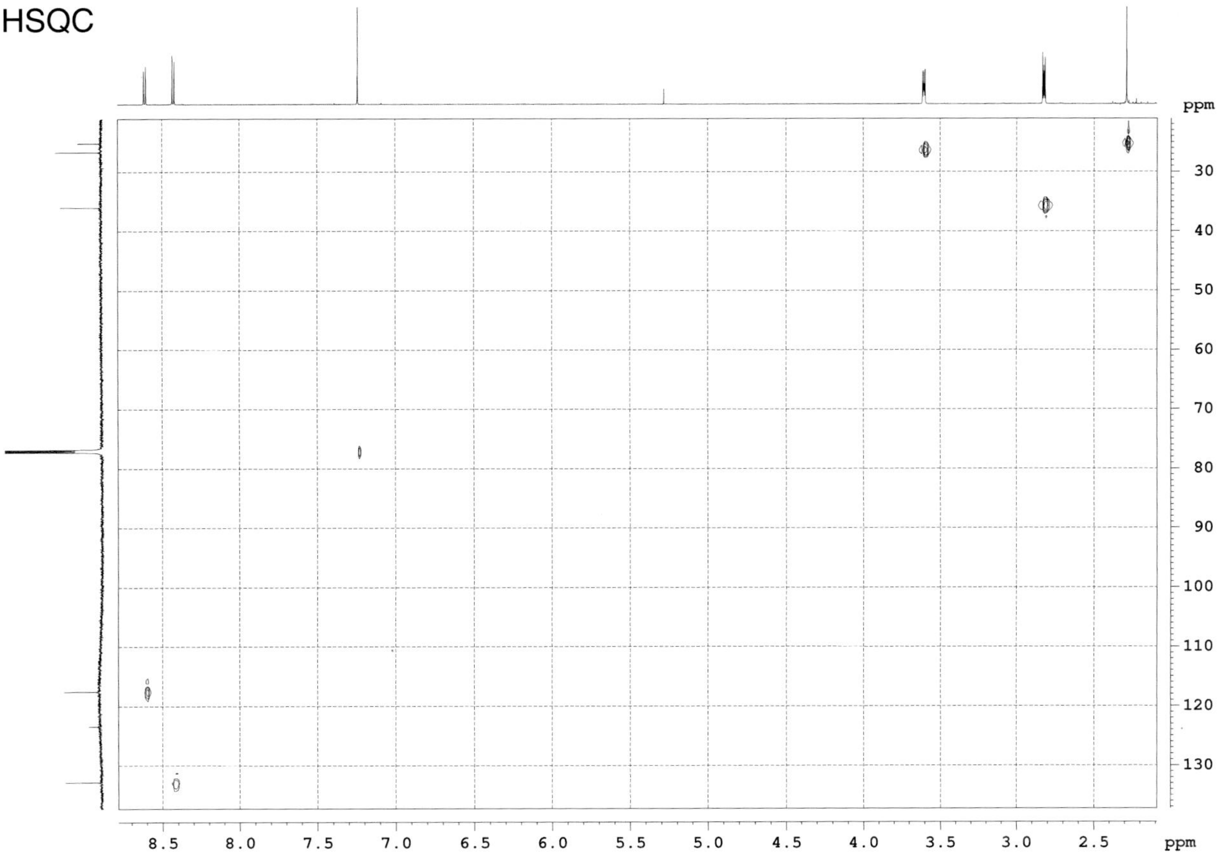

ppm
30
40
50
60
70
80
90
100
110
120
130
ppm
8.5 8.0 7.5 7.0 6.5 6.0 5.5 5.0 4.5 4.0 3.5 3.0 2.5

HMBC

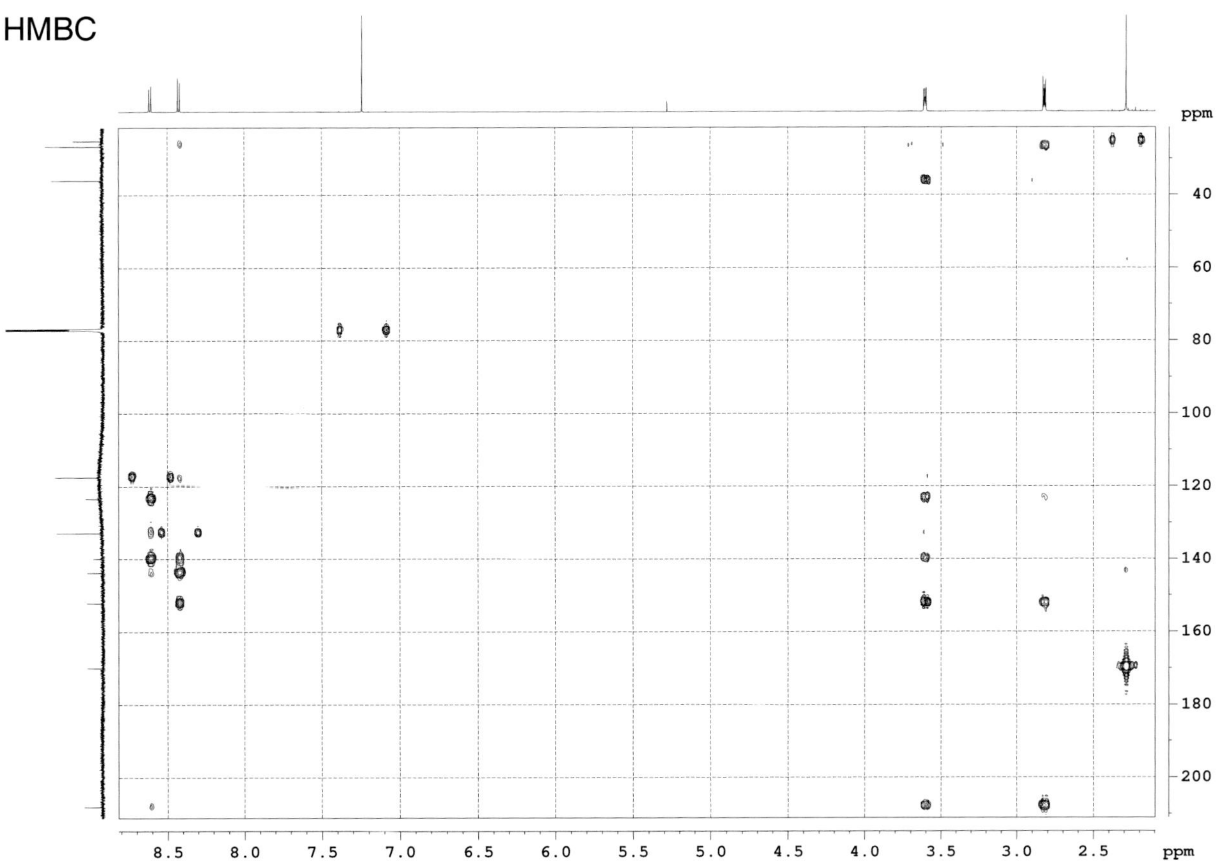

ppm
40
60
80
100
120
140
160
180
200
ppm
8.5 8.0 7.5 7.0 6.5 6.0 5.5 5.0 4.5 4.0 3.5 3.0 2.5

HMBC-^{1}H-^{15}N

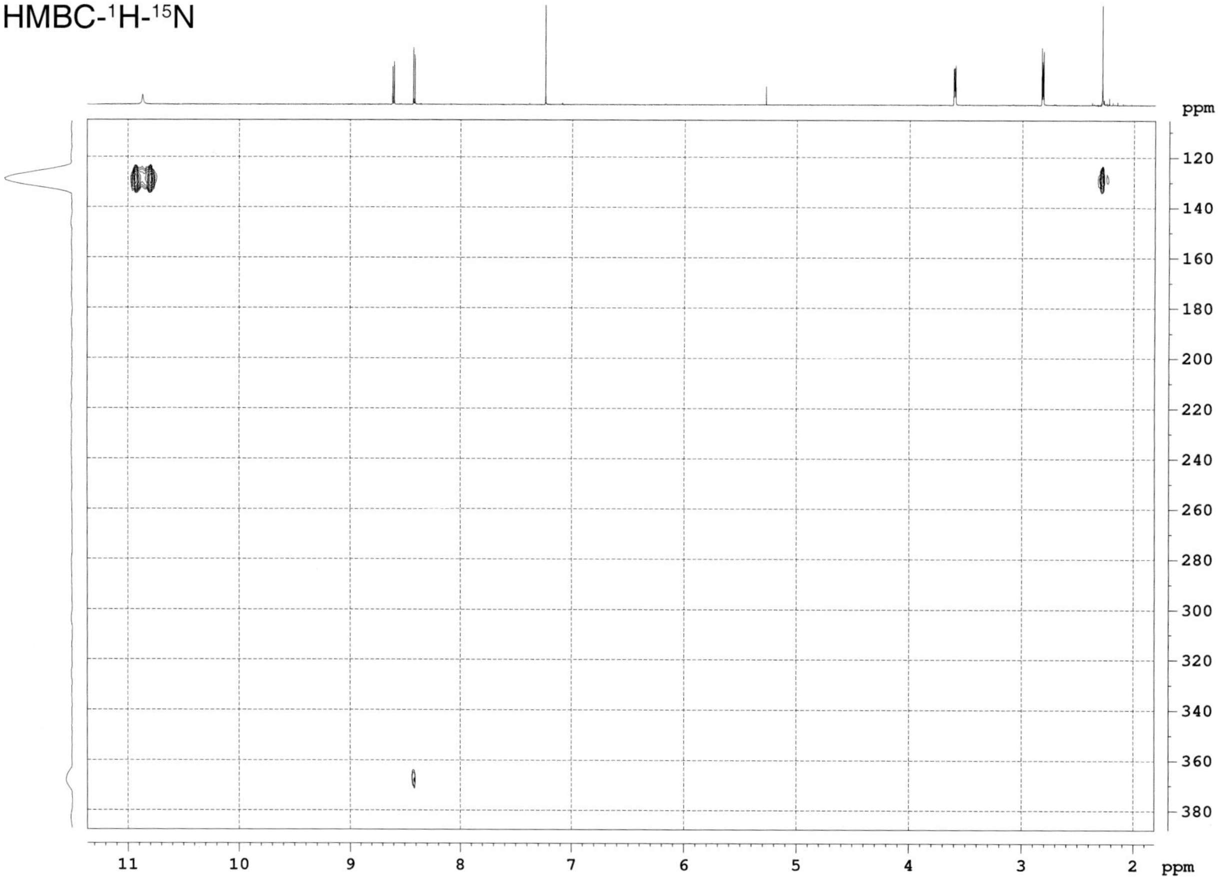

Note

7 $C_{11}H_{10}O_4N_2$

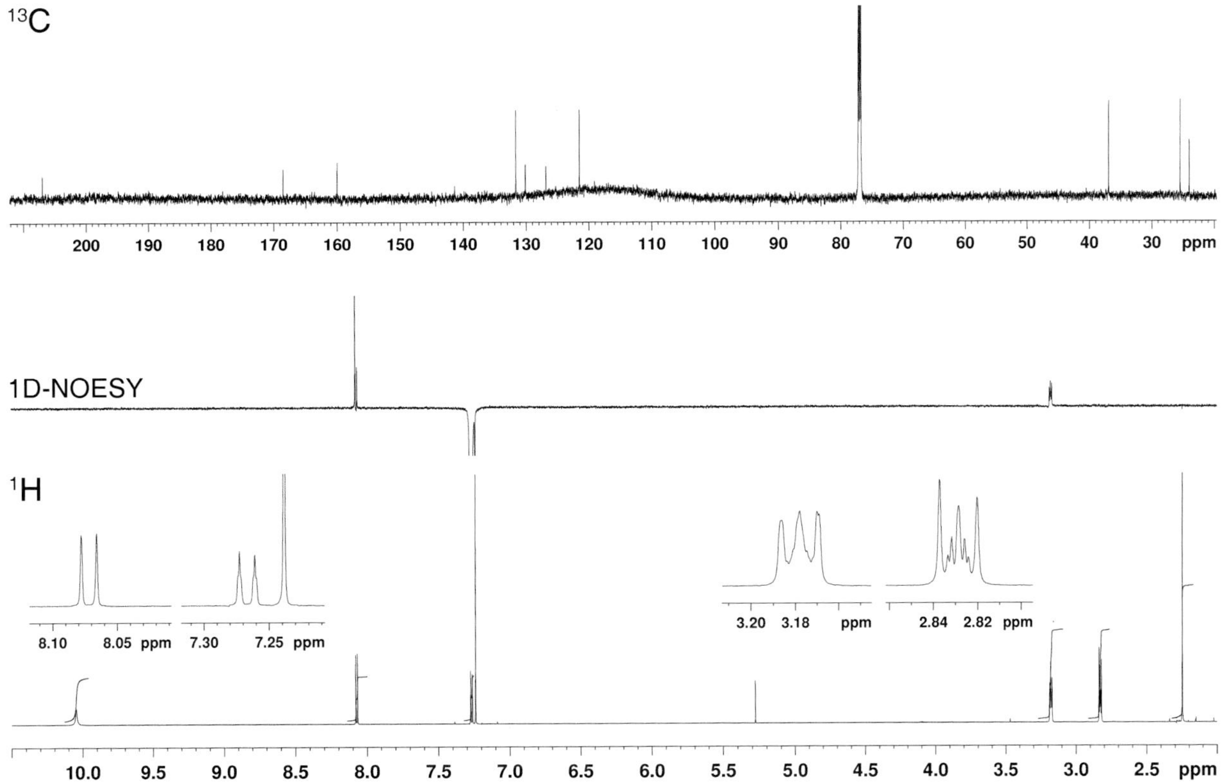

Note

HSQC

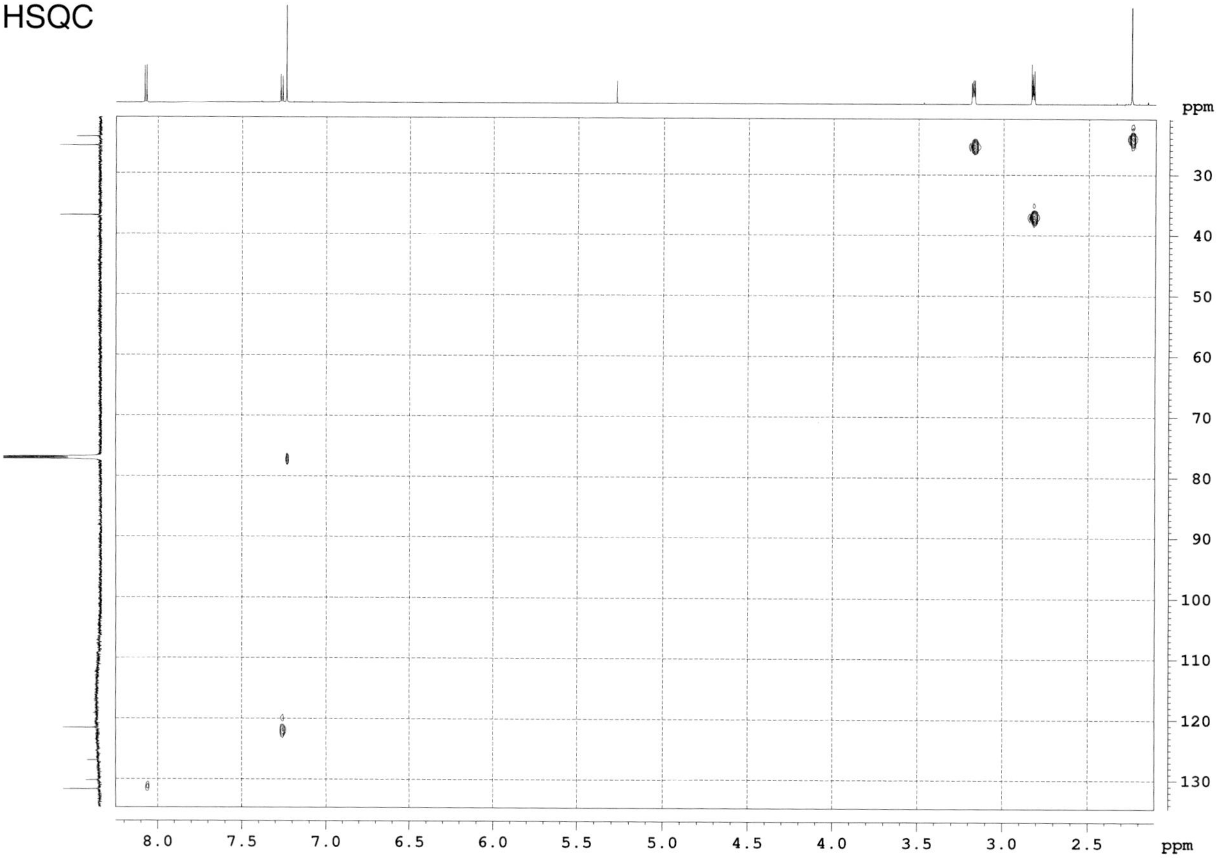

HMBC

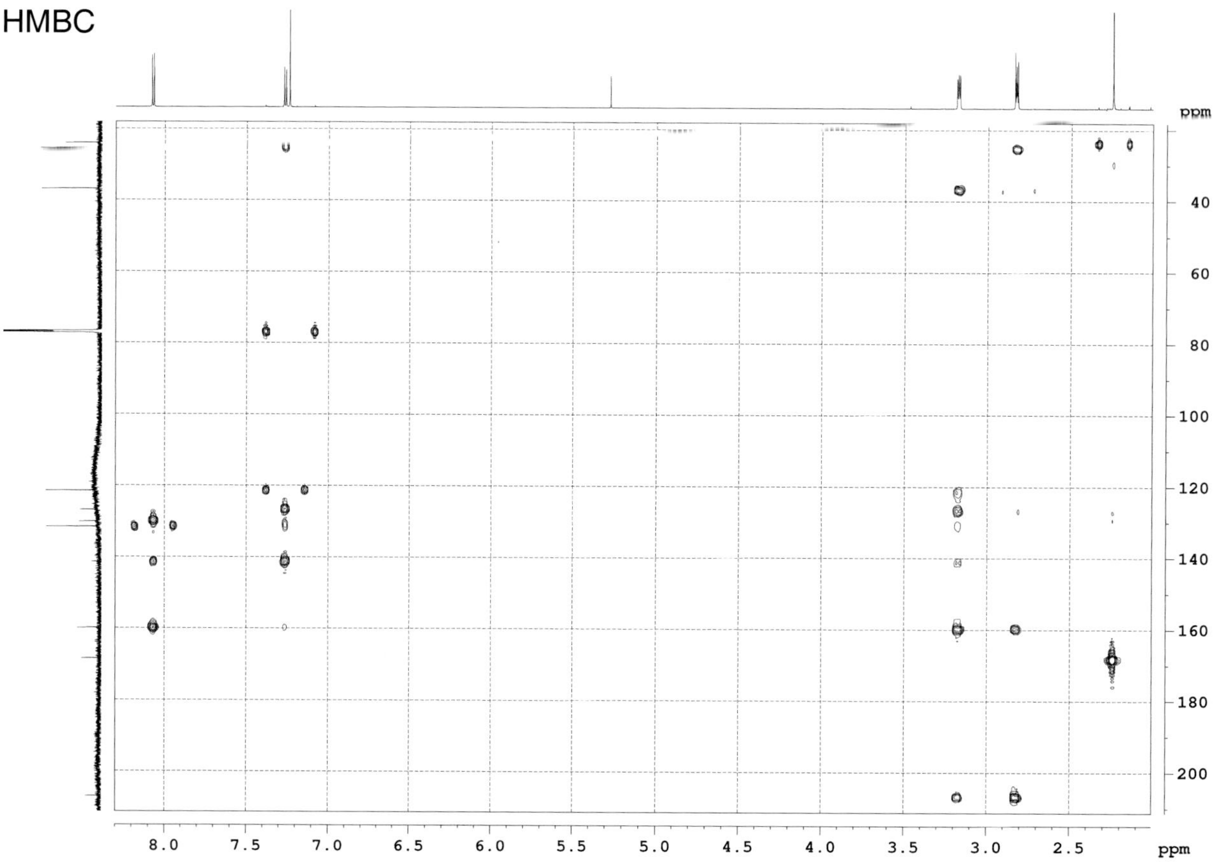

HMBC-¹H-¹⁵N

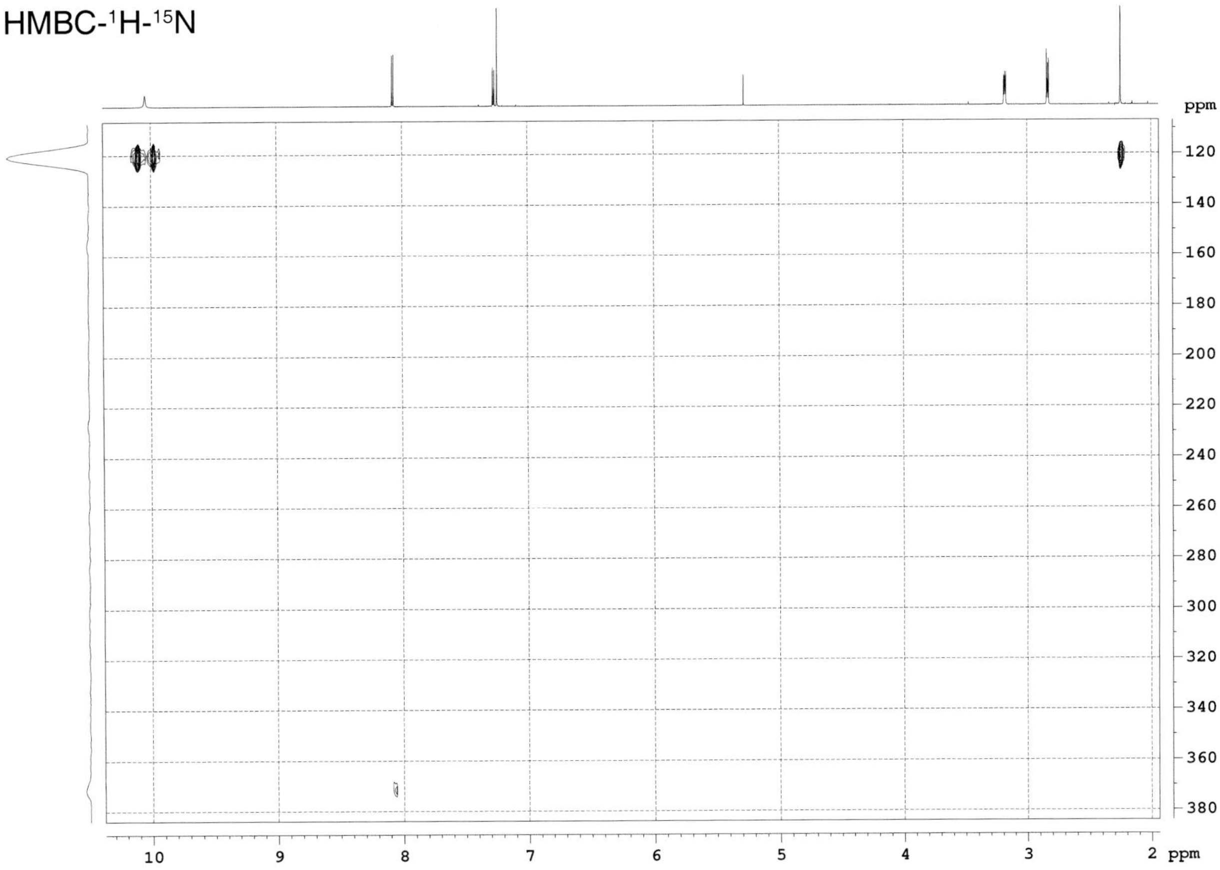

Note

8 $C_{19}H_{18}O_4$

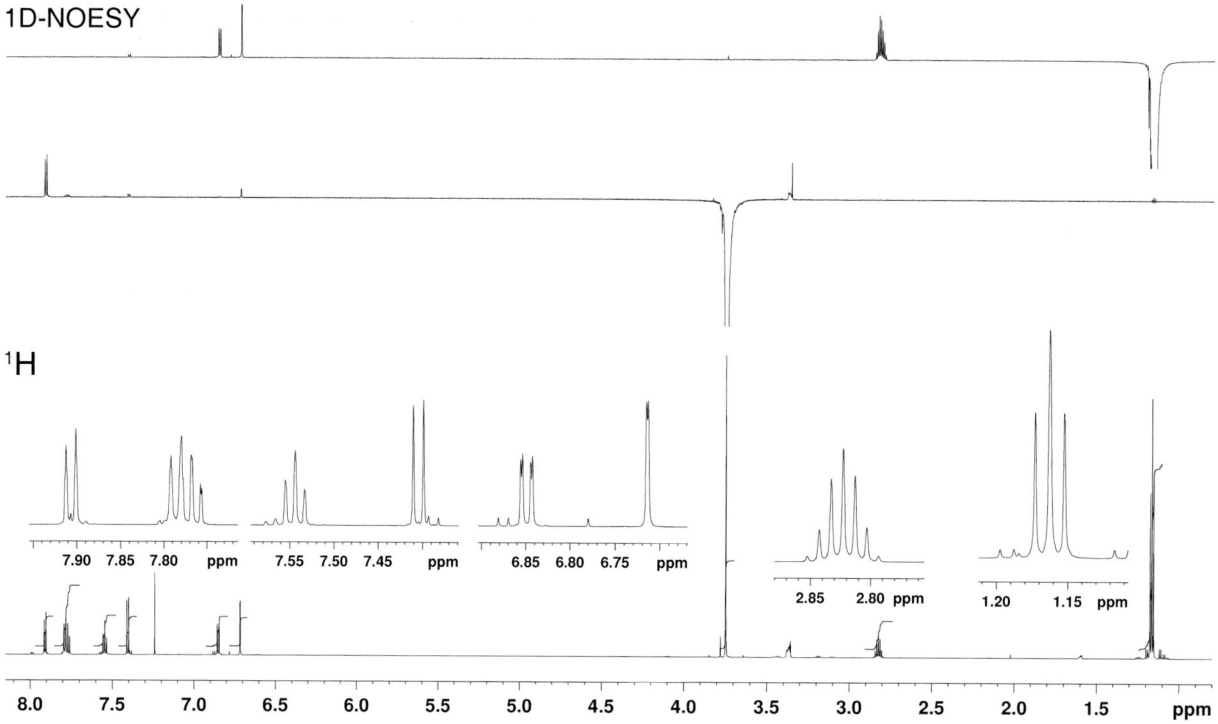

Note

DEPT135

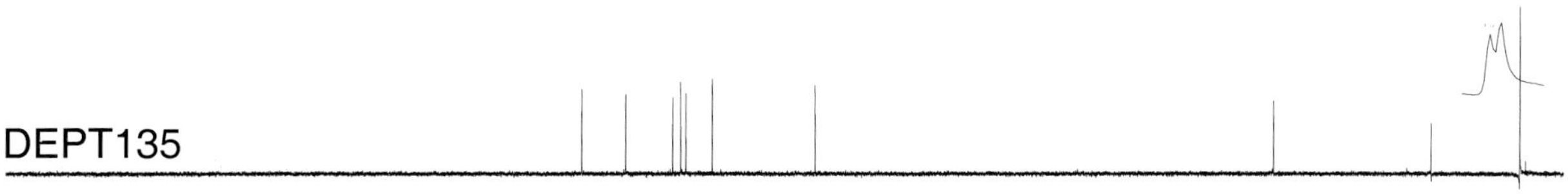

DEPT90

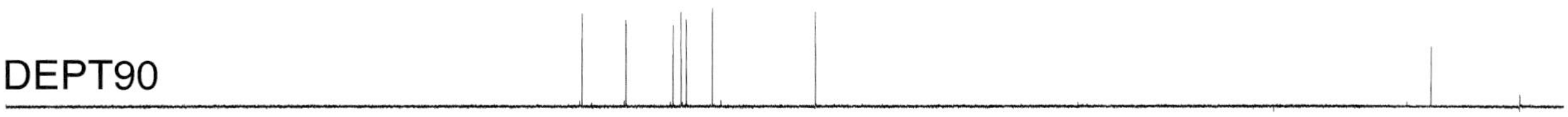

^{13}C

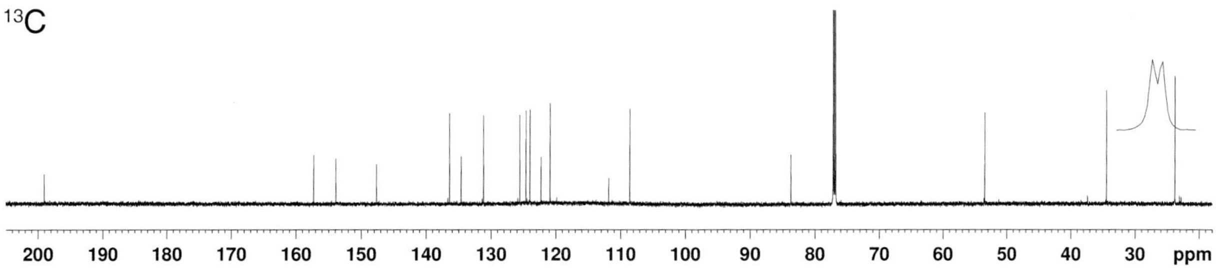

COSY

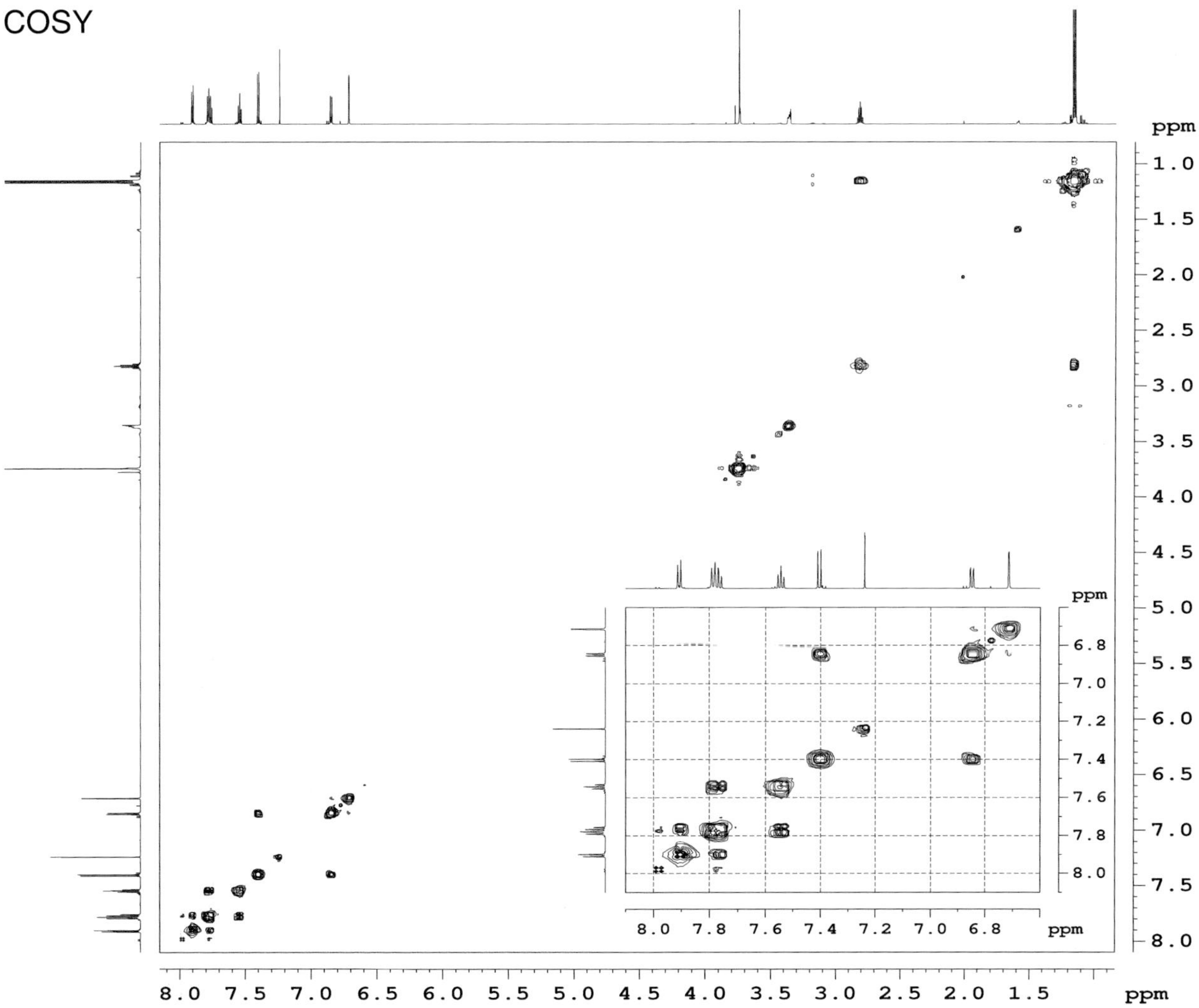

HSQC

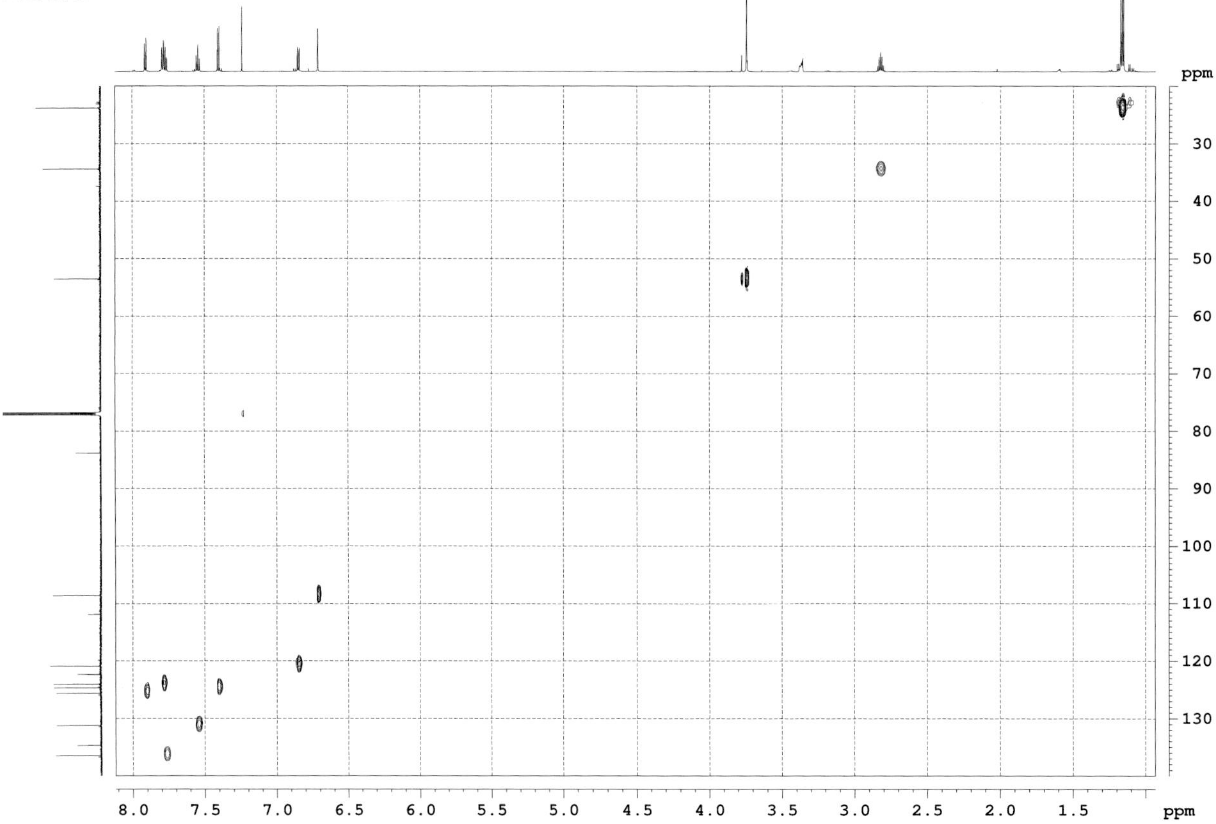

HMBC

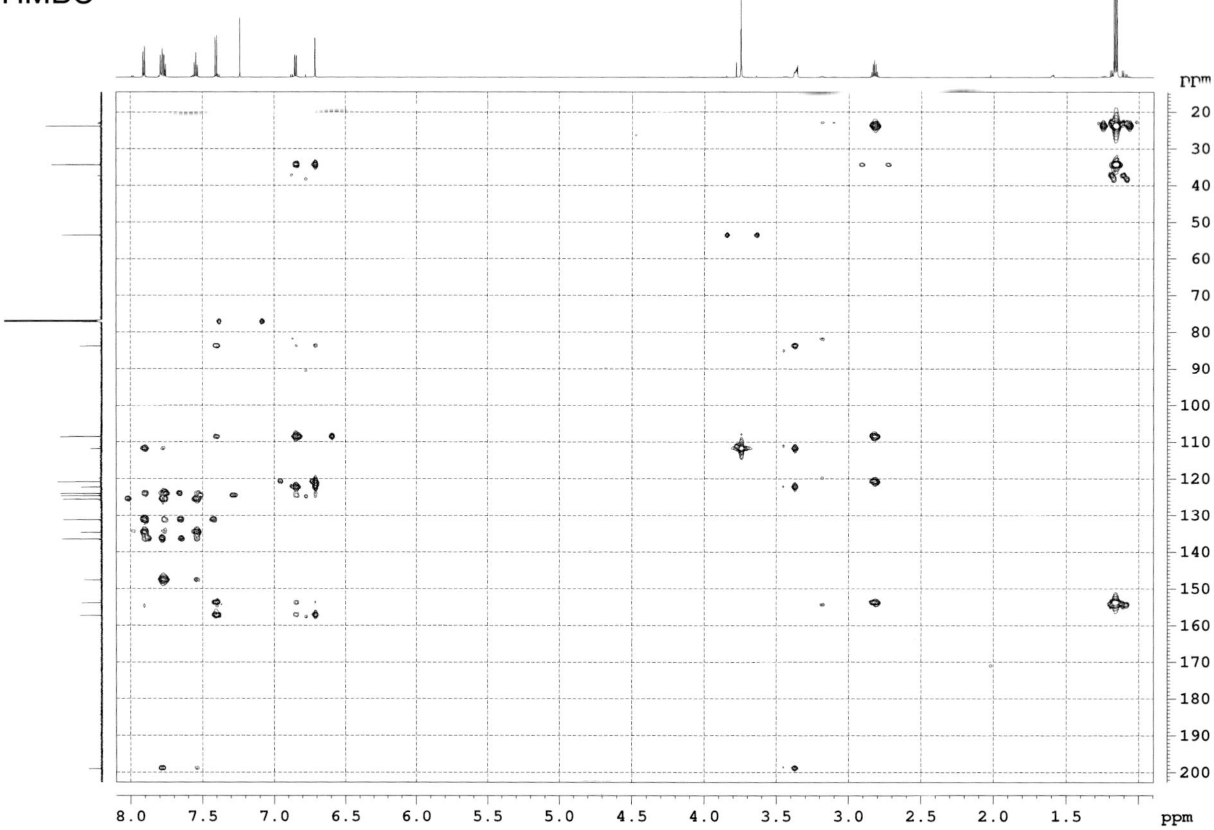

9 $C_{16}H_{18}O_3N_2$, 500 MHz

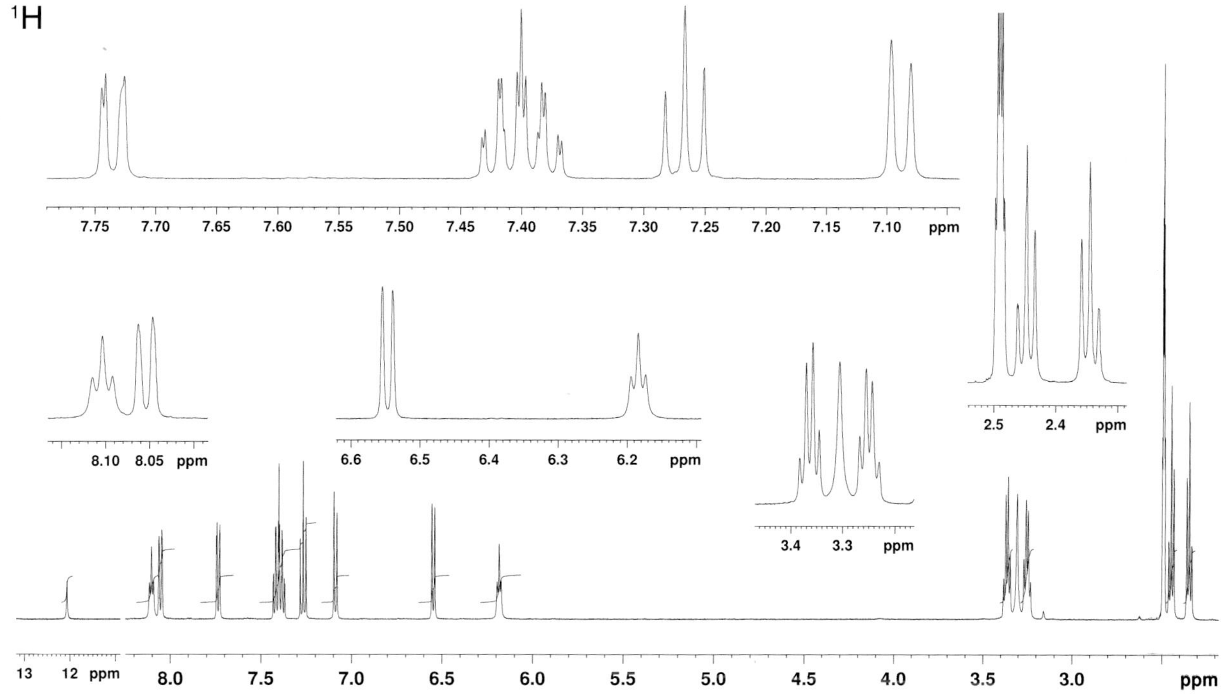

Note

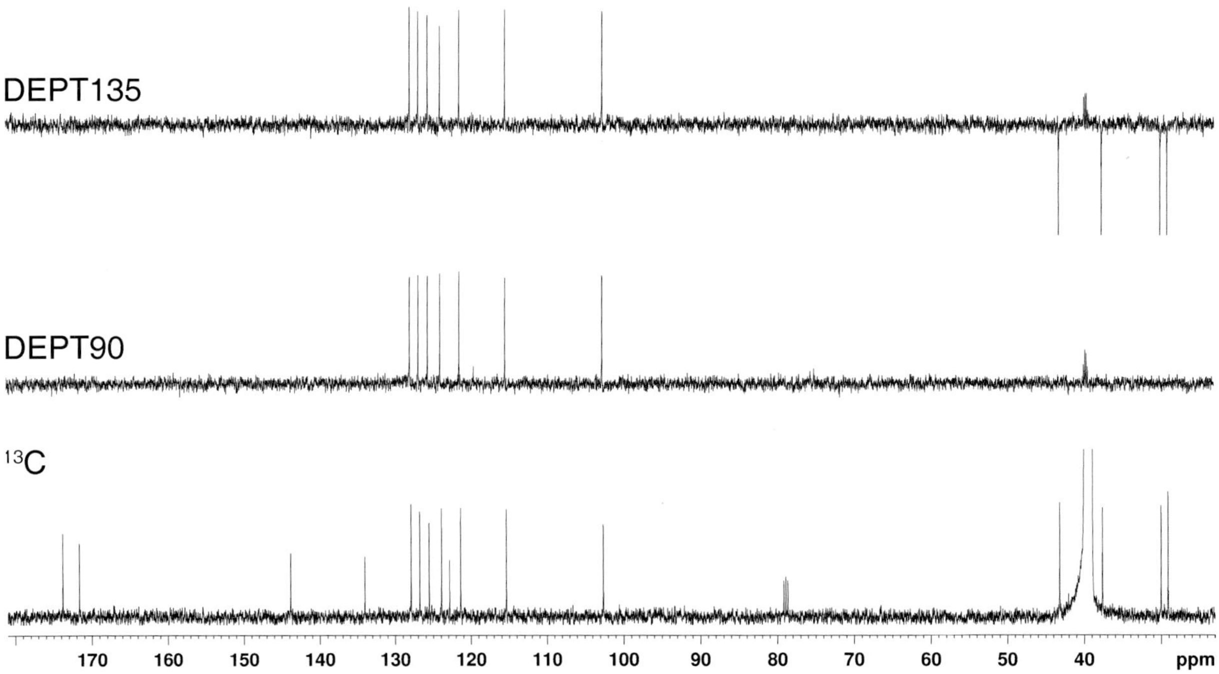
DEPT135
DEPT90
^{13}C
170 160 150 140 130 120 110 100 90 80 70 60 50 40 ppm

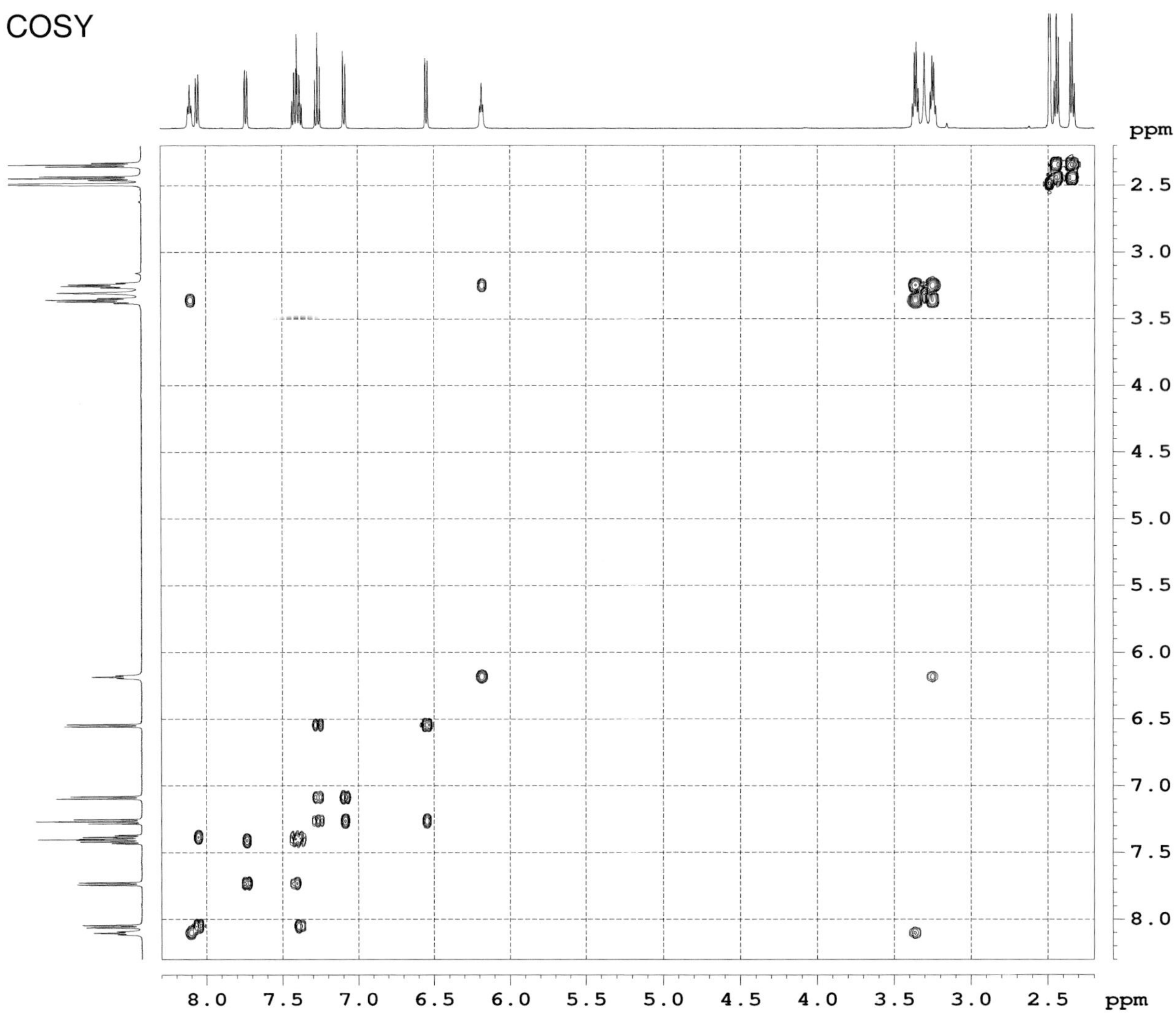
COSY
ppm
2.5 3.0 3.5 4.0 4.5 5.0 5.5 6.0 6.5 7.0 7.5 8.0
8.0 7.5 7.0 6.5 6.0 5.5 5.0 4.5 4.0 3.5 3.0 2.5 ppm

HSQC

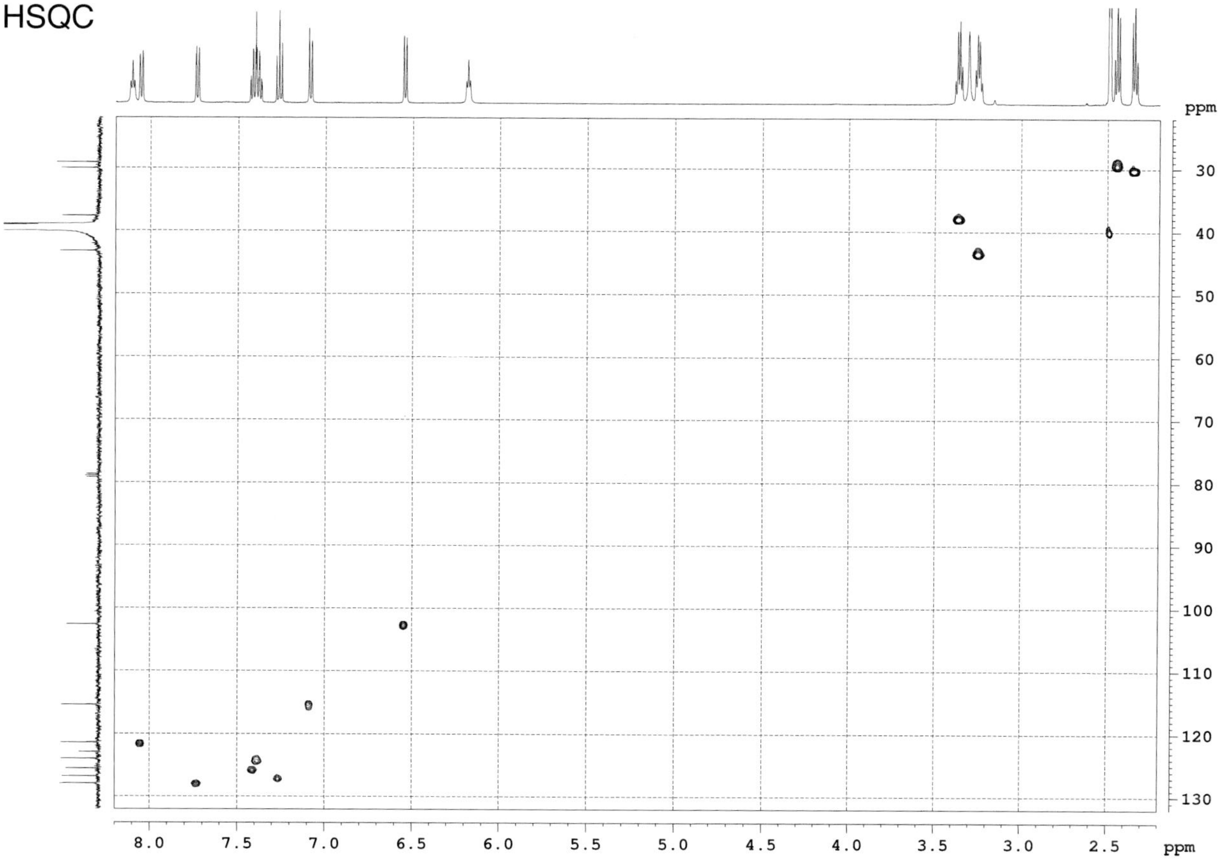

HMBC

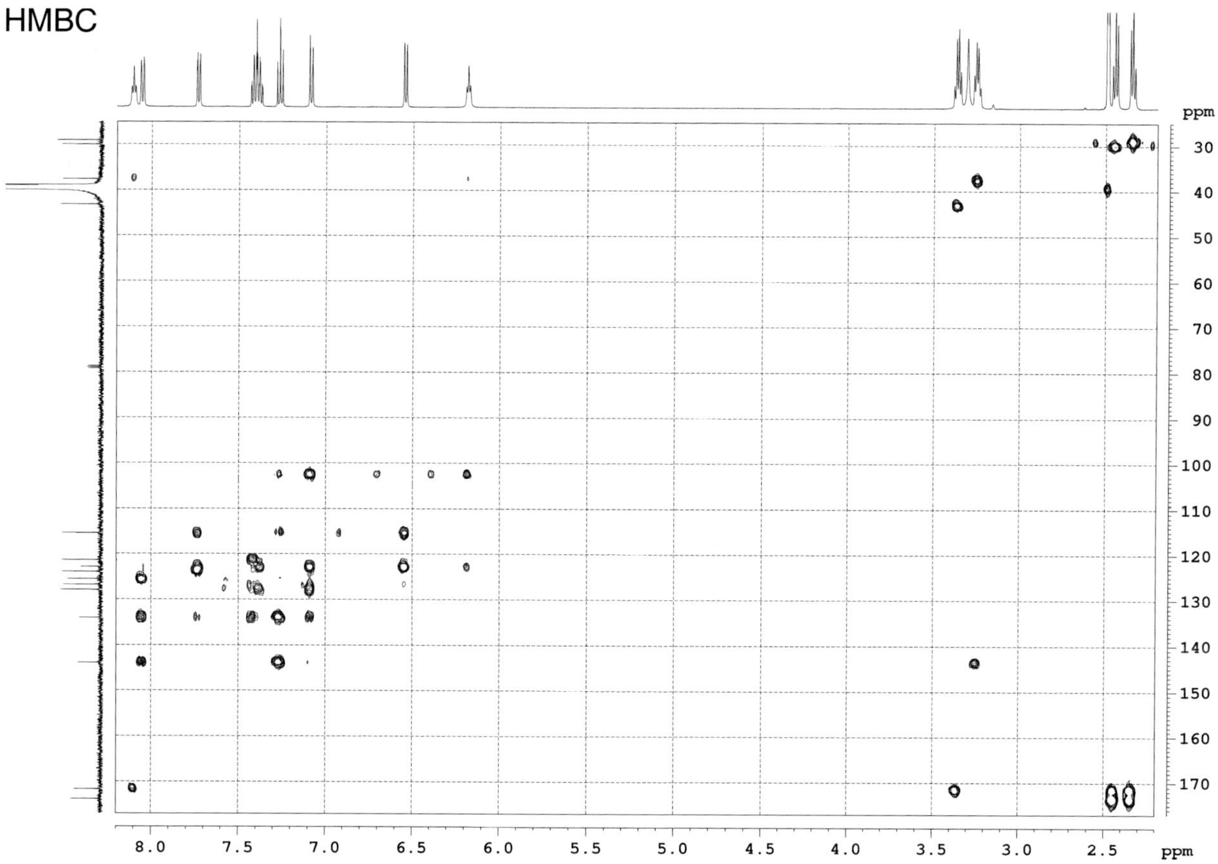

10 $C_{14}H_{14}O_2$, 700 MHz(10-15)

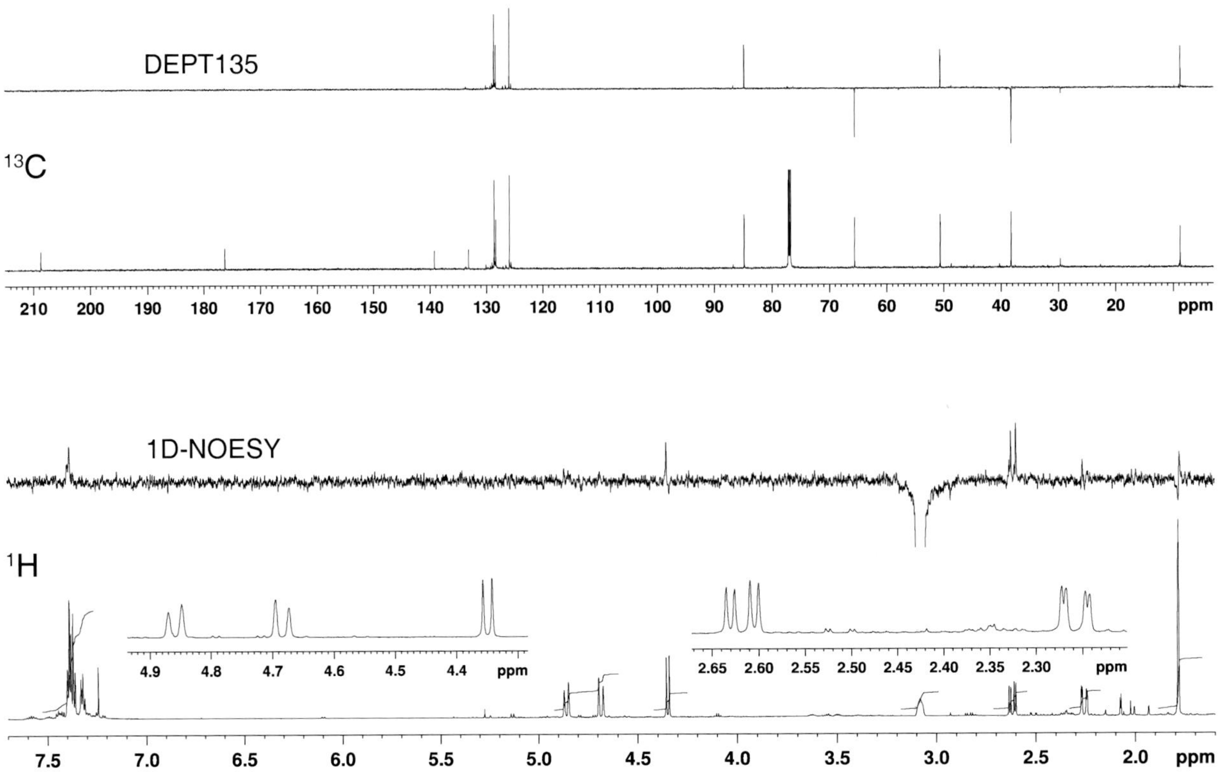

✍ Note

COSY

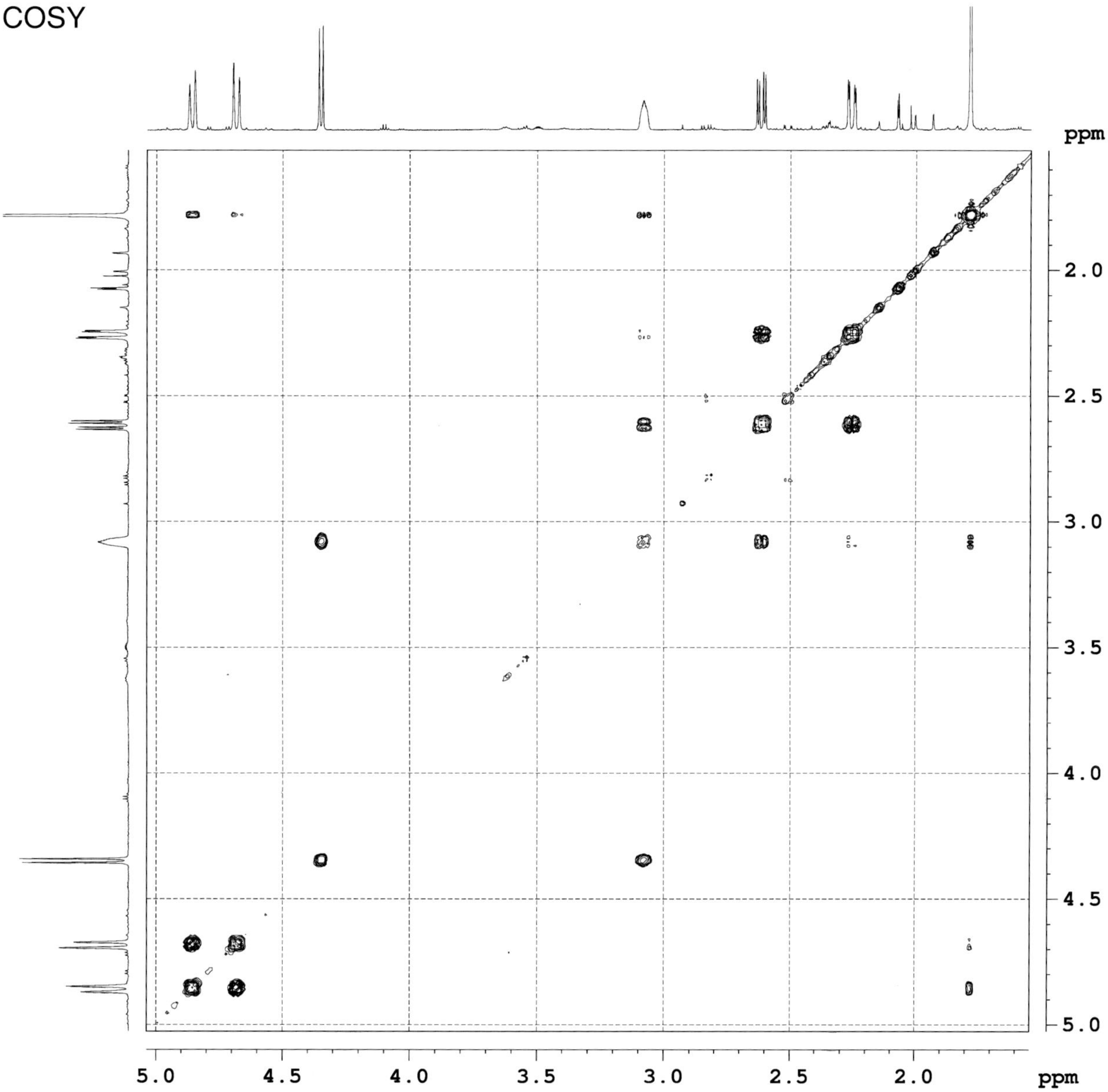

HSQC

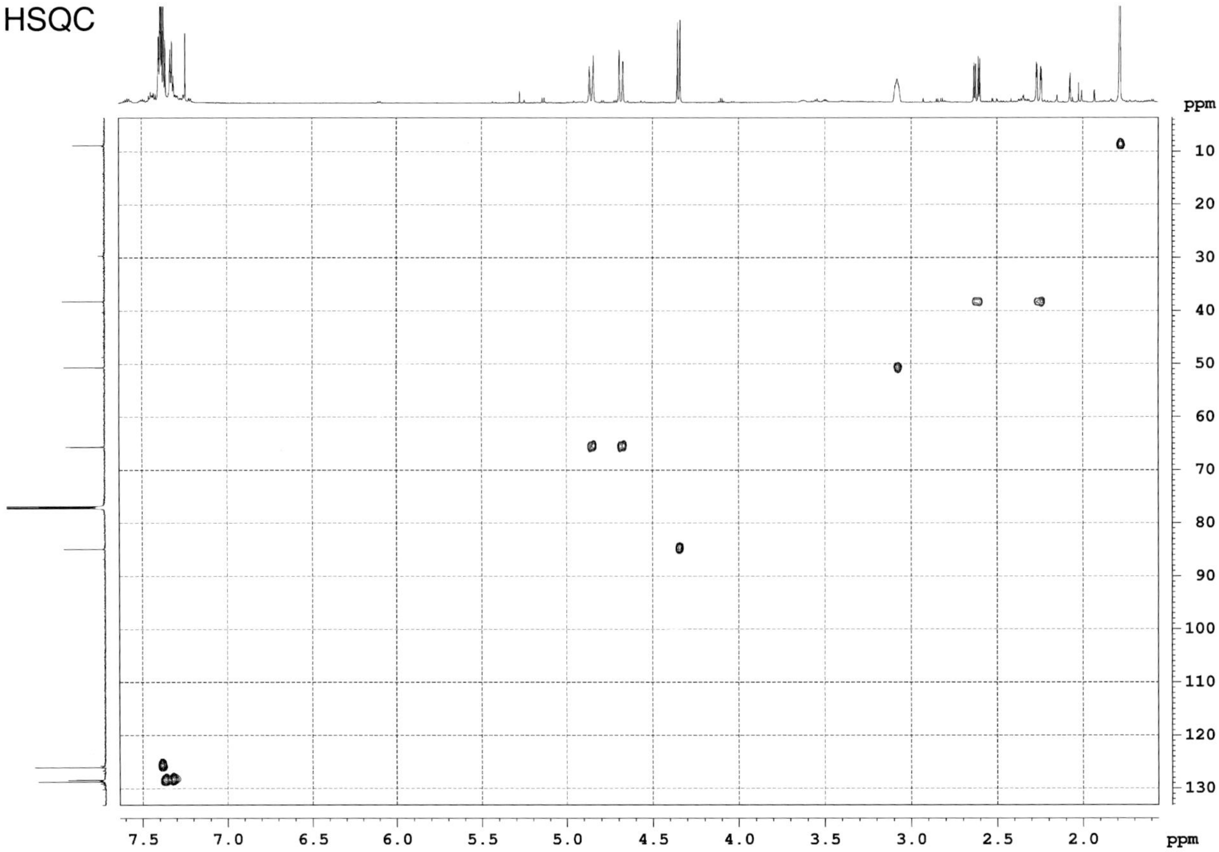

HMBC

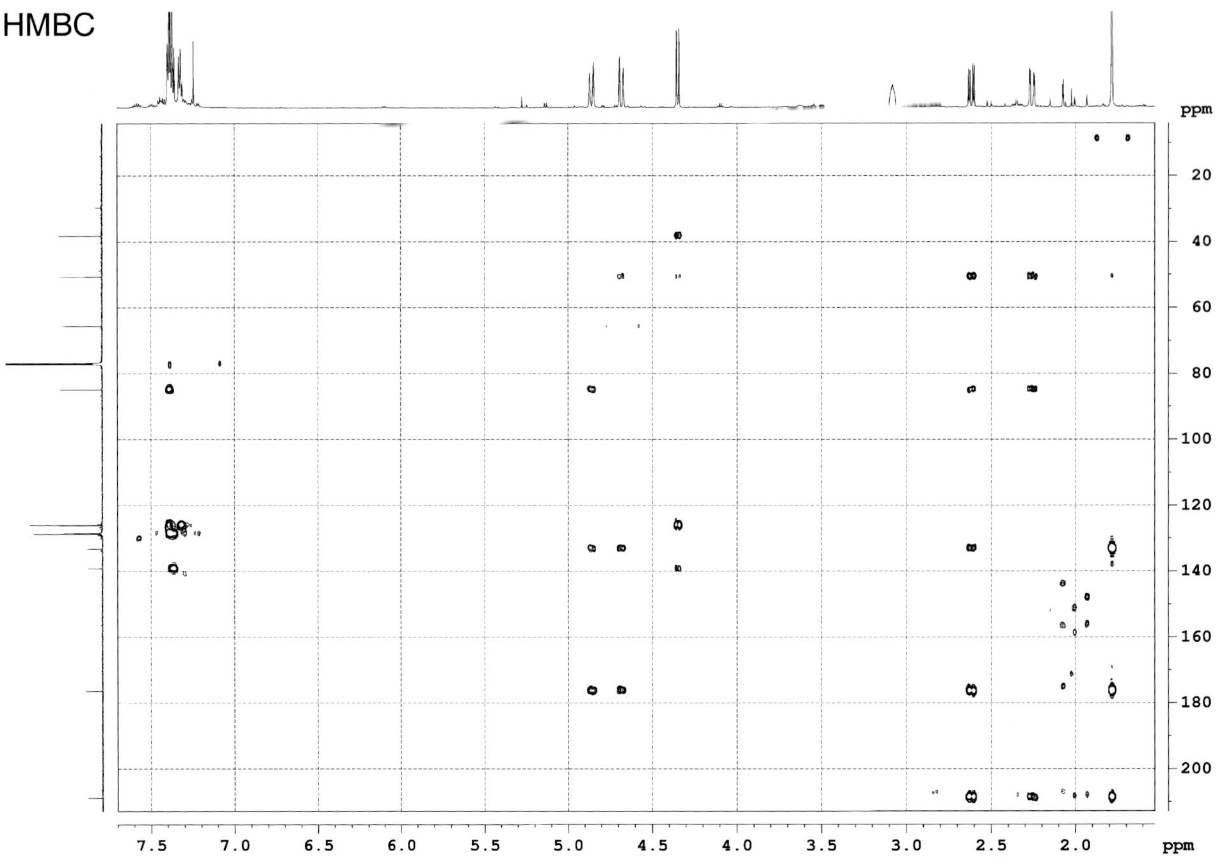

11 $C_{14}H_{14}O_2$

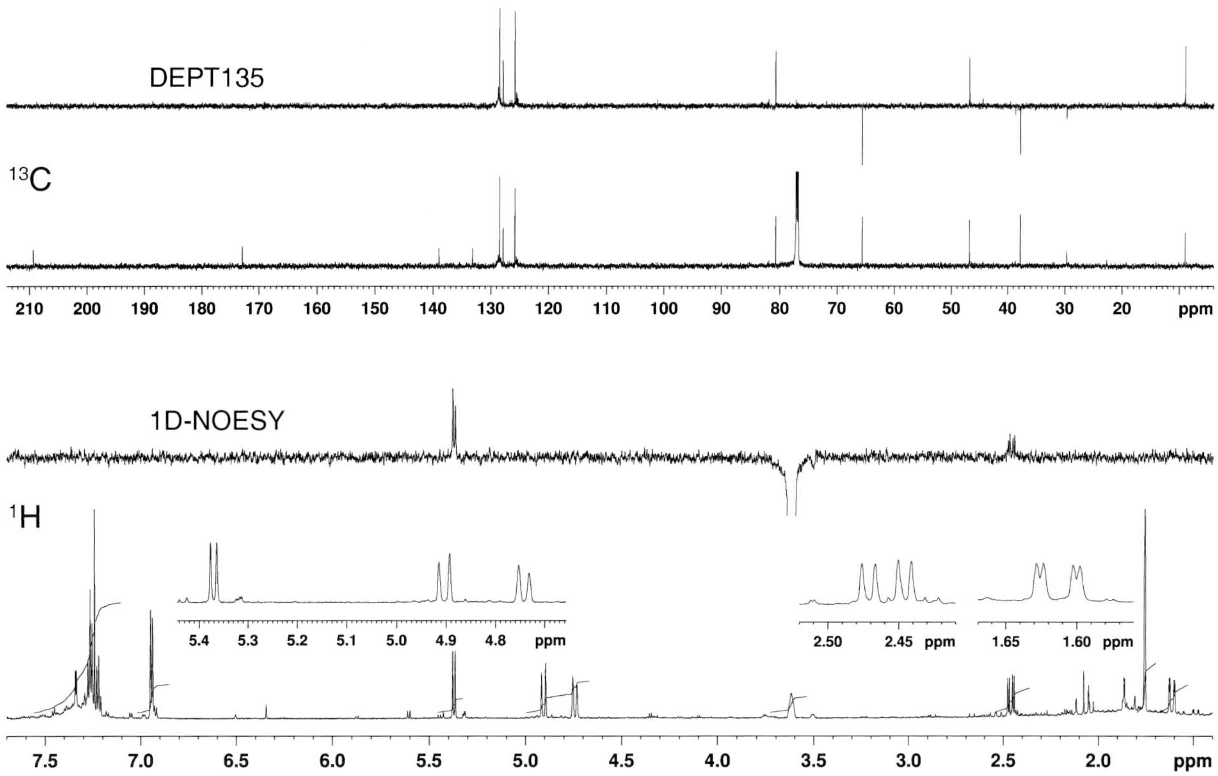

Note

COSY

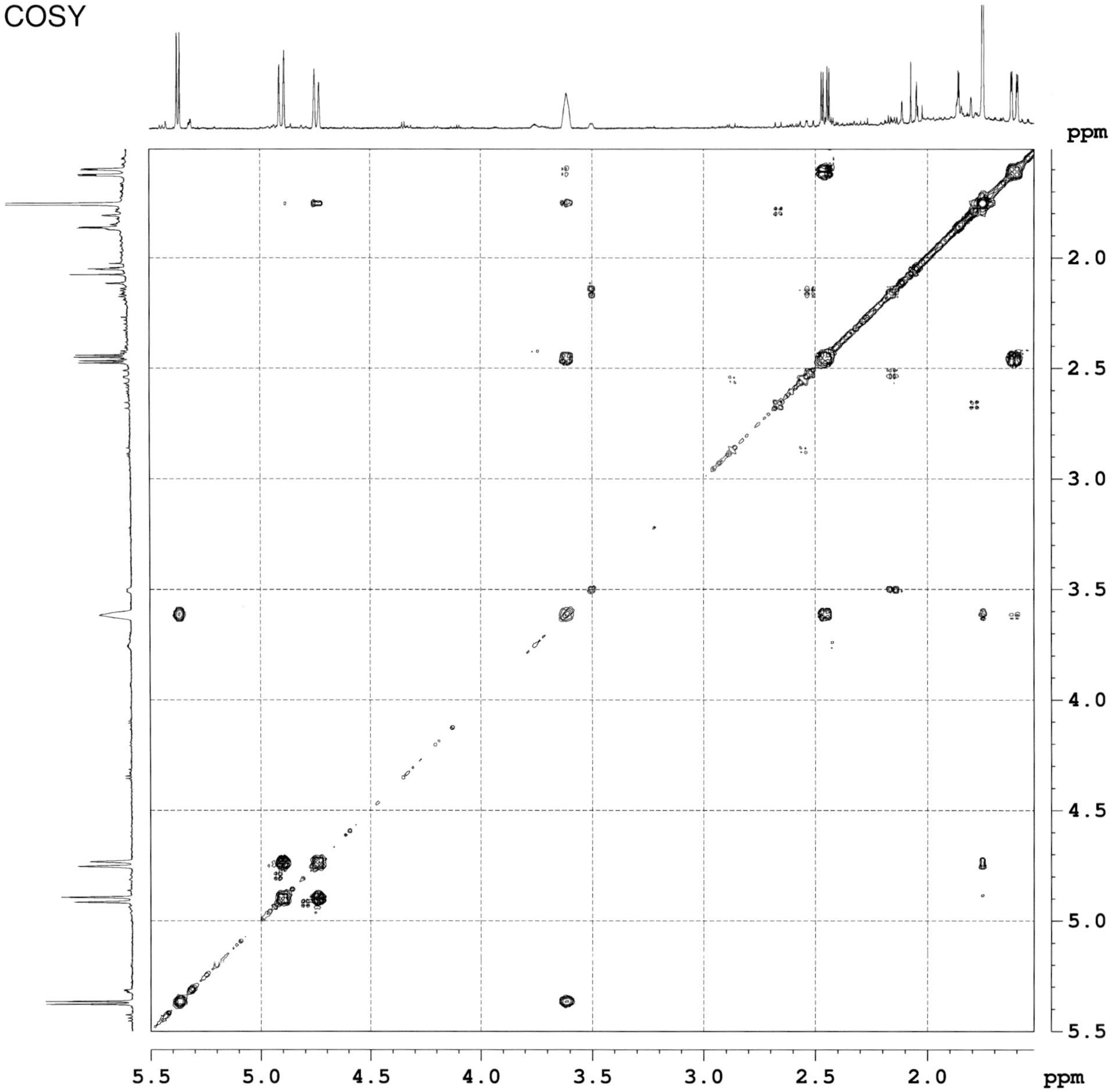

HSQC

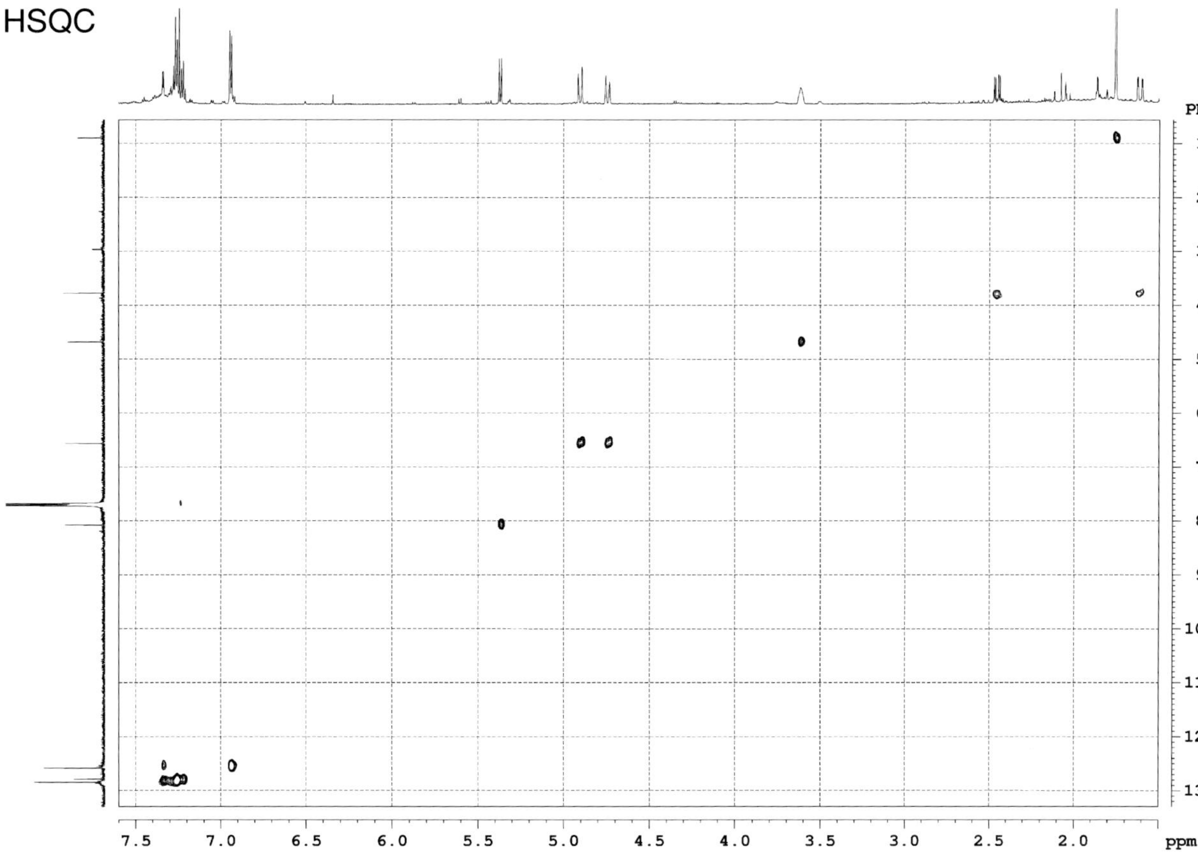
ppm
10
20
30
40
50
60
70
80
90
100
110
120
130
7.5
7.0
6.5
6.0
5.5
5.0
4.5
4.0
3.5
3.0
2.5
2.0
ppm

HMBC

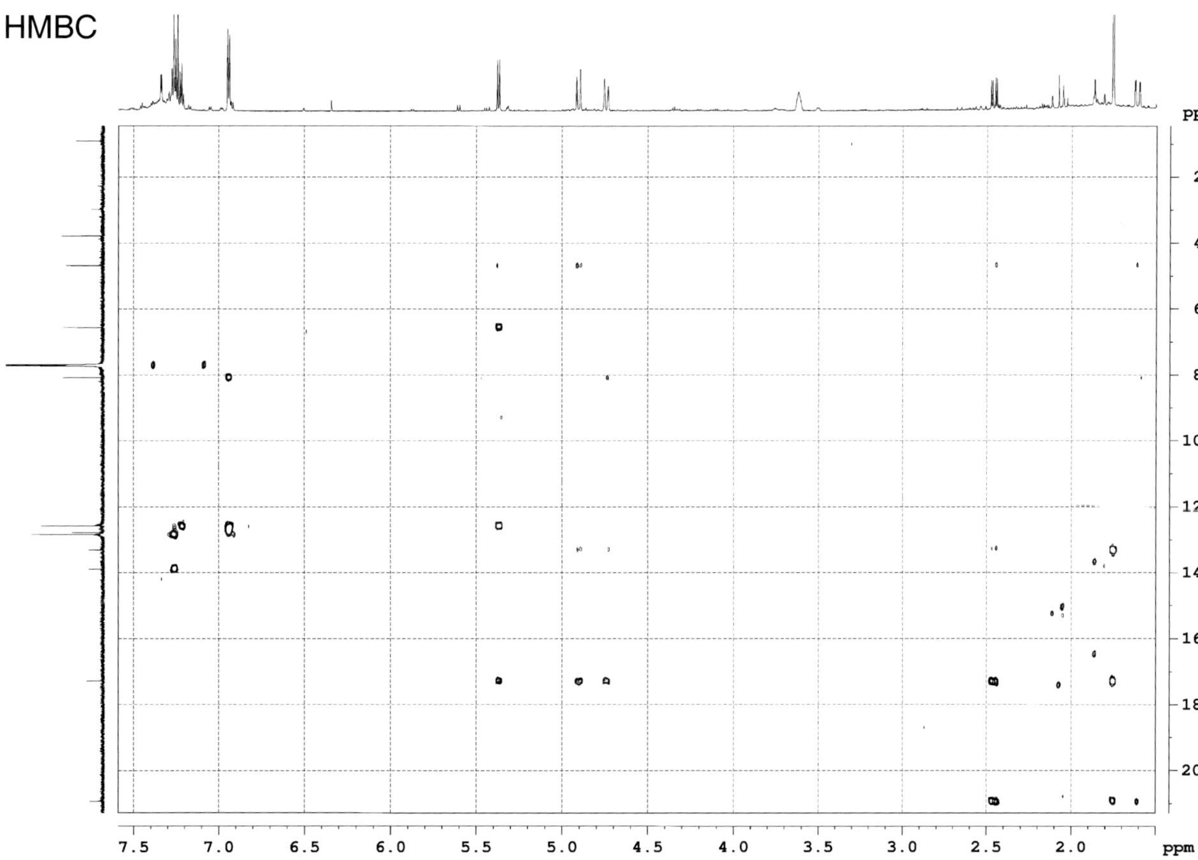
ppm
20
40
60
80
100
120
140
160
180
200
7.5
7.0
6.5
6.0
5.5
5.0
4.5
4.0
3.5
3.0
2.5
2.0
ppm

12 $C_{15}H_{14}O_2$

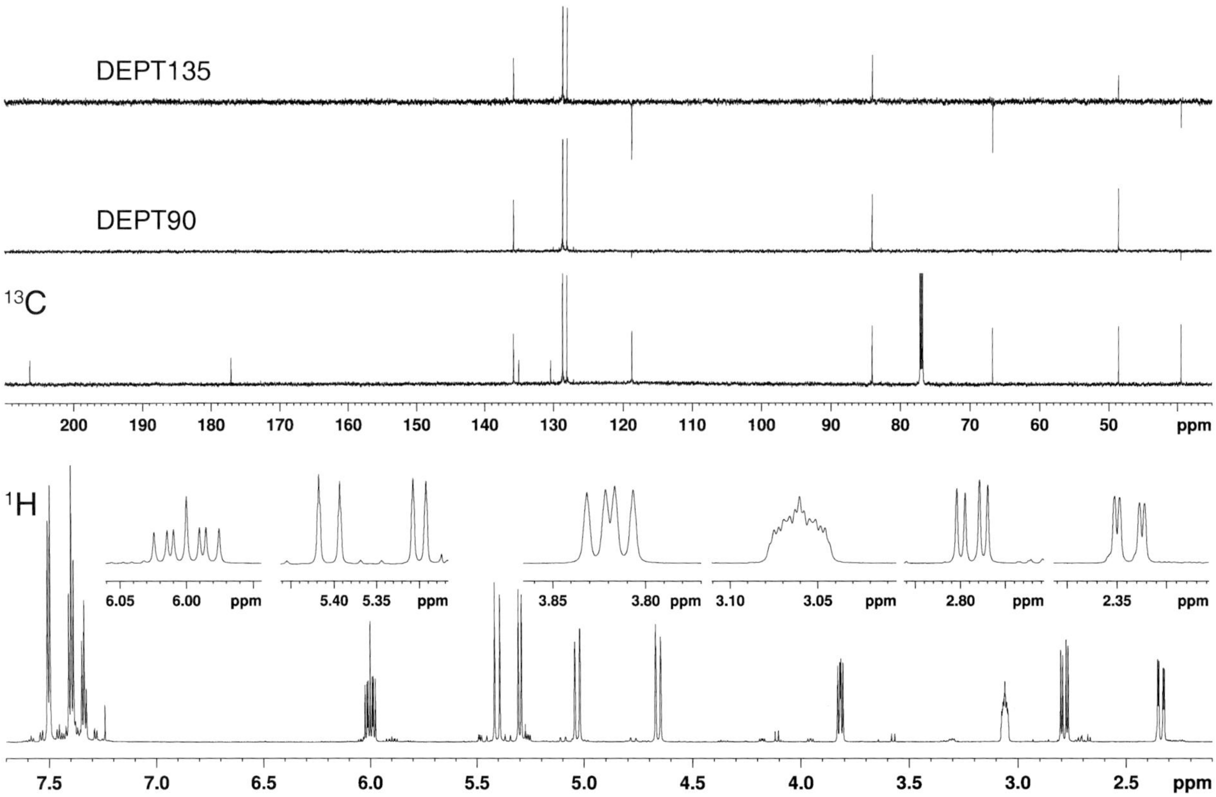

Note

4

연습문제 III

COSY

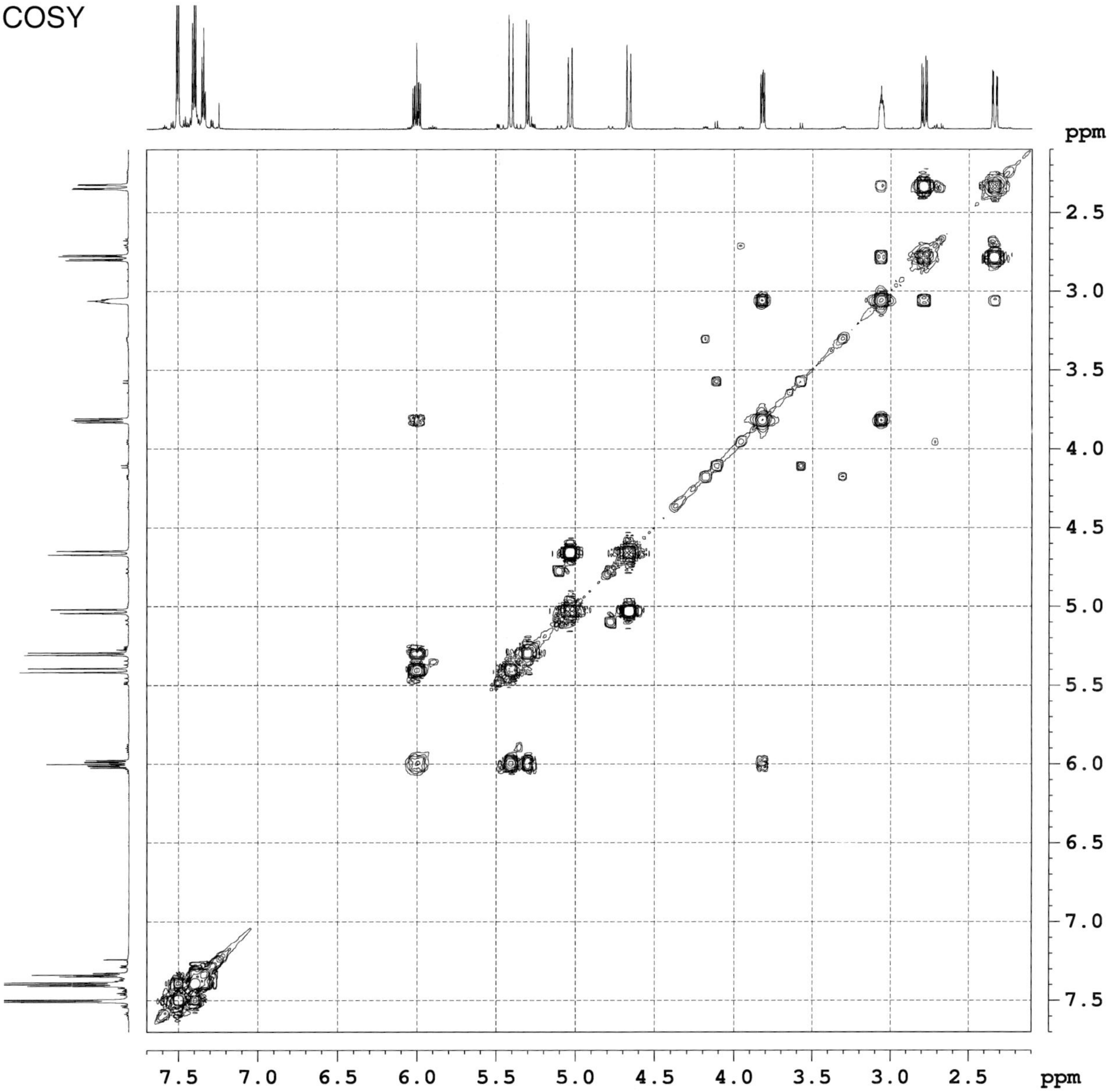
ppm
2.5
3.0
3.5
4.0
4.5
5.0
5.5
6.0
6.5
7.0
7.5
7.5 7.0 6.5 6.0 5.5 5.0 4.5 4.0 3.5 3.0 2.5 ppm

HSQC

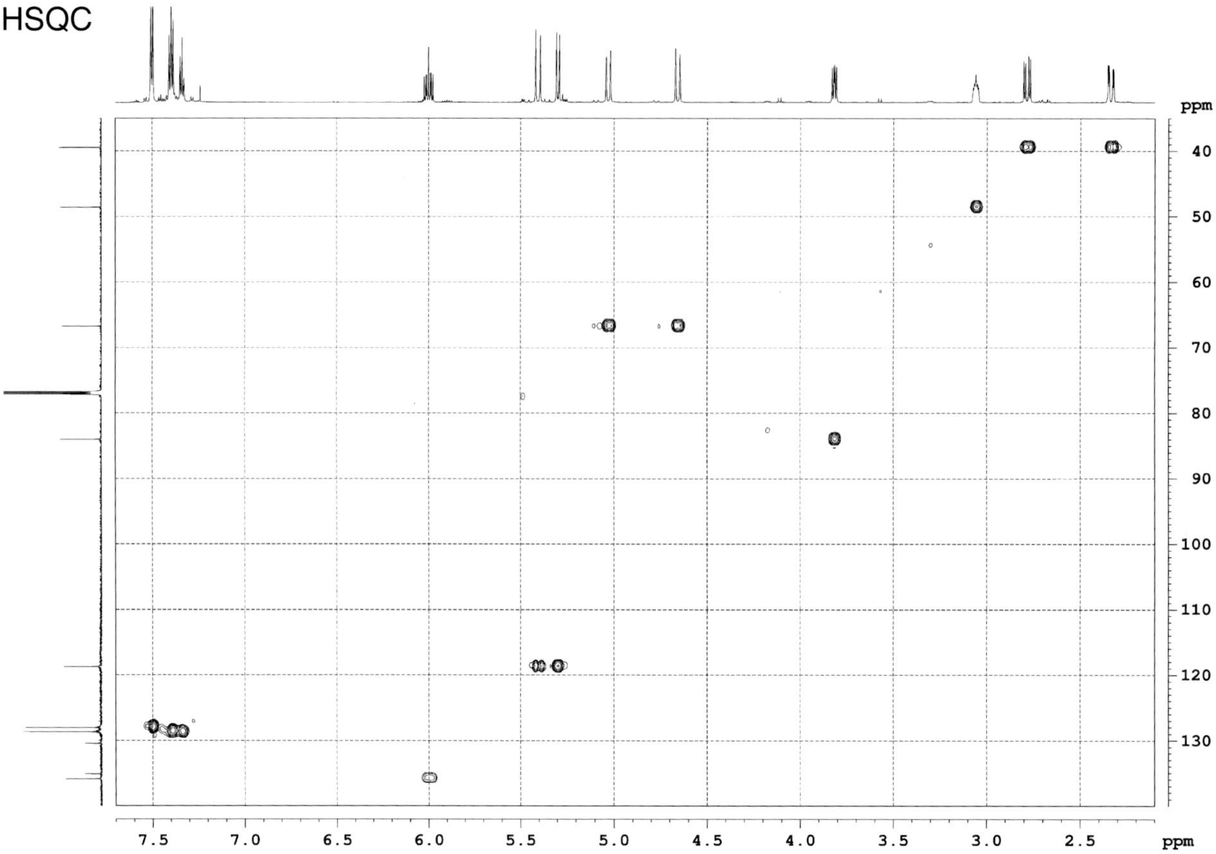

HMBC

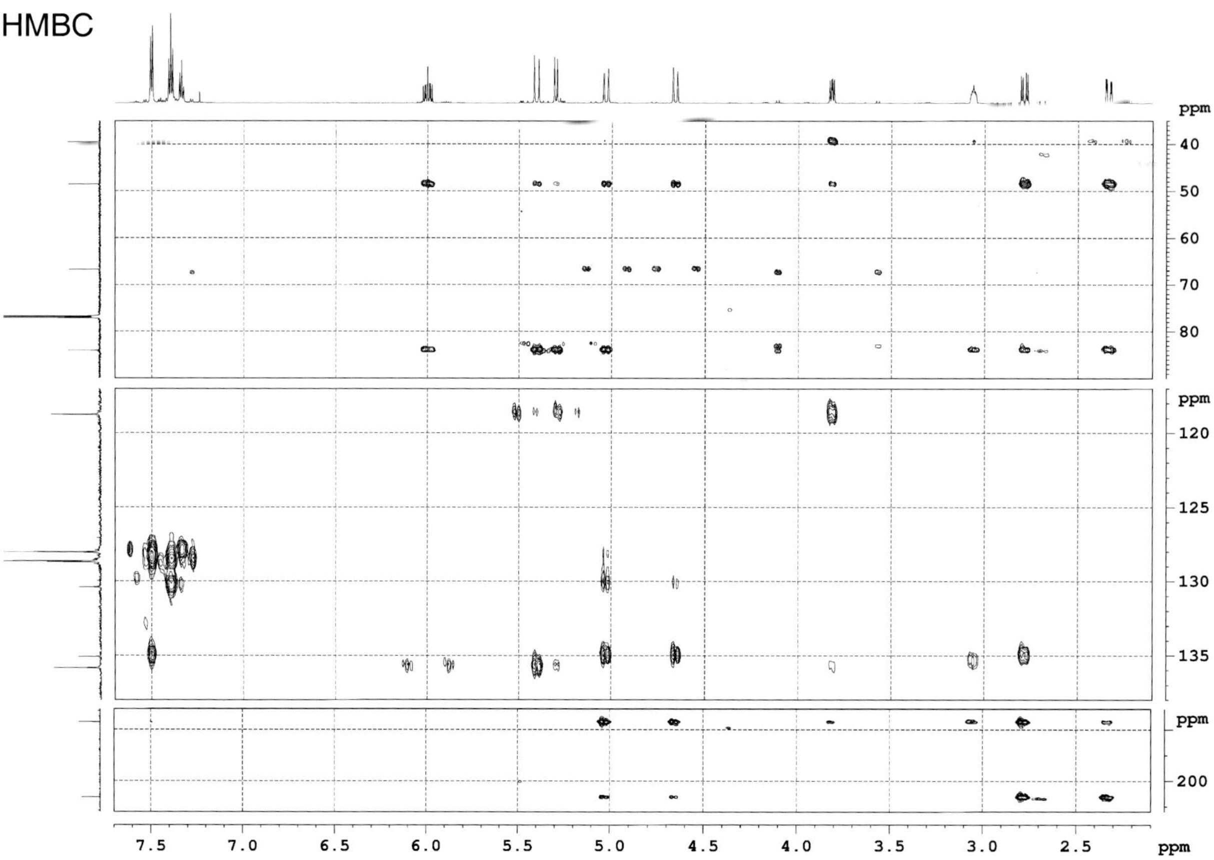

NOESY

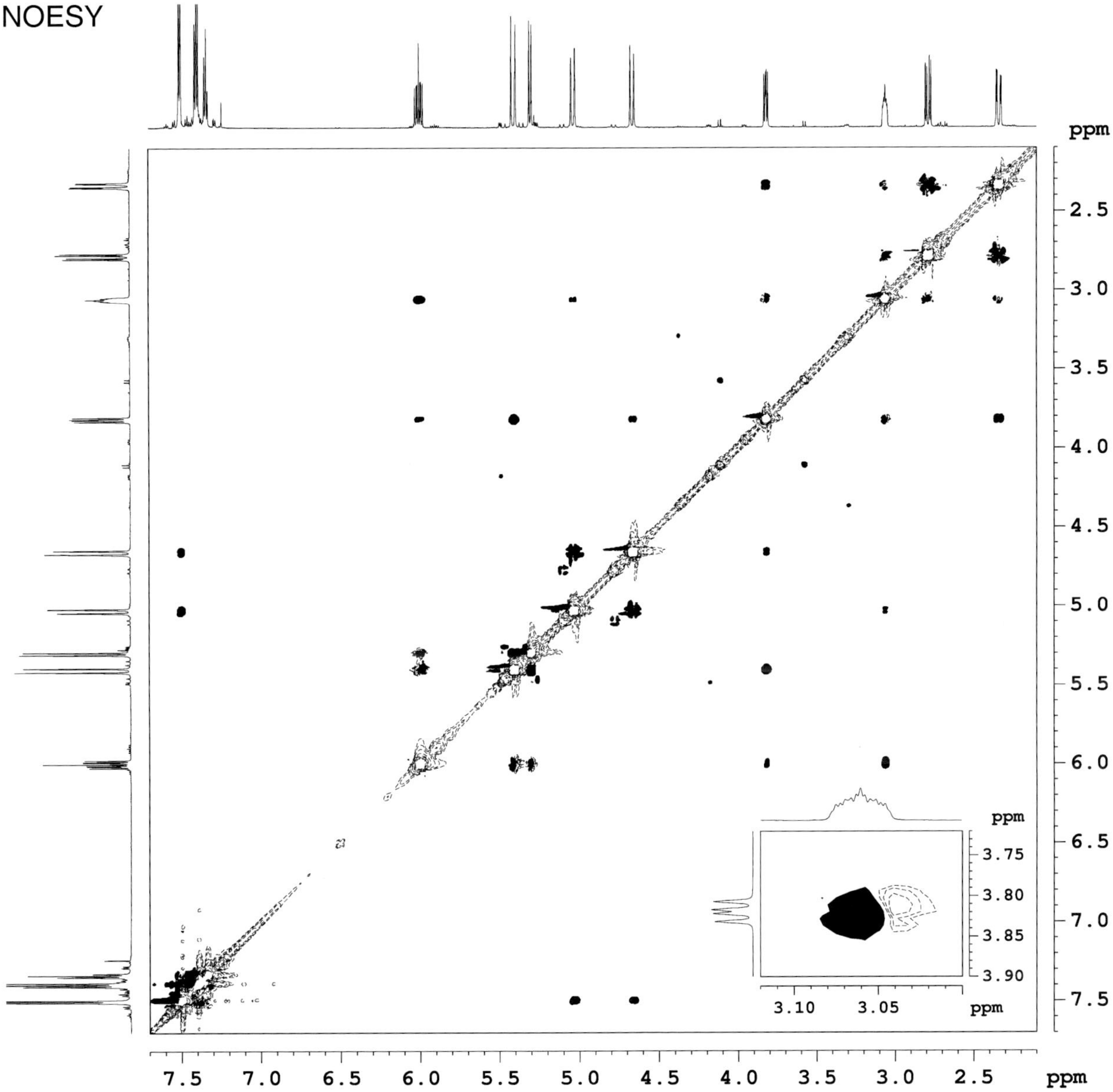

4

연습문제 III

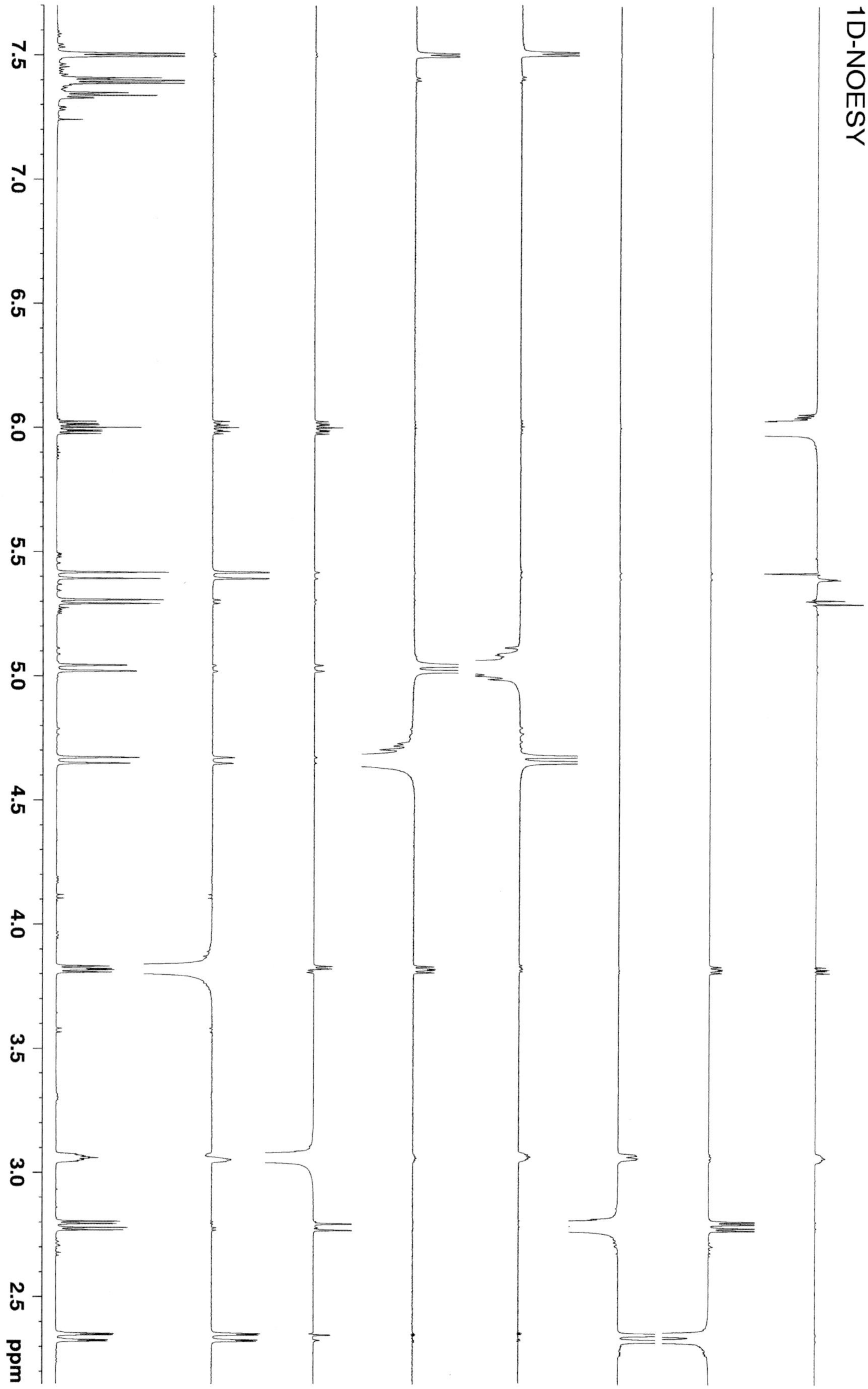
1D-NOESY
7.5
7.0
6.5
6.0
5.5
5.0
4.5
4.0
3.5
3.0
2.5
ppm

13 $C_{17}H_{18}O_2$

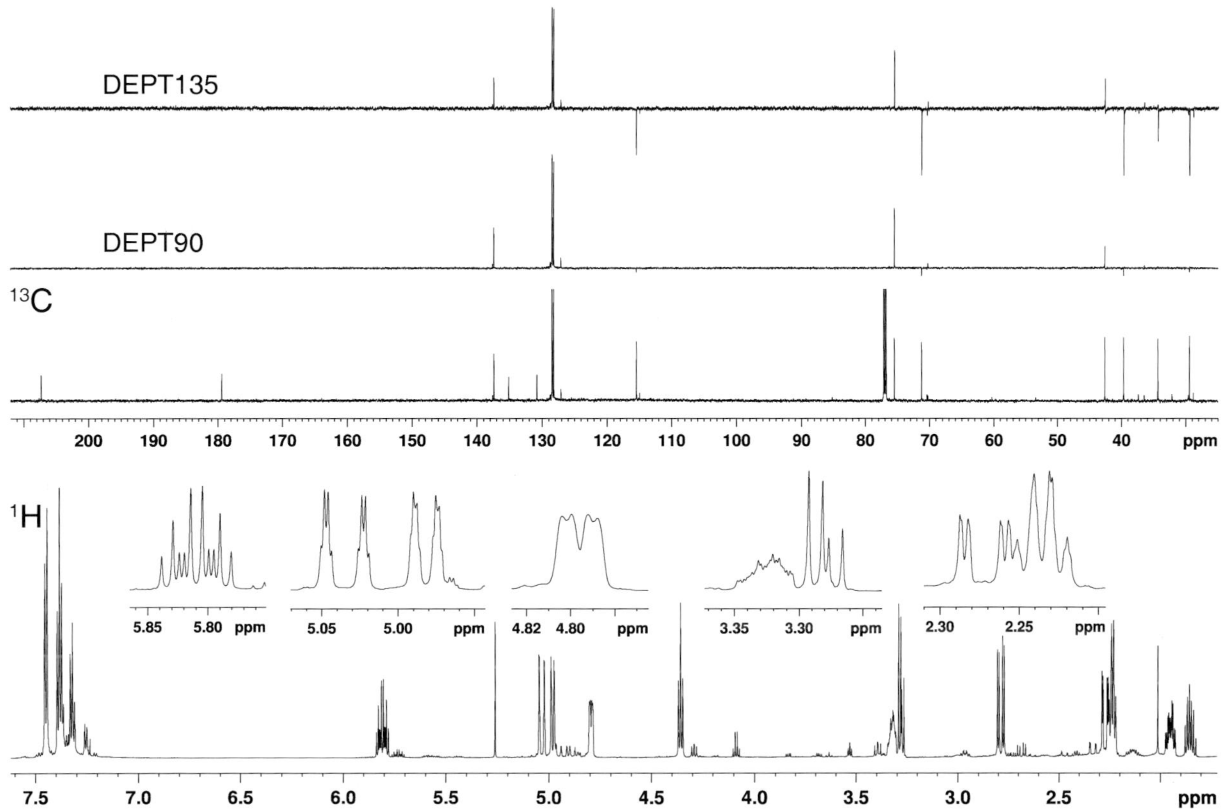

✍ Note

COSY

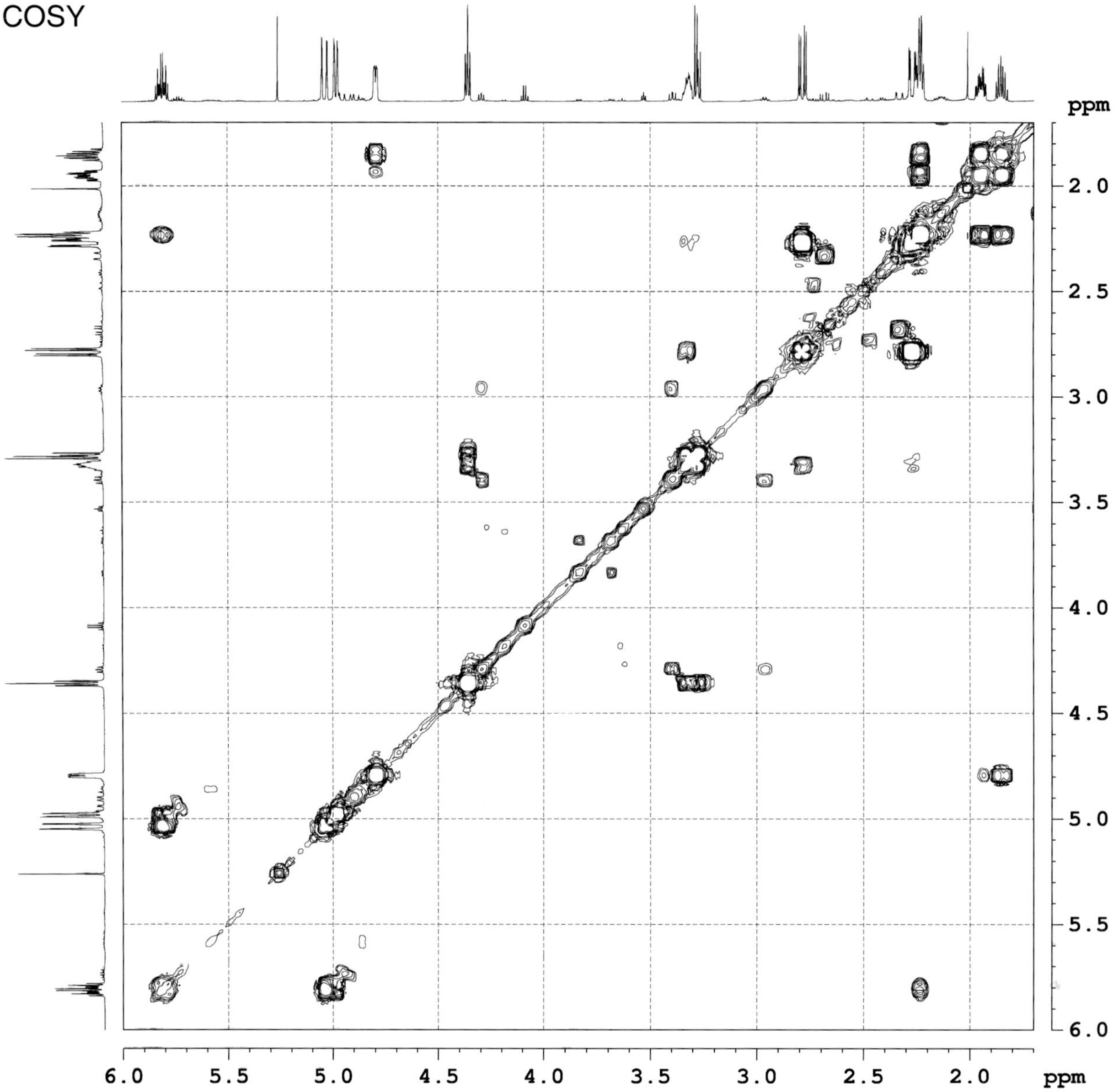

4

연습문제 III

HSQC

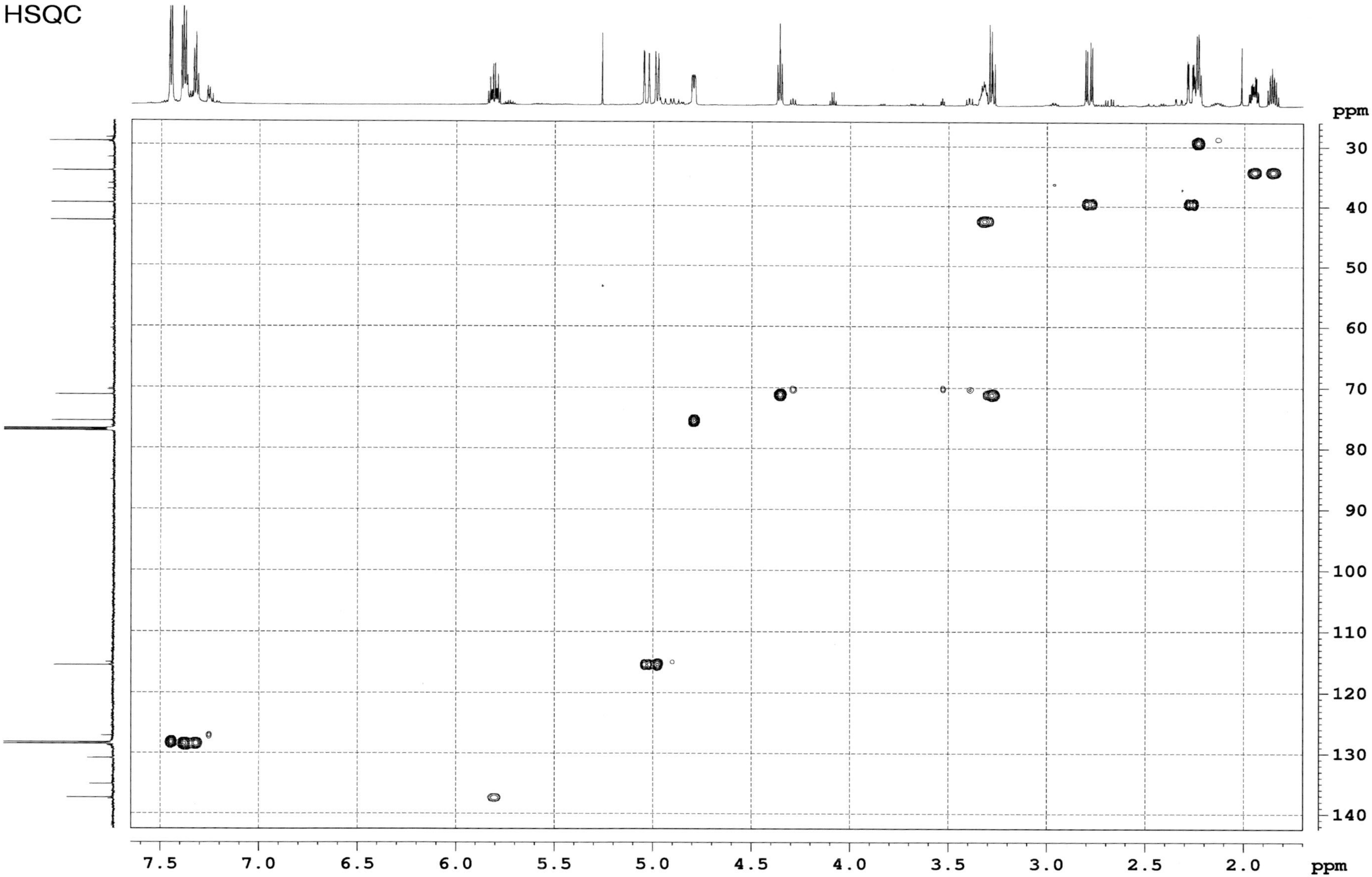

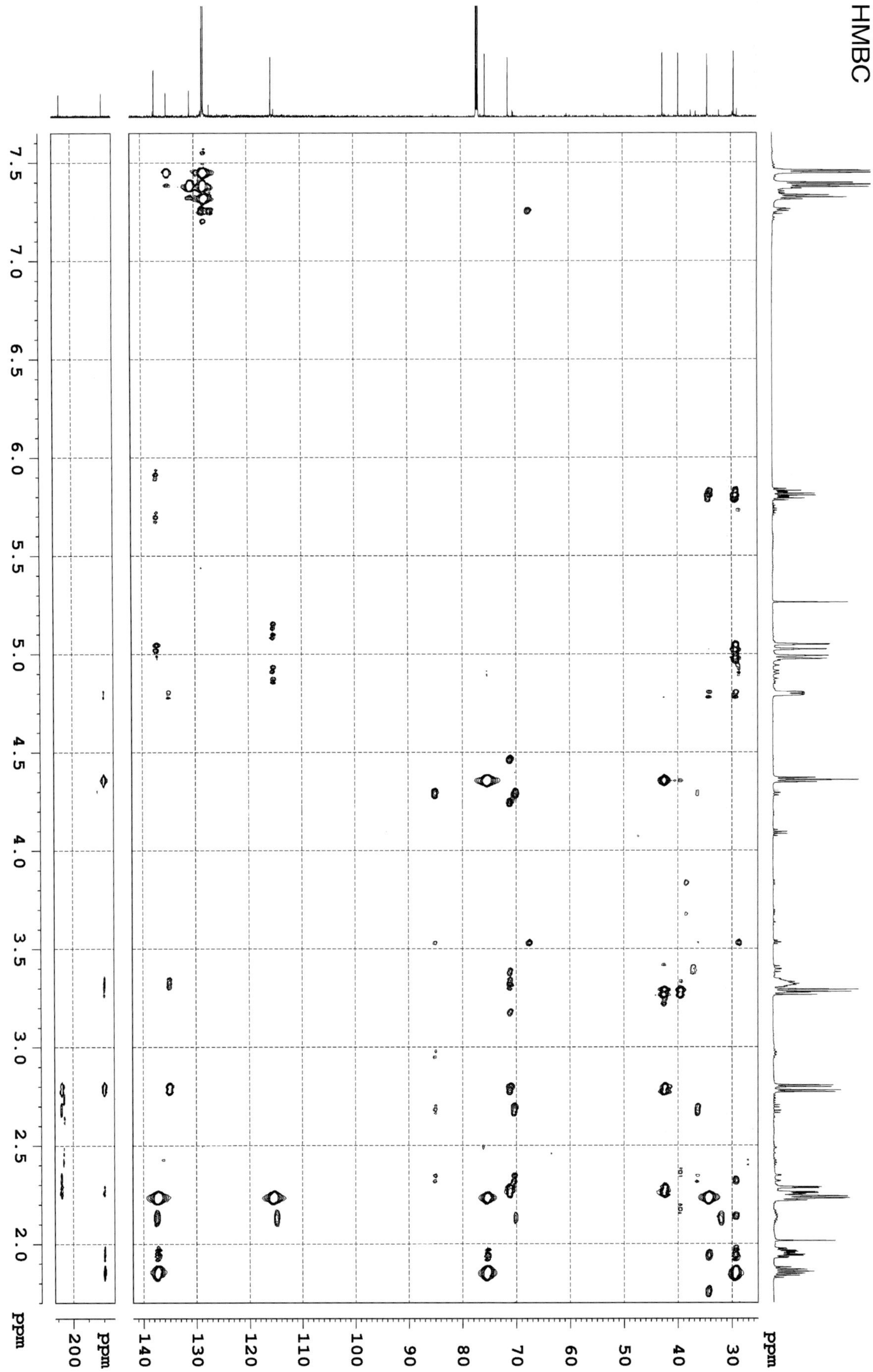
HMBC
ppm
ppm
ppm

NOESY

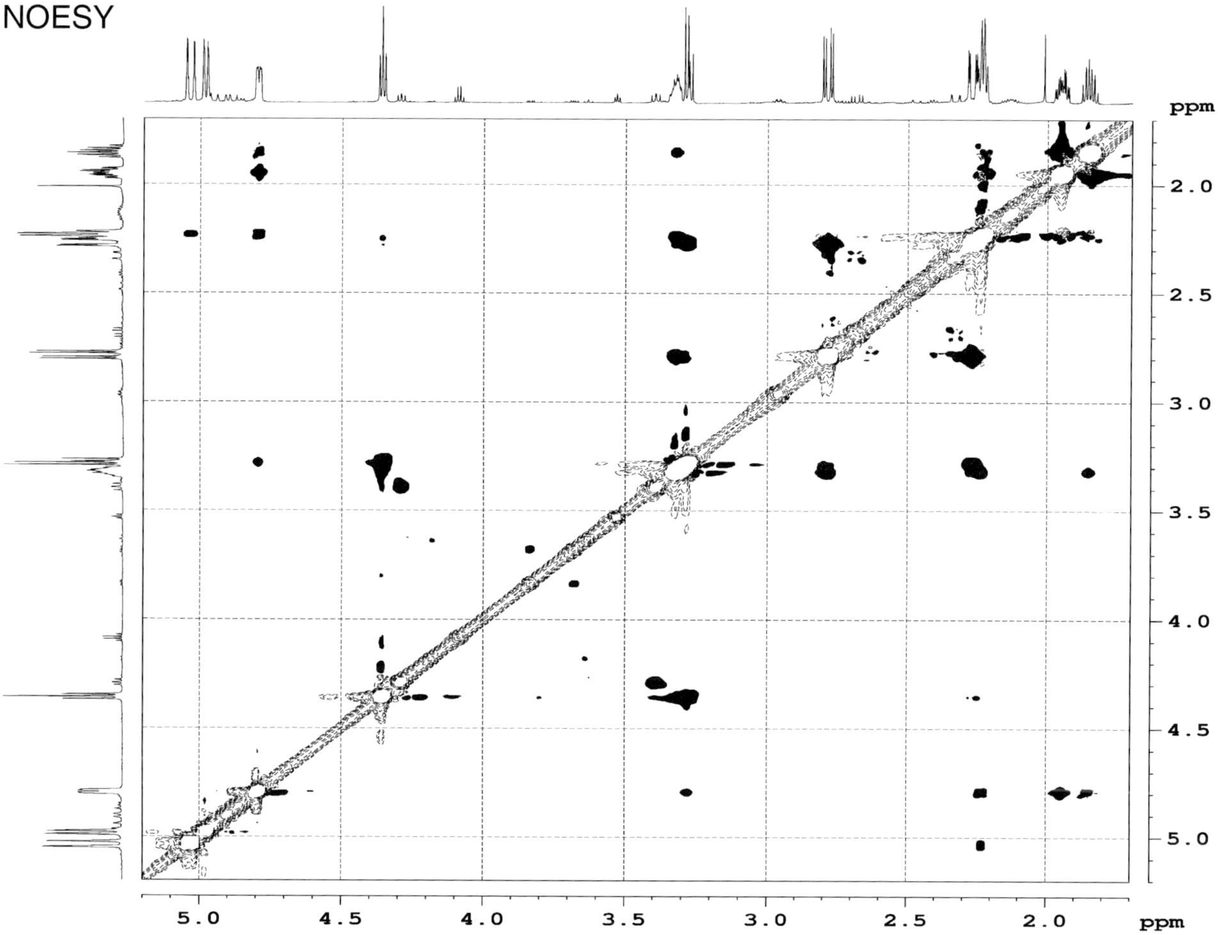

1D-NOESY

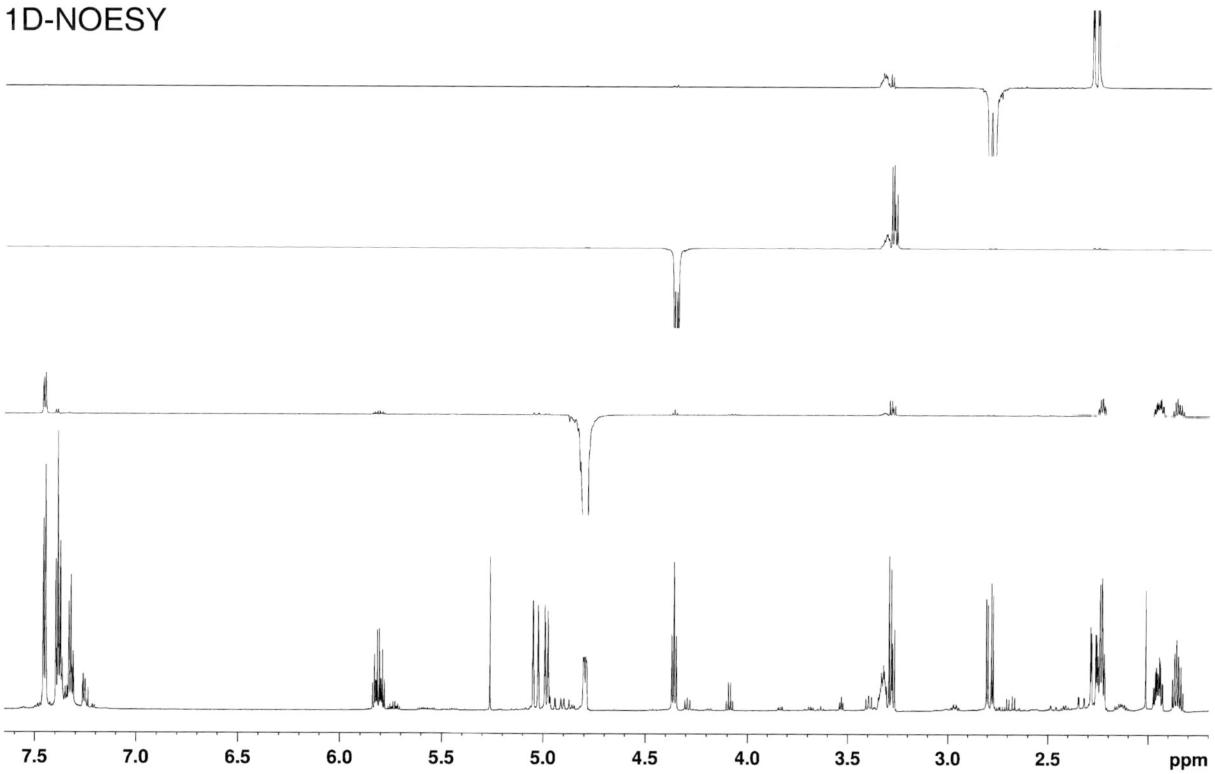

14 $C_{18}H_{20}O_2$

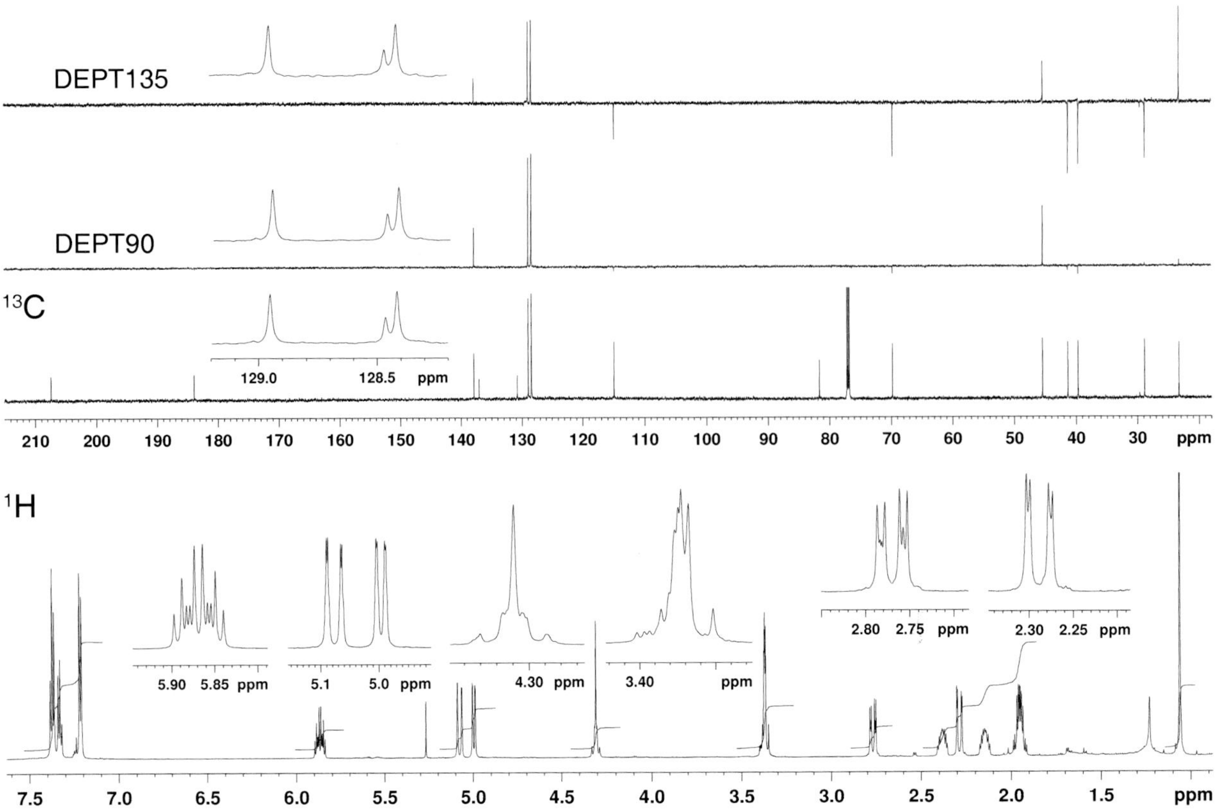

Note

COSY

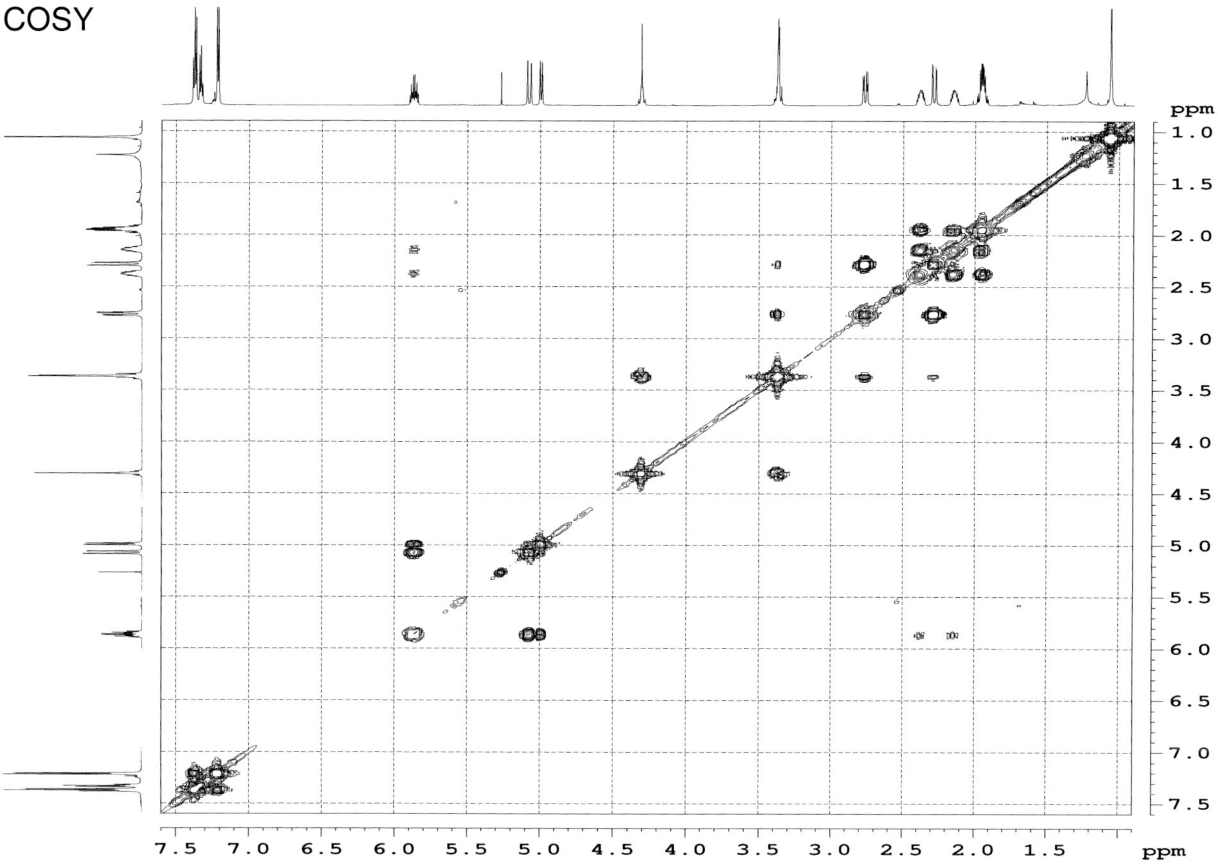
ppm
1.0
1.5
2.0
2.5
3.0
3.5
4.0
4.5
5.0
5.5
6.0
6.5
7.0
7.5
7.5 7.0 6.5 6.0 5.5 5.0 4.5 4.0 3.5 3.0 2.5 2.0 1.5
ppm

HSQC

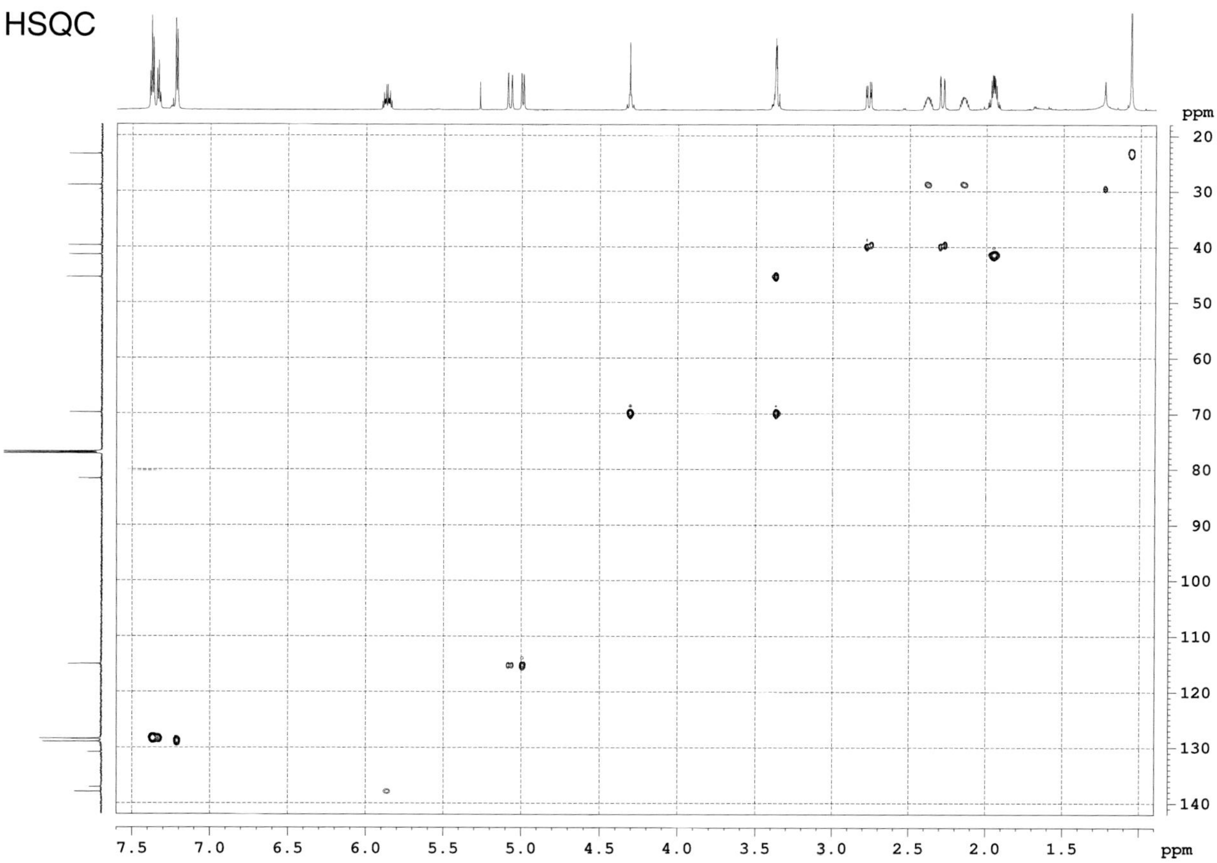
ppm
20
30
40
50
60
70
80
90
100
110
120
130
140
7.5 7.0 6.5 6.0 5.5 5.0 4.5 4.0 3.5 3.0 2.5 2.0 1.5
ppm

HMBC

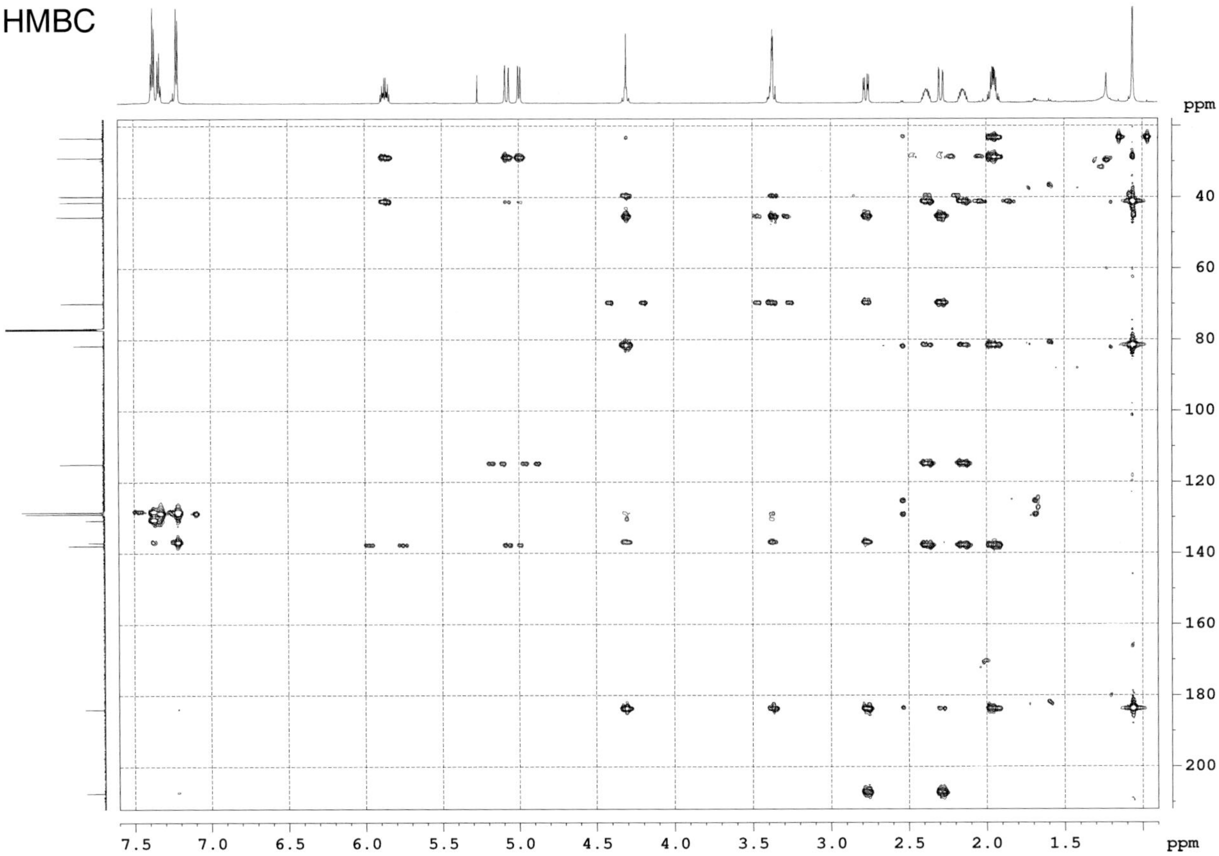

NOESY

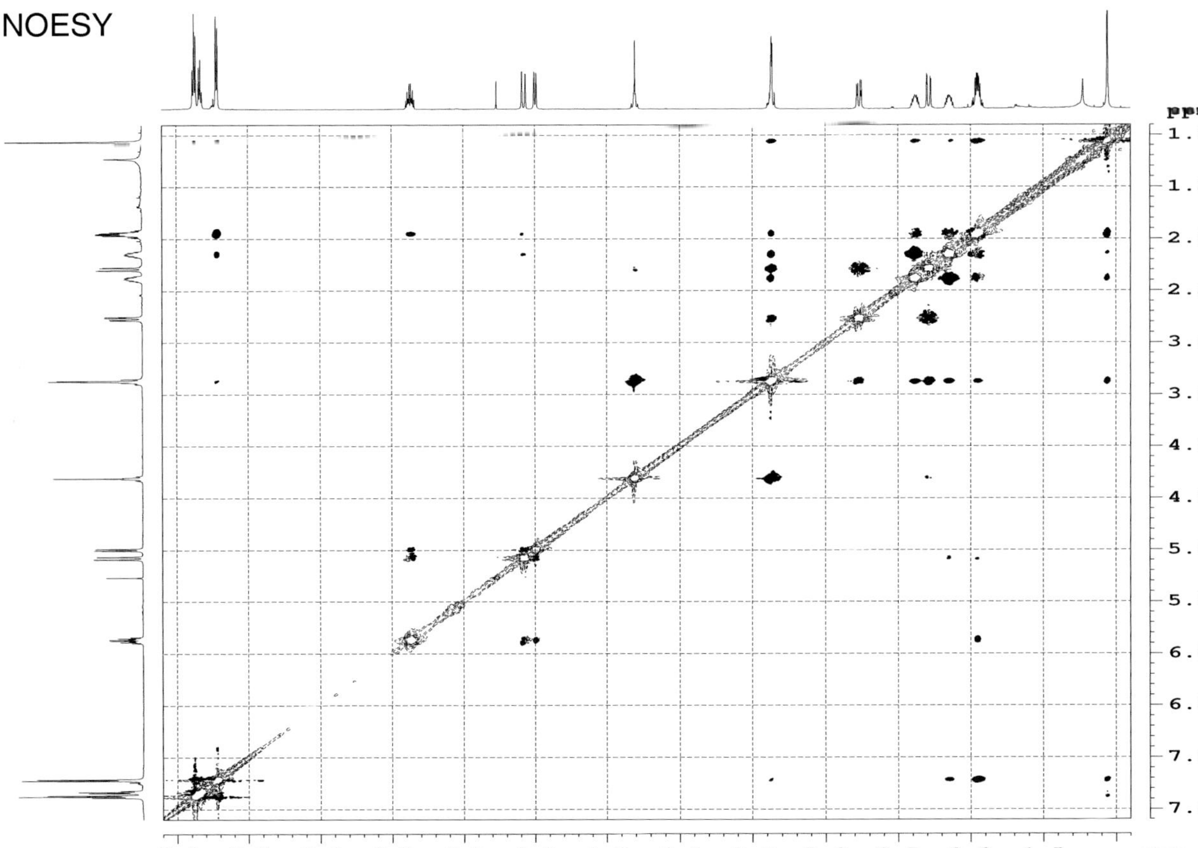

1D-NOESY

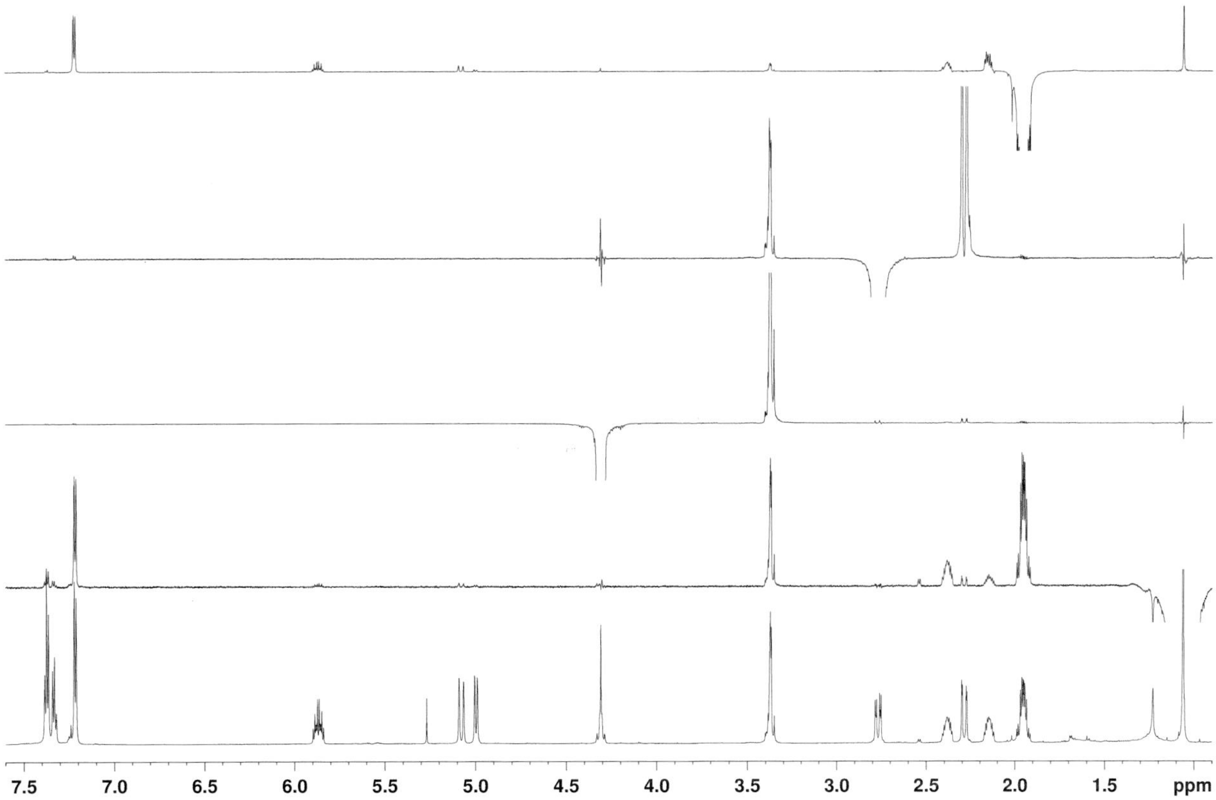

1D-NOESY-E

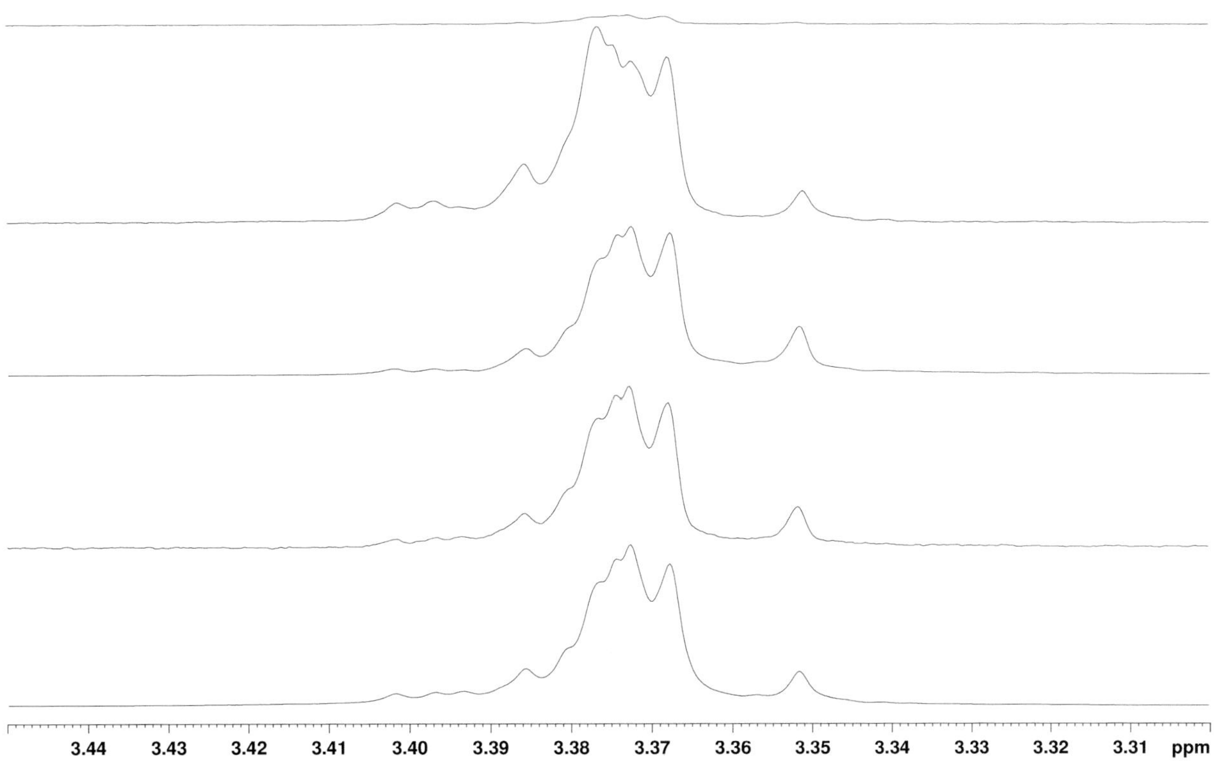

15 $C_{18}H_{20}O_2$

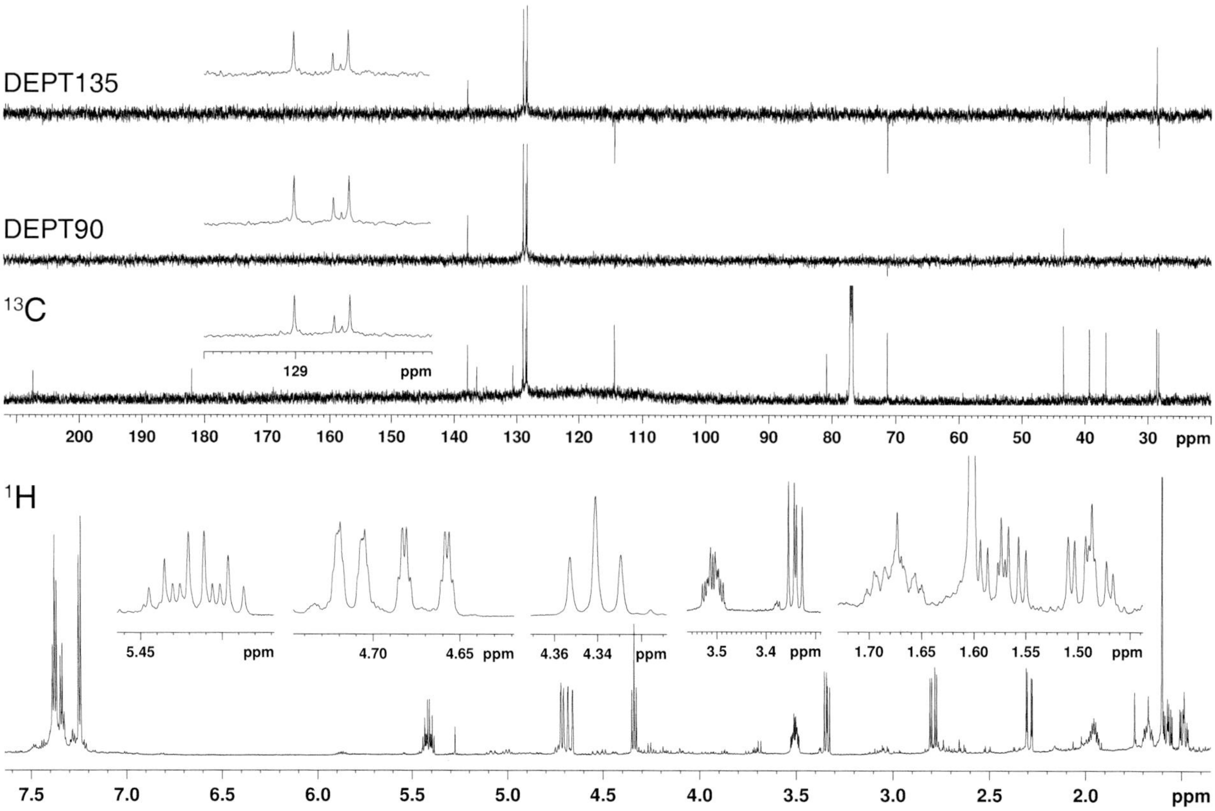

Note

4 연습문제 III

COSY

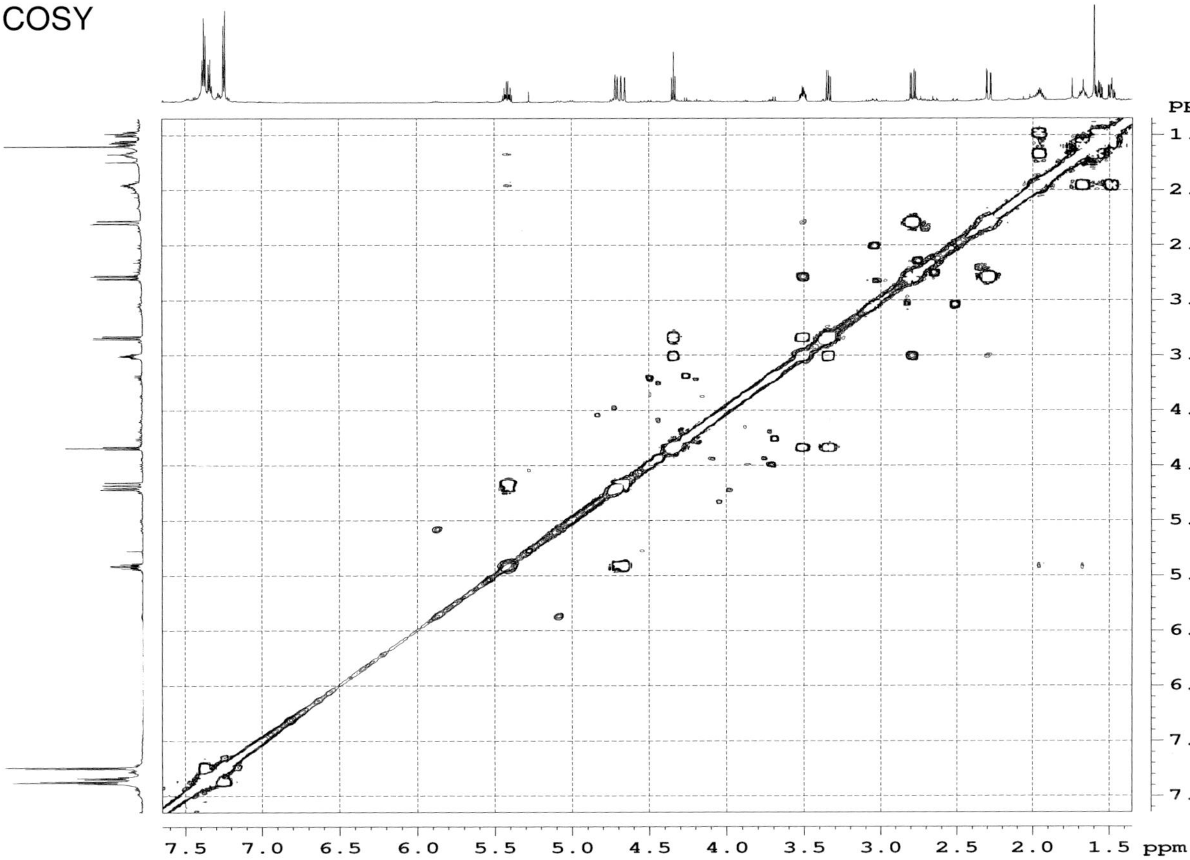
ppm
1.5
2.0
2.5
3.0
3.5
4.0
4.5
5.0
5.5
6.0
6.5
7.0
7.5
7.5 7.0 6.5 6.0 5.5 5.0 4.5 4.0 3.5 3.0 2.5 2.0 1.5 ppm

HSQC

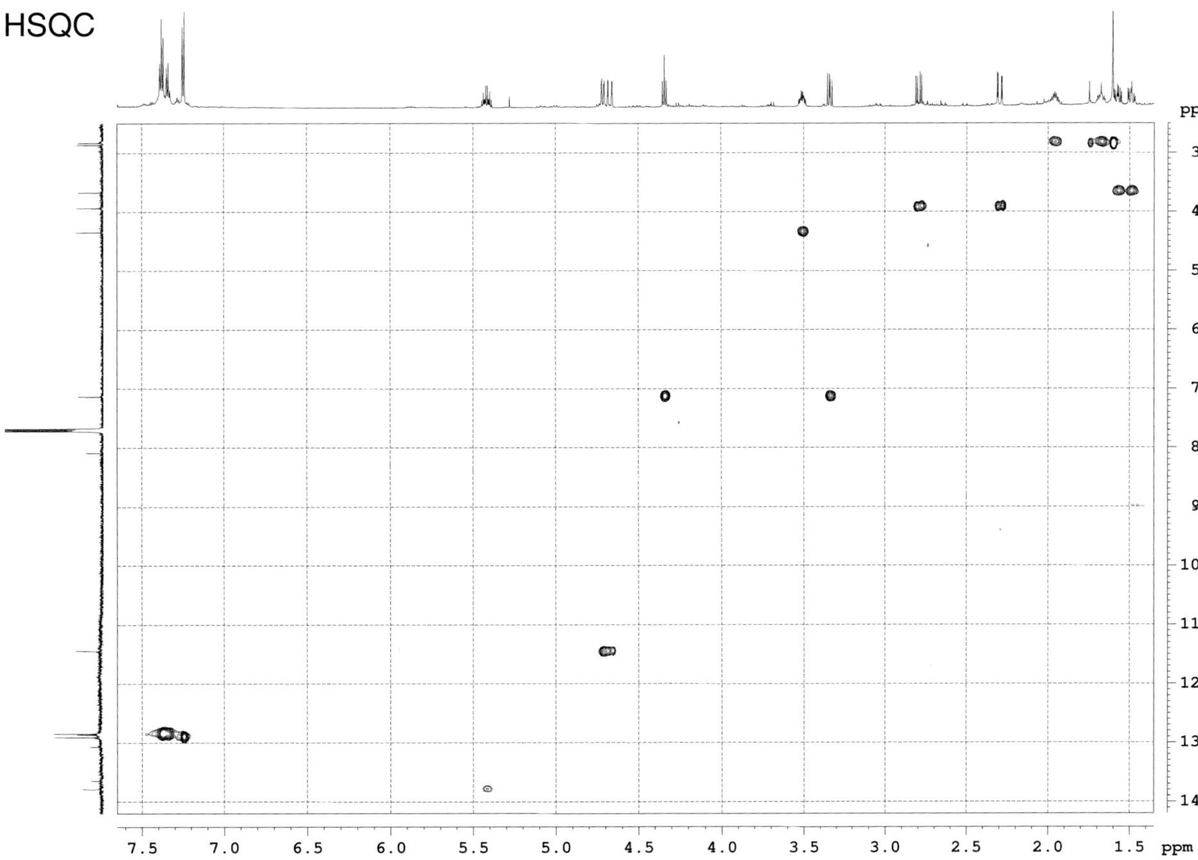
ppm
30
40
50
60
70
80
90
100
110
120
130
140
7.5 7.0 6.5 6.0 5.5 5.0 4.5 4.0 3.5 3.0 2.5 2.0 1.5 ppm

HMBC

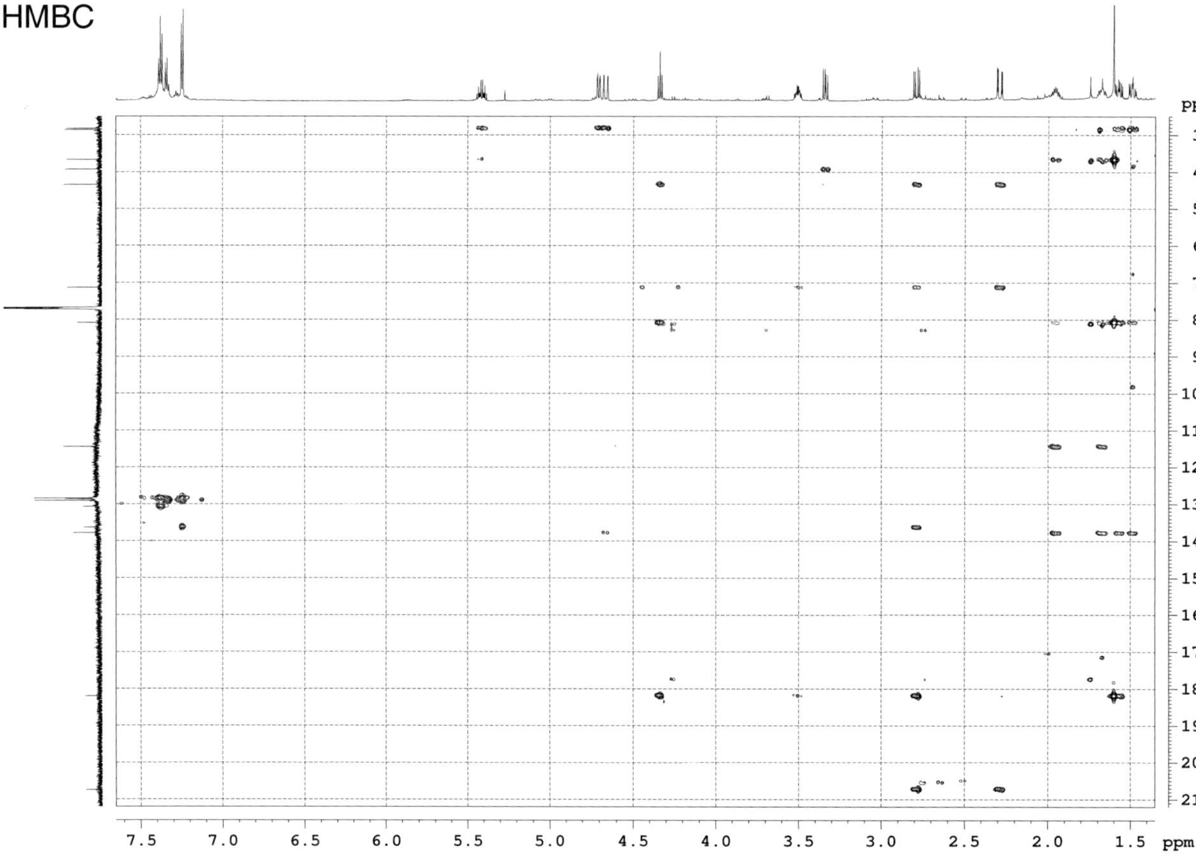

NOESY

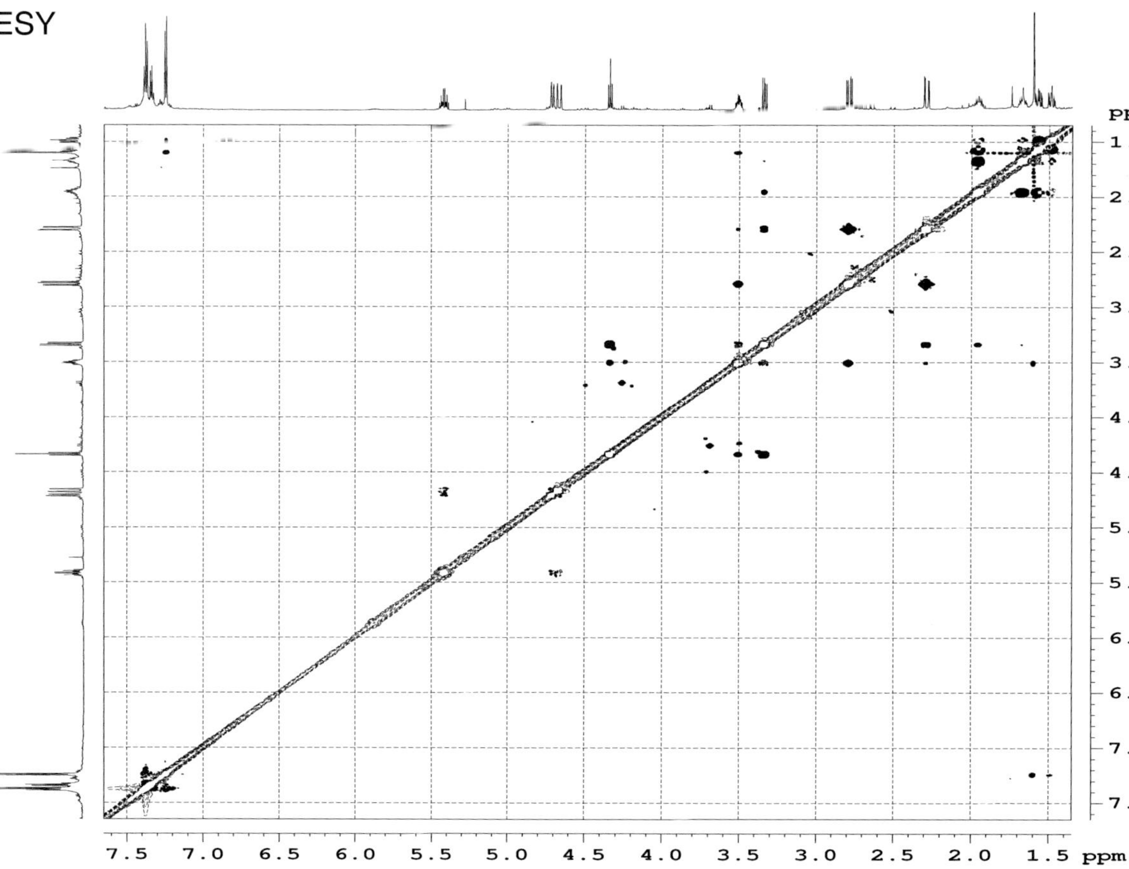

NOESY-E

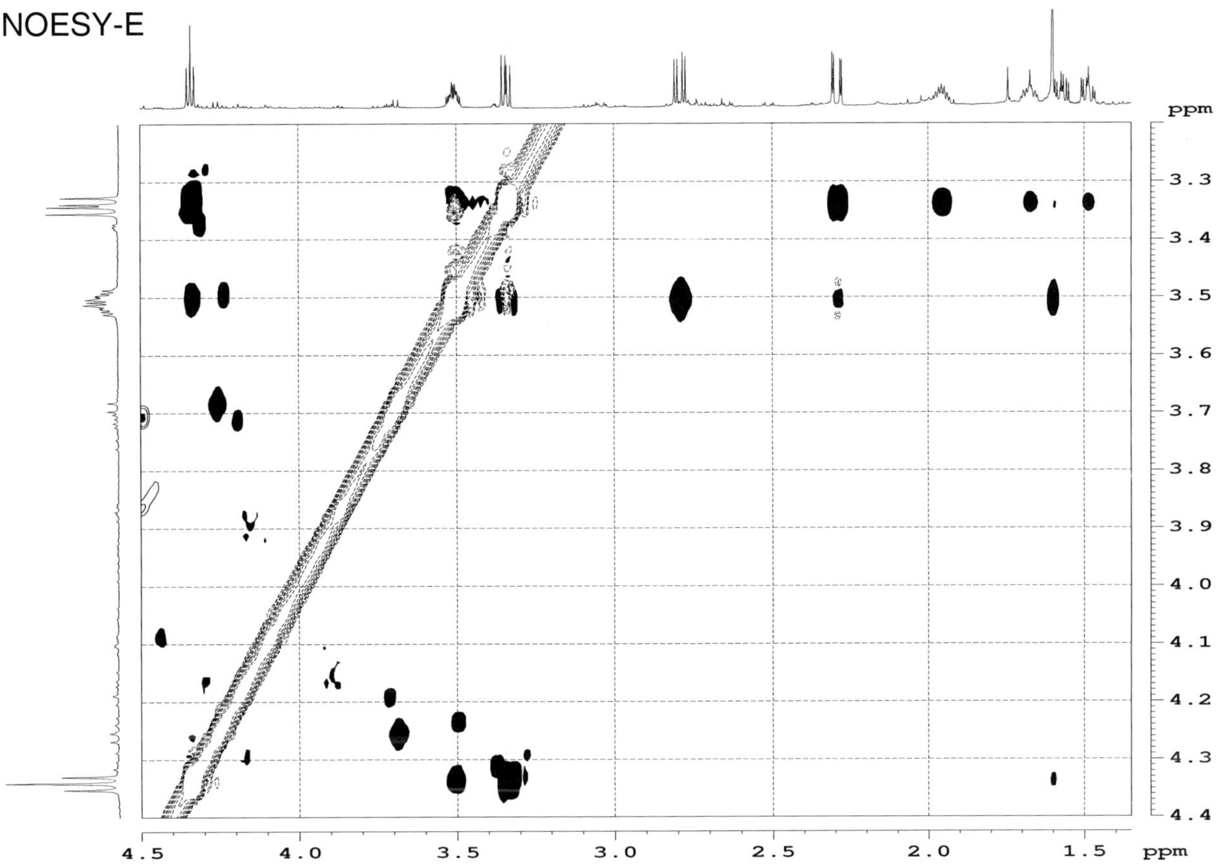

Note

4

연습문제 III

16 $C_{11}H_8O_2N_2$, 700 MHz

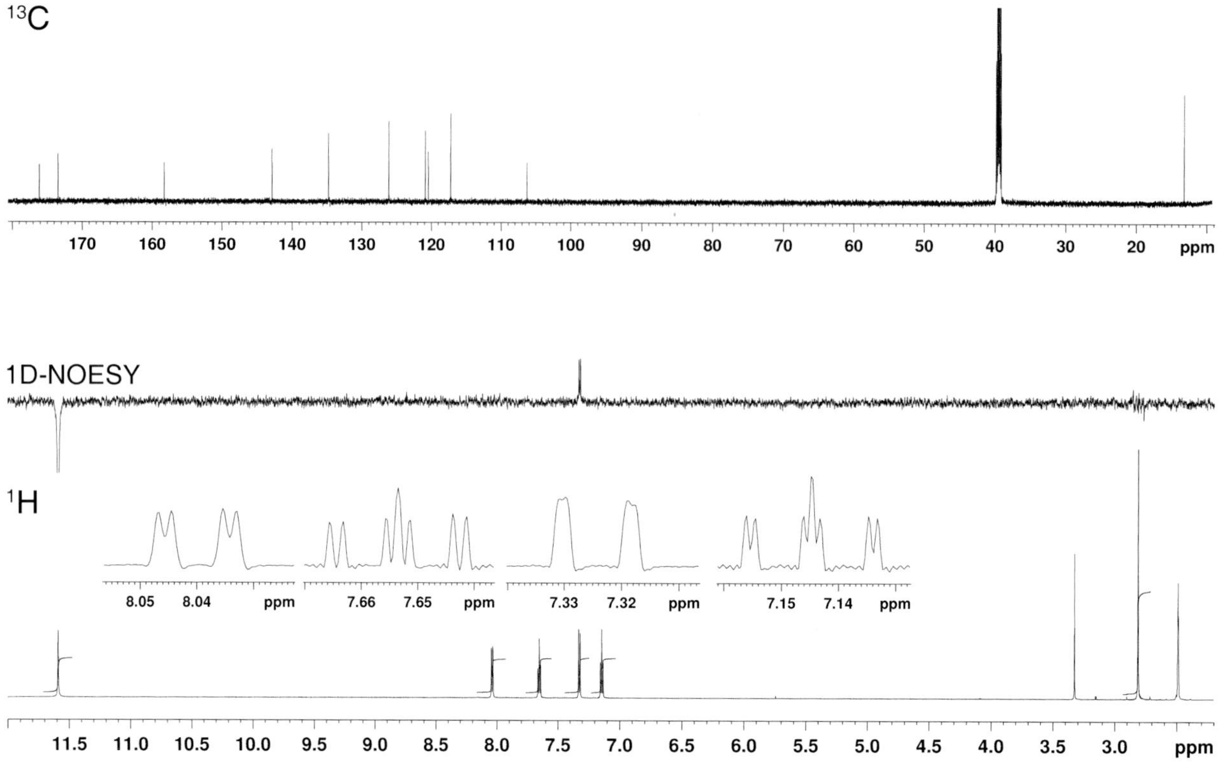

Note

HSQC

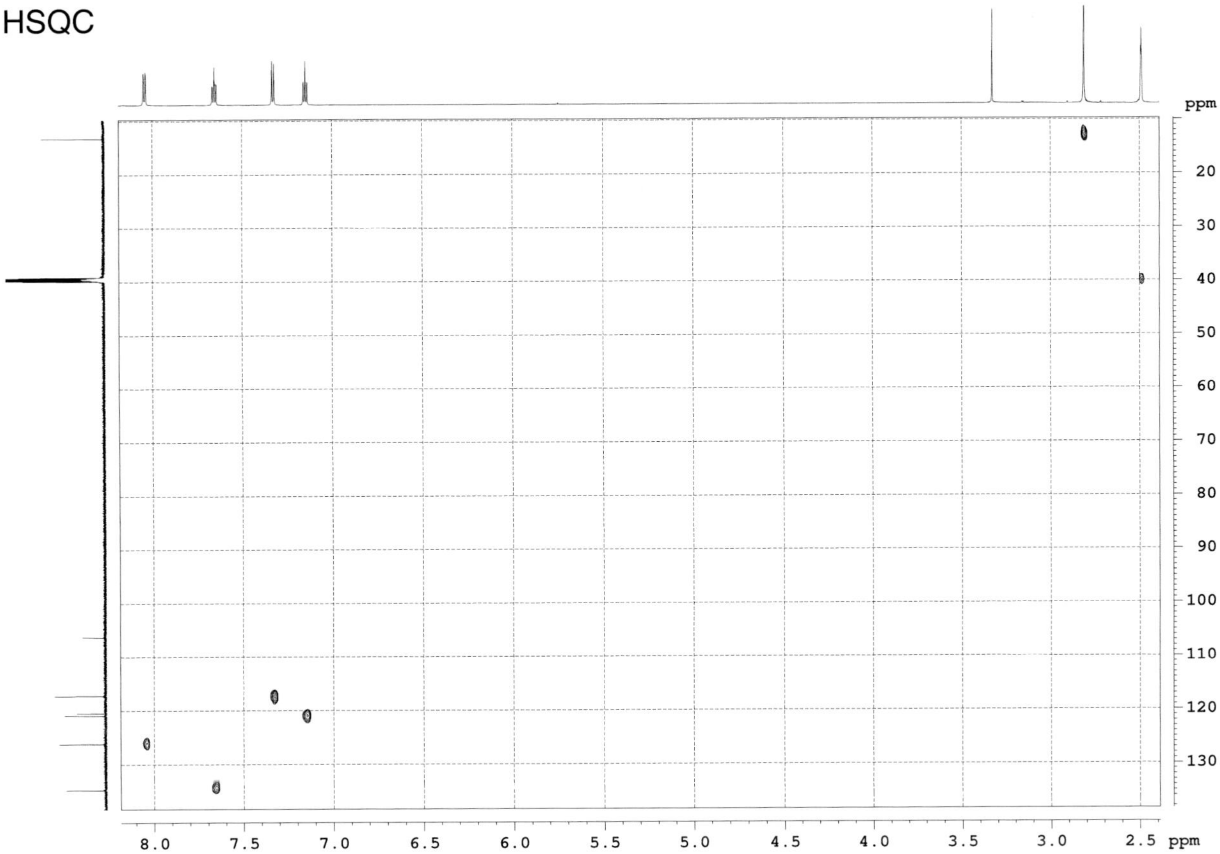

HMBC

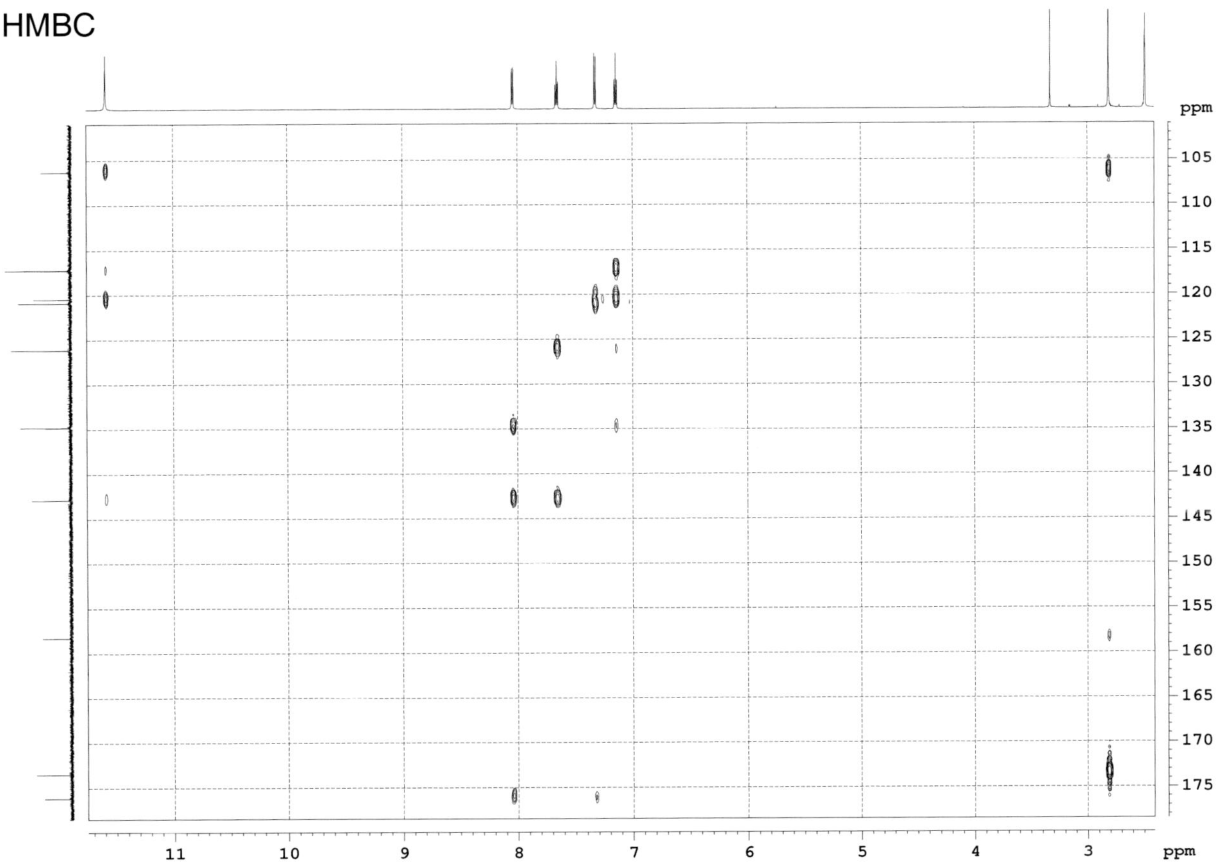

HMBC-¹H-¹⁵N

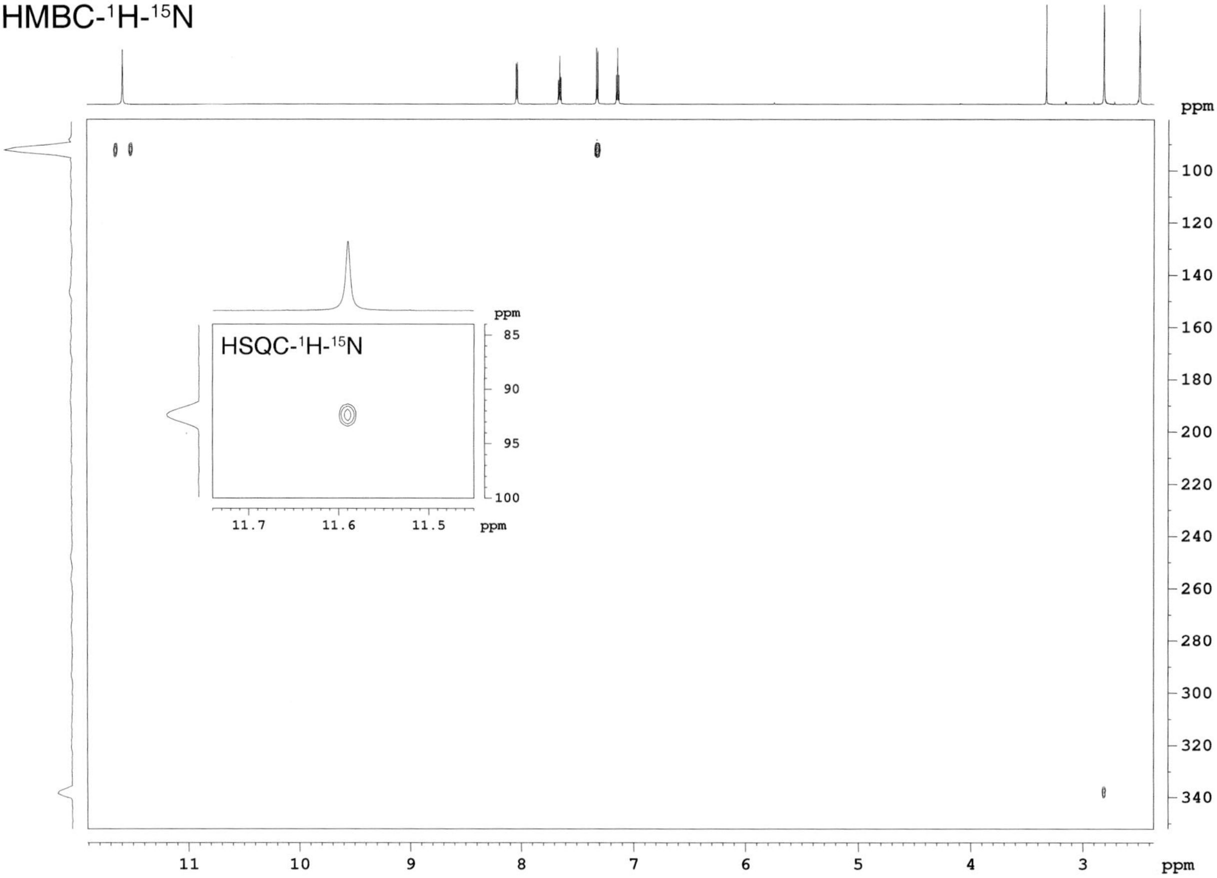

Note

17 $C_{15}H_{17}O_3NS$, 700 MHz

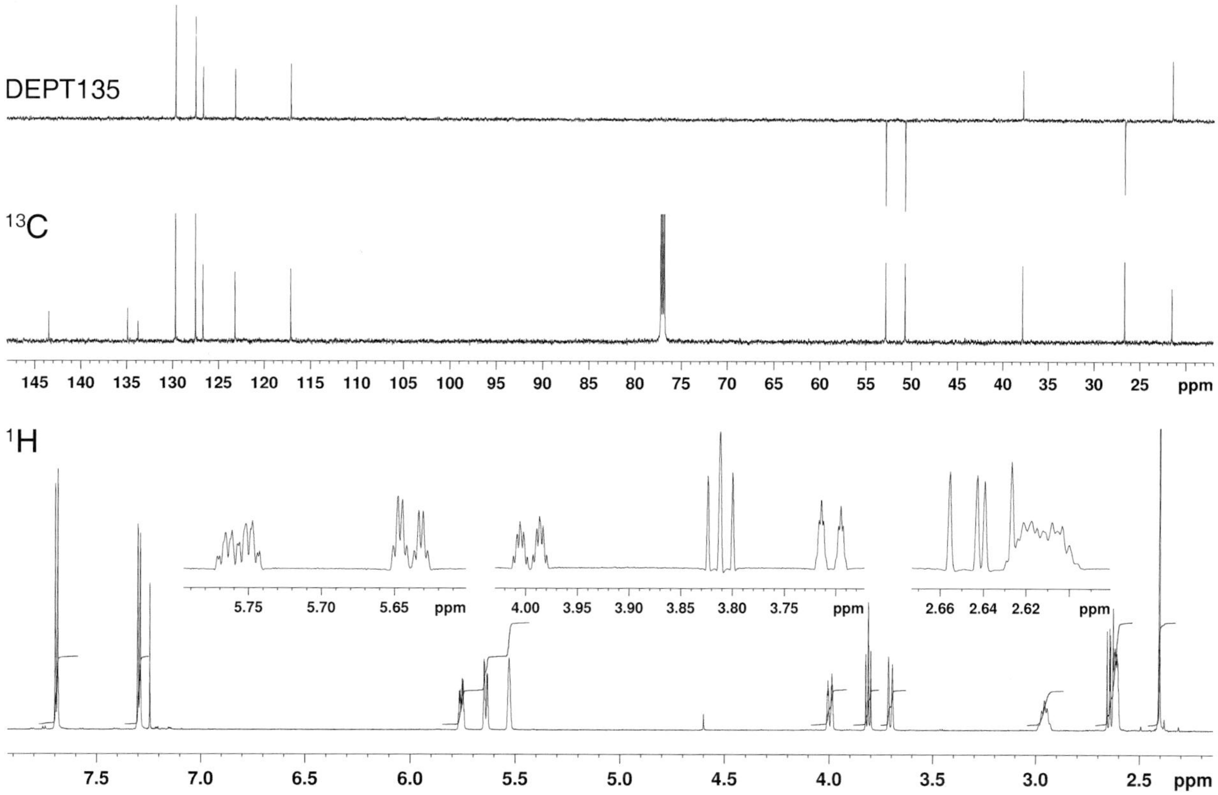

Note

COSY

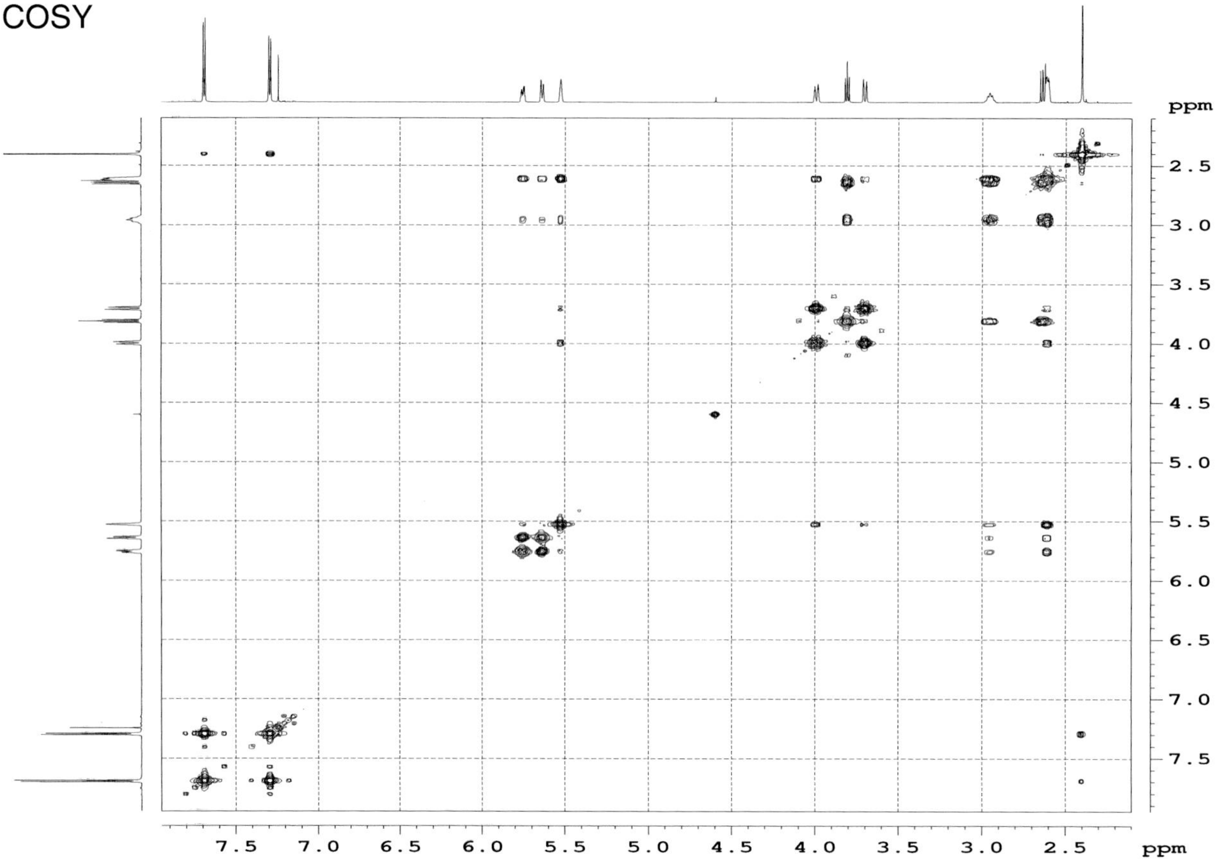

HSQC

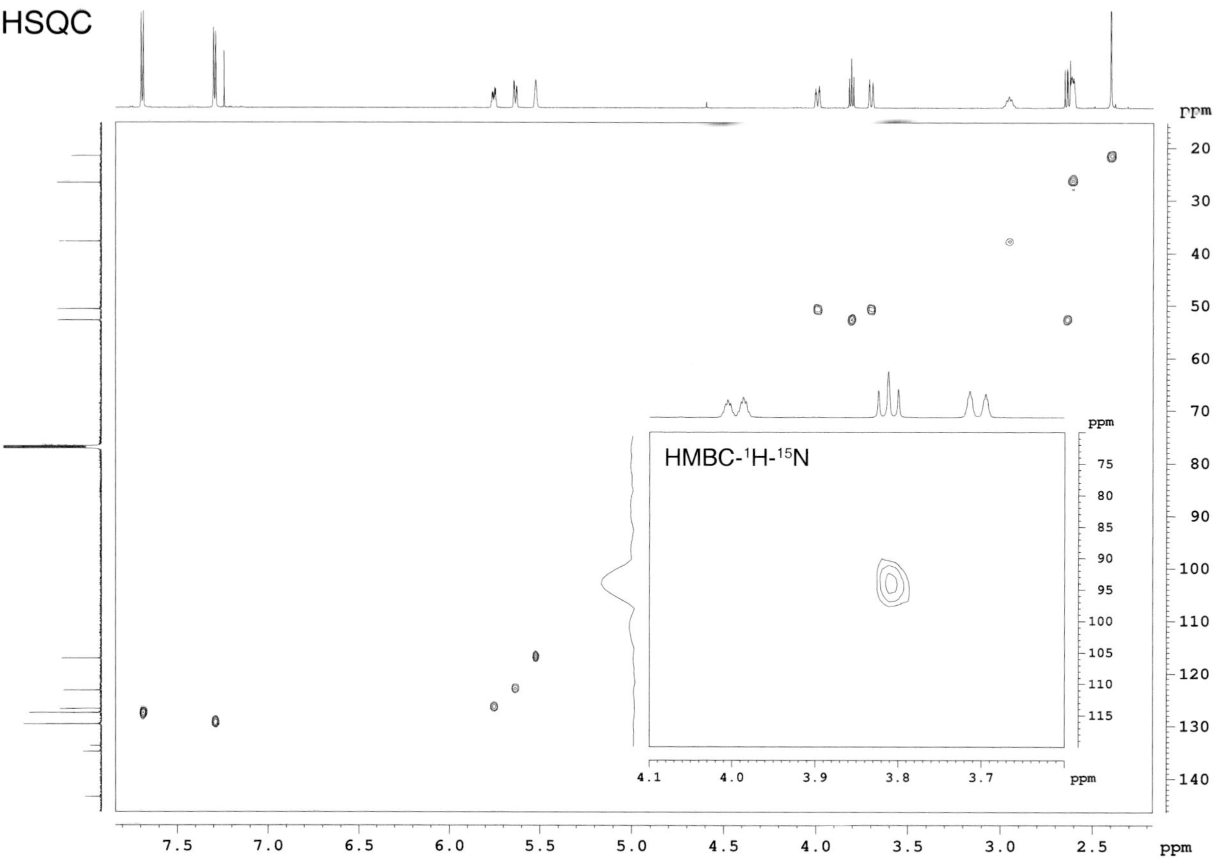

HMBC

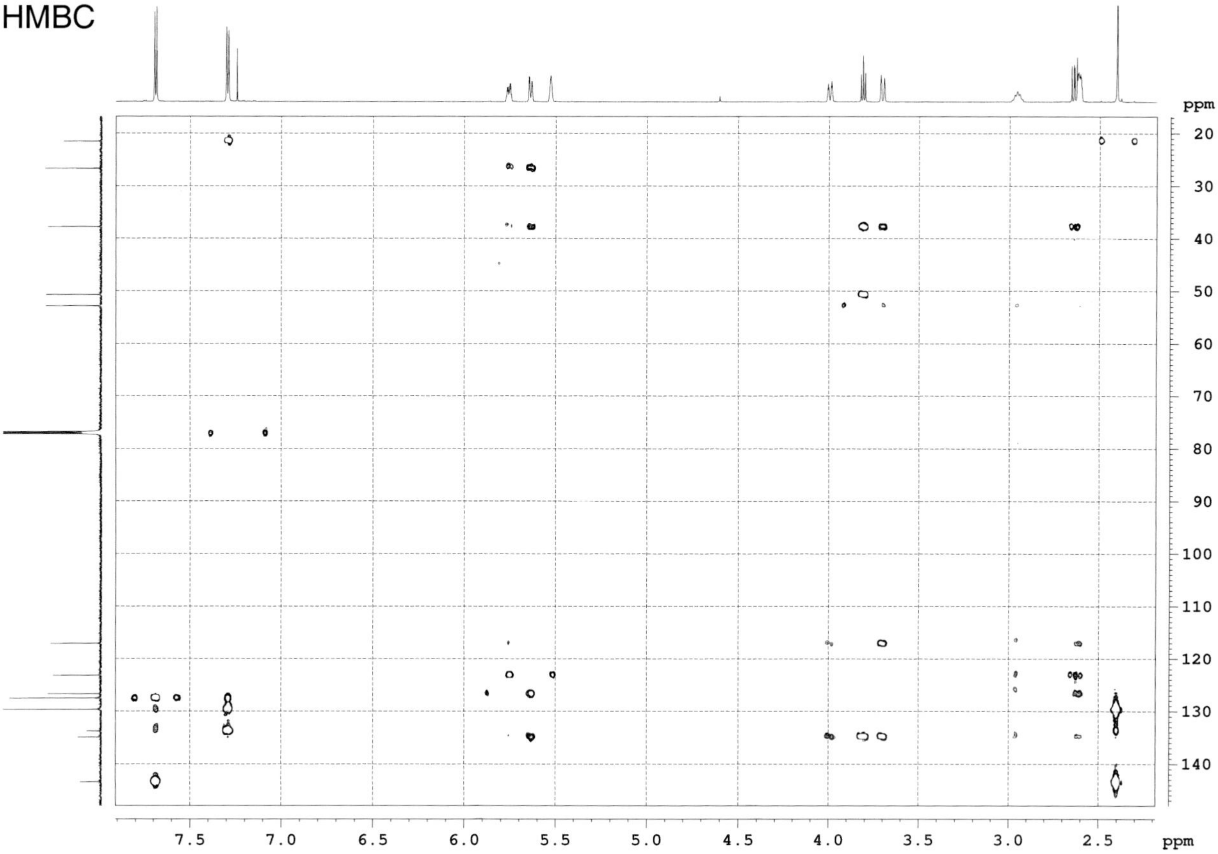

NOESY

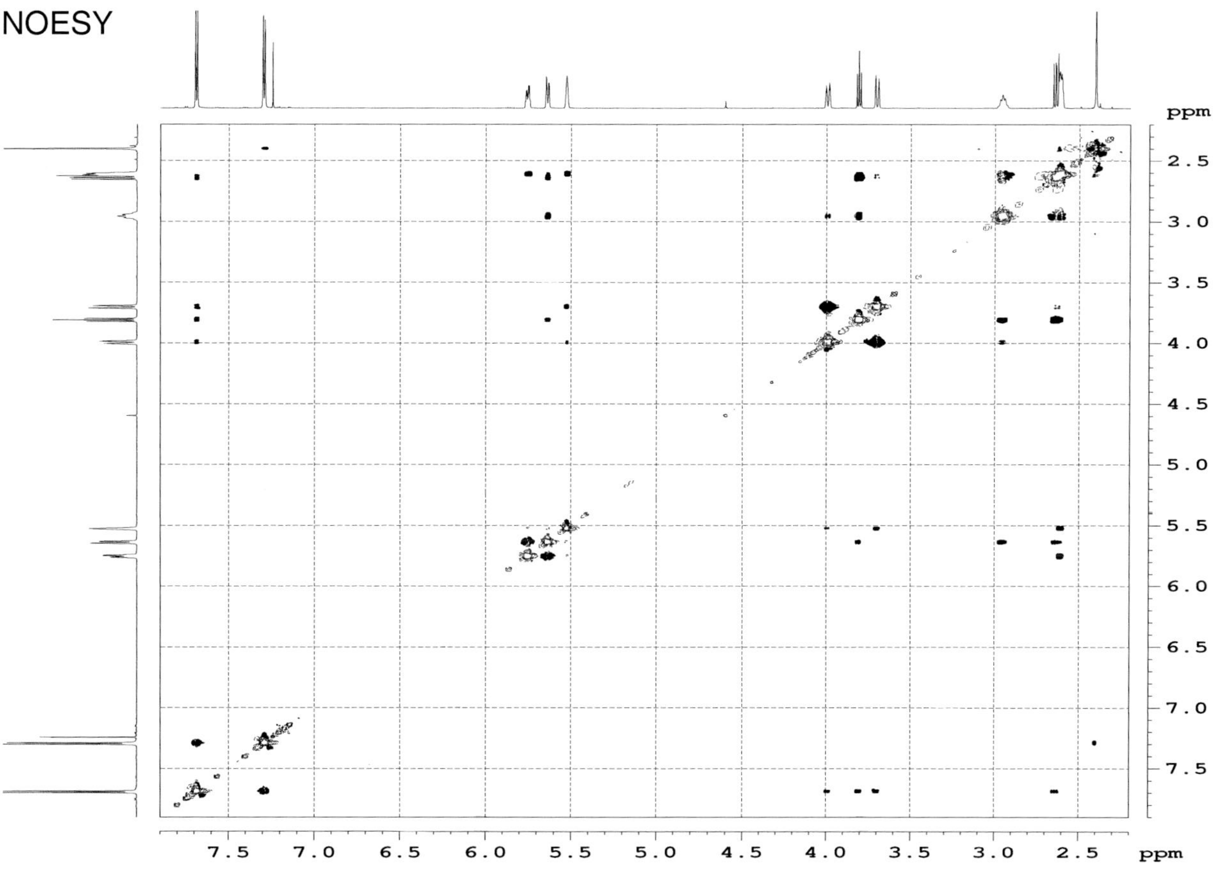

18 $C_{28}H_{34}O_6N_2S_2$, 700 MHz

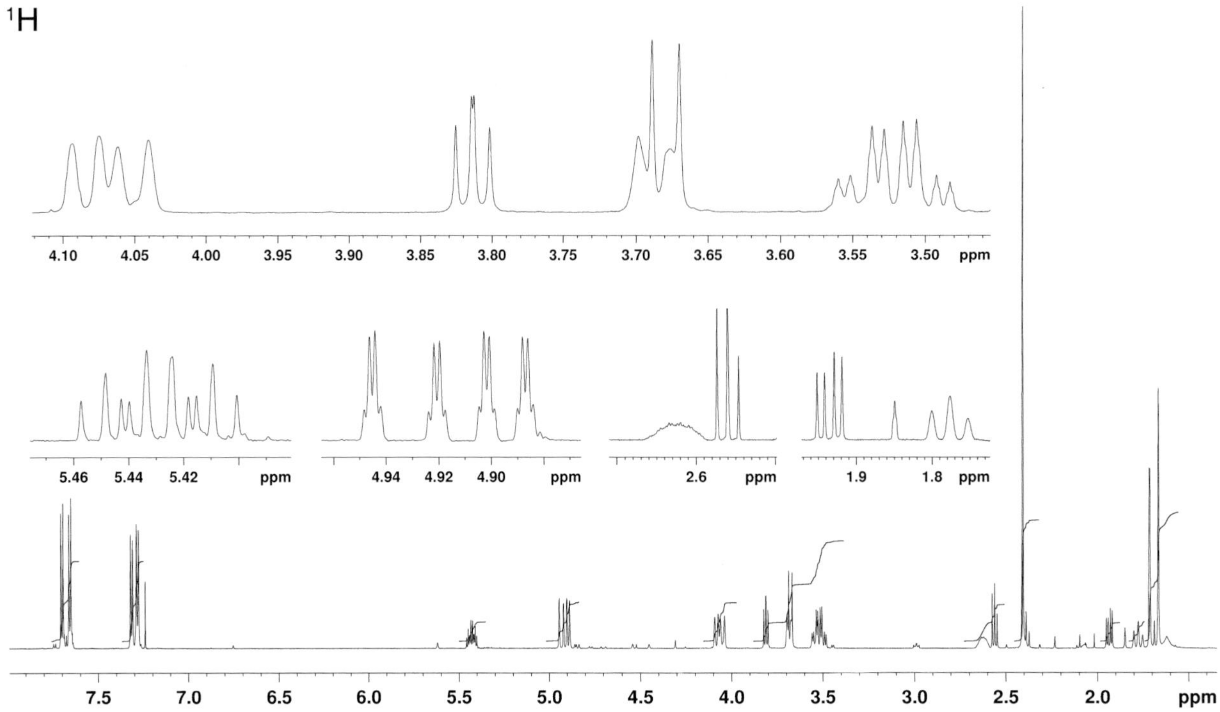

Note

DEPT135

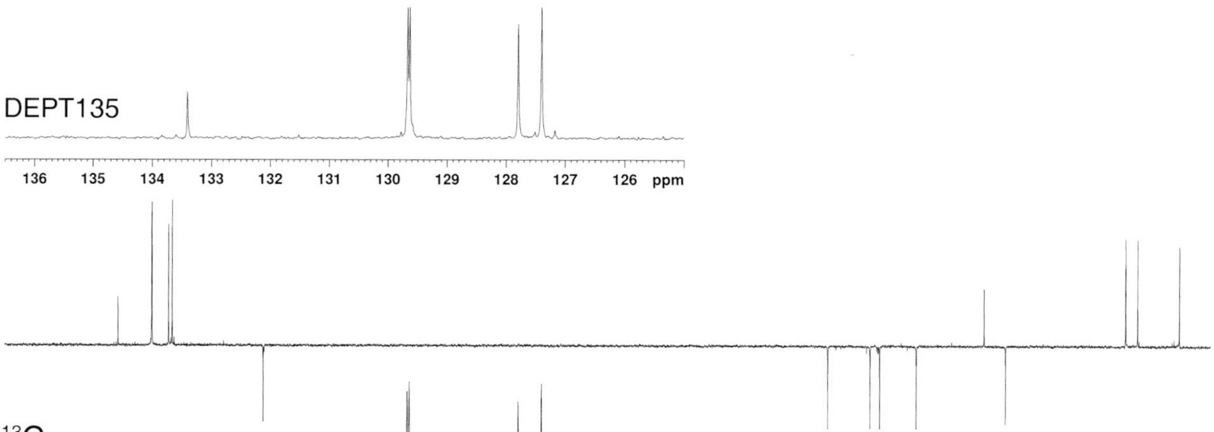

^{13}C

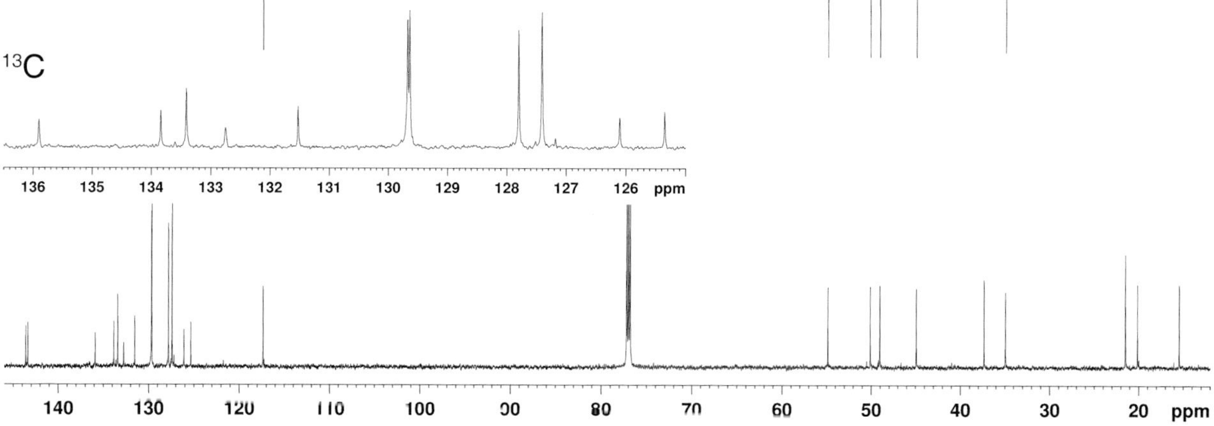

COSY

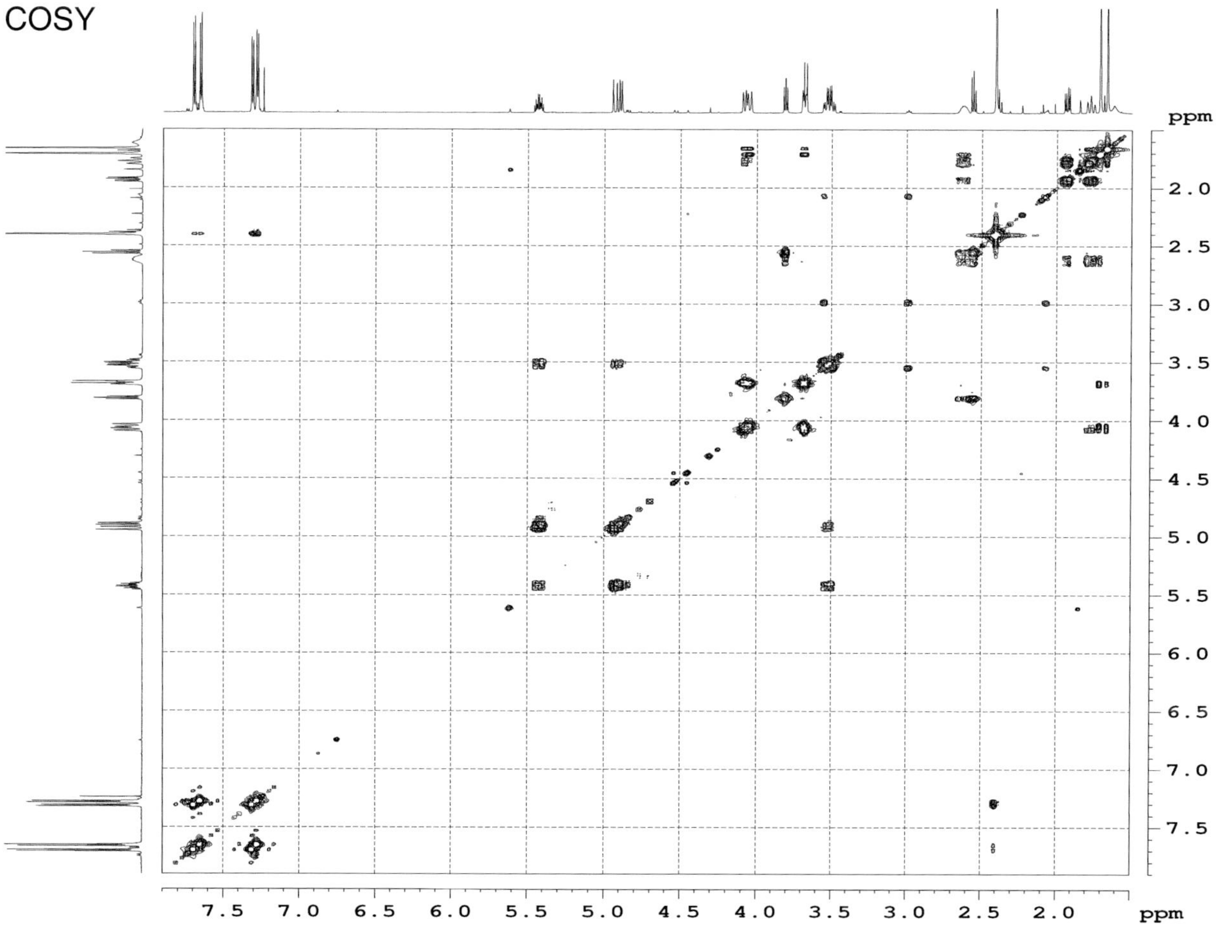

4 연습문제 III

HSQC

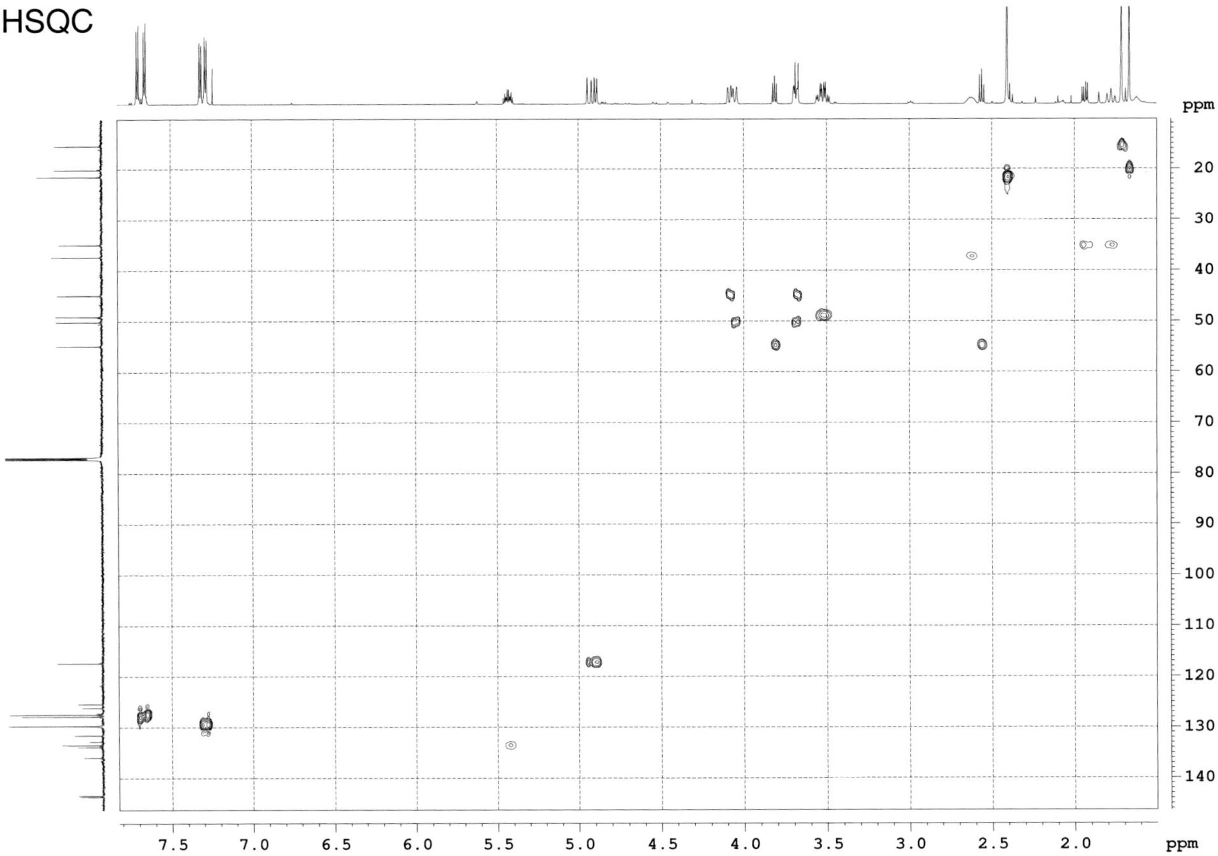

HMBC

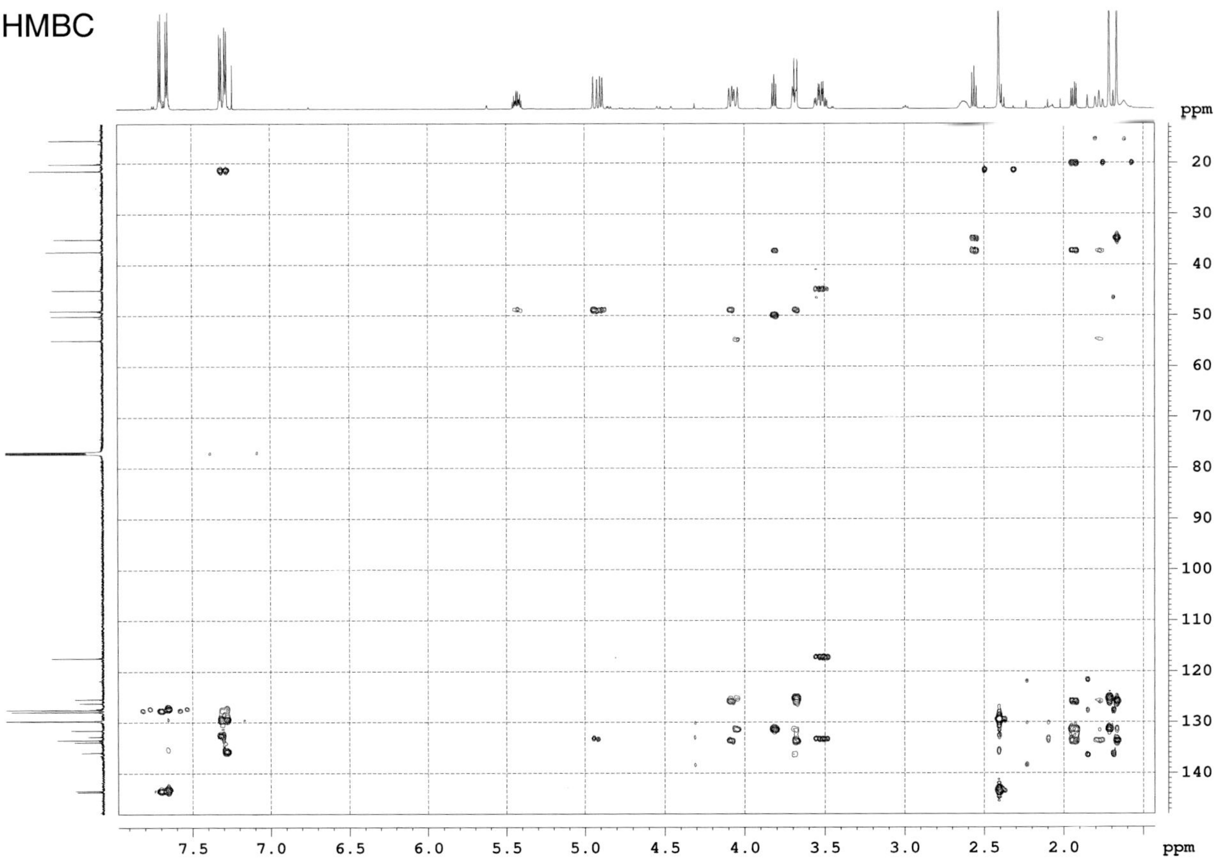

HMBC-E

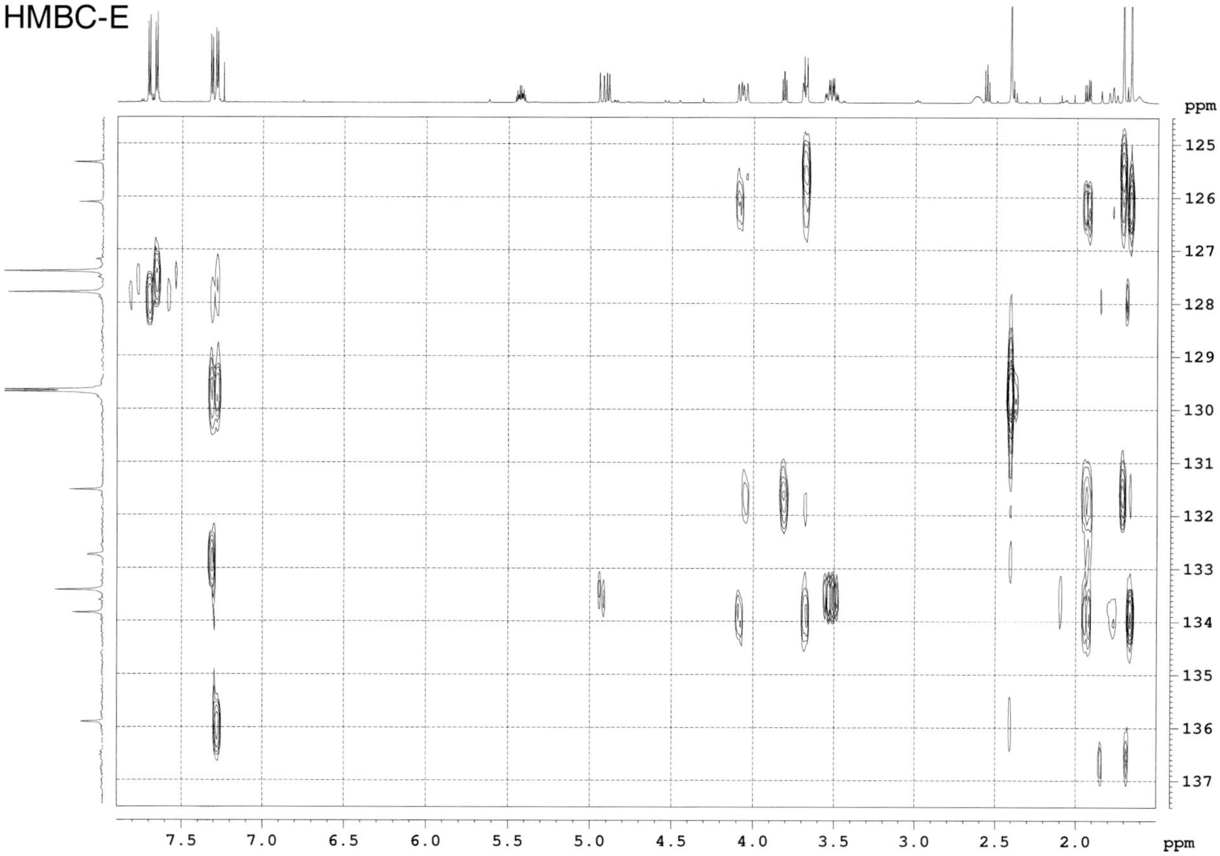
ppm
125
126
127
128
129
130
131
132
133
134
135
136
137
7.5
7.0
6.5
6.0
5.5
5.0
4.5
4.0
3.5
3.0
2.5
2.0
ppm

NOESY

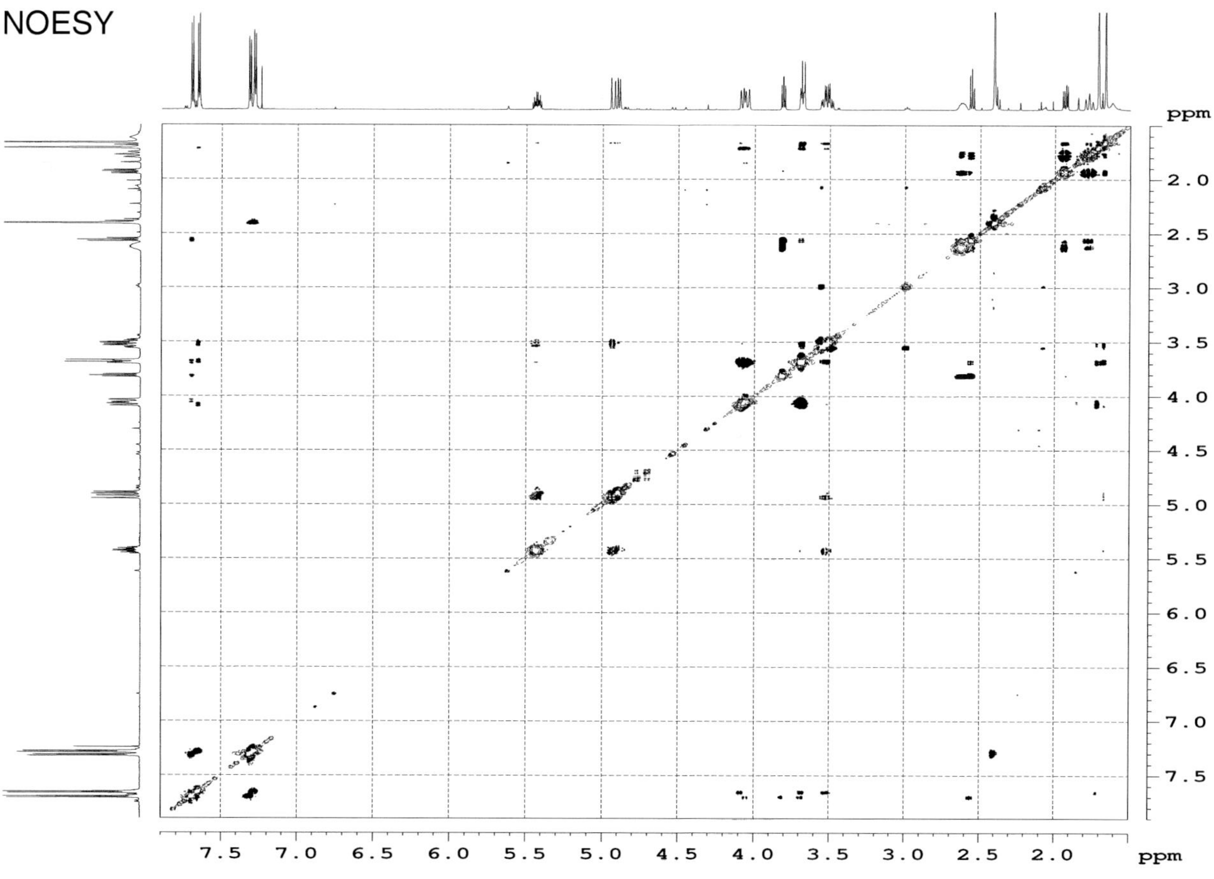
ppm
2.0
2.5
3.0
3.5
4.0
4.5
5.0
5.5
6.0
6.5
7.0
7.5
7.5
7.0
6.5
6.0
5.5
5.0
4.5
4.0
3.5
3.0
2.5
2.0
ppm

HMBC-^{1}H-^{15}N

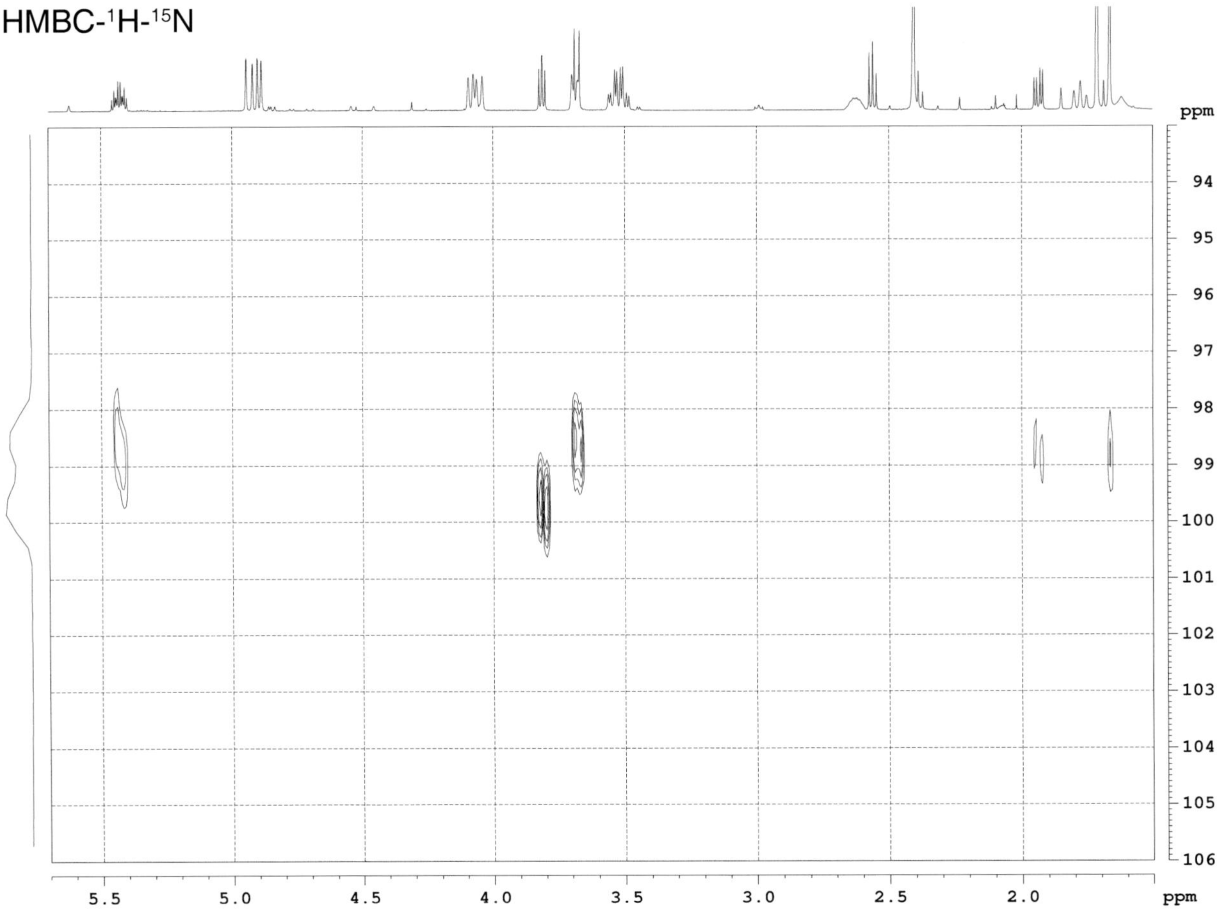

✍ Note

19 $C_{19}H_{19}O_4N$, 500 MHz

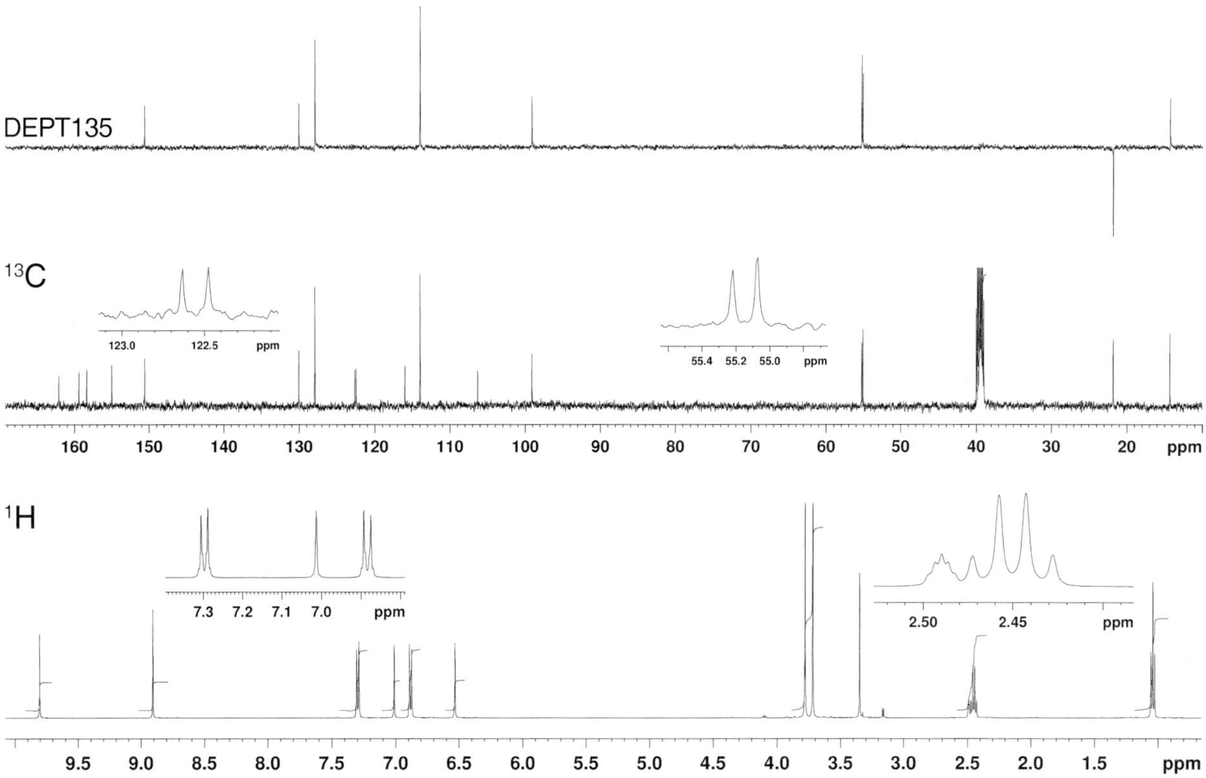

✍ Note

COSY

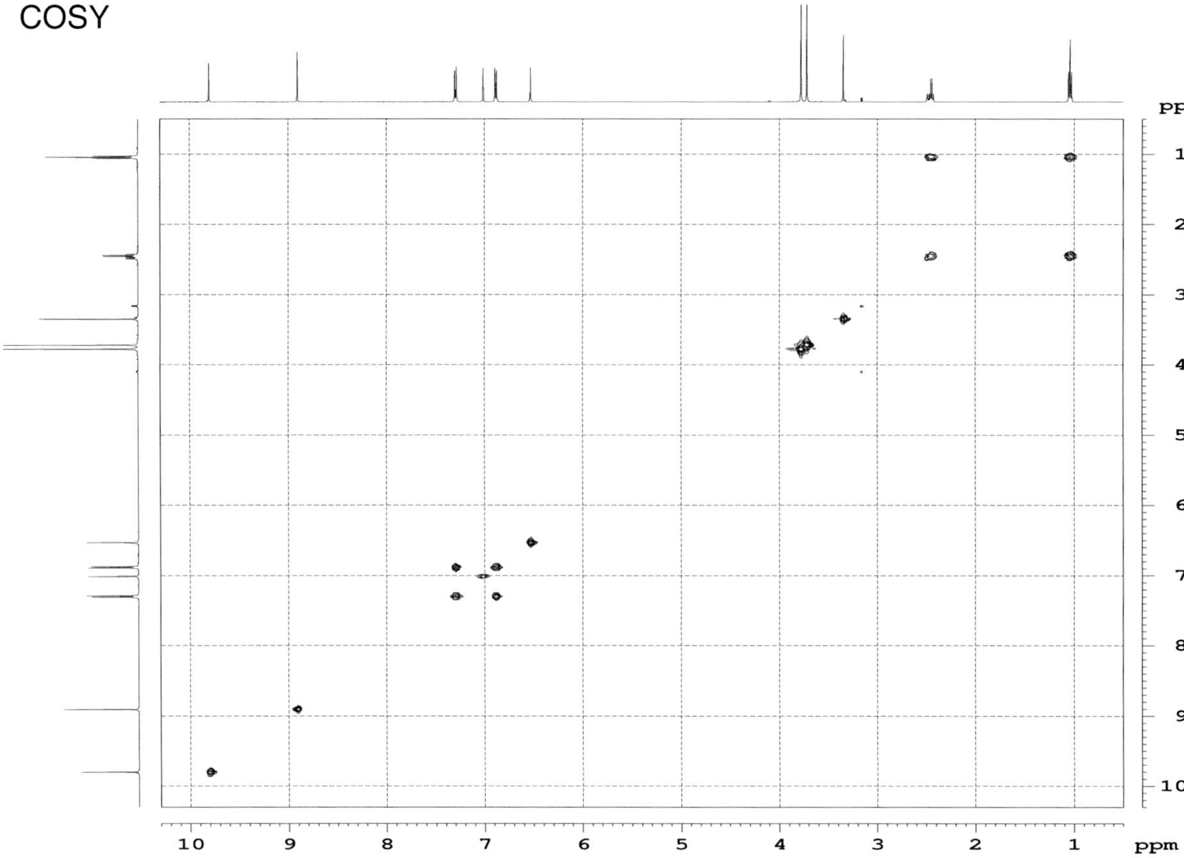

HSQC

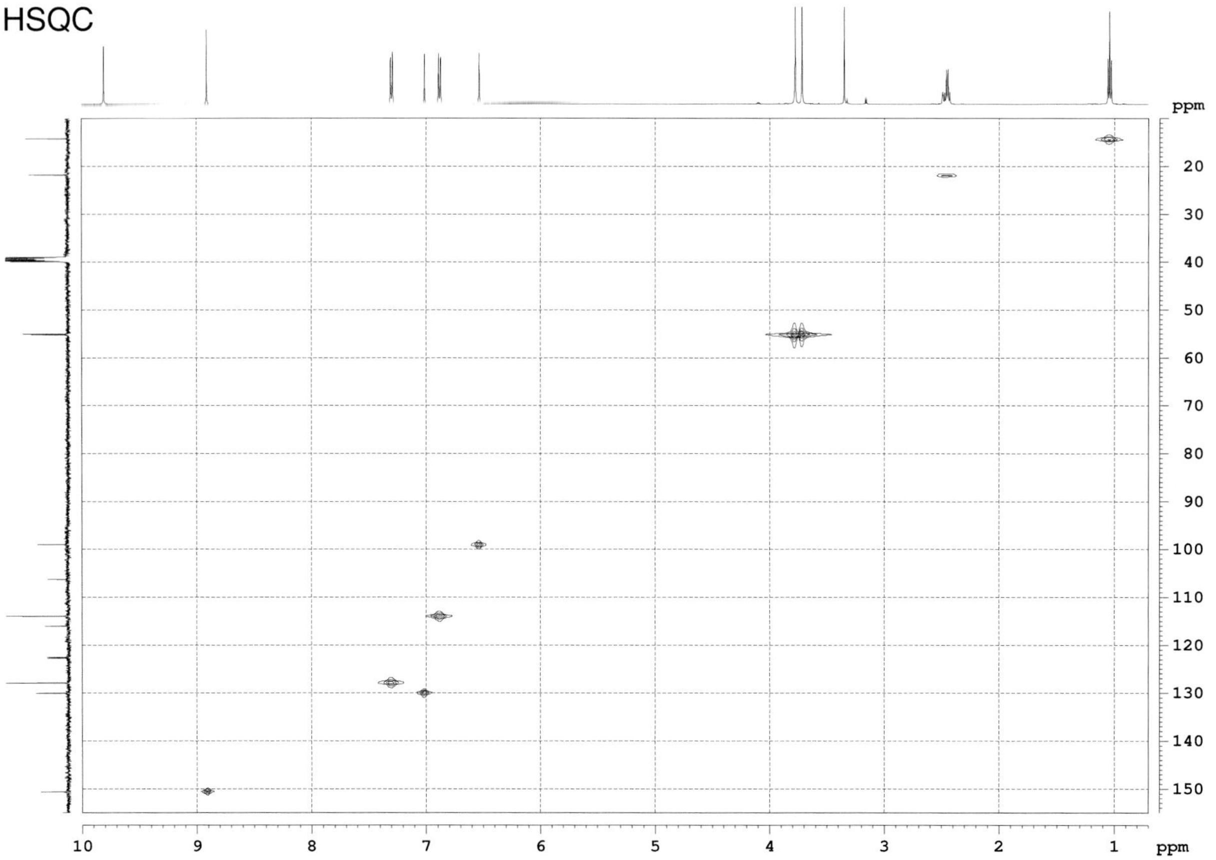

HMBC

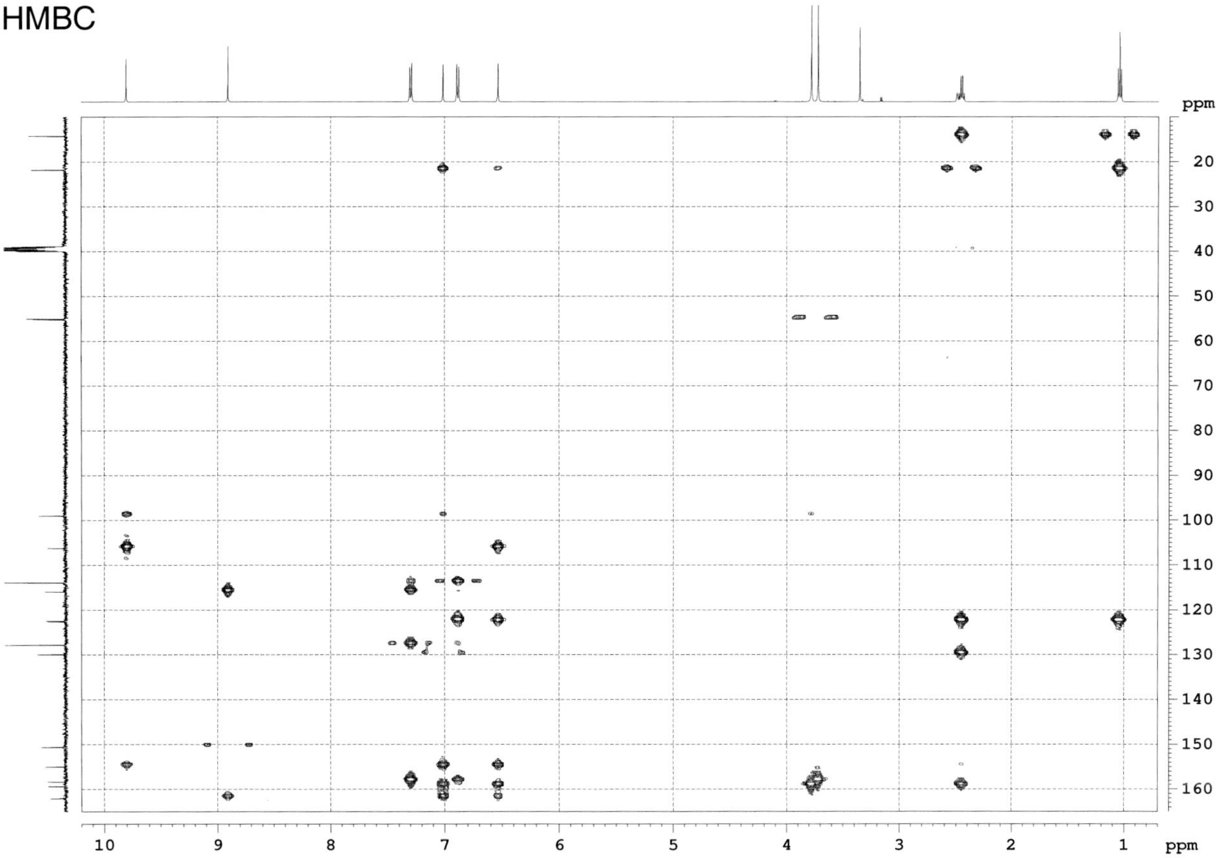

HMBC-^{1}H-^{15}N

20 $C_{27}H_{32}O_9$, 500 MHz

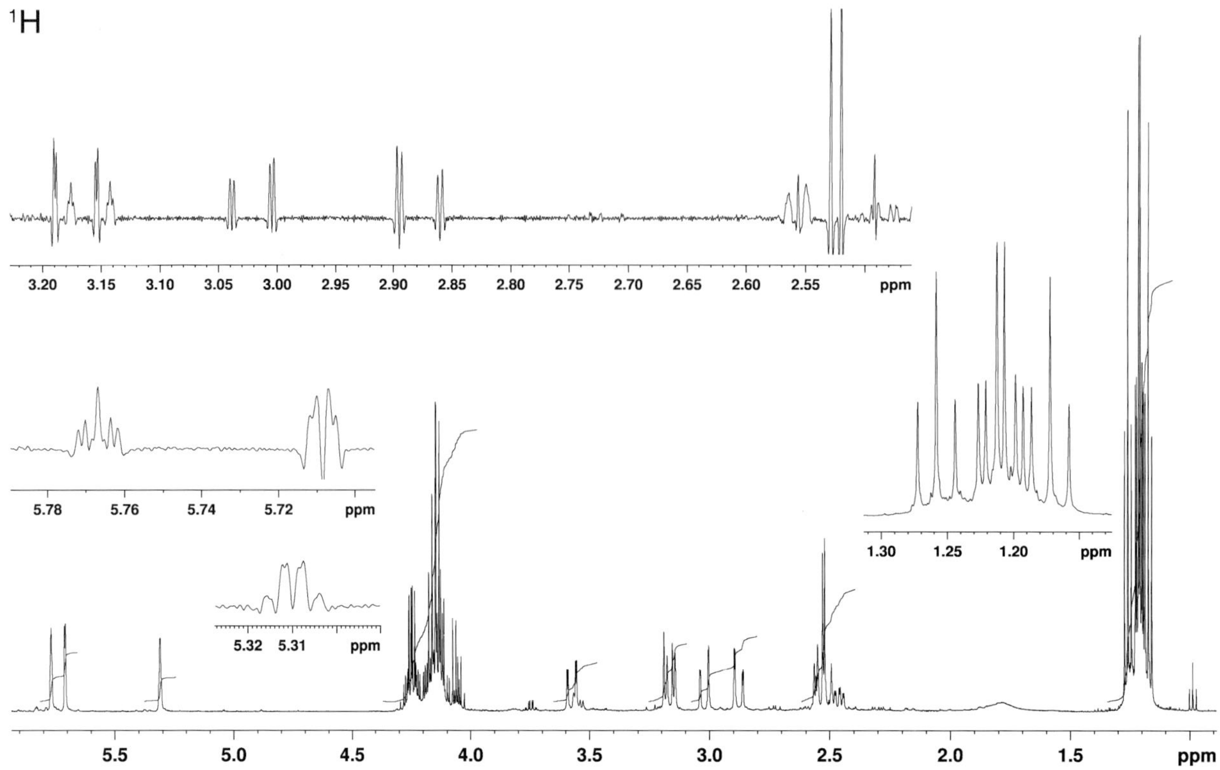

Note

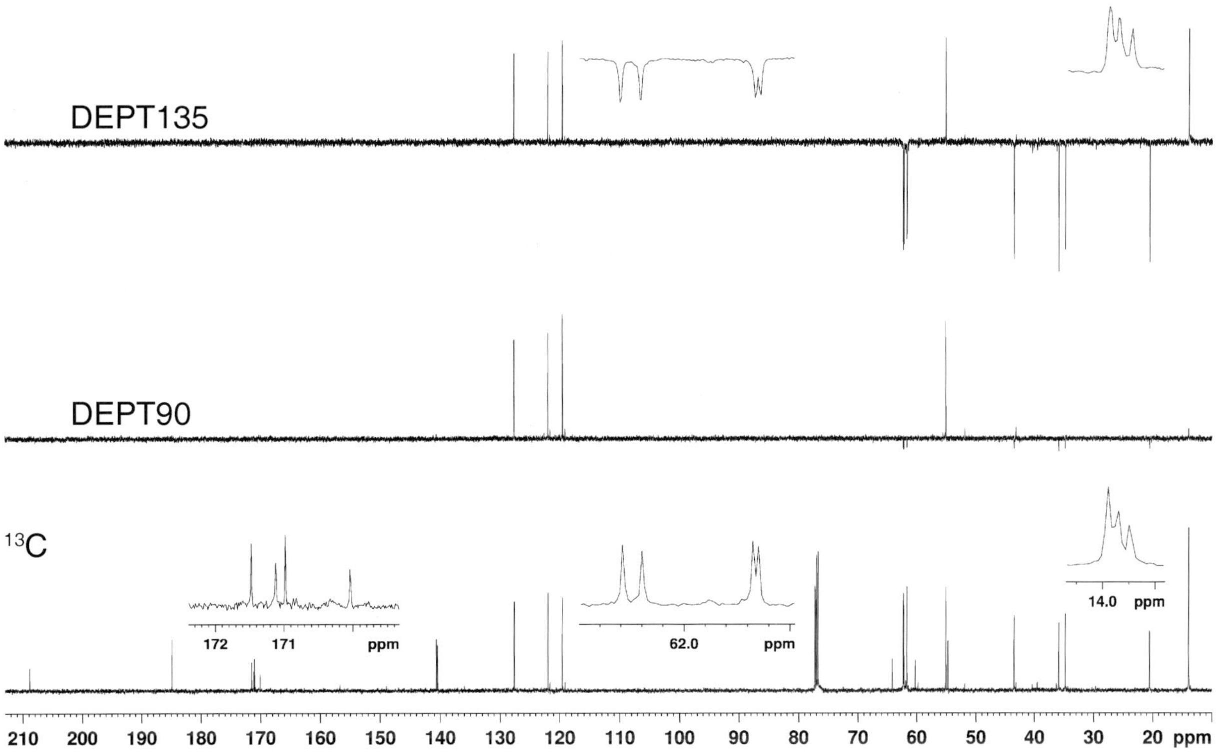
DEPT135
DEPT90
13C
172 171 ppm
62.0 ppm
14.0 ppm
210 200 190 180 170 160 150 140 130 120 110 100 90 80 70 60 50 40 30 20 ppm

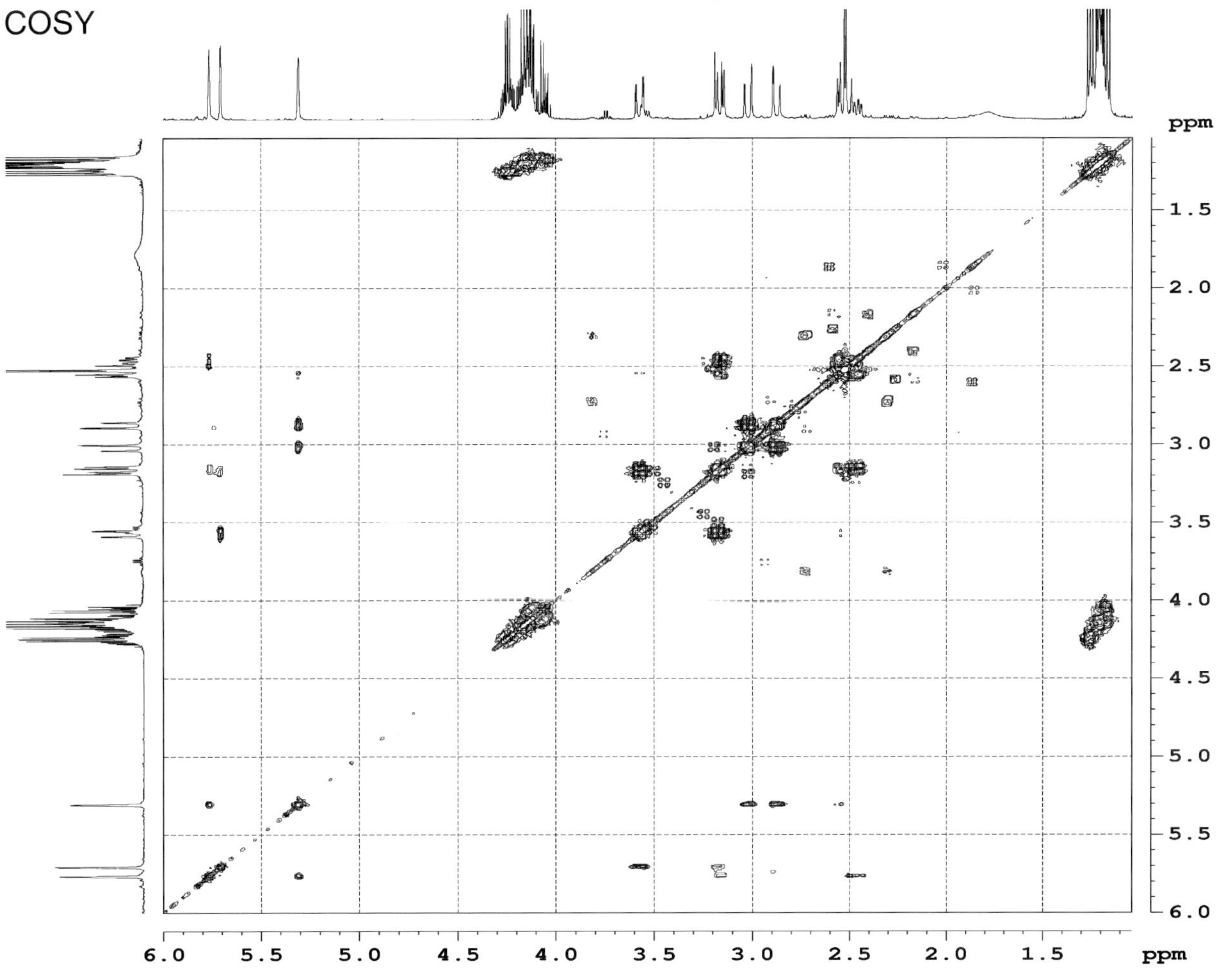
COSY
ppm
1.5 2.0 2.5 3.0 3.5 4.0 4.5 5.0 5.5 6.0
6.0 5.5 5.0 4.5 4.0 3.5 3.0 2.5 2.0 1.5 ppm

HMQC

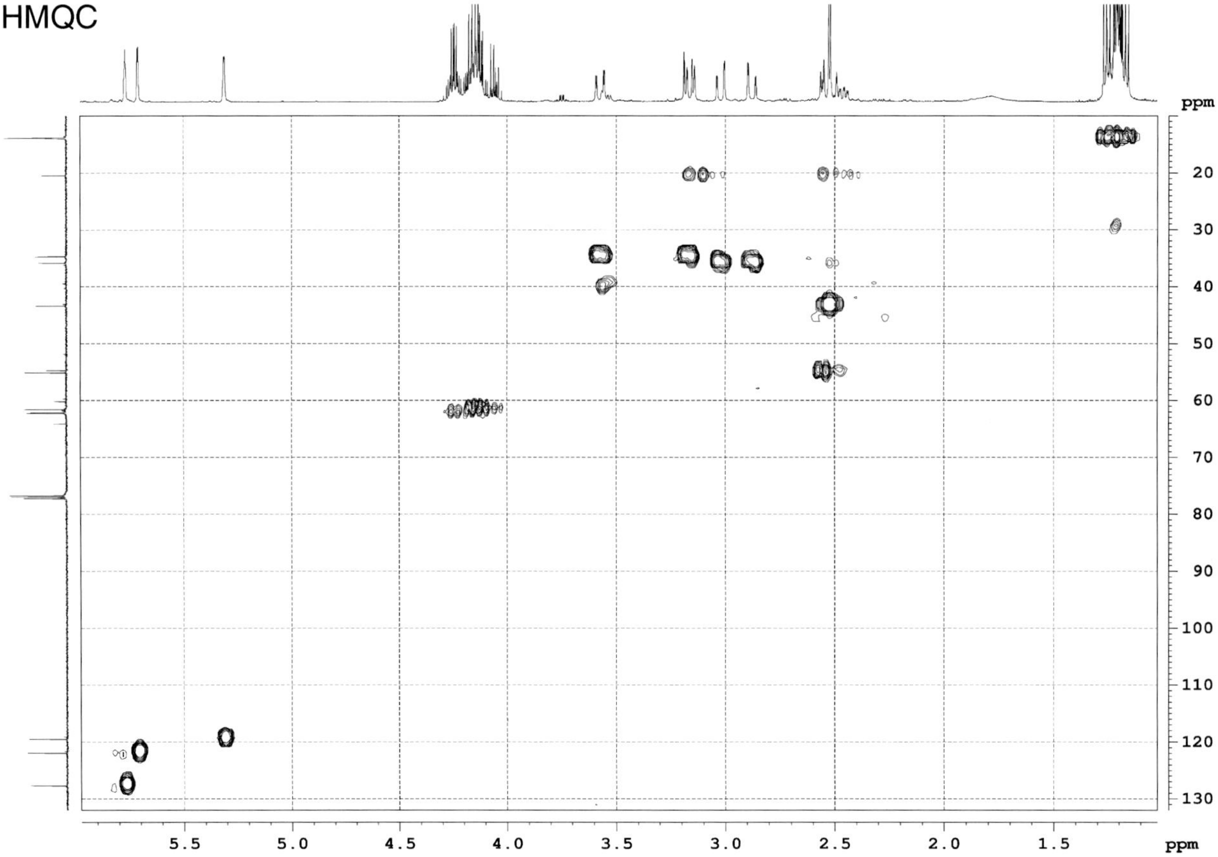

HMBC

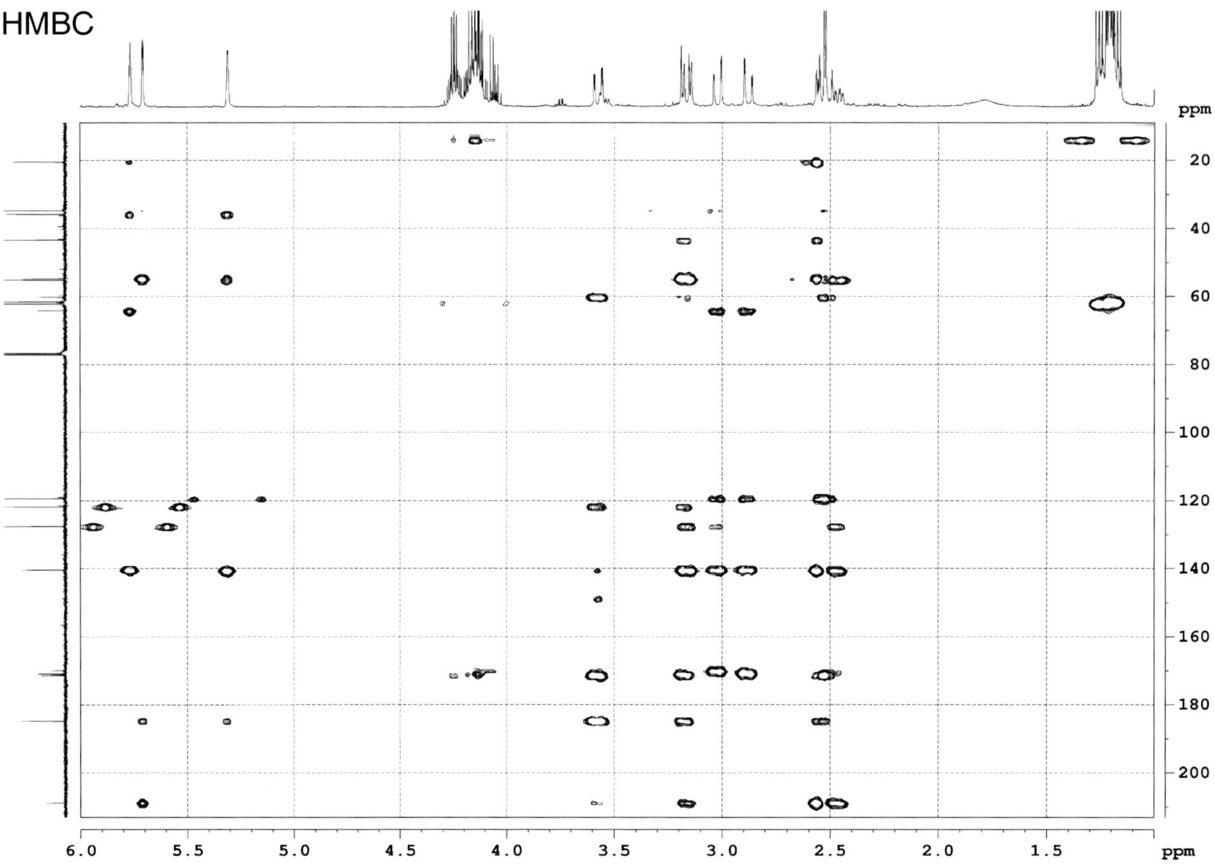

NOESY

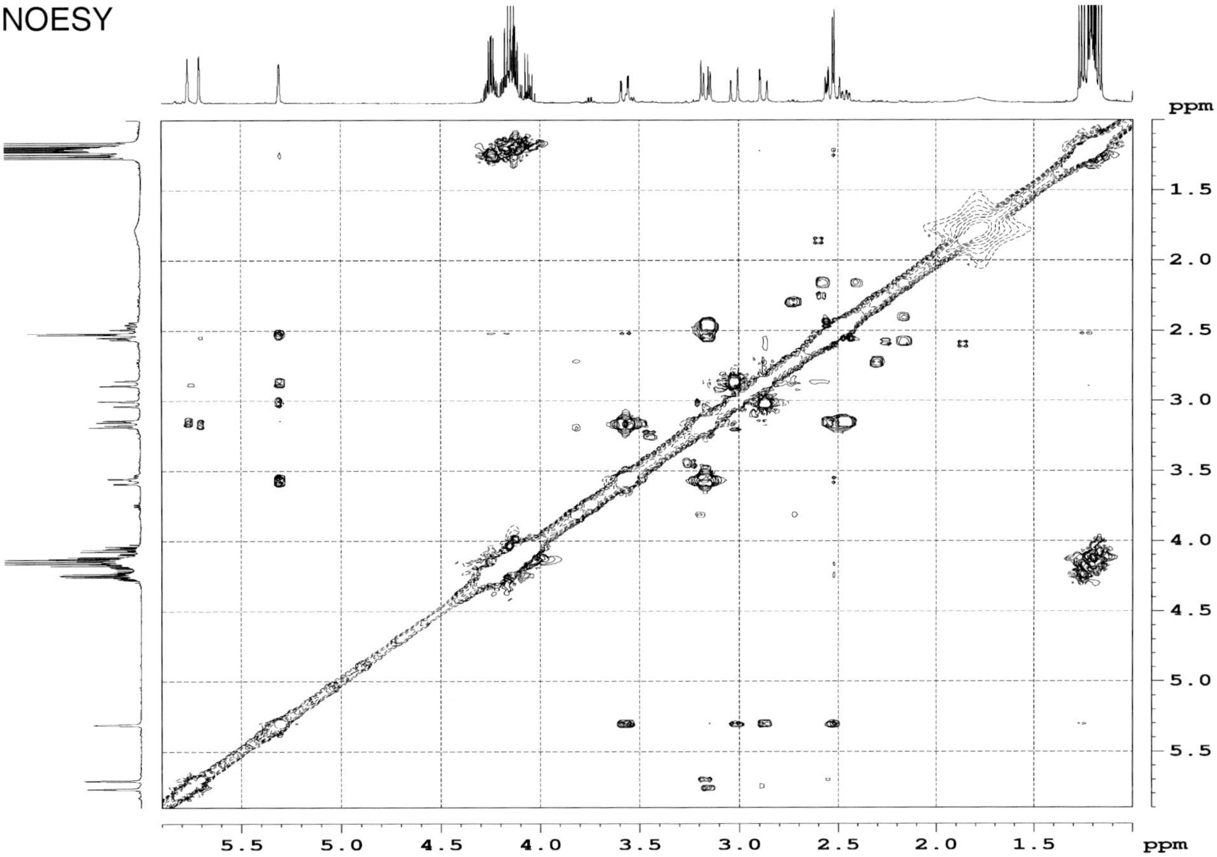

NOESY-E

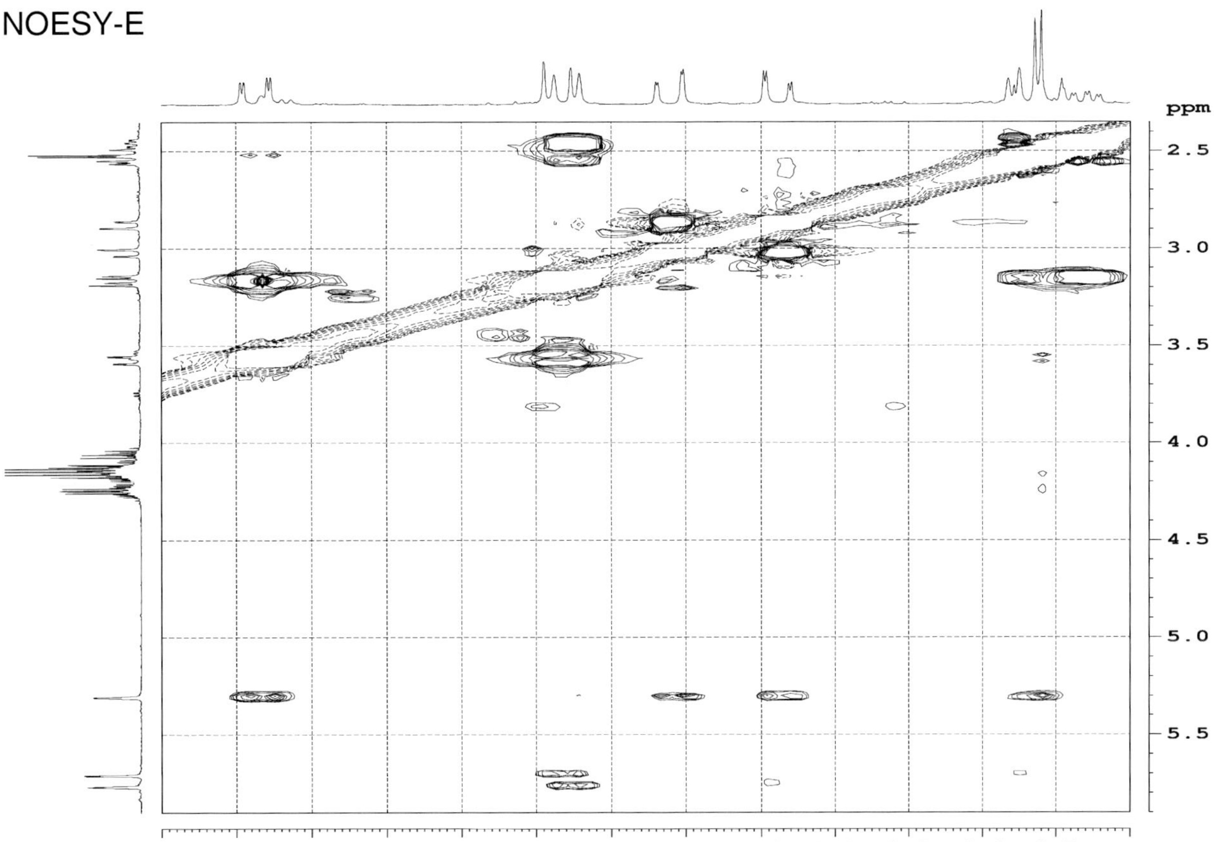

4
연습문제 III

21 $C_{23}H_{24}O_{10}$, 500MHz

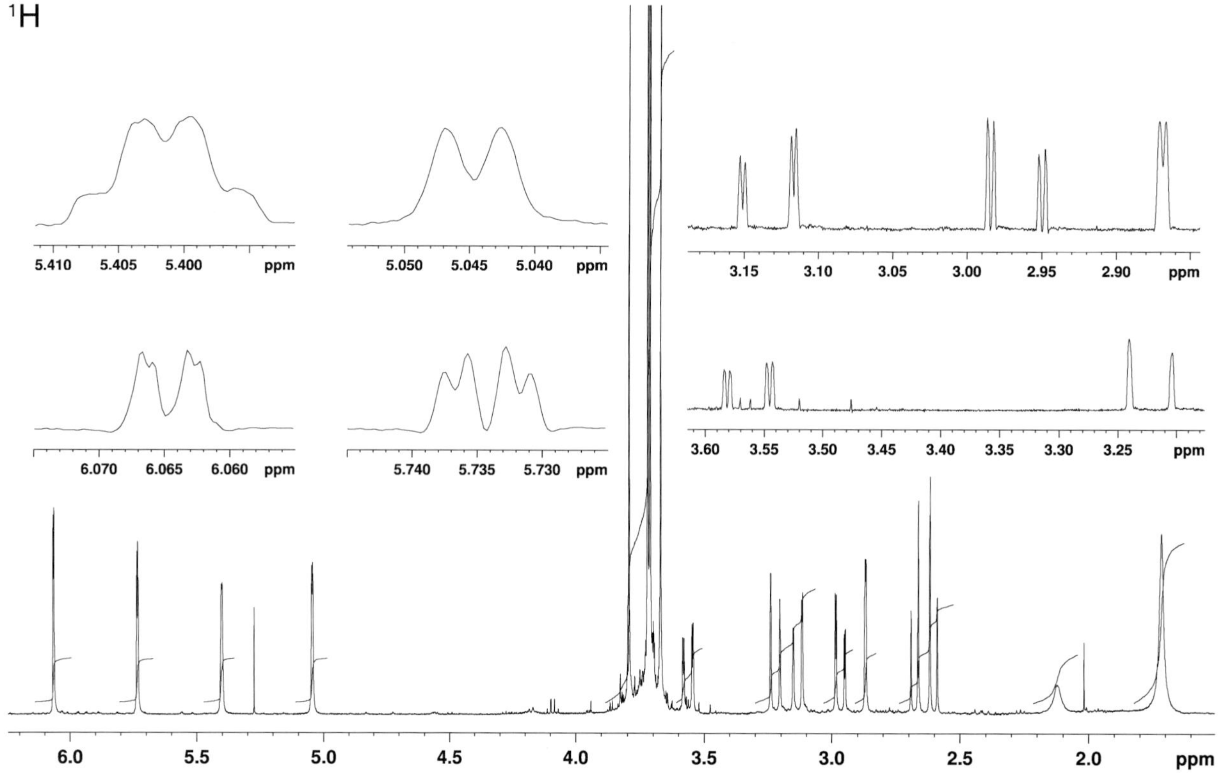

Note

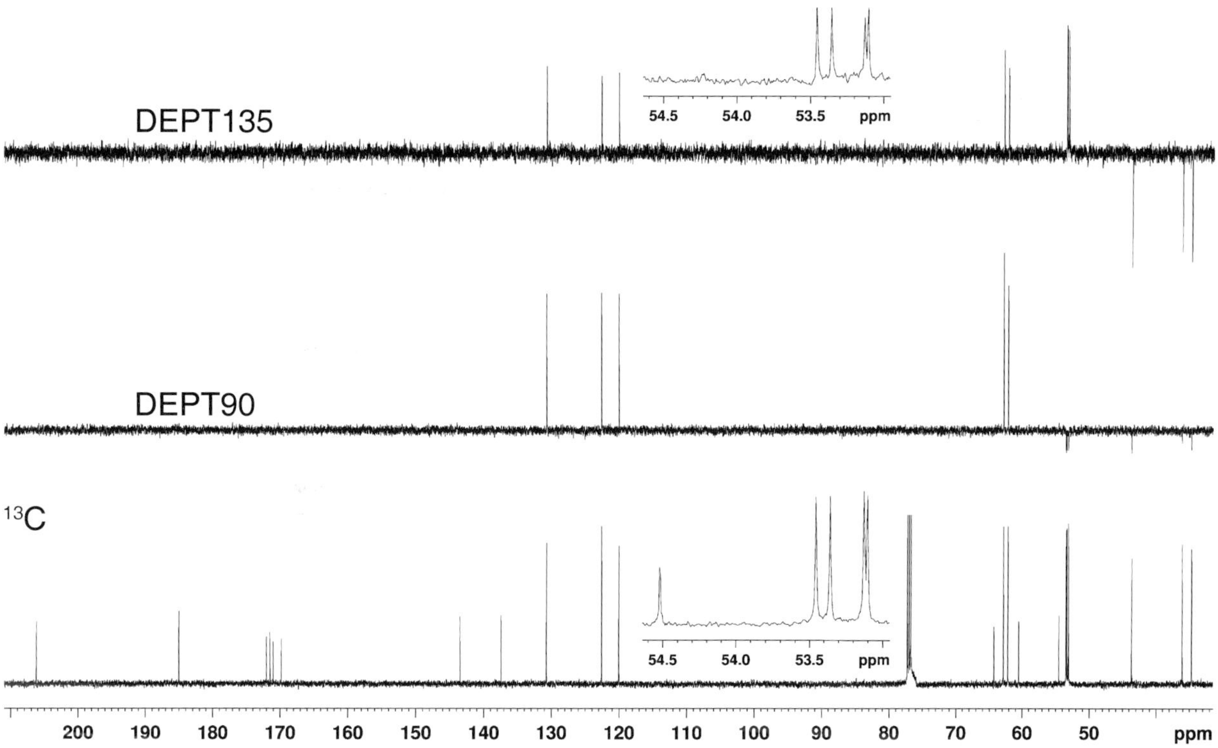
DEPT135
54.5 54.0 53.5 ppm
DEPT90
^{13}C
54.5 54.0 53.5 ppm
200 190 180 170 160 150 140 130 120 110 100 90 80 70 60 50 ppm

COSY

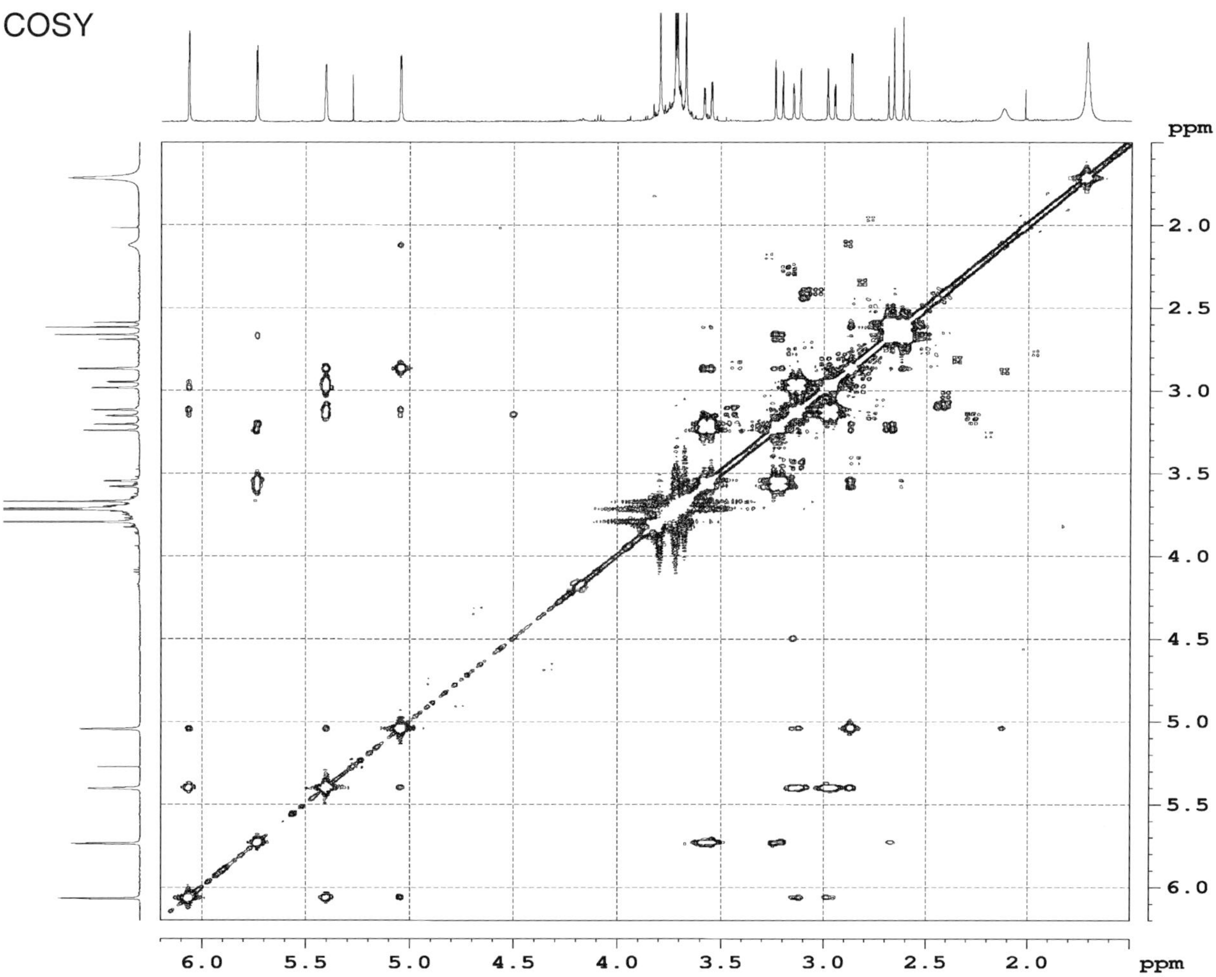
ppm
2.0
2.5
3.0
3.5
4.0
4.5
5.0
5.5
6.0
6.0 5.5 5.0 4.5 4.0 3.5 3.0 2.5 2.0 ppm

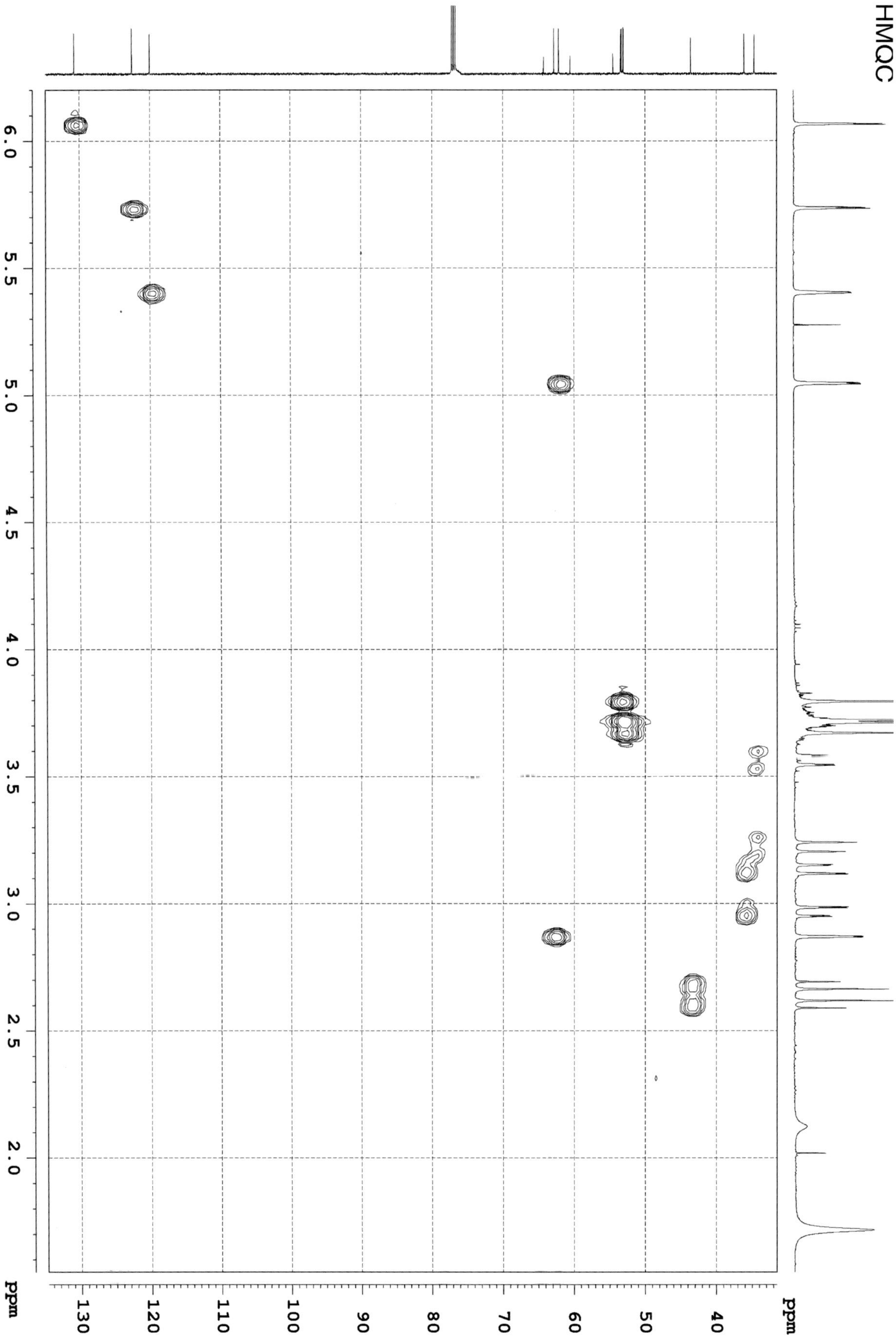
HMQC
ppm
6.0
5.5
5.0
4.5
4.0
3.5
3.0
2.5
2.0
ppm
130
120
110
100
90
80
70
60
50
40

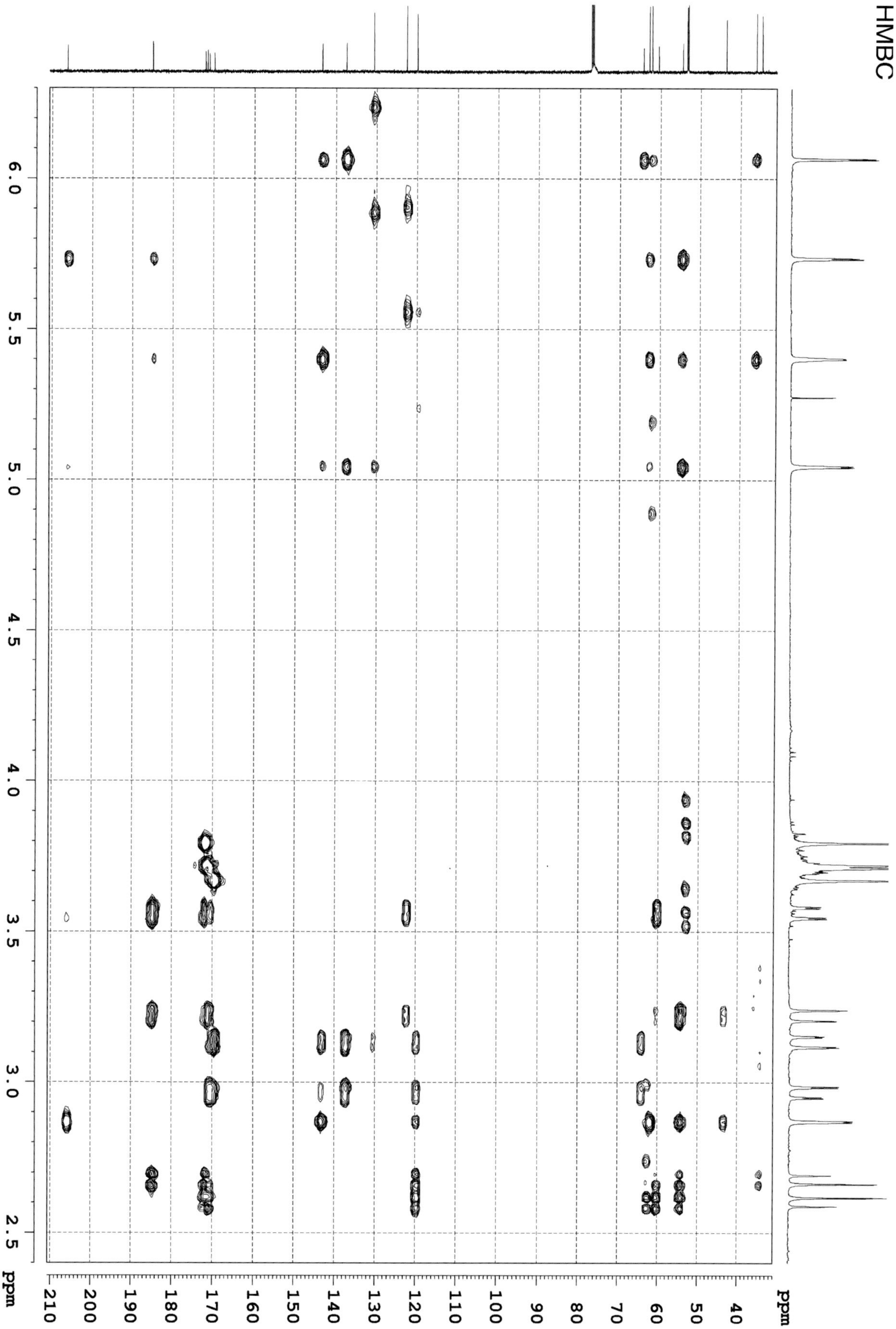
HMBC
6.0
5.5
5.0
4.5
4.0
3.5
3.0
2.5
ppm
210
200
190
180
170
160
150
140
130
120
110
100
90
80
70
60
50
40
ppm

NOESY

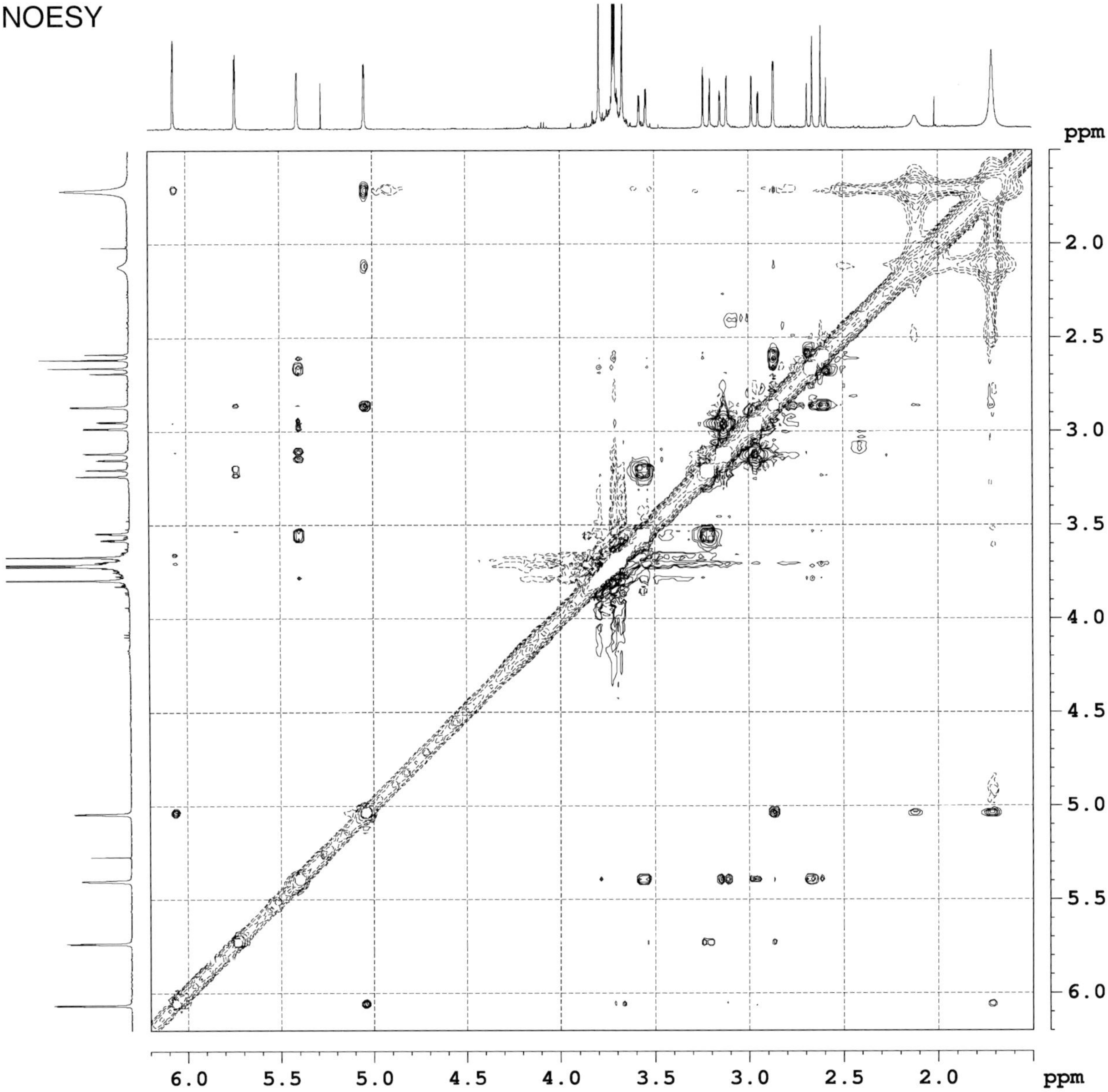

22 $C_{27}H_{32}O_9$, 500 MHz

^1H

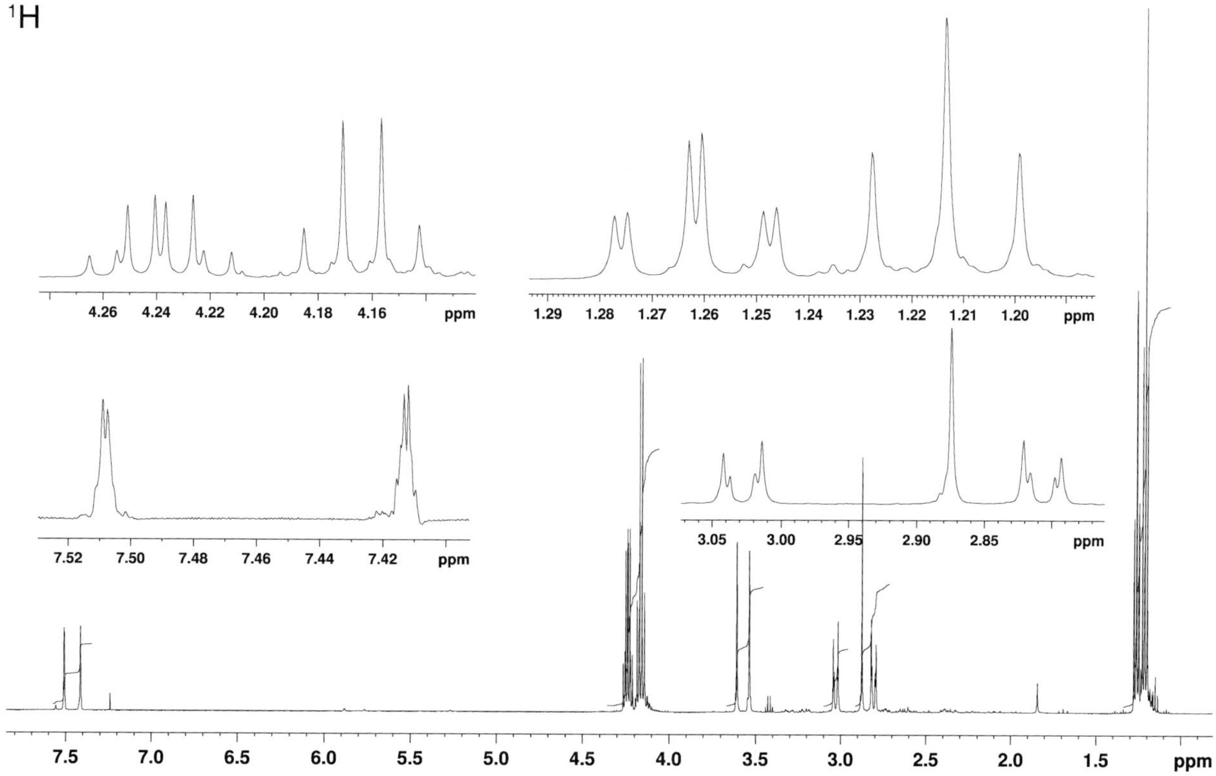

✍ Note

4 연습문제 III

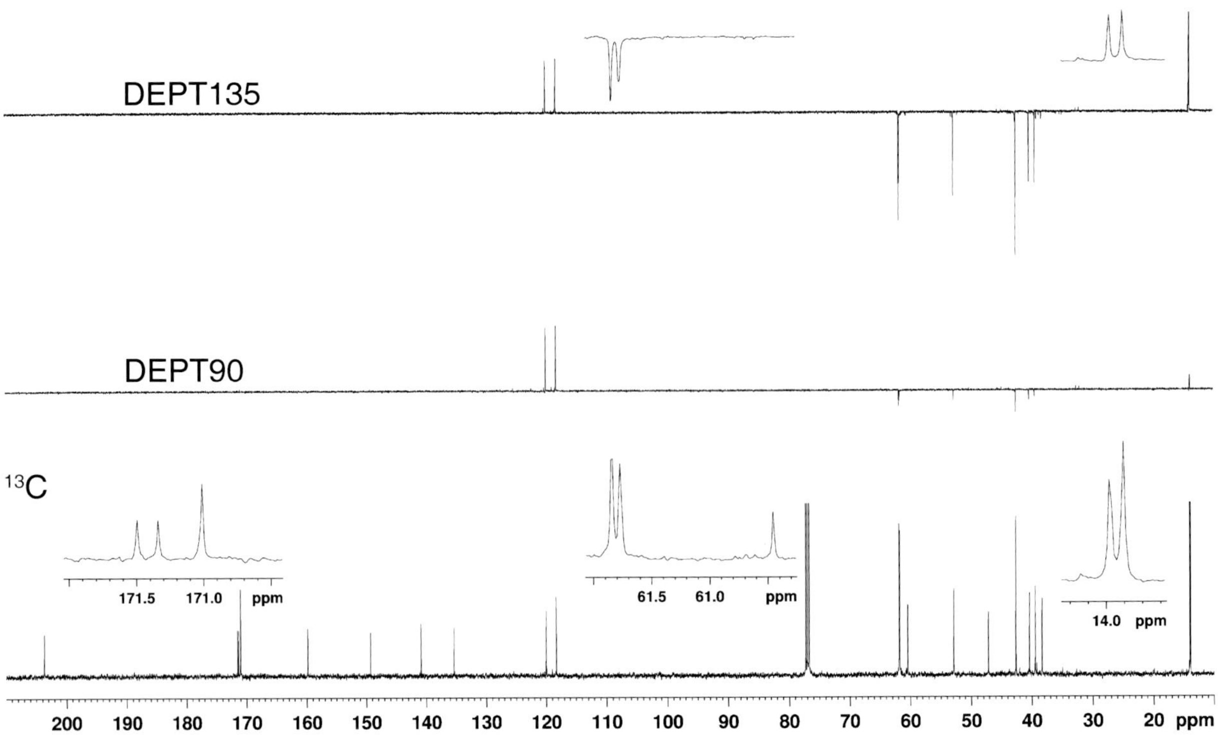
DEPT135
DEPT90
13C
171.5 171.0 ppm
61.5 61.0 ppm
14.0 ppm
200 190 180 170 160 150 140 130 120 110 100 90 80 70 60 50 40 30 20 ppm

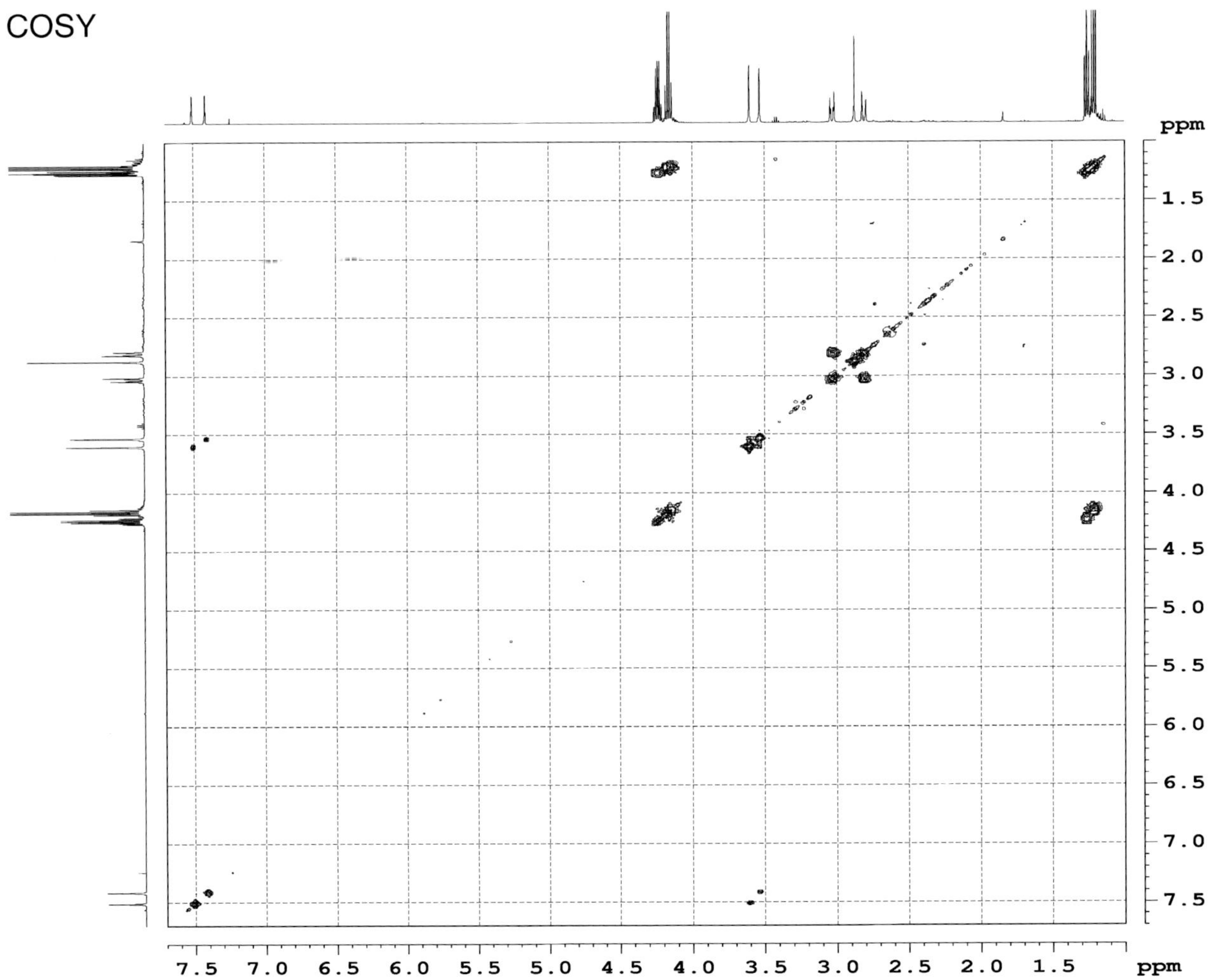
COSY
ppm
1.5 2.0 2.5 3.0 3.5 4.0 4.5 5.0 5.5 6.0 6.5 7.0 7.5
7.5 7.0 6.5 6.0 5.5 5.0 4.5 4.0 3.5 3.0 2.5 2.0 1.5 ppm

HMQC

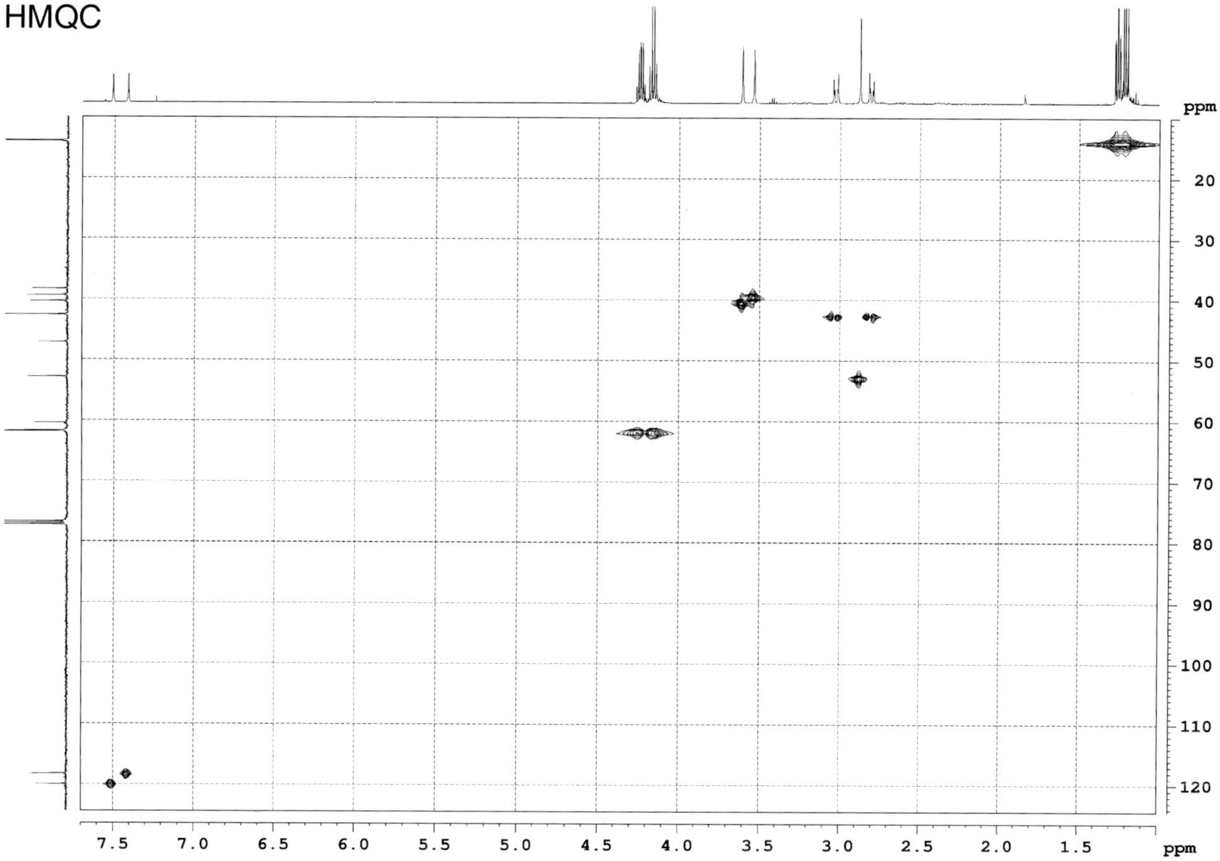
ppm
20
30
40
50
60
70
80
90
100
110
120
7.5 7.0 6.5 6.0 5.5 5.0 4.5 4.0 3.5 3.0 2.5 2.0 1.5
ppm

HMBC

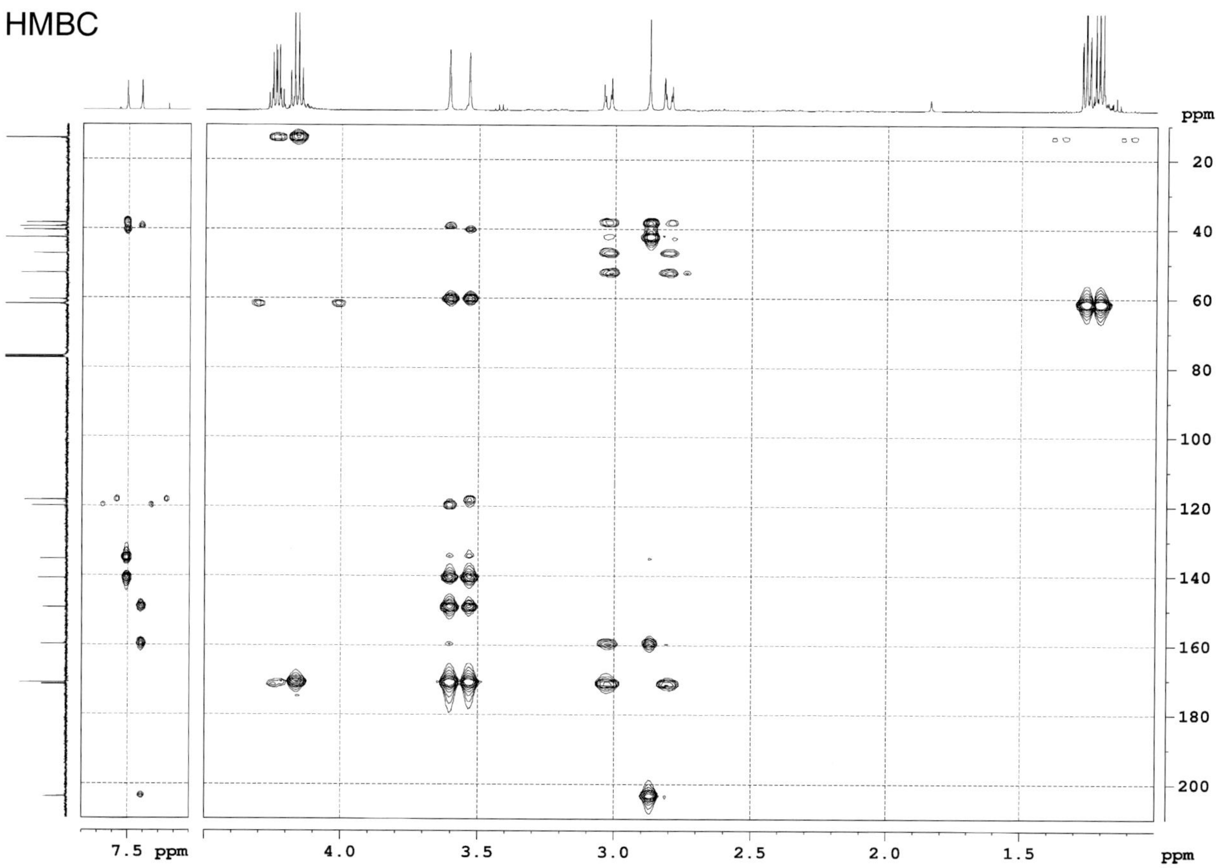
ppm
20
40
60
80
100
120
140
160
180
200
7.5 ppm
4.0 3.5 3.0 2.5 2.0 1.5
ppm

NOESY

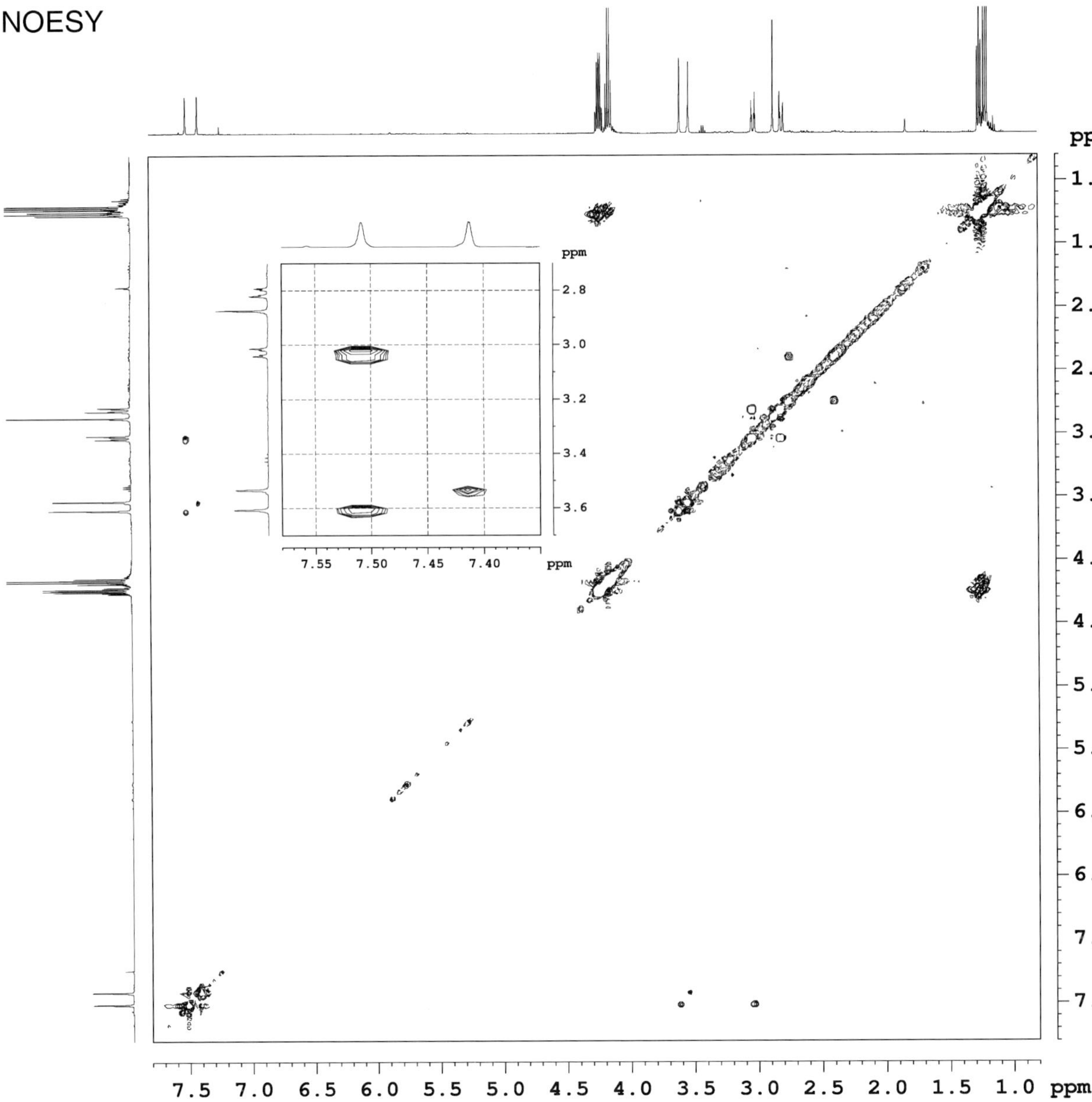
ppm
1.0
1.5
2.0
2.5
3.0
3.5
4.0
4.5
5.0
5.5
6.0
6.5
7.0
7.5
7.5 7.0 6.5 6.0 5.5 5.0 4.5 4.0 3.5 3.0 2.5 2.0 1.5 1.0 ppm
ppm
2.8
3.0
3.2
3.4
3.6
7.55 7.50 7.45 7.40 ppm

23 $C_{18}H_{28}O$, 500 MHz

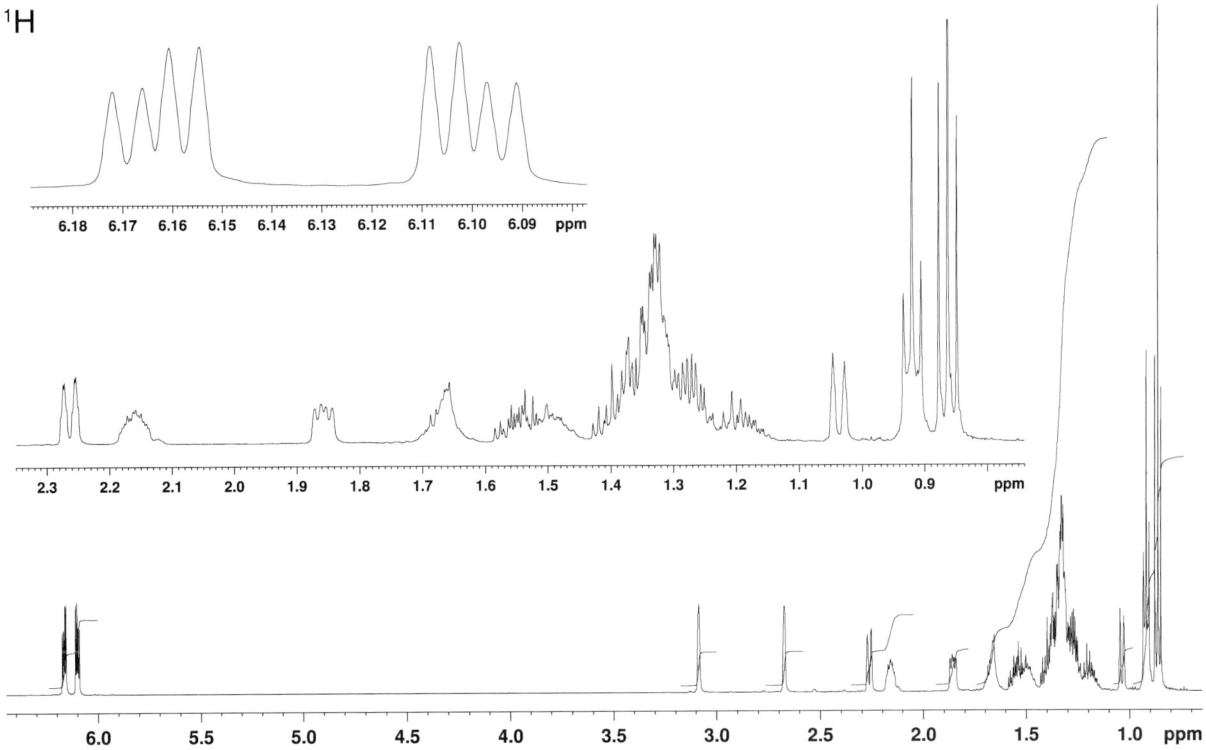

Note

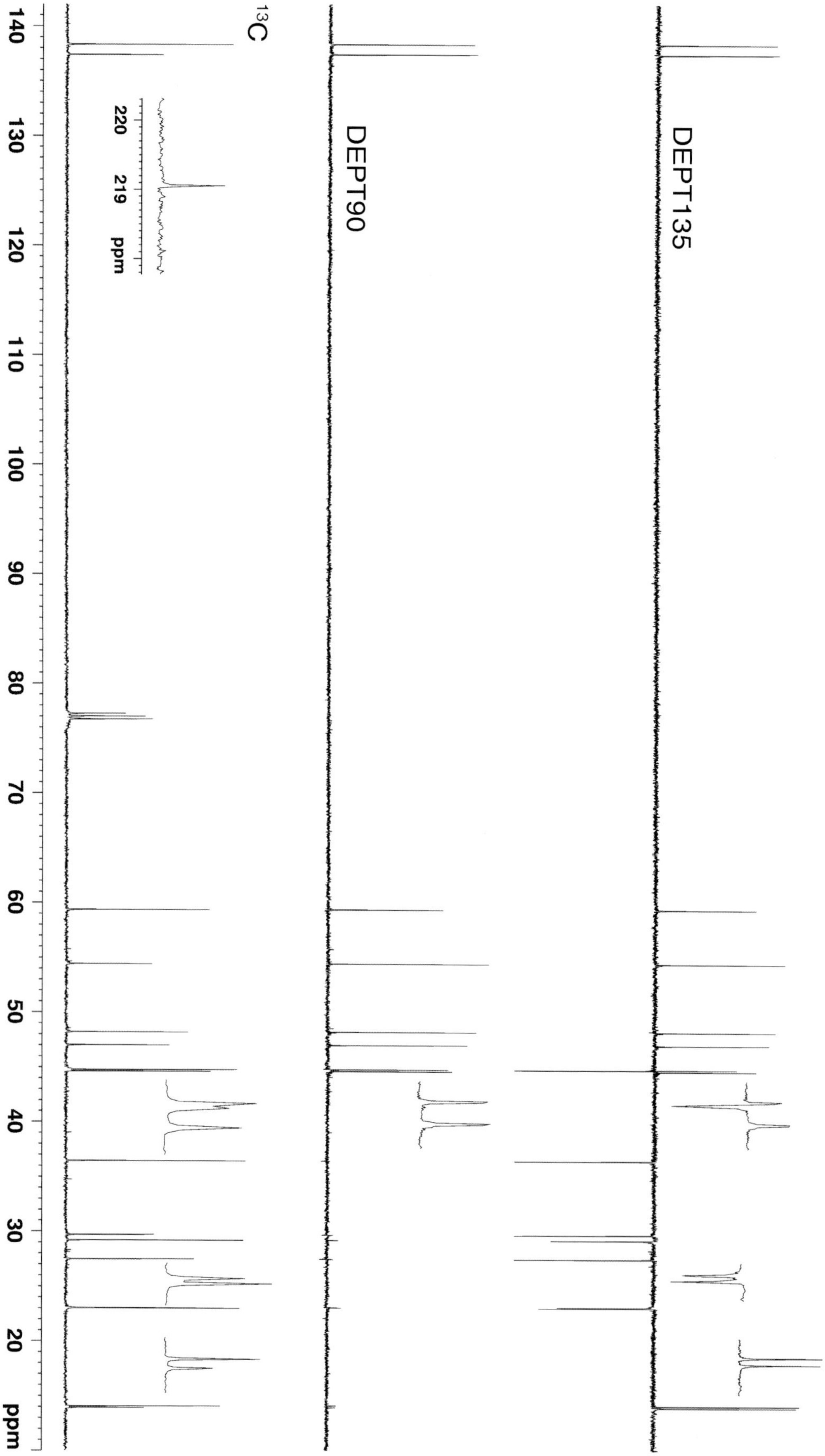

DEPT135
DEPT90
^{13}C
220
219
ppm
140
130
120
110
100
90
80
70
60
50
40
30
20
ppm

COSY

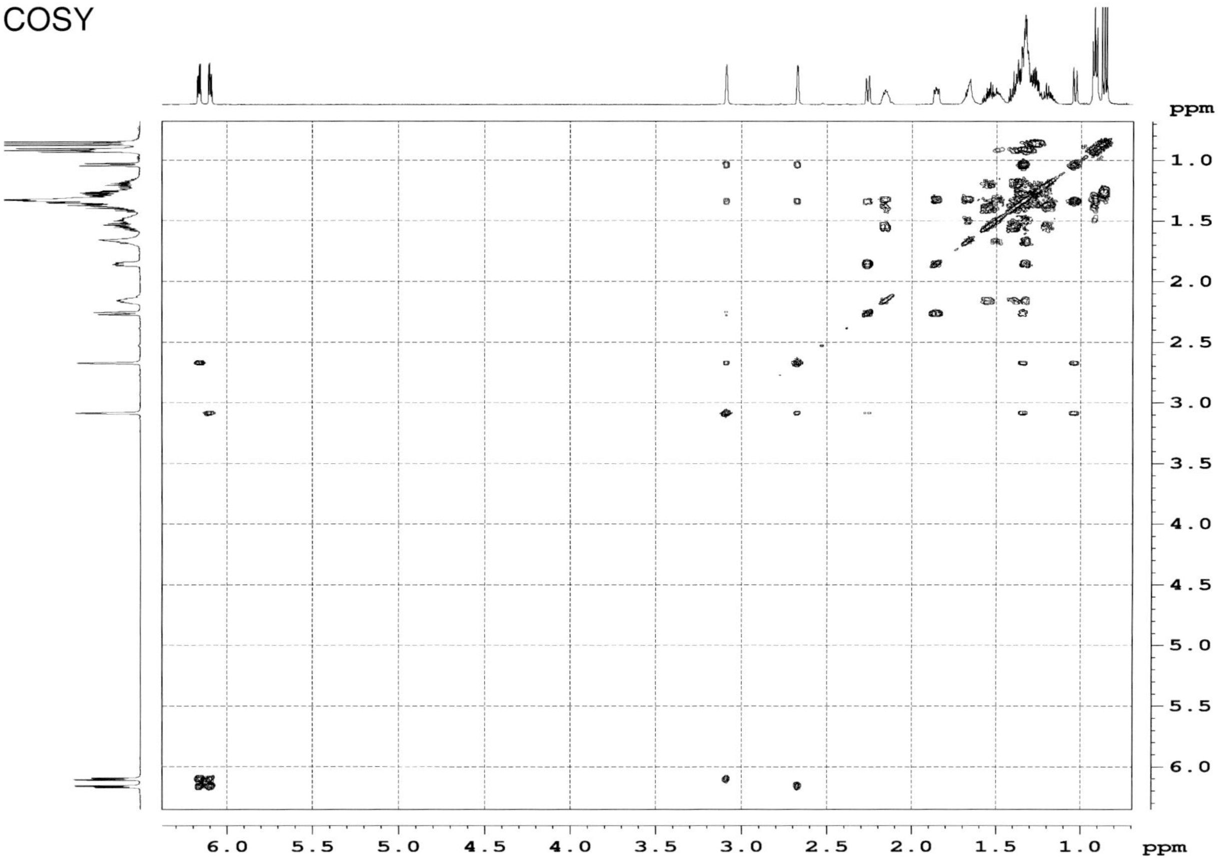

COSY-E

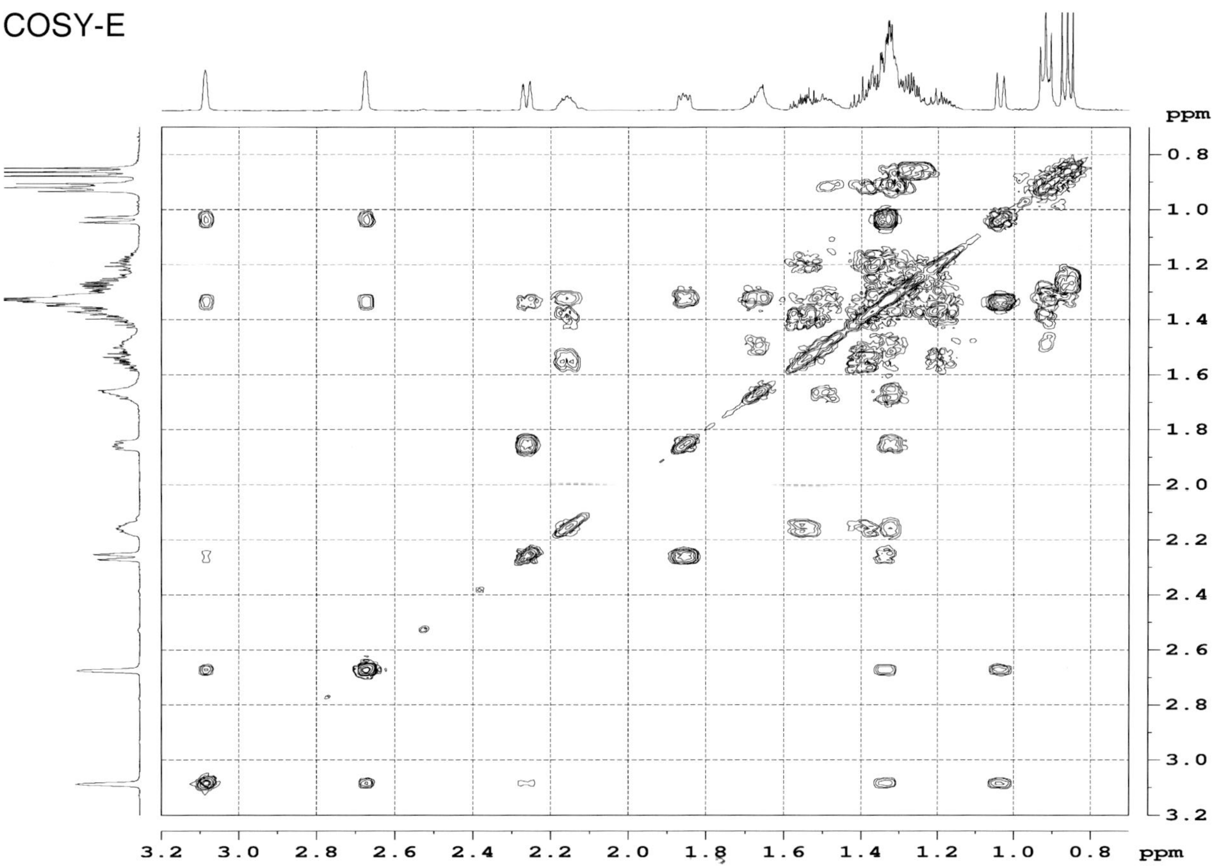

4

연습문제 III

HMQC

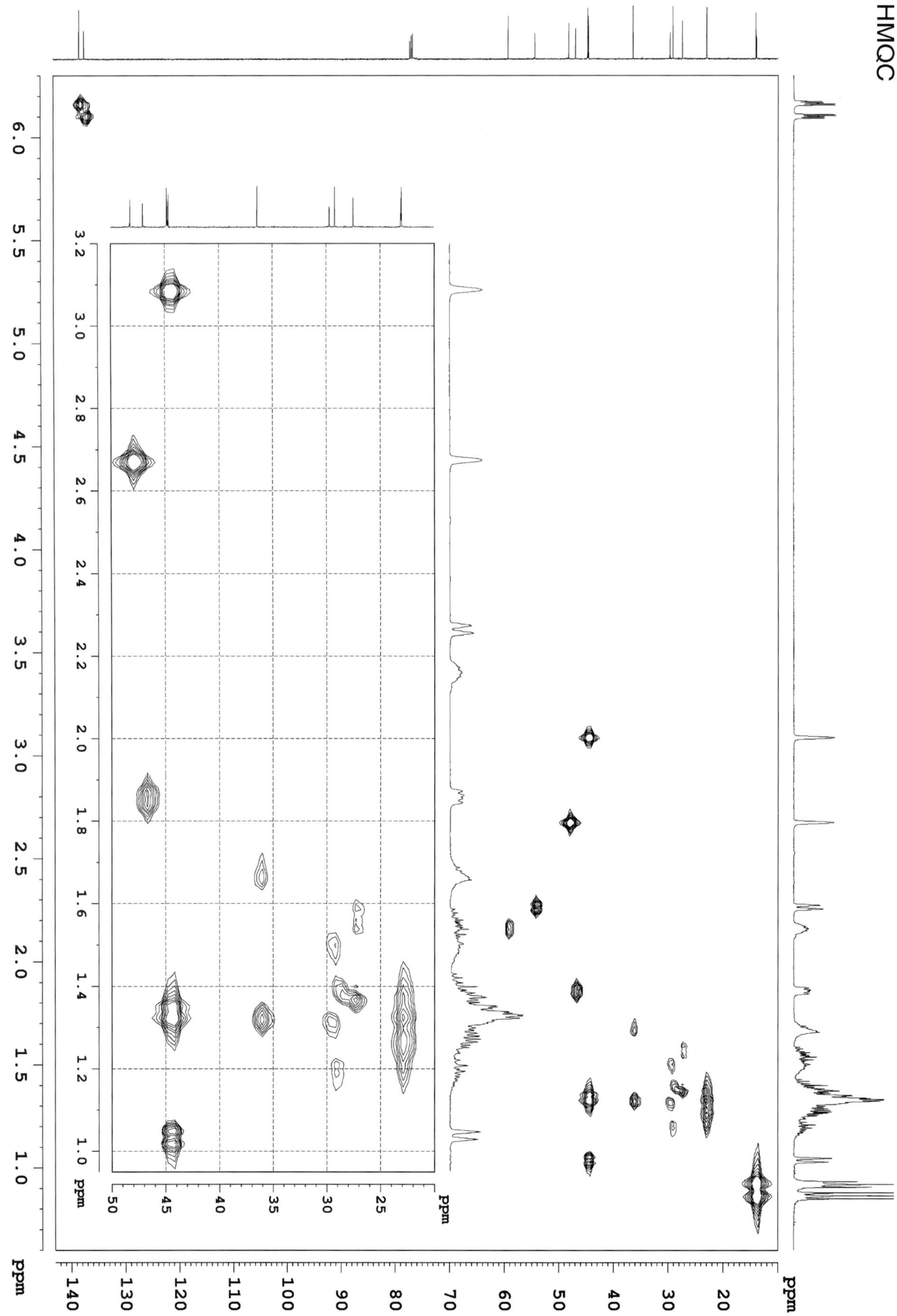

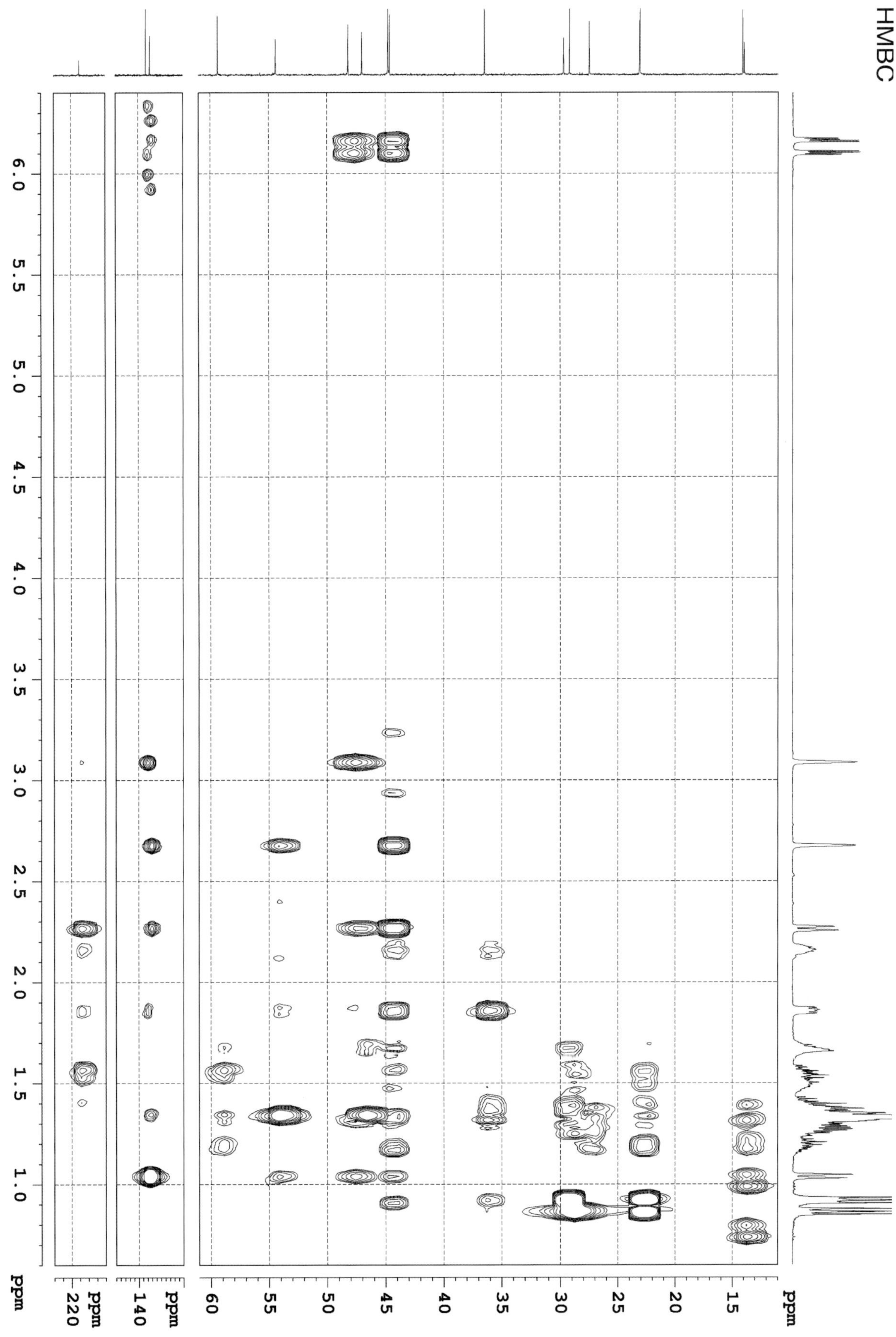
HMBC
ppm
220
ppm
140
ppm
60
55
50
45
40
35
30
25
20
15
ppm
6.0
5.5
5.0
4.5
4.0
3.5
3.0
2.5
2.0
1.5
1.0

NOESY

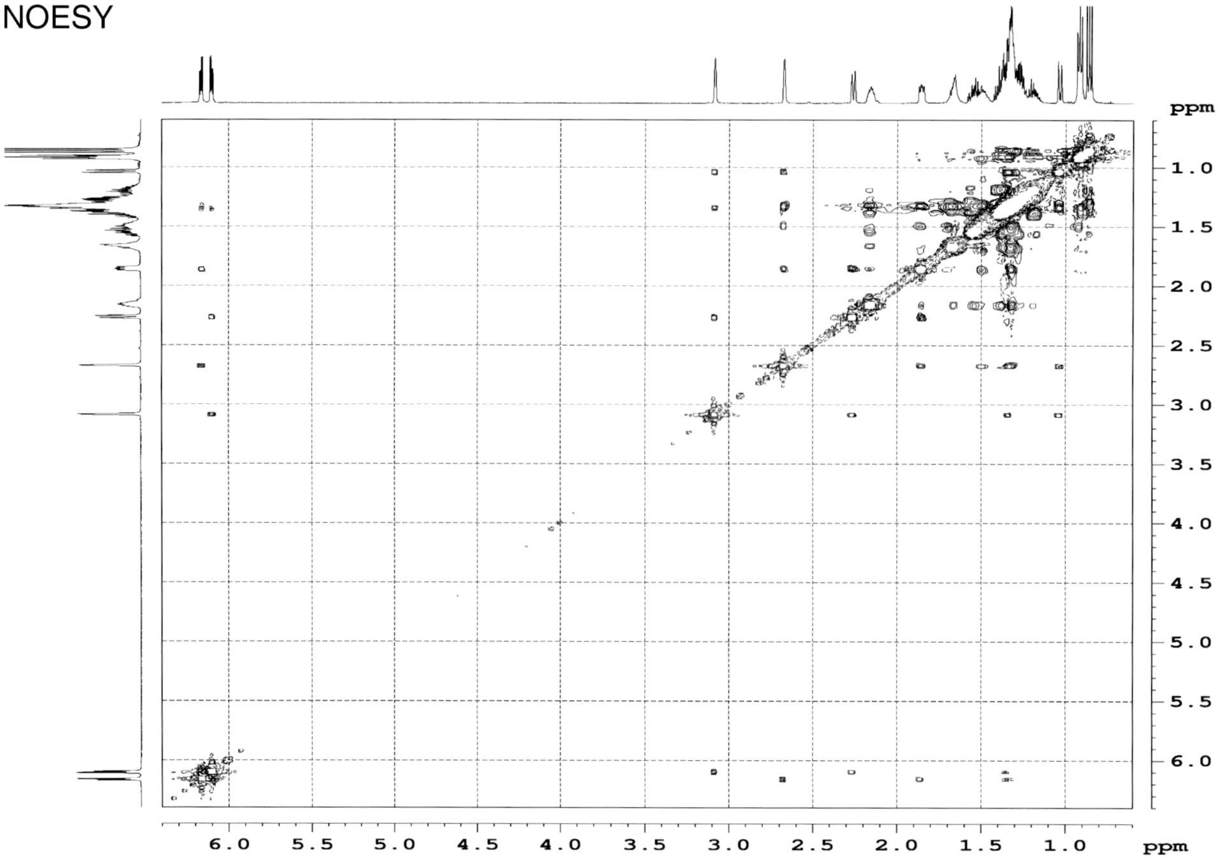

NOESY-E

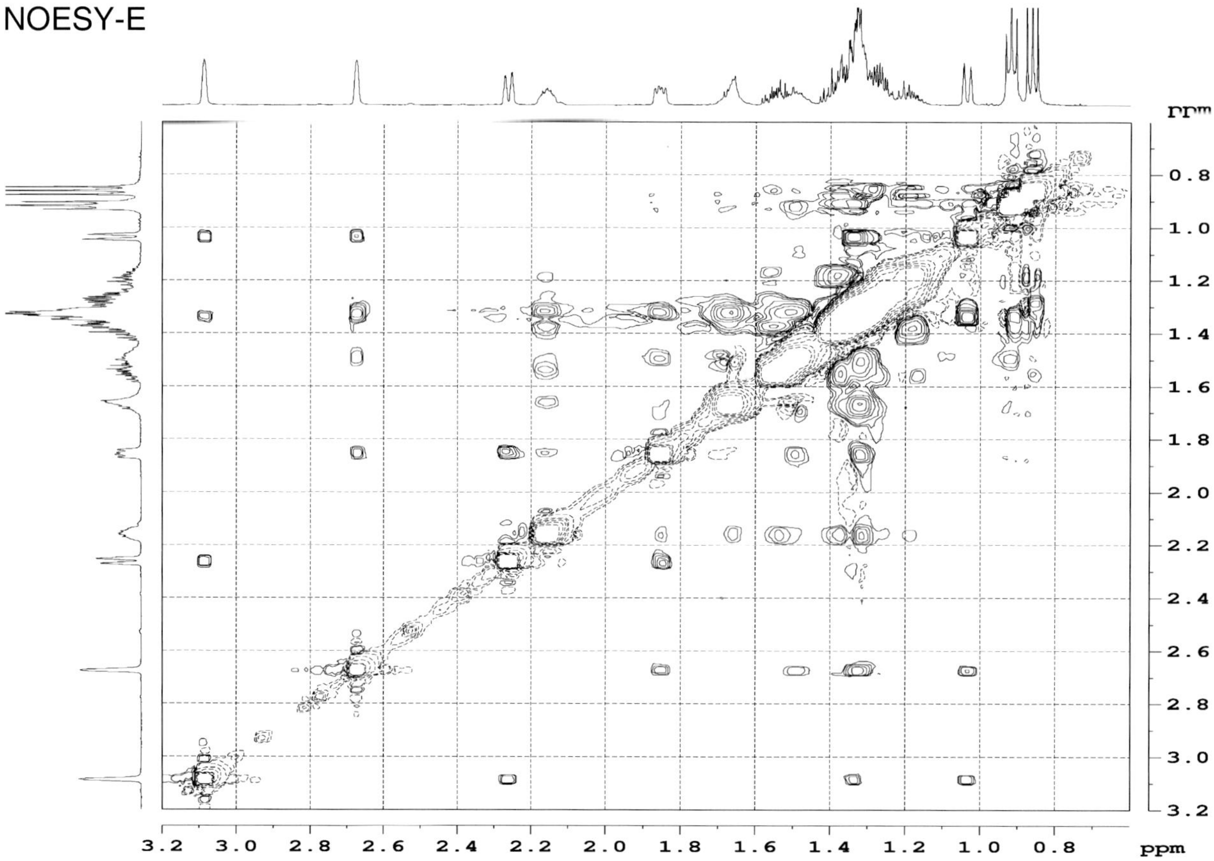

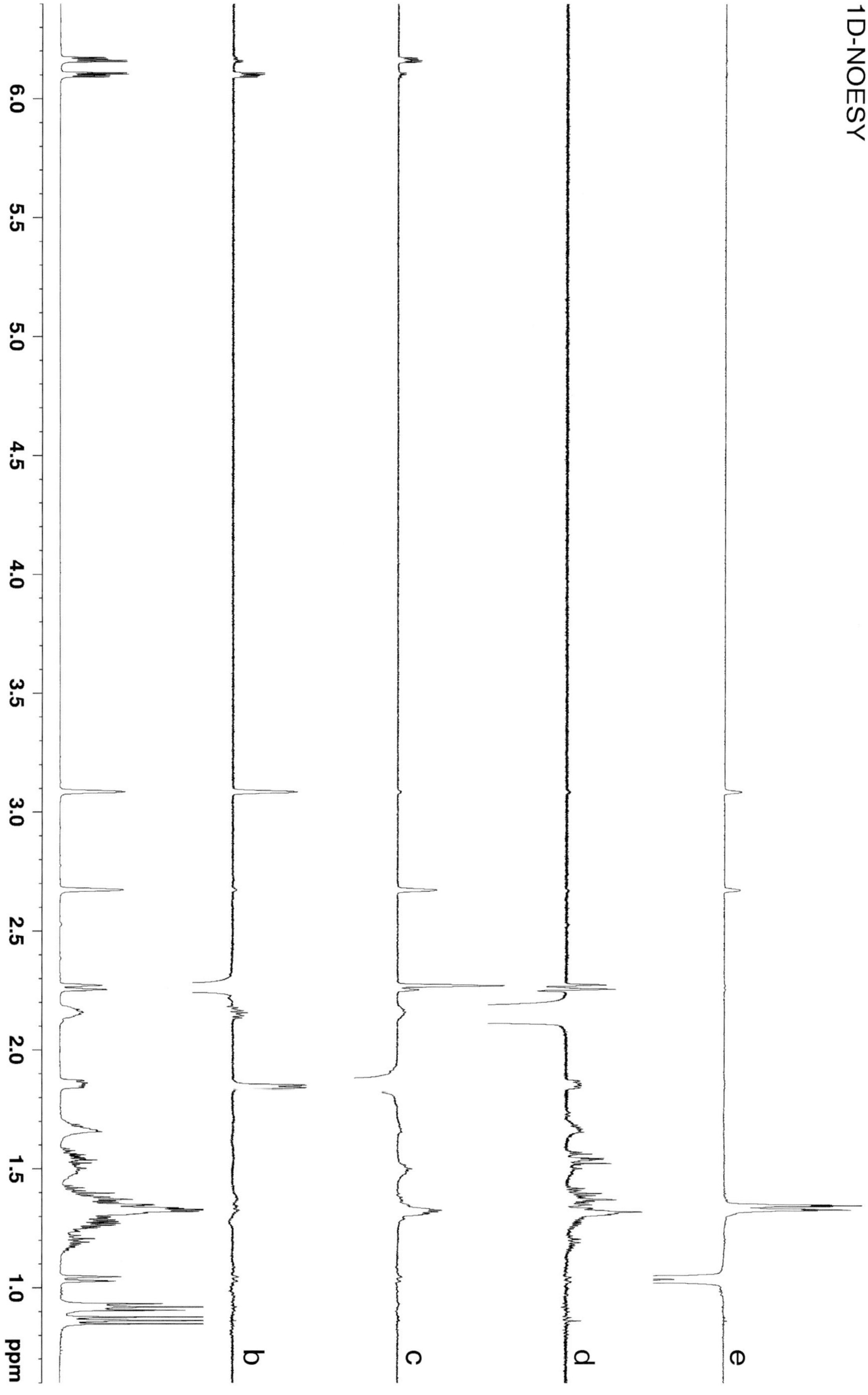
1D-NOESY
e
d
c
b
6.0
5.5
5.0
4.5
4.0
3.5
3.0
2.5
2.0
1.5
1.0
ppm

24 $C_{13}H_{18}O_9N_4$, 700 MHz

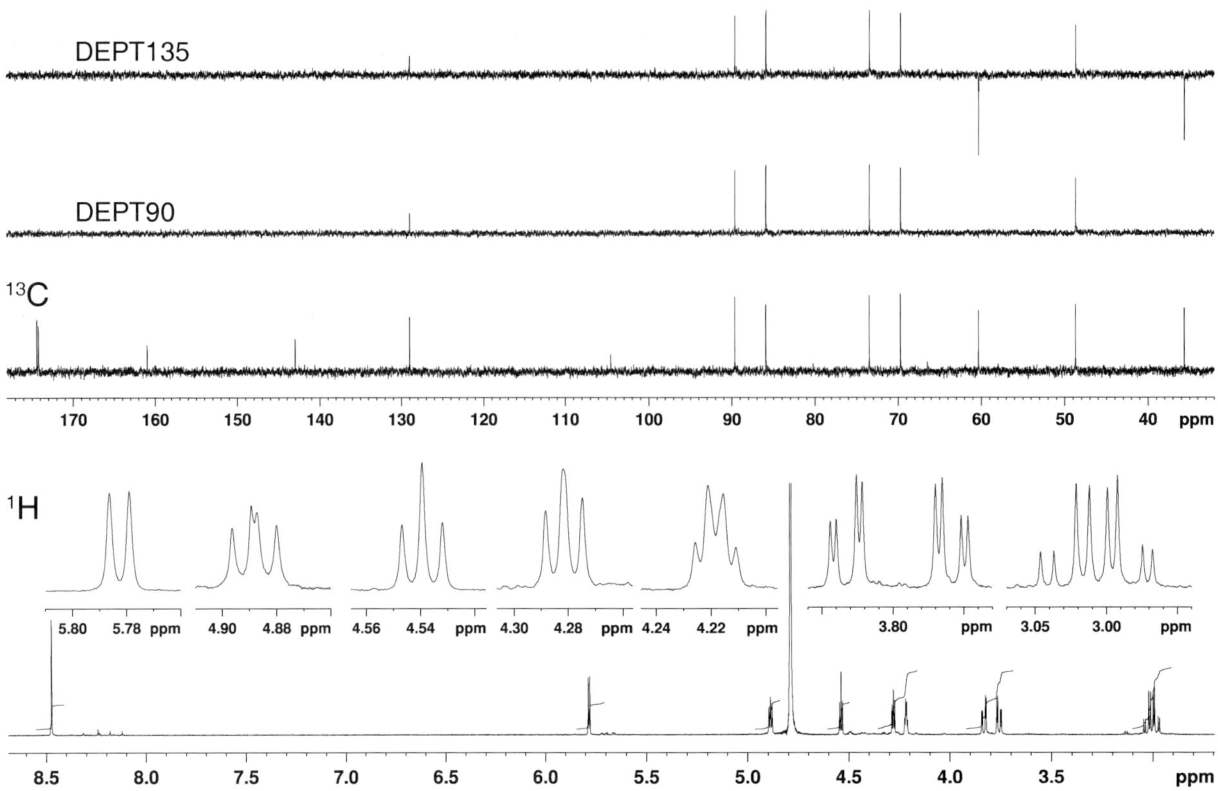

Note

COSY

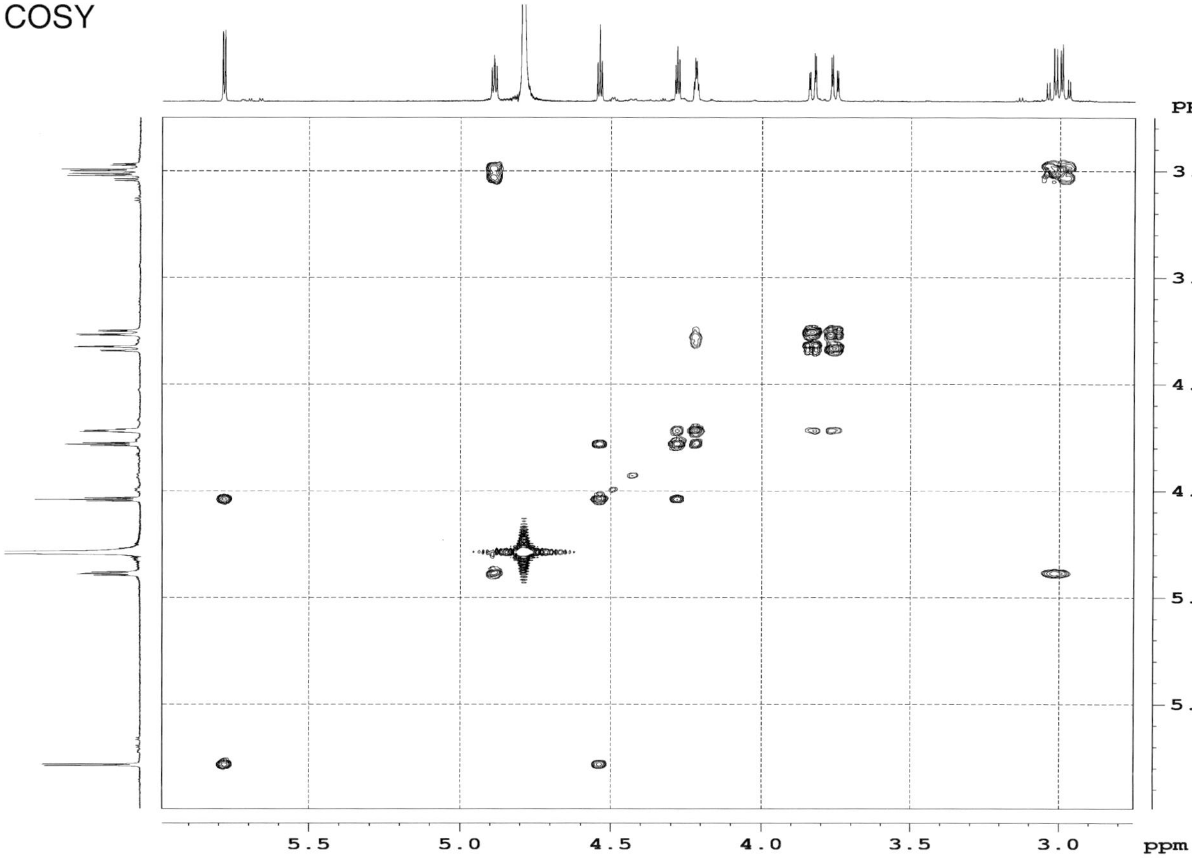

HSQC

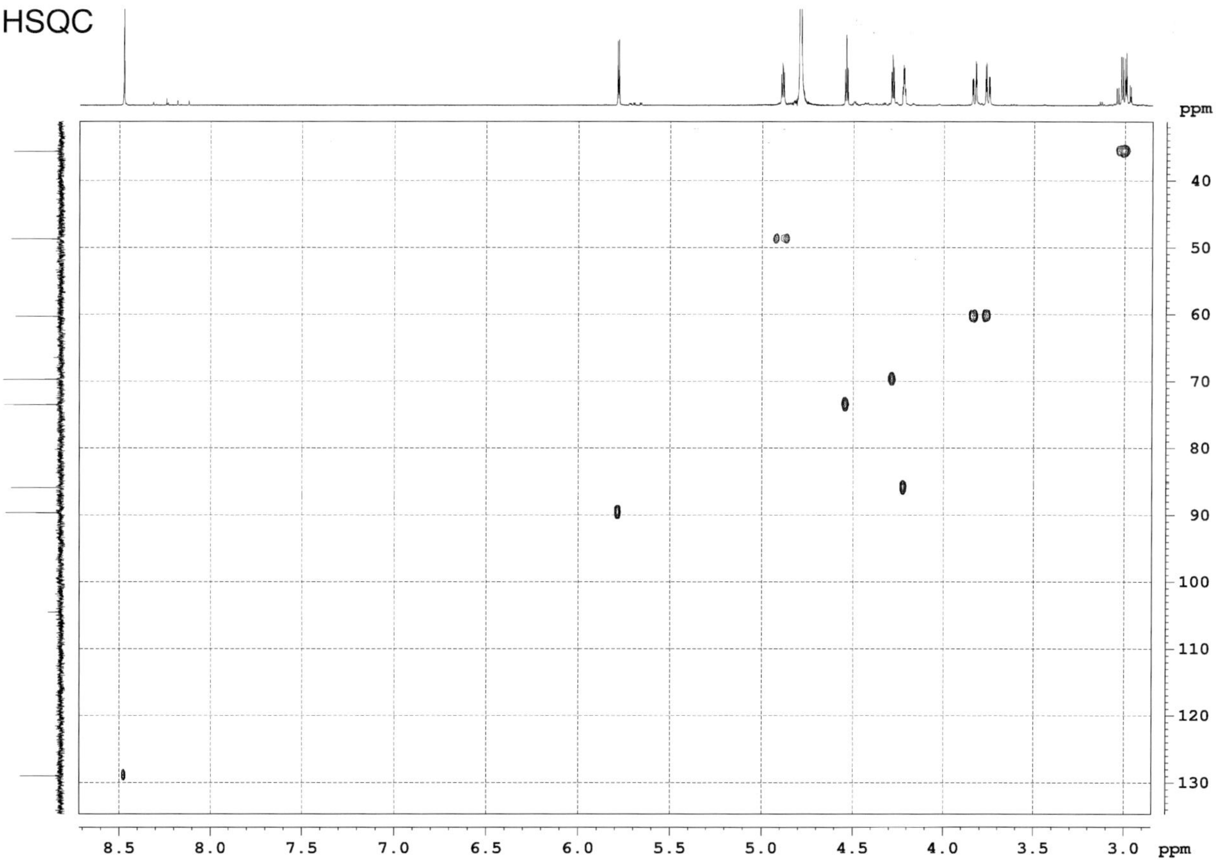

HMBC

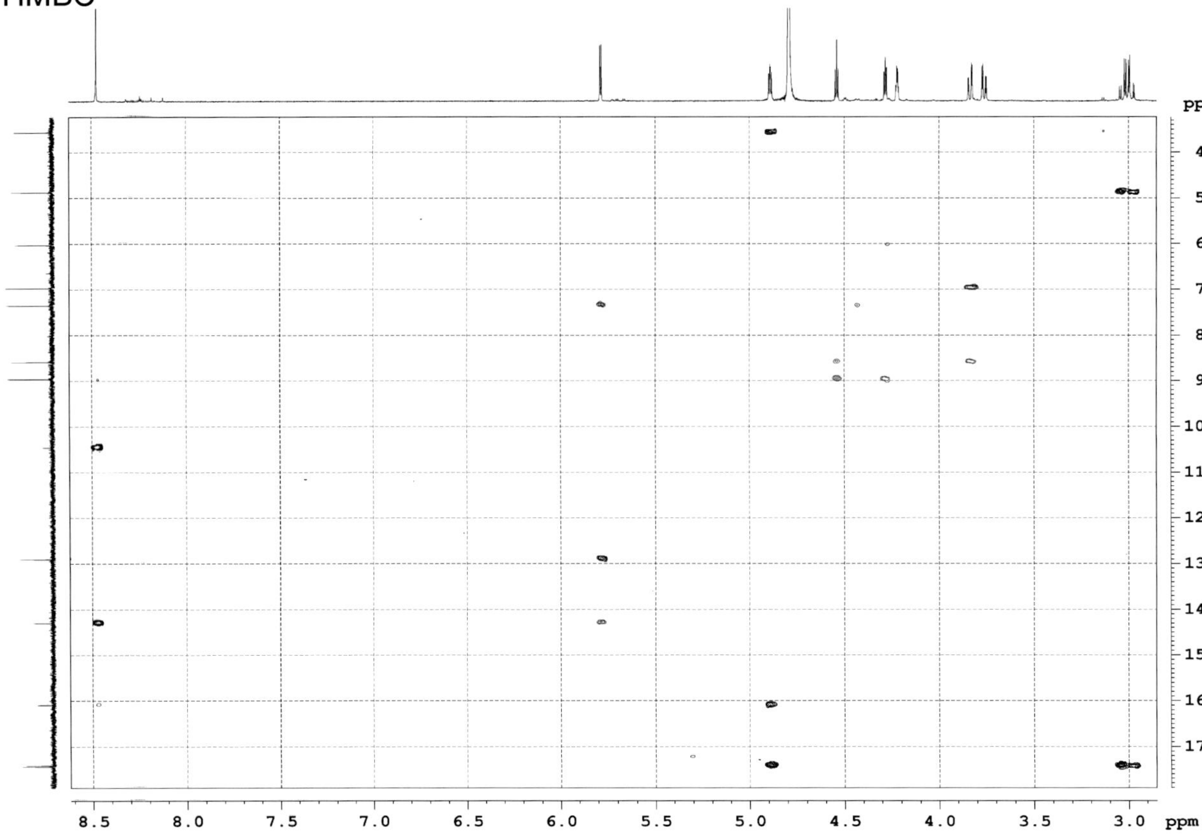

HMBC-^{1}H-^{15}N (-NH_2의 N은 포함시키지 않았음)

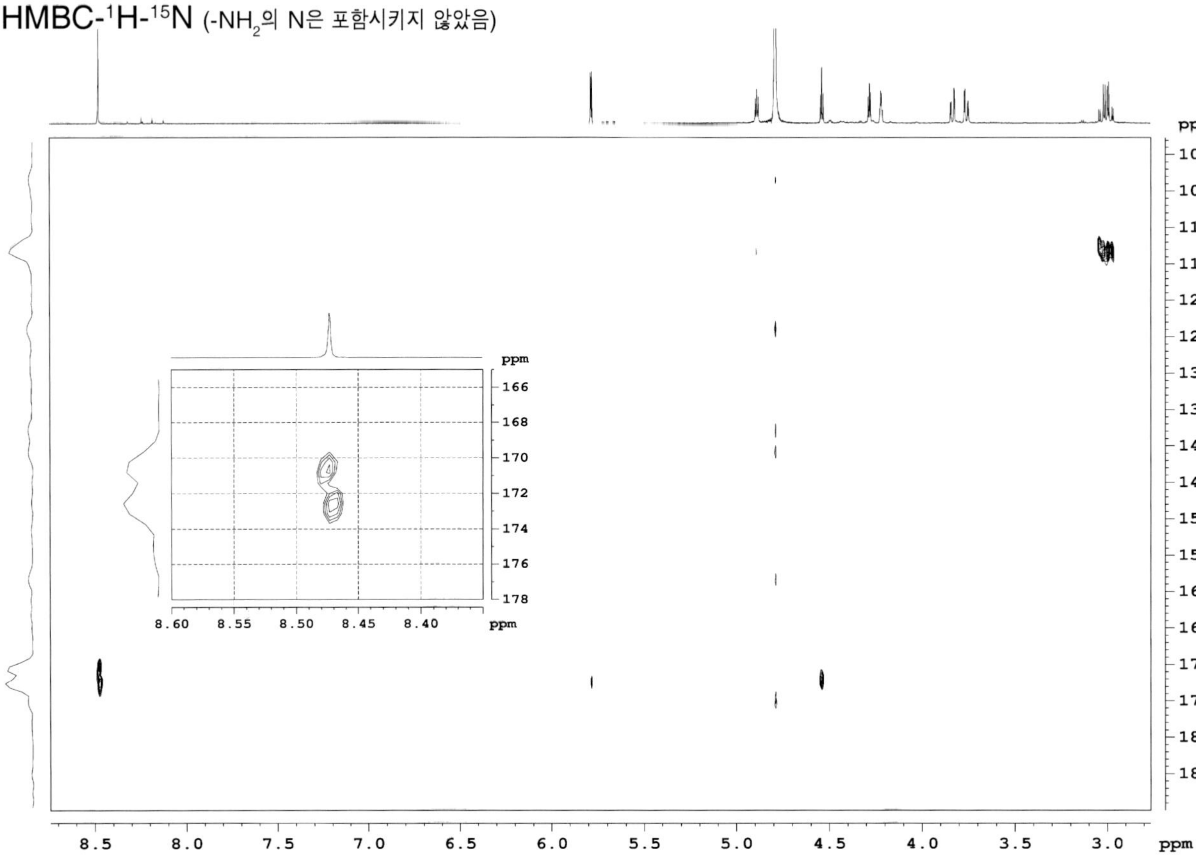

NOESY

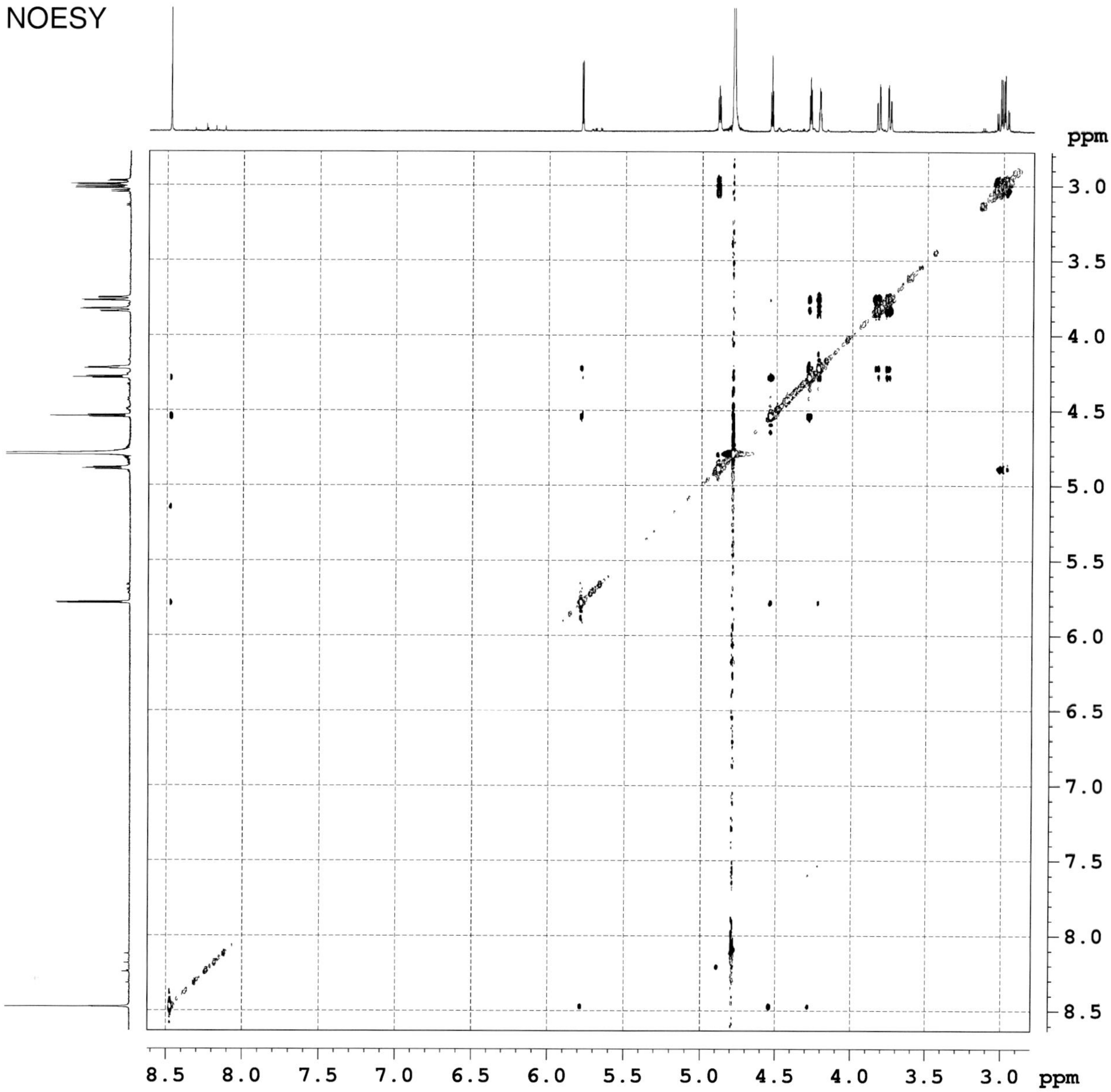
ppm
3.0
3.5
4.0
4.5
5.0
5.5
6.0
6.5
7.0
7.5
8.0
8.5
8.5 8.0 7.5 7.0 6.5 6.0 5.5 5.0 4.5 4.0 3.5 3.0 ppm

25 $C_{20}H_{30}O_3$, 700 MHz

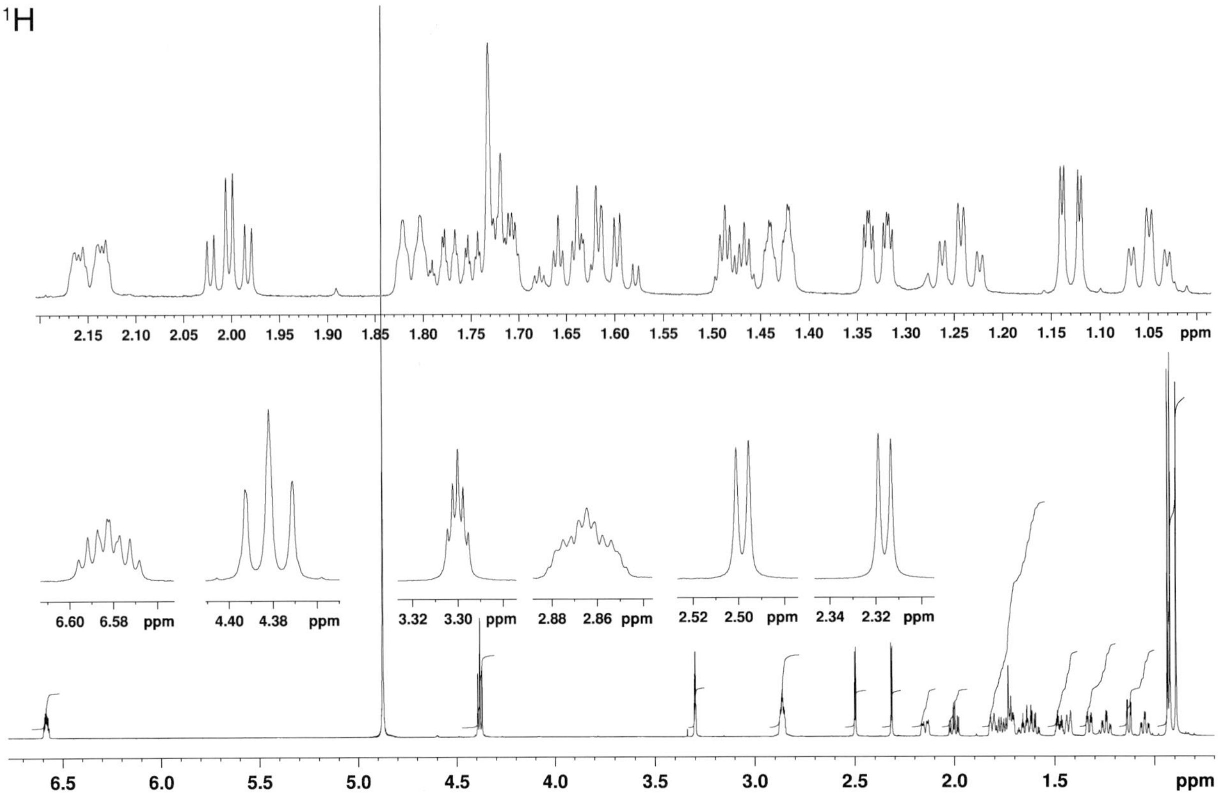

✍ Note

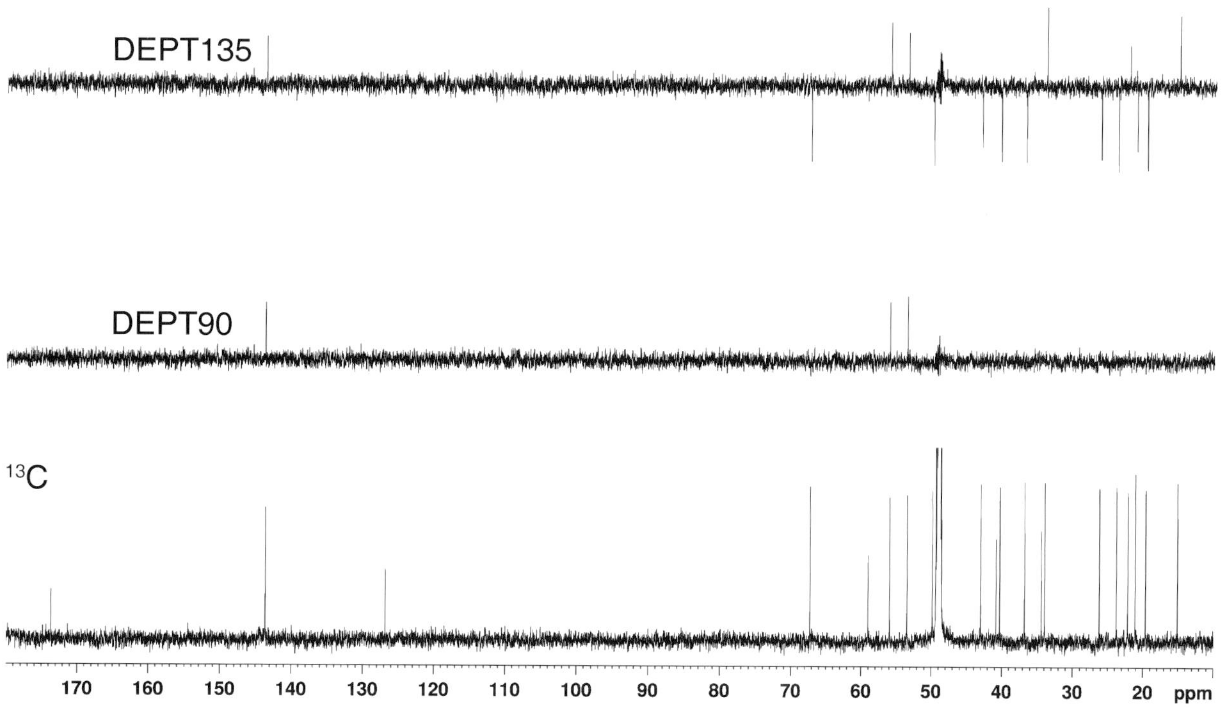
DEPT135
DEPT90
^{13}C
170 160 150 140 130 120 110 100 90 80 70 60 50 40 30 20 ppm

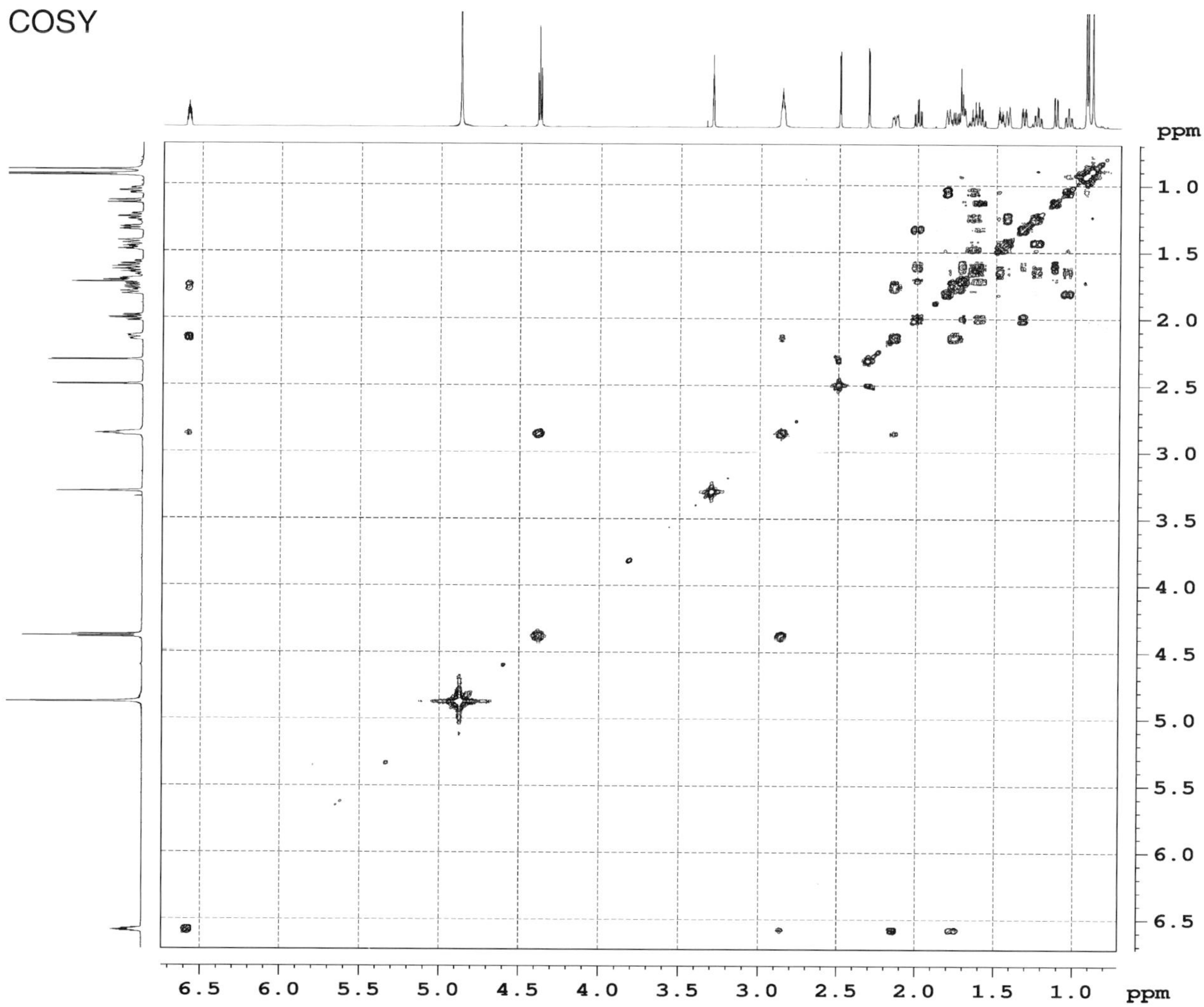
COSY
ppm
1.0 1.5 2.0 2.5 3.0 3.5 4.0 4.5 5.0 5.5 6.0 6.5
6.5 6.0 5.5 5.0 4.5 4.0 3.5 3.0 2.5 2.0 1.5 1.0 ppm

COSY-E

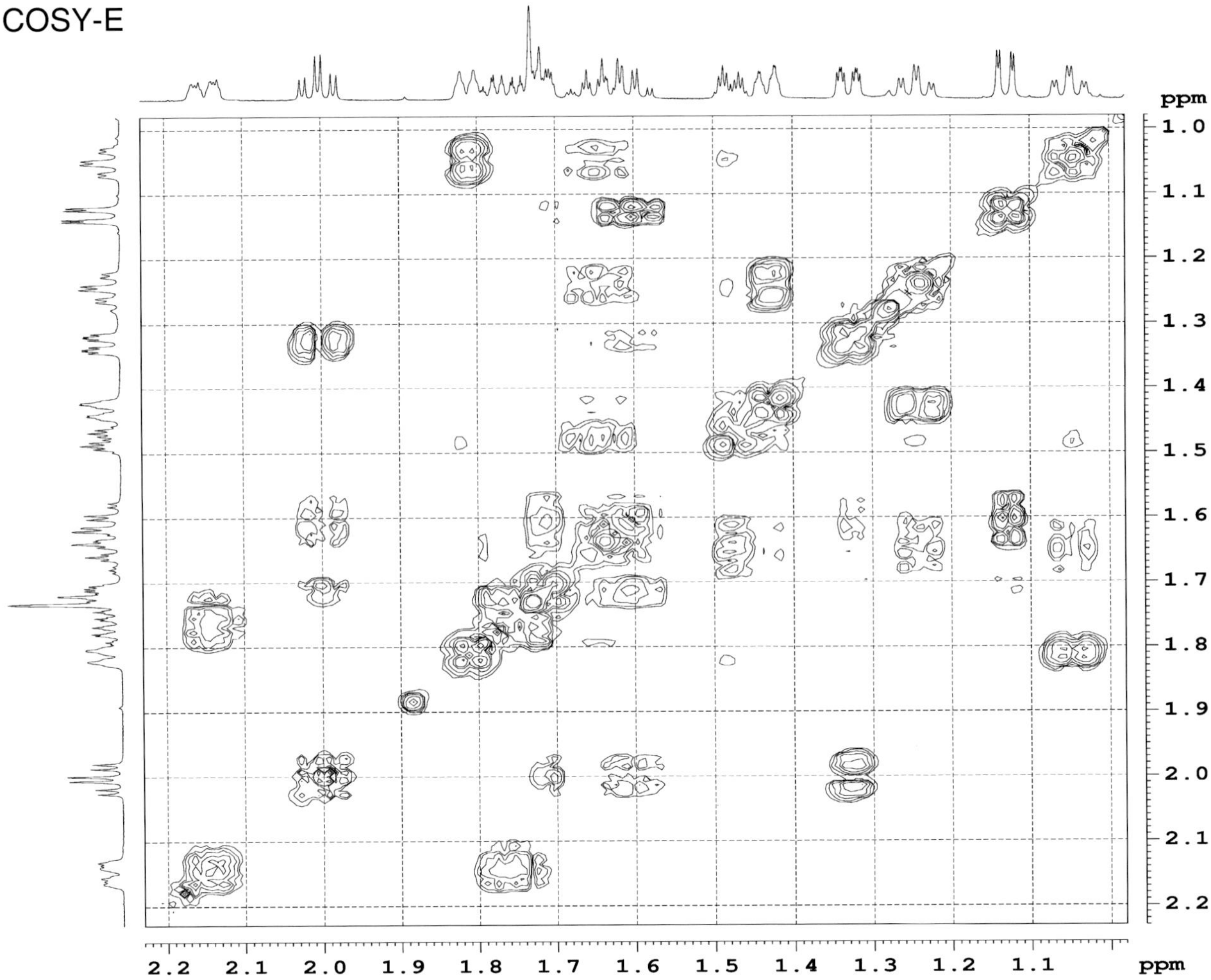

1D-TOCSY

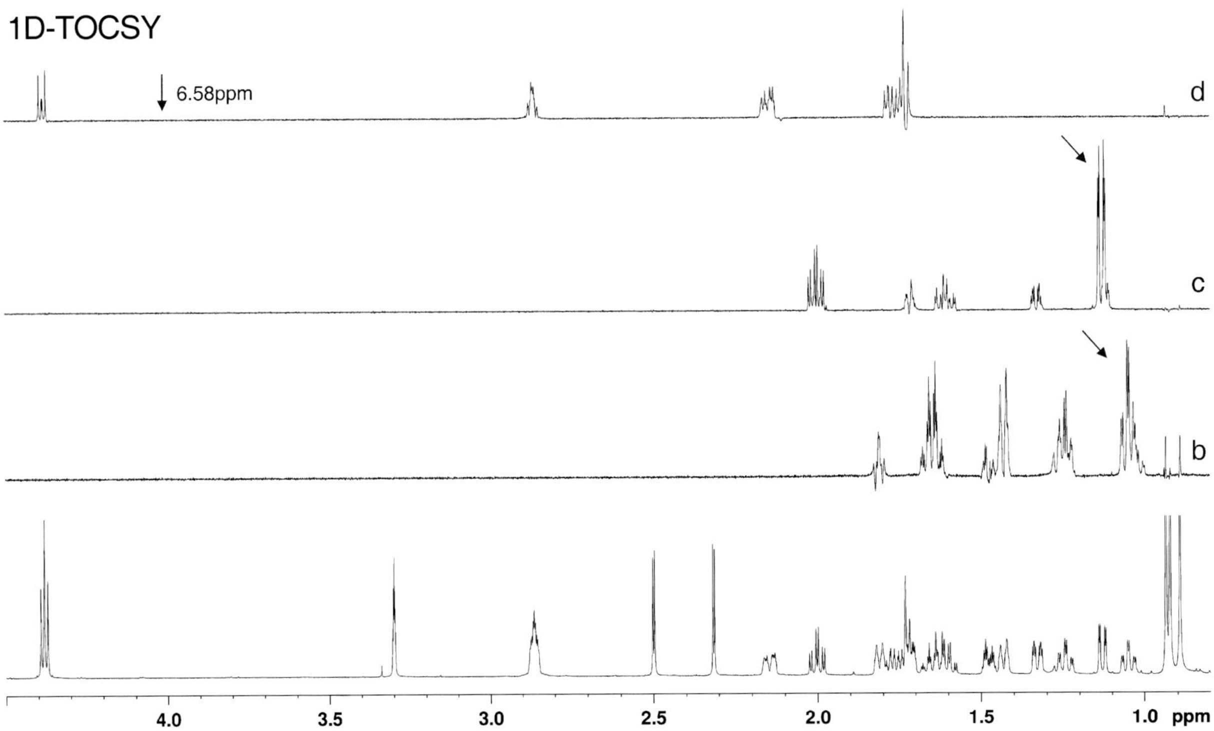

HSQC

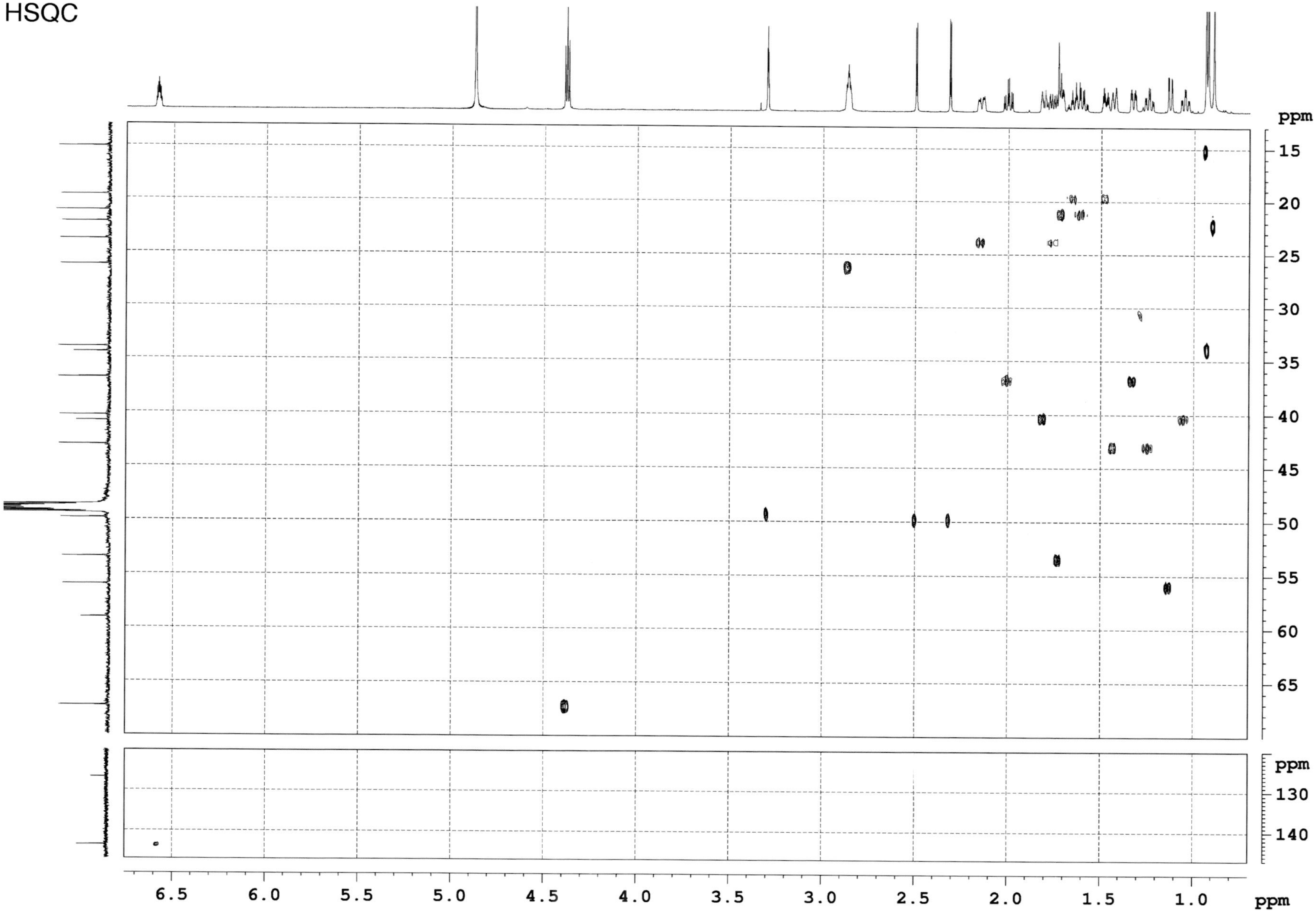
ppm
15
20
25
30
35
40
45
50
55
60
65
ppm
130
140
6.5
6.0
5.5
5.0
4.5
4.0
3.5
3.0
2.5
2.0
1.5
1.0
ppm

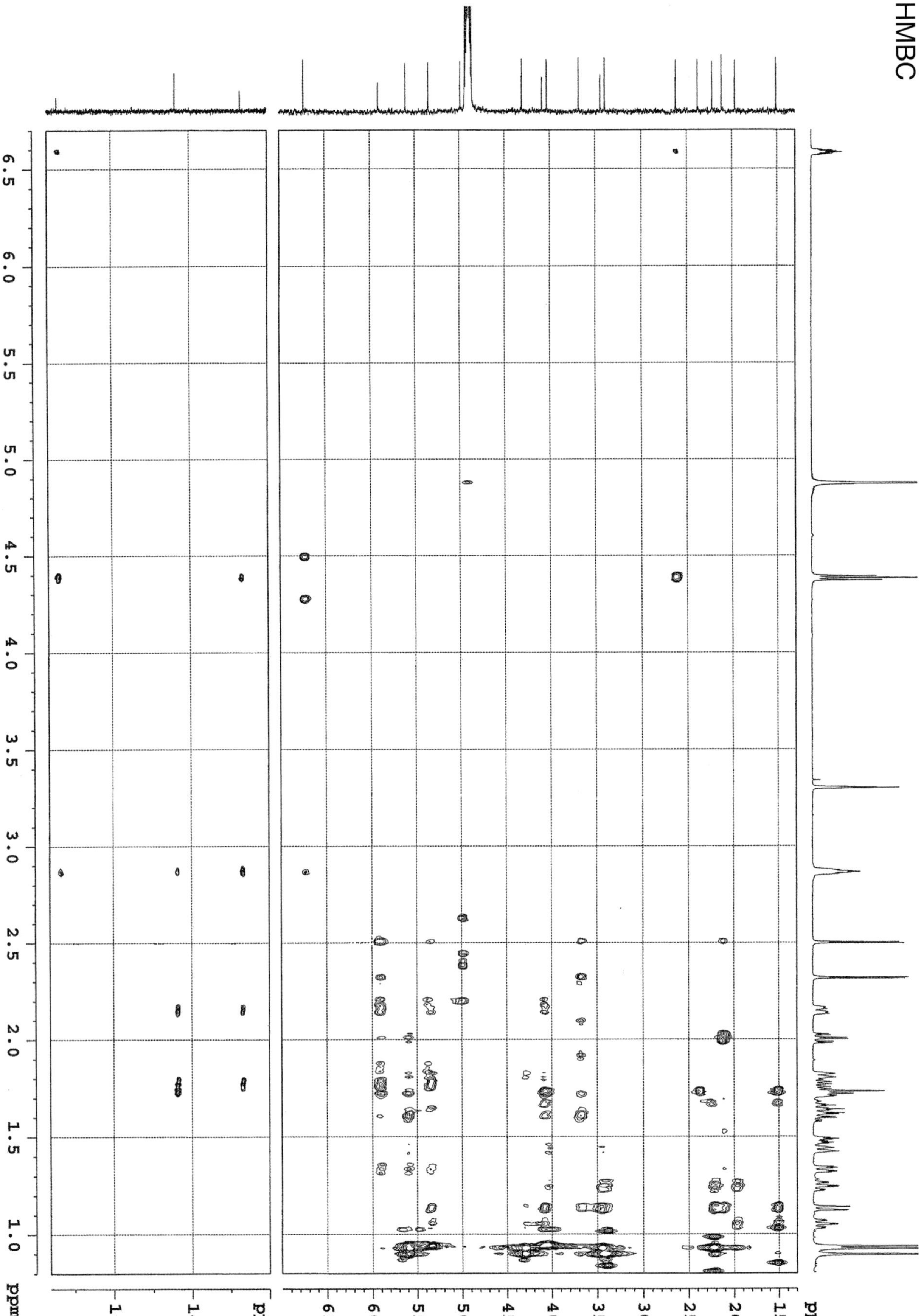
HMBC
ppm
160
140
ppm
65
60
55
50
45
40
35
30
25
20
15
ppm
6.5
6.0
5.5
5.0
4.5
4.0
3.5
3.0
2.5
2.0
1.5
1.0

HMBC-E

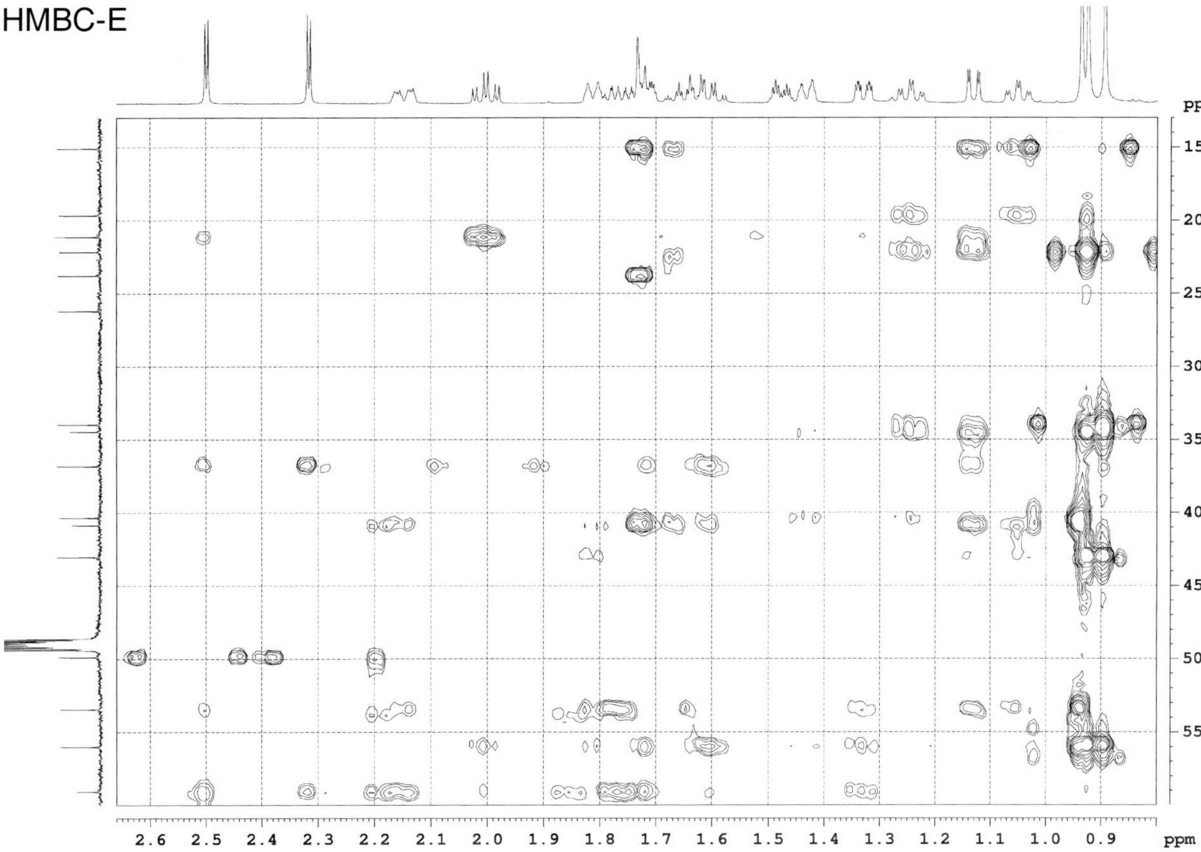
ppm
15
20
25
30
35
40
45
50
55
2.6 2.5 2.4 2.3 2.2 2.1 2.0 1.9 1.8 1.7 1.6 1.5 1.4 1.3 1.2 1.1 1.0 0.9
ppm

HMBC-E

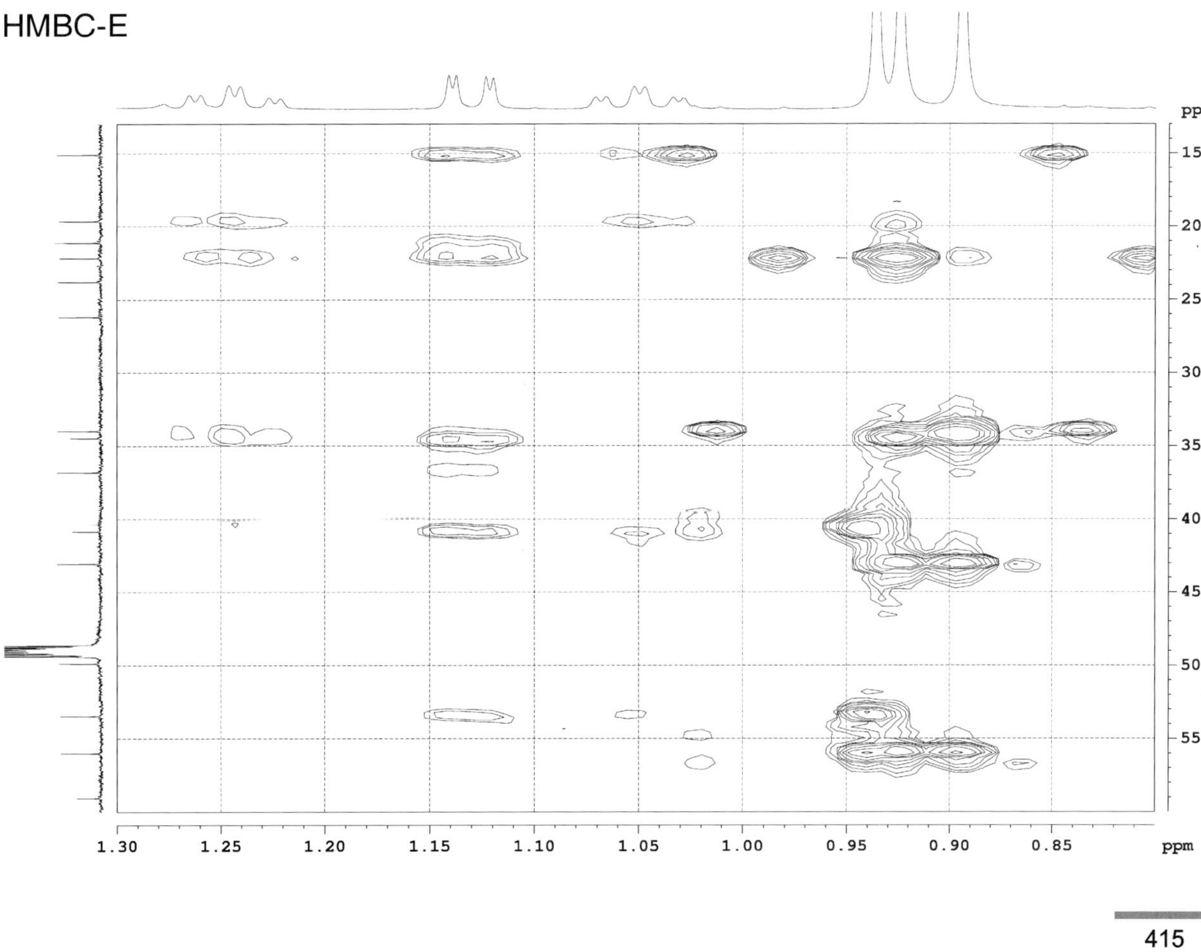
ppm
15
20
25
30
35
40
45
50
55
1.30 1.25 1.20 1.15 1.10 1.05 1.00 0.95 0.90 0.85
ppm

NOESY

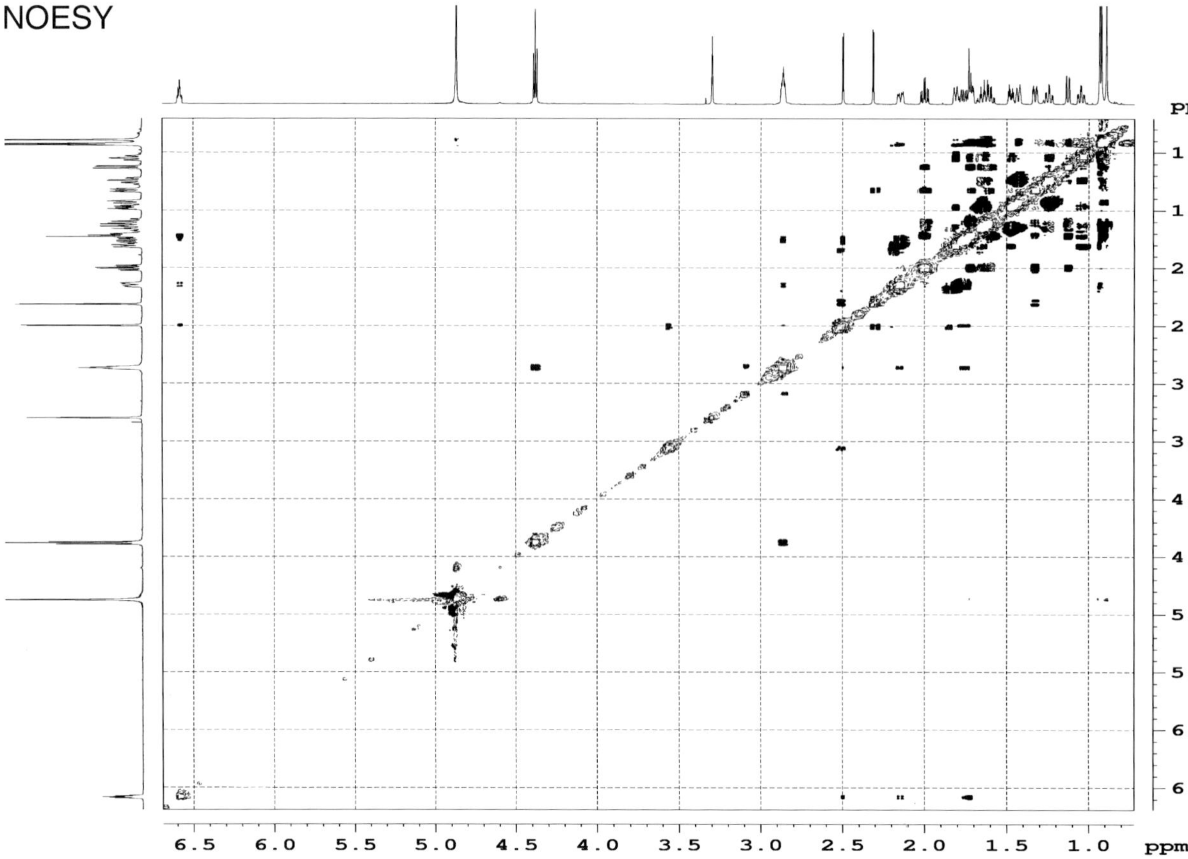

NOESY-E

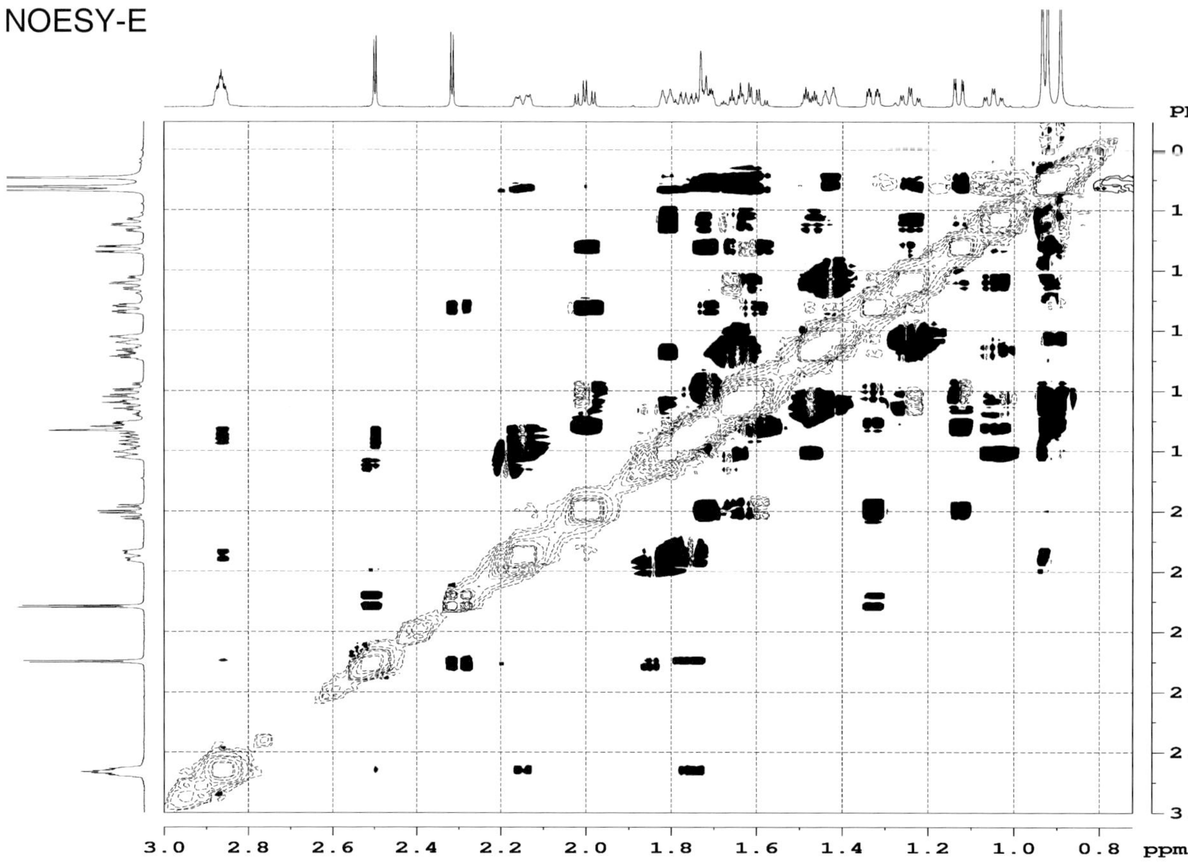

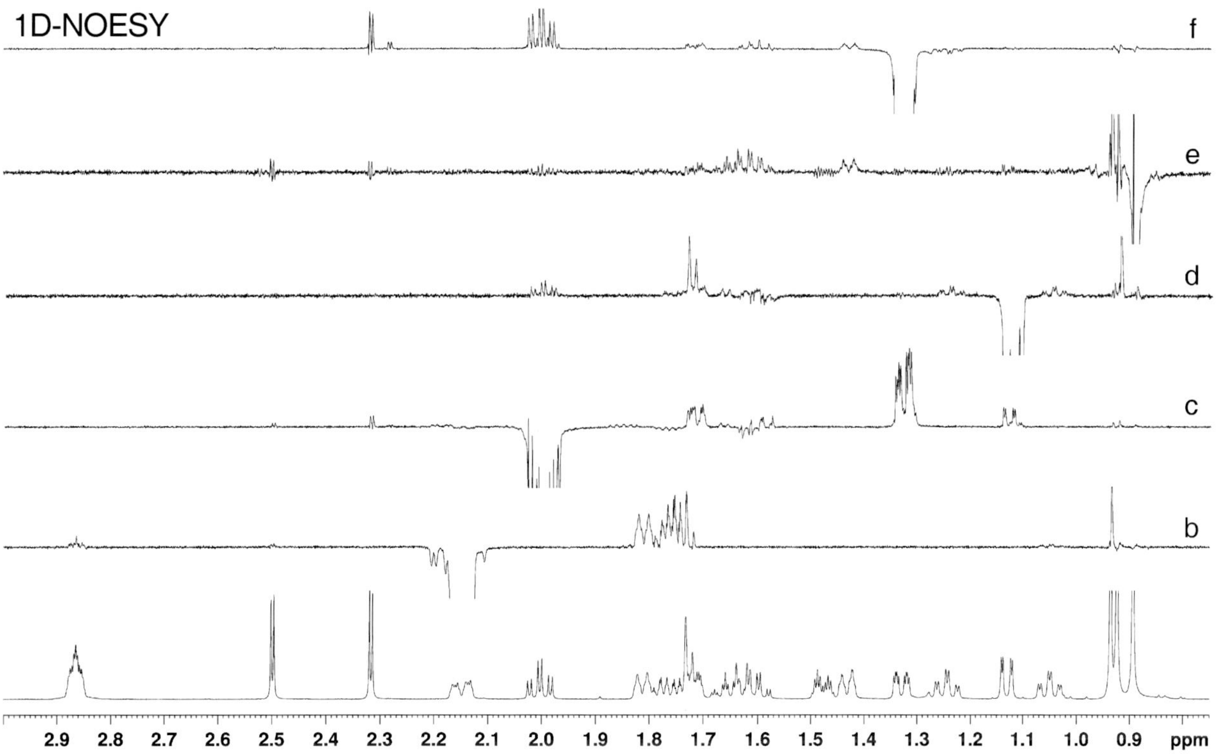
1D-NOESY
f
e
d
c
b
2.9 2.8 2.7 2.6 2.5 2.4 2.3 2.2 2.1 2.0 1.9 1.8 1.7 1.6 1.5 1.4 1.3 1.2 1.1 1.0 0.9 ppm

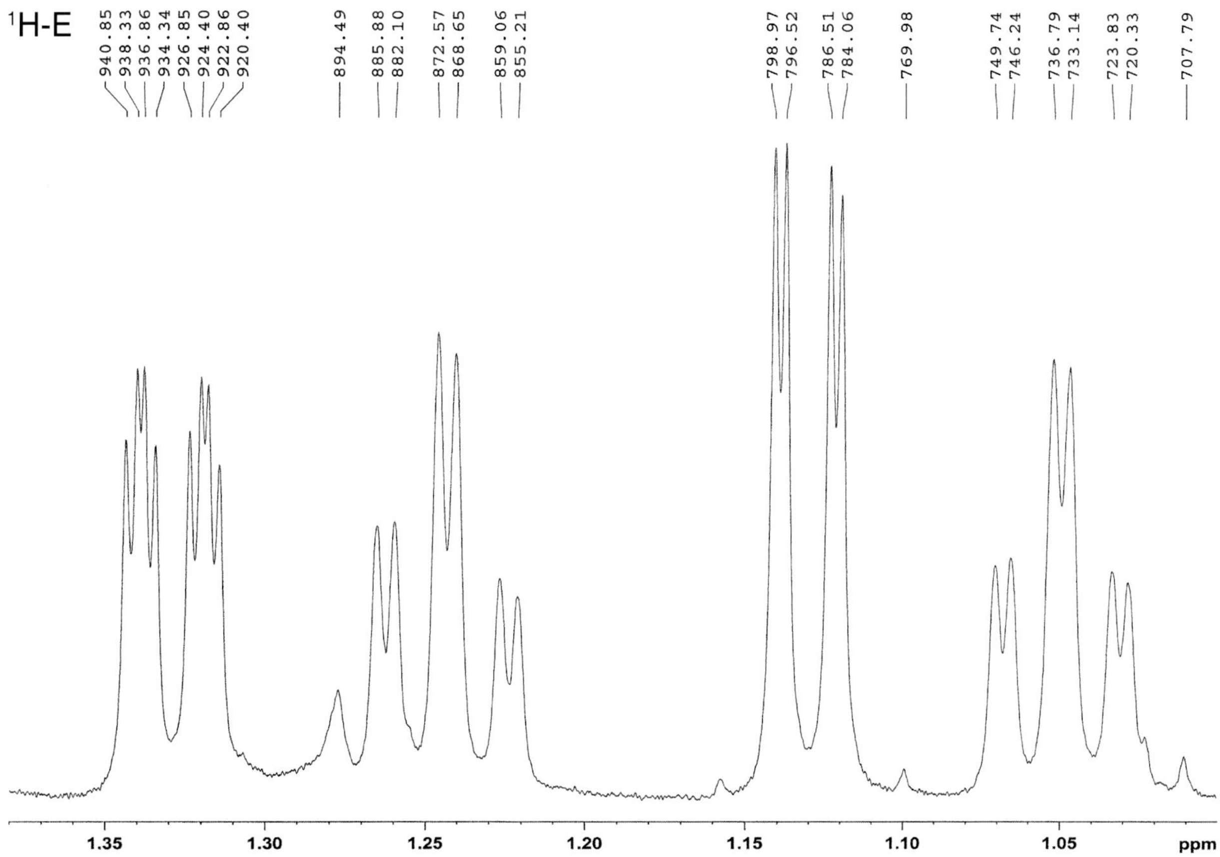
[1]H-E
940.85
938.33
936.86
934.34
926.85
924.40
922.86
920.40
894.49
885.88
882.10
872.57
868.65
859.06
855.21
798.97
796.52
786.51
784.06
769.98
749.74
746.24
736.79
733.14
723.83
720.33
707.79
1.35 1.30 1.25 1.20 1.15 1.10 1.05 ppm

4
연습문제 III

26 $C_{20}H_{26}O_4N_2 \cdot HCl$, 700 MHz

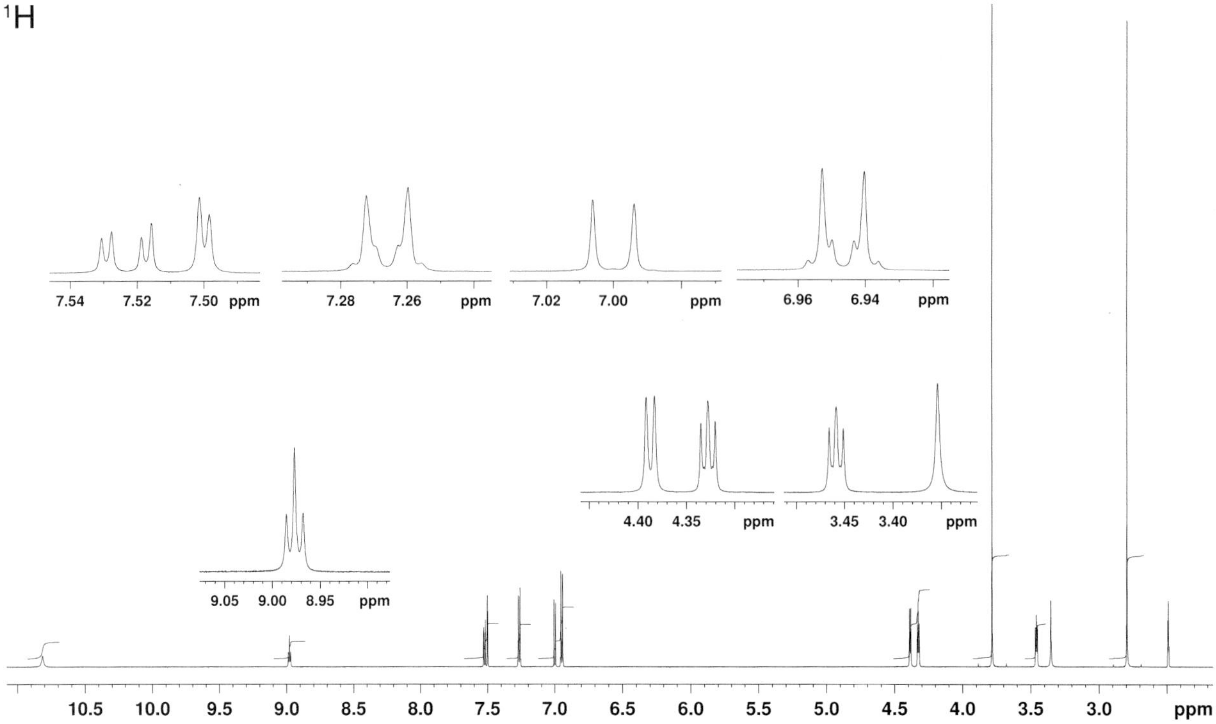

Note

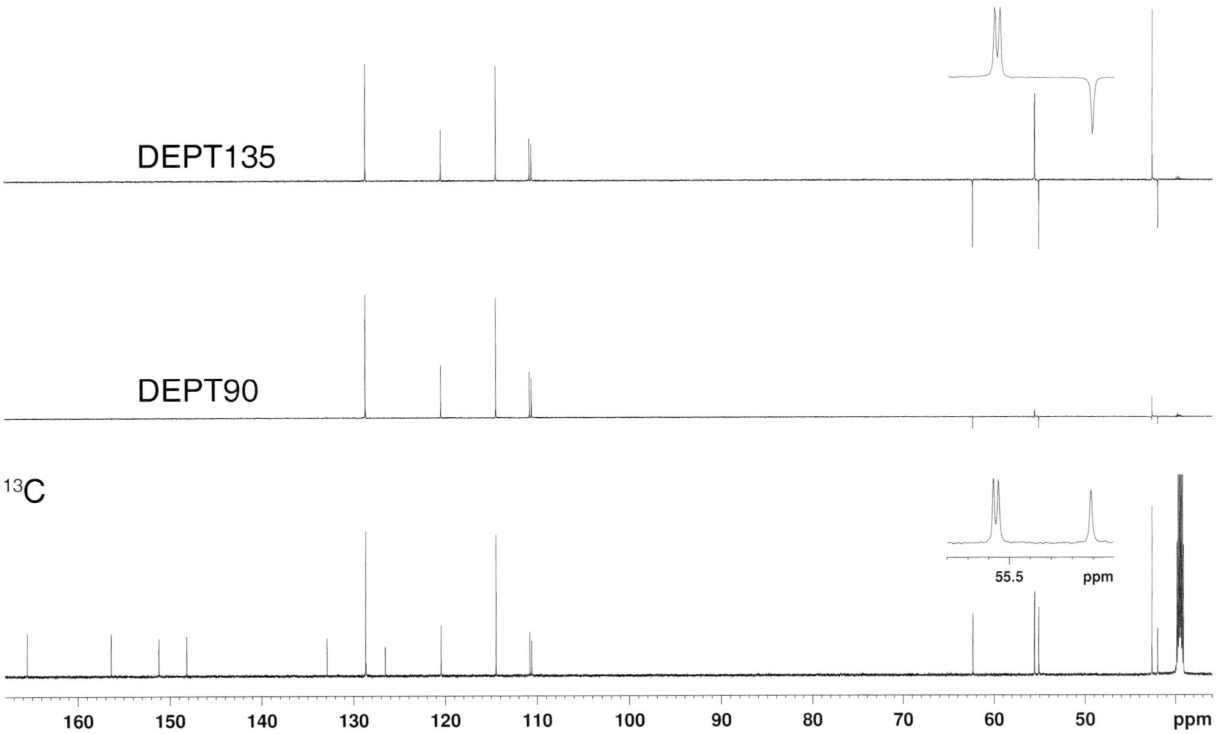
DEPT135
DEPT90
13C
55.5
ppm
160
150
140
130
120
110
100
90
80
70
60
50
ppm

COSY

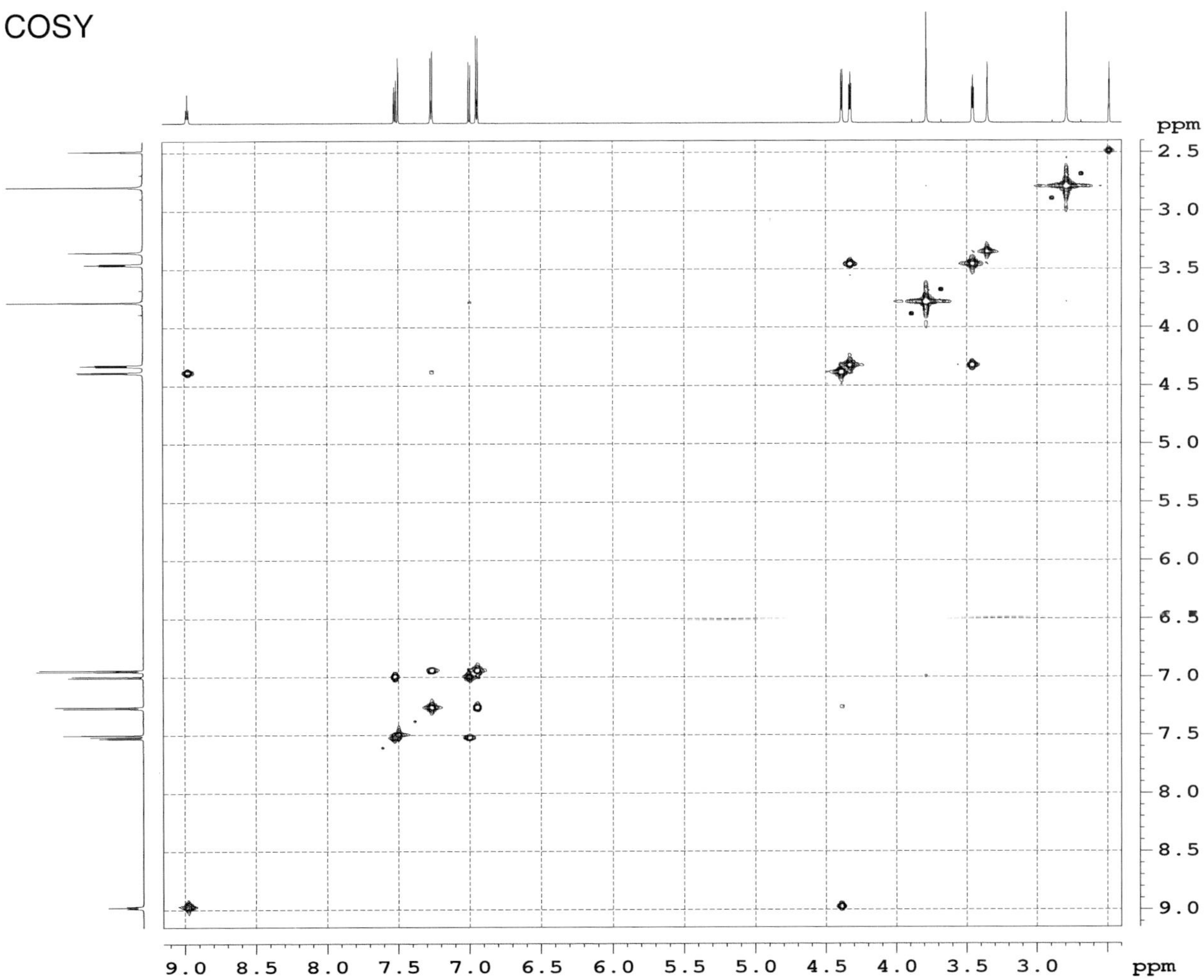
ppm
2.5
3.0
3.5
4.0
4.5
5.0
5.5
6.0
6.5
7.0
7.5
8.0
8.5
9.0
9.0
8.5
8.0
7.5
7.0
6.5
6.0
5.5
5.0
4.5
4.0
3.5
3.0
ppm

HSQC

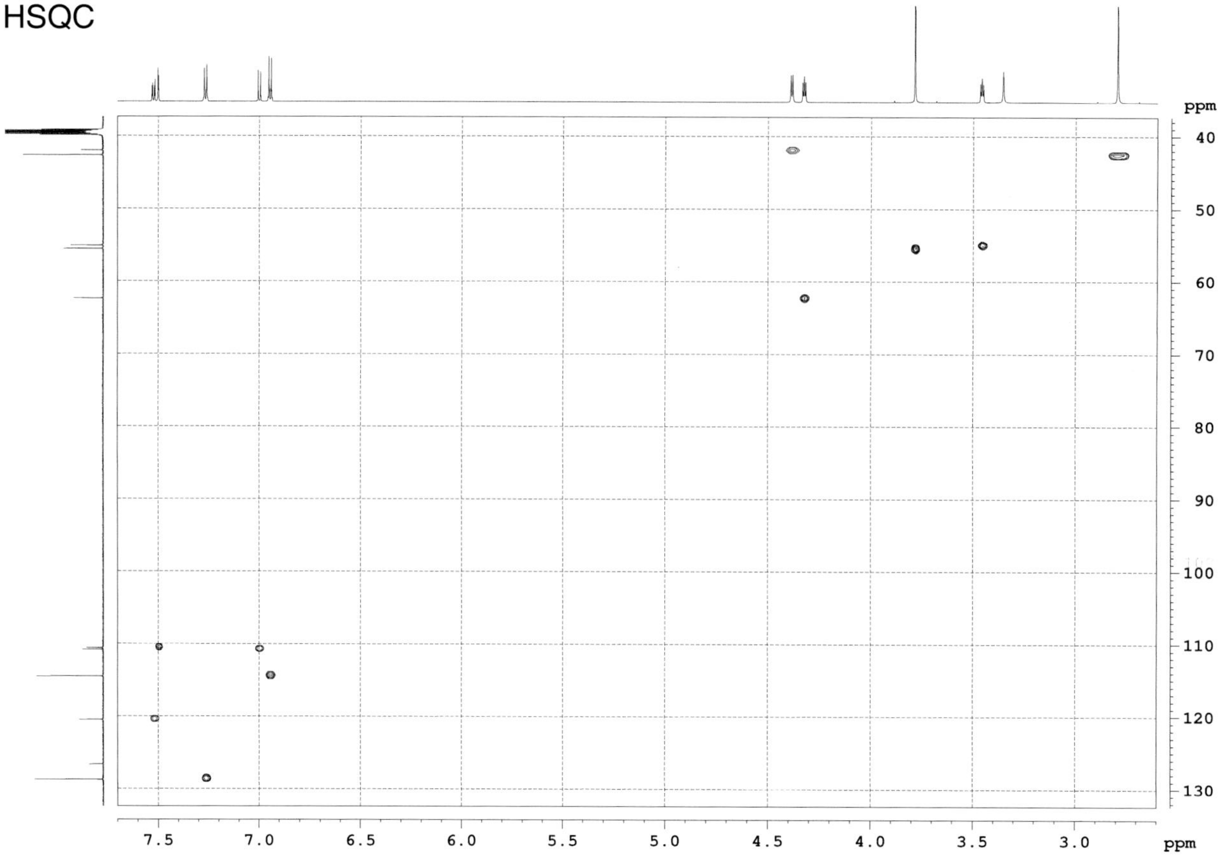

HMBC (J=4 Hz)

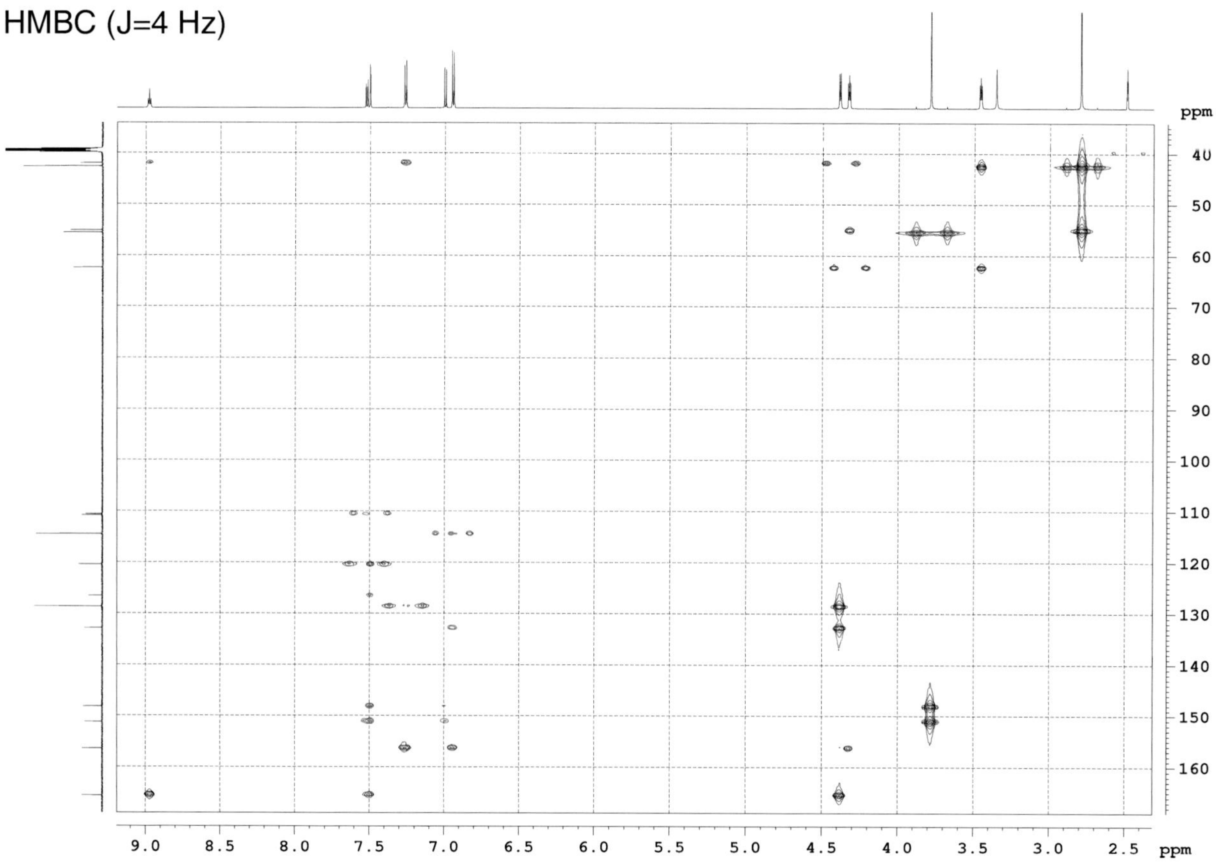

4

연습문제 III

HMBC-E (J=7 Hz)

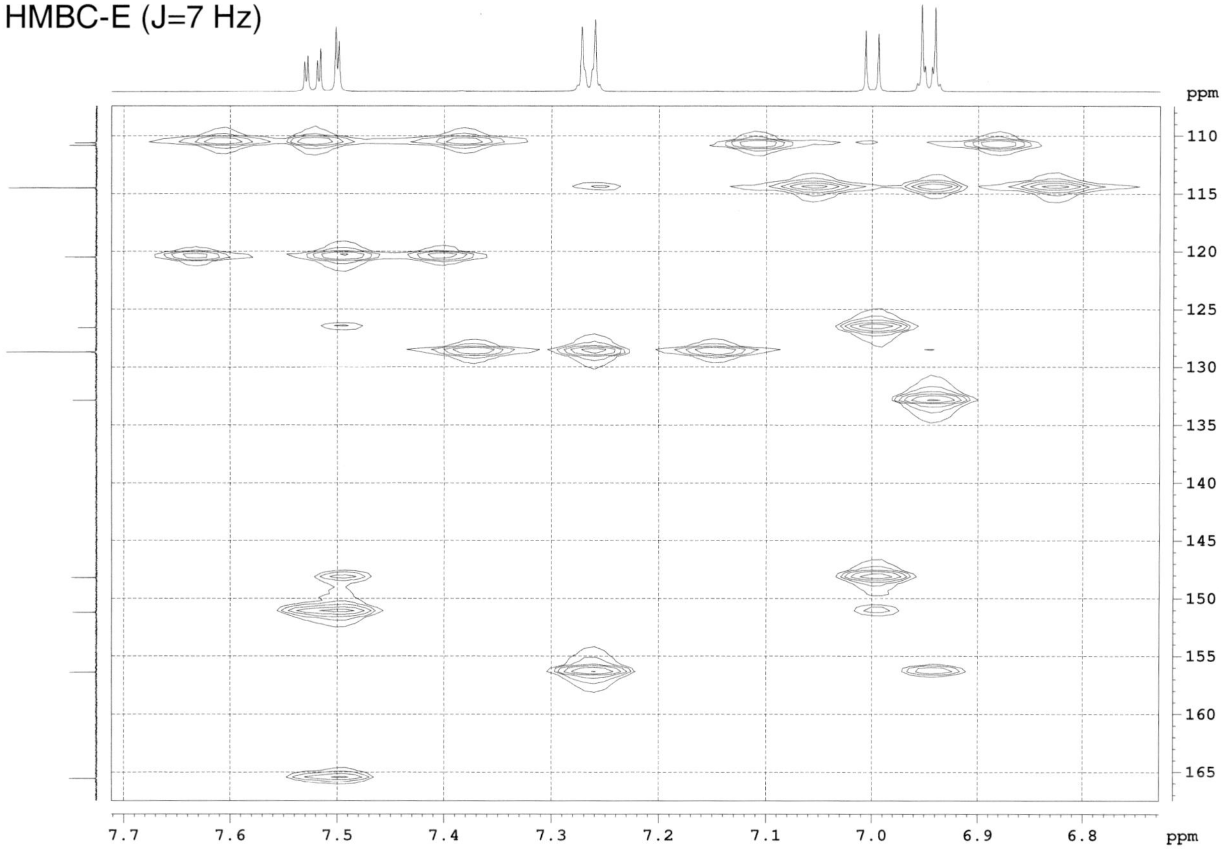

HMBC-^{1}H-^{15}N

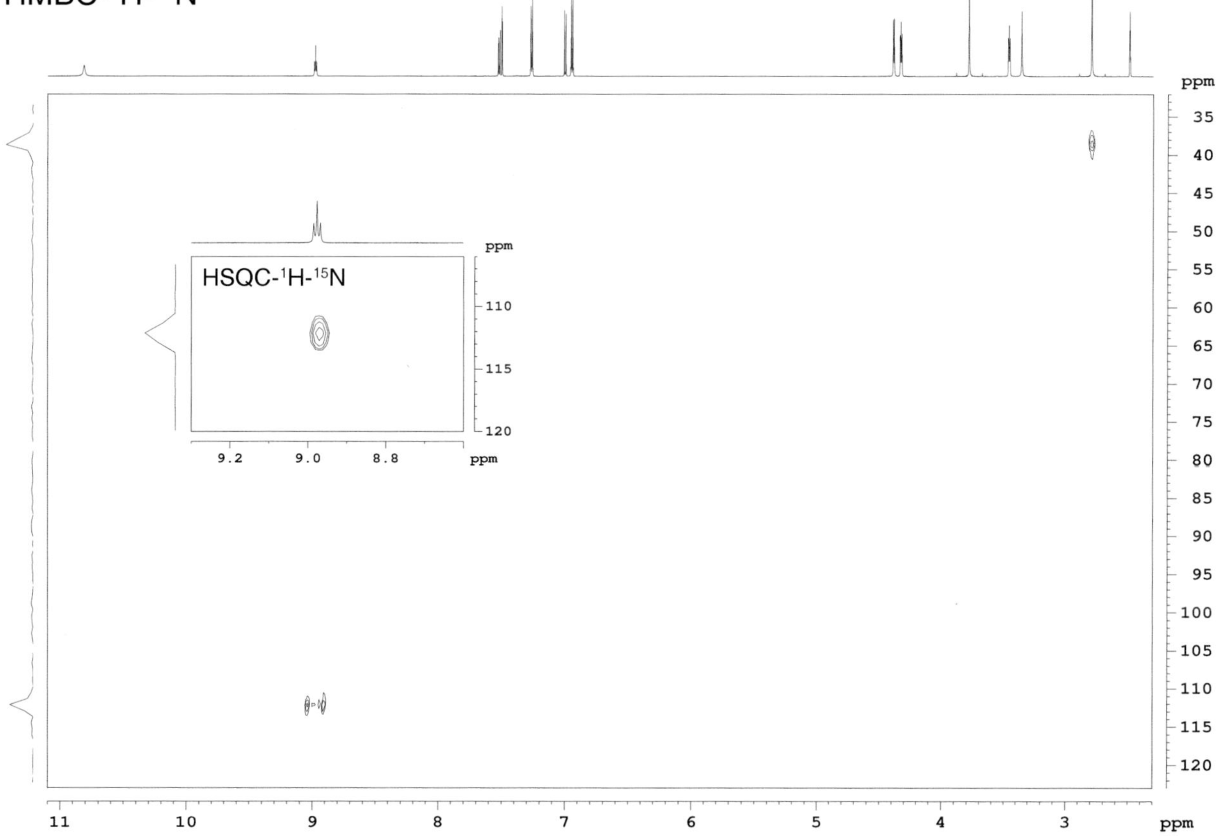

4

연습문제 III

Long-range COSY

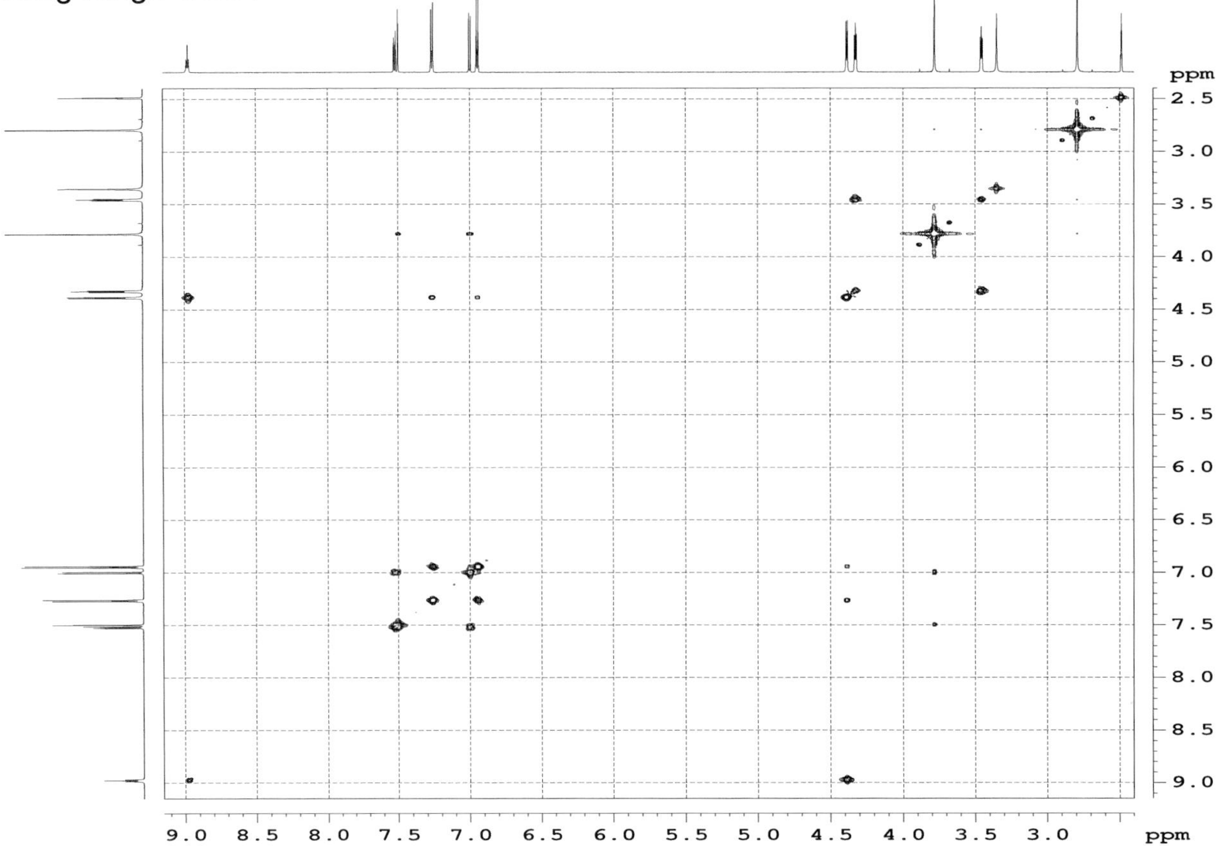

1D-NOESY

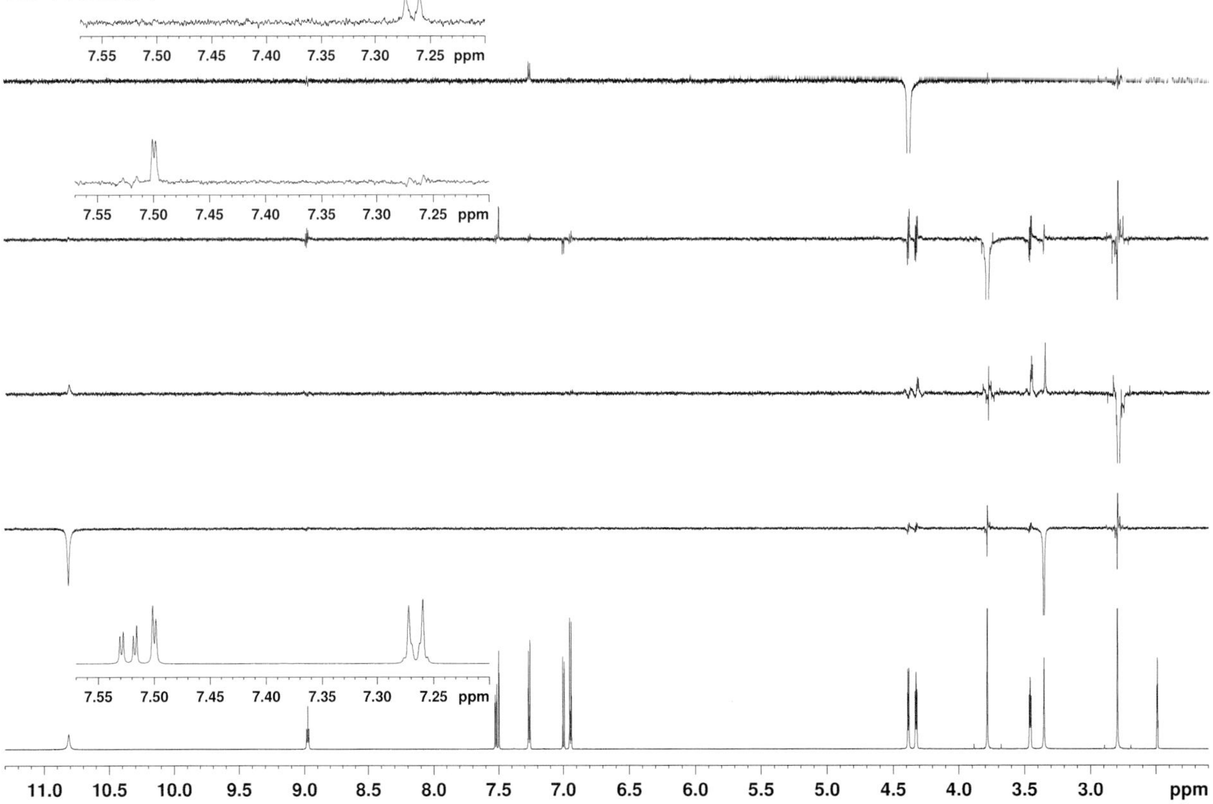

27 $C_{17}H_{17}NO_2SF_2$, 700 MHz

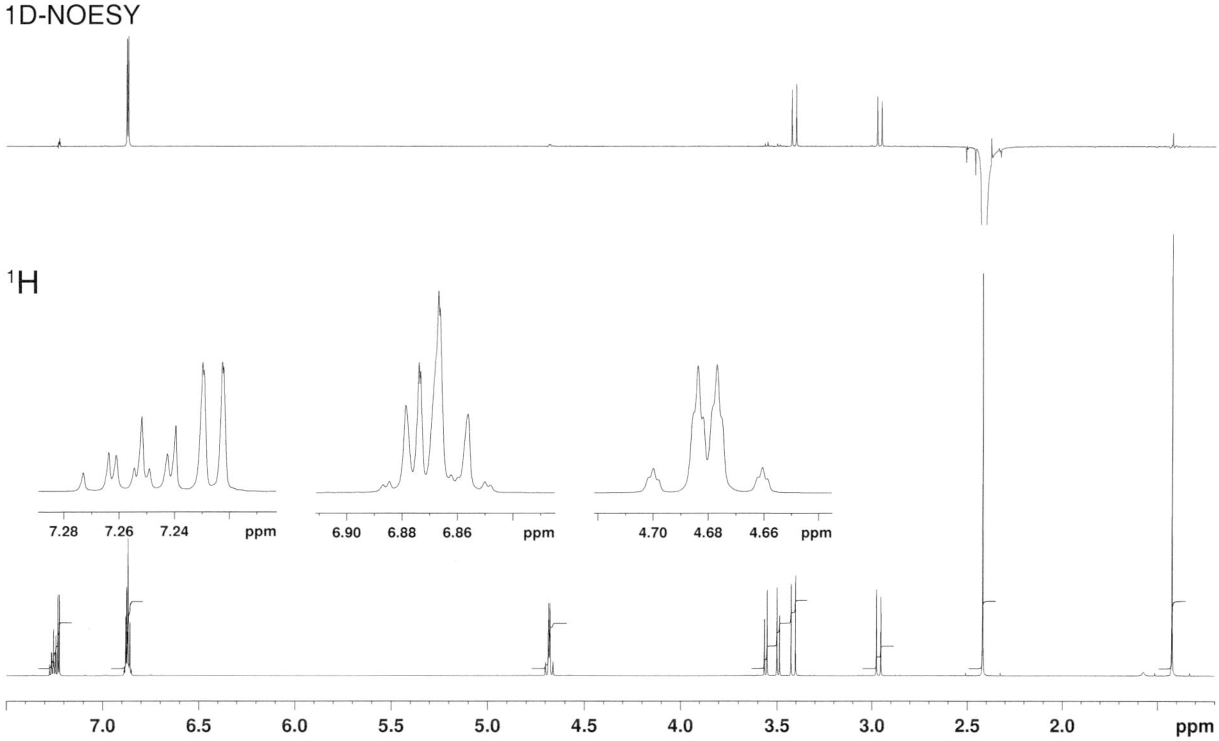

Note

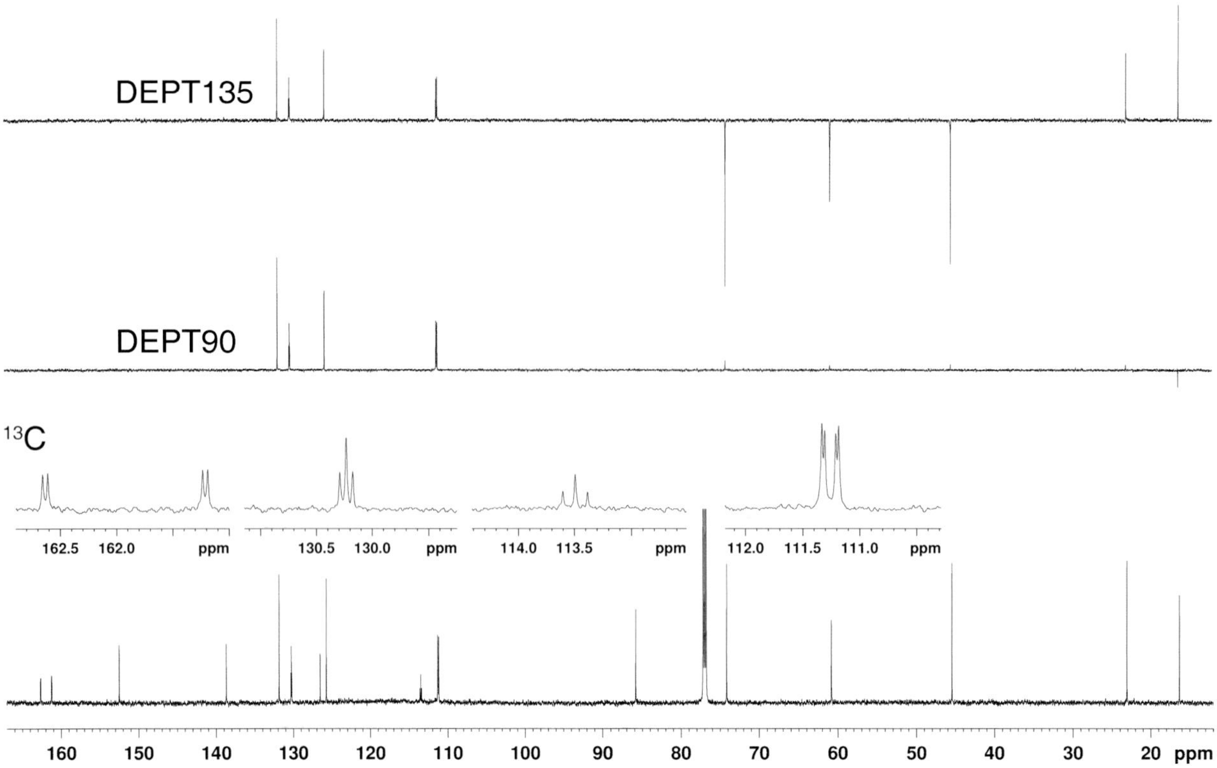
DEPT135
DEPT90
13C

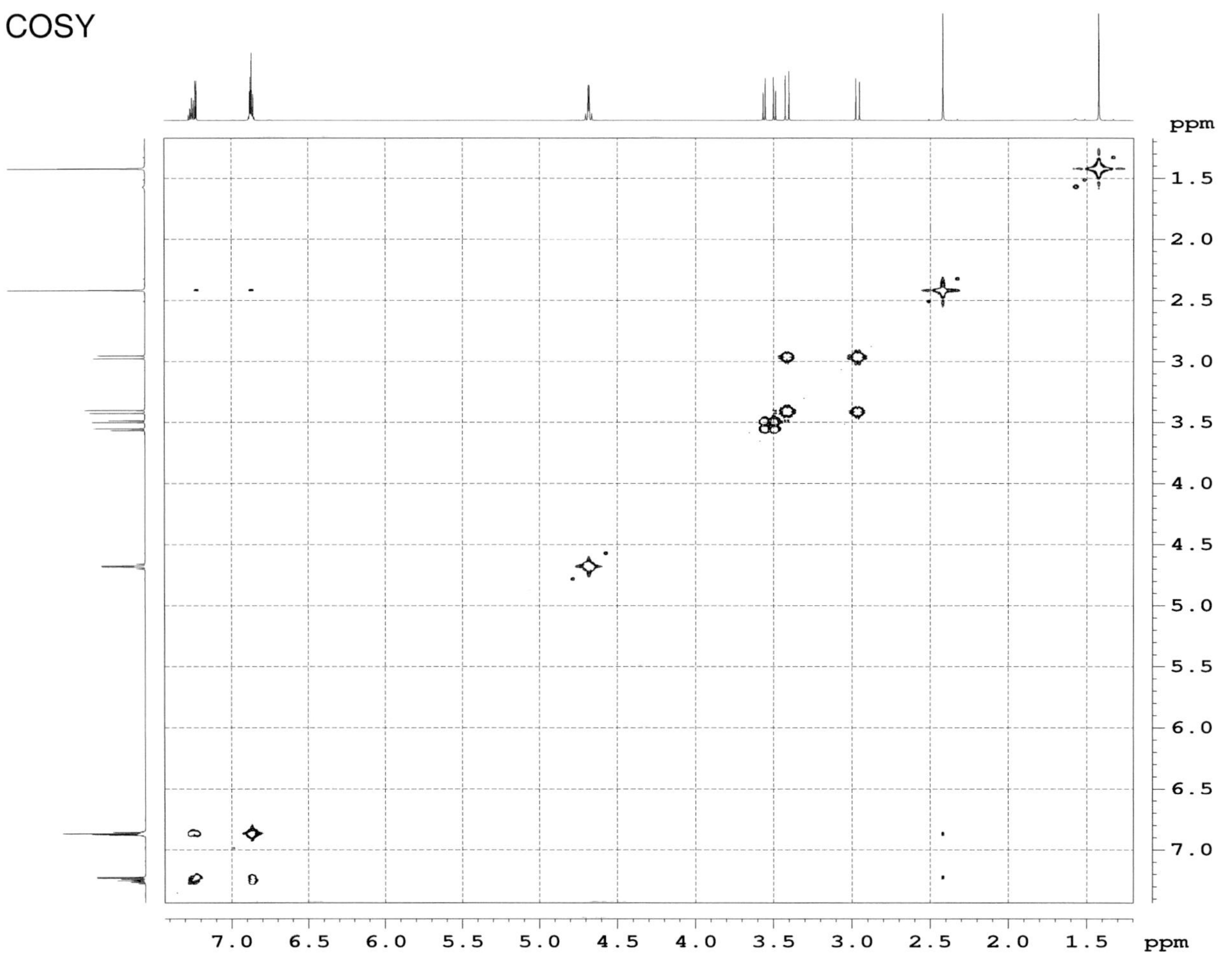
COSY

HSQC

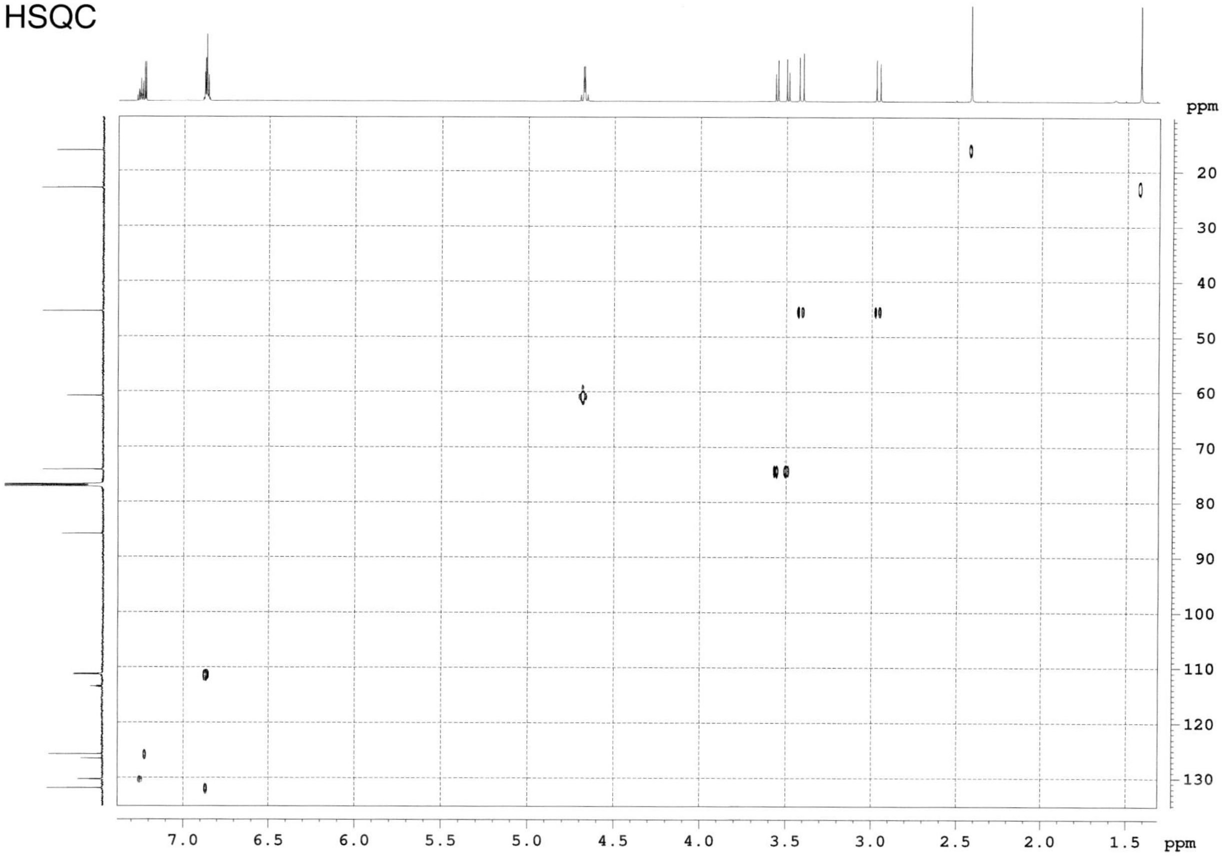

HMBC

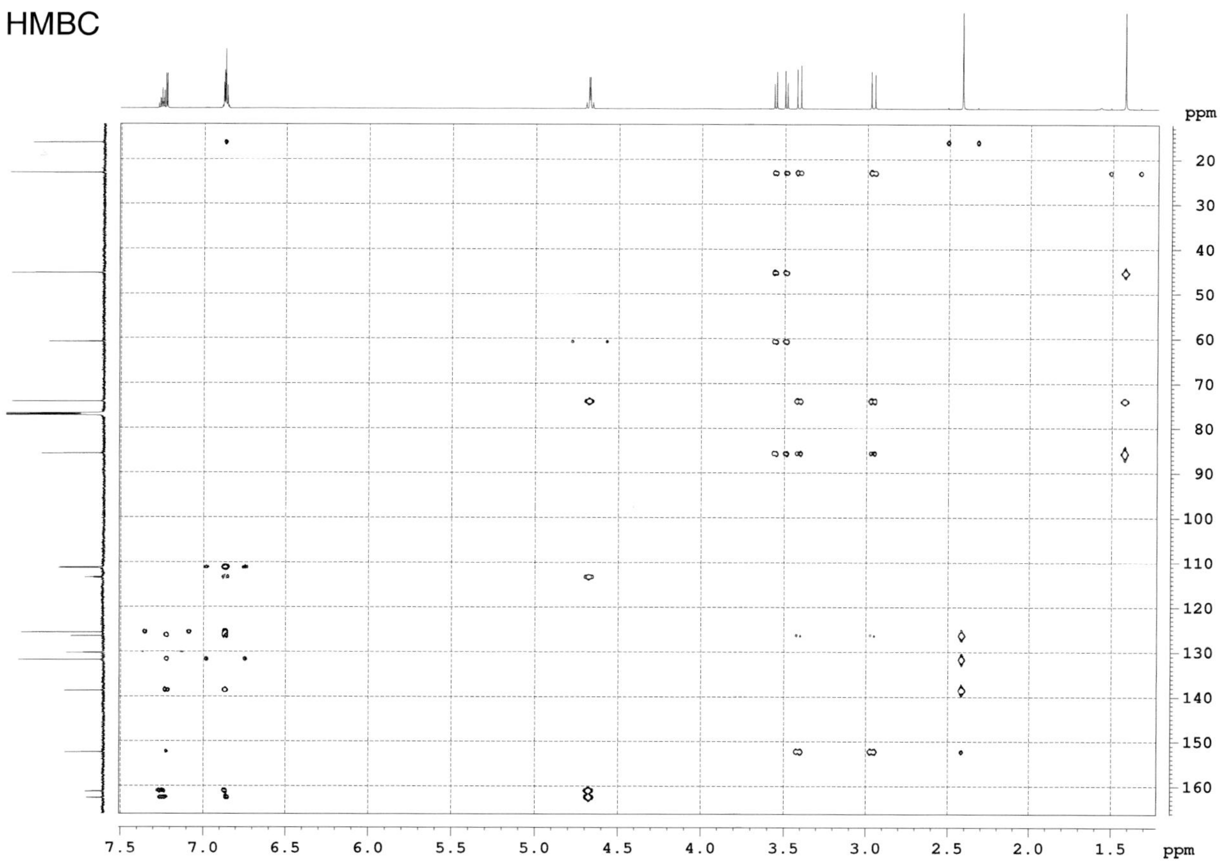

HMBC-¹H-¹⁵N

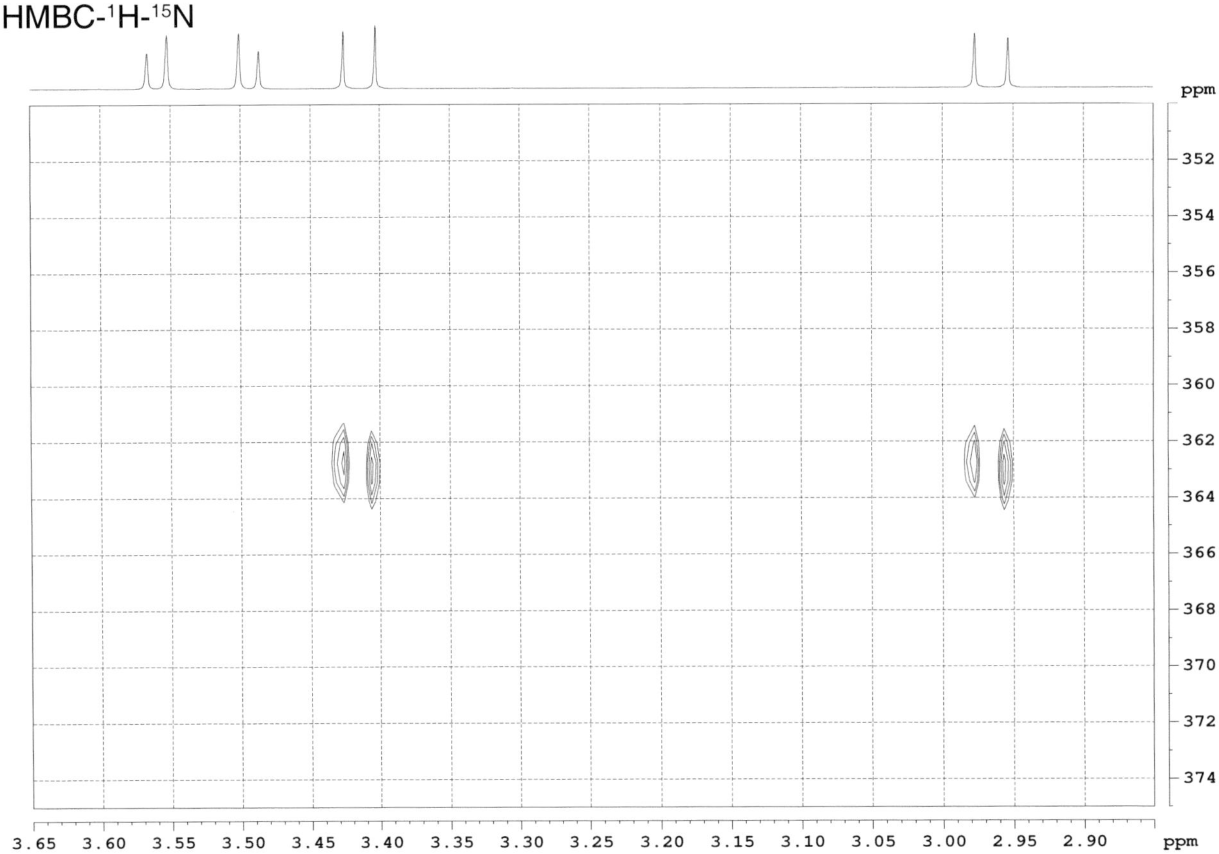

J-resolved

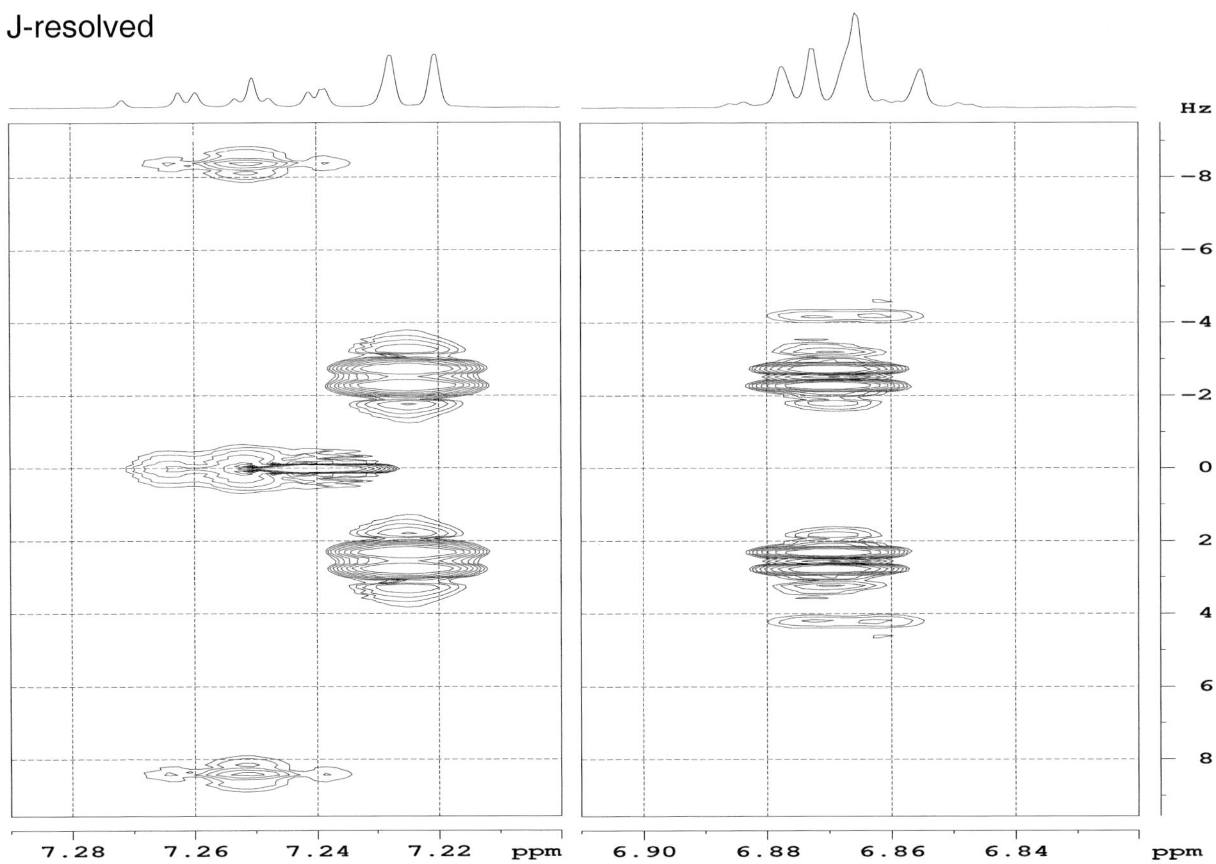

28 $C_{23}H_{27}N_4O_3F$, 700 MHz

^1H

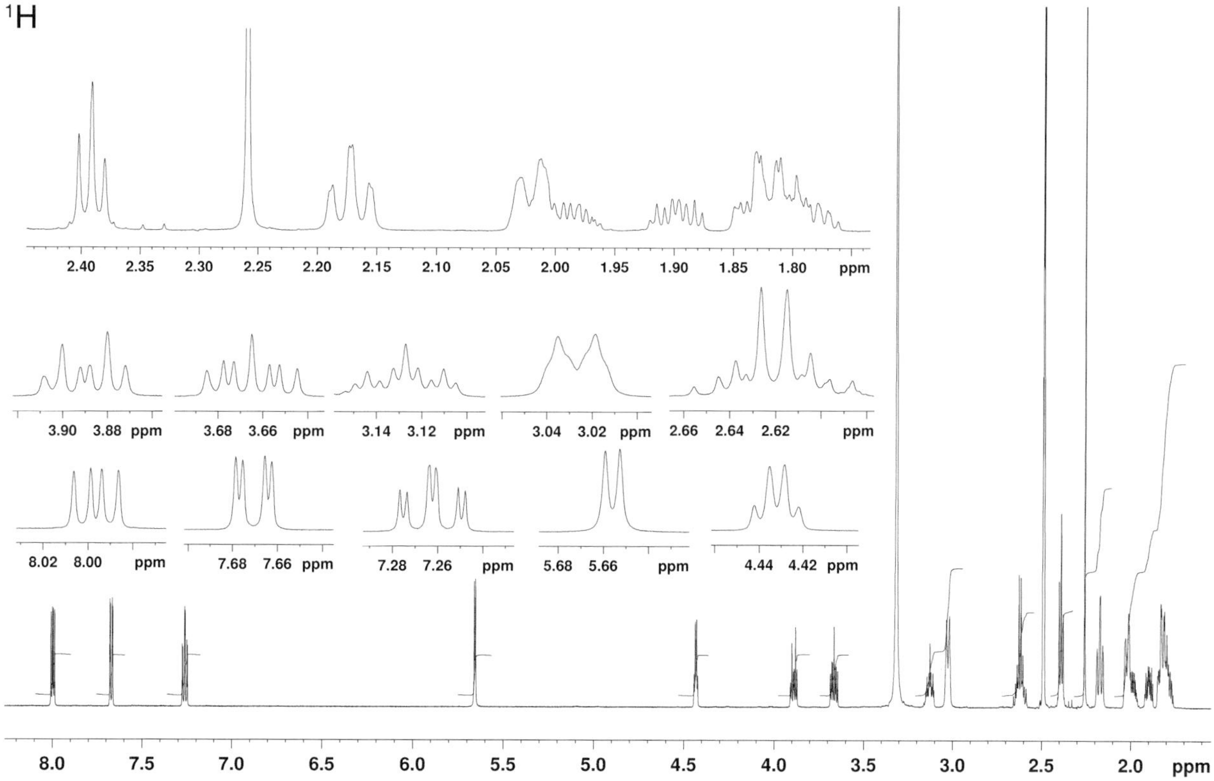

Note

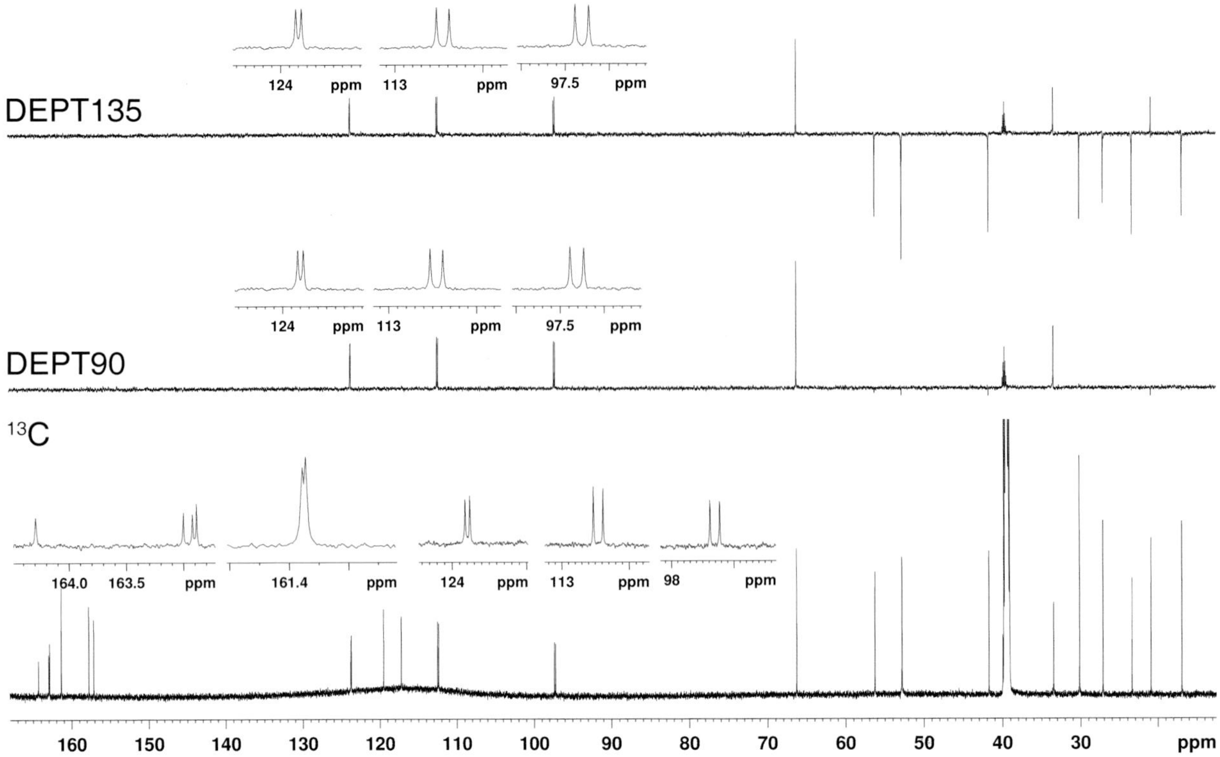
DEPT135
124 ppm
113 ppm
97.5 ppm
DEPT90
124 ppm
113 ppm
97.5 ppm
^{13}C
164.0 163.5 ppm
161.4 ppm
124 ppm
113 ppm
98 ppm
160 150 140 130 120 110 100 90 80 70 60 50 40 30 ppm

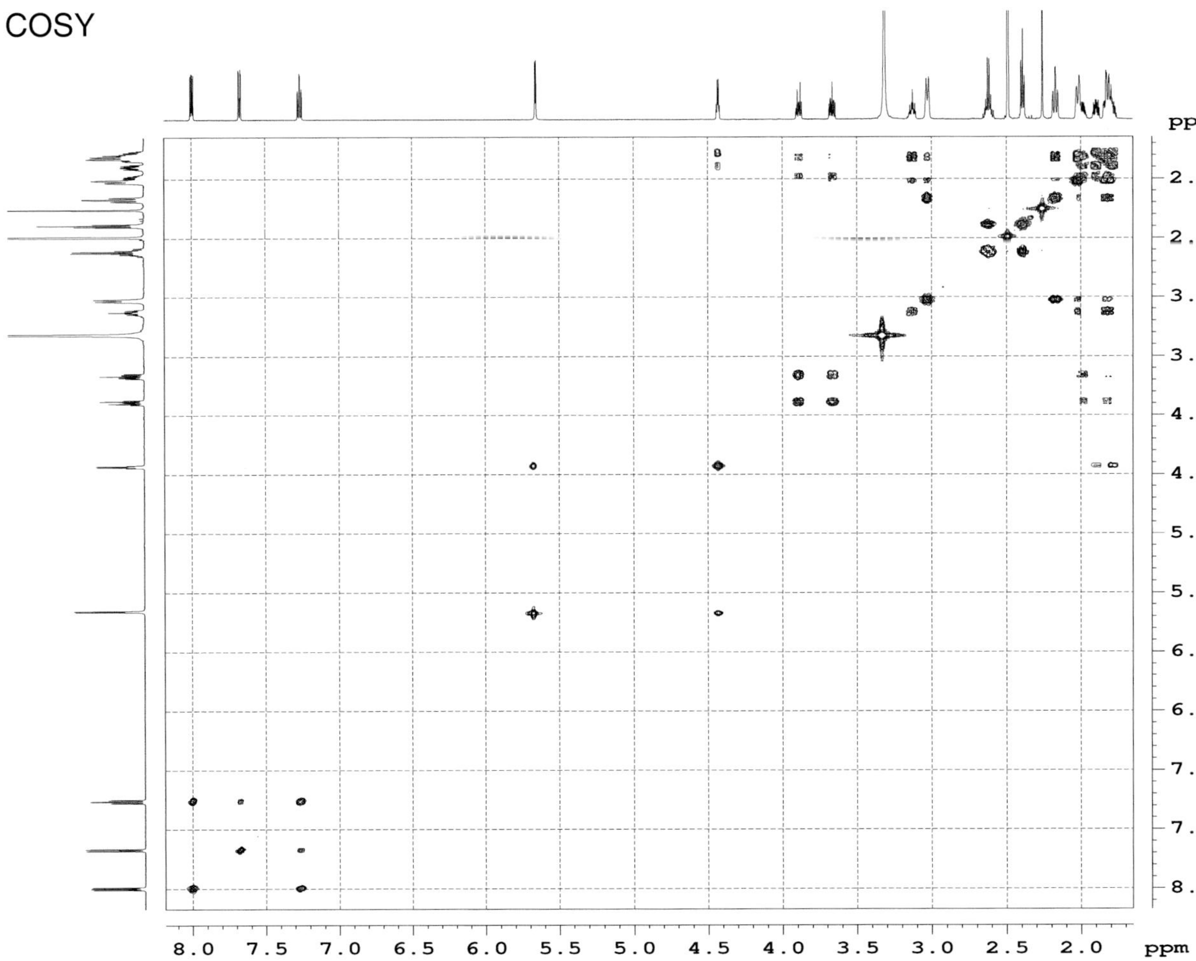
COSY
ppm
2.0 2.5 3.0 3.5 4.0 4.5 5.0 5.5 6.0 6.5 7.0 7.5 8.0
8.0 7.5 7.0 6.5 6.0 5.5 5.0 4.5 4.0 3.5 3.0 2.5 2.0 ppm

1D-COSY

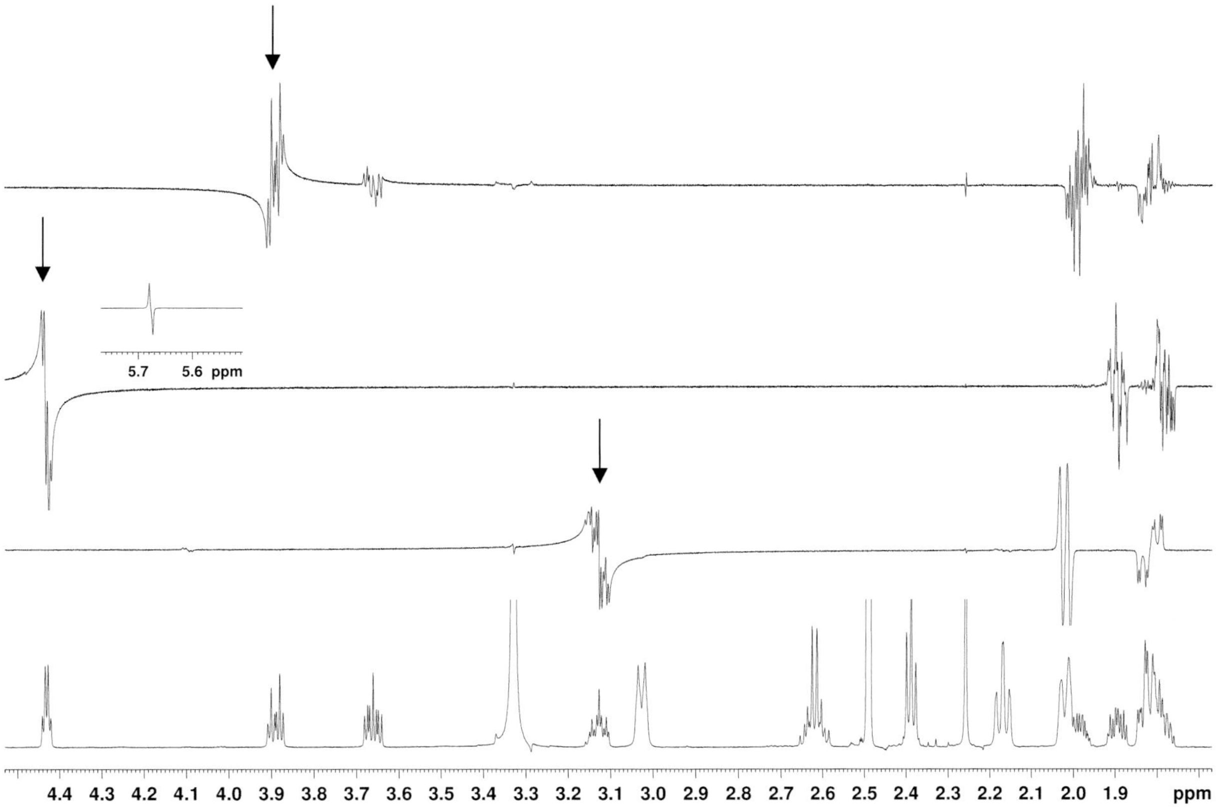

1D-COSY-E

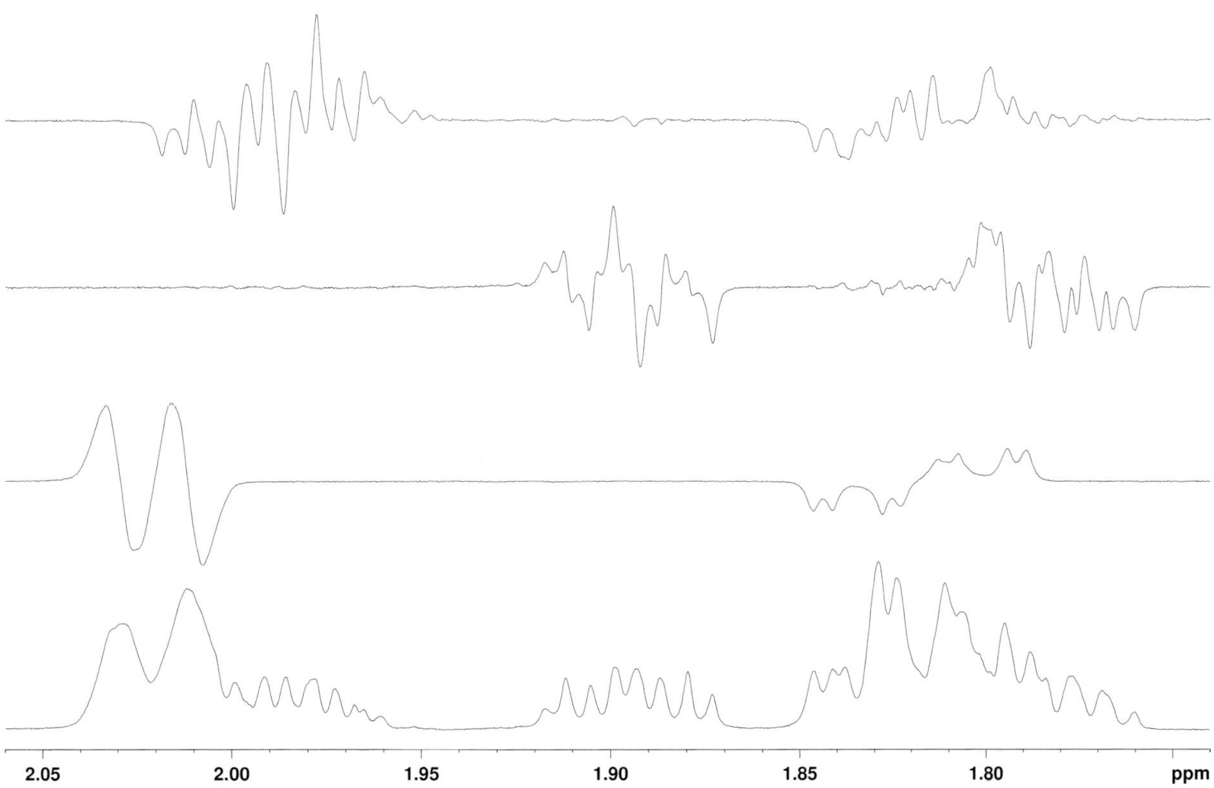

4

연습문제 III

HSQC

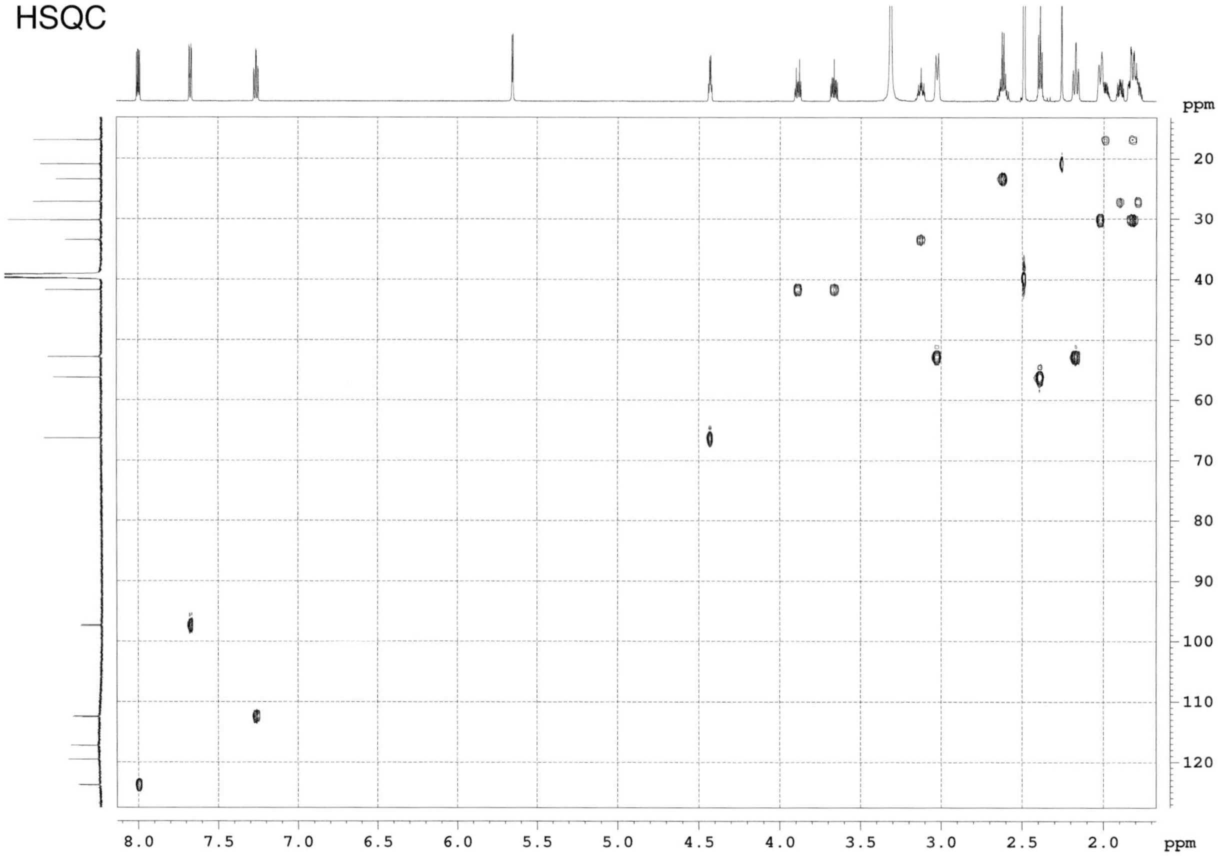
ppm
20
30
40
50
60
70
80
90
100
110
120
8.0 7.5 7.0 6.5 6.0 5.5 5.0 4.5 4.0 3.5 3.0 2.5 2.0
ppm

HMBC

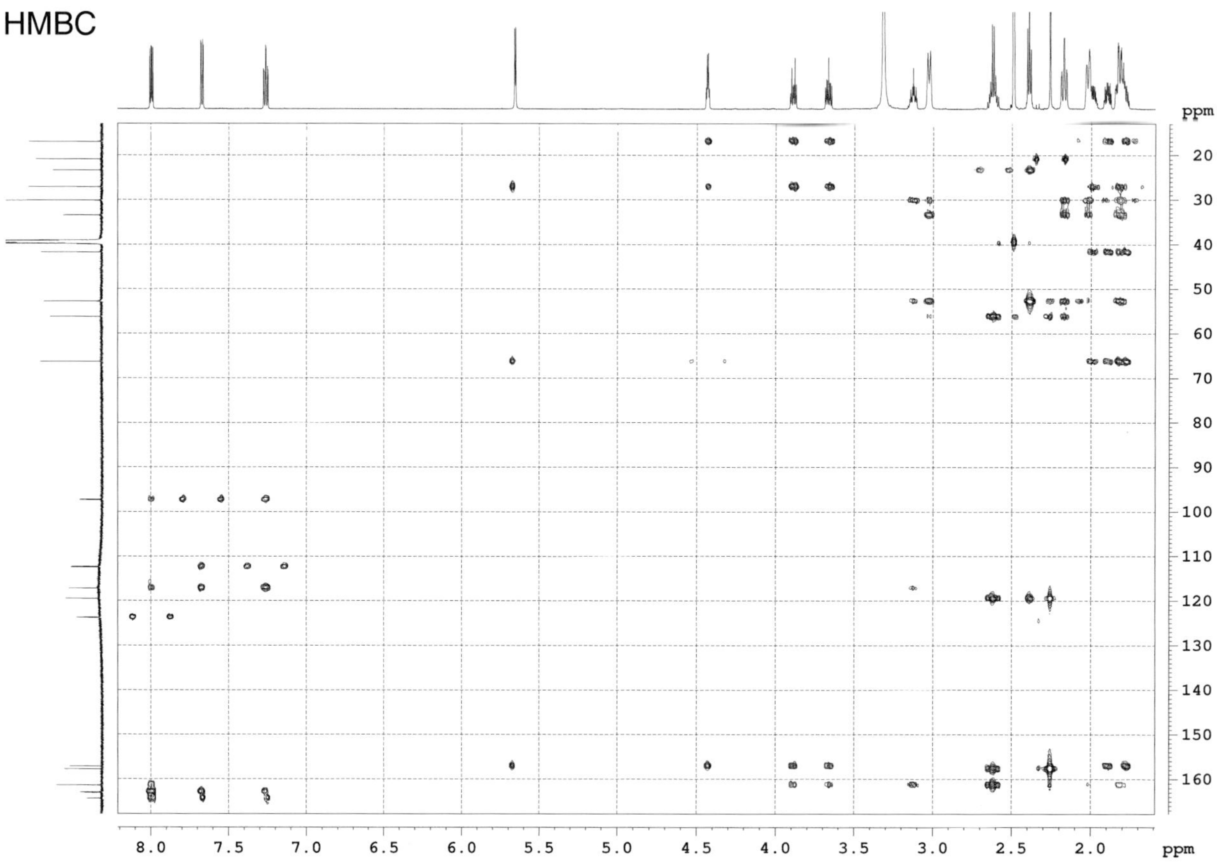
ppm
20
30
40
50
60
70
80
90
100
110
120
130
140
150
160
8.0 7.5 7.0 6.5 6.0 5.5 5.0 4.5 4.0 3.5 3.0 2.5 2.0
ppm

HMBC-E

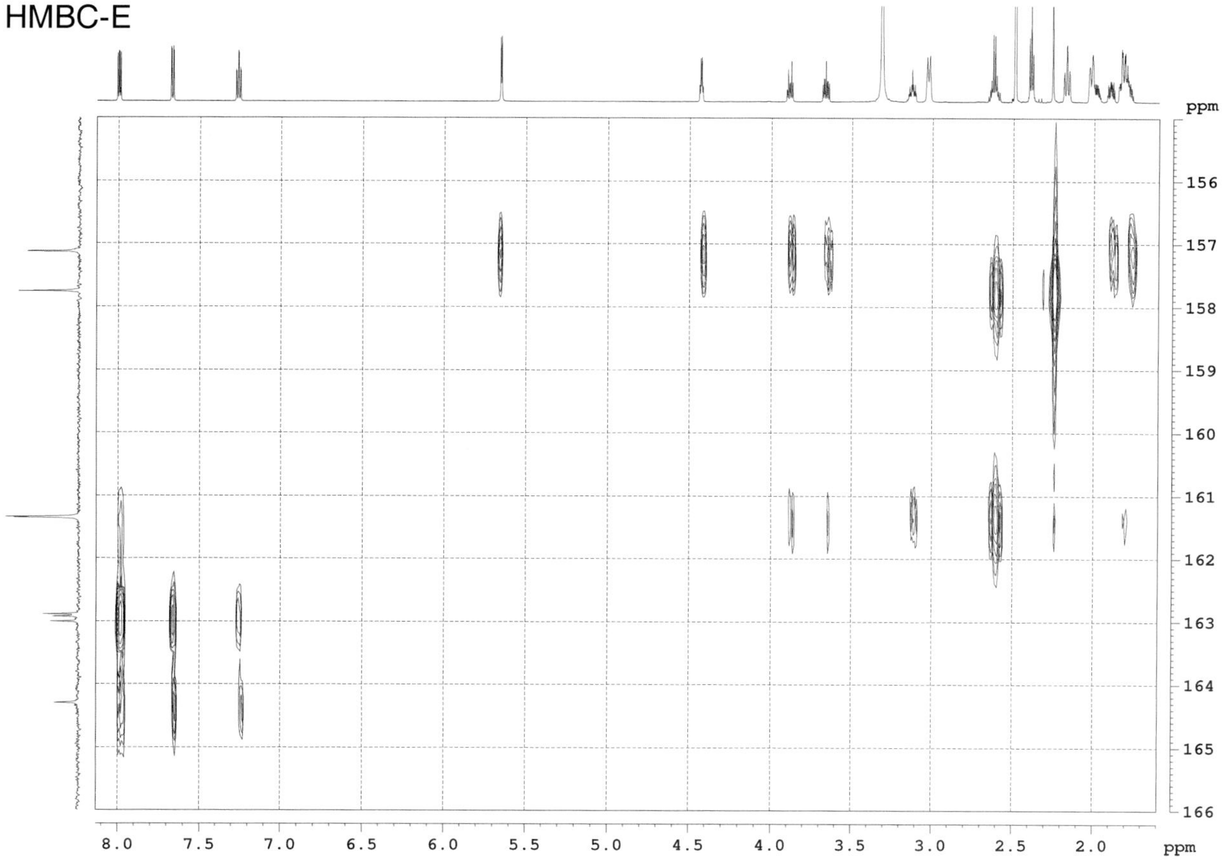

HMBC-^{1}H-^{15}N

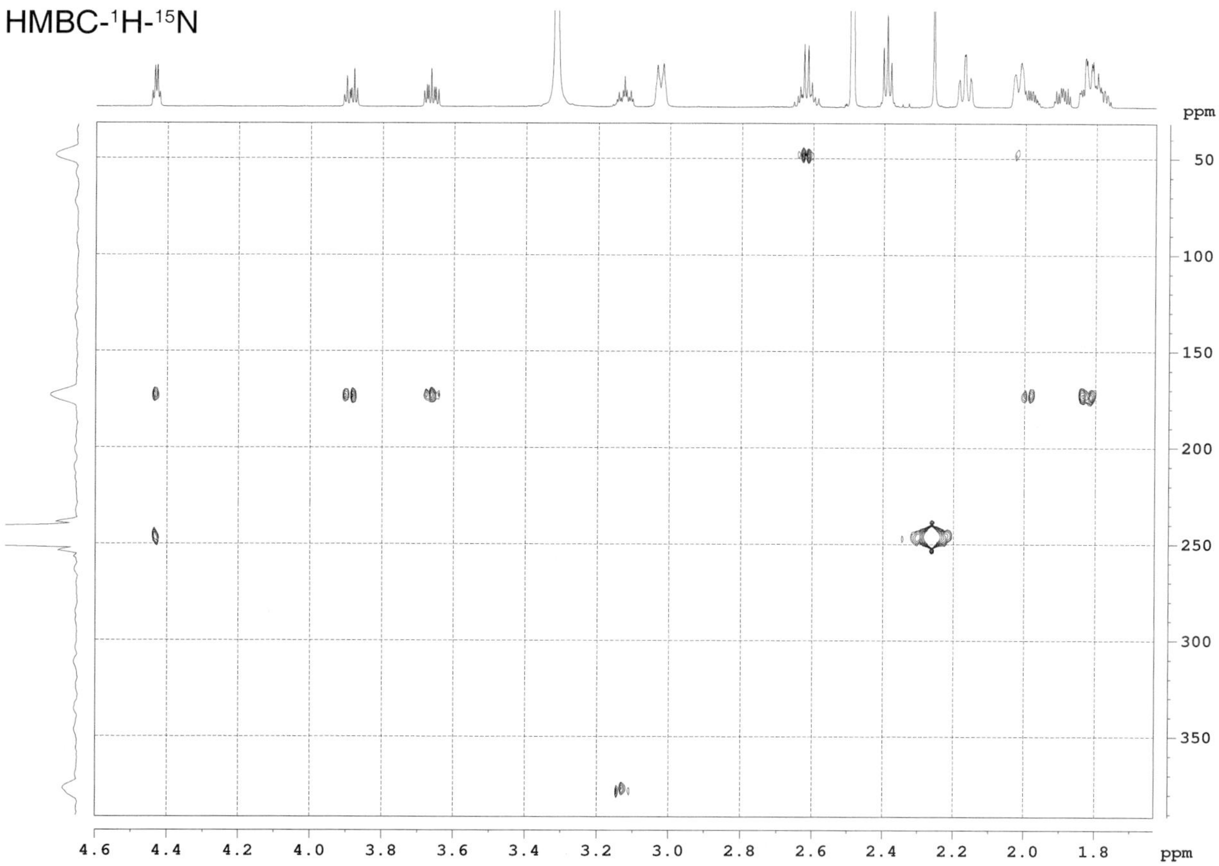

J-resolved

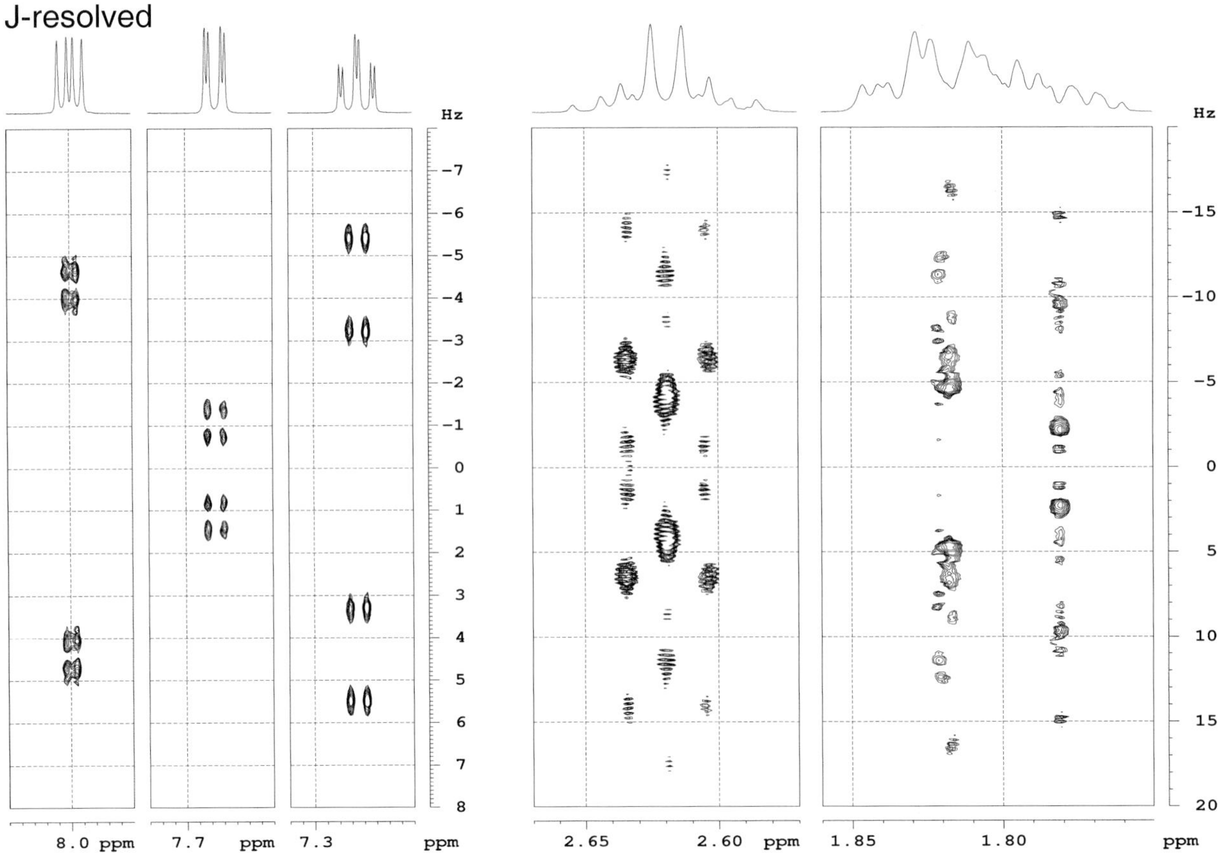

ROESY

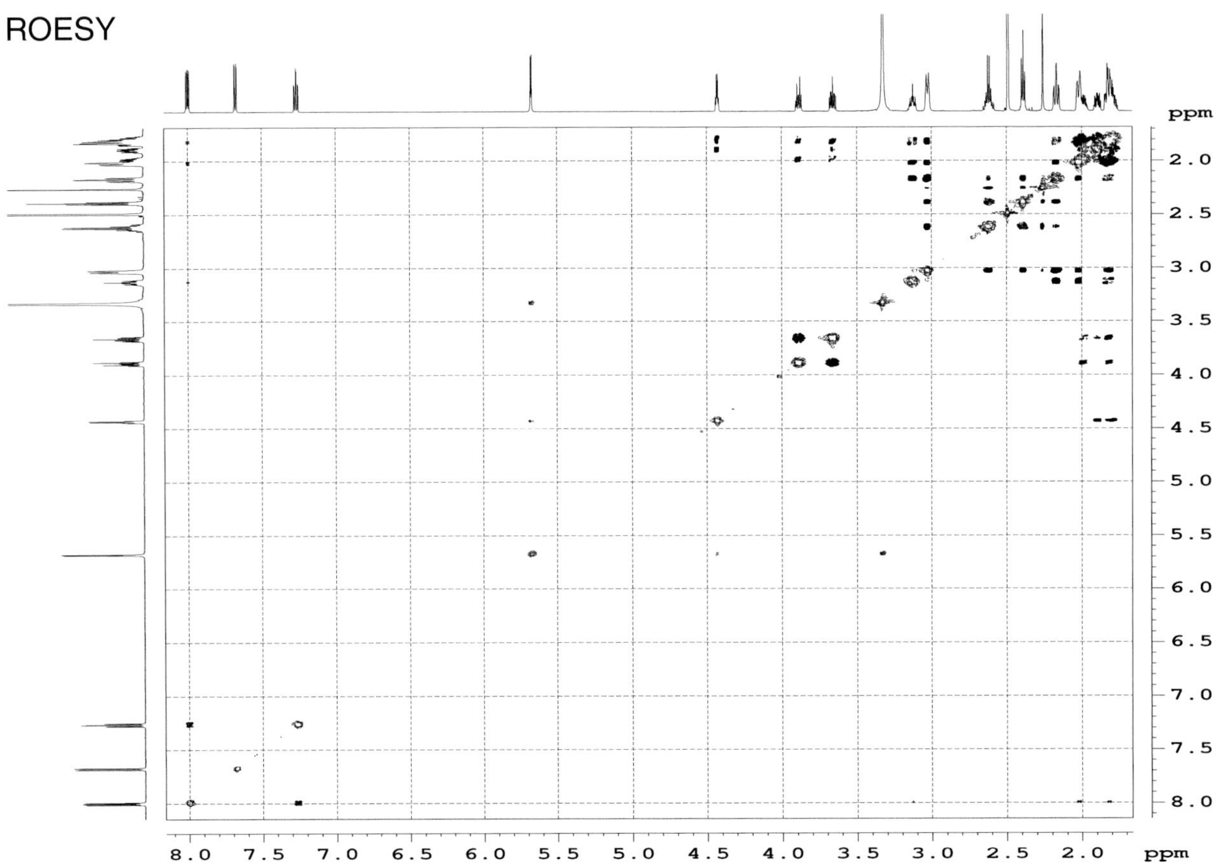

29 $C_{35}H_{32}N_6O_2$, 700 MHz (이 물질은 아래의 구조를 포함하고 있다.)

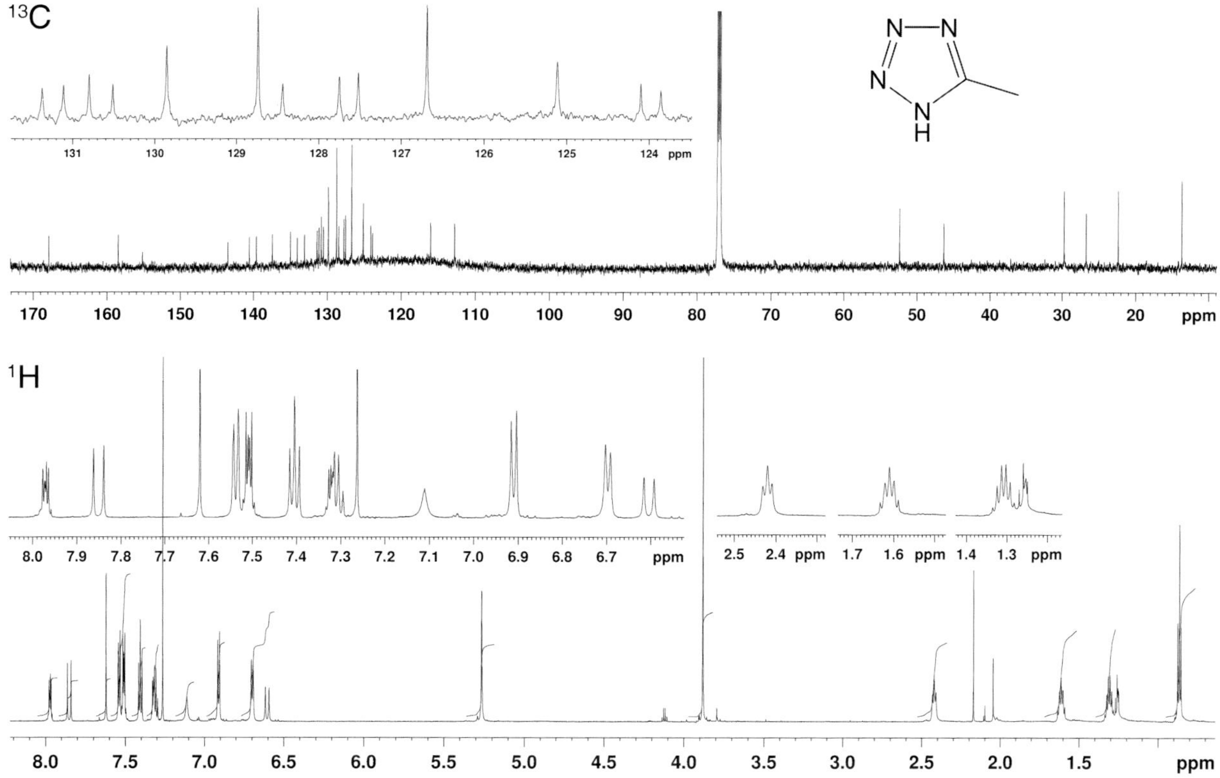

Note

COSY

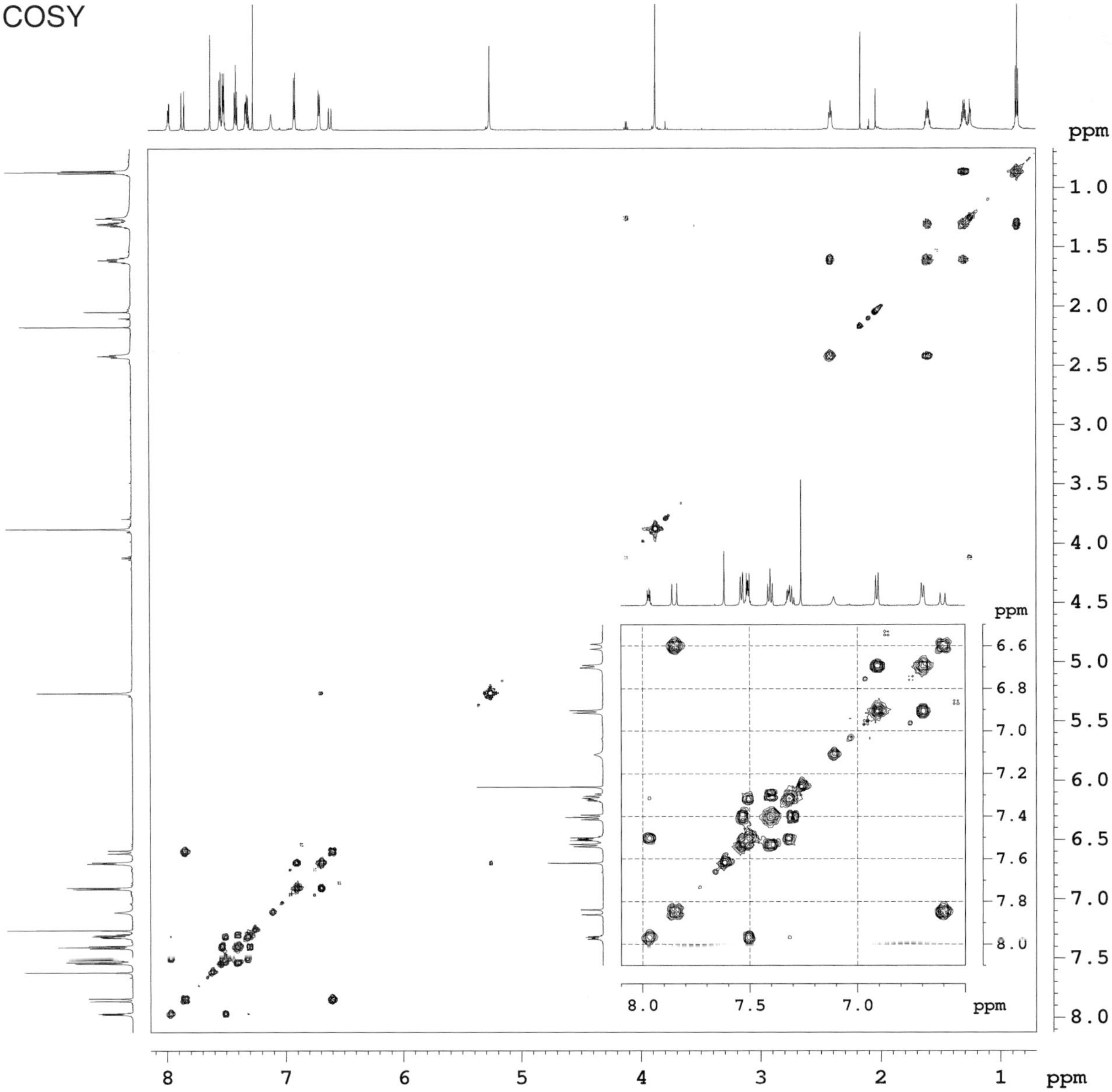

HSQC

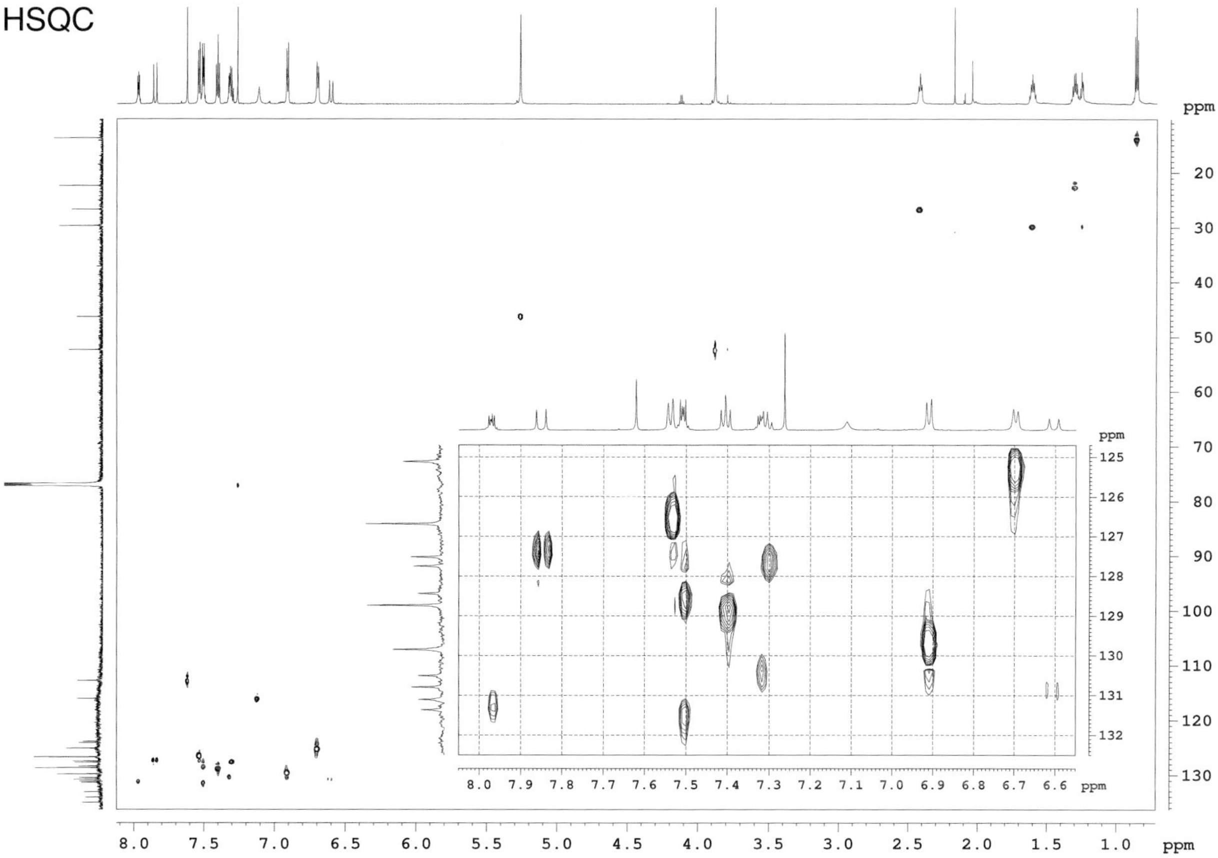

HMBC

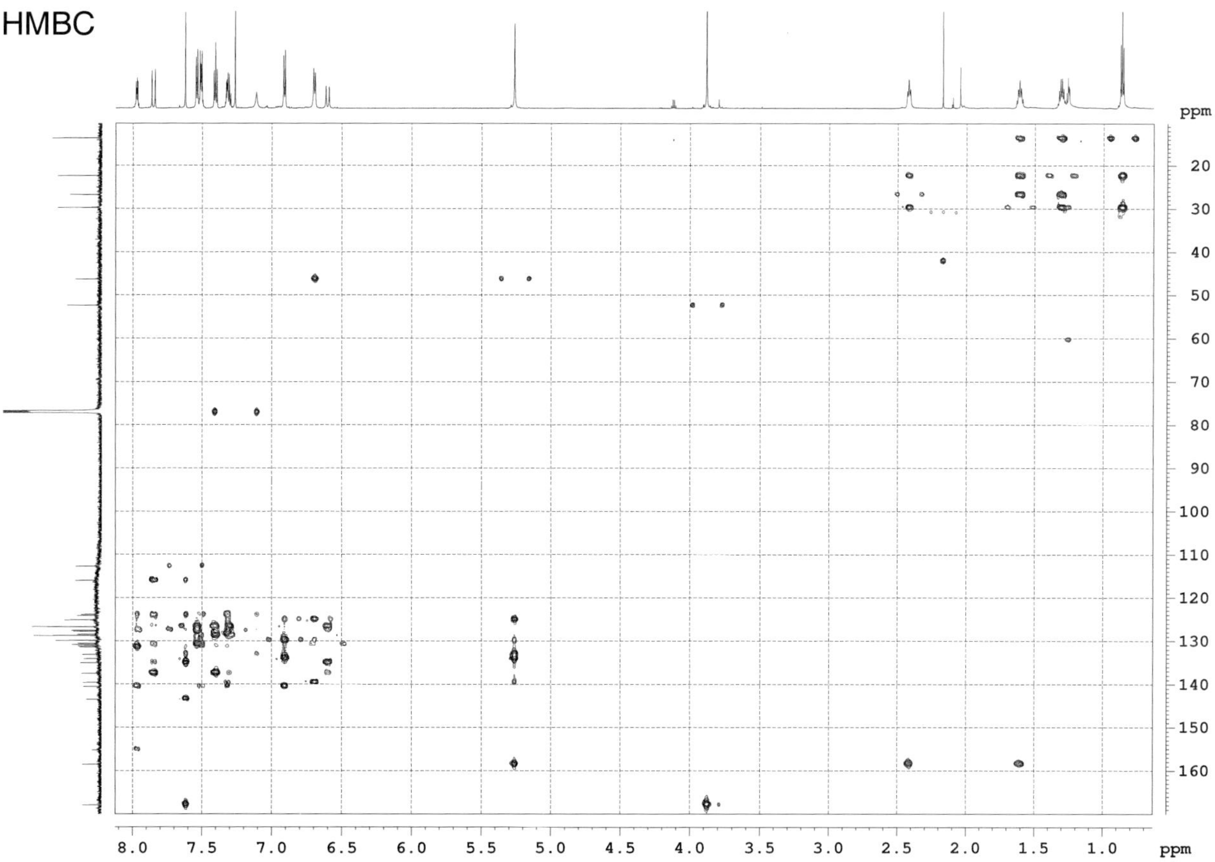

HMBC-E

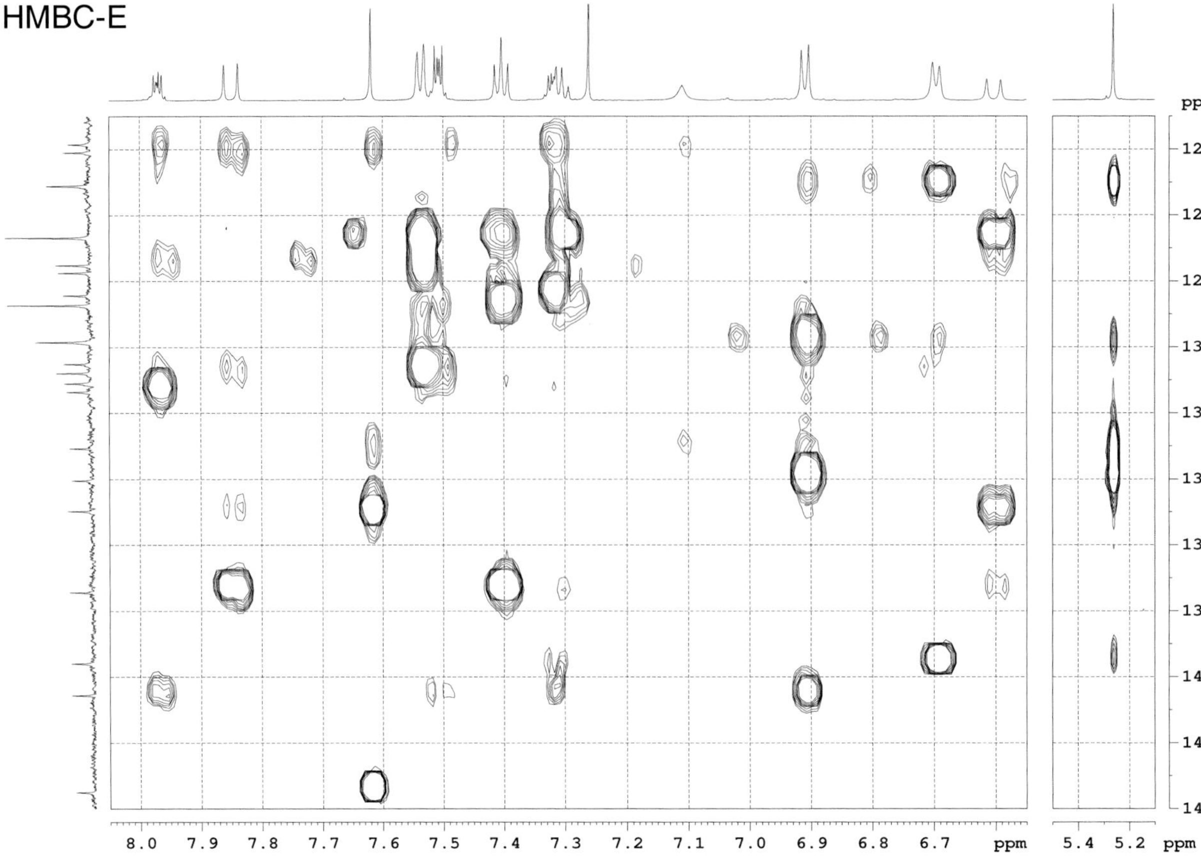

ROESY

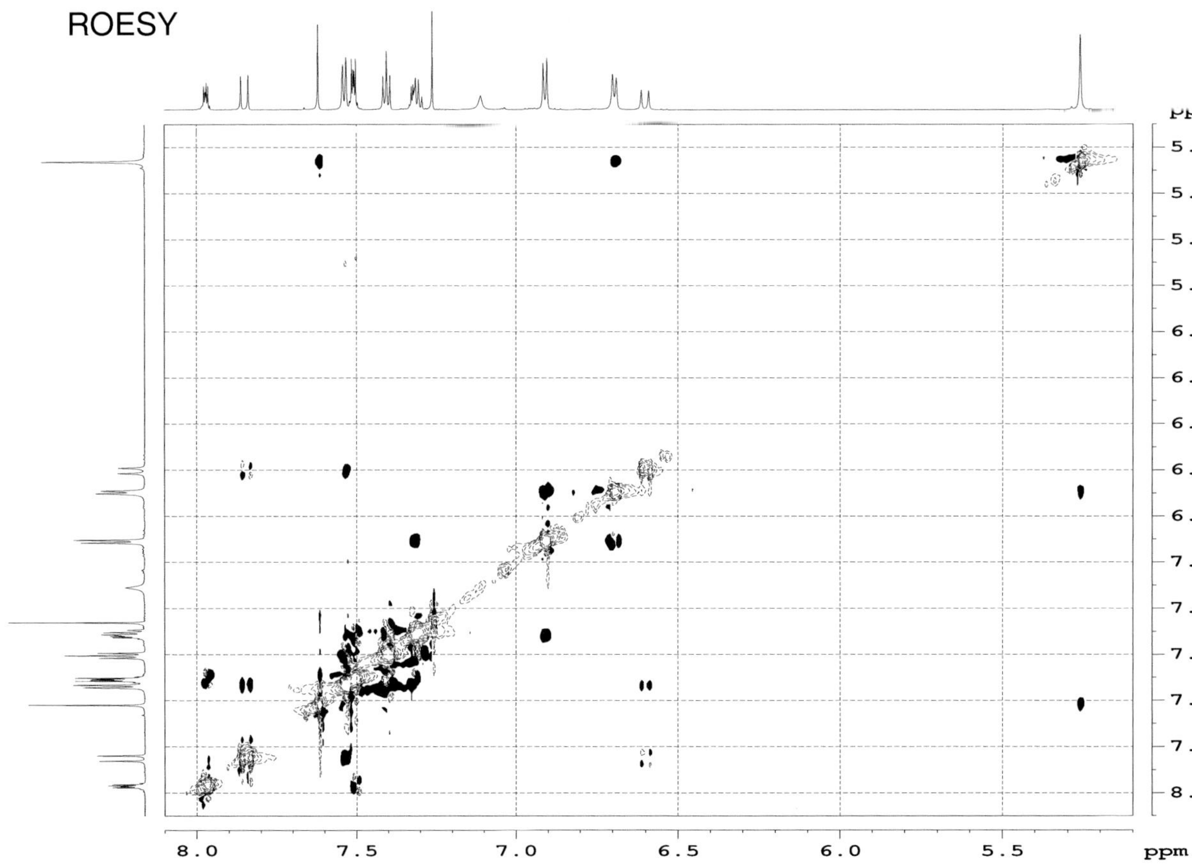

30 $C_{33}H_{34}N_8O_3$, 700 MHz (이물질은 아래의 구조를 가지는 물질로부터 만들어 졌다.)

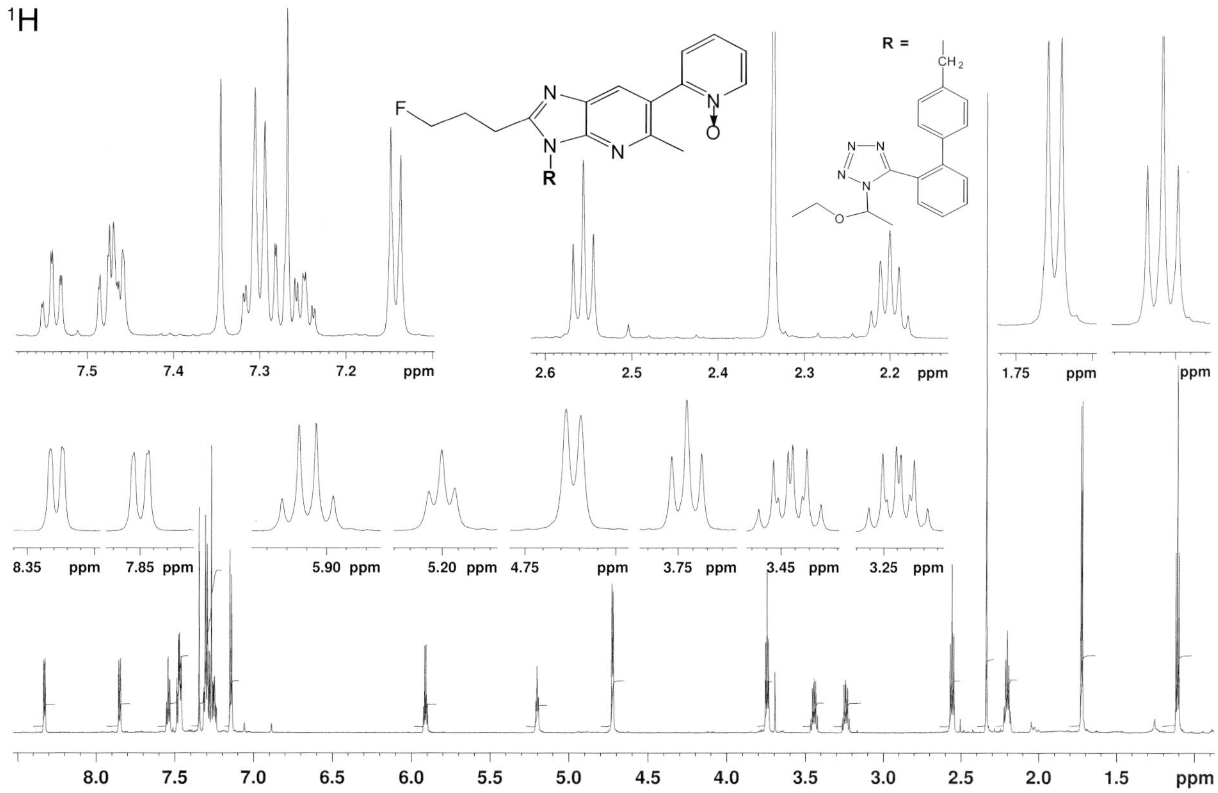

Note

4 연습문제 III

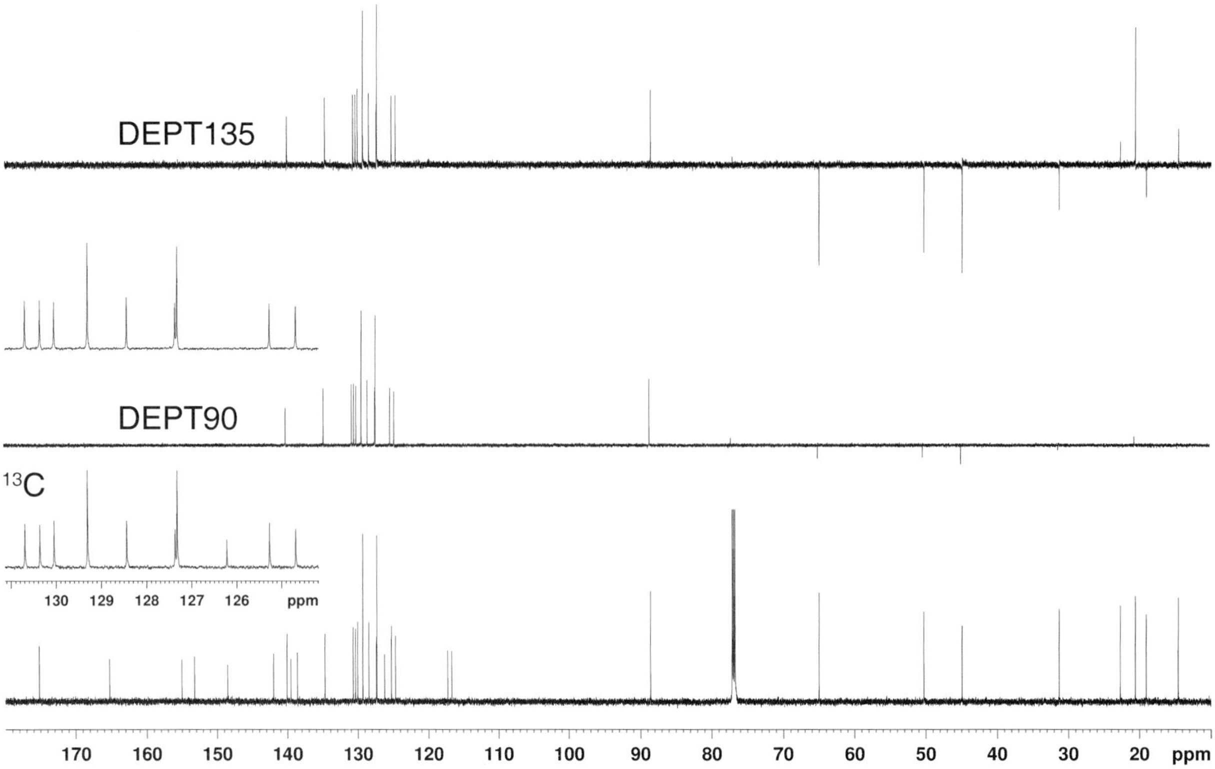

COSY

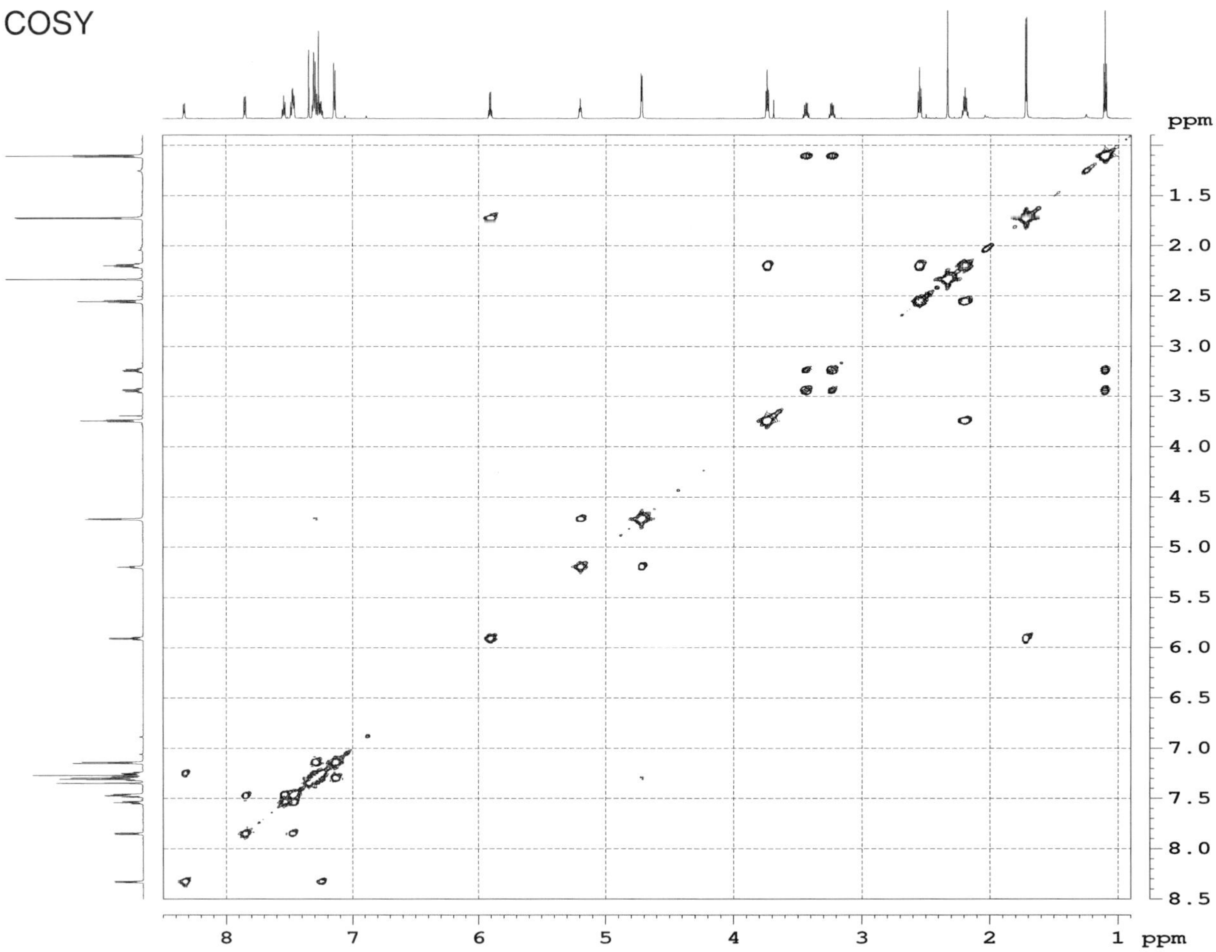

COSY-E

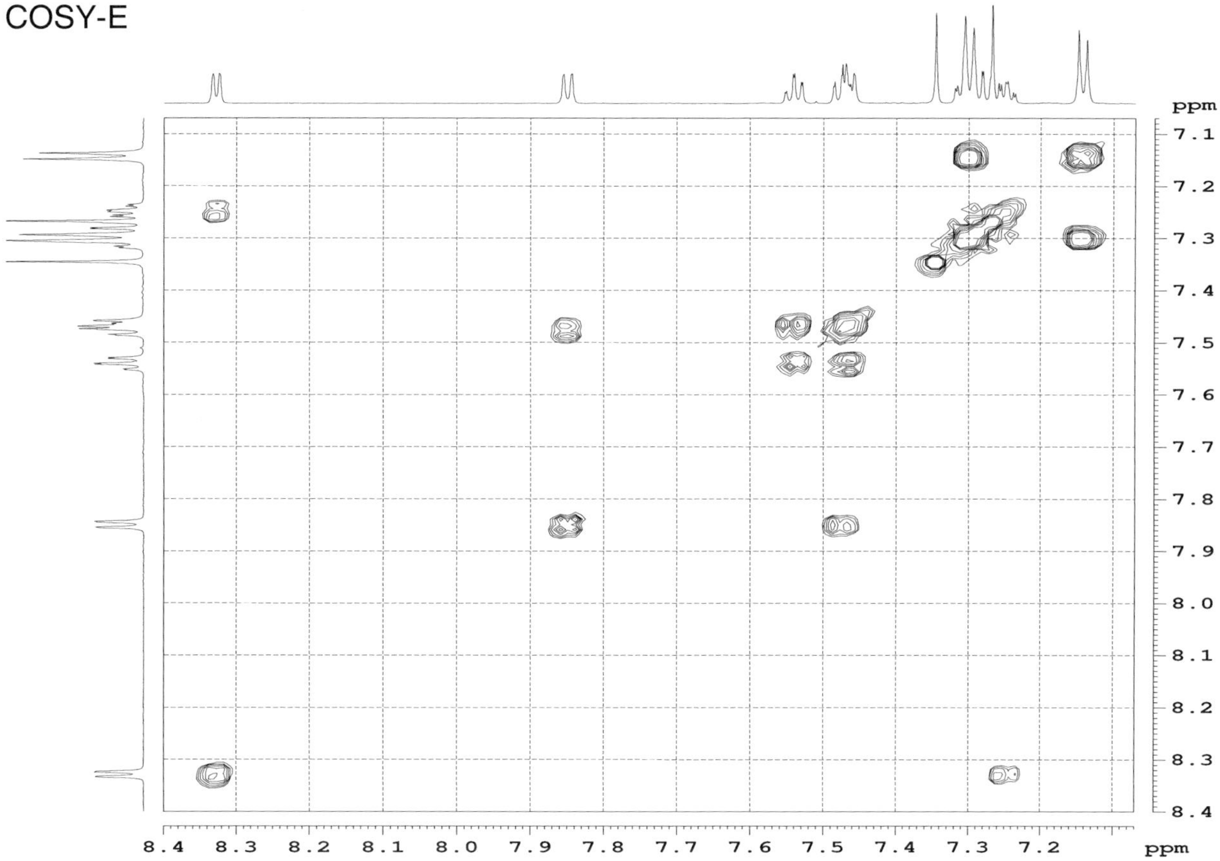
ppm
7.1
7.2
7.3
7.4
7.5
7.6
7.7
7.8
7.9
8.0
8.1
8.2
8.3
8.4
8.4 8.3 8.2 8.1 8.0 7.9 7.8 7.7 7.6 7.5 7.4 7.3 7.2
ppm

HSQC

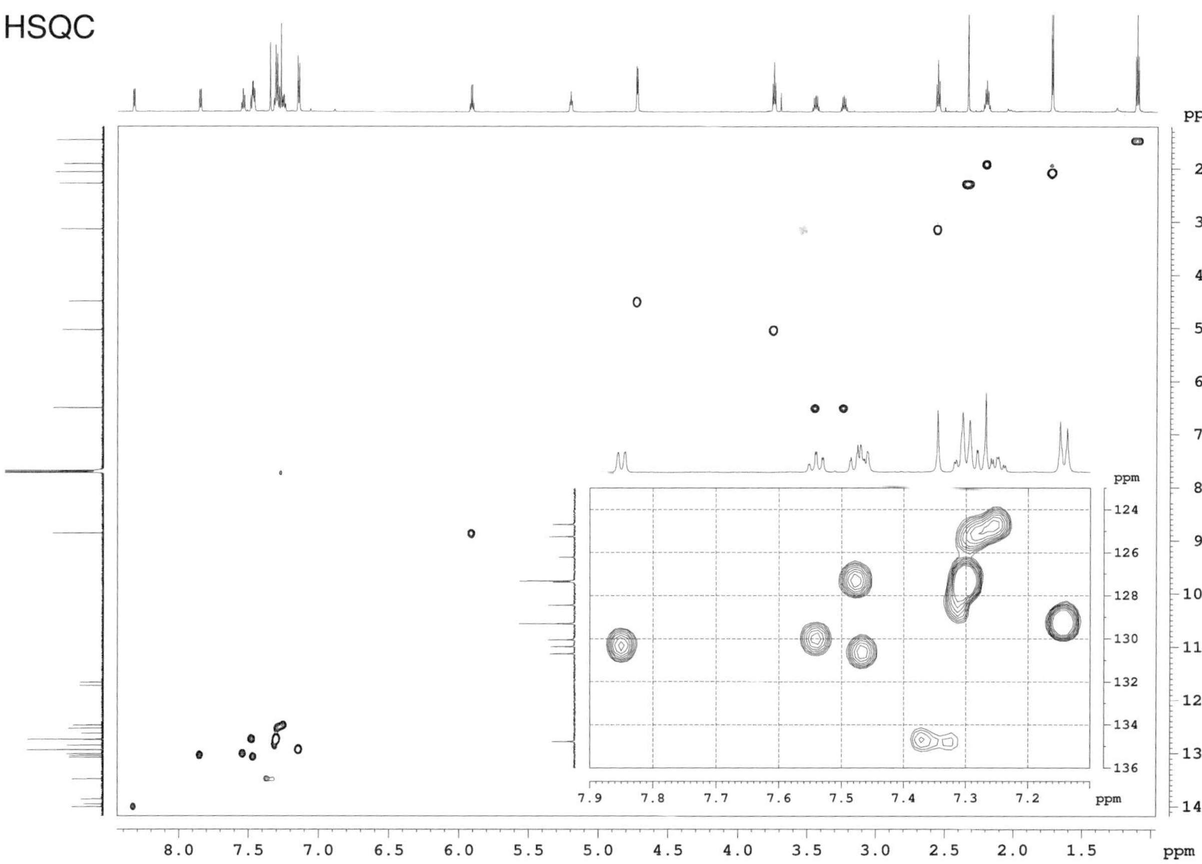
ppm
20
30
40
50
60
70
80
90
100
110
120
130
140
8.0 7.5 7.0 6.5 6.0 5.5 5.0 4.5 4.0 3.5 3.0 2.5 2.0 1.5
ppm
124
126
128
130
132
134
136
7.9 7.8 7.7 7.6 7.5 7.4 7.3 7.2
ppm

HMBC

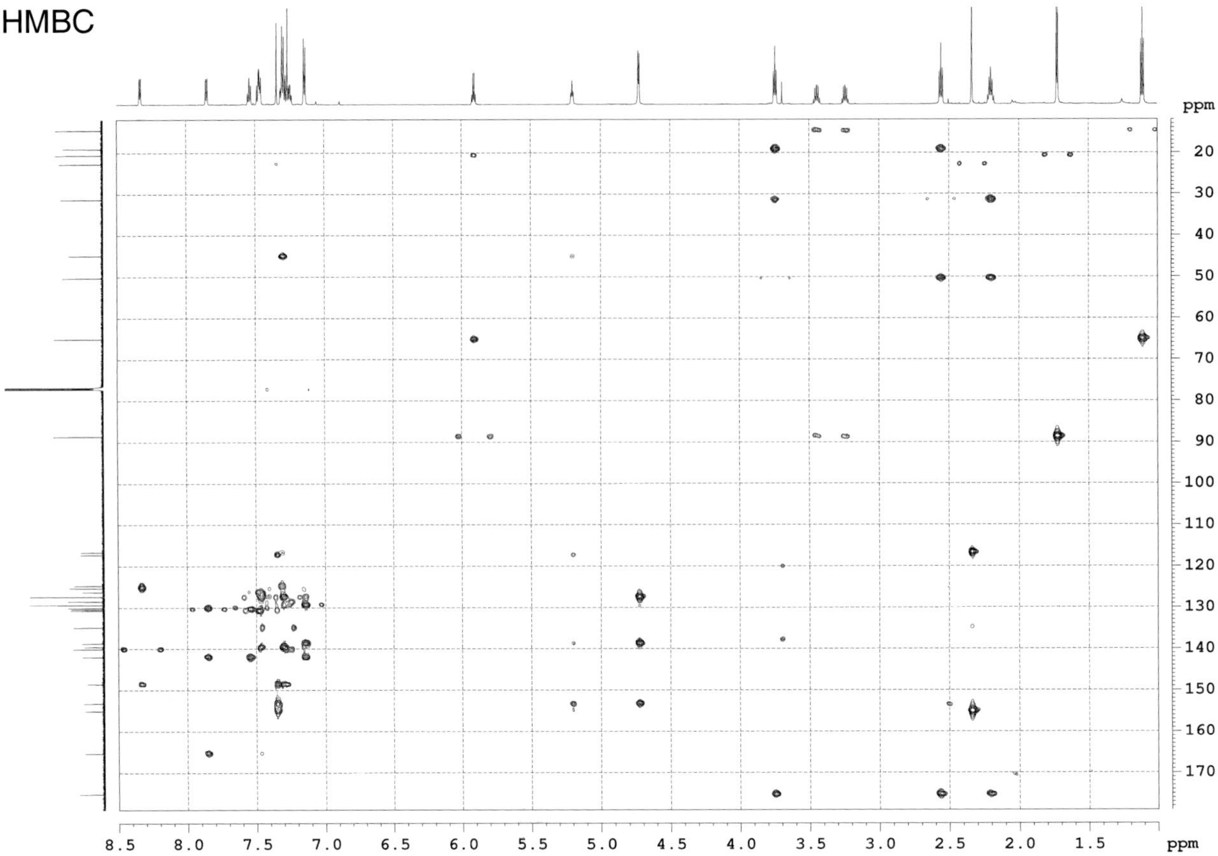

HMBC-E

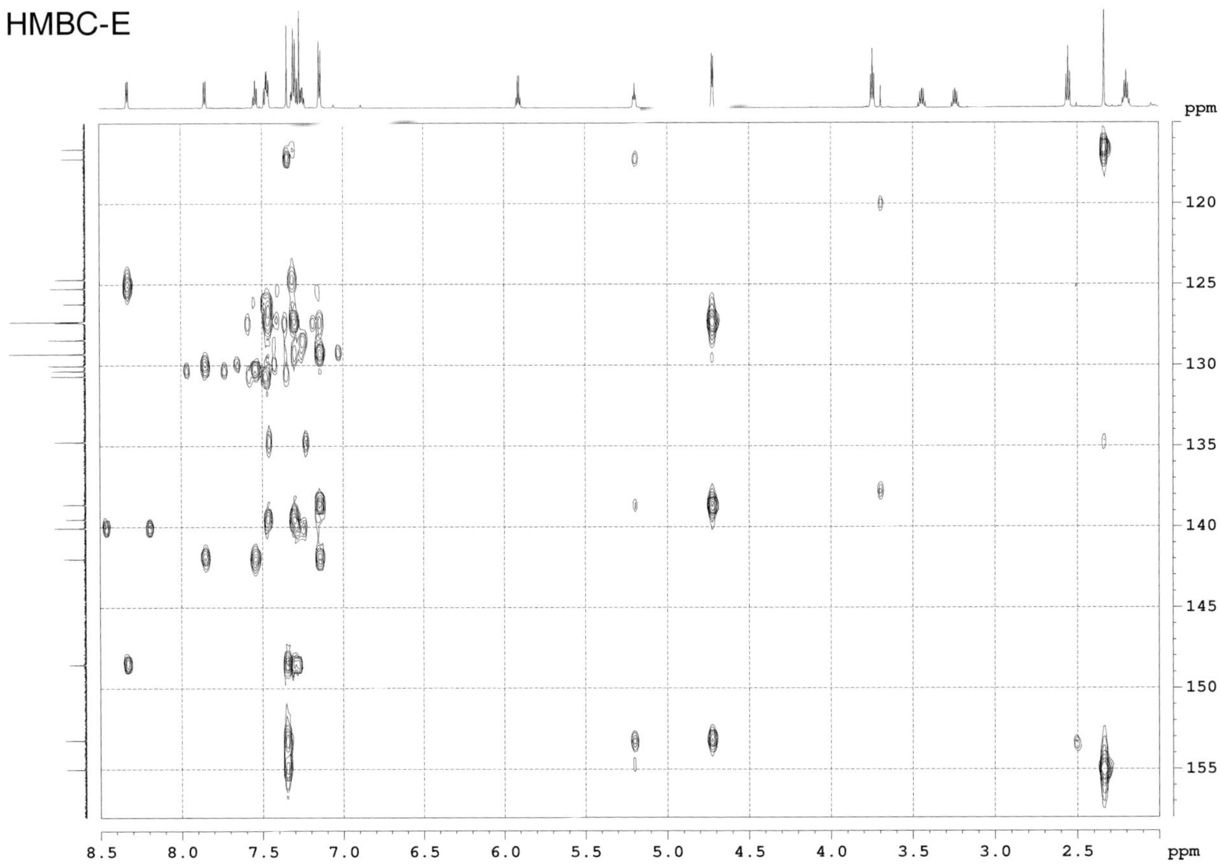

HMBC-E

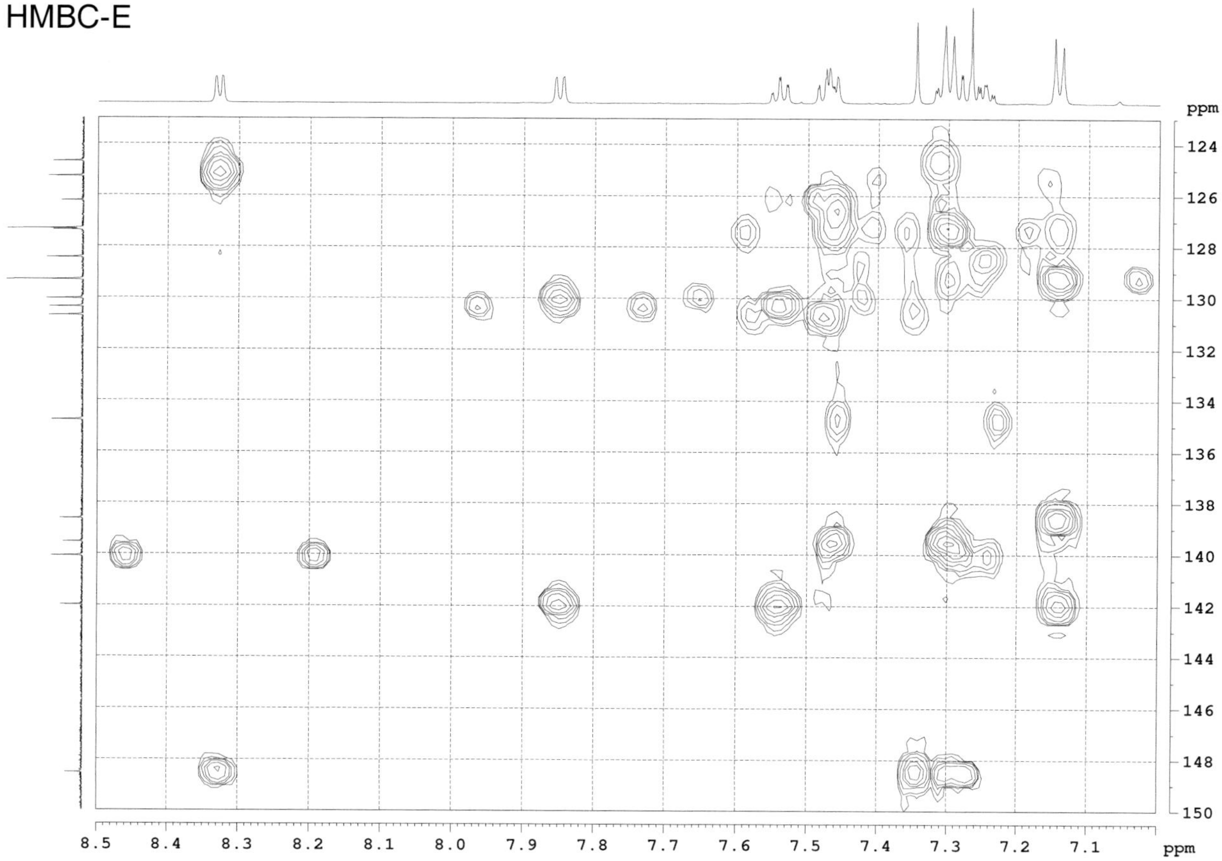

HMBC-¹H-¹⁵N

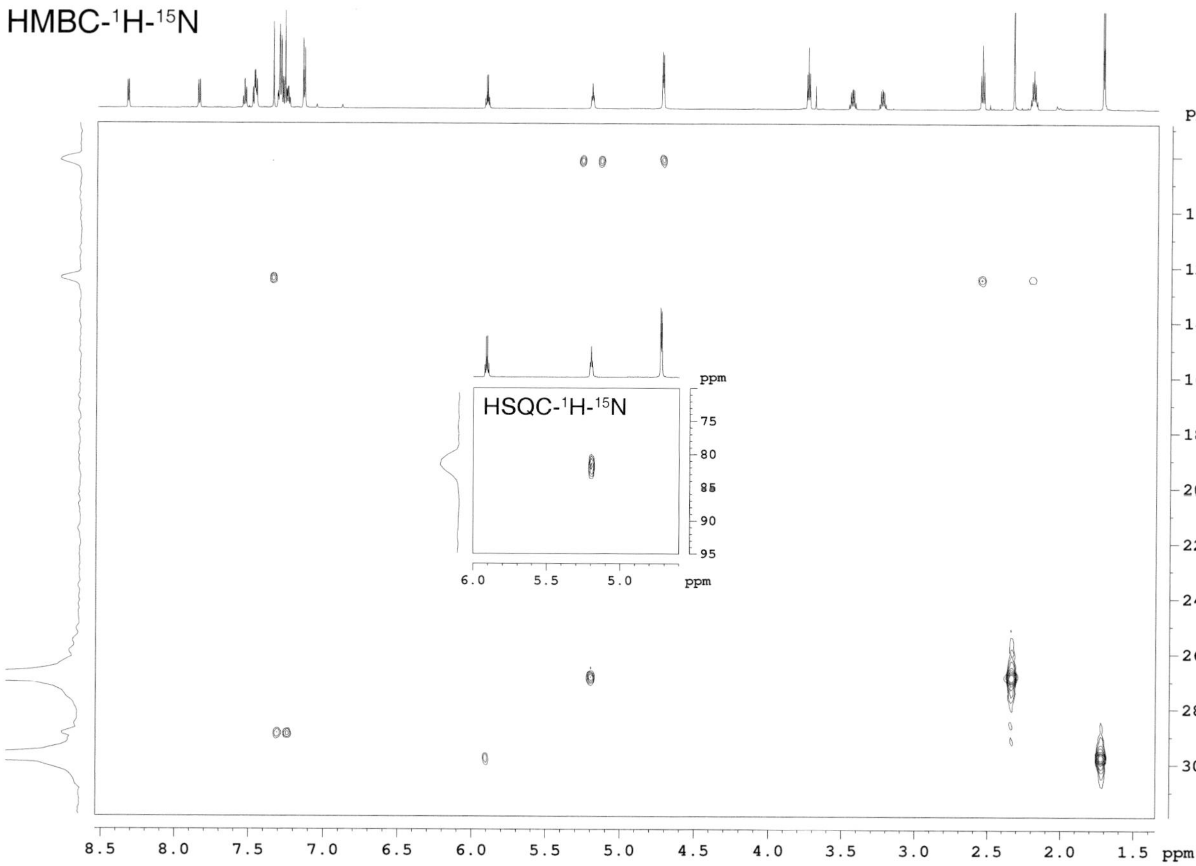

NOESY

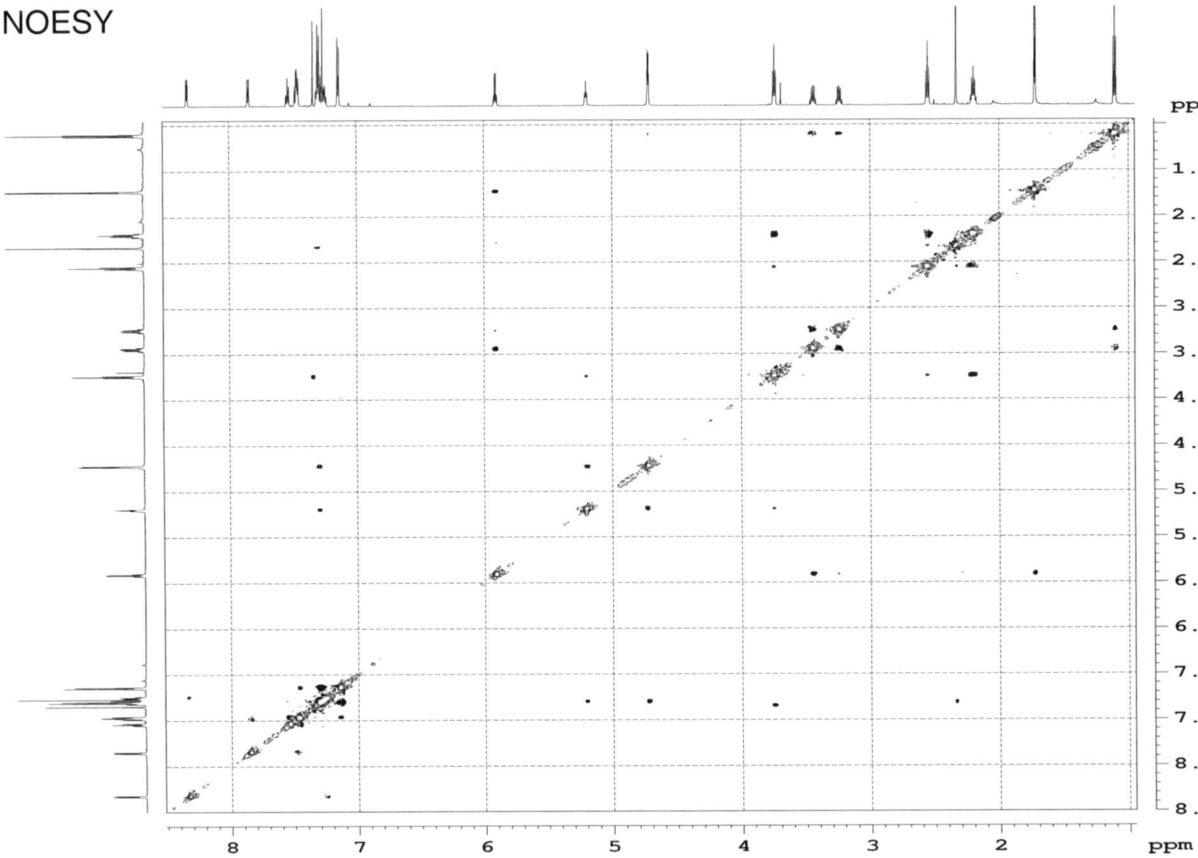

NOESY-E

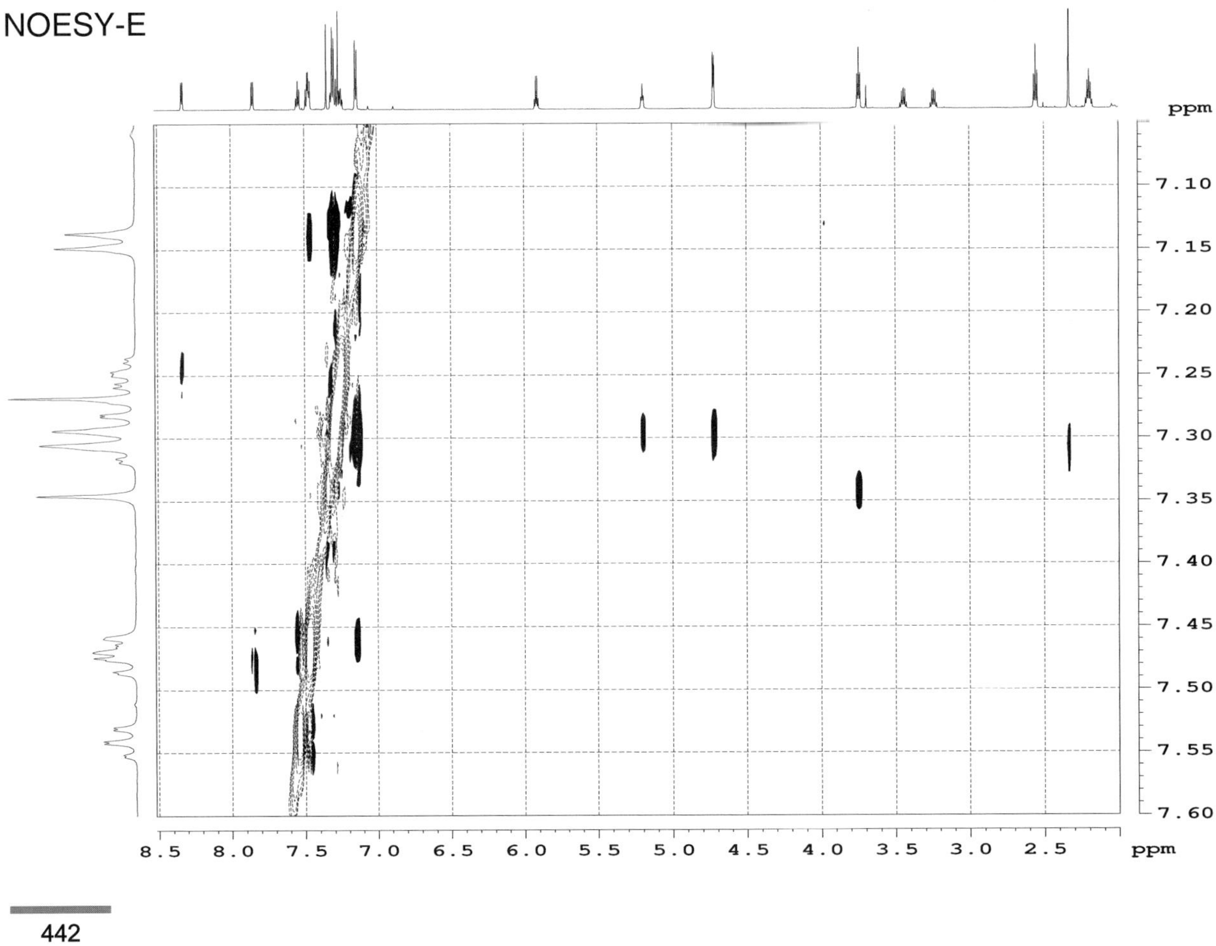

4 해답과 해설

1 2 3 여기에서 보여준 물질들은 식물에서 추출한 것들로 gingerol이라고 불리는 계통의 3 개의 시료로 분자식 $C_{19}H_{28}O_5$ (**1**, M.W=336)와 $C_{21}H_{32}O_6$ (**2**, M.W=380) 그리고 $C_{23}H_{38}O_4$ (**3**, M.W.=378)를 가지고 있으며 이들은 공통적으로 긴 alkyl chain과 aromatic ring을 포함하고 있으면서 구조적으로 서로 상관성을 가지고 있는 물질들이다. 이들의 구조를 밝히는 과정은 NMR을 이용해서 구조 해석을 공부하는 사람들에게 단편적이나마 유사물질들에서 스펙트럼들의 변화를 관찰할 수 있고 이들을 서로 어떻게 이용하는지를 습득할 수 있는 하나의 표본이 될 수 있다.

먼저 분자량이 제일 적으며 불포화 수를 6(#=19−(28/2)+1=6)을 가지고 있는 C_{19} H_{28} O_5 (1) 구조를 밝혀 보도록 하자. 양성자(proton) 스펙트럼에서 가장 먼저 이 시료의 구조에 대해서 예측할 수 있는 것은 7 ppm 부근의 피크들과 0.89 ppm에서 나타나는 triplet의 피크들이 주는 정보다.

먼저 7 ppm 부근에서의 피크들은 aromatic에 있는 양성자들의 전형적인 모습으로 이 시료에 aromatic이 있다는 것을 알 수 있다. 다음 0.89 ppm의 triplet 피크는 바로 옆에 메칠렌이 있다는 것 이외에 찌그러짐(?)과 그 모습(일반적으로 roof effect라는 현상은 커플링으로 나타나는 다중선 피크들 중 상대방의 방향에서 바깥쪽의 피크가 작아지는 현상인데 이 경우에는 반대의 모습으로 나타났음)이 바로 이 시료의 구조는 긴 alkyl chain을 가지고 있으며 이들의 끝에 있는 메칠 그룹일 수 있다는 것이다.

이들 이외에 일반적인 화학이동 값을 보여주는 Table에 있는 정보와 적분(integration) 값만으로도 1.28($3CH_2$)과 1.49(CH_2) ppm에서 나오는 피크들은 앞에서 언급한 긴 alkyl chain에 있는 양성자들이 분명하고 1.93 ppm에서 나타나는 메칠 그룹의 양성자 피크는 carbonyl이나 aromatic ring에 연결되어 있는 것으로 예상할 수 있고 3.82 ppm에서 나오는 메칠의 피크는 산소에 연결되어 있다고 생각할 수 있다(이 시료는 메탄올-d_4를 용매로 사용하였으므로 3.3과 4.78 ppm의 큰 피크는 용매의 피크들이다. 비록 적분 값들을 스펙트럼에 포함 시키지 않았지만 3.3 ppm의 옆의 제법 큰 단일 피크는 그 적분(integration)값을 양성자 하나에 해당되는 다른 피크(예로 6.6 ppm)들과 비교하여 보면 0.2-0.3 개 등의 양성자 값을 보여주고 있으므로 불순물이라는 것을 쉽게 알 수 있다).

이제 앞의 정보들로 아래에 나열한 확실한 단일 구조들을 연결해 나가기 위하여 우리는 다른 스펙트럼들을 이용하여야 한다.

aromatic ring, CH_3-$(CH_2)_3$-CH_2-, -CH_3, O-CH_3

다음으로 DEPT 스펙트럼과 같이 보여준 탄소(carbon) 스펙트럼을 보면 210.0과 172.4 ppm에서 나오는 피크들을 볼 수 있는데 이들은 ketone과 ester(또는 acid 일수 있으나 아래에 이것이 아니라는 설명이 있음) 피크임을 알 수 있다. 이 시료는 6 개의 불포화 수를 가지고 있으니 앞에서 규명한 4 개(벤젠 ring은 4 개의 불포화 수를 가짐)의 불포화 수와 탄소 스펙트럼에서 carbonyl을 2 개 더 규명하였으므로 이 시료에서 π 결합은 모두 규명한 것이다. 그러므로 이 스펙트럼에서 규명된 나머지 3 개 148.9, 145.8 그리고 139.9 ppm의 quaternary 탄소와 CH 탄소인 121.7, 116.1 그리고 113.1 ppm의 피크들은 치환체 3 개를 가진 벤젠의 탄소들이 분명하다.

이들 3 개의 치환체의 치환된 모양은 양성자 스펙트럼의 커플링 모습으로 쉽게 확인할 수 있다. 먼저 이들 치환체를 구분하지 않고 양성자들이 있는 위치만을 고려한다면 아래 그림과 같이 양성자가 3 개가 벤젠 ring에 나란히 놓여 있는 경우와 두 개는 *ortho*로, 나머지 하나는 각각의 양성자에 대해서 *meta*와 *para* 위치에 놓여있는 경우 그리고 마지막으로 각각이 *meta* 위치로 있을 수 있다.

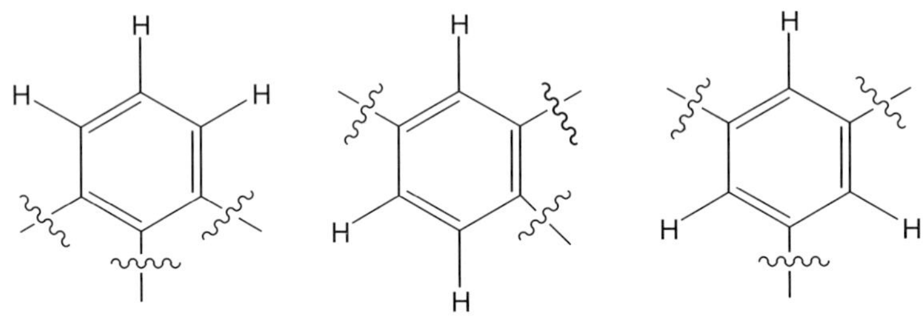

먼저 3 개의 양성자가 나란히 있을 경우 이들의 커플링 모습들은 삼중선 하나와 이중선 두 개의 피크들을 보여줄 것이고 각각이 *meta* 위치로 있을 경우에는 작은 *meta* 커플링 상수(1-2 Hz)로 분리된 3 개의 피크를 보여줄 것이다. 그러나 양성자 스펙트럼이 이런 모습을 보여주지 않으니 두 양성자가 *ortho* 위치로 그리고 다른 하나는 이들에 대해서 *meta*와 *para* 위치에 있는 구조가 분명하다. 또한 이들의 구분은 벤젠 ring에서 양성자들 사이에서 일어나는 커플링 상수로도 가능하다. 벤젠 ring에서 양성자들 사이에 *ortho*의 경우 약 7-8 Hz, *meta*의 경우 1-2 Hz 그리고 *para*의 경우에는 거의 커플링이 나타나지 않는다는 것을 고려할 때 6.60 ppm의 피크는 8.1과 1.9 Hz의 커플링 상수를 가지고 6.67 ppm의 피크는 8.1 Hz를 가지고 있으니 이 두 양성자들이 나란히 *ortho* 위치에 있고 6.76 ppm(J=1.9 Hz)의 양성자가 6.60 ppm의 양성자와 *meta* 위치에 놓여 있는 구조 Ⅰ이다.

이제 이들 양성자와 탄소의 1D 스펙트럼에서 규명할 수 있는 것이 남아 있다면 앞에서 언급한 ester 그룹의 산소에 있는 탄소가 될 수 있으며 탄소 스펙트럼들에서 71.7 ppm에서 나타난 피크가 CH의 탄소이며 양성자 스펙트럼에서는 화학이동 값으로 보아서는 5.19 ppm에서 나타난 다중도의 피크가 이 양성자로 해석할 수 있다. 이들 결과들을 앞에서 나열한 일부 구조들에 첨가하면 아래와 같은 조금 더 실제 구조에 가까운 그림 Ⅱ를 그릴 수 있게 된다.

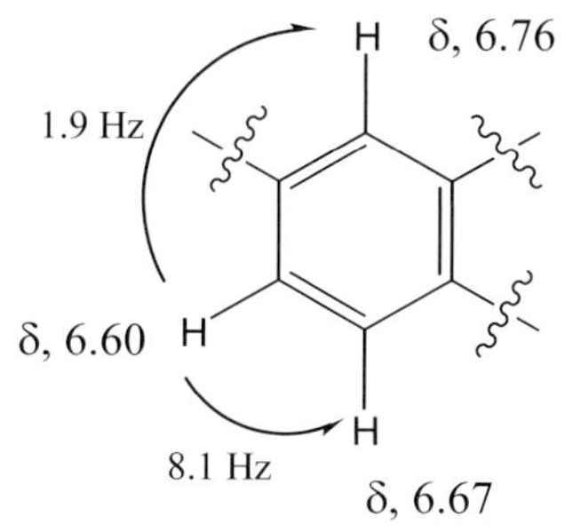

I

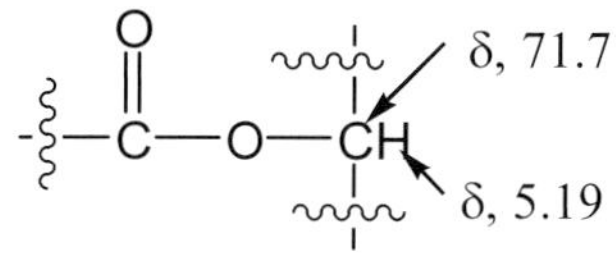

II

앞의 1D 스펙트럼들로 부터는 이제 까지 밝혀낸 일부 구조들의 연결을 제외하고 구조를 완성할 수 있는 정보를 더 이상 얻을 수 없으므로 2D 스펙트럼인 COSY 스펙트럼을 이용하여 양성자들의 커플링의 상대를 찾아보도록 하자.

먼저 이미 1D 양성자 스펙트럼에서 규명된 벤젠 ring에 있는 양성자들을 보면 6.60 ppm의 피크가 6.67과 6.76 ppm의 피크들 둘과 모두 cross 피크를 보여주고 있지만 6.67 ppm의 피크와의 cross 피크의 크기가 상대적으로 더 크다. 이것은 1D 스펙트럼에서 커플링 상수의 크기가 더 큰 것이 더 큰 cross 피크를 보여준다는 것과 서로 *para* 위치에 있는 6.67과 6.76 ppm의 피크는 cross 피크를 보여주지 않고 있다는 것을 확실하게 볼 수 있다.

다음 가장 많은 cross 피크를 가지고 있는 ester의 산소에 연결되어 있는 5.19 ppm에 있는 CH의 양성자를 보면 2.62와 2.71 ppm에서 나오는 피크들과 그리고 1.49 ppm의 CH_2 피크(DEPT와 아래 HSQC 스펙트럼으로)와 연결되어 있다는 증거를 보여주고 있다. 2.71 ppm에서 나오는 피크는 다른 피크와 겹쳐서 나오지만 2.62 ppm의 피크와 geminal 커플링(J=16.6 Hz)을 하고 있다는 것은 1D 스펙트럼(확대되어 있음)으로도 확인이 가능하다. 이들 두 양성자들은 5.19 ppm의 CH 양성자를 가지고 있는 탄소가 chiral center이므로 두 양성자들의 화학이동 값이 다르게 나타나면서 자기들끼리 커다란 geminal 커플링하여 이중선으로 splitting 된 후 5.19 ppm의 CH의 양성자와 각각 다시 이중선으로 splitting 된 것이다(일반적으로 이러한 형태를 AB pattern이라고 부른다). 이들 두 양성자들은 자기들끼리 보여주는 커플링 이외에는 다른 커플링이 없으므로 더 이상의 정보를 얻을 수 없지만 1.49 ppm에서 나타나는 CH_2의 양성자들은 다시 3 개의 CH_2가 겹쳐서 나타나는 1.28 ppm의 피크들과 그리고 이 1.28 ppm의 피크들과 0.89 ppm의 메칠 피크가 cross 피크를 보여주고 있는 것은 5 개의 탄소가 alkyl chain을 이루고 있다는 것이다. 여기에서 우리는 1.49 ppm에서 나타나는 양성자들도 chiral center와 연결이 되어 있는데 앞에서와 같은 AB pattern의 스펙트럼이 아닌 것에 의아해 할 수도 있다. 그러나 이 양성자들도 AB pattern의 스펙트럼으로 나타난 것이 확실한 것은 이들 피크들이 매우 broad하게 나타난 것이 증거이다. 즉 이들 두 양성자들은 앞의 경우와는 다르게 화학이동 값의 차이가 많이 나지 않았고 vicinal 커플링을 하는 양성자가 앞의 경우에는 1 개지만 여기에서는 3 개의 양성자가 커플링을 하고 있으므로 다중도로 broad하게 나타난 것이다.

이 COSY 스펙트럼에서 언급할 수 있는 피크가 하나 더 있다면 3.82 ppm의 methoxy 그룹의 양성자가 벤젠 ring의 양성자와 보여주는 작은 cross 피크다. 아래에서 이 피크가 실제 long-range 커플링에서 나타나는 피크라고 밝혀지지만 이들을 여기에서 의미를 두려고 하지 않는 것은 이와 같은 피크들은 시료에 단일(singlet) 메칠 피크들이 있는 스펙트럼에서 processing 과정(COSY 스펙트럼에서 자주 사용하는 symmetrization)을 거치면서 자주 생겨날 수 있기 때문이다.

또 다른 2D 스펙트럼인 HSQC 스펙트럼은 앞에서 1D 양성자와 탄소 스펙트럼 그리고 COSY 스펙트럼으로 예상한 양성자와 탄소의 관계를 확인 시켜 줄 수 있을 뿐만 아니라 때로는 서로 보완적으로 사용될 수 있으므로 미지 시료의 구조를 밝히려 할 때에 COSY 스펙트럼과 함께 가장 먼저 그리고 자주 사용하는 스펙트럼이다.

이제 이 스펙트럼으로 우리가 앞에서 예상한 부분 구조들을 확인하여 보도록 하자. 앞에서 벤젠 ring의 양성자들로 예상하였던 7 ppm 부근에서 양성자들의 피크는 탄소 스펙트럼에서 벤젠 ring의 탄소로 예상하였던 110-120 ppm에서 나타나는 피크들과 correlation을 보여 주고 있으니 우리의 예상과 일치한다. 또한 71.7 ppm의 탄소 피크에 있는 양성자가 5.19 ppm에서 나오는 양성자라는 것, 1.49 ppm의 2 개의 양성자는 DEPT 스펙트럼에서 CH_2라고 나타난 35.2 ppm의 탄소에 있는 AB pattern의 양성자들 이라는 것, 1.28 ppm에서 나타나는 양성들은 3 개의 CH_2 양성자들이라는 것, 2.71과 2.62 ppm에서 각각 dd 스펙트럼으로 나타나는 양성자들은 48.0 ppm에서 나타나는 탄소에 있는 AB pattern의 양성자들이라는 것 등을 확실하게 증명해 주고 있는 것이다. 이와 더불어 2.75 ppm 부근에서 다중도로 복잡하게 나타나며 COSY 스펙트럼에서도 다른 양성자들과는 커플링을 보여주지 않은 이들은 46.0과 30.3 ppm에서 나타나는 CH_2 탄소에 있는 4 개의 양성자임을 분명히 보여주고 있다

이상의 결과들로 실제 구조에 한발 더 가까운 일부 구조를 아래와 같이 그릴 수 있으며 분자식으로 부터 앞에서 보여준 치환된 벤젠의 구조 요소(Ⅰ)를 제외하고 연결이 필요한 남아 있는 부분들까지 모두 아래에 나열해 놓았다.

$-C-CH_2-CH(O-CO-)-CH_2-(CH_2)_3-CH_3$, $-CH_3$, $-OCH_3$, $-CH_2-CH_2-$, 2O, H

물론 다른 2D의 실험들을 하면 이 구조는 쉽게 해결할 수 있다. 그러나 때로는 여러가지 이유로 예를 들어 시료의 양이 적다거나 자기에게 주어진 기기의 시간이 충분하지 못하다는 이유 등으로 더 이상의 실험을 할 수 없을 때도 있을 수 있다. 더욱이 시료의 구조를 간단한 실험으로 밝힐 수 있다면 더 이상 어려운 실험을 할 이유는 전혀 없는 것이다. 이러한 관점에서 이 시료의 구조를 지금까지 보여준 스펙트럼만으로 해결해 보도록 하자.

하나의 방법은 남은 부분의 구조를 하나씩 선택하여 화학적으로 가능성이 있는 연결을 만들어 놓고 그것이 옳은지 틀린지를 이제까지 보여준 스펙트럼으로 판단을 해보는 것이다.

가장 먼저 불포화 수를 충족하기 위해서 carbonyl을 그것도 ketone을 만들어야하는데 화학적으로 가능한 곳은 아래의 구조 Ⅲ과 같이 한곳 밖에 있을 수 없다.

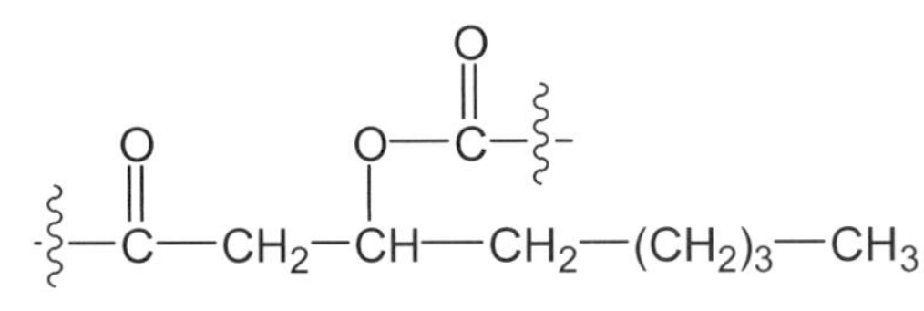

Ⅲ

다음으로 연결되어 있는 두 개의 메칠렌의 경우 양성자의 화학이동 값이나 커플링 모습만으로도 한쪽에 methoxy 나 메칠 그리고 산소가 자리할 수 없는 것은 명확하므로 마지막 가능성은 이 두 개의 CH_2 를 연

결할 곳이 벤젠 ring 밖에 없게 된다. 그리고 ester 그룹에는 H를 가져다 연결하면 양성자 스펙트럼에서 이 단일 피크가 될 양성자(10 ppm 부근)가 없고 하나 남은 산소와 H를 이용하여 OH를 또는 OCH_3를 연결하게 되면 carbonate carbonyl(150 ppm 부근)이 되므로 carbonyl의 화학이동 값의 차이가 이 구조를 불가능하게 만든다. 그러므로 ketone과 ester 그룹의 마지막 연결은 메칠 그룹이거나 벤젠 ring을 가지고 있는 $-CH_2-CH_2-$가 연결될 수 밖에 없다. 결국 지금까지 우리가 가지고 있는 스펙트럼들의 증거로는 아래와 같은 두 가지 가능한 구조 IV와 V를 그릴 수 있게 되었다.

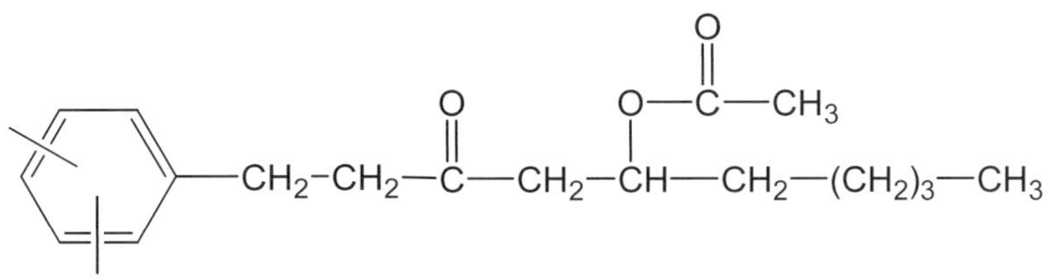

IV

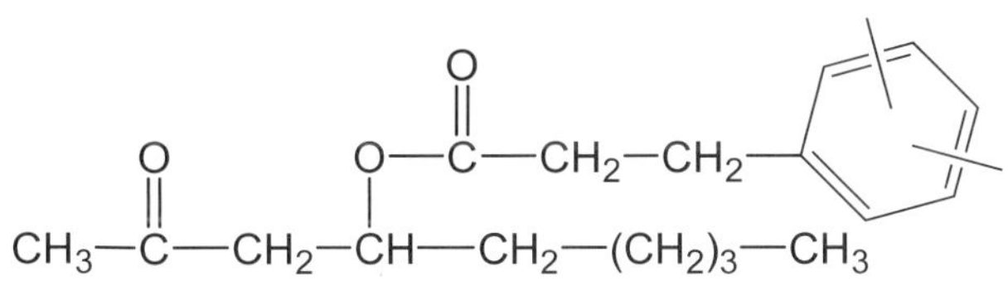

V

이제 이 구조를 완성 하기위해서 남은 것은 벤젠 ring에 있는 치환체들과 그들의 위치들 그리고 ketone과 ester에 어느 그룹이 연결되어 있는지를 정확하게 밝히는 것이다. 먼저 벤젠 ring에 있는 치환체는 두 개 남은 위치에 존재하기 위해서 methoxy는 알려져 있으니 한곳이 이것으로 연결되면 다른 한곳은 O와 H가 하나의 그룹이 되는 즉 hydroxy 요소가 되어야 한다(이 시료는 용매로 메칠 알콜-d_4를 사용하였으니 OH 그룹은 용매의 D(deuterium)와 exchange가 일어나기 때문에 양성자 스펙트럼에서 이들을 확인할 수 없다). 이 두 그룹이 벤젠 ring에 존재하는 것도 이미 앞에서 양성자 스펙트럼이 보여준 결과를 만족시키기 위해서는 CH_2-CH_2 그룹에 대해서 먼저 두 가지 방법 즉 하나는 *ortho*로 다른 하나는 *para*로 위치시키는 방법과 또 다른 방법으로는 *meta*와 *para*의 위치로 놓이게 하는 것과 이들 각각에서 두 치환체를 바꾸어 놓이게 하는 방법으로 아래와 같이 모두 4 가지가 있을 수 있다.

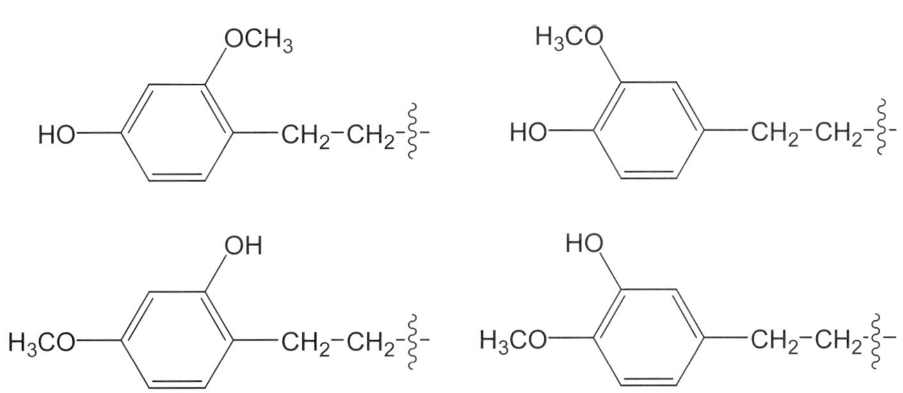

이들 4 가지 선택 중 하나와 두 그룹의 위치도 밝혀줄 수 있는 방법으로는 NOE를 사용할 수 있다. 양성자 스펙트럼과 같이 보여주고 있는 NOE 스펙트럼은 selective pulse라는 방법을 사용하여 3.82 ppm의 methoxy 그룹의 양성자들만을 excitation 시켜서 NOE 정보를 보여주는 1D-NOESY 스펙트럼이다. 스펙트럼에서 NOE를 보여주는 영역에서 *meta* 커플링을 하는 양성자 하나만 NOE를 보여주고 있다는 것을 확실히 볼 수 있다. 이 결과의 해석은 methoxy 그룹은 CH_2-CH_2 그룹에 대해서 *meta*로 OH 그룹은 *para*로 있어야만 한다는 것을 말해준다(다른 가능성의 구조에서 methoxy 그룹이 CH_2-CH_2 그룹과 *ortho* 위치에 있을 때는 *meta* 커플링을 보여주는 하나의 양성자와 NOE를 보여주겠지만 이때에는 -CH_2-CH_2- 그룹의 메칠렌 양성자들과도 NOE를 볼 수 있어야 하지만 이들을 볼 수 없으므로 이 가능성은 제거할 수 있는 것이다. 또한 methoxy 그룹이 -CH_2-CH_2- 그룹과 *para* 위치에 있을 수 있는 두 가지의 경우에는 *ortho* 커플링을 가지고 있는 양성자와 NOE를 보여주어야 하는데 NOE를 볼 수 없으니 이 가능성도 제거할 수 있게 된다).

마지막으로 ketone과 ester에 있는 그룹의 구조를 명확하게 구분할 수 있는 방법은 HMBC라는 실험으로 아주 쉽게 할 수 있다. 즉 앞의 두 가능한 구조 IV와 V에서 메칠의 양성자가 ketone의 carbonyl과 커플링을 하는지 아니면 ester의 carbonyl과 커플링을 하는지를 확인하기만 하면 되는 것이다. 실제로 이 화합물은 이미 문제에서 언급한 것과 같이 HMBC 스펙트럼에서 1.93 ppm에서 나오는 메칠 그룹의 양성자들이 172.4 ppm에서 나오는 ester의 carbonyl의 피크와 그리고 벤젠 ring을 가지고 있는 CH_2-CH_2 그룹의 양성자들은 210.0 ppm에서 나오는 ketone의 carbonyl 피크와 커플링을 매우 잘 보여주는 구조 IV로 이루어져 있다.

이들의 구조 확인을 HMBC 스펙트럼을 사용하지 않고도 앞에서 이미 언급하였던 유사물질들의 스펙트럼들을 비교하는 방법으로 서로의 구조를 밝히는데 얼마나 보완적으로 사용될 수 있는지를 그리고 이들로 부터 어떠한 정보를 어디까지 서로 적용할 수 있는지를 알아보도록 하자.

불포화 수도 시료 1과 같이 6(#=21-(32/2)+1=6)을 가지고 있는 시료 **2**의 양성자 스펙트럼을 1의 양성자 스펙트럼과 비교하여 볼 때 제일 먼저 aromatic 영역인 6-7 ppm에 있는 피크들은 화학이동 값은 두 그룹의 피크가 0.04 ppm 정도 변화가 있지만 커플링 모습과 커플링 상수는 변화가 없으며 벤젠 ring에 있는 methoxy 양성자도 0.01 ppm의 차이로 변화가 거의 없다. 또한 긴 alkyl chain들에 있는 양성자들로 규명한 0.8-1.5 ppm 영역에서 나타나는 피크들은 서로 모습 뿐만 아니라 화학이동 값도 거의 차이가 없이 매우 비슷하다. 이 사실은 두 시료에 있는 이들 두 그룹들의 구조가 거의 같다고 할 수 있다. 왜냐하면 일반적으로 양성자의 화학이동 값은 용매, 농도, 온도 등에도 변화하는 것으로 잘 알려져 있으며 특히 구조의 환경 변화에 매우 예민하게 변화하기 때문에 이들의 화학이동 값의 변화가 거의 없다는 것은 두 시료의 구조가 서로 다르다고 하더라도 미세한 변화를 의미하거나 또는 이들 두 그룹에서 멀리 떨어져 있는 곳에서 변화가 있는 것으로 생각할 수 있다. 이러한 예상이 사실이라면 화학이동 값의 변화가 양성자 보다는 매우 적은 탄소의 화학이동 값은 더욱 차이가 없어야만 할 것이다(이때 양성자들의 화학이동 차이 값과 탄소들의 화학이동 차이 값은 서로 비교될 수가 없다. 이들 두 핵은 주파수도 다르고 화학이동 값의 범위도 양성자는 10 ppm, 탄소는 200 ppm으로 다르기 때문이다). 시료 **2**의 탄소 스펙트럼을 앞의 것과 비교하여보면 aromatic에 해당하는 6 개의 탄소와 methoxy의 탄소도 거의 같은 화학이동 값을 가지고 있으며(3 개의 탄소에서 0.1 ppm 차이) alkyl chain에는 하나의 탄소에서만 0.1 ppm의 차이를 보여주고 있을 뿐 모두 동일한 화학이동 값을 보여주고 있는 것을 알 수 있으므로(여기에서 탄소들의 규명은 양성자들의 정보를 아래의 HSQC 스펙트럼에 바로 적용하여 얻은 것임) 두 시료의 일부 구조가 같다는 우리의 예상을 이 시료의 구조 분석에 적용할 수 있다.

이제 이 시료는 분자식으로 부터 1의 구조에서 C_2H_4O가 증가한 것을 고려하여 구조의 또 다른 부분을 찾기 위하여 두 시료의 양성자와 탄소의 스펙트럼으로 돌아가 비교해 보면 시료 **2**에서는 2.02 ppm의 메칠 그룹의 양성자들인 피크가 하나 더 나타난 것을 볼 수 있는 반면 1의 시료에서 5.19 ppm에서 다중도로 나타난 CH 피크를 볼 수 없는 것이 매우 당황스러울 것이다(그러나 탄소의 스펙트럼과 HSQC 스펙트럼을 보면 이 양성자는 없어진 것이 아니라 용매의 피크와 겹쳐 나온다는 것을 알 수 있다). 탄소 스펙트럼에서는 먼저 양성자 스펙트럼에서 메칠 그룹 하나가 증가한 사실이 21.2 ppm에서의 CH_3 피크로 증명이 되고 시료 1에서 나타난 carbonyl 피크가 없어진 대신 ester 피크(172.6과 172.5 ppm 중 하나)가 하나 더 생겨난 것과 ester에 연결된 탄소 피크인 CH(72.7과 72.3 ppm 중 하나)가 하나 더 나타난 것으로 분자식의 변화를 만족시키고 있다. 이와 같은 정보로 우리는 **2**의 구조는 1에 있는 ketone의 carbonyl이 ester인 acetate로 되어 있다고 예상할 수 있다.

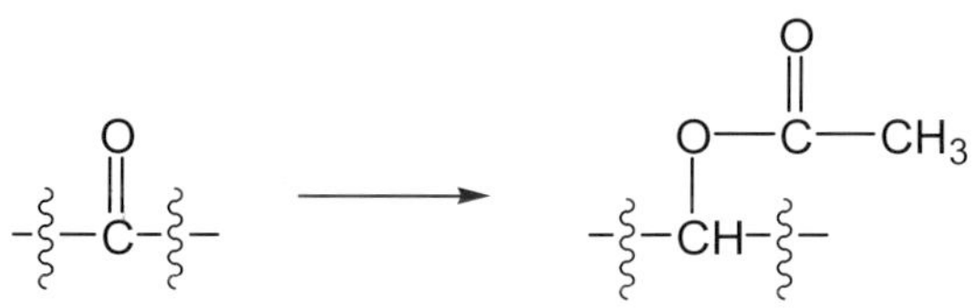

그렇다면 이제 1의 구조에서 HMBC 스펙트럼이 없었다면 완성하지 못한 것과 같이 마지막 남은 문제는 벤젠 ring을 가지고 있는 CH_2-CH_2 그룹과 다른 하나의 메칠 그룹이 연결되는 곳이다. 1의 구조와는 다르게 **2**에서는 양성자 스펙트럼으로 아주 쉽게 이 문제가 해결될 수 있으며 **2**는 아래의 구조를 가지고 있다는 것을 쉽게 알 수 있다.

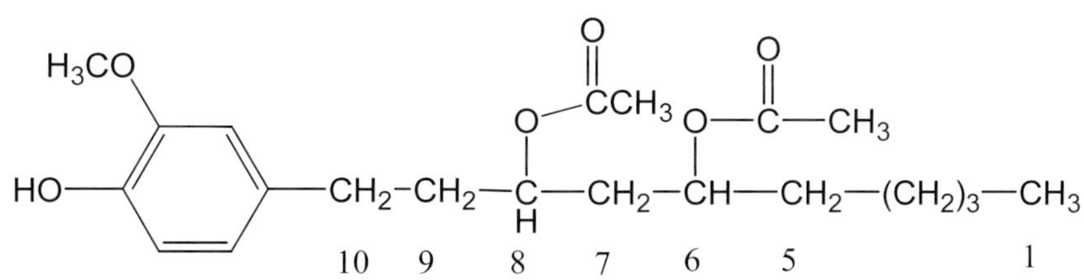

2

즉 **2**에서는 1에 있던 carbonyl 탄소(8)에 새로 생긴 ester 그룹의 산소가 연결된 탄소(CH)에 메칠이 연결되어 있다면 양성자 스펙트럼에서 나타난 두 개의 메칠 피크(2.02와 1.94 ppm)들 중 하나는 이중선으로 나타나야 하기 때문이다. 그러므로 벤젠 ring과 alkyl chain들의 양성자와 탄소의 스펙트럼들이 매우 비슷한 1의 구조도 두 가지 가능한 구조 중 **2**의 구조와 비슷한 메칠 그룹은 ester 그룹에 그리고 벤젠 ring을 가지고 있는 CH_2-CH_2 그룹은 ketone 그룹에 연결되어 있다고 예상할 수 있다. 이와 같이 유사한 물질들의 구조는 그들의 스펙트럼들을 서로 비교하면서 상호 보완적으로 그들의 구조를 밝혀낼 수 있다.

이제 실제로 예상된 **2**의 구조가 확실한 것인지를 COSY와 HSQC 스펙트럼으로 알아보도록 하자. HSQC 스펙트럼에서는 2 개의 CH 양성자들이 4.87 ppm에서 나오는 용매의 피크와 겹쳐 나오고 있다는 것을 명확하게 볼 수 있다. 이들을 이용하여 COSY 스펙트럼을 보면 이들 중 하나의 CH 양성자는 1.5 ppm의 양성자와 커플링 하는 것을 볼 수 있는데 이것이 다시 1.27 ppm의 양성자들과 그리고 이들은 메칠의 양성자와 커플링 하는 것으로 보아서 alkyl chain이 분명하다. 숨어 있는 다른 CH의 양성자는 1.85와 1.75 ppm에서 나오는 다중도 피크들과 커플링을 보여 주고 있는데 이들의 확실한 규명은 HSQC 스펙트럼을 참고로 할 수 있다. 이 스펙트럼에서 이들 양성자들은 두 개의 CH_2 탄소와 연결되어 있으므로 4 개의 양성자들 이라는 것을 알 수 있음과 동시에 1.75 ppm의 양성자는 14.5 Hz와 5.7 Hz의 커플링 상수들을 가지고 double-triplet(dt)로 나타나고 있는 AB pattern의 하나의 양성자임을 알 수 있다. 즉 이 양성자는 두 ester 그룹을 가지고 있는 두 CH 사이에 있는 CH_2(7)의 양성자들 중 하나며 1.85 ppm에 있는 3 개의 양성자는 7 번의 하나의 양성자와 9 번의 두 양성자들이 겹쳐서 나온 것이다. 이들 9 번의 양성자들과 커플링 하는 10 번의 양성자들은 COSY 스펙트럼에서 찾을 수 있으며 이들은 2.57과 2.49 ppm에서 14.0 Hz의 geminal 커플링상수와 2.8과 2.5 Hz의 vicinal 커플링 상수를 가지고 나타나는 AB pattern의 양성자들임을 쉽게 알 수 있는 것으로 예상 구조가 정확하다는 것을 알 수 있다.

결론적으로 이들 두 시료의 구조를 밝히면서 시료 **2**에서는 시료 **1**에서 얻은 정보로 NOE 실험 등을 하지 않고도 구조를 얻을 수 있었고 또한 **2**의 구조는 시료 **1**의 구조를 완성하는데(HMBC 스펙트럼이 없었다면) 도움을 주었다.

앞의 두 시료의 구조의 정보들을 바탕으로 하여 불포화 수는 앞의 두 시료보다 하나 적은 5(#=23-(38/2)+1=5)를 가지고 있는 시료 **3**의 구조를 밝혀 보도록 하자. 먼저 양성자 스펙트럼에서 6-7 ppm에서 나타난 aromatic 양성자들과 3.82 ppm에서 나타난 methoxy 양성자들은 앞의 두 시료에서 나타나는 모습과 같으므로 이 시료의 구조도에도 앞의 시료들에 있는 똑같은 aromatic 그룹을 가지고 있다는 것을 알 수 있다. 이 사실은 또한 탄소 스펙트럼에서도 aromatic 영역의 6 개의 피크의 화학이동이 거의 같다는 것으로도 확인이 된다. 또한 alkyl chain의 양성자들이 나오는 up-field에서는 메칠렌 양성자들의 피크 모습은 다르지만 메칠 그룹의 피크의 찌그러진 모습은 이 시료도 긴 alkyl chain을 가진 구조임을 알 수 있다(앞의 두 구조에서의 메칠렌 피크들과 이 시료의 메칠렌 피크들의 모습의 차이는 두 그룹의 피크들의 화학이동이 가까워지고 모습은 더 단순해지고 있는 모습을 볼 수 있다. 이러한 모습의 변화가 메칠렌 그룹의 증가로 chain이 길어지면서 나타나는 현상이다). 이 스펙트럼과 같이 다른 피크들과의 겹침이 없는 단순한 경우에는 양성자 스펙트럼에서의 적분 값만으로도 메칠렌 그룹의 수를 알 수 있다(이 경우에 적분 값을 스펙트럼에 표시하지는 않았지만 메칠 그룹의 적분 값과 비교하여 1.39와 1.28 ppm의 피크에 메칠렌 그룹들은 10 개가 있음을 알 수 있다). 오래전 일반적으로 1D 양성자와 탄소 스펙트럼들만을 구조분석에 이용할 때는 정확한 양성자의 적분 값들이 매우 중요한 영역이어서 그들 적분 값들을 최대한 이용하려고 하였지만 스펙트럼들이 겹쳐 나올 때 또는 불순물들이 그 피크들에 포함되어 있는 경우에도 이 사실을 모르고 이들 적분 값들을 사용함으로서 여러 가지 오류와 어려움들이 있었다. 그러나 이제는 DEPT를 포함한 HSQC 스펙트럼들을 사용하면서 이러한 오류들은 있을 수가 없게 되었다. 즉 양성자의 수를 알고자하는 영역의 양성자 피크들에 해당하는 탄소의 피크들을 HSQC 스펙트럼에서 찾아내고 이들 탄소들은 DEPT실험에서 몇 개씩의 양성자를 가지고 있는지를 쉽게 확인할 수 있기 때문이다. 이 경우에도 HSQC 스펙트럼과 DEPT 스펙트럼을 포함한 탄소 스펙트럼을 이용하면 1.39와 1.28 ppm에서 나오는 양성자들은 10 개의 CH_2의 탄소(38.4-23.7 ppm의 영역에 11 개의 탄소가 있지만 30.3 ppm에서 나오는 CH_2 피크는 다른 양성자(2.77 ppm)의 피크와 커플링을 하고 있음을 HSQC 스펙트럼에서 알 수 있다)에 있는 양성자들임을 쉽게 알 수 있다. 이들의 확인

후에 양성자 스펙트럼에서 남은 3 개의 그룹 피크들은 다중선인 3.99 ppm의 하나의 양성자와 2.77 ppm에서 singlet으로 나오면서 4 개의 양성자를 가지는 매우 이상한(?) 피크 그리고 AB pattern의 양성자들인 2.54와 2.49 ppm의 양성자들이다. 먼저 3.99 ppm의 CH에 해당하는 양성자는 HSQC 스펙트럼에서 탄소도 68.9 ppm에서 나타나므로 산소를 가지고 있음이 분명하고 COSY 스펙트럼에서 2.54와 2.49 ppm의 AB pattern의 양성자들(J=15.8, 8.4, 4.4 Hz) 그리고 alkyl chain의 영역 피크와 커플링 하는 것을 볼 수 있다. 이들과 앞에서 있었던 시료들의 구조에 대한 경험으로 이 chiral center에 연결된 그룹들을 아래와 같은 일부 구조로 그릴 수 있다.

$$-CH_2-CH(O-)-(CH_2)_{10}-CH_3$$

이들 일부 구조와 벤젠 ring의 구조를 고려하고 탄소 스펙트럼에서 ketone의 carbonyl(212.0 ppm)을 포함하면 5 개의 불포화 수를 만족 시키면서 이 시료의 분자식에서 연결되지 않고 남은 원소는 C_2H_5가 남게 된다. HSQC 스펙트럼을 보면 이상한(?) singlet 이라고 한 2.77 ppm에 있는 4 개의 양성자들은 30.3과 46.4 ppm에서 나오는 탄소에 있는 CH_2의 양성자들임을 알 수 있다. 그러므로 나머지 하나 남은 H는 chiral center에 있는 산소에 연결되어 있는 것이다. 이제 남은 숙제는 2 개의 CH_2와 carbonyl 하나를 이미 규명된 2 개의 일부 구조에 연결하는 것인데(이 경우에는 아래의 구조로 연결될 수밖에 없지만) 벤젠 ring의 화학이동 값(양성자와 탄소)들이 앞의 두 시료와 매우 같음으로 이들과 같은 아래와 같은 구조 **3**으로 연결할 수 있다(즉 이 경우와는 다르게 비록 연결하여야 할 다른 더 많은 그룹들이 남아 있다고 하면 우리는 우선 벤젠 ring의 연결들을 앞의 두 시료의 구조와 같게 연결하여 놓고 그 다음 남은 그룹들의 연결을 고려할 수 있다).

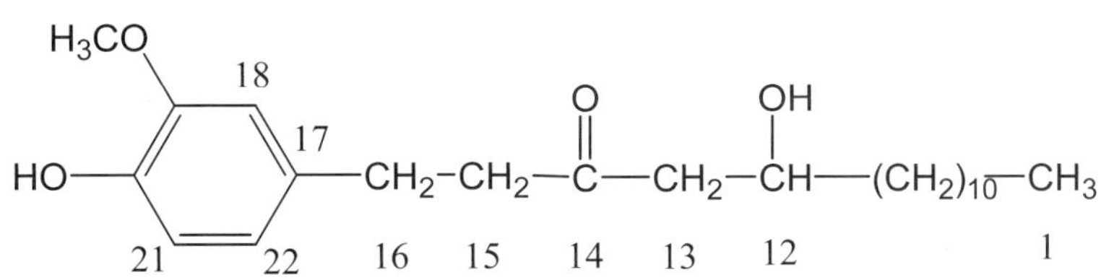

3

앞에서 이상한(?) singlet이라고 한 두 개의 CH_2의 4 개에 해당하는 양성자들은 CH_2-CH_2 그룹으로 연결되어 있어 vicinal 커플링을 하여 시료 1에서와 같이 복잡한 다중도의 피크들로 나타날 것으로 생각되지만 아주 보기 드문 경우로 두 메칠렌에 있는 양성자들의 화학이동 값이 같기 때문에 하나의 피크로 나타난 것이다. 이와 같은 해석이 다른 증거가 없기 때문에 과연 정확한가를 의심할 수도 있으며 이러한 문제를 해결할 수 있는 실험들 중 하나가 HMBC 스펙트럼이다(다른 실험들 중 가장 쉽게 접근할 수 있는 실험이라면 long-range COSY라는 실험으로 이 실험은 벤젠 ring의 양성자와 메칠렌 양성자들(2.77 ppm) 사이에 커플링을 보여줄 수 있을 것이다). 시료 **3**의 HMBC 스펙트럼을 이용하여 앞에서 밝혀진 이 구조의 증거를 찾아서 다시 확인 하여 보도록 하자.

이 실험에서 13 번의 탄소에 있는 AB pattern의 양성자들(2.54와 2.49 ppm)과 CH_2-CH_2 그룹으로 규명한 2.77 ppm의 피크가 각각 2- 또는 3-bond의 커플링으로 ketone의 carbonyl과의 연결을 보여주는

correlation 피크가 나타났으므로 이들의 연결은 확인이 되었고 이제 나머지 커플링들이 규명된 이 구조에 어떠한 증거를 제공하는지를 보도록 하자. 이 스펙트럼에서 제일 먼저 CH_2–CH_2 그룹의 양성자들인 2.77 ppm의 피크는 5 개의 탄소와 명확하게 correlation 피크들을 보여주고 있다. 이들 중 CH_2–CH_2 그룹의 탄소들 피크인 30.3과 46.4 ppm에서 보여준 correlation 피크들은 서로 상대방의 양성자들이 2-bond 커플링을 보여준 것이고(이들이 HSQC 스펙트럼에서와 같이 자기들 자신의 양성자들과 커플링을 보여주는 것이 아니라는 사실은 30.3과 46.4 ppm에서 나타나는 correlation 피크의 양쪽에 나타난 작은 피크들이다. 바로 이들이 data를 acquisition하는 동안에 탄소의 decoupling을 하지 않아서 생겨난 양성자와 탄소 간에 일어난 1-bond 커플링으로 이 실험에서 완전히 없어지지 않고 남은 것들이다. 이와 같은 1-bond 커플링의 잔해는 HMBC 스펙트럼에서 흔히 볼 수 있는 현상이다) 벤젠 ring에서 양성자를 가지고 있는 113.1과 121.7 ppm의 피크와 커플링을 보여준 것은 CH_2–CH_2 그룹에서 benzyl 위치(16)에 있는 양성자들이 3-bond 커플링으로 *ortho* 위치(18과 22)에 있는 탄소들과의 커플링이며 quaternary 탄소인 134.1 ppm의 피크와의 커플링은 CH_2–CH_2 그룹의 다른 양성자들(15)과 벤젠 ring의 탄소(17)와의 3-bond 커플링이다. 이들 *ortho*에 있는 두 탄소의 규명은 HSQC 스펙트럼에서 규명한 결과와 일치하며 134.1 ppm의 탄소의 규명은 *meta* 위치(21)의 양성자(6.67 ppm)가 3-bond 커플링을 보여주고 있으므로 앞에서 예상한 구조가 정확함을 알 수 있다. 또한 이 HMBC 스펙트럼은 methoxy의 양성자들이 148.9 ppm의 피크(19)와 3-bond 커플링을 보여주므로 벤젠 ring에서의 모든 quaternary 탄소의 화학이동도 규명할 수 있게 하였고 벤젠 ring의 양성자들이 CH_2–CH_2 그룹의 30.3 ppm의 탄소(16)와 3-bond 커플링을 보여줌으로 이들의 탄소 화학이동도 규명이 가능하게 하였다. 즉 이와 같이 HMBC 실험은 양성자를 가지고 있지 않은 탄소들의 규명까지 가능하게 하는 등 구조분석에서는 필수적인 실험방법으로 앞으로 복잡한 구조분석에서 이 실험이 쓰이는 것을 자주 보게 될 것이다.

4

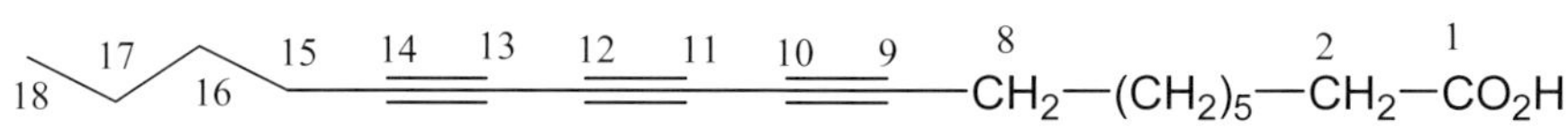

이 문제에서 어려운 부분은 탄소 스펙트럼에서 피크 하나가 보이지 않는다는 것이다. 이 스펙트럼의 해석에 중요한 첫 단서는 불포화 수(7)와 분자식에 산소가 두개 있다는 것이 될 수 있다. 즉 탄소 스펙트럼에서 나타난 ~178 ppm의 피크를 carboxylic acid의 피크로 생각할 때 ~80-60 ppm 영역에서 나타난 피크들은 sp 탄소의 피크들이라는 점이다.

양성자와 탄소 스펙트럼에서 CH_2 피크들이 매우 복잡하게 나오지만 1D-TOCSY 스펙트럼에서 18의 CH_3는 3 개의 CH_2와 연속으로 연결되어 있다는 것을 쉽게 알 수 있다. HMBC 스펙트럼에서는 ~80 ppm의 탄소 피크가 15와 8의 양성자들이 나타난 ~2.3 ppm의 피크들과 correlation 피크를 보여주고 있지만 이 탄소가 14인지 9인지는 알 수가 없다. 그러나 ~80 ppm의 탄소가 ~1.55-1.48 ppm에서 나타나는 16과 7의 양성자들과도(1D-TOCSY 스펙트럼으로부터 16의 양성자들이 7 보다 조금 up-field에서 나타난다는 것을 알 수 있음) correlation 피크를 보여주고 있다. 이것은 ~80 ppm의 탄소 피크가 14와 9의 탄소가 겹쳐서 나온다는 확실한 증거가 되는 것이다. 나머지 4 개의 sp 탄소 피크(~67-60 ppm)는 10, 11, 12, 13 탄소의 피크들이며 주어진 스펙트럼들만으로는 각각의 피크를 정확하게 규명할 수 없다.

5

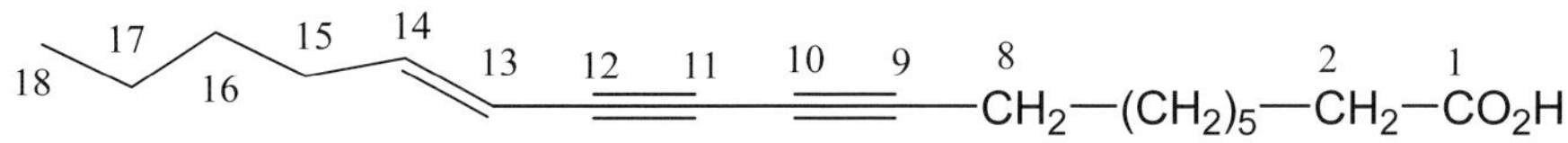

비록 여러 개의 CH_2의 양성자 스펙트럼이 복잡하게 나타나고 있지만 HMBC 스펙트럼에서 CH_3의 양성자와 correlation 피크를 보여주고 있는 23과 32 ppm의 탄소는 2.13 ppm의 양성자(15)와도 correlation 피크를 보여주고 있으므로 17과 16의 탄소가 틀림이 없다. 또한 양성자 15가 ~110(탄소 13)과 ~149(탄소 14) ppm의 탄소와 correlation을 보여주고 있으며(역으로 5.51 ppm 양성자 13과 6.24 ppm의 양성자 14가 ~34 ppm의 탄소 15와 correlation을 보여주고 있음) 14의 양성자가 16의 탄소와 correlation을 보여주고 있으므로 이중결합의 탄소 14에는 4 개의 탄소를 가지고 있는 alkyl chain이 있다는 것이(1D TOCSY 스펙트럼도 이 관계를 보여주고 있다) 이 스펙트럼 해석의 중요한 단서이다.

6

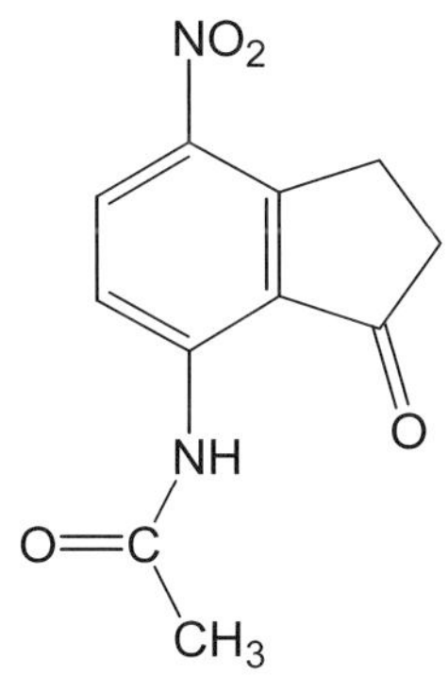

7

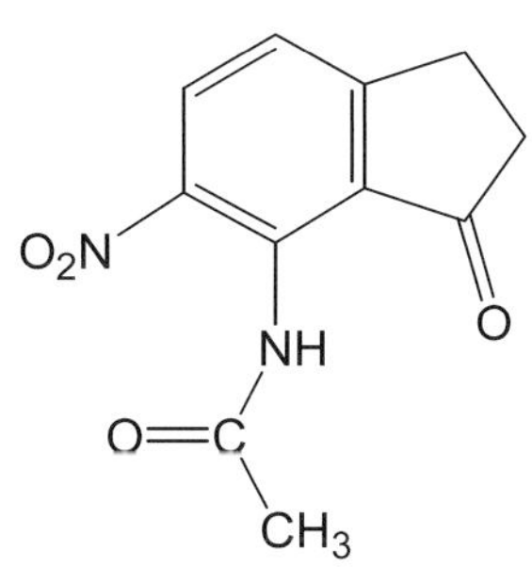

8

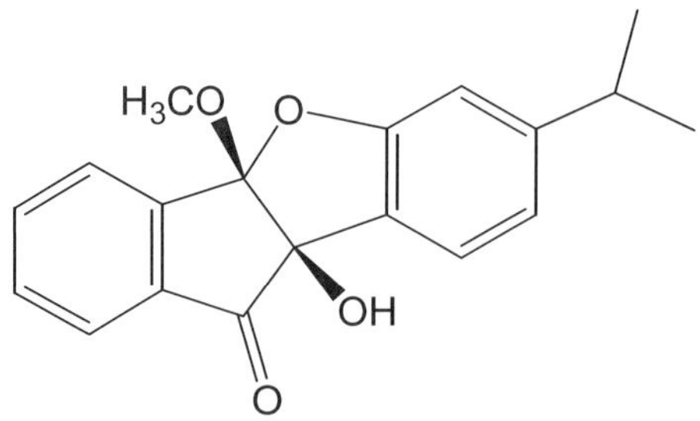

9

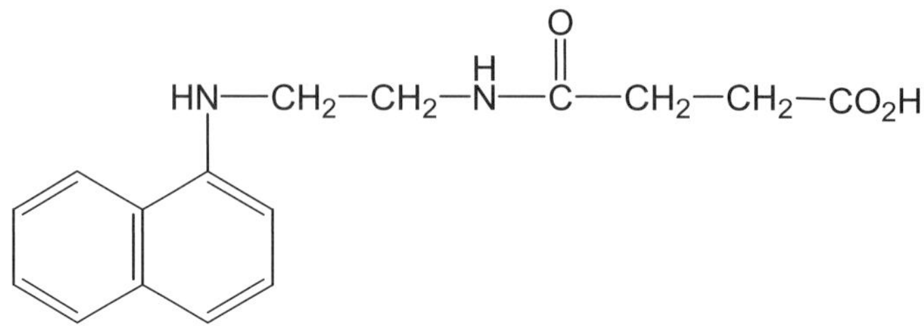

10 **11** 불포화 수는 8(#=14-(14/2)+1=8)인 두 개의 이성질체인 물질을 합성으로 얻은 후 분리하여 얻은 물질 10의 양성자 스펙트럼에서 불순물질들이 완전히 제거되지 못하고 섞여 있음을 알 수 있다. 상품으로 나와 있지 않고 대부분 연구자들이 연구의 초기 단계에서 합성으로 얻어진 물질들의 스펙트럼에서 자주 볼 수 있는 현상이다.

먼저 10의 양성자 스펙트럼에서 얻을 수 있는 정보는 7.4 7.3 ppm 영역의 피크들에 근접하여서 나타나는 불순물들의 피크 때문에 정확한 적분 값을 읽을 수는 없지만 나머지 피크들의 적분 값들에서 9 개의 양성자들을 읽을 수 있으므로 벤젠 ring이 5 개의 양성자를 가지고 있다는 것을 알 수 있다. 나머지 양성자들은 커플링의 pattern으로 유추해보면 하나의 메칠(CH_3), 두 개의 메칠렌(CH_2), 그리고 두 개의 CH가 이 물질의 구조에 있다는 것을 알 수 있다. 메칠의 양성자는 1.78 ppm에서 나타나고 있으므로 이중결합이 있는 탄소에 연결되어 있을 수 있다. 두 개의 CH_2 중 하나의 CH_2(4.86, 4.68 ppm)는 분자식에 산소가 있으므로 화학이동으로 볼 때 산소에 연결되어 있다고 할 수 있으며 커플링 모습으로는 자기들 서로만 커플링(J=15.8 Hz)을 하고 있다. 다른 메칠렌 하나에서 2 개의 양성자(2.62, 2.26 ppm)는 dd 커플링(J=17.9, 6.5, 3.1 Hz)을 각각 보여 주고 있으므로 vicinal 위치에 CH가 있다는 것을 알려주고 있다. 나머지 두 개의 CH 중 하나(4.35 ppm, J=10.6 Hz)는 이중선이므로 vicinal 위치에 CH를 가지고 있으며 화학이동으로 볼 때 산소에 연결되어 있다고 할 수 있으며 다른 하나(3.08 ppm)는 broad한 피크로 볼 때 여러 개의 커플링을 가지고 있는 것을 알 수 있다. 앞의 현상들을 만족시키는 양성자들의 연결은 O-CH-CH-CH_2일 가능성을 보여주고 있다.

앞의 양성자 스펙트럼에서 얻은 정보를 가지고 DEPT135 스펙트럼을 포함하고 있는 탄소 스펙트럼을 보면 먼저 벤젠 ring에서 양성자를 가지고 있는 5 개의 탄소들이 128.7(2 CH), 128.4(para-CH), 126.0(2 CH)에 나타나 있는 것을 알 수 있고 208.7 ppm에 나타난 ketone의 carbonyl 피크를 포함하여 두 개의

CH_2와 두 개의 CH 등 9 개의 피크들을 잘 볼 수 있으므로 29.7 ppm의 quaternary 탄소 비슷한 작은 피크는 불순물 피크라는 것을 알 수 있다. 또한 하나씩의 CH(84.9 ppm) 탄소와 CH_2(65.7 ppm)의 탄소는 산소에 연결되어 있다는 앞의 양성자 스펙트럼에서 하였던 예상을 여기에서도 확인할 수 있다.

세 개의 quaternary 탄소들(176.3, 139.3, 133.2 ppm) 중 139.3 ppm이나 133.2 ppm의 하나는 벤젠 ring에 있는 탄소라고 할 수 있고 176.3 ppm의 탄소는 ester 또는 amide나 acid의 carbonyl carbon이라고 쉽게 생각할 수 있다. 하지만 이 시료는 이미 ketone의 carbonyl과 O-CH-CH-CH_2라는 구조 요소에 분자식이 가지고 있고 산소를 두 개 모두 사용하였고 질소도 없으므로 이들 그룹의 carbonyl이 될 수가 없다. 일반적인 탄소의 화학이동 값 table에는 나타나 있지 않지만(탄소 스펙트럼에 관한 text에서는 볼 수 있다) 이 영역에서 나타날 수 있는 또 다른 탄소는 $\alpha\beta$-unsaturated carbonyl을 가지고 있는 5-membered ring의 이중결합의 β 탄소다.

이제까지의 정보로 이 시료의 확실한 주요 fragment 들을 정리해 보면 먼저 치환체가 없는 벤젠 ring이 있고 ketone이 있으므로 나머지 하나의 산소는 CH_2와 CH-CH-CH_2 그룹을 가지고 있으며 ketone은 $\alpha\beta$-unsaturated carbonyl을 가지고 있는 5-membered ring에 있다고 예상하여 아래와 같이 그릴 수 있다.

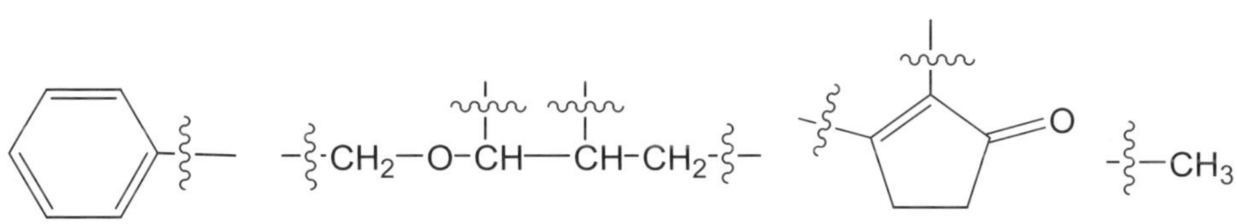

이 4 가지의 fragment를 고려하면 탄소(CH_2)가 분자식보다 두 개가 더 많게 되는 것을 알 수 있으며 5-membered ring의 두 CH_2 탄소들이 ether fragment에 있는 CH-CH_2에 해당한다면 탄소 수와 양성자의 수도 일치하게 되며 양성자들의 커플링 모습들도 만족시킬 수 있다. 이것으로 우리는 아래와 같은 두 가지 가능한 구조를 예측할 수 있다.

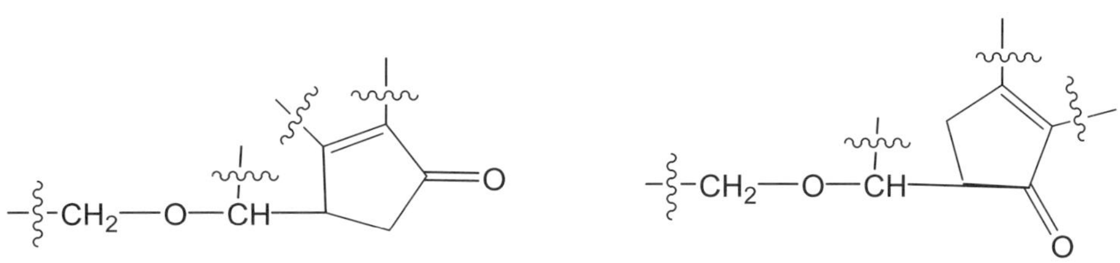

이들 두 가능한 구조로 COSY 스펙트럼과 HSQC 스펙트럼을 살펴보면 두 개의 CH와 두 개의 CH_2가 예상대로 잘 일치하고 있다. 이들의 커플링 관계를 보여주는 COSY 스펙트럼에서도 4.35 ppm의 O-CH가 3.08 ppm의 CH와 커플링을 보여주고 다시 이 3.08 ppm의 CH는 geminal 커플링을 보여주고 있는 2.62와 2.26 ppm에서 나오는 CH_2의 하나의 양성자와는 강하게 그리고 다른 하나와는 약하게 커플링 하는 것을 보여주고 있는 것으로 앞의 두 가능한 구조를 모두 만족 시키고 있다. 이제 이들을 구분하기 위해서 메칠과 벤젠 ring을 각각 연결하여 보도록 하자. 먼저 화학이동과 양성자 스펙트럼의 splitting pattern으로 볼 때 메칠 그룹이 연결될 수 있는 가능한 곳은 이중 결합을 하고 있는 두 개의 탄소 위치 뿐이다. 이들 두 위치 중 carbonyl의 α 위치에 연결되어 있는 것은 HMBC 스펙트럼에서 1.78 ppm의 메칠의 양성자가 208.7

ppm의 carbonyl 피크와 3-bond 커플링을 보여주는 것으로 확인 할 수 있다. 벤젠 ring의 연결 위치는 하나 남은 이중 결합의 탄소는 될 수 없고(이중 결합의 탄소에 연결되면 마지막 결합은 epoxide를 만드는 결합이 이루어지게 되는데 이들 CH와 CH_2가 커플링하고 있지 않으므로) 산소에 연결되어 있는 CH나 CH_2의 탄소들 중 하나다. 이들의 구분도 HMBC 스펙트럼으로 쉽게 알아 낼 수 있다. 먼저 벤젠 ring의 quaternary 탄소는 벤젠의 양성자와 커플링 하는 139.3 ppm의 피크임을 알 수 있고 4.35 ppm의 CH 양성자 피크가 벤젠 ring의 탄소들과 커플링 하는 것으로 벤젠 ring의 위치는 CH_2가 아니고 CH의 탄소라는 것을 알 수 있다. 그러므로 나머지 하나의 CH_2 탄소가 가질 수 있는 bond는 앞에서 보여준 두 종류의 5-membered ring에 결합이 남아 있는 탄소 뿐이다. 이 결합으로 ring을 하나 더 만들게 됨으로서 불포화 수 8도 만족 시킬 수 있게 된다. 이제 모든 결합들의 연결로 만들어진 아래의 두 구조 중 어느 것이 옳은 것인지를 구분해 내는 방법은 여러 가지 종류의 실험이 있겠지만 지금까지 얻어진 스펙트럼들로 이들을 구분해 보도록 하자.

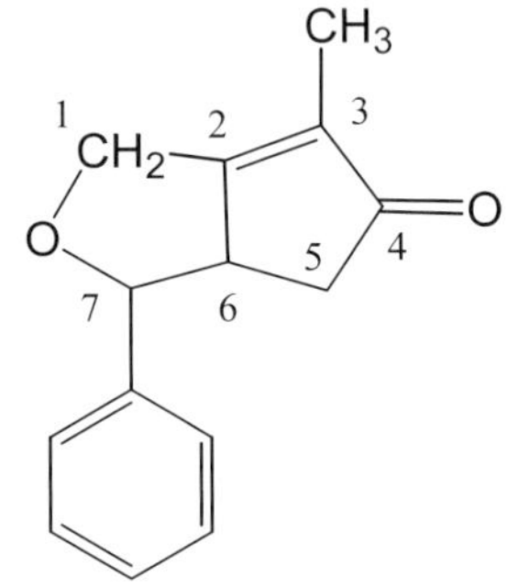

Ⅰ

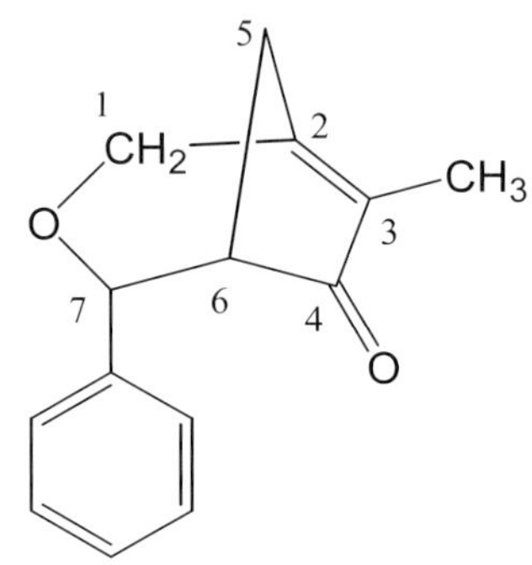

Ⅱ

먼저 COSY 스펙트럼으로 되돌아가 양성자들 사이의 커플링들을 살펴보면 1.78 ppm의 메칠 그룹의 양성자들이 1(4.86, 4.68 ppm)의 양성자들 뿐만 아니라 6(3.08 ppm)의 양성자와도 작은 cross 피크들을 보여주고 있다. 이 결과들을 구조 Ⅰ에 연관시켜보면 1과 6의 위치에 있는 양성자들은 메칠의 양성자들과 5-bond로 떨어져 있지만 homoallylic이라는 관계를 가지고 있으며 이러한 커플링은 알려져 있으므로 Ⅰ의 구조를 가지는 것이 COSY 스펙트럼의 결과에 어긋나지는 않는다. 그러나 Ⅱ의 구조와 연관하여 보면 메칠의 양성자가 1의 양성자들과 커플링을 보여주는 것은 구조 Ⅰ에서와 같이 homoallylic 커플링의 관계로 이상하지 않지만 6의 양성자와는 커플링을 보여줄 수 있다고 예상할 수는 없으며 오히려 homoallylic 위치의 5(2.62, 2.26 ppm)의 양성자들과 커플링을 보여줄 것으로 예상할 수 있다. 그러나 COSY에서는 6의 양성자와는 커플링을 보여주고 반대로 5 양성자들과는 커플링을 보여주지 않으므로 Ⅰ의 구조가 이들 결과와 일치한다고 할 수 있다.

Ⅰ의 구조를 증명하기 위하여 HMBC 스펙트럼을 보면 대부분의 correlation 피크들이 두 구조를 설명할 수 있다. 하지만 1의 하나의 양성자가 6(50.7 ppm)의 탄소와 보여주고 있는 작지만 명확한 correlation 피크는 구조 Ⅰ만이 보여줄 수 있는 3-bond 커플링 피크이다.

이제 마지막 남은 이 구조에서의 문제는 6과 7에 있는 두 양성자 사이에 있을 수 있는 *cis*와 *trans*의 stereochemistry이다. 이문제의 해결을 위하여 1D-NOESY 실험을 하였으며 같이 보여주고 있는 양성자 스펙트럼으로 1D-NOESY 스펙트럼은 6의 양성자를 irradiation하여 얻은 스펙트럼이라는 것을 알 수 있다. 예상대로 5의 하나의 양성자는 분명히 NOE를 보여주고 있는 것을 알 수 있지만 7의 양성자(4.35 ppm)는 조그만 피크(dispersion peak)를 보여주고 있지만 이것이 NOE라고 하기에는 매우 불확실하며 오히려 벤젠의 양성자가 보여주고 있는 피크가 NOE라고 볼 수 있다. 즉 6의 양성자가 7의 양성자와는 *trans*를 그리고 벤젠 ring과는 *cis*를 이루고 있다면 벤젠 ring의 *ortho* 위치의 양성자들은 6의 양성자와 NOE를 보일 수 있다고 예상할 수 있다. 여기에서는 다행히 벤젠 ring의 양성자들이 작지만 NOE를 보여주고 있기 때문에 이를 이용하여 간접적으로 6과 7의 양성자들이 *trans* 관계로 이루어져 있다고 예상하는 것이 틀렸다고 할 수는 없다. 하지만 일반적으로 어떤 구조가 NOE를 보여주고 있다면 *cis*라고 할 수 있지만 만약 NOE가 매우 작아 애매하거나 또는 NOE가 보이지 않는다고 이들을 *trans*라고 단언할 수 없는 것이 NOE 실험의 단점이라는 것을 항시 유의 하여야한다. 즉 NOE 실험에서는 그 결과가 여러 가지 변수에 따라서 나타나게 되며 이들 변수에는 분자의 크기, 용매, 그리고 NMR 기기의 자장에 따라서 양(+)과 음(-) 그리고 0으로도 나타날 수 있으며 두 양성자 사이에서 일어나는 dipole-dipole relaxation의 시간 등을 고려하여서 try and error를 거쳐 가는 복잡한 실험과정을 소화하여야 한다. 그러므로 두 isomer를 모두 실험하는 것이 원칙이며 가능하면 *cis*라고 생각되는 isomer로 실험을 시작하는 것이 실험의 순서다.

이제 앞의 시료와 이성질체인 물질 11의 스펙트럼들을 보도록 하자. 양성자 스펙트럼을 보면 비록 불순물들이 많아서 스펙트럼에 여러가지 불순물들의 피크들이 같이 나오고 있지만 앞의 시료 10의 스펙트럼과 비교하면 어떤 피크들이 우리가 사용할 피크들인지를 구분해 낼 수가 있다. 즉 벤젠 ring에서 *ortho* 위치의 양성자들과 7의 양성자(5.37 ppm, J=9.4 Hz) 그리고 5의 양성자(2.46, 1.62 ppm, J=18.4, 6.5, 3.6 Hz)들 중 하나의 양성자가 화학이동이 앞의 10의 것들과 많이 다르게 나타나고 있지만 그들의 모습과 커플링 상수 등은 변화가 거의 없음을 알 수 있다. 더욱이 DEPT135 스펙트럼을 포함하고 있는 탄소 스펙트럼에서는 7(80.76 ppm)과 6의 탄소(46.8 ppm)가 up-field로 4 ppm 이상씩 이동한 것 이외에는 10의 스펙트럼과 거의 유사하다는 것을 알 수 있다. 이들 두 스펙트럼만으로도 이들 두 물질이 서로 이성질체라는 것을 예상할 수 있다.

화학이동이 많이 달라진 피크들의 확인을 위하여 COSY 스펙트럼과 HSQC 스펙트럼을 보면 이들이 앞의 시료 10에서 확인하였던 것과 다르지 않음을 알 수 있다. 먼저 COSY 스펙트럼에서는 7의 양성자(5.37 ppm)가 6의 양성자(3.62 ppm)와 커플링 하는 것을 포함하여 자기들끼리 커플링 하는 5의 양성자들(2.46, 1.62 ppm)과 1의 양성자들(4.90, 4.74 ppm)은 앞에서와 같음을 알 수 있고 5의 양성자들이 6의 양성자와 커플링하는 것과 1의 양성자들은 메칠 양성자(1.76 ppm)들과 앞에서와 같이 작은 homoallylic 커플링을 보여주고 있는 것도 같다. 또한 자기들끼리 커플링 하는 1과 5의 양성자들은 HSQC 스펙트럼에서 하나의 탄소에 있는 geminal 양성자들임을 재확인 할 수 있다. HMBC 스펙트럼에서도 대부분 앞의 10에서와 같은 correlation 피크들을 보여주고 있으며 이 경우에는 특히 앞에서는 나타나지 않았던 7의 양성자가 2의 탄소 (172.9 ppm)와 보여주는 3-bond correlation 피크로 앞에서 제시한 두 가능한 구조 Ⅰ과 Ⅱ에서 확실하게 구조 Ⅰ이 바른 구조라는 것을 증명해주는 또 다른 증거를 보여주고 있다.

앞의 시료 10에서 6과 7의 양성자들의 stereochemistry를 규명하면서 두 양성자 사이의 직접적인 NOE의 결과보다는 간접적인 결과로 *trans*의 관계를 가졌다고 제시하였다. 이 실험의 방법이 적정하였고 규명이 옳은 것이라면 이성질체인 시료 11에서 우리는 이들 두 양성자 6과 7이 *cis*의 관계를 가지고 있을 것이므로 두 양성자 사이에서 NOE를 관찰할 수 있는 직접적인 결과를 예상할 수 있다. 양성자 스펙트럼과 6의 양성자를 irradiation하여 얻은 1D-NOESY 스펙트럼을 같이 보여 주고 있다. 예상되는 5의 양성자들 중 하나는 NOE를 보여주고 있지만 앞의 10의 NOE 실험 결과와는 다르게 벤젠 ring의 양성자 영역에서는 어떠한 NOE 흔적도 보여주고 있지 않으며 반면으로 7의 양성자(5.37 ppm)가 명확하게 NOE를 보여주고 있다. 즉 시료 11에서 6과 7의 양성자가 *cis*의 구조를 가지고 있다는 것이 명확해 졌으며 따라서 앞에서 시료 10의 명확하지 못했던 stereochemistry가 자연스럽게 *trans*라는 결론을 얻을 수 있게 되었다. 이 결과가 앞에서 NOE 실험의 결과를 해석할 때 주의 하여야 하며 *cis* 시료의 실험이 최선이라는 언급을 잘 뒷받침하여주고 있다.

즉 NOE 실험의 결과들을 최종으로 이들 두 시료 A와 B는 아래와 같은 구조를 가지고 있는 두 isomer라는 결론을 얻을 수 있다.

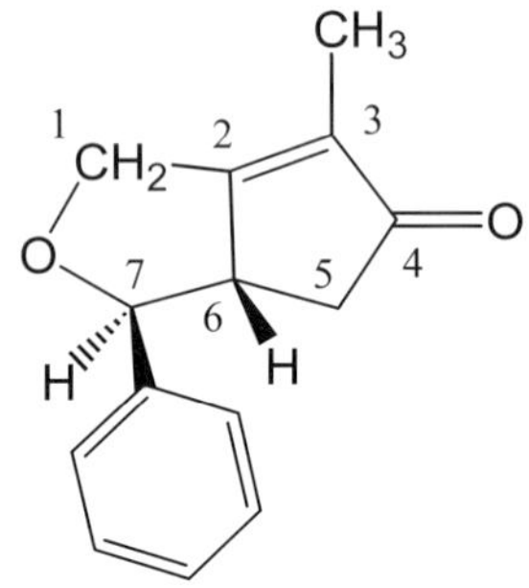

10

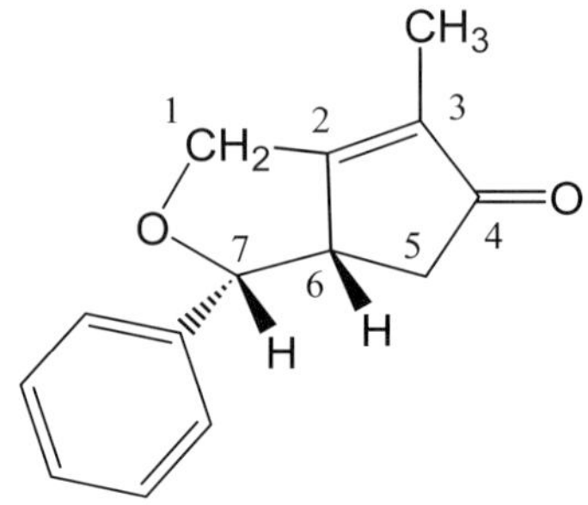

11

12

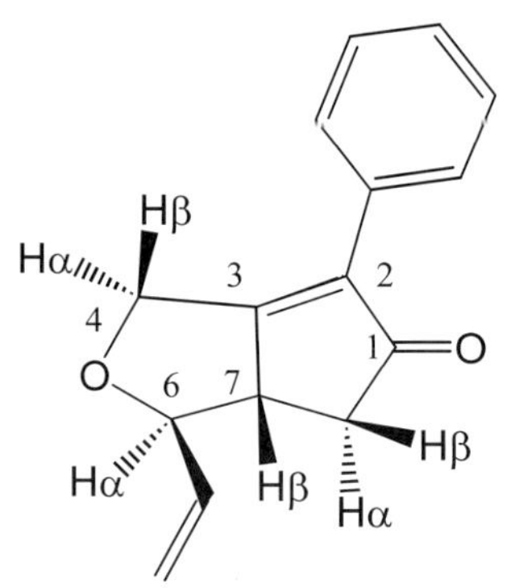

13

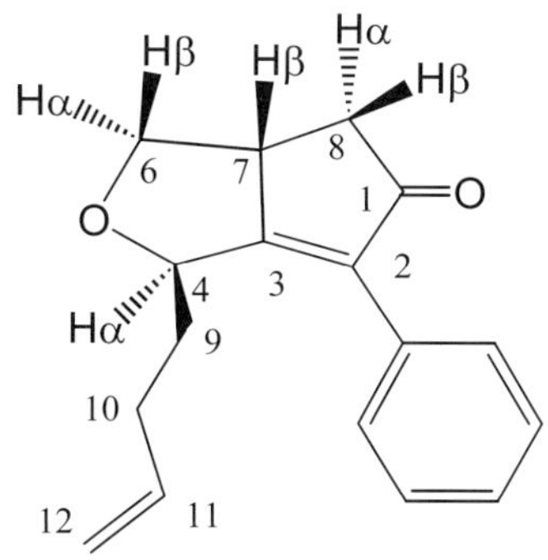

14

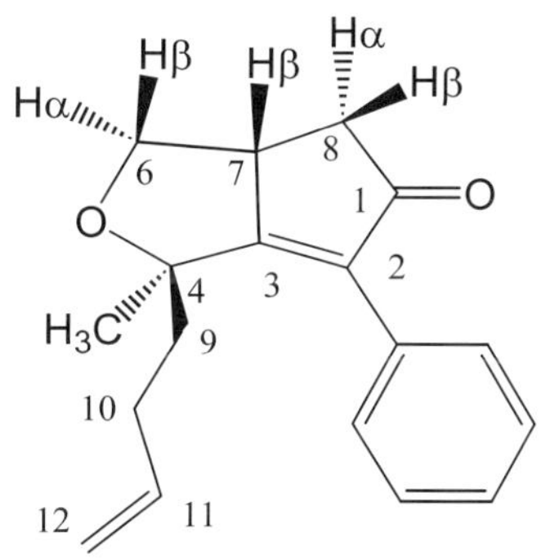

15

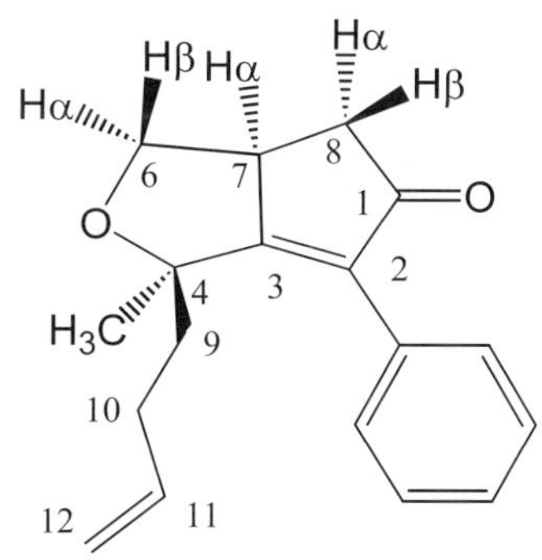

4 해답과 해설

16

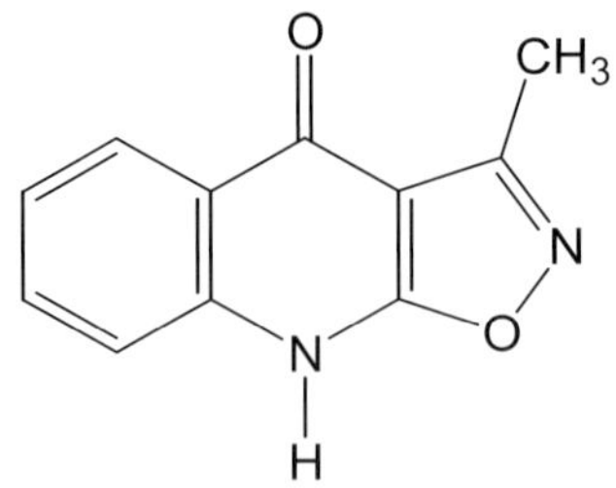

17

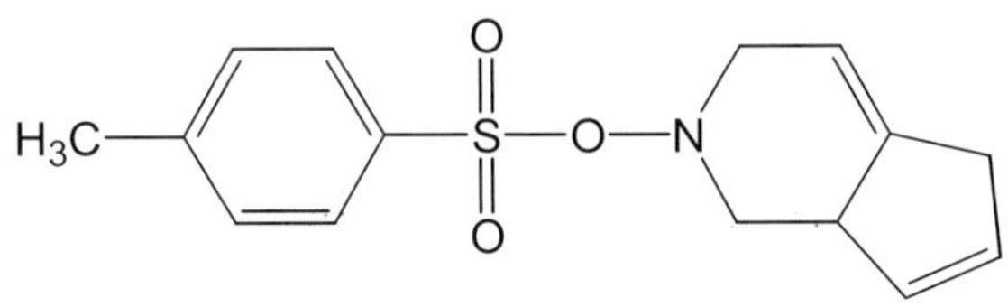

18

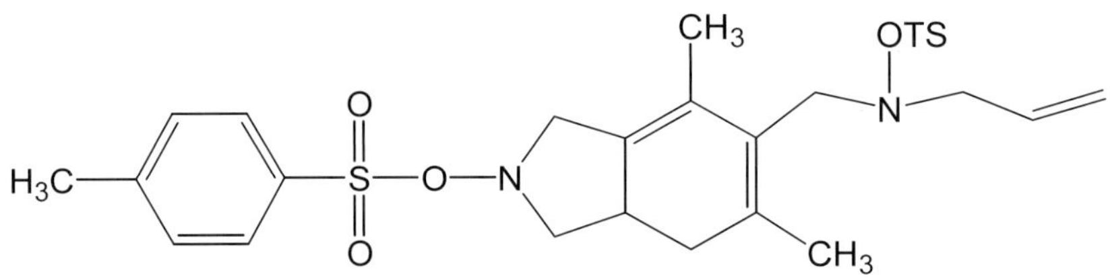

19

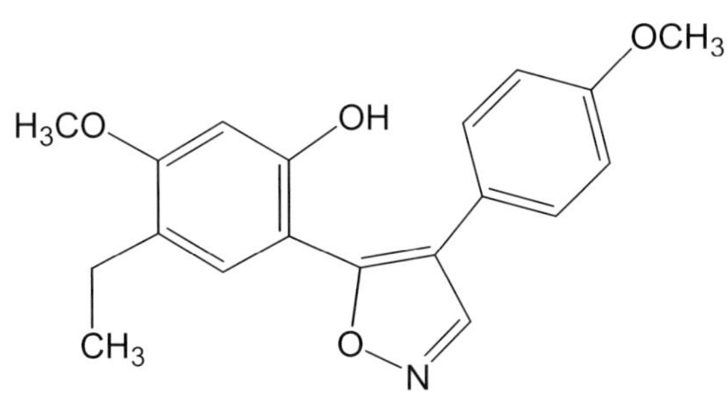

20 **21** 합성으로 얻어진 이들 두 물질은 high resolution mass spec.으로 각각 분자량이 500.204와 460.136이라는 것을 알았으며 이 값은 분자식 $C_{27}H_{32}O_9$(**20**)과 $C_{23}H_{24}O_{10}$(**21**)으로 부터 계산된 것과 일치하였다. 이들은 구조적으로 매우 유사하므로 같이 다루기로 한다.

먼저 물질 **20**의 불포화 수는 12(# = 27−(32/2) + 1 = 12)이며 양성자 스펙트럼에서 보듯이 화학이동 값과 커플링 pattern이 벤젠 ring을 포함하고 있지는 않은 것으로 보인다. 즉 5 ppm 영역에서 작은 커플링을 가지고 broad하게 나타나는 3 개의 피크들은 이중결합의 탄소에 있는 양성자들이며 명확하게 AB pattern으로 보이는 dd pattern의 두 양성자(3.02와 2.88 ppm)와의 적분 값을 비교할 때 각각 한 개씩의 양성자들이며 이들의 커플링 pattern으로 보아 여러 개의 long-range 커플링을 가지고 있는 것으로 볼 수 있다. 이 스펙트럼에서 아주 명백한 사실은 1.27-1.15 ppm에서 나타나는 4 개의 메칠 그룹과 이들과 커플링하고 있는 4 개의 메칠렌 그룹 즉 4 개의 에칠 그룹이 있으며 메칠렌 양성자들의 4 ppm 보다 더 큰 화학이동으로 보면 ester 그룹에 이들이 연결되어 있다고 생각할 수 있다. 이들 ester 그룹의 carbonyl의 존재는 DEPT 스펙트럼을 포함하고 있는 탄소 스펙트럼에서 170.0, 171.0, 171.1, 171.5 ppm인 4 개의 피크들로 예상할 수 있다.

일반적으로 탄소 스펙트럼이 화학이동 범위가 넓어서 양성자 스펙트럼 보다 피크들의 분리를 더 잘 시키는 것으로 알려져 있지만 이 경우에는 탄소 스펙트럼에서 13.9 ppm 영역에서 나타나는 메칠의 탄소는 3 개로 나타났지만 양성자 스펙트럼에서는 4 개의 메칠 양성자들을 완전히 분리시킨 것을 볼 수 있다. 이들을 고려하여 탄소의 수를 그리고 포함되어 있는 DEPT 스펙트럼으로 양성자 수를 세어보면 분자식의 탄소와 양성자 수가 이들 스펙트럼과 일치함을 알 수 있다. 또한 4 개의 ester에서 8 개의 산소를 그리고 208.9 ppm의 탄소 피크는 ketone이므로 산소의 숫자도 일치하여 더 이상의 산소를 포함하는 functional 그룹을 고려할 필요가 없게 되었다. 즉 탄소 스펙트럼에서 60 ppm 영역에서 나타나는 4 개의 CH_2 탄소들(62.3, 62.2, 61.7, 61.6 ppm)을 제외한 다른 탄소들은 산소에 연결되어 있는 것이 아니라는 사실이다. 이 영역 50-60 ppm에서 나타나는 탄소들이 산소를 가지고 있지 않다면 질소를 생각할 수 있지만 분자식에 질소가 없으므로 steroid와 같은 cyclic 화합물에 있는 탄소들도 이 영역에서 나타나므로 cyclic 화합물을 고려할 수 있다. 실제로 이 시료의 불포화 수는 12인데 지금까지 밝혀낸 4 개의 ester와 하나의 ketone이 5 개의 불포화 수를 가지고 있고 화학이동 값으로 유추하여 6 개의 sp^2 결합의 탄소(120 ppm 영역에 3 개의 CH와 184.8, 140.6, 140.4 ppm의 3 개의 quaternary 탄소)들이 3 개의 이중결합으로 3 개의 불포화 수를 가지고 있다고 하여도 4 개의 불포화수가 남게 되는데 이들을 충족하기위해서는 이 화합물은 4 개의 ring을 구성하고 있어야 한다. 세 개의 이중결합 탄소에 184.8 ppm의 피크를 포함시킨 것은 먼저 이 영역에서의 피크는 ester나 acid 그리고 amide의 carbonyl 탄소로 쉽게 예상할 수 있지만 우리는 이미 분자식에 있는 9 개의 산소를 모두 사용하고 더 이상의 산소가 없으므로 이들 그룹의 탄소가 될 수 없는 것은 명확하게 되었다. 그리고 이 영역에서 나타날 수 있는 가능한 또 다른 탄소는 αβ-unsaturated carbonyl을 가지고 있는 5-membered ring의 이중결합에 quaternary β 탄소가 될 수도 있기 때문이다. 실제로 나머지 불포화 수가 이 시료에 cyclic의 구조가 있다는 것을 제시하고 있으므로 먼저 이 시료의 일부 구조로 αβ-unsaturated carbonyl을 가지고 있는 5-membered ring이 있다고 생각할 수 있다. 지금까지의 정보로 이 시료 구조의 fragment들을 아래의 3 가지 종류의 구조 요소들로 그려볼 수 있다.

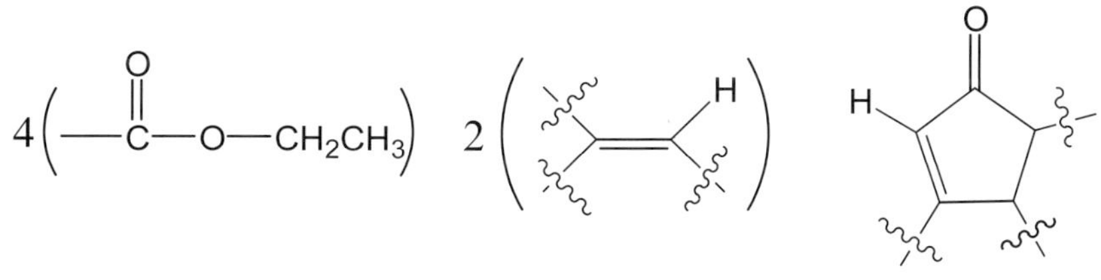

이들 이외에 단편적인 정보로는 이 구조에는 4 개의 CH_2와 1 개의 CH 그리고 3 개의 aliphatic quaternary

탄소들이 더 있으며 이들을 3 개의 cyclic 구조를 더 가지도록 연결시켜야 한다. 양성자들의 커플링 정보를 위해서 COSY 스펙트럼을 보면 작은 불순물들의 피크들 때문에 나타나는 cross 피크들이 있기는 하지만 먼저 강한 geminal 커플링을 하는 양성자들은 그들의 상대방 피크들이 나타나는 위치는 쉽게 알아 낼 수 있다. 즉 3.02 ppm의 dd 피크는 2.88 ppm의 dd 피크와 그리고 3.57 ppm의 dd 피크는 3.17 ppm의 영역에 있는 피크와 또한 이 영역에서 겹쳐서 나오고 있는 또 다른 피크는 2.47 ppm에 있는 피크가 그들의 상대방 geminal 양성자들이다. 이들의 정확한 규명이 없이도 구조 규명은 이루어 질 수 있지만 정확한 위치는 1D 스펙트럼에서 커플링 상수들을 측정해보면 쉽게 알 수 있다. 먼저 3.57 ppm의 dd 피크에서는 약 18과 2-3 Hz의 커플링 상수를 보여 주고 있으므로 3.17 ppm의 영역에서 나타나는 broad한 4 개의 피크들 중 어느 것들이 geminal 커플링인 18 Hz의 값을 보여주고 있는지를 찾으면 되는 것이다. 이들 broad한 피크들은 작은 long-range 커플링 때문이므로 이들 작은 커플링을 볼 수 있도록 분해능(resolution)을 증가시키는 Gaussian function을 이용하면 그들이 보여주는 커플링 pattern 때문에 더 쉽게 이들을 찾아 낼 수 있다. 양성자 스펙트럼에 이들 4 개의 피크들 부분을 Gaussian function을 사용하여 얻은 스펙트럼을 확대하여 그려 놓은 것으로부터 3.57 ppm의 dd 피크의 상대방은 작은 커플링을 가지고 이중선으로 나타나는 피크들(약 18 Hz)이라는 것을 쉽게 알 수 있다. 그리고 작은 커플링을 가지고 삼중선의 모습으로 나타난 dd 모습의 두 피크들이 2.47 ppm 영역에서 다른 피크와 겹쳐서 나오는 다중도 피크와 geminal 커플링(약 16 Hz)을 하고 있다는 것을 알 수 있다.

이제까지 규명한 3 개의 CH_2 이외에 하나 남은 CH_2는 HMQC 스펙트럼에서 2.5 ppm의 영역에서 다른 피크들과 겹쳐서 나오는 것을 알 수 있으며 이 영역에서 규명되지 않은 마지막 CH의 피크도 겹쳐서 나온다는 것을 알 수 있다. 비록 이 영역에서 불순물로 보이는 피크들도 겹쳐들 나오지만 이 CH의 양성자는 가장 down-field(2.56 ppm)에서 나온다는 것을 알 수 있다. 이 정보를 가지고 양성자 스펙트럼에서 Gaussian function을 사용하여 얻은 확대하여 놓은 스펙트럼을 보면 CH_2의 AB 양성자들이 화학이동 값이 차이가 많이 나지 않을 때 나타나는 dd의 모습을 확실하게 볼 수 있다.

이제 모든 양성자들과 이들을 가지고 있는 탄소들을 알고 있으므로 이들의 연결에 도움을 주는 HMBC 스펙트럼을 이용하도록 하자. 이 스펙트럼에서 제일 먼저 알 수 있는 정보는 5 ppm 영역에서 나타나고 있는 3 개의 sp^2 결합의 양성자들 중 5.71 ppm의 양성자 하나만 208.9 ppm의 ketone의 탄소와 correlation 피크를 보여주고 있다는 것이다. 이 양성자가 αβ-unsaturated carbonyl을 가지고 있는 5-membered ring의 α 양성자라고 한다면 ketone의 탄소와 2-bond 커플링을 하고 있다고 볼 수 있으며 184.8 ppm의 quaternary β 탄소와도 2-bond 커플링을 하고 있는 것을 볼 수 있다. 이제 이 양성자와 커플링 하는 양성자를 COSY 스펙트럼으로 돌아가서 찾으면 3.57과 3.17 ppm에서 나오는 geminal 양성자들임을 알 수 있고 이들 두 양성자는 더 이상 커플링 하는 양성자들이 없음을 알 수 있다. 이와 같은 정보로 우리는 이미 제안한 αβ-unsaturated carbonyl을 가지고 있는 5-membered ring을 사용하여 아래와 같은 두 가지 가능성의 구조 요소 Ⅰ과 Ⅱ를 생각해 볼 수 있다.

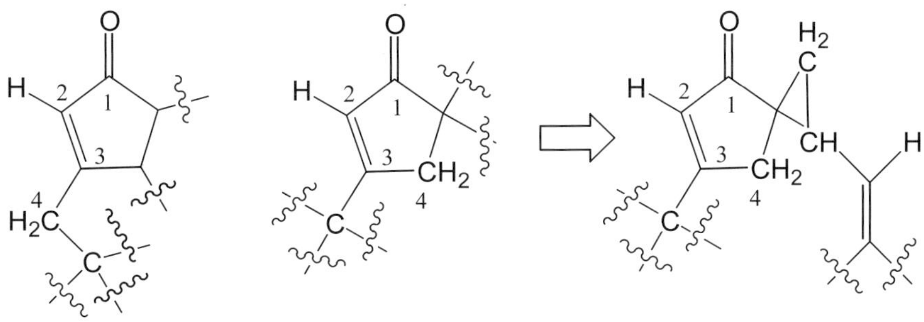

I　　　　　　　II

즉 그림에서 2 번의 양성자와 allylic 커플링 하는 4 번으로 명명한 3.57과 3.17 ppm에서 나오는 geminal 양성자는 5-membered ring에 포함 될 수도 있고 아닐 수도 있다. 먼저 이 메칠렌 그룹이 ring에 있는 후자 II의 경우를 보도록 하자. 이 경우에 바로 옆의 탄소는 양성자를 가지고 있지 않은 quaternary가 되어야하며(CH_2의 양성자들이 더 이상 커플링 하는 양성자가 없으므로) HMBC 스펙트럼에서 2.56 ppm에서 나오는 하나의 CH 양성자와 2.47와 3.16 ppm에서 나오는 geminal의 양성자들이 ketone의 탄소와 correlation을 보여주고 있으므로 이 quaternary 탄소는 CH와 CH_2와 연결되어 있어야만 한다. 그러고 COSY 스펙트럼에서 이들 CH와 CH_2의 양성자들이 커플링하고 있는 것을 보여 주고 있으므로 이들을 만족시키기 위해서는 CH_2와 CH가 연결되어 cyclopropyl ring을 형성하여야 하는데 다시 COSY 스펙트럼을 보면 CH_2에 커플링 하는 5.77 ppm의 sp^2 양성자가 vicinal 위치에 놓이게 되는 CH 양성자(2.56 ppm)와는 커플링을 보여주고 있지 않으므로 이러한 구조를 가질 수 없다는 것을 알 수 있다. 그러므로 메칠렌이 5-membered ring의 밖에 있는 첫 번째 구조를 가지고 있으며 앞에서 언급한 사실들로 이 일부의 구조를 아래의 좌측 구조 요소 III과 같이 확장시킬 수 있게 된다.

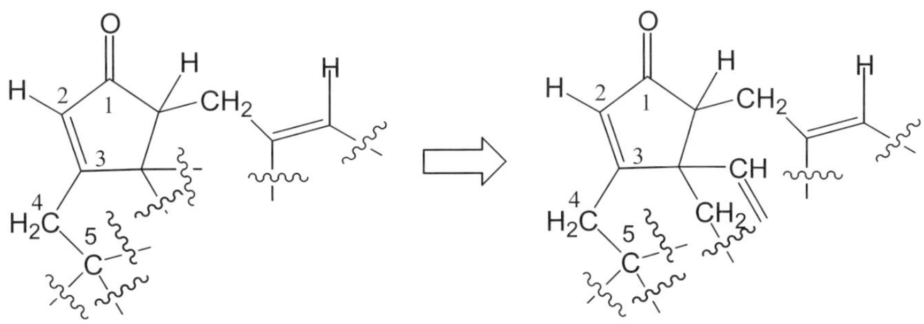

III　　　　　　　IV

이제 위의 좌측 구조 III에서 5-membered ring에 미완성으로 남아 있는 두 개의 연결들을 완성하기 위하여 3 번의 탄소와 3-bond correlation을 보여주는 양성자들을 HMBC 스펙트럼에서 찾아보면 5.31 ppm의 sp^2 양성자와 2.5 ppm 영역에서 나오는 CH_2 양성자들임을 알 수 있으므로 위의 우측 그림 IV로 더 확장된 구조를 쉽게 그릴 수 있게 된다. COSY 스펙트럼을 보면 5.31 ppm의 sp^2 양성자(12)는 3.02와 2.88 ppm에서 나타나는 CH_2 양성자(15)와 약 1-2 Hz의 커플링(allylic)을 보여주고 있고 5.77 ppm의 sp^2 양성자(13)와도 작은 커플링을 보여주고 있다. 이 5.77 ppm의 sp^2 양성자는 이미 앞에서 설명한데로 geminal CH_2 양성자들(9)과 allylic 커플링 외에 또 다른 양성자와는 커플링을 하고 있지 않으므로 옆에 마지막으로 하나 남은 quaternary 탄소(14)가 있다는 것을 알 수 있다. 이들 정보로 위의 구조를 확장하면 아래의 좌측 같은 구조 V로 그릴 수 있으며 4 개의 ester 그룹을 제외하면 분자식에 남아 있는 주어진 양성자와 탄소들 그리고 산소 하나를 모두 가지고 있는 구조가 되었다.

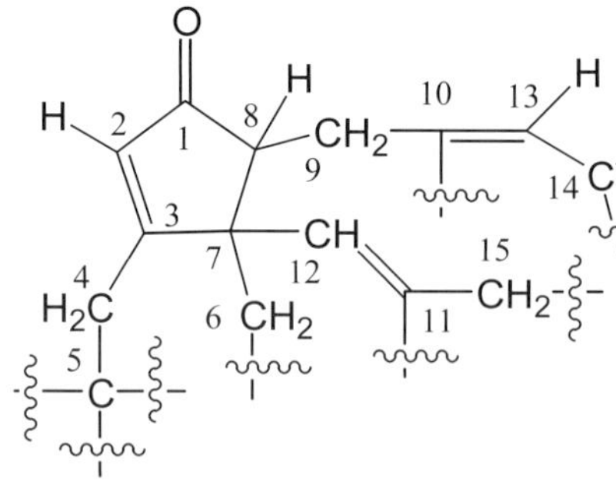

V

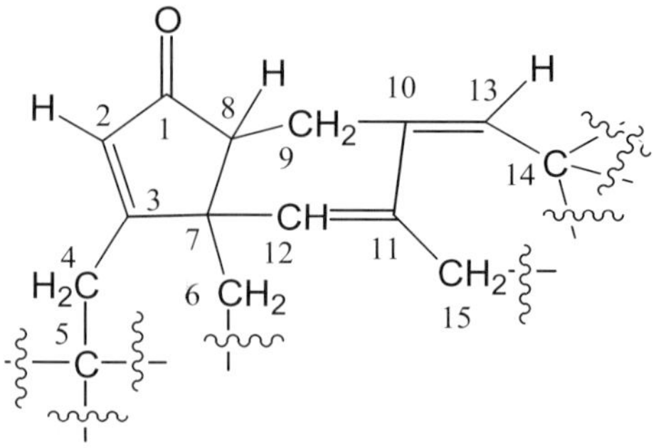

VI

이제 남은 일은 4 개의 ester 그룹을 이들 나머지 10 개의 bond에 연결 후 남게 될 6 개의 bond로 3 개의 ring을 만들면 이 물질의 구조가 완성될 수 있는 것이다. 먼저 5.77 ppm의 양성자(13)가 5.31 ppm의 양성자(12)와 커플링이 일어난다는 것을 설명하기 위해서는 10 번 탄소와 11 번 탄소가 연결이 되어 위의 우측 구조 VI과 같은 butadiene의 형태의 구조를 이루어야 한다. 또한 HMBC 스펙트럼에서 5.77 ppm의 양성자(13)와 3.02와 2.88 ppm에서 나타나는 CH_2 양성자들(15)이 탄소 14(64.2 ppm)와 correlation을 보여주고 있으므로 탄소 15(35.9 ppm)는 탄소 14와 연결되어야만 한다. 이것은 13 번 양성자(5.77 ppm)가 15 번의 탄소와 3-bond correlation 피크를 보여주고 있는 것으로도 증명이 되고 있다. 나머지 cyclic ring의 구조는 5 번 탄소와 6 번 탄소가 연결되어 있다는 것을 쉽게 예측할 수 있지만 다른 cyclic 구조보다 이들을 먼저 밝히려고 했다면 먼저 7 번과 5 번 탄소를 규명하여야한다. 다시 HMBC 스펙트럼에서 4 번의 양성자들이 2- 또는 3-bond correlation을 보여줄 수 있는 quaternary 탄소는 5 번과 또 다른 탄소 7 번으로 두 개가 있지만 aliphatic region에서 하나의 탄소(60.2 ppm)와만 피크를 보여주고 있으며 이들 양성자로는 두 탄소의 구분이 불가능하다. 그러나 두 개의 quaternary 탄소인 5 번과 7 번의 피크는 양성자 8(2.56 ppm)이 54.8 ppm의 탄소 피크와 correlation 피크를 보여주고 있는 것으로 이것이 7 번 탄소라는 구분이 가능하며 6 번 양성자(2.54 ppm 영역)들이 5 번 탄소(60.2 ppm)와 correlation 피크를 보여주고 있다는 것이 5 번 탄소와 6 번 탄소와의 bond를 증명하는 것이다. 이제 5 번과 14 번 탄소에 각각 2 개씩 남은 bond에는 4 개의 ester가 연결되면 될 것이고 이들이 연결되었다는 증거는 HMBC 스펙트럼에서 4, 6, 그리고 15의 geminal 양성자들이 170 ppm 영역에서 나타나는 ester의 carbonyl peak들과 커다란 correlation 피크들을 보여주고 있는 것이다. 그러므로 이 시료의 완전한 구조를 위한 모든 bond들은 완성이 되었다.

그러나 하나 남은 숙제는 8 번 탄소에 연결되어 있는 양성자의 stereochemistry 이다. 앞에서는 8 번 양성자에 대하여 자세한 설명 없이 2.56 ppm 영역에서 다른 피크들과 겹쳐서 나오는 것으로 언급하였지만 구조가 완성이 된 후에는 이들 피크들의 모습은 9 번의 두 양성자에 의해서 dd의 피크로 나타날 것으로 예상할 수 있다. 실제로는 broad한 doublet 피크로 약 8 Hz의 커플링을 가지고 나타나 있다는 것을 Gaussian function을 적용한 후 확대하여 그려놓은 양성자 스펙트럼에서 볼 수 있다(또한 이 스펙트럼에서 6 번의 2

개의 geminal 양성자가 화학이동 값이 비슷하고 커플링 상수(약 14 Hz)가 클 때 나타나는 찌그러진 AB pattern의 dd로 나타난 것도 명확하게 볼 수 있다). 즉 9 번의 두 양성자들이 8 번의 양성자와 각각 dihedral angle이 다르게 놓여 있기 때문에 하나의 양성자와는 약 8 Hz의 상수를 가지고 다른 하나의 양성자와는 이보다 매우 작은 커플링 상수를 보여주고 있는 것이다. 이와 같이 메칠렌의 양성자들의 위치들은 기준이 정해져 있다면 규명이 가능하며 역으로 이들 메칠렌의 양성자들을 정확하게 규명하면 8 번 양성자의 규명도 NOE를 이용하여 두 가지 가능한 위치의 분별이 가능하게 될 것이다. 8 번 양성자가 놓일 수 있는 두 개의 위치 중 하나는 7 번과 6 번 탄소가 만든 bond에 대해서 *cis*로 놓여 있을 수 있고 다른 하나는 이들 bond에 대해서 *trans*로 있을 수 있다. 그러므로 6 번의 양성자들과 8 번 양성자가 *cis*로 놓여 있다면 NOE를 관찰할 수 있을 것이다. 그러나 불행하게도 6 번과 8 번의 양성자들은 화학이동이 2.65 ppm 영역에서 겹쳐서 나오므로 이들이 *cis*의 관계를 가지고 있다고 하더라도 NOE 피크에 대하여 상대적으로 큰 음의 diagonal 피크 때문에 NOE 관찰이 불가능하므로 다른 양성자들을 이용하여야 한다.

앞에서 cyclic ring에 있는 메칠렌 양성자들의 정확한 규명이 없이도 이 시료의 구조를 규명하는데 어려움이 없었지만 8 번 양성자의 stereochemistry를 쉽게 알아내기 위해서는 가능한 많은 메칠렌 양성자들의 정확한 규명이 필요하다. 먼저 이 구조에서 두 개의 이중 결합에 있는 12 번과 13 번의 양성자들을 평면에 놓여 있는 것으로 가정하자. 그러면 이 구조에 있는 4 개의 메칠렌 그룹에 있는 양성자들은 평면의 위(β)나 또는 아래(α)에 놓여 있다고 표현할 수 있다.

NOESY 스펙트럼으로 이들 메칠렌 양성자들의 α나 β 위치들을 규명할 수 있다. 이 스펙트럼에서 12 번의 양성자(5.31 ppm)가 4 번의 하나의 양성자(3.57 ppm)와만 NOE 피크를 보여주고 있다. 이 양성자는 6 번 탄소와 7 번 탄소의 bond가 평면의 아래로 있는지 평면의 위로 향하였는지에 따라서 α도 될 수 있고 β도 될 수가 있다. 우리가 규명하려고 하는 것은 8 번 양성자가 6 번 탄소와 7 번 탄소가 만든 bond에 *cis*인지 *trans*인지를 알아내려고 하는 것이기 때문에 이 bond의 위치를 어느 방향으로 정하든 문제가 되지 않는다. 여기에서 6 번과 7 번 탄소의 bond를 평면의 아래 방향으로 고정을 하게 되면 12 번 양성자와 NOE를 보여주고 있는 3.57 ppm의 양성자는 4β의 양성자가 될 것이다. 또한 12 번 양성자는 예상대로 6 번과 15 번의 메칠렌 양성자들과도 NOE를 보여주고 있지만 6 번의 두 양성자는 화학이동이 매우 가깝게 2.51과 2.54 ppm의 영역에서 J=14 Hz의 dd 피크들로 나타나므로 구분이 불가능하고 15 번의 양성자들도 12 번 양성자와 모두 NOE를 보여주고 있으므로 α와 β 양성자의 구분이 불가능하다. 마지막 9 번의 양성자들 중 3.16 ppm에서 나오는 양성자만이 13 번의 양성자(5.77 ppm)와 NOE를 보여주고 있지만(확대하여 그려놓은 NOESY 스펙트럼) 이것만으로 α와 β의 위치를 구분하는 것은 불가능하다.

일반적으로 NOE는 여러 가지 요인에 영향을 받으므로 어떤 하나의 영향만을 고려하여 결과를 해석하는 깃은 때로는 오류를 범할 수 도 있지만 cyclic 형태의 rigid한 분자 구조에서는 때로는 molecular model을 사용하여 양성자들 사이의 정성적인 거리를 확인하면 구조해석에 많은 도움을 얻을 수도 있다. 이 분자의 경우 molecular model에서 8 번의 양성자가 6 번과 7 번 탄소의 bond와 *trans*의 구조로 된 것을 만들어 보면 12 번의 양성자가 6 번의 양성자 보다는 8 번의 양성자와 더 가까이 놓이게 된다는 것을 알 수 있다. 그러나 확대되어 있는 NOESY 스펙트럼에서 볼 수 있듯이 12 번의 양성자(5.31 ppm)는 분명히 6 번의 양성자(2.51, 2.54 ppm)와는 NOE를 보여주고 8 번의 양성자(2.56 ppm)와는 NOE를 보여주지 않고 있다. NOE를 보여주지 않는다고 결과를 반대로 해석할 수는 없으므로 8 번의 양성자가 6-7 bond와 *cis*의 형태를 가지고 있다는 증거를 찾아보도록 한다. 이 *cis* 형태의 molecular model에서는 *trans* model에서와는 다르게 12 번 양성자와 6 번의 양성자의 거리가 가까워지며 이들 사이에 NOE가 나타나고 반대로 12 번과 8 번의 양성자는 서로 거리가 멀어지는 방향으로 놓이게 되며 NOE를 보여주지 않는 결과를 만족시키고 있다. 또한 이 경우에 8 번 양성자는 dihedral angle로 볼 때 9 번의 두 양성자(3.16, 2.47 ppm) 사이에 놓이게 되므로 두 양성자와 모두 NOE를 보여주고 있다. 그리고 8 번 양성자가 가지고 있는 약 8 Hz의 커플링 상수는 9 번의 geminal 양성자들 중 2.47 ppm에서 나타나는 양성자에서 나타나고 있으며 dihedral angle로 보아 이것이 9α 양성자로 해석할 수 있다. 따라서 13 번 양성자가 pseudo-equatorial 위치에 있어야하는 9β 양성자와만 NOE를 보여주고 있는 결과는 결국 8 번의 양성자가 6-7 bond와 *cis*의 구조를 가지고 있다는 것과 일치하며 시료 **20**의 구조는 아래와 같이 완성할 수 있다.

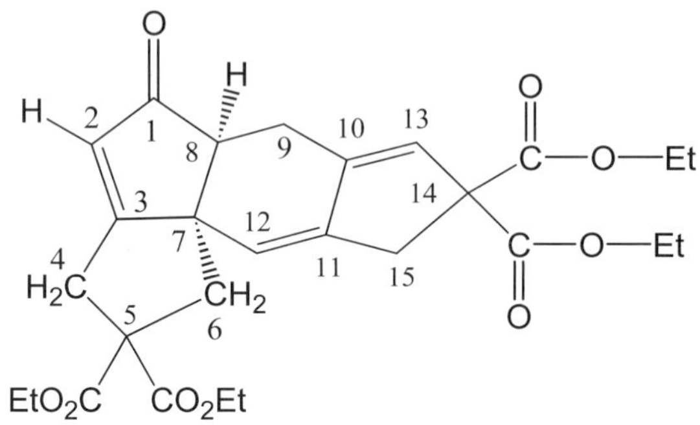

시료 **21**($C_{23}H_{24}O_{10}$)의 불포화 수도 시료 **20**과 같이 12(#=23-(24/2)+1=12)이며 양성자 스펙트럼을 보면 화학이동과 커플링 pattern이 벤젠 ring을 포함하고 있지는 않은 것으로 보이는 것도 시료 **20**에서와 같다. 5.04 ppm에서 나타나는 또 다른 하나의 양성자 피크를 제외 하면 sp^2 결합의 양성자를 가지고 있는 것이 시료 **20**과 유사함을 알 수 있다. 특히 DEPT(90, 135) 실험 스펙트럼과 같이 그려놓은 탄소 스펙트럼을 보면 120 ppm부터 나타나는 sp^2 탄소와 carbonyl 탄소들의 피크들이 시료 **20**과 거의 같게 나타나는 것으로 이 시료의 일부 구조는 시료 **20**과 동일하다고 할 수 있다.

즉 6.06, 5.73, 그리고 5.40 ppm 영역에서 작은 커플링을 가지고 broad하게 나타나는 3 개의 피크들은 CH의 양성자들로 이중결합의 탄소에 있는 양성자들이며 5.04 ppm의 CH 양성자는 위의 세 개의 양성자와는 다르게 62.2 ppm의 탄소와 HMQC 스펙트럼에서 명확하게 correlatrion 피크를 볼 수 있는 것으로 이중결합의 탄소에 있는 양성자가 아니라는 것을 명확하게 알 수 있다.

두 시료 사이의 명확한 차이점은 DEPT와 양성자 스펙트럼에서 메칠렌 양성자의 수가 다르다는 것을 알 수 있다. 즉 시료 **21**의 경우 DEPT로 CH_2가 3 개 임을 알 수 있고 이들 AB pattern의 양성자들은 양성자 스펙트럼에서 쉽게 찾아 볼 수 있다. 또한 에칠 그룹이 없고 양성자는 3.7 ppm 부근에서 4 개의 단일 피크들로 나타나고 있으며 탄소는 53 ppm 부근에서 모두 나타나고 있으며 HMQC 스펙트럼에서 이들 양성자와 탄소들이 correlation 피크를 가지고 있는 것으로 시료 **20**에서 나타나던 에칠 그룹이 메칠 그룹으로 대치된 것을 확인 할 수 있다.

먼저 두 시료의 유사한 구조는 탄소의 독특한 185.1 ppm의 피크와 206.2 ppm의 ketone의 피크를 근거로 시료 **21**의 일부 구조도 αβ-unsaturated carbonyl을 가지고 있는 5-membered ring을 가지고 있다고 생각할 수 있으며 위의 정보들과 함께 아래와 같은 일부 구조들이 이 화합물에 있다고 할 수 있다.

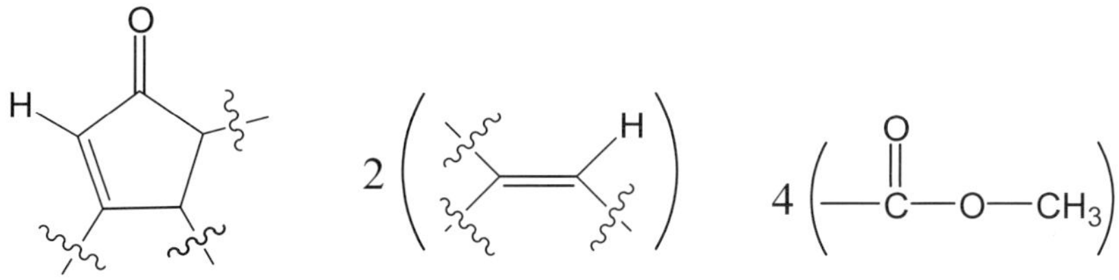

이들 구조 요소들과 함께 3 개의 CH_2, 2 개의 CH, 그리고 3 개의 aliphatic quaternary 탄소들이 있으며 이들을 분자식과 비교해 보면 아직도 사용되지 않은 하나의 산소와 양성자가 여분으로 남아 있는 것을 알 수 있다. 이들 모두를 이용하여 불포화 수를 만족시키기 위해서는 이 구조식에 3 개의 cyclic 구조를 더 가지도록 연결시켜야 한다.

작은 피크들까지 볼 수 있게 High contour로 그려놓은 COSY 스펙트럼에서 1D 스펙트럼에서 볼 수 있는 작은 불순물 피크들도 나타나 있는 것을 볼 수 있다. 이와 같은 이유는 이 화합물도 **20**과 같은 구조로 이루어져 있다면 일반적인 화합물에서는 나타날 수 없는 4-5 bond 커플링들이 이러한 구조(bicyclic등의 화합물)에서는 나타난다는 것을 보여주기 위해서다. 이들 작은 cross 피크가 실제의 피크인지 아니면 2D 스펙트럼에서 나타날 수 있는 noise인지를 구분하기 위해서 먼저 확실하게 피크들의 규명이 이루어져야한다. 확실한 피크의 규명이란 cross 피크가 큰 피크들 즉 커플링 상수가 큰 것들을 먼저 규명하는 것이다.

먼저 세 개의 sp^2 결합의 양성자들 중 5.73 ppm의 피크는 다른 sp^2 결합의 양성자와 커플링을 보여주지 않고 있고 HMBC 스펙트럼에서 206.2 ppm의 carbonyl 탄소와 correlation 피크를 보여주고 있으므로 이 피크가 5-membered ring의 carbonyl 옆에 있는 sp^2 결합의 양성자로 확인할 수 있다. 이 피크는 3.56(dd)과 3.22(d) ppm의 피크들과 cross 피크(allylic 커플링)를 보여 주고 있는데 이들이 COSY 스펙트럼이 작은 커플링들도 관찰할 수 있다는 좋은 예가 되고 있다. 즉 이 두 양성자는 서로 커다란 cross 피크를 주고 있고 HMQC 스펙트럼에서 알 수 있듯이 34.7 ppm의 탄소에 있는 geminal 양성자들로 약 18 Hz의 커플링 상수로 각각 이중선으로 분리되어 있다. 3.22 ppm에서 나타나는 피크는 broad한 이중선이지만 3.56 ppm의 양성자는 다시 약 2 Hz의 이중선(dd)으로 나타나고 있다. 이것은 5.73 ppm의 양성자와 커플링에 의한 것이다. 1D 양성자 스펙트럼에서 5.73 ppm의 피크를 Gaussian function을 이용하여 line shape을 좁아지게 하여 확대하여 그려놓은 스펙트럼에서 이 피크는 약 2.5와 1 Hz의 dd 피크로 나타나고 있는 것을 알 수 있다. 이들 두 커플링들 중 2.5 Hz는 3.56 ppm의 피크에 나타나 있지만 3.22 ppm의 양성자(이 피크도 Gaussian function을 이용한 스펙트럼을 그려놓았음)는 broad한 피크로 나타나고 있다(이것은 약 1 Hz의 line shape을 기기가 분리하지 못 한 것이 아니고 이 양성자는 또 다른 양성자와 작은 커플링을 하고 있어서 broad하게 나타나고 있다고 할 수 있다). 그러나 이들 커플링들이 COSY 스펙트럼에서는 2.5 Hz의 커플링은 크게 그리고 1 Hz의 커플링은 앞의 것에 반 정도의 크기로 둘 모두 cross 피크로 잘 나타나 있는 것을 볼 수 있다. 비록 정성적이기는 하지만 약 1 Hz를 가진 피크들 사이에서 나타나는 이 cross 피크를 기준으로 다른 cross 피크들의 크기를 고려하여 양성자들 사이의 커플링 상수의 크기를 가늠할 수 있다. 예를 들어 6.06과 5.40 ppm에서 나오는 두 sp^2 결합의 양성자들은 앞에서 보여준 2.5 Hz의 cross 피크 보다는 작지만 1 Hz의 cross 피크 보다는 큰 cross 피크를 보여주고 있다. 즉 이들 두 sp^2 결합의 양성자들은 정성적으로 2.5와 1 Hz 사이의 어떤 커플링 상수를 가지고 있는 것으로 예상할 수 있다. 또한 이 COSY 스펙트럼에서는 3 개의 geminal 커플링 때문에 나타나는 큰 cross 피크와 5.04와 2.87 ppm 사이의 cross 피크 이외에는 allylic 커플링보다 더 큰 커플링은 없음을 알 수 있다.

위의 정보로 화합물 20에서 구조를 그려나가던 것과 같이 5.73 ppm의 양성자(2)가 커플링 하는 양성자는 allylic 위치에 존재하지만 아래와 같이 5-membered ring에 있지 않는 경우(Ⅰ)와 ring에 포함되어 있는(Ⅱ) 아래 그림과 같은 두 가지 가능성이 있다. 또한 이 두 allylic 양성자들은 cross 피크들의 크기로 보아 vicinal 위치에 양성자들이 없다는 것을 알 수 있다. 이 두 가지 가능성의 구조 중에 두 양성자가 ring에 포함되어 있지 않다는 구조(Ⅰ)로 되어 있다는 것은 이들이 ring에 있는 구조(Ⅱ)를 HMBC 스펙트럼에 적용시켜 보면 알 수 있다. 이 HMBC 스펙트럼에서 2.87 ppm의 양성자(CH)가 carbonyl 피크(206.2 ppm)와 correlation 피크를 보여주고 있는데 이것은 양성자가 3-bond의 위치(화살표 우측그림 Ⅱ-1)에 있어야만 하는 것 이외에는 다른 가능한 구조가 없다.

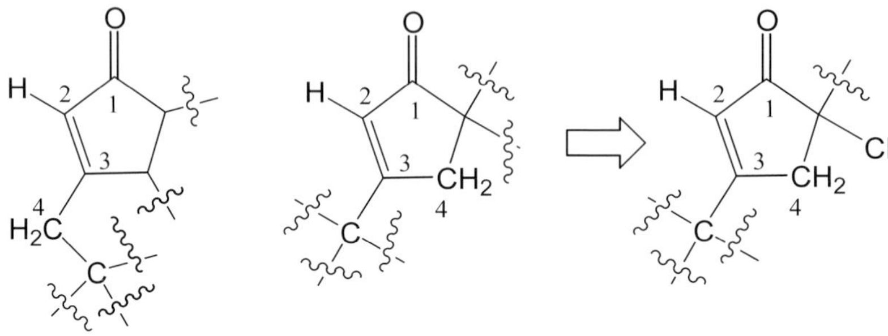

Ⅰ Ⅱ Ⅱ-1

이 Ⅱ-1의 구조인 경우에 2.87 ppm의 양성자는 4 번 탄소(34.7 ppm)와 correlation을 보여줄 수 있고 역으로 4 번 양성자들(3.56과 3.22 ppm)은 2.87 ppm의 양성자를 가지고 있는 탄소(62.9 ppm)와 correlation 피크들을 보여줄 수 있다. HMBC 스펙트럼은 이들의 피크를 아무것도 보여주지 않고 있다. 그러므로 우리는 allylic 위치의 두 양성자들은 ring에 포함되어 있지 않은 구조를 가지고 있음을 알 수 있다.

이제 allylic 양성자들이 ring에 포함되지 않은 위의 좌측의 구조(Ⅰ)에서부터 이물질의 구조를 완성하기 위해서 HMBC 스펙트럼을 더 이용하여 보도록 하자. 먼저 가장 확실한 양성자 2가 2- 나 3-bond correlation을 보여줄 수 있는 탄소는 1, 3, 4와 5-membered ring의 나머지 두 탄소들이다. HMBC 스펙트럼에서 1과 3의 탄소와의 correlation을 잘 보여주고 있고 4 번의 탄소(34.7 ppm)와는 correlation을 보여주고 있지 않다. 이들과 더불어 두 개의 correlation을 더 보여주고 있는데 하나는 C(54.5 ppm)고 다른 하나는 CH(62.9 ppm) 탄소이다. 이들 두 탄소들 중 54.5 ppm의 quaternary 탄소는 3.22 ppm에서 나오는 4 번의 하나의 양성자와도 correlation을 보여주고 있으므로 3 번 탄소와 연결된 것이고 CH 탄소(양성자는 2.87 ppm)는 1 번 탄소에 연결된 것이라고 할 수 있으며 아래의 좌측 그림 Ⅲ과 같이 구조를 확장 시킬 수 있게 된다. 이들 구조를 더 확장하기 위해서 HMBC 스펙트럼에서 4 번의 양성자들과 correlation을 보여주고 있는 다른 탄소들을 찾아보면 C(60.5 ppm)와 CH_2(43.7 ppm) 그리고 ester의 carbonyl들을 볼 수 있다. 여기에서 43.7 ppm의 CH_2 탄소(6)는 5 번의 탄소에 연결되어 있다고 할 수 있고 43.7 ppm의 탄소 6에 있는 두 양성자들(2.68, 2.60 ppm, dd, J=14 Hz)이 54.5 ppm의 quaternary 탄소(7)와 그리고 이들 중 하나가 3 번 탄소와도 correlation을 보여주는 것은 5 번에 연결된 CH_2 탄소는 54.5 ppm의 quaternary 탄소(7)에 연결되어 있다고 할 수 있다. 또한 4 번의 양성자 하나는 한 개 이상의 ester의 carbonyl과 correlation을 보여주는 것을 볼 수 있고(비록 이 스펙트럼에서는 ester carbonyl 피크를 구분할 수는 없지만) 6 번의 양성자들(2.68과 2.60 ppm)도 ester의 carbonyl과 correlation을 보여준다.

3.65–3.8 ppm 영역에서 나타나는 메칠의 양성자들도 170 ppm 영역에서 나타나는 ester의 carbonyl과 correlation을 보여주고 있으므로 아래의 우측 구조 IV로 확장 시킬 수 있다.

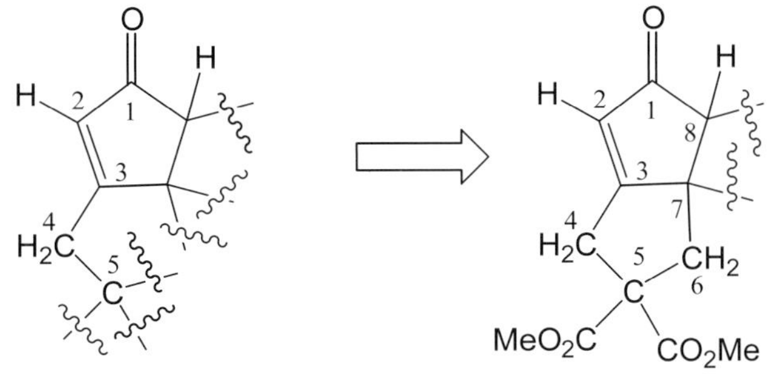

III IV

HMBC 스펙트럼에서 6 번의 양성자들은 아주 명확하게 3 번 이외의 다른 sp^2 결합의 CH 탄소(120.0 ppm)와도 correlation을 보여주고 있으므로 7 번 탄소의 연결에 하나 남은 탄소는 이 탄소가 연결되어 있다고 할 수 있다. 이 탄소가 가지고 있는 양성자는 HMQC 스펙트럼으로부터 5.40 ppm에서 나오는 양성자 12라는 것을 알고 이들은 COSY 스펙트럼에서 각각 dd로 나타나는 CH_2(3.13, 2.96 ppm, J=17.2, 1.6, 2.2 Hz) 양성자들(15)과 커플링 하는 것을 볼 수 있고 이 CH_2의 양성자(HMQC 스펙트럼에서 탄소는 36.1 ppm)는 다른 vicinal 커플링이 없으므로 하나 남은 결합은 quaternary 탄소(규명되지 않고 남은 마지막 64.3 ppm 탄소 14)가 될 수 있다. 또한 이 CH_2 양성자들(15)은 HMBC 스펙트럼에서 170 ppm 영역에 있는 ester의 carbonyl 피크들과 correlation을 보여주고 있다(비록 resolution이 충분하지 못하여 하나의 carbonyl과 커플링 하는 것인지 두 개의 carbonyl과 커플링 하는 것인지는 알 수 없지만 아래에서 다른 실험들이 두 개의 ester carbonyl이라는 것을 증명할 수 있다).

이중결합의 탄소에 있는 마지막 남은 6.06 ppm에서 나오는 하나의 양성자 13은 HMBC 스펙트럼에서 다른 sp^2인 CH의 양성자(5.40 ppm) 12와 correlation을 보여주고 있는 36.1 ppm의 CH_2 탄소 15와 correlation 피크를 보여주고 있다. 그리고 이 CH_2에 연결되어 있는 aliphatic quaternary 탄소인 64.3 ppm의 탄소 14와도 correlation을 보여주고 있으므로 아래의 좌측 구조 V를 예상할 수 있다. 또한 COSY 스펙트럼에서 이 6.06 ppm에서 나오는 양성자 13은 5.40 ppm에서 나오는 양성자 12와 작지만 allylic 커플링 정도의 커플링을 보여주고 있으므로 6-bond 떨어져 있는 아래의 좌측 구조(V)보다는 sp^2의 두 quaternary 탄소가 연결되어 butadiene 형태의 우측 구조 VI이 적합하다고 할 수 있다.

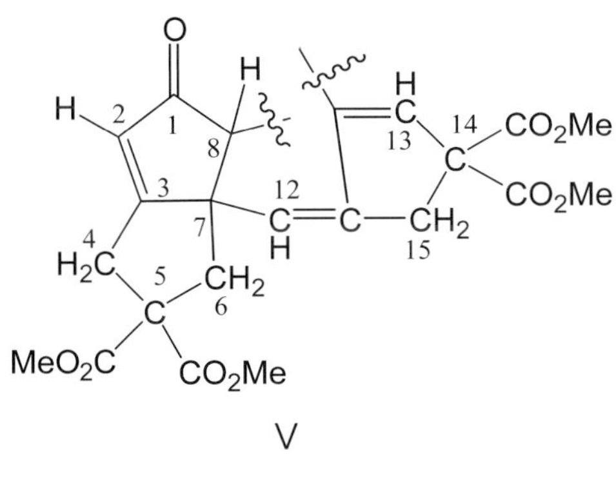

V

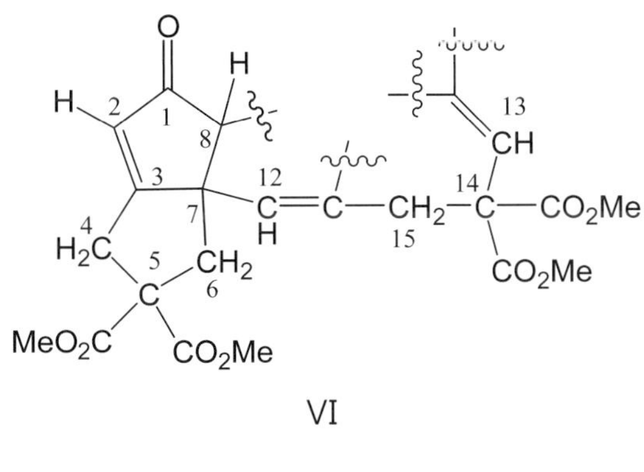

VI

이제 양성자 스펙트럼에서 해석이 되지 않고 남은 피크는 5.05 ppm에서 나오는 CH(탄소는 62.2 ppm)의 양성자이며 이것은 COSY 스펙트럼에서 8 번의 양성자(2.87 ppm)와 cross 피크를 보여주고 있으며 6.06 ppm의 양성자(13)와도 작은 커플링을 보여주고 있다. 이들 두 커플링 pattern과 위의 우측 구조 VI에서 남아있는 두 개의 완성되지 않은 연결 그리고 마지막 하나 남은 불포화 수를 만족시키는 것은 남은 CH가 이들 완성되지 않은 두 탄소와 연결되어 마지막 6-membered ring을 만들고 나머지 하나의 산소와 수소가 OH(2.12 ppm)로 이 탄소에 연결되면 탄소와 양성자의 화학이동 값도 잘 설명할 수 있는 아래의 구조를 완성할 수 있다.

앞에서 설명이 있었던 14 번 탄소에 하나의 ester carbonyl 그룹만 연결시켜 놓았다면 다른 하나는 9 번의 탄소에 연결되고 OH가 14 번 탄소에 연결될 가능성이 있다. 하지만 이 경우에 9 번과 14 번의 탄소 화학이동 값은 설명이 되지만 9 번 양성자의 화학이동 값은 너무 down-field에 나타나게 되고 더욱이 HMBC 스펙트럼에서 9 번과 8 번의 양성들이 carbonyl 탄소와 correlation을 보여주지 않고 있으므로 두 carbonyl 그룹이 14 번 탄소에 연결되어 있는 것으로 설명할 수 있다.

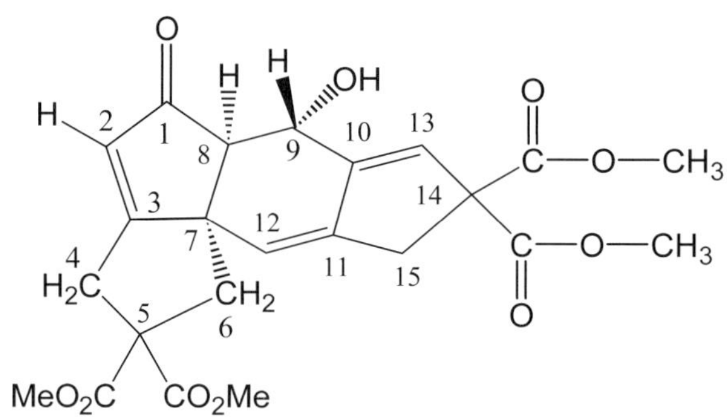

위의 구조에서 이미 stereochemistry도 완성하여 놓은 것은 어떠한 과정을 거치게 되었는지 NOESY 스펙트럼으로 알아보도록 하자.

위의 최종 구조의 molecular model을 이용하여 같은 평면에 놓여 있을 것이라고 생각되는 양성자 12와 13을 고려하여 5.40 ppm에서 나타나고 있는 양성자 12와 NOE를 보여줄 수 있는 양성자들을 예상해 볼 수 있다. 예상할 수 있는 것과 같이 15번의 두 양성자(2.96과 3.13 ppm)와는 모두 NOE를 보여주고 있고 4번과 6번의 geminal 양성자들과는 각각 하나씩만 NOE를 보여주고 있다는 것을 NOESY 스펙트럼에서 찾아 볼 수 있다. 이들을 β 양성자라고 한다면 6번의 α 양성자(2.60 ppm)는 8번의 양성자(2.87 ppm)가 α 위치에 놓여 있다면 NOE를 보여주고 있는 12번의 양성자와 6β 양성자들 사이의 거리보다도 더 가까운 거리로 놓이게 됨을 알 수 있다. NOESY 스펙트럼에서 실제로 이들 6번의 α 양성자(2.60 ppm)와 8번의 양성자(2.87 ppm)는 커다란 NOE 피크를 보여주고 있으므로 이들은 7-8 bond 사이에 cis의 configuration을 가지고 있다고 할 수 있다.

이제 남은 9번 탄소의 stereochemistry를 규명하기 위하여 NOESY 스펙트럼을 보면 8번과 9번의 양성자들 사이에 NOE를 보여주고 있으므로 9번의 양성자 역시 α 위치에 있다고 할 수 있다. 그러나 molecular model을 사용하여 dihedral angle로 보면 8번의 양성자는 9 번의 양성자와 OH group 사이에 놓여 있게 되므로 9번의 양성자가 어느 위치에 놓이던지 8번 양성자와 NOE를 보여줄 수 있게 된다. 그러므로 이 NOE 결과만으로는 9번 양성자의 위치를 결정할 수 없다. 이 경우 우리는 dihedral angle과 커플링 상수를 이용하도록 한다. 양성자 1D 스펙트럼에서 8과 9의 양성자들 피크를 확대하여 놓은 스펙트럼에서 이들이 약 2.5 Hz 정도의 커플링 상수를 가지고 있음을 알 수 있다. 이 rigid한 구조의 model을 사용하면 9번의 양성자가 8번의 양성자와 α 위치에서는 0–20° 정도 β 의 위치에서는 80–100° 정도의 dihedral angle을 가질 수 있다는 것을 알 수 있으므로 커플링 상수로 볼 때 9번의 양성자는 β 위치에 있다고 규명할 수 있다.

이 NOESY 스펙트럼에서 주목할 수 있는 또 다른 현상은 9번의 양성자가 1.7 ppm 부근에서 나오는 용매($CDCl_3$)에 미량으로 존재하는 물(H_2O)과 NOE 피크를 보여주고 있는 것이다. 이 현상은 9번의 양성자가 OH의 양성자와 NOE를 보여주고 있는데 이 OH의 양성자는 물 피크와 교환(exchange)이 일어나기 때문에 나타나는 것이다. 이 OH의 양성자와 물(H_2O)의 양성자들이 교환이 일어난다는 것은 NOESY 스펙트럼에서 이들 사이의 cross 피크가 NOE 피크와는 상(phase)이 다르게 음(negative)으로 나타나고 있다는 것이 증명하고 있다(이 NOESY 스펙트럼에서 양(positive)의 피크는 선의 contour level로 그려놓았고 음의 피크는 점(dot)선의 contour로 그려놓았다).

22

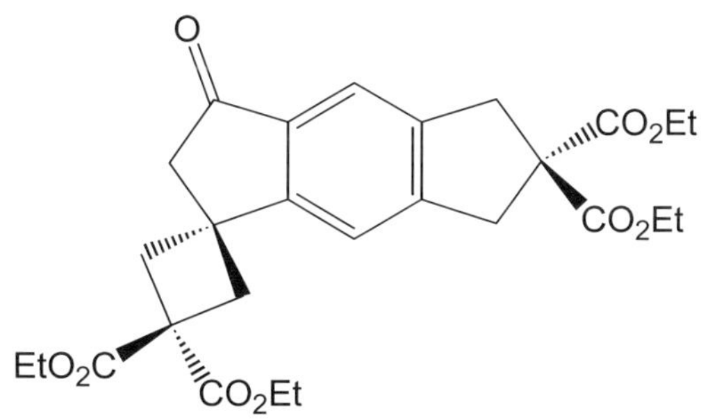

23

주어진 스펙트럼의 시료는 화학반응에서 얻어진 물질로 아래의 반응식에서 볼 수 있는 것과 같이 1.4 addition이라고 알려져 있는 반응에서 생성되는 4 가지 반응물 중 가장 많이 생성되는 하나의 물질이다. 이미 starting 물질의 구조를 알고 있으므로 모든 fragment는 쉽게 알 수 있지만 두 alkyl 그룹(n–butyl)이 *endo* 위치의 두 양성자에 대해서 모두 *trans*인 경우와 *cis*인 경우 그리고 각각이 *trans*와 *cis*의 stereochemistry를 가질 수 있는 4 개의 구조가 가능하다. 이물질의 stereochemistry는 아래에서 보여준 구조와 같이 addition되는 alkyl 그룹이 *endo* 위치에 놓이면서 두 alkyl 그룹이 *trans*를 이루고 있는 것으로 규명하였다. 여기에서 이들의 규명 과정을 살펴보도록 하자.

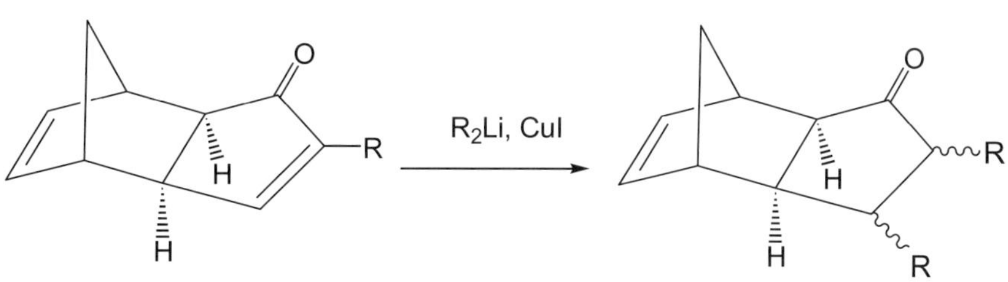

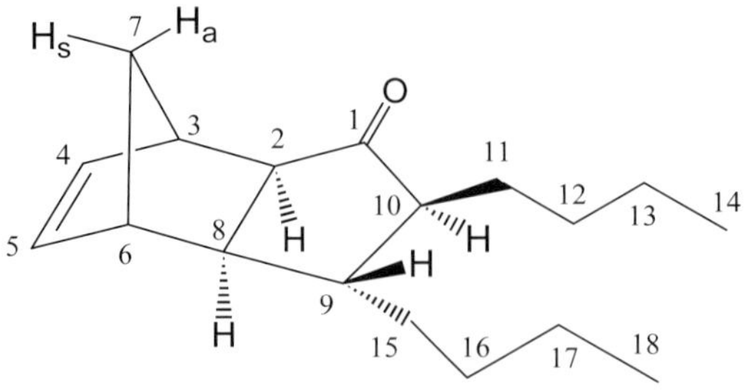

먼저 모든 사람이 이와 같은 stereochemistry를 규명하기위해서는 NOE를 이용하여야 한다는 것을 쉽게 생각해 낼 것이다. 그러나 NOE를 이용하는 단계는 이 물질의 양성자 스펙트럼을 완전히 규명하고 나서 제일 마지막에 이용하게 된다. 결국 때로는 이와 같은 일은 어떤 시료의 구조를 알아내려고 하는 모든 단계의 실험을 거쳐야 할 수도 있을 것이다. 지금의 이 경우에는 물질의 구조를 거의 알기 때문에 미지 시료의 구조를 밝히는 것 보다 쉬울 수도 있겠지만 왜 많은 경우에 물질의 구조를 알고 있음에도 불구하고 NMR 스펙트럼을 완전하게 해석하여야 하는지를 보여주는 아주 좋은 예가 될 것이다.

양성자 스펙트럼과 DEPT 스펙트럼을 포함한 탄소 스펙트럼을 이용하여 앞의 구조에 있는 양성자들을 가능한 많이 규명하여 보도록 하자. 먼저 양성자 스펙트럼에서 6.16(J = 5.7, 3.2 Hz)과 6.10(J = 5.7, 2.9 Hz) ppm에서 나타난 dd 의 피크들은 이중 결합에 있는 4와 5의 양성자들(현재로는 각각 어느 것인지 정확하게 규명할 수 없음)이라는 것을 알 수 있고 0.92와 0.86 ppm의 triplet 피크들은 14와 18의 메칠 양성자들임을 알 수 있다. 이 구조에 나머지 6 개의 CH 중 전기음성도를 고려할 때 3, 6, 2, 10의 양성자들은 주위에 이중결합과 carbonyl을 가지고 있기 때문에 화학이동 값들이 다른 나머지 양성자들 보다 down-field에서 나올 것이라고 예상 할 수는 있다. 그러나 각 피크들이 주위의 여러 양성자들과 서로 커플링 하여 broad한 복잡한 피크들로 나타나고 있어서 1D 스펙트럼으로 그들 각각을 정확히 규명하는 것은 불가능하다. 또한 탄소 스펙트럼에서도 219.1 ppm의 carbonyl 피크와 앞에서 규명한 양성자들을 가지고 있는 탄소 즉 138.3과 137.4 ppm 그리고 14.1과 14.0 ppm의 두 개의 메칠 피크들 이외에는 명확하게 규명 할 수 있는 것이 없으며 다만 CH, CH_2, CH_3의 수들이 구조와 일치함을 알 수 있을 뿐이다.

COSY 스펙트럼은 3, 6, 2, 10의 4 개의 양성자들 중 3과 6의 양성자들의 각각을 규명을 할 수는 없지만 2와 10의 양성자들과는 구분하여 최소한 어떤 것들이 이들에 속하는지를 알 수 있게 하여준다. 즉 여기에서 4와 5의 양성자들이 구조적으로 2와 10과는 커플링을 하지 않겠지만 3과 6의 양성자들과 커플링하고 있는 것을 볼 수 있기 때문에 3.09와 2.67 ppm에서 broad하게 나타난 피크들이 3과 6의 양성자들임을 알 수 있다. 이들 두 양성자들 중 어느 것이 더 down-field에서 나타날 것인지를 예측하는 것은 정성적이기는 하지만 carbonyl의 자기적 비등방성(magnetic anisotropy)을 고려한다면 3 번의 양성자가 더 down-field에서 나타나는 3.09 ppm의 피크라고 할 수 있다(이와 같은 stereochemistry를 밝히는 실험에서 예측만으로 양성자들 피크를 규명하는 것은 때로는 엉뚱한 결론에 이를 수 있으므로 반드시 확실하게 규명할 수 있는 실험으로 증명을 하여야한다). 이 경우 3 번의 양성자가 3.09 ppm의 피크라는 것은 아래에서 보여주는 carbonyl 피크를 이용한 HMBC 스펙트럼으로 확인할 수 있다. 확실해진 3 번의 피크로 COSY 스펙트럼으로 부터 4(6.10 ppm)와 5(6.16 ppm) 그리고 6(2.67 ppm)과 2(2.26 ppm)와 8(1.86 ppm)의 양성자들을 명확하게 규명할 수 있게 되었다.

이 COSY 스펙트럼에서 일반적으로는 보기 드문 현상을 볼 수 있는데 그것이 4-bond 형태의 3과 6의 양성자들이 커플링을 보여준다는 것과 6과 8의 vicinal 위치의 양성자들이 커플링을 보여주지 않는다는 것이다. 그러나 3과 6의 양성자들 사이의 커플링은 잘 알려진 W 형태의 구조 때문에 일어나는 현상으로 그리고 6과 8의 양성자들은 이들 사이의 dihedral angle이 약 90°를 이루고 있다는 것으로 설명할 수 있다. 이러한 dihedral angle과 커플링 상수와의 관계를 말해주는 카플러스(Karplus) 식으로 conformation을 예상 할 수 있는 다른 양성자들은 2와 3의 양성자들이며 이들 또한 6과 8의 양성자들과 비슷한 dihedral angle을 가질 것으로 예상할 수 있다. 그러나 실제로는 이들은 cross 피크를 보여주고 있으며 다른 cross 피크들에 비해서 매우 작은 것을 볼 수 있다. 이 작은 cross 피크는 이들 2와 3 양성자 사이의 커플링 상수가 매우 작다는 것을 의미한다. 즉 이들이 작으나마 cross 피크를 보여주고 있는 것으로 dihedral angle이 6과 8의 양성자들 보다는 90°에 덜 가깝다는 것을 예상할 수 있다.

이제 구조에서 볼 때 3과 6의 양성자들과 vicinal 커플링 할 수 있는 규명하지 않은 양성자들은 7의 두 geminal 양성자들이다. 이들 두 양성자들은 COSY 스펙트럼에서 3과 6의 두 양성자들과 모두 커플링을 잘 보여주고 있다. 이들 cross 피크들로 양성자 하나는 1.04 ppm에서 broad한 d(J = 9 Hz)로 나타나고 있지만 다른 하나는 1.35 ppm 영역에서 여러 피크들과 겹쳐서 나온다는 것을 알 수 있다. 1D 스펙트럼에서 겹쳐서 나오는 나머지 양성자들은 비록 COSY 스펙트럼의 해석을 어렵게는 하지만 cross 피크들을 이용하면 더 많은 피크들을 규명해 낼 수가 있다. 확대된 COSY 스펙트럼을 보도록 하자. 이미 규명된 양성자 8(1.86 ppm)은 1.35 ppm의 여러 피크들이 겹쳐있는 영역에 cross 피크를 보여주고 있는데 이것은 구조상으로 양성자 9라고 규명할 수 있으며 이 양성자 9는 10 번의 CH 양성자와 그리고 화학이동이 다르게 나올 15 번의 두 양성자들과 커플링을 보여 줄 것으로 예상할 수 있다. 먼저 cross 피크를 보여주며 겹쳐 나오지 않는 2.16 ppm의 피크를 보면 적분 값이 하나의 양성자라는 것을 보여 주고 있으므로 10 번의 양성자로 생각할 수 있지만 이것은 다른 피크들과도 커다란 cross 피크들을 보여주고 있으므로 AB pattern을 보여주는 15 번 양성자들 중 하나일 수도 있다. 그러므로 2.16 ppm의 양성자가 CH의 양성자라는 것을 증명할 수 있는 HMQC 스펙트럼으로 확인을 하여야한다. HMQC 스펙트럼을 보면 2.16 ppm의 양성자는 탄소 DEPT 스펙트럼에서 CH로 확인된 59.3 ppm의 탄소 피크와 correlation 피크를 보여주고 있는 것을 확인할 수 있으므로 10 번의 양성자라는 것을 알 수 있다. 그러므로 9 번의 양성자와 cross 피크를 보여주는 또 다른 1.66 ppm의 피크(적분 값으로 불순물과 겹쳐 나온다는 것을 알 수 있음)는 15 번의 양성자들 중 하나이며 다른 양성자는 HMQC 스펙트럼에서 여러 피크들이 겹쳐 나오는 1.33 ppm의 영역에서 나온다는 것을 확인할 수 있다. 다시 10 번의 양성자를 이용하여 11 번의 두 양성자들의 위치 그리고 15 번의 양성자 하나로 16 번의 양성자 하나의 위치들을 COSY 스펙트럼에서 규명할 수 있다. 이들을 HMQC 스펙트럼에 적용하여 탄소의 화학이동 값이 거의 같은 13과 17(23.1, 23.0 ppm)의 두 메칠렌과 14와 18(14.1, 14.0 ppm)의 두 메칠을 제외한 모든 탄소들(2: 54.4, 3: 44.8, 4: 137.4, 5: 138.3, 6: 48.2, 7: 44.7, 8: 47.0, 9: 44.6, 10: 59.3, 11: 27.5, 12: 29.2, 15: 36.4, 16: 29.7 ppm)의 규명이 가능해졌으며 16과 12의 양성자들은 chiral center에서 멀리 떨어져 있음에도 불구하고 AB pattern의 스펙트럼을 보여주는 것을 볼 수 있다.

이와 같이 HMQC 실험은 상호 보완적인 실험으로 양성자의 규명이 수월한 경우에는 이들을 이용하여 탄소들의 화학이동 값들을 규명할 수 있고 탄소의 규명이 수월한 경우에는 이들을 이용하여 양성자들의 규명을 도울 수 있다. 이 경우에 3, 6, 2, 8 등의 탄소들은 COSY에서 밝혀진 양성자들 때문에 쉽게 규명될 수 있고 반면 양성자 스펙트럼에서 1.75–1.1 영역에서 양성자의 수를 적분 값으로 보면 최소한 15 개의 양성자가 겹쳐서 나오고 있다고 생각할 수 있다. 하지만 HMQC 스펙트럼을 이용하면 이 영역에 14 개의 양성자가 있다는 것을 알 수 있게 되므로 양성자 스펙트럼에서 불순물 때문에 일어난 적분 값의 오류를 바로 잡을 수 있게 된다.

앞에서 7 번의 두 양성자들의 피크들을 언급하면서 7-Hs(이중결합의 쪽에 있는 것)와 7-Ha를 규명하지는 않았다. 이들은 아래에서 보여주는 NOESY 스펙트럼에서도 쉽게 밝혀지지만 이 COSY 실험에서도 규명할 수 있음을 알 수 있다. 확대되어 있는 COSY 스펙트럼에서 2.26 ppm의 2 번 양성자가 3 번과 8 번의 양성자와 cross 피크를 보여주는 것 말고도 1.35 ppm 영역의 피크와도 cross 피크를 보여 주는 것을 볼 수 있다. 이 영역에서 2 번 양성자와 커플링 할 수 있는 양성자는 7 번에 있는 양성자와 9 번의 양성자이지만 9 번의 양성자는 10 번의 양성자와 커플링하면서 보여주는 cross 피크의 위치가 이것과 다르므로 7 번의 하나의 양성자라는 것이 확실하다. 다른 하나인 1.04 ppm의 양성자와는 cross 피크를 보여주지 않고 1.35 ppm 영역의 피크와 cross 피크를 보여 주는 것은 앞에서도 언급한 W 형태의 커플링이 2 번과 7-Hs의 양성자들 사이에서 나타난 것이다.

앞에서 3 번과 6 번의 양성자의 화학이동을 구별하기 위하여 carbonyl의 자기적 비등방성(magnetic anisotropy)라는 정성적인 방법을 사용하였다. 이제 이들 양성자들의 규명을 확실하게 증명하기위하여 HMBC 스펙트럼을 보면 3.09 ppm의 양성자 3은 219.1 ppm의 carbonyl과 3-bond의 correlation을 작게나마 보여주고 있지만 2.67 ppm의 양성자 6과 carbonyl의 correlation은 볼 수가 없다. 즉 2- 또는 3-bond의 관계에 놓여 있는 2, 10, 8, 11의 양성자들과 함께 3의 양성자도 3-bond의 correlation을 보여주고 있지만 4-bond의 관계에 놓여있는 6의 양성자는 carbonyl과 correlation을 보여주지 않는 것으로 이들의 구별은 확실하게 할 수 있게 된다. 또한 이 HMBC 스펙트럼에서는 양성자와 탄소들 사이에서 일어나는 여러 correlation 피크들로 또 다른 부분의 구조 규명을 증명할 수 있을 뿐만 아니라 COSY 스펙트럼의 겹침과 거의 같은 탄소의 화학이동 때문에 앞에서 규명할 수 없었던 두 메칠의 양성자 피크들의 구별이 가능하다. 즉 36.4 ppm의 15 번 탄소는 8과 10의 두 양성자와 3-bond의 관계에 놓여 있다는 correlation 피크를 잘 보여주고 있으며 0.92 ppm에서 나타난 메칠의 양성자들과는 4-bond의 관계에도 불구하고 correlation 피크를 보여주고 있음으로 long alkyl chain의 메칠 그룹의 찌그러진(?) 모습의 triplet 피크가 18 번의 메칠 양성자임을 알 수 있다.

앞에서 밝혀낸 이 모든 정보와 NOE 실험으로 이제 마지막 목표인 9 번과 10 번 탄소의 stereochemistry를 규명하도록 하자. 주어진 NOESY 스펙트럼에서는 먼저 이 시료의 구조로부터 쉽게 예상할 수 있는 NOE 피크부터 보도록 하자. 제일 down-field에서 나타나는 양성자 5는 6과 그리고 양성자 4는 3과 각각 NOE를 보여줄 것이라는 것과 1.35 ppm의 영역에서 나오는 7-Hs는 양성자 4와 5 두 양성자 모두와 NOE를 보여 줄 것이라는 예상은 스펙트럼에서 다른 피크들과 겹치지 않고 구분되어서 나오는 NOE 결과들로 쉽게 확인할 수 있다. 다음 양성자 3은 2와 그리고 양성자 6은 8과 각각 NOE를 보여주고 있고 3과 6이 7의 두 양성자와는 모두 NOE를 보여주고 있는 것은 구조상으로 예상되는 결과들이다. NOESY 스펙트럼을 확대한 것을 보면 여러 피크들이 겹쳐서 나오는 부분을 제외하고 규명한 각 양성자 사이의 NOE들을 보면 양성자 8과 2 그리고 10과 11은 구조상으로 예상되는 결과들이고 9와 10 탄소의 stereochemistry의 key가 되는 양성자 9는 여러 다른 피크들과 겹쳐 나오므로 확신할 수 있는 NOE 결과를 볼 수가 없다. 그러나 비록 작지만 양성자 8이 10과 NOE를 보여주고 있고 이 양성자 10이 15의 양성자 하나와 NOE를 확실하게 보여주는 것으로 9 번 탄소에 있는 alkyl 그룹은 *endo* 그리고 10 번 탄소에 있는 alkyl 그룹은 *exo* 위치에 놓여 있는 것으로 규명할 수 있게 된다.

이 NOESY 스펙트럼으로부터 우리의 예상을 관찰할 수 없는 경우는 *endo* 위치에 있는 두 양성자 2 번과 10 번의 NOE 결과인데 이것은 이 두 피크가 화학이동이 가까이 있어서 baseline이 broad한 음의 diagonal 피크들이 서로 겹쳐서 나오고 있기 때문이다. 이러한 애매모호한 경우에 우리는 selective excitation의 방법인 1D-NOESY 스펙트럼으로 이들을 다시 명확하게 관찰할 수 있다. 양성자 1D 스펙트럼과 함께 보여주고 있는 여러 양성자들을 selective excitation 시킨 1D-NOESY 스펙트럼에서 양성자 2를 excitation 시켜서 얻은 스펙트럼 b에서는 예상된 양성자 3과 8 그리고 4에서 NOE를 볼 수 있을 뿐만 아니라 NOESY 스펙트럼에서 볼 수 없었던 양성자 10이 NOE를 보여주고 있다. 양성자 8을 excitation 시켜서 얻은 스펙트럼 c에서는 예상되었던 NOE들과 NOESY 스펙트럼에서 작은 NOE를 보여주었던 양성자 10이 명확하게 NOE를 보여주고 있으며 반대로 양성자 10을 excitation 시켰을 때 얻어진 스펙트럼 d에서는 양성자 8과 15의 NOE를 확실하게 볼 수 있다. 마지막 스펙트럼 e에서는 7-Ha를 excitation 시켜서 양성자 3과 6의 NOE와 함께 다른 피크들과 겹쳐서 나오던 7-Hs의 NOE도 관찰할 수 있게 하였다. 더욱이 이 경우에는 양성자 7-Hs가 다른 주위의 양성자와의 커플링 하는 상수까지도 얻을 수 있게 스펙트럼을 단순화 시킨 것을 알 수 있다. 이와 같은 selective excitation 실험은 이곳에서 사용된 NOESY 방법 이외에도 현재 여러 가지 2D 실험들의 대용으로 많이 사용되고 있다.

24 어떤 시료의 구조를 밝히려 할 때 일반적으로 우리는 두 가지의 경우를 경험하게 된다. 첫 번째는 시료가 구조에 대한 어떠한 정보도 가지고 있지 않은 경우와 두 번째는 화학 반응에서 얻어진 시료로 가능성이 있는 여러 가지 구조들을 예상할 수 있는 경우이다. 물론 두 번째의 경우에도 예상한 구조들이 전혀 일치하지 않을 경우에는 첫 번째의 경우처럼 될 수도 있지만 조금이라도 어떠한 구조의 정보만 있다면 많은 경우 첫 번째 경우 보다는 조금이라도 더 쉽게 그들의 구조를 규명할 수 있다. 지금까지 구조의 어떠한 사전 지식이 없이도 양성자 또는 양성자와 탄소의 1D 스펙트럼들만으로 이들의 구조를 밝힐 수 있는 매우 간단한 화합물들을 많이 다루어 보았지만 여기에서는 양성자나 탄소의 1D 스펙트럼만으로는 구조를 밝힐 수 없는 물질을 다루어 보도록 하자. 많은 경우에 우리는 아무런 구조적 지식이 없는 물질들의 구조까지도 밝혀내야 하는 상황에 이르게 될 것이며 이러한 일들을 수월하게 할 수 있게 하는 하나의 방법은 먼저 여러 다양한 종류의 구조들이 보여주는 스펙트럼들에서 각각의 피크들을 정확하게 규명하는 능력을 배양하는 것이다. 아래의 시료는 furanose의 유도체로 질소들도 포함한 물질로 이 구조의 특성에서 나타나는 여러 종류의 피크들을 정확하게 규명하면서 구조분석에서 일반적으로 많이 사용되는 다양한 실험들이 구조들과 어떻게 연관이 되는지를 알아보도록 하자.

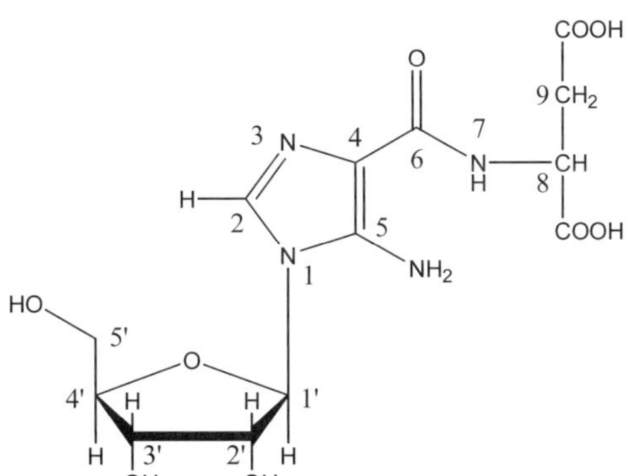

양성자 스펙트럼과 같이 보여주고 있는 DEPT 스펙트럼을 포함한 탄소 스펙트럼들은 D_2O를 용매로 하여 얻은 스펙트럼들이다. 그러므로 시료에서 exchangeable한 양성자들 즉 OH나 NH들은 이 용매의 deuterium과 교환이 일어나기 때문에 양성자 스펙트럼에 나타날 수가 없다(일반적으로 이들 exchangeable한 양성자들을 관찰하기위해서는 DMSO-d_6 용매를 사용하는 것이 좋다). 양성자 스펙트럼에서 제일 먼저 쉽게 규명할 수 있는 피크는 8.47 ppm에 나와 있는 단일 피크이다. 이 시료의 구조에서 이중결합에 있는 양성자는 2 번에 있는 것 하나이기 때문에 8.47 ppm의 피크는 2 번에 위치한 양성자며 전기음성도(electronegativity)의 관점에서 본 화학이동 값으로 5.78 ppm에서 나오는 이중선의 피크는 이웃에 산소와 질소를 가지고 있는 1'의 양성자다. 이들 이외에는 화학이동 값만으로 피크들을 예측하는 것은 오류를 범할 수도 있다. 즉 4.89와 4.54 ppm에서 나온 하나씩의 각각의 양성자는 이웃에 산소를 가지고 있는 2'과 3' 일수도 있지만 이웃에 질소와 carbonyl을 가지고 있는 8의 CH 양성자의 가능성도 있기 때문이다. 여기에서 커플링 상수를 이용하면 즉 1'의 피크가 5.2 Hz의 상수를 가지고 있는데 이 상수를 가지고 있는 양성자는 4.54 ppm에서 나오는 삼중선(1'과 3'의 양성자와의 커플링으로 dd로 나올 것이 비슷한 커플링 상수 값으로 삼중선 모습을 보여주고 있다) 모습의 피크만이 있으므로 2'의 양성자를 명확하게 규명할 수 있다. 커플링의 모습으로 더 규명할 수 있는 피크들은 dd 피크들 즉 chiral center의 옆에 있는 AB pattern의 양성자들인 5'과 9의 메칠렌(CH_2) 양성자들인데 3.8 ppm 영역과 3.0 ppm 영역의 피크들 중 전기음성도로 보아 down-field의 영역의 피크들이 5'의 메칠렌 양성자들임을 알 수 있다. 또한 3.0 ppm 영역에서의 피크들에서 geminal 커플링 상수(J = 17.3 Hz) 이외에 6.4와 5.0 Hz의 커플링 상수를 찾을 수 있는데 이들과 같은 상수를 4.89 ppm에서 나타난 dd 피크가 가지고 있음으로 이들이 각각 9와 8의 양성자들임을 알 수 있다. 그러므로 이제 규명되지 않은 양성자들은 4.28과 4.22 ppm에서 나타난 피크들인데 3'의 양성자는 2 개의 양성자들과 그리고 4'의 양성자는 3 개의 양성자들과 vicinal 커플링을 하고 있으므로 더 복잡한 커플링 모습을 보여주고 있는 4,22 ppm의 피크가 4'의 양성자로 규명할 수 있다.

DEPT 스펙트럼들도 포함하고 있는 탄소 스펙트럼을 보면 174.4와 174.2 ppm에 나타난 2 개의 carboxylic acid의 carbonyl을 볼 수 있으며 양성자 스펙트럼에서 규명한 AB pattern의 두 개의 CH_2 탄소들 중 산소를 가지고 있는 5' 탄소는 60.3 ppm에서 그리고 9 번 탄소는 35.7 ppm에서 나타난 것을 볼 수 있다. 나머지 9 개의 탄소의 피크들 중 3 개는 quaternary 탄소 그리고 6 개는 CH 탄소로 나타나고 있는데 이것은 시료의 구조가 보여주는 정보와 일치하고 있다. 3 개의 quaternary 탄소 중 161.0 ppm의 탄소는 amide 결합을 하고 있는 6 번의 carbonyl로 규명할 수 있지만 4와 5의 두 탄소들에 해당하는 143.0과 104.6 ppm의 피크들은 현재의 정보로는 구분이 불가능하다. 특히 104.6 ppm의 피크는 매우 작아서 불순물의 피크로도 생각할 수도 있지만 이것이 불순물의 피크가 아니라는 것은 아래의 다른 실험(HMBC)에서 밝혀질 수 있다.

탄소 스펙트럼에서 어떤 피크의 크기가 매우 작은 것은 일반적으로 두 가지의 이유가 있을 수 있다. 첫째 탄소 스펙트럼을 얻을 때 양성자를 decoupling 시킴으로서 NOE를 탄소의 피크에 일으키게 되는데 양성자를 가지고 있지 않은 탄소들은 이 NOE를 가질 수 없기 때문에 상대적으로 작은 피크의 크기를 보여주는 것이다. 둘째로는 T_1(이완 시간: spin-lattice relaxation time)의 문제다. 즉 탄소에서 가장 중요한 relaxation의 mechanism은 양성자와의 dipole-dipole relaxation이며 양성자를 가지고 있지 않은 탄소들은 상대적으로 양성자를 가지고 있는 탄소들 보다 긴 이완 시간을 가지게 되며 이것이 실험에서 계속되는 pulse의 반복 동안 포화(saturation)를 일으키게 되어 피크의 크기를 작게 만들게 된다. 특히 aromatic이나 cyclic 화합물 등에 있는 quaternary 탄소들은 때로는 수십 초의 relaxation time을 가질 수 있으므로 작은 펄스(pulse width)와 펄스 사이에 긴 시간(relaxation delay)을 주고 얻은 스펙트럼도 포화(saturation) 때문에 때로는 피크들이 나타나지 않을 수도 있으므로 주의가 필요하다.

6 개의 CH 탄소들 중 129.0 ppm의 피크는 2 번의 탄소일 것이며 전기음성도를 고려하면 5 개의 나머지 CH 탄소 중 산소와 질소를 가지고 있는 1' 탄소가 가장 down-field인 89.6 ppm의 피크로 예상할 수 있다. 1D 스펙트럼들로 얻을 수 있는 정보들은 여기까지 일 것이다. 비록 얼마 전 까지 즉 현재 사용되고 있는 2D NMR 들이 확고한 자리를 잡고 사용되기 전에는 탄소 스펙트럼의 피크들을 규명하기위해서 치환체의 영향 등을 고려하는 여러 가지 경험적인 방법들을 사용하여왔다. 이들 방법들이 제한적이나마 아직도 사용되고 때로는 유효하지만 여기에서 이들을 이용하여 탄소의 피크들을 규명하는 것은 무의미하다. 왜냐하면 어차피 이 시료의 구조를 위해서 우리는 2D 스펙트럼들을 공부할 것이며 여기에서 매우 쉽게 이들을 규명할 수 있기 때문이다.

앞에서 이미 사용한 1D 양성자 스펙트럼에서 화학이동과 커플링 상수 그리고 커플링의 모습들을 이용한 여러 가지 해석들이 정확한 것인지를 확인해줄 수 있는 COSY 스펙트럼(8.5 ppm 영역에서 나온 단일 피크는 커플링이 없으므로 이 스펙트럼에서 포함시키지 않았음)을 보면 먼저 5.78 ppm에서 나타난 1'의 양성자는 커플링 상수로 확인한 4.54 ppm의 2' 양성자와 커플링을 보여주고 있다. 이 2'의 양성자는 4.28 ppm의 3' 양성자와 3' 양성자는 4.22 ppm의 4' 양성자와 그리고 마지막으로 4' 양성자는 AB pattern의 모양을 보여주고 있는 3.83과 3.76 ppm의 5' 양성자들과 커플링을 보여주는 것은 앞에서 보여준 피크들의 해석이 틀리지 않았음을 잘 증명하고 있다. 이와 함께 4.89 ppm의 8의 양성자는 3.03과 2.98 ppm에서 나타난 AB pattern의 9 번의 양성자들과 커플링을 보여줄 뿐 더 이상의 커플링을 보여주지 않고 있는 것은 이 시료가 보여주는 구조와 잘 일치하고 있는 것이다.

양성자와 탄소의 관계(correlation)를 보여주는 HSQC 스펙트럼에서는 탄소에 1-bond로 연결되어 있는 양성자들이 bond의 hybridization의 상태에 따라서 커플링 상수를 120-160 Hz 정도를 가지고 있으므로 이들을 이용하여 correlation 피크를 얻을 수 있으며 이 피크들은 서로 상호적으로 양성자와 탄소 피크들의 해석을 도와 줄 수 있다. HSQC 스펙트럼에서 이미 양성자와 탄소 스펙트럼을 이용하여 확실하게 규명한 2 번의 탄소와 양성자를 보도록 하자. 먼저 F2 축(X 축)에 그려진 양성자 스펙트럼에서 8.47 ppm의 피크는 2 번의 양성자 피크로 규명하였고 F1 축(Y 축)에 그려진 탄소 스펙트럼에서 129.0 ppm의 피크는 2 번 탄소임을 1D 스펙트럼에서 화학이동 값만으로도 예상한 것이다. 이들 두 피크들의 연장선상에서 직각으로 만나는 지점에 correlation 피크를 볼 수 있다. 바로 이것이 이들 양성자와 탄소가 1-bond로 연결되어 있는 증거이다. 이 시료의 경우 양성자의 스펙트럼이 비교적 단순하여 모든 피크들의 규명이 이미 이루어 졌고 탄소의 피크들 중에는 규명하여야 할 것들이 아직 남아 있다. 그러므로 이 경우에는 양성자들을 이용하여 탄소의 피크들을 규명할 수 있게 되었다. 나머지 CH의 탄소늘을 보자면 민지 주위의 원소의 전기음성도로 만으로 추측한 1'의 탄소는 예상대로 가장 down-field의 89.6 ppm의 피크가 1'의 양성자라 규명한 5.78 ppm의 피크와 correlation 피크를 보여주고 있다. 그리고 같은 추측으로 질소를 가지고 있는 8 번의 CH 탄소가 산소를 가지고 있는 2'(73.5 ppm), 3'(69.7 ppm), 4'(85.9 ppm)의 CH 탄소보다 up-field에 나타날 것이라는 것도 8 번 양성자인 4.89 ppm의 피크가 48.7 ppm의 탄소 피크와 correlation을 가지고 있는 것으로 확인할 수 있다.

앞의 여러 가지 실험에도 불구하고 아직도 구분하지 못한 두 개의 quaternary 탄소 4와 5는 탄소와 양성자 사이의 2- 또는 3-bond의 커플링을 이용하는 HMBC 스펙트럼에서 규명할 수 있다. 주어진 HMBC

스펙트럼에서 제일 먼저 확인할 수 있는 것은 8.47 ppm의 2의 양성자가 143.0과 104.6 ppm의 두 개의 quaternary 탄소들과 correlation 피크를 보여주고 있는 것으로 이들 두 탄소가 4와 5의 탄소들이라는 것이다. 이들 두 탄소 피크는 똑 같이 2의 양성자와 3-bond 커플링을 하고 있으므로 구분이 불가능하지만 1'의 양성자를 이용할 때 이들의 구분이 가능함을 알 수 있다. 즉 4와 5의 탄소는 1'의 양성자에 대하여 각각 4-와 3-bond의 연결을 하고 있으므로 5 번 탄소의 경우 correlation을 보여 주겠지만 4 번 탄소의 경우는 이들 correlation을 보여주기 어려울 것이다. HMBC 스펙트럼에서 5.78 ppm의 1' 양성자는 104.6 ppm의 탄소와는 correlation을 보여주고 있지 않지만 143.0 ppm의 탄소 피크와는 correlation을 보여주므로 5 번 탄소를 규명할 수 있으며 나머지 correlation 피크들을 이용하여 아래와 같은 관계들을 확인할 수 있게 된다.

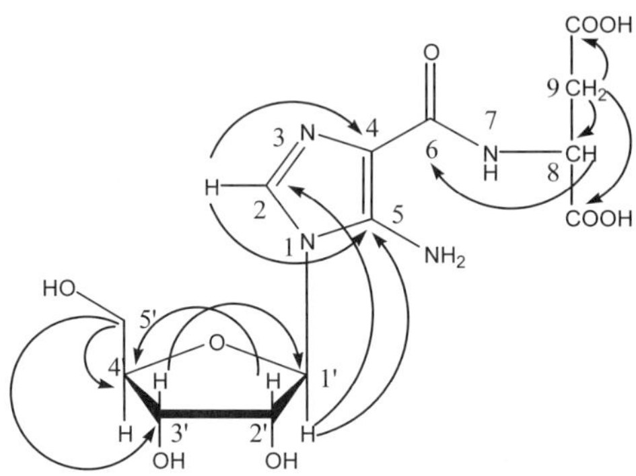

즉 위에서 보여준 이러한 관계들을 이용하여 물질의 구조를 확인하고 미지 시료의 구조를 알아 낼 수 있게 하는 것이다. 이 HMBC 실험은 하나의 예가 될 뿐이며 또 다른 많은 실험들이 미지 시료의 구조를 알아내기 위해서 현재 사용되고 있다. 실제로 이 시료의 경우에는 비록 양성자와 탄소의 HMBC 실험의 결과들이 상당히 많은 부분의 구조를 그려낼 수 있지만 아직도 미진한 부분이 많음을 알 수 있다. 첫째 이 시료가 다른 어떤 구조의 정보도 없이 분자식 $C_{13}H_{18}N_4O_9$을 가지고 있는 미지 시료라고만 알려져 있다면 4 개의 질소들을 어떻게 분자의 구조에 연결시킬 수 있는지는 지금까지 보여준 실험만으로는 불가능하다. 만약 이 시료를 DMSO-d_6 등 exchangeable한 양성자들을 보여 줄 수 있는 용매를 사용하였다면 먼저 1D 스펙트럼에서 모든 hydroxy 양성자들과 질소가 가지고 있는 양성자들을 볼 수 있다. 그리고 이들의 커플링을 볼 수 있는 COSY 스펙트럼으로 산소의 연결들이 가능해 질 수 있을 것이고 질소에 있는 양성자들을 이용한 양성자와 질소의 HSQC와 앞에서 이용한 탄소와 양성자의 HMBC로 NH와 NH_2의 위치는 규명이 가능할 것이다. 그러나 양성자를 가지고 있지 않은 1과 3의 질소는 양성자와 질소의 HMBC 스펙트럼으로 규명이 가능하다(물론 이 실험에서 7 번 amide의 질소도 규명할 수 있다). 이 물질의 1 번과 3 번의 질소를 규명하기 위하여 양성자와 질소의 HMBC 스펙트럼의 일부를 보여주고 있다(질소의 화학이동은 liquid NH_3를 외부 기준으로 하였음). 두 개의 질소의 피크 중 172.4 ppm의 피크는 2 번의 양성자와 2-bond의 커플링을 보여줄 뿐만 아니라 1'과 2'의 양성자들과도 2-와 3-bond의 커플링을 보여주고 있으므로 1 번의 질소임을 알 수 있다. 이 1 번의 질소의 화학이동 값은 화학이동 값을 보여주는 일반적인 table에 있는 예측 값과도 일치하고 있다. 그러나 2 번의 양성자와 2-bond 커플링을 보여주고 있는 3 번 질소의 화학이동 값은 pyridine 종류의 질소로 200 ppm 이상의 down-field 값을 예상할 수 있는데(아래에서 예로 보여준 guanosine의 질소 화학이동을 참조) 이와는 매우 다르게 1 번 질소와 비슷한 171.4 ppm에서 나타나고 있는데 이것은 3 번의 질소에 양성자가 연결(protonation)되어서(이 경우에 분자 내에 carboxylic acid의 H가 질소에 연결되겠지만 용매로 사용된 D_2O의 D가 H를 치환하였을 것이라고 생각 할 수 있음) 두 질소의 환경이 비슷한 즉 아래의 그림과 같이 imidazole ring에 질소들이 + charge를 가지고 있는 resonance의 구조를 이루고 있다고 설명할 수 있다.

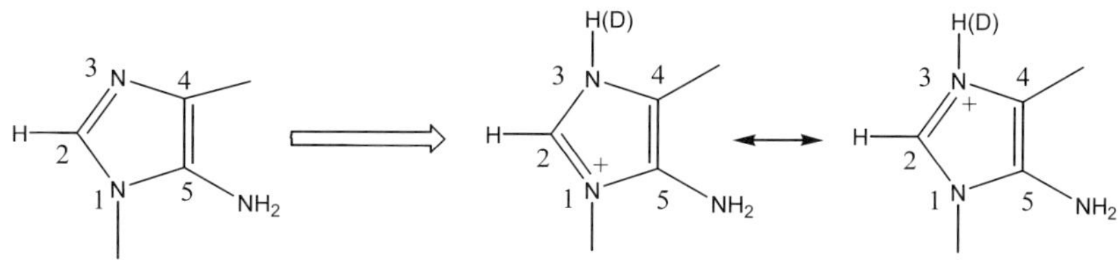

이 시료의 구조를 이용하여 NOESY 스펙트럼의 해석에 관한 공부를 해보도록하자. NOESY 스펙트럼에서 1'의 양성자가 2'의 양성자와 NOE를 보여주고 있는 것은 비록 앞에서 그려놓은 구조에서는 *trans*의 구조로 있다. 하지만 이들이 cyclohexane의 chair conformation에서의 *trans*의 양성자들과는 다르게 최소한 어느 순간은 *pseudo trans*의 형태를 가지면서 NOE를 보여줄 수 있는 거리인 4.5 Å이내에 있다는 것을 예상할 수 있다. 그리고 1'의 양성자가 3'의 양성자와는 NOE를 보여주지 않지만 4'의 양성자와는 NOE를 보여주고 있는 것은 이들이 그림에서와 같이 α 위치(평면의 아래)에 놓여 있다는 것을 증명해주고 있다. 이들 외에 3'의 양성자가 5'의 양성자들과 그리고 8 번의 양성자가 9 번의 양성자들과 NOE를 보여주는 것은 이 구조로부터 당연히 기대되던 결과들이다. 이제 마지막으로 2 번의 양성자가 보여주는 NOE를 보면 최소한 3개의 양성자와는 명확하게 NOE를 보여주는 것을 알 수 있다. 유기화학에서 다루는 steric hinderance의 관점으로 볼 때 앞의 그림에서와 같이 이 시료의 conformation은 2 번의 양성자가 furanose ring의 위에 놓여 있는 것이(nucleotide chemistry에서는 이와 비슷한 경우를 *anti*라고 명명) 그 반대 즉 1'의 탄소와 질소 1의 결합이 180° 회전하여 2 번의 양성자가 그 반대에 놓여 있게 되는 경우(*syn*이라고 명명) 보다는 안정된 것이라고 한다면 2'과 3'의 양성자들과 NOE를 보여주는 것은 당연한 결과다. 그러나 이 스펙트럼에서 우리는 2 번의 양성자가 1'의 양성자와도 NOE를 보여주고 있는 것을 볼 수 있다. 즉 이 시료의 구조는 *syn*의 conformation으로도 존재한다는 것을 말해주고 있는 것이다(실제로 nucleotide 연구에서 NOE를 이용하여 이와 같은 두 개의 conformer의 비(ratio)를 구하는 연구들이 이루어지고 있다).

이 시료의 경우에 서두에서 양성자 스펙트럼의 해석을 시작하면서 용매가 D_2O이기 때문에 exchangeable한 양성자들을 관찰할 수 없으므로 가능하면 DMSO-d_6와 같은 용매를 사용할 것을 제안하였다. 그리고 해설의 후미에서는 질소의 화학이동 값과 연관하여 protonation에 대해서도 언급하였는데 이러한 제안과 설명을 이해할 수 있는 실제 예를 들어 보도록 하자. 실제 예를 위해서는 구조상으로도 이 시료와 아주 유사한 물질이 있다면 매우 교육적이 될 수 있으며 이 목적에 가장 적합하다고 생각되는 물질로 guanosine을 선택하였다. 아래 guanosine의 구조에서 볼 수 있듯이 이들은 furanose ring과 imidazole ring을 모두 가지고 있으므로 앞의 시료와 furanose ring은 거의 같은 스펙트럼을 보여줄 것이며 imidazole ring의 질소의 스펙트럼도 앞의 시료에서 protonation을 고려하지 않을 때 예상되는 화학이동 값과 거의 비슷한 스펙트럼을 보여줄 것으로 기대할 수 있다.

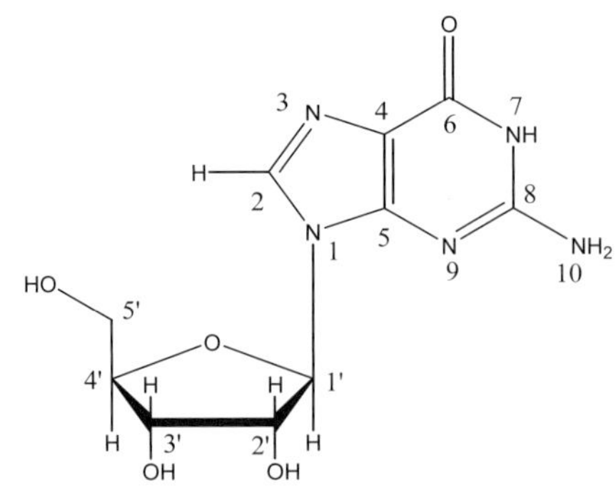

아래에 DMSO-d_6를 용매로 사용한 10 mmole guanosine의 양성자와 탄소 스펙트럼들을 같이 보여주고 있다. 먼저 양성자 스펙트럼에서 앞의 D_2O를 사용하여 얻은 스펙트럼에서와는 다르게 질소와 산소에 연결되어 있는 모든 exchangeable 양성자들이 나타날 것이라고 기대할 수 있다. 가장 쉽게 구분되는 화학이동 값을 가지고 나타나는 피크들은 10.62와 6.44 ppm에서 나타난 NH(7)와 NH_2(10) 양성자 피크들(7과 10의 양성자는 피크의 적분 값으로 구분)이며 앞에서 8.47 ppm에서 나오던 양성자 2는 여기에서는 7.93 ppm에서 나타나고 있다. 다음 furanose ring에 있는 OH 양성자들이 모두 나타나면서 2', 3', 5' 양성자들의 커플링 pattern들이 앞에서 보다 더 복잡하게 나타나게 될 것이며 이들 OH들은 이중선(2'-OH, 3'-OH)과 삼중선 또는 이중의 이중선(5'-OH)으로 나타나게 될 것이다. 이러한 예측으로 5.03 ppm에서 삼중선은 5'의 OH이며 3.59과 3.51 ppm에서 다중선으로 나타난 피크들은 5'의 양성자들이라는 것을 쉽게 확인할 수 있다. 그리고 앞의 시료에서 5.78 ppm(J = 5.2 Hz)에서 나타나던 1' 양성자를 여기에서는 5.68 ppm(J = 6.0 Hz)에서 나타난 것이라고 할 수도 있지만 바로 옆 5.39 ppm(J = 6.1 Hz)의 피크때문에 여기 1D 스펙트럼으로는 확실하게 규명 할 수 없다(아래 COSY 실험에서도 구분이 불가능하지만 HMQC 실험으로는 쉽게 규명이 된다). 탄소 스펙트럼에서는 furanose ring의 5 개 탄소들은 60–80 ppm 영역에서 앞의 시료와 비슷한 화학이동 값을 가지고 있는 것을 볼 수 있고 나머지 5 개의 피크는 앞의 시료의 구조와 다른 imidazole ring을 포함하고 있는 그룹에 있는 5 개의 탄소다. 이 1D 탄소 스펙트럼으로 이들 탄소의 화학이동을 확실하게 규명하는 것은 불가능하다(실제로 1980년대에 발표된 자료들과 text들도 심지어 2'과 3'의 탄소의 규명이 서로 뒤 바뀌어 있다).

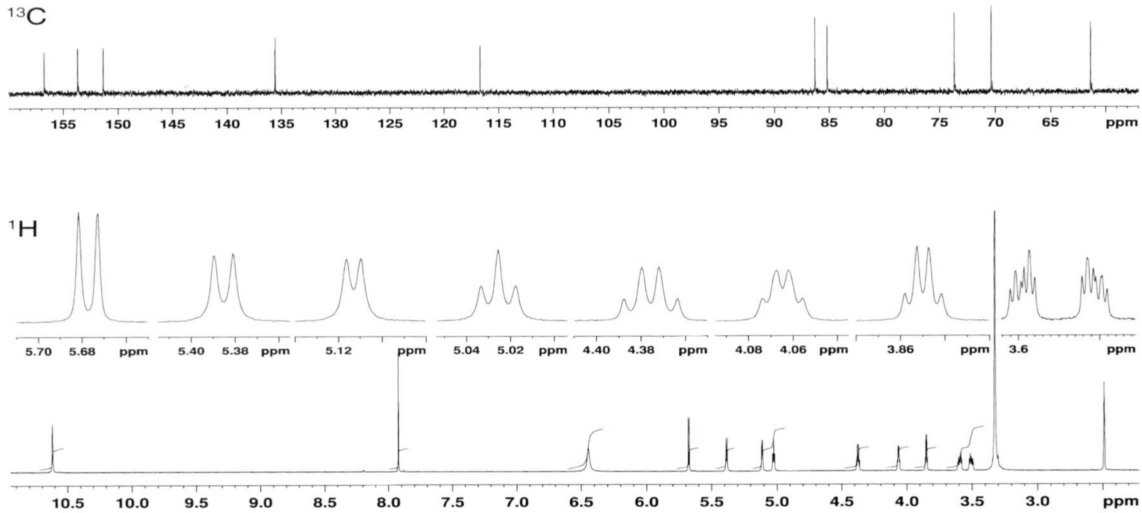

먼저 furanose ring의 양성자들을 정확하게 규명하기 위하여 COSY 스펙트럼을 보도록 하자. 1D 스펙트럼에서도 확실하였던 3.58과 3.52 ppm에서 나오는 5' 양성자들은 예상대로 5.04 ppm에서 나오는 5'-OH의 삼중선과 커플링하며 또한 3.85 ppm에서 나오는 4' 양성자와도 커플링 하는 것을 볼 수 있다. 이제 이 4' 양성자는 4.06 ppm에서 나오는 3'과 그리고 이 3'은 5.13 ppm의 3'-OH 그리고 4.38 ppm에서 나오는 2'의 양성자와 커플링 하는 것으로 이들을 규명할 수 있다. 마지막으로 2'의 양성자는 나머지 5.40과 5.68 ppm의 피크들과 커플링을 보여주고 있는데 이들은 앞에서 언급한 것과 같이 비슷한 화학이동과 커플링 상수로 1'의 양성자인지 2'-OH의 양성자인지를 구분할 수 없다.

그러나 HMQC 스펙트럼을 보면 7.93 ppm의 양성자와 correlation을 보여주는 135.6 ppm의 피크는 탄소 2가 분명하고 그리고 5.40 ppm의 양성자는 커플링 하는 탄소가 없고 5.68 ppm의 양성자가 86.3 ppm의 탄소와 correlation 피크를 보여주고 있으므로 1'의 양성자를 명확하게 규명할 수 있고 규명된 양성자들을 이용하면 2'의 탄소(73.7 ppm)가 3'의 탄소(70.4 ppm) 보다 더 down-field에서 나오는 것을 알 수 있다 (text 들에는 이 두 탄소의 화학이동이 서로 뒤바뀌어 있다).

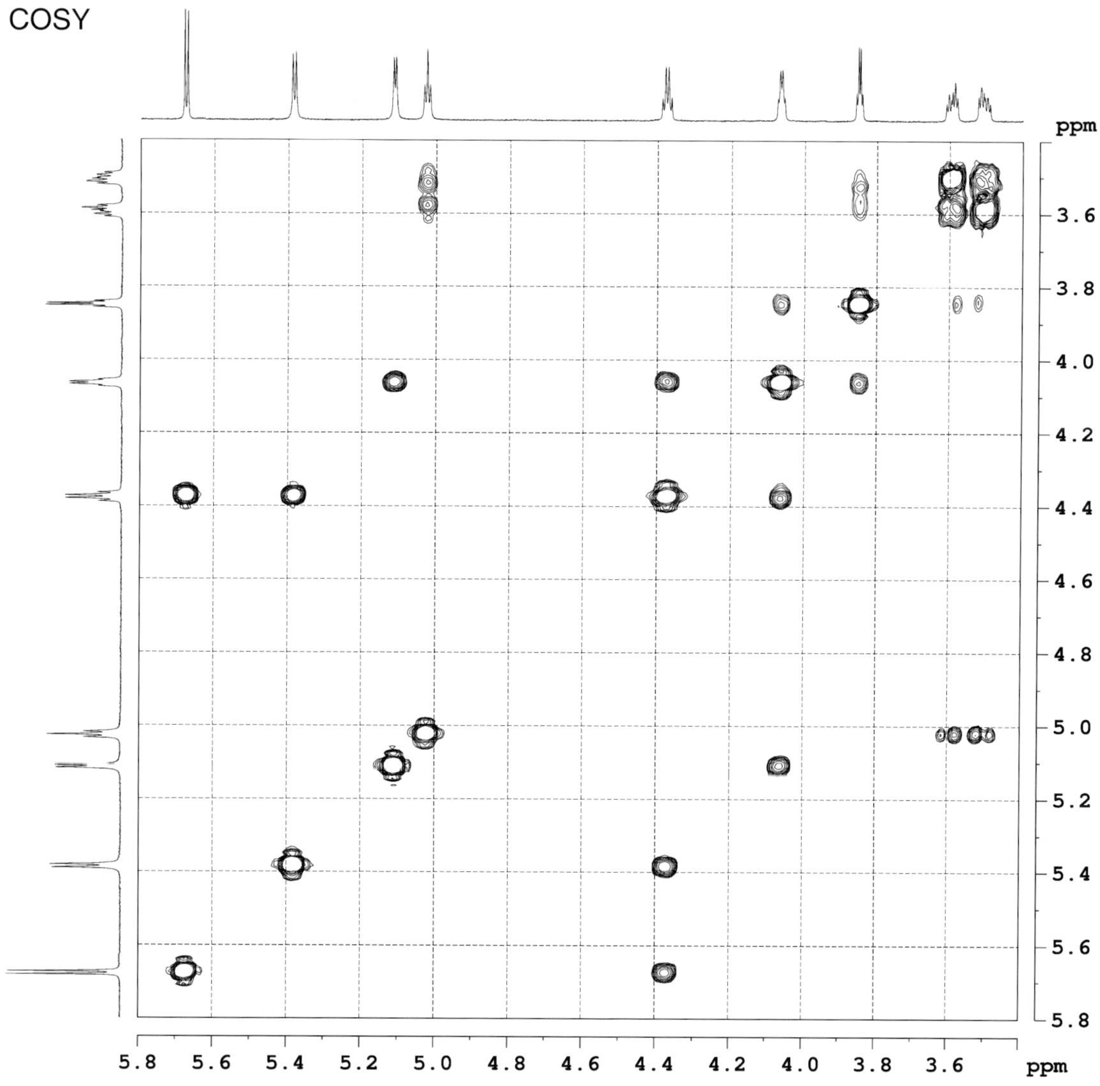

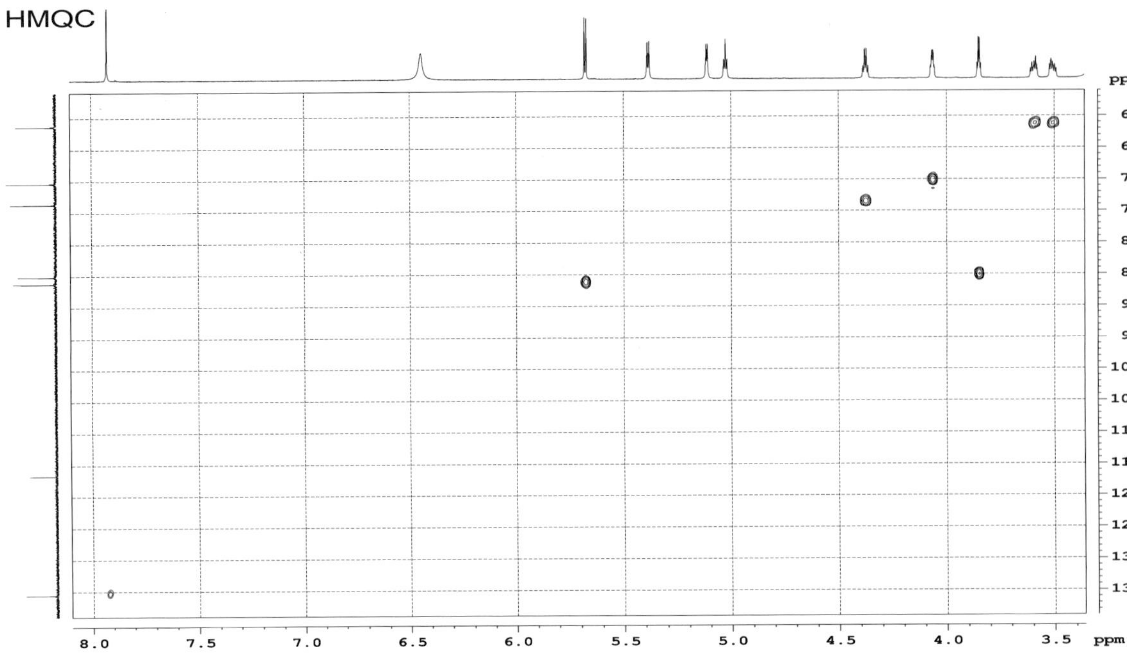

나머지 4 개의 탄소들을 규명하기 위해서 HMBC 스펙트럼을 보도록 하자. 제일 먼저 7.93 ppm에서 나오는 양성자 2와 커다란 correlation 피크를 보여주는 두 개의 탄소 중 116.7 ppm의 피크는 10.62 ppm의 NH(7)의 양성자와도 correlation 피크를 보여주고(3-bond) 있으므로 탄소 4에 해당되는 것이고 151.3 ppm의 피크는 5.68 ppm에서 나오는 1'의 양성자와도 correlation을 보여주고(3-bond) 있으므로 탄소 5에 해당된다고 규명할 수 있다. 이들 이외에 1'의 양성자와 2'-OH의 양성자가 각각 2 개와 3 개씩의 2- 나 3-bond의 correlation을 보여줄 뿐 나머지 다른 양성자들은 주위의 다른 탄소들과 전혀 correlation을 보여주지 않고 있다.

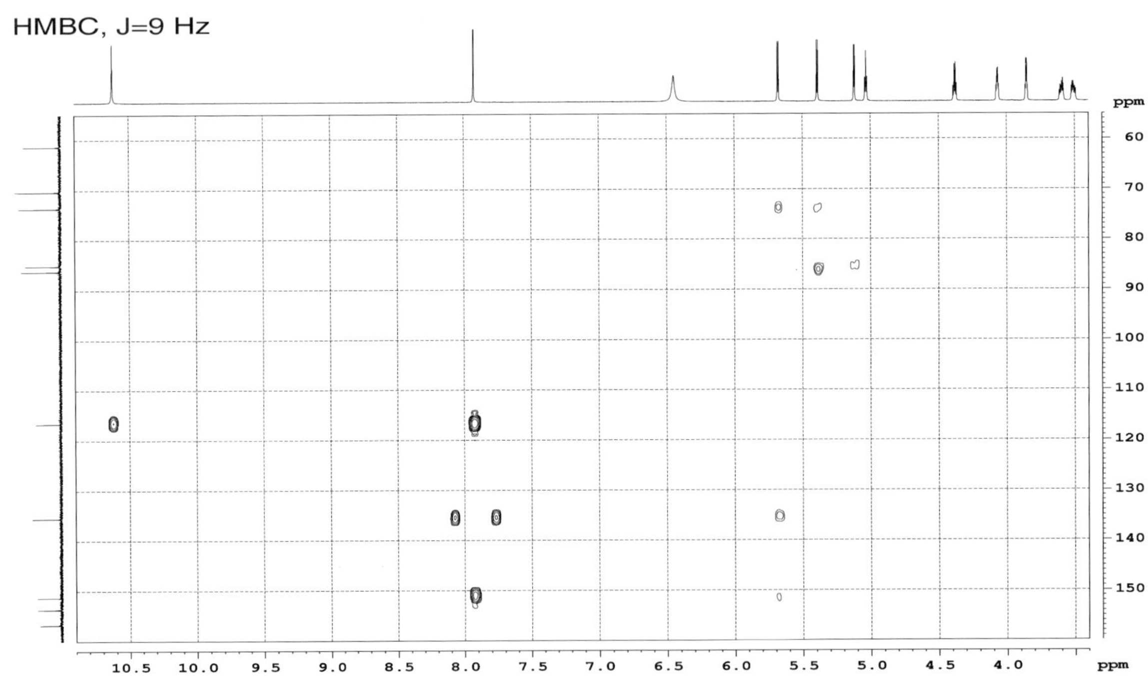

일반적으로 aldehyde의 양성자와 탄소 사이의 20-30 Hz의 2-bond의 커플링을 제외하고 탄소와 양성자 사이에 2- 또는 3-bond의 커플링 상수는 약 1-15 Hz의 크기를(4-bond 이상의 커플링 상수는 이보다 더 적으며 많이 알려져 있지 않음) 가지고 있으므로 HMBC 실험을 할 때 어떠한 커플링 상수에 해당하는 파라메타를 사용하였는가에 따라서 특정 correlation 피크들은 나타날 수도 또는 나타나지 않을 수도 있게 된다. 이와 같은 이유로 때로는 HMBC 실험은 목적에 따라 여러 다른 파라메타의 실험이 필요할 때가 있다. 위에서 본 HMBC 스펙트럼은 커플링 상수 9 Hz에 해당하는 파라메타를 사용하여 얻은 스펙트럼이다. 이 스펙트럼에서는 156.7과 153.7 ppm의 두 피크를 구분할 수가 없다. 그렇지만 커플링 상수 3 Hz에 해당하는 파라메타로 얻은 아래의 HMBC 스펙트럼에서는 9 Hz의 파라메타에서와는 다르게 furanose의 모든 양성자들이 탄소들과 correlation을 보인다. 그뿐만 아니라 양성자 2가 156.7 ppm에서 나타나는 피크와 correlation을 보여주고 있으므로 이 피크가 작은 4-bond 커플링을 보여주는 amide 그룹을 이루고 있는 carbonyl 6이라고 규명할 수 있다.

HMBC, J=3 Hz

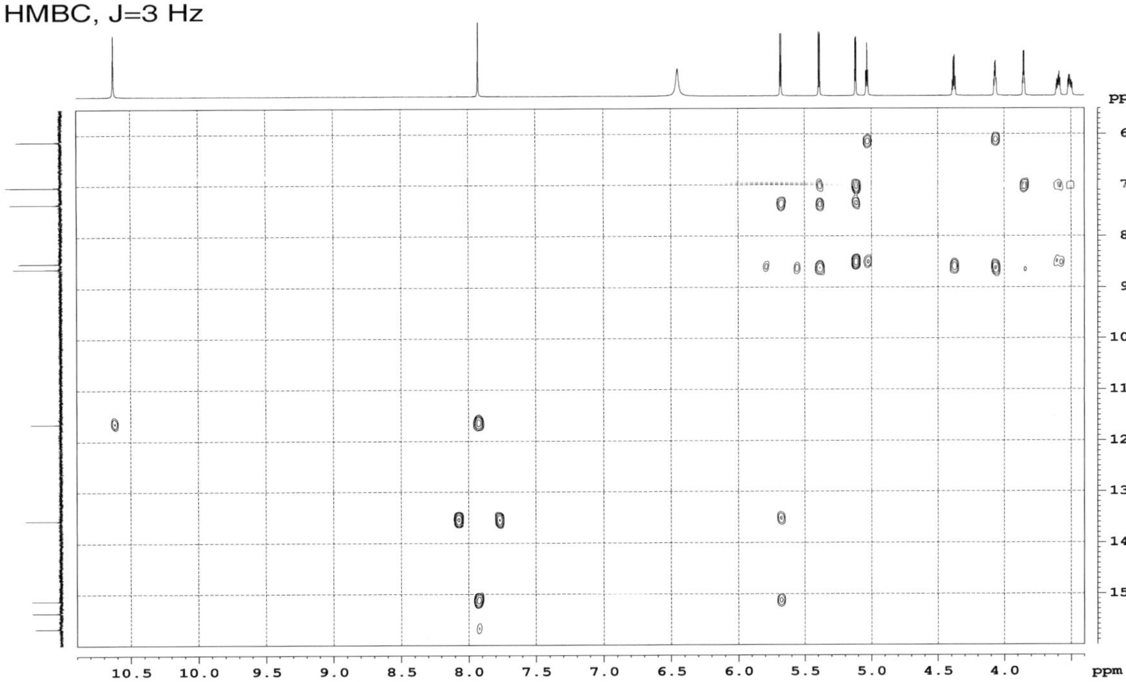

마지막으로 앞에서 언급한 protonation과 연관된 질소의 화학이동을 알아 보기위하여 guanosine에 있는 질소의 화학이동 값을 알아보도록 하자. 화학이동을 알아내려고 하는 질소(imidazole ring)들이 양성자를 가지고 있지 않으므로 양성자와 질소의 HMBC 스펙트럼을 사용하여야 한다.

아래의 $^{1}H-^{15}N$ HMBC 스펙트럼은 8 Hz의 질소와 양성자 사이의 long-range 커플링에 해당하는 파라메타로 얻은 스펙트럼이다. 하지만 1-bond correlation인 NH(147 ppm)와 NH_2(73 ppm)에 해당하는 질소들의 화학이동을 볼 수 있으며 7.93 ppm의 양성자 2와 2-bond 커플링을 하고 있는 170과 250 ppm의 imidazole ring의 두 질소의 화학이동을 얻을 수 있다. 이들 4 개의 질소의 화학이동을 일반적으로 사용하는 잘 알려져 있는 질소의 화학이동 값 table에서 보면 primary amine NH_2와 amide의 NH의 화학이동은 예상과 잘 일치하고 있으며 imidazole ring에서 이중결합에 있는 질소 3은 250 ppm으로 질소 1은 170 ppm의 피크로 규명할 수 있다. 즉 앞의 시료의 경우 이들 guanosine의 imidazole ring의 두 질소의 화학이동과 비교하여 볼 때 두 질소가 170 ppm 영역에서 비슷한 화학이동 값을 가지고 있다는 것은 분명하게 다른 구조를 가지고 있다고 예상할 수 있다. 이러한 이유로 앞의 시료의 경우 질소에 protonation이 된 새로운 구조를 제안하게 된 것이다.

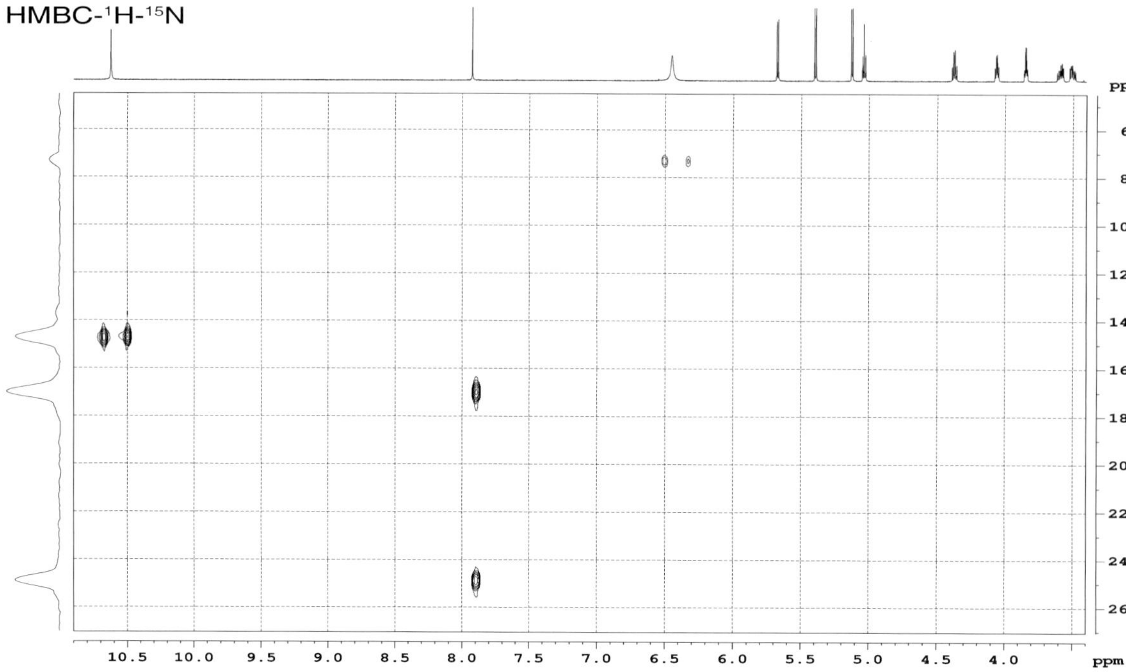

지금까지의 결과로 볼 때 두 시료에서 furanose ring의 탄소와 양성자들은 그들에 연결되어 있는 치환체가 다름에도 불구하고 화학이동 값 자체는 조금씩 변화가 있었지만 각각의 순서들은 전혀 변화가 없는 것을 알 수 있다. 또한 imidazole ring의 질소들의 화학이동 값의 경우와 같이 우리는 유사물질들의 스펙트럼들을 서로 비교해 보면 새로운 물질의 구조를 용이하게 밝힐 수 있을 뿐만 아니라 그들의 차이점을 새로운 구조의 확인에 이용할 수 있음을 알 수 있다.

25 이 물질은 생강 등의 식물의 뿌리에서 추출할 수 있는 galanolactone이라는 것으로 구조는 decalin의 모체에 lactone과 epoxide 그룹 등이 연결되어 있다.

먼저 양성자(proton)와 탄소(carbon)의 스펙트럼을 보면 양성자 스펙트럼의 확대되어 있는 그림에서 3.3 ppm의 피크가 약 1–2 Hz 정도의 커플링 상수를 가지고 오중선으로 나타난 것과 4.87 ppm의 큰 단일 피크 그리고 탄소 스펙트럼에서 49 ppm의 용매 피크로 보아 메칠알콜-d_4를 용매로 사용한 것을 알 수 있다. 탄소의 스펙트럼에는 이 시료의 양성자수를 알려주는 DEPT90과 DEPT135 스펙트럼을 같이 보여주고 있다. 이 시료는 20 개의 탄소 중 DEPT90 스펙트럼으로부터 3 개의 CH가 있음을 알 수 있고 DEPT135 스펙트럼으로부터는 9 개의 CH_2와 3 개의 CH_3를 가지고 있는 것을 알 수 있으므로 결국 5 개의 탄소가 quaternary로 양성자를 가지고 있지 않은 탄소임을 알 수 있다. 이 시료의 high resolution mass spec. 으로부터 얻어진 질량은 여러 가지의 가능한 분자식을 보여주지만 탄소 스펙트럼에서 얻어진 탄소 20 개와 양성자 30 개를 가지면서 계산된 mass 인 318.219에 ±3 mmu로 얻어진 결과를 만족시키는 분자식은 3

개의 산소가 이 시료에 포함되어야 한다는 결론을 제시한다(이 시료에서는 적용하지 않았지만 oxygen-17 NMR 방법은 이 시료의 3 개의 산소를 쉽게 알아낼 수 있는 또 다른 방법이다. 특히 epoxide 그룹의 산소는 1000 ppm 이상의 화학이동 값을 보여주는 산소의 영역에서 -10 ~ -20 ppm의 정도의 음의 값을 가지므로 쉽게 예상할 수 있는 그룹이다). 이렇게 얻어진 분자식을 기초로 탄소 스펙트럼을 보면 173.7 ppm의 탄소는 분자식에 질소를 가지고 있지 않으므로 amide의 carbonyl은 될 수가 없고 ester나 carboxylic acid의 carbonyl이라고 매우 쉽게 확인할 수 있다. 이것이 ester의 carbonyl이라면 산소에 연결되어 있는 탄소는 60-70 ppm의 부근에서 나타날 것이며 탄소 스펙트럼에서 67.3 ppm의 화학이동 값을 가지고 나타난 피크를 볼 수 있으니 이것은 ester임을 알 수 있다. 이 피크는 DEPT135 스펙트럼에서 CH_2로 확인되었으니 양성자 스펙트럼에서 이들을 찾으면 4.38 ppm에서 나타난 삼중선(t)이 이들이며 이들은 vicinal 위치에 CH_2를 가지고 있는 것을 증명하고 있다. 다시 탄소 스펙트럼으로 돌아가서 화학이동 값만으로 예측할 수 있는 다른 그룹을 찾아보자면 양성자를 하나 가지고 있는 143.6 ppm의 피크와 양성자를 가지고 있지 않은 quaternary 탄소인 126.8 ppm의 피크들이며 이들은 이중결합의 탄소들임을 알 수 있다. 양성자 스펙트럼에서는 6.58 ppm에서 다중도(m)로 나타난 피크가 143.6 ppm의 탄소에 있는 양성자임을 알 수 있고 0.94, 0.92, 그리고 0.89 ppm에서 나타난 세 개의 단일 피크는 DEPT실험에서 얻은 세 개의 메칠 피크의 정보를 증명하고 있다. 이제까지의 정보로 3 개의 일부 구조 요소를 간단하게 아래와 같이 나열할 수 있다.

$$-C(O)O-CH_2-CH_2- \qquad H-C=C- \qquad 3\ CH_3-$$

양성자 스펙트럼에서 약 1-2 ppm 영역에서 나타난 피크들은 alkane의 피크들이며 이들은 DEPT135 스펙트럼에서 볼 수 있듯이 여러 개의 CH_2 양성자들이 포함되어 있다. 이들 메칠렌 양성자들이 n-alkane 즉 직선 chain을 이루는 것들이라면 chain의 가운데 있는 몇 개의 메칠렌 양성자들은 broad하게 겹쳐 나오는 것이 일반적이다. 그리고 이 시료의 스펙트럼처럼 dd(doublet-doublet)나 dt(doublet-triplet)등으로 깨끗한(?) 커플링들을 보여줄 때는 양성자들이 일반적으로 cyclic alkane에서 axial이나 equatorial(또는 α나 β 로도 표시)의 구조를 이루고 있을 때 나타나는 모습들이다. 실제로 이 시료의 분자식에서 구조분석에 가장 기본이 되는 불포화의 수(degree of unsaturation)를 계산해 보면 6(#=20-(30/2)+1=6) 개가 존재하는 것을 알 수 있다. 불포화 수라는 것은 π 결합이나 cyclic이 분자 내에 존재하는 수 이므로 이 구조에는 여러 개의 π 결합이나 cyclic이 존재한다는 것은 예상할 수 있다. 실제로 이 시료의 구조에는 이미 앞에서 ester의 carbonyl과 이중결합이 각각 하나씩으로 두 개의 π 결합이 있는 것을 확인하였으니 이들과 함께 4 개의 cyclic이 더 존재한다는 것은 예측할 수 있다.

비록 이들 cyclic 형태의 분자 구조에 있는 여러 양성자들이 커플링 상수를 쉽게 측정할 수 있게 제법 잘 분리된 모습으로 나타나 있지만 이들의 복잡한 커플링을 상수를 찾아내어 연결한다는 것은 때로는 거의 불가능한 일이다. 그리고 일반적으로 우리는 양성자의 커플링을 볼 수 있는 COSY와 양성자와 탄소의 커플링을 볼 수 있는 HSQC 스펙트럼들을 먼저 이용하는 것이 편리하다.

COSY 스펙트럼에서 이중결합을 이루고 있는 하나의 탄소에 있는 6.58 ppm의 피크는 2.87, 2.15, 그리고 1.77 ppm에서 나타나는 다중도 피크들과 커플링을 보여주고 있다. 이들 중 2.15와 1.77 ppm의 양성자는 HSQC 스펙트럼에서 23.8 ppm의 탄소(DEPT로부터 CH_2)에 있는 양성자들임을 알 수 있고 2.87 ppm의 양성자는 26.2 ppm의 CH_2의 양성자이면서 COSY 스펙트럼에서 앞에서 규명된 ester의 산소에 연결된

CH_2와 커플링 하는 것을 볼 수 있다. 그러므로 이제 아래와 같이 예상되는 두 개의 구조 요소를 그릴 수 있다.

$$-C(O)O-CH_2-CH_2-C=CH-CH_2- \quad (\mathrm{I})$$

$$-C(O)O-CH_2-CH_2-CH=C-CH_2- \quad (\mathrm{II})$$

그러나 첫 번째의 구조(Ⅰ)가 바른 구조라는 것은 정성적으로 2.87 ppm의 메칠렌 양성자 피크의 splitting pattern으로 알 수 있다. 즉 두 번째 구조(Ⅱ)라면 2.87 ppm의 피크는 커플링 상수가 비슷한 사중선(quartet) 또는 이중선의 삼중선(double-triplet)이 되어야 한다(5-bond 떨어진 작은 homoallylic 커플링도 있을 수 있음). 그러나 2.87 ppm의 피크는 실제로는 4.38 ppm의 메칠렌의 양성자들로 splitting된 삼중선이 첫 번째 구조에서 나타날 수 있는 하나의 allylic 커플링 그리고 비슷한 크기의 homoallylic 위치의 하나의 양성자와 (COSY 스펙트럼에서 geminal 양성자인 2.15와 1.77 ppm 중 2.15 ppm의 양성자와만 cross peak를 보여주고 있음) 커플링으로 2 Hz 정도의 삼중선으로 분리된 후 이들 보다 더 작은 다른 하나의 homoallylic 커플링으로 다시 분리되어 복잡한 다중도의 피크로 나타나 있다(그러나 피크의 모습에서 4.38 ppm의 양성자들과의 커플링 한 처음의 삼중선의 모습은 보여주고 있다).

위에서 예상된 두 개의 구조를 구분하는 또 다른 정성적인 방법으로는 COSY 스펙트럼에서 cross peak의 크기를 이용하면 첫 번째 구조임을 예측할 수 있다. 즉 6.58 ppm의 양성자가 상대적으로 2.87 ppm의 양성자와는 작은 cross peak(allylic 커플링)를 보여주고 있지만 vicinal 위치에 있는 2.15와 1.77 ppm의 geminal 양성자들과는 더 큰 cross peak들을 보여주고 있다.

위의 구조에서 2.15와 1.77 ppm에서 나타나는 양성자를 이용하기 위하여 COSY 스펙트럼의 확대된 그림을 보면 이들 사이에 일어나는 강한 geminal 커플링을 볼 수 있고 1.77 ppm에서 나타나는 양성자가 1.73 ppm 부근의 피크와 커플링을 보여주고 있다. 하지만 이곳에는 다른 양성자들의 피크들이 겹쳐서 같이 나오고 있으므로 구분이 불가능함을 알 수 있다. 그렇지만 메칠렌 피크인 2.15와 1.77 ppm의 양성자들이 화학이동 값이 다르게 나타난다는 사실로 우리는 다음의 위치가 chirality를 가진다는 것을 예상할 수가 있으며 이 예상은 HSQC 스펙트럼에서 53.5 ppm(CH)에서 나타나는 탄소에 있는 양성자가 이 위치에 있다는 것으로 확인할 수 있다. 또 다른 명확한 증거는 1D-TOCSY 스펙트럼으로 확인할 수 있다. 양성자 스펙트럼과 같이 보여주고 있는 스펙트럼 d는 6.58 ppm 즉 앞에서 규명한 이중결합에 있는 양성자를 selective하게 excitation 시킴으로서 이 양성자와의 커플링들이 전파(transfer)되면서 연결되어 있는 모든 양성자들을 보여주는 스펙트럼이다. 이 결과들은 아래와 같은 COSY와 HSQC의 결과와 같은 예상 구조 Ⅲ으로 확장할 수 있지만 53.5 ppm의 탄소에 연결된 다음 구조를 밝히기 위하여 더 이상 양성자들의 커플링을 이용하여 구조를 그려나갈 수 없음을 보여주고 있다(즉 이 탄소에는 2 개의 quaternary 탄소가 연결되어 있다고 예측할 수 있다).

$$-C(O)O-CH_2-CH_2-C=CH-CH_2-CH- \quad (\mathrm{III})$$

결국 앞의 DEPT 실험에서 규명된 5 개의 quaternary 탄소 중 2 개만이 규명되었으니 3 개의 양성자를 가지고 있지 않은 탄소들이 이 구조의 중간 어느 곳에 존재한다는 것을 예상할 수 있다. 이들은 결국 HMBC 실험으로 규명될 수 있으므로 먼저 1D-TOCSY 스펙트럼과 HSQC 스펙트럼을 이용하여 양성자들의 커플링 상대를 더 밝혀보도록 하자. 먼저 HSQC 스펙트럼으로부터 각각의 메칠렌 양성자들을 규명할 수 있으니 앞에서 규명된 3 개 이외에 6 개의 메칠렌 그룹의 양성자들이 있다는 것을 확인할 수 있으며 이들 중 2.50과 2.32 ppm에서 나타나는 메칠렌 양성자들은 서로 geminal 커플링(J = 3.9 Hz)을 하면서 다른 양성자들과 커플링하지 않고 있으며 다른 메칠렌 양성자들은 1D-TOCSY 스펙트럼에서 커플링의 관계를 볼 수 있다. 즉 스펙트럼 c를 보면 1.13 ppm의 양성자(CH의 양성자이며 탄소는 56.0 ppm)를 selective excitation 시켰을 때 두 개의 다른 메칠렌 그룹의 양성자들이 커플링 하는 것을 보여주고 있고 b 스펙트럼에서는 메칠렌의 두 양성자 중에 하나인 1.05 ppm의 양성자를 excitation 시켰을 때 1.81 ppm에서 나타나는 geminal 양성자와 함께 다른 두 개의 메칠렌 그룹 양성자들이 커플링 하는 것을 보여주고 있다. 결국 이 결과는 아래와 같은 일부 구조들을 더 확인할 수 있게 된다.

$-CH-CH_2-CH_2-$ $\quad$ $-CH_2-CH_2-CH_2-$ $\quad$ $-CH_2-$

이들 중 CH에 연결되어 있는 두 개의 메칠렌 그룹의 양성자와 탄소는 COSY와 HSQC 스펙트럼으로부터 CH의 vicinal의 위치의 양성자는 1.61과 1.71 ppm(탄소는 21.1 ppm)으로 그리고 이들과 연결되어 있는 다음의 양성자는 1.33과 2.0 ppm(탄소는 36.8 ppm)으로 규명이 가능하다.

이제 위의 그룹들이 어떻게 연결이 되어 있는지는 HMBC 스펙트럼에서 찾아 나갈 수 있다. 양성자와 탄소의 2- 또는 3-bond의 커플링을 보여주는 HMBC 스펙트럼에서 아주 명확하게 먼저 볼 수 있는 커플링은 173.7 ppm에서 나타난 ester의 carbonyl 피크와 3 개의 양성자 그룹들과의 사이에서 나타나는 correlation 피크들이다. 앞에서 예상된 ester의 carbonyl을 포함하고 있는 일부의 구조를 이 결과에 적용하여 보면 아래 그림에서 볼 수 있듯이 먼저 4.38 ppm의 삼중선의 메칠렌 양성자들 피크와 ester의 carbonyl의 탄소 피크와의 커플링은 3-bond의 결합에서 나타나는 것이고 2.87 ppm 그리고 6.58 ppm의 양성자들과의 커플링은 의문부호를 표시한 것과 같이 각각 4-와 6-bond의 커플링이 되는 것이다. 양성자와 탄소간의 4-bond의 커플링은 매우 드물게 나타나기도 하지만 6-bond의 커플링이란 있을 수 없는 일이기 때문에 우리는 예상된 이 일부 구조를 만족시키면서 이 HMBC 결과를 설명할 수 있는 구조를 완성시켜야 한다.

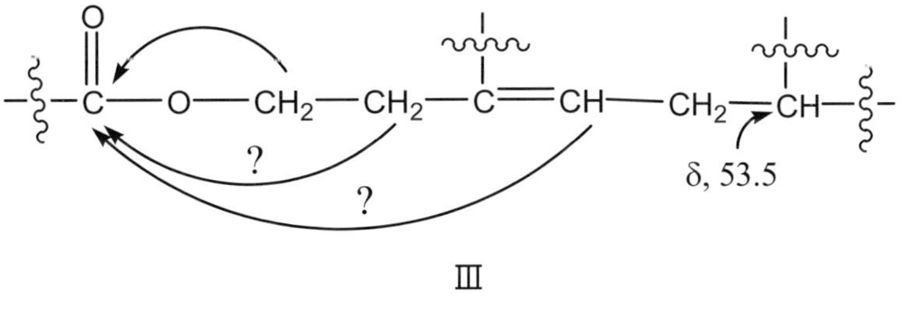

III

위의 일부 구조를 기준으로 HMBC 스펙트럼을 보면 ester의 carbonyl과 미완성으로 남아 있는 이중결합의 하나의 탄소인 126.8 ppm의 피크는 바로 이 일부 구조에 있는 양성자들 이외에는 커플링을 보여주는 다른 양성자들을 찾을 수가 없다. 그러므로 우리는 서로 하나씩의 bond가 필요한 이들 두 탄소의 결합으로 이 일부 구조가 lactone을 형성하고 있다면 앞에서의 4-와 6-bond의 커플링의 구조가 모두 3-bond 커플링을 할 수 있는 구조(IV-1과 IV-2)로 되면서 이제까지의 모든 결과들을 만족 시킨다는 것을 알 수 있다(이 lactone의 구조는 두 가지의 형태를 가질 수 있다. 즉 이들은 이중결합에서 carbonyl을 기준으로 볼 때 *cis*와 *trans* 두 가지가 있을 수 있으며 이들은 아래에서 NOE를 설명할 때 규명하기로 한다).

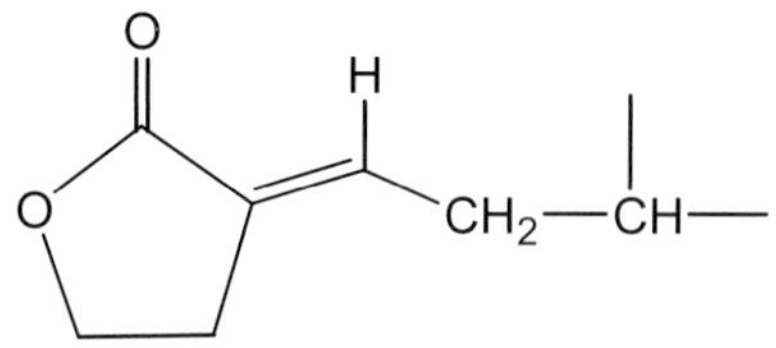

IV-1

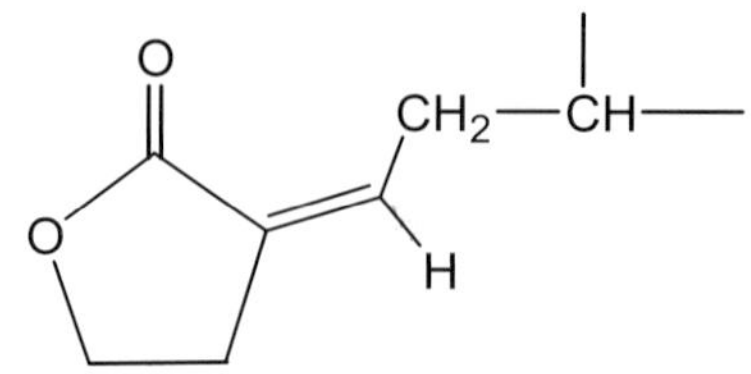

IV-2

다음으로 앞에서 1D-TOCSY 실험의 결과로 만들어 놓은 메칠렌 그룹들이 포함된 3 개의 일부 구조들을 완성시키기 위하여 먼저 $-CH-CH_2-CH_2-$의 요소에서 1.13 ppm의 양성자(CH)와 이 양성자를 가지고 있는 탄소(56.0 ppm)를 이용하여 보도록 하자. 이 탄소에 두 개의 bond가 더 있어야 하는데 확대 시켜놓은 HMBC 스펙트럼에서 보면 많은 양성자들이 이 탄소에 2- 또는 3-bond로 보이는 커플링들을 보여주고 있는 것을 알 수 있다. 이들 중 이미 이 CH 탄소에 연결이 되어 있는 것으로 규명한 두 개의 메칠렌 그룹 양성자들(2.0, 1.33 그리고 1.61, 1.71 ppm) 뿐만 아니라 다른 3 개의 메칠렌 그룹 양성자들로 연결되어 있는 구조 요소에서도 CH_2의 하나의 양성자(1.81 ppm: 이것과의 작은 correlation 피크는 메칠 피크들의 큰 correlation 피크들 때문에 contour level을 낮추어 그렸기 때문임)와도 작지만 커플링을 보여주는 것은 이 탄소와 양성자가 3-bond로 연결되어 있다는 증거가 되는 것이다(이 correlation 피크를 사용하지 않고 다른 증거로 구조를 완성하는 것을 아래에서 볼 수 있다). 또 다른 양성자들로는 3 개의 메칠 그룹 양성자들이 모두 이 탄소와 커플링 하는 것을 메칠 그룹들의 부분을 더 확대하여 그려놓은 HMBC 스펙트럼에서 명확하게 볼 수 있다. 그러나 이들 메칠 그룹의 양성자들은 모두 3 개의 단일 피크(s)를 보여주고 있으니 이 CH와 vicinal의 위치에 존재하는 것이 아니고 탄소와 3-bond 로 연결되어 있으며 또한 이들을 연결해주는 탄소는 양성자가 없는 quaternary 탄소들인 것이 분명하게 된다. 그러므로 이제 $-CH-CH_2-CH_2-$에서의 구조는 아래와 같은 구조 V로 확장할 수 있는 것이 확실해진다.

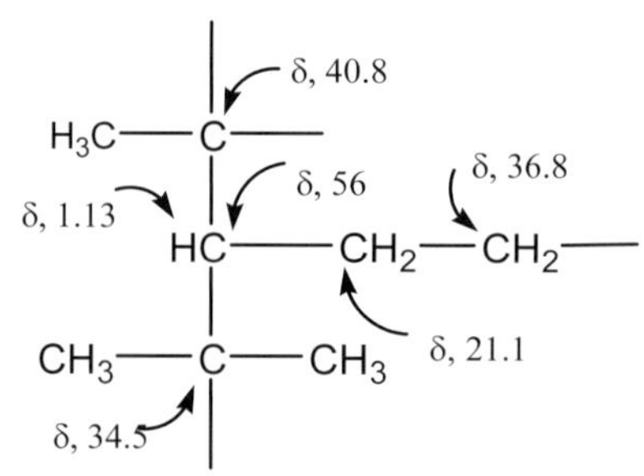

V

이제 역으로 이 구조의 예상을 CH의 양성자인 1.13 ppm의 피크를 이용하여 밝혀보도록 하자. 확대되어 있는 HMBC 스펙트럼에서 1.13 ppm의 피크는 메칠 그룹의 탄소 15.1, 22.2, 그리고 34.0 ppm(34.0 ppm

의 메칠과는 충분하지 못한 resolution으로 다른 피크와 겹쳐서 불확실)의 피크들과 그리고 메칠렌 그룹의 탄소 21.1과 36.8 ppm의 피크들과 예상대로 커플링들을 잘 보여주고 있다. 또한 이 양성자는 quaternary 탄소인 34.5와 40.8 ppm의 피크들과도 커플링을 보여주고 있으며 34.5 ppm의 피크에는 두 개의 메칠 그룹 양성자들이 그리고 40.8 ppm의 피크에는 나머지 하나의 메칠 양성자들도 같이 커플링을 보여주고 있으므로 이들 탄소들이 메칠 그룹들을 가지고 있는 두 개의 quaternary 탄소 피크로 예상할 수 있다. 마지막으로 1.13 ppm의 양성자가 보여주는 탄소와의 커플링은 53.5 ppm의 탄소로 앞에서 이미 규명된 lactone 구조 형태에서 마지막 두 개의 연결들이 남아 있던 CH의 탄소이다. 그렇다면 남은 문제는 이 탄소가 메칠 그룹들을 가진 두 quaternary 탄소 중 어디에 연결되어 있느냐는 것이다. 이것으로부터 제일 먼저 기대되는 양성자와 탄소의 커플링은 2.15와 1.77 ppm에서 나타나는 geminal 양성자들과 메칠 그룹들을 가진 두 개의 quaternary 탄소 중 어느 하나와의 커플링이다. 다른 양성자들과 2.15 ppm에서 겹치지 않고 나타나는 양성자가 명확하게 메칠 그룹 하나를 가지고 있는 40.8 ppm에서 나타나는 quaternary 탄소와 커플링하는 것을 보여주고 있다. 이 결과로 우리는 아래와 같이 확장된 구조 VI을 그릴 수 있게 된다.

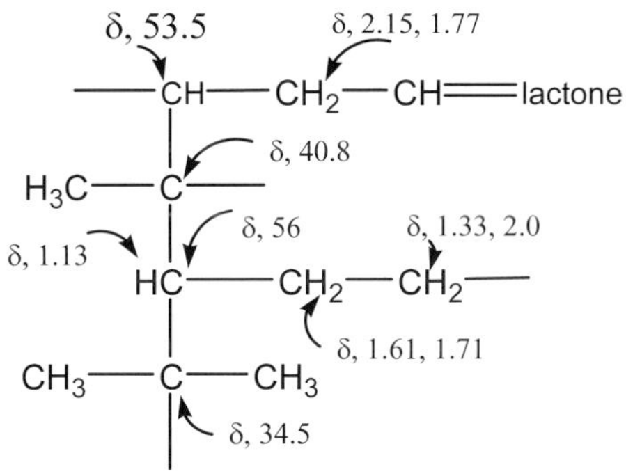

VI

또한 2.15 ppm에서 나타는 피크는 규명되지 않은 마지막 quaternary 탄소인 59.1 ppm의 피크와도 커플링을 보여주므로 53.5 ppm의 CH 탄소는 4 개의 결합을 모두 가지게 되었다. 그리고 59.1 ppm의 탄소는 1.71과 1.33 ppm의 양성자들과도 커플링을 보여주고 있으므로 1.33과 2.0 ppm의 geminal 양성자들을 가지고 있는 36.8 ppm의 탄소와 결합하여 6-membered cyclic 구조를 만들고 있다는 것으로 예상할 수 있다. 또한, 자신들만이 커플링 하는 geminal 양성자들인 2.32와 2.5 ppm(탄소는 49.9 ppm)의 양성자들은 59.1 ppm의 탄소와 함께 36.8과 53.5 ppm의 탄소들과도 커플링을 보여주고 있으니 49.9 ppm의 탄소가 59.1 ppm의 탄소에 연결된 아래의 구조 Ⅶ을 그릴 수 있게 된다.

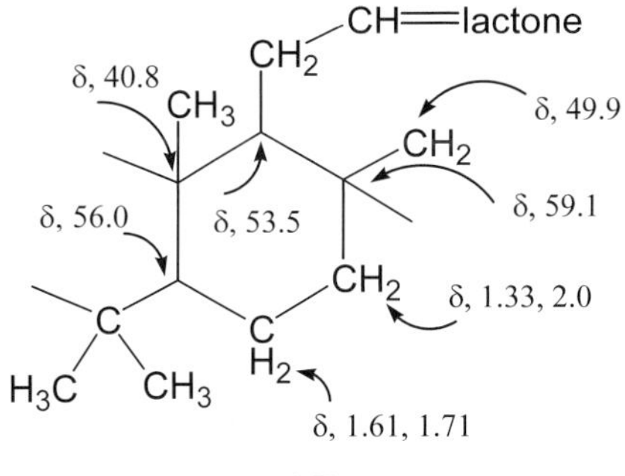

Ⅶ

4
해답과 해설

이제 마지막으로 규명하여야 할 그룹은 3 개의 메칠렌 그룹이 연결되어 있는 부분과 하나의 산소가 남아 있다. 앞에서 이미 가능성을 언급하였지만 56.0 ppm에 있는 CH의 탄소에 3 개의 연결된 메칠렌 그룹에 해당하는 양성자(1.81 ppm과 약한 커플링)와 커플링을 보여준다는 것은 이들이 결합이 완성되지 않은 메칠 그룹들을 가진 quaternary 탄소에 연결되어 있다고 할 수 있다. 더 명확한 증거는 이들 메칠렌 양성자들 중 한 쌍인 1.05와 1.81 ppm(탄소는 40.3 ppm)의 양성자들이 53.5 ppm의 탄소와 커플링을 보여주는 것은 이들이 메칠 그룹을 하나 가지고 있는 40.8ppm의 탄소에 결합되어 있는 것이다. 비록 1.43과 1.24 ppm의 양성자들이 56.0 ppm의 탄소와 커플링이 거의 나타나고 있지 않지만 이들 양성자를 가지고 있는 탄소(43.0 ppm)가 두 개의 메칠 그룹을 가지고 있는 34.5 ppm의 quaternary 탄소에 연결되어 있다는 것은 2 개의 메칠의 양성자들(0.89와 0.92 ppm)이 43.0 ppm의 탄소와 correlation 피크들을 보여주고 있는 것으로 명확하게 증명이 된다. 결국 또 다른 6-membered cyclic을 만들고 있는 구조를 그릴 수 있다. 마지막으로 남은 하나의 산소는 미완성으로 남아있는 두 탄소를 이용한 epoxy 그룹을 만드는 것으로 이 시료의 구조를 완성할 수 있다.

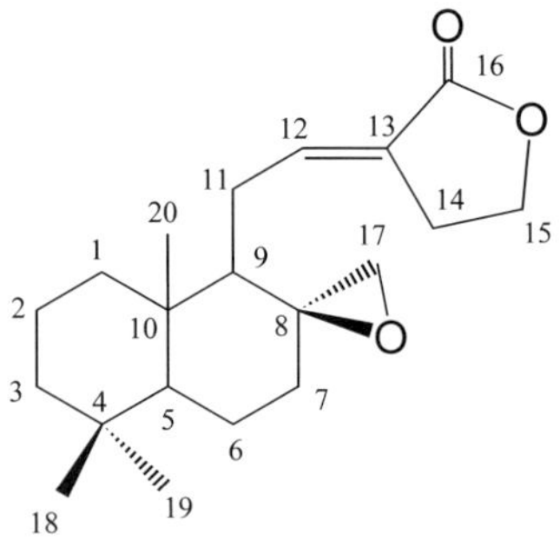

비록 구조는 완성이 되었지만 앞에서 미완성으로 남은 lactone의 *cis*와 *trans* 문제 그리고 3 개의 메칠 그룹들과 각각의 메칠렌의 양성자들의 정확한 규명과 ring junction에서의 stereochemistry등을 규명하여야하며 이 목적을 위해서 우리는 NOE를 이용하여야 한다. NOESY 스펙트럼에서 먼저 lactone의 stereochemistry를 보도록 하자. 6.58 ppm에서 나오는 12 번 양성자는 2.5 ppm에서 나오는 17 번의 하나의 양성자 그리고 두 개의 11 번 양성자(2.15와 1.77 ppm)들과 예상되는 NOE 피크를 잘 보여주고 있다. 그리고 2.87 ppm에서 나오는 14 번의 양성자들과는 NOE를 보여주지 않는 것으로 12 번의 양성자와 14 번의 양성자들은 *trans*의 위치로 되어 있다고 예상할 수 있다. 그러나 NOE는 여러 가지 변수에 따라서 나타나는 현상이므로 특히 결과들을 해석할 때 주의하여야 한다. 예를 들자면 가장 중요한 첫 번째가 *cis*의 경우에도 NOE가 나타나지 않을 수 있기 때문에 NOE가 없다고 하여 *trans*라고 규정하여서는 안 된다는 것이다. 그러므로 여기에서도 우리는 먼저 이들이 *trans* 이어야하는 증거를 찾아 보아야한다. 즉 앞에서 언급한 양성자들인 12 번과 14 번들을 *trans*의 구조로 생각한다면 11 번 양성자들과 14 번 양성자들은 *cis*가 되어야하므로 이들의 NOE를 찾아보면 더 확실한 증거가 되는 것이다. 실제로 확대하여 그려놓은 NOESY 스펙트럼에서 11 번(2.15와 1.77 ppm)과 14 번(2.87 ppm) 양성자들 사이에서 일어나는 NOE는 쉽게 찾을 수 있으므로 12 번의 양성자와 14 번의 양성자들은 trans로 이루어져 있다는 증거가 되는 것이다.

이제 남은 작업들을 위하여 NOESY 스펙트럼을 더 이용할 수도 있지만 이러한 복잡한 스펙트럼에서 특히 여러 개의 diagonal 피크들이 겹쳐서 나오는 주변에서 cross피크들을 찾는 것 보다는 NOE difference 스펙트럼이나 1D-NOESY 스펙트럼을 이용하는 것이 더 명확한 결론을 보여줄 수 있다. 또 stereochemistry를 규명하는 다른 하나의 방법은 어떤 기준점을 정하여 놓고 NOE 결과들을 해석해 나가는 것이다. 여기에서 우리는 이미 이 시료의 구조가 cyclohexane의 두 개의 ring이 decalin의 구조를 이루고 있다는 것을 알고 있으니 기본 유기화학에서 배운 지식을 동원하여 제일 먼저 가장 큰 lactone을 가진 그룹을 9 번의 탄소에서 가장 안정한 위치인 equatorial 위치(또는 β로도 표시)에 놓여있도록 하자.

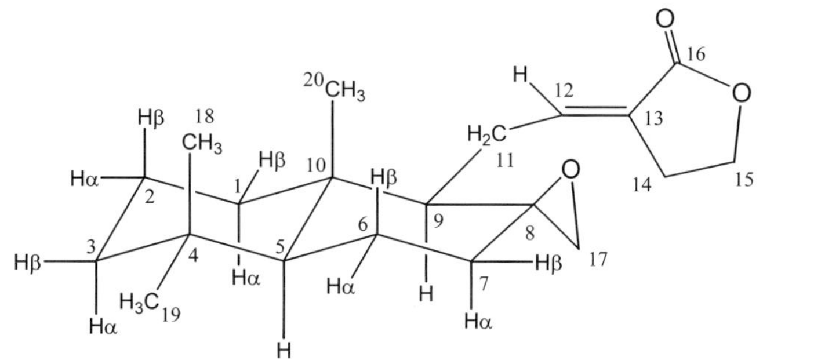

따라서 9 번의 양성자는 axial(α) 위치에 놓이게 될 것이며 이것에 따라서 ring-junction의 10 번 탄소에 있는 메칠 20은 α나 β인 두 개의 위치(두 위치 모두 axial 위치)를 차지할 수 있다. 하지만 α의 위치를 가지게 되면 11 번의 양성자들과는 *trans* 위치에 놓이게 되고 β의 위치를 가지게 되면 *cis*의 위치가 되므로 NOE를 보여줄 수가 있다. 1D-NOESY 스펙트럼에서 여러 종류의 양성자들을 selective excitation 시켜서 얻은 NOE 스펙트럼들을 원래의 1D 스펙트럼과 같이 나열해 놓았다. 스펙트럼 b는 11 번 양성자들 중 하나의 양성자를 selective excitation 시켜서 얻은 스펙트럼이며 명확하게 geminal 양성자 그리고 12(스펙트럼에 포함시키지 않았음), 14 그리고 9 번의 양성자들은 예상대로 NOE를 잘 보여주고 있다. 이들 이외에도 1 번에 있는 양성자들 중 하나와 그리고 3 개의 메칠 그룹 중에 하나의 메칠 그룹이 명확하게 NOE를 보여 주고 있는 것을 알 수 있다. 그러므로 1.81 ppm에서 나타나는 1 번의 양성자는 β 위치에 있는 양성자이고 20 번의 메칠 그룹은 3 개의 메칠 그룹 중 가장 down-field에서 나타나며 β 위치에 axial로 있다고 할 수 있다.

스펙트럼 d는 5 번에 있는 양성자를 selective excitation 시킨 스펙트럼으로 20 번의 메칠 그룹과 NOE를 보여주지 않고 α 위치에 있는 9 번 양성자와 4 번 탄소에 있는 두 메칠 중 하나(α, 19 번 메칠)와만 NOE를 보여주고 있으니 분명히 5 번의 양성자는 α의 위치에 있으면서 ring-junction을 *trans*로 만들고 있다고 해석할 수 있다. 이 해석은 결국 이 스펙트럼에서 1, 3, 그리고 7 번에 있는 하나씩의 양성자들과 작지만 명확한 NOE 피크들을 보여주고 있으니 이들을 모두 axial (α) 양성자들로 규명할 수 있게 된다. 결국 이 해석은 스펙트럼 c에서 7α 양성자를 excitation 시켰을 때 7β, 5 그리고 6α 양성자들이 NOE를 보여주는 결과와 e 스펙트럼에서 메칠(β, 18 번 메칠) 그룹 0.89 ppm을 excitation을 시켰을 때 나머지 두 개의 메칠 그룹과 2, 3, 그리고 6 위치의 모든 β 위치의 양성자들과 NOE를 보여주는 결과와 일치 하는 것을 알 수 있다. 3β의 양성자는 equatorial 위치로 놓여 있는데도 다른 β 위치의 양성자들이 보여주는 정도의 NOE를 보여주고 있다는 것은 이 ring이 fluctuation이 일어나고 있다는 증거다.

NOE 실험의 마지막으로 스펙트럼 f에서는 7β 양성자를 excitation 시켰을 때 7α의 양성자와 함께 17 번의 메칠렌 양성자들 중 하나가 NOE를 보여주고 있다(c 스펙트럼에서 7α 양성자를 excitation 시켰을 때도 NOE를 보여 주고 있으므로). 이것은 epoxide 그룹에서 산소는 β 위치 그리고 17 번의 메칠렌 양성자들은

α 위치에 놓여 있다는 것이며 이들 중 up-field에서 나타나는 양성자가 7 번의 양성자들에 가까이 있다는 사실까지 알 수 있는 것으로 이 시료의 구조를 완전히 밝혔다.

이와 같이 완전한 스펙트럼의 해석으로부터 이제까지 우리가 일반적인 상식으로 알고 있는 몇 가지의 사실들을 확인하여 보도록 하자. 먼저 두 양성자 사이의 dihedral angle과 커플링 상수의 관계를 나타내는 카플러스(Karplus) 식에 대하여 알아보자. 이 시료의 구조에서 5 번의 양성자(1.13 ppm)는 6 번의 두 양성자와의 커플링으로 doublet-doublet(dd)의 모습을 보여주는데 이들은 12.4와 2.5 Hz의 두 커플링 상수를 보여주고 있다는 것을 1-1.38 ppm 영역을 확대하여 놓고 각 피크들의 Hz 값들이 주어진 양성자 스펙트럼에서 명확하게 볼 수 있다. 즉 5 번의 양성자는 6 번의 하나의 양성자와는 0 또는 180°로 다른 하나의 양성자와는 60-90° 정도의 dihedral angle을 형성하고 있다는 이 예측은 우리의 구조에서 6β의 양성자의 180° 위치의 axial과 잘 일치하는 것을 볼 수 있다. 1.05 ppm에서 나타나는 1α의 양성자는 3 개의 커플링 할 수 있는 양성자와 13.0과 3.5 Hz의 double-triplet(dt)의 모습으로 나타나 있는데 이것은 1β 양성자의 geminal 커플링과 2β의 양성자의 vicinal 커플링 상수가 같아서 13.0 Hz의 triplet으로 splitting된 후 2α의 양성자와 다시 각각 doublet으로 splitting된 것이다. 결국 이 경우에도 1α 양성자에 대해서 2 번의 하나의 양성자는 약 180°로 다른 하나는 60-90°를 이루고 있다고 예상되며 얻어진 구조와 일치한다고 할 수 있다. 마지막으로 하나 더 예를 들자면 equatorial 위치에 있으며 3 개의 양성자와 커플링 하여 double-quartet(dq) 비슷한 모습으로 1.33 ppm에서 나타나는 7β의 양성자를 보도록 하자. 이 피크들에서 나타나는 13.7, 4.0 그리고 2.5 Hz의 커플링 상수들 중 13.7 Hz는 7α 양성자와의 geminal 커플링 상수이며 4 Hz는 6β와 2.5 Hz는 6α의 양성자와의 커플링으로 나타난 것으로 이들 6에 있는 양성자들은 7β의 양성자는 6의 두 양성자들이 이루고 있는 약 109°의 각도의 사이에 놓여 있는 dihedral angle을 가지는 것으로 예상되는 구조와 일치하고 있다.

또 다른 일반적인 상식으로 알려진 cycloalkane의 구조에서 axial 위치의 양성자의 화학이동은 equatorial 위치에 있는 양성자를 보다 up-field에서 나타난다는 것은 이 경우에서 1, 2 그리고 3에 있는 양성자들이 화학이동과는 일치하고 있지만 6과 7에 있는 양성자들의 화학이동은 뒤 바뀌어 나타나는 것을 볼 수 있다. 이 구조의 경우 epoxide 그룹 때문에 이러한 현상이 나타난 것인지는 모르겠지만 이와 같이 일반적인 상식이라는 것들도 그들을 알려지지 않은 구조에 적용할 때는 주의가 필요함을 알 수 있다.

26

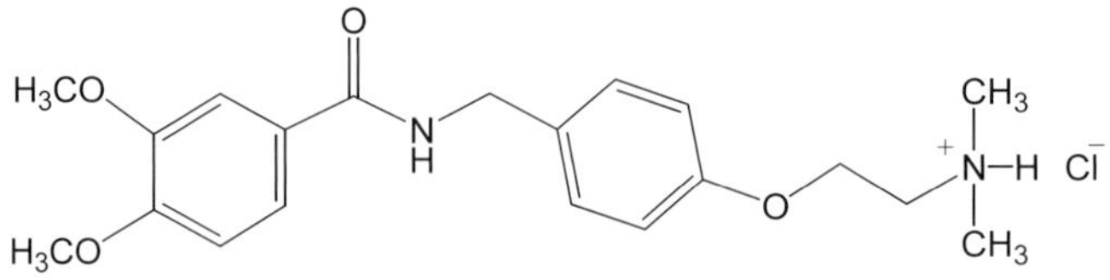

용매인 DMSO에 녹아있는 염산의 ammonium salt인 이 화합물 구조의 중요한 첫 단서는 양성자 스펙트럼에서 ~8.98 ppm에서 broad하게 triplet으로 나타난 amide 그룹의 NH이다. 이 양성자는 ~4.39 ppm에서 나타난 benzylic 양성자를 doublet으로 만든 것이다. 탄소 스펙트럼에서는 ~165.5 ppm의 amide carbonyl 피크가 이를 뒷받침하고 있다. ^{1}H–^{15}N HMBC 스펙트럼에서 ~112 ppm의 amide nitrogen과

~38 ppm의 aliphatic nitrogen을 볼 수 있다. 그리고 aliphatic nitrogen에 있는 exchangeable 양성자는 1D-NOESY 스펙트럼에서 용매에 녹아있는 ~3.35 ppm에서 나타난 물의 피크와 음(negative)의 NOE를 즉 equilibrium이 일어나는 것을 ~10.8 ppm에서 잘 보여주고 있다.

27

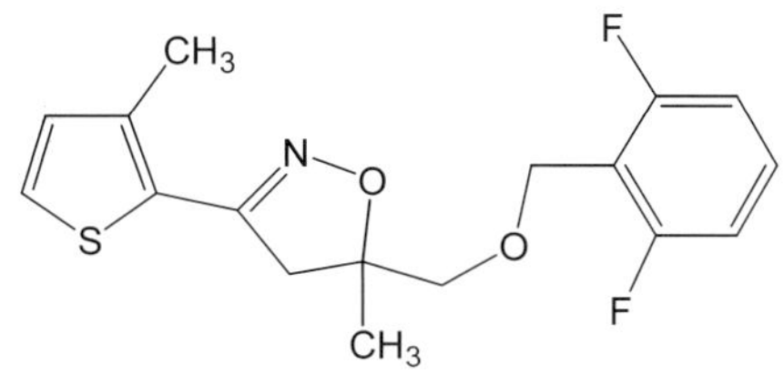

이 화합물의 경우 탄소 스펙트럼이 중요한 정보를 제공하고 있다. 먼저 분자식의 탄소 수 보다 더 많은 피크가 나타나 있지만 불소(F)를 포함하고 있으므로 탄소들과 커플링 한다는 것을 생각하여야 한다. 이것을 고려하면 오히려 스펙트럼에서 탄소의 피크 수는 분자식의 탄소 수 보다 적으므로 이 물질은 대칭의 탄소를 가지고 있다는 것을 알 수 있다. 양성자 스펙트럼에 aromatic 양성자가 있으며 탄소 스펙트럼에도 aromatic 탄소가 있음을 알 수 있다. 먼저 ~113.5 ppm에서 약 20 Hz의 커플링 상수로 triplet으로 나타난 피크는 2 개의 불소와 ^2J 커플링으로 나타난 것을 알 수 있다. 이 탄소가 DEPT90 스펙트럼에서 양성자가 없는 탄소이므로 바로 aromatic의 ipso 탄소다. 그리고 ~162.6 과 161.2 ppm에서 doublet으로 각각 나타난 피크는 불소를 가지고 있는 대칭의 두 탄소가 ^1J=250 Hz 커플링 한 후 다시 각각 ^3J=8 Hz로 커플링 한 것이다. 그리고 aromatic의 나머지 탄소들도 ^2J=~20 Hz, ^4J=~4 Hz로 모두 커플링 함으로 이들을 제외하고 남은 나머지 다른 sp^2 탄소들의 연결은 HMBC 스펙트럼에서 잘 나타나 있다.

28

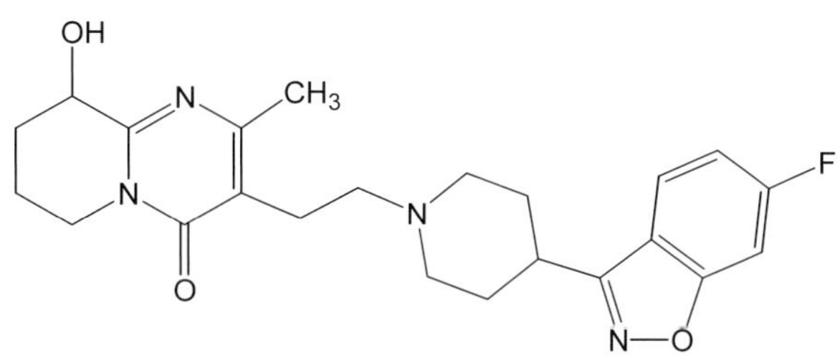

이 물질의 경우 위의 27 번 문제에서 언급한 탄소와 불소(F)의 커플링 상수의 정보와 DEPT 스펙트럼을 사용하더라도 불소를 포함하고 있는 aromatic의 탄소들을 완전하게 규명할 수 없다. 즉 ~161.4 ppm의 피크가 ^4J 의 불소와 탄소의 커플링인지 아니면 두개의 다른 탄소 피크인지 확실하지 않기 때문이다. 이 탄소들을 규명하기 위해서 먼저 aromatic의 양성자와 그들의 탄소를 HSQC 스펙트럼을 이용하면 불소에 *ortho* 위치의 탄소들은 불소와의 커플링 상수만으로는 구분할 수 없다. 그리고 양성자들의 커플링 pattern도 양성자와 양성자 사이의 커플링 상수가 양성자와 불소 사이의 커플링 상수와 비슷하여 구분이 불가능 하지만

J-resolved 스펙트럼으로는 명확하게 구분할 수 있다. 이들의 규명 후 HMBC 스펙트럼에서 불소에서 4-bond 위치의 quaternary 탄소는 ~117 ppm의 피크임을 확인할 수 있으며 ~161.4 ppm의 피크들은 amide의 carbonyl과 C=N-O의 탄소임을 알 수 있다. 결국 탄소 스펙트럼에서 피크가 분자식의 탄소보다 2 개가 적음으로 2 개의 대칭 탄소가 있음을 알 수 있다. 특히 1D-COSY 스펙트럼은 복잡한 양성자들의 커플링 상대를 쉽게 볼 수 있게 하고 HMBC-^{1}H-^{15}N 스펙트럼은 4 개의 질소가 잘 나타나 있지만 이 분자의 구조를 완성하는데 piperidine ring을 예상하는 것이 가장 어려운 점일 것이다.

29

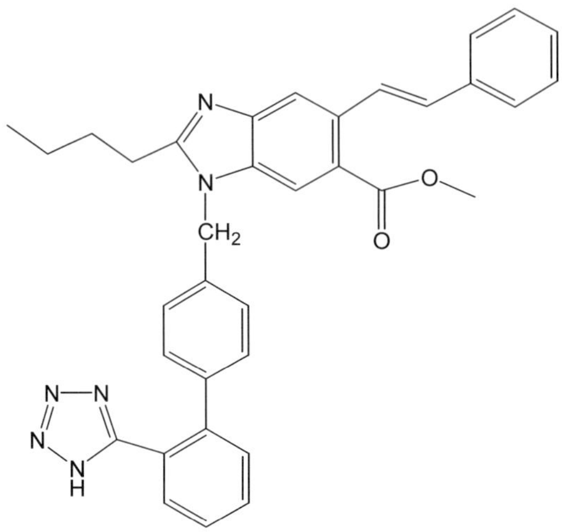

30

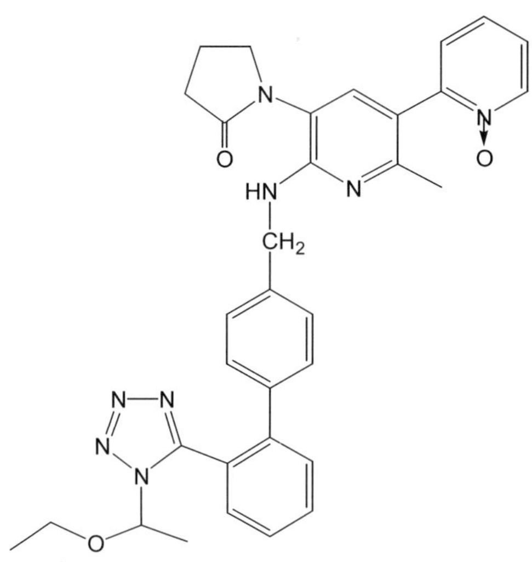

이물질 구조의 중요한 단서는 분자식이 주어지지 않았더라도 원래의 물질에 있던 불소가 없다는 것을 탄소 스펙트럼에서 alkyl 그룹의 탄소와의 독특한 커플링(^{1}J = ~150, ^{2}J = ~20, ^{3}J = ~5 Hz)을 보여주지 않는 것으로 확인할 수 있다. 다음으로 $^{1}H-^{15}N$의 HSQC 스펙트럼에서 ~5.2 ppm의 양성자가 ~81 ppm의 amine의 질소에 연결되어 있다는 것과 HMBC 스펙트럼에서 ~124 ppm의 amide group의 질소 피크를 보여주고 있다는 것이다. 이 정보를 COSY 스펙트럼에 적용하면 ~4.72 ppm의 CH_2가 NH의 질소와 연결되어 있으며 이 CH_2는 aromatic과 연결되어 *ortho* 양성자들과 커플링하고 있다는 작은 cross peak를 볼 수 있다(CH_2와 benzene ring의 연결은 원래의 물질 구조와 일치함). 다시 $^{1}H-^{15}N$의 HMBC 스펙트럼을 보면 ~5.2 ppm의 NH 양성자가 ~268 ppm의 질소와 correlation 피크를 보여주고 이 질소는 양성자 ~2.33 ppm의 CH_3와도 correlation을 보여주고 있으므로 pyridine ring의 질소이며 NH의 양성자가 pyridine의 질소와 ^{3}J로 연결되어 있다는 것을 증명하고 있다. 그렇다면 NH 질소는 모든 결합을 이루었으므로 원래의 imidazole의 ring이 변형된 새로운 구조라는 것을 알 수 있다. 그리고 탄소와 양성자의 HSQC와 HMBC 스펙트럼 등을 이용하여 확인할 수 있는 pyridine ring의 ~7.35 ppm의 singlet 양성자가 ~124 ppm의 amide의 질소와 correlation을 가지고 있으므로 원래의 pyridine ring의 위치에 연결되어 있고 이 질소에 carbonyl을 연결하여 amide의 group을 완성할 수 있다. 양성자 스펙트럼 ~3.74, ~2.56, ~2.2 ppm에서 나타나는 3 개의 CH_2는 연속으로 연결되어 있는 것을 COSY 스펙트럼에서 볼 수 있고 HMBC 스펙트럼에서 이들 3 개의 CH_2 양성자들이 amide의 carbonyl 피크인 ~175 ppm의 탄소와 correlation을 보여주고 있으므로 ^{2}J 또는 ^{3}J의 관계로 연관되어 있다는 것을 알 수 있다. 이들 3 개의 CH_2를 amide group에 연결하여 γ-lactam을 만들면 $^{1}H-^{15}N$ HMBC 스펙트럼에서 ~124 ppm의 질소와 다른 2 개의 correlation 피크(양성자 ~2.56과 ~2.2 ppm)를 잘 설명할 수 있다. 나머지 다른 탄소와 양성자들도 주어진 구조와 주어진 모든 다른 스펙트럼들에서 잘 부합함을 알 수 있다.

이 석 근 <저자 약력>
연세대학교 화학과 졸업(학사 1976)
연세대학교 대학원 졸업(석사 1978)
Brown University 대학원 졸업(박사 1985)
University of Utah(Post-Dr. 1985-87)
한국화학연구원 선임, 책임연구원(1987-2012)
Brown University(Visiting Professor 1994-95)
한국분석과학회지 편집장(2002-2005)
한국자기공명학회 회장(2007-2008)
한국분석과학회 회장(2009)
KAIST 화학과 초빙교수(2012-현재)
115편의 연구논문과 5편의 review 논문
저서: 핵자기공명 분광학(NMR), 자유아카데미, 2002

NMR스펙트럼의 해석
초판 발행일 / 2011. 10. 31
개정판 1쇄 발행일 / 2014. 7. 31
2쇄 발행일 / 2022. 3. 30
발행인 / 조민재
발행처 / 한림원 출판사
(100-310) 서울특별시 중구 퇴계로 51길 20
(오장동 206-3 넥서스타워) 1303호
Tel. 02)2273-4201
Fax. 02)2273-4240
Homepage. http://www.hanrimwon.co.kr
E-mail. hanrim@hanrimwon.com
Copyright ⓒ 2014 by Hanrimwon Publisher Corp. All Rights Reserved.
ISBN / 978-89-93512-50-2 값 / 30,000원

이 도서의 국립중앙도서관 출판시도서목록(CIP)은 서지정보유통지원시스템(http://seoji.nl.go.kr)과 국가자료공동